Nr. 23
S. 8133–8496

1962
6. Juni

Chemisches Zentralblatt

Vollständiges Repertorium für alle Zweige der reinen und angewandten Chemie

1830 gegründet. 1897—1945 von der Deutschen Chemischen Gesellschaft fortgeführt. Im Auftrage der Deutschen Akademie der Wissenschaften zu Berlin, der Chemischen Gesellschaft in der DDR, der Akademie der Wissenschaften zu Göttingen und der Gesellschaft Deutscher Chemiker (in der BRD)

herausgegeben von Prof. Dr. **Heinrich Bertsch** und Prof. Dr. Dr. h. c. **Wilhelm Klemm**

133. Jahrgang

1962

Chefredakteure: Dr. Eugen Klever und Dr. Willi Barz

Akademie-Verlag GmbH., Berlin — Verlag Chemie, GmbH., Weinheim/Bergstr.

Inhalt

Geschichte, Unterricht 8133
A. Allgemeine, physikalische und anorganische Chemie 8134
A_1 Kernphysik und Kernchemie 8134
A_2 Optisches Verhalten der Materie 8143
A_3 Elektrizität. Magnetism. Elektrochem. 8148
A_4 Thermodynamik. Thermochemie 8162
A_5 Kolloidchemie. Grenzschichtforschung 8166
A_6 Strukturforschung 8169
A_7 Gleichgewichte. Kinetik 8177
A_8 Präparative anorganische Chemie 8180
Komplexverbindungen 8180
Metallorganische Verbindungen 8180
A_9 Mineralogische u. geologische Chemie 8189
B. Allgemeine und theoretische organische Chemie 8194
C. Präparative organische Chemie. Naturstoffe 8215
Mono- und Oligosaccharide. Glykoside 8259
Alkaloide 8263
Natürliche Farbstoffe 8265
Terpene. Sapogenine 8266
Sterine. Gallensäuren 8268
Hormone. Vitamine. Enzyme .... —
Antibiotica .... —
Andere Naturstoffe .... —
D. Makromolekulare Chemie 8270
E. Biologische Chemie. Physiologie. Medizin 8278
E_1 Allgemeine Biologie und Biochemie ... 8278
E_2 Enzymologie. Gärung 8284
E_3 Mikrobiolog. Bakteriolog. Immunolog. 8296
E_4 Pflanzenchemie. Pflanzenphysiologie. Pflanzenpathologie 8303
E_5 Tierchemie. Tierphysiologie. Tierpathologie 8309
E_6 Pharmakologie. Therapie. Toxikologie. Hygiene 8329
F. Pharmazeutische Chemie. Desinfektion 8339
G. Analyse. Laboratorium 8353
H. Angewandte Chemie 8366
I. Allgemeine chemische Technologie . 8366
II. Betriebsschutz. Feuerschutz 8372
III. Elektrotechnik 8372
IV. Wasser. Abwasser 8376
V. Anorganische Industrie 8377
VI. Silicatchemie. Baustoffe 8380
VII. Agrikulturchemie. Schädlingsbekämpfung 8382
VIII. Metallurgie. Korrosion 8393
IX. Organische Industrie 8410
X. Färberei. Organische Farbstoffe ... 8426
XI. a) Farben. Anstriche. Lacke. Naturharze 8430
b) Plaste (Kunstharze. Plastische Massen) 8433
XII. Kautschuk 8448
XIII. Ätherische Öle. Parfümerie. Kosmetik 8448
XIV. Zucker. Kohlenhydrate. Stärke 8450
XV. Gärungsindustrie 8452
XVI. Nahrungs-, Genuß- u. Futtermittel 8454
XVII. Fette. Seifen. Wasch- u. Reinigungsmittel. Wachse. Bohnermassen usw. 8460
XVIII. a) Holz. Cellulose. Zellstoff. Papier. Papierdruck. Celluloid. Linoleum 8463
b) Textilfasern 8468
XIX. Brennstoffe. Erdöl. Mineralöle 8470
XX. Schieß- u. Sprengstoffe. Zündmittel 8478
XXI. Leder. Gerbstoffe 8478
XXII. Leim. Klebstoffe usw. 8480
XXIII. Tinte. Hektographenmassen u. a. Spezialpräparate 8482
XXIV. Photographie 8484

Bibliographien: 8134. 8143. 8352. 8366. 8410. 8447. 8463. 8468. 8470. 8484.

Chemisches Zentralblatt

1962 **Bibliographien** **Nr. 23**

Neue Bücher

Geschichte. Unterricht

Walter Böhm, Die Naturwissenschaftler und ihre Philosophie, Geistesgeschichte der Chemie. Wien, Freiburg, Basel: Herder. 1961. (XVI + 315 S.) 8°. DM 20,—.

Fritz Bopp, Hrsg., Werner Heisenberg und die Physik unserer Zeit. Braunschweig: Friedr. Vieweg & Sohn, 1961. (XII + 310 S. m. 28 Abb.) 8°. DM 48,—.

James Chadwick, ed., The collected papers of Lord Rutherford of Nelson. Braunschweig: Vieweg & Sohn. 1961—1963. Bd. I: (931 S.) DM 78.—. Bd. II: (Etwa 700 S.) ca. DM 69.—. Bd. III: (Etwa 650 S.) ca. DM 59,—. Bd. IV: (Etwa 400 S.) ca. DM 33,—.

A. Nowak, Fachliteratur des Chemikers, Einführung in ihre Systematik und Benutzung, mit einer Übersicht über wichtige Werke. Berlin: Deutscher Verl. der Wissenschaften. 1961. (Etwa 120 S.) 8°. Etwa DM 9,—.

A. Allgemeine, physikalische und anorganische Chemie

Eugene A. Carpovich, Russian-English chemical dictionary. New York: Technical Dictionaries Co. 1961. (352 S.) $ 14,—.

Charles J. Hyman, Hrsg., Wörterbuch der Physik und verwandter Wissenschaften. Bd. 1: Deutsch-Englisch. London: P. Owen. 1958. (671 S.) 8°. 70 s.

A_1. Kernphysik und Kernchemie

H. Birkenfeld, G. Haase und **H. Zahn**, Massenspektrometrische Isotopenanalyse. Physikalisch-chemische Trenn- und Meßmethoden. Bd. 5. Berlin: Deutscher Verl. der Wissenschaften. 1961. (Etwa 300 S. m. etwa 60 Abb.) 8°. Etwa DM 45,—.

S. S. Roginski, Theoretische Grundlagen der Isotopenchemie. Physikalisch-chemische Trenn- und Meßmethoden. Bd 6, Berlin: Deutscher Verl. der Wissenschaften. 1961. (Etwa 700 S, m. etwa 100 Abb.) 8°. Etwa DM 48,—.

K. E. Grew und **T. L. Ibbs**, Thermodiffusion in Gasen. Physikalisch-chemische Trenn- und Meßmethoden. Bd. 7. Berlin: Deutscher Verl. der Wissenschaften. 1961. (Etwa 120 S. m. etwa 42 Abb.) 8°. Etwa DM 35,—.

F. Pharmazeutische Chemie. Desinfektion

Johannes Arends, Volkstümliche Namen der Arzneimittel, Drogen, Heilkräuter und Chemikalien. Eine Sammlung der im Volksmund gebräuchlichen Benennungen und Handelsbezeichnungen. Fünfzehnte, vermehrte und verb. Aufl. Berlin, Göttingen, Heidelberg: Springer. 1961. (VI + 418 S.) 8°. DM 18,60.

Arthur Owen Bentley, Textbook of pharmaceutics. 7th edit. by Harold Davis and others. London: Baillière. Tindall & Cox. 1961. (XIII + 1091 S. m. Taf. Tab. u. Diagr.) 52 s. 6 d.

Ralph William Clark, Orientation in pharmacy. 2nd edit. Philadelphia: Lea & Febiger, 1961, (182 S, m, Abb.) $ 4.50.

Edward P. Claus, Pharmacognosy. 4th edit. Philadelphia: Lea & Febiger. 1961. (565 S. m. Abb.) $ 12,50.

Henri Drouin, Lexique de spécialités pharmaceutiques 3e édit. Paris: Société nouvelle de publications médicales, 1958. (573 S.)

Takeru Higuchi, ed., Pharmaceutical analysis. New York: Interscience. 1961. (854 S. m. Abb.) $ 22,50.

Ernst Jucker, Hrsg., Fortschritte der Arzneimittelforschung. Vol. III. Basel. Stuttgart: Birkhäuser Verl. 1961. (564 S.) DM 80,—.

George Karsten† und **Ulrich Weber**, Lehrbuch der Pharmakognosie für Hochschulen. 9., vollkommen neu bearb. Aufl. Jena: Gustav Fischer Verl. 1961. (Etwa 448 S. m. 500 Abb. u. 1 Taf.) Etwa DM 38,—.

Friedrich Oehlkers und **Egon Stahl**, Lehrbuch der Pharmakognosie für Hochschulen. 9., vollkommen neu bearb. Aufl. Jena: Gustav Fischer Verl. 1961. (Etwa 450 S. m. Abb.) Etwa DM 38,—.

T. O. Soine and **C. O. Wilson**, Rogers' inorganic pharmaceutical chemistry. 7th edit. London: Kimpton. 1961. (704 S. m. Abb.) 75 s.

G. Analyse. Laboratorium

Edward Joseph Conway, Microdiffusion analysis and volumetric error. 5th revised edit. London: Lockwood. 1962. (XVIII + 467 S. m. Abb., Tab. u. Diagr.) 42 s.

Karel Eckschlager, Chyby chemických rozborů. Praha: SNTL. 1961. (164 S. m. 15 Abb. u. 28 Tab.) Kčs 13,60.

Elvira Cinnirella Finzi, Guida pratica di chimica analitica qualitativa. Milano: Libr. editrice di A. Noguerol. 1960. (322 S. m. Abb.)

Ivo Hais a **Karel Macek**, Some general problems of paper chromatography: relations between chemical structure and chromatic behaviour at systematic analysis. Praha: Nakladatelství Československé akademie věd, 1961, (224 S,) Kčs 30,50.

Ivo Hais a **Karel Macek**, Monograph on paper chromatography III. Bibliography 1957—1960 and survey of applications. Praha: Nakladatelství Československé akademie věd. 1961. (504 S.) Kčs 56,—.

—, Bibliography of publications dealing with the polarographic method in 1960. Praha: Nakladatelství Československé akademie věd. 1961. (126 S.) Kčs 8,20.

H VIII. Metallurgie. Korrosion

A. J. Maurin, Manuel d'anticorrosion. Tome II: Applications des techniques d'anticorrosion. Paris: Eyrolles. 1961. (320 S. m. 167 Abb. u. 52 Tab.) 43 NF.

—, Stahlschlüssel. Nomenclature internationale des aciers. Paris: Techniques et Documentation. 1961. (210 S.) 53 NF.

—, Structural processes in creep: report of a symposium organized by the Iron and Steel Institute and the Institute of Metals, London, 3 and 4 May 1961. London: Iron & Steel Institute. 1961. (351 S. m. Abb., Tab. u. Diagr.) 65 s.

XI. b) Plaste (Kunstharze. Plastische Massen)

W. Ss. Schifrina und **N. N. Ssamossatski**. Das Polyäthylen. Verarbeitung und Anwendung. Moskau: Gosschimisdat 1961. (262 S. m. Abb.) 88 Kop. [Russ.]

—, Plaste als Antifrikationsmaterialien. Moskau: Verl. der Akad. der Wiss. der UdSSR. 1961. (118 S. m. Abb.) 60 Kop. [Russ.]

XVII. Fette. Seifen. Wasch- und Reinigungsmittel. Wachse. Bohnermassen usw.

Herbert Manneck, Moderne Wasch- & Reinigungsmittel, H, 3. Geformte Waschmittel (Aufbau und Technologie im Spiegel der Patentliteratur). Nachtr.-Bd. 2. Mit Anschluß-Literatur bis 1960. Garmisch-Partenkirchen: Moser. 1961. (28 Bl.) 4°. DM 20,—.

Harry Cohen, Chemistry and textiles for the laundry industry. New York: Textile Bk. Pubs. Interscience. 1961. (529 S. m. Abb.) $ 15,—.

XVIII. a) Holz. Cellulose. Zellstoff. Papier. Papierdruck. Celluloid. Linoleum

Rudolf Bott u. a., Handbuch der Papier- und Pappenfabrikation. 2. Aufl. 1. Abbau des Lignins bis Arbeitsdiagramme. Wiesbaden: Sändig. 1961. (XXVIII + 80 S. m. Abb.) 8° DM 8,—.

XVIII. b) Textilfasern

Emil Bohatý, Chemická technologie zušlechtováni I. Praha: SNTL. 1961. (116 S. m. 3 Tab. u. 29 Abb.) Kčs 6,80.

Peter Lennox-Kerr, Index to man-made fibres of the world. Manchester: Harlequin P. 1961. (VIII + 117 S.) 21 s.

XXIII. Tinte. Hektographenmassen u. a. Spezialpräparate

Paul Jackson Hartsuch, Chemistry of lithography. 2nd edit. New York: Lithographic Technical Foundation. 1961. (358 S. m. Abb.) $ 12,—.

Ausgewertete Bibliographie-Fachzeitschriften

Belgien	Bibliographie de Belgique — Belgische Bibliographie
ČSSR	Bulletin — Die Neuesten Forschungsergebnisse der Tschechoslowakischen Wissenschaft
	Nové Knihy (Neue Bücher)
	Novinky (Neuheiten)
Dänemark	Danske Bogmarked
Deutschland	Börsenblatt für den Deutschen Buchhandel — Frankfurter Ausgabe
	Börsenblatt für den Deutschen Buchhandel — Leipziger Ausgabe
	Deutsche Bibliographie. Wöchentliches Verzeichnis. Ausgabe II. [Frankfurt/Main]
	Deutsche Nationalbibliographie. Reihe A: Neuerscheinungen des Buchhandels [Leipzig]
England	British Books (Incorporating the Publishers Circular & Booksellers Record)
	British National Bibliography
Frankreich	Bibliographie de la France
Holland	Nieuwsblad voor de Boekhandel
Italien	Bibliografia Nazionale Italiana
Japan	Nōhon Shūhō (Current Publications)
Österreich	Österreichische Bibliographie
Schweiz	Schweizer Buch. Serie A und Serie B
UdSSR	Bücherverzeichnis des Jahres (Книжная летопись)
	Neue Bücher (Новые книги)
USA	Publishers' Weekly

Namenregister

Abadie, P. 8451.
Abadie, S. H. 8338.
Abbott 8426.
Abbott Laboratories 8380. 8420.
Abdel-Latif 8285.
Abe, M. 8194.
Abe, S. 8141.
Abe, Y. 8406.
Abel 8221.
Ablekow 8144.
Ābolinš 8480.
Abramowitsch 8480.
Abu-State 8469.
Accumulatoren-Fabrik Akt.-Ges. 8374. 8375. 8433.
Acheson 8335.
Achrem 8231.
Acred 8331.
Adam 8374.
Adams, H. W. 8454.
Adams, S. N. 8450.
Adda 8174.
Adler 8290.
Affeldt 8385.
Aftandilian 8181.
Agfa Akt.-Ges. 8490. 8496.
Agnello 8453.
Aiba 8190.
Aitken, K. L. 8140.
Aitken, R. R. 8447
Aktiebolaget Bofors 8352.
A/B Chematur 8543.
A/B Pluria 8428.
A/S Ferrosan 8426.
A/S Union (Union Co.) 8467
Akt.-Ges. für Unternehmungen der Eisen- und Stahlindustrie 8408.
Albert 8483.
Albitzkaja 8405.
Albright 8456.
Alderman 8192.
Alderton 8458.
Alelio, d' 8440.
Alembic Chemical Works Co. Ltd. 8344.
Alexander, M. 8281
Alexander, W. A. 8412.
Alikhanov 8142.
Alimowa 8297.
Alivisatos 8285.
Alkonyi 8266.
Alksne 8480.
Allais 8448.
Allan, Van 8495.
Allander 8466.
Allen, J. C. 8475.
Allen, M. 8222.
Allen, R. S. 8457
Allen, T. K. 8149.
Allied Chemical Corp. 8444. 8474.
Allied Chemical & Dye Corp. 8425. 8463.
Alliot 8371.
Allwood 8335.
Almeida 8194.
Alos Akt.-Ges. 8489.
Alpha-Molykote Corp. 8409.
Altona 8200.
Altschul 8324.
Aluminium Co. of America 8477.
Amalgamated Curaçao Patents Co. N. V. 8373.
Amaral Cintra, do 8176.
American Cyanamid Co. 8352. 8419. 8425. 8426. 8433. 8439. 8446. 8447. 8453. 8482.
American-Marietta Co. 8482.
American Potash & Chemical Corp. 8475.
American Viscose Corp. 8482.
Amick 8207.
Amidon 8435.
Anastasijević 8142.
Anderson, D. W. 8164.
Anderson, R. B. 8472.
Andersson 8139.
André-Louisfert 8146.
Andresen 8159.
Andrews, J. N. 8161.
Andrews jun., R. D. 8436.
Angelis, De 8366.
Anheuser-Busch, Inc. 8452.
Anikina 8377.
Ant-Wuorinen 8467.
Anteunis 8211.
Anthony 8338.
Aoki 8193.
A. P. E. Applicazione Processi Elettrochimici S. p. A. 8389.
Appareils et Evaporateurs Kestner 8379.
Apps 8483.
Arai 8262.
Araki 8196.
Arbusow 8133.
Arbusowa 8214.
Archer, D. P. 8441.
Archer, W. L. 8468.
Arden, E. S. à.r.l. 8450.
Arends [8352].
Argus Chemical Corp. 8440.
Arias 8326.
Armeanu 8361 8362.
Armour & Co. 8352.
Armstrong, D. A. 8213.
Armstrong, J. J. 8297
Aronson 8299.
Arthur jun. J. C. 8469.
Arthur jun. P. 8374
Artizzu 8286.
Asao 8257
Ash 8478.
Ashcroft 8333.
Ashford 8387
Asseff 8476.
Assnin 8383.
Ateliers de Constructions Mécaniques de Vevey Soc. An. 8392.
Atkinson, B. 8213.
Atkinson, D. E. 8284.
Atkinson, G. 8200.
Atlantic Refining Co. 8477.
Atlas Powder Co. 8351.
Atroschtschenko 8377. 8383.
Attenburrow 8352.
Auffray 8145.
Auger 8482.
Augustinsson 8290.
Austen 8319.
Auterhoff 8236.
Auvil 8474.
Avela 8268.
Avesta Jernverks Aktiebolag 8379.
Avron 8307.
Azorlosa 8482.
Babatschev 8380.
Babcock & Wilcox Ltd. 8371.
Babtschinitzer 8274.
Bachman 8478.
Back 8192.
Baddiley 8297
Bader, S., & Co. Ltd. 8382.
Badger 8235. 8240.
Badische Anilin & Soda-Fabrik Akt.-Ges. 8372. 8409. 8418. 8424. 8425. 8429. 8436. 8439. 8444. 8447
Baeuerlen 8460.
Bagnetto jun. 8424.
Bak 8177.
Bakelite Ltd. 8447
Bakema 8307.
Baker, A. R. 8136.
Baker, D. 8335.
Balbi 8430.
Baliah 8205.
Ball 8283.
Ballman 8434.
Baltes 8303.
Bamberg 8177
Banc 8301.
Banerjee, D. K. 8215.
Banerjee, R. 8320.
Banerjee, T. 8407
Banigan 8441.
Bannard 8220.
Banno 8393.
Bapseres 8346.
Barabanow 8191.
Baraschkow 8303.
Barber 8301
Barbieris, de 8494.
Barcicka 8367.
Bardwell 8142.
Barendrecht 8472.
Baril jun. 8494.
Barker, F. C. 8136.
Barker, R. 8219.
Barnard 8286.
Barnes, C. A. 8138.
Barnes, C. M. 8320.
Barnes, R. F. 8141.
Barney 8493.
Baró 8138.
Baron 8425.
Barron 8295.
Bartel 8300.
Bartell 8468. 8482.
Bartl 8427
Baryschnikow 8473.
Baschilowa 8359.
Basilewski 8218.
Bassett 8174.
Bassey 8133.
Basu 8206.
Bataafse Petroleum Mij., N. V. 8426. 8443. 8446.
Batchelder 8389.
Bather 8470.
Bavin 8237.
Bayer 8343.
B. B. Chemical Co. of Australia Proprietary Ltd. 8481.
Beaslay 8463.
Beaulieu 8313.
Beck-Mannagetta 8192.
Becker, G. 8404.
Becker, Y. 8302.
Becking 8308.
Beckner 8138.
Bednarz 8332.
Beer 8373.
Beiersdorf, P., & Co. Akt.-Ges. 8482.
Beintema 8375.
Bell Telephone Mfg. Co. 8376.
Bellinger 8370.
Bellon 8163.
Bellringer 8424.
Belov 8170.
Below 8402.
Benckiser, J. A., G.m.b.H., Chemische Fabrik 8425. 8463.
Benda 8456. 8457
Bender, A. E. 8324.
Bender, M. L. 8210.
Benedict 8303.
Benesovsky 8175.
Bennett 8164.
Benneville, de 8447
Benny 8152.
Bentivoglio 8381.
Bentley [8352].
Benzler 8371.
Bequette 8458.
Berenblum 8282.
Bergander 8452.
Bergedorfer Eisenwerk Akt.-Ges. Astra-Werke 8452.
Bergen jun. 8296.
Berger, L., & Sons Ltd. 8443.
Bergh 8382.
Bergmann 8215.
Berkowitz 8250.
Bernal 8170.
Bernard 8152.
Berndt, W. 8425.
Berndt, W. O. 8311.
Bernheim 8275.
Bernkopf 8302.
Bernstein, H. J. 8203.
Bernstein, S. 8352.
Berquin 8382.
Berry 8470.
Bertaut 8169.
Berther 8412
Bertrand 8303. 8329.
Béthoux 8166.
Betz 8296.
Betzer 8380.
Beun 8153.
Beveridge 8322.
Beyerlein 8372.
Beynon 8142.
Bezard, v. 8424.
Bhagwat 8204.
Bhargava 8186.
Bhat, J. V. 8387.
Bhat, M. G. 8387.
Bhatnagar 8407.
Bhattacharya 8206.
Bianchi, P. A. 8286.
Bianchi, V. 8425.
Bidulja 8397.
Bierowski 8160.
Bièvre, de 8197 8198.
Bigland 8322.
Bijloo 8392.
Bikerman 8480.
Bilgrami 8190.
Bilouss 8310.
Birch 8306.
Bird Machine Co. 8370.
Birkenfeld [8143].
Birnbaum 8213.
Birthler 8369.
Bischofberger 8398.
Bishop 8314.
Bitepasch 8475.
Bitowt 8362.
Blackwood 8352.
Blände 8399.
Blättermann 8427.
Blaine 8197.
Blakeley 8324.
Blanc 8393.
Blaser 8183. 8185.
Blattberg 8312.
Bloch 8379. 8425.
Blomhert 8366.
Blondel 8393.
Bloor 8426.
Blunt 8473.
Bocanegra 8313.
Bodart 8394.
Bodenstedt 8140.
Böhm [8134].
Boekelheide 8265.
Boelhouwer 8204.
Böllert 8215.
Boer 8398.
Boeru 8302.
Böttcher 8200.
Boffa 8425.
Bogatyrew 8435.
Boger 8433.
Bognár-Labancz 8342.
Bohatý [8470].
Bohm 8171.
Bokut 8144.
Bolek 8471.
Bolgowa 8297
Bollig 8433.
Bolton 8387
Bondarew 8454.
Bonhorst 8310.
Bonner 8214.
Booth 8325.
Boots Pure Drug Co. Ltd. 8392.
Bopp [8134].
Borch, v. der 8191.
Boresch 8425.
Borišek 8464.
Borkowska 8178.
Borner 8447
Borsenkowa 8274.
Bose, B. 8343.
Bose, M. K. 8194.
Bose, P. K. 8239.
Bose, S. 8308.
Boser 8285.
Boss, J. M. N. 8310.
Boss, K.-H. 8406.
Bossert 8423.
Bostwick 8379.
Boswell 8294.
Bothner-By 8201.
Bott [8468].
Bouyard 8329.
Bowser, Inc. 8370.
Boyd 8331.
Boyle 8293.
Bozel-Maletra Soc. Industrielle de Produits Chimiques 8482.
Bozer 8468.
Bozza 8413.
Bradley 8149.
Brady 8303.
Bragilewskaja 8473.
Brakšs 8480.
Brandt 8410.
Brauer 8367.
Braun 8429.
Bray 8463.
Bray Chemical Co. 8463.
Breddy 8310.
Bredereck 8351.
Breed 8228.
Bréfort 8353.
Breit 8136.
Brennan 8475.
Bresslawetz 8303.
Breustedt 8310.
Briaben 8283.
Briner 8342.
Brinkerhoff 8402.
Bristol Laboratories, Inc. 8347.
British Oxygen Co. Ltd. 8459.
British Petroleum Co. Ltd. 8410. 8418.
Brixner 8374.
Brock 8324.
Brockmann 8270.
Broda 8283.
Brodt 8409.
Broida 8144.
Brooke 8454.
Brooks 8352.
Broom 8305.
Broser 8154.
Broser-Warminsky 8154.
Bross 8173.
Brotz 8409.
Brower, C. H. 8433.
Brower, K. R. 8208.
Brown, C. 8213.
Brown, D. M. 8331.
Brown, E. V. 8248.
Brown, F. C. 8153.
Brown, G. E. 8138.
Brown, H. C. 8418.
Brown jun., T. G. 8335.
Browne 8138.
Browning 8334.
Bruhin 8299.
Brunner, A. 8340.
Brunner, H. 8436.
Buchanan 8297.

Buchner 8167.
Buchspiess-Paulentz 8474.
Buchwald 8488.
Büchi 8263.
Buell 8211.
Bünning 8303.
Bukovac 8307.
Bulewicz 8165.
Bundesrepublik Deutschland, vertreten durch den Bundesminister für Wirtschaft 8410.
Bunker 8376.
Bunt 8384.
Burbridge 8333.
Burdick 8360.
Burges 8386.
Burke 8280.
Burlakowa 8460.
Burnaschewa 8461.
Burnett 8469.
Burnop 8376.
Burssian 8475.
Burton, R. L. 8276.
Burton, V. E. 8451.
Bush 8490.
Busse 8298.
Bussew 8360.
Bustad 8320.
Butenandt 8279.
Butler, J. A. V. 8298.
Butler, J. W. 8139.
Buxton 8328.
Bystrov 8146.
Cairnie 8334.
Cairns 8143.
California Research Corp. 8424.
Calistru 8467.
Calker, van 8151.
Callery Chemical Co. 8414. 8476.
Camboli 8361.
Canadian-Ingersoll-Rand Co. Ltd. 8370.
Canosa 8336.
Caplescu 8362.
Cappellina 8160.
Capraro 8337.
Carabateas 8247.
Carles 8385.
Carlizza 8335.
Carneri, de 8338.
Carpovich [8134].
Carson jun. 8338.
Carter, J. D. 8311.
Carter, R. W. 8142.
Cartledge 8162.
Cas 8462.
Casale 8389.
Case 8492.
Casperson 8463.
Castellani 8463.
Causse-Vaills 8321.
Cawley, J. D. 8424.
Cawley, R. W. 8458.
Cayless 8149.
Ceder 8265.
Celanese Corp. of America 8424.
Centre National de la Recherche Scientifique 8425.
Centre Technique des Industries de la Fonderie 8406.
Černoch 8380.
Cerny 8211.
Cesca 8187.
Československá Socialistická Republika 8430.
Chadwick [8134].
Chailow 8410.
Chalimowa 8460.
Chamberlin 8378.
Chambers 8177.
Champetier 8436.
Chan 8288.
Chandler 8336.
Chandrasekaran 8480.
Chandrasekhar 8169.
Chapel 8455.
Chapman 8476.
Charbonnière 8451.
Charlton 8441.
Charon 8371.
Chatschkurusow 8145.
Chatterji 8186.
Chau 8197.
Chaudet 8201.
Chaudhri 8204.
Chaudhury, M. R 8313.
Chaudhury, R. R. 8313.
Chavarria 8338
Chebotarevsky 8431.
Checcacc 8301.
Chemische Fabriek L. van der Grinten, N. V. 8492 8493.
Chemische Werk Albert 8389. 8445.
Chemische Werke Hüls Akt.-Ges. 8382.
Chemstrand Corp. 8428.
Chen, C. W. 8400.
Chen, Chiung-Fei 8324.
Childers 8307.
Chinworth 8413.
Chisholm, M. J. 8218.
Chisholm, R. D. 8387.
Chiusoli 8415.
Chleck 8402.
Chloride Electrical Storage Co. Ltd. 8376.
Cholin 8381.
Chomussko 8403.
Chormuschko 8135.
Christos 8472.
Chromow 8159
Chubb 8226.
Ciampolini 8163.
Ciba Ltd. 8351. 8352. 8424.
Ciba Soc. An. 8349. 8352. 8423. 8426. 8428.
Cibes 8308.
Ciborowski 8179.
Cima 8284.
Citters, Van 8335.
Clark [8352].
Clarke 8481.
Claus [8352].
Clavier 8495.
Claxton 8482.
Clayton 8460.
Clement 8374.
Closson 8476.
Clough 8142.
Cluskey 8278.
Cmolik 8382.
Cochran 8363.
Coco 8338.
Coffield 8476.
Cohen [8463].
Coleman 8322.
Coles 8332.
Collardeau 8442.
Collardin, G., G.m.b.H. 8409.
Collins jun. 8194.
Collo Rheincollodium G.m.b.H. 8443.
Columbian Carbon Co. 8380.
Colvin 8205.
Comar 8326.
Commissariat à l'Énergie Atomique 8370. 8371.
Comp. des Ateliers et Forges de la Loire 8371.
Comp. Générale de Télégraphie sans Fil 8373.
Compston 8470.
Coniglio 8317.
Conn 8292.
Connor jun. 8477.
Conover 8352.
Consortium für Elektrochemische Industrie G.m.b.H. 8415
Conway [8366].
Cook 8478.
Cooley 8145.
Coomber 8360.
Cooper, G. F. 8310.
Cooper, J. R. A. 8155.
Cooper, R. E. 8167.
Cooper, W. E. 8447.
Coplei 8133.
Corazzi 8483.
Corbishley 8427.
Corcoran 8336.
Cordeiro 8432.
Corey 8413.
Cornille 8197.
Corning Glass Works 8382.
Cornish 8374.
Costa 8194.
Costabello 8425.
Cottle 8473.
Coulson 8385.
Council of Scientific & Industria Research 8344. 8407.
Courter 8426.
Cowell 8307.
Cox 8494.
Crabb 8265.
Craig 8392.
Crathorn 8286.
Crawford 8316.
Creamer 8383.
Crissey 8433.
Crown Zellerbach Corp. 8426.
Csáky 8336.
Csillaghy-Rutschmann 8343.
Čulík 8448.
Cundall 8441.
Čupr 8161.
Curran 8436.
Currie 8205.
Cvetanovič 8210.
Czaplicki 8394.
Czekaj 8336.
Daams 8257. 8392.
Dadson 8447.
Dahl, L. K. 8314.
Dahl, O. 8136.
Dahl, S. 8479.
Dahlquist 8482.
Dalin 8411. 8452.
Daly 8206.
Damaskus 8352.
Danie 8355.
Danielsson 8322.
Darby 8388.
Darlington 8179.
Darsnijek 8386.
Daudel 8282.
Daune 8321.
Davey 8287.
Davidson 8478.
Davies, A. G. 8215.
Davis, C. S. 8242.
Davies, R. I. 8385.
Davies, W. O. 8145.
Davis, A. D. 8453.
Davis, A. E. 8469.
Dawankow 8274.
Dawson 8295.
Decau 8385.
Defilippes 8279.
Dehlinger 8171.
DEHYDAG, Deutsche Hydrierwerke G.m.b.H. 8421. 8447.
Delattre 8482.
Delaunay 8300.
Delmon 8283.
Delosme 8306.
Deltour 8221.
Demag-Elektrometallurgie G.m.b.H. 8377.
Demidowa 8277.
Demint 8469.
Demtschenko 8461.
Denk 8433.
Dennis 8336.
Denyes 8311.
Depireux 8189.
Derewitzki 8383.
Derry 8469. 8470.
Dersch 8488.
Deschiens 8329.
Deshpande 8166.
Desnuelle 8290.
Dessaux 8328.
Détrez 8400.
Detwiler 8482.
Detzner 8432.
Deulofeu 8241.
Deutsch 8140.
Deutsche Babcock & Wilcox-Dampfkessel-Werke Akt.-Ges. 8371.
Deutsche Gold- und Silber-Scheideanstalt vormals Roessler 8351.
Deutsche Rhodiaceta Akt.-Ges. 8408.
Dev 8231.
Devecchi 8471.
Devlaminck 8377.
Dhalla 8316.
Dhar, M. L. 8344.
Dhar, M. M. 8344.
Di 8213.
Diaconescu 8467.
Diamond 8141.
Diamond Alkali Co. 8467.
Dianow-Klokow 8144.
Dibyan 8467.
Dickinson 8484.
Dieberg 8374.
Diemer 8155.
Dies 8398.
Dieterich 8413.
Dillingham 8377.
Dimmling 8425.
Dirscherl 8313.
Distillers Co. Ltd. 8419. 8422. 8424. 8426.
Distler 8418.
Dittrich 8368.
Dixon 8285.
Dobö-Wayer 8339.
Dobrzańska 8386.
Dodson 8268.
Dogadkin 8448.
Dokunichin 8239.
Dolder 8340.
Doloschitzki 8329.
Dombrowski 8455.
Dominion Rubber Co. Ltd. 8425.
Domokos 8135.
Donoho jun. 8303.
Dorsten, van 8371.
Doswald 8224.
Douglas 8337.
Douin 8304.
Douwes 8372.
Dowben 8317.
Dow Chemical Co. 8370. 8390. 8391. 8413. 8414. 8415. 8425. 8439. 8441. 8449. 8462.
Downie 8393.
Drabner 8362.
Drahorád 8471.
Drel 8323.
Drew, E. F., & Co., Inc. 8462.
Drimus 8461.
Drotschmann 8373.
Drouin [8352].
Druckrey 8354.
Dsantijew 8460.
Dshurinskaja 8222.
Dubreuil 8301.
Duchesne 8189.
Duck 8437.
Ducke 8430.
Düngemitteltechnik Akt.-Ges. 8378. 8389.
Dürener Metalltuch Schoeller, Hoesch & Co. 8370.
Duff 8432.
Duffin, G. F. 8486. 8487.
Duffin, W. M. 8352.
Dugliss 8447.
Duhnkrack 8447.
Dullaghan 8351.
Dumont Frères & Cie. 8424.
Dunlop Rubber Co. Ltd. 8441. 8468.
Du Pont de Nemours, E. I., & Co. 8372. 8374. 8379. 8390. 8418. 8425. 8433. 8438. 8439. 8441. 8443. 8444. 8447. 8482. 8492. 8493.
Dupuy 8150.
Durso 8469.
Dusek 8375.
Dutt 8454.
Duyckaerts 8355.
Dybing 8366.
Dye 8482.
Dyrssen 8178.
Dželepow 8141.
Eakins 8141.
Earle 8318.
Earnshaw 8188.
Easterday 8360.
Eastman 8379.
Eastman Kodak Co. 8352. 8424. 8428. 8485. 8488. 8491. 8495.
Eaton 8389.
Ecambia Chemical Corp. 8425.
Eckert 8375.
Eckschlager [8366].
Eckstein 8259.
Eddy 8330.
Edeleanu 8174.
Edeline 8376.
Edman 8319.
Edson 8455.
Eeckhaut 8197.
Eeghem, van 8394.
Egerton 8209.
Ehrensvärd 8279.
Ehrlich 8167.
Eicke 8156.
Eisl 8375.
Eitel 8480.
Eiter 8415.
Elfström 8173.
El Gohary 8187.
Elliott 8156.
Ellis 8400.
Elpern 8247.
Elslager 8347.
Elze 8410.
Emanuel 8460.
Emeljanenko 8154.
Enari 8304.
Enderst 8464.
Engel 8479.
Engelhardt 8180.
Engell 8161.
Eno 8387.
Entin 8381.
E. P. S. Co. Ltd. 8372.
Ephrussi-Taylor 8280.
Epp, van 8372.
Erdmann-Jesnitzer 8400. 8404.
Erdtman 8426.
Ericksen 8270.
Eriksson 8465.
Erskine 8138.
Erwall 8143.
Esnouf 8330.
Esplen 8204.
Esposito 8432.
Essbach 8430.
Esso Research and Engineering Co. 8392. 8413. 8424. 8433. 8438. 8441. 8448. 8475. 8477.
Etablissements Bauchet & Co. 8489.
Ethier 8482.
Ethyl Corp. 8476.
Eue 8392.
Euler 8374.
Evans, J. C. 8198.
Evans, R. M. 8382.
Fabel 8282.
Fabrikker 8463.
Fabris 8392.
Fahmy 8469.
Fajer 8426.
Farbenfabriken Bayer Akt.-Ges. 8392. 8413. 8415. 8423. 8424. 8425. 8426. 8432. 8433. 8438. 8445. 8474. 8480.
Farbwerke Hoechst Akt.-Ges., vormals Meister Lucius & Brüning 8345. 8346. 8409. 8420. 8421. 8422. 8425. 8427. 8429. 8433. 8436. 8437. 8441. 8445. 8447.
Farlow 8194.
Farmaceutici Italia Soc. An. 8352.

Farnam jun. 8478.
Fasano & Rabatto Stamperia e Applicazioni Tecniche su Tessuti Soc. in Nome Coll 8428.
Fassina 8284.
Fatou 8275.
Fattschichina 8383.
Faulkner, E. A. 8176.
Faulkner, S. 8462.
Fayaud 8449.
Fedorow, F. J. 8144.
Fedorow, P. J. 8186.
Fedorowa 8277.
Fedossowa 8473.
Feess 8427.
Fekete 8481.
Feldhoff 8261.
Feldman 8467.
Feniak 8496.
Fenske 8413.
Ferenczi 8339.
Fergusson 8478.
Ferina 8300.
Fernald 8336.
Ferrando 8305.
Ferrari 8293.
Ferro Corp. 8442.
Ferry 8451.
Fester 8194.
Fichtengolz 8277.
Ficke 8193.
Field 8475.
Fierce 8183.
Filimonov 8146.
Finegold 8202.
Fink 8456. 8457.
Finzi [8366].
Fiorenza 8448.
Fischer, E. O. 8187.
Fischer, T. 8415.
Fischer, W. 8479.
Fischmeister 8399.
Fitchett 8426.
Flaschi 8314.
Fleischers Kjemiske Fabrikker A/S 8433.
Fleischhauer 8409.
Fliss 8356.
Florsheim 8314.
Fluit 8150.
Flygare jun. 8357.
Foa 8381.
Földeak 8238.
Fogelberg 8464.
Foglia 8370.
Fohrer 8456.
Fojtová 8363.
Fokin 8411.
Folk 8292. 8293.
Folkers 8296.
Ford 8482.
Forgash 8388.
Fornasari 8355.
Forrest 8279.
Forrez 8157.
Forss 8195.
Forster 8291.
Foster, J. L. 8467.
Foster, K. 8157.
Fouarge 8355.
Fowden 8304.
Fowler jun. 8496.
Fraenkel 8202.
France 8447.
François 8376.
Frangatos 8226.
Frank 8455.
Franson 8213.
Franta 8448.
Frantz 8495.
Franz 8452.
Frazer 8324.
Freed 8388.
Freeman, A. E. 8457.
Freeman jun., D. C. 8420.
Freeman, D. E. 8194.
Freeport Sulphur Co. 8379.
Freese 8281.
Freier 8460.
Freifelder 8239.
Freude 8340.
Freund 8172.
Friedrich 8425.
Freidman, J. 8284.
Friedman, S. 8471.
Fritz, D. 8302.
Fritz, J. B. 8294.
Fröhlich 8151.
Frostick jun. 8238.
Frydman 8241.
Frye 8338.
Fuchs 8447.
Fueg 8445.
Fujiwara 8200. 8202.
Fukui 8306.
Fulford 8331.
Fulinski 8160.
Fuller 8154.
Funk 8409.
Furth 8281.
Fuse 8141.
Gable 8392.
Gabriel 8368.
Gadet 8385.
Gagliardo 8355.
Gailliot 8352.
Gaind 8236.
Gál 8209.
Gale 8299.
Galiano-Serban 8328.
Gallagher 8446.
Games 8370.
Gandhi 8236.
Gandra 8317.
Ganguly 8325.
Ganowjak 8455.
Garofano 8301.
Garvin 8133.
Gassanow 8471.
Gasson 8419.
Gatenbeck 8279.
Gatha 8137.
Gatto 8136.
Gattow 8165.
Gaudechon 8352.
Gaumeton 8264.
Gavél, v. 8456.
Gaver 8452.
Gawron 8293.
Geigy Chemical Corp. 8346.
Geigy, J. R., Akt.-Ges. 8392. 8426.
Geil 8274.
Geiringer 8314.
Geller 8448.
Gelotte 8280.
Gelsenkirchener Bergwerks-Akt.-Ges. 8477.
Gelzer 8387.
Gemmell 8138.
Gemperle 8156.
General Aniline & Film Corp. 8450. 8482. 8488. 8493. 8494. 8495. 8496.
Gentner 8189.
George 8320.
Georgiev 8281.
Georgiewa 8276.
Gerassimenko 8239.
Gerber 8426.
Gergely 8147.
Gerhards 8313.
Gerjovich 8390.
Gerke 8300.
Gerkin 8188.
Getzendaner 8454.
Gevaert Photo-Producten 8488.
Gheorghe 8328.
Gholson 8380.
Ghosh, S. P. 8158.
Giannattasio 8379.
Giannini 8187.
Gibbons jun., A. J. 8415.
Gibbons, R. J. 8296.
Gibbs 8298.
Gilbert 8463.
Gilewicz 8471.
Gilleo 8158.
Gilman, H. 8218.
Gilman jun., P. B. 8485.
Gimmelreich 8328.
Ginsberg 8471. 8472.
Ginsburg, E. N. 8382.
Ginsburg, J. 8335.
Girard 8451.
Girault 8448.
Giuli, de 8458.
Giusto 8183.
Gladischewska 8329.
Glaid III 8293.
Glascock 8305.
Glassman 8432.
Glaxo Laboratories Ltd. 8352.
Glen 8396.
Glendenin 8140.
Glenner 8292. 8293.
Glos 8496.
Gluckman 8439.
Gobbato 8337.
Gochstein, A. J. 8160.
Gochstein, J. P. 8160.
Godson 8298.
Gölles 8359.
Görlich 8144.
Goetsch 8327.
Gofman 8382.
Gogan 8226.
Goldsmith 8153.
Goldstein 8291.
Gołebiowska 8386.
Gollob 8444.
Gong 8195.
Gōni 8190.
Goodman, A. 8140.
Goodman, B. L. 8376.
Goodrich, B. F., Co. 8372. 8424. 8433. 8480.
Goodyear Tire & Rubber Co. 8419. 8438. 8442. 8448.
Gorbatschev 8192.
Gordillo 8194.
Gorick 8447.
Gorjuschina 8359.
Gorowoi 8430.
Gorschkow 8135.
Gosselin 8311.
Gotō 8388.
Gotowzewa 8468.
Gottschling 8281.
Gottysiak 8495.
Goubiès 8385.
Gould 8457.
Gould-National Batteries, Inc. 8375.
Goux 8174.
Gow 8478.
Graf 8409.
Graffi 8302.
Graham, A. R. 8426.
Graham, J. D. P. 8316.
Graham, P. R. 8442.
Graham, R. K. 8439.
Grahmann 8432.
Graulich 8480.
Green, A. M. 8138.
Green, B. K. 8351.
Green, R. L. 8335.
Green, T. J. 8335.
Greenblau 8458.
Greenhalgh 8220.
Gregor 8188.
Greisman 8326.
Greulich 8397.
Grew [8143].
Griesinger 8477.
Griffin 8351.
Griffith, G. ap 8307.
Griffith, J. H. 8272.
Griffith, R. L. 8166.
Griffith, T. C. 8143.
Griffiths 8303.
Grigoras 8467.
Griggs 8488.
Grimmeiss 8153.
Grimwade 8400.
Grob 8306.
Grodzenky 8309.
Grögaard 8467.
Groshan 8410.
Grossmann-Doerth 8148.
Grossowicz 8302.
Grosvenor 8317.
Groszos 8419.
Grote 8424.
Grubner 8367.
Grümm 8142.
Grün, F. 8169.
Grün, K. 8171.
Grüß 8474.
Grumbach 8247.
Gryglewski 8318.
Guarino 8298.
Gubarew 8297.
Gudgeon 8447.
Gudkowa 8482.
Gühring 8485.
Günther 8369.
Guerrillot-Vinet 8305.
Guha 8250.
Guilbot 8451.
Guild 8279.
Guilleux 8305.
Guly 8278.
Gupta 8430.
Gurd 8305.
Gustafsson 8322.
Guthrie 8387.
Gutowsky 8203. 8275.
Guzmán 8275.
Gyn 8360.
Gyönös 8454.
Gyrisco 8457.
Gysin 8392.
Haak 8147.
Haase [8143].
Hack 8147.
Hackett 8320.
Hadjimarkos 8310. 8323.
Hadley 8419.
Hado 8334.
Haeck 8257.
Häller 8139.
Hagedorn 8382.
Hageman 8425.
Hagen 8451.
Hahn 8483.
Hais [8366].
Halama 8354.
Halfter 8354.
Hall, G. L. 8171.
Hall, R. 8337.
Hallada 8200.
Haller 8183.
Hallgren 8462.
Halperin 8141.
Haltmeier 8474.
Ham 8271.
Hamamoto 8269.
Hamelin 8174.
Hamermesh 8147.
Hamlin 8168.
Hamprecht 8372.
Hanisch 8380.
Hannibal 8171.
Hannig 8479.
Hansen, C. F. 8367.
Hansen, E. 8314.
Hansen, R. E. 8211.
Hansens 8388.
Harada, R. 8154.
Harada, T. 8291.
Harbury 8207.
Harders 8366.
Hardman 8447.
Hardwicke 8437.
Hare 8215.
Harkness 8141.
Harley-Mason 8279.
Harlow 8354.
Harmer 8305.
Harrick 8155.
Harriman 8495.
Harris, G. 8452.
Harris, J. C. 8461.
Harris, J. E. 8396.
Harrow 8206.
Hartler 8464.
Hartmann 8452.
Hartsuch [8484].
Hartwig 8429.
Hartzog III 8336.
Hashmi 8364.
Hatem 8283.
Haupt 8321.
Hawkins 8422.
Hawley 8460.
Hayakawa 8264.
Hayden 8458.
Haydn 8496.
Haymaker 8218.
Hazelwood 8328.
Hearne 8272.
Heath 8413.
Hebert 8338.
Heffelfinger 8276.
Heide 8321.
Hein 8207.
Heineke 8474.
Heise 8421.
Heitmann 8408.
Helferich 8215. 8259. 8261.
Heller 8380.
Hellinghuizer 8423.
Hellmann 8413.
Helm 8380.
Helme 8461.
Hemmerich, P. 8177.
Hemmerich, R. H. 8425.
Henderson 8141.
Hendrickx 8392.
Henecka 8423.
Henkel & Cie G.m.b.H. 8425. 8463.
Hennemann 8443.
Hénon 8300.
Hentola 8465.
Hepler 8165.
Heppolette 8207.
Heraeus, W. C., G. m. b. H. 8351. 8382.
Herbsleb 8161.
Herkules Powder Co. 8406.
Herglotz 8373.
Herman 8198.
Hermanis 8399.
Herrmann 8393.
Hervert 8379.
Herxheimer 8319.
Hesky 8378.
Hess, C. 8392.
Heß, W. 8407.
Hetman 8250.
Hetzel, H. F. 8456.
Hetzel, W. 8156.
Heyl & Co. Chemisch-pharmazeutische Fabrik 8478.
Higley 8424.
Higuchi 8212 [8352].
Hilal 8187.
Hildebrandt 8158.
Hill, R. B. 8333.
Hill, R. K. 8207.
Hilsum 8155.
Hinder 8449.
Hinsch 8166.
Hinshaw 8319.
Hinz 8187.
Hirt 8203.
Hisada 8334.
Hisano 8248.
Hiteshue 8471. 8472.
Hittmair 8137. 8138.
Hladovec 8311.
Hochstadt 8351.
Hodges 8268.
Hodgins 8467.
Hodska 8403.
Höller 8384.
Höller-Land 8384.
Hoering 8189.
Hoesch Akt.-Ges. 8407.
Hoeve, van der 8426.
Hoffman, C. H. 8460.
Hoffman, D. E. 8357.
Hoffman, M. V. 8148.
Hoffmann-La Roche, F., & Cie. Soc. An. 8392.
Hoffmeister 8375.
Hofstadter 8137.
Hogben 8326.
Hogg 8441.
Hoglan 8425.
Hohenleitner 8322.
Hollingworth 8419.
Holmegaards Glasvaerk A/S 8381.
Homes 8418.
Holness 8449.
Holt, R. J. 8332.
Holt, T. E. 8352.
Holub 8175.
Honeycombe 8176.
Hood 8382.
Hopff 8224.
Hopkins, C. Y. 8218.
Hopkins, M. R. 8166.
Horácek 8363.
Hori 8205.
Horikawa 8326.
Horiuchi 8338.
Horn 8337.
Horner 8421.
Horváth, D. 8340.
Horváth, P. 8137.
Horwitz 8136.
Hosono, M. 8274.
Hosono, Y. 8157.

Hotta 8395.
House 8320.
Houska 8373.
Houston 8374.
Howden 8291.
Howe 8324.
Howell 8380.
Howk 8418.
Hrianca 8176.
Hromatka 8283.
Hsia 8320.
Hsüeh 8356.
Huang 8324.
Hudda 8167.
Huddleson 8296.
Huddleston 8457.
Hudson 8396.
Hüttenwerke Phoenix Akt.-Ges. 8407.
Huff 8476.
Huggins 8295.
Hughes, D. H. 8401.
Hughes jun., R. E. 8388.
Hughes Aircraft Co. 8375.
Hull jun. 8136.
Hummel, F. A. 8148.
Hummel, J. P. 8286.
Hummel, R. W. 8272.
Humphrey 8319.
Humphreys Medicine Co., Inc. 8351.
Hunger-Ricci 8449.
Hunt 8470.
Hunter 8298.
Hurst 8169.
Hurwitz 8281.
Hutter 8328.
Hutterer 8453.
Huzinaga 8196.
Hydrocarbon Research, Inc. 8378.
Hyman [8134].
Iancu 8361.
Ibbs [8143].
Ilford Ltd. 8484. 8486. 8487. 8494.
Imamura 8287.
Imperial Chemical Industries Ltd. 8392. 8420. 8425. 8429. 8432. 8436. 8440. 8441. 8442. 8446. 8447. 8478. 8482. 8484.
Imperial Chemical Industries of Australia and New Zealand Ltd. 8481.
Indatom S. à r. l. 8371.
Ingamells 8190.
Ingley 8441.
Ingold 8215.
Ingram 8363.
Inman 8412.
Inoue, M. 8274.
Inoue, Z. 8136.
Inouye, H. 8262.
Inouye, T. 8320.
Institut für Silikon- und Fluorkarbon-Chemie 8425.
International Minerals & Chemical Corp. 8374. 8425. 8452.
International Polaroid Corp. 8496.
International Standard Electric Corp. 8373. 8376.
Internationella Siporex Aktiebolaget 8382.
Inventa Akt.-Ges. für Forschung und Patentverwertung 8445. 8452.
Inventa Akt.-Ges. für Forschung und Patentverwertung Luzern 8412.
Iodkowski 8397.
Ionass 8383.
Iones 8496.
Ionow 8448.
Irodow 8461.
Irvine 8368.
Ishii, K. 8193.
Ishii, R. 8326.
Ishimori 8178.
Isoleringsaktiebolaget W.m.B. 8446.
Italo 8448.
Ito 8330.
Itterbeek, van 8157.
Iuchi 8319.
Ivan 8461.
Ivekovic 8379.
Iwama 8300.
Iwanow 8406.
Iwanowa 8235.
Iwata 8334.
Iyer 8387.
Jackson, A. H. 8241.
Jackson, D. R. 8478.
Jackson, H. D. 8327.
Jacob, H. 8473.
Jacob, R. M. 8352. 8426.
Jacobs, H. L. 8372.
Jacobs, M. S. 8320.
Jacobson 8457.
Jacquez 8282.
Jagitsch 8382.
Jagodina 8383.
Jakubowitsch 8218.
Jakubtschik 8277.
Jander 8180.
Janitschek 8142.
Janssen, H. 8477.
Janssen, N. G. L. M. 8472.
Jaques, W., & Co. 8445.
Jarry 8410.
Jayle 8321.
Jeanrenaud 8308.
Jen 8433.
Jenaer Glaswerke Schott & Gen. 8382.
Jenkins 8242.
Jensen 8143.
Jesselsson 8473.
Jezequel 8376.
Jirlow 8140.
Jiru 8367.
Jocelyn 8325.
Jörder 8468.
Johanson 8464.
Johansson, B. 8142.
Johansson, E. 8140.
Johnson, A. J. 8469.
Johnson, A. W. 8194. 8265.
Johnson, C. A. 8378.
Johnson, E. C. 8481.
Johnson, F. E. 8428.
Johnson, L. 8326.
Johnson, S. 8183.
Johnston 8141.
Joliot 8306.
Jones, A. H. 8357.
Jones, C. M. 8138.
Jones, H. E. H. 8305.
Jones, J. E. 8485. 8496.
Jones, J. W. S. 8399.
Jones, L. H. 8146.
Jones, R. A. Y. 8159.
Jones, R. S. 8320.
Jong, de 8424.
Jordan 8319.
Jose 8377.
Joseph, N. M. 8426.
Joseph, N. R. 8354.
Jouin 8371.
Joyner 8338.
Jucker [8352].
Juna 8137.
Jung 8443.
Junghanns 8447.
Jung-König 8398.
Just 8165.
Justi 8154.
Kaa, van der 8189.
Kabaiwanow 8276.
Kabbe 8415.
Kache 8376.
Kachru 8227. 8228.
Kaczér 8156.
Kaess 8426.
Kagawa 8464.
Kahr 8445.
Kaischew 8170.
Kakudo 8271.
Kakulas 8326.
Kalaschnikowa 8381.
Kallen 8171.
Kalninš 8480.
Kalvar Corp. 8494.
Kalvoda 8354.
Kamal 8135.
Kamath 8404.
Kamernitzki 8231.
Kamogawa 8276.
Kamuscher 8475.
Kandilarow 8167.
Kandler 8459.
Kane 8443.
Kankelwitz 8490.
Kaplan, A. M. 8479.
Kaplan, E. 8294.
Kaplan, M. 8212.
Kaplan, S. A. 8315.
Kappel 8377.
Karácsonyi 8464.
Karády 8318.
Karelina 8383.
Kargl 8304.
Kargin 8431.
Kárpáthy 8454.
Karras 8144.
Karrer, F. W. J. 8428.
Karrer, K. 8283.
Karsten [8352].
Kasarnowski 8411.
Kasimirowa 8259.
Kasiwagi 8234.
Kasper 8255.
Kassatkina 8277.
Kassparow 8411.
Katajew 8176.
Kato, C. 8190.
Kato, I. 8194.
Katritzky 8159.
Katschurin 8468.
Katti 8204.
Katz 8460.
Kaufmann 8436.
Kawaguchi 8157.
Kawamura 8338.
Kawano 8193.
Kawazoe 8265.
Kayama 8393.
Keeping 8459.
Keith, H. D. 8275.
Keith, P. C. 8378.
Kelemen 8297.
Kelen, van der 8197.
Keller 8426.
Kelly 8183.
Kemball, Bishop & Co. Ltd. 8417.
Kemisk Vaerk Køge A/S 8432.
Kemp 8448.
Kempf 8451.
Kendall 8486. 8487. 8494.
Kenilworth Mfg., Co. Ltd. 8443.
Kennard 8495.
Kennedy 8482.
Kerényi, E. 8473.
Kerényi, J. 8365.
Kerr, D. N. S. 8337.
Kerr, J. R. W. 8360.
Kessler, F. M. 8372.
Kessler, M. F. 8472.
Ketterl 8409.
Keuffel & Esser Co. 8496.
Khambata 8387.
Khan 8215.
Khandekar 8204.
Khanna 8344.
Khawam 8444.
Khogali 8330.
Khoury 8271.
Khouvine 8282.
Khristenko 8142.
Kieber 8453.
Kiessling 8465.
Kikkawa 8272. 8273.
Kiley 8363.
Kilpatrick 8209.
Kim 8296.
Kincaid 8387.
Kindel 8298.
Kindler 8424.
Kingsbury 8436.
Kingston 8143.
Kinnunen 8362.
Kipniss 8480.
Kirianenko 8174.
Kischio 8153.
Kisdi 8137.
Kiser 8332.
Kiss, A. J. 8196.
Kiss, G. 8463.
Kiss, S. A. 8356.
Kiss, Z. 8344.
Kistemaker 8150.
Kistiakowsky 8290.
Kitsukawa 8466.
Kittel 8151.
Kittleson 8392.
Kjellman 8142.
Klebanski 8273.
Kleber 8206.
Klein 8250.
Kleinman 8152.
Klemka 8482.
Klicker 8476.
Klite 8299.
Klotz 8164.
Knevel 8242.
Knigge 8314.
Knight 8400.
Knoepke 8440.
Knoth 8182.
Knowles, J. D. 8496.
Knowles, R. N. 8265.
Knox jun. 8496.
Knudsen 8332.
Koark 8191.
Kobayashi 8249.
Koblitsky 8387.
Kobosew 8179. 8180.
Koch, P.-A. 8470.
Koch, R. 8427.
Kochendörfer 8401.
Kocher, G. 8484.
Kocher, H. 8484.
Kodak Ltd. 8491. 8495.
Kodak-Pathé 8490. 8491. 8492.
Kodak S. p. A. 8496.
Köhler, G. 8354.
Köhler, W. 8430.
Kölbel 8366.
König, A. v. 8496.
König, G. 8401.
König, H. 8432.
König, J. 8346.
Körbl 8363.
Körner 8140.
Köthnig 8368.
Kogan, I. J. 8473.
Kogan, L. M. 8435.
Kogan, P. S. 8411.
Kohan 8226.
Kondić 8142.
Kondratiev 8179.
Konečný 8137.
Koniuszy 8296.
Konowalow 8308.
Koopman 8257.
Koopmans 8257.
Koppers Co., Inc. 8440.
Korai 8338.
Koranda 8372.
Koren 8203.
Kosarowitzki 8482.
Koslowski 8160.
Kossyrew 8411.
Kosterlitz 8334.
Kotljar 8357.
Kotschetkow 8216.
Kotsy 8343.
Kothare 8280.
Kotte 8398.
Kotyński 8479.
Koukol 8292.
Koutník 8372.
Kovách 8342.
Kovács 8343.
Kovacs-Jung 8321.
Kovář 8459.
Kowanko 8235. 8240.
Kraft 8229.
Kramer 8157.
Krámli 8453.
Krampitz 8457.
Kranzdorf 8301.
Krassnowski 8265.
Kråstewa 8277.
Kratz 8477.
Kraus 8369.
Krebs, H. 8171.
Krebs, J. 8368.
Kredich 8298.
Krell 8428.
Krementschugski 8473.
Kreschtschanowski 8397.
Kress 8277.
Kressman 8372.
Krey 8424.
Krichevsky 8284.
Krieger 8266. 8267.
Krietsch 8410.
Krisch 8401.
Krishna Gupta 8407.
Kroman 8315.
Kronmüller 8156.
Kroupa 8171.
Krówczyński 8343.
Kroze 8343.
Krug 8281.
Kruh 8279.
Kruk-Schuster 8134.
Krull 8378.
Krupińska 8332.
Krutsay 8365.
Krylow 8190.
Krylowa 8481.
Krymski 8135.
Kuchin 8150.
Kuczyński 8471.
Kudrjawzewa 8431.
Kühle 8392.
Kühn 8408.
Kürschner 8464.
Kugenew 8456.
Kulcsar 8382.
Kunth 8187.
Kurbatow 8395.
Kurfman 8398.
Kurth 8470.
Kurtz 8424.
Kurz 8382.
Kuschew 8192.
Kushima 8399.
Kusmin 8135.
Kusnetzow 8220.
Kutlík 8280.
Kutscherow 8235.
Kuttler 8354.
Kuzuya 8325.
La Bella 8313.
Laboratoires Français de Chimiothérapie 8350. 8351.
Ladd 8424.
Ladenheim 8210.
L'Air Liquide (Soc. An. pour l'Étude et l'Exploitation des Procédés G. Claude) 8407.
Lal 8295.
Lamperi 8337.
Lampert 8338.
Landauer 8162.
Lander 8467.
Lane 8458.
Lang, J. 8387.
Lang, W. 8484.
Langemann 8366.
Lanham 8414.
Lannacher Heilmittel G.m.b.H. 8347.
La Noue 8207.
Lantos 8453.
Lapiccirella 8293.
Lapkin 8229.
Lapporte 8424.
Larkworthy 8188.
Larrabee 8152.
Larrea Soto 8223.
Larsson 8462.
Lasek 8479.
Lashley jun. 8416.
Lassila 8136.
Latarjet 8302.
Lauson 8313.
Lauterbur 8201.
Lauterjung 8138.
Lavorel 8306.
Law 8316.
Lawrowski 8413.
Laymon 8467.
Lazzarini 8284.
Leach 8310.
Lebedew, O. L. 8411.
Lebedew, W. P. 8179.
Leden 8177.
Lederer 8375.

Leduc 8152.
Lee, D. L. 8290.
Lee, J. S. 8327.
Lee, S. 8317.
Le Fèvre, C. G. 8197.
Le Fèvre, R. J. W. 8197.
Le Flem 8371.
Legendre 8442.
Le Héricy 8174.
Lehman 8481.
Leiber 8490.
Leibusch 8411.
Leimu 8216.
Lein 8317.
Leistner 8440.
Lending 8323.
Lengemann 8326.
Lenhard 8352.
Lenk 8320.
Lennox-Kerr [8470].
Léon Ferández 8223.
Leonard 8455.
Leopold 8315.
Lermusiaux 8471.
Lescroel 8375.
Leshin 8448.
Lespagnol 8264.
Le Tourneau 8473.
Leum 8477.
Levine 8309.
Levinthal 8302.
Levy, E. 8478.
Levy, M. 8312.
Lewis, C. H. 8183.
Lewis, D. A. 8385.
Lewis, D. T. 8360.
Lewis, G. W. 8427.
Lewis, J. C. 8458.
Lewis, J. R. 8406.
Lewis, P. S. 8471. 8472.
Lewitzkaja 8259.
Li 8402.
Liang 8356.
Libbey-Owens-Ford Glass Co. 8382.
Liberman 8215.
Libman 8220.
LICENTIA Patent-Verwaltungs-G.m.b.H. 8375. 8433.
Lichkine 8443.
Lichtenthaler 8215.
Lieben 8376.
Liedek 8253.
Lien 8424.
Lignes Télégraphiques et Téléphoniques 8375.
Lind 8464.
Linde 8446.
Lindegren 8276.
Linder 8343.
Lindsay 8394.
Linek 8356.
Lipke 8219.
Lipnik 8140.
Lippens 8399.
Lippig 8485.
Lippolt 8189.
Lister 8447.
Liston 8455.
Litho Chemical & Supply Co., Inc. 8467.
Litman 8280.
Little, A. D., Inc. 8370.
Littler 8140.
Liwschitz 8403.
Ljubawski 8403.
Lloyd, S. 8313.
Lloyd, S. J. 8353.
Lo 8392.
Loach 8207.
Lockett 8140.
Lockington 8404.
Loeb 8277.
Löfgren 8255.
Loertscher 8392.
Lösch 8372.
Logan 8152.
Lohrmann 8253.
Loor, De 8151.
Lorenian 8484.
Lorenzelli 8160.
Lorenzen 8317.
Lorette 8415.
Loria 8496.
Louch 8468.
Louvar 8243.
Louwerens 8312.
Lovelock 8474.
Lowe 8491.
Lowell 8433.
Lower 8449.
Lowzow 8398.
Lu 8162.
Lubman 8435.
Lubrizol Corp. 8476.
Lucas, L.-D. 8163.
Lucas, W. R. 8436.
Ludwig 8353.
Lünenschloss 8470.
Lüssling 8392.
Luh 8455.
Luig 8165.
Lukaschin 8159.
Luke jun. 8424.
Luminus Co. 8392. 8475.
Lurà 8312.
Lurie 8373.
Lush 8143.
Lutz 8173.
Luzzati 8169.
Lynn jun., R. O. L. 8447.
Lynn, S.. 8370.
Lyon 8140.
Lyr 8289.
Maass 8474.
McCabe jun. 8422.
McCaldin 8154.
McCollum 8374.
McConaughy 8482.
McConnell 8203.
McCormick 8413.
McCuaig 8408.
McCue 8402.
Macdonald, J. B. 8296.
McDonald, S. 8450.
Macefield 8139.
Macek [8366].
McEwen 8215.
Macey 8453.
McGarry 8436.
McGary jun. 8431.
McGowan 8206.
Machado 8432.
Macher 8297.
McKay, A. F. 8417.
McKay, J. B. 8214.
Mackenzie 8368.
McLaughlin 8467.
McLean 8165.
MacLennan 8405.
McNamara 8477.
McQuillen 8416.
McRae 8389.
McSherry 8469.
Maddock 8433.
Madigan 8300.
Mador 8417.
Mäder 8377.
Mälkönen 8267.
Maffezzoni 8438.
Magheru 8300.
Magnussen 8482.
Magyar Állam 8344. 8463.
Maier-Leibnitz 8138.
Mairy 8174.
Makino 8332.
Malcolm 8164.
Malinin 8381.
Malissa 8355.
Mallory 8232.
Malnew 8473.
Maluta 8389.
Malzew 8179.
Mamedowa 8411.
Mandelkern 8270.
Mânescu 8461.
Mann 8204.
Manneck [8463].
Mannheimer 8422.
Manning 8263,
Manninger 8297.
Mansfedl 8311.
Manteuffel 8476.
Mantieva 8281.
Manufactures de Produits Chimiques du Nord (Établissements Kuhlmann) 8444.
Manukian 8224.
Manzano 8134.
Marcovich 8302.
Margot 8392.
Mark 8480.
Markin 8309.
Marquez 8194.
Marrama 8293.
Marro 8337.
Marshall 8329.
Martin, A. J. 8400.
Martin, E. L. 8493.
Martin, J. 8380.
Martin, J. G. 8207.
Martin, S. M. 8451.
Martin-Smith 8353.
Martino, De 8433.
Marzetta 8169.
Mashio 8210.
Maślinski 8334.
Masljanskij 8475.
Mason 8446.
Master Mechanics Co. 8382.
Mastin 8476.
Mathes 8453.
Matkovics 8238. 8263.
Matow 8410.
Matrka 8427.
Matrossow 8203.
Matson 8379.
Matsuda 8332.
Matsumoto, R. 8338.
Matsumoto, T. 8239.
Matsunaga 8466.
Matsuoka 8282.
Matthes 8191.
Matthias 8140.
Matzke 8172.
Matzojan 8216.
Maurin [8410].
Mauthe 8480.
Maximowa 8221.
Maxwell 8478.
May, C. G. 8460.
May, L. M. 8387.
Mayaudon 8288.
Mayer, G. 8321. 8322.
Mayer, J. 8329.
Mayer, J. E. 8162.
Mayer, S. 8321. 8322.
Mayo, de 8213.
Mazona 8343.
Mazzuoli 8366.
Meade 8331.
Medcalf 8425.
Medlin 8147.
Medwedewa, D. J. 8426.
Medwedewa, M. N. 8456.
Meehanite Metal Corp. 8407.
Mehltretter 8380.
Meier, G. 8426.
Meier, H. 8427.
Meijers', O. J., Fabrieken voor verpakte Artikelen N.V. 8452.
Melchert 8156.
Meldolesi 8300.
Melnikow 8229. 8237.
Mencarelli 8402.
Mentrup 8421.
Merck & Co., Inc. 8460.
Merck, E., Akt.-Ges. 8392.
Merikanto 8362.
Merrill, R. E. 8370.
Merrill, S. H. 8491. 8495.
Messwarb 8433.
Mestern 8323.
Metais 8321.
Metal & Thermit Corp. 8415. 8425. 8477.
Metallgesellschaft Akt.-Ges. 8406. 8409. 8463. 8477.
Metcalf 8324.
Metheringham 8143.
Meulemans 8323.
Meulen, van der 8485.
Meyer, K. 8406.
Meyer, M. W. 8209.
M. G. Plastics Ltd. 8447.
Míček 8380.
Michailow 8482.
Michailowski 8177.
Micheli, de 8414.
Michi 8292.
Middlebrook 8288.
Midland Silicones Ltd. 8426. 8433. 8444.
Miehle-Goss-Dexter, Inc. 8467.
Mietz 8206.
Migone 8337.
Mihail 8362.
Mihul 8149.
Mikola 8304.
Miles 8244.
Mileschko 8303.
Miller, A. 8213.
Miller, D. 8136.
Miller, H. C. 8181.
Miller, J. H. 8338.
Miller, K. E. 8218.
Miller, M. L. 8439.
Mills, C. R. 8447.
Mills, G. C. 8320.
Mills, J. N. 8315.
Milne 8482.
Milowanowa 8382.
Milwidsky 8461.
Minami, A. 8338.
Minami, S. 8135.
Minerals & Chemicals Corp. of America 8482. 8483.
Mininni 8312.
Minkoff 8209.
Minnesota Mining & Mfg. Co. 8482. 8489. 8492.
Mirew 8168.
Mironow 8221. 8222.
Misch 8408.
Mischtschenko 8356.
Misra 8196.
Mitchell 8386.
Miyagawa 8299.
Mizell 8469.
Mladenow 8277.
Mock 8180.
Mockrin 8163.
Moed 8351.
Mohling 8134.
Mohr 8459.
Mohrman 8447.
Moir 8222.
Moiseiwitsch 8143.
Moldawski 8412.
Moldovan 8441.
Moli 8312.
Molinari 8329.
Molyneux 8367.
Momigny 8200.
Moncuit, C. 8145.
Moncuit, M. de 8321.
Mondon 8422.
Mongar 8319.
Monsanto Canada Ltd. 8417.
Monsanto Chemical Co. 8433. 8437. 8442. 8447.
Montagna 8416.
Montecatini Soc. Gen. per l'Industria Mineraria e Chimica 8380. 8392. 8414. 8415. 8424. 8425. 8428. 8438. 8477.
Montgomery, D. P. 8475.
Montgomery, R. S. 8468.
Moody 8214.
Mooney 8148.
Moore 8494. 8496.
Morales 8392.
Mordwinzewa 8434.
Moreau 8242.
Morehead 8271.
Morikawa 8369.
Morin 8175.
Morino 8200.
Moriyama 8399.
Morniche 8282.
Morosin 8147.
Morrell 8433.
Morris, D. F. C. 8178.
Morris, E. O. 8452.
Morten 8152.
Moss 8152.
Motoyama 8274.
Motquin 8457.
Mould 8145.
Moureau 8298.
Moussatché 8288.
Moustier, de 8407.
Mozumder 8151.
Mudd 8294.
Müller, A. 8409.
Müller, G. 8407.
Müller, P. H. 8398.
Müller, R. 8375.
Muetterties 8181. 8182.
Muhleisen 8338.
Mukaidani 8398.
Mukherji 8236.
Muler 8218.
Mulfinger 8178.
Muller 8350. 8351.
Mullineaux 8424.
Mumbach 8314.
Munro 8482.
Muntoni 8458.
Murakami 8189.
Murányi 8343.
Murphy 8335.
Murray, J. 8136.
Murray, J. D. 8368. 8396.
Murray, J. R. 8353.
Muscholl 8316.
Muta 8388.
Muth 8196.
Myers, C. B. 8467.
Myers, J. E. 8180.
Myers, R. M. 8314.
N.V. de Bataafsche Petroleum Mij. 8392. 8421. 8424. 8447.
N. V. Onderzoekingsinstituut Research 8443. 8447.
N. V. Philips' Gloeilampenfabrieken 8345. 8351. 8371. 8375. 8382. 8392.
Naar-Colin 8201.
Nachod 8201.
Nagakura 8157.
Nagareda 8315.
Nagasawa 8325.
Nagy, J. 8342.
Nagy, K. 8136.
Nagy, S. 8318.
Nahm 8346.
Nakahara 8188.
Nakamura 8178.
Nanikawa 8285.
Napier, D., & Son Ltd. 8409. 8446.
Nasarenko 8356.
Nasarow 8231.
Nasartschuk 8357.
Nath 8454.
Nathan, C. C. 8475.
Nathan, F. 8493.
National Cash Register Co. 8351.
National Distillers & Chemical Corp. 8417.
National Lead Co. 8408.
National Research Council 8412.
National Research Development Corp. 8460. 8495.
Natow 8276.
Nava 8301.
Ndojaj 8191.
Neil 8248.
Neimark 8473.
Nekrassow 8180.
Nelson, C. A. 8286.
Nelson, J. F. 8392. 8433.
Němec 8355.
Nepyschnewski 8434.
Nerurkar 8134.
Netschiporenko 8328.
Neuberger 8279.
Neugel 8340.
New 8484.
Newby 8425.
Newell 8284.
Newman 8272.
Nichols, R. T. 8143.
Nichols, R. W. 8396.
Nicholson jun. 8442.
Nicolas 8158.
Niekisch 8153.
Niepraschk 8492.
Nieset 8494.
Nikitin 8230.

Nikitskaja 8383.
Nikolajewa 8431.
Nikolinski 8277.
Nikonow 8383.
Nikuni 8306.
Nischk 8438.
Nishihara 8338.
Nishimura 8399.
Nissen 8337.
Nitroglycerin A/B 8478.
Nitschmann 8171.
Nitzowitsch 8152.
Nixon 8332.
Noble 8328.
Noll 8445.
Nomura 8288. 8289.
Nordberg 8138.
Norddeutsche Kabelwerke Akt.-Ges. 8445.
Norin 8193.
Noritomi 8393.
Norrhede 8446.
Norton 8414.
Norton Co. 8482.
Novaković 8142.
Nowak, A. [8134].
Nowak, P. 8433.
Nowotny 8175.
Nozoe 8257.
Nubiola 8483.
Nübel 8252.
Nuss 8408.
O'Briain 8226.
O'Brien 8440.
O'Connor 8226.
Ode 8472.
Odstrchel 8293.
Öfele 8187.
Oehlkers [8352].
Oehme 8135.
Oeriu 8279. 8328.
Oertel 8372.
Oesterling 8412.
Österreichisch-Amerikanische Magnesit Akt.-Ges. 8382.
Offer 8483.
Ofner 8265.
Ogasawara 8369.
Ogren 8155.
Ohio State University Research Foundation 8452.
Ohta 8158.
Oka 8141.
Okabayshi 8200.
Okamura 8274.
Oldenburg 8456.
Oldschool 8237.
Olin Mathieson Chemical Corp. 8380. 8423. 8476.
Olley 8456.
Olofsson 8382.
Olschanski 8434.
Olsson 8290.
Onions 8470.
Onsager 8451.
Opie 8408.
Oppenheimer 8190.
Oprea 8467
Oratz 8336.
Orvostudományi Egyetem Vegytani és Biokémiai Intézete 8453.
Orr 8198.
Orsini 8392.
Osinger 8426.
Osmond 8172.
Ostrowski 8393.
Ottewill 8166.
Otto 8463.
Overbeek, van 8392.
Overend 8146.
Overhauser 8157.
Owens 8168.
Owens Illinois Glass Co. 8382.
Paciar 8365.
Padden jun. 8271. 8275.
Padhye 8195.
Padley 8165.
Page jun. 8296.
Paget 8489.
Pagny 8379.
Pahlitzsch 8404.
Pain 8454.
Painter 8281.
Palesstin 8405.
Palik 8145.
Palluy 8449.
Palm 8150.
Palmeira 8134.
Palmer, G. H. 8140.
Palmer, R. 8392.
Palmer, R. C. 8142.
Palmqvist 8399.
Panayotov 8224.
Pankow 8492.
Pansky 8320.
Paoletti 8163.
Papacostas 8315.
Papst 8434.
Paquot 8425.
Parenti 8337.
Pariat 8466.
Parisoli 8293.
Parke, Davis & Co. 8347.
Parker 8189.
Parks 8469.
Parton 8164.
Passaglia 8273.
Patchett 8389.
Patnaik 8361.
Patrick jun. 8431.
Patton 8201.
Paul 8244.
Paulikas 8149.
Pavilanis 8301.
Pawelke 8285.
Payne 8405.
Pearce, C. A. 8446.
Pearce, D. J. 8365.
Pearson, D. T. 8337.
Pearson, G. L. 8152.
Pechanec 8363.
Pechiney Comp. de Produits Chimiques et Électrométallurgiques 8407.
Pedley 8164.
Pegolotti 8207. 8208.
Pegues 8338.
Pektin-Fabrik H. Herbstreith K.-G. 8460.
Pelissier & Frey S. à r. l. 8410.
Pelletier 8300.
Pelmont 8321.
Pelz 8490.
Penneman 8146.
Pennsalt Chemicals Corp. 8412.
Perepeljuk 8460.
Peressleni 8199.
Permutit Co. Ltd. 8372.
Perrin 8309.
Perron, J.-C. 8165.
Perron, R. 8425.
Perron, Y. G. 8347.
Pertrix Union G.m.b.H. 8374.
Pescarolo 8425.
Pessiss 8362.
Petakova 8311.
Petrasch 8353.
Petri 8242.
Petrochemicals Ltd. 8437.
Petropoulos 8446. 8447.
Petrov 8142.
Petrow, A. D. 8222.
Petrow, A. K. 8480.
Petrow, G. S. 8435.
Petry 8279.
Petzold 8380.
Peyron 8144.
Pfister 8488. 8489.
Pfizer, C., & Co., Inc. 8352.
Pfleiderer 8251. 8252. 8253. 8254.
Phenoleum S.p.A. 8381.
Philbin 8226.
Phillips, B. 8238.
Phillips, G. C. 8138.
Phillips, G. O. 8214.
Phillips, T. R. 8168.
Phillips, W. D. 8202.
Phillips Petroleum Co. 8424. 8436. 8437. 8438. 8447. 8475.
Pícha 8372.
Pickford 8313.
Piel 8259.
Pierrot 8375.
Pietrantonj, Di 8337.
Pike 8482.
Pilgrim 8352.
Pilleri 8365.
Pinnow 8394.
Pippen 8195.
Pirtea 8361.
Pistoni 8414.
Pitzer, E. W. 8424.
Pitzer, K. S. 8188.
Plambeck jun. 8492.
Plapp jun. 8330.
Platt jun. 8365.
Plocek 8378.
Ploeg, Ver 8286.
Plougmann 8433.
Plummer 8375.
Plyler 8197.
Pocchiari 8316.
Polaroid Corp. 8489.
Pollock 8453.
Pomeranzew 8198. 8199.
Pongratz 8347.
Popescu 8460.
Pople 8203.
Popp 8215.
Porter, G. R. 8209.
Porter, R. R. 8372.
Portocala 8302.
Posstnikow 8383.
Potasse et Engrais Chimiques 8379.
Potts 8458.
Pouchol 8275.
Pouppirt 8447.
Pouradier 8495.
Povh 8138.
Povinelli 8478.
Powers Chemco, Inc. 8492.
Pozza 8284.
Pradhan 8430.
Präsidenten der Bundesanstalt für Materialprüfung 8410.
Premachandra 8318.
Preobrashenskaja 8240.
Preston, R. S. 8453.
Preston, R. W. G. 8420.
Price, R. 8488.
Price, W. C. 8145.
Priest 8405.
Prino 8330.
Pritchett & Gold 8372.
Proc 8495.
Prochirhin Soc. An. 8407.
Prodi 8282.
Profft 8255.
Prouvost 8179.
Prouvost-Danon 8288.
Prussin 8144.
Pruthi 8295.
Przyborowski 8343.
Püschel 8490.
Pugh 8402.
Purdue Research Foundation 4118.
Pure Oil Co. 8476.
Purš 8363.
Pyatt jun. 8136.
Pyle 8149.
Pyörälä 8336.
Quackenbush 8304.
Quaedvlieg 8425.
Quarrell 8396.
Quartz & Silice 8382.
Quelet 8346.
Quesenberry 8336.
Quesnel 8436.
Quilico 8425.
Quirrenbach 8371.
Rabenau 8153.
Rabkin 8403.
Radeva 8380.
Radford 8147.
Radicella 8138.
Radley 8309.
Raianu 8308.
Raichle 8424.
Raimes 8155.
Raison 8344.
Rajagopal 8176.
Rálek 8367.
Raley 8424.
Ramachander 8224.
Ramamurty 8205.
Ramanathan 8205.
Ramella 8413.
Ramsden 8415.
Rånby 8271. 8272.
Randall 8305.
Rao, C. N. R. 8188.
Rao, C. V. 8205.
Rao, G. V. S. 8304.
Rao, K. S. 8325.
Rao, M. N. 8204.
Rao, M. R. 8205.
Rao, M. V. K. A. 8135.
Rao, V. N. K. 8204.
Rao, V. R. 8195.
Rasschiwalina 8448.
Rasskin 8434.
Rathje 8384.
Rauch, E. B. 8488.
Rauch, G. 8305.
Raumann 8469. 8470.
Rausch, H. 8406.
Rausch, W. 8409.
Reavill 8367.
Rédei 8318.
Redfearn 8285.
Redfern 8355.
Reed 8316.
Reeves 8201.
Rehm 8336.
Reichel 8219.
Reichherzer 8434.
Reid, S. T. 8213.
Reid, T. S. 8482.
Reifenschweiler 8371.
Reiffenstein 8313.
Reimann 8144.
Reinluft G.m.b.H. 8474.
Reiss 8175.
Rekers 8417.
Remen 8383.
Remy 8325.
Rendle 8410.
Reokhow 8496.
Resnik 8195.
Resnitschenko 8159.
Retamar 8194.
Revertex Ltd. 8448.
Rey Arnáiz 8223.
Reymermier 8442.
Reynolds, C. A. 8363.
Reynolds, K. 8494.
Rhodes, A. 8476.
Rhodes, M. B. 8271.
Richardson 8337.
Richter, A. 8339. 8340.
Richter, M. 8278.
Ridd 8215.
Ridger 8460.
Rieche 8423.
Riedy 8396.
Rieß 8479.
Riester 8496.
Rigoli 8430.
Rinderknecht 8304.
Ristić 8142.
Ritzerfeld, G. 8484.
Ritzerfeld, W. 8484.
Rivera 8449.
Robb 8434.
Robba, C. G. 8432.
Robba, M. 8242.
Robert, B. 8321.
Robert, J. 8352.
Robert, J. G. 8352.
Robert, L. 8321.
Roberts, E. 8176.
Roberts, E. A. H. 8237.
Roberts, F. J. L. 8442.
Roberts, J. C. 8247.
Roberts, J. D. 8232. 8233.
Robertson, D. N. 8390. 8391.
Robertson, E. J. 8444.
Robertson, E. M. 8491.
Robertson, J. M. 8396.
Robertson, R. E. 8207. 8338.
Robeson, C. D. 8352.
Robeson, M. V. 8424.
Robinson 8241.
Robseon 8380.
Robson 8141.
Roche 8368.
Rodriguez 8138.
Roederer 8134.
Roe 8283.
Röhlich 8290.
Röschenbleck 8405.
Rogers 8489.
Roginski [8143].
Rohm & Haas Co. 8389. 8392. 8416. 8439. 8440. 8447. 8467.
Rol 8150.
Rolf 8359.
Rolinson 8299. 8332.
Romanowa 8359.
Romaschkewitsch 8383.
Romováčková 8472.
Root 8435.
Ropelewski 8393.
Rosales Pizarro 8315.
Rose 8135.
Rosenberg, v. 8409.
Rosenthaler 8342.
Roslowski 8410.
Rosowskaja 8435.
Ross, I. 8457.
Ross, I. G. 8194.
Ross, S. D. 8334.
Rosstowski 8214.
Rost 8177.
Rothballer 8316.
Rothenstein 8176.
Rothlauf 8426.
Rothlin 8333.
Rothschild, J. 8291.
Rothschild, M. A. 8336.
Rotondo 8491.
Rottig 8380. 8392.
Rovesti 8449.
Rowson, J. M. 8339.
Rowson, J. M. 8339.
Rowson, K. E. K. 8283.
Roy-Burman 8250.
Royer 8393.
Rudman 8169.
Rudolf 8419.
Rudolph 8170.
Rudy 8175.
Ruge 8456. 8457.
Ruhrchemie Akt.-Ges. 8380. 8392.
Rukwied 8253. 8254.
Runow 8403.
Rushmer 8335.
Rusinowa 8473.
Russell, W. F. 8392.
Russell, W. S. 8409.
Rusu 8461.
Rutgers 8485.
Rybak 8311.
Rybakowa 8229.
Rydon 8209.
Rye Alertsen 8246.
Ryhiner 8385.
Rysch 8395.
Ryschkewitsch 8213. 8476.
Ryshow 8448.
Saarinen 8465.
Sacconi 8163.
Safe 8431.
Sager 8342.
Ságner 8427.
Sahoo 8361.
Saikachi 8248.
Saitner 8432.
Saito, K. 8393.
Saito, Tsuneyuki 8291.
Saito, Tunezo 8393.
Sakurada 8274.
Salaman 8283.
Saliwadny 8177.
Salmon 8355.
Salooja 8209.
Saltzman 8311.
Sam 8347.
Samiy 8327.
Samuel 8302.
Samuels 8308.
Sandner 8183.
Sandor 8321.
Sandoz Soc. An. 8350.
Sangrelet 8420.
Santochi 8134.
Sappenfield 8338.
Saravacos 8455.
Sárkány 8339.
Sarma 8204.
Sartorius 4820.

Sarver 8148.
Sasaki 8159.
Saschtschichin 8397.
Sasse 8235. 8240.
Sassine 8329.
Sassorin 8377.
Sastry, C. A. 8387.
Sastry, P. S. 8325.
Satò, R. 8388.
Satō, Y. 8264.
Saucier 8150.
Sauer 8418.
Saunders 8278.
Saunier 8443.
Sauvenier 8484.
Savage 8365.
Sawada 8300.
Sawhney 8227.
Sawicki 8137.
Sawin 8172.
Sayre 8314.
Schaaffs 8151.
Schäfer 8392.
Schaeffer 8189.
Schaeren 8376.
Schafer, G. W. 8135.
Schafer, J. G. 8135.
Schanker 8326.
Schaposchnikowa 8405.
Schardt 8140.
Schatow 8460.
Schauble 8311.
Schechter 8414.
Scheer 8314.
Scheinker 8198. 8199.
Schellenberger 8490.
Schenderowa 8452.
Scherer, H. 8433.
Scherer, J. R. 8146.
Scherff 8236.
Schering Akt.-Ges. 8352. 8392.
Scheschenew 8397.
Schicher 8468.
Schifrina [8447].
Schildknecht 8305.
Schimmer 8138.
Schindler 8346.
Schirjajew 8403.
Schitarewa 8356.
Schitikow 8395.
Schlegel 8400.
Schleich 8375.
Schleicher 8351.
Schlesinger, H. S. 8336.
Schlesinger, M. D. 8471.
Schlie 8456.
Schlipf 8170.
Schlockermann 8488.
Schlögl 8168.
Schlotzhauer 8382.
Schmalfeld 8477.
Schmeling 8405.
Schmid, I. 8381.
Schmid, J. 8464.
Schmidt, L. D. 8474.
Schmidt, M. 8379.
Schmidt, P. 8403.
Schmitt, H. 8398.
Schmitt, R. G. 8203.
Schmut 8465.
Schneider, A. 8164.
Schneider, G. 8154.
Schneider, R., & Co. K.G. 8462.
Schneider, W. G. 8201. 8203.
Schönberg 8456.
Schofield 8209.
Scholer 8338.
Scholz 8426.
Scholze 8178.
Schorina 8411.
Schorschorow 8402.
Schotte 8241.
Schränkler 8445.
Schran 8432.
Schreiber 8336.
Schtanko 8431.
Schtschegolewskaja 8275.
Schüle 8310.
Schürenkämper 8401.
Schütte 8308.
Schulte 8395.
Schultz 8177.
Schultze 8321.
Schulz, J. F. 8451.
Schulz, M. 8423.
Schulz, M. E. 8456.
Schulze 8156.
Schurig 8168.
Schurygin 8383.
Schutte 8475.
Schwachheim 8134.
Schwan 8491. 8496.
Schwarz 8492.
Schwarze 8371.
Schwarzmann 8372.
Schwienbacher 84844. 8489.
Schwyzer 8278.
Scofield 8372.
Scott, F. R. 8149.
Scott, J. M. W. 8207.
Scott, R. M. 8312.
Scripto, Inc. 8484.
Scroggie 8470.
Scully 8195.
Searle, G. D., & Co. 8352.
Sebestyén 8135.
Sedgwick 8328.
Seeger 8156. 8173.
Segal 8277.
Seitz 8409.
Seki 8190.
Sekiya, K. 8287.
Sekiya, T. 8276.
Selby jun. 8375.
Seligman 8195.
Selinski 8331.
Semegen 8372.
Semsin 8402.
Semtex Ltd. 8433.
Sen, D. 8250.
Sen, S. 8179.
Sendo 8193.
Senti 8278.
Serratto 8318.
Seyferth 8477.
Seymour 8392.
Shah, G. Z. 8137.
Shah, N. M. 8189.
Sharman, D. F. 8333.
Sharma, H. N. 8228.
Sharples Centrifuges Ltd. 8476.
Sharpless 8316.
Sharts 8233.
Shaver 8419. 8436.
Shaw, D. 8241.
Shaw jun., E. H. 8277.
Sheehan 8278.
Sheers 8433.
Sheline 8137.
Shell Development Co. 8392. 8424. 8425.
Shell Internationale Research Mij. N.V. 8372.
Shell Oil Co. 8444.
Shemano 8334.
Shemilt 8204.
Sheppard 8404.
Sherman 8239.
Sherwin-Williams Co. 8419. 8436.
Shestopalova 8141.
Shibata 8319.
Shigematsu 8361.
Shigeta 8325.
Shimada 8194.
Shimizu 8200. 8202.
Shimodaira 8399.
Shinoda 8205.
Shipley, C. S. 8477.
Shipley, W. H. 8370.
Shirai 8369.
Shkolnik 8136.
Shoch 8293.
Shooter 8286.
Short 8178.
Siddiqui, R. A. 8483.
Siddiqui, S. 8344. 8483.
Sidol-Werke, Siegel & Co. 8463.
Siedel 8346.
Sieker 8311.
Siemens-Schuckertwerke Akt.-Ges. 8375. 8380. 8408.
Sietsema 8452.
Siftár 8342.
Sihtola 8465.
Sikora 8215.
Silberman 8217.
Sill 8357.
Silver 8314.
Silverstein 8317.
Simionesco-Carapancea 8300.
Simionescu 8467.
Simmons 8338.
Simnett 8325.
Simon 8333.
Simon-Carves Ltd. 8382.
Simonyi 8187. 8364.
Singh, I. 8316.
Singh, K. 8361.
Singh, L. J. 8295.
Singh, S. I. 8316.
Sinowjew 8308.
Sircar 8308.
Sisler 8284.
Sivesgaard 8455.
Skeggs 8460.
Skinner, B. G. 8143.
Skinner, H. A. 8164.
Skorochodow 8180.
Skulski 8417.
Slater 8323.
Slatewa 8168.
Slimowicz 8496.
Slobody 8323.
Slusher 8334.
Smeykal 8368.
Smidth, F. L., & Co. A/S 8381.
Smilay 8314.
Smirnowa 8402.
Smith, C. R. 8307.
Smith, E. B. 8206.
Smith, E. E. 8327.
Smith, F. 8157.
Smith, G. F. 8241.
Smith, G. H. 8414.
Smith, J. F. 8155.
Smith, J. G. 8491.
Smith, M. J. H. 8295.
Smits 8157.
Smyrniotis 8244.
Snatzke 8269.
Snyder 8425.
Soare, F. 8308.
Soare, I. 8301.
Soc. An. Chérifienne d'Études et de Recherches Scientifiques (S.A.C.E.R.) 8348.
Soc. An. pour la Diffusion Industrielle 8351.
Soc. An. des Pneumatiques Dunlop 8433. 8468.
S.p.A. Prod. Farmaceutici Specializzati D. M. Calos & Figlio 8351.
Soc. des Accumulateurs Fixes et de Traction Soc. An. 8375.
Soc. Agrifurane Soc. An. 8422.
Soc. Civile Solucal 8346.
Socony Mobil Oil Co., Inc. 8476.
Soc. Nobel Française 8439. 8445.
Soc. Nouvelle des Établissements Silvestre 8389.
S.à r.l. Fubert 8446.
Soc. Permacel Tape Corp. 8481.
Soc. des Usines Chimiques Rhône-Poulenc 8347. 8348. 8349. 8352. 8414. 8426. 8442.
Sölken 8133.
Soine [8352].
Sollman 8268.
Solotarew 8377.
Soloway 8392.
Solvay & Cie. 8437. 8447.
Somer 8465.
Song 8426.
Šorm 8278.
Sossimowa 8199.
Sottysiak 8495.
Soulen 8163.
Souza, de 8280.
Soyk 8373.
Spacht 8419.
Spanilý 8471.
Spark 8469. 8470.
Spath 8491.
Spek, van der 8312.
Spence 8496.
Spencer, B. 8291.
Spencer jun., J. G. 8165.
Spencer, R. P. 8327.
Spengler 8409.
Spice 8206.
Spiegelmann 8299.
Spitzer 8322.
Spofa, Spojené Farmaceutické Závody Národní Podnik 8352.
Spohler 8270.
Spragg 8306.
Spraragen 8314.
Spray 8325.
Spriggs 8400.
Squires 8295.
Srinivasan 8224.
Ssagadijewa 8160.
Ssamossatski [8447].
Ssandomirski 8448.
Ssawinski 8143.
Ssawranskaja 8230.
Ssemenenko 8306.
Ssergejew, A. G. 8460.
Ssergejew, B. G. 8460.
Ssidelkowski 8383.
Ssilajew 8397.
Ssinaiski 8434.
Ssirota, A. G. 8435.
Ssirota, S. D. 8176.
Ssobtschuk 8329.
Ssokolow 8275.
Ssutjagina 8160.
Ssyssina 8431.
Stack 8419. 8436.
Stacker, C., K.-G. 8481.
Stadtman 8244.
Staehle 8491.
Stahl [8352].
Staley, A. E., Mfg. Co. 8481.
Stamicarbon N.V. 8420.
Standard Elektrik Lorenz Akt.-Ges. 8374. 8410.
Standard Oil Co. 8424. 8475.
Standard Telephones & Cables Ltd. 8372.
Standil 8136.
Standring 8482.
Staniland 8388.
Stanley 8301.
Stanovnik 8243.
Starcher 8238.
Stark 8380.
Starr 8314.
Stastny 8447.
Stauffer 8496.
Stauffer Chemical Co. 8392.
Stearns 8494.
Steatit-Magnesia Akt.-Ges. 8375.
Steatite Research Corp. 8374. 8375.
Steenberg 8465.
Steiger-Trippi 8339. 8340.
Steigerwald 8375.
Stein, R. S. 8271.
Stein, W. D. 8286.
Steinberg, E. P. 8140.
Steinberg, M. 8145.
Steinegger 8343.
Steingaszner 8369.
Steinhauer 8462.
Stendel 8164.
Sterlin 8460. 8461.
Sterling 8373.
Sterling Drug, Inc. 8351.
Stern 8455.
Sternlicht 8203.
Stevens 8299. 8332.
Stevenson 8144.
Stewart, A. J. 8471.
Stewart, G. T. 8332.
Stichting 8448.
Stickle jun. 8431.
Stillinger jun. 8163.
Stinsky 8474.
Stitt 8195.
Stock 8210.
Stockley 8141.
Stockman 8464.
Stone 8239.
Stoner 8482.
Stoughton 8141.
Strachan & Henshaw Ltd. 8370.
Stracher 8287. 8288.
Stragand 8396.
Strandh 8309.
Strauß, G. 8164.
Strauss, H. L. 8203.
Straw 8495.
Streiffert 8491.
Stresemann 8319.
Stroh 8426.
Stubbs 8420.
Studiengesellschaft Kohle m.b.H. 8420. 8447.
Stumpf 8294. 8295.
Stuntz 8303.
Subarew 8395.
Subow 8143.
Süddeutsche Kalkstickstoff-Werke Akt.-Ges. 8426.
Süs 8496.
Sugawara 8399.
Suhaciu 8300.
Sukai 8464.
Sullivan 8418.
Sundt 8449.
Supniewski 8332.
Surmatis 8265.
Surrey 8351.
Suryanarayana 8195.
Susa 8438.
Sutherland 8333.
Sutton 8433.
Suzuki, A. 8239.
Suzuki, K. 8300.
Suzuki, Y. 8466.
Swami 8204.
Swann 8432.
Swanson 8162.
Swartzwelder 8338.
Sweeney, E. J. 8467.
Sweeney, W. A. 8424.
Swerdlin 8434.
Swift & Co. 8460.
Swinnerton 8484.
Sy, de 8394.
Syhre 8367.
Sylvester 8451.
Syntex Soc. An. 8352.
Szabó 8209.
Szabolcs 8343.
Szafarz 8282.
Szász 8339.
Szerb 8319.
Szulczewski 8212.
Tabushi 8361.
Tacu 8149.
Tagliavini 8448.
Taguchi 8338.
Takahashi 8257.
Takano 8262.
Takayanagi 8274.
Take 8466.
Takeda 8269.
Takemoto 8158.
Takezaki 8213.
Talet 8439.
Talik 8222.
Tamás 8463.
Tamminen 8268.
Tanabe 8157.
Taniguchi 8338. 8394.
Tanimura 8394.
Tannenbaum 8320.
Tardieu 8407.
Tarkow 8275.
Tartter 8429.
Tassie 8136.
Taube 8178.
Tawa 8285.
Taylor, A. W. C. 8447.
Taylor, D. W. 8334.
Taylor, E. C. 8249.
Taylor, N. W. 8278.
Taylor, W. E. 8424.
Tchelitcheff 8244.

Teissier 8462.
Telegraph Construction & Maintenance Co. Ltd. 8375.
Tendick 8347.
Tepperman, H. M. 8327.
Tepperman, J. 8327.
Terenin 8146.
Terentjew 8240.
Tess 8444.
Tessier 8389.
Teubner 8306. 8307.
Texaco Development Corp. 8379. 8477.
Texaco, Inc. 8370. 8475.
Thanawalla 8246.
Theis 8146.
Thiel 8426.
Thiele 8385.
Thilo 8186.
Thimann 8365.
Thiokol Chemical Corp. 8478.
Thirtle 8490.
Thoenes 8280.
Thomae, Dr. K., G.m.b.H. 8450.
Thomas, A. G. 8433.
Thomas, L. D. 8382.
Thomas, P. 8166.
Thomas, R. H. 8143.
Thomas, S. 8315.
Thompson, A. R. 8426.
Thompson, M. J. 8249.
Thurman 8460.
Tiberghien 8371.
Tidwell 8197.
Tietz 8134. 8170.
Timmermann 8467.
Timofejew 8273.
Timofejewa 8230.
Timoney 8226.
Tinsley 8420.
Tipton 8333.
Tirunarayanan 8299.
Tišler 8243.
Tkatschenko 8395.
Töppel 8465.
Toivonen 8267.
Tokár 8187. 8364.
Toki 8334.
Tokura 8287.
Tomes 8304.
Tonomura 8287.
Toor 8434.
Topol 8370.
Torii 8189.
Toropow 8403.
Tóth, E. C. 8284.
Tóth, I. J. 8404.
Towle 8139.
Toy 8467.
Trabant 8180.
Trainin 8282.
Transvaal & Orange Free State Chamber of Mines 8372.
Trapp 8449.
Trask, A. C., Co. 8426.
Triantaphyllopoulos 8322.
Trivedi, J. P. 8189.
Trivedi, P. L. 8246.
Troncoso 8134.
Trossko 8460.
Trotter 8452.
Trubenised (Gt. Britain) Ltd. 8382.
Truitt 8370.
Truscheit 8415.
Tschepigo 8450.
Tscherkinskij 8381.
Tschernjajewa 8308.
Tschernjakina 8364.
Tschertkow 8378.
Tschshan, Kuan-Chou 8299.
Tschshan, Tschi-Juin 8186.
Tschu 8402.
Tschuchadshjan 8216.
Tsuda 8292.
Tsujino 8291.
Tsujioka 8163.
Tsuk 8463.
Tsukada 8141.
Tsukamoto 8334.
Tuček 8191.
Tuckey 8456.
Tumanowa 8356.
Tung 8324.
Turbowski 8394.
Turchetto 8337.
Turjan 8377.
Turner, C. W. 8318.
Turner, R. 8418.
Turski 8384.
Tuzson 8344.
Twitchett 8442.
Tyczkowski 8412.
Tyler jun. 8303.
Tyner 8352.
Ubbelohde 8161.
Uchevatkin 8141.
UCLAF 8448.
Udic Soc. An. 8447.
Ueda 8193.
Ueno 8213.
Uhde, F., G.m.b.H. 8378.
Ulhenbroek 8257. 8392.
Ullman 8271.
Ulmanen 8465.
Ulmann 8278.
Ullrick 8328.
Union Carbide & Carbon Corp. 8373.
Unilever Ltd. 8460.
Union Carbide Corp. 8373. 8407. 8414. 8416. 8420. 8425. 8447. 8481.
Union Chimique Belge Soc. An. 8347.
United States of America, Secretary of Air Force 8485.
United States Atomic Energy Commission 8408.
United States Rubber Co. 8424.
Universal Oil Products Co. 8379. 8421. 8424. 8425. 8477.
Unruh 8495.
Unterstenhöfer 8409.
Updegraff 8472.
Upjohn Co. 8352. 8426.
Urbańczyk 8276.
Urgošik 8142.
Usai 8483.
Uschakow, A. D. 8406.
Uschakow, S. N. 8214.
Ushakoff 8479.
Usherwood 8333.
Vahrman 8473.
Valentine 8470.
Valeška 8372.
Valk, van der 8163.
Vandemaele 8448.
Vanderbeek 8311.
Vanderbilt, R. T., Co., Inc. 8392.
Vandome & Hart Ltd. 8489.
Varadarajan 8195.
Varieras 8374.
Varvel 8475.
Vassielev 8374.
Vassiliev 8158.
Vastagh 8342. 8343.
VEB Leuna-Werke „Walter Ulbricht" 8419. 8426.
Večeřiková 8372.
Veld, in't 8312.
Velluz 8350. 8351.
Vérain, Alice 8321.
Vérain, Andrè 8321.
Verduin 8307.
Vergnano 8448.
Verhaeghe 8141.
Verma 8190.
Vermes 8133.
Verzár-Petri 8339.
Vesco 8389.
Vesleiman 8448.
Vibrans 8395.
Vick 8319.
Vielhaber 8380.
Virtanen 8304.
Visapää 8467.
Vischer 8299.
Viscontini 8251.
Vladimirsky 8142.
Vliet, Van 8409.
Völcker 8149.
Voelthel 8371.
Volianik 8406.
Voss 8469.
Vossgard 8433.
Vratny 8144.
Vriens 8425.
Vries, de 8163.
Wachtel 8364.
Wada, H. 8393.
Wada, T. 8288. 8289.
Wägerle 8379.
Waehnelt 8270.
Wagner, G. 8355.
Wagner, Günther 8483.
Wagner, R. I. 8475.
Wahl 8490.
Wahler 8320.
Wåhlstam 8255.
Waksmundski 8367.
Walbridge 8436.
Wales 8167.
Walford 8496.
Walker 8303.
Wall 8355.
Wallace 8189.
Waller 8427.
Walt, van der 8343.
Walter 8271.
Walton 8152.
Wan 8457.
Wanie 8380.
Wargöns A/B 8382.
Warner 8372.
Wartanjan 8216.
Wasileski 8364.
Wassermann 8167.
Wassiljewa 8481.
Wassin 8384.
Watanabe 8159.
Watkins, G. B. 8382.
Watkins, M. T. 8402.
Watson 8458.
Weber, G. 8180.
Weber, U. [8352].
Weeren, van 8372.
Wegemer 8273.
Wegler 8392.
Wei 8324.
Weichert 8431.
Weidmann 8362.
Weigel 8181.
Weil 8166.
Weiner 8404.
Weingarten 8210.
Weinstein 8331.
Weissler 8364.
Welford 8194.
Wellcome Foundation Ltd. 8344. 8352.
Wells 8325.
Wendel 8334.
Wendt 8400.
Wenzel 8149.
Wergin 8463.
Werner 8349.
Wernfors 8173.
Werrell 8443.
Wershchowski 8455.
Westermark 8143.
Westfork Mfg. Co. (Proprietary) Ltd. 8481.
Westhuizen, van der 8481.
Westinghouse Electric Corp. 8374. 8375.
Westmacott 8399.
Weston 8140.
Wetterholm 8478.
Wey-Établissement 8382.
Wheeler 8226.
Whelan 8154.
Whiffen 8195.
Whiffen & Sons Ltd. 8382.
White, C. E. 8357.
White, M. 8278.
Whiteman 8396.
Whitwer 8307.
Whitworth 8192.
Wieker 8186.
Wiersum 8307.
Wiese 8433.
Wieseneder 8193.
Wigren 8465.
Wijard 8382.
Wikstrom jun. 8392.
Wilcox 8438.
Wild, A. S. 8442.
Wild, R. L. 8153.
Wildermuth 8137.
Wilke 8420. 8447.
Wilkinson, D. H. 8136.
Wilkinson, G. R. 8145.
Willhalm 8449.
Williams, H. L. 8245.
Williams, J. 8399.
Williams, L. A. 8496.
Williams, R. B. 8201.
Williams, T. R. G. 8401.
Williams, W. J. 8330.
Williamson, J. F. 8478.
Williamson, K. S. 8315.
Willis 8357.
Willits 8455.
Wilsdon 8410.
Wilson, A. D. 8312.
Wilson, C. L. 8353.
Wilson, C. O. [8352].
Winkler, C. A. 8213.
Winkler, J. 8443.
Winstrom 8425.
Winter 8449.
Wishnia 8278.
Wismer-Pedersen 8455.
Witters 8157.
Wittmann 8175.
Wittwer 8306. 8307.
Wlassow 8460.
Wodsinsskaja 8481.
Woerden, van 8200.
Woitach jun. 8496.
Wolf, D. E. 8460.
Wolf, F. T. 8296.
Wolf, S. J. L. 8483.
Wolfkowitsch 8383.
Wolfram 8476.
Wolfson 8326.
Wolfsson 8237.
Wolodkowitsch 8237.
Wood 8382.
Woodbridge 8166.
Woodget 8495.
Wooding 8433.
Woods, G. T. 8456.
Woods, L. L. 8245.
Wootton 8371.
Worms 8183. 8185.
Woronzowa 8284.
Worthington 8457.
Wright, L. D. 8460.
Wright, P. M. 8140.
Wultsch 8465.
Wyandotte Chemicals Corp. 8478.
Wyld 8354.
Wynne 8360.
Wyssmann 8282.
Yackel 8491.
Yagi 8282.
Yamagata 8189.
Yamaguchi, S. 8173.
Yamaguchi, Tetsuro 8157.
Yamaguchi, Tokio 8205.
Yamashita, T. 8274.
Yamashita, Y. 8193.
Yang 8273.
Yardney International Corp. 8375.
Yarwood 8314.
Yemm 8306.
Yoda 8398.
Yokoi 8200.
Yoshida 8398.
Yoshimura 8334.
Young, D. W. 8438.
Young, J. K. 8311.
Young, W. G. 8207. 8208.
Youssov 8373.
Yunker 8212.
Yutzy 8491.
Zach 8322.
Zachau-Christiansen 8337.
Zágon 8451.
Zahn [8143].
Zahnradfabrik Friedrichshafen Akt.-Ges. 8408.
Zaremsky 8442.
Zathurecky 8339.
Zbarsky 8281.
Zeiss, C. 8375.
Zeiss, W. 8480.
Zeitlin 8377.
Zelinski 8243.
Zeller 8293.
Zemany 8361.
Zembura 8160.
Zerbes 8375.
Zhukovsky 8141.
Ziegler, C. A. 8402.
Ziegler, K. 8424.
Ziehl 8408.
Zimmermann 8322.
Zimmerschied 8424.
Zirn 8347.
Zischka 8283.
Zlatkis 8474.
Zobel 8278.
Zorn 8480.
Zschötge 8403.
Zsigmond 8454.
Zwanzig 8134.
Zweidler 8426.
Zwetkow 8135.

Patentregister

Deutsche Patente [München] (D.B.P.)

Nr.	Seite
D.B.P. 974827	8375
D.B.P. 975121	8433

Auslegeschriften der Patentanmeldungen des Deutschen Patentamtes München (D.A.S.)

Nr.	Seite
D.A.S. 1034852*	8447
D.A.S. 1045647*	8372
D.A.S. 1047422*	8447
D.A.S. 1053782	8495
D.A.S. 1058496	8413
D.A.S. 1059909	8477
D.A.S. 1063596	8414
D.A.S. 1065846	8416
D.A.S. 1068228*	8380
D.A.S. 1074043	8416
D.A.S. 1077673	8346
D.A.S. 1085507	8379
D.A.S. 1093205	8488
D.A.S. 1093353	8418
D.A.S. 1094735	8419
D.A.S. 1096893	8419
D.A.S. 1097596	8430
D.A.S. 1098678	8407
D.A.S. 1100193	8370
D.A.S. 1100828	8371
D.A.S. 1101454	8389
D.A.S. 1102918	8371
D.A.S. 1102979	8406
D.A.S. 1104484	8428
D.A.S. 1105424	8422
D.A.S. 1106033*	8352
D.A.S. 1106070	8445
D.A.S. 1106143	8409
D.A.S. 1106431	8375
D.A.S. 1106579	8408
D.A.S. 1107046	8408
D.A.S. 1107227	8413
D.A.S. 1107838	8375
D.A.S. 1107839	8371
D.A.S. 1107840	8371
D.A.S. 1108040	8373
D.A.S. 1108042	8410
D.A.S. 1109003	8410
D.A.S. 1110154	8420
D.A.S. 1110333	8371
D.A.S. 1110494	8410
D.A.S. 1110871*	8433
D.A.S. 1110868*	8351
D.A.S. 1111151	8370
D.A.S. 1111304	8375
D.A.S. 1111480	8409
D.A.S. 1111900	8410
D.A.S. 1111901	8408
D.A.S. 1112046	8370
D.A.S. 1112232	8432
D.A.S. 1112371	8409
D.A.S. 1112465	8377
D.A.S. 1112868	8409
D.A.S. 1113052	8429
D.A.S. 1113086	8445
D.A.S. 1113467	8407
D.A.S. 1113682	8374
D.A.S. 1114170	8373
D.A.S. 1114177*	8425
D.A.S. 1114190	8421
D.A.S. 1114203*	8351
D.A.S. 1114210	8406
D.A.S. 1114232	8374
D.A.S. 1114471*	8426
D.A.S. 1114491*	8433
D.A.S. 1114510*	8351
D.A.S. 1114602	8433
D.A.S. 1114870*	8375
D.A.S. 1114965	8432
D.A.S. 1115024	8438
D.A.S. 1115222	8370
D.A.S. 1115562*	8460
D.A.S. 1115721	8373
D.A.S. 1115730*	8425
D.A.S. 1115734	8420
D.A.S. 1115846	8371
D.A.S. 1116207*	8425
D.A.S. 1116286	8374
D.A.S. 1116287	8374
D.A.S. 1116650	8415
D.A.S. 1117060	8481
D.A.S. 1117089	8372
D.A.S. 1117368	8460

Deutsche Patente (D.P.[DDR])

Nr.	Seite
D.P.[DDR] 16267	8485
D.P.[DDR] 16777	8488
D.P.[DDR] 19184	8492
D.P.[DDR] 19529	8490
D.P.[DDR] 20243	8420
D.P.[DDR] 21191*	8477
D.P.[DDR] 21530	8415
D.P.[DDR] 21654	8424

Amerikanische Patente (A.P.)

Nr.	Seite
A.P. 2798090	8429
A.P. 2802858	8436
A.P. 2802860	8419
A.P. 2809935	8476
A.P. 2824023	8441
A.P. 2824114	8379
A.P. 2833689	8390
A.P. 2840501	8415
A.P. 2843561	8441
A.P. 2850481	8440
A.P. 2851440	8440
A.P. 2851642*	8376
A.P. 2852482	8442
A.P. 2852517	8370
A.P. 2854425*	8433
A.P. 2854477	8463
A.P. 2855442	8391
A.P. 2855443	8391
A.P. 2861031	8421
A.P. 2861046*	8447
A.P. 2886557	8439
A.P. 2866777*	8448
A.P. 2866778*	8448
A.P. 2870156	8347
A.P. 2870171	8392
A.P. 2871269	8415
A.P. 2878295	8450
A.P. 2880210	8347
A.P. 2883346	8413
A.P. 2883394	8346
A.P. 2884464*	8424
A.P. 2884465	8420
A.P. 2885936	8491
A.P. 2889286	8462
A.P. 2889370	8414
A.P. 2889662	8389
A.P. 2889663	8389
A.P. 2892716	8493
A.P. 2893868	8493
A.P. 2894037*	8424
A.P. 2899429	8391
A.P. 2908734	8437
A.P. 2909430	8489
A.P. 2911299	8494
A.P. 2913339	8494
A.P. 2912397	8374
A.P. 2912435*	8426
A.P. 2915396	8495
A.P. 2916432	8477
A.P. 2918857	8495
A.P. 2920034	8475
A.P. 2920055	8440
A.P. 2921863	8375
A.P. 2922716	8493
A.P. 2924579	8438
A.P. 2925340	8388
A.P. 2926126	8439
A.P. 2930801	8416
A.P. 2933389	8485
A.P. 2934488	8474
A.P. 2939865	8445
A.P. 2940952	8439
A.P. 2941008	8476
A.P. 2942974	8392
A.P. 2947630	8486
A.P. 2947738	8437
A.P. 2948610	8492
A.P. 2948613	8494
A.P. 2948632	8483
A.P. 2951095*	8424
A.P. 2950195	8467
A.P. 2950970	8491
A.P. 2953448*	8478
A.P. 2955091	8444
A.P. 2955095	8444
A.P. 2955946	8373
A.P. 2956031	8444
A.P. 2956893	8374
A.P. 2956955	8374
A.P. 2957025*	8352
A.P. 2958664	8374
A.P. 2962345	8374
A.P. 2962470	8443
A.P. 2964401	8492
A.P. 2964550	8477
A.P. 2965615	8444
A.P. 2967121	8475
A.P. 2968540	8476
A.P. 2968556*	8496
A.P. 2968558*	8495
A.P. 2970907*	8495
A.P. 2970909*	8496
A.P. 2970910	8460
A.P. 2971031	8476
A.P. 2971840*	8496
A.P. 2971842*	8496
A.P. 2971928	8475
A.P. 2971948*	8433
A.P. 2971968	8442
A.P. 2971989*	8424
A.P. 2972611*	8426
A.P. 2972612*	8352
A.P. 2973319*	8372
A.P. 2974042*	8496
A.P. 2974118	8439
A.P. 2976148*	8496
A.P. 2976247	8370
A.P. 2976316*	8425
A.P. 2977213	8389
A.P. 2977322	8475
A.P. 2978335	8460
A.P. 2978449*	8447

Australische Patente (Aust.P.)

Nr.	Seite
Aust.P. 203801	8379
Aust.P. 216012*	8478
Aust.P. 220679	8378
Aust.P. 221198	8446
Aust.P. 221425	8423
Aust.P. 221475*	8468
Aust.P. 222403	8418
Aust.P. 222520	8436
Aust.P. 222839*	8482
Aust.P. 222973*	8352
Aust.P. 223554	8421
Aust.P. 223622	8408
Aust.P. 223611	8459
Aust.P. 223804	8420
Aust.P. 223825	8481
Aust.P. 223911	8481
Aust.P. 225372*	8482
Aust.P. 226460*	8352
Aust.P. 226698*	8484
Aust.P. 226707*	8477
Aust.P. 227615	8442
Aust.P. 227621*	8352
Aust.P. 227850	8476
Aust.P. 228134*	8447
Aust.P. 228189*	8460
Aust.P. 228220*	8392
Aust.P. 228229*	8380
Aust.P. 228282*	8478
Aust.P. 228300*	8352

Belgische Patente (Belg.P.)

Nr.	Seite
Belg.P. 534776	8481
Belg.P. 534863	8407
Belg.P. 535503*	8376
Belg.P. 536687*	8482
Belg.P. 538700	8488
Belg.P. 539423*	8376
Belg.P. 542511	8474
Belg.P. 545663	8482
Belg.P. 550311*	8424
Belg.P. 554305*	8392
Belg.P. 556312	8489
Belg.P. 557050	8485
Belg.P. 558414	8378
Belg.P. 559791*	8425
Belg.P. 559943	8428
Belg.P. 561937	8484
Belg.P. 562871	8437
Belg.P. 563166*	8375
Belg.P. 563723	8492
Belg.P. 563864	8428
Belg.P. 564289*	8425
Belg.P. 567663	8489

Canadische Patente (Can.P.)

Nr.	Seite
Can.P. 551241*	8426
Can.P. 551599*	8425
Can.P. 551643*	8425
Can.P. 551694*	8452
Can.P. 551729*	8424
Can.P. 551739*	8424
Can.P. 551748*	8426
Can.P. 551768*	8424
Can.P. 551769*	8424
Can.P. 551858*	8463
Can.P. 551860*	8425
Can.P. 551862*	8482
Can.P. 551865*	8426
Can.P. 551882*	8463
Can.P. 551906*	8426
Can.P. 551917*	8425
Can.P. 552027*	8482
Can.P. 552069*	8425
Can.P. 552102*	8424
Can.P. 552182*	8425
Can.P. 552195*	8251

Dänische Patente (Dän.P.)

	Nr.	Seite
Dän.P.	84658*	8477
Dän.P.	84677*	8484
Dän.P.	84735	8382
Dän.P.	85051*	8477
Dän.P.	85237	8432
Dän.P.	85302*	8426
Dän.P.	85358	8377
Dän.P.	85711*	8477
Dän.P.	85763	8375
Dän.P.	85919	8381
Dän.P.	85967	8433

Englische Patente (E.P.)

	Nr.	Seite
E.P.	749189	8486
E.P.	749190	8487
E.P.	749192	8487
E.P.	749193	8487
E.P.	770410	8345
E.P.	795700	8373
E.P.	796838	8442
E.P.	797974*	8433
E.P.	789960	8478
E.P.	800875	8419
E.P.	804299	8417
E.P.	804300	8417
E.P.	804335*	8424
E.P.	804782*	8372
E.P.	804839*	8447
E.P.	805516*	8372
E.P.	805744*	8425
E.P.	807242*	8351
E.P.	808228	8485
E.P.	808880	8414
E.P.	810025	8441
E.P.	810536*	8425
E.P.	811691*	8426
E.P.	812390	8414
E.P.	813212*	8482
E.P.	813525	8476
E.P.	815005	8495
E.P.	815786*	8480
E.P.	816034	8414
E.P.	816502	8441
E.P.	820691*	8424
E.P.	821109	8414
E.P.	824129	8441
E.P.	824374	8438
E.P.	824517	8474
E.P.	829335	8372
E.P.	831979	8437
E.P.	834733	8492
E.P.	835716	8370
E.P.	836993	8476
E.P.	837251	8437
E.P.	837426*	8482
E.P.	839948	8495
E.P.	842689	8422
E.P.	843896	8439
E.P.	845690	8440
E.P.	846500	8428
E.P.	848419	8379
E.P.	849987	8474
E.P.	850880	8477
E.P.	851221	8491
E.P.	851384	8493
E.P.	851600*	8424
E.P.	851969	8477
E.P.	853530	8475
E.P.	854073	8478
E.P.	854087*	8496
E.P.	854344	8443
E.P.	854898	8495
E.P.	855714*	8447
E.P.	857229	8489
E.P.	858080	8446
E.P.	858442	8420
E.P.	858498*	8372
E.P.	858817	8446
E.P.	858673*	8496
E.P.	858827	8443
E.P.	858890	8442
E.P.	859632	8491
E.P.	859698	4838
E.P.	859710	8442
E.P.	859724	8446
E.P.	859740*	8425
E.P.	860326*	8424
E.P.	860792*	8496
E.P.	861134*	8496
E.P.	861138*	8496
E.P.	861194*	8496
E.P.	861255*	8496
E.P.	861712	8442
E.P.	861837	8467
E.P.	862361	8444
E.P.	862444*	8496
E.P.	862583	8443
E.P.	863373	8438
E.P.	863575*	8452
E.P.	863722*	8426
E.P.	864069*	8425
E.P.	864225*	8424
E.P.	864351*	8424
E.P.	864592*	8375
E.P.	864710*	8352
E.P.	865720*	8496
E.P.	866369*	8463
E.P.	866493*	8375
E.P.	866762*	8426
E.P.	866968*	8447
E.P.	867195*	8425
E.P.	867620*	8452
E.P.	867737*	8448
E.P.	867992*	8425
E.P.	867993*	8425
E.P.	868324*	8424
E.P.	868555*	8380
E.P.	868786*	8496
E.P.	868787*	8495
E.P.	868901*	8452
E.P.	869505*	8425
E.P.	871216	8494

Französische Patente (F.P.)

	Nr.	Seite
F.P.	68226*	8433
F.P.	71387*	8433
F.P.	71844	8423
F.P.	72077	8422
F.P.	72265	8492
F.P.	72342	8442
F.P.	72687	8450
F.P.	73140	8348
F.P.	1152201*	8425
F.P.	1155151*	8424
F.P.	1155890*	8382
F.P.	1156358*	8382
F.P.	1156709*	8382
F.P.	1156790*	8382
F.P.	1156882*	8382
F.P.	1157702*	8382
F.P.	1158141*	8382
F.P.	1158450*	8375
F.P.	1158614*	8382
F.P.	1158670*	8382
F.P.	1159278*	8382
F.P.	1159682*	8382
F.P.	1160045*	8482
F.P.	1160209*	8382
F.P.	1160630*	8482
F.P.	1160797*	8382
F.P.	1161757*	8382
F.P.	1162013*	8382
F.P.	1162069*	8382
F.P.	1162140*	8392
F.P.	1162471*	8433
F.P.	1163019*	8375
F.P.	1163304*	8375
F.P.	1163719*	8482
F.P.	1164224*	8392
F.P.	1164878*	8392
F.P.	1165037*	8351
F.P.	1165145*	8460
F.P.	1165440*	8482
F.P.	1165495*	8392
F.P.	1165530*	8482
F.P.	1165805*	8351
F.P.	1165856*	8351
F.P.	1165867*	8392
F.P.	1170249	8444
F.P.	1171786	8442
F.P.	1171805	8445
F.P.	1171999*	8426
F.P.	1172199*	8447
F.P.	1172288*	8482
F.P.	1172475*	8480
F.P.	1172657*	8382
F.P.	1173371*	8482
F.P.	1173480*	8448
F.P.	1173588*	8448
F.P.	1173609	8439
F.P.	1174376*	8482
F.P.	1174405*	8372
F.P.	1174470	8410
F.P.	1174679*	8482
F.P.	1174878*	8433
F.P.	1175230*	8424
F.P.	1175286*	8375
F.P.	1175576*	8463
F.P.	1175961*	8452
F.P.	1175962*	8452
F.P.	1177020*	8447
F.P.	1177054	8446
F.P.	1177653*	8448
F.P.	1177849*	8372
F.P.	1178361*	8447
F.P.	1179197*	8447
F.P.	1179355	8483
F.P.	1180055*	8447
F.P.	1181755*	8424
F.P.	1182939*	8448
F.P.	1183303	8410
F.P.	1183666*	8380
F.P.	1183996*	8425
F.P.	1184486*	8447
F.P.	1185032*	8382
F.P.	1185487	8437
F.P.	1187109*	8482
F.P.	1187748*	8392
F.P.	1187833*	8447
F.P.	1187973*	8380
F.P.	1187974*	8380
F.P.	1188300*	8447
F.P.	1189541	8488
F.P.	1190066*	8447
F.P.	1190193*	8392
F.P.	1190302*	8392
F.P.	1190388*	8392
F.P.	1190545*	8447
F.P.	1190812	8443
F.P.	1191205*	8392
F.P.	1191243*	8392
F.P.	1191322	8443
F.P.	1191348*	8433
F.P.	1191572*	8452
F.P.	1191734	8463
F.P.	1191994	8462
F.P.	1192122*	8392
F.P.	1194222*	8447
F.P.	1194610	8423
F.P.	1194716	8430
F.P.	1195044	8379
F.P.	1195653	8481
F.P.	1195861*	8463
F.P.	1196200	8378
F.P.	1196444*	8380
F.P.	1196582	8392
F.P.	1196820	8379
F.P.	1196971	8445
F.P.	1197020	8378
F.P.	1198449	8445
F.P.	1198459*	8447
F.P.	1198463*	8447
F.P.	1198772	8389
F.P.	1198829*	8392
F.P.	1198929	8492
F.P.	1199127	8389
F.P.	1199310*	8447
F.P.	1199841*	8478
F.P.	1199965	8380
F.P.	1199989	8409
F.P.	1200137*	8452
F.P.	1200233*	8380
F.P.	1200878	8489
F.P.	1200947*	9352
F.P.	1200950	8423
F.P.	1200962	8432
F.P.	1201173	8409
F.P.	1201347	8408
F.P.	1201363	8375
F.P.	1201465*	8463
F.P.	1202728	8372
F.P.	1202964	8440
F.P.	1204315	8423
F.P.	1205065	8491
F.P.	1205315	8468
F.P.	1205990	8481
F.P.	1206359	8489
F.P.	1207388	8422
F.P.	1207621	8468
F.P.	1210828	8491
F.P.	1211308*	8352
F.P.	1211326	8347
F.P.	1211498	8415
F.P.	1212015	8348
F.P.	1212035*	8352
F.P.	1212245	8412
F.P.	1212843	8420
F.P.	1212892	8416
F.P.	1213324*	8484
F.P.	1213550	8345
F.P.	1214119	8351
F.P.	1214120	8351
F.P.	1214122	8351
F.P.	1215360	8420
F.P.	1215399	8418
F.P.	1215564*	8352
F.P.	1215599	8349
F.P.	1215600	8349
F.P.	1215672	8450
F.P.	1216034	8350
F.P.	1216136	8348
F.P.	1216271	8349
F.P.	1216617	8346
F.P.	1216631	8350
F.P.	1216997	8345
F.P.	1217053	8467
F.P.	1218081*	8425
F.P.	1218142*	8425
F.P.	1220190	8418
F.P.	1220787	8379
F.P.	1220232	8419
F.P.	1220239	8419
F.P.	1220376	8436
F.P.	1220764	8414
F.P.	1220808*	8392
F.P.	1220965	8480
F.P.	1221065	8417
F.P.	1221149	8413
F.P.	1222316	8418
F.P.	1222857*	8447
F.P.	1223209*	8447
F.P.	1223349	8415
F.P.	1225184*	8447
F.P.	1225784	8370
F.P.	1228459	8440
F.P.	1228463	8440
F.P.	1228765*	8426
F.P.	1232354	8371
F.P.	1234173	8371
F.P.	1234529	8408
F.P.	1242864	8406
F.P.	1243414	8407
F.P.	1243555	8408
F.P.	1245440	8407
F.P.	1246421	8407
F.P.	1247044	8444
F.P.	1247547	8441

Nr.	Seite

Holländische Patente (Holl.P.)

Holl.P. 96380 8429
Holl.P. 96968 8422
Holl.P. 97101 8483
Holl.P. 97116 8420
Holl.P. 97119 8437
Holl.P. 97137 8443
Holl.P. 97423 8429
Holl.P. 97703* 8424
Holl.P. 97742* 8425
Holl.P. 97984 8417
Holl.P. 98113* 8352
Holl.P. 98188* 8424
Holl.P. 98215* 8352
Holl.P. 98217* 8351
Holl.P. 98233* 8352
Holl.P. 98236* 8352
Holl.P. 98246* 8426
Holl.P. 98251* 8450
Holl.P. 98255* 8424
Holl.P. 98256* 8352
Holl.P. 98262* 8425
Holl.P. 98294* 8425
Holl.P. 98416* 8480
Holl.P. 98418* 8352
Holl.P. 98438* 8543
Holl.P. 98444* 8482
Holl.P. 98482* 8351
Holl.P. 98500* 8424
Holl.P. 98612 8493

Indische Patente (Ind.P.)

Ind.P. 59018 8436
Ind.P. 59387 8437
Ind.P. 60096 8407
Ind.P. 60781 8483
Ind.P. 60994 8344
Ind.P. 62338 8408
Ind.P. 62349 8344
Ind.P. 62403 8421
Ind.P. 62497 8344
Ind.P. 63669* 8352

Italienische Patente (It.P.)

It.P. 515811 8445
It.P. 515967 8446
It.P. 519682 8428
It.P. 522557 8463
It.P. 523993 8381
It.P. 524019 8379
It.P. 524143* 8380
It.P. 524430 8433
It.P. 524249 8381
It.P. 524597 8413
It.P. 524615 8438
It.P. 524699 8428
It.P. 524810* 8496
It.P. 525183* 8477

Japanische Auslegeschriften (Jap.A.S.)

Jap.A.S. 1540/1960* 8448
Jap.A.S. 8735/1959 8446
Jap.A.S. 10045/1959 8481
Jap.A.S. 10649/1959* 8392
Jap.A.S. 10650/1959* 8392

Norwegische Patente (Norw.P.)

Norw.P. 91073 8433
Norw.P. 91207* 8484
Norw.P. 92410* 8426
Norw.P. 92411* 8426
Norw.P. 92448 8453
Norw.P. 92792* 8392
Norw.P. 92804 8463
Norw.P. 93100* 8426
Norw.P. 93129* 8382
Norw.P. 93133* 8447

Österreichische Patente (Oe.P.)

Oe.P. 203004* 8426
Oe.P. 203005* 8426
Oe.P. 205500 8347
Oe.P. 206440 8347
Oe.P. 208221 8489
Oe.P. 209718 8489
Oe.P. 209719 8490
Oe.P. 211652 8279
Oe.P. 214646 8440
Oe.P. 214647 8440
Oe.P. 215148 8441

Schwedische Patente (Schwed.P.)

Schwed.P. 163735 8467
Schwed.P. 164662 8428
Schwed.P. 165370 8382
Schwed.P. 165557 8478
Schwed.P. 165648* 8425

Schweizer Patente (Schwz.P.)

Schwz.P. 326417* 8424
Schwz.P. 335514* 8424
Schwz.P. 336359 8474
Schwz.P. 345460* 8447
Schwz.P. 353738* 8352
Schwz.P. 354432 8412

Tschechoslowakische Patente (Tschech.P.)

Tschech.P. 97916 8428
Tschech.P. 97934 8430

Sowjetische Patente (UdSSR.P.)

UdSSR.P. 108257 8475
UdSSR.P. 118174 8481
UdSSR.P. 118271 8475

Ungarische Patente (Ung.P.)

Ung.P. 143860* 8426
Ung.P. 143889* 8426
Ung.P. 143910 8344
Ung.P. 143920 8453
Ung.P. 143925* 8425
Ung.P. 143946 8463

Chemisches Zentralblatt

1962 Nr. 23 6. Juni

Geschichte. Unterricht

Heinz Gehlen 60 Jahre. Anonym. (Chem. Techn. **14**. 127. Febr. 1962.) (Dt.)
Lebenslauf u. Würdigung der Arbeiten, bes. auf dem Gebiet der *Oxdiazole* u. *Triazole*, von Professor GEHLEN an der Pädagog. Hochschule Potsdam. — Bild.
M. GEHLEN-KELLER. 1□

A. M. Butlerow, der große russische Chemiker. A. Je. Arbusow. (Журнал Общей Химии [J. allg. Chem.] **31** (**93**). 2797—2811. Sept. 1961.) (Russ.)
Würdigung der Bedeutung der von BUTLEROW u. seiner Schule entwickelten Strukturlehre aus Anlaß der hundertsten Wiederkehr seines Vortrages „Über die chemische Struktur der Körper" in Speyer am 19. Sept. (1. Okt.) 1861. E. KLEVER. 1□

William Stroud und das Mengenkalkül. G. N. Copley. (Nature [London] **188**. 254. 15/10. 1960. Liverpool.) (Engl.)
Vf. schlägt vor, den Ausdruck „STROUD-Syst." zu ersetzen durch „Mengenkalkül", da nicht nachzuweisen ist, daß WILLIAM STROUD dieses Kalkül überhaupt gebraucht hat, es vielmehr von anderen vor ihm oder gleichzeitg angewandt worden ist.
W. KUNTZ. 2□

Über die Herkunft des Wortes „Zucker". Zur Erinnerung an den großen Geographen Carl Ritter. H. Sölken. (Z. Zuckerind. **9** (**84**). 462—65. 20/9. 1959.) (Dt.)
Vf. bestätigt die Meinung von RITTER, LITTMANN u. a., daß das Wort „Zucker" ind. Ursprungs ist — im Sanskrit heißt es „Sarkara". G. HOFER. 2□

Moleküle und Ionen. Michael Bassey. (School Sci. Rev. **42**. 232—35. März 1961.) (Engl.)
Vf. gibt zuerst die Diskrepanz bzgl. des Begriffs Mol. u. Ion im Schul- u. im Universitätsunterricht wieder. Bes. bereitet anfangs die Erklärung des Ionenbegriffs Schwierigkeiten. Es wird daher vorgeschlagen, anfänglich nur Atom-Rkk. zu behandeln u. das Mol. als eine Gruppe von Atomen, die miteinander verbunden sind, zu definieren. Zur Veranschaulichung sollen Kugelmodelle verwendet werden. Im fortgeschrittenen Studium wird auf das Ion eingegangen, das als ein Atom oder als ein Mol. erklärt wird, welches mit einer elektr. Ladung versehen ist u. zum Bestehen einen elektr. geladenen Partner benötigt. Schließlich wird noch die Säure definiert als H^+-Donator u. eine Base als H^+-Akzeptor. M. STRASCHILL. 6□

Einfache Versuche zur Beobachtung der Diffusion. Miklós Vermes. (Fizikai Szemle [Physikal. Rdsch.] **10**. 375—76. 1960.) (Ung.)
Vf. beschreibt 3 Demonstrations-Verss. zur Beobachtung der Diffusion.
G. HALMI. 6□

Versuch für Studenten mit der Filterpapier-Elektrophorese. James E. Garvin. (J. chem. Educat. **38**. 36—37. Jan. 1961. Chicago, Ill., Northwestern Univ., Med. School, Dep. of Biochem.) (Engl.)
Vf. beschreibt den Aufbau u. die Handhabung einer einfachen App. zur Trennung von Aminosäuren u. Proteinen mittels Filterpapierelektrophorese. Ein Stück WHATMAN-Filterpapier Nr. 1 (7×12 cm) wird am Startpunkt in der Mitte des Blattes mit winzigen Tropfen der Lsgg. (0,01 m Lsg. von Aminosäuren, Proteinen oder hydrolysierten Proteinen in 0,01 m Phosphatpuffer vom pH 7,0) befeuchtet. Nach dem Trocknen wird das Papier mit den Längskanten in je einen Behälter eingesetzt, der mit dem Plus- oder Minuspol verbunden ist. Die Behälter werden gleichzeitig mit je 100 ml 0,01m Phosphatpuffer vom pH 7,0 gefüllt. Die von beiden Seiten aufsteigende Fl. muß die beladene Zone gleichzeitig erreichen. Der Strom wird für 50 Min. eingeschaltet, anschließend das Papier getrocknet u. das Elektropherogramm mit einer 0,2%ig. Ninhydrin-Lsg. in A.-Aceton (1 : 1) entwickelt. Das Elektropherogramm von *Lysin, Valin, Glutaminsäure* (einzeln u. im Gemisch), *Albumin* u. hydrolysiertem Albumin ist abgebildet. Vf. benutzte die App. zur Unters. von Hämoglobinproben aus klin. Labor. (Proben von gesunden u. kranken Patienten), wobei sich gut der Einfl. von Geh. an Lysin, Valin oder Glutaminsäure auf die Wanderung der Hämoglobine nachweisen ließ. D. HOENE. 6□

Eine vereinfachte Apparatur zur Demonstration der volumetrischen Zusammensetzung von CO und SO_2. A. Kruk-Schuster. (School Sci. Rev. **42.** 294. März 1961. Uppingham School.) (Engl.)

In einen Dest.-Kolben werden durch einen Stopfen ein Ni—Cr-Draht, der am Ende zu einer Schlinge ausgezogen wird, sowie ein dünnes, mit einer Klammer oder einem Hahn abzuschließendes Glasrohr eingeführt. Am Ansatz des Kolbens ist ein Manometer angebracht. Auf die Windungen des Drahtes wird nun ein Stück Kohle oder S gebracht, darauf O_2 eingeleitet, der Manometerstand notiert u. das Kolbeninnere durch Anschließen des Drahtes an eine Stromquelle erwärmt, bis die Kohle bzw. der S verbrennt. Die nach der Abkühlung eingetretene Vol.-Änderung ist ein Maß für die Bldg. von CO bzw. von SO_2. M. STRASCHILL. 6□

Walter Böhm, Die Naturwissenschaftler und ihre Philosophie. Geistesgeschichte der Chemie. Wien, Freiburg, Basel: Herder. 1961. (XVI + 315 S.) 8°. DM 20,—.

Fritz Bopp, Hrsg., Werner Heisenberg und die Physik unserer Zeit. Braunschweig: Friedr. Vieweg & Sohn. 1961. (XII + 310 S. m. 28 Abb.) 8°. DM 48,—.

James Chadwick, ed., The collected papers of Lord Rutherford of Nelson. Braunschweig: Vieweg & Sohn. 1961—1963. Bd. I: (931 S.) DM 78,—. Bd. II: (Etwa 700 S.) ca. DM 69,—. Bd. III: (Etwa 650 S.) ca. DM 59,—. Bd. IV: (Etwa 400 S.) ca. DM 33,—.

A. Nowak, Fachliteratur des Chemikers. Einführung in ihre Systematik und Benutzung, mit einer Übersicht über wichtige Werke. Berlin: Deutscher Verl. der Wissenschaften. 1961. (Etwa 120 S.) 8°. Etwa DM 9,—.

A. Allgemeine, physikalische und anorganische Chemie

„Linked-Pair"-Entwicklungen in der Quantenstatistik. Franz Mohling. (Physic. Rev. [2] **122.** 1043—61. 15/5. 1961. New York, N.Y., Columbia Univ., Dep. of Phys.) (Engl.)

Durch eine detaillierte Unters. der Clusterfunktionen der BOLTZMANN-Statistik wird gezeigt, daß die symm. Darst. für die Zweikörperfunktionen benutzt werden kann u. daß große Klassen von Diagrammen summiert werden können. Das führt zur Einführung von „Linked-Pair"-Graphen zur Beschreibung der Funktionen der Quantenstatistik. Für schwache Potentiale erweist sich die Theorie als äquivalent zur Theorie von BLOCH u. DE DOMINICS. HERBERT WEBER. 10□

Diskrete Zustände für Probleme des nichtsingulären und singulären Potentials. T. Tietz. (Nuovo Cimento [10] **11.** 126—30. 1/1. 1959. Łódź, Univ., Dep. of Theoret. Phys.) (Engl.)

Die diskreten Zustände für Probleme der SCHRÖDINGER Gleichung mit nichtsingulärem u. singulärem Potential werden behandelt. Es ergeben sich korrekte Eigenwerte ohne weitere Grenzbedingungen, falls angenommen wird, daß die WRONSKI-Funktion von zwei linear unabhängigen Lsgg. verschwindet. M. WIEDEMANN. 10□

Eugene A. Carpovich, Russian-English chemical dictionary, New York: Technical Dictionaries. Co. 1961. (352 S.) $ 14,—.

Charles J. Hyman, Hrsg., Wörterbuch der Physik und verwandter Wissenschaften. Bd. 1: Deutsch-Englisch. London: P. Owen. 1958. (671 S.) 8°. 70 s.

A_1. Kernphysik und Kernchemie

Zur 27tägigen Periode der Kosmischen Strahlung. W. Zwanzig. (Z. Naturforsch. **16a.** 1237—39. Nov. 1961. Halle/S., Univ., Inst. für exp. Phys.; Dt. Akad. der Wiss., Arbeitsstelle für kosm. Strahlung.) (Dt.)

Es wird die Existenz einer persistenten 27,2tägigen Welle der Intensität der kosm. Strahlung nachgewiesen. Eine Auswertung der Ionisationskammerdaten von MESSERSCHMIDT aus den Jahren 1957—1961 (Sonnenrotation 1691—1745) u. den Daten von HUANCAYO (Sonnenrotation 1413—1550) zeigt, daß beide Phasenkurven die gleiche Steigung aufweisen u. sich zwangslos aneinander anschließen lassen. Die Existenz einer echten persistenten, wenn auch oft stark gestörten Welle scheint damit eindeutig gesichert zu sein. G. M. NEUMANN. 85□

Höhenstrahlphänomene während der solaren Störungen im November 1960. J. G. Roederer, J. R. Manzano, O. R. Santochi, N. Nerurkar, O. Troncoso, R. A. R. Palmeira und G. Schwachheim. (J. geophys. Res. **66.** 1603—26. Juni 1961. Buenos Aires, Fac. de Cien. Exac. y Natural.; Comis. Nac. de Energia Atom.; La Paz, Univ. Mayor de San Andrés, Labor. de Fis. Cosm.; Rio de Janeiro, Centro Brasil. de Pesqu. Fis.) (Engl.)

Die Daten der Neutronenmonitoren während des Novembers 1960 werden zu den solaren Störungen in Beziehung gesetzt. Beobachtet wurden 3 Anstiege der Intensität am 12. u. 15. November, die mit Sonnenfackeln in Verbindung gebracht werden. M. Wiedemann. 85□

Höhenstrahlschauer vom 12.—15. November 1960. A. I. Kusmin, G F. Krymski, G. W. Schafer und Ju. G. Schafer. (Доклады Академии Наук СССР [Ber. Akad. Wiss. UdSSR] **137.** 844—47. 1/4. 1961. Labor. für physikal. Probleme, Filiale Jakutsk der Sibir. Abt. der Akad. der Wiss. der UdSSR.) (Russ.)

Messungen der Intensität der Neutronen- u. der harten Komponente der Höhenstrahlung auf 51°N in der Zeit vom 12.—15. November 1960 werden diskutiert. Es wurden 3 Maxima der Neutronenintensität beobachtet. In Verbindung damit wurden ein magnet. Sturm, Absorption der Radiowellen u. eine Forbush-Abnahme der harten Komponente festgestellt. Das Energiespektrum der Teilchen dürfte einen negativen Exponenten zwischen 4 u. 7 besitzen. M. Wiedemann. 85□

Das plötzliche Ansteigen der Intensität der kosmischen Strahlung am 4. Mai 1960. D. C. Rose. (Canad. J. Physics **38.** 1224—27. Sept. 1960. Ottawa, Nat. Res. Council, Div. of Pure Phys.) (Engl.)

Die in 4 kanad. Stationen am 4. Mai 1960 gemessenen Intensitäten der Nucleonen- u. Mesonenkomponenten sind tabellar. u. graph. wiedergegeben. C. Gottfried. 85

Isotopische Zusammensetzung der Heliumkerne niedriger Energie in der primären Höhenstrahlung. M. V. K. Appa Rao. (Physic. Rev. [2] **123.** 295—300. 1/7. 1961. Rochester, N.Y., Univ. of Rochester.) (Engl.)

Unter der Annahme, daß ^3He nicht in der Quelle der Höhenstrahlen vorkommt, liefert die Best. der Häufigkeit von ^3He nach der Streumeth. des konst. Pfeils ein Maß für die interstellare Materie, die von Höhenstrahlen durchsetzt wird. Gerhard Schmidt. 85□

Vergleich der Neutronenemission der Atmosphäre und der Erdrinde. G. W. Gorschkow, Ss. P. Chormuschko und O. Ss. Zwetkow. (Доклады Академии Наук СССР [Ber. Akad. Wiss. UdSSR] **131.** 933—35. 1/4. 1960. Chlopin-Strahlungsinst. der Akad. der Wiss. der UdSSR.) (Russ.)

In der Umgebung von Leningrad wurde die Intensität der Höhenstrahlneutronen auf Seehöhe zu 311 Neutronen/cm^2d bestimmt, ferner wurde durch Messungen in 2,5 u. in 70 m Tiefe die Neutronenemission der Gesteine ermittelt. Benutzt wurde ein Detektor aus ZnS mit Zusatz von an ^{10}B angereicherter Borsäure. Die Messungen wurden mit u. ohne Cd-Folie durchgeführt. Die Intensität der Neutronen der Erdrinde lag unter 5% der Intensität der Höhenstrahlneutronen. M. Wiedemann. 85□

Partialwellen-Dispersionsrelaxationen für Meson-Nucleon-Streuung. Reinhard Oehme. (Physic. Rev. Letters **4.** 246—47. 1/3. Erratum: 320. 15/3. 1960. Chicago, Ill., Univ., Enrico Fermi Inst. for Nucl. Stud. and Dep. of Phys.) (Engl.)

Es wird eine Form der π-N-Partialwellen-Dispersionsbeziehungen gegeben, die für eine Berechnung der möglichen Resonanzeffekte im Zweipionen-Syst. für die Pion-Nucleon-Streuamplitude von Bedeutung sind. M. Wiedemann. 90□

Analyse der elastischen Streuung negativer Pionen an Protonen zwischen 1,4 und 6,8 GeV nach dem optischen Modell. G. Domokos und A. Sebestyén. (Nuclear Physics [Amsterdam] **21.** 157—60. Nov. (4) 1960. Budapest, Central Res. Inst. for Phys., Dep. of Cosm. Rays.) (Engl.)

Die Daten über die Streuung von π^--p werden nach dem opt. Modell analysiert, für das stark absorbierende Core des Nucleons wird ein Radius von $\langle r^2\rangle^{1/2} = (0{,}521 \pm 0{,}016) \cdot 10^{-13}$ cm gefunden. M. Wiedemann. 90□

S-Wellen-K-Meson-Nucleon-Wechselwirkung. Shigeo Minami. (Progr. theoret. Physics [Kyoto] **23.** 1163—73. Juni 1960. Osaka, Osaka City Univ., Dep. of Phys.) (Engl.)

Bei der Behandlung der S-Wellen-K-N-Wechselwrkg. wird die charakterist. Eig. im Nucleonencore durch eine Änderung der Kopplungs-Konst. ausgedrückt. Die Einführung einer unendlichen Metrik wird vorgeschlagen. Es wird versucht, die Amplitude der Vorwärtsstreuung bei der K-N-Streuung auf diese Weise zu deuten. Die Erklärung ist mit den experimentellen Resultaten verträglich. M. Wiedemann. 90□

K-Einfanghäufigkeit in Wasserstoff. A. A. Kamal. (Nuovo Cimento [10] **19.** 738—41. 16/2. 1961. Hyderabad, Osmania Univ.) (Engl.)

Aus den Daten über 3480 K-Wechselwrkg. in Ruhe wird die Häufigkeit des K-Einfangs in H zu 0,8% aller Sterne oder 1,8% der Einfänge in Gelatine abgeschätzt. Eine Berechnung auf der Grundlage der Fermi-Teller-Theorie des Einfangs negativer

Mesonen in Materie ergibt, daß 15% der Einfänge in Gelatine sich im H ereignen sollten. Die Diskrepanz wird durch Transfer des Mesons an ein Atom der CNO-Gruppe gedeutet. M. Wiedemann. 90□

Erzeugung von Σ^0- und Λ-Hyperonen durch Σ^--Einfang in Deuterium. Orin Dahl, Nahmin Horwitz, Donald Miller und Joseph Murray. (Physic. Rev. Letters **4.** 77—78. 15/1. 1960. Berkeley, Calif., Univ. of California, Lawrence Radiat. Labor.) (Engl.) — Vgl. C. **1961.** 7471.

Die 15-in.-D_2-Blasenkammer wurde dem K^--Bündel ausgesetzt, nach $K^- + d \rightarrow \Sigma^- + \pi^+ + n$ wurden Σ^- erzeugt, deren Absorption 145 geladene Λ-Zerfälle lieferte. Die Λ-Impulse wurden bestimmt. Für das Verzweigungsverhältnis $\Sigma^- + d \rightarrow \Sigma^0 + 2n$ u. $\Sigma^- + d \rightarrow \Lambda + 2n$ ergab sich 0,037 ± 0,022. Dieses Verhältnis wie das Spektrum können qual. durch ein einfaches Impulsmodell erklärt werden. M. Wiedemann. 90□

Beziehungen für die elektromagnetischen Eigenmassen von Teilchen. W. R. Theis. (Nuclear Physics [Amsterdam] **21.** 170—76. Nov. (4) 1960. Hamburg, Univ., Inst. für Theor. Phys.) (Engl.)

In der ersten Ordnung der Feinstruktur-Konst. werden Gleichungen für die elektromagnet. Eigenmassen abgeleitet. Sämtliche nichtelektromagnet. Wechselwrkg. sind enthalten. M. Wiedemann. 90□

Über die Spinpolarisation von Dirac-Teilchen mit endlicher Masse. Zentaro Inoue. (Bull. Univ. Osaka Prefect., Ser. A **6.** 39. 1958. Junior Coll. of Agric.) (Engl.)

Die Theorien über Spinpolarisation werden erörtert. Für Dirac-Teilchen wird eine solche Theorie im einzelnen diskutiert. M. Wiedemann. 90□

Über die Bewegungsgleichung des magnetischen Dipols. K. Nagy. (Bull. Acad. polon. Sci., Cl. III **4.** 341—45. 1956. Budapest, Roland Eötvös-Univ., Inst. für Theor. Phys.) (Dt.)

Mit der von Infeld angegebenen Meth. zur Best. von Bewegungsgleichungen der linearen Feldtheorien wird die Bewegungsgleichung des magnet. Dipols — behandelt als spinloses Teilchen — abgeleitet. Die Bewegungsgleichungen lassen sich in endlicher Form wiedergeben. Auch die Abhängigkeit der Ruhmasse von der Eigenzeit läßt sich ableiten. C. Reuber. 90□

Messungen der absoluten Wirkungsquerschnitte für Paarerzeugung bei niedrigen Energien. S. Standil und V. Shkolnik. (Canad. J. Physics **36.** 1154—60. Sept. 1958. Winnipeg, Univ. of Manitoba, Dep. of Phys.) (Engl.)

Vff. messen die Paarerzeugungsquerschnitte pro Pb-Atom für von ^{60}Co u. ^{124}Sb emittierte γ-Strahlen. Die Z-Abhängigkeit dieses Querschnitts wird für die ^{60}Co-Strahlung bei Verw. von *Al*-, *Fe*-, *Cu*-, *Ag*-, *Sn*- u. *Pb*-Targets gemessen. J. M. Spaeth. 90□

Einflüsse der Schwerpunktsbewegung im Kernschalenmodell auf Streuprobleme. F. C. Barker und L. J. Tassie. (Nuovo Cimento [10] **19.** 1211—17. 16/3. 1961. Canberra, Australian Nat. Univ., Res. School of Phys.; Rehovoth, Israel, Weizmann Inst. of Sci.) (Engl.)

Theoret. Unters., bes. im Hinblick auf die Streuung energiereicher Elektronen. Die Wechselwrkg. der Elektronen mit den Kernströmen, den Magnetisierungsdichten u. der Ladungsdichte werden einbezogen. Herbert Weber. 90□

Nucleonenkorrelationseffekte bei der Streuung energiereicher Elektronen. R. Gatto. (Nuovo Cimento [10] **12.** 70—83. 1/4. 1959. Roma, Univ., Ist. di Fis. e Scuola di Perfezion. in Fis. Nucl.) (Engl.)

Die unelast. Streuung energiereicher Elektronen durch Kerne, summiert über sämtliche Kernanregungen, gibt Aufschluß über Nucleon–Nucleon-Korrelationen. Es wird geschlossen, daß der dominante Korrelationseffekt durch das Ausschlußprinzip bedingt ist u. der differentielle Wrkg.-Querschnitt ziemlich genau ohne Einzelheiten der Kerndynamik vorausgesagt werden kann. M. Wiedemann. 90□

Prüfungen der Ladungsunabhängigkeit von Nucleon–Nucleon-Wechselwirkungen. G. Breit, M. H. Hull jun., K. Lassila und K. D. Pyatt jun. (Physic. Rev. Letters **4.** 79—81. 15/1. 1960. New Haven, Conn., Yale Univ.) (Engl.)

Eine Reihe von Messungen wurden analysiert u. aus den Phasenverschiebungen die n–n- u. n–p-Kopplungs-Konst. ermittelt. Näherungsweise ist die Ladungsunabhängigkeit erfüllt, sichere Schlüsse auf eine mögliche Verletzung können jedoch nicht gezogen werden. M. Wiedemann. 90□

Der Einfang langsamer Neutronen durch Protonen. A. R. Baker und D. H. Wilkinson. (Philos. Mag. [8] **3.** 647—51. Juni 1958. Cambridge, Cavendish Labor.) (Engl.)

Vff. berichten über eine neue Best.-Meth. des Einfangquerschnitts von Protonen für langsame Neutronen, die auf die übliche Meth. des Vgl. der Neutronendichteverteilung in W. u. einer B-reichen Lsg. zurückgeht. Der damit bestimmte Einfangquerschnitt beträgt $\sigma_H = 0{,}327 \pm 0{,}004$ barn. Anschließend wird ein krit. Überblick über die nach anderen Meth. erhaltenen Werte gegeben u. als bester Wert für den Einfangquerschnitt $\sigma_H = 0{,}3315 \pm 0{,}0017$ barn ermittelt. G. M. NEUMANN. 90□

Cut-off-Modelle des Protons. R. Hofstadter. (Nuovo Cimento [10] **12.** 63—69. 1/4. 1959. Geneva, CERN.) (Engl.)

Vf. zeigt, daß der Formfaktor, der die Daten der Elektronenstreuung an Protonen befriedigend wiedergibt u. durch eine exponentielle Dichteverteilung beschrieben werden kann, auch äquivalent durch eines der Proton-Cut-off-Modelle gegeben wird. M. WIEDEMANN. 90□

Die Kernstreuung von 970-MeV-Protonen an Kohlenstoff. G. Z. Shah und K. M. Gatha. (Current Sci. **28.** 361—62. Sept. 1959. Bombay, Bhavans Coll.; Mayo Road, Inst. of Sci.) (Engl.)

Die Daten über die differentiellen Streuquerschnitte von 970-MeV-Protonen an C u. die Kernpolarisation lassen sich durch ein komplexes Kernpotential u. die für leichte Kerne anzunehmende charakterist. Kerndichteverteilung befriedigend wiedergeben. M. WIEDEMANN. 90□

Unelastische Streuung von Deuteronen an sphäroidalen Kernen. J. Sawicki. (Nuclear Physics [Amsterdam] **6.** 613—17. April 1958. Warsaw, Theor. Phys., Inst. for Nucl. Res.) (Engl.)

Es wird eine Theorie der direkten Wechselwrkg. für (d, d')-Rkk. an stark deformierten Kernen mit Massenzahlen ~24 vorgeschlagen, bei der die Approximation der starken Kopplung des vereinheitlichten Kernmodells benutzt wird. Der Wrkg.-Querschnitt wird in der BORNschen Näherung für Rotationsanregungen bis zur 4. Potenz des Deformationsparameters β berechnet. Für die Rk. $^{24}Mg(d, d')^{24}Mg$ mit 1,37 MeV wird die Winkelverteilung oberhalb 20° in guter Übereinstimmung mit dem Experiment erhalten u. 46,5 mbarn für den totalen Wrkg.-Querschnitt gegenüber dem experimentellen Wert von 88 mbarn. M. WIEDEMANN. 90□

Das statistische Modell von Kernen mit Drehimpuls. D. Kisdi. (Acta physica Acad. Sci.hung. **10.** 29—38. 1959. Budapest, Res. Group for Theor. Phys. of the Hungar. Acad. of Sci.) (Engl.)

Das statist. Modell wird auf Kerne ausgedehnt, deren Drehimpuls im Gleichgewichtszustand von Null verschieden ist. Die Dichteverteilung der Nucleonen wird ermittelt. Der krit. Drehimpuls wird als Funktion der Massenzahl erhalten, er hat ein Maximum bei A = 175 u. fällt dann steil ab. Ein Kern mit A = 266 spaltet spontan, auch wenn der Drehimpuls Null ist. M. WIEDEMANN. 95□

Experimenteller Beweis für Clusterstrukturen in leichten und mittelschweren Kernen. Raymond K. Sheline und Karl Wildermuth. (Nuclear Physics [Amsterdam] **21.** 196—219. Nov. (5) 1960. Florida State Univ.) (Engl.)

Vom Standpunkt des Clustermodells, wobei einzelne Nucleonen, ^2H, ^3H, ^3He u. ^4He als Cluster angesehen werden, lassen sich Aussagen über die Kernniveaus machen. Zunächst werden die Spektren der Nuclide ^7Li, ^7Be, ^{12}C, ^{16}O, ^{19}F, ^{20}Ne, ^{40}Ca u. ^{43}Sc erörtert u. die Theorie mit den experimentellen Daten verglichen, dann die Spektren von Nuclidenpaaren ^{16}N–^{17}O, ^{19}F–^{20}Ne, ^{40}K–^{41}Ca u. ^{43}Sc–^{44}Ti. Weiterhin werden doppelt geschlossene Schalenstrukturen mit ^3H oder ^3He als Cluster behandelt. M. WIEDEMANN. 95□

Messung der Neutronenspektren aus (d, n)-Reaktionen an leichten Kernen. J. Juna, P. Horváth und K. Konečný. (Czechoslov. J. Physics B **10.** 715—21. 1960. Prague, Inst. of Nucl. Res. of Czechosl. Acad. Sci.) (Engl.; Auszug: Russ.)

Deuteronen wurden beschleunigt, passierten einen Deflektor, an dem eine radiofrequente Spannung angelegt war, u. wurden mit magnet. Quadrupollinsen auf das Target fokussiert. Mittels eines Langsam–schnell-Koinzidens-Syst. wurde die Flugzeit der Neutronen gemessen. Die Neutronenspektren der Rkk. $D(d, n)^3He$, $T(d, n)^4He$, $^7Li(d, n)^8Be$, $^7Li(d, n)2\alpha$ u. $^9Be(d, n)^{10}B$ wurden bestimmt. Neutronen mit 4,06 MeV entsprachen einem bereits bekannten 11,7-MeV-Niveau im ^8Be-Kern. M. WIEDEMANN. 103□

Ausbeute von (d,2n)-Reaktionen im Kontinuumbereich. O. Hittmair. (Z. Physik **150.** 648—52. 8/4. 1958. Buenos Aires, Comis. Nac. de la Energia Atom.) (Dt.)

Die Wrkg.-Querschnitte für die 3 möglichen Mechanismen der (d, 2n)-Rkk. bei mittleren u. schweren Kernen werden berechnet: a) Bldg. eines Zwischenkerns durch Absorption des ganzen Deuterons mit nachfolgender Verdampfung von 2 Neutronen, b) Bldg. eines Zwischenkrens durch eine (d, n)-Stripping-Rk. u. nachfolgende Verdampfung eines Neutrons, c) Direkter (p, n)-Austausch an der Oberfläche des Kerns. M. WIEDEMANN. 103□

Die Ausbeute der Kernreaktion $^{27}Al(d, 2p)^{27}Mg$. R. Radicella, J. Rodriguez, G. B. Baró und O. Hittmair. (Z. Physik **150.** 653—56. 8/4. 1958.) (Dt.) — Vgl. vorst. Referat.

Al-Folien wurden mit Deuteronen von 28—10 MeV bestrahlt u. der Wrkg.-Querschnitt der Rk. $^{27}Al(d, 2p)^{27}Mg$ durch Vgl. der Sättigungsaktivität mit der der Rk. $^{27}Al(d, p\alpha)^{24}Na$, deren Wrkg.-Querschnitt bekannt ist, erhalten. Der Querschnitt der Rk. $^{27}Al(d, 2p)^{27}Mg$ zeigt ein Maximum von 26,6 mbarn bis 20,2 MeV Deuteronenenergie. Das Verh. des Wrkg.-Querschnitts entspricht einer Totalabsorption des Deuterons mit nachfolgender Protonenverdampfung. M. WIEDEMANN. 103□

Direkte Wechselwirkung bei der p-2p-Reaktion. A. M. Green und G. E. Brown. (Nuclear Physics [Amsterdam] **18.** 1—13. Aug. (1) 1960. Birmingham, Univ. of Math. Phys.) (Engl.)

Die (p, 2p)-Rk. wird analysiert, sie sollte Aufschluß über die Energien der Niveaus des Schalenmodells geben. Der Anteil der direkten Wechselwrkg. kann als Oberflächen-Rk. behandelt werden. Zwischen den beiden Protonen sollte starke Winkelkorrelation bestehen. Die experimentellen Ergebnisse an ^{58}Ni u. *Cu* können gut gedeutet werden. M. WIEDEMANN. 103□

Die Art der Gamow-Teller-Wechselwirkung beim Zerfall von ^{8}Li. K. H. Lauterjung, B. Schimmer und H. Maier-Leibnitz. (Z. Physik **150.** 657—59. 8/4. 1958. Heidelberg, MPI für med. Forsch., Inst. für Phys.; München, TH, Labor. für Techn. Phys.) (Dt.)

Li_2O wurde im Cyclotron mit Deuteronen bestrahlt u. nach der (d, p)-Rk. ^{8}Li erhalten, das auf einer Al-Folie gesammelt wurde, Halbwertszeit 0,84 Sekunden. Die beiden unter 180° wegfliegenden Teilchen des Folge-Prod. ^{8}Be wurden mittels zweier von Methan durchströmten Proportionalzähler nachgewiesen, das dazu unter 45° emittierte β-Teilchen (maximale Energie 13 MeV) mittels Anthracen-Scintillations-Zähler. Der ^{8}Li-^{8}Be-Zerfall wurde oscilloskop. registriert. Es ergibt sich, daß beim GAMOW-TELLER-Zerfall die axiale Kopplung gegenüber der tensoriellen überwiegt. M. WIEDEMANN. 103□

β-α-Winkelkorrelation in ^{8}B und ^{8}Li. M. E. Nordberg, B. Povh und C. A. Barnes. (Physic. Rev. Letters **4.** 23—25. 1/1. 1960. Pasadena, Calif., California Inst. of Technol., Kellogg Radiat. Labor.) (Engl.)

Natürliches Li wurde mit 0,75-MeV-Deuteronen u. in ^{6}Li angereichertes Li mit 3,15-MeV-^{3}He-Ionen beschossen u. auf diese Weise ^{8}Li u. ^{8}B erzeugt. Dann wurden Koinzidenzen zwischen dem α-Spektrum u. der β-Strahlung, die mittels eines Plastescintillators erfaßt wurden, gemessen. Es ergab sich ein Verhältnis $(I_{180°}/I_{90°})_{^8Li}/(I_{180°}/I_{90°})_{^8B} = 1,02 \pm 0,04$. Dieser Wert widerspricht den theoret. Werten, was entweder auf der Ungültigkeit der Theorie für die Erhaltung des Vektorstromes oder auf einem anomal kleinen Ml-Matrixelement beruht. M. WIEDEMANN. 103□

α-Teilchen aus der Reaktion $^{7}Li(p, \gamma)^{8}Be^*(\alpha)^{4}He$. D. S. Gemmell. (Austral. J. Physics **13.** 116—19. Juni 1960. Canberra, Austral. Nat. Univ., Res. School of Phys.) (Engl.)

^{7}Li wurde mit 450-keV-Protonen beschossen u. die α-Teilchen mit einem CsJ-Kristall in Koinzidenz mit γ-Strahlung mit einem NaJ(Tl)-Kristall nachgewiesen. Die α-Teilchen wurden magnet. abgelenkt. Neben dem breiten 2,9-MeV-Niveau, für das eine Dispersionsformel aufgestellt wird, u. dem 7-MeV-Niveau wurde kein weiteres Niveau mit einer 3% übersteigenden Intensität gefunden. M. WIEDEMANN. 103□

Beweis für aufeinanderfolgenden Zweikörperzerfall beim Dreikörperzerfall von ^{12}C und ^{10}B. E. H. Beckner, C. M. Jones und G. C. Phillips. (Physic. Rev. [2] **123.** 255—61. 1/7. 1961. Houston, Tex., Rice Univ.) (Engl.)

Vff. untersuchen die Rkk. $^{11}B(p, \alpha)^{8}Be$ u. $^{9}Be(p, d)^{8}Be$ mit monoenerget. Protonen, dünnen Targets u. mit einem Magnetspektrometer mit niedrigem Background, um die Zerfalls-Prodd. aufzulösen. Die berechnete S-Wellendichtefunktion für ^{8}Be sagt eine Anomalie niedriger Energie voraus. Diese Anomalie wird beobachtet, sie bestätigt die Annahme des Modells zur Berechnung des Spektralverlaufs, wonach der Dreikörperzerfall über eine Folge von Zweikörperzerfallsmodi verläuft: $^{9}Be + p \rightarrow {}^{10}B^* \rightarrow {}^{8}Be^* + d$ (bzw. $^{11}B + p \rightarrow {}^{12}C^* \rightarrow \alpha + {}^{8}Be^*$) mit folgendem $^{8}Be^* \rightarrow \alpha + \alpha$.

GERHARD SCHMIDT. 103□

Verletzung der Isospinauswahlregel bei der Reaktion $^{10}B(d, \alpha)^{8}Be$. J. R. Erskine und C. P. Browne. (Physic. Rev. [2] **123.** 958—67. 1/8. 1961. Notre Dame, Ind., Univ. of Indiana, Dep. of Phys.) (Engl.)

Die bisherigen Prüfungen der Isospinauswahlregel bei (d, α)-Rkk. werden durch statist. Gew.-Faktoren verschleiert, da in jedem Falle die Anfangs- u. Endkernzustände Spin u. Parität 0^+ haben. Die Rk. $^{10}B(d, \alpha)^{8}Be$ liefert einen Test der Isospinauswahlregel, der frei von dieser Beschränkung ist. Die Energieniveaus von ^{8}Be nahe dem tiefsten T = 1-Niveau werden sowohl mit den Rkk. ^{6}*Li*(^{3}He, p)^{8}Be u. ^{9}Be(^{3}He, α)^{8}Be als auch mit der Rk. ^{10}B(d, α)^{8}Be untersucht. Energieniveaus in ^{8}Be werden bei 16,623 ± 0,010, 16,921 ± 0,010 u. 17,637 ± 0,006 MeV beobachtet. Die Breiten sind 95 ± 20, 85 ± 20 bzw. < 15 keV. Das erste dieser Niveaus ist der tiefste T = 1-Zustand, während das zweite Niveau T = 0 u. das dritte wahrscheinlich T = 1 sind. Energieniveaus bei 16,08 MeV u. ein *J* = 2-Niveau bei 17,7 MeV werden nicht beobachtet. Das Verhältnis der differentiellen Querschnitte für die Bldg. der 16,62- u. 16,92-MeV-Niveaus wird über einen weiten Bereich von Winkeln u. Beschußenergien gemessen. Das Verhältnis ist ca. 1,4 u. angenähert konst. sowohl für die Rk. ^{6}Li(^{3}He, p)^{8}Be als auch für die Rk. ^{10}B(d, α)^{8}Be. Dieser Befund schließt vollständige Verletzung der Auswahlregel ein, da die letztere Rk. nicht zum T = 1-Niveau gehen soll. Angeführte Argumente zeigen, daß die T = 0-Verunreinigungen im 16,62-MeV-Niveau (T = 1) wahrscheinlich ganz klein sind. Demnach rührt das Versagen der Auswahlregel wahrscheinlich von der vollständigen Vermischung der T = 0- u. T = 1-Zustände im Compoundkern ^{12}*C* nahe der 28-MeV-Anregung her. Es werden Gruppen aus der Rk. ^{12}C(^{3}He, p)^{14}N beobachtet, die Niveaus in ^{14}*N* bei 5,691 ± 0,008, 5,834 ± 0,008, 6,203 ± 0,008 u. 6,440 ± 0,008 MeV entsprechen. GERHARD SCHMIDT. 103 □

Bei (d, n)-Reaktionen auftretende Energieniveaus von ^{29}P, ^{33}Cl und ^{41}Sc. B. E. F. Macefield und J. H. Towle. (Proc. physic. Soc. **76.** 56—64. 1/7. 1960. Aldermaston, Berks., Atom. Weapon Res. Establ.) (Engl.)

Mittels der Flugzeittechnik wurden die Spektren der bei den Rkk. ^{28}*Si*(d, n) ^{29}P, ^{32}*S*(d, n)^{33}Cl u. ^{40}*Ca*(d, n)^{41}Sc auftretenden Neutronen gemessen. Es wurden schwache Neutronengruppen gefunden, die Energieniveaus von 2,42 ± 0,04 u. 3,13 ± 0,03 MeV bei ^{29}P u. von 2,11 ± 0,06 u. 2,53 ± 0,06 MeV bei ^{33}Cl entsprechen. Bei der Rk. ^{40}Ca(d, n)^{41}Sc konnte eine Gruppe mit einem Q-Wert von —2,86 ± 0,02 MeV festgestellt werden. Für die Grundzustandsgruppe wurde ein Q-Wert von —1,140 ± 0,020 MeV gemessen. Die Messungen bei der Rk. ^{28}Si(d, n)^{29}P wurden mit Deuteronen der Energie E_d = 3,955 MeV unter Winkeln von 30° (Flugweg 231 cm) u. 88° (181 cm) bei der Rk. ^{32}S(d, n)^{33}Cl mit Deuteronen der Energie E_d = 3,917 MeV unter einem Winkel von 30° (231 cm) u. bei der Rk. ^{40}Ca(d, n)^{41}Sc mit Deuteronen der Energie E_d = 3,955 MeV ebenfalls unter einem Winkel von 30° (231 cm) durchgeführt. H. SCHROEDER. 103 □

Die Reaktion ^{40}Ca(p, γ)^{41}Sc. J. W. Butler. (Physic. Rev. [2] **123.** 873—77. 1/8. 1961. Washington, D.C., U. S. Naval Res. Labor., Nucleon. Div.) (Engl.)

Vf. untersucht den Protoneneinfang von ^{40}Ca durch Beobachtung der prompten γ-Strahlen aus Resonanzzuständen im Compoundkern u. der verzögerten Positronen aus dem Zerfall des Grundzustandes. Die Targets aus CaO werden durch elektr. Abscheidung von Ca auf eine Pt-Unterlage mit anschließender Oxydation hergestellt. Diese Targets werden mit Protonen aus einem 2-MV-VAN-DE-GRAAFF beschossen, wobei die Rk. ^{40}Ca(p, γ)^{41}Sc erfolgt. Die γ-Strahlen aus dieser Rk. werden mit einem NaJ(Tl)-Kristall (3 × 3 in.) u. einem 256-Kanal-Impulshöhenanalysator beobachtet. Die Positronen aus dem Zerfall von ^{41}Sc werden mit einem dünnen Plastephosphor nachgewiesen. Bei Beschußenergien von 650 ± 5 u. 1850 ± 10 keV werden bei der Rk. zwei Resonanzen beobachtet. Zwei weitere mögliche Resonanzen werden bei 1550 ± 15 u. 1630 ± 15 keV festgestellt. Die 650-keV-Resonanz entspricht einem angeregten Zustand in ^{41}Sc bei 1,723 ± 0,011 MeV, sie besitzt einen integrierten Querschnitt von 0,02 eV · barn, hat eine Breite von < 5 keV u. schließt einen γ-Strahl ein, dessen Energie zu 1,71 ± 0,03 MeV gemessen wird. Die 1850-keV-Resonanz entspricht einem angeregten Zustand in ^{41}Sc bei 2,883 ± 0,014 MeV, besitzt einen integrierten Querschnitt von 0,3 eV · barn, hat eine Breite von < 10 keV u. schließt einen γ-Strahl mit einer Energie von 2,89 ± 0,02 MeV.
GERHARD SCHMIDT. 103 □

Wirkungsquerschnittsverhältnisse der ^{80}Br-Isomere bei einigen durch 70—160-MeV-Protonen induzierten Reaktionen. I. B. Häller und G. Andersson. (J. inorg. Nuclear Chem. **20.** 12—18. Nov. 1961. Uppsala, Univ., Gustav Werner Inst. for Nucl. Chem.) (Engl.)

KBr-, $Y_2(SO_4)_3$- u. UO_3-Kristale wurden mit Protonen von 70—160 MeV beschossen, um die Spallations-Rk. des *Y*, die Hochenergiespaltung von *U* u. die (p, pn)-Rk. beim *Br* zu untersuchen u. die Wrkg.-Querschnittsverhältnisse von ^{80m}Br zu ^{80g}Br zu bestimmen. Es ergibt sich für σ_m/σ_g ein Wert von ca. 1,3, der für die (p, pn)-Rk. konst. bleibt, für die beiden Spalt-Rkk. aber von der Protonenenergie abhängig erscheint. Aus den Zerfallskurven ergeben sich für ^{80m}Br u. ^{80g}Br Halbwertszeiten von 4,37 Std. u. 17,6 Min. in guter Übereinstimmung mit den Ergebnissen von KING u. VOIGT (C. **1957.** 9269).
G. M. NEUMANN. 103 □

Kurzlebige Isomere von ^{71}Ge, ^{74}As, ^{78}Br und Tc. A. W. Schardt und Albert Goodman. (Physic. Rev. [2] **123.** 893—97. 1/8. 1961. Los Alamos, N. Mex., Univ. of California, Los Alamos Sci. Labor.) (Engl.)

Vff. erzeugen kurzlebige Isomere mit dem gepulsten Bündel eines VAN DE GRAAFF u. weisen die γ-Aktivitäten mit Scintillationsdetektoren nach. Die experimentelle Anordnung gleicht der C. **1961.** 17825 beschriebenen. Die Targets bestehen aus dünnen aufgedampften Schichten auf Au-Unterlagen von 0,010 in. Dicke. Das Mo-Target besteht aus einer metall. Folie. Die Ergebnisse werden in der Reihenfolge Isotop, Halbwertszeit, isomerer Übergang in keV u. beobachteter γ-Strahl in keV wiedergegeben: ^{71}Ge, 20,3 $\pm$ 0,3 ms, 23 (M 2), 175; ^{74}As, 6,0 $\pm$0,3 s, 283 (M 3), 283 $\pm$5; ^{78}Br, 118,0 $\pm$1,5 μs, 149 (M 2), 149 $\pm$2 u. 32 $\pm$2; Tc 8,15 $\pm$0,20 μs, —, 177 $\pm$4; Tc 15,5 $\pm$0,8 μs, —, 43 $\pm$3.
GERHARD SCHMIDT. 103 □

Das magnetische Moment des 181-keV-Niveaus von Technetium-99. E. Bodenstedt, E. Matthias und H. J. Körner. (Z. Physik **153.** 423—39. 1959. Hamburg, Physikal. Staatsinst.) (Dt.)

Der g-Kernfaktor des 181-keV-Niveaus von ^{99}Tc wurde durch Messung der Winkelkorrelation der 741—181-keV-γ-γ-Kaskade in einem äußeren Magnetfeld bestimmt. Aus dem Resultat ($g = +1{,}44 \pm 0{,}13$) ergibt sich ein magnet. Moment von 3,6 $\pm$0,3 Kernmagnetonen für den 5/2-Spin. Das bekannte Zerfallsschema wird bestätigt, es wird aber der Nachw. eines zusätzlichen γ-Strahls von 950 keV erbracht, der durch Koinzidenzmessungen als ein Übergang zum 181-keV-Niveau erkannt wurde. Eine Messung der Lebensdauer des 181-keV-Niveaus ergab mit $T_{1/2} = 3{,}57 \pm 0{,}05 \cdot 10^{-9}$ s eine Herabsetzung der Fehlergrenzen. Ferner wurden die Winkelkorrelationsfunktionen der 741—181-keV- u. der 741—41—140-keV-Dreifachkaskade gemessen. W. BETCKE. 103 □

Halbwertszeit von Samarium-147. P. M. Wright, E. P. Steinberg und L. E. Glendenin. (Physic. Rev. [2] **123.** 205—08. 1/7. 1961. Argonne, Ill., Argonne Nat. Labor.) (Engl.)

Mit einem Fl.-Scintillationszähler (Tri-Carb) zur Best. der α-Zerfallsraten messen Vff. die Halbwertszeit von ^{147}Sm zu $(1{,}05 \pm 0{,}02) \cdot 10^{11}$ a. Als Quelle dient Sm_2O_3 sehr hoher Reinheit (99,9%). Die Halbwertszeit berechnet sich aus der Relation $T_{1/2} = 0{,}693\ N/A$, wo N die Anzahl der Atome von ^{147}Sm u. A die Zerfallsrate sind.
GERHARD SCHMIDT. 103 □

Der Absorptionsquerschnitt von Samarium-149 für Reaktorneutronen. K. L. Aitken, D. J. Littler, E. E. Lockett und G. H. Palmer. (J. nuclear Energy **4.** 33—37. Jan. 1957. Harwell, Berks., AERE.) (Engl.)

Zur Best. des Neutronenabsorptionsquerschnitts von ^{149}Sm wurden Lsgg. von $Sm_2(SO_4)_3$ in D_2O in verschiedener Konz. angesetzt u. die Neutronenabsorption durch Vgl. mit derjenigen von B bestimmt. Für natürliches Sm wird der Wert 10380 $\pm$160 barn, für ^{149}Sm 74500 $\pm$1100 barn ermittelt. W. REUSSE. 103 □

Winkelabhängigkeit der β-γ-Korrelation (zirkular polarisiert) in ^{198}Au. J. P. Deutsch und P. Lipnik. (Nuclear Physics [Amsterdam] **24.** 138—42. April 1961. Louvain, Univ. Cathol., Centre de Phys. Nucl., Inst. Interuniversit. des Sci. Nucl.) (Franz.) — Vgl. C. **1961.** 1451.

^{198}Au zerfällt überwiegend zum 411-keV-Niveau von ^{198}Hg. Mittels zweier Kanäle wurde die Winkelabhängigkeit der Korrelation zwischen β- u. zirkular polarisierter γ-Strahlung bestimmt u. die zu erwartende cos-Funktion bestätigt. Für die Koeff. wurden erhalten: $A_1 = 0{,}46 \pm 0{,}10$ u. $A_3 = -0{,}06 \pm 0{,}12$, $A_3/A_1 = -0{,}13 \pm 0{,}25$.
M. WIEDEMANN. 103 □

Das Resonanzintegral von Gold. K. Jirlow und E. Johansson. (J. nuclear Energy, Part A **11.** 101—07. Febr. 1960. Stockholm, AB Atomenergi.) (Engl.)

Vff. bestimmen das Resonanzaktivierungsintegral von Au mittels Verhältnismessungen dünner Cd-Folien in einem Neutronenbündel aus dem schwed. Reaktor R 1 (D_2O, Natururan). Das Resonanzintegral wird definiert u. berechnet. Experimentell ergibt sich ein Wert von 1490 $\pm$40 barn. Das aus Resonanzparameterdaten berechnete Resonanzintegral beträgt 1529 $\pm$70 barn. GERHARD SCHMIDT. 103 □

Neutroneneinfangquerschnitte von Gold bei 30 keV und 64 keV. L. W. Weston und W. S. Lyon. (Physic. Rev. [2] **123.** 948—49. 1/8. 1961. Oak Ridge, Tenn., Oak Ridge Nat. Labor.) (Engl.)

Vff. verwenden den 5-MV-VAN-DE-GRAAFF als Quelle von Protonen mit einer Energie gerade oberhalb der Schwelle der Li(p, n)- u. T(p, n)-Reaktionen. Ein Protonenbündel von 1 μA mit einem Durchmesser von ca. $^1/_8$ in. dient zum Beschuß von LiF- oder ZrT-Targets. Die Neutronenintensität aus den Targets gestattet ausreichende Aktivierung von Au-Folien ($^3/_4$ in. $\varnothing$) von 0,020 in. Dicke bei einer Bestrahlungszeit von 1 oder

2 Stunden. Die induzierte ^{198}Au-Aktivität in der Probe (γ-Photopeak bei 410 keV) wird mit einem NaJ(Tl)-Bohrlochkristall (3×3 in.) u. einem 20-Kanal-Analysator gemessen. Die Einfangquerschnitte von Au mit kinemat. kollimierten Neutronen bei 30,2 u. 63,9 keV ergeben sich zu 0,767 ± 0,060 bzw. 0,456 ± 0,040 barn.

Gerhard Schmidt. 103 □

Das γ-Spektrum von Radium im Gleichgewicht mit seinen Zerfallsprodukten. B. S. Dželepow, N. N. Zhukovsky, S. A. Shestopalova und I. F. Uchevatkin. (Nuclear Physics [Amsterdam] **8.** 250—64. Okt. (1) 1958. Leningrad, USSR, Acad. of Sci., Khlopin Radium Inst.; Menedeleyev Res. Inst. of Metrol.) (Engl.) — Vgl. C. **1959. 14616.**

Das γ-Spektrum von Radium im Gleichgewicht mit seinen Zerfalls-Prodd. wurde auf Grund von Rückstoßelektronenmessungen im Bereich von 150—2530 keV aufgenommen. 44 γ-Linien wurden beobachtet. Ihre relativen Intensitäten u. die Zahl der Quanten pro Zerfall werden tabellar. wiedergegeben. B. Stein. 103 □

γ-Spektrum von Thoriumsalz. Yoshinaga Oka und Shigeki Abe. (J. chem. Soc. Japan, pure Chem. Sect. [Nippon Kagaku Zassi] **81.** 197—200. Febr. 1960. Sendai, Tôhoku-Daigaku, Senkô-Seiren-Kenkyûzyo.) (Jap.; Auszug: Engl. S. A 13.)

Das γ-Spektrum von Th-Salzen zeigt bei 0,082, 0,238, 0,580 u. 0,94 MeV photoelektr. Spitzen. Durch den Anionenaustauscher Dowex-1-X8 sowie durch Versetzen mit Theonyltrifluoraceton werden die Salze der Isotope der relativ langen Halbwertszeiten in der 4 n-Reihe wie die Salze von ThB, ThC, ThC'' u. $MsTh_2$ isoliert u. ihre γ-Spektren gemessen. Intensive Spitzen bei 0,082 u. 0,238 MeV sind hauptsächlich ThB zuzuschreiben, während die Spitzen bei 0,337 u. 0,94 MeV bzw. die bei 0,580 MeV $MsTh_2$ bzw. ThC'' zuzuschreiben sind. Die gefundenen Halbwertszeiten stimmen mit den bisherigen überein. E. Maekawa. 103 □

Totale Querschnitte von Kohlenstoff, Sauerstoff, Fluor und Thorium für schnelle Neutronen. Kineo Tsukada und Takayoshi Fuse. (J. physic. Soc. Japan **15.** 1994—2000. Nov. 1960. Ibaraki-ken, Japan, Atom. Energy Res. Inst. Tokai-mura.) (Engl.)

Targets aus ThO_2 C_nF_{2n+2} (Teflon) u. Graphit wurden mit Neutronen von 3,3 bis 5 MeV aus der in einer Gaskammer ablaufenden Rk. D(d, n)^{3}He beschossen. Als Neutronendetektor diente ein Anthracenkristall. Die Energieauflösung lag bei 20 keV. Für ^{13}C, ^{17}O u. ^{20}F wurden aus den Resonanzen die einzelnen Niveaus bestimmt u. die Spins zugeordnet. Bei Th wurde eine Riesenresonanz bei 4,2 ± 0,2 MeV beobachtet.

M. Wiedemann. 103 □

Der Absorptionsquerschnitt von ^{233}Th für thermische Neutronen und die Resonanzintegrale von ^{232}Th, ^{233}Th und ^{59}Co. F. J. Johnston, J. Halperin und R. W. Stoughton. (J. nuclear Energy, Part A **11.** 95—100. Febr. 1960. Louisville, Ky., Univ. of Louisville; Oak Ridge, Tenn., Oak Ridge Nat. Labor.) (Engl.)

Vff. bestimmen den Absorptionsquerschnitt von ^{233}Th für therm. Neutronen u. die Resonanzabsorptionsintegrale von ^{232}Th, ^{233}Th u. ^{59}Co zu 1450, 85, 400 bzw. 75 barn durch Neutronenaktivierungsmessungen unter Verw. von Cd-Filtern mit Neutronen des Reaktorspektrums. Dieses Spektrum besteht aus einer Maxwell-Boltzmann-Verteilung, die durch die Temp. T u. eine 1/E-Komponente charakterisiert ist, die sich von einem unteren Energiegrenzwert bis zu Spaltenergien erstreckt. Gerhard Schmidt. 103 □

Die partiellen Halbwertszeiten von ^{242}Am für α-Zerfall und Elektroneneinfang. R. F. Barnes, D. J. Henderson, A. L. Harkness und Herbert Diamond. (J. inorg. Nuclear Chem. **9.** 105—07. Febr. 1959. Lemont, Ill., Argonne Nat. Labor.) (Engl.)

Die partiellen Halbwertszeiten für α-Zerfall u. Elektroneneinfang des Grundzustandes von ^{242}Am wurden zu 32000 ± 1600 a u. 960 ± 50 a bestimmt. Für den α-Zerfall von ^{243}Am wurde eine Halbwertszeit von 7720 ± 160 a gemessen. Die angegebenen Fehler basieren auf Standardabweichungen. B. Stein. 103 □

Neuer Herstellungsprozeß für Tellur-132. J. D. Eakins, J. Robson und H. F. Stockley. (Int. J. appl. Radiat. Isotopes **9.** 124—26. Dez. 1960. Harwell, Berks., AERE, Isotope Res. Div.) (Engl.)

Die Abtrennung von ^{132}Te von mit Neutronen bestrahltem U erfolgt durch Auflösung in HCl unter N_2- oder He-Atmosphäre, wobei unter geeigneten Rk.-Bedingungen H_2Te entsteht. Dieses Gas wird in eine 5%ig. Lsg. von Eisenchlorid in 3 m HCl geleitet. Nach Zugabe von Zinnchlorid-Lsg. im Überschuß fällt metall. Te aus u. kann abfiltriert u. gereinigt werden. Die für diese Trennung entwickelte App. wird beschrieben.

W. Reusse. 104 □

Die Anwendungen der Kernenergie für friedliche Zwecke. J. L. Verhaeghe. (Meded. Kon. vlaamse Acad. Wetensch., Letteren schone Kunsten België, Kl. Wetensch. **21.** 3—12. 1959.) (Fläm.)

Übersicht. W. Wesly. 110 □

Ein Schwerwasser-Leistungsreaktor mit Gaskühlung. A. I. Alikhanov, V. V. Vladimirsky, P. A. Petrov und P. I. Khristenko. (J. nuclear Energy **3.** 77—82. Aug. 1956.) (Engl.)

Beschreibung des Plans für die Auslegung eines mit D_2O moderierten u. mit CO_2 gekühlten Leistungsreaktors für 100—200 MW (elektr.). GERHARD SCHMIDT. 110□

Zur Berechnung des Stoffumsatzes im Kernreaktor. H. Grümm. (Atomkernenergie **2.** 401—07. Okt. 1957. Stuttgart.) (Dt.)

Das Problem der zeitlichen Konz.-Änderung der verschiedenen am Spaltprozeß beteiligten Stoffe in Reaktoren mit hohem Fluß u. deren Einfl. auf das dynam. Verh. des Reaktors wird allg erörtert; für den Fall einer ortsgebundenen Substanz wird mathemat. eine Umsatzgleichung abgeleitet. Am Beispiel der Bldg. von ^{239}Pu im therm. Reaktor wird unter vereinfachenden Voraussetzungen der Einsatz der Berechnungs-Meth. demonstriert. W. REUSSE. 110□

Wärmespannungen und Deformationen im Brennstoffstab und in der Brennstoffstabhülse des heterogenen Hochflußreaktors. M. Ristić, M. Novaković, P. Anastasijević und N. Kondić. (Proc. int. Conf. peaceful Uses Atomic Energy **9.** 231—33. 1956. Vinča, „Boris Kidrich"-Inst. of Nucl. Sci.) (Engl.)

Konferenzbericht. — Theoret. u. experimentelle Betrachtung der Wärmebeanspruchungen am Modell. GERHARD SCHMIDT. 110□

Die Korrosion von Brennstoffelementen in Wasser und Wasserdampf. F. Janitschek. (Atomkernenergie **5.** 222—29. Juni 1960. Klagenfurt.) (Dt.)

Zusammenfassender Bericht über Korrosionsprobleme bei der Entw. von Brennstoffelementen für Wasserreaktoren. Als hinreichend korrosionsfest haben sich erwiesen: UO_2 bzw. U-Legg. mit Mo oder Nb in Hülsen aus Stahl oder Legg. auf Zr-, Nb- oder Al-Basis. H. SCHIRRWITZ. 110□

Caesium-137-Bestrahlungsanlage hoher Intensität. R. C. Palmer und R. W. Carter. (Int. J. appl. Radiat. Isotopes **9.** 123—24. Dez. 1960. Atlanta, Ga., Georgia Inst. of Technol., Ergng. Experiment Stat.) (Engl.)

Es wird eine Bestrahlungsanordnung beschrieben, bei der das Bestrahlungsgut im Innern eines Messingzylinders untergebracht ist, der von 2 Kränzen von Messingzylindern umgeben ist, in denen bis zu 12 ^{137}Cs-Strahlenquellen von je ca. 1000 c untergebracht werden können. Die Proben werden dabei homogen mit $1{,}4 \cdot 10^6$ rad/h bestrahlt, sie können je nach gewünschter Dosisleistung auch in einem der äußeren Zylinder bestrahlt werden. W. REUSSE. 112□

Polyäthylen–Ferro-Ionendosimeter für Kohlenwasserstoffsysteme in der Strahlungschemie. R. C. Palmer, R. W. Carter und D. C. Bardwell. (Int. J. appl. Radiat. Isotopes **9.** 60—62. Dez. 1960.) (Engl.) — Vgl. vorst. Referat.

Vff. geben ein Verf. zur Best. der Energieabsorption in KW-Stoffen an; diese soll zu den durch Bestrahlungen ausgelösten radiochem. Prozessen in Beziehung gesetzt werden. Dazu wird das Objekt simuliert, z. B. durch eine Polyäthylenscheibe, diese durchstrahlt u. die durchgelassene Strahlung in einem Ferrosulfat-Dosimeter gemessen. Die Differenz zwischen dieser Intensität u. der ohne Polyäthylenscheibe gemessenen ergibt die absorbierte Dosis. Es werden Meßergebnisse für eine 50-kV-Röntgenstrahlung mitgeteilt. W. REUSSE. 112□

Omegatron — ein Hochfrequenz-Massenspektrometer. B. Urgošík. (Pokroky Mat., Fysiky Astronomie **4.** 449—60. 1959. Praha, Katedra elektron. a vakuové fys. mat.-fys. fak. Karlovy univ.) (Tschech.)

Beschreibung der Tätigkeit eines idealen Omegatrons u. Übersicht über einige experimentelle Syst. unter besonderer Berücksichtigung der von SOMMER u. Mitarbeitern (C. **1952.** 2292) konstruierten Apparatur. J. TŮMOVÁ. 112□

Eine Massenmarkierungseinrichtung für Massenspektrometer. J. H. Beynon und S. Clough. (J. sci. Instruments **35.** 289—91. Aug. 1958. Blackley, Manchester, Imp. Chem. Ind. Ltd., Dyestuffs Div.) (Engl.)

Der galvanomagnet. Effekt von *Bi* wird benutzt, um das variable Magnetfeld eines Massenspektrometers mit konst. Beschleunigungsspannung auszumessen u. damit das Massenspektrum nach Massenzahlen zu eichen. Die Bi-Spule wird zwischen den Polschuhen angeordnet, bei vorgegebenen Spulenwiderständen wird eine Reihe von 50 Masseneichpunkten auf dem Spektrum markiert. Im Bereich bis zur Masse 200 erreicht das Instrument eine Genauigkeit von $\pm 0{,}05$ Masseneinheiten u. darüber liegt die Fehlergrenze bei $\pm 0{,}025\%$. L. ROTH. 112□

Über die Anwendung eines Zwischenbild-β-Spektrometers zur Paar-Spektroskopie. J. Kjellman und B. Johansson. (Ark. Fysik **14.** 17—29. 1958. Stockholm, Nobel Inst. of Phys.) (Engl.) — Vgl. C. **1960.** 4415.

Ein β-Spektrometer mit Eisenschutz u. Zwischenbild wurde für die Messung energiereicher γ-Strahlung aus mit dem Cyclotron induzierten Rkk. umgebaut. Die durch Paarerzeugung gebildeten Elektronen u. Positronen werden an etwas verschiedenen Stellen fokussiert u. in Koinzidenz nachgewiesen, hierzu dienen Plastescintillatoren. Zur Eichung diente die Rk. $^{19}F(p, \alpha)^{16}O^*$, bei der der 6,065-MeV-Zustand direkt durch Paaremission zum Grundzustand zerfällt. M. Wiedemann. 112□

Die Erdung von β-Quellen durch eine Hilfs-α-Quelle. R. T. Nichols und E. N. Jensen. (Rev. sci. Instruments **31.** 1358. Dez. 1960. Ames, Iowa, Iowa State Univ., Inst. for Atom. Res. and Dep. of Phys.) (Engl.)

Um bei der Unters. von β-Quellen in einem magnet. Spektrometer die elektr. Aufladung der Quelle auch dann zu verhindern, wenn diese auf einem elektr. Isolator aufgebracht ist, wird sie mit den α-Strahlen eines ^{210}Po-Präp. bestrahlt. Als Beispiele werden beschrieben: Eine ^{22}Na-Quelle (Positronenstrahler) auf einer Formvarfolie kann durch Bestrahlung mit 20 μc ^{210}Po-α-Strahlen ladungsfrei erhalten werden. Für die Beobachtung der K-Konversionslinie einer 12-μc-^{114}In-Quelle wurden ebenfalls 20 μc ^{210}Po, bedeckt mit einer $^1/_4$ mil starken Al-Folie, erfolgreich eingesetzt. W. Reusse. 112□

Verwendung einer zählergesteuerten Hochdruck-Nebelkammer für Experimente mit geladenen Teilchen. D. J. Cairns, T. C. Griffith, G. J. Lush, A. J. Metheringham und R. H. Thomas. (Nuclear Instruments Methods [Amsterdam] **10.** 272—80. April 1961. London, Univ. Coll., Phys. Dep.) (Engl.)

Zur Unters. der Wechselwrkg. von Protonen mit *He* u. *D* diente eine zylindr. Expansionsnebelkammer ohne Magnetfeld, die von Scintillationszählern gesteuert wurde. Sie konnte für Drücke bis 70 at verwendet werden. 30 Aufnahmen je Std. waren möglich. M. Wiedemann. 112□

Über die Lösung reziproker Probleme bei γ-Messungen. I. D. Ssawinski. (Известия Академии Наук СССР, Серия Геофизическая [Nachr. Akad. Wiss. UdSSR, geophysik. Ser.] **1961.** 379—86. März.) (Russ.)

Die Möglichkeit der Best. der Dichteverteilung radioakt. Quellen aus Messungen ihrer γ-Strahlung wird diskutiert u. die Lösung des entsprechenden Integrals erörtert. M. Wiedemann. 112□

Stereoautoradiographie. Lars-G. Erwall und T. Westermark. (Int. J. appl. Radiat. Isotopes **9.** 119—20. Dez. 1960. Stockholm, KTH, Div. of Phys. Chem.) (Engl.)

Es wird eine Lochkamera mit 3 kreisförmig, besser doppeltkon. gebohrten Löchern beschrieben, mit der stereoautoradiograph. Aufnahmen von räumlichen Strahlenquellen erhalten werden können. Am Beispiel einer Aufnahme von 3 neutronenaktivierten W-Drähten (^{187}W) wird gezeigt, daß aus den erhaltenen drei Bildern die räumlichen Dimensionen dieser Strahleranordnung ermittelt werden können. W. Reusse. 112□

H. Birkenfeld, G. Haase und **H. Zahn**, Massenspektrometrische Isotopenanalyse. Physikalisch-chemische Trenn- und Meßmethoden. Bd. 5. Berlin: Deutscher Verl. der Wissenschaften. 1961. (Etwa 300 S. m. etwa 60 Abb.) 8°. Etwa DM 45,—.

S. S. Roginski, Theoretische Grundlagen der Isotopenchemie. Physikalisch-chemische Trenn- und Meßmethoden. Bd. 6. Berlin: Deutscher Verl. der Wissenschaften. 1961. (Etwa 700 S. m. etwa 100 Abb.) 8°. Etwa DM 48,—.

K. E. Grew und **T. L. Ibbs**, Thermodiffusion in Gasen. Physikalisch-chemische Trenn- und Meßmethoden, Bd. 7. Berlin: Deutscher Verl. der Wissenschaften. 1961. (Etwa 120 S. m. etwa 42 Abb.) 8°, Etwa DM 35,—.

A$_2$. Optisches Verhalten der Materie

Über die Differenzierung von Spektren. W. A. Subow. (Оптика и Спектроскопия [Optik u. Spektroskopie] **11.** 275—77. Aug. 1961.) (Russ.)

Die in letzter Zeit vielfach vorgeschlagene Meth. der 2- oder 4fachen Differenzierung bei der Registrierung von Absorptionsbanden wird krit. im Hinblick auf das Auftreten zufälliger Fehler besprochen. Vf. kommt zum Schluß, daß wegen vieler Nachteile der Meth. ihre Anwendung nur in bestimmten Fällen vorteilhaft ist. R. Gerbatsch. 118□

Die 1s–2s-Anregung von Wasserstoff-Atomen durch Protonenbeschuß. A. E. Kingston, B. L. Moiseiwitsch und B. G. Skinner. (Proc. Roy. Soc. [London], Ser. A **258.** 237—44. 18/10. 1960. Belfast, Queen's Univ., Dep. of Appl. Math.) (Engl.)

Theoret. Betrachtungen über die Wrkg.-Querschnitte für die Anregung des 2 s-Zustandes von H durch Protonenbeschuß u. Vgl. mit anderen bekannten Berechnungsmethoden. G. Heinsohn. 118□

Die 1s–2s-Anregung von Wasserstoff-Atomen durch Elektronenbeschuß. A. E. Kingston, B. L. Moiseiwitsch und B. G. Skinner. (Proc. Roy. Soc. [London], Ser. A **258.** 245—50. 18/10. 1960.) (Engl.) — Vgl. vorst. Referat.

Berechnungen der Wirkungsquerschnitte für die Anregung des 2 s-Niveaus von H durch Elektronenbeschuß u. Vgl. mit bekannten experimentellen Ergebnissen.
G. Heinsohn. 118□

Über die Entstehung der Spektren des flüssigen und komprimierten Sauerstoffs (12600—3000 Å). W. I. Dianow-Klokow. (Оптика и Спектроскопия [Optik u. Spektroskopie] **6.** 457—62. April 1959.) (Russ.) — Vgl. C. **1960.** 11548 u. C. **1962.** 4071.

Die Temp.-Abhängigkeit der Intensität der Absorptionsbanden von kondensiertem O_2 bei konst. Dichte wird im Bereich von 80—250 °K zwischen 12600 u. 3000 Å gemessen. Das Absorptionsspektrum des kondens. O_2 entspricht fast völlig den erzwungenen Dipolübergängen in den „statist." Komplexen $(O_2)_2$, wobei die Entartungen eine große Rolle spielen. Bei den nichtentarteten O_2-Moll. zeigt sich ein merklicher Einfl. der Übergänge nur in der II. Bandengruppe (7640 u. anscheinend 6890 Å). R. K. Müller. 118□

Emissionsspektren von N_2-, O_2- und NO-Molekülen, die in festen Matrizen eingeschlossen sind. H. P. Broida und M. Peyron. (J. chem. Physics **32.** 1068—71. April 1960. Washington, D.C., Nat. Bur. of Stand.) (Engl.)

Mol. Syst. sind in festen Prodd. einer Gasentladung bei der Temp. des fl. He bei der Emission beobachtet worden. Vorherige versuchsweise Mol.-Identifizierungen sind überprüft worden mit Hilfe von isotop. Substitutionen von O u. N. Das Herzberg-Syst. (A Banden) von 0 ($A^3\Sigma_u^+ - X^3\Sigma_g^-$) wurde analysiert, u. die Mol.-Konst. für ein in einer N-Matrix eingeschlossenes Mol. wurden abgeleitet. Ein anderes Syst. (M Banden) wurde dem NO-Mol. zugesprochen ($^4\Pi - X^2\Pi$). Hans Laue. 118□

Reflexionsspektren von Terbiumoxiden im Bereich Tb_2O_3 bis Tb_4O_7. F. Vratny. (J. chem. Physics **34.** 1377—79. April 1961. West Lafayette, Ind., Purdue Univ., Dep. of Chem.) (Engl.)

Untersucht wurden die Reflektionsspektren von Terbiumoxiden der Zus. TbO_x ($1,5 \leqq x \leqq 1,75$) u. zwar im Bereich von 300—1500 mμ. Ein ausgeprägter UV-Abfall tritt bei ca. 325 mμ auf. Ein Reflektionsband ist ebenfalls bei $\sim$ 380 mμ mit kleineren Banden bei 420 u. 480 mμ vorhanden. Die Reflektion nimmt mit steigendem O-Geh. der Oxide ab, sehr schnell von $TbO_{1,5}$ bis $TbO_{1,53}$ u. weiter bis die stabile Phase $TbO_{1,75}$ erreicht wird. Bes. ausgeprägt ist dieses Verh. bei kleinen λ. G. Herzog. 118□

Über die Behandlung von mit dem Fabry-Pérot-Interferometer erhaltenen Spektrogrammen. W. K. Ablekow. (Оптика и Спектроскопия [Optik u. Spektroskopie] **6.** 562—64. April 1959.) (Russ.)

Vf. zeigt einen einfachen Weg zur Best. der wahren Halbbreite der Funktion I (ν) bei Anwendung des Fabry-Pérot-Interferometers u. zur Ermittlung der Intensitätsverteilung von 2 aufeinanderliegenden Spektralintervallen. Für die Best. des Intensitätsmaximums in jeder der Verteilungen wird eine Näherungsgleichung angegeben.
R. K. Müller. 119□

Zur Theorie der optischen Aktivität von Kristallen. 3. Mitt. **Allgemeine Gleichung der Normalen.** B. W. Bokut und F. I. Fedorow. (Оптика и Спектроскопия [Optik u. Spektroskopie] **6.** 537—41. April 1959.) (Russ.) — 2. vgl. C. **1961.** 4591.

Die in invarianter Form abgeleitete allg. Gleichung der Normalen für opt. akt. Kristalle unter Berücksichtigung der magnet. Glieder weist auf die Möglichkeit einer Ausbreitung von 3 Wellen hin, wobei die Phasen-Geschw. der 3. Welle im Vgl. zur Licht-Geschw. sehr klein sein muß. R. K. Müller. 119□

Spannungsoptische Koeffizienten von Silicium für infrarotes Licht. S. Prussin und A. Stevenson. (J. appl. Physics **30.** 452—53. März 1959. Culver City, Calif., Pacific Semiconductors.) (Engl.)

Aus einem in der (1 0 0)-Richtung gewachsenen Si-Einkristall geschnittene Stäbchen wurden einer reinen Biegebeanspruchung unterworfen, sie waren 35 mm lang, 6,5 mm breit u. 2 mm dick. Die Doppelbrechung wurde mit linear polarisiertem Licht von 1,2 μm Wellenlänge untersucht. Aus den Meßergebnissen lassen sich die elast. Konst. ableiten. C. Reuber. 119□

Zur Frage der Verfärbung künstlicher CaF_2-Einkristalle aus reinem synthetischen Ausgangsmaterial. P. Görlich, H. Karras und R. Reimann. (S.-B. dtsch. Akad. Wiss. Berlin, Kl. Math. Physik Techn. **1960.** Nr. 3. 1—34.) (Dt.)

Vff. beschreiben die Verff. zur Herst. von künstlichen CaF_2-Einkristallen sowie die Absorptions-Fluorescenz- u. Verfärbungs-Eigg. u. vergleichen mit den Ergebnissen anderer Autoren. Die Fluorescenz der Syst. CaF_2/Sm^{2+} u. CaF_2/Yb^{2+} stimmte mit Feofilows Ergebnissen überein. Am Syst. CaF_2/Eu^{2+} wurden zusätzlich noch zwei weitere, bei Zimmer-Temp. bereits sehr intensive dublettartige Fluorescenzbanden gefunden. Ferner wurden an den Syst. CaF_2/U, CaF_2/Sn, CaF_2/Y, CaF_2/Sm, CaF_2/Yb,

CaF_2/Eu, CaF_2/Gd u. *CaF_2/Ce* die subtraktiven Verfärbungsspektren in Abhängigkeit von der Bestrahlungsdosis gemessen u. die Entfärbungsprozesse bei Lagerung im Dunkeln untersucht. Die betrachteten Syst. ließen sich in vier Gruppen einordnen.

M. VOGELMANN. 119□

Neue Ergebnisse über die anomale Dispersion von Magnesiumcyanoplatinat. Claude Moncuit. (C. R. hebd. Séances Acad. Sci. **249.** 2526—28. 9/12. 1959. Paris, Sorbonne, Labor. des Rech. phys.) (Franz.)

An Einkristallen von *$MgPt(CN)_4 \cdot 7\,H_2O$* bestimmte Vf. in der Zone selektiver Reflexion die opt. Konst. des Kristalls durch Messungen des Reflexionsfaktors. Bei den Messungen lag die einfallende Schwingung parallel oder senkrecht zur Ebene der Ionen $Pt(CN)_4^{2-}$, welche senkrecht zur opt. Achse liegt. Aus den Messungen wurde die Stärke des entsprechenden Oscillators berechnet. Die Ergebnisse sind tabellar. angegeben.

C. GOTTFRIED. 119

Oscillatorfrequenz und Schwingungsquanten im Wasserstoffmolekül. J. P. Aufray und J. W. Cooley. (Physic. Rev. [2] **124.** 137. 1/10. 1961. New York, N.Y., Univ., Inst. of Math. Sci.) (Engl.)

Die Schwingungsquanten $T_{v+1,0}-T_{v,0}$ für den elektron. Grundzustand von H_2 werden durch numer. Lösung der radialen SCHRÖDINGER-Gleichung erhalten u. mit Vers.-Ergebnissen für $v = 0$ bis $v = 4$ verglichen. Die Abweichungen betragen $1/10^3$ u. sind auf geringe Fehler in der Krümmung des theoret. Potentials, Unterbewertung des Einfl. von Wechselwrkg. zwischen Elektronen-u. Kernbewegungen sowie auf Vernachlässigung relativist. Effekte zurückzuführen. HERBERT MÜLLER. 120□

Schwingungskonstanten des Wassermoleküls. G. A. Chatschkurusow. (Оптика и Спектроскопия [Optik u. Spektroskopie] **6.** 463—74. April 1959.) (Russ.)

Aus Unterss. der Schwingungs-Rotations-Spektren von Wasserdampf lassen sich bis zu 40 Niveaus der Schwingungsenergie von H_2O ableiten. Vf. bestimmt die Zahlenwerte der 19 Schwingungs-Konst. des H_2O-Mol., die in den vollständigen Ausdruck für die Niveaus der Schwingungsenergie eingehen, sowie die Konst. der Resonanzwechselwirkung. Die Berechnung der Niveaus für $v_1, v_2, v_3 \leq 5$ ist ebenso genau wie die Spektralwerte. Bei Verw. der vollständigen kub. Gleichung für G_0^0 (v_1, v_2, v_3) u. Berechnung der DARLING-DENNISON-Resonanz [1940] braucht eine Abhängigkeit der Konst. γ der Resonanzwechselwrkg. von den Schwingungsquantenzahlen u. eine FERMI-Resonanz im H_2O-Mol. nicht berücksichtigt zu werden. Erstmals werden rechner. die an der dreifachen Resonanzwechselwrkg. beteiligten Schwingungsniveaus des H_2O bestimmt. Die Frequenzen der normalen Schwingungen u. die Anharmonizitäts-Konst. werden präzisiert.

R. K. MÜLLER. 120□

Rotations-Schwingungs-Banden von Wasserstoff- und Deuterium-Seleniden. E. D. Palik. (J. molecular Spectroscopy **3.** 259—95. Juni 1959. Columbus, Ohio, Ohio State Univ., Dep. of Phys. and Astronomy.) (Engl.)

Es wurde das IR-Absorptionsspektrum von H_2Se u. D_2Se in einem Prismengitterspektrographen mit einer Spaltbreite von ca. 0,2 cm^{-1} gemessen u. die Rotations-Konst. in den verschiedenen Schwingungszuständen, die α-Werte u. die Gleichgewichtsdimensionen bestimmt u. verglichen. M. SCHÜLE. 120

Infrarotemission von Gasen bei Anregung mit Radiofrequenzentladungen. H. M. Mould, W. C. Price und G. R. Wilkinson. (Spectrochim. Acta [London] **16.** 479—92. Mai 1960. London, King's Coll., Wheatstone Phys. Labor.) (Engl.)

Vff. untersuchen die IR-Emission von Gasen (*CO, HCl, DCl* u. *HBr, DBr, NO, CO_2, N_2O, H_2O, NH_3* u. *CH_4*) bei hoher Temperatur. Die Anregung der Vibrations-Rotations-Banden der di- u. polyatomigen Moll. erfolgt mit Radiofrequenzentladungen. Die Ergebnisse führen zu genauen Vibrations- u. Rotations-Konst. für CO, HCl, Dbl u. HBr; gleichzeitig wird mit Hilfe der IR-Emission das Auftreten freier Radikale beobachtet.

M. SCHÜLE. 120

Hochtemperaturabsorption von Kohlendioxid bei 4,40 μ. Martin Steinberg und William O. Davies. (J. chem. Physics **34.** 1373—77. April 1961. Chicago, Ill., Armour Res. Found., Phys. Res. Div.) (Engl.)

Die Absorption von CO_2 bei 4,40 μ wurde in einem Temp.-Gebiet von 1200—2100° K u. bei einem CO_2-Partialdruck von 10—40 mm Hg nach den Stößen gemessen unter Verw. einer 5% ig. Mischung von CO_2 in N_2. Die opt. Dichten variierten von 0,10—0,40 atm·cm unter Totaldrucken von 0,26—1,05 atm. Die Absorption wurde als Funktion des CO_2-Druckes bei verschiedenen Temp. bestimmt. Im untersuchten Druck- u. Temp.-Bereich gilt das BEERsche Gesetz. Die aus diesem Gesetz ermittelten Absorptions-Koeff. erreichen bei 3,0 atm^{-1} cm^{-1} u. ca. 1400° K ein Maximum u. sind von 0,26—1,05 atm vom Totaldruck unabhängig. Mit λ tritt eine langsame Änderung des Absorptions-Koeff. des heißen CO_2 ein. Die Ergebnisse werden mit theoret. u. anderen experimentellen Daten verglichen. G. Herzog. 120□

Übertragbarkeit der Urey-Bradley-Kraftkonstanten. 6. Mitt. **Die Silylhalogenide.** John Overend und James R. Scherer. (J. chem. Physics **34.** 574—77. Febr. 1961. Midland, Mich., Dow Chem. Co., Chem. Phys. Res. Labor.) (Engl.) — 5. vgl. C. **1961.** 12786.

Aus den Schwingungsfrequenzen werden nach der Meth. der kleinsten Quadrate die Urey-Bradley-Kraft-Konst. (UBFC) von *SiH_3F*, *SiH_3Cl*, *SiH_3Br*, *SiH_3J* sowie der vollständig deuterierten Verbb. erhalten; in allen Fällen werden nur geringe Abweichungen von der tetraedr. Konfiguration beobachtet, so daß die Bindungswinkel des Tetraedermodells eingesetzt werden können. Die Abhängigkeit der UBFC F_{HX} von der Elektronegativität E_X der Halogene X zeigt linearen Verlauf, obwohl die Absolutwerte kleiner als die der Methylhalogenide sind. Der gleiche Verlauf wird für die Si–X-Streck-Kraft-Konst. K_{SiX} als Funktion von E_X beobachtet. Für die Verbb. wird das aus den UBFC abzuleitende Abstoßungspotential H–X diskutiert. Herbert Müller. 120□

Das Infrarotspektrum der harmonischen und inneren Kombinationsschwingungen von Calcit, Dolomit und Magnesit zwischen 1400 und 7000 cm^{-1}. Jeannine André-Louisfert. (C. R. hebd. Séances Acad. Sci. **252.** 3565—67. 5/6. 1961. Paris, Sorbonne, Labor. de Rech. phys., Dép. infrarouge.) (Franz.)

Vf. untersucht die Absorptionsspektren von *Calcit* (**I**), *Dolomit* (**II**) u. *Magnesit* (**III**) zwischen 1400 u. 7000 cm^{-1}. Im Bereich 1380—1520 cm^{-1} liegen die Kombinationsschwingungen $E_{g2} + E_{u2}$ bzw. die gestörten Schwingungen E_{up} für **I** bei 1380 bzw. 1480 (cm^{-1}), für **II** bei 1400 bzw. 1500 u. für **III** bei 1420 bzw. 1520. Die entartete Valenzschwingung E_{u1} kann unter Berücksichtigung der Fermi-Resonanz den Wellenzahlen 1430, 1450 bzw. 1470 zugeordnet werden. Im Bereich 1520—7000 cm^{-1} liegen die Harmonischen u. Kombinationen von E_{u1} zusammen mit anderen inneren Schwingungen, die alle von der Fermi-Resonanz beeinflußt werden. Wird für jede Verb. die Zuordnung der Banden mit den Frequenzen der entsprechenden Schwingungen u. den analogen Kombinationen vorgenommen, so erscheint die Kombinationsfrequenz von **II** als arithmet. Mittel der Frequenzen für **I** u. **III**. Herbert Müller. 120□

IR-Spektren von Additionsverbindungen mit Metallhalogeniden. D. Bystrov, V. Filimonov und A. Terenin. (Proc. Sympos. Chem. Co-ordinat. Compounds, Agra [India] **1959.** Nr. 2. 128—34. 1960. Leningrad, Univ., Phys. Inst.) (Engl.)

Die IR-Absorptionsspektren der Verbb. von NO, Acetonitril, Pyridin, Cyclohexen, Äthylacetat, Äthylchlorid u. Acetaldehyd mit $AlBr_3$, $AlCl_3$, $SnCl_4$, $TiCl_4$, SnJ_4, $FeCl_3$ u. $BiCl_3$ wurden im Bereich von 3500—700 cm^{-1} gemessen u. beachtliche Verschiebungen der Schwingungsfrequenzen diskreter Bindungen beobachtet. Diese Verschiebung ist mit dem typ. Charakter der Halogenide als Elektronenacceptoren zu erklären; außerdem indizieren die Vff. damit die Additionslage von Halogenid zu Ligand. W. D. Heussner. 120□

Infrarotabsorptionsuntersuchungen an den Cyanidkomplexen von Quecksilber, Cadmium und Zink in wässeriger Lösung. R. A. Penneman und L. H. Jones. (J. inorg. Nuclear Chem. **20.** 19—31. Nov. 1961. Los Alamos, N. Mex., Univ. of California, Los Alamos Sci. Labor.) (Engl.)

Bei mehreren Cyaniden u. gemischten Ligandkomplexen von Hg, Cd u. Zn werden in wss. Lsg. charakterist. IR-Absorptionen beobachtet: $[Hg(CN)_4]^{2-}$ 2143 (cm^{-1}), ε 113 (Mol^{-1}/Liter·cm^{-1}); $[Hg(CN)_3]^-$ 2161; $[Hg(CN)_2OH]^-$ 2180; $[Hg(CN)_2Cl]^-$ 2189; $[Hg(CN)_3Cl]^{2-}$ ca. 2157; $[Cd(CN)_4]^{2-}$ 2140; ε 75; $[Cd(CN)_3]^-$ 2148; $[Cd(CN)_2Cl]^-$ 2147; $[Cd(CN)_3Cl]^{2-}$ 2145 u. $[Zn(CN)_4]^{2-}$ 2149; ε 113. Die direkte IR-Best. der Gleichgewichts-Konst. K für $[Hg(CN)]] [Hg(CN)_4{}^{2-}]/[Hg(CN)_3{}^-]^2$ ergab für K = 0,10 bei Ionenstärken von 0,6—1,8. Dieses Gleichgewicht wurde qual. auch in wasserfreier HCN u. in CH_3OH beobachtet. Eine Lsg. von $K[Hg(CN)_3]$ in HCN zeigt das erwartete Maximum des $[Hg(CN)_3]^-$-Ions; die Kristalle dieser Verb. zeigen jedoch nur die IR-Banden von $K_2 \cdot [Hg(CN)_4]$ u. $Hg(CN)_2$. Konz. Lsgg. von $Hg(ClO_4)_2$ (2—4m an Hg^{2+}), die niedrige CN/Hg-Verhältnisse (0,1—1,2) haben, zeigen die IR-Absorption von drei Teilchenarten, von denen zwei bisher unbekannte, polymere Teilchen darstellen, die mehr als ein Metallion pro Ligand besitzen u. vermutlich als $[Hg—O—Hg—CN]^+$ (oder evtl. $[Hg—CN—Hg]^{3+}$) (2227 cm^{-1}), $Hg_3(CN)_2$ (2250 cm^{-1}) u. HO—Hg—CN zu formulieren sind. Im Gegensatz zur Deutung polarograph. Unterss. von $[Cd(CN)_4]^{2-}$ in Ggw. von überschüssigem KCN (Prytz u. Østerud, Acta chem. scand. **6.** [1952.] 1534) ergibt sich aus IR-Messungen kein Beweis für die Bldg. von $[Cd(CN)_6]^{4-}$. Das Verhältnis CN : Zn kann nicht unter den Wert 4 : 1 erniedrigt werden; $[Zn(CN)_4]^{2-}$ war die einzige, durch IR-Messungen in Lsg. nachweisbare Teilchenart. P. Scharner. 120□

Einfluß von Radiofrequenz-Resonanz auf die natürliche Linienform. M. N. Hack und M. Hamermesh. (Nuovo Cimento [10] **19.** 546—57. 1/2. 1961. Argonne, Ill., Argonne Nat. Labor.) (Engl.)

Die Form von ZEEMANN-Linien in Ggw. eines resonanten rotierenden Radiofrequenzfeldes wurde berechnet. Die Verteilung der spontanen Emissionen wurde aus den Lsgg. für den stabilen Zustand abgeleitet. Das Ergebnis führt zur Vorhersage von Linienaufspaltungen bei Rotationsfrequenzen, die gut getrennten Resonanzfrequenzen entsprechen u. auch bei der Resonanzfrequenz im MAJORANA-Fall. G. WINKHAUS. 121 □

Mikrowellen-Zeeman-Effekt von freien Hydroxyl-Radikalen. H. E. Radford. (Physic. Rev. [2] **122.** 114—30. 1/4. 1961. Washington, D. C., Nat. Bureau of Standards.) (Engl.)

Die Prodd. einer elektr. Entladung in H_2O- u. D_2O-Dampf bei niedrigem Druck zeigen eine paramagnet. Resonanzabsorption bei einer Wellenlänge von 3 cm. Die Spektren sind von elektr. Dipoltyp u. kommen durch λ-Doppelübergänge in niedrigen Rotationsniveaus von freien ^{16}OH- u. ^{16}OD-Radikalen zustande. Vf. dehnt die Theorie des ZEEMAN-Effekts für $^2\Pi$-Niveaus leichter zweiatomiger Radikale auf den allg. Fall der intermediären Kopplung aus u. gibt eine eingehende Analyse der beobachteten Spektren. Die gemessenen g-Werte werden mit der Theorie verglichen u. kleine Korrekturen für mol. Rotation, die anomalen magnet. Spin-Momente der Elektronen u. abgeschätzte relativist. Effekte berücksichtigt. Als Ergebnis dieses Vgl. erhält man für das mol. Matrix-Element $(\Pi \mid L_y \mid \Sigma)$ den Wert 0,67 ± 0,01 im Gegensatz zu früheren Messungen der λ-Verdopplung bei OH u. OD. Die paramagnet. Resonanzspektren zeigen ebenfalls eine Hyperfeinstruktur, aus der mol. Konst., die die Verteilung von ungepaarten Elektronen um den H- oder den D-Kern beschreiben, abgeleitet werden können. Die Ergebnisse werden ausführlich diskutiert. G. M. NEUMANN. 121 □

Photolumineszenzeffekte in der Kontakt-Elektrolumineszenz. B. Morosin und F. A. Haak. (J. electrochem. Soc. **108.** 477—78. Mai 1961. Malibu, Calif., Hughes Aircraft Co., Hughes Res. Labor.) (Engl.)

Die Emission von sichtbarer Strahlung aus Mischungen von dielektr. Fll., Metallspänen u. nichtelektrolumineszenten Phosphoren im elektr. Wechselfeld (400—600 V, 10 kHz) wird als Kontaktelektrolumineszenz bezeichnet (LEHMANN, C. **1958.** 2629) u. tritt nach Unterss. der Vff. auch bei Verw. von Ferroelektriken u. anderen Stoffen an Stelle der Metallspäne auf. Offenbar werden die Erscheinungen durch starke Feldinhomogenitäten hervorgerufen. Die Anregung der Phosphore erfolgt durch UV-Strahlung, die die Mischung der dielektr. Fl. mit Metallspänen bzw. Ferroelektriken im elektr. Wechselfeld emittiert. Mischungen aus Al-Feilspänen u. Ricinusöl emittieren nach spektroskop. Unterss. zwischen 340 u. 440 mμ, wahrscheinlich jedoch auch bei noch kürzeren Wellenlängen. Diese Emission im sichtbaren u. UV-Bereich reicht qual. zur Deutung der bei der Kontaktelektrolumineszenz beobachteten Erscheinungen aus.

HERBERT MÜLLER. 125 □

Der Einfluß von Anregungsbedingungen auf die Totspannung von Phosphoren. Gy. Gergely. (Acta physica Acad. Sci. hung. **12.** 253—55. 1960. Budapest, Res. Inst. for Telecommunicat.) (Engl.)

Experimentell wurde gezeigt, daß die Helligkeitskurve L_v von Phosphoren u. der Wert der Totspannung V_d durch die Anregungsbedingungen kaum beeinflußt werden u. für jeden Phosphor charakterist. sind. Im einzelnen wurde bei Verss. mit *Zn_2SiO_4—Mn*, *ZnS—Ag—Cl* u. *ZnCdS—Ag* gefunden: Defokussierte Gleichstrom- u. Rasteranregung ergaben bei gleicher Stromdichte (<2 μA/cm²) nur kleine Unterschiede der L_v-Kurven u. von V_d (50—80 V). V_d steigt etwas (ca. 100 V für 1—4 μA/cm²) mit der Stromdichte. L_v u. V_d sind unabhängig von der Teilchengröße der Phosphore u. von der Dicke der Schicht. V_d wird nicht durch Aufladung der Schicht verursacht: Leitende Netze oder SnO_2 im Kontakt mit dem Phosphor bewirken keine Änderung von V_d. L_v u. V_d sind ident. für getrennte Banden des gleichen Phosphors, wie an der blauen u. grünen Emissionsbande von verschiedenen ZnS-10^{-4}Ag-(10^{-8} bis 10^{-4}) Cu-Cl-Proben gefunden wurde. V_d wird nicht durch Haftstellen verursacht, wie durch gleichzeitige Anregung mit Kathodenstrahlen u. UV (3650 Å) bzw. IR (>0,8 μ) Strahlung gezeigt wurde.

G. WINKHAUS. 125 □

Abklingen der Phosphorescenz in $CaCO_3$, $MgCO_3$, $CaMg(CO_3)_2$ und $CaSO_4$. W. L. Medlin. (Physic. Rev. [2] **122.** 837—42. 1/5. 1961. Dallas, Tex., Socony Mobil Oil Co., Field Res. Labor.) (Engl.)

Die Phosphorescenz in $CaCO_3$, $MgCO_3$, $CaMg(CO_3)_2$ u. $CaSO_4$ klingt nach der Gleichung $I = I_0 [b/(b + t)]^m$ (b u. m sind Funktionen der Temp. des Abklingens u. der Anregungszeit) ab. Dieses Ergebnis kann aus dem üblichen Modell für einen Mechanismus

2. Ordnung abgeleitet werden. Es zeigt sich, daß die zu erwartenden Abhängigkeiten für die Konst. b u. m nicht in Übereinstimmung mit den hier erhaltenen experimentellen Ergebnissen sind. D. HAHN. 125□

Phasengleichgewichte und zinnaktivierte Luminescenz in Systemen mit Strontiumorthophosphat. J. F. Sarver, M. V. Hoffman und F. A. Hummel. (J. electrochem. Soc. **108.** 1103—10. Dez. 1961. University Park, Pa., Pennsylvania State Univ., Coll. of Mineral Ind.) (Engl.) — Vgl. C. **1957.** 11779.

Das bei Zimmer-Temp. stabile rhomboedr. $Sr_3(PO_4)_2$ unterliegt bei 1305° einer Umwandlung in eine bisher noch nicht bekannte Hochtemp.-Form [β-$Sr_3(PO_4)_2$], die mit der Tieftemp.- oder β-Form des $Ca_3(PO_4)_2$ (Whitlockit) isotyp ist. Auf Grund von Phasengleichgewichts-Unterss. der Syst. aus $Sr_3(PO_4)_2$ mit $Mg_3(PO_4)_2$ bzw. $Ca_3(PO_4)_2$ bzw. $Zn_3(PO_4)_2$ wird festgestellt, daß diese mit β-$Sr_3(PO_4)_2$ Mischkristalle bilden, die auf Zimmer-Temp. abgekühlt werden können u. die Grundsubstanz für zinnaktivierte Phosphore darstellen. Die Zus. u. Temp.-Bereiche, in denen die Mischkristalle von β-$Sr_3(PO_4)_2$ für die 3 Syst. vorliegen, werden bestimmt u. die Existenz der tern. Verb. $SrMg_2(PO_4)_2$ (in einer Kristallform bis zum F. stabil) u. $SrZn_2(PO_4)_2$ (Umwandlung bei 1035° in eine 2. Form) festgestellt. Die Phasengleichgewichts-Diagramme für die 3 Syst. werden mitgeteilt. Die Prüfung der Zus. der zinnaktivierten Phosphore (0,02 Mol Sn) in den 3 Mischkristallreihen ergibt, daß die hellsten Phosphore erhalten werden, wenn nur so viel an stabilisierender Substanz zugefügt wird (Ca^{2+}, Zn^{2+}, Mg^{2+}), wie unbedingt zur Bldg. der entsprechenden Mischkristalle erforderlich ist. Größere Mengen an stabilisierenden Zusätzen erniedrigen die Fluorescenzintensität u. bewirken Sinterung während des Erhitzens. Die mit Mg stabilisierten β-$Sr_3(PO_4)_2$-Mischkristalle (11 Mol-% $Mg_3(PO_4)_2$: 0,02 Sn) besitzen im Vgl. zu den mit Ca u. Zn stabilisierten Syst. die höchste Quantenausbeute, Helligkeit u. Temp.-Beständigkeit. Zinnaktiviertes $SrMg_2(PO_4)_2$ emittiert bei Anregung bei 2537 Å im grünen Bereich des Spektrum, es ist jedoch nicht bei 3650 Å anregbar; bei Röntgenanregung ist es blau. Die zinnaktivierte Tieftemp.-Form von $SrZn_2(PO_4)_2$ emittiert im blauen Bereich bei einer Anregung bei 2537 Å u. mit Röntgenstrahlen; bei Anregung bei 2650 Å erfolgt keine Emission. U. SKURNIA. 125□

Magnesiumlithiumantimonat-Phosphore. Richard W. Mooney. (J. electrochem. Soc. **108.** 1110—14. Dez. 1961. Towanda, Pa., Sylvania Electric Prod., Inc., Chem. and Metallurg. Div.) (Engl.)

Vf. teilt die Darst. u. Eigg. der mit *Mn, U, Ti, Nb* u. *W* aktivierten Phosphore der Zus. $Mg_5Li_6Sb_2O_{13}$ (I) mit. Die günstigste Zus. der Phosphore betrug 35 (Gew.-%) MgO, 15 Li_2O u. 50 Sb_2O_3. Ersatz des MgO oder Li_2O durch Fluoride oder Chloride führte zu minderwertigen Produkten. Über 25 Elemente wurden zwecks Verw. als Aktivatoren geprüft, jedoch nur die obenerwähnten zeigten meßbare Effekte. Die Phosphore wurden durch Mischen von MgO u. Sb_2O_3 im angegebenen Verhältnis u. 1 std. Erhitzen auf 1000° in Quarzschmelztiegeln, weiteres Vermischen mit LiOH u. dem Aktivator u. durch erneutes 3 std. Erhitzen auf 1100° bei Mn, $1^1/_2$ std. Erhitzen auf 1125° bei U u. $1^1/_2$ std. Erhitzen bei 1175° bei Ti, Nb u. W hergestellt. Die Anregungs- u. Emissionsspektren dieser Prodd. wurden gemessen u. verglichen, u. es wurde der Einfl. der Temp. auf die Fluorescenzausbeute bestimmt. Vf. nimmt an, daß die Übergänge, die die Fluorescenz in den Mn- u. U-aktivierten Phosphoren verursachen, mit den Elektronen der inneren Schalen der Mn- u. U-Zonen in Beziehung stehen, wogegen die Fluorescenz der Ti-, Nb-, u. W-aktivierten Phosphore auf Übergängen in der anion. Gruppe beruht, die aus dem Übergangsmetall u. seinen benachbarten O-Atomen gebildet wird. Auf die prakt. Anwendung der Phosphore wird näher eingegangen. U. SKURNIA. 125□

A3. Elektrizität. Magnetismus. Elektrochemie

Aufbau und quasistationärer Zustand einer leistungsstarken toroidalen Pinch-Entladung in Wasserstoff. U. Grossmann-Doerth. (Z. Naturforsch. **16a.** 1290 bis 1312. Tafel. Dez. 1961. München, MPI für Phys. u. Astrophys.) (Dt.)

Die Vorgänge in einer leistungsstarken elektrodenlosen Ringentladung in H_2 (toroidale Gasentladungs-App. T-1) wurden untersucht: Torus aus Plexiglas von 4 cm kleinem Ø u. 100 cm großem Ø, Kondensatorbatterie von 154 μF für maximal 10 kV, seelenparalleles Magnetfeld („B_z-Feld"). Es zeigt sich, daß die Phänomene im Anfang der Entladung, bes. die Überführung des Gases in ein prakt. vollständig ionisiertes Plasma, durch einfache Theorien erklärt werden können. Nach Erreichen vollständiger Ionisation tritt ein quasistationärer Zustand ein, in dem das Plasma einen starken Energieverlust erleidet, der die Temp. prakt. konst. auf ca. 5 eV hält. Als Verlustprozesse kommen nur Instabilitäten in Frage. HERBERT WEBER. 131□

Theoretische Untersuchungen an starken kugelsymmetrischen konvergenten Verdichtungsstößen in gasförmigem Deuterium. H. Völcker. (Atomkernenergie **5.** 209—17. Juni 1960. Kiel, Univ., Inst. für Reine u. Angew. Kernphys.) (Dt.)

Die theoret. Behandlung des Themas erfolgt abweichend von den idealen Gasgesetzen unter Berücksichtigung der Effekte der Mol.-Dissoziation u. der Ionisation im Gas. Zur Temp.-Steigerung wurde eine Vorheizung des Gases vor der Stoßfront bis zu 3000 °K bei gleichbleibendem Druck angenommen. Die dabei erfolgende Temp.-Erhöhung unmittelbar hinter der Stoßfront sowie die Änderung der übrigen interessierenden Größen werden berechnet. Wird eine Aufheizung auf ca. 1500 °K unter 1 at angenommen, so sind bei einem Anfangsdruck von 1000 at hinter der Stoßfront für eine Kugel von 1 m ⌀ in 1 cm Abstand bereits Fusions-Temp. hinter der Stoßfront zu erwarten.
H. SCHIRRWITZ. 131□

Experimenteller Plasmafluß in ein magnetisches Wendefeld im Vakuum. F. R. Scott und R. F. Wenzel. (Physic. Rev. [3] **119.** 1187—88. 15/8. 1960. San Diego, Calif., Gen. Atom., John Jay Hopkins Labor. for Pure and Appl. Sci.) (Engl.)

Es wurde beobachtet, daß ein gerichtetes dichtes Plasma in ein magnet. Wendefeld („cusp field") im Vakuum eindringt u. zurückgehalten wird. Eine grobe Messung der gerichteten Geschw. des Deuterium-Plasmas ergab $(8{,}5 \pm 0{,}5) \cdot 10^6$ cm/sec. Die Ionendichte im Wendegebiet des Feldes wurde gemessen zu $8{,}5 \cdot 10^{15}$ 16 μsec nach Einlaß u. hatte eine Zerfalls-Konst. von 13,5 μsec. Es werden Magnetfeldmessungen gezeigt, die grob die Wrkg. des Magnetfeldes auf das Plasma demonstrieren. Die Emission von Verunreinigungen zeigt, daß die Elektronen sich schnell abkühlen u. daß das Plasma bei der Magnetspule in Konstakt mit den Behälterwänden ist. HANS LAUE. 131□

Instabilität einer positiven Säule in einem Magnetfeld. T. K. Allen, George A. Paulikas und Robert V. Pyle. (Physic. Rev. Letters **5.** 409—11. 1/11. 1960. Berkeley, Calif., Univ. of California, Lawrence Radiat. Labor.) (Engl.)

Bei einer Glimmentladung mit überlagertem longitudinalen Magnetfeld wird oberhalb einer bestimmten krit. Magnetfeldstärke B_c die positive Säule instabil, wobei rotierende, leuchtende Spiralen auftreten. In der Arbeit werden mittels Drehspiegelaufnahmen u. photoelektr. Messungen die Abhängigkeit des Wertes B_c vom Druck aufgenommen sowie die Frequenz, Wellenlänge u. Geschw.-Zunahme der Schwingungen bestimmt; die Messungen erfolgen in H_2, D_2, *He*, *Ne* u. *Ar* bei Rohrdurchmessern von 0,9; 0,95; 1,27 sowie 2,75 cm. Die erhaltenen Werte zeigen gute Übereinstimmung mit der von KADOMTSEV u. NEDOSPASOV entwickelten Theorie. H. SCHIRRWITZ. 131□

Die Erzeugung von Resonanzstrahlung in Entladungsröhren mit nicht kreisförmigem Querschnitt. M. A. Cayless. (Brit. J. appl. Physics **11.** 492—98. Nov. 1960. Rugby, Assoc. Electr. Ind. Ltd.) (Engl.)

Es wird eine Theorie für eine Gleichstrom-Niederdruckentladung mit Metalldampf-Edelgas-Füllung unter Annahme einfacher Ein- u. Zweistufen-Ionisation entwickelt, wobei die Kenndaten einer Entladung für einen beliebig geformten Querschnitt des Entladungsrohres aus denjenigen einer ähnlichen Entladung in einem ähnlichen Rohr mit kreisförmigem Querschnitt abgeleitet werden. Dabei zeigt sich, daß bei gleicher Leistung in einem Rohr mit „abgeflachtem" Querschnitt bzw. bei Einengung im Mittelteil eine wesentlich höhere Ausbeute an Resonanzstrahlung pro Längeneinheit gegenüber einem Rohr mit kreisförmigem Querschnitt zu erzielen ist. Die Berechnungen werden für die verschiedensten Querschnittsformen durchgeführt. H. SCHIRRWITZ. 131□

Elektrischer Lichtbogen zwischen Glaselektroden. Irina Mihul und Gh. Tacu. (Bull. Inst. Politehnic Iaşi [N. S.] **4** (8). Nr. 3/4. 129—34. 1958. Iaşi, Inst. politehn.) (Rum.)

Zwischen 2 Glaselektroden oder zwischen einer Glas- u. einer Kohle- oder Metallelektrode kann man mit Wechsel- oder Gleichstrom einen elektr. Lichtbogen erzeugen. Bei Gleichstrom bildet sich zwischen verschiedenen Elektroden der Bogen schon bei relativ niedrigen Temp. aus, aber nur wenn die Glaselektrode die negative Elektrode ist. Die dynam. Charakteristik der Lichtbögen mit Glaselektroden ist etwas verschieden von derjenigen bei Kohleelektroden: an den Stellen hoher Stromstärke bildet sie schleifenförmige Kurven; wenn nur eine Elektrode aus Glas ist, tritt die Schleife nur in der Halbperiode auf, in der das Glas der positive Pol ist. R. K. MÜLLER. 131□

Emission positiver Sekundärionen von Metalloberflächen. Richard C. Bradley. (J. appl. Physics **30.** 1—8. Jan. 1959. Ithaca, N.Y., Cornell Univ., Dep. of Phys.) (Engl.) — Vgl. C. **1961.** 4600.

Mit einem Massenspektrometer wurden die durch positive Edelgasionen an Metalloberflächen ausgelösten Sekundärionen untersucht. Die Beobachtungen erstrecken sich auf *Mo*, *Ta* u. *Pt*. In den Massenspektrogrammen wurden außer den Ionen der Metalle selbst auch solche von Verunreinigungen, z. B. von Alkalimetallen, gefunden. Außerdem wurden Mol.-Ionen von z. B. *MoC_2*, *TaN* u. *PtO_3*, aber keine Mol.-Ionen der reinen Metalle gefunden. Im Massenspektrum frisch gereinigter Oberflächen lassen sich auch Verunreinigungen aus dem Metall-Vol. feststellen. Eine quantitative Analyse nach den Spektren scheint aber kaum möglich wegen der großen u. im wesentlichen unbekannten Unterschiede im Ionisationswirkungsgrad der verschiedenen Elemente.

C. REUBER. 131□

Zerstäubung von Kupfer bei Beschießung mit Ionen von 5–25 keV. P. K. Rol, J. M. Fluit und J. Kistemaker. (Physica [Utrecht] **26.** 1000–08. Nov. 1960. Amsterdam, F.O.M.-Labor. vor Massaspectrografie.) (Engl.)

Es werden die Ergebnisse der Zerstäubung von polykristallinem *Cu* bei Beschießung mit positiven Ionen (*He, Li C, N, O, Ne, Na, Mg, Al, Si, P, S, Cl, Ar, K, Ca, Cu,* Zn, *Sr, Zr, Cd, J, Hg* u. *Tl*) zusammengestellt. Bei den schwereren Elementen wächst das Zerstäubungsverhältnis mit wachsender Ionenenergie schneller als bei leichteren Elementen. Die Winkelverteilung des zerstäubten Materials verläuft mehr nach einer GAUSS- als nach einer cos-Verteilung. Sie ist unabhängig vom Einfallswinkel. Die Abhängigkeit des Zerstäubungsverhältnisses vom Einfallswinkel wird untersucht. Für sehr schrägen Einfall erfolgt ein sehr starker Anstieg. Der Einfl. von N_2^+- u. KJ^+-Mol.-Ionen auf die Zerstäubung wird behandelt. H. SCHIBILLA. 131□

Theoretische Betrachtungen der Kathodenzerstäubungen im Energiebereich von 5–25 keV. P. K. Rol, J. M. Fluit und J. Kistemaker. (Physica [Utrecht] **26.** 1009–11. Nov. 1960.) (Engl.) — Vgl. vorst. Referat.

Es werden Beziehungen angegeben, mit denen das Zerstäubungsverhältnis bei *Cu*, das mit verschiedenen Ionen beschossen wird, bestimmt werden kann. An Hand des Modells werden Minima für das Zerstäubungsverhältnis gefunden, wenn der Ionenbeschuß in Richtung der größten mittleren freien Weglänge der Ionen im Gitter (Kristall ist in dieser Richtung durchsichtig) stattfindet. Maxima des Zerstäubungsverhältnisses treten bei Beschuß in Richtung der kürzesten freien Weglänge der Ionen im Gitter auf. Die Winkelverteilung des zerstäubten Materials wird durch das Modell nicht gegeben.

H. SCHIBILLA. 131□

Die Untersuchung des Temperatureinflusses auf die dielektrische Durchschlagfestigkeit von Ionenkristallen. I. Mitt. **Einelektronenmodell.** V. D. Kuchin. (Bull. Inst. Politehnic Iaşi [N. S.] **5.** 177–80. 1959. Tomsk, Inst. of Nucl. Phys.) (Engl.)

Vf. untersucht den Einfl. der Temp. auf die Durchschlagfestigkeit von Ionenkristallen, u. zwar allg. vom Standpunkt der Theorie der Festkörper u. bes. auch im Hinblick auf das Verh. von Festkörpern im elektr. Feld. Hiernach nimmt die dielektr. Durchschlagfestigkeit mit steigender Temp. zu (ebenso wie die Gitter-Konst.) u. ist beinahe der Temp. proportional. Dies steht im Einklang mit dem erwarteten Verh. auf Grund der Theorie der Stoßionisation durch Elektronen. G. RUBAN. 132□

Sichtbarmachung von elektrischen Ladungen längs der Gleitebenen in Ionenkristallen. Henri Saucier und Claude Dupuy. (C. R. hebd. Séances Acad. Sci. **252.** 1039–41. 13/2. 1961.) (Franz.)

Vff. entwickelten ein einfaches Verf., um elektr. Ladungen an Versetzungen sichtbar zu machen. Es beruht auf der Fixierung geladener C-Teilchen an Spaltflächen, welche, um eine Adsorption von W. zu vermeiden, unter Petroleum durch Spaltung hergestellt u. anschließend einem seitlichen Druck ausgesetzt wurden. In vereinfachter Form kann der Vers. auch so ausgeführt werden, daß man die Spaltflächen an der Luft unter strengem Feuchtigkeitsausschluß herstellt u. sie anschließend mit Zigarettenasche bestäubt. Das Verf. wurde an *MgO, KBr, LiF, CaF_2* u. *KCl* mit Erfolg durchgeführt; Verss. mit *Calcit* u. *NaCl* waren erfolglos. HEINZ HESS. 132□

Über die Aufladung von Elektreten. Kurt Palm. (Exp. Techn. Phys. **4.** 253–62. 1956. Jena.) (Dt.)

Bei der Formierung von Elektreten aus hochpolymeren Kunststoffen treten drei Ladungstypen auf. Je nach Wahl der Stoffe u. Festlegung der Formierungsfeldstärken werden reine Gegenladungen, reine Gleichladungen oder die Koexistenz beider eingefroren. Die Unterss. erstreckten sich auf die Thermoplaste *Polyvinylchlorid* (Decelith H). *Metacrylharz* (Plexiglas) u. *Polyvinylbenzol* (Styroflex). Es zeigt sich, daß die Zeitabhängigkeit der Elektretladung sowie die Ladungsverteilung über die dielektr. Oberfläche von der Ladungsart abhängen. Elektrete aus Decetith H u. Plexiglas bilden zeitabhängige Oberflächenladungen aus, während die Oberflächenladungsdichte bei Styroflex-Elektreten selbst über 50 Tage hinweg konst. bleibt. Zur Deutung dieses Verh. wird die Polarisationstheorie von GROSS angewandt. Die Oberflächenladung setzt sich danach aus 2 Anteilen, den ausgerichteten Dipolen u. übergegangenen Ladungseinheiten zusammen. Während die Dipolladungen sich infolge der therm. Bewegung allmählich ausgleichen, bleibt die der übergetretenen Ladungseinheiten erhalten. Die Unterss. zeigen ferner, daß bei Gegenladung eine zusammenhängende gleichmäßige Oberflächenladungsdichte auftritt, bei Gleichladung dagegen treten zunächst beiniedrigen Formierfeldstärken Lichtenberg-Figuren auf, die sich bei hohen Feldstärken zu mehr oder weniger großen beladenen Flächen ausweiten. Diese Eigenart der Gleichladung erklärt sich aus ihrer Herkunft, dem Übergang von Ladungen durch elektr. Durchbrüche an energet. begünstigten Stellen. G. M. Neumann. 132□

Untersuchungen an Elektreten aus Carnaubawachs und die Entstehung ihrer Heteroladung. J. van Calker und W. Fröhlich. (Ann. Physik [7] **4.** 216—24. 1959. Münster/Westf., Univ., Phys. Inst.) (Dt.) — Vgl. C. **1960.** 14595.

Es wird mit Hilfe der Theorie von Macdonald (C. **1954.** 9693) gezeigt, daß die Entstehung der Heteroladung von Elektreten als Raumladungspolarisation verstanden werden kann. Diese entsteht bei der Wanderung geladener Teilchen unter dem Einfl. eines elektr. Feldes, wenn die Ladungsträger das Material nicht verlassen können. Für *Carnaubawachs* als Modellsubstanz ist für nicht zu große Polarisationszeiten eine Beschreibung mit dieser Theorie möglich, während bei sehr langen Polarisationszeiten Abweichungen auftreten. Die Diskrepanzen erklären sich aus einer zunehmenden Verletzung der in der Theorie enthaltenen Randbedingungen u. der Ungültigkeit einiger für die Rechnung notwendigen Näherungen. Bei dem lang dauernden Effekt handelt es sich um eine Rekombinationsrelaxation. Für die Ionen- u. Zeit-Konst. der Macdonald-Theorie werden Werte berechnet, die der Dauer der Heteroladung Rechnung tragen können. A. Blaschette. 132□

Heterogene Mischungen von in PVC dispergiertem $BaTiO_3$-Pulver bei tiefen Frequenzen und Mikrowellen. G. P. De Loor. (Arch. Sci. **11(163).** Sonderh. 70. Juli 1958. La Haye, Labor. de Phys. RVO-TNO.) (Franz.)

Heterogene Mischungen von fein verteiltem $BaTiO_3$ in PVC werden zwischen 10 MHz u. 10 kHz u. im Mikrowellengebiet (4; 9,4 u. 19,2 GHz) untersucht.

K. L. Wolf. 132□

Beitrag zum Problem der Exoelektronenemission bei Metallen. Werner Schaaffs. (Z. angew. Physik **11.** 220—23. Juni 1959. Berlin, Techn. Univ., Fak. II, Abt. Phys.) (Dt.)

Aus Voltaspannungsmessungen ergeben sich Aussagen über Metalloberflächen, nach denen der Feldemissionstheorie mehr Beachtung geschenkt werden muß. Die Voltaspannung von *Cu* u. *Fe* ändert sich nicht monoton mit der Dicke der Oxidbedeckung, sie durchläuft bei Dicken bis ca. 200 Å eine Reihe ausgeprägter Extrema. Der Zusammenhang mit der Exoelektronenemission entsteht aus Überlegungen über die Verletzung der Oxidhaut. An einem keilförmigen Schnitt entstehen period. wechselnd Quellen u. Senken elektr. Spannung. Die Voltaspannungsdifferenzen von einigen zehntel Volt reichen für die Bldg. von Feldemissionsgebieten. C. Reuber. 134□

Energie-Absorption durch Ladungsträger negativer effektiver Masse in Kristallen. C. Kittel. (Proc. nat. Acad. Sci. USA **45.** 744—47. Mai 1959. Berkeley, Calif., Univ., Dep. of Phys.) (Engl.)

Ladungsträger negativer Masse werden im elektr., magnet. u. Schwerefeld in zur Beschleunigung gleichgeladener Teilchen positiver Masse entgegengesetzter Richtung beschleunigt. Im therm. Gleichgewicht absorbiert aber eine Mischung aus Teilchen positiver u. solchen negativer Masse Energie aus einem elektromagnet. Feld. Im therm. Gleichgewicht mit einem Reservoir positiver Temp. kann ein Syst. aus Ladungsträgern nur mit negativer Masse nicht existieren. Bei Anregung ist aber ein negativer Widerstand durch die Wrkg. der Träger mit negativer Masse möglich. C. Reuber. 135□

Energiezustände eines eindimensionalen Kristalls mit leeren Gitterplätzen. A. Mozumder. (Proc. nat. Inst. Sci. India, Part A **24.** 288—94. 26/9. 1958. Kharagpur, Indian Inst. of Technol., Dep. of Phys. and Meteorol.) (Engl.)

Vf. untersucht rechner. die Wrkg. regelmäßig verteilter Leerstellen auf die elektron. Energiezustände unter Annahme eines idealisierten Kristallmodells, in dem jeder besetzte Gitterplatz durch eine δ-Potentialschwelle beschrieben wird. Mittels der berechneten Energieniveaus werden die prozentualen Änderungen der elektr. Leitfähigkeit zu $100\ \Delta\sigma/\sigma\ \% = 100\,[\exp(\Delta E/kT) - 1]\%$ bestimmt. Da andrerseits für die Verschiebung der langwelligen Grenze der Grundabsorptionsbande ν_t die Beziehung $\Delta\nu_t/\nu_t = \Delta E/E \approx 1/S$ gilt (wobei ΔE = Abnahme des verbotenen Bandes infolge der Ggw. von Fehlstellen der Konz. 1/S), erhält man näherungsweise (für nicht zu kleine T u. nicht zu große 1/S) $100\ \Delta\sigma/\sigma\% \approx 100\ E/SkT\%$. Da die meisten Halbleiter ein $E = 0{,}2-2{,}0$ eV haben, nimmt also bei Raum-Temp. u. bei einer Fehlstellen-Konz. von $1:10^4$ die Leitfähigkeit um 0,08—0,8% zu (bei tiefen Temp. wird die Zunahme größer); die Abnahme von ν_t ist T- u. E-unabhängig u. beträgt bei $1/S \approx 10^{-4}$ ca. 0,01%. D. JÖRCHEL. 135□

Zur Theorie der kinetischen Erscheinungen in Halbleitern mit schmalem Störstellenband. W. M. Nitzowitsch. (Журнал Технической Физики [J. techn. Physik] **28.** 1201—06. Juni 1958. Tschernowitz, Univ.) (Russ.)

Vf. untersucht den Korrelations-Einfl. zwischen den Elektronen auf die Kinetik der Prozesse in einem schmalen Donator-Störstellenband eines einwertigen Zusatzes unter Berücksichtigung des Einfl. eines kompensierenden Zusatzes. R. AMBERGER. 135□

Die Messung der Oberflächen-Rekombinationsgeschwindigkeit bei Silicium. A. H. Benny und F. D. Morten. (Proc. physic. Soc. **72.** 1007—12. 1/12. 1958. Millbrook, Southampton, Mullard Southampton Works.) (Engl.)

Die Leitfähigkeitsänderung bei Beleuchtung eines Photoleiters wird unter anderem von der Vol.-Lebensdauer u. der Oberflächen-Rekombinations-Geschw. der Ladungsträger bestimmt. Hier werden Messungen an n-leitendem Si in Stäbchen von 10 mm Länge u. $3 \times 2\ mm^2$ Querschnitt beschrieben. Ihr spezif. Widerstand lag bei 5 $\Omega\cdot$cm, die Minoritätsträgerlebensdauer bei 20 μs. Bei den Messungen zwischen 0,75 u. 1,2 μm Wellenlänge befanden sich die Proben in trockenem O_2, feuchtem O_2 oder feuchtem N_2. Aus den Spektren der Photoleitung lassen sich Werte für die Oberflächen-Rekombinations-Geschw. in den 3 genannten Atmosphären von < 75, 2500—3000 u. $> 7500\ cm\cdot s^{-1}$ ableiten. C. REUBER. 135□

Faraday-Effekt durch freie Ladungsträger in n-Germanium. A. K. Walton und T. S. Moss. (J. appl. Physics **30.** 951—52. Juni 1959. Farnborough, Hants., Royal Aircraft Establ.) (Engl.)

Die Drehung der Polarisationsebene elektromagnet. Strahlung in einem Medium bei Wrkg. eines Magnetfeldes läßt sich bei n-Ge zur Best. einer von der longitudinalen u. der transversalen effektiven Masse abhängigen Größe ausnutzen. Die Messungen wurden an 2—5 mm dicken Ge-Scheibchen bei Feldstärken von ca. 8000 Oe durchgeführt. Dafür wurde die Trägerdichte aus HALL-Effekt u. Widerstandsmessung zu $1{,}47\cdot 10^{17}\ cm^{-3}$ bestimmt. Bei dieser Probe erwies sich die Drehung der Polarisationsebenen, wie erwartet, als proportional zum Quadrat der Wellenlänge der Strahlung. Für die Größe $m^* = [3/K(K+2)]^{0,5}\ m_l$ mit $K = m_l/m_t$ wurde ein Wert von 0,135 m_0 gefunden, was mit anderen Experimenten gut übereinstimmt. C. REUBER. 135□

Sättigung der Driftgeschwindigkeit bei p-Germanium. Robert D. Larrabee. (J. appl. Physics **30.** 857—59. Juni 1959. Princeton, N.J., RCA Labor.) (Engl.)

Für die beschriebenen Messungen der Drift-Geschw. von Löchern in p-Ge wurde ein Kontakt verwendet, der eine Trägerinjektion im gesamten Bereich der benutzten elektr. Felder vermeidet. So konnten Stromspannungscharakteristiken zwischen 300 u. 10000 V/cm bei verschiedenen Temp. zwischen 4,2° K u. 298° K aufgenommen werden. Als Kontakt zum hochohmigen p-Gebiet von 16,5 $\Omega\cdot$cm diente ein niederohmiges mit 1,78 $\Omega\cdot$cm. Die äußeren Kontakte bestanden aus In mit 0,5% Ga. Bei Feldstärken von 10^4 V/cm zeigen die Kurven über den Zusammenhang von Feldstärke u. Drift-Geschw. eine Sättigung, die temperaturabhängig zwischen 5 u. $7\cdot 10^6$ cm/s liegt. C. REUBER. 135□

Anisotrope Beweglichkeiten in plastisch deformiertem Germanium. R. A. Logan, G. L. Pearson und D. A. Kleinman. (J. appl. Physics **30.** 885—95. Juni 1959. Murray Hill, N.J., Bell Telephone Labor., Inc.) (Engl.)

Aus Einkristallen geschnittene Ge-Scheibchen wurden um die $(\bar{1}\bar{1}2)$ Richtung gebogen, bevor aus ihnen L-förmige Prüflinge geschnitten wurden, an denen Leitfähigkeit u. HALL-Koeff. parallel u. senkrecht zur Biegerichtung gemessen werden konnten. Unter der Annahme, daß die beim Biegen erzeugten Versetzungen parallel zur Biegeachse liegen, konnte also parallel u. senkrecht zu den Versetzungslinien gemessen werden. Gegenüber einem ungebogenen Exemplar ist der spezif. Widerstand parallel etwa um den Faktor 2,5 u. senkrecht etwa um den Faktor 6 größer. Nach den HALL-Messungen liegt die Trägerdichte beim gebogenen Scheibchen etwa um den Faktor 3 niedriger als beim ungebogenen. Für Widerstand u. Trägerdichte werden Temp.-Abhängigkeiten gegeben. Die Beweglichkeit parallel zu den Versetzungen wird von ihnen, wie theoret. vorausgesagt, nicht beeinflußt, senkrecht dazu ist sie verringert gegenüber der Vgl.-Probe. C. REUBER. 135□

Plastisch verformte p–n-Germanium-Übergänge. M. Bernard und B. Leduc. (Physics Chem. Solids **13.** 168—69. Mai 1960. Issy-les-Moulineaux, Seine, France, Centre Nat. d'Études des Télécommunicat.) (Engl.)

Die p–n-Ge-Übergänge weisen bei inverser Polarisation häufig den sog. „schwachen Durchschlag“ auf. Mit Verss. wird nachgewiesen, daß diese Erscheinung in einigen

Fällen durch Versetzungen erklärt werden kann. Diese Abhängigkeit wird auf evtl. Ladungsansammlung in der Nähe der Versetzungen oder auf eine Verringerung des Bandabstandes durch die Versetzungen zurückgeführt. H. SCHIBILLA. 135

Über das AlP. Darstellung, elektrische und optische Eigenschaften. H. Grimmeiss, W. Kischio und A. Rabenau. (Physics Chem. Solids **16.** 302—09. Nov. 1960. Aachen, Allg. Deutsche Philips Ind. G. m. b. H., Zentral-Labor.) (Dt.)

Verschiedene Darst.-Meth. von AlP-Kristallen u. deren Dotierung (p-dotiert mit *Cu, Zn, Cd, Si* oder *Ge*; n-dotiert mit H_2S oder H_2Se) werden eingehend beschrieben. Aus Remissions- u. Durchlässigkeitsmessungen ergab sich für AlP ein Bandabstand von 2,42 eV bei 20°. Undotierte Kristalle zeigen Elektroluminescenz mit Maxima bei 5550 u. 6150 Å. Vff. nehmen an, daß die Elektroluminescenz durch Rekombination von Ladungsträgern innerhalb von p–n-Übergängen zustande kommt. Das Maximum der Photoluminescenz liegt bei 6100 Å. Diese Ergebnisse u. die Ergebnisse von Leitfähigkeitsmessungen führten zur Aufstellung eines Termschemas. Die Kristalle zeigen Gleichrichtung u. p–n-Photoeffekt; Photoleitung wird mit einem Maximum zwischen 5000 u. 5150 Å gefunden. H. SCHROEDER. 135□

Photoleitfähigkeit von additiv gefärbtem KCl bei tiefen Temperaturen. Robert L. Wild und Frederick C. Brown. (Physic. Rev. [2] **121.** 1296—1302. 1/3. 1961. Urbana, Ill., Univ. of Illinois, Dep. of Phys.) (Engl.)

Die vorübergehende Photoleitfähigkeit von additiv gefärbten KCl-Kristallen ist bei Temp. bis zu 10° K untersucht worden. Die spektrale Empfindlichkeit spiegelt die Struktur wieder, die LÜTY [unveröffentlicht] aus opt. Absorption im UV erhalten u. beschrieben hat. Quantenausbeuten von weniger als 1,0 sind bei 10° K gefunden worden. Sie sind aber im Bereich des L_1(3,6 eV)- und L_2(4,2 eV)-Bandes höher als im K-Band auf der Seite höherer Energie des F-Bandes. Bei dünnen und leicht gefärbten Kristallen ist der Beginn von Elektronenanhäufungs- u. Sättigungseffekten gefunden worden, ein Zeichen dafür, daß der Wert für Elektronenreichweiten in der Nähe von 10^{-6} cm^2/V liegt; bei 10° K. Flache Haftstellen, die unterhalb 26° K wirksam sind, wurden untersucht. Für diese Haftstellen ist das Prod. aus Konz. mal Wrkg.-Querschnitt groß, und bei 10° K konkurrieren diese vorzugsweise mit den F-Zentren. Durch Beleuchtung bei niedrigen Temp. können sie teilweise gefüllt werden mit dem Ergebnis, daß verstärkte Photoempfindlichkeit im roten und infraroten Spektralbereich erzeugt wird.
M. GUERLIN. 135□

Elektrische und optische Eigenschaften von Zinksulfid-Kristallen in polarisiertem Licht. J. A. Beun und G. J. Goldsmith. (Helv. physica Acta **33.** 508—13. 1/10. 1960. Zürich, RCA Ltd., Labor.) (Engl.)

Es werden der spektrale Verlauf der Absorption, der Photoleitfähigkeit u. der Photospannung für senkrecht u. parallel zur c-Achse polarisiertes Licht an plättchenförmigen hexagonalen, kub. u. gemischt hexagonal-kub. ZnS-Einkristallen in der Nähe der Grundgitter-Absorptionskante (AK) untersucht. Die transparenten, farblosen Kristallplättchen waren 5—40 μ stark und 5 mm × 2 mm groß. Sie wurden aus der Gasphase mit reinstem H_2S gewonnen, waren nicht aktiviert u. zeigten weder Photo- noch Elektroluminescenz. Für die kub. Kristalle ergab sich unabhängig von der Polarisationsrichtung (PR) des Lichtes eine scharfe AK bei $\lambda = 0{,}34\ \mu$. Die hexagonalen Kristalle wiesen dagegen für die beiden PR unterschiedliche, um 30 Å voneinander getrennte AK bei 0,33 μ auf, wobei die kürzerwellige der parallelen PR entsprach. Ähnliches gilt für die mischphasigen Kristalle, deren weniger scharfe AK zwischen 0,33 u. 0,34 μ lagen. Aus dem spektralen Verlauf der Absorption der hexagonalen u. kub. Kristalle wurde der Absorptions-Koeff. K berechnet u. $\sqrt{K}$ als Funktion der Photonenenergie dargestellt. Es ergaben sich zwei Geradenstücke unterschiedlicher Neigung, was auf indirekte Übergänge zwischen Valenz- u. Leitungsband hindeutet. Danach betragen der minimale Bandabstand E u. die DEBYE-Temp. Θ der hexagonalen Kristalle für parallel bzw. senkrecht polarisiertes Licht: $E_p = 3{,}73$ eV; $\Theta_p = 370°$ K u. $E_s = 3{,}69$ eV; $\Theta_s = 340°$ K. Für die kub. Kristalle ist $E = 3{,}59$ eV; $\Theta = 425°$ K. Photoleitung u. Photospannung wurden an Kristallen mit In-Amalgam-Kontakten längs der c-Achse gemessen. Die Maxima der Photoleitung erschienen bei etwas kürzeren Wellenlängen als die AK: Wiederum war die Lage der Maxima nur bei den hexagonalen Kristallen von der PR abhängig. Die Differenz betrug ca. 25 Å. Die Photospannung der hexagonalen Kristalle wechselte bei 0,35 u. 0,33 μ ihr Vorzeichen. Nur der 2. Wechsel hing von der PR ab. An den kub. Kristallen wurde nur ein von der PR unabhängiger Vorzeichenwechsel bei der Wellenlänge der AK festgestellt.
J. BAARS. 135□

Wechsellichtmethode zur Messung von Haftstellen-Einfangquerschnitten beim Cadmiumsulfid. E. A. Niekisch. (Z. Physik **161.** 38—45. 1961. Berlin, Humboldt-Univ., II. Phys. Inst.) (Dt.)

In einer früheren Arbeit (vgl. C. **1956.** 8262) entwickelte Vf. eine Wechsellicht-Meth., um Haftstellenspektren in Photoleitern experimentell zu bestimmen. Voraussetzung für die Anwendung dieser Meth. war $\omega \ll \gamma$, ω = Modulationsfrequenz des anregenden Lichtes, γ = therm. Entrinnwahrscheinlichkeit der Haftstellen-Elektronen. In dieser Arbeit wird die einschränkende Voraussetzung fallen gelassen u. gezeigt, daß die Haftstellen-Einfangsquerschnitte experimentell ermittelt werden können. Es werden die Einfangsquerschnitte σ flacher Elektronen-Haftstellen in CdS-Kristallen bestimmt. Die Kristalle wurden aus der Dampfphase gewonnen, waren nicht aktiviert, enthielten jedoch Spuren von Mg u. Na u. waren mit In kontaktiert. Sie wurden mit schwach moduliertem Licht der Wellenlänge 600 nm angeregt. Die Ergebnisse lauten: $\sigma = 1{,}5-6 \cdot 10^{-15}$ cm² für Haftstellen um 0,12 eV unterhalb des Leitungsbandes; $\sigma = 5-9 \cdot 10^{-15}$ cm² für Haftstellen um 0,2 u. 0,6 eV; $\sigma = 10^{-14}$ bis 10^{-13} cm² für Haftstellen um 0,7 u. 0,8 eV. J. BAARS. 135□

Über den Mechanismus der Energiewanderung in Cadmiumsulfid-Kristallen. I. Broser und R. Broser-Warminsky. (Physics Chem. Solids **6.** 386—400. Sept. 1958. Berlin-Dahlem, MP-Ges., Fritz-Haber-Inst., Inst. für Elektronenmikrosk.) (Dt.) — Vgl. C. **1959.** 16229.

Es wird gezeigt, daß die in CdS-Einkristallen von der Absorptionsstelle aus über relativ große Entfernungen stattfindende Ausbreitung der Anregungsenergie unter der Annahme zu erklären ist, daß sie durch Streuung u. Reabsorption der auffallenden Strahlung bzw. des im Kristall erzeugten Luminescenzlichtes erfolgt. Der Energietransport durch geladene Teilchen wurde an sehr sauberen (das eigene Luminescenzlicht nicht absorbierenden) Kristallen untersucht. Aus der nichtlinearen Spannungsabhängigkeit des Photostromes eines nur einseitig angeregten Kristalls konnte gefolgert werden, daß die Defektelektronen der bestimmende Faktor für diese Energieleitung sind. Die Diffusionslänge liegt in der Größenordnung von 1 μ u. besitzt einen positiven Temp.-Koeffizienten. W. BETCKE. 135□

Einfluß des Arsendruckes auf die Dotierung von Galliumarsenid mit Germanium. J. O. McCaldin und Roy Harada. (J. appl. Physics **31.** 2065—66. Nov. 1960. Erratum: **32.** 557. März 1961. Newport Beach, Calif., Hughes Semiconductors.) (Engl.)

Vff. leiten einen Ausdruck ab, der die Verteilung eines Elementes z. B. der 4. Gruppe des Perioden-Syst. in einer III-V-Verb. in Abhängigkeit vom Dampfdruck P_B des flüchtigeren der beiden das Kristallgitter bildenden Elemente (As) berücksichtigt. Für Ge lautet der Ausdruck: $(N_{GeA}/N_{GeB}) = (P_B/P_{BO})^{2r}$; dabei sind N_{GeA} u. N_{GeB} die Konzz. der Ge-Atome auf den A-Plätzen (Donator) oder B-Plätzen (Akzeptor) u. P_{BO} der Druck, bei dem die Verteilung von Ge zwischen A u. B gleich ist; r ist eine Konstante. Ein GeAs-Halbleiterkristall mit 2% Ge wurde horizontal gezogen. Er war p-leitend. Schnitte des Kristalls wurden 70 Std. bei 900° u. 5 mm As-Druck sowie 70 Std. bei 1100° u. 5 atm As-Druck behandelt. Erstere waren an der Oberfläche p-Leiter, letztere n-Leiter. Metallograph. Unterss. u. Ätzen mit 1 (Vol.) HF + 5 HNO_3 ergaben p-n-Übergang in 30—70 μm Tiefe. G. EWALD. 135□

Fällung von Kupfer in Galliumarsenid. J. M. Whelan und C. S. Fuller. (J. appl. Physics **31.** 1507—08. Aug. 1960. Murray Hill, N.J., Bell Telephone Labor., Inc.) (Engl.)

Vff. untersuchen die Änderung der elektr. Eigg. bei der Ausfällung von Cu aus GaAs-Kristallen, die an Cu übersättigt sind. Es wurde die Temp.-Abhängigkeit der Loch-Konz. bei folgenden Proben bestimmt. 1. n-leitendes CaAs, das bei 725° an Cu gesättigt war, wurde auf 1000° erhitzt u. abgeschreckt; 2. Probe 1 wurde 2 Min. auf 550° erwärmt u. abgeschreckt; 3. Probe 1 wurde 6 Min. auf 550° erwärmt u. abgeschreckt. Das Verh. dieser Proben ist für alle charakterist., die im Temp.-Gebiet von 500—600° ähnlich behandelt werden. Die Ergebnisse werden mit denen von PENNING (vgl. C. **1959.** 2702) verglichen, der die Ausfällung von Ni in Ge untersucht hat. H. SCHIBILLA. 135□

Die elektrischen Transportgrößen von ZnSb bei tiefen Temperaturen. O. V. Emeljanenko, E. Justi und G. Schneider. (Z. Naturforsch. **16a.** 1108—10. Okt. 1961. Braunschweig, TH, Inst. für Techn. Phys.) (Dt.) — Vgl. C. **1961.** 16371.

Vff. berichten über Messungen der Thermokraft, der elektr. Leitfähigkeit, des HALL-Effektes, des NERNST-ETTINGSHAUSEN-Effektes sowie der magnet. Widerstandsänderung von ZnSb im Temp.-Bereich zwischen 300° K u. 4,2° K. Aus dem NERNST-ETTINGSHAUSEN-Effekt wird die durch die Weglängen-Energie-Beziehung $l - \varepsilon^r$ definierte u. den Streumechanismus bestimmte Größe r berechnet, sie wächst von 0,45 bei 320° K bis 1,4 bei 40° K. Aus diesen Werten u. den Werten der Thermokraft u. Ladungsträger-Konz. wird über die SCHOTTKY-PISSARENKOsche Näherungsformel die effektive Masse bei 300° K zu 0,54 m_0 u. bei 40° K zu 0,35 m_0 berechnet. Die magnet.

Widerstandsänderung nimmt von 300° K bis 80° K zu, nach tieferen Temp. hin wieder ab, um bei 30° K das Vorzeichen zu wechseln u. negativ zu werden.

G. M. NEUMANN. 135☐

Eigenschaften von p-leitendem Indiumantimonid. 2. Mitt. **Photoelektrische Eigenschaften und Trägerlebensdauer.** C. Hilsum. (Proc. physic. Soc. **74.** 81—86. 1/7. 1959. Baldock, Herts., Serv. Electronics Res. Labor.) (Engl.) — 1. vgl. C. **1959.** 12767.

Aus Werten der photoelektromagnet. Spannung u. der Spannungsänderung bei Messung der Photoleitung mit konst. Strom ergibt sich eine von Oberflächeneffekten u. von der Photonendichte unabhängige Beziehung für die Trägerlebensdauer. P-leitendes InSb wurde durch eine Linse mit f:1,2 u. 7,5 cm Brennweite sowie einen rotierenden 800-Hz-Zerhacker mit dem Licht einer Glühlampe 6 V, 108 W beleuchtet, die Proben waren 15 × 3 × 1 mm groß, das Magnetfeld hatte eine Stärke von 12000 Gauß. Für alle Proben waren beide Meßgrößen der Anregungsdichte proportional. Im Konz.-Bereich von 10^{15} bis 2×10^{17} für die Acceptoren sinkt die Trägerlebensdauer stark, die gefundenen Werte lagen zwischen 4 u. 60 nsec. C. REUBER. 135☐

Einfluß des Metall/Halbleiter-Potentials auf die Halbleiteroberflächen-Schwellenhöhe. N. J. Harrick. (Physics Chem. Solids **8.** 106—08. Jan. 1959. Irvington-on-Hudson, N.Y., Philips Labor.) (Engl.)

Im Zusammenhang mit der Theorie der Metall-Halbleiter-Kontakte untersucht Vf. die Frage, ob zwischen Kontaktpotential u. Oberflächenschwellenhöhe eine Beziehung besteht. Hierzu werden geätzte *Ge*-Oberflächen mit *Hg* oder *Ga* in Berührung gebracht u. ihre IR-Durchlässigkeit, Leitfähigkeit sowie deren Beeinflussung durch das umgebende Medium (feuchte Luft, O_2, O_3 oder NH_3) experimentell bestimmt. G. RUBAN. 135☐

Beschaffenheit eines Ohmschen Metall-Halbleiter-Kontaktes. G. Diemer. (Physica [Utrecht] **26.** 889. Nov. 1960. Eindhoven, N. V. Philips' Gloeilampenfabriken, Philips Res. Labor.) (Engl.)

Der Widerspruch zwischen den Widerstandsmessungen an dem Kontakt zwischen einer In-Elektrode u. einer n-leitenden CdS-Kristall-Schicht u. der Annahme, daß das Gebiet unterhalb der CdS-Elektrode eine höhere spezif. Leitfähigkeit besitzt als das Kristallinnere, wird mit der Überlegung aufgehoben, daß das hoch leitende n-Gebiet des CdS-Kristalls (das durch Diffusion des In-Metalls bei mittlerer Temp. in den CdS-Kristall entsteht) sich wahrscheinlich längs schmaler Gebiete (= Versetzungen oder andere Kristallfehler) im CdS-Kristall ausbreitet. Mit dieser Tatsache können der Spannungsabfall in der Nähe der Elektroden bzw. die Unterschiede der Widerstandsmessungen im stromlosen u. stromführenden Zustand erklärt werden.

H. SCHIBILLA. 135☐

Die Wirkungen anisotroper Relaxationszeiten auf die Hall-Koeffizienten einiger verdünnter Silber-Legierungen. J. R. A. Cooper und S. Raimes. (Philos. Mag. [8] **4.** 145—57. Febr. 1959. London, Imp. Coll., Dep. of Math.) (Engl.) — Vgl. C. **1961.** 8553.

Bei der Theorie verd. Legg. einwertiger Metalle werden die nichtsphär. Energie-Flächen u. anisotrope Relaxations-Zeiten berücksichtigt. Die Relaxationszeit enthält einen anisotropen therm. u. einen isotropen Verunreinigungs-Anteil. Ältere Unterss. von verd. Legg. von *Pd, Pt, Cd, Sn* u. *Sb* in *Ag* hatten Resultate, die sich mit den hier entwickelten Überlegungen erklären lassen. Das gilt nicht für das Syst. Ag–Au.

C. REUBER. 136☐

Elektrische Eigenschaften und thermische Ausdehnung der Lavesphasen $CaMg_2$ und $MgCu_2$. J. F. Smith und J. R. Ogren. (J. appl. Physics **29.** 1523—25. Nov. 1958. Ames, Iowa, Iowa State Coll., Inst. for Atomic Res. and Dep. of Chem.) (Engl.)

Im Temp.-Bereich von 80—300° K wurden die elektr. Widerstände von $CaMg_2$ u. $MgCu_2$ gemessen. Beim hexagonalen $CaMg_2$ erfolgte die Messung mit parallel u. senkrecht zur c-Achse fließendem Strom. Die Temp.-Abhängigkeit des Widerstands war beim $CaMg_2$ in beiden Achsenrichtungen linear, beim kub. $MgCu_2$ ist die Linearität nur zwischen 160—300° K gegeben. Unterhalb 160° K zeigt die Widerstands-Temp.-Kurve einen gekrümmten Verlauf. Die spezif. Widerstände unterliegen bei beiden Stoffen starken Schwankungen, die vermutlich auf die unterschiedlichen Wrkg.-Querschnitte der Leitungselektronen in den einzelnen Proben zurückzuführen sind. Bei der Messung des HALL-Koeff. wurde das Kristall-Syst. des $CaMg_2$ ebenfalls berücksichtigt. Eine Abhängigkeit desselben vom Primärstrom oder magnet. Feld konnte bei Strömen bis zu 2 A u. magnet. Feldern bis zu 10000 Gauß nicht festgestellt werden. Die Mittelwerte der HALL-Koeff. entsprechen Trägerdichten von 0,67 Elektronen/Atom beim $MgCu_2$ und 0,83 „Löchern"/Atom bei $CaMg_2$, wenn ein Einbändermodell angenommen wird. Die therm. Ausdehnungs-Koeff. wurden ebenfalls ein Temp.-Bereich 80—300° K durch Best. der Gitterabstände ermittelt. Es ergaben sich $(30{,}00 \pm 0{,}06) \cdot 10^{-6}$/Grad für $MgCu_2$ u. $(48{,}3 \pm 0{,}3) \cdot 10^{-6}$/Grad für $CaMg_2$ parallel zur c-Achse u. $(44{,}4 \pm 0{,}1) \cdot 10^{-6}$/Grad senkrecht zur c-Achse. Die beiden LAVES-Phasen zeigen bzgl. der gemessenen Eigg. das Verhalten metall. Elemente mit Ausnahme des linearen Ausdehnungs-Koeff., der hier höher liegt, als sonst bei Metallen beobachtet wird. WOLFGANG KRÜGER. 136□

Einfluß der Wärmebehandlung auf Widerstandsverhalten und Magnetisierbarkeit der CuMnNi-Legierung „Centanin". Alfred Schulze und Heinz Eicke. (Z. Instrumentenkunde **68.** 261—64. Nov. 1960. Braunschweig, Physikal.-Techn. Bundesanstalt.) (Dt.)

An Drahtproben (0,1; 0,6 u. 1,0 mm Durchmesser) aus „Centanin" (27% Mn, 5% Ni, Rest Cu) mit einem spezif. elektr. Widerstand von ca. 1 Ω mm²/m wurde die Änderung des Widerstandes u. seines Temp.-Koeff. u. ferner der magnet. Susceptibilität nach dem Tempern im Temp.-Bereich zwischen 100 u. 500° (Temperzeiten bis zu 30 Std.) untersucht. Vor diesen Anlaßbehandlungen waren die Proben verschieden stark kaltverformt. Die bei der Wärmebehandlung in der magnet. Susceptibilität stark hervortretende einphasige Zustandsänderung im Sinne atomarer Nahordnungen macht sich im Widerstands-Verh. kaum bemerkbar. Ein sehr kleiner Einfl. auf die Widerstands-Temp.-Kurve ist durch Erholungs- u. Rekristallisationsvorgänge erklärbar. Die Verss. ergaben ferner jeweils die optimalen Wärmebehandlungen für einen kleinstmöglichen Temp.-Koeff. des Widerstandes. H. FAHLENBRACH. 136□

Untersuchungen über die Eignung von „Centanin"-Drähten für Präzisionswiderstände. Walter Hetzel und Friedmund Melchert. (Z. Instrumentenkunde **68.** 264—70. Nov. 1960. Braunschweig, Physikal.-Techn. Bundesanst.) (Dt.) — Vgl. vorst. Referat.

„Centanin"-Drähte (67% Cu, 27% Mn, 5% Ni) zeigten zwischen 15 u. 50° einen parabelförmigen Verlauf des elektr. Widerstandes, wie er vom Manganin her bekannt ist. Dieser Kurvenverlauf war unabhängig von der Probenvorbehandlung u. von normalen Analysenabweichungen verschiedener Chargen. Die Vorbehandlung (Kaltverformung, Wärmebehandlung, Abkühlung) hat jedoch einen Einfl. auf die Lage der Kurve im Diagramm Widerstand-Temperatur. Die zeitliche Konstanz wurde über einen Zeitraum von 18—24 Monaten geprüft. Bei richtiger Wahl der Wärmebehandlung u. nach einem Schutz der „Centanin"-Drähte vor Korrosion ist der Werkstoff für Präzisionswiderstände gut geeignet. H. FAHLENBRACH. 136□

Einige Eigenschaften von konzentrierten und verdünnten ferromagnetischen Stoffen mit allgemeinem Spin nach dem Heisenberg-Modell. R. J. Elliott. (Physics Chem. Solids **16.** 165—68. Nov. 1960. Oxford, Clarendon Labor.) (Engl.) — Vgl. C. **1961.** 18219.

Mit dem HEISENBERG-Modell des Ferromagnetismus bei allg. Spinquantenzahl werden die thermodynam. Eigg. oberhalb der CURIE-Temp. berechnet, wobei die Näherung einer konst. Wechselwrkg. benutzt wird. Außerdem werden die Änderungen dieser Eigg. mit der Konz. der magnet. Atome in der Leg. ermittelt. Auch für den Fall des Antiferromagnetismus werden ähnliche Berechnungen durchgeführt.
H. FAHLENBRACH. 137□

Die Einmündung in die ferromagnetische Sättigung. 1. Mitt. **Allgemeine Theorie des Einflusses innerer Spannungen auf das Einmündungsgesetz, mit Anwendungen auf Zwischengitteratome und abgeschreckte Metalle.** A. Seeger und H. Kronmüller. (Physics Chem. Solids **12.** 298—313. Febr. 1960. Stuttgart, TH, Max-Planck-Inst. für Metallforsch. u. Inst für theoret. u. angew. Phys.) (Dt.)

Unter der Annahme gegebener innerer Spannungen in der Form von Versetzungsdichte oder der Inkompatibilitätsverteilung wird die Einmündung der Magnetisierung in die magnet. Sättigung berechnet. Dabei ist die Kenntnis der Verteilung der inneren Spannungen nicht notwendig. Bei der Rechnung tritt eine von der magnet. Feldstärke abhängige charakterist. Länge in der Größenordnung einiger 100 Å auf. Wenn die inneren Spannungsfelder über solche Entfernungen variieren, ist der Einfl. auf die Sättigungsannäherung bes. stark. Umgekehrt können diese charakterist. Längen experimentell aus den magnet. Messungen in der Nähe der Sättigung bestimmt werden. Ferner werden die Einfl. von Versetzungsringen (bei abgeschreckten Metallen) u. von Zwischengitter-Atomen auf die Einmündung in die magnet. Sättigung berechnet.
H. FAHLENBRACH. 137□

Die Drehung von Bloch-Wänden. J. Kaczér und R. Gemperle. (Czechoslov. J. Physics **11.** 157—69. 1961. Prague, Czechosl. Acad. Sci., Inst. of Phys.) (Engl.) — Vgl. C. **1961.** 14920 u. **1962.** 1891.

Infolge der räumlichen Verteilung der Spins in der BLOCH-Wand übt ein äußeres Magnetfeld ein Drehmoment auf die Wand aus, das zu einer Drehung der „Sub-Domänen" der Wand u. damit zu einer Deformation der Wand Anlaß gibt. Für diese Drehung der „Sub-Domänen“ wird eine Theorie aufgestellt. Aus ihr folgt für ferromagnet. Stoffe mit einachsiger Anisotropie ein mikrophysikal. BLOCH-Wand-Modell mit einer wellenförmigen Oberflächenstruktur. Diese Theorie soll durch die gemessenen Elementarbereichstrukturen von Einkristallen der modernen Dauermagnet-Ferrite mit Magnetoplumbit-Struktur voll bestätigt werden. H. FAHLENBRACH. 137 □

Der Einfluß einer Richtungsorientierung auf die magnetischen Eigenschaften von Blechen mit Würfeltextur. K. Foster und J. J. Kramer. (J. appl. Physics, Suppl. zu **31.** Nr. 5. 233 S—234 S. Mai 1960. East Pittsburgh, Pa., Westinghouse Electr. Corp., Materials Engng. Dep., Magnet. Materials Dev. Sect.) (Engl.)

An 3%ig. Fe–Si-Legg. mit mehr oder weniger gut ausgeprägter Würfeltextur ([001] (100)) werden Induktionsmessungen bei 10 Oe (B_{10}) in Abhängigkeit vom Winkel θ, den die Würfelkante im Mittel mit der Walzrichtung bildet, vorgenommen. Dabei sind die Meßwerte mit der Beziehung: $B_{10} = B_s/(\cos\theta + \sin\theta)$ (B_s = Sättigungsinduktion) gut verträglich. Ferner werden B_{10}-Werte in Abhängigkeit vom Prozent-Geh., mit dem die Würfelkanten nur höchstens bis zu 10° von der Walzrichtung abweichen, aufgetragen. Daraus ist zu schließen, daß eine sehr gute Ausbildung der Würfeltextur mit geringen Streuungen von der Ideallage notwendig ist, um hohe B_{10}-Werte zu realisieren.
H. FAHLENBRACH. 137 □

Über Eisen-Kobalt-Magnete aus nadelförmigen Einbereich-Teilchen und ihre magnetischen Eigenschaften. Toranosuke Kawaguchi, Mitsuru Nagakura, Tetsuro Yamaguchi, Isao Tanabe und Yoshinori Hosono. (Nippon Kinzoku Gakkai-Si [J. Japan Inst. Metals] **24.** 585—88. 1960.) (Jap.; Auszug: Engl.) — Vgl. C. **1961.** 1105.

Die Pulver wurden durch Amalgam-Elektrolyse hergestellt u. nach Wärmebehandlungen von 10—60 Min. bei 175—250° mit dem Elektronenmikroskop untersucht. Die Pulverteilchen waren an der Oberfläche oxydiert u. zeigten eine Co-Anreicherung im Innern. Durch magnet. Messungen wird die Formanisotropie der Teilchen bestätigt. Die ohne Magnetfeld isotrop verpreßten Pulver zeigten die höchsten magnet. Gütewerte bei einem Poren-Vol. von 35—40% u. bei einem Co-Geh. von 50%.
H. FAHLENBRACH. 137 □

Die ferromagnetische Resonanz einer Fe–Ni-Legierung in dünnen Schichten. A. van Itterbeek, J. Smits, G. Forrez und J. Witters. (J. Physique Radium **22.** 19—22. Jan. 1961. Leuven, Inst. voor Lage Temp. en Techn. Fys.) (Franz.) — Vgl. C. **1961.** 5694.

An dünnen Vakuumaufdampfschichten aus Permalloy (78% Ni, 3% Cr, Rest Fe) in Schichtdicken von 1000 bis über 2000 Å wird bei einer Frequenz von 9230 MHz die ferromagnet. Resonanz gemessen. Die Messungen erfolgten nach dem Aufdampfen u. nach weiteren Wärmebehandlungen der Schichten bei Temp. zwischen 300 u. 500°. Dabei wurden Einfl. der Wärmebehandlungen auf die Form der Resonanzkurve, auf den Wert der Resonanzfeldstärke u. auf den Induktionswert beobachtet.
H. FAHLENBRACH. 137 □

Die Entmagnetisierung ferromagnetischer Teilchen. F. Smith. (Brit. J. appl. Physics **12.** 155—59. April 1961. Stockport, Simon-Carves Ltd., Res. Dep.) (Engl.)

Bei der Kohle- u. der Eisenerzaufbereitung zeigt sich oftmals ein großer Streubereich des Restmagnetismus nach einem Durchgang des verkleinerten Gutes durch ein entmagnetisierendes Wechselfeld. Dabei ist der starke Restmagnetismus mit einer beträchtlichen Schwingung der ferromagnet. Teilchen im Wechselfelde verbunden. Diese Tatsache hat keine Beziehung zu den magnet. Eigg. des Kompaktmaterials allein, sondern ist im wesentlichen auch zusätzlich eine Frage der Pulverfeinheit.
H. FAHLENBRACH. 137 □

Der Mechanismus des Antiferromagnetismus bei verdünnten Legierungen. A. W. Overhauser. (Physics Chem. Solids **13.** 71—80. Mai 1960. Dearborn, Mich., Ford Motor Comp., Sci. Labor.) (Engl.)

Es wird ein Mechanismus zur Erklärung der antiferromagnet. Ordnung bei verd. paramagnet. Lsgg. in Metallen vorgeschlagen. Die Ergebnisse dieser Theorie werden mit den bei Cu–Mn-Legg. gemessenen Erscheinungen verglichen. Eine antiferromagnet. Ordnung langer Reichweite entsteht dabei aus einer stat. Spindichtewelle im Elektronengas des Metalls. Dieser neue Gaszustand wird durch die Austauschpotentiale aus der Spindichteverteilung aufrechterhalten. Dabei werden die gelösten paramagnet. Atome durch ihre Austausch-Wechselwrkg. mit der Spindichtewelle orientiert. Die resultierende Wechselwrkg.-Energie überkompensiert die Energiezunahme bei der Bldg. der Spindichtewelle. Die Theorie ist in der Lage, die Größe u. Konz.-Abhängigkeit der CURIE-Temp., die Anomalie der spezif. Wärme bei tiefer Temp. u. die Anomalie der elektr. u. magnet. Eigg. bei den Cu–Mn-Legg. exakt zu beschreiben. H. FAHLENBRACH. 137 □

Die Superaustausch-Wechselwirkung bei ferrimagnetischen Granaten und Spinellen mit wahllos verteilten unvollständigen Bindungen. M. A. Gilleo. (Physics Chem. Solids **13.** 33—39. Mai 1960. Sunnyvale, Calif., Lockheed Aircraft Corp., Missiles and Space Div.) (Engl.)

Gezeigt wird, daß die Änderung von Sättigungsmagnetisierung, CURIE-Temp. u. Susceptibilität ferrimagnet. Verbb. beim Ersatz von unmagnet. durch magnet. Ionen mit der gleichmäßigen Verteilung von unvollständigen Superaustausch-Wechselwrkg. erklärt werden kann. Dazu ist jedoch erforderlich, 1. daß ein magnet. Ion nur dann akt. am Ferrimagnetismus teilnimmt, wenn es mit mindestens zwei magnet. Ionen verschiedener Koordinationszahl in Wechselwrkg. steht u. 2. die CURIE-Temp. durch die Anzahl vollständiger Wechselwrkg. pro akt. magnet. Ion u. Formeleinheit bestimmt ist. Die Theorie wird durch magnet. u. Röntgenstrahl-Unterss. an *Y–Fe–Ca–Sn-Granaten* erhärtet. H. FAHLENBRACH. 137 □

Über die Eigenschaften gemischter Yttrium–Holmium-Granate. Avénir Vassiliev, Jean Nicolas und Mieczyslaw Hildebrandt. (C. R. hebd. Séances Acad. Sci. **253.** 242—44. 10/7. 1961. Puteaux, Seine, Co. Générale de Télégraphie Sans Fil, Dép. de Rech. physicochim.) (Franz.) — Vgl. C. **1961.** 16011.

Mischungen von Y_2O_3, Ho_2O_3 u. Fe_2O_3 werden bei 900° vorgebrannt u. anschließend 3 Std. bei 1350° zu $3[(1-x)Y_2O_3, x\,Ho_2O_3]\cdot 5\,Fe_2O_3$ mit x zwischen 0 u. 1 gesintert. Die magnet. Momente $\sigma_{\mu b}$ werden nach der Meth. von WEISS zwischen 78° K u. den entsprechenden CURIE-Temp. (556—559° K) in einem Magnetfeld von 7000 Oe bestimmt. Für x = 0 wird durch Extrapolation auf 0° K $\sigma_{\mu b}(0) = 10\,\mu b$ in Übereinstimmung mit dem theoret. Wert erhalten. Bei den Kompensationspunkten erreichen die experimentellen Kurven nicht den Wert $\sigma_{\mu b} = 0$, da offenbar der Term der paramagnet. Susceptibilität u. eine geringe Streuung in der Verteilung von Ho^{3+} u. Y^{3+} nicht berücksichtigt wurden. Die Kompensationspunkte sind entsprechend der NÉELschen Theorie eine lineare Funktion von x. Bei Raum-Temp. u. 9535 MHz werden die effektiven gyromagnet. Faktoren g_{eff_1} u. g_{eff_2} u. die Breite der Resonanzlinie ΔH (Oe) bestimmt. Die Werte beider Faktoren entsprechen den Maxima der ferrimagnet. Resonanzkurve. Die Ergebnisse stehen mit Meßwerten an gemischten Y–Dy-Granaten (C. **1961.** 14546) in Übereinstimmung. HERBERT MÜLLER. 137 □

Die zeitliche Abnahme der magnetischen Permeabilität einiger Mischferrite. Keizo Ohta. (J. physic. Soc. Japan **16.** 250—58. Febr. 1961. Kokubunji, Tokyo, Kobayashi Inst. of Phys. Res.) (Engl.)

An Mn–Zn-, Ni–Zn-, Cu–Zn- u. Mg–Zn-Ferriten wird die magnet. Nachwrkg. der Permeabilität (Desakkomodation) gemessen. Bei allen Ferriten war die Nachwrkg. bei Überschüssen von Fe_2O_3 über die stöchiometr. Zus. hinaus bes. groß, bei der stöchiometr. Zus. dagegen jeweils am kleinsten. Bei Mg–Zn-Ferriten wurde zu beiden Seiten der Stöchiometrie beachtliche Nachwrkg. gemessen. Nach der Sinter-Herst. in Luft zeigten die Proben mit höherer elektr. Leitfähigkeit größere Desakkomodation. Nach dem Sintern in N_2 hat die Leitfähigkeit keinen Zusammenhang mit der Nachwrkg., Ni–Zn–Ferrit-Einkristalle mit nur geringen Gitterleerstellen zeigten auch nur geringe Desakkomodation. Bei Mg–Zn-Ferriten wurde die Aktivierungsenergie der Nachwrkg. zu 0,5—0,8 eV gemessen. Als Grundvorgang wird entweder Leerstellenwanderung oder Diffusion von Zwischengitteratomen angenommen. H. FAHLENBRACH. 137 □

Die Temperaturabhängigkeit der Linienbreite der ferrimagnetischen Resonanz von polykristallinem Nickel–Cadmiumferrit. Susumu Takemoto. (J. physic. Soc. Japan **16.** 344. Febr. 1961. Matsue, Shimane Univ., Fac. of Literature and Sci., Dep. of Phys.) (Engl.)

Am Ni–Cd-Ferrit der Zus. $Ni_{0,7}Cd_{0,3}FeO_4$ wird zwischen —180 u. +100° u. bei Frequenz von 9500 u. 24000 MHz die ferrimagnet. Resonanz gemessen. Die Linienbreite der Resonanz nimmt mit zunehmender Frequenz stark zu u. ebenfalls auch bei gleicher Frequenz mit abnehmender Temperatur. Die g-Werte betrugen 2,13 bei —180° u. 2,03 bei 100°, entsprechend Anisotropiefeldern von 300 bzw. 200 Oe bei —180 bzw. 100°. H. FAHLENBRACH. 137 □

Die magnetische Susceptibilität von Kobalt(II)-Komplexen und ihre Konstitution. S. P. Ghosh. (Proc. Sympos. Chem. Co-ordinat. Compounds, Agra [India] **1959.** Nr. 2. 147—48. 1960. Patna, Univ., Dep. of Chem.) (Engl.)

Die Verw. der magnet. Susceptibilität für Konstit.-Aufklärungen an Co(II)-Komplexen wird an Beispielen diskutiert. Der o-Phenylendiguanidinkobalt(II)-Komplex besitzt eine tetraedr. Struktur mit $4s-4p^3$-Bindung im Gegensatz zum Diguanidinkomplex, welcher planar angeordnet ist. Das Kobaltbenzimidazol besitzt auch eine tetraedr. Struktur mit einem magnet. Moment von 3,85 BM. Der Komplex ist sehr stabil u. kann auf 150° ohne Zers. erhitzt werden. W. D. HEUSSNER. 137☐

Paramagnetische Elektronen-Resonanz von Mangan in TiO_2. Harro G. Andresen. (Physic. Rev. [2] **120.** 1606—11. 1/12. 1960. Erratum: **121.** 1864. 15/3. 1961. Forth Monmouth, N.J., U.S. Army Signal Res. and Dev. Agency.) (Engl.) — Vgl. C. **1962.** 5935.

Vf. berichtet über Messungen des paramagnet. Resonanzspektrums von Mn-dotierten TiO_2-Einkristallen mit Rutilstruktur. Die Unterss. wurden mit einer Frequenz von 9505 kHz bei Zimmer-Temp. durchgeführt. Es zeigt sich, daß die paramagnet. Resonanzen zu einem gewissen Teil den von MUELLER gefundenen Resonanzen in $SrTiO_3$ ähneln. Die Mn-Atome ersetzen im Rutilgitter die Ti^{4+}-Ionen u. existieren als 4wertige Ionen mit einem Spinwert von $S = {}^3/_2$ sowie einer starken kovalenten Bindung zu den sechs O-Nachbaratomen. Als Parameter der HAMILTON-Gleichung wurden folgende Werte gefunden: $g = 1{,}990$; $|D| = 12{,}1$ kHz; $|E| = 0{,}388$ kHz. Ferner zeigt sich jedoch bei den hier mit Mn dotierten TiO_2-Kristallen eine magnet. Hyperfeinstruktur, die sich mit der experimentellen Genauigkeit gut durch isotropes Verh. mit $|A| = 215$ Hz beschreiben läßt. Ein Vgl. der Daten für Mn^{4+}- u. Cr^{3+}-Ionen in TiO_2 zeigt, daß trotz gleicher Elektronenkonfiguration die 4wertigen Ionen stärker kovalent sind als die 3wertigen Ionen. Diese Tatsache schließt ferner die Möglichkeit ein, daß die Ti-Bindungen nicht völlig ion., sondern auch kovalenten Charakter besitzen.

G. M. NEUMANN. 137☐

Kernmagnetische Resonanzspektroskopie des Phosphors. Richard A. Y. Jones und A. R. Katritzky. (Angew. Chem. **74.** 60—68. 21/1. 1962. Cambridge, Univ., Chem. Labor.; Sheffield, Univ., Dep. of Chem.) (Dt.)

Überblick über die Anwendung der kernmagnet. Resonanz des ^{31}P-Kerns zur Strukturaufklärung von Phosphor-Verbb. sowie für analyt. u. kinet. Untersuchungen. Tabelle über die bisher bestimmten ^{31}P-Resonanzen. — 59 Literaturangaben (bis 1961).

CH. WEISKE. 137☐

Untersuchung der kernmagnetischen Resonanz von Wasser in erstarrtem Zement. K. Watanabe und T. Sasaki. (Kolloid-Z. **172.** 185—86. Okt. 1960. Ube-Shi, Yamaguchi-Ken, Japan, Centr. Res. Inst., Ube Ind. Ltd.) (Dt.; Auszug: Engl.)

Die Unterss. werden unter Kühlung bis zu Temp. des fl. Stickstoffs durchgeführt. Das W. im erstarrten Zustand wird nach der Form u. Breite der kernmagnet. Resonanzkurve (KMR-Kurve) in 3 Abschnitten eingeteilt. Die Abschnitte entsprechen dem freien, absorbierten u. kombinierten W. im Zement. Die Spitze der Kurve ist abhängig vom freien W., das mit fortlaufender Trocknung abnimmt. Der Anstieg ist nach einem Monat nur noch gering. Nach 2 Monaten scheint das freie W. in der Paste in absorbiertes u. kombiniertes W. übergegangen zu sein. Das kombinierte W., ermittelt durch Integration der KMR-Kurve, weicht von den Ergebnissen nach POWERS ab. Der Dampfdruck der Zementpaste verhält sich analog der KMR-Bestimmung. H. SCHUMANN. 137☐

Untersuchung über die elektrochemische Trennung von Titanlegierungen. W. I. Lukaschin, W. A. Resnitschenko und A. D. Chromow. (Известия Академии Наук СССР, Отделение Технических Наук, Металлургия и Топливо [Nachr. Akad. Wiss. UdSSR, Abt. techn. Wiss., Metallurg. Brennstoffe] **1960.** Nr. 4. 29—32. Juli/Aug. Moskau.) (Russ.)

Vff. führten Vers. zur elektrochem. Trennung von Ti-Legg. in einer NaCl-Schmelze durch, die 5% niedere Titanchloride (berechnet auf metall. Ti) enthielt. Die Elektrolysen erfolgten in einer 50-A-Zelle mit einem Elektrodenkorb aus Ni-Draht als Anode. Als Ausgangsmaterialien wurden eingesetzt Ti–Al-Legg. mit 4,2; 9,15; 12,32; 29,79 u. 40,0% Al sowie zum Vgl. durch metallotherm. Red. titanhaltiger Schlacken gewonnene Legg. mit 53—65% Ti, 23—29% Al u. anderen Beimengungen. Bei Geh. bis 4,2% Al im Ausgangsmaterial u. Stromdichten bis 0,5 A/cm² geht im Anfangsstadium weniger als ein Zehntel des Al in den Kathodenniederschlag. Mit steigender Stromdichte u. steigendem Al-Geh. im Ausgangsmaterial erhöht sich auch der Al-Geh. des Kathodenproduktes. Bei der Trennung von Legg. mit 9,15% Al enthält der Nd. auch bei Stromdichten unter 0,5 A/cm² mehr als 1% Al. Der Einsatz von gehärtetem Ti als Ausgangsmaterial führt zu einer Erniedrigung des Ti-Geh. im Kathoden-Nd. um 3—5%. Vff. führen dies auf die Tatsache zurück, daß beim Härten die β-Phase des Titans erhalten bleibt. Verss. mit chromhaltigem Ti ergaben, daß sich das Cr in gleicher Weise wie das Al löst u. in den Kathoden-Nd. übergeht, u. zwar in steigendem Maße mit Erhöhung der Stromdichte.

Nach Auffassung der Vff. wird der Al-Geh. im gereinigten Ti wesentlich durch Verunreinigungen im Ausgangsmaterial beeinflußt. Fe wirkt stabilisierend auf β-Ti, wodurch wahrscheinlich auch die Aktivität des im β-Ti gelösten Al erniedrigt wird. Die Verw. von Si bei der metallotherm. Red. titanhaltiger Schlacken ist nicht zu empfehlen, da im Kathoden-Nd. bei der elektrolyt. Reinigung ein erhöhter Fe-Geh. festzustellen ist.

E. WINKLER. 141 □

Über den Mechanismus des Einschlusses von Schwefel in galvanischen Niederschlägen. A. A. Ssutjagina. (Доклады Академии Наук СССР [Ber. Akad. Wiss. UdSSR] **131.** 133–36. 1/3. 1960. Inst. für phys. Chem. der Akad. der Wiss. der UdSSR.) (Russ.)

Vf. untersucht den Einfl. von S-haltigen Verbb. auf die Struktur u. die Eigg. von galvan. abgeschiedenem *Ni*, *Co*, *Zn* oder *Cu*. Es wurden Thioharnstoff, Allylthioharnstoff, β-Naphthalinsulfonsäure u. Thioessigsäure verwandt. Die abgeschiedene S-Menge u. der Mechanismus bei der S-Abscheidung hängen von der Natur des Metalls ab. So veränderte sich der S-Geh. bei Abscheidung von Ni von 0,8–5,6%. [Elektrolyt: $NiSO_4 \cdot 7\,H_2O$ 160 (g/Liter), H_3BO_3 30, NaCl 10; Thioharnstoff 0,1–0,4; pH 2,5; 1,3 A/dm².] Bei der Zn-Abscheidung lag der S-Geh. zwischen 0,12 u. 0,37%. [Elektrolyt: $ZnSO_4 \cdot 7\,H_2O$ 250, Thioharnstoff 0,2–0,4; pH 4; 1 A/dm².] Die Menge der außer S u. C eingeschlossenen Stoffe ist niedriger, als aus der Sorption unzersetzter Verbb. erwartet werden kann. Für Thioharnstoff beträgt das S:C-Verhältnis 2,66, auf den Ni-Ndd. ist es 12,6. Daraus folgt für Ni u. Co, daß keine physikal. Adsorption, sondern eine Chemisorption unter Zers. der S-Verbb. auftritt. In Übereinstimmung damit steht, daß 90% des im Ni eingeschlossenen S als Sulfid gefunden wird.

D. HOENE. 141 □

Elektrochemische Folgereaktionen in der oscillographischen Polarographie. Ja. P. Gochstein und A. Ja. Gochstein. (Доклады Академии Наук СССР [Ber. Akad. Wiss. UdSSR] **128.** 985–88. 11/10. 1959. Vernadsky-Inst. für Geochem. u. anal. Chem. der Akad. der Wiss. der UdSSR.) (Russ.) — Vgl. C. **1960.** 16005.

Für ein Syst. mit m Ionen σ_i mit den Ladungen z_i werden Gleichungen zur Berechnung der Geschw. $\varphi_i(t)$ der Potentialänderung der einzelnen Hin- u. Rück-Rkk. entwickelt, woraus sich in Verbindung mit den Diffusions-Koeff. D_i die Bedingungen der oscillograph. Polarographie berechnen lassen. Als konkreter Fall wird die Red. von Nb^{5+} in 23n H_2SO_4 behandelt, wobei die erste Stufe durch ein Maximum bei $E_1 = -0{,}334$ V, die zweite durch ein Maximum bei $E_2 = -0{,}524$ V geht. Die unterschiedliche Steilheit der Stufen führt zu der Annahme, daß das erste Stadium irreversibel, das zweite annähernd reversibel ist. Die Berechnung ergibt für das Verhältnis der Stromstärken beim 1. u. 2. Maximum 0,51 (experimentell 0,52); die Höhen der Stufen sind porportional $\sqrt{\varphi_i}$.

R. K. MÜLLER. 142 □

Grenzstrom an der Hg-Tropfelektrode bei niedrigen Konzentrationen des Fremdelektrolyten. Z. Zembura, A. Fulínski und M. Bierowski. (Z. Elektrochem., Ber. Bunsenges. physik. Chem. **65.** 887–91. Dez. 1961. Kraków, Akad. für Berg- u. Hüttenwesen, Lehrst. für Phys. Chem. u. Elektrochem.) (Dt.)

Vff. leiten eine Gleichung zur angenäherten Berechnung des Grenzstromes i_g an einer Hg-Tropfelektrode ab u. überprüfen diese auf Grund experimenteller Daten aus der Literatur. Der Dreiionenelektrolyt wird als ein aus zwei unabhängigen bin. Elektrolyten bestehendes Syst. behandelt, u. es wird angenommen, daß die Konz. der Ionen vor der Oberfläche der Tropfelektrode gleich derjenigen im ruhenden Syst. ist. Für KCl u. KNO_3 liegt die Differenz zwischen gemessenen u. berechneten i_g-Werten innerhalb der für polarograph. Verff. zulässigen Grenzen. Die schlechte Übereinstimmung im Falle $PbCl_2 + HCl$ führen Vff. auf die Bldg. von Komplex-Verbb. des Pb-Ions bes. bei höheren HCl-Konzz. zurück.

P. FRENZEL. 142 □

Amalgampolarographie und Löslichkeit von Metallen im Quecksilber. K. Sh. Ssagadijewa und M. T. Koslowski. (Известия Академии Наук Казахской ССР [Nachr. Akad. Wiss. KasachSSR] **1959.** Nr. 1. 22–25.) (Russ.)

Von Hg mit verschiedenem Geh. an Cu (0,46–47,0 mMol/Liter Hg) wurde der bei 20 ± 1° in 0,1 m KNO_3-Lsg. sich einstellende Diffusionsgrenzstrom bestimmt. Bis zu einer Cu-Konz. von 6,8 mMol/Liter Hg erhöht sich der Diffusionsgrenzstrom, um bei höheren Konzz. wieder abzufallen. Dieser Punkt gibt die Löslichkeit von Cu in Hg wieder. Im Hg lösen sich danach 0,0032 Gew.-% Cu.

CH. WEISKE. 142 □

Polarographische Reduktion des Hexamethylisonitriloeisen(II)-Ions. Franco Cappellina und Vincenzo Lorenzelli. (Ann. Chimica **48.** 855–65. Okt. 1958. Bologna, Univ., Ist. Chim. „G. Ciamician".) (Ital.)

Vff. untersuchten zuerst die Leitfähigkeit von 11 verschieden konz. wss. Lsgg. von $[Fe(CH_3NC)_6]Cl_2 \cdot 3\,H_2O$ bei 25 ± 0,05°. Trägt man die für die einzelnen Konzz. gemessenen

Äquivalentleitfähigkeiten Λ gegen die Quadratwurzel der Konz. graph. auf, dann erhält man eine Gerade, die der klass. KOHLRAUSCHschen Gleichung $\Lambda = \Lambda^0 - A\sqrt{c}$ gehorcht. Durch Extrapolation auf unendliche Verdünnung erhält man für Λ den Wert 112,5 Ω^{-1} cm^2. Nimmt man für λ_{Cl^-} den Wert 76,35 Ω^{-1} cm^2 an, dann erhält man für die Äquivalentgrenzleitfähigkeit des Kations $[Fe(CH_3NC)_6]^{2+}$ den Wert 36,15 Ω^{-1} cm^2. Die polarograph. Red. der Verb. wurde in 0,1 n KCl-Lsg. untersucht. Gefunden wurden 2 Red.-Stufen, deren Halbstufenpotentiale einen Abstand von ca. 130 mV haben. Die erste Red.-Stufe wurde der direkten Red. des 2wertigen Fe zu metall. Fe zugeschrieben, die zweite der Red. des Isonitrils zu sek. Amin. C. GOTTFRIED. 142

Theoretische Grundlagen elchemographischer Messungen. Václav Čupr. (Spisy přírodovědecké Fak. Univ. v Brně **1960**. 1—28.) (Tschech.)

Vf. erörtert theoret. den Einfl. der Kapazität auf elchemograph. Messungen. J. KOMENDA. 142

Überspannung an und Diffusion durch Eisen und Palladium. J. N. Andrews und A. R. Ubbelohde. (Proc. Roy. Soc. [London], Ser. A **253**. 6—15. 17/11. 1959. South Kensington, Imp. Coll. of Sci. and Technol., Dep. of Chem. Engng.) (Engl.)

Vff. untersuchen die Röntgendiagramme von Blechen aus Fe-Einkristallen bzw. polykrist. Pd bei ihrer Verw. als Kathode bei der elektrolyt. H_2-Abscheidung aus nH_2SO_4 (0,3—3,5 A/cm^2) während der Entladung von H_3O^+ u. der Diffusion von H_2. Die Gitteraufweitung von Fe während der Diffusion beträgt $<$0,0002 Å; die Linienverbreiterung im Röntgendiagramm zeigt, daß für die Entw. von H_2 keine bevorzugte Kristallebene existiert. Wenn nur eine Seite des Fe-Bleches als Kathode wirkt, so treten trotzdem auf beiden Seiten des Bleches H_2-Blasen auf, die nie Korngrenzen berühren. Die Blasen-Bldg. beruht auf der H_2-Entw. an inneren Sprüngen oder Versetzungen im Einkristall; die dazu notwendigen Drücke übersteigen 300 atm. Während der Elektrolyse wird bei Pd eine Gitteraufweitung von 0,0170 $\pm$ 0,0002 Å beobachtet. Nach der Beendigung der Elektrolyse geht die Aufweitung auf die Gitterdaten von Pd-Hydrid zurück. Auch an Pd erfolgt die H_2-Abscheidung an keiner bevorzugten Kristallebene. Die beobachtete Gitteraufweitung entspricht einem inneren Druck von $2{,}21 \cdot 10^4$ atm, während nach dem Mechanismus der H_2-Überspannung $MH \rightarrow M + \frac{1}{2} H_2$ (MH Überschuß-Konz. von H an der Oberfläche des Metalls M) 10^6 atm zu erwarten sind, d. h., dieser Mechanismus ist bei der H_2-Überspannung an Pd-Flächen zu berücksichtigen. Die Vers.-Ergebnisse werden im Hinblick auf die angegebenen Mechanismen der H_2-Überspannung diskutiert. HERBERT MÜLLER. 142 □

Untersuchungen über das Verhalten von aktivem und passivem Eisen in Schwefelsäure und über die Zerstörung der Passivschicht auf Eisen durch Chloridionen. G. Herbsleb und H.-J. Engell. (Z. Elektrochem., Ber. Bunsenges. physik. Chem. **65**. 881—87. Dez. 1961. Düsseldorf, MPI für Eisenforsch.) (Dt.)

Vff. untersuchen die anod. Polarisation von Fe in 1 n H_2SO_4 bei 25° im Potentialbereich zwischen dem akt. Korrosionspotential E_k u. dem Passivierungspotential E_p. Zusatz von Na_2SO_4 (1 bzw. 2m) verschiebt die Stromdichten nach Durchlaufen des ersten Minimums nach kleineren Werten. Vor Eintritt der Passivierung wird die Ausbldg. verschiedener Deckschichten beobachtet. Zunächst entsteht ein nichtkristalliner Film bei $E_h = +100$ bis $+350$ mV, der eine Glättung der Elektrodenoberfläche bewirkt (sog. Polierfilm). Bei weiterer Erhöhung des Potentials bildet sich nach einem zeitlichen Abfall der Stromdichte im Bereich $+350 \text{ mV} < E_h < E_p$ eine doppelbrechende, grobkristalline $FeSO_4$-Schicht, die bei gleichzeitiger Aufrauhung der Oberfläche u. Wiederanstieg der Stromdichte in eine feinkristalline, nicht doppelbrechende $FeSO_4$-Schicht („Ameisenhaufen") übergeht. Die Stromdichte erreicht einen stationären Wert, wenn der Übergang auf der ganzen Oberfläche stattgefunden hat. Vff. nehmen eine Bedeckungspassivität im Sinne von MÜLLER an. Oberhalb des FLADE-Potentials erstreckt sich der Auflösungsstrom über einen Potentialbereich von $>$200 mV (in 1 n u. 2 n H_2SO_4 an Weicheisenelektroden). Bei E_h ca. $+1000$ mV entsteht auf der Elektrode eine braune Schicht von Korrosions-Prodd., die Poren mit einem Flächenanteil $<$1% aufweist. Die Erhöhung des Auflösungsstromes passiver Fe-Elektroden durch Lichteinstrahlung, die teils durch Erwärmung, teils durch die Lichtempfindlichkeit der passiven Elektrode bedingt ist, wird untersucht. Zusatz von Cl^--Ionen zum Elektrolyten führt zur örtlichen Zerstörung der oberhalb des FLADE-Potentials bestehenden Passivschicht u. zu verstärkter Auflsg. des Metalls, die zur Bldg. angenähert halbkugelförmiger Löcher führt (Lochfraßkorrosion). Die Wachstums-Geschw. dieser Lochfraßstellen beträgt auf Weicheisenelektroden bei Cl^--Ionen-Konzz. von $4 \cdot 10^{-3}$m unabhängig von E_h im Mittel $7{,}5 \cdot 10^{-3}$ mm/min, die Auflösungsstromdichte in den Löchern beträgt dann $I = 340$ mA/cm^2. Bei $[Cl^-] = 1 \cdot 10^{-2}$m u. $E_h = +750$ bis $+950$ mV wird der gleiche Wert erhalten;

auf Reineisenelektroden ist für [Cl$^-$] = $1 \cdot 10^{-2}$m u. E$_h$ = +850 bis +1550 V I = 440 mA/cm^2. Unter bestimmten Vers.-Bedingungen erfolgt in den Löchern die Bldg. u. Umwandlung einer $FeSO_4$-Deckschicht, die sich auf die Werte von I auswirken. Vff. schließen hieraus, aus dem Vgl. der I-Werte der Lochfraßstellen mit denen akt. Fe-Elektroden sowie auf Grund der in den Löchern gemessenen Lochbodenpotentiale von ca. +100 mV, daß in den Löchern ähnliche Verhältnisse wie auf akt. Fe-Elektroden vor Eintritt der Passivität herrschen. P. FRENZEL. 143□

Vergleich der Bedeutung von Sauerstoff und Inhibitoren bei der Passivierung von Eisen. 3. Mitt. **Das Chromat-Ion.** G. H. Cartledge. (J. physic. Chem. **65.** 1009–15. Juni 1961. Oak Ridge, Tenn., Oak Ridge Nat. Labor., Chem. Div.) (Engl.) – 2. vgl. C. **1961.** 8205.

Vf. untersucht mit Hilfe von galvano- u. potentiostat. Polarisations-Verff. den Einfl. von CrO_4^{2-}-Ionen (**I**) in phthaltfreien, O_2- u. He-gesätt. Lsgg. auf den kathod. Gesamtstrom passiver Fe-Elektroden. Zusatz von SO_4^{2-}-Ionen hebt die inhibierende Wrkg. von **I** auf. Die kathod. Red. von **I** verläuft ähnlich wie die von TcO_4^{2-}-Ionen (**II**), sie ist jedoch bzgl. der Red. von O_2 um ca. 2 Größenordnungen langsamer. Das Red.-Prod. von **I** zeigt im Gegensatz zu dem von **II** keinen beschleunigenden Einfl. auf die Red.-Rkk. an der Elektrode. Die vollständig passivierte Oberfläche enthält wahrscheinlich im Gegensatz zum passivierenden Film unabhängig von der Ggw. von **I** eine reduzierbare Komponente, die beim Ersatz des He oder CO durch O_2 nicht zerstört wird. Begrenzte elektrochem. Red. ist jedoch zur Beseitigung dieser Komponente ausreichend, ohne daß Aktivierung der Elektrode erfolgt. Die Austauschstromdichten für die Red. von O_2 u. **I** sind vergleichbar, so daß der größere Beitrag von O_2 zur kathod. Gesamt-Rk. hauptsächlich durch sein edleres reversibles Potential bedingt ist.
P. FRENZEL. 143□

Vergleich der Bedeutung von Sauerstoff und Inhibitoren bei der Passivierung von Eisen. 4. Mitt. **Osmium(VIII)-oxid.** G. H. Cartledge. (J. physic. Chem. **65.** 1361–67. Aug. 1961.) (Engl.) – 3 vgl. vorst. Referat.

Vf. bestimmt mit Hilfe der kathod. Polarisation von Fe-Elektroden nach Passivierung in OsO_4-haltigen, phthalatgepufferten, O_2- bzw. He-gesätt. Lsgg. den Beitrag von O_2 bzw. OsO_4 zur kathod. Gesamtreaktion. Die Geschw. der Red. von OsO_4 ist viel größer als die von O_2. Das Red.-Prod., $Os(OH)_4$, beschleunigt ähnlich wie TcO_4^- die Red.-Vorgänge. Wie im Falle von CrO_4^--Ionen wird ein reduzierbares Zwischenprod. festgestellt, das sich weder dem O_2 oder dem Passivfilm, noch adsorbiertem OsO_4 zuordnen läßt. Vf. erörtert einen möglichen Rk.-Mechanismus der beschleunigenden Wrkg. von $Os(OH)_4$, die Inhibitionsarten, spezif. Wrkg. der Ionen u. die autokatalyt. Effekte, faßt die Ergebnisse der 4 Arbeiten zusammen u. erörtert diese bzgl. bekannter Theorien der Passivierung. P. FRENZEL. 143□

A$_4$. Thermodynamik. Thermochemie

Einige theoretische Aspekte über Phasenumwandlungen. Joseph E. Mayer. (Pure appl. Chem. **2.** 215–20. 1961. La Jolla, Calif., Univ., School of Sci. and Engng.) (Engl.)

Vf. behandelt ausführlich die Thermodynamik u. die statist. Mechanik der Phasenumwandlungen. G. GATTOW. 146□

Elf Schnelltests für die Kontrolle der Zuverlässigkeit experimentell ermittelter Werte. Benjamin C.-Y. Lu. (Chem. Engng. **67.** Nr. 20. 105–06. 3/10. 1960. Ottawa, Univ.) (Engl.)

Die vorgeschlagene graph. Meth. soll es ermöglichen, die Zuverlässigkeit experimentell gefundener Dampf-Fl.-Gleichgewichtswerte schnell zu kontrollieren. Die Werte der Aktivitäts-Koeff. bestimmter Gemische werden an Hand der GIBBS-DUHEM-Gleichung ermittelt u. graph. dargestellt. M. RABES. 146□

Frequenzfaktoren in thermisch aktivierten Prozessen. R. Landauer und J. A. Swanson. (Physic. Rev. [2] **121.** 1668–74. 15/3. 1961. Yorktown Heights, N.Y., IBM Res. Center.) (Engl.)

Bei der Diskussion von $\nu \exp(-U/kT)$ für therm. aktivierte Prozesse nehmen Vff. ähnlich wie KRAMERS [1940] eine Bewegung in einer Potentialmulde sowie Dämpfungskräfte an. Bei Überdämpfung ist die Rk.-Geschw. um den Faktor ω_s/η kleiner als der Wert aus der Theorie therm. Gleichgewichts, ω_s ist eine Winkelfrequenz, die mit dem instabilen Gleichgewicht im Sattelpunkt im Zusammenhang steht, η ist die Viscosität. Bei Unterdämpfung ist die Gleichgewichtstheorie mit Ausnahme extremer Unterdämpfung für mehrdimensionale Syst. gültig. H. LIEPACK. 146□

Dichten von Silber, Kupfer, Palladium und Platin im flüssigen Zustand. Louis-Didier Lucas. (C. R. hebd. Séances Acad. Sci. **253.** 2526—28. 27/11. 1961. Saint-Germain-en-Laye, Seine-et-Oise, Inst. de Rech. de la Sidér., Dép. Chim. Phys.) (Franz.)

Mit der Blaseneindruck-Meth. (C. **1960.** 1419) bestimmt Vf. das spezif. Vol. von fl. Ag, Cu, Pd u. Pt in der Nähe der Schmelzpunkte. Die Meßwerte können mit $v_{Ag} = 0{,}10715 + 12{,}7 \cdot 10^{-6}(T - 1234)$, $v_{Cu} = 0{,}1245 + 12{,}9 \cdot 10^{-6}(T - 1356)$, $v_{Pd} = 0{,}09532 + 11{,}5 \cdot 10^{-6}(T - 1825)$ bzw. $v_{Pt} = 0{,}05289 + 8{,}1 \cdot 10^{-6}(T - 2042)$ (T = Temp. in °K) beschrieben werden. Sie werden mit Literaturdaten verglichen. HERBERT MÜLLER. 148□

Volumenänderung bei der Bildung von Wasser aus dessen Ionen. Akira Tsujioka. (Bull. chem. Soc. Japan **33.** 73—77. Jan. 1960. Yokohama, Hiyoshi, Keio Univ., Chem. Labor.) (Engl.)

Es wurden die Werte für die Vol.-Änderung bei der Bldg. von W. aus H^+ u. OH^- für verschiedene Konzz. bei 20° unter Verw. der Werte der Vol.-Änderung bei der Neutralisation einer starken Säure mit einer starken Base u. den Daten für die Verdünnung von Elektrolyt-Lsgg. berechnet. Außerdem wurde die Abhängigkeit der Vol.-Änderung von der Konz. abgeleitet u. mit den berechneten Werten verglichen. Bei 20° u. mäßigen Konzz. ergibt sich $\Delta V_F = 23{,}52 - 3{,}10 \sqrt{c}$ ml/Mol (c = Konz. der Ionen in Mol/Liter) Man kann auf diese Weise die Vol.-Änderungen, die bei der Neutralisation von verschiedenen Säuren u. Basen auftreten, untersuchen. G. TALSKY. 148□

Kompressibilität einfacher geschmolzener Salze. Frank H. Stillinger jun. (J. chem. Physics **35.** 1581—83. Nov. 1961. Murray Hill, N.J., Bell Telephone Labor., Inc.) (Engl.)

Die isotherme Kompressibilität monoatomarer geschmolzener Salze sollte gleich der einer hypothet. Fl. ungeladener Ionenkerne derselben Teilchendichte sein. Behandelt man die Ionenkernkräfte wie die zwischen starren Kugeln, so ist es möglich, die Größe der dichtesten Annäherung eines Anion–Kation-Paares aus der experimentell bestimmten Kompressibilität zu ermitteln. Die auf diese Art ermittelten Abstände stimmen für eine Reihe geschmolzener Alkalihalogenide mit den bekannten Ionengrößen überein u. zeigen ferner den bekannten Verlauf einer homologen Reihe. G. M. NEUMANN. 148□

Der thermische Diffusionsfaktor von Helium. F. van der Valk und A. E. de Vries. (J. chem. Physics **34.** 345—46. Jan. 1961. Amsterdam, F.O.M.-Labor. voor Massaspectrografie.) (Engl.)

In einem 9-Röhren-Schwingseparator mit konst. unterer Temp. von 295° K u. oberen Temp. zwischen 370 u. 700° K wurden die therm. Diffusionsfaktoren von *He* ermittelt, wobei sich im angegebenen Temp.-Bereich ein konst. Wert von $\alpha = 0{,}0617 \pm 0{,}0019$ ergab. Die Ergebnisse stehen mit denen aus dem exp-6-Modell folgenden im guten Einklang, weichen aber beträchtlich von den Werten von MORAN u. WATSON (C. **1958.** 9136) ab. WOLFGANG WAGNER. 149□

Verbesserte Methoden zur Bestimmung der thermischen Beständigkeit unter Benutzung der Thermowaage. J. R. Soulen und Isadore Mockrin. (Analytic. Chem. **33.** 1909—12. Dez. 1961. Wyndmoor, Pa., Pennsalt Chem. Corp., Res. and Dev. Dep.) (Engl.)

Vff. untersuchen folgende Probleme, die sich bei der Benutzung der CHEVENARDschen Thermowaage zur Ermittlung therm. Stabilitäten ergeben: Aufrechterhalten einer inerten Atmosphäre; Kondens. an dem Schmelztiegelhalter, die ein falsches Gew. ergeben; genaue Best. der Zers.-Temp. u. der Probentemperatur. Es wird gezeigt, wie diese Einfl. berücksichtigt werden müssen, um richtige Ergebnisse zu erhalten. J. PETERS. 150□

Spektroskopische Bestimmung von Assoziationsenthalpien. Louis Bellon. (C. R. hebd. Séances Acad. Sci. **253.** 2064—66. 6/11. 1961.) (Franz.)

Allg. Beschreibung der spektrophotometr. Best. von Assoziationsenthalpien für Rkk. vom Typ $A + B \rightleftharpoons AB$. Erforderlich sind Messungen der Absorptionsspektren einer Lsg. von B in reinem Lsgm. u. in A-Lsgm.-Gemischen bei verschiedenen Temperaturen. HERBERT MÜLLER. 156□

Thermochemische Untersuchungen. 6. Mitt. **Reaktionswärmen und -entropien von Übergangsmetallionen mit Triäthylentetramin.** L. Sacconi, P. Paoletti und M. Ciampolini. (J. chem. Soc. [London] **1961.** 5115—20. Dez. Palermo, Univ. of Palermo, Inst. of Gen. Chem.) (Engl.) — 5. vgl. C. **1962.** 3044; vgl. auch C. **1960.** 14280.

Vff. bestimmten calorimetr. die Rk.-Wärme für die Rk. der nachfolgenden 2wertigen Metallionen mit Triäthylentetramin (trien) in 0,1 m KCl-Lsg. bei 25° u. berechneten aus den ermittelten Werten u. aus Literaturwerten für die Änderung der Freien Energie die entsprechenden Entropieänderungen. Folgende Werte wurden für die 1:1-Komplexe

erhalten: *Mn*$^{2+}$ $-\Delta G = 6{,}70 \pm 0{,}07$ (kcal/Mol), $-\Delta H = 2{,}30 \pm 0{,}05$ (kcal/Mol), $\Delta S = 15{,}0 \pm 0{,}5$ (cal/Grad·Mol); *Fe*$^{2+}$ $10{,}50 \pm 0{,}07$, $6{,}05 \pm 0{,}05$, $15{,}0 \pm 0{,}5$; *Co*$^{2+}$ $14{,}90 \pm 0{,}14$, $10{,}65 \pm 0{,}15$, $14{,}5 \pm 1{,}0$; *Ni*$^{2+}$ $18{,}80 \pm 0{,}28$, $14{,}00 \pm 0{,}10$, $16{,}0 \pm 1{,}5$; *Cu*$^{2+}$ $27{,}40 \pm 0{,}14$, $21{,}55 \pm 0{,}10$, $19{,}5 \pm 1{,}0$; *Zn*$^{2+}$ $16{,}40 \pm 0{,}07$, $8{,}90 \pm 0{,}15$, $25{,}0 \pm 0{,}5$. Die Stabilität der Komplexe gleicht in etwa der der entsprechenden Bis-[äthylendiamin]-komplexe, was auf den Ausgleich der bei den letzteren um 3—4 kcal/Mol tiefer liegenden ΔH-Werte durch die höheren ΔS-Werte zurückzuführen ist. Der Chelateffekt bei der Substitution von NH_3 durch trien ist offenbar in der Hauptsache dem höheren Entropiewert der NH_3-Moll. gegenüber den trien-Moll. zuzuschreiben. Die Bldg.-Wärme u. das Spektrum des protonierten Ions $[CuHtrien]^{3+}$ wurden ermittelt u. mit den für $[Cuden]^2$ (den = Diäthylentriamin) erhaltenen Ergebnissen verglichen. Die thermodynam. Größen für die Bldg. von $[CuHtrien]^{3+}$ im Syst. $CuSO_4$–HCl–trien in 0,1 m KCl-Lsg. ergaben sich zu $\Delta G = -18{,}80 \pm 0{,}3$, $\Delta H = -15{,}80 \pm 0{,}1$ kcal/Mol u. $\Delta S = 10{,}0 \pm 1{,}3$ cal/Grad·Mol. Das magnet. Moment für $[Cotrien]^{2+}$ wurde zu 4,8 B.M. bestimmt.
GERHARD SCHULZE. 156☐

Die Standardbildungswärmen der Ionenpaare CdJ^+ und ZnJ^+. D. W. Anderson, G. N. Malcolm und H. N. Parton. (J. physic. Chem. **64**. 494—95. April 1960. Dunedin, New Zealand, Univ. of Otago.) (Engl.)

Es wurden die Wärmeeffekte gemessen, die beim 100fachen Verdünnen einer KJ-Lsg. mit einer 0,054 m $Cd(ClO_4)_2$-Lsg. sowie mit einer $HClO_4$-Lsg. solcher Konz., daß die Endmischung die gleiche Ionenstärke wie beim vorst. Vers. hat, auftraten. Die Differenz der beiden Wärmemengen dient zur Bldg. der Komplexe CdJ^+, CdJ_2, CdJ_3^- u. CdJ_4^{2-}. Die Bldg. der beiden letzten Komplexe wurde infolge ihrer sehr kleinen Assoziations-Konst. vernachlässigt. Nach Abzug der Bldg.-Wärme des CdJ_2 u. Umrechnung auf Ionenstärke Null ergab sich die Standard-Bldg.-Wärme des CdJ^+ bei 25° zu -2395 ± 300 cal/Mol. Der Wert befindet sich in Übereinstimmung mit Ergebnissen anderer Autoren. Die Wärmeänderung beim Verdünnen einer 1 m KJ-Lsg. mit 0,05 m $Zn(ClO_4)_2$ auf 0,01 m war <1 cal. Dies bestätigt Ergebnisse anderer Autoren, die sehr kleine Assoziations-Konst. für Zn–J-Komplexe gefunden hatten.
WOLFGANG KRÜGER. 156☐

Die Verwendung von reaktionscalorimetrischen Methoden für die Bestimmung der Bildungswärmen von metallorganischen Verbindungen. H. A. Skinner, J. E. Bennett und J. B. Pedley. (Pure appl. Chem. **2**. 17—24. 1961. Manchester, Univ.) (Engl.)

Durch hydrolyt. Rkk. in einem Calorimeter wurden die Bldg.-Wärmen folgender Alkyl-Verbb. bestimmt: $\Delta H_f^0 = 16{,}7 \pm 0{,}5$ kcal/Mol (*CdMe*$_{2\,fl.}$), $14{,}5 \pm 0{,}5$ (*CdEt*$_{2\,fl.}$), $6{,}3 \pm 1$ (*ZnMe*$_{2\,fl.}$), $4{,}3 \pm 1$ (*ZnEt*$_{2\,fl.}$). Durch analoge Bromierung u. Jodierung bzw. Umsetzung mit HCl wurden folgende ΔH_f^0-Werte ermittelt: $12{,}3 \pm 2$ (*HgMe*$_{2\,fl.}$), $5{,}2 \pm 2$ (*HgEt*$_{2\,fl.}$), $-8{,}6 \pm 3$ (*HgPr*$_{2\,fl.}$), $-3{,}8 \pm 3$ (*Hg iso-Pr*$_{2\,fl.}$) u. $-14{,}5 \pm 8$ (*GaMe*$_{3\,fl.}$) bzw. $65{,}4 \pm 2$ (*HgPh*$_{2\,fest}$). — Es wird ein Calorimeter beschrieben, in dem Hydroborierungs-Rkk. durchgeführt werden können. Zum Beispiel wurde die Rk.-Wärme von $B_2H_{6\,gas} + 6\,C_6H_{12\,fl.} \rightarrow 2\,B(C_6H_{13})_{3\,fl.}$ zu $\Delta H = -133{,}1$ kcal/Mol ermittelt; daraus folgt für die Bldg.-Wärme von fl. $B(C_6H_{13})_3$ $-114{,}7$ kcal/Mol. Die Rk.-Wärme der Hydrolyse von $B_2H_{6\,gas}$ wurde zu $\Delta H_{hydrol.} = -111{,}5 \pm 0{,}4$ kcal/Mol B_2H_6 bestimmt.
G. GATTOW. 156☐

Zur Thermochemie von Legierungen. A. Schneider, H. Klotz, J. Stendel und G. Strauß. (Pure appl. Chem. **2**. 13—16. 1961. Göttingen, Univ., Anorg.-chem. Inst.) (Dt.)

Es werden drei neue Verff. zur Best. thermodynam. Kenngrößen von Legg. beschrieben: 1. Direktcalorimetr. Vereinigung der Komponenten, wobei als Zündwärme zum Einleiten der Rk. die Rk.-Wärme der Bldg. von FeS aus den Elementen ($\Delta H^B_{298} = -23{,}2 \pm 0{,}1$ kcal/Mol) verwendet wird. Die zur Zündung aufgewendete Wärmemenge beträgt etwa das 10fache der Rk.-Wärme. Die Bldg.-Enthalpie von *InSb* wurde bei 298° K bestimmt zu $-3{,}4 \pm 0{,}3$ kcal/g-Atom. — 2. Best. der Bldg.-Enthalpien intermetall. Phasen durch direkte Vereinigung der Elemente. Gezündet wird mit einem in das Calorimeter fallenden Heizkörper (z. B. mit einem auf 950° erhitzten Al_2O_3-Tiegel) definierten Wärmeinhaltes („drop-Meth.“). Entscheidend für die Genauigkeit dieser Meth. ist die Ermittlung des Umsatzes. Die Bldg.-Enthalpien von $MgZn_2$, $MgZn$ u. Mg_2Zn_{11} wurden bei 298° K zu $3{,}6 \pm 0{,}25$; $2{,}5 \pm 0{,}75$ u. $2{,}4 \pm 0{,}6$ kcal/g-Atom bestimmt. — 3. Durch Ermittlung des Löslichkeits-Prod. von schwerlösl. Phasen in fl. Mg als Lsg.-Metall bei verschiedenen Temp. konnten ΔG, ΔH u. ΔS bestimmt werden. Für Fe_2Zr: $\Delta G = -17700 + 5{,}2\,T$ cal/Mol, $\Delta H = -17{,}7 \pm 1{,}0$ kcal/Mol u. $\Delta S = 5{,}2$ cl/Mol; Al_2Zr $-13{,}6$; Al_3Zr_2: $-12{,}8$; Al_3Zr_4: $-10{,}3$ kcal/g-Atom.
G. GATTOW. 156☐

Zur Thermochemie der Trithiocarbonate. G. Gattow. (Pure appl. Chem. 2. 121—23. 1961. Göttingen, Univ., Anorg.-chem. Inst.) (Dt.)

Mit Hilfe einer früher vom Vf. ausführlich beschriebenen universellen Meth. zur Best. von Dampfdrücken (vgl. C. **1959.** 10139) wurden die thermodynam. Kenngrößen von Tl_2CO_3 (I), Tl_2CS_3 (II) u. $BaCS_3$ (III) ermittelt. Die Dissoziationsdrücke (Dampfdrücke von CO_2 bzw. CS_2 über **I** bzw. **II** u. **III**) lassen sich durch die allg. Beziehung beschreiben: logp (mm Hg) = $A \cdot 10^3/T + B$ mit A = 5,934 (I), 6,061 (II), 9,876 (III) u. B = 12,136 (I), 16,689 (II), 17,506 (III). Daraus folgt für die Bldg.-Wärmen u. die Normalentropien bei 298° K: **I** (—168,1 ± 1,7 kcal/Mol, **34,3** ± 3,0 cal/Grad·Mol), **II** (—21,0 ± 2,0, 32,6 ± 3,0) u. **III** (—130,1 ± 3,0, 11,2 ± 5,0). Die Normalentropien von Tl_2O, Tl_2S u. BaS wurden zu 33,6 ± 1,5, 39,0 ± 0,5 u. 21,5 ± 1,0 cal/Grad·Mol berechnet. G. GATTOW. 156□

Lösungswärmen von Ammonium-, Kalium- und Natriumjodat sowie Natriumbromat; Reaktionswärme von Jodpentoxid mit wässerigen Hydroxidlösungen. Jesse G. Spencer jun. und Loren G. Hepler. (J. physic. Chem. **64.** 499—500. April 1960. Charlottesville, Va., Univ. of Virginia, Cobb Chem. Labor.) (Engl.)

Für die Rkk. NH_4JO_3 (fest) → NH_4^+ (aq.) + JO_3^- (aq.) (a), $NaJO_3$ (fest) → Na^+ (aq.) + JO_3^- (aq.) (b), KJO_3 (fest) → K^+ (aq.) + JO_3^- (aq.) (c), $NaBrO_3$ (fest) → Na^+ (aq.) + BrO_3^- (aq.) (d) wurden die Standard-Lsg.-Wärmen ermittelt: ΔH^0 (a) = 7,62 ± 0,12 (kcal/Mol); ΔH^0 (b) = 4,83 ± 0,06; ΔH^0 (c) = 6,63 ± 0,05 u. ΔH^0 (d) = 6,43 ± 0,06. Die Rk.-Wärme der Rk. J_2O_5 (fest) + 2 OH^- (aq.) → 2 JO_3^- (aq.) + 2 H_2O bei 25° wurde zu ΔH^0 = —26,4 ± 0,2 gefunden. Die Anfangs-Konz. des KOH wurde hierbei so gewählt, daß die OH^--Konz. nach jedem Vers. 0,013m nicht überschritt. Die Freie Lsg.-Enthalpie von KJO_3 (fest) wurde aus der Löslichkeit u. dem Aktivitäts-Koeff. zu 1670 cal/Mol berechnet. Durch Kombination mit den Entropien von KJO_3 (fest) und K^+ (aq.) wurde die partielle mol. Entropie des JO_3^- (aq.) bei 25° zu 28,4 cal/Mol·Grad ermittelt. Auf gleiche Weise ergaben sich für die partielle mol. Entropie des BrO_3^- (aq.) 38,7 cal/Mol·Grad, für die Freie Lsg.-Enthalpie des $NaBrO_3$ (fest) —110 cal/Mol u. für die Entropie 31,1 cal/Grad·Mol bei 25°.

WOLFGANG KRÜGER. 156□

Messungen der Detonationsgeschwindigkeit und der Induktionszeit von detonierenden Knallgas-Stickstoff-Gemischen. Th. Just, D. McLean und F. J. Luig. (Naturwissenschaften **48.** 476—77. 1. Juli-H. 1961. Göttingen, Univ., Inst. für Phys. Chem.) (Dt.) — Vgl. **1961.** 16742.

Mit Hilfe einer früher beschriebenen Meth. von JUST u. WAGNER (vgl. C. **1960.** 15312) wurde die Detonations-Geschw. u. die Induktionszeit der folgenden Gemische untersucht: $2 H_2 + O_2 + N_2$; $H_2 + O_2$; $2 H_2 + O_2 + 3 N_2$ u. $H_2 + 2 O_2$, u. zwar bei einem Ausgangsdruck von 90 mm Hg. Die Meßergebnisse sind in einer Tabelle zusammengestellt. C. GOTTFRIED. 157

Asymmetrie von Cyclotron-Resonanzlinien in den Reaktionszonen von Niederdruck-Acetylen- und Dicyanflammen. E. M. Bulewicz und P. J. Padley. (J. chem. Physics **35.** 1590—93. Nov. 1961. Durham, N.C., Duke Univ., Dep. of Phys.) (Engl.)

Vff. berichten über eine ausgeprägte Asymmetrie u. eine Verschiebung des Linienmaximums bei 17000 Gauß um mehr als 100 Gauß bei Cyclotronresonanzlinien in den Rk.-Zonen von C_2H_2- oder C_2N_2–O_2-Niederdruckflammen, die hohe Konzz. freier Elektronen enthielten. Der Effekt wird in Form von Änderungen des realen Anteils des Brechungsindex des Flammenplasmas bei Mikrowellenfrequenzen in der Nähe der Absorptionslinien gedeutet. Die Elektronen-Konz.-Gradienten haben dann in der Umgebung der Rk.-Zonen eine Brechungs-Wrkg. auf die Mikrowellen, die die endliche Dicke des Plasmas in Richtung von oder auf den Mikrowellenempfänger durchdringen. Eine Betrachtung der theoret. Faktoren zeigt ferner, daß sich die Asymmetrie in den Rk.-Zonen durch eine Strahlung höherer Frequenz verkleinern läßt.

G. M. NEUMANN. 157□

Messung der Wärmeleitfähigkeit im veränderlichen Bereich. Jean-Claude Perron. (C. R. hebd. Séances Acad. Sci. **252.** 2867—69. 8/5. 1961.) (Franz.)

Vf. untersucht die Verw. der Meth. nach ANGSTRÖM zur Best. der Wärmeleitfähigkeit K von schlecht leitenden Proben. Die Proben mit einer Länge von 3 cm werden auf einer Seite unter Verw. eines mit modulierter Niederfrequenz (1000 Hz) gespeisten Heizdrahtes aufgeheizt, während die andere Seite mit Hilfe eines Thermostaten auf Raum-Temp. gehalten wird. Die sinusförmigen Temp.-Schwankungen werden mit Thermoelementen gemessen. Unter diesen Bedingungen sind die Wärmeverluste an den Seitenflächen der Probe eine einfache Funktion der Temperatur. Die Werte von K ($W \cdot cm^{-1}$ $Grad^{-1}$) u. des Diffusions-Koeff. D (cm^2/s) sind für Pb 0,38 bzw. 0,27; Si

1,10 bzw. 0,62; Ge 0,51 bzw. 0,31; InSb 0,21 bzw. 0,18; Mg_2Sn 0,07 bzw. 0,044 u. Mg_2Ge 0,10 bzw. 0,053; sie werden mit Literaturdaten verglichen. HERBERT MÜLLER. 158□

Die Bestimmung der Lorenz-Zahl bei hohen Temperaturen. M. R. Hopkins und R. Ll. Griffith. (Z. Physik **150.** 325—31. 14/2. 1958. Swansea, Univ. of Wales, Univ., Coll. of Swansea, Dep. of Phys.) (Engl.)

In einem Syst. aus einem feinen kurzen Draht u. zwei großen Blöcken desselben Metalls hängt die durch einen elektr. Strom erzeugte maximale Temp. nur von den Eigg. des Metalls u. der angelegten Spannungsdifferenz ab, vorausgesetzt, daß der Wärmeverlust von der Drahtoberfläche gegenüber der transportierten Wärme vernachlässigbar ist. Messungen der maximalen Temp. als Funktion der Spannungsdifferenz erlauben dann, das Verhältnis der therm. Leitfähigkeit λ zur elektr. Leitfähigkeit $\varkappa$ u. damit auch die LORENZ-Zahl $\lambda/\varkappa T$, über einen weiten Temp.-Bereich zu bestimmen. Messungen des Wärmeverlustes durch die umgebende Gasatmosphäre bei Normaldruck sowie bei geringen Drücken zeigen, daß diese Verluste nur im Falle von H_2 nicht mehr vernachlässigbar sind. Schließlich werden die Werte der LORENZ-Zahl von Pd im Temp.-Gebiet 1000—1550° angegeben. G. M. NEUMANN. 158

Wärmeleitfähigkeit von UO_2 bei tiefer Temperatur. Olivier Béthoux, Pierre Thomas und Louis Weil. (C. R. hebd. Séances Acad. Sci. **253.** 2043—45. 6/11. 1961. Grenoble, Univ., C.N.R.S., Labor. de Basse Temp.; Centre d'Études nucl., Sect. P.C.B.T.) (Franz.)

Von einer gesinterten UO_2-Probe mit Korndurchmessern von 5—20 μ u. einer scheinbaren D. 9,97 g/cm³ wird zwischen 3,5 u. 300° K die Wärmeleitfähigkeit λ bestimmt. Die Temp.-Abhängigkeit von λ weist bei 30° K ein Minimum auf; bei der gleichen Temp. erfolgt die Umwandlung paramagnet.-antiferromagnetisch. Die geringen Werte für λ sind zwischen 10 u. 300° K auf die Phononendiffusion über die magnet. Momente von U^{4+} zurückzuführen. Die mittlere freie Weglänge der Phononen wird durch diese Diffusion auf ca. 20 Å eingeschränkt u. bleibt zwischen 30 u. 300° K wegen der Phononen-Spin-Wechsel-Wrkg. von der Temp. unabhängig. HERBERT MÜLLER. 158□

Schwingungsrelaxation in den dampfförmigen Chloriden der Elemente der vierten Hauptgruppe. H. Hinsch. (Z. Elektrochem., Ber. Bunsenges. physik. Chem. **65.** 641. Sept. 1961. Göttingen, Univ., III. Phys. Inst.) (Dt.)

Es wird über Messungen der Schallabsorption u. -dispersion in den Dämpfen von CCl_4, $SiCl_4$, $GeCl_4$ u. $SnCl_4$ in einem Frequenz–Druck-Bereich von 10^6—10^{10} Hz/atm berichtet. Die Unterss. wurden mit elektrostat. Wandlern als Schallsender u. -empfänger durchgeführt. Alle vier Dämpfe zeigten einen Relaxationseffekt. Das Maximum der mol. Schallabsorption liegt für 22° bei folgenden Frequenz-Druck-Werten: CCl_4 23,0 (MHz/at); $SiCl_4$ 76,5; $GeCl_4$ 151; $SnCl_4$ 206. Aus diesen Werten wurden Relaxationszeit u. Stoßzahl berechnet. G. M. NEUMANN. 159□

Nachweis von molekularen Komplexen in Gasen durch die Ultraschallmethode. D. D. Deshpande. (Current Sci. **29.** 224—25. Juni 1960. Bombay, Indian Inst. of Technol., Dep. of Chem. Engng.) (Engl.)

Ultraschallabsorptionsmessungen in CO_2–Luft- u. CO_2–O_2-Gemischen mit Hilfe einer interferrometr. Meth. zeigen gegenüber den reinen Komponenten ein anomales Verhalten. Die gemessene Absorption ist höher als die der reinen Komponenten. Beim graph. Auftragen des Unterschiedes zwischen der beobachteten u. berechneten Absorption der Mischung in Abhängigkeit vom CO_2-Geh. erhält man mehrere Maxima, die mit der Bldg. mol. Haufen oder loser Komplexe im gasförmigen Zustand gedeutet werden. W. LUCHSINGER. 159□

A₅. Kolloidchemie. Grenzschichtforschung

Die Herstellung von monodispersen Silberbromid- und Silberjodidsolen. R. H. Ottewill und R. F. Woodbridge. (J. Colloid Sci. **16.** 581—94. Dez. 1961. Cambridge, Univ. of Cambridge, Dep. of Colloid Sci.) (Engl.)

Vff. beschreiben die Herst. von AgBr- u. AgJ-Solen mit hohem Dispersionsgrad durch Verdünnen der Lsgg. von Ag-Halogenidkomplexen mit einem Überschuß an Halogenid- bzw. Ag^+-Ionen sowie durch Abkühlen einer heißen AgBr-Lsg. im Bereich der Löslichkeit. Alle hergestellten Sole zeigen TYNDALL-Spektren höherer Ordnung. Der Dispersionsgrad der Sole u. die Form der Teilchen werden elektronenmkr. bestimmt (Zentrifugieren auf frisch gespaltene Glimmerscheiben, C-Bedampfung u. Schrägbedampfung mit Cr-Dampf unter 60°). Vff. erörtern theoret. die Keim-Bldg. an Hand der Kurven der krit. Übersättigung u. der Löslichkeit u. teilen Verteilungskurven der Teilchengröße sowie die Löslichkeitskurve von AgBr mit. Dispersionsgrad u. Form der Teilchen sind abhängig vom Vol. u. der Konz. der Ausgangs-Lsgg. sowie von der Geschw. der Zugabe u. des Rührens.

Versuche: *AgJ-Sole,* a) Überschuß an Jodid: durch Verdünnen von 150 ml einer Lsg., die $3 \cdot 10^{-5}$m an AgJ u. 0,1m an KJ ist, mit dest. W. auf 500 ml; nach ca. 1 Min. 2 rote Banden im Winkel von angenähert 45 u. 90° bzgl. der Richtung der einfallenden Strahlung; mittlerer Teilchenradius 0,389 μ; b) Überschuß an Ag-Ionen: durch Verdünnen von 50 ml Lsg., die $6 \cdot 10^{-5}$m an AgJ u. 0,2m an $AgNO_3$ ist; nach 1 Min. veränderliche rote Banden; geringerer Dispersionsgrad gegenüber den nach anderen Verff. hergestellten Solen. — *AgBr-Sole,* a) Überschuß an Bromid: durch Verdünnen von 40 ml einer Lsg., die $1,5 \cdot 10^{-4}$m an AgBr u. 0,78m an NH_4Br ist, auf 300 ml; 3 rote Banden bei ca. 35, 70 u. 100°; regelmäßige oktaedr. Teilchen; b) Überschuß an Ag^+: durch Verdünnen von 100 ml einer Lsg., die $1,6 \cdot 10^{-5}$m an AgBr u. 0,4m an $AgNO_3$ ist, auf 400 ml; 2 rote Banden bei 70 u. 140°; unregelmäßig geformte Teilchen mit einer Neigung zur Bldg. der oktaedr. Form; c) im Bereich der Löslichkeit: durch schnelles Eingießen von 150 ml sd. $4 \cdot 10^{-5}$m $AgNO_3$-Lsg. in 250 ml sd. $4 \cdot 10^{-5}$m KBr-Lsg. unter schnellem Rühren, Abkühlen auf 20° im Dunkeln unter langsamem Rühren; rote Banden bei ca. 20 u. 50° sowie eine schwache bei 80°. P. FRENZEL. 162□

Einfluß der Gegenionbindung auf das Molekulargewicht und die Form eines Polyelektrolyten. P. Buchner, R. E. Cooper und A. Wassermann. (J. chem. Soc. [London] **1961.** 3974—83. Sept. London, Univ. Coll., William Ramsay and Ralph Forster Labor.) (Engl.)

Von Na-, K- u. Mg-Alginat wurden die Molgew. M_w, die Austausch-Konst. B, die Radien der Gyration ϱ u. Viscositätszahlen bestimmt. Beim Übergang vom Na- zum Mg-Salz nehmen M_w u. ϱ zu, während B abnimmt. Diese Erscheinungen treten bei der Darst. des Mg-Alginates in der Gelphase auf, bei der sich die Polyanionen dicht beieinander befinden. Wird der Na–Mg-Austausch in verd. Lsg. vorgenommen, so wird ein Mg-Salz mit geringerem Molgew. erhalten. Bei der Überführung des Na-Alginatgels in das K-Salz ändern sich M_w u. B nicht wesentlich. Elektr. Leitfähigkeits- u. Überführungsmessungen mit Na- u. Mg-Alginat-Lsgg. zeigen, daß der Anteil an freien Gegenionen im Mg-Salz relativ klein ist. Zusammen mit dem Einfl. der chem. u. physikal. Bedingungen auf die Viscositätszahlen dieser Polyelektrolyte lassen diese Ergebnisse den Schluß zu, daß ein unter bestimmten Bedingungen dargestelltes Mg-Alginat im Vgl. zum Na-Alginat durch größere u. kompaktere Polymeranionen infolge intra- u./oder intermol. Vernetzung durch das 2bindige Mg u. durch stärkere Gegenionbindung charakterisiert wird. W. HEIN. 162□

Der Einfluß des Druckes auf die Sedimentationsgeschwindigkeit. M. Wales. (J. Amer. chem. Soc. **81.** 4758—59. 5/9. 1959. Emeryville, Calif., Shell Dev. Co.) (Engl.)

Der Sedimentationsprozeß in der Ultrazentrifuge (d. h. unter Druck) wurde von FUJITA (vgl. C. **1957.** 1870) durch zahlreiche Gleichungen mathemat. erfaßt, aber die Werte wurden nicht ausgerechnet. Vf. löst diese Gleichungen mit Hilfe der RUNGE-KUTTA-Integration auf einer elektron. Rechenmaschine. Ferner gibt Vf. eine einfache mathemat. Umformung an. Die mit Hilfe der Rechenmaschine, der umgeformten Gleichung u. nach der Meth. von OTH u. DESREUX (C. **1950/54.** 3430 S) berechneten Fallzeiten stimmen gut überein, bes. die beiden ersten. E. TIEDEMANN. 174□

Innere Reibung und Sedimentvolumina der polydispersen Kaolinsuspensionen in Elektrolytlösungen. G. Kandilarow. (Известия на Химическия Институт при БАН [Bull. Inst. chim., Acad. bulg. Sci.] **4.** 287—310. 1956.) (Bulg.; Auszug: Dt.) — Vgl. C. **1960.** 13936.

Die Unters. an den Kaolinen von GEHE, SCHERING u. SENOWO zeigen, daß die Kurven des Sediment-Vol. (SV) in Lsgg. von HCl, H_3PO_4, $AlCl_3$, $Ca(OH)_2$, NaOH u. Na_2CO_3 im allg. fast oder völlig symbat zu den Kurven der inneren Reibung η verlaufen. Aus dem gleichen Verlauf der SV-Kurven der 3 Kaoline wird geschlossen, daß die Veränderungen von SV u. η auf den Veränderungen in der Solvathülle nahe der Kaolinteilchen beruhen. Beim SENOWO-Kaolin ist das SV doppelt so groß wie bei den Kaolinen von GEHE u. SCHERING. O. LEBTAG. 174□

Chemisorption bei tiefer Temperatur. 3. Mitt. **Untersuchungen im Feldemissionsmikroskop.** Gert Ehrlich und F. G. Hudda. (J. chem. Physics **35.** 1421—39. Okt. 1961. Schenectady, N.Y., Gen. Electr. Res. Labor.) (Engl.) — 2. vgl. C. **1961.** 10460.

Vff. untersuchten im Feldemissionsmikroskop den Einfl. der Oberflächenstruktur auf die Adsorption. *N*-Adatome wurden an allen der Beobachtung zugänglichen *W*-Flächen gefunden. Die Diffusions-Geschw. ist auf den Bereichen um die 1 1 1-Pole am größten. Die Energieschwelle für die Wanderung über diese Bereiche beträgt nur

20 kcal/Mol im Vgl. zu 35 kcal/Mol für die Diffusion über die Bereiche um den 1 0 0-Pol. Für den schwach gebundenen α-Zustand des N (instabil bei $T > 400^0$ K) wurde ein starker Einfl. der Struktur beobachtet. Dieser Zustand ist konz. auf u. um (1 1 1). Die bei 79^0 K im γ-Zustand festgehaltenen N_2-Moll. sind ohne ausgesprochene Spezifität zur Unterlage verteilt. Das Fehlen der Diffusion in diesen beiden Zuständen läßt jedoch vermuten, daß der Stickstoff an isolierte diskrete Plätze gebunden ist. Eine Chemisorption des Stickstoffs an *Ni* wird bei Zimmer-Temp. nicht beobachtet; die Moll. sind bei 79^0 K mit mindestens 5,5 kcal/Mol gebunden. Bei 20^0 K wird auf W ein weiterer Bindungszustand beobachtet, bei dem Stickstoff physikal. auf einer chemisorbierten Schicht adsorbiert ist. Die Diffusion aus diesem Zustand erfolgt bei ca. 40^0 K mit der Ausbldg. einer scharfen Grenze. Für die Adsorption von *CO* auf W wird im Feldemissionsmikroskop keine Strukturabhängigkeit beobachtet. Neben dem prim. chemisorbierten Zustand wird ein Zustand mit schwächerer Bindung beobachtet; in keinem der beiden Zustände erfolgt Dissoziation. Sowohl CO als auch Stickstoff erniedrigen die Emission einer anfangs reinen W-Oberfläche. Durch CO wird die Austrittsarbeit bei ca. 300^0 K um 0,5 eV erhöht, Stickstoff erhöht im γ-Zustand die Austrittsarbeit um 0,1 eV. Durch N-Adatome wird jedoch im Gegensatz zu anderen dissoziierenden Gasen die Austrittsarbeit erniedrigt. H. Liepack. 176□

Reindarstellung von Wasserstoffisotopen durch Selbstverdrängungschromatographie bei tiefen Temperaturen. T. R. Phillips, D. R. Owens und A. G. Hamlin. (Nature [London] **192**. 1067—68. 16/12. 1961. Capenhurst, Chester, U.K.A.E.A., Capenhurst Works.) (Engl.)

Zur Trennung des H_2 vom D_2 benutzen Vff. zwei Cu-Säulen (10 ft. lang, 3/16 in. Ø), die zur Aktivierung des als Trennfüllung verwendeten Molekularsiebs 5 A (30—44 mesh) auf 350^0 im Vakuum erhitzt wurden. Die zu Spiralen von 4 in. Ø gebogenen Säulen sind mit einem Ventil hintereinander geschaltet u. können getrennt in Dewar-Gefäße mit fl. N_2 getaucht werden. Zu Beginn wird die mit Ventilen abgeschlossene App. bei Raum-Temp. evakuiert oder mit He oder D_2 gefüllt, abgekühlt, eine bestimmte Vol.-Menge der Isotopenmischung in die 1. Säule injiziert u. danach das Ventil zwischen den Säulen geöffnet. Das durch langsames Senken der Dewar-Gefäße entstehende Temp.-Gefälle in den Säulen bewirkt eine Wanderung des am Säulenanfang adsorbierten Gemisches, das sich dabei in die Banden der beiden reinen Isotope auftrennt. Das Ablaßventil der 2. Säule wird bei Erreichen von Atmosphärendruck geöffnet, die Gase werden in der Reihenfolge He (falls vorhanden), H_2, Mischung der Isotope u. D_2 nach Passieren eines Wärmeleitfähigkeitsdetektors aufgefangen. Mischungen mit einem Geh. von 25% D_2 u. höher lassen sich einwandfrei trennen. Zur Verarbeitung größerer Gasmengen (~2,5 Liter) wurden nur die Maße der 1. Säule abgeändert (15 in. lang, $^3/_4$ in. Ø, $^1/_{16}$ in. Molekularsieb-5 A-Stäbchen). Mit dieser App. konnte in einem einzigen Durchgang innerhalb 1 Std. aus 2,0 Liter einer Mischung von 8% H_2 u. 92% D_2 1,7 Liter D_2 in 99%ig. oder höherer Reinheit isoliert werden. Die Adsorptionskapazität des Molekularsiebes beträgt für H_2 43,5 ml/g u. für D_2 47,5 ml/g. W. Hein. 177□

Eine experimentelle Methode zur Bestimmung der Porengrößen in Ionenaustauschern. R. Schlögl und H. Schurig. (Z. Elektrochem. Ber. Bunsenges. physik. Chem. **65**. 863—70. Dez. 1961. Göttingen, MPI für Phys. Chem.) (Dt.)

Es wird eine neue Meth. zur Best. der Porengrößenverteilung in Gelen angegeben, die speziell für die Unters. geladener Gele geeignet ist. Die Meth. benutzt den Umstand, daß sich in Gelen infolge ster. Behinderung nur kleine Eiskristalle bilden können u. daß daher die Poren-Fl. des Gels erst unterhalb der normalen Gefrier-Temp. des Quellmittels erstarrt. Diese mit abnehmender Temp. zunehmende Erstarrung der Poren-Fl. wird durch Messung des Diffusions-Koeff. beweglicher Ionen (^{22}Na) im Austauscher bestimmt. Den zur Auswertung nötigen Zusammenhang zwischen dem gemessenen Diffusions-Koeff. u. dem dazugehörigen Vol.-Bruchteil des permeablen Poren-Vol. liefert die Theorie der Mischkörper. Um hieraus eine Porengrößenverteilung zu erhalten, wird die Abhängigkeit der Gefrierpunktsdepression vom Porendurchmesser ausgerechnet, wobei neben der Grenzflächenspannung Eis–W. der entrop. Einfl. der Ionen in den Poren eine Rolle spielt. Außerdem wird der Einfl. der Gefriertrocknung (ein Teil der Poren-Fl. gefriert an der Oberfläche des Harzes statt in den Poren) gemessen u. mathemat. berechnet. Als Modellsubstanz diente ein selbsthergestellter Kationenaustauscher auf Phenolsulfonsäure–Formaldehyd-Basis. W. Hein. 177□

Untersuchung der Kationenaustauscheigenschaften des Glaukonits aus dem Dorfe Malko Peschtene, Kreis Wratza, Bulgarien. D. Mirew und Iw. Slatewa. (Известия на Химическия Институт при БАН [Bull. Inst. chim., Acad. bulg. Sci.] **4**. 449—59. 1956.) (Bulg.; Auszug: Dt.)

Der elektromagnet. angereicherte Glaukonit des bulgar. Vork. Malo Peschtschene besitzt ein ähnliches Ionenaustauschvermögen wie die bei der Wasserenthärtung angewandten Zeolithe. Durch Aktivierung, bes. durch Erhitzen in reduzierender Atmosphäre, wird sein Austauschvermögen so stark erhöht, daß dieses dem von sulfurierter Kohle nahekommt. O. LEBTAG. 177□

A_6. Strukturforschung

Atomformfaktoren mit Hilfe der dreigliedrigen Funktion von Hylleraas für Zweielektronenionen. R. P. Hurst. (Acta crystallogr. [Copenhagen] **13.** 634—38. 10/8. 1960. Austin, Tex., Univ., Dep. of Chem. and Phys.) (Engl.)

Vf. bestimmte mit Hilfe der 3gliedrigen Funktion von HYLLERAAS (1929) die Atomformfaktoren für die heliumähnlichen Ionen H^-, *He*, Li^+ u. Be^{2+}. C. GOTTFRIED. 181

Logarithmische Ordnung von Verteilungsdichten. 2. Mitt. **Einige Anwendungen.** E. F. Bertaut. (Acta crystallogr. [Copenhagen] **13.** 643—49. 10/8. 1960. Grenoble, Inst. Fourier, Labor. d'Electrostat. et de Phys. du Métal.) (Franz.) — 1. vgl. C. **1961.** 10849.

Vf. bringt einige rechner. Anwendungsbeispiele der von ihm l. c. entwickelten Theorie. Untersucht wurden zuerst die Verteilungsdichten von 2 u. 3 Strukturfaktoren u. von 4 Dreier-Prodd., entsprechend 6 Strukturfaktoren. Die Einführung des Begriffs „statist. Kette" zusammen mit der logarithm. Ordnung gestattet die Best. des Vorzeichens eines Dreier-Prod. u. einer invarianten Reflexion. Die maximalen Eigg. der logarithm. geordneten Verteilungsdichtefunktionen dienen als ein neues Kriterium zum Aussuchen der richtigen Vorzeichen für kombinierte Verfahren. C. GOTTFRIED. 181

Deutung der absoluten Messungen der zentralen Streuung der Röntgenstrahlen bei punktförmiger oder linearer Kollimation: Lösungen für kugelförmige Teilchen und Stäbchen. V. Luzzati. (Acta crystallogr. [Copenhagen] **13.** 939—45. 10/11. 1960. Strasbourg, Centre de Rech. sur les Macromolécules.) (Franz.)

Vf. beschreibt zunächst eine experimentelle Anordnung zur Registrierung der Röntgenkleinwinkelstreuung auf einer abs. Skala u. entwickelt theoret. Berechnungen, die die Best. mehrerer Strukturparameter gestatten für die Fälle, daß die Probe eine Lsg. von kugelförmigen oder stäbchenförmigen Teilchen ist. C. GOTTFRIED. 181

Eine experimentelle Methode zur Korrektur der Auslöschung in Kristallen. S. Chandrasekhar. (Acta crystallogr. [Copenhagen] **13.** 588—94. 10/8. 1960. London, Univ. Coll., Dep. of Chem. Crystallograph.) (Engl.)

Vf. beschreibt eine Meth. zur Best. der Korrektur von Extinktionsfehlern mit Hilfe von polarisierten Röntgenstrahlen, die an der 3 1 1-Interferenz von Diamant erzeugt wurden. Das Prinzip der Meth. besteht in einer genauen Unters. der Änderung der integralen Reflexion mit dem Polarisationswinkel. Genau besprochen werden die Theorie u. die Anwendungsgrenzen der Methode. Messungen an *Kochsalz* zeigten, daß man gute Ergebnisse erhält, wenn die Intensitätsmessungen mit großer Genauigkeit durchgeführt werden. C. GOTTFRIED. 181

Eine Röntgenbeugungsmethode zur Bestimmung der Zusammensetzungsverteilung in inhomogenen binären festen Lösungen. P. S. Rudman. (Acta crystallogr. [Copenhagen] **13.** 905—09. 10/11. 1960. Haifa, Israel Inst. of Technol., Technion, Dep. of Phys.) (Engl.)

Vf. analysierte theoret. u. quant. die Verbreiterung einer Interferenzlinie von einer inhomogenen bin. festen Lsg. zur Best. der Zus.-Verteilung N(x), die definiert ist als die Anzahl von Elementarzellen der Zus. x. Die Analyse wurde auf ein zu Tabletten gepreßtes Pulver von *Cu* u. *Ni* (36 Atom-% Cu) angewandt, das zwecks Interdiffusion bis zu 36000 Min. in H_2-Atmosphäre auf 780 $\pm$ 10° erhitzt worden war. Registriert wurde die CuK_α-3 1 1-Interferenz. Auf diese Weise konnte die mittlere Zus. mit einer Genauigkeit von $\pm$1,5% bestimmt werden. C. GOTTFRIED. 181

Optische Methode zur Bestimmung von Diffusionskoeffizienten. Notiz zu einer Arbeit von A. van Tets und Hs. H. Günthard mit gleichem Titel. F. Grün und B. Marzetta. (Helv. chim. Acta **44.** 2159—62. 1/12. 1961. Basel, Univ.-Augenklin., Wiss. Labor.) (Dt.)

Vff. beschreiben eine grundsätzlich andere Art der Auswertung von Messungen nach VAN TETS u. GÜNTHARD (C. **1962.** 754), als deren Ergebnis eine direkte Beziehung zwischen den Vol.- u. Grenzflächendiffusions-Koeff. sowie der Filmdicke u. einem von Vff. als Induktionszeit bezeichneten, leicht zu ermittelnden Parameter erhalten wird. Diese Meth. ist einfacher als die von TETS u. GÜNTHARD, jedoch müssen die Messungen solange fortgesetzt werden, bis sich zwischen Folie u. Gasraum bzgl. der diffundierenden Substanz ein Gleichgewicht eingestellt hat. J. KRAETSCH. 181 □

Über die Polarisierbarkeit und Susceptibilität freier Atome und Ionen in der Theorie von Fermi und Amaldi. T. Tietz. (Ann. Physik [7] **6.** 202—05. 1960. Łódź, Univ., Inst. für theoret. Phys.) (Dt.)

Mit Hilfe eines günstigen Ansatzes für die Elektronendichten der Atome u. Ionen gelingt es Vf., im Vgl. zu den experimentellen Daten, gute Ergebnisse für die Polarisierbarkeiten u. Susceptibilitäten von freien Atomen u. Ionen zu errechnen. Die Meth. führt vorteilhafterweise für das atomare Mittel von r^2 auf eine einfache geschlossene Formel. G. RUBAN. 182 □

Geometrischer Standpunkt zur Struktur von Flüssigkeiten. J. D. Bernal. (Успехи Химии [Fortschr. Chem.] **30.** 1312—23. Okt. 1961. — C. **1959.** 11160.) (Russ.) CH. WEISKE. 186 □

Kapitel B der Kristallchemie von Silicaten. N. V. Belov. (Fortschr. Mineralog. **38.** 4—6. Mai 1960. Moskau.) (Engl.)

Es werden Strukturen mit Si_2O_7-Gruppen u. $[Si_2O_6]_\infty$-, $[Si_3O_9]_\infty$-, $[Si_5O_{15}]_\infty$-, $[Si_4O_{11}]_\infty$- u. $[Si_6O_{17}]_\infty$-Ketten beschrieben. C. GOTTFRIED. 190

Über die Anwendung der Methode der mittleren Abtrennungsarbeiten in der Theorie der Kristallkeimbildung und des Kristallwachstums. R. Kaischew. (Fortschr. Mineralog. **38.** 7—21. Mai 1960. Sofia, Bulg. Akad. der Wiss., Inst. für phys. Chem.) (Dt.)

Zusammenfassender Überblick. C. GOTTFRIED. 190

Verklebungsprozesse an NaCl-Einkristallen. Albert Rudolph. (Fortschr. Mineralog. **38.** 73—74. Mai 1960. Berlin.) (Dt.)

Vf. untersuchte die isotherme Verklebung von NaCl-Einkristallen in Abhängigkeit von der Temp., der Kontaktdauer u. dem Kontaktdruck. Es wurde gefunden, daß unterhalb 400° auch bei Anwendung höherer Kontaktdrücke u. beliebig langer Kontaktzeiten keine Verklebung eintritt. Oberhalb 520° erfolgte die Verklebung bei kleinen Drücken u. bei der Rekristallisations-Geschw. entsprechenden geringen Zeiten. Das Gebiet zwischen diesen beiden Temp. entspricht der „anomalen Rekristallisation"; bei einem Teil der Proben trat Verklebung ein. Der Verklebungsprozeß wird durch plast. Verformung u. Rekristallisation der tatsächlich in Kontakt stehenden Gebiete der sich berührenden Kristallflächen eingeleitet. Dadurch entsteht eine Materialbrücke, die rein mechan. den Zusammenhalt der Proben bewirkt. Der Hohlraum zwischen den Flächen wird anschließend aufgefüllt, wobei der Materialtransport überwiegend über die Gasphase erfolgt. C. GOTTFRIED. 190

Zur Kinetik des dendritischen Kristallwachstums. J. Schlipf. (Fortschr. Mineralog. **38.** 74—79. Mai 1960. Berlin, TU, Max-Volmer-Inst. für phys. Chem.) (Dt.)

Vf. berichtet über Wachstums-Verss. an Dendriten von *NaCl, NaBr, KCl, KBr, KJ, RbCl, AgCl, AgBr* (sämtlich NaCl-Typ), *CsCl, CsJ* u. *TlCl* (CsCl-Typ) aus wss. Lsg. bzw. aus der Schmelze. Ganz allg. wurde gefunden, daß die kristallograph. Orientierung der Dendritenachse in gesetzmäßiger Weise von der Überschreitung α abhängt, wobei $\alpha = p/p_s$ ist (p Dampfdruck der Dampfphase u. p_s Sättigungsdampfdruck). Bei den Alkalihalogeniden gibt es 3 Überschreitungsbereiche, in denen jeweils eine andere kristallograph. Orientierung auftritt; dieser Umschlag der einen Orientierung in die andere erfolgt sprunghaft bei den krit. Überschreitungen. Bei KCl gelang eine angenäherte Best. der Umschlagspunkte in der Schmelze, indem die Orientierung in Abhängigkeit von der Unterkühlung gemessen wurde. Mit wachsender Unterkühlung geht die Orientierung von [1 1 1] über [1 1 0] in [1 0 0] über. Da beim NaCl-Typ nur die Würfelflächen der Gleichgewichtsform als Wachstumsflächen in Frage kommen, muß also ein [1 1 1]-Dendrit bevorzugt über die Würfelecke, ein [1 1 0]-Dendrit bevorzugt über die Würfelkante u. ein [1 0 0]-Dendrit bevorzugt über die Würfelfläche selbst wachsen. Dies ist nur zu erklären, wenn man annimmt, daß die Flächenkeim-Bldg. die Kinetik des dendrit. Wachstums bestimmt. Der geschwindigkeitsbestimmende Schritt beim Dendritenwachstum ist demnach die Flächenkeim-Bldg.; die bevorzugte Wachstumsrichtung (Dendritenachse) ist die Richtung oder die Resultante von Richtungen mit maximaler Keimbildungshäufigkeit. Bei einem Vgl. der erhaltenen Ergebnisse mit aus der Literatur entnommenen Daten über die Dendritenorientierung bei Metallen ergab sich, daß hier im Bereich kleiner Überschreitungen das Wachstum ausschließlich über Wachstumsstellen erfolgt, wobei keine Fläche eine besonders große Wachstums-Geschw. gegenüber den anderen entwickeln kann. Die dichtest gepackten Flächen wachsen am langsamsten, da sie die geringste

Wachstumsstellendichte aufweisen. In diesem Bereich werden daher die schneller wachsenden Flächen verschwinden u. nur die dichtgepackten übrigbleiben.
C. GOTTFRIED. 190

Beobachtungen zum Kristallwachstum in gashaltigen Schmelzen. G. Nitschmann. (Fortschr. Mineralog. **38.** 73. Mai 1960. Wetzlar.) (Dt.)

Vf. stellte nach der Meth. von NACKEN-KYROPOULOS im offenen Ofen *LiF*-Wachstumskörper von 10 cm Durchmesser her. Der Gas-Geh. der Schmelze führte in der Rekristallisation zu orientierten Ausscheidungen, wobei eine Sektorenteilung je nach der Zähligkeit der Achse des Wachstumskörpers eintritt. Innerhalb der einzelnen Sektoren weisen die würfelförmigen Gasblasen eine Anordnung auf, die einen zellenartigen Aufbau des Sektors erkennen läßt. Die Zellenachsen liegen parallel der Oktaederrichtung. Diese Erscheinungen deuten auf dendrit. Wachstum der Zuchtkörper in der Rekristallisation hin. Die bei den Verss. gefundene selektive Auswahl der Oktaederrichtung als Zellenachse, die auch durch das Züchtungs-Verf. bedingt wird, läßt sich durch die KOSSEL-STRANSKIsche Wachstumstheorie erklären. C. GOTTFRIED. 190

Über Struktur und Eigenschaft der Halbmetalle. 14. Mitt. **Mischkristallsysteme zwischen halbleitenden Chalkogeniden der vierten Hauptgruppe.** H. Krebs, K. Grün und D. Kallen. (Z. anorg. allg. Chem. **312.** 307—13. Nov. 1961. Bonn, Univ., Chem. Inst.; Stuttgart, Lehrstuhl für anorg. u. analyt. Chem.) (Dt.) — 13. vgl. C. **1961.** 13830.

Vff. beschreiben die Mischkristall-Syst. *SnTe–GeTe*, *SnTe–SnSe*, *SnSe–PbSe*, *SnSe–GeTe*. Mischungslücken treten im allg. über einen Bereich von ca. 40 Mol.-% auf. Nur das heterotype Mischkristall-Syst. SnTe–GeTe ist lückenlos. Die VEGARDsche Regel ist mehr oder weniger gut erfüllt. G. RUBAN. 190□

Experimentelle Verfahren zur unmittelbaren Untersuchung von Versetzungen. Joachim Bohm. (Fortschr. Mineralog. **38.** 82—95. Mai 1960. Dresden, Inst. für angew. Phys. der Reinststoffe.) (Dt.)

Zusammenfassender Überblick über Versetzungen u. ihre allg. Eigg. sowie die direkte Beobachtung durch Elektronen- u. Röntgenstrahlen, über die Mikroskopie von Kristallgittern, die Dekorierung von Versetzungen u. die Erzeugung von Ätzfiguren.
C. GOTTFRIED. 190

Forschungen über Plastizität, Strahlenschädigung und Gitterbaufehler in den Kaiser-Wilhelm- und Max-Planck-Instituten. U. Dehlinger. (Naturwissenschaften **48.** 633—35. 2. Okt.-H. 1961. Stuttgart, TH, Inst. für theoret. u. angew. Phys.; Max-Planck-Inst. für Metallforsch.) (Dt.)

Überblick über Arbeiten, die sich mit dem plast. Fließen, den auftretenden inneren Spannungen u. nulldimensionalen Gitterbaufehlern befassen. Die Vorzüge der atomist. Betrachtungsweise werden hervorgehoben. CH. WEISKE. 190□

Die Entstehung von Versetzungen und Spannungen bei Vorgängen in Kristallen. U. Dehlinger. (Fortschr. Mineralog. **38.** 31—39. Mai 1960. Stuttgart, MPI für Metallforsch.; TH, Inst. für Theoret. u. Angew. Phys.) (Dt.)

Zusammenfassender Vortrag. C. GOTTFRIED. 190

Kreisförmige Kantenversetzungsschleife. F. Kroupa. (Czechoslov. J. Physics **10.** 284—93. 1960. Prague, Czechosl. Acad. Sci., Inst. of Phys.) (Engl.)

Vf. gibt eine Lösung des Problems der Spannung, Verformung u. Verformungsenergie für eine Kantenversetzung, deren Versetzungslinie die Form eines Kreises in einem unbegrenzten isotropen Medium besitzt. Es wird die Möglichkeit diskutiert, diese Lösung zur Unters. einer Versetzungsschleife in einem Kristall zu verwenden.
G. RUBAN. 190□

Verzerrung rund um Fehlstellen in einfachen Kristallen. George L. Hall. (Physics Chem. Solids **3.** 210—22. 1957. Charlottesville, Va., Univ.) (Engl.)

Theoret. Betrachtung der Fehlstellen in Kristallen bei 0° K u. bei beliebigen Drücken. 2 Näherungen werden vorgeschlagen u. auf den Fall einer Leerstelle u. eines Zwischengitterplatzes in einem kub.-flächenzentrierten Kristall vom LENNARD-JONES-Typ angewendet: Die erste atomtheoret. Näherung gibt eine Beschreibung der Gitterrelaxation in der Umgebung der Fehlstelle; die zweite greift auf die lineare Elastizität zurück u. ergibt einen kugelförmig symm. Mittelwert für die Relaxation. Bei beiden Fehlstellentypen wird gefunden, daß die Energie der Verzerrung hauptsächlich durch Kernkräfte bedingt ist u. daß die Verzerrung einen hohen Anisotropiegrad besitzt. Die Ergebnisse werden mit denen anderer Meth. verglichen; sie führen auf ein asymptot. r^{-2}-Gesetz der Verschiebung. G. RUBAN. 190□

Elektrolytisches Ätzverfahren zur Beobachtung der räumlichen Anordnung von Versetzungen an der Oberfläche von Siliciumeisen. W. D. Hannibal. (Z. Naturforsch. **16 a.** 1397—98. Dez. 1961. Jülich, Kernforsch.-Anlage, Inst. für Reaktorwerkst.) (Dt.)

Vf. verfolgt elektronenmkr. die Bldg. von teils regellos, teils parallel angeordneten Ätzrinnen, die neben den bekannten Ätzgruben beim früher beschriebenen Ätz-Verf. für Versetzungen (vgl. C. **1961.** 8573) entstehen. Die Rinnen bestehen aus einem lichtmkr. erkennbaren Graben u. einer Vertiefung an einem oder beiden Enden eines dünnen Kegels. Verläuft die Versetzungslinie (VL) senkrecht zur geätzten Oberfläche, so wird vermutlich ein dünner Zylinder längs der VL sehr schnell herausgelöst, während die Deckschicht in der Umgebung langsamer abgeätzt wird. Der obere Rand des Zylinders wird bevorzugt abgetragen. Liegt die VL parallel zur Oberfläche, so ist die Korrosions-Geschw. (KG) unmittelbar in der Nähe der VL größer, u. es erfolgt Verbreiterung des Grabens. Durchstoßen die VL die Oberfläche unter dem Winkel φ $(0 < \varphi < \pi/_2)$, so wird ebenfalls ein langer Zylinder herausgelöst, bei weiterer Ätzung der eine Teil rasch abgetragen u. auf der anderen Seite zu einem Graben mit einer kegelförmigen Vertiefung am unteren Ende aufgeweitet. Bei geeigneter Krümmung der VL können zwei kegelförmige Spitzen an den Enden der sichtbaren Linie herausgebildet werden. Im Elektrolyten B (vgl. l. c.) beträgt die KG bei einer Klemmenspannung von 3 V 1,25 μm/15 min. Bei einer Versetzung, die unter S = 5° die Oberfläche durchstößt, hat der Graben nach 15 Min. langem Ätzen eine Länge von ca. 12 μm. P. FRENZEL. 190☐

Die exotherme Reaktion des Kaolinits zwischen 950 und 1000°. F. Freund. (Fortschr. Mineralog. **38.** 80. Mai 1960. Marburg.) (Dt.)

Messungen der Abhängigkeit des Dehnungs–Schwingungs-Verh. von der Temp. ergaben, daß die Schichtpakete im *Metakaolinit* nach der Entwässerung etwa im gleichen Abstand voneinander liegen müssen wie vor der Entwässerung. Hieraus wird geschlossen, daß die entwässerten Schichtpakete des Kaolinits ein labiles Raumgerüst aufbauen, daß der Metakaolinit also eine „Metaphase" darstellt. Die bei 950—1000° auftretende exotherme Rk. läßt sich durch den plötzlichen Zusammenbruch des Raumgerüstes erklären, der durch eine plötzliche Erhöhung der Dichte u. eine plötzliche Erniedrigung des spezif. elektr. Wechselstromwiderstandes von ca. 20% begleitet ist. Erklärbar sind danach die Abhängigkeit der Lage der maximalen Rk.-Temp. von dem Wasserdampfpartialdruck u. ihre Unabhängigkeit von dem Flußmittelgehalt. Es wurde modellmäßig der Energieinhalt der Rk. berechnet u. mit experimentellen Ergebnissen verglichen. C. GOTTFRIED. 190

Diffusion von Kr-85 in ThO_2. Hansjoachim Matzke. (Z. Naturforsch. **16a.** 1255—57. Nov. 1961. Berichtigung: **17a.** 98. Jan. 1962. Göteborg, TH, Kernchem. Inst.) (Dt.)

Spektralreines ThO_2-Pulver mit der mittleren Korngröße 0,09 μ wurde bei 1400° stabilisiert u. dann im Reaktor bestrahlt, wobei es eine Dosis von $\sim 10^{20}$ nvt erhielt (schnelle Neutronen). 17 Monate nach der Bestrahlung waren alle leichtflüchtigen Spalt-Prodd. zerfallen, bis auf Kr-85 (Halbwertszeit 10,3 a), dessen Diffusions-Koeff. D als Funktion der Temp. bestimmt wurde, indem man die flüchtigen Spalt-Prodd. mit einem Trägergas über ein GEIGER-MÜLLER-Zählrohr leitete u. die Aktivität bestimmte. Die Ergebnisse sind als log D–T-Diagramm gegeben. Daraus geht hervor, daß die Diffusion der angegebenen Diffusionsgleichung für kugelförmige Kristallite folgt. Aus dem log D–T-Diagramm wurde die Aktivierungsenergie des Diffusionsvorganges Q gemäß $D = D_0 \exp\cdot[-Q/RT]$ erhalten ($Q = 32{,}3 \pm 0{,}8$ kcal·Mol^{-1} u. D_0 9,6 $\pm$ 0,2 cm^2 s^{-1} für den Temp.-Bereich von 600—1200°). Das Diagramm enthält außerdem die Ergebnisse einer früheren Arbeit (MATZKE u. LINDNER, C. **1961.** 10851) über die Diffusion von Xe-133, J-131 u. Rn-222 in ThO_2. In einer Tabelle sind alle bisherigen Mitt. über die Diffusion von Kr-85 u. Xe-133 in ThO_2, UO_2, U_3O_8 u. Ag sowie deren Ergebnisse zusammengestellt. Daraus geht hervor, daß die Aktivierungsenergien von Kr u. Xe fast gleich sind. E. SCHIEWER. 190☐

Elementarzelldimensionen von rezenten und fossilen Zahnapatiten. J. K. Osmond und H. J. Sawin. (Bull. geol. Soc. America **70.** 1653. Dez. 1959. Houston, Tex., Rice Inst.) (Engl.)

Vff. bestimmten röntgenograph. die Zelldimensionen von Apatit in einer größeren Anzahl von Zähnen rezenter u. fossiler Wirbeltiere. Ganz allg. unterscheiden sich die Apatite fossiler Zähne von denen rezenter Tiere dadurch, daß sie kürzere a-Achsen u. längere c-Achse haben u. sich denen anorgan. sedimentärer Carbonatapatite nähern. Bei den rezenten Tieren haben die Zahnapatite mariner Säugetiere kürzere a-Achsen als die rein terrestr. Säugetiere; die Apatite von Haifischzähnen haben kürzere a-Achsen als die anderer Fische. Die mittlere Länge der a-Achse der Apatite rezenter Fische u. von Haifischen ist kürzer als die terrestr. Tiere. Bei fossilen Zähnen nähern sich die Zahnapatite von Landbewohnern den Dimensionen des *Dahllits,* die von Haifisch u. anderen

Fischen denen von *Kollophan*. Folgende Dimensionen (c- u. a-Achse in Å) wurden gemessen: Mensch 6,885, 9,45; Nagetier aus dem Miozän 6,895, 9,40; rezenter Lungenfisch 6,882, 9,42; Lungenfisch aus dem Perm 6,890, 9,37; rezenter Haifisch 6,880, 9,39; Haifisch aus dem Perm 6,880, 9,37. Ein Vgl. von anorgan. Apatiten u. Apatiten von wirbellosen Tieren führt zu dem Schluß, daß Fluoridisierung allein nicht die Ursache der Änderung der Zelldimensionen der Zahnapatite von Wirbeltieren mit der Zeit sein kann.
C. GOTTFRIED. 195

Strukturuntersuchung von $Ba(NO_3)_2$ mit Neutronenbeugung. Gernot Lutz. (Z. Kristallogr., Kristallgeometrie, Kristallphysik, Kristallchem. **114.** 232—44. Okt. 1960. München, TH, Inst. für Techn. Phys.) (Dt.)

Unter Bezugnahme auf die von VEGARD u. ROER (vgl. Ark. norske Vidensk, Akad. [Oslo] I. **17.** [1941.] 1) röntgenograph. durchgeführte Struktur-Best. von $Ba(NO_3)_2$ berichtet Vf. über Neutronenbeugungs-Unterss. an dem Nitrat mit dem Zweck, eine eventuelle Rotation des NO_3-Mol. nachzuweisen. Es ergab sich, daß diese Rotation bei Zimmer-Temp. nicht stattfindet. Auf Grund der Meßresultate wird jedoch als wahrscheinlich angenommen, daß die O-Atome um das N-Atom als Drehpunkt in der Ebene der NO_3-Gruppe kleine Schwingungen ausführen, die die Wärmebewegungen der übrigen Atome u. die der O-Atome senkrecht zur Ebene der NO_3-Gruppe an Stärke übertreffen. Der N-O-Abstand wurde zu 1,23 Å bestimmt. Die Parameter der N- u. O-Atome wurden mit Hilfe der Meth. der kleinsten Quadrate verfeinert. Hierbei konnten die l. c. angegebenen Parameter z = 0,474 u. n = 0,350 beibehalten werden; für die x- u. y-Parameter wurden x = 0,284 u. y = 0,292 gefunden. C. GOTTFRIED. 195

Zur Analyse des Berthollides durch Elektronenbeugung. S. Yamaguchi. (Z. analyt. Chem. **185.** 121—23. 1962. Tokio, Inst. für Phys. u. Chem.) (Dt.)

Vf. zeigt am Beispiel des Spinellsulfids von Fe (Fe_3S_4), daß sich die Meth. der Elektronenbeugung zur kristallograph. Identifizierung eines Berthollids eignet. Das Probematerial wurde durch Zugabe von Na_2S in geringem Überschuß zu einer wss. Lsg. von MOHRschem Salz u. 2std. Erhitzen des schwarzen Nd. im Kontakt mit der Mutterlauge auf 180° im geschlossenen Quarzrohr hergestellt. Bei dieser hydrothermalen Behandlung nahm das Sedimentations-Vol. des koll. Nd. um ca. die Hälfte ab u. der entstandene schwarze Bodenkörper wurde ferromagnetisch. Das Beugungsbild des ferromagnet. Fe-Sulfids zeigt die Charakteristika des Spinellgittertyps. Die Gitter-Konst. beträgt 9,84 Å, sie ist um 12% größer als die des Magnetits u. entspricht denen der Sulfide vom Spinelltyp, wie Linneit (9,41 Å), Co_3S_4 (9,36 Å) u. Ni_2FeS_4 (9,445 Å). Vf. schließt daraus, daß das untersuchte Fe-Sulfid einem Fe_3S_4 vom Spinelltyp entspricht. Die schwarze Substanz oxydiert sich an der Luft bei Raum-Temp. allmählich zum roten Oxid, so daß auf das Vorhandensein von Fe^{2+} zu schließen ist. GERHARD SCHULZE. 195□

Die Kristallstruktur von Cr_3B_4. Mats Elfström. (Acta chem. scand. **15.** 1178. 1961. Uppsala, Univ., Inst. of Chem.) (Engl.)

Die durch Schmelzen einer Mischung aus 99,0% ig. *B* u. 99,9% ig. *Cr* unter reinem Ar im Lichtbogen hergestellte Leg. Cr_3B_4 wird röntgenograph. mit GUINIER- u. WEISSENBERG-Aufnahmen ($Cr_{K\alpha}$- u. $Mo_{K\alpha}$-Strahlung) untersucht. Gitterparameter (a = 2,986, b = 13,02₀, c = 2,952 Å) u. Raumgruppe (I m m m) entsprechen dem isotypen Ta_3B_4. Aus der Elektronendichteprojektion $\varrho(x, y)$ folgen die Atomparameter: Cr_I in 2 (c), Cr_{II} in 4 (g) mit y = 0,1861 ± 0,0000₆, B_I in 4 (g) mit y = 0,3607 ± 0,0003; B_{II} in 4 (g) mit y = 0,4351 ± 0,0003; endgültiger R-Wert 7,6% für 14 (h k 0)-Reflexe. Abstände (Å): Cr—Cr 2,952, 2,986, 2,676 u. 2,837; Cr—B zwischen 2,17 u. 2,35; B—B zwischen 1,69 u. 2,986. G. RUBAN. 195□

Über die Kristallstruktur von Sn_2OSO_4. Gunnar Wernfors. (Acta chem. scand. **15.** 1007—16. 1961. Stockholm, Roy. Inst. of Technol., Dep. of Inorg. Chem.; Lund, Univ., Chem. Inst., Dep. of Inorg. and Phys. Chem.) (Engl.)

Pulver-, Drehkristall- u. WEISSENBERG-Aufnahmen des bas. Sn(II)-Sulfats Sn_2OSO_4 ergeben eine tetragonale Zelle mit a = 10,930 u. c = 8,931 Å; Raumgruppe $P\bar{4}2_1c$, Z = 8. Aus PATTERSON-Projektionen u. -Schnitten ergeben sich die Sn-Lagen in 2 achtzähligen Punktlagen mit $x_1 \approx 0$, $y_1 \approx 0,160$, $z_1 \approx 0,136$ u. $x_2 \approx 0,289$, $y_2 \approx 0,020$, $z_2 \approx 0,241$. Hiernach bilden die Sn-Atome Achtergruppen; 4 Sn_1 geben ein fast reguläres Tetraeder, 4 Sn_2 sind so angeordnet, daß vier neue Tetraeder, die jeweils 1 Fläche mit dem Sn_1-Tetraeder gemeinsam haben, entstehen. Abstände (Å): Sn_1—Sn_1 3,5; Sn_1—Sn_2 3,6—3,8; kürzester Sn—Sn-Abstand zwischen den Gruppen 4,5 Å. G. RUBAN. 195□

Elektronentheoretische Untersuchungen über Fehlstellen in Metallen. 6. Mitt. **Der elektrische Widerstand von Doppelleerstellen in einwertigen Metallen.** Helmut Bross und Alfred Seeger. (Physics Chem. Solids **6.** 324—34. Sept. 1958. Stuttgart, MPI für Metallforsch.; TH, Inst. für theoret. u. angew. Phys.) (Dt.) — 5. vgl. C. **1959.** 4046.

Auf Grund eines früher für die Berechnung der Bindungsenergie verwendeten Modells berechnen Vff. den elektr. Widerstand von Doppelleerstellen in einwertigen Metallen. Es folgt, daß sich der Restwiderstand beim Zusammentreten zweier einzelner Leerstellen zu einer Doppelleerstelle um ca. 10% erniedrigt, vorausgesetzt, daß die Doppelleerstellen keine Vorzugsorientierung besitzen. Die bei einer Ausrichtung der Leerstellenpaare auftretende Widerstandsanisotropie wird berechnet; es wird ferner gezeigt, daß die Abweichungen von der MATTHIESSENschen Regel u. auch die Widerstandsänderungen im Magnetfeld vernachlässigbar klein sind. — Zur Berechnung des Tief-Temp.-Widerstandes muß im vorliegenden Fall das Variations-Verf. verwendet werden. Die Konvergenz dieses Verf. wird an Hand eines Problems mit bekannter „strenger“ Lsg., nämlich des elektr. Widerstandes einer Schraubenversetzung, untersucht u. als recht gut befunden. G. RUBAN. 197□

Untersuchung des Ursprungs der Rekristallisationstexturen mit Hilfe von Aluminiumbikristallen. André Hamelin und Claude Goux. (C. R. hebd. Séances Acad. Sci. **253.** 1950—52. 30/10. 1961. Saint-Étienne, École Sup. des Mines, Labor. de Métallurgie.) (Franz.)

Die Beobachtung, daß häufig die Rekristallisationstextur mit der Textur der Kaltverformung bei polykristallinen Metallen übereinstimmt, konnte bei der Unters. von kaltverformten Al-Bikristallen, die 45° um die gemeinsame [0 0 1]-Achse gedreht waren, nicht bestätigt werden. Bei einem kaltverformten, bei 600° angelassenen Bleikristall erfolgt durch Wanderung der Korngrenze ein starkes Eindringen eines Einkristalls in seinen Nachbarn; ein Auftreten von Rekristallisationskeimen an der Korngrenze wird nicht beobachtet. Eine gleiche, induzierte Korngrenzenwanderung ist bei polykrist. Material anzunehmen, obwohl damit nicht notwendig eine Kornvergrößerung verbunden ist. Die Ähnlichkeit von Kaltverformungs- u. Rekristallisationstexturen kann damit jedoch erklärt werden. HERBERT MÜLLER. 197□

Grübchenbildung von Aluminium an Korngrenzen nach Alterung. G. A. Bassett und C. Edeleanu. (Philos. Mag. [8] **5.** 1217—20. 3 Tafeln. Dez. 1960. Hinxton Hall, Essex, Tube Investm. Res. Labor.) (Engl.)

Während der Alterung bei Zimmer-Temp. erfolgt an dünnen Folien von 99,999% ig. Al, die durch Elektropolieren hergestellt wurden, die Bldg. von Oberflächengrübchen entlang der Korngrenzen. Es wird angenommen, daß die Grübchen durch einen Leerstellenmechanismus entstehen u. daß sie mit dem beginnenden Ätzangriff an den Korngrenzen des gealterten reinen Al zusammenhängen. G. RUBAN. 197□

Untersuchung der Selbstdiffusion von Uran in der α-Phase. Yves Adda, Alexis Kirianenko und Claude Mairy. (C. R. hebd. Séances Acad. Sci. **253.** 445—47. 17/7. 1961.) (Franz.) — Vgl. C. **1961.** 16023.

Die Selbstdiffusion von U in orthorhomb. α-U wird unter Verw. von ^{234}U untersucht. Die Diffusionsmessung erfolgt zwischen 500 u. 650°, 700 u. 1000 Std. u. bei 10^{-6} Torr. Wie aus autoradiograph. Aufnahmen folgt, liegt im untersuchten Temp.-Bereich eine Korngrenzen-Selbstdiffusion jedoch nur an den Grenzen der Diffusionszone vor. Im wesentlichen erfolgt Vol.-Diffusion mit einer sehr geringen Anisotropie. Durch Darst. der Meßwerte $c = f(x)$ (c = Konz., x = Eindringtiefe) in Koordinaten des Fehlerintegrals kann der Einfl. der Korngrenzendiffusion ausgeschaltet werden. Die Selbstdiffusion von U in α-U wird dann mit $D = 2 \cdot 10^{-3} \exp[-(40000 \pm 2000)/RT]$ cm²/s beschrieben.
HERBERT MÜLLER. 197□

Rekristallisation von Kupfer hoher Reinheit und von zonengeschmolzenem Kupfer. Jacques Le Héricy. (C. R. hebd. Séances Acad. Sci. **253.** 1687—89. 16/10. 1961.) (Franz.)

Die Reinigung von Cu nach der Meth. des schwebenden Zonenschmelzens (C. **1961.** 10076) führt bei Verw. einer Ar–H_2-Atmosphäre zu einer Abnahme des Widerstandsverhältnisses $\varrho_H = R_{20,4}/R_{293}$ (Widerstandsmessung bei 20,4 bzw. 293° K), im Mittelstück des Stabes wird $\varrho_H = 9 \cdot 10^{-4}$ erreicht. Diese Cu-Proben u. Proben des Ausgangsmaterials werden nach dem Tempern bei 850° kaltgewalzt (Querschnittsverminderung 96%) u. bei verschiedenen Temp. angelassen; die Rekristallisation kann mkr. nach Behandlung mit NH_4HS beobachtet werden. Aus den mkr. Aufnahmen folgt für die Aktivierungsenergie E_a der Keim-Bldg. in zonengeschmolzenem Cu (a) 23,0 ± 0,7 (kcal/g-Atom), in 99,999% ig. Cu (b) 22,8 ± 0,5; E_a des Kristallwachstums beträgt in a 19,7 ± 0,5, in b 19,8 ± 0,4. Die Keim-Bldg.-Geschw. in a betragen das 1,5fache der Werte in b, die Wachstums-Geschw. das 1,7fache. Außerdem fällt ϱ_H während des isothermen Anlassens bei 100° von a in kürzeren Zeiten auf einen Grenzwert als von b, jedoch wird für beide Proben der gleiche Grenzwert erreicht.
HERBERT MÜLLER. 197□

Ausfällung von Lithium in Germanium. F. J. Morin und Howard Reiss. (Physics Chem. Solids **3.** 196—209. 1957. Murray Hill, N.J., Bell Telephone Labor., Inc.) (Engl.)

Durch Widerstandsmessungen bestimmen Vff. die Ausfällung von Li in Ge. Die Kinetik der Ausfällung folgt einem Exponentialgesetz in $t^{3/2}$ (t = Zeit). Die ausgefällten Teilchen sind annähernd kugelförmig. Man kann annehmen, daß Leerstellen im Ge-Gitter die Keim-Bldg.-Zentren sind. G. Ruban. 197□

Aufbau und Zunderverhalten von Niob–Bor–Silicium-Legierungen. H. Nowotny, F. Benesovsky, E. Rudy und A. Wittmann. (Mh. Chem. **91.** 975—90. 1960. Wien, Univ., Anorg.- u. Phys.-chem. Inst.; Reutte/Tirol, Metallwerk Plansee A.G.; Wien, TH, Inst. für Phys. Chem.) (Dt.)

Vff. ermitteln röntgenograph. u. mkr. den Aufbau des Dreistoff-Syst. Nb–B–Si bei 1600°. Die Phase T 2 sowie die tern. Phase D 8_8 besitzen einen ausgedehnten homogenen Bereich. Während Si in T 2 durch B bis annähernd Nb_5SiB_2 substituiert wird, besteht beim Typ D 8_8 eine Gitterauffüllung gemäß Nb_5Si_3B. Oxydations-Verss. im Bereich von 400—1200° zeigen Selektivität, indem die Nb-Mischkristalle bzw. die *Nb-Boride* bevorzugt in Pentoxid übergehen. Si übt einen stabilisierenden Einfl. auch auf das Bestehen von α-Nb_2O_5 aus. Letzteres tritt als Mischphase mit Anionendefekt auf, wodurch die sog. scharfe u. diffuse Form erklärt wird. Die Temp. der Umwandlung α—β wird z. T. erheblich oberhalb der von Goldschmidt angegebenen beobachtet. Die β-Form wird als H-Modifikation nach Brauer identifiziert u. relativ häufig nachgewiesen. Die β'-Form erweist sich als Brauersche H-Modifikation u. entsteht offensichtlich stufenweise (fast kontinuierlich) aus β-Nb-Oxid. Auf die Anionendefekt-Bldg. wird nachdrücklich hingewiesen. G. Ruban. 197□

Untersuchungen an metallischen Systemen mit Flußspatphasen. H. Nowotny und F. Holub. (Mh. Chem. **91.** 877—87. 1960. Wien, Univ., Anorg.- u. Phys.-chem. Inst.) (Dt.)

In den Syst. *Li–Al–Si*, *Li–Al–Ge* u. *Li–Ga–Si* werden Phasen der ungefähren Zus. ABC mit C *1*-Struktur durch Zusammenschmelzen der Komponenten hergestellt u. röntgenograph. untersucht. Zwischen *LiAlSi* u. *LiAl* besteht ein weiter homogener Bereich; dieser Mischkristall vermittelt zwischen dem C *1*- u. dem NaTl-Typ; die NaTl-Struktur wird durch Li allmählich aufgefüllt. Die Gitterparameter für LiAlSi bzw. *LiAlGe* sind 5,93 bzw. $5{,}96_5$ kX. Bei „*LiGaSi*" besteht ein vollständiger Übergang von *LiGa* nach $LiGaSi_x$ mit x ~ 0,8 bei einer zumindest teilweise statist. Verteilung von Ga u. Si. Das Bestehen der tern. Phase *NaMgAs* wird nachgewiesen; die Struktur ist C *1*-ähnlich, jedoch tetragonal mit a = 4,41 u. c = 7,04 kX. *LiMgAs* u. *AgMgAs* bilden eine Mischkristallreihe; ebenso löst sich NaMgAs in LiMgAs u. AgMgAs merklich. *LiMgBi* u. Mg_2Pb lösen einander etwas; zwischen *LiMgSb* u. Mg_2Sn wird dagegen eine erhebliche Löslichkeit beobachtet. LiAlSi u. Mg_2Si bzw. *LiMgP* u. Mg_2Si lassen prakt. keine Mischkristall-Bldg. erkennen. LiMgSb u. *LiMnSb* gehen lückenlos ineinander über, wogegen sich *CuMgSn* u. Mg_2Sn ineinander nicht lösen. Aus Unterss. der zugeordneten Paare *CuMgSb*–$CuAl_2$ bzw. *AlSb*–Cu_2MgAl folgt ein teilweiser Austausch in CuMgSb durch Al. G. Ruban. 197□

Untersuchungen in den Systemen: Zirkonium–Bor–Kohlenstoff und Zirkonium–Bor–Stickstoff. H. Nowotny, E. Rudy und F. Benesovsky. (Mh. Chem. **91.** 963 bis 974. 1960. Wien, Univ., Anorg.- u. Phys.-Chem. Inst.; Reutte/Tirol, Metallwerk Plansee A.G.) (Dt.)

Vff. untersuchen die Dreistoff-Syst. *Zr–B–C* u. Zr–B–*N* durch röntgenograph. Prüfung u. Gefügebeobachtungen von heißgepreßten bzw. im Lichtbogen geschmolzenen Proben. Die Aufteilung der Phasenfelder ist durch die Kristallarten der Rand-Syst. gekennzeichnet, d. h. es wird keine tern. Phase gebildet. Die sehr stabile Phase ZrB_2 hat einen geringen homogenen Bereich u. nimmt prakt. weder C noch N auf. Zweiphasenfelder bestehen bei Zr–B–C zwischen ZrB_2–C u. ZrB_2–B_4C. Bei dem Syst. Zr–B–N sind die Verhältnisse im Zr-armen Gebiet durch die Felder ZrB_2–*BN* u. *ZrN* (Mischkristall)–BN unterhalb 1600° gekennzeichnet; bei dieser Temp. reagiert ZrN mit BN zu N u. Diborid. — Die Phase ZrB_{12} wird als Hoch-Temp.-Phase bestätigt. In Zr–B-Legg. mit ca. 50 Atom-% B, die bei 1800° geglüht wurden, tritt die B1-Struktur mit einem Gitterparameter a = 4,647—4,677 Å auf, der merkwürdigerweise kleiner ist als jener von *ZrC*. Die meisten Befunde sprechen für eine Zr-reichere Zus. von „*ZrB*"; vor allem aber besteht eine erhebliche Löslichkeit von „ZrB" in ZrC bzw. ZrN. Man findet, bes. bei Zr—B—N, Gitterparameter, die einen weitgehenden Übergang von ZrN nach „ZrB" vortäuschen. Die Proben sind jedoch im Mittelgebiet von 50 (Atom-%) Zr, 25 B, Rest C oder N, stets heterogen: α-Zr-Mischkristall + ZrB_2 + B 1. G. Ruban. 197□

Berechnung der aufgespeicherten Energie aus der Verbreiterung der Röntgenbeugungslinien. E. A. Faulkner. (Philos. Mag. [8] **5.** 519—21. Mai 1960. Melbourne, Univ., C.S.I.R.O., Div. of Tribophys.) (Engl.)

Vf. berechnet die in deformierten Metallen aufgespeicherte Energie aus der Verbreiterung der Röntgenreflexe neu. Bei Annahme einer isotropen Spannungsverteilung werden die $(\Delta d/d)^2$-Werte in Abhängigkeit von den mittleren Quadraten der Gitterspannungen untersucht. G. RUBAN. 200□

Die Rolle der Anfangsspannung in der Gitterdynamik. E. S. Rajagopal. (Ann. Physik [7] **6.** 177—81. 1960. Bangalore, Indian Inst. of Sci., Dep. of Phys.) (Engl.)

Vf. führt die Anfangsspannungen in die allg. Gitterdynamik ein u. diskutiert die Symmetrie der Elastizitätskonstanten. Wenn man das infinitesimale elast. Verh. vom Zustand S her beschreibt, so folgt, wie Vf. beweist, die Symmetrie diesem Zustand, doch ist sie unabhängig von der Größe der in S eingefrorenen Anfangsspannungen. G. RUBAN. 200□

Die Bedingung der Rotationsinvarianz in der Gitterdynamik. E. S. Rajagopal. (Ann. Physik [7] **6.** 182—91. 1960.) (Engl.) — Vgl. vorst. Referat.

Vf. diskutiert die Gültigkeit der Rotationsinvarianzbedingung in der Gitterdynamik u. zeigt, daß Rotationen von nichtzentrosymm. Feldern nicht allein durch Verschiebungen zu beschreiben sind. Formuliert man die Gleichungen der Gitterdynamik in LAGRANGEschen Koordinaten, so wird gezeigt, daß bei Kristallen die üblichen Formeln nicht streng die physikal. Forderung nach Rotationsinvarianz wiedergeben. Das Ergebnis ist für verschiedene Anwendungen der Gittertheorie (z. B. photoelast. u. piezoelektr. Eigg. von Kristallen) wichtig. G. RUBAN. 200□

Die Existenz von Grenzflächenpaaren in der infinitesimalen Elastizität. E. S. Rajagopal. (Ann. Physik [7] **6.** 192—201. 1960.) (Engl.) — Vgl. vorst. Referat.

Vf. erörtert das Auftreten von Grenzflächenpaaren in kristallinen Medien u. formuliert eine dementsprechende Erweiterung des COUCHYschen Spannungsprinzips. Ebenso wird eine exakte Meth. zur Behandlung der homogenen Deformation eines unendlichen Gitters angegeben. Die Rolle der Grenzflächenpaare in der Elastizitätstheorie wird zusammen mit einem krit. Überblick über neuere Arbeiten auf diesem Gebiet diskutiert G. RUBAN. 200□

Über die Natur des statischen und des dynamischen Reibungskoeffizienten. Jorge do Amaral Cintra. (Bol. Assoc. brasil. Metais **15.** 383—90. April 1959. São Paulo, Univ., Esc. Politécn.; Inst. de Pesqu. Tecnol.) (Port.)

Der Verlauf der Kurven u—s (u = Reibungs-Koeff., s = relative Verschiebung) entspricht einer Spannungs–Verformungs-Kurve. Er wird durch die Adhäsionstheorie nicht hinreichend erklärt. Eine bessere Erklärung liefert die Annahme, daß plast. verformte Oberflächenprotuberanzen von Festkörpern sich mechan. verzahnen u. daß u durch die zur Aufhebung dieser Verzahnung erforderliche Kraft bestimmt wird. R. K. MÜLLER. 200□

Die innere Reibung — eine in der Metallurgie nützliche physikalische Größe. 2. Mitt. B. Rothenstein und J. Hrianca. (Metalurg. şi Constructia Maşini **10.** 109—16. Febr. 1958.) (Rum.) — 1. vgl. Metalurg. şi Constructia Maşini **9.** [1957.] 8.

Übersicht über neuere Unterss. über die Grundlagen der inneren Reibung (R_i): viscoses Verh. der interkrist. Schicht, Beeinflussung der R_i durch Verformung u. Wärmebehandlung, Rekristallisation von Metallen nach plast. Verformung; prakt. Anwendungen der R_i bei der Unters. von Phasenumwandlungen. — 39 Literaturhinweise. R. K. MÜLLER. 200□

Anomalie des Elastizitätsmoduls und der inneren Reibung in der Legierung Fe_3Pt. G. I. Katajew und S. D. Ssirota. (Журнал Экспериментальной и Теоретической Физики [J. exp. theoret. Physik] **38.** 1037—41. April 1960. Moskau, Univ.) (Russ.; Auszug: Engl.)

Unters. der Temp.-Abhängigkeit des YOUNGschen Elastizitätsmoduls u. der inneren Reibung einer ungeordneten Leg. nahe der Zus. Fe_3Pt. Im Bereich des ferromagnet. CURIE-Punktes (71°) werden eine sehr große Anomalie dieses Moduls sowie ein scharfes Maximum der inneren Reibung festgestellt. Bei Anlegung eines magnet. Feldes werden zwei Arten des ΔE-Effektes sowie eine Abnahme des dynam. YOUNGschen Moduls in der Nähe des CURIE-Punktes entdeckt. Der experimentell gefundene Verlauf des YOUNGschen Moduls wird mit der entsprechenden Temp.-Abhängigkeit des Moduls, die auf Grund der magnet. Werte aus der thermodynam. Relaxationstheorie abgeleitet ist, verglichen. H. HOCHSTEIN. 200□

Bewegung von Fehlstellen während der Ermüdung von Aluminiumkristallen. E. Roberts und R. W. K. Honeycombe. (Philos. Mag. [8] **5.** 1147—49. 1 Tafel. Nov. 1960. Sheffield, Univ., Dep. of Metallurg.) (Engl.)

Vff. beschreiben das dynam. Zug–Spannungs-Verh. von Al-Einkristallen nach Ermüdung in einer Maschine mit Lastwechseln von 13 Cyclen/s. Die Messungen wurden bei —196, —78 u. 20° durchgeführt; Unterbrechungen bei Zimmer-Temp. ergaben eine vorübergehende Härtung, die einer Bewegung der Fehlstellen in Richtung der Versetzungen zugeschrieben wird. G. RUBAN. 200□

Einfluß einer cyclischen Wärmebehandlung auf Urandoppelkristalle. Ss. Ja. Saliwadny und W. M. Michailowski. (Физика Металлов и Металловедение [Physik Metalle Metallkunde] **8.** 904—07. Dez. 1959. Physik.-techn. Inst. der Akad. der Wiss. der UkrainSSR.) (Russ.)

Die Körner von U-Doppelkristallen erleiden bei cycl. Wärmebehandlung je Cyclus etwa die gleiche Verschiebung, wie sie bei U-Polykristallen auftritt. Die Lage der Körner kann sich durch Unterschiede der Restdehnungen der einzelnen Körner oder durch Verschiebung der Körner gegeneinander ändern. Bei der cycl. Wärmebehandlung kann der Mechanismus irreversibler Veränderungen auf dem Zusammenwirken des Gleitens an der Korngrenze u. der plast. Deformation in den Körnern beruhen. R. K. MÜLLER. 200□

Spektren der Versetzungsrelaxation von kalt bearbeiteten kubisch-raumzentrierten Übergangsmetallen. R. H. Chambers und J. Schultz. (Physic. Rev. Letters **6.** 273—75. 15/3. 1961. San Diego, Calif., Gen. Atom. Div. of Gen. Dynam. Corp., John Jay Hopkins Labor. for Pure and Appl. Sci.) (Engl.)

Zum Nachw. von Defektstrukturen in den kaltbearbeiteten kub.-raumzentrierten Metallen *Nb, Ta, Mo* u. *W* wurde die innere Reibung in Abhängigkeit von der Temp. untersucht. Die bei ca. 15 kHz zwischen 0 u. 450° K erhaltenen Kurven von feingekörnten u. vakuumgeschmolzenen Proben (3%ig. Vorspannung für Nb, Ta, Mo bei 300° K, für W bei 600° K) zeigen Maxima, deren Lage u. Struktur von der Tempervorgeschichte der Probe abhängen: Nb: stark 170 (°K), schwach ca. 310; Ta: stark 180, schwach ca. 310; Mo: 115 (α) u. ca. 400 (β) (bei 6 Hz 240); W: 170 (α) u. $>$ 450 (β). Bei einer Vorspannung von 1% zeigen die Maxima des Mo Feinstruktur: Nach 1 std. Tempern bei 300° C besteht β aus mindestens 3 Submaxima bei 260, 320 u. 400° K; nach 1 std. Tempern bei 400° C verschwindet β. α verschiebt sich zu niedrigeren Temperaturen. Die Tieftemp.-Maxima von Nb u. Ta verschieben sich nach Tempern bei niedriger Temp. zu tieferen Temperaturen. Auch andere Beobachtungen zeigen, daß das Mo-Spektrum ähnlich wie das Cu-Spektrum eine Summe von Submaxima darstellt. Alle Metalle zeigen starke Abhängigkeit der Amplituden u. des YOUNG-Moduls von der Tempervorgeschichte. Die im allg. den kub.-flächenzentrierten Metallen ähnlichen Maxima der kub.-basiszentrierten Metalle zeigen eine stärkere Abhängigkeit vom Temperungsprozeß als die kub.-flächenzentrierten Metalle. Es wird geschlossen, daß die die Relaxationsspektren verursachenden Defekte bei kub.-flächen- u. -basiszentrierten Metallen ähnlich sind. Das unterschiedliche Verh. gegenüber dem Temperungsprozeß wird durch Bldg. von Versetzungen infolge Gaseinschlüssen u./oder C-Einlagerung erklärt. G. WINKHAUS. 200□

Borazon, ein neues Hartmaterial. Rudolf Rost. (Časopis Mineralog. Geol. **4.** 90. 1959.) (Tschech.)

Das B-Nitrid „Borazon" hat dieselbe Härte wie Diamant u. ist im Gegensatz zu diesem, der an der Luft bei 870° verbrennt, bis 1650° beständig. Im Schleifprozeß ist sein Staub wirksamer als Diamantstaub. R. K. MÜLLER. 200□

A₇. Gleichgewichte. Kinetik

Einige Probleme der chemischen Kinetik. Thor A. Bak. (Kem. Maanedsbl. nord. Handelsbl. kem. Ind. **40.** 57—60. 1959.) (Dän.)

Die Anwendung der Theorien der Relaxation u. der Diffusion wird an Beispielen erläutert. R. K. MÜLLER. 220□

Experimentelle Methoden zur Bestimmung von Gleichgewichtskonstanten bei Komplexbildung. Ido Leden. (Proc. Sympos. Chem. Co-ordinat. Compounds, Agra [India] **1959.** Nr. 2. 202. 1960. Gothenburg, Sweden, Chalmers Inst. of Technol., Dep. of Chem.) (Engl.)

Kurzer Überblick über die herkömmlichen Methoden. W.-D. HEUSSNER. 223□

Farbe und Konstitution der Isoalloxazin–Silber-Komplexe. 2. Mitt. **Zum Verhalten des Riboflavins gegen Metallionen.** P. Bamberg und P. Hemmerich. (Helv. chim. Acta **44.** 1001—11. 15/6. 1961. Basel, Univ., Inst. für anorg. Chem.) (Dt.) — 1. vgl. C. **1959.** 12476.

Die starke bathochrome Verschiebung der Flavinspektren bei Wechselwrkg. mit Ag^+ ist auch durch Verw. von Cu^+ u. Hg^{2+}, nicht aber mit anderen Metallionen erzielbar,

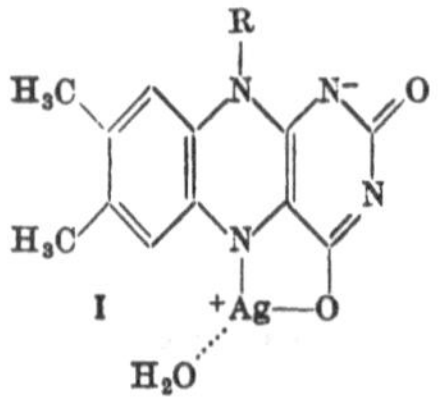

I

wobei 2 Arten der Metall–Isoalloxazin-Wechselwrkg. zu unterscheiden sind, eine lockere mit dem freien Liganden u. eine sehr starke mit dem Ligandanion. Es werden bevorzugt 1 : 1-Komplexe, trigonale Chelate des Oxinattyps, gebildet, deren Farbe auf Elektronenübergang von Ag^{2+} zum Flavochinon beruht, wobei ein für die spezif. Chelat-Eigg. verantwortlicher mesomerer Zustand des Ag^{2+}-Flavosemichinons (I) ausgebildet wird. Die Ausnahmestellung von Ag^{2+}, Cu^{+} u. Hg^{2+} entspricht der geringen Aufspaltung zwischen $d^{10}s^{0}$- u. $d^{9}s^{1}$-Termen. Die Bedeutung dieser Befunde für Ladungsübergänge u. oxydative Phosphorylierung in Flavoenzymen wird diskutiert. Die pK-Werte u. Stabilitäts-Konst. der Ag-Komplexe von *Riboflavin*, *3-Methyllumiflavin*, *Tetra-O-acetylriboflavin*, *Peracetylleukoriboflavin*, *Uracil*, *Succinimid* u. *Hydantoin* in verschiedenen Lsgm. bei 20 u. 60° sind angegeben. K. MAIER. 223☐

Mangan(II)-chlorid-Komplexe. 1. Mitt. **Stabilitätskonstanten.** D. F. C. Morris und E. L. Short. (J. chem. Soc. [London] **1961.** 5148—53. Dez. London, Brunel Coll. of Technol., Dep. of Chem.) (Engl.)

Vff. stellten die Existenz der Komplexarten $MnCl^{+}$, $MnCl_2$ u. $MnCl_3^{-}$ in wss. Lsg. fest. Mit Hilfe von ^{54}Mn als Indicator u. eines Kationaustauscherharzes wurden die Stabilitäts-Konst. $\beta_j = [MnCl_j^{(2-j)+}]/[Mn^{2+}]\cdot[Cl^{-}]^j$ (j = 1,2,···n) gemessen. Bei 20° u. einer Ionenstärke, die mittels $HClO_4$ auf 0,691 m konst. gehalten wurde, sind die Stabilitäts-Konst.: $\beta_1 = 3{,}85 \pm 0{,}15$; $\beta_2 = 1{,}80 \pm 0{,}1$ u. $\beta_3 = 0{,}44 \pm 0{,}08$. Es wurde kein Beweis für die Existenz von $MnCl_4^{2-}$ in Lsg. im Bereich $[Cl^{-}] \leqslant 0{,}64$m gefunden. G. HELLER. 223☐

Löslichkeit von Helium in Lithiumsilicatschmelzen. H. Scholze und H.-O. Mulfinger. (Angew. Chem. **74.** 75—76. 21/1. 1962. Würzburg, Max-Planck-Inst. für Silicatforsch.) (Dt.)

Zur Unters. der Struktur von Glasschmelzen wurde die Löslichkeit von He bei 1400° in Lithiumsilicatschmelzen gemessen. Bei einem Li_2O-Geh. von 20,0 (Mol-%) ist der OSTWALDsche Löslichkeits-Koeff. $k_1 = 0{,}0252$ u. bei 24,8 $k_2 = 0{,}0200$. Die Mol-Vol. der Schmelzen sind fast gleich: $MV_1 = 27{,}67$ cm³ u. $MV_2 = 27{,}86$ cm³. Die Li^{+}-Ionen werden danach in die Hohlräume eingebaut. Da bei größerem Li-Geh. weniger Hohlräume vorhanden sind, ist die Löslichkeit von He kleiner. Aus den Mol-Vol. u. den Löslichkeits-Koeff. errechnet sich der Ionenradius von Li^{+} zu 0,76 Å. CH. WEISKE. 224☐

Gleichgewichtsextraktion von Metallen. David Dyrssen. (Proc. Sympos. Chem. Co-ordinat. Compounds, Agra [India] **1959.** Nr. 2. 203. 1960. Stockholm, Univ. of Stockholm, Roy. Inst. of Technol., Dep. of Chem.) (Engl.)

Kurze Übersicht. Syst. Bis-[dimethylglyoximato]-nickel(II)–$CHCl_3$; Ag– bzw. Sr–8-Hydroxychinolin, UO_2^{2+}–β-Isopropyltropolon, UO_2^{2+}–Dibutylphosphat, UO_2^{2+}– bzw. Sr–Tributylphosphat; Chelatbildner für die Extraktion von Lanthaniden- u. Aktinidenelementen; Syst. β-Isopropyltropolon–$CHCl_3$ u. Thenoyltrifluoraceton–Benzol. W.-D. HEUSSNER. 224☐

Extraktion aus geschmolzenen Uranchloriden mit organischen Extraktionsmitteln. M. Taube und Z. Borkowska. (Nature [London] **192.** 745—46. 25/11. 1961. Warsaw, Inst. of Nucl. Res., Dep. of Radiochem.) (Engl.)

Vff. untersuchten mit Hilfe der Extraktion die chem. Eigg. einer Salzschmelze, bestehend aus einer eutekt. KCl–CuCl-Mischung (mol. Verhältnis 1 : 2, nichtakt.) als Verdünnungsmittel u. dem Spaltmaterial UCl_4 (aus UO_2 u. CCl_4 bei 450°) in einer Konz. von 1,5 Gew.-%. Die organ. Phase enthält Biphenyl als Verdünnungsmittel u. einen der folgenden Extraktanten: *Tri-n-octylamin* (I), *Tri-n-butylphosphat* (II) u. *Di-n-butylphosphorsäure* (III). Die Extraktion wurde mit einem Vol. von 1,6 ml bei 180° u. über einen Zeitraum von 30 Min. (15 Min. langes Schütteln) durchgeführt. Die Verteilungsverhältnisse α_{Mc} (Verhältnis der gesamten Radioaktivität der organ. Phase zu der Radioaktivität der Salzphase) für die verschiedenen Extraktanten wurden bestimmt: α_U (II) $\geqslant$ α_U (III) $\geqslant$ α_U (I); α_{Cu} (I) $\gg$ α_{Cu}(II) $>$ α_{Cu} (III); α_K (II) $>$ α_K (I); α_U (I) $\gg$ α_{Cu} (I) $\gg$ α_K (I); α_U (II) $\gg$ α_K (II) $>$ α_{Cu} (II). Auf Grund dieser Ergebnisse wird geschlossen, daß K^{+} u. Cu^{+} als Kationen, CuCl, Cu_2Cl_2 u. K-Chlorid als nichtion. Moll., $Cu_2Cl_3^{-}$ u. UCl_5^{-} als Anionen vorliegen. Für das Extraktions-Syst. CuCl–I mit geringer Konz. an I (0,1 m $\leqslant$ Konz. I $\leqslant$ 0,3 m) betrug das mol. Konz.-Verhältnis Cu/I = 1/3, was der Formel $[I\cdot Cu^{+}][Cu_2Cl_3^{-}]$ entspricht. Im Extraktions-Syst. UCl_4–I lag der extrahierbare Stoff wahrscheinlich als $[I\cdot Cu^{+}][UCl_5^{-}]$ vor. U. SKURNIA. 224☐

Die Verteilung von Neptunium zwischen TBP und einigen Mineralsäuren. Tomitaro Ishimori und Eiko Nakamura. (Bull. chem. Soc. Japan **32.** 713—20. Juli 1959. Tokai, Ibaraki, Japan, Atom. Engng. Res. Inst., Tokai Labor., Chem. Div.) (Engl.)

Die Verteilung von Np(IV), Np(V) u. Np(VI) zwischen Tri-n-butylphosphat (TBP) u. wss. HNO_3, HCl, H_2SO_4 u. $HClO_4$ wurde bei verschiedenen Säure-Konzz. untersucht Die Best. wurden mit kleinen Lsgm.-Vol (2,5 ml) bei einem Geh. von ca. 10^5 cpm ^{239}Np durch Messung der γ-Aktivität ausgeführt. Das frisch aus dem Reaktor kommende Material besteht im wesentlichen aus Np(IV), enthält wenig Np(V) u. nur Spuren Np(VI). Im Verlauf einiger Tage, schneller in der Wärme, nimmt der Geh. an Np(V) zu. Durch fraktionierte TBP-Extraktion aus 1n HNO_3-Lsg. lassen sich Np(IV) u. Np(V) auf Grund der Verschiedenheit ihrer Verteilungs-Koeff. (Kd) voneinander trennen. Np(IV) wird von $KBrO_3$ nicht oxydiert, doch läßt sich Np(V) mit Zn zu Np(IV) reduzieren. Np(V) wird dagegen von $KBrO_3$ zu Np(VI) oxydiert, das mit $H_2N{-}NH_2 \cdot H_2SO_4$ wieder zu Np(V) red. werden kann. Die Kd der drei Oxydationsstufen des Np (Kd-IV usw.) zwischen 0,2—10n HNO_3 u. 100%ig. TBP wurden bestimmt. Kd-IV nimmt mit steigender HNO_3-Konz. zu u. erreicht ein Maximum bei ca. 8n HNO_3 mit einem Wert > 100. Kd-VI erreicht ein etwas niedrigeres Maximum bei ca. 6n HNO_3, während Kd-V bis zu Säure-Konzz. von ca. 4n unterhalb 0,1 liegt (Minimum bei 1n). Bei der Verteilung von Np(VI) zwischen verd. (5—40%) Lsgg. von TBP in CCl_4 u. 10n HNO_3 nimmt Kd-VI mit wachsender TBP-Konz. nach einem Gesetz 2. Ordnung zu. Ein dem Np(VI) ähnliches Verh. zeigen U(VI) u. Pu(VI). Im Syst. HCl/100% TBP weist Kd-IV ein Maximum von ca. 200 bei 8n HCl auf. Kd-V erreicht ebenfalls einen hohen Wert. Im Syst. H_2SO_4/100% TBP steigen Kd-IV, Kd-V u. Kd-VI auch bei H_2SO_4-Konzz. von $>$ 10n nicht über ca. 1 an. Im Syst. $HClO_4$/100% TBP erreichen dagegen sowohl Kd-VI als auch Kd-V Werte von ca. 1000 bei einer Säure-Konz. von ca. 8n, doch wurde kein Kd-IV gefunden. Die große Schwankung des Kd von Np(V) im Syst. $HClO_4$/TBP (0,006 bei 2n; 800 bei 8n $HClO_4$) konnte bei einem Verf. der Isolierung von Np aus neutronenbestrahltem $UO_2(NO_3)_2$ ausgewertet werden. W. BETCKE. 224☐

Energieaustausch bei Wechselwirkungen zwischen Ionen und Molekülen. V. N. Kondratiev. (Roy. Inst. Chem., Lectures, Monogr. Rep. **1960.** Nr. 3. 1—16.) (Engl.)
Überblick. — 37 Literaturangaben (bis 1959). CH. WEISKE. 225☐

Experimentelle Umwandlung der natürlichen metallischen Sulfide. Untersuchung ihres Mechanismus. J. Prouvost. (Bull. Soc. franç. Minéralog. Cristallogr. **83.** 265—294. Okt./Dez. 1960. Paris, Labor. de Minér. du Museum) (Franz.)
Vf. führt mit Hilfe von Elektrolyse u. DTA Unterss. zur künstlichen Reproduktion der Phänomene bei der Bldg. der metall. Sulfide durch u. kommt auf Grund polarisationsmkr. u. röntgenograph. Befunde zur Aufstellung der Hypothese, daß der Elektrolyse im festen Zustand bei der Bldg. der sulfid. Metalle eine wesentliche Bedeutung zugesprochen werden muß. R. F. HAAR. 225☐

Gleichgewichte in dem System Lithium-Wismut mit Magnesiumchlorid im Lithiumchlorid-Kaliumchlorid-Eutektikum. M. E. Darlington. (J. appl. Chem. **10.** 203—07. Mai 1960. Harwell, Berks., AERE, Chem. Engng. Div.) (Engl.)
Die Konst. des Massen-Wrkg.-Gesetzes in dem mit geschmolzenem Li/Bi in Kontakt stehendem Syst. $LiCl/KCl/MgCl_2$ wurden bei 500 $\pm$ 3° für folgende Rkk. bestimmt: 1. $2\,(Li)_{Bi} + (MgCl_2)_{Schmelze} \rightleftharpoons (Mg)_{Bi} + 2\,(LiCl)_{Schmelze}$; $C_1 = (4{,}18 \pm 2{,}64)\cdot 10^3$. 2. $(Li)_{Bi} + (KCl)_{Schmelze} \rightleftharpoons (K)_{Bi} + (LiCl)_{Schmelze}$; $C_2 = 0{,}32 \pm 0{,}15$. 3. $2\,(K)_{Bi} + (MgCl_2)_{Schmelze} \rightleftharpoons (Mg)_{Bi} + 2\,(KCl)_{Schmelze}$; $C_3 = (5{,}18 \pm 4{,}39)\cdot 10^4$. Unter diesen Bedingungen ist der Aktivitäts-Koeff. von K in Bi $3{,}2\cdot 10^{-6}$ u. von $MgCl_2$ in dem Salz 0,14 (für verd. Lsgg.). H.-G. MOSLÉ. 225☐

Radiochemie. Stanisław Ciborowski. (Przemysł chem. **39.** 278—82. Mai 1960. Warszawa, Inst. Chem. ogóln., Zakł. Radiochem.) (Pol.)
Übersicht über theoret. Grundlagen der Wrkg. von Strahlung auf die Materie. F. URBAN. 226☐

Reaktionen zweiwertiger Rheniumkomplexe. Sujata Sen. (Sci. and Cult. [Calcutta] **24.** 582—83. Juni 1959. Calcutta, Univ. Coll. of Sci., Inorg. Chem. Dep.) (Engl.)
$Na_3[Re(CN)_5(H_2O)]$ bildet in mit Na_3BO_3 gepufferten 40%ig. wss. A. bei Zusatz von p-Nitrosodimethylanilin unter Einw. von Sonnenlicht einen grüngefärbten Komplex. Colorimetr. Unterss. verschieden konz. Lsgg. zeigen, daß ein 1 : 1-Komplex, $[Re(CN)_5NO\cdot C_6H_4N(CH_3)_2]^{3-}$, entsteht. In Abhängigkeit von der Bestrahlungsintensität stellt sich nach 1—1½ Std. ein Gleichgewicht ein, d. h. die Farbtiefe erreicht ein Maximum. Bei weiterer Bestrahlung tritt Aufhellung durch Zers. ein. Im Dunkeln ist der Komplex jedoch stabil. In α-Stellung nichtsubstituierte Alkylpyridine verhindern die Komplexbildung. W. HEIN. 226☐

Die Bestimmung der Zusammensetzung, Zahl und absoluten Wirksamkeit katalytisch aktiver Zentren. N. I. Kobosew, W. P. Lebedew und A. N. Malzew. (Z. physik. Chem. [Leipzig] **217.** 1—41. 1961. Moskau.) (Dt.)

Zur Kenntnis der Zus. der akt. Zentren für einen bestimmten Prozeß u. Katalysator, ihrer Zahl u. abs. Wirksamkeit wurden Adsorptionskatalysatoren benützt. Dabei verteilen sich die Katalysatorteilchen der dünnen Adsorptionsschicht auf der mosaikartigen Oberfläche des inerten Trägers (reale kristalline Körper) statist. ungeordnet nach dem Verteilungsgesetz von Poisson. Die Migrationsgebiete (Ausmaß maximal 10^{-6} cm) werden als durch Potentialgräben (Mikrospalten, Fehlstellen, Defekte der Oberfläche) begrenzt vorgestellt, in denen sich die aufgetragenen Atome anhäufen. Aus Aktivität u. Auffüllungsgrad kann die Zahl der Atome im akt. Zentrum, die Gesamtzahl der akt. Zentren u. die abs. Aktivität des Zentrums bestimmt werden. Akt. Zentren sind im allg. kleine Atomgruppierungen (bis zu 6 Atomen). Diese Theorie der Bldg. sowie Vergiftung akt. Zentren wird mathemat. abgeleitet u. an Vers.-Daten aus der Literatur für verschiedene Prozesse bestätigt. Auf Grund von Beobachtungen bzgl. des Einfl. von Trägern auf die Aktivität der Zentren u. ihrer Abhängigkeit von der Rk.-Enthalpie des Syst. wird ein allg. valenzenerget. Wrkg.-Mechanismus von heterogenen Katalysatoren u. Fermenten vorgeschlagen. H. Newesely. 227 □

A_8. Präparative anorganische Chemie. Komplexverbindungen. Metallorganische Verbindungen

Kristallisation von Edelgasclathraten. J. E. Mock, J. E. Myers und E. A. Trabant. (Ind. Engng. Chem., int. Edit. **53.** 1007—10. Dez. 1961. Lafayette, Ind., Purdue Univ., Dep. of Nucl. Engng.) (Engl.)

Vff. untersuchen die Bedingungen für die Darst. von Clathraten der Edelgase unter Anwendung folgender Meth.: Kristallisation aus wss. u. nichtwss. Lsgg. von *Hydrochinon* (I), aus der I-Schmelze u. aus der Dampfphase. Bei der Kristallisation des Ar-Clathrates von I aus wss. Lsg. nimmt der *Ar*-Geh. des Clathrats mit steigendem Druck bis auf einen Endwert bei 1000—1200 lbs./sq.in. zu; ebenso hat die I-Konz. u. auch die Abkühlungs-Geschw. bei der Kristallisation einen Einfl. auf die eingeschlossene Ar-Menge. Als höchster Ar-Geh. wird bei 1600 lbs./sq.in. u. einer I-Konz. von 0,1 g/ml 7,24 Gew.-% gefunden; in diesem Fall sind 67% der vorhandenen Hohlräume gefüllt. In gleicher Weise wird auch bei der Kristallisation aus A., Aceton, Ae., Butylacetat, Amylacetat, Toluol, n-Heptan, n-Pentan, Kerosin u. Methanol festgestellt, daß hohe Drücke, geringe I-Konz. u. geringe Abkühlungs-Geschw. die Bldg. von Clathraten mit hohem Edelgas-Geh. begünstigen. In einigen organ. Lsgm. werden Prodd. mit höherem Ar-Geh. als in wss. Lsg. unter ident. Bedingungen erhalten (2,8 Gew.-% Ar aus H_2O, 7,4% aus Ae. u. Amylacetat bei 200 lbs./sq.in.); höchste eingeschlossene Ar-Menge 10,4% (96%ig. Füllung des Hohlraumes) bei 2500 lbs./sq.in. u. einer I-Konz. von 0,10 g/ml. Bei der Kristallisation aus der unter hohem Edelgasdruck stehenden I-Schmelze während des langsamen Abkühlens wird ein lineares Anwachsen des Ar-Geh. im Clathrat mit steigendem Druck festgestellt. Als beträchtlich wirkungsvoller für die Bldg. von Clathraten mit höherem Edelgas-Geh. erweist sich die Sublimations-Meth., wobei das unter Ar-Druck stehende I sublimiert wird. Bei den beiden letzten Meth. wird *He* zu weniger als 0,005% eingeschlossen; *Kr* füllt mehr Hohlräume als Ar unter ident. Bedingungen aus. Als weitere Wirts-Moll. für die Clathrat-Bldg. werden untersucht: *p-Aminophenol, p-Phenylendiamin, Hydroxyhydrochinon, p-Fluorphenol* (II), *Chloranilsäure, Uracil, 3.6-Dihydroxypyridazin, Tetrachlorhydrochinon, 1.5-Naphthalindiol, Resorcin, Catechin, Pyrogallol, Maleinsäurehydrazid, Orcin, Oxalsäure, Phloroglucin, p.p'-Diphenol, Toluhydrochinon, 4-Hydroxypyridin* u. *Chlorhydrochinon.* Bei Verw. dieser Substanzen, ausgenommen **II**, werden Ar-Geh. von $< 0,1$% ermittelt. Aus der Schmelze von II bilden sich unter einem Ar-Druck von 1500 lbs./sq.in. stabile Clathrate mit 1,0% an Ar (entspricht 85%ig. Füllung der Hohlräume). Kr u. *Xe* füllen infolge ihrer besseren Löslichkeit in gebräuchlichen Lsgm. mehr Hohlräume in den Clathraten bei gleichen Bedingungen aus als Ar. Bei Verw. von He u. *Ne* werden in Übereinstimmung mit den Unterss. von Powell (J. chem. Soc. [London] **1950.** 300) keine Clathrate gebildet. Die Clathrate von I sind bei Zimmer-Temp. sehr stabil; sie zeigen nach 575 std. Bestrahlung (10^8 rad) keinen Gew.-Verlust. U. Skurnia. 230 □

Über Peroxidradikalkondensate. L. I. Nekrassow, I. I. Skorochodow und N. I. Kobosew. (Журнал Физической Химии [J. physik. Chem.] **35.** 691—693. März 1961. Moskau, Lomonossow-Univ.) (Russ.)

Entgegnung auf die Kritik von Giguère u. Chin (C. **1960.** 13631). G. Engelhardt. 241

Neue Stickstoff-Jod-Verbindungen. J. Jander, U. Engelhardt und G. Weber. (Angew. Chem. **74.** 75. 21/1. 1962. Freiburg/Br., Univ., Chem. Labor., Anorg. Abt.) (Dt.)

Die schon früher beschriebene *rote N-J-Verb.* (I) (vgl. JANDER u. SCHMID, C. **1960.** 13949) entsteht auch bei Einw. von J_2 ($\leqq$ 0,1 g) auf überschüssiges NH_3 bei -78^0 neben NH_4J als schwerlösl. Stoff. Bei Verw. von $\geqq$ 5 g J_2 entsteht grünes $NJ_3 \cdot 3\,NH_3$ (II). I geht nach Durchlaufen rostroter, brauner u. grünbrauner Zwischenstufen in II über. I wird nach Abpumpen von NH_3 bei -105 bis -90^0 schwarz (reversibel). Das N : J-Verhältnis des schwarzen Stoffes ist 1. Braunes $NJ_3 \cdot NH_3$ (vgl. JANDER u. SCHMID, C. **1958.** 6187) reagiert bei -75^0 mit überschüssigem CH_3NH_2 zu orangegelbem $CH_3NJ_2 \cdot CH_3NH_2$, mit überschüssigem $(CH_3)_2NH$ zu gelbem $(CH_3)_2NJ$ u. gibt mit überschüssigem Pyridin bei -40^0 eine dunkelgrüne Lsg., aus der nach Abpumpen des Pyridins bei -25^0 die Ausgangs-Verb. zurückgewonnen wird. CH. WEISKE. 249□

Chemie des Poloniums. F. Weigel. (Успехи Химии [Fortschr. Chem.] **29.** 686—707. Mai 1960.) (Russ.) — C. **1959.** 16969. E. KLEVER. 256□

Chemie der Borane. 1. Mitt. Reaktionen von Borhydriden mit Metall- und Aminsalzen. V. D. Aftandilian, H. C. Miller und E. L. Muetterties. (J. Amer. chem. Soc. **83.** 2471—74. 5/6. 1961. Wilmington, Del., E. I. du Pont de Nemours & Co., Central Res. Dep., Exp. Stat.) (Engl.)

Eine Vielzahl anorgan. u. organ. Anionen reagiert mit Boranen unter Bldg. substituierter Hydridoboratanionen. Diboran (I) ergibt in Äther (R_2O) mit NaSCN bzw. KF die Verbb. $NaBH_3SCN \cdot 2\,R_2O$ bzw. KBH_3F; NaCN bildet mit I $NaCN \cdot B_2H_6 \cdot 2\,R_2O$ (II), welches auf Grund des ^{11}B-KMR-Spektrums das Anion $(BH_3CNBH_3)^-$ enthält. Bei der Rk. von NaCN mit B_4H_{10} entsteht ebenfalls II, daneben wahrscheinlich NaB_3H_7CN. Mit Pentaboran bildet sich NaB_5H_9CN. Substituierte Borhydrid-Verbb., wie $NaBH_3N(CH_3)_2$ oder $NaBH_3P(CH_3)_2$, entstehen auf einfache Weise bei der Protolyse von NaH u. Boran–Base-Komplexen, wie $BH_3 \cdot NH(CH_3)_2$. Metall- u. Ammoniumsalze können 1 Mol H_2 in Dekaboran (III) verdrängen, wobei das Anion $B_{10}H_{12}X^-$ entsteht: NaCN + III $\rightarrow$ $[NaB_{10}H_{14}CN]$ (gefärbt, nicht isoliert) $\xrightarrow{0-25^0}$ $NaB_{10}H_{12}CN + H_2$; analog werden die krist. Verbb. $NaB_{10}H_{12}CN \cdot 2$ *Ae.*, $NaB_{10}H_{12}NCO \cdot 2{,}5\,C_4H_8O_2$, $NaB_{10}H_{12}OCH_3 \cdot C_4H_8O_2$, $(CH_3)_4NB_{10}H_{12}C(CN)_3$ dargestellt. Lösungsmittelfreie Salze, wie $(CH_3)_4NB_{10}H_{12}SCN$ werden durch Umkristallisation aus W. gewonnen. NH_4CN reagiert mit I bei -80^0 zu $NH_4H_3BCNBH_3$ u. $> 0^0$ weiter zu $H_3NB_2H_5CN$ (IV), während $[(CH_3)_3NH]CN$ die Verb. $H_3B \cdot N(CH_3)_3$ bildet. $[CH_3NH_3]CN$ u. $[(CH_3)_2NH_2]CN$ reagieren mit I zu IV-Analoga: $[(CH_3)H_2N]B_2H_5CN$ u. $[(CH_3)_2HN]B_2H_5CN$ (V); V entsteht auch bei der Rk. von $(CH_3)_2NB_2H_5$ u. HCN. IR- u. ^{11}B-KMR-Spektren lassen für IV die Struktur $H_3BCN \cdot BH_2NH_3$ vermuten. Die aminosubstituierten Cyanoborane entwickeln mit W. langsam H_2; die H_2-Entw. wird durch Basen stark beschleunigt. Mit Aceton erfolgt in exothermer Rk. über ein nicht identifiziertes, öliges Zwischenprod. reduzierende Aminierung; aus IV bzw. V entsteht Diisopropylamin bzw. Dimethylisopropylamin. I reagiert mit anderen Ammoniumsalzen in formal gleicher Weise, jedoch mit anderer Stöchiometrie; mit NH_4SCN bildet sich bei -80^0 NH_4BH_3SCN, welches $> 0^0$ unter H_2-Entw. in $H_3NBH_2 \cdot SCN$ (VI) übergeht (die Struktur-Best. von VI schließt die Struktur H_3NBH_2NCS nicht aus). Bei der Rk. von VI mit W., bei der langsam H_2 entwickelt wird, entsteht evtl. eine kation. BH-Verbindung.

Versuche: $NaBH_3SCN \cdot 2\,C_4H_8O_2$ (VII), aus 0,146 Mol NaSCN u. 0,5 Mol I/Mol NaSCN in 100 ml Glykoldimethyläther (VIII) bei 25^0; Ausfällen mit Dioxan; Kristalle; bei 330^0 Dunkelfärbung; 56% (Ausbeute). — $LiBH_3SCN \cdot 1{,}5\,C_4H_8O_2$, analog VII. — Mit $Ba(SCN)_2$ entsteht ein nicht genauer beschriebenes BH_3SCN^--Salz. — KBH_3F, aus 0,427 Mol KF u. 0,25 Mol I in 250 ml VIII bei Raum-Temp.; Kristalle; D. 1,5197; 100%. — $NaH_3BCNBH_3 \cdot 2\,C_4H_8O_2$ (II), aus 0,2 Mol NaCN in 50 ml VIII u. 1 Mol I analog VII bei $< 30^0$; weißer Nd. mit Dioxan; $D.^{25}$ 1,648; 41,53 g. — $Cd(H_3BCNBH_3)_2 \cdot 3{,}7\,C_4H_{10}O_2$, analog II; Zers. bei 35^0. — $NaBH_3N(CH_3)_2 \cdot 0{,}5\,C_4H_8O_2$, 30 g $H_3BNH(CH_3)_2$ zu 24 g NaH in 50 ml VIII geben, Temp. zwischen 35—45^0 halten; H_2-Entw.; NaH absitzen lassen, abdekantieren, im Vakuum eindampfen, bis sich Kristalle bilden, mit Dioxan verd.; es krist. die Dioxan-Additions-Verb. aus; 32 g. — $NaBH_3P(CH_3)_2 \cdot 0{,}5\,C_4H_8O_2$; analog vorst. Verb. aus NaH u. $(CH_3)_2PH \cdot BH_3$. — $NaB_3H_7CN \cdot C_4H_8O_2$, 0,05 Mol B_4H_{10} u. 2,3 g NaCN in 70 ml VIII bei -80^0 vereinigen, auf Raum-Temp. erwärmen u. filtrieren. Auf Zusatz von Dioxan bilden sich eine feste u. eine fl. Phase. Die feste Phase besteht hauptsächlich aus II; die fl. Phase hat die Zus. $NaB_3H_7CN \cdot C_4H_8O_2$. — $NaB_{10}H_{12}CN \cdot 2\,(C_2H_5)_2O$ (IX), aus 0,04 Mol NaCN u. 0,04 Mol III in Tetrahydrofuran (THF) bei 25^0; H_2-Entw. (0,04 Mol); beim Abdestillieren von THF im Vakuum hinterbleibt ein gelbes Öl; in Ae. lösen, filtrieren, eindampfen; weiße Festsubstanz; 80%. — $NaB_{10}H_{12}CN$, analog X. — $NaB_{10}H_{12}NCO \cdot 2{,}5\,C_4H_8O_2$; analog IX; 55%. — $NaB_{10}H_{12}NCO$, analog X. — $[(CH_3)_4N]B_{10}H_{12}SCN$ (X), im ERLENMEYER-Kolben aus 0,024 Mol III u. 0,2 Mol NH_4SCN in 25 ml VIII in 3 Std.; Lsg. in W. geben u. $(CH_3)_4NCl$

zugeben; gelber Nd., aus W. umkristallisieren. — $NaB_{10}H_{12}OCH_3 \cdot C_4H_8O_2$, analog **IX**. — $NaB_{10}H_{12}OCH_3$, analog **X**. — $[(CH_3)_4N]B_{10}H_{12} \cdot C(CN)_3$; aus $KC(CN)_3$ u. **III** analog **X**. — $NH_3B_2H_5CN \cdot n\,C_4H_{10}O_2$ (**IV**) (n = z. B. 3/4; 0,21); NH_4CN mit **I** in **VIII** lösen, erwärmen, bei 0° beginnt H_2-Entw., Lsgm. verdampfen; es hinterbleibt Fl. mit unterschiedlichem **III**-Geh.; **III** kann im Hochvakuum bei 90° nur unter gleichzeitiger H_2-Entw. entfernt werden. — $CH_3NH_2B_2H_5CN \cdot n\,C_4H_{10}O_2$ (n = z. B. 0,125), analog **IV**; nichtflüchtige Flüssigkeit. — $(CH_3)_2HNB_2H_5CN \cdot n\,C_4H_{10}O_2$ (**V**) (n = z. B. 0,075), a) analog **IV**; b) aus $(CH_3)_2N \cdot B_2H_5$ u. HCN in **VIII** bei Raum-Temp.; Prod. aus b) zeigt gleiche Eigg. wie Prod. aus a), jedoch ist die relative Intensität der Cyanidbande bei 2275 cm^{-1} größer. — H_3NBH_2SCN, F. 119° (Zers.); NH_4SCN in **VIII** mit **I** bei —80° vereinigen; beim Erwärmen H_2-Entw.; nach Entfernung des Lsgm. krist. Rückstand; aus Ae. auf Zusatz von PAe. Kristalle. F. HUBER. 258□

Chemie der Borane. 2. Mitt. **Dekaboranderivate, die auf der $B_{10}H_{12}$-Struktureinheit basieren.** W. H. Knoth und E. L. Muetterties. (J. inorg. Nuclear Chem. **20**. 66—72. Nov. 1961.) (Engl.) — 1. vgl. vorst. Referat.

Für die Rk. des $B_{10}H_{14}$ (**I**) mit Basen (Bs): $I + 2\,Bs \rightarrow H_2 + B_{10}H_{12} \cdot 2\,Bs$, können auch organ. Sulfide, Sulfoxide, Phosphinoxide, Amide u. Thioamide Verw. finden. Analoge Verb.-Typen, wobei 1 oder 2 Bs 1wertige anorgan. Anionen darstellen, entstehen durch Umsetzung von **I** mit NaCN oder NaH in überschüssigen Sulfiden: NaCN (bzw. NaH) + $(CH_3)_2S$ + I → H_2 + $NaB_{10}H_{12}CN \cdot (CH_3)_2S$ (**II**) [bzw. $NaB_{10}H_{13} \cdot (CH_3)_2S$]. Bei der Rk. von NaCN mit **I** in W. entsteht eine Verb. $Na_2B_{10}H_{13}CN$, die die 2 Anionen CN^- u. H^- enthält. $B_{10}H_{12} \cdot 2\,(CH_3)_2S$ (**III**) ist ein Prod. der Rk. von $NaB_{10}H_{13} \cdot (CH_3)_2S$ mit Benzoylchlorid. Pyrolyse von **III** ergibt $B_{10}H_{12} \cdot (CH_3)_2S$ (**IV**), welches mit $(C_6H_5)_3P$ zu $B_{10}H_{12} \cdot 2\,(C_6H_5)_3P$ u. mit $(CH_3)_2S$ zu **III** reagiert. Aus **IV** u. NaCN entsteht **II**. Es scheint, daß die Strukturen von **III** u. **IV** nicht wesentlich verschieden sind u. daß auch geladene u. neutrale Verbb. des Typs $B_{10}H_{12} \cdot 2$ Bs vergleichbare Strukturen haben; letztere Hypothese wird durch kernmagnet. Resonanzmessungen (^{11}B) unterstützt. Weitere Messungen zeigen, daß auch **IV** u. $(CH_3)_4NB_{10}H_{13}$ wahrscheinlich gleiche Struktur haben. UV-Daten der Verbb. werden mitgeteilt.

Versuche: $B_{10}H_{12} \cdot 2\,(CH_3)_2S$ (**III**), F. 123—125°, a) aus **I** u. überschüssigem $(CH_3)_2S$, welches als Lsgm. dient, bei Raum-Temp. in 2—5 Tagen; Kristalle; 100% (Ausbeute); b) aus 0,7 g **IV** u. 3 g $(CH_3)_2S$ bei 70° in 10 Std. im Bombenrohr; Lsg. filtrieren u. eindampfen; c) 3,09 g $NaB_{10}H_{13} \cdot (CH_3)_2S$ in 30 Min. mit 30 ml Benzoylchlorid unter N_2 bei 0° vermischen, auf Raum-Temp. erwärmen lassen, 15 Min. rühren, filtrieren u. mit PAe. aus dem Filtrat ausfällen; Nd. aus Bzl./Methylcyclohexan umkrist.; 19,5%. — $B_{10}H_{12} \cdot 2\,(CH_2CH_2CH_2)_2S$, F. 83—87°, analog **III a**); hellgelbes Pulver; quant. Ausbeute. — $B_{10}H_{12} \cdot 2\,(CH_2)_4S$, F. 136—137°, analog **III a**); weiße Kristalle; 86%. — $B_{10}H_{12} \cdot 2\,S(CH_2CH_2)_2S$, F. 186—187°, aus stöchiometr. Mengen **I** u. $S(CH_2CH_2)_2S$ in Dioxan bei 90° in 8 Std.; hellgelbes Pulver; 75%. — $B_{10}H_{12} \cdot 2\,(CH_3)_2SO$ (**V**), F. 116—117°, aus stöchiometr. Mengen **I** u. $(CH_3)_2SO$ in Glykoldimethyläther bei Raum-Temp. in 2 bis 5 Tagen; cremefarbenes Pulver; 19%. — $B_{10}H_{12} \cdot 2\,(C_6H_5)_3PO$, F. 209—211°, analog **V**; gelbe Kristalle; 32%. — $B_{10}H_{12} \cdot 2\,HCON(CH_3)_2$, F. 164—165°, analog **V**; Kristalle; 89%. — $B_{10}H_{12} \cdot 2\,CH_3CON(CH_3)_2$, F. 140—142°, analog **V**; Kristalle; 64%. — $B_{10}H_{12} \cdot 2\,HCSN(CH_3)_2$, F. 195—197°, analog **III a**); gelb; 85%. — $B_{10}H_{12} \cdot (CH_3)_2S$ (**IV**), F. 93 bis 94°, aus 35 g **III** beim Erhitzen auf 110° in 50 ml Mesitylen unter N_2; nach $3^1/_2$ Std. beginnt sich langsam ein Nd. abzuscheiden, worauf abgekühlt u. filtriert wird; das Filtrat wird im Vakuum bis zu gummiartiger Konsistenz konz., der Gummi unter PAe. bis zur Verfestigung verrieben u. aus Methylcyclohexan umkrist.; blaßgelb; 65%; nach Sublimation oder häufig wiederholter Umkristallisation weiß; luftstabil. — $B_{10}H_{12} \cdot 2\,(C_6H_5)_3P \cdot C_6H_5CH_3$, aus 0,18 g **IV** u. 0,52 g $(C_6H_5)_3P$ in 20 ml Toluol bei 60°. — $NaB_{10}H_{12}CN \cdot (CH_3)_3S$ (**II**), a) 2,5 g **I**, 0,69 g NaCN u. 35 ml $(CH_3)_2S$ 5 Tage lang in einer Vakuum-App. unter Druck bei Raum-Temp. rühren, unter N_2 filtrieren u. Rückstand 2 Tag lang mit Bzl. extrahieren; es bleibt **II** zurück; weißes, hygroskop. Pulver; 89%; b) aus 0,2 g **IV** u. 0,049 g NaCN beim Rühren in 30 ml $(CH_3)_2S$ in 16 Stunden. — $CsB_{10}H_{12}CN \cdot (CH_3)_2S$, aus **II** u. CsF in W. bei Raum-Temp.; in W. unlöslich. — $(CH_3)_4NB_{10}H_{12}CN \cdot (CH_3)_2S$, aus **II** u. $(CH_3)_4NCl$ analog vorst. Verbindung. — $(C_2H_5)_3NHB_{10}H_{12}CN \cdot (CH_3)_2S$; aus **II** u. $(C_2H_5)_3N$ analog vorst. Verbindung. — $NaB_{10}H_{12}CN \cdot (CH_2)_4S$, aus 1,0 g **I**, 0,4 g NaCN u. 20 ml $(CH_2)_4S$ analog **II a**) in 6 Tagen; weißes, hygroskop. Pulver; 76%. — $Cs_2B_{10}H_{13}CN$; 0,12 g **I** lösen sich rasch in einer Lsg. von 0,15 g NaCN in 75 ml W.; Nd. auf Zugabe von CsCl u. Abkühlung auf 5°; umkrist. aus Wasser. — $NaB_{10}H_{13} \cdot (CH_3)_2S$, aus 4 g **I**, 0,6 g NaH u. 25 ml $(CH_3)_2S$ bei 0° analog **II a**) in 2 Tagen; 6std. Bzl.-Extraktion; 55%. — $CsB_{10}H_{13} \cdot (CH_3)_2S$, aus vorst. Verb. u. CsF in Wasser.

F. HUBER. 258□

Eine neue Methode zur Synthese von Dicyan. William L. Fierce und Walter J. Sandner. (Ind. Engng. Chem. **53.** 985—87. Dez. 1961. Crystal Lake, Ill., Pure Oil Co., Res. Center.) (Engl.)

$(CN)_2$ läßt sich durch katalyt. Oxydation von HCN durch NO_2 in der Gasphase bei Atmosphärendruck nach: $2\,HCN + NO_2 \rightarrow (CN)_2 + NO + H_2O$ in hoher Ausbeute darstellen. Als wirksame Katalysatoren dienen Kalkglaskügelchen (4 mm ∅) oder Verbb. von Na, Ca, Ag u. bes. Mg auf Trägern kleiner Oberfläche (Bimsstein). In Ggw. eines Mg-haltigen Bimssteinkatalysators erreicht die Selektivität für $(CN)_2$ 100%, u. das NO_2 wird bei 200—350° u. HCN-Überschuß vollständig verbraucht. Durch B_2O_3 wird die katalyt. Wirksamkeit von Kalkglas drast. vermindert, Pb- u. Borosilicatgläser sind katalyt. unwirksam. Bei Ggw. eines Mg-Katalysators, dessen Träger aus aktivierter Tonerde besteht, entsteht $(CN)_2$ in sehr geringer Menge, HCN wird vollständig oxydiert. — Da das einzige Nebenprod. NO leicht abgetrennt, durch Luft oder O_2 wieder zu NO_2 oxydiert u. in den Kreislauf zurückgebracht werden kann, kann die Rk. die Grundlage eines ökonom., kontinuierlichen Verf. zur Darst. von $(CN)_2$ sein.
P. SCHARNER. 260 □

Faserförmiges Siliciumdioxid. Wolfgang Haller. (Nature [London] **191.** 662—63. 12/8. 1961. Washington, D.C., Nat. Bur. of Stand.) (Engl.)

Vf. züchtet faserförmiges SiO_2 auf elektr. beheizten Pt-Oberflächen (ca. 1100°) durch Zers. von N_2-verd. Gemischen von SiF_4 u. H_2O-Dampf. Vor Auftreffen auf die Pt-Fläche wird das Gasgemisch in einem Pt-Rohr auf eine Temp. oberhalb der Temp. der Pt-Fläche erhitzt. Die erhaltenen Fasern weisen kreisförmige Querschnitte ohne wahrnehmbare Ausbildung von Flächen auf. Ihre Durchmesser liegen im Bereich $<1-50\,\mu$, ihre Länge beträgt $10\,\mu$ bis einige Millimeter. Der Brechungsindex ist angenähert gleich dem von glasigem SiO_2 (1,46) u. liegt unter denen kristalliner Formen. Herabsetzung der Temp. der Pt-Fläche führt zur Abscheidung von vorwiegend koll. SiO_2. Häufig wird weitere Verzweigung der Fasern festgestellt. Wachsen die Fasern aus dem Bereich optimaler Wachstums-Temp. heraus oder treten Temp.-Schwankungen ein, so entsteht an den Faserenden opakes, feinverteiltes SiO_2 oder die Faseroberfläche überzieht sich mit koll. SiO_2. Nach Beendigung bzw. während des Wachstums wird mkr. Formänderung der Fasern, ggf. Abrundung am Faserende, mitunter Verbiegung u. Verdrehung sowie Änderung der Wachstumsrichtung festgestellt, woraus Vf. auf einen plast. Zustand der Fasern schließt. Spektralanalyt. werden nur die Emissionsbanden von Si beobachtet. Aus Röntgenpulveraufnahmen (vorwiegend amorph; nur schwache, aber getrennte Beugungslinien) ist auf einen geringen Kristallinitätsgrad zu schließen. Vf. führt die Bldg. der statist. u. energet. nicht begünstigten Wachstumsformen auf die dirigierende Wrkg. von Gitterkräften zurück, obwohl elektrostat. Anhäufung u. therm. Effekte ebenfalls als Ursachen möglich sind. P. FRENZEL. 261 □

Darstellung hochreinen Siliciums aus Silan. Charles H. Lewis, Henry C. Kelly, Mario B. Giusto und Sidney Johnson. (J. electrochem. Soc. **108.** **1114** bis 1118. Dez. 1961. Beverly, Mass., Metal Hydrides, Inc., Res. and Developm. Labor.) (Engl.)

Vff. untersuchen die Darst., Reinigung u. therm. Zers. von SiH_4, um hochreines Si herzustellen. Durch tropfenweise Zugabe einer Lsg. von $SiCl_4$ in Tetraäthylenglykoldimethylester (I) zu einer magnet. gerührten Lsg. von überschüssigem $LiAlH_4$ in **I** in einem unter Vakuum stehenden Rk.-Gefäß, Reinigung des entwickelten SiH_4 u. quant. therm. Zerfall bei 777° in einer Quarzzelle wird polykristallines, ultrareines Si erhalten. Die mit Hilfe spektrograph. Meth. oder Neutronenaktivierungsanalyse ermittelten Verunreinigungen sind angegeben: Fe 17,0*, Cu 11,0, Bi 1,6*, As 1,0, P 1,0*, Tl 0,91*, Zn 0,41*, Ni 0,27*, In 0,032*, Ga 0,0062*, Sb 0,0037* u. Mn 0,00062 ppb (die mit * bezeichneten Werte wurden nicht ermittelt, sondern kennzeichnen die Erfassungsgrenze in ppb). Die Rk. läuft summar. gemäß $R_2O + LiAlH_4 + SiCl_4 \rightarrow R_2OAlCl_3 + SiH_4 + LiCl$; $SiH_4 \rightarrow Si + 2\,H_2$ ab, wobei wahrscheinlich eine schrittweise erfolgende Übertragung der H^+-Ionen vom $LiAlH_4$ auf $SiCl_4$ unter Ersatz des Cl-Ions erfolgt. Die Vorteile dieser Meth. werden eingehend diskutiert. U. SKURNIA. 261 □

Über Phosphorsäuren niederer Oxydationszahl. 6. Mitt. **Über die $(-\overset{4}{P}-\overset{4}{P}-O-)_2$-Ringsäure und die $\overset{4}{P}-\overset{4}{P}-O-\overset{4}{P}-\overset{4}{P}$-Säure.** Bruno Blaser und Karl-Heinz Worms. (Z. anorg. allg. Chem. **311.** 313—24. 1961. Düsseldorf, Henkel u. Cie., Wiss. Labor.) (Dt.) — 5. vgl. C. **1960.** 6777.

Während durch Erhitzen von Hydrogensalzen der $\overset{4}{P}-\overset{4}{P}$-Säure nur Wasseraustritt unter gleichzeitiger Spaltung der P—P-Bindung erfolgt, konnten Vff. durch Anhydrisierung von $K_4P_2O_6 \cdot aq$ mit $(CH_3CO)_2O$ u. anschließende schonende Hydrolyse in der

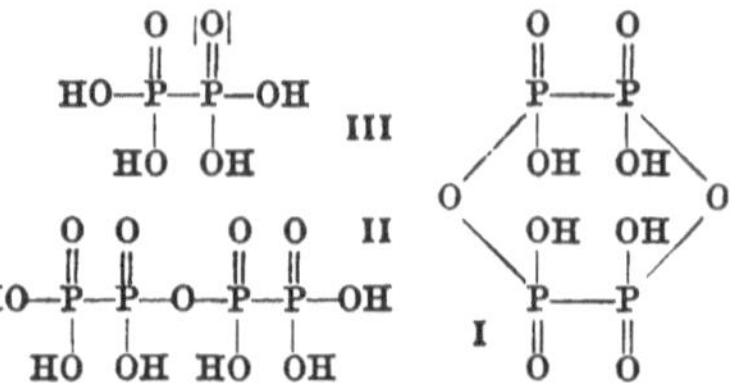

$(-\overset{4}{P}-\overset{4}{P}-O-)_2$-*Ringsäure* (I) u. der $\overset{4}{P}-\overset{4}{P}-O-\overset{4}{P}-\overset{4}{P}$-*Säure* (II) als Anhydride der $\overset{4}{P}-\overset{4}{P}$-Säure (III) 2 weitere bisher unbekannte P-Säuren in Form ihrer Salze zugänglich machen (Nomenklatur vgl. C. **1960**. 6773). Sie sind zum Unterschied von **III** resistent gegen Br_2/HCO_3^-. $\overset{3}{P}$- u. $\overset{4}{P}-\overset{4}{P}$-Säure lassen sich neben **I** u. **II** bequem jodometr. u. bromometr. titrieren. Das Ba-Salz von **II** ist in verd. HCl bei 20° leicht, das von **I** schwer löslich. Der R_f-Wert des Anions von **I**, $P_4O_{10}^{4-}$, liegt etwas höher als bei PO_4^{3-}, der des Anions von **II**, $P_4O_{11}^{6-}$, nahezu gleich mit dem von **III**, $P_2O_6^{4-}$. Potentiometr. Titrationen ergaben für **I** nur einen einzigen Potentialsprung bei pH 6,1, für **II** Sprünge bei pH 10,3 u. 4,8—5,0, entsprechend $Na_6P_4O_{11}$ u. $Na_4H_2P_4O_{11}$. Salzkryoskop. Best. des Molgew. in Glaubersalz entsprachen den Verbb. $Na_4P_4O_{10}$ bzw. $Na_6P_4O_{11}$. Die Oxydationszahlen wurden bei **I** wie bei **II** zu +4 ermittelt. — Von **I** ließen sich die Salze mit $[NH_2C(NH)NH_3]^+$, Ag^+, Na^+, K^+ u. Ba^{2+}-Kationen darstellen. Beim Entfernen des Kristallwassers gehen sie ohne Zers. in die wasserfreien röntgenamorphen Verbb. über. Hydrolyse mit sd. Mineralsäuren führt zu $\overset{3}{P}+\overset{5}{P}$, mit 60% KOH bei 150° zu $\overset{4}{P}-\overset{4}{P}$ (quant.), mit 1,5n NaOH bei 20° zu **II**. Die Hydrolyse zu **II** entspricht einer Rk. 1. Ordnung, Halbwertszeit 138 Min., $K = 5{,}0 \cdot 10^{-3}$ für 0,25n NaOH u. 20,2°. — **II** wurde in Form von Salzen mit Na^+, K^+ u. Ba^{2+} als Kationen isoliert. Letzte Spuren von Kristallwasser lassen sich nur unter Zers. des Anions beseitigen. Kochen mit 2n NaOH führt in 30 Min. nur zu 8,8% zu $\overset{4}{P}-\overset{4}{P}$, quant. dagegen mit 60% NaOH bei 150°. Mineralsäuren überführen **II** je nach Bedingung quant. in $\overset{3}{P}+\overset{5}{P}$ oder in $\overset{4}{P}-\overset{4}{P}$. — Durch Einw. von $(CH_3CO)_2O$ auf NaH_2PO_3 bei 25° (93%) u. 90° (80%) konnte das Na-Salz der $\overset{3}{P}-O-\overset{3}{P}$-Säure erhalten werden. Das Darst.-Prinzip läßt sich auch auf Propionsäure–Propionsäureanhydrid-Mischungen übertragen (Ausbeute an **I** 60,6%). — Die Anhydrid-Bldg. setzt die Rk.-Fähigkeit von P-Säuren niederer Oxydationszahl Halogenen gegenüber stark herab. So werden $\overset{3}{P}$- u. $\overset{4}{P}-\overset{4}{P}$-Säure von Br_2 bei 20° in HCO_3^--Lsgg. momentan bzw. in wenigen Min. quant. oxydiert, während $\overset{3}{P}-O-\overset{3}{P}$-, $\overset{3}{P}-O-\overset{5}{P}$-, $\overset{3}{P}-O-\overset{4}{P}-\overset{4}{P}$-, $\overset{5}{P}-O-\overset{4}{P}-\overset{4}{P}$-, $\overset{4}{P}-\overset{4}{P}-O-\overset{4}{P}-\overset{4}{P}$- u. $(-\overset{4}{P}-\overset{4}{P}-O-)_2$-Säure nur sehr langsam oder wie mit J_2 gar nicht mehr reagieren.

Versuche: $[-P-P-O-]_2$-*Säure* (**III**), *Kaliumsalz*, 89,9 g $K_4P_2O_6 \cdot aq$ (0,2 Mol), 400 ml $(CH_3CO)_2O$, 90°, 40 Std. stehenlassen, abzentrifugieren, mehrmals mit A. waschen, auf Ton trocknen; Rohausbeute 88,4% = (**IIIa**). 80,8 g $K_4P_2O_6 \cdot aq$ (0,2 Mol), 312 g $(C_2H_5CO)_2O$, 312 g C_2H_5COOH, 90°, 68 Std. stehenlassen, Weiterbehandlung wie oben; 84,0% (**IIIb**). Hierin liegen 72,1% des P als **I** u. 4,9% als **II** vor. — *Tetraguanidiniumsalz* (**IV**), $(CN_3H_6)_4P_4O_{10} \cdot aq$, 131 g **IIIa** in 375 ml W. lösen, mit konz. KOH auf pH 7 einstellen, zentrifugieren, mit gleichem Vol. 50% Guanidiniumchlorid-Lsg. versetzen, stehenlassen im Eisschrank, abnutschen, auf Ton trocknen. 58,8 g. Aus W. umkristallisieren, mit CH_3OH waschen; 44,5 g **IV** (26,7%, bezogen auf eingesetztes $\overset{4}{P}-\overset{4}{P}$), enthält 6,5% H_2O. Aus 40,2 g **IIIb** analog 44% **IV**. — *Silbersalz* (**V**), 60 g **IIIa** in 3,5 Liter W., 2—3°, in 5 Min. unter Rühren mit 110 g $AgNO_3$ in 1,5 Liter W. von 0° versetzen, Ag-Salz abnutschen, mit eiskalter 1% $AgNO_3$-Lsg. waschen. — *Tetranatriumsalz* (**VI**), **V** im Mörser mit 670 ml 10% NaBr-Lsg. verreiben, Filtrat mit gleichem Vol. A. fällen, Öl nach Kristallisieren abnutschen, in 600 ml W. lösen, erneut mit A. fällen, Nd. mit 50%ig. A. waschen; 88,1% [mit 16,37 (16,53)% H_2O]. — *Bariumsalz*, 1 g **VI** in 100 ml W. mit 50 ml Ba-Acetat-Lsg. (3,5%ig.) versetzen, Nd. zentrifugieren, mit W. waschen. — $\overset{4}{P}-\overset{4}{P}-O-\overset{4}{P}-\overset{4}{P}$-*Säure*, *Hexanatriumsalz* (**VII**), 30 g **VI** in 300 ml 1,5n CO_3^{2-}-freiem NaOH lösen, nach 3½ Std. bei 25° mit gleichem Vol. A. fällen, Öl abzentrifugieren, in 150 ml W. lösen, mit gleichem Vol. A. versetzen, öligen Nd. abzentrifugieren u. mit Methanol verreiben; 37,2 g $Na_6P_4O_{11} \cdot aq$ (93,8%) mit 26,23 bzw. 27,20% H_2O. Die 1%ig. Lsg. besitzt pH 10,18. Halbwertszeit der Hydrolyse zu $\overset{4}{P}-\overset{4}{P}$ in 0,2n HNO_3 bei 20° 52 Min., $K = 13{,}3 \cdot 10^{-3}$. — *Bariumsalz*, 1 g **VII** in 110 ml W. mit 50 ml 4%ig. Ba-Acetat-Lsg. versetzen, zentrifugieren, Nd. mit W. waschen. — Die DEBYE-Diagramme für **IV** · 2 H_2O, **VI** · 4 H_2O u. **VII** · ca. 9 H_2O werden mitgeteilt.

U. WANNAGAT. 264□

Über Phosphorsäuren niederer Oxydationszahl. 7. Mitt. **Umanhydrisierungsreaktionen von P—O—P-Säuren. Über die $\overset{3}{P}-O-\overset{4}{P}-\overset{4}{P}$-Säure.** Bruno Blaser und Karl-Heinz Worms. (Z. anorg. allg. Chem. **312.** 146—68. 1961.) (Dt.) — 6. vgl. vorst. Referat.

Die in neutralen Lsgg. verhältnismäßig langsam (Halbwertszeit $\tau = 24$ Tage; 20°; 0,1m $NaHCO_3$-Lsg.) verlaufende Hydrolyse der *Diphosphorigen Säure* $H_4P_2O_5$ (= $\overset{3}{P}-O-\overset{3}{P}$-Säure; nachst. wird die Bezeichnung Säure weggelassen) nach $\overset{3}{P}-O-\overset{3}{P} + HOH \rightarrow 2\,\overset{3}{P}(OH)$ wird durch H_3O^+ ($\tau = 1$ Min.; 25°; 0,2n HCl) wie durch OH^- ($\tau =$ 2—3 Min.; 20°; 0,1n NaOH) beschleunigt, noch stärker jedoch durch die Alkalisalze verschiedener Säuren bzw. allein deren Anionen. Bei HCO_3^-, CH_3COO^-, SO_4^{2-}, $H_2PO_2^-$ konnten dabei keine Zwischenprodd. nachgewiesen werden. Die Hydrolyse in Ggw. von F^- verläuft bes. rasch bis zur Stufe einer noch unbekannten *monofluorophosphorigen Säure* H(F)P(O)OH, von da ab wesentlich langsamer. Bei Ggw. von P-Säuren werden gleichzeitig neue Säuren des P aufgebaut. Diese von Vff. als Umanhydrisierungen bezeichneten Rkk. laufen in wss., ggf. verd. Lsgg. ab u. besitzen ihre höchsten, prakt. quant. Ausbeuten in der Nähe des Neutralpunkts. Die Rk.-Geschw. u. Ausbeuten hängen stark von Temp., Konz. u. pH ab; sie sind in der Originalarbeit tabellar. zusammengefaßt. Untersucht wurden die Umsetzungen a) $\overset{3}{P}-O-\overset{3}{P} + \overset{5}{P} \rightarrow \overset{3}{P}-O-\overset{5}{P} + \overset{3}{P}$ (quant. bei pH 5—8; 30°; 0,12m $\overset{3}{P}-O-\overset{3}{P}$; 1,2m $\overset{5}{P}$); eine rückläufige Rk. oder die Weiter-Rk. von $\overset{3}{P}-O-\overset{5}{P}$ zu $\overset{5}{P}-O-\overset{5}{P}$ fand nicht statt; b) $\overset{3}{P}-O-\overset{3}{P} + \overset{4}{P}-\overset{4}{P} \rightarrow \overset{3}{P} + \overset{3}{P}-O-\overset{4}{P}-\overset{4}{P}$; c) $\overset{3}{P}-O-\overset{4}{P}-\overset{4}{P} + \overset{5}{P} \rightarrow \overset{4}{P}-\overset{4}{P} + \overset{3}{P}-O-\overset{5}{P}$ (Ausbeute 75); d) $\overset{3}{P}-O-\overset{3}{P} + \overset{5}{P}-O-\overset{5}{P} \rightarrow \overset{3}{P} + \overset{3}{P}-O-\overset{5}{P}-O-\overset{5}{P}$ (noch nicht rein dargestellt); e) $(-\overset{5}{P}-O-)_3 + 3\,\overset{4}{P}-\overset{4}{P} \rightarrow 3\,\overset{5}{P}-O-\overset{4}{P}-\overset{4}{P}$ (in Gemischen mit anderen P-Säuren; Umsatz 25—35%). — Die nach b) dargestellte *$\overset{3}{P}-O-\overset{4}{P}-\overset{4}{P}$-Säure* (I) war bisher unbekannt. Ihr Na-Salz ließ sich nur als Öl abscheiden, daraus jedoch ein krist. Tetraguanidiniumsalz gewinnen. Die mittlere Oxydationszahl des P wurde zu 3,68—3,70 ermittelt. Zwei Sprünge bei der potentiometr. Titration bei pH 9,6 u. 5,1 entsprechen den Ionen $HP_3O_8^{4-}$ u. $H_2P_3O_8^{3-}$. Der R_f-Wert im alkal. Chromatogramm liegt höher als der von $\overset{4}{P}-\overset{4}{P}$. I ist gegen J_2 in $NaHCO_3$-Lsg. beständig. Br_2 oxydiert langsam je zur Hälfte zu $\overset{5}{P}-O-\overset{5}{P} + \overset{5}{P}$ u. zu $\overset{5}{P}-O-\overset{4}{P}-\overset{4}{P}$. Eine Oxydation zu $\overset{5}{P}-O-\overset{5}{P}-O-\overset{5}{P}$ findet im Gegensatz zu früheren Unterss. dabei nicht statt. Totale Hydrolyse im Alkal. führt zu $\overset{3}{P} + \overset{4}{P}-\overset{4}{P}$, im Sauren zu $2\,\overset{3}{P} + \overset{5}{P}$. In seiner Beständigkeit gegen Laugen steht I (0,5n KOH; 0°; $\tau = 110$ Min., $K = 6{,}32 \cdot 10^{-3}$) zwischen $\overset{3}{P}-O-\overset{3}{P}$ ($\tau = 1$ Min.) u. $\overset{3}{P}-O-\overset{5}{P}$ ($\tau = 3400$ Min.). — $\overset{3}{P}$, $\overset{3}{P}-O-\overset{3}{P}$ u. $\overset{3}{P}-O-\overset{5}{P}$ lassen sich infolge Beständigkeit der beiden letzteren gegen J_2/HCO_3^--Lsgg. sowie deren stark unterschiedliche alkal. Hydrolyse-Geschw. quant. nebeneinander bestimmen.

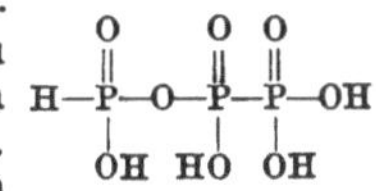

I

Versuche: *$\overset{3}{P}-O-\overset{4}{P}-\overset{4}{P}$-Säure* (I), *Natriumsalz* (II), 314 g $Na_2H_2P_2O_6 \cdot 6\,H_2O$ (1 Mol) in 500 ml W. bei 80° mit 660 ml 2n NaOH versetzen, auf 100° erhitzen, rühren, schnell 95 g $Na_2H_2P_2O_5$ (0,5 Mol) eintragen, 5 Min. kochen, schnell auf 20° abkühlen, Na-Salz von $\overset{4}{P}-\overset{4}{P}$ (III) abnutschen, Nd. mit wenig W. (0°) nachwaschen, mit 98 ml 2n NaOH auf pH 8,5 einstellen, bei 0° stehenlassen, III abnutschen, rühren, $^2/_3$ Vol. A. (0°) rasch zutropfen. Öligen Nd. abtrennen, zentrifugieren, in 330 ml W. (0°) lösen (q), mit 2n NaOH auf pH 8,5 einstellen, erneut wie oben mit A. fällen u. bis (q) weiterbehandeln, 12 Std. bei 0° stehenlassen, filtrierte Lsg. mit $^2/_3$ Vol. A. fällen. Öl abtrennen; 43% (Ausbeute). Letzte Reste $\overset{4}{P}-\overset{4}{P}$ mit $Zn(CH_3COO)_2 \cdot 2\,H_2O$ abtrennen, Zn^{2+} mit Na_2S fällen, mit CH_3COOH auf pH 8,5 einstellen, wie oben aufarbeiten. Öl war frei von $\overset{3}{P}$ u. $\overset{4}{P}-\overset{4}{P}$; 12%. — *Tetraguanidiniumsalz* (IV), II als unreines Öl (vgl. 43% Ausbeute) in 465 ml W. (0°) lösen, mit 850 ml A. bei 0° fällen, Öl in 360 g 50% Guanidiniumchlorid-Lsg. (V) bei 0° lösen, rühren, 1800 ml Formamid (VI) zugeben, auf +8° kühlen, 1700 ml A. bei 8° zusetzen, klebrigen Nd. in 180 g V lösen, mit 550 ml VI bei 20° bis zur beginnenden Trübung versetzen, bis zur Kristallisation rühren, weitere 700 ml VI zusetzen, auf +6° kühlen, abnutschen, mit CH_3OH waschen, im Vakuum trocknen; Nd. noch einmal analog reinigen (Lösen in 106 g V usw.); 19,1% (bezogen auf $\overset{3}{P}-O-\overset{3}{P}$); Wasser-Geh. 7,65—8,16%, etwa **IV**·2,1—2,3 H_2O. 1%ig. Lsg. besitzt pH 8,7. Kristallwasser läßt sich bei 3 Torr u. 77° entfernen, jedoch nur unter teilweiser Zers. von **IV**. **IV** zersetzt sich bei 20° innerhalb von 3 Monaten, nicht aber bei 0°, u. mäßig schnell in konz. Lösungen. Das DEBYE-Diagramm wird mitgeteilt. — *Natriumsalz der* $\overset{3}{P}-O-\overset{5}{P}$*-Säure,* 106 ml **II**-Lsg. (0,0321 Mol) mit 35,8 g $Na_2HPO_4 \cdot 12\,H_2O$ (0,1 Mol) 30 Min. kochen, → 55 ml Lsg., auf 20° kühlen, Nd. abnutschen. Lsg. wie in 5. Mitt. (C. **1960.** 6777) aufarbeiten. 33% $Na_3HP_2O_6 \cdot 8\,H_2O$. U. WANNAGAT. 264□

Untersuchungen an anorganischen Polyelektrolyten. 1. Mitt. **Grahams Salz: Abhängigkeit des Molekulargewichts von den Bildungsbedingungen.** A. C. Chatterji und Harihar Nath Bhargava. (J. Polymer Sci. **35.** 235—45. Febr. 1959. Lucknow, India, Univ., Chem. Labor.) (Engl.)

Die Abhängigkeit des Molgew. von Na-Polymetaphosphat (GRAHAMS Salz) von der Temp. (640—800°) u. Dauer beim Schmelzen von $NaH_2PO_4 \cdot 2\,H_2O$ wurde nach der Meth. von STRAUSS u. Mitarbeiter (C. **1954.** 727) durch Messung der Grenzviscosität in 0,035n NaBr-Lsg. untersucht. Es ergab sich, daß die Molgew. von den Herst.-Bedingungen, wie Art der Oberfläche des Schmelzgefäßes u. Temp. der Schmelze, abhängen. Als modifizierte empir. Gleichung nach STRAUSS u. Mitarbeiter (C. **1956.** 3239) zur Ermittlung von Molgew. auf Grund einer einzigen Best. der spezif. Viscosität η_{sp}/c in W. (1%ig. Lsg.) wird vorgeschlagen: $M_w = 33100\,(\eta_{sp}/c) + 850$. R. SCHÄFF. 264□

Zur Chemie der kondensierten Phosphate und Arsenate. 34. Mitt. **Der Anionenabbau kondensierter Phosphate.** 3. Mitt. **Versuche zur Deutung der katalytischen Beschleunigung des Polyphosphatabbaus durch Metallkationen in wäßriger Lösung.** Wolfgang Wieker und Erich Thilo. (Z. anorg. allg. Chem. **313.** 296—308. Dez. 1961. Berlin-Adlershof, Dtsch. Akad. der Wiss. zu Berlin, Inst. für anorg. Chem.) (Dt.) — 32. bzw. 2. vgl. C. **1961.** 17504 bzw. C. **1962.** 5221.

Abbau-Verss. von 0,1m Lsgg. eines GRAHAMschen Salzes $(NaPO_3)_n$ (mit ^{32}P markiert) der mittleren Kettenlänge n = 120 wurden bei pH 8 u. 60° in Ggw. steigender Mengen $MgCl_2$ (**I**) (0 bis $3{,}9 \cdot 10^{-3}$ Mol/Liter) durchgeführt. Der zeitliche Ablauf des Abbaus wurde durch Entnahme von Proben verfolgt, deren Zus. qual. durch Papierchromatographie u. quant. durch Best. der ^{32}P-Aktivität der einzelnen Chromatogrammflecke bestimmt wurde. Die Abbau-Rk. wird durch steigende Mengen **I** zunehmend beschleunigt; als Abbau-Prodd. treten, wie bei einer nicht katalyt. beschleunigten Rk., *Trimeta-* (**II**) u. *Monophosphat* (**III**) neben wenig *Di-*, *Tri-* u. *Tetrametaphosphat* auf. Das molare Verhältnis der gebildeten **II** u. **III** hängt nicht nur von der Art der katalysierten Kationen, sondern auch von deren Konzz. ab. Die Konst. der Rk.-Geschw. 1. Ordnung des Polyphosphatabbaus wurden ermittelt. Die katalyt. Wrkg. der Mg^{2+}-Ionen strebt einem Grenzwert zu, der etwa bei vollständiger Absättigung des Polyphosphations durch Mg^{2+} erreicht wird. Das deutet darauf hin, daß nicht freie, sondern direkt an das Polyphosphat gebundene Mg-Ionen die katalyt. Wrkg. hervorrufen. Diese Ergebnisse werden bestätigt durch Verss., bei denen die Mg^{2+}-Ionen durch ÄDTE komplexiert wurden sowie durch Rkk. in Lsgm. mit verminderter DK (W. + Methanol, W. + A., W. + Dioxan). In saurem Medium (pH 5) wird die Abbau-Rk. durch NaCl-Zusatz verzögert; dieses läßt sich durch einen Austausch von H^+ am Polyphosphat durch die katalyt. weniger wirksamen Na-Ionen erklären. Als Ursache der katalyt. Wrkg. von Metallkationen auf den Polyphosphatabbau wird eine Positivierung der P-Atome angenommen. G. GATTOW. 264□

Zur Chemie der kondensierten Phosphate und Arsenate. 35. Mitt. **Der Anionenabbau kondensierter Phosphate.** 4. Mitt. **Kettenlängenabhängigkeit des Polyphosphatabbaus in verdünnter wäßriger Lösung.** Wolfgang Wieker. (Z. anorg. allg. Chem. **313.** 309—15. Dez. 1961.) (Dt.) — 34. bzw. 3. vgl. vorst. Referat.

Die Bldg.-Geschw. der bei der Abbau-Rk. (bei 60° u. pH 8) von GRAHAMschen Salz $(NaPO_3)_n$ als Hauptprodd. entstehenden Trimeta- u. Monophosphate nehmen mit steigender Kettenlänge n ab u. fallen für mittlere Kettenlängen von n = 150—235 prakt. zusammen. Aus den aus Analysendaten ermittelten Konst. der Rk.-Geschw. 1. Ordnung in Abhängigkeit von der Kettenlänge u. aus bekannten Literaturwerten folgt, daß die Abbau-Geschw. mit steigender Kettenlänge zunächst ansteigt, nach dem Durchlaufen eines Maximums zwischen n = 8 u. n = 24 wieder abfällt u. bei mittleren Kettenlängen (n > 100) einem konst. Grenzwert zustrebt. Diese Abhängigkeit wird als Folge einer sich mit steigender Kettenlänge ändernden Wechselwrkg. zwischen Kationen u. den Kettenabschnitten der Polyanionen erklärt. G. GATTOW. 264□

Schmelzpunktdiagramm des Systems $BeSO_4$-Na_2SO_4. P. I. Fedorow und Tschshan Tschi-Juin. (Acta chim. sinica **23.** 9—13. 1957.) (Chin.; Auszug: Russ.)

Bei der Unters. des Zustandsdiagramms des bin. Syst. $BeSO_4$–Na_2SO_4 ergab sich eine reziproke Löslichkeit der Komponenten in fl. Zustande u. das Auftreten von 3 Doppelsalzen: *$BeSO_4 \cdot 3\,Na_2SO_4$* (Bldg. bei 485°), *$BeSO_4$–Na_2SO_4* (F. 660°) u. *$3\,BeSO_4 \cdot Na_2SO_4$*. E. KLEVER. 281□

Phasengleichgewichtsangaben für das System MgO–MgF_2–SiO_2. Wilhelm Hinz und Peter-Olaf Kunth. (Amer. Mineralogist **45.** 1198—1210. Nov./Dez. 1960. Berlin, German Acad. of Sci.) (Engl.)

In einem Teil des Syst. MgO–MgF_2–SiO_2 wurden unter Verw. von dynam. u. stat. Meth. die Liquiduspunkte bestimmt. Die krist. Phasen wurden durch mkr. Unterss., durch Best. der Brechungsindices u. durch DEBYE-SCHERRER-Aufnahmen identifiziert. Im Teil-Syst. MgO–MgF_2 wird ein Eutektikum bei 1240° u. 10 Mol-% MgO beobachtet. Das Teil-Syst. MgF_2–SiO_2 ist nicht binär. Beim Erhitzen tritt Rk. gemäß $2\,MgF_2 + SiO_2 \rightarrow 2\,MgO + SiF_4$ ein. Im Teil-Syst. Mg_2SiO_4–MgF_2 treten die Mineralien *Humit*, *Norbergit* (**I**), *Chondrodit* (**II**), *Sellait* (**III**), *Klinohumit* (**IV**) u. *Forsterit* (**V**) auf. Zwischen **I** u. **III** liegt ein Eutektikum. **I** schmilzt inkongruent bei 1345° mit Kristallisationsbeginn von **II**. **III** bildet sich oft metastabil aus **I**-Schmelzen. Der stabile inkongruente F. von **II** liegt um 1450°. **IV** erscheint nur unter 1380°. Alle Proben lagen im MgO-Geh. höher als für **V** berechnet wurde. Im tern. Syst. treten außer dem Eutektikum zwischen *Periklas* (**VI**)–**I** u. **III** [bei 1192° u. 14 (% MgO), 82 (% MgF_2), Rest SiO_2] folgende Rk.-Punkte auf: **VI–II–I** (1330°; 34, 53), **VI–V–II** (1440; 49, 29), **II–I–*Tridymit*** (**VII**) (1250°; 37, 28), **V–*Klinoenstatit*–II** (1340°; 44, 16), *Klinoenstatit*–**II–VII** (1300°; 43, 16), Inversionspunkt bei *Klinoenstatit–Cristobalit*–**VII** (1470°; 46, 5). — Jenseits der Linie Mg_2SiO_4–MgF_2 treten bei den Verss. starke Rkk. auf, so daß keine eindeutigen Verss.-Ergebnisse in dem Teil-Syst. Mg_2SiO_4–MgF_2–SiO_2 erhalten wurden. Neue Verbb., wie z. B. $Mg_7 \cdot (Si_8O_{22})F_2$, wurden nicht entdeckt. H. G. MOSLÉ. 282□

Die Untersuchung von Aluminiumalkoholaten. 1. Mitt. **Aliphatische Aluminiumhalogenidalkoholate. Darstellung und thermische Zersetzung salzsaurer Komplexe der Aluminiumhalogenidalkoholate.** G. Tokár und I. Simonyi. (Acta chim. Acad. Sci. hung. **15.** 291—95. 1958.) (Dt.) — C. **1959.** 2389. J. RUNGE. 294□

Die Untersuchung von Aluminiumalkoholaten. 2. Mitt. **Reaktionen des Aluminiumphenolates und -benzylates mit Salzsäure.** I. Simonyi und G. Tokár. (Acta chim. Acad. Sci. hung. **15.** 297—300. 1958.) (Dt.) — C. **1959.** 2389. J. RUNGE. 294□

Cyclopentadienyltrimethyltitan. Umberto Giannini und Sebastiano Cesca. (Tetrahedron Letters [London] **1960.** Nr. 14. 19—20. Juni. Milano, Politecn., Ist. di Chim. Ind.) (Engl.)

Durch Rk. von 4 g Cyclopentadienyltitantrichlorid in abs. Ae. mit Methyl-Li bei —30°, Absaugen des LiCl u. Eindampfen des Lsgm. entsteht Cyclopentadienyltrimethyltitan (**I**), $C_8H_{14}Ti$; Sublimation bei Raum-Temp./0,5 Torr u. Kühlen auf —70° ergibt gelbe Nadeln; 1,1 g Ausbeute. **I** ist in inerter Atmosphäre bei 0° beständig, zersetzt sich aber stark ab 40°; es reagiert mit W. u. Alkoholen unter Bldg. von CH_4 u. oxydiert sich an der Luft. W. HAMPEL. 321□

Chlorierung von Monazit. O. M. Hilal und F. A. El Gohary. (Ind. Engng. Chem. **53.** 997—98. Dez. 1961. Dokki, Cairo, Nat. Res. Center.) (Engl.)

Vff. führten im Labor.-Maßstab Chlorierungen von ägypt. Monazitsandkonzentraten (**I**) in einem horizontalen Röhrenofen bei 900° durch u. untersuchten den Einfl. von Cl_2-Gas-Geschw., Temp. u. Zeit auf die Kondens. u. Reinheit des Th-Chlorids (**II**). 97,8% des Th-Geh. von **I** wurde bereits innerhalb von 30 Min. umgesetzt u. bei 850 bis 475° als U-freies **II** von 99,2%ig. Reinheit kondensiert. Die Reinheit von **II** wird nur in geringem Maße von der Reinheit des verwendeten **I** beeinflußt, während die Reinheit der Chloride der Lanthaniden mit abnehmender Reinheit von **I** abnimmt, da die nichtflüchtigen Chloride von Ca u. Mg als Beimengungen bei den Chloriden der Seltenen Erden bleiben. P. SCHARNER. 324□

Rhenium(I)-tetracarbonyldiäthylen-Kation. E. O. Fischer und K. Öfele. (Angew. Chem. **74.** 76. 21/1. 1962. München, Univ., Inst. für Anorgan. Chem.) (Dt.) — Vgl. C. **1962.** 1540.

Als ersten Äthylen-π-Komplex des Re stellten Vff. unter ca. 250 atm C_2H_4-Druck bei 45° in Cyclohexan nach $Re(CO)_5Cl + AlCl_3 + 2\,C_2H_4 \rightarrow [Re(CO)_4(C_2H_4)_2]AlCl_4 + CO$ das farblose, diamagnet. $[Re(CO)_4(C_2H_4)_2]^+$-Kation dar, das bei der Hydrolyse als schwerlösl. Hexafluorophosphat abgefangen wurde. Das Salz konnte aus Aceton/Ae. umkrist. u. durch Totalanalyse gesichert werden. Sein IR-Spektrum weist CO-Banden bei 2146, 2053 u. 2016 cm^{-1} u. die $\nu_{C=C}$-Schwingung bei 1539 cm^{-1} auf. Das in D_2O gelöste Kation gibt nur ein Protonensignal bei $\tau = 6{,}6$ (Trimethylsilan als äußerer Standard). Vff. schließen auf einen oktaedr. Re(I)-Durchdringungskomplex, bei dem auf Grund der drei auftretenden CO-Banden cis-Stellung der π-gebundenen C_2H_4-Liganden vorliegen muß. GERHARD SCHULZE. 352□

Struktur des sauerstoffübertragenden Kobalt(II)-Histidin-Komplexes. A. Earnshaw und L. F. Larkworthy. (Nature [London] **192.** 1068—69. 16/12. 1961. London, Battersea Coll. of Technol., Dep. of Chem.) (Engl.)

Die Struktur von Bis-[histidinato]-kobalt(II), eine der wenigen synthet. Verbb., die sich reversibel mit O_2 verbinden können, wurde von HEARON u. Mitarbeitern (J. nat. Cancer Inst. **9.** [1949.] 337) auf Grund des magnet. Moments von 4,44 (B.M.) für seine wss. Lsg. als tetraedr. (sp^3-Hybrid) angegeben. Vff. fanden aber für das feste Monohydrat des Komplexes 4,81 bei 291° K u. für die wss. Lsg. 5,16 bei 297,2°. Die wss. Lsg. ist rosafarben u. somit typ. für oktaedr. Konfiguration; denn die tetraedr. Komplexe sind blau. Das Absorptionsspektrum des Komplexes in wss. Lsg. im sichtbaren Bereich entspricht dem von oktaedr. Kobalt(II)-Komplexen. Das IR-Spektrum zeigt eine intensive Bande bei 1,587 cm^{-1}, die der assymm. Valenzschwingung der ionisierten und wahrscheinlich koordinierten Carboxylgruppen zugeordnet werden kann. Daher muß das Histidin als 3zähniger Ligand oktaedr. um das Co(II)-Atom angenommen werden. G. HELLER. 355□

Untersuchungen über Dimethylglyoximatokobalt(III)-Komplexe. 2. Mitt. **Absorptionsspektren von Bis-[dimethylglyoximato]- und Bis-[O-methyldimethylglyoximato]-kobalt(III)-Komplexen.** Akitsugu Nakahara. (Bull. chem. Soc. Japan **28.** 207—12. April 1955. Nakanoshima, Osaka, Osaka Univ., Fac. of Sci., Dep. of Chem.) (Engl.) — 1. vgl. C. **1955.** 8115.

Vf. führte die Synth. von *Diammin-bis-[O-methyldimethylglyoximato]-kobalt(III)-chlorid,* $[Co(NH_3)_2(DCH_3)_2]Cl \cdot 1,5\,H_2O$ [$DCH_3 = H_3C \cdot C(NOCH_3)C(NO)CH_3$] u. *Dinitro-bis-[O-methyldimethylglyoximato]-kobalt(III)-säure,* $H[Co(DCH_3)_2(NO_2)_2]$ durch u. untersuchte Absorptionsspektren dieser Verbindungen. Außerdem wurden Spektren folgender Bis-[dimethylglyoximato]-kobalt(III)-Komplexe in Lsg. im Bereich $\nu = 40—135 \cdot 10^{13}/s$ gemessen: $[Co(NH_3)_2(DH)_2]^+$ ($DH = H_3CC(NOH)C(NO)CH_3$); $[Co(NH_3)(DH)_2Cl]$; $[Co\cdot(DH)_2Cl_2]^-$; $[Co(DH)_2(NO_2)_2]^-$; $[Co(NH_3)(DH)_2(NO_2)]$; $[Co(H_2O)(DH)_2(NO_2)]$; $[Co(DH)_2\cdot Br_2]^-$. Die Maxima der spezif. Banden werden angegeben u. diskutiert. Ein Vgl. der Absorptionskurven von Dimethylglyoximato- mit den entsprechenden O-Methylglyoximatokomplexen läßt bathochrome Verschiebung der letzteren erkennen. Vf. vermutet, daß in Dimethylglyoximatokomplexen O—H—O-Wasserstoffbindungen vorliegen; mit dieser Annahme wird auch die größere Stabilität dieser Verbb. gegenüber den entsprechenden O-Methylkomplexen erklärt.

Versuche: *Diammin-bis-[O-methyldimethylglyoximato]-kobalt(III)-chlorid·1,5 W.*, durch Zugabe von 5 g Purpureokobalt(III)-chlorid, 5,2 g DCH_3 u. 0,5 g Holzkohle zu 60 cm^3 A. u. 30 cm^3 W.; nach 10—15std. Kochen im Wasserbad Filtration, Dest. des A., Eindampfen der Lsg., Waschen des Rückstands mit Chlf., Lösen in A., Abfiltrieren von NH_4Cl; Einengen des Filtrats im Vakuum; rötlich-braune Kristalle. — *Dinitro-bis-[O-methyldimethylglyoximato]-kobalt(III)-säure,* durch Versetzen der heißen Lsg. von Natriumhexanitritokobalt(III) mit DCH_3, Waschen der Fällung mit heißem W. u. A.; orangefarbene, rhomb. Kristalle, unlösl. in W. u. A., wenig lösl. in konz. Essigsäure, mit konz. H_2SO_4 Explosion; diamagnetisch. — *Dimethylglyoximmonomethyläther,* F. 104°, durch Lösen von 7 g NaOH u. 20 g Dimethylglyoxim in 100 cm^3 W. u. 200 cm^3 A., allmähliche Zugabe von 25 g CH_3J unter Rühren, 2std. Kochen auf dem Wasserbad, Abdest. des A.; nach Abkühlung Filtration u. Reinigung der Kristalle durch Wasserdampf-Dest.; 8,3 g. W. KÄSTNER. 355□

Umwandlungen und thermische Anomalien von Silberoxid. Kenneth S. Pitzer, Roger E. Gerkin, Lawrence V. Gregor und C. N. R. Rao. (Pure appl. Chem. **2.** 211—14. 1961. Berkeley, Calif., Univ.) (Engl.)

Ag_2O wurde durch Fällung aus wss. Lsg. unter CO_2-Ausschluß hergestellt (Hauptverunreinigung: 0,05% Cu) u. bei 95° getrocknet (A); gefälltes Ag_2O wurde nach Trocknung unter einem O_2-Druck von 140 atm bei 180° getempert (B); das gefällte Ag_2O wurde unter W. 20 Tage bei 325° u. 200 atm O_2-Druck getempert u. in O_2 bei 110° getrocknet (C). Während A u. B feinpulverig sind, besteht C aus Kristallen (Länge: 0,02 mm). Alle drei Proben zeigen einen Zers.-Druck von 1 atm bei ca. 460° K u. weisen ident. Röntgenogramme auf. Ag_2O krist. kub. mit $a = 4,72 \pm 0,01$ Å. Messungen der Elektronenspinresonanz ergeben keinen Hinweis auf das Vorliegen ungepaarter Elektronen. Durch Best. der Wärmekapazität von C (20—40° K) konnte die von PITZER u. SMITH (J. Amer. chem. Soc. **59.** [1937.] 2633) beschriebene Anomalie bei ca. 37° K (Beginn: 17° K) an Proben des Typs A nicht bestätigt werden; Entropie des Ag_2O bei 298,15° K: 28,38 cal/Grad Mol. Unterss. mittels DTA zeigen bei A einen exothermen Peak bei ca. 200° u. einen endothermen bei Temp. $>250°$, bei B u. C tritt nur der endotherme Peak (Zers. in Ag + O_2) auf. Die unterschiedlichen Meßergebnisse werden auf die größere Oberfläche von A gegenüber C zurückgeführt u. ausführlich diskutiert. G. GATTOW. 359□

Die Zusammensetzung einiger Nitratonitrosylrutheniumkomplexe. R. M. Wallace. (J. inorg. Nuclear Chem. **20.** 283—89. Dez. 1961. Aiken, S.C., E.I. du Pont de Nemours & Co., Savannah River Labor.) (Engl.)

Aus wss. HNO_3-Lsgg. wurden durch Extraktion mit Tri-n-butylphosphat (I) u. mit Hilfe von Ionenaustauschern einige Nitratokomplexe des Nitrosylrutheniums (II) isoliert u. analysiert. Am leichtesten wird Trinitratonitrosylruthenium $[RuNO(NO_3)_3 \cdot (H_2O)_2]$ durch I extrahiert, andere extrahierbare Verbb. besitzen weniger als 3 NO_3-Gruppen. Durch Ionenaustausch (mit Dowex 50-X 8) wurden aus sehr verd. HNO_3-Lsgg. (<0,1m) 3 kation. Komplexe Dinitrato-, Mononitratonitrosylruthenium u. II isoliert, denen wahrscheinlich die Zus. $[RuNO(NO_3)_2(H_2O)_3]^+$ bzw. $[RuNO(NO_3)(H_2O)_4]^{2+}$ bzw. $[RuNO(H_2O)_5]^{3+}$ zukommt. Unterss. der an Anionenaustauscherharzen (Dowex 1-X 4) adsorbierten Komplexe zeigten, daß hier Komplexgemische adsorbiert werden u. daß einige von diesen mehr als 3 NO_3-Gruppen pro Ru-Atom enthalten müssen. P. SCHARNER. 363□

A_9. Mineralogische und geologische Chemie

Das Kalium-Argon-Alter einer Glasprobe vom Nördlinger Ries. W. Gentner, H. J. Lippolt und O. A. Schaeffer. (Z. Naturforsch. **16a.** 1240. Nov. 1961. Heidelberg, MPI für Kernphys.) (Dt.)

Von dem am Ostrand des Nördlinger Rieses gelegenen Steinbruch Otting wurde eine Glasprobe entnommen; je drei Ar- u. K-Best. wurden durchgeführt. Mit $1,86 \cdot 10^{-6}$ cm^3 als Mittelwert für den radiogenen Ar-Geh. u. 3,10% als mittlerem K-Wert errechnet sich ein Ar-K-Alter von $15,1 \pm 0,5 \cdot 10^6$ Jahren. Dies Alter stimmt innerhalb der Fehlergrenzen mit dem der Moldavite (böhm. u. mähr. Tektite) überein. Das Material enthielt wenig atmosphär. Ar; beim Schmelzen gab es fast kein unedles Gas frei, was an vulkan. Gläsern noch nie, bei Tektiten aber immer beobachtet wurde. Vff. vermuten, daß es sich beim Nördlinger Ries um einen Meteoriteneinschlag handelt, wobei das meteorit. Material weitgehend verdampft ist; die Moldavite könnten nach dieser Theorie als Explosionsspritzer an die ca. 250 km entfernte Fundstelle gelangt sein. ERNST SCHULTE. 378□

Entstehung freier Radikale in kohlenstoffhaltigen Gesteinen. J. Duchesne, J. Depireux und J. M. van der Kaa. (Geochim. cosmochim. Acta [London] **23.** 209—18. Liège, Univ. of Liège, Inst. of Astrophys.) (Engl.)

Diskussion der Zusammenhänge zwischen botan. Ursprung u. natürlicher Radioaktivität u. ihrer Bedeutung für die Entstehung freier Radikale in Kohlen, Ligniten, Torf u. Erdöl. H. MOENKE. 378□

Chemische Untersuchung von natürlichen „OOS"-Lagerstätten bei Kapadvanj. J. P. Trivedi und N. M. Shah. (Current Sci. **29.** 131. April 1960. Ahmedabad, St. Xavier's Coll., Dep. of Chem.) (Engl.)

„OOS" sind Auswitterungen aus dem Boden während der trockenen heißen Jahreszeit. Sie bestehen aus einem weißen krist. Pulver u. werden zur Herst. von Seifen gewonnen. Zus.: 50% Sand, 30—35% Na_2CO_3 u. 14—15% $NaHCO_3$ mit 0,7—0,8% Cl, 0,1—0,2% Ca u. Spuren Al. Fe, Mg, S u. SO_4^{2-} sind nicht vorhanden. In W. gelöst entsteht nach dem Absetzen des Sands eine klare Lösung. F. ENSSLIN. 378□

Die Geochemie der stabilen Chlor-Isotope. T. C. Hoering und P. L. Parker. (Geochim. cosmochim. Acta [London] **23.** 186—99. Mai 1961. Fayetteville, Ark., Univ. of Arkansas, Dep. of Chem.) (Engl.)

Bericht über eine Meth., geringe Unterschiede in $^{37}Cl/^{35}Cl$-Verhältnissen zu messen. Die Werte von 81 natürlich entstandenen Substanzen (Wasserproben, Mineralien, Gesteine, Meteorite) ließen keine bemerkenswerten Variationen erkennen. Diskussion des geochem. Kreislaufes von Cl. H. MOENKE. 378□

Biogeochemische Untersuchung an Serpentin-Chromit-Erzlagern. Noboru Yamagata, Yukio Murakami und Tetsuya Torii. (Geochim. cosmochim. Acta [London] **18.** 23—35. Jan. 1960. Kiriu, Gunma Univ., Kiriu Coll. of Technol.; Komagome, Tokyo, Jap. Atom. Energy Res. Inst., Isotope School; Chiba, Chiba Univ., Fac. of Lit. and Sci., Chem. Inst.) (Engl.)

Es wurden chem. Analysen von strömendem W. u. Grundwasser sowie von Erdreich u. Pflanzen im Gebiet eines Serpentin-Chromit-Erzlagers durchgeführt u. die Verteilung einiger Elemente in Pflanzen u. Erdreich statist. ermittelt. G. TALSKY. 378□

Schwermineralien in den Sutlej-Flußsanden, Bhakra Damsite, Panjab, Indien. V. K. Verma. (Sci. and Cult. [Calcutta] **23.** 653—54. Juni 1958. Univ. of Lucknow.) (Engl.)

Sedimentpetrograph. Nachw. u. Beschreibung von Granat, Staurolith, Cyanit, Zirkon, Magnetit, Haematit, Enstatit, Turmalin, Epidot, Hornblende, Topas. Die klast. Mineralkomponenten wurden mit hoher Geschw., aber nicht sehr weit u. nicht sehr lange transportiert. H. Moenke. 380□

Bemerkung zur Bildung kugelförmiger Aragonitkörper in Anwesenheit von Bakterien an der Bahama-Bank. C. H. Oppenheimer. (Geochim. cosmochim. Acta [London] **23.** 295—96. Mai 1961. Port Aransas, Tex., Univ. of Texas, Inst. of Marine Sci.) (Engl.)

Labor-Vers.-Beschreibung unter Benutzung von filtriertem Seewasser aus dem Golf von Mexiko mit <1 g organ. Substanz/t. Als vorläufiges Ergebnis wird die lange Lebensdauer der Bakterien u. ihr akt. Einfl. auf das Kristallwachstum von Aragonit festgestellt. H. Moenke. 380□

Eine neue Methode der Unterscheidung zwischen Calcit und Dolomit. J. C. Gõni. (Bull. Soc. franç. Minéralog. Cristallogr. **83.** 254—56. Okt.—Dez. 1960. Porto Alegre, Brésil, Univ. do Rio Grande do Sul, Escola de geol.) (Franz.)

Die beschriebene Meth. zur Unterscheidung zwischen Calcit u. Dolomit basiert auf der Eig. des Calcits, nach Behandlung mit einer Uransalz-Lsg. kräftig zu fluorescieren. Die Leistungsfähigkeit dieser Meth. wird mit der Silberchromat-Meth. verglichen. R. F. Haar. 380□

Die chemische Zusammensetzung der Zhob-Valley-Chromite, West-Pakistan. S. A. Bilgrami und C. O. Ingamells. (Amer. Mineralogist **45.** 576—90. Mai/Juni 1960. Minneapolis, Minn., Univ., Dep. of Geol.) (Engl.)

Es treten 2 Generationen von Chromiten auf, von denen die erste gut ausgebildete dunkelbraune, durchscheinende Kristalle bildet, die von Serpentinäderchen durchzogen sind u. Einschlüsse von Serpentin u. Chlorit, manchmal in Pseudomorphose nach Olivin, enthalten. Der 2. Typ besteht aus vollkommen opaken gut ausgebildeten Kristallen mit Serpentinadern. Der Cr_2O_3-Geh. beträgt 56,46% bei einem Al_2O_3-Geh. von 12,35% in den Konzentraten. In den reinen Kristallen schwankt der Cr_2O_3-Geh. zwischen 52,17 u. 57,43% bei Al_2O_3-Geh. von 5,28 u. 10,80%. Chromite mit einem Cr/Fe-Verhältnis größer als 3 sind älter als solche mit niedrigerem Verhältnis. Eine Analysen-Meth. zur vollständigen Chromitanalyse wird angegeben. F. Ensslin. 380□

Jadeit und mitvorkommende Mineralien in den metagabbroiden Gesteinen in dem Sibukawa-Distrikt, Zentral-Japan. Yôtarô Seki, Mizuo Aiba und Chigusa Kato. (Amer. Mineralogist **45.** 668—79. Mai/Juni 1960. Urawa, Japan, Saitama Univ., Dep. of Earth Sci.) (Engl.)

In dem Metagabbro treten Adern von fast reinem Jadeit auf. Mit Jadeit vergesellschaftete metamorphe Mineralien sind: *Lawsonit*, *Pumpellyit*, *Chlorit*, *Vesuvian* u. *Grossular*. Außerdem treten gelegentlich Quarz, Na-Plagioklas, Analcim u. Calcit auf. Angabe von Analysen für Jadeit u. Vesuvian u. von Messungen der physikal. Konstanten. Die Bldg. des Jadeits fand wahrscheinlich unter hohem Wasserdruck bei niedrigen Temp. während der Metamorphose statt. Die Entkieselung des Muttergesteins durch die ultrabas. Nebengesteine hat seine Bldg. begünstigt. F. Ensslin. 380□

Kalivorkommen. Anonym. (Akad. tekn. Vidensk., Beretn. **1959.** Nr. 35. 140—42. Juli.) (Dän.)

Übersicht über die Entstehung der prim. u. sek. Vork. von K-Salzen, die bestehenden Vork., ihre Zus. u. die Schwankungen des K_2O-Gehalts. R. K. Müller. 380□

Verwertung von Kalivorkommen. Anonym. (Akad. tekn. Vidensk., Beretn. **1959.** Nr. 35. 143—48. Juli.) (Dän.)

Überblick über die Vork. von K-Salzen in Lagerstätten u. Meeren u. die Verwertung in den USA, Canada, England, Deutschland u. Dänemark (Suldrup). R. K. Müller. 380□

Granat aus oberproterozoischen Graniten des westlichen Teils Ostsajans. I. N. Krylow. (Вестник Ленинградского Университета, Серия Геологии и Географии [Nachr. Leningrader Univ.] **15.** Nr. 6. [Ser. Geol. Geogr.] Nr. 1. 88—92. 1960.) (Russ.; Auszug: Engl.)

In den meisten hier untersuchten Granitoiden treten die Granate akzessor. auf. In den Intrussionen der Flüsse Sigatsch u. Doda finden sie sich dagegen bis zu 10%. Die höchsten Konzz. werden in Biotit–Plagiograniten (Plagioklas: 50—55%, Quarz: 35%, Mikroklin: 0—5%, Biotit: 5—15%) u. leukokraten Mikroklingraniten mit hohen Geh. an Mikroklin (60—70% der Feldspate) u. geringen Geh. an Biotit (1—2%) angetroffen. Die idiomorphen Kristalle haben meist die Größe von 0,1—0,5 mm. Analysen ergaben, daß es sich um einen Mn-Almandin mit ca. 25% Spessartin handelt. — Es wird eine pyrogenet. Herkunft der Granate angenommen. M. HÄHNERT. 380□

Ergebnisse zur Granatsynthese und ihre Beziehungen zur natürlichen Granatbildung innerhalb der Pyralspit-Gruppe. S. Matthes. (Geochim. cosmochim. Acta [London] **23.** 233—94. Mai 1961. Würzburg, Univ., Miner. Inst.) (Dt.)

Umfangreicher Bericht über die in Würzburg innerhalb der letzten Jahre erfolgreich durchgeführten Synth. von *Spessartin*, Spessartin-*Almandin*-Mischkristallen (Spessartin 40—30 Almandin 60—70), Spessartin-*Pyrop*-Mischkristallen (Spessartin 85 Pyrop 15) u. verschiedener tern. Granate mit den Komponenten Spessartin–Almandin–Pyrop. Reiner Spessartin u. Pyrop konnten nicht dargestellt werden. Mitt. der Ergebnisse zur Mineralgenese der Pyralspite. H. MOENKE. 380□

Zum Gefügeverhalten des Nephelins in zwei Vorkommen alkaliner kristalliner Schiefer; Grennait von Norra Kärr und canaditischer Gneis von Almunge (Schweden). Hans J. Koark. (Bull. geol. Instn. Univ. Uppsala **34.** Nr. 4. 1—31. 1961.) (Dt.)

Vf. berichtet über polarisationsmkr. Unterss. des Gefüge-Verh. von Nephelin im Grennait von Norra Kärr u. in den Canadit-Gneisen von Almunge. R. F. HAAR. 380□

Einige Beobachtungen von neuen Rutil- und Ilmenitfundstätten. Karel Tuček. (Sborník národního Musea Praze, Řada B **16.** 165—97. 1960.) (Engl.)

Ergebnisse der mkr., chalkograph., spektrograph. u. röntgenograph. Analyse der Rutil-Vork. von Lazurový vrch bei Michalovy Hory (SSO von Mariánské Lázně), Podmoky bei Čáslav u. der Ilmenit-Lager von Cyrilov bei Velké Meziříčí (Mähren); Moravany bei Čáslav; Putim bei Písek; Bražná bei Kamýk/Vltava. — Die Rutile wurden in amphibolit. Gesteinen gefunden, sie sind schwarz bis schwarzbraun mit metall. Glanz u. zeigen Spaltbarkeit nach (1 0 0). — Die Ilmenite bilden schwarze Körner oder tafelartige Aggregate im granit. Amphibolit der Böhm.-Mähr. Höhe oder in den grobkörnigen Partien (Bytownit) des Orthogneises u. entstanden wahrscheinlich in der pneumolyt. Phase. Von bes. Interesse sind Ilmenitkörner mit Rutileinlagerungen von 2—4 cm Größe. Tabellar. Zusammenstellung der Analysenergebnisse. J. TŮMOVÁ. 380□

Der Schwefel von Kercisht. Injac Gj. Ndojaj. (Bul. Univ. Shtetëor Tiranës, Ser. Shkencat Natyrore [Bull. Inst. Sci. Tirana, Sér. Sci. natur.] **1958.** Nr. 3. 19—39. Nr. 4. 41—54. Universitetit Shtetëor Te Tiranës, Katedra e Petrografisë.) (Alb.; Auszug: Franz.)

Vf. führt eine petrograph. u. mineralog. Unters. eines in der Gegend von Maquellare bei Peshkopi prospektierten S-Vork. durch. Das Lager befindet sich in Vergesellschaftung mit dolomit. u. sulfat. Mineralien unter einer Tonschicht u. ist durch Red. des Sulfats unter marinen, anaeroben Bedingungen entstanden. Die verschiedenen für die Red. verantwortlichen Faktoren werden diskutiert. R. F. HAAR. 380□

Sericit-Gilbertite aus der Bukukinsk-Lagerstätte. W. F. Barabanow. (Вестник Ленинградского Университета, Серия Геологии и Географии [Nachr. Leningrader Univ.] **15.** Nr. 6. [Ser. Geol. Geogr.] Nr. 1. 54—66. 1960.) (Russ.; Auszug: Engl.)

Unters. der Glimmer der Quarz–Wolframit-Adern, die innerhalb grauer mittelkörniger Granodiorite (viele Quarzporphyrit–Xenolithe enthaltend) anzutreffen sind. Morpholog. können zwei verschiedene Typen unterschieden werden: feinschuppiger Muskovit u. großtafeliger Gilberit. Nach den opt. Daten handelt es sich im ersten Falle um einen Pikrophengit, im letzteren stellt der Kern einen solchen dar, während die peripheren Teile einem Muskovit entsprechen. Die Gilbertite sind Fe-, Mn-, Ti- u. Ga-reicher u. bes. die zentralen Teile Li-, Na-, Rb- u. Cs-reich. Aus den chem. Analysen ergibt sich für den Gilbertit eine Zus. von: $(OH_{1,54}F_{0,44})_2(K_{0,56}Na_{0,16})_{0,72}(Al_{1,52}Fe^{+3}_{0,08} \cdot Fe^{2+}_{0,33}Li_{0,26})_{1,91}[Al_{0,94}Si_{3,06}O_{10}]$. Genet. ist der Sericit als erstes Entstehungs-Prod. aus Biotit, Plagioklas u. seltener Chlorit anzusehen; der Gilbertit ist umgelagerter Sericit, der im Prozeß der Umkristallisation gebildet wurde. Vf. ist der Ansicht, daß sich die zentralen Teile des Gilbertits auf Kosten von Biotit bildeten, die späteren Generationen (äußere Zonen der Gilbertite oder selbständige Ausscheidungen feinschuppigen Muskovits) entstanden auf Kosten der Plagioklase, deren Gestein sich im Prozeß der Veränderung durch Lösungen befand. Es werden die opt. Daten der untersuchten Glimmer sowie DTA-Kurven wiedergegeben. M. HÄHNERT. 380□

Quarz aus der Wolframitlagerstätte von Bukukinsk (Ost-Transbaikal). W. F. Barabanow. (Вестник Ленинградского Университета, Серия Геологии и География [Nachr. Leningrader Univ.] **14.** Nr. 12. [Ser. Geol. Geogr.] Nr. 2. 34—49. 1959.) (Russ.) — Vgl. C. **1960.** 2463.

Es werden 3 verschiedene Quarztypen der Wolframitadern beschrieben. Spektralanalyt. Unterss. der Quarzproben ergaben Geh. an *Mn, Mg, Al, Fe, Ca, Cu, Ag, Ti,* seltener *Be, Na, Sn, Pb, Bi, W, Li, Sr, Ba* u. in Form von Einschlüssen *P, As, Zn, Ni,*

Cr, Ga. Vf. weist auf den großen Einfl. der Druckänderung auf die Ausbildungsart der Quarz–Wolframit-Adern hin. M. HÄHNERT. 380 □

Die Geologie der Mfwanganu-Insel, westliches Kenya. Thomas Whitworth. (Overseas Geol. Mineral. Resourc. **8.** 150—90. 1961. Durham, Hatfield Coll.) (Engl.)

Das Grundgebirge der Insel besteht aus einem Granit, der von verschiedenen Verwitterungssedimenten u. Konglomeraten bedeckt ist. Die Entstehung fällt ins Miozän. Daneben treten nephelinit. Magmen mit ihren Tuffen auf. Außerdem sind mehr oder weniger verwitterte alnoit. Deckgesteine vorhanden. Beschreibung der fossilen Fauna u. Flora. F. ENSSLIN. 385 □

Vorkommen von Magnesit–Dolomit-Sedimenten in Süd-Australien. A. R. Alderman und C. C. von der Borch. (Nature [London] **192.** 861. 2/12. 1961. Adelaide, Univ. School of Geol.) (Engl.) — Vgl. C. **1961.** 7162.

In der Südwest-Provinz von Südaustralien wurden von einer Lagune nahe Salt Creek Sedimentproben genommen. An der Oberfläche enthielten sie Magnesit u. Dolomit zu etwa gleichen Teilen. In 6 in. Tiefe 20% Magnesit, in 10 in. Tiefe lag nur noch Dolomit vor. Der Salz-Geh. des W. war 3,2%; es enthielt aber weniger Ca u. auch Mg als gewöhnliches Seewasser; pH ca. 10. Für Magnesit wurde mit den Gitter-Konst. a = 4,66 u. c = 15,23 Å eine Gitteraufweitung gegenüber gewöhnlichem Magnesit gefunden. E. SCHULTE. 385 □

Über ein dolomitisches Pseudo-Konglomerat wahrscheinlich ultrabasischen Ursprungs aus Dalovardo in den Caledoniden von Västerbotten. Folke G. Back. (Bull. geol. Instn. Univ. Uppsala **34.** Nr. 3. 1—11. 1961.) (Engl.)

Vf. berichtet über eine stratigraph., mineralog. u. chem. Unters. eines konglomerat. Sediments, als dessen Muttergestein Peridotit angesehen werden muß. Das Konglomerat ist in Schichten eingeschlossen, die aus einer Umwandlung ultrabas. Eruptivgesteine durch hydrothermale Lsgg. entstanden sein können. R. F. HAAR. 385 □

Einige Daten über die alkalischen Gesteine des westlichen Teiles der Schamator-Intrusion. W. G. Kuschew. (Вестник Ленинградского Университета, Серия Геологии и Географии [Nachr. Leningrader Univ.] **15.** Nr. 6. [Ser. Geol. Geogr.] Nr. 1. 31—42. 1960.) (Russ.; Auszug: Engl.)

Die am Nordhang des östlichen Teiles des Tachtalykgrates gelegene Intrusion zeichnet sich durch eine schichtig-fluidale, lineare u. parallele Textur aus. In allen, bes. in grobkörnigen parallelen Texturen wird diese bes. durch die Anordnung tafeliger Plagioklaskörner bedingt. Die Intrusion umfaßt Gesteine vom Typ der Monzonite, Syenite u. Quarzsyenite, in denen in Form von Schlieren u. Linsen geringer Mächtigkeit melanokrate Shonkinite u. Essexite sowie als Gänge Monzonite u. ultraleukokrate Syenite anzutreffen sind. Die melanokraten Gesteine des Essexittyps zeichnen sich bes. durch hohe Geh. an Apatit u. Sphen aus; Klinopyroxene 28—30% (Augite mit Beimengungen der Aegirinkomponente), Biotit 25—28%, Plagioklas ca. 25% (An_{53-60}), Hornblende 15%, Kalifeldspat 5%. Die Shonkinite sind an melanokrate Syenite u. Monzonite gebunden. In den Klinopyroxenen tritt der Anteil an Aegirin stärker hervor. Einen bedeutenden Teil der Intrusion nehmen die Monzonite ein. Neben den großen Plagioklaskristallen (An_{22-40}) finden sich mehr oder weniger Neubildungen von Sericit, Chlorit, Epidot. In den Endokontakten trifft man große Mengen an Turmalin. Das Hauptgestein stellt ein Syenit dar, dessen dunkle Gemengteile $<$15—20% einnehmen. Die als Ganggesteine auftretenden Monzonite unterscheiden sich von den obigen nur durch ihre Lagerungsverhältnisse u. strukturellen Eigentümlichkeiten; die leukokraten Syenite durch die hohen Geh. an Mikroklin–Perthit. Die beschriebenen Gesteine zeichnen sich durch ihre hohen Geh. fem. Komponenten u. ihre Untersättigung an SiO_2 aus. Für die melanokraten Gesteine existiert eine große Ähnlichkeit mit jenen der Intrusion Kaindy in Talass-Alatau, während alle nahe der Zus. entsprechender Typen der Maryno-Tschatkal-Zone stehen. M. HÄHNERT. 385 □

Über die alkalischen Gesteine von Almunge. Ein vorläufiger Bericht über eine neue Übersicht. R. Gorbatschev. (Bull. geol. Instn. Univ. Uppsala **34.** Nr. 5. 1—69. 1961.) (Engl.)

Die in die Unters. einbezogenen Gesteine umfassen nephelinhaltige Natrium- u. nephelinfreie Alkalisyenite. Aus der Reihe der nephelinhaltigen Canadite werden von verschiedenen Typen von theralith., normalen, leukokrat. u. pegmatit. Canaditen die Ergebnisse mineralog. Analysen angegeben. Von den nephelinfreien Syeniten werden mehrere Umptekitgesteine der Grenzzone des Alkalikomplexes mineralog. u. chem. beschrieben. R. F. HAAR. 385 □

Zur Deutung der Eklogite im Koralpenkristallin (Zentralalpen). Peter Beck-Mannagetta. (Tschermaks mineralog. petrogr. Mitt. [3] **7.** 437—50. April 1961. Wien.) (Dt.)

Es ist möglich, von einer „venit. beeinflußten bas. Entw.-Reihe der Koralpenkristallisation" zu sprechen. Die pyroklast. Deutung u. die einer metamorphen Differentiation sind als gleichwertig anzusehen. H. Moenke. 385☐

Über die Gesteinsbezeichnung Grauwacke. H. Wieseneder. (Tschermaks mineralog. petrogr. Mitt. [3] **7.** 451—54. April 1961. Wien.) (Dt.)

Die Bezeichnung Grauwacke sollte auf Gesteine mit rekrist. Zwischenmittel beschränkt werden. Für Gesteine ähnlicher Zus. aber noch wenig verändertem Bindemittel, wird der Name Wackensandstein vorgeschlagen. H. Moenke. 385☐

Einige genetische Beziehungen zwischen den Urgesteinen Südschwedens. Rolf Norin. (Geol. Fören. Stockholm Förh. **81.** 427—66. Mai/Okt. 1959. Höganäs, Höganäs-Billesholms AB.) (Schwed.)

Zwischen den Ergußgesteinen, den Gneisen u. den Graniten Südostschwedens bestehen Beziehungen, deren nähere Unters. zur Aufklärung der Grenze zwischen der Gneisregion Südwestschwedens u. den Graniten, Migmatiten u. metamorphen Sedimenten Südostschwedens beiträgt. R. K. Müller. 385☐

Granitische Gesteine aus dem Hinokami-Yama-Distrikt, nordöstliches Kitakami-Massiv. Kiyohiko Ishii, Tadamasa Sendo, Yoshio Ueda und Yozo Yamashita. (Sci. Rep. Tôhoku Univ., Ser. III **6.** 439—86. 5 Tafeln. März 1960.) (Engl.)

Man unterscheidet 2 Gruppen: Die älteren Hinokami-Yama-Granite u. die kretaceischen Kesengawa-Granite. Die ersteren bilden 2 Typen, von denen der eine Gneisstruktur aufweist u. aus Biotit, Quarzdiorit bis Granodiorit mit etwas Hornblende besteht, während der andere (Ono-)Typ aus nichtschiefrigem Bitoit–Granodiorit mit Hornblende gebildet wird. Beide sind weitgehend verwittert, albitisiert u. durch hydrothermale Lsgg. mylonitisiert. Die Muttergesteine bestehen aus metamorphen Glimmerschiefer u. Bändergneisen. F. Ensslin. 385☐

Einige Anorthit führende vulkanische Gesteine in Japan. Yoshinori Kawano und Ken-Ichiro Aoki. (Sci. Rep. Tôhoku Univ., Ser. III **6.** 431—37. März 1960.) (Engl.)

In den Laven der vulkan. Zone von Nasu, Nordostjapan, enthalten die Basalte u. maf. Andesite bis zu 2 cm große Plagioklaskristalle mit anorthit. Zus. (95% Anorthit). Bes. das unterste Lava der Kayodak-Vulkangruppe enthält bis 43 (%) Plagioklaskristalle, was einem Al_2O_3-Geh. von 23,74 u. einem CaO-Geh. von 12,34 entspricht. Dieser Al_2O_3-Geh. dürfte der höchste bis jetzt in einem Eruptivgestein bekannte sein. Die chem. Zus. des Gesteins entspricht der eines Anorthositgabbros oder Kenningits. Laven mit dieser anomalen Zus. sind wahrscheinlich durch Flotieren der Anorthitkristalle oder durch Absinken der Olivine u. Pyroxene vor der Effusion des Magmas gebildet worden. F. Ensslin. 385☐

Petrologische Untersuchungen an tertiären basaltischen bis phonolithischen Vulkaniten der Rhön. Bruno Ficke. (Tschermaks mineralog. petrogr. Mitt. [3] **7.** 337—436. April 1961. Stuttgart.) (Dt.)

Ausführliche petrograph. Charakterisierung der Eruptivgesteine in der Rhön. Das Ausgangsmagma hatte olivinbasalt. Chemismus (Alkalikalkcharakter). Die Entw. verlief in Richtung einer Alkaligesteinsfolge. Plagioklas (Labradorit bis Andesin) tritt nur in der Grundmasse auf. In den Phonolithen konnten unter den Alkalifeldspaten Übergänge zu Tieftemperaturmodifikationen festgestellt werden. Sanidin ist in der Grundmasse Hauptbestandteil. Nephelin u. Analcim sind lediglich als Zwickelfüllungen in der Grundmasse gefunden worden. Zeolithe u. Kalkspat deuten auf eine hydrothermale Spätphase hin. Quant. polarisationsmkr. u. chem. Analysen ergaben folgendes Bild der zeitlichen Abfolge: 1. Ersteruption von Plagioklasbasalten u. Doleriten ohne Foide. 2. Bas. Hauptphase: Hornblendebasalte, Basanite, Limburgite. basaltoide Tephrite, Nephelinbasalte (mit Nephelinit). 3. Fels. betonte Differentiations-Prodd.: phonolithoide Tephrite, Phonolithe. Buchonit. H. Moenke. 385☐

Die Petrologie des Hachimantai und der umliegenden Vulkane, Nordost-Japan. Yoshinori Kawano und Ken-Ichiro Aoki. (Sci. Rep. Tôhoku Univ., Ser. III **6.** 409—30. März 1960.) (Engl.)

Das Grundgestein besteht aus dem Grüntuff neogenen Alters, der von einer dicken Schicht rhyolith. Tuffe des spätesten Pliozän oder frühesten Pleistozän überlagert wird. Das Deckgestein bilden vielartige Basalte u. Andesite, die in 6 Gruppen eingeteilt werden können. Der nördliche Typ dieser Gruppen besteht aus Kalk–Alkali-Gesteinen (Hypersthenserie), der südliche aus Tholeiitgesteinen (pigeonit. Gesteinsserie). Die Gesteine sind durchweg reich an CaO u. arm an Na_2O u. K_2O. Bei den Tholeiiten ist eine Zunahme an $FeO + Fe_2O_3$ im mittleren Stadium festzustellen, während der höchste Geh. an $Na_2O + K_2O$ in den zuerst gebildeten Gesteinen vorhanden ist. F. Ensslin. 386☐

Über die Umwandlung der Laven von Noamundi. Eine Studie der Haematitisierung. Mihir Kumar Bose. (Sci. and Cult. [Calcutta] **23.** 656—57. Juni 1958. Calcutta, Presidency Coll., Geol. Labor.) (Engl.)

Kurzmitt. der erzmkr. Analyse von Effusivgesteinen. H. MOENKE. 386□

Betrachtungen über die organischen Bestandteile und die Lithologie der Petroleum-Muttergesteine in dem Nagaoka-Becken, Praefektur Niigata. (Untersuchungen über die Muttergesteine des Petroleums.) Iwao Kato und Masahiro Abe. (Sci. Rep. Tôhoku Univ., Ser. III **6.** 513—26. März 1960.) (Engl.)

Die Hartschiefertone, die schwarzen Schiefertone u. die grauen sandigen Schiefertone wurden nach der Zerkleinerung u. Aufteilung in Subfraktionen der Extraktion im SOXHLET während 8 Std. mit einem Gemisch von 70 (%) Bzl., 15 Aceton 15 A. unterzogen. Die erhaltenen Lipoidsubstanzen betrugen bis 0,25%. Die höchsten Geh. treten in den feinkörnigen klast. Sedimenten auf. F. ENSSLIN. 390□

Beziehungen zwischen Uran und organischer Substanz. Gustav A. Fester, C. A. Gordillo und J. A. Retamar. (Erdöl Kohle-Erdgas-Petrochem. **14.** 333—34. Mai 1961. Santiago del Estero 2829, Santa Fe, Argentina, Fac. de Ing. Quím.) (Dt.)

Aus der im Süden der argentin. Provinz Mendoza gelegenen U-Lagerstätte des Cerro Huemul wurden kleine Mengen einer uranhaltigen organ. Substanz mit etwas sedimetärem Uraninit isoliert. Ihr Ursprung ist noch unklar. Die Einwanderung des U ist später erfolgt als die Bldg. der Sandsteine u. Konglomerate, wobei vielleicht, bei der Fällung des U, eine Art schwefel- u. stickstoffreiches Süßwassersapropel mitgewirkt hat. K. TRIEMS. 390□

Verteilung der organischen Bestandteile in den Schelfsedimenten der Japansee. Ikuro Shimada. (Sci. Rep. Tohoku Univ., Ser. III **6.** 499—512. März 1960.) (Engl.)

Die Bodenproben vom Kontinentalschelf der Japansee ergaben bei der Säulenchromatographie geringe Mengen lipoider Stoffe. Die küstennahen Feinsande bis zu einer Tiefe von 40 m enthielten 0,04 (%), die Grobsande zwischen 40 u. 70 m 0,06 u. die Schlicke u. Tone bei 100 m Tiefe 0,07. In dem submarinen Becken östlich der Insel Tobishima wurden in den Proben die höchsten Geh. von 0,07—0,18 gefunden. Dort treten auch verhältnismäßig hohe Geh. an KW-Stoffen u. Asphalt-Prodd. auf. Außerdem wurde in diesen Proben elementarer S festgestellt. F. ENSSLIN. 393□

Atmosphärische Reaktionen von verunreinigten Tropfenniederschlägen. N. H. Farlow. (J. Meteorol. **17.** 390—99. Aug. 1960. San Francisco, U. S. Naval Radiological Defense Labor.) (Engl.)

Vf. untersuchte mathemat. die Verdampfung, das Wachstum u. die physikal. Eigg. von mit radioakt. Zerfalls-Prodd. verunreinigten Tröpfchen bei ihrem Fall durch die Atmosphäre. C. GOTTFRIED. 396

Fallout in der Stadt New York im Jahre 1958. George A. Welford und William R. Collins jun. (Science [Washington] **131.** 1711—15. 10/6. 1960. New York, N.Y., Health and Safety Labor. of the Atomic Energy Comiss.) (Engl.)

Vff. berichten über die monatlich in der Stadt New York während des Jahres 1958 gemessenen relativen Aktivitäten von ^{90}Sr, ^{137}Cs, ^{144}Ce, ^{95}Zr, ^{89}Sr, ^{91}Y u. ^{185}W. Die Ergebnisse sind graph. u. tabellar. wiedergegeben. Der gesamte Nd. der β-Aktivität während des Jahres 1958 betrug 5 c pro Quadratmeile, die am 1. Januar 1959 gemessene Menge 1,7 c pro Quadratmeile. Weniger als 3% dieser Werte ist den Reihen ^{90}Sr–^{90}Y u. ^{137}Cs–^{137}Ba zuzuschreiben. C. GOTTFRIED. 396

Gegenwart von ^{57}Co in der Atmosphäre. L. Marquez, N. L. Costa und I. G. Almeida. (Nuovo Cimento [10] **11.** 111—12. 1/1. 1959. Rio de Janeiro, Centro Brasileiro de Pesquisas Fis.) (Engl.)

Vff. konnten in mehreren tausend Liter aufgesammelten Regenwassers (Juni bis Oktober 1957) das Vork. von ^{57}Co nachweisen. Auf Grund theoret. Betrachtungen u. infolge der Abwesenheit von Radioisotopen des Fe schließen Vff., daß das ^{57}Co nicht von Atombombenexplosionen herrühren kann. C. GOTTFRIED. 396

B. Allgemeine und theoretische organische Chemie

Kekulé-Symposium über theoretische organische Chemie. A. W. Johnson (Sci. Progr. **47.** 80—85. Jan. 1959. Nottingham, Univ.) (Engl.)

Vortrag. P. GOLINSKE. 400□

Die ebenen Schwingungen des Naphthalins. Daryl E. Freeman und Ian G. Ross. (Spectrochim. Acta [London] **16.** 1393—1408. Jan. 1961. Sydney, Australia, Univ. of Sydney, Dep. of Phys. Chem.) (Engl.)

Zur Berechnung der 33 ebenen Schwingungsfrequenzen von *Naphthalin* (I), $D_{4(1.4.5.8)}$-, $D_{4(2.3.6.7)}$- u. D_8-I benutzen Vff. ein Valenzkraftfeld mit ausgewählten Wechselwrkg.-Konstanten. Ausgehend von dem Bzl. analogen Kraft-Konst. führten Vff. eine iterative Berechnung durch, die eine Übereinstimmung mit 7 beobachteten Werten des A_g-Typs der undeuterierten Verb. liefert. Mit dem ermittelten Kraftfeld berechnen Vff. die Frequenzen, die in einer Tabelle angegeben werden. Die Berechnungs-Meth. wird beschrieben. J. WEINER. B 114□

Berechnung der Schwingungsfrequenzen von Naphthalin. D. B. Scully und D. H. Whiffen. (Spectrochim. Acta [London] **16.** 1409—15. Jan. 1961. Manchester, Coll. of Technol., Dep. of Chem. Engng.; Birmingham, England, Univ. of Birmingham, Chem. Dep.) (Engl.) — Vgl. vorst. Referat.

Vff. haben die Schwingungsfrequenzen, IR- u. RAMAN-Intensitäten von *Naphthalin* berechnet. In 2 Tabellen werden die ermittelten Werte wiedergegeben, ferner das Depolarisationsverhältnis von $C_{10}H_8$ u. $C_{10}D_8$. Für die A_g- u. B_{1u}-Klassen besteht Übereinstimmung mit den Ergebnissen von FREEMAN u. ROSS (vgl. l. c.), eine etwas andere Zuordnung wird für B_{3g} u. eine erheblich verschiedene Zuordnung in der B_{2u}-Klasse gefunden. J. WEINER. B 114

Spektrophotometrische Untersuchungen der 2.4-Dinitrophenylhydrazone von n-Alken-(2)-alen und n-Alkadien-(2.4)-alen. Fred Stitt, Robert B. Seligman, F. E. Resnik, Edith Gong, E. L. Pippen und David A. Forss. (Spectrochim. Acta [London] **17.** 51—63. 1961. Albany, Calif., U.S. Dep. of Agricult., Agricult. Res. Serv., Western Regional Labor.; Richmond, Va., Philip Morris, Inc., Res. and Developm. Dep.; Melbourne, Australia, C.S.I.R.O., Dairy Res. Sect.) (Engl.) — Vgl. JONES, HOLMES u. SELIGMAN, C. **1956.** 9001.

Vff. teilen die mol. Absorptions-Koeff. (ε_{max}) u. λ_{max} im UV- u. sichtbaren Gebiet für die Lsgg. der 2.4-Dinitrophenylhydrazone von n-Alken-(2)-alen (C_3 *bis* C_{11}) u. von n-Alkadien-(2.4)-alen (C_5—C_{12}) in Chlf. u. alkal. A. mit. Die IR-Spektren dieser Verbb. (in KBr) im Bereich von 2—15 μ werden angegeben. Vff. diskutieren die Beziehungen zwischen UV- bzw. IR-Spektren u. dem Grad der konjugierten Ungesättigtheit. Obgleich die IR-Spektren der einzelnen Glieder der untersuchten homologen Reihen sehr ähnlich sind, ist eine Unterscheidung doch möglich. Auf die unterschiedlichen Spektren der stabilen u. instabilen polymorphen Formen der Derivv. der n-Alken-(2)-ale wird näher eingegangen.

Versuche: Darst. von *2.4-Dinitrophenylhydrazonen* (DNPH) aus den entsprechenden n-Alken-(2)-alen u. der gesätt. Lsg. von 2.4-Dinitrophenylhydrazin in 2n HCl, Umkristallisieren aus A. bzw. beim DNPH von Hepten-(2)-al (I) aus Petroläther. Bisweilen werden 2 polymorphe Formen erhalten, von denen die niedriger schmelzende dunkler gefärbt ist. Die FF. für die DNPH der angegebenen Aldehyde sind nachst. angegeben: *Acrolein-DNPH* 167—169°; *Crotonaldehyd-DNPH* 188—189°; *Penten-(2)-al-DNPH* 157,5—160°; *Hexen-(2)-al-DNPH* 148—149°; I-*DNPH* 133,7—134,5°; *Octen-(2)-al-DNPH* 129—130° bzw. 124—128°; *Nonen-(2)-al-DNPH* 127—128°; *Decen-(2)-al-DNPH* 127—128,5° bzw. 121—123,5°; *Undecen-(2)-al-DNPH* 122—123,5°. — Die *Aldehyde* C_6—C_{11} wurden nach MARTIN, SCHEPARTZ u. DAUBERT (C. **1948. II.** 1177) hergestellt. Die *DNPH* der *n-Alkadien-(2.4)-ale* wurden nach Literaturvorschriften hergestellt, zusätzlich wurden die niedrigschmelzenden Formen von *Dodecadien-(2.4)-al-DNPH* (F. 128—130°, dunkelrot) u. *Pentadien-(2.4)-al-DNPH* (F. 178—180°, dunkelrot) untersucht. U. SKURNIA. B 118□

Die Absorptionsspektren von Fluorxylolen im nahen Ultraviolett. M. R. Padhye und T. S. Varadarajan. (Current Sci. **29.** 129. April 1960. Bombay, Dep. of Chem. Techn.) (Engl.)

Die Absorptionsspektren im nahen UV folgender substituierter Benzole wurden in der Dampfphase bestimmt: *1-Fluor-2.3-dimethyl-* (I), *1-Fluor-2.6-dimethyl-* (II), *1-Fluor-2.4-dimethyl-* (III), *1-Fluor-2.5-dimethyl-* (IV), *1-Fluor-3.4-dimethylbenzol* (V). **I, III, IV, V** gehören der Symmetrieklasse C_s, **II** der Symmetrieklasse C_{2v} an. Die 0—0-Banden liegen bei 37397 (I), 37358 (II), 36610 (III), 36919 (IV) u. 36892 (V) cm^{-1}. Die Lage dieser Bande scheint von Substitutionstyp (1.2.3- oder 1.2.4-Typ) abhängig zu sein. Ihre Verschiebung gegenüber dem nicht substituierten Bzl. kann auf Grund der Theorie von FORSTER (Z. Naturforsch. **2a.** [1947.] 149) oder GOODMAN u. SHULL (C. **1958.** 7997) erklärt werden. C.-E. DÖRING. B 118□

Absorptionsspektren von m-Anisidin und p-Anisaldehyd im nahen Ultraviolett. V. Suryanarayana und V. Ramakrishna Rao. (J. sci. ind. Res. [New Delhi], Sect. B **16.** 230—33. Juni 1957. Waltair, Andhra Univ., Dep. of Phys.) (Engl.) — Vgl. C. **1958.** 2672.

Von *m-Anisidin* wurden das UV-Spektrum bestimmt u. die Banden zugeordnet. Die 0—0-Bande wird bei 2898,1 Å angenommen. Die meisten Banden können als Kombinationen mit folgenden Schwingungsfrequenzen erklärt werden: 207 (im Grundzustand 240), 699, 917, 1151 cm^{-1}. Die entsprechenden RAMAN-Frequenzen sind: 237, 731, 987, 1289 cm^{-1}. Für *p-Anisaldehyd* wurden 2 Absorptionsbereiche gefunden: 1. 12 diffuse Banden zwischen 2728 u. 2793 Å (π-π^*-Übergang im Phenylrest) mit der 0—0-Bande bei 2835,9 Å u. den Differenzfrequenzen 939 u. 1239 cm^{-1} für den höheren Zustand; 2. 17 schwache Banden zwischen 2943 u. 3635 Å (n-π^*-Übergang im CO-Rest).

J. BLANCK. B 118

Über die Ultraviolett-Absorptionsspektren von Selenonaphthen, Selenoindigo und 3-Hydroxyselenonaphthen. A. I. Kiss und B. R. Muth. (Acta chim. Acad. Sci. hung. **11.** 57—61. 1957. Budapest, Akad. der Wiss., Zentralforschungsinst. für Phys.) (Dt.)

Das UV-Spektrum von *1-Selenonaphthen* (I, F. 50°) in A. bzw. Heptan zeigt 3 für kondensierte Ring-Syst. charakterist. Absorptionsbereiche (280—306 mμ u. 250 bis 270 mμ jeweils mit Feinstruktur, Bande mit λ_{max} 236 mμ ohne Feinstruktur). Für beide Lsgm. ergeben sich geringfügige Unterschiede. Die für *Selenoindigo* (F. 330—335°) in Chlf., Toluol u. Dioxan erhaltenen Spektren sind für die Indigostruktur charakterist. (2 Absorptionsbereiche: 400—600 mμ u. 240—360 mμ mit 3 Maxima von etwa gleicher Extinktion). Der Lsgm.-Einfl. ist gering. *3-Hydroxyselenonaphthen* besitzt in A. ein anderes Spektrum als I. Das Spektrum in salzsaurem A. (n-HCl) ist das der Ketoform, die Best. des Spektrums für die Enolform in bas. A. (n-KOH) gelingt nicht.

J. BLANCK. B 118□

Absorptionsspektren von unsymmetrischen Cyaninen. Gentaro Araki und Sigeru Huzinaga. (Progr. theoret. Physics [Kyoto] **15.** 307—21. April 1956. Kyoto, Kyoto Univ., Fac. of Engng.) (Engl.)

Beim Vgl. der UV-Absorptionsspektren von symm. u. unsymm. Cyaninen wurde festgestellt, daß das Absorptionsmaximum des unsymm. Cyanins immer kurzwelliger als das des symm. liegt. Diese Unterschiede werden durch 2 Modelle beschrieben. Das 1. ist eine Modifizierung des „Freie-Elektronen-Modells" u. beruht auf der Annahme, daß der Einfl. der Kerne auf die π-Elektronen in der konjugierten Kette durch das PÖSCHL-TELLER-Potential dargestellt werden kann. Das 2. ist das HERZFELD-SKLAR-Modell, das die Wechselwrkg. der verschiedenen Grenzzustände des Cyaninions berücksichtigt. Beide Modelle können die beobachteten Werte ausreichend gut erklären. — Die UV-Maxima von folgenden Cyaninen sind angegeben: symm. Cyanine: *Bis-[1-phenyl-2.5-dimethylpyrrol-(3)]-mono-*, *Bis-[1.2-dimethylindol-(3)]-mono-*, *Bis-[1-phenyl-* u. *-1-äthyl-3.3-dimethylindol-(2)]-tri-*, *Bis-[3-äthyl-6-nitrobenzothiazol-(2)]-tri-*, *Bis-{3-äthyl-naphtho-[2.3]-* u. *-[2.1]-* u. *-[1.2]-thiazol-(2)}-tri-*, *Bis-[3-äthyl-4.5-dihydrothiazol-(2)]-tri-*, *Bis-[3-äthylbenzoselen-*, *-ox-* u. *-thiazol-(2)]-tri-*, *Bis-[3-äthyl-5-methyl-1.3.4-thiadiazol-(2)]-tri-*, *Bis-[1-äthylchinolin-(2)]-tri-*, *Bis-[3-äthyl-*, *-[3-äthyl-4-phenyl-*, *-[3-diphenylyl-4-methyl-*, *-[3-phenyl-4-methyl-*, *-[3-äthyl-4-methyl-*, *-[3-äthyl-4.5-tetramethylenthiazol-(2)]-tri-*, *Bis-[1-äthylchinolin-(4)]-tri-*, *Bis-[1-äthylpyridin-(2)-* u. *-(4)]-tri-*, *Bis-[1.3-diäthylbenzimidazol-(2)]-tri-*, *Bis-[1-äthyl-5.6-benzochinolin-(2)]-tri-* u. *Bis-{3-äthylphenanthro-[9.10]-thiazol-(2)}-trimethincyanin.* Unsymm. Cyanine: [1-Phenyl-2.5-dimethylpyrrol-(3)]-: *-[1.2-dimethylindol-(3)]-mono-*, *-[1-phenyl-* u. *-1-äthyl-3.3-dimethylindol-(2)]-tri-*, *-[3-äthyl-6-nitrobenzothiazol-(2)]-tri-*, *-{3-äthylnaphtho-[2.3]-* u. *-[2.1]-* u. *-[1.2]-thiazol-(2)}-tri-*, *-[3-äthyl-4.5-dihydrothiazol-(2)]-tri-*, *-[3-äthylbenzoselen-*, *-ox-* u. *-thiazol-(2)]-tri-*, *-[3-äthyl-5-methyl-1.3.4-thiadiazol-(2)]-tri-*, *-[1-äthylchinolin-(2)]-* u. *-(4)]-tri-*, *-[3-äthyl-*, *-[3-phenyl-4-methyl-*, *-[3-diphenylyl-4-methyl-*, *-[3-äthyl-4-phenyl-* u. *3-äthyl-4.5-tetramethylenthiazol-(2)]-tri-*, *-[1-äthyl-5.6-benzochinolin-(2)]-tri-*, *-[1-äthylpyridin-(2)]-* u. *-(4)]-tri-*, *-[1.3-diäthylbenzimidazol-(2)]-tri-* u. *-{3-äthylphenanthro-[9.10]-thiazol-(2)}-trimethincyanin.*

M. SCHÜLE. B 118□

Über die Elektronenspektren von 2-Brom- und 3-Brompyridin in verschiedenen Zuständen und in Lösungen. T. N. Misra. (Indian J. Physics Proc. Indian Assoc. Cultivat. Sci. **34** **(43).** 381—94. Aug. 1960. Calcutta, Indian Assoc. Cultivat. Sci., Opt. Dep.) (Engl.)

3-Brompyridin (I) zeigt in der Gasphase in Analogie zu anderen N-heterocycl. Verbb. zwei Banden. Sie liegen in einem Bereich von ν 35000—39000 cm^{-1} u. werden einem n $\rightarrow \pi^*$-Übergang des ungebundenen Elektronenpaares am N u. einem $\pi \rightarrow \pi^*$-Übergang zugeordnet. Der n $\rightarrow \pi^*$-Übergang tritt ebenfalls in Lsgg. von I in 3-Methylpentan auf, fehlt aber im fl. u. festen Zustand u. in Lsgg. in Alkohol. Bei *2-Brompyridin* tritt der n $\rightarrow \pi^*$-Übergang weder bei der reinen Substanz noch in Lsgg. auf, was auf eine induktive Wrkg. des Br auf das benachbarte freie Elektronenpaar zurückgeführt wird. Die Linien der Banden werden unter Zuhilfenahme der IR-Spektren den Schwingungszuständen zugeordnet. Abb. u. Tabellen der UV-Spektren.

J. WINKLER. B 118□

Molekülpolarisierbarkeit. Die molaren Kerrkonstanten gewisser Diphenylderivate. J. Y. H. Chau, C. G. Le Fèvre und R. J. W. Le Fèvre. (J. chem. Soc. [London] **1959.** 2666—69. Sept./Okt. Sydney, Univ.) (Engl.) — Vgl. C. **1959.** 8087.

In CCl_4-Lsg. bei 25° maßen Vff. die DK, die Dichten, KERR-Konst. $_mK_2$, Dipolmomente μ u. Brechungsindices von *Diphenyl* [I; μ ca. 0; 10^{12} $_\infty(_mK_2)$ 40,5], *4-Fluor-* (1,4$_9$; 242), *4-Chlor-* (1,68; 426), *4-Brom-* (1,72; 456), *4-Jod-* (1,52; 671) u. *4-Nitrodiphenyl* (4,40; 3265), sowie in Bzl.-Lsg. von *2.2'-* (5,23; —962) u. *3.3'-Dinitrodiphenyl* (4,08; —861). Auf Grund einer ausführlichen Diskussion der Meßergebnisse wird geschlossen, daß I u. dessen 4-Derivv. in Lsg. eine flache Konfiguration besitzen, während für die 2.2'- u. 3.3'-Derivv. eine rohe Orthogonalität der Konfiguration angenommen werden muß.

C. GOTTFRIED. B 119

Molekülpolarisierbarkeit. Die Beiträge der Terme Θ_1, Θ_2 und Θ_3 zu der Kerrkonstante einer Substanz. C. G. Le Fèvre und R. J. W. Le Fèvre. (J. chem. Soc. [London] **1959.** 2670—75. Sept./Okt.) (Engl.)

Vff. bestimmten die mol. KERR-Konst. $_mK$ von *Brombenzol* bei unendlicher Verdünnung in CCl_4 zu $_\infty(_mK)\cdot 10^{12} = 170{,}7$ (25°), 163,4 (35°) u. 149,3 (45°), um die Möglichkeit einer Routine-Meth. zur Trennung der Anisotropie- u. Dipolterme Θ_1 u. Θ_2 festzustellen, die beide einen Beitrag zu $_mK$ einer polaren gelösten Substanz leisten. Es wurde ferner die Temp.-Änderung der elektr. Doppelbrechung von den 5 nicht polaren Fll. *CS_2, Mesitylen, Bzl., p-Xylol* u. *Tetrachloräthylen* gemessen zum Nachw. eines temperaturunabhängigen Terms Θ in den $_mK$-Werten solcher Substanzen.

C. GOTTFRIED. B 119

Das Infrarotabsorptionsspektrum von Methan zwischen 2470 und 3200 cm^{-1}. Earle K. Plyler, Eugene D. Tidwell und Lamdin R. Blaine. (J. Res. nat. Bur. Standards, A **64.** 201—12. Mai/Juni 1960. Washington, D.C.) (Engl.)

Vff. vermessen mit einem Double-pass-Gitterspektrometer u. einer 6-m-Gasküvette im angegebenen Spektralbereich ca. 2650 Linien, die als Spektrum u. tabellar. mitgeteilt werden. Die meisten Banden gehören zum $P(F^+)$-, $Q(F^0)$- u. $R(F^-)$-Zweig von ν_3, aufgespalten in mehrere Komponenten mit verschiedenem J. Durch Verringerung des Gasdruckes u. der Registrier-Geschw. werden im Bereich starker Absorptionen des P- u. Q-Zweiges zusätzliche Aufspaltungen beobachtet. Weitere, schwächere Banden werden den normalerweise verbotenen Übergängen der $P(F^0)$-, $P(F^-)$-, $Q(F^-)$-, $R(F^0)$- u. $R(F^+)$-Zweige, isotopen Moll., Kombinations- u. Oberschwingungen u. Coriolis-Aufspaltungen zugeordnet.

H. WAGNER. B 120□

Untersuchungen über halogenierte aliphatische Verbindungen. 2. Mitt. **Chlorierte Acetaldehyde.** P. J. de Bièvre, G. P. van der Kelen, G. Cornille und Z. Eeckhaut. (Bull. Soc. chim. belges **68.** 550—57. Nov./Dez. 1959. Gent, Rijksuniv., Labor. voor Algemene en Anorgan. Chem.) (Engl.) — 1. vgl. Bull. Soc. chim. belges **68.** [1959.] 401.

Es wurden in reiner Form *Monochlor-* (I), *Dichlor-* (II) u. *Trichloracetaldehyd* (III; Kp. 97—97,5°) dargestellt u. ihre Reinheit an Hand der IR-Absorptionsspektren geprüft. Da die Kp. der 3 Verbb. sehr nahe beieinander liegen, so daß eine Trennung durch fraktionierte Dest. nicht möglich ist, wurden I u. II über die entsprechenden chlorierten Acetale dargestellt. Folgende Dipolmomente wurden in Dioxan gemessen: I 1,99 (D bei 25°), II 2,36 (40°) u. III 1,96 (25°). Das IR-Spektrum von I in CS_2 zeigte nur eine starke Absorption bei 1738 cm^{-1}, aber keine Absorption der —OH- oder —C—O—C-Gruppen. Daraus ergibt sich, daß I in reiner Form vorlag. Das Spektrum von I in Dioxan entsprach auch dem der reinen monomeren Verbindung. Nach einigen Tagen traten jedoch starke Banden bei 1065 u. 1125 cm^{-1} auf, die charakterist. für die Gruppe —C—O—C— sind. Daraus folgt, daß sich eine cycl. trimere Verb. gebildet hat. Das Spektrum von II in Dioxan zeigte eine starke Absorptionsbande bei 3330 cm^{-1}, die charakterist. für die OH-Gruppe ist. Die Intensität dieser Bande nimmt mit steigender Temp. ab. Diese Beobachtungen u. die Tatsache, daß noch eine sehr starke C=O-Absorption bei 1748 cm^{-1} auftritt, führt zu dem Schluß, daß sehr wahrscheinlich eine polymere Verb. gebildet wird, die im Gleichgewicht mit der monomeren Verb. steht. Die bestimmten Dipolmomente wurden in bezug auf die berechneten Werte diskutiert. Hierbei konnte angenähert die Struktur der Verbb. bestimmt werden.

Versuche: *Monochloracetaldehyddiäthylacetal*, Kp. 157°, durch Einleiten von Cl_2 in 750 ml A. unter Eis/Salz-Kühlung bis zu einer Dichte von 1,02—1,03 mit einer Geschw., daß die Rk.-Temp. 10—18° beträgt, u. 2std. Erhitzen unter Rückfluß; 62 g (Ausbeute). — *Monochloracetaldehyd* (I), Kp. 85°, durch 3std. Erhitzen vorst. Verb. mit wasserfreier Oxalsäure bei 180°, Dest. des Hydrats zwischen 85 u. 93° u. Behandeln des Hydrats mit konz. H_2SO_4 bei -15^0; nach 24std. Stehen bei -5^0 wird polymeres **I** (F. 87,5⁰ aus A.) erhalten, dessen Erhitzen **I** gibt; 31 g (polymeres **I**). — *Dichloracetaldehyddiäthylacetal*, Kp. 184⁰, durch 36std. Einleiten von Cl_2 in A. bei einer Rk.-Temp. von 30—35⁰, Abtrennen der unteren Schicht, deren Neutralisation mit $CaCO_3$ u. 3std. Erhitzen unter Rückfluß; 14%. — *Dichloracetaldehyd* (**II**), Kp. 89,2⁰, F. $-37,5 \pm 0,1^0$, durch 3std. Erhitzen von Benzoesäureanhydrid, H_2SO_4 u. vorst. Verb. auf 180—190⁰ unter Abdestillieren von **II**; polymerisiert bei Raum-Temp., bei -78^0 stabil; $D.^{25}$ $1,4113 \pm 0,0003$.

C. GOTTFRIED. B 120

Untersuchungen über halogenierte aliphatische Verbindungen. 3. Mitt. **Die Infrarotspektren fester halogenierter Acetamide.** M. A. Herman und P. de Bièvre. (Bull. Soc. chim. belges **68.** 558—67. Nov./Dez. 1959. Gent, Rijksuniv., Labor. voor Algemene en Anorgan. Chem.; Ruanda-Urundi, Officiele Univ. van Belgisch-Kongo, Labor. voor Algemene en Anorgan. Chem.) (Engl.) — 2. vgl. vorst. Referat.

Vff. untersuchten die IR-Absorptionsspektren von *Monofluor-* (**I**; F. 108⁰), *Difluor-* (**II**; F. 54⁰), *Trifluor-* (**III**; F. 75⁰), *Monochlor-* (**IV**; F. 120⁰), *Dichlor-* (**V**; F. 98⁰) u. *Trichloracetamid* (F. 141⁰) in dem Bereich von 3900—650 cm^{-1} in Nujol oder KBr. Die erhaltenen Spektren wurden mit dem von Acetamid (**I**) verglichen. Die IR-Frequenzen aller Verbb. mit ihren Zuordnungen sind tabellar. zusammengestellt. Da **I** nach Kristallstruktur-Unterss. die Ketoform hat, werden die beiden sehr starken Banden bei 3400 u. 3100 cm^{-1} den asymm. u. symm. N—H-Valenzschwingungen zugeteilt. Im Vgl. mit dem Spektrum von **I** sind durch die Einführung der Halogene in die Methylgruppe die C—H-Schwingungen nach höheren Frequenzen zu verschoben. Die Amidbande I wird nach höheren Frequenzen zu verschoben, wenn H-Atome progressiv durch Halogenatome ersetzt werden, während die Amidbande II prakt. nicht verändert wird.

C. GOTTFRIED. B 120

Die Schwingungsspektren von Phenol und $D_{(OH)}$-Phenol. J. C. Evans. (Spectrochim. Acta [London] **16.** 1382—92. Jan. 1961. Midland, Mich., Dow Chem. Co., Chem. Phys. Res. Labor.) (Engl.)

Vf. berichtet über die RAMAN- (fl. Phase; mit Depolarisationsmessungen) u. IR-Spektren (dampfförmige, gelöste, fl. u. feste Phase) im Bereich von 300—3800 cm^{-1} von *Phenol* (**I**) u. $D_{(OH)}$-**I**. Für die Energieschwelle der Rotation um die C—O-Bindung wird ein Wert von 3,37 kcal/Mol berechnet. Eine völlige Schwingungszuordnung für **I** wird gegeben. Ferner hat Vf. die aus den spektroskop. Daten ermittelten thermodynam. Eigg. [C_p^0, S^0, $(H^0-H_0^0)/T$ u. $-(F^0-H_0^0)/T$] für **I** im idealen Gaszustand bei 1 atm u. im Bereich von 298,15—1500⁰K in einer Tabelle angegeben. Die Entropie von **I** bei 298,15⁰K beträgt für den idealen Gaszustand 75,12 cal/Grad·Mol.

J. WEINER. B 120□

Eine infrarotspektroskopische Untersuchung der sterischen Hinderung in einigen trans-Stilbenderivaten. S. F. D. Orr. (Spectrochim. Acta [London] **8.** 218—28. Nov. 1956. London, Royal Cancer Hospital, Inst. of Cancer Res., Chester Beatty Res. Inst.) (Engl.)

Vf. untersuchte in CS_2-Lsg. die IR-Absorptionsspektren der folgenden Verbb.: *trans-Stilben* (**I**), *4-Methyl-*, *2.2'-Dimethyl-*, *2.4.6-Trimethyl-*, *2.4.6.2'.4'.6'-Hexamethyl-trans-stilben* (**II**), *4-Dimethylamino-trans-stilben*, *4-Dimethylamino-4'-methyl-*, *-2'-methyl-*, *-2'.4'-dimethyl-*, *-2'.5'-dimethyl-*, *-2'-äthyl-*, *-2'.5'-diäthyl-*, *-2'-isopropyl-*, *-2'.5'-diisopropyl-* (**III**), *-2.2'-dimethyl-*, *-2'.6'-dimethyl-* u. *-2'.4'.6'-trimethyl-trans-stilben*. Die der nichtebenen in-Phase-Schwingung der olefin. H-Atome zugeordnete Absorptionsfrequenz bei 960 cm^{-1} zeigt nur eine kleine Änderung mit der Struktur. Verglichen mit dem Wert von **I** nehmen die Frequenzen durch die p-Dimethylaminogruppe um ca. 2 cm^{-1} ab u. durch eine o- oder p-CH_3-Gruppe um ca. 1 cm^{-1} zu. Bei 5 Verbb., in denen eine ster. Hinderung zu erwarten war, ist diese Frequenz beträchtlich höher als die normale Frequenz. In **II** beträgt die Frequenzzunahme ca. 12 cm^{-1}. In den 3 Verbb., in denen beide o-Stellungen in einem Ring substituiert sind, beträgt die Frequenzzunahme ca. 6—10 cm^{-1}. Eine ähnliche Verschiebung wurde für **III** gemessen. Außerdem nimmt bei diesen 5 Verbb. die Bandbreite beträchtlich zu. Die integralen Absorptionsintensitäten sind konstant. Im Gegensatz zu den Frequenzen u. Intensitäten zeigen die Extinktions-Koeff. große Änderungen mit entsprechend großen Unterschieden in der Bandenbreite. Die Zunahme der Bandenbreite geht einer Zunahme der ster. Hinderung parallel. Diese Zunahme wird mit einer Energieübertragung von Schwingungen der olefin. H-Atome auf Bewegungen der o-Gruppe erklärt, die wahrscheinlich in einer partiellen Rotation des aromat. Ringes um die Bindung der olefin. Brücke besteht. C. GOTTFRIED. B 120

Über die Tautomerie einiger Derivate heterocyclischer Verbindungen. 9. Mitt. **Struktur von Salzen der Hydroxyderivate der heterocyclischen Reihe.** Ju. N. Scheinker und Ju. I. Pomeranzew. (Журнал Физической Химии [J. physik. Chem.] **33.**

1819—29. Aug. 1959. Moskau, Chem.-Pharmazeut. Ordshonikidse-Forsch.-Inst.) (Russ.; Auszug: Engl.) — 7. vgl. C. **1962.** 1933.

Es wurden die IR-Spektren der nachst. heterocycl. Hydroxy-Verbb. u. ihrer Metallsalze (Na, auch Li, K, Ag, Ba) aufgenommen: *2-Hydroxy-*, *4-Hydroxypyridin*, *1-Hydroxyphthalazin*, *4-Methyl-2-hydroxythiazol*, *5-Brom-2-hydroxy-1.3.4-thiadiazol*, *2.3-Dihydroxychinoxalin*, ferner *Cyanursäure*, *Trichlortriazin*, *Diäthylbarbitursäure*, *Saccharin*, *Sulfanilylacetamid*, *Sulfanilylharnstoff* u. *p-Dihydroxypyridazin*. Die Verbb. wurden krist., in D_2O u. in A. untersucht. — Die Bldg. der Metallsalze ist mit der Umlagerung der Lactam- in die Lactimform verbunden. In allen untersuchten Fällen ist das Metallatom, unabhängig von seinem elektropositiven Charakter, am O-Atom der Hydroxylgruppe lokalisiert, nicht am N-Atom des Heteroringes. Sind in einem Mol. mehrere Carbonylamidgruppen vorhanden, so werden diese sukzessiv nach Maßgabe der Substitution von H durch Metall enolisiert. Die negative Ladung, die der organ. Teil der Salze infolge des Ionencharakters der Bindung O—Me erhält, ist in krist. Zustand u. in Lsg. prakt. vollständig am O-Atom fixiert, nicht am heterocycl. N-Atom. Die Fähigkeit zur Enolisierung unter Salz-Bldg. ist nicht unbedingt an die heterocycl. Struktur gebunden, sondern erfolgt auch bei anderen Carbonylamidgruppierungen, einschließlich solchen in offener Kette. HELMUT SCHÄFER. B 120 □

Über die Tautomerie einiger Derivate heterocyclischer Verbindungen. 10. Mitt. **Tautomerie acylierter heterocyclischer Amine.** Ju. N. Scheinker, Je. M. Peressleni, N. P. Sossimowa und Ju. I. Pomeranzew. (Журнал Физической Химии [J. physik. Chem.] **33.** 2096—2109. Sept. 1959.) (Russ.; Auszug: Engl.) — 9. vgl. vorst. Referat.

Es werden die IR- u. UV-Spektren von *N-Acyl-Derivv.* der nachst. Heterocyclen in krist. Form, in W., abs. A., Dioxan u. n-Heptan aufgenommen: *2-* u. *4-Aminopyridin*, *1-Methyl-2-imino-1.2-dihydropyridin*, *2-Aminothiazol* u. *-benzthiazol*, *2-Imino-3-methyl-2.3-dihydrothiazol* u. *-benzthiazol*, *2-Aminopyridin*, *2-Imino-1-methyl-1.2-dihydropyrimidin*, *2-Aminochinolin*, *2-Amino-1.3.4-thiadiazol* u. *3-Methyl-2-imino-2.3-dihydro-1.3.4-thiadiazol*. Die Spektren zeigen, daß durch die Einführung von elektronegativen Substituenten in die Aminogruppe von N-Heterocyclen eine Verschiebung des Amino–Imino-Tautomeriegleichgewichts erfolgt. Es wurden der Einfl. der acidifizierenden Wrkg. der Substituenten, der Natur des Heteroringes u. des Lsgm. auf die Lage des Tautomeriegleichgewichts untersucht. In Abhängigkeit von diesen Faktoren können die Acylamide der N-Heterocyclen in der Amino- oder Iminostruktur oder als Gemisch der beiden Formen auftreten. Die Amino–Imino-Tautomerie der untersuchten Verbb. gehorcht qual. u. quant. den Gesetzmäßigkeiten des Säure–Base-Gleichgewichtes. — Durch Rk. der entsprechenden Amine mit Säurechloriden in Pyridin oder Bzl. werden dargestellt: *2-Aminopyridin*, *Chloracetyl-Deriv.*, F. 110° (Zers.). *Dichloracetyl-Deriv.*, F. 69—70,5°. *Trichloracetyl-Deriv.*, F. 84—85°. *Methansulfonyl-Deriv.*, F. 204—206°. *Benzolsulfonyl-Deriv.*, F. 171°. — *4-Aminopyridin*, *Trichloracetyl-Deriv.*, F. 161—162°. *Benzolsulfonyl-Deriv.*, F. 285—286°. — *2-Aminothiazol*, *Dichloracetyl-Deriv.*, F. 180—180,5°. *Trichloracetyl-Deriv.*, F. 194—195°. *Benzolsulfonyl-Deriv.*, F. 170°. — *2-Amino-1.3.4-thiadiazol*, *Dichloracetyl-Deriv.*, F. 169—170°. *Trichloracetyl-Deriv.*, F. 202—203°. *Benzolsulfonyl-Deriv.*, F. 188—190°. — *2-Aminopyrimidin*, *Dichloracetyl-Deriv.*, F. 190—192°. *Trichloracetyl-Deriv.*, F. 93°. *Benzolsulfonyl-Deriv.*, F. 226—227°. — *2-Aminochinolin*, *Dichloracetyl-Deriv.*, F. 148—150°. *Trichloracetyl-Deriv.*, F. 109—110°. *Benzolsulfonyl-Deriv.*, F. 171 bis 172°. — *2-Aminobenzthiazol*, *Dichloracetyl-Deriv.*, F. 188—190°. *Trichloracetyl-Deriv.*, F. 194—195°. *Benzolsulfonyl-Deriv.*, F. 278—280°. — Durch Rk. der Amino-Verbb. mit Säureanhydriden: *2-Aminopyridin*, *Trifluoracetyl-Deriv.*, F. 98—101°. *Acetyl-Deriv.*, F. 71°. — *4-Acetylaminopyridin*, F. 150°. — *2-Aminothiazol*, *Trifluoracetyl-Deriv.*, F. 156 bis 157°. *Acetyl-Deriv.*, F. 202—203°. — *2-Acetylaminopyrimidin*, F. 146—146,5°. — *2-Acetylamino-1.3.4-thiadiazol*, F. 271—272°. — *2-Acetylaminochinolin*, F. 125—126°. — *2-Acetylaminobenzthiazol*, F. 187—188°. — Durch Nitrierung der entsprechenden Amine mit konz. HNO_3: *2-Nitraminopyridin*, F. 184°. — *2-Nitraminothiazol*, F. 180° (Zers.). — Durch Methylierung der entsprechenden Acylamine mit Dimethylsulfat wurden nachst. N-Methyl-2(4)-acylimine bzw. durch Kondens. der entsprechenden 2-Methylamine mit Säurechloriden nachst. 2-Methylacylamine erhalten: *1-Methylpyridon-(2)-imin*, *Dichloracetyl-Deriv.*, F. 91—92°. *Trichloracetyl-Deriv.*, F. 119—120°. *Benzolsulfonyl-Deriv.*, F. 225°. *N-Nitro-Deriv.*, F. 157,5—158,5°. *Methansulfonyl-Deriv.*, F. 146—147°. — *1-Methylpyridon-(4)-imin*, *Trichloracetyl-Deriv.*, F. 191—192°. *Benzolsulfonyl-Deriv.*, F. 186—188°. — *3-Methylthiazolon-(2)-imin*, *Dichloracetylderiv.*, F. 123,5—125°. *Trichloracetyl-Deriv.*, F. 113—114°. *Benzolsulfonyl-Deriv.*, F. 180—181°. *Methansulfonyl-Deriv.*, F. 148—150°. — *3-Methyl-1.3.4-thiadiazolon-(2)-imin*, *Trichloracetyl-Deriv.*, F. 83 bis 86°. *Benzolsulfonyl-Deriv.*, F. 151—153°. — *1-Methylpyrimidon-(2)-imin*, *Trichlor-*

acetyl-Deriv., F. 176—177°. *Benzolsulfonyl-Deriv.*, F. 226—227°. — *1-Methylchinolon-(2)-imin, Trichloracetyl-Deriv.*, F. 202—203°. — *3-Methylbenzthiazolon-(2)-imin, Acetyl-Deriv.*, F. 123—125°. *Dichloracetyl-Deriv.*, F. 144—146°. *Trichloracetyl-Deriv.*, F. 195—197°. *Benzolsulfonyl-Deriv.*, F. 158—159°. — *2-[Methylamino]-pyridin, N-Benzolsulfonyl-Deriv.*, F. 66—67°. *N-Sulfanilyl-Deriv.*, F. 86,5—87,5°. — *2-[N-Methyl-N-benzolsulfonylamino]-thiazol*, F. 80—81°. — *2-[N-Methyl-N-benzolsulfonylamino]-pyrimidin*, F. 96—98°.
HELMUT SCHÄFER. B 120□

Molekularstruktur von Diphenyläthern. Hiroshi Shimizu, Shizuo Fujiwara und Yonezo Morino. (J. chem. Physics **34.** 1467—68. April 1961. Tokyo, Univ. of Tokyo, Fac. of Pharm. Sci., Dep. of Chem.) (Engl.)

Vff. schließen aus Kernresonanzspektren von *2.2'-Dimethyldiphenyläther* bei 25° im Gegensatz zu anderen Autoren auf eine Struktur der Verb., bei der die beiden Methylgruppen in nicht gleichwertigen Lagen zueinanderstehen. Das IR-Spektrum der Verb. u. die Röntgenstrukturanalyse von *2.2'-Dijoddiphenyläther* (noch nicht veröffentlicht) stimmen mit dieser Annahme überein. Dagegen zeigt das Ergebnis der Kernresonanzmessungen von *Diphenyläther* keine Übereinstimmung mit der Annahme dieser Molekularstruktur.
P. JACOB. B 123□

Ionisationspotentiale von cis- und trans-Dichlor- und Dibromäthylenen. J. Momigny. (Nature [London] **191.** 1089—90. 9/9. 1961. Liège, Univ., Fac. of Sci.) (Engl.)

Durch Elektronenstoß (ESt)- u. durch Ionenstoß (ISt)-Meth. wurden folgende Ionisationspotentiale erhalten: *cis*-$C_2H_2Cl_2$ (**I**) 9,67 ± 0,05 (ESt) u. 9,66 ± 0,02 (ISt), *trans*-$C_2H_2Cl_2$ (**II**) 10,00 ± 0,05 u. 9,64 ± 0,02, *cis*-$C_2H_2Br_2$ (**III**) 9,69 ± 0,05 u. 9,45 ± 0,01, *trans*-$C_2H_2Br_2$ (**IV**) 9,54 ± 0,05 u. 9,46 ± 0,01 eV. Es ist zu schließen, daß bei der Ionisation ein π-C=C-Elektron entfernt wird u. daß bei ESt **II** u. **III** in angeregtem Schwingungszustand auftreten (**II**-Ion v = 2, **III**-Ion v = 1), für **I** u. **IV** dagegen wie bei ISt aller Verbb. v = 0 gilt. Die Kurven-Wirksamkeit ISt gegen Photonenenergie haben singuläre Punkte (für **IV** unscharf), die angeregten Zuständen der C=C-Valenzfrequenz des Ions zugeschrieben werden. Die Behandlung des **I**- bzw. **II**-Mol. u. -Ions als zweiatomiger Vibrator in bezug auf die C=C-Bindung ergibt, daß der C=C-Abstand im **I**-Mol. um 0,035 u. im **I**-Ion um 0,065 Å größer ist als im **II**-Mol. bzw. **II**-Ion.
R. JUNGE. B 131□

Die Leitfähigkeit von Kupferbenzol-1.3-disulfonat, einem nicht assoziierten 2.2-Elektrolyt, und einigen verwandten Salzen. Gordon Atkinson, Masatoki Yokoi und Calvin J. Hallada. (J. Amer. chem. Soc. **83.** 1570—75. 5/4. 1961. Ann Arbor, Mich., Univ. of Michigan, Dep. of Chem.) (Engl.)

Die Leitfähigkeiten von *Cu*- (**I**), *Di-Na-*, *Di-K-Benzol-1.3-disulfonat*, von *La*- (**II**), *Tri-Na-*, *Tri-K-Naphthalin-1.3.6-trisulfonat* sowie der freien *Di-* bzw. *Trisulfonsäuren* wurden in W. bei 25° gemessen. Zur Auswertung wurde die erweiterte FUOSS-ONSAGER-Theorie herangezogen. Da **I** in Lsg. nicht assoziiert ist, konnte ein neues Kriterium für nichtassoziierte Elektrolyte hoher Ladung theoret. aufgestellt u. prakt. überprüft werden. Die 2.1- u. 3.1-Salze u. Säuren verhalten sich wie starke Elektrolyte, wie es ihrem Ladungstyp entspricht. **II** zeigt wie **I** das Verhalten eines nicht assoziierten Salzes.
E. WIEHR. B 131□

Bestimmung der Dielektrizitätskonstanten und des Verlustfaktors mittels der Freiwellenmethode. 3. Mitt. **Messung an aliphatischen Alkoholen bei der Wellenlänge von 1,38 cm.** Hideo Okabayashi. (Bull. chem. Soc. Japan **28.** 312—17. Juli 1955. Tokyo, Univ., Inst. of Sci. and Technol.) (Engl.) — 2. vgl. YASUMI u. Mitarbeiter, C. **1955.** 3067.

Nach einem von YASUMI (l. c.) angegebenen Verf. werden die DK ε' u. der Verlustfaktor ε'' bei 1,38 cm Wellenlänge bestimmt für *Methanol* (ε' 6,79; ε'' 4,24), *A.* (4,25; 1,42), *n-Butanol* (2,93; 0,57), *Isobutanol* (2,86; 0,54) u. *tert.-Butanol* (2,82; 0,45). Die Genauigkeit beträgt für die Butanole 0,8% im Brechungs- u. 2,0% im Absorptionskoeffizienten.
K. L. WOLF. B 132□

Die Bestimmung der elektrischen Dipolmomente von einigen Derivaten von Tetraphenyläthen und Tetraphenylbutatrien. C. J. F. Böttcher, C. Altona und H. F. van Woerden. (Recueil Trav. chim. Pays-Bas **80.** 5—10. Jan. 1961. Leiden, Univ., Dep. of Phys. Chem.) (Engl.)

Die Dipolmomente von *1.2-Bis-[m-nitrophenyl]-1.2-diphenyläthen* A (5,7 D) u. B (4,9), *1.2-Bis-[p-nitrophenyl]-1.2-diphenyläthen* A (1,9) u. B (7,0), *1.4-Bis-[m-nitrophenyl]-1.4-diphenylbutatrien* A (5,2) u. B (5,9) wurden in Bzl. bestimmt. Dabei bedeutet A jeweils das an Tonerde schwächer adsorbierbare Isomere (vgl. KUHN u. BLUM, C. **1961.** 10528). Aus den Dipolmomenten wird gefolgert, daß **I** A, **II** B u. **III** B die cis-Isomeren sind.
K. L. WOLF. B 132□

Kernmagnetische Resonanz. Einführung. Frederick C. Nachod. (Ann. New York Acad. Sci. **70.** 765—68. 16/6. 1958. Rensselaer, N.Y., Sterling-Winthrop Res. Inst.) (Engl.)

Einführende Kurzübersicht. Die Leistungsfähigkeit der kernmagnet. Resonanz-Spektroskopie wird an Hand einiger typ. Beispiele zur organ. Strukturaufklärung gezeigt. W. HABERDITZL. B 137□

Chemische Anwendung der kernmagnetischen Resonanzspektroskopie. H. W. Patton und J. H. Chaudet. (Org. chem. Bull. **31.** Nr. 2. 1—5. 1959. Kingsport, Tenn., Div. of Eastman Kodak Co., Tennessee Eastman Co., Res. Labor.) (Engl.)

Übersicht über die Verw. der NMR-Spektren zur Strukturaufklärung von Verbindungen. — 22 Literaturhinweise. P. GOLINSKE. B 137□

Quantitative Bestimmung organischer Strukturen mit Hilfe kernmagnetischer Resonanz: Intensitätsmessungen. Rollie B. Williams. (Ann. New York Acad. Sci. **70.** 890—99. 16/6. 1958. Bayton, Tex., Humble Oil and Refining Co., Techn. and Res. Div.) (Engl.)

Krit. Diskussion der die Genauigkeit von Intensitätsmessungen mit Hilfe magnet. Kernresonanz-Signale limitierenden Faktoren (Magnetfeldstabilität, magnet. Sättigung u. Relaxationszeiten, Spannungsverluste usw.). Ausgehend von den BLOCHschen Gleichungen (Physic. Rev. [2] **73.** [1948.] 679) werden quant. Beziehungen für die günstigsten Resonanzbedingungen für Intensitätsmessungen mit hochauflösenden Spektrometern abgeleitet. Gegenwärtig liegt die Genauigkeit der berechneten Intensitäten bei 10%, mit besonderen Stabilisierungs-Syst. könnte 1% erreicht werden. W. HABERDITZL. B 137□

Einige Anwendungen der magnetischen ^{13}C-Kernresonanzspektren in der organischen Chemie. Paul C. Lauterbur. (Ann. New York Acad. Sci. **70.** 841—57. 16/6. 1958. Pittsburgh, Pa., Mellon Inst.) (Engl.)

Übersicht über Arbeiten des Vf. u. anderer Autoren zur ^{13}C-Kernresonanzspektroskopie. Experimentelle Besonderheiten („rapid passage"-Meth.). Chem. Verschiebungen des ^{13}C-Signals bei Alkylhalogeniden RX u. X-Elektronegativität. Vgl. mit der ^{19}F-Verschiebung. Chem. Verschiebung bei o-, m- u. p-substituierten Toluolen u. heterocycl. Verbindungen. In dieser Arbeit wurden untersucht: *Essigsäure, Acetylendicarbonsäuredimethylester, Bzl., o-Dimethoxybenzol, Pyridin, 3.5-Lutidin, 2.4.6-Kollidin,* CH_3Cl, CH_3Br, CH_3J, $(CH_3)_4NCl$, $(CH_3)_4C$, $(CH_3)_4Si$, $(CH_3)_4Sn$, CCl_4, $CHCl_3$, CH_2Cl_2, CBr_4, $CHBr_3$, CH_2Br_2, CHJ_3, CH_2J_2, $C(OC_2H_5)_4$, $CH(OC_2H_5)_3$, $CH_2(OC_2H_5)_2$, $(CH_3O)_2CH_2$, CCl_3Br, CCl_2Br_2, $CClBr_3$, $CHCl_2Br$, $CHClBr_2$, CH_2ClBr, *Äthylchlorid, -bromid, -jodid, A., Nitroäthan, Isopropylchlorid, -bromid, -jodid, Isopropanol, 2-Nitropropan, tert.-Butylchlorid, -bromid, -jodid, tert.-Butanol, 2-Methyl-2-nitropropan,* CH_3CHCl_2, CH_3CCl_3, CH_3CHBr_2, *Toluol* u. folgende substituierte Toluole: *m-F, -NO₂, -Br, -Cl, -CN, -J, -OH, p-F, -NH₂, -Br, -OH, -Cl, -CH₃, -NO₂, -J, -CN, o-F, -CH₃, -Cl, -CN, -Br, 3.5-Dimethyl-, 3-Amino-5-methyl-, 3-Hydroxy-5-methyl-, 2-Hydroxy-3-methyl-, 2-Nitro-3-methyl-, 2-Amino-3-methyl-, 2.3.4-Trimethyl-, 2-Jod-3-methyl-, Methylbenzoat* u. seine o-Derivv.: OCH_3, *J, Br,* NO_2, *Cl, OH.* — 11 Literaturangaben. W. HABERDITZL. B 137□

Anwendung der kernmagnetischen Resonanz zur organischen Analyse. Aksel A. Bothner-By und C. Naar-Colin. (Ann. New York Acad. Sci. **70.** 833—40. 16/6. 1958. Cambridge, Mass., Harvard Univ., Dep. of Chem.) (Engl.)

Zusammenfassung von Arbeiten des Vf. (u. verschiedener anderer Arbeiten) zur Ermittlung von Proton-Abschirmungs-Konst. in verschiedenen aliphat. Verbindungen. Abhängigkeit der Abschirmung in verschiedenen CH_3X-Derivv. (X = F, Cl, Br, J, O, N, C) von der X-Elektronegativität. Entsprechende Ergebnisse bei Äthyl-, Isopropyl- u. tert.-Butyl-Derivaten. Diskussion des Einfl. der magnet. Anisotropie von C—C-Bindungen in verschiedenen Konformationen von Alkanen u. Cycloalkanen. In dieser Arbeit wurden untersucht: *Methanol, A., Isopropanol, tert.-Butanol, Dimethyl-, Diisopropyl-, Methyl-tert.-butyläther, Ae., Trimethyl-, Triäthyl-, Isopropyl-, tert.-Butylamin, Aceton, Diäthylketon, Cyclopropan, Cyclopentan, n-Decan* u. *Cyclohexan* als Bezugssubstanz. W. HABERDITZL. B 137□

Das Protonenaustausch-Verhalten in einigen Wasserstoffbrückenbindungssystemen. W. G. Schneider und L. W. Reeves. (Ann. New York Acad. Sci. **70.** 858—69. 16/6. 1958. Ottawa, Canada, Nat. Res. Labor., Div. of Pure Chem.) (Engl.)

Übersicht zur Anwendung der kernmagnet. Resonanzspektroskopie zur Unters. der Protonenaustausch-Vorgänge in organischen Moll. mit H-Brücken. Neu untersucht wird der Einfl. der Temp. auf die Geschw. der Platzwechselvorgänge u. ihre Auswirkung auf Struktur u. Verschiebung der Protonensignale (*A., A.–*H_2O-*Mischungen*); Keto-Enol-Tautomerie-Gleichgewichte [*Acetylaceton* (I)] u. ihre Beeinflussung durch Lsgm.

(Essigsäure, Amine; mit *Diäthylamin* bildet **I** einen 1 : 1-Komplex vom F. 41,5°); Möglichkeiten zur quant. Best. der Tautomerenanteile. — 11 Literaturangaben.

W. HABERDITZL. B 137 □

Protonisierungsort bei Methylformiat. Gideon Fraenkel. (J. chem. Physics **34.** 1466—67. April 1961. Pasadena, Calif., California Inst. of Technol., Gates and Crellin Labor. of Chem.) (Engl.)

Mit Hilfe von Kernresonanzmessungen an *Ameisensäuremethylester* (**I**) in 70- u. 100%ig. H_2SO_4 [weitere Messungen in D_2SO_4, Eisessig, 70%ig. $HClO_4$, $(CH_3)_2SO_4$, CCl_4] wird bewiesen, daß die Protonisierung in der Hauptsache am Carbonyl- u. nicht am Alkoxysauerstoffatom erfolgt. Der gleiche Schluß gilt für die Bindung von BF_3 an **I**, wie Messungen des BF_3–**I**-Komplexes zeigen. Der Grad der $C_{OO}-O_{OR}$-Doppelbindung ist gegenüber reinem **I** nicht wesentlich verändert. Die Kopplungs-Konst. J_{OH,OH_3} sind tabelliert (Werte um 1 Hz), *Trimethylorthoformiat* hat einen J_{OH,OH_3}-Wert $< 0{,}05$ Hz.

P. JACOB. B 137 □

NMR-Untersuchung der Flüssigstruktur von Fettsäuren. Hiroshi Shimizu und Shizuo Fujiwara. (Chem. pharmac. Bull. [Tokyo] **8.** 272—74. März 1960. Tokyo, Hongo, Univ. of Tokyo, Fac. of Pharmaceut. Sci.; Tokyo-to, Chofu, Univ. of Electro-Communicat.) (Engl.)

Es wurden die Verdünnungsverschiebungen (dilution shifts) der protonenmagnet. Resonanz in *RCOOH–Bzl.*- u. *RCOOH–Pyridin* (Py)-Gemischen gemessen [R = CH_3— (**I**), $CHCl_2$— (**II**), C_2H_5—, *n*-C_3H_7—, *iso*-C_3H_7— u. *iso*-C_4H_9—]. Auf Grund der Messungen der CH_3-Gruppen-Resonanz werden die höheren Feldverschiebungen (FV) von **I**–Bzl. u. **II**–Bzl. der π-Komplex-Bldg. zwischen Bzl. u. RCOOH zugeschrieben (vgl. REEVES u. SCHNEIDER, C. **1959.** 4422). Die schwache FV von **I**–Py läßt vermuten, daß die H-Atome der CH_3-Gruppe in der Ebene des Py-Ringes nahe dem einsamen Elektronenpaar der N-Atome liegen, wobei sich die CH_3-Gruppe wie eine schwache Säure verhält. Aus Messungen der COOH-Resonanz in RCOOH–Bzl.-Gemischen wird geschlossen, daß die niedrigen FV durch Abbau der fl. Säuren vom Polymeren über das ringförmige Dimere zum Monomeren verursacht werden. Lediglich **II**–Bzl.-Gemische zeigen nicht diese geringe FV, was evtl. darauf hindeutet, daß hier ein langkettiges Gebilde allmählich zum Monomeren abgebaut wird, ohne die ringförmige, dimere Struktur zu durchlaufen.

CLAUS FISCHER. B 137 □

Untersuchungen der gehinderten inneren Rotation organischer Moleküle mit Hilfe der kernmagnetischen Resonanz. W. D. Phillips. (Ann. New York Acad. Sci. **70.** 817—32. 16/6. 1958. Wilmington, Del., E. I. du Pont de Nemours & Co., Central Res. Dep.) (Engl.)

Übersicht über Arbeiten des Vf. u. anderer Autoren zur Konformationsanalyse mittels kernmagnet. Resonanz an Hand folgender Stoffgruppen: Amide, Nitrosamine, Alkylnitrite (**I**), Aldoxime (**II**) u. substituierte Äthane. Angaben der Kernresonanzspektren. Zuordnung der Banden zu Protonen bzw. F-Atomen bestimmter Rotationsisomerer. Temp.-Abhängigkeit der chem. Verschiebung. Übersicht über die ermittelten cis–trans-Isomeren-Verhältnisse verschiedener **I** u. **II**. Diskussion der Temp.-Abhängigkeit des ^{19}F-Spektrums von *CF_2Br–$CBrCN(CH_3)$* u. *CF_2Br–CBr_2CN* (Höhe der Potentialschwellen, Anteile der verschiedenen Rotationskonfigurationen). Die Ergebnisse neuerer Unterss. des Vf. an *Benzylmethylnitrosamin, Benzylnitrit, tert.-Butylnitrit, Acet-, Propion-, Isobutyr-* u. *n-Heptaldoxim* werden mitgeteilt.

W. HABERDITZL. B 137 □

Sich ergänzende Anwendung von kernmagnetischer Resonanz und Infrarotabsorptionsuntersuchungen in der organischen Phosphorchemie. Harold Finegold. (Ann. New York Acad. Sci. **70.** 875—89. 16/6. 1958. Washington, D.C., Nat. Bur. of Stand., Chem. Div.) (Engl.)

Übersicht. Offene Fragestellungen der Konstit.-Aufklärung organ. P-Verbb.; Anwendbarkeit von IR-Messungen, Besonderheiten der ^{31}P-Kernresonanzspektroskopie. Tabellierung der chem. Verschiebung von 173 organ. P-Verbb., von denen der größte Teil neu gemessen wurde; untersucht wurden u. angegeben werden die ^{31}P-Verschiebungen der Verb.-Gruppen: $R(R'O)_2P$, $R(R'S)_2P$, $(RO)_3P_{symm.}$, $(RS)_3P_{symm.}$, $R_3PO_{symm.}$, $RR'(R''O)PO$, $R(R'O)_2PO$, $R(R'O)(R''S)PO$, $R(R'S)_2PO$, $(RO)_3PO_{symm.}$, $(RO)(R'O)_2PO$, $(RO)_2(R'S)PO$, $(RS)_3PO$, $R_3PS_{symm.}$, $R(R'O)_2PS$, $R(R'S)_2PS$, $(RO)_3 \cdot PS$, $(RO)_2(RS)PS$, $(RS)_3PS_{symm.}$, $(R_2N)_3P_{symm.}$, $(R_2N)_3PO_{symm.}$, $(R_2N)_2PO(OR')$, $(R_2N)_3 \cdot PS_{symm.}$, $(R_2N)_2P(O)R'$, $(R_2N)P(O)(OR')_2$, $(R_2N)P(S)(OR')_2$ u. der individuellen Verbb.: *$(CH_3O)_2P(O)H$, $(C_2H_5O)_2P(O)H$, (iso-$C_3H_7O)_2P(O)H$, $(C_2H_5O)_2P(S)H$, $CH_3(C_2H_5O) \cdot P(O)H$, CH_3(n-$C_3H_7O)P(O)H$, CH_3(iso-$C_3H_7O)P(S)H$, H_3PO_2, H_3PO_4, $C_2H_5(C_2H_5O)P(O) \cdot OH$, $CH_3(C_2H_5O)P(S)OH$, $C_2H_5(C_2H_5O)P(S)OH$, $(C_2H_5O)_2POSH$, $(C_2H_5O)_2P(S)SH$, $CH_3P(O)(OH)_2$, (n-$C_4H_9O)P(O)(OH)_2$, $[(OH)_2PO]_2O$, $[(C_2H_5O)_2PO]_2O$, $[CH_3(C_2H_5O)PO]_2O$, $[(CH_3$(n-$C_3H_7O)PO]_2O$, $[C_2H_5(C_2H_5O)PO]_2O$, $[CH_3(C_2H_5O)PS]_2O$, $(CH_3)_3P$, $(C_2H_5)_3P$,*

$(n\text{-}C_4H_9)_3P$, $(C_6H_5)_3P$, CH_3PCl_2, $C_2H_5PCl_2$, PCl_3, PBr_3, $(CH_3O)PCl_2$, $(CH_3)(C_2H_5)POCl$, $CH_3(Cl_3C)P(O)(OC_2H_5)$, $CH_3(n\text{-}C_3H_7O)POCl$, $CH_3(C_2H_5O)POCl$, $C_2H_5(C_2H_5O)POCl$, $CH_3 \cdot (iso\text{-}C_3H_7O)POF$, $C_2H_5POCl_2$, CH_3POCl_2, $C_6H_5POCl_2$, CH_3POF_2, $(C_2H_5O)_2POCl$, $POBr_3$, $POCl_3$, $CH_3(C_2H_5O)PSCl$, $C_2H_5PSCl_2$, CH_3PSCl_2, $C_6H_5PSCl_2$, $CH_3(iso\text{-}C_3H_7O)PSCl$, $(C_2H_5O)_2PSCl$, $(n\text{-}C_3H_7O)PSCl_2$, $(n\text{-}C_4H_9O)PSCl_2$, $PSCl_3$, $[(CH_3)_2N]_2POCl$, $(CH_3)_2N \cdot P(O)(CN)(OC_2H_5)$ u. $[(CH_3)_2N]_2P(O)CH_3$. Diskussion der Kopplungskonstanten. Gegenüberstellung der Ergebnisse der IR- u. Kernresonanzspektroskopie für verschiedene Gruppen von P-Verbindungen. — 17 Literaturangaben. W. HABERDITZL. B 137 □

Chemische Verschiebungen und elektronengekoppelte Spin–Spin-Wechselwirkungen. H. S. Gutowsky. (Ann. New York Acad. Sci. **70.** 786—805. 16/6. 1958. Urbana, Ill., Univ. of Illinois, Noyes Chem. Labor.) (Engl.)

Übersicht über den Stand der theoret. Erforschung der chem. Verschiebung u. Spin–Spin-Wechselwrkg., Verss. zur Aufteilung der magnet. Abschirmungs-Konst. in diamagnet. u. paramagnet. Anteil, Substitutionseffekte (an Fluorbenzolen), inter- u. intramol. Wechselwrkg., Kombinationsmöglichkeiten bei Spin–Spin-Wechselwrkg. sowie über den Stand der Hyperfeinstrukturforschung. Die Ergebnisse neuerer Unterss. des Vf. an *1.3.5-Trifluor-2.6-dichlorbenzol* u. *2-Fluor-4.6-dichlorphenol* werden diskutiert. — 39 Literaturangaben. W. HABERDITZL. B 137 □

Paramagnetische Excitonen in Molekülkristallen. Himan Sternlicht und Harden M. McConnell. (J. chem. Physics **35.** 1793—1800. Nov. 1961. Pasadena, Calif., California Inst. of Technol., Gates and Crellin Labor. of Chem.) (Engl.)

Vff. untersuchen die Möglichkeit, die Elektronenspinresonanz zur Unters. angeregter paramagnet. Elektronenzustände aromat. Kristalle zu verwenden. Dabei werden einmal die Bewegung der Anregungsenergie von Mol. zu Mol. nach einem Diffusionsprozeß u. zum anderen die Beschreibung der Triplettanregung durch ein FRENKEL-Exciton als Grenzfälle betrachtet. Die Theorie der Spinresonanz von Triplettexcitonen zeigt, daß nur eine schwache Abhängigkeit der Spektren von dem k-Vektor der Excitonenwelle besteht, ausgenommen den Fall, daß der k-Vektor im Bereich von Bandentartungen liegt. Diese Entartungszustände liegen auf den Grenzflächen der 1. BRILLOUIN-Zone. Berechnungen des HAMILTON-Spins für *Bzl.*, *Naphthalin* u. *Coronen* bestätigen die theoret. Ergebnisse. Die Streuung von Excitonenwellen durch Gitterschwingungen kann eine Linienverbreiterung hervorrufen u. stellt einen möglichen Mechanismus für Gitterrelaxationen dar. G. M. NEUMANN. B 137 □

Analyse der kernmagnetischen Resonanzspektren von Pyridin und einigen deuterierten Pyridinen. W. G. Schneider, H. J. Bernstein und J. A. Pople. (Ann. New York Acad. Sci. **70.** 806—16. 16/6. 1958. Ottawa, Canada, Nat. Res. Council, Div. of Pure Chem.) (Engl.)

Vff. nehmen mit einem hochauflösenden Spektrometer das Kernresonanzspektrum von *Pyridin* (I) u. von $D_{(3)}$-, $D_{(4)}$-, $D_{2(2.6)}$-, $D_{3(2.3.6)}$-I auf. Für die Verschiebungen u. Kopplungs-Konst. ergibt die Hyperfeinstrukturanalyse folgende Werte (in cps-Einheiten) (X = 2.6-Substituenten, B = 3.5-Substituenten, A = 4-Substituenten): $\eta H_0 \cdot (\sigma_B - \sigma_A) = 15{,}0$; $\eta H_0 (\sigma_A - \sigma_X) = 45{,}6$; $J_{34} = 7{,}5$, $J_{46} = 1{,}9$, $J_{23} = 5{,}5$, $J_{25} = 0{,}9$, $J_B = 1{,}6$, $J_X = 0{,}4$. Die quantenmechan. Berechnung des Proton-Syst. AB_2X_2 ermöglicht Vgl. der gemessenen mit den berechneten Energien von 20 A-, 24 B-, 24 X- u. 42 Kombinationsspinwechselübergängen. W. HABERDITZL. B 137 □

Untersuchung der elektrischen Leitfähigkeit bei der Sulfonierung von Naphthalin. Je. I. Matrossow. (Журнал Прикладной Химии [J. angew. Chem.] **32.** 2056—60. Sept. 1959. Rubeshansk, Forschungsinst. für organ. Zwischenprodd. u. Farbstoffe.) (Russ.)

Die elektr. Leitfähigkeit (EL) von Gemischen aus W. u. *Naphthalin-2-sulfonsäure* (I) sowie W. u. H_2SO_4 wird bei 140° ermittelt. Die EL nimmt bei I von 0,08703 ($\Omega^{-1} \cdot cm^{-1}$) bei Gemischen mit 85,25 Gew.-% I auf 0,01928 bei 94,71% ab, bei H_2SO_4 von 0,7907 bei 88,15% auf 0,3142 bei 99,76%. Im Syst. H_2SO_4–I–W. mit 50 u. 60% W. nimmt die EL mit zunehmendem Ersatz von I durch H_2SO_4 zu. Im Syst. H_2SO_4–I–W.–Naphthalin, wie es während der Naphthalinsulfonierung vorliegt, ändert sich die spezif. EL $\varkappa$ bei x% Ersatz von H_2SO_4 durch I u. y% Ersatz von Naphthalin durch W. nach $(\Delta \varkappa / \Delta y) = 2{,}12 \cdot 10^{-3}$ u. $(\Delta \varkappa / \Delta x) = -1{,}97 \cdot 10^{-3}$; da diese Änderungen prakt. an Wert gleich u. nur im Vorzeichen verschieden sind, muß die EL am Ende der Sulfonierung fast konst. bleiben; eine direkte konduktometr. Kontrolle des Sulfonierungsprozesses ist somit nicht möglich. R. K. MÜLLER. B 138 □

Spektrophotometrisch bestimmte Ionisationskonstanten von Derivaten von symm.-Triazin. R. C. Hirt, R. G. Schmitt, H. L. Strauss und J. G. Koren. (J. chem. Engng. Data **6.** 610—12. Okt. 1961. Stamford, Conn., Amer. Cyanamid Co., Central Res. Div.) (Engl.)

Vff. bestimmten spektrophotometr. (App. beschrieben) die Ionisations-Konst. nachst. Verbb., für die ebenfalls die UV-Absorptionsmaxima (auch für die Ionen) angegeben werden: *Cyanguanidin* ($C_2H_4N_4$, *Dicyandiamid*, pK_b 14,4), *3-Amino-asymm.-triazin* ($C_3H_4N_4$, pK_b 9,9), *2-Amino-symm.-triazin* ($C_3H_4N_4$, pK_b 11,1), *Cyanursäure* ($C_3H_3 \cdot N_3O_3$, pK_a 6,5; 10,6; ca. 15), *Trithiocyanursäure* ($C_3H_3N_3S_3$, pK_a 4,96; 8,0; —), *Ammelid* ($C_3H_4N_4O_2$, pK_a 6,9; 13,5; pK_b 12,2; —), *Dithioammelid* ($C_3H_4N_4S_2$, pK_a 8,2; pK_b 10,4), *2.4-Diamino-symm.-triazin* (*Formoguanamin*, $C_3H_5N_5$, pK_b 10,1), *Ammelin* ($C_3H_5N_5O$, pK_a 9,4; —; pK_b 9,5; ca. 16), *Thioammelin* ($C_3H_5N_5S$, pK_a 8,2; pK_b 10,4), *Triuret* ($C_3H_6N_4O_3$, pK_a 10,1), *2.4-Diamino-6-thiocyan-symm.-triazin* ($C_4H_4N_6S$, pK_a 8,5; pK_b 10,9), *2.4-Diamino-symm.-triazincarbamonitril* (*Cyanmelamin*, $C_4H_5N_7$, pK_b 7,3; 12,9), *2-Amino-6-methyl-symm.-triazin-2-ol* (*Acetoguanid*, $C_4H_6N_4O$, pK_a 9,2; pK_b 10,9), *2.4-Diamino-6-methyl-symm.-triazin* (*Acetoguanamin*, $C_4H_7N_5$, pK_b 9,4), *4.6-Diamino-symm.-triazinyl-(2)-methanol* ($C_4H_7N_5O$, pK_b 9,9), *4.6-Diamino-symm.-triazinyl-(2)-essigsäure* ($C_5H_7N_5O_2$, pK_b 9,6), *Methylmelamin* ($C_4H_8N_6$, pK_b 8,9), *3-Amino-5.6-dimethyl-asymm.-triazin* ($C_5H_8N_4$, pK_b 10,3), *2.2'-Imino-bis-[4.6-diamino-symm.-triazin]* (*Melam*, $C_6H_9N_{11}$, pK_b 12,1), *2.4-Diamino-6-propyloxy-symm.-triazin* ($C_6H_{11}N_5O$, pK_b 10,3), *4-Amino-6-phenyl-symm.-triazin-2-ol* (*Benzoguanid*, $C_9H_8N_4O$, pK_a 8,1; pK_b 11,0), *2.4-Diamino-6-phenyl-symm.-triazin* (*Benzoguanamin*, $C_9H_9N_5$, pK_a 9,9; 12,1), *2.4-Diamino-6-phenoxy-symm.-triazin* ($C_9H_9N_5O$, pK_b 11,2). Ch. Zechel. B 139□

PVT-Beziehungen von fünf flüssigen n-Alkanen. J. W. M. Boelhouwer. (Physica [Utrecht] **26.** 1021—28. Nov. 1961. Amsterdam, Nederland, Koninklijke Shell Labor.) (Engl.)

Durch Messung der relativen Voll. nach der „Blasebalg“-Meth. wurden von fl. *n-Heptan*, *-Octan*, *-Nonan*, *-Dodecan* u. *-Hexadecan* die PVT-Kurven im Temp.-Bereich zwischen 30 u. 120° u. bei Drücken bis 1200 kg/cm² ermittelt. Die abgeschätzte Meßgenauigkeit des relativen Vol. beträgt ±0,0004. Alle Ergebnisse lassen sich durch die Beziehung von Hudleston [1937] darstellen. Über diese Gleichung wurden aus den Meßdaten die isothermen Kompressibilitäten der Fll. unter den Meßbedingungen berechnet. Alle Messungen stehen mit Literaturangaben in guter Übereinstimmung. Wolfgang Wagner. B 148□

Thermodynamische Eigenschaften einiger organischer Verbindungen. 1. Mitt. **PVT-Beziehungen und berechnete thermodynamische Eigenschaften für n-Butanol.** L. W. Shemilt, R. W. Esplen und R. Singh Mann. (Canad. J. chem. Engng. **37.** 142—52. Aug. 1959. Vancouver, B.C., Univ. of British Columbia, Dep. of Chem. Engng.) (Engl.)

Übersicht mit Tabellen u. Diagrammen. — 50 Literaturangaben. P. Golinske. B 148□

Die Stärke der Wasserstoffbindung und der Parachor. G. Khandekar und W. V. Bhagwat. (Agra Univ. J. Res. **6.** 53—60. Juli 1957. Indore, Holkar Coll., Chem. Dep.) (Engl.)

Es wurden die Parachorwerte von *Methylsalicylat*, *Salicylaldehyd*, *o-Kresol*, *o-Chlorphenol*, *Pyrogallol*, *Resorcin*, *Hydrochinon*, *Essig-*, *Propion-* u. *Benzoesäure* (als Dimere), *m-* u. *p-Nitrophenol*, die in wechselnder Konz. in A., Dioxan, Aceton, Methyläthylketon, Methylacetat, Äthylacetat, Chlf., CCl_4, Bzl. oder Toluol gelöst waren, mit Hilfe des Mischungsgesetzes von Hammick u. Andrew bestimmt u. mit den berechneten Parachorwerten der Reinsubstanzen verglichen. Die durch die H-Brücken zu den Lsgm.-Moll. verursachte Erniedrigung des Parachors zeigte keinen Zusammenhang mit der Stärke dieser Bindung. W. Penn. B 148□

Bemerkung über die Siedepunkte und Oberflächenspannungen binärer Gemische von Aceton und Isopropanol. P. K. Katti und M. M. Chaudhri. (J. chem. Physics **35.** 756—57. Aug. 1961. Delhi, Polytechnic, Dep. of Chem. Engng.; Univ. of Delhi, Dep. of Phys.) (Engl.)

An Mischungen aus *Aceton* u. *Isopropanol* wurden nach dem Verf. von Smith [1932] die Kpp. bei 740 mm Hg u. nach der Capillar-Meth. der Vff. u. Baliga (Trans. Faraday Soc. **55.** [1959.] 2013) bei 40° die Oberflächenspannungen γ gemessen. Die Abhängigkeit vom Molenbruch stimmt sowohl für Kp. als auch für γ (97,39 Å² als mittlere Fläche pro Mol. an der Oberfläche angenommen) über den gesamten Bereich mit den für quasikrist. Verbb. geltenden Kurven überein. Die Kpp. für ideale Mischungen liegen jeweils höher. R. Junge. B 150□

Dampf-Flüssigkeits-Gleichgewichte nichtidealer Lösungen bei hohem Druck. — Das System Benzol-Methanol. V. N. Kumarkrishna Rao, K. J. R. Sarma, D. R. Swami und M. Narasinga Rao. (J. sci. ind. Res. [New Delhi], Sect. B **16.** 4—12. Jan. 1957. Waltair, Andhra Univ., Dep. of Chem. Technol.) (Engl.) — Vgl. C. **1962.** 7095.

Der Kp. u. die Dampf-Zus. des Syst. *Bzl.* (Kp. 80,1°; $D._{30}^{30}$ 0,8712; n_D^{35} 1,4895)-*Methanol* (I, Kp. 64,5—64,8°; $D._{30}^{30}$ 0,7871; n_D^{35} 1,322) in Abhängigkeit vom I-Geh. der Lsg. wurde experimentell im Druckbereich 64,7—259,7 (lbs./sq.in.) untersucht u. die Ergebnisse mit Hilfe der REDLICH-KISTER-Gleichung mit 3 Konst. in Beziehung gesetzt. Werte dieser Konst. sind: log B = —0,000384 π — 0,1306; log C = —0,000583 π — 0,8072; log D = —0,000689 π — 0,9638, wobei π den Gesamtdruck in lbs./sq.in. bezeichnet. Für die Azeotrope gilt: t_{az} = 479,5, x_{az} — 231,4 u. log T_{az} = 2,4068 + 0,0938 log π, mit t_{az} bzw. T_{az} = Kp. des azeotropen Gemisches in °C bzw. °K u. x_{az} = Molenbruch von I. Die Abweichungen des Syst. vom Idealzustand sind groß u. nehmen mit steigendem Druck ab. W. PENN. B 150□

Ternäre Flüssigkeitsgleichgewichte. M. Raja Rao, M. Ramamurty und C. Venkata Rao. (Chem. Engng. Sci. **8.** 265—70. Juni 1958. Waltair, India, Andhra Univ., Dep. of Chem. Technol.) (Engl.)

Für die Syst. *W.* u. *Methylbutylcarbinol*, enthaltend *Ameisen-* (I), *Essig-* (II), *Propion-* (III) oder *Buttersäure* (IV) als Gelöstes, werden tern. Gleichgewichtsdaten bei 30° mitgeteilt. Die Konodenwerte wurden nach der Meth. von HAND korreliert. Es wurde gefunden, daß I die wss. Schicht, III u. IV die Lsgm.-Schicht bevorzugen. Bei II wurde Solutropie bei ungefähr 10% Säure-Geh. beobachtet, obwohl das Verteilungsverhältnis bei allen Säure-Konzz. näher an 1 lag. Die Zone der Heterogenität fiel von I zu II ab u. stieg dann mit steigendem Molgew. der Säure. Das Verh. der Syst. in bezug auf die Heterogenitätsfläche u. die Verteilungsbeziehungen wurde in Ausdrücken der relativen Einfl. der Alkyl- u. Carboxylgruppen der Fettsäuren auf die Lsgm.- u. Wasserbestandteile des tern. Syst. erklärt. S. v. SCHIESZL. B 150□

Bildung von schraubenförmigen Mikrofibrillen von einem Sterinsäurekomplex. N. Ramanathan, A. L. Currie und J. Ross Colvin. (Nature [London] **190.** 779—81. 27/5. 1961. Ottawa, Nat. Res. Council, Div. of Appl. Biol.) (Engl.)

Vff. untersuchten die Morphologie von Aggregaten von *Desoxycholsäure* (I), *Cholsäure*, *Apocholsäure*, *Lithocholsäure* (II), *Hyodesoxycholsäure*, *Glykocholsäure* u. *Taurocholsäure* (III). Alle Säuren, mit Ausnahme von III, wurden in A. gelöst u. tropfenweise in entionisiertes W. oder eine geeignete Puffer-Lsg. bis zum Auftreten einer wolkigen Suspension gegeben; III wurde direkt W. zugesetzt. Nach Trocknen u. geeigneter Vorbereitung wurden die Präpp. elektronenmkr. untersucht. Von den obigen Säuren bildet nur I schraubenförmige Mikrofibrillen beim Einbringen in entionisiertes W. bei pH 5 oder in Phosphatpuffern bis pH 7,4. Oberhalb pH 7,4 bildeten sich diese Mikrofibrillen nicht. Wurden Wassersuspensionen dieser Säure auf C-Filmen getrocknet, dann änderte sich im Laufe der Zeit die Form dieser schraubenförmigen Mikrofibrillen progressiv u. es entstanden schließlich stäbchenförmige Aggregate. Alle gebildeten Mikrofibrillen von I zeigten eine rechtshändige Verdrehung, die wahrscheinlich eine charakterist. Asymmetrie der Form des Mol. widerspiegelt. Aus einer mit Glycylglycin gepufferten Lsg. gezogene Fasern von I lieferten ein Röntgendiagramm, das mit dem von RICH u. BLOW (C. **1959.** 10515) erhaltenen übereinstimmte. Wurden diese Fasern in W. dispergiert, dann zeigten sie wieder die typ. schraubenförmige Mikrofibrillarstruktur. Außer dieser Säure bildete nur noch II Aggregate, die als Bündel gerader Mikrofibrillen angesehen werden können. C. GOTTFRIED. B 162

Die Oberflächenspannung und die kritische Micellkonzentration in wässeriger Lösung von β-D-Alkylglucosiden und ihren Mischungen. Kozo Shinoda, Tokio Yamaguchi und Ryohei Hori. (Bull. chem. Soc. Japan **34.** 237—41. Febr. 1961. Minami-ku Yokohama, Yokohama Nat. Univ., Fac. of Engng., Dep. of Chem.; Sakyo-ku, Kyoto, Kyoto Univ., Dep. of Pharm.) (Engl.)

Vff. haben die Oberflächenspannung in wss. Lsg. in Abhängigkeit von der Konz. von *Octyl-* (I, F. 63,8—65°; $[\alpha]_D^{20}$ —33,8°, H_2O), *Decyl-* (II, F. 135°; $[\alpha]_D^{25}$ —27,8°, H_2O) u. *Dodecylglucosid* (III, F. 143,5°; $[\alpha]_D^{25}$ —24,7°, H_2O) bei 25° gemessen, um den Einfl. der Kettenlänge auf das physikochem. Verh. der Stoffe zu untersuchen. Aus den Oberflächenspannungen werden die krit. Micell-Konzz. (CMC) berechnet. In Mol/Liter ergeben sich für die CMC 0,25 für I, 0,0022 für II u. 0,00019 für III, in den Mischungen I-II 0,0125 bei 0,089 II (Molenbruch) bzw. in I-III 0,015 bei 0,0084 III. Der Einfl. der Zugabe von Salzen wird an I untersucht u. ergab folgende CMC-Werte: bei Lsgg. mit den Salz-Konzz. 0,93n $CaCl_2$ 0,017, bei 0,47n NaCl 0,017, bei 0,93n NaCl 0,012 u. bei 0,93n Na_2SO_4 0,009. Danach haben Salze gleicher Ionenstärke nicht den gleichen Effekt. S. v. SCHIESZL. B 166□

Die Natur der Schwefel-Sauerstoff-Bindung in Sulfonen und verwandten Verbindungen. V. Baliah. (J. Annamalai Univ., Part B **22.** 47—64. 1960.) (Engl.)

Übersicht. — 41 Literaturangaben. P. GOLINSKE. B 182□

Berechnung von Azanaphthalinen mit Hilfe der Störungsmethode. Sadhan Basu und Rama Bhattacharya. (Proc. nat. Inst. Sci. India, Part A **23.** 1—8. 26/1. 1957. Calcutta, Univ. Coll. of Sci. and Technol., Dep. of Chem.) (Engl.)

Vff. führen eine Störungsrechnung 1. Ordnung durch, die vom hypothet. Cyclodecapentaen ausgeht u. für Brücken-Bldg. u. Ersatz von C durch N Störungsglieder einführt. Es werden die π-Elektronenenergiezustände u. -dichten an verschiedenen Stellen des Kerngerüstes für *1-* u. *2-Aza-*, *1.5-*, *1.8-*, *1.3-*, *1.4-* u. *1.7-Diazanaphthalin* berechnet. Die Ergebnisse stehen in guter Übereinstimmung mit dem chem. Verhalten.

W. HABERDITZL. B 182□

Übergänge im festen Zustand in Mischkristallen von Äthylendichlorid und Äthylendibromid. J. E. Spice, G. A. Harrow, C. R. Mc Gowan und E. B. Smith. (J. chem. Soc. [London] **1961.** 3021—29. Juli. Liverpool, Univ., Dep. of Inorg. and Phys. Chem.; Ellesmere Port, Shell Refining Co., Thornton Res. Centre; Cumberland, Windscale Factory; Oxford, Univ., Phys. Chem. Labor.) (Engl.)

Von 8 Gemischen von *Äthylendichlorid* (I) u. *Äthylendibromid* (II) mit 3, 8, 18, 43,5, 51, 60, 80 u. 90 Mol-% I wurden die Wärmekapazitäten gemessen. Es wurde gefunden, daß festes II bis zu ca. 5 Mol-% I auflösen kann. Bei weniger I sinkt die Temp. des scharfen Übergangs von II bei 250° K u. der Übergang wird weniger scharf, wahrscheinlich weil das Kraftfeld in den Mischkristallen weniger symm. ist als in reinem II. Festes I anderseits kann bis zu ca. 60 Mol-% II aufnehmen, u. zwar ist bis zu ca. 40 Mol-% II der Ersatz regellos. Die kleineren Dipol–Dipol-Kräfte u. die größeren Gitterabstände, die von der Einführung des II herrühren, erniedrigen progressiv die Temp. der breiten Anomalie des I, obwohl das Maximum der Wärmekapazität ebenso scharf ist wie in reinem I. Von 40—60 Mol-% II wird bei tiefen Temp. eine Überstruktur gebildet u. die gegenseitige Segregation der 2 Mol.-Arten kann der Grund für das Ansteigen des I-Übergangs sein, wenn die Konz. des II wächst. Das bei ca. 206° K beobachtete Maximum in der Wärmekapazität in dem Bereich 40—60 Mol-% II begleitet wahrscheinlich die Umwandlung in die Überstruktur; oberhalb dieser Temp. ist die Verteilung von I- u. II-Moll. regellos. Das Auftreten einer Mischungslücke im festen Zustand bei 5—40 Mol-% I bedingt Trennung in 2 Mischkristalle mit ca. 5 u. ca. 40 Mol-% I, wenn Kristalle mit den Gesamtzus. in diesem Konz.-Bereich abgekühlt werden. Beim Erwärmen zeigen solche Syst. Übergänge, die charakterist. für Kristalle mit 5 u. 40 Mol-% I sind; ebenso treten zusätzlich Maxima der Wärmekapazität auf. C. GOTTFRIED. B 190

Aufwachsungen auf korrespondierenden Spaltflächen. W. Kleber und J. Mietz. (Naturwissenschaften **48.** 499. 2. Juli-H. 1961. Berlin, Humboldt-Univ., Mineralog.-petrograph. Inst. u. Museum.) (Dt.)

Vff. nehmen Bezug auf Ätzverss. von PATEL u. TOLANSKY (vgl. C. **1958.** 13171) an (0 0 1)- u. (0 0 $\bar{1}$)-Flächen von Glimmer u. berichten, daß sie auf diese korrespondierenden Spaltflächen *α-Campher* bei einer Dampfraum-Temp. von 35° aufgedampft haben. Auch in diesem Fall konnte, wie auch l. c. festgestellt worden war, eine eindeutige Korrelation der orientiert aufgewachsenen Kristalle auf Gegenspaltflächen beobachtet werden. C. GOTTFRIED. B 190

Die Stereochemie von Molekülen mit der C=C=N-Gruppe. 3. Mitt. **Die Kristall- und Molekularstruktur von N-Äthyl-2.2'-dimethylsulfonylvinylidenamin.** J. J. Daly. (J. chem. Soc. [London] **1961.** 2801—10. Juli. Leeds, Univ., Dep. of Inorg. and Structural Chem.) (Engl.) — 2. vgl. C. **1958.** 2675.

N-Äthyl-2.2'-dimethylsulfonylvinylidenamin, $(CH_3 \cdot SO_2)_2C{=}C{=}N \cdot C_2H_5$, krist. rhomb. mit den Zellendimensionen a = 12,02 ± 0,04; b = 5,85 ± 0,02; c = 14,47 ± 0,04 Å. Raumgruppe ist D_2^4 — P 2_1 2_1 2_1; Z mit D. 1,44 = 4. Die Struktur wurde mit Hilfe von PATTERSON-Funktionen, zwei- u. dreidimensionalen FOURIER-Meth. u. Verfeinerung mit der Meth. der kleinsten Quadrate bestimmt. Es wurden die folgenden Parameter erhalten (Bezifferung s. Figur): $S_{(1)}$ (x =) 7,6002 (Å); (y =) 1,2262; (z =) 8,1286; $S_{(2)}$: 5,1042; 0,9074; 6,4295; $O_{(1)}$: 9,0194; 1,2757; 7,8849; $O_{(2)}$: 4,7436; 1,2630; 5,0811; $O_{(3)}$: 7,0605; 0,1090; 8,8447; $O_{(4)}$: 4,4080; 1,5310; 7,5144; N: 8,0475; 1,6813; 4,4405. Die Bindungslängen sind normal mit Ausnahme der C=N-Bindung, die die Länge einer normalen C≡N-Bindung besitzt. Bemerkenswert ist der Winkel $C_{(4)}$—N—$C_{(5)}$; er hat einen zwischen 180 u. 120° liegenden Wert von 144°. Die vorliegenden sowie die l. c. erhaltenen Ergebnisse gestatten die N-Methylvinylidenamine als Beispiele von Hyperkonjugation in Moll. im Grundzustand zu klassifizieren.

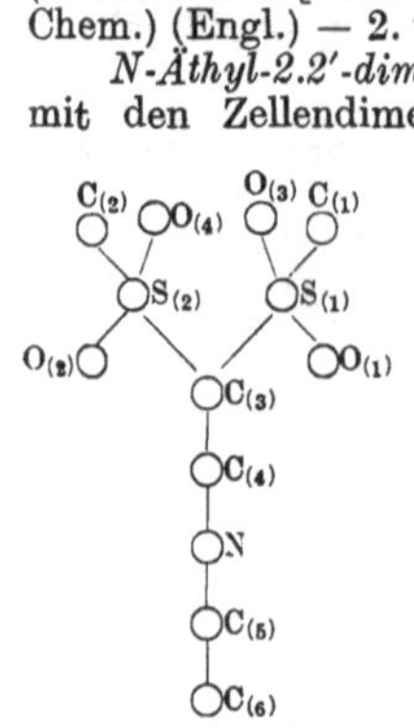

Es kann jedoch nicht als sicher angenommen werden, daß Hyperkonjugation nicht der einzige Faktor ist, der die Linearität beeinflußt. In dem N-Äthylvinylidenamin kann die Kürze der Bindung N—$C_{(4)}$ u. der Winkel $C_{(4)}$—N—$C_{(5)}$ entweder red. Hyperkonjugation der C_2H_5-Gruppe oder der elektronenanziehenden Kraft der Sulfonylgruppen zugeschrieben werden. C. GOTTFRIED. B 195

Vom Wesen und der neueren Entwicklung der Komplexchemie. Franz Hein. (Z. Chem. **1.** 105—19. 1961. Jena, Forschungsstelle für Komplexchem. der DAW.) (Dt.)

Übersicht. — 143 Literaturangaben. P. GOLINSKE. B 223 □

Molekulare Wechselwirkungen von Isoalloxazinderivaten. 2. Mitt. Henry A. Harbury, Kathryn F. LaNoue, Paul A. Loach und Robert M. Amick. (Proc. nat. Acad. Sci. USA **45.** 1708—17. Dez. 1959. Yale Univ., Dep. of Biochem.) (Engl.) — 1. vgl. Proc. nat. Acad. Sci. USA **44.** [1958.] 662.

Vff. fanden bei *3-Methyllumiflavin* [*3.6.7.9-Tetramethylisoalloxazin*, **I**, F. 290 bis 291⁰ (Zers.), aus Methylalloxan u. 2-Amino-4.5-dimethyl-N-methylanilin nach KUHN u. REINEMUND (1934)] 3 Typen von Absorptionsspektren im Bereich des sichtbaren Lichtes u. des nahen UV in Anisol, Bzl., Benzylalkohol, Benzyläthyläther, CCl_4, Chlf., Chlornaphthalin (**II**), Cyclohexen, Dioxan, N.N-Dimethylacetamid, N.N-Dimethylformamid, Ae., Formamid, Isoamylalkohol, Mesitylen, CH_3OH, Phenol, Phenyläther, Piperidin, Pyridin, Tetrahydrofuran, Tetralin u. W. als Lösungsmittel. Typ u. Lage der Absorptionsmaxima werden angegeben. Es wurden zwei Effekte gefunden: H-Brücken-Bldg. u. Wechselwrkg. auf der Basis von mol. Ladungsübertragung. Die Wechselwrkg. mit Verbb., die zwar Ladungsübertragungs-, nicht jedoch H-Donatoren sind, wird verstärkt, wenn das Flavin an ein Solvens wie W. oder Trichloressigsäure (**III**) über H-Brücken gebunden ist. Für das Syst. **I**/**II** in CCl_4 wurde eine scheinbare molare Dissoziations-Konst. von ca. 3 M gefunden. Gegenüber einem Wert von 0,03 M in Ggw. von **III** im mol. Mengenverhältnis 1 : 20 für **I** : **III**. Der entsprechende Wert für Riboflavin (**IV**) + Pentachlorphenolat (**V**) in wss. Lsg., pH 9,2 (ungepuffert), beträgt bei 15⁰ 0,0022 M; Δ H —3,3 kcal/Mol; für **IV** + L-Tryptophan (**VI**) ist Δ H —6,1 kcal/Mol. Es wurden weiterhin die Redoxpotentiale des Syst. Flavinmononucleotid (FMN)/red. FMN ($FMNH_2$) in bzw. ohne Ggw. von Histidin (keine Wechselwrkg. mit FMN oder $FMNH_2$ feststellbar), Adenosin-5'-phosphat bzw. Guanosin-2'(3')-phosphat (jeweils gleiche Wechselwrkg. mit FMN u. $FMNH_2$), Coffein (starke Wechselwrkg. mit $FMNH_2$) sowie **V**, **VI**, Serotonin bzw. 3-Hydroxynaphthoesäure-(2) (jeweils stärkere Wechselwrkg. mit FMN) untersucht. Vff. nehmen eine intermol. Ladungsübertragung an, die bei durch H-Brücken gebundenem **I** durch dipolare Strukturen begünstigt ist. Die Ergebnisse werden diskutiert. GISELA SCHREIBER. B 223 □

Übersicht der thermodynamischen Parameter für die Solvolyse in Wasser. R. E. Robertson, R. L. Heppolette und J. M. W. Scott. (Canad. J. Chem. **37.** 803—24. April 1959. Ottawa, Canada, Nat. Res. Council, Div. of Pure Chem.) (Engl.)

Übersicht mit Tabellen. — 66 Literaturangaben. P. GOLINSKE. B 224 □

Stereochemie der Diels-Alder-Reaktion. James G. Martin und Richard K. Hill. (Chem. Reviews **61.** 537—62. Dez. 1961. Princetown, N.J., Univ., Dep. of Chem.) (Engl.)

Übersicht über ster. Effekte der Substituenten auf Geschw. u. Addend-Addukt-Gleichgewicht, Voraussetzungen der cis-Konformation für die Diene u. stereochem. Orientierung der Addenden. — 313 Literaturangaben. P. GOLINSKE. B 225 □

Allylumlagerungen. 50. Mitt. **Reaktion von α- und γ-Trifluormethylallylalkoholen mit Thionylchlorid und die thermische Zersetzung der Chlorsulfinat-Zwischenprodukte.** J. A. Pegolotti und W. G. Young. (J. Amer. chem. Soc. **83.** 3251—58. 15/8. 1961. Los Angeles, Calif., Univ. of California, Dep. of Chem.) (Engl.) — 49. vgl. C. **1961.** 8609.

Die Rk. von α- (**I**) u. *γ-Trifluormethylallylalkohol* (**II**) mit $SOCl_2$ in Ae. u. $SOCl_2$ als Lsgm. wurde untersucht. Es bilden sich die verhältnismäßig stabilen α- u. γ-Trifluormethylallylchlorsulfinate. Es wurde die Wrkg. von Tri-n-butylamin u. dessen Hydrochlorid u. Tetra-n-butylammoniumchlorid auf die Rk. untersucht. Als einziges Allylchlorid bildet sich bei der Rk. γ-Trifluormethylallylchlorid. Die Geschw. der therm. Zers. der Trifluormethylallylchlorsulfinate ohne Lsgm. bzw. in Nitrobenzol oder n-Decan wurde oberhalb 100⁰ gemessen. Bis zu 30—40% Umsatz ist die Zers. eine Rk. 1. Ordnung. Kinetik u. Prod.-Analyse der therm. Zers. zeigen, daß sich das sek. Chlorsulfinat nach einem „concerted“ S_{Ni}'-Mechanismus zersetzt. Eine Vgl.-Unters. zeigte, daß *α-Trifluormethylallylbrosylat* 35 Tage lang in 70% Aceton–30% W. bei 50⁰ stabil war.

Versuche: *α-Trifluormethylallylalkohol* (**I**), $C_4H_5F_3O$, Kp. 91,5⁰, zu Mg-Spänen wurde Vinylbromid in Tetrahydrofuran in 5 Std. zugetropft u. das Gemisch 1 Std. gekocht, dann wurde 2 Std. lang Trifluoracetaldehyd eingeleitet u. das Gemisch 3 Std. gerührt, Hydrolyse mit NH_4Cl-Lsg.; bei der Dest. erhält man ein azeotropes Gemisch von **I** u. Tetrahydrofuran (Kp. 102—103⁰), das durch Chromatographie an aktiviertem Al_2O_3 getrennt wurde; n_D^{25} 1,3450; 45—50% (Ausbeute). *α-Naphthylurethan*, F. 121—123°. — *γ-Trifluormethylallylchlorid*, $C_4H_4F_3Cl$, Kp. 82,5—83°, $SOCl_2$ in 30 Min. unter Eiskühlung zu einem Gemisch von **II** u. Tri-n-butylamin, danach 1 Std. rühren bei Raum-Temp.; n_D^{25} 1,3610; 70%. — *n-Amylchlorsulfinat*, Kp.$_4$ 55—58°, n-Amylalkohol (**V**) zu einer auf —20° gekühlten Lsg. von $SOCl_2$ in Pentan; n_D^{25} 1,4570; 60%. — *γ-Trifluormethylallyl-n-amylsulfit* (**III**), $C_9H_{15}F_3O_3S$, Kp.$_4$ 100—102°, ein Gemisch von **II** u. Pyridin in 30 Min. zu einer auf —20 bis —30° gekühlten Lsg. von vorst. Verb. getropft, dann 45 Min. bei Raum-Temp. gerührt; n_D^{25} 1,4099; 30%. — *α-Trifluormethylallyl-n-amylsulfit* (**IV**), $C_9H_{15}F_3O_3S$, Kp.$_5$ 80—82°, analog vorst. Verb.; n_D^{25} 1,4030. — *γ-Trifluormethylallylchlorsulfinat*, $C_4H_4ClF_3O_2S$, Kp.$_6$ 55°, $SOCl_2$ in Ae. 1 bis 1½ Std. zu **II** bei 0° getropft u. dann weitere 1½ Std. gerührt; n_D^{25} 1,4220; 22%. Bildet mit **V III**. — *α-Trifluormethylallylchlorsulfinat*, $C_4H_4ClF_3O_2S$, Kp.$_{39}$ 52°, zu einer Lsg. von $SOCl_2$ in Tri-n-butylaminhydrochlorid unter Eiskühlung in 45 Min. **I** zugetropft u. 1 Std. gerührt; n_D^{25} 1,4088; 56%. Bildet mit **V**–Pyridin-Gemisch **IV**.

Gerhard Schulz. B 225 □

Allylumlagerungen. 51. Mitt. **Austauschreaktionen in Trifluormethylallylsystemen.** J. A. Pegoletti und W. G. Young. (J. Amer. chem. Soc. **83**. 3258—62. 15/8. 1961.) (Engl.) — 50. vgl. vorst. Referat.

Die Kinetik der Umsetzung von α- (**I**) u. *γ-Trifluormethylallyl-p-brombenzolsulfonat* (**II**) u. ihrer gesätt. Analogen **Ia** u. **IIa** mit KJ in Aceton, der Umsetzung von **I** u. **II** mit Natriumazid in 70% Aceton–30% H_2O u. der Umsetzung von *γ-Trifluormethylallylchlorid* (**V**) mit KJ in Aceton wurde untersucht. Ein Vgl. der Rk.-Geschw.-Konst. zeigt, daß eine γ-Trifluormethylgruppe die Geschw. des nucleophilen Austausches bei Allyl-Verbb. erhöht. Für die nucleophilen Umsetzungen von **I** wird ein S_N2'-Mechanismus diskutiert. Kinet. Daten: Rk. mit KJ in Aceton, **I** k_2^{50} 0,0906 [10^3·Liter/Mol·s], k_2^{75} 1,21; **Ia** k_2^{75} 0,0011; **II** k_2^{10} 19,2, k_2^{25} 366; **IIa** k_2^{25} 2,99; **V** k_2^{25} 1,35; Rk. mit NaN_3 in Aceton–W., **I** k_2^{50} 0,030; **II** k_2^{10} 4,4.

Versuche: *α-Trifluormethylallyl-p-brombenzolsulfonat* (**I**), $C_{10}H_8BrF_3O_3S$, F. 33,0 bis 33,6° (PAe.), α-Trifluormethylallylalkohol (**III**) in Pyridin bei —20° mit p-Brombenzolsulfonylchlorid (**IV**) in Pyridin gemischt u. 2 Tage bei 0° aufbewahrt; 43% (Ausbeute). — *1.1.1-Trifluorbutanol-(2)*, Kp. 90°, aus **III** durch Hydrierung in Methanol an Pd-Kohle; n_D^{25} 1,3380. — *1.1.1-Trifluorbutyl-(2)-p-brombenzolsulfonat* (**Ia**), F. 23°, Darst. analog **I**; n_D^{25} 1,4935. — *4.4.4-Trifluorbutylalkohol*, Kp.$_{70}$ 68°, 4.4.4-Trifluorcrotonsäureäthylester wurde in Ae. an PtO hydriert u. anschließend 8 Std. mit $LiAlH_4$ in Ae. gekocht; n_D^{25} 1,3420; 60%. — *4.4.4-Trifluorbutyl-p-brombenzolsulfonat* (**IIa**), $C_{10}H_{10}BrF_3O_3S$, F. 62,5—63,0°, Darst. analog **II**. — *γ-Trifluormethylallyl-p-brombenzolsulfonat* (**II**), $C_{10}H_8BrF_3O_3S$, F. 63—63,5° (PAe.-Ae.), γ-Trifluormethylallylalkohol in Ae. mit 0,40 g NaH 12 Std. gekocht, zu der auf 0° gekühlten Lsg. wurde eine Lsg. von **IV** in Ae. gegeben u. 1 Std. gerührt; 28%. — *γ-Trifluormethylallylazid*, $C_4H_4F_3N_3$, Kp.$_{65}$ 53°, **V** mit NaN_3 in 70% Aceton–30% H_2O 20 Std. gekocht; n_D^{25} 1,3864; 35%.

Gerhard Schulz. B 225 □

Die Volumenänderung der Aktivierung bei der Claisen- und Curtius-Umlagerung. K. R. Brower. (J. Amer. chem. Soc. **83**. 4370—72. 5/11. 1961. Socorro, N.Mex., New Mexico Inst. of Mining and Technol., Dep. of Chem.) (Engl.)

Die Umlagerungs-Geschw. von *Allyl-p-kresyläther* (**I**), *Allyl-m-methoxyphenyläther* (**II**), *Allylvinyläther* (**III**) u. *Benzazid* (**IV**) wurden in Lsgm. verschiedener Polarität bei Drücken bis zu 1400 atm gemessen. Die Vol.-Änderung der Aktivierung V^* wurde bestimmt nach der Gleichung $R\,T\,(\delta \ln k/\delta P)_T = -\Delta V^*$, in der k die Geschw.-Konst., P der Druck u. ΔV^* die Änderung des Mol-Vol. ist, hervorgerufen durch den Übergang eines Mols des Reaktanten in einen aktivierten Komplex. Für die Claisen-Umlagerung von **I** in 65%ig. wss. A. wurde ΔV^* bei 147,0 u. 167,5° gemessen, so daß sich ΔE^* [27 ± 1 kcal/Mol] u. ΔS^* [—20 cal/Mol^{-1}·Grad^{-1}] berechnen ließ. Beide Werte sind vergleichbar mit den aus anderen Lsgm. bei dieser Umlagerung bekannten Werten. ΔV^* für die Claisen-Umlagerung von **III** (berechnet aus Messung bei 130,4° ohne Lsgm.) u. **I** (Messung bei 176,4° in Cyclohexan oder bei 186,4° in Bzl.) in unpolaren Lsgm. beträgt —18 ml, dagegen für **II** (Messung bei 155,9°) u. **I** (Messung bei 167,5°) in A.–W.-Gemisch —15 ml bzw. für **I** (Messung bei 147,0°) —14 ml. Der Übergangszustand ist hier nicht stark polarisiert u. ΔV^* wird für eine Ring-Bldg. verwendet. Bei der Curtius-Umlagerung von **IV** beträgt ΔV^* +2 ml in A.–W. u. +5 ml in Ligroin, da aus einem zwei neutrale Moll. gebildet werden. Die verhältnismäßig geringen Werte von ΔV^* können damit erklärt werden, daß die abgespaltene Gruppe infolge Ausbleibens von Ionensolvatation nur klein ist. Der geringe Unterschied der ΔV^*-Werte in verschiedenen Lsgm. zeigt, daß der Übergangszustand nur wenig polarisiert ist. Das Überwiegen des Aufbrechens der Bindung im Übergangszustand zeigt, daß intermediär ein Azen gebildet wird. U. WOLLNIK. B 225□

Die Kinetik der Reaktionen aromatischer Kohlenwasserstoffe in Schwefelsäure. 4. Mitt. Durol, Isodurol, Prehnitol und Pentamethylbenzol. Martin Kilpatrick und Max W. Meyer. (J. physic. Chem. **65.** 1312—16. Aug. 1961. Chicago, Ill., Illinois Inst. of Technol., Dep. of Chem.) (Engl.) — 3. vgl. J. physic. Chem. **65.** [1961.] 1189; 2. vgl. C. **1962.** 7103.

In HF isomerisieren die Tetramethylbenzole unter Bldg. von *Isodurol* (**I**), in H_2SO_4 bildet sich dagegen *Prehnitolsulfonsäure* (**II**). Die Monosulfonsäuren von *Durol* (**III**), **I** u. *Pentamethylbenzol* (**VII**) werden in H_2SO_4 mit meßbaren Geschw. desulfoniert, doch beobachten Vff., daß bei höheren Konzz. **III** in **I** isomerisiert (JACOBSON-Rk.) u. **I** langsam disproportioniert. **II** wird in 8—18m H_2SO_4 weder desulfoniert noch erfolgt eine Isomerisierung oder Disproportionierung. Vff. deuten die Ergebnisse so, daß eher die KW-Stoffe als die Sulfonsäuren isomerisieren u. disproportionieren. Die Rk. der Desulfonierung ist 1. Ordnung. In Abhängigkeit von der H_2SO_4-Konz. bzw. der HAMMETTschen Säurefunktion $-H_0$ geben Vff. die Rk.-Geschw.-Konst. der Desulfonierung bei 12,3° von *Durolsulfonsäure* (**IV**, $k_D \cdot 10^4$ [min^{-1}] 82,3, $-H_0$ 7,37, H_2SO_4 [Mol/Liter] 14,86 bis 10,0, 6,45, 13,08), *Isodurolsulfonsäure* (**V**, 155, 6,67, 13,50 bis 22,6, 5,68, 11,55) u. *Pentamethylbenzolsulfonsäure* (**VI**, 68,0, 5,00, 10,22 bis 12,9, 4,24, 8,73) an. Ferner sind die UV-Spektren von **IV**, **V**, **II**, **VI**, *Pseudocumolsulfonsäure* u. *Hexamethylbenzol* in W. u. konz. H_2SO_4, z. T. in Abhängigkeit von der Temp. u. Zeit wiedergegeben.

Versuche: *Na-Pentamethylbenzolsulfonat*, durch Rk. von **VII** mit HSO_3Cl, Behandeln mit NaOH in 95%ig. A., Extraktion mit Ae. u. Umkristallisation aus Wasser. — *Na-Durolsulfonat*, analog obiger Darstellung. — *Isodurolsulfonsäure* (**V**), F. 82°, durch Rk. von **I** mit konz. H_2SO_4 bei Raum-Temp., Einrühren in Eis u. Reinigung durch Fällen mit HCl aus W. in der Kälte. — *Prehnitolsulfonsäure* (**II**), Darst. analog **V**, Reinigung über das Na-Salz. J. WEINER. B 225□

Umwandlungen von 2-Methyl-Δ^2-oxazolin in wässeriger Lösung. G. R. Porter, H. N. Rydon und J. A. Schofield. (J. chem. Soc. [London] **1960.** 2686—90. Juni. Manchester, Manchester Coll. of Sci. and Technol.; Exeter, Univ. of Exeter, Washington Singer Labor.) (Engl.)

Das pH partiell neutralisierter wss. Lsgg. von *2-Methyl-Δ^2-oxazolin* (**I**, Kp. 108 bis 110°. Pikrat, F. 161—162°) ändert sich mit der Zeit: auf zunächst raschen linearen Anstieg folgt langsame Abnahme; es wird gezeigt, daß die Änderungen auf Umlagerungen von **I** in zunächst O-Acetyläthanolamin (**II**, $Kp._{0,1}$ 118—120°; n_D^{21} 1,4690. Hydrochlorid, F. 127—128°), gefolgt von Umlagerung in N-Acetyläthanolamin (**III**, $Kp._{0,03}$ 120°) beruhen. Auf Grund der Rk.-Geschw. der einzelnen Rk.-Schritte wird gefolgert, daß **I** nicht Zwischenprod. bei der Umwandlung von **II** in **III** sein kann. pK_a von **I** 5,51 ± 0,05 (durch Extrapolation der pH-Werte auf die Zeit 0). M. SCHENK. B 225□

Die langsame Oxydation von Methan. — Der Einfluß der Oberfläche auf den Verlauf der Oxydation von Methan. A. C. Egerton, G. J. Minkoff und K. C. Salooja. (Combust. and Flame **1.** 25—52. März 1957. London, Imp. Coll. of Sci. and Technol., Dep. of Chem. Engng.) (Engl.) — Vgl. C. **1960.** 7131.

Die Oxydation von *Methan* bei 450—500° u. 100—400 mmHg verläuft je nach Gefäßmaterial u. Oberflächenzustand verschieden schnell u. mit unterschiedlicher Ausbeute an H_2O_2 u. CH_2O. In Pyrexglas-Gefäßen, die mit HF behandelt wurden, verläuft die Rk. schneller als in unbehandelten. In unbehandelten Gefäßen betragen die Rk.-Ordnung 3,9 (500°), die Aktivierungsenergie E 60,8 kcal (bei 350 mm), u. die gebildete H_2O_2-Menge ist gering. In behandelten Gefäßen betragen die Rk.-Ordnung 2,3, E 39,3 bzw. nach 20 Wochen Stehenlassen des offenen Gefäßes 3,2, E 50,3 kcal. In Sodaglas-Gefäßen ist die Rk. stark gehemmt. Auch nach Behandlung mit HF findet keine Bldg. von H_2O_2 u. nur wenig von CH_2O statt. In Quarzglas sind die Ergebnisse ähnlich denen in Pyrexglas. In Goldgefäßen ist die Rk. vollständig unterbunden. Bei mit KCl oder KOH oder PbO behandelten Oberflächen wird die Rk. gehemmt bzw. unterbunden. Die Bldg. von H_2O_2 ist hier außerdem vollständig verhindert. Bei Zugabe von N_2, Ar, He zum Rk.-Gemisch werden Rk.-Geschw. u. Ausbeute an CH_2O leicht erhöht. W. zeigt einen leicht beschleunigenden u. etwas größeren Einfl. als CO_2. Diese Ergebnisse u. die anderer Autoren werden diskutiert. Vff. nehmen an, daß das Verh. des HO_2-Radikals, das in der Teil-Rk. $HO_2 + CH_4 \rightarrow H_2O_2 + CH_3$ der CH_4-Oxydation auftritt, von Bedeutung für den Ablauf der Rk. ist. P. JACOB. B 225□

Untersuchungen der Oxydation von Kohlenwasserstoffen bei extrem reinen experimentellen Bedingungen. Z. G. Szabó und D. Gál. (Combust. and Flame **1.** 404—19.

Dez. 1957. Szeged, Hungary, Univ. of Szeged, Inst. for Inorgan. and Analyt. Chem.) (Engl.) — Vgl. C. **1961.** 13863. W.-D. Heussner. B 225□

Luftoxydation in flüssiger Phase. Fujio Mashio. (J. chem. Soc. Japan, ind. Chem. Sect. [Kôgyô Kagaku Zasshi] **63.** 699—703. Mai 1960. Kyôtô-Kôgei-Sen'i-Univ.) (Jap.)

Übersicht (Kinetik der Bldg. organ. Peroxid-Verbb., Oxydation von Alkoholen u. Carbonyl-Verbb. u. andere). — 29 Literaturangaben. E. Maekawa. B 225□

Die Reaktion von atomarem Sauerstoff mit Acetaldehyd. R. J. Cvetanović. (Canad. J. Chem. **34.** 775—84. Juni 1956. Ottawa, National Res. Council, Div. of Appl. Chem.) (Engl.)

Der atomare Sauerstoff wird aus N_2O durch Hg-katalysierte Photo-Synth. hergestellt. Als Rk.-Hauptprodd. mit *Acetaldehyd* werden bei Raum-Temp. nur Diacetyl u. W. gefunden. Deshalb wird als erster Schritt eine H-Abstraktion zum CH_3CO-Radikal angenommen mit einer Aktivierungsenergie von ca. 3 kcal/Mol. J. Winkler. B 225□

Die konkurrierende Nitrierung von Toluol und tert.-Butylbenzol. Leon M. Stock. (J. org. Chemistry **26.** 4120—22. Okt. 1961. Chicago, Ill., Univ. of Chicago, Dep. of Chem.) (Engl.)

Zur Prüfung des Baker-Nathan-Effekts der Methyl- und tert.-Butylgruppe wurde die Nitrierung von *Toluol* (**I**; n_D^{20} 1,4962) u. *tert.-Butylbenzol* (**II**; n_D^{20} 1,4921) in den Lsgm. Acetanhydrid und Nitromethan untersucht. Nitriert wurde mit im entspr. Lsgm. verd. HNO_3. Folgende Ergebnisse wurden erhalten: a) Nitrierung mit HNO_3 in Acetanhydrid bei 25°: k_I/k_{II} 2,0 ± 0,3; Prod.-Verteilung bei **I** 63,3% o-Deriv.; 2,8% m-Deriv.; 33,9% p-Deriv.; Partial-Geschw.-Faktoren o_f 46,5; m_f 2,1; p_f 48,5. Werte für **II** 10,3%; 10,3%; 79,4%; 3,8; 3,8; 57,7. Rk. mit HNO_3 in Nitromethan bei 25°; k_I/k_{II} 1,4 ± 0,1; Prod.-Verteilung bei **I** 61,7% o-Deriv.; 1,9% m-Deriv.; 36,4% p-Deriv.; Partial-Geschw.-Faktoren o_f 38,9; m_f 1,3; p_f 45,8. Werte für **II** 12,2%; 8,2%; 79,6%; 5,5; 3,7; 71,6. Im Gegensatz zu diesen Nitrierungs-Verss. entsprechen die Geschw. der Chlorierung von **I** u. **II** in wss. Essigsäure, Acetanhydrid u. Nitromethan bei Rk. in der p-Stellung der Baker-Nathan-Folge (unveröffentlichte Ergebnisse in Zusammenarbeit mit Himoe). Daher können die Ergebnisse bei der Nitrierung nicht mit einem Lsg.-Effekt erklärt werden, das Auftreten des Baker-Nathan-Effektes hängt wahrscheinlich von der Art des Übergangszustandes bei Substitutionsprozessen ab. U. Wollnik. B 225□

Die Chlorierung von Biphenyl. Harold Weingarten. (J. org. Chemistry **26.** 4347—50. Nov. 1961. St. Louis, Mo., Monsanto Chem. Co., Res. and Engng. Div.) (Engl.)

Biphenyl (**I**), *2-Chlor-* (**II**) u. *4-Chlorbiphenyl* (**III**) wurden unter der Einw. von Lewis-Säuren als Katalysatoren chloriert. Gaschromatograph. Analyse der Rk.-Prodd. ergab, daß in der Reihe abnehmender Lewis-Säurenstärke u. Chlorierungsmittelaktivität das ½m/p-Verhältnis der Rk.-Prodd. abnimmt. **I** lieferte bei Chlorierung mit Cl_2 nachst. %-Anteile an o-, m- bzw. p-Chlordiphenyl: [(Katalysator)$AlCl_3$, bei 40°, in Bzl.] 55,7; 6,0; 38,4; [$GaCl_3$; 0°; in o-Dichlorbenzol (DCB)] 62,5; 4,3; 33,4; ($AlBr_3$; 0°; in DCB) 61,1; 4,5; 34,5; ($FeCl_3$; 40°; in Bzl.) 56,5; 2,5; 41,0; ($SbCl_5$; 40°; in Bzl.) 62,7; 1,5; 35,8; ($SnCl_4$; 40°; in Bzl.) 62,1; 1,0; 37,0; ($H_2SO_4/AgSO_4$; 0°; in CCl_4) 59,1; 0,8; 40,2; ($BF_3 \cdot O \cdot (C_2H_5)_2$; Zimmer-Temp.; in CCl_4) 42,0; 1,0; 57,0; (Essigsäure (E.); Zimmer-Temp.) 34,6; 0,6; 64,8; (E. u. CCl_4 10:3; Zimmer-Temp.) 28,1; 1,0; 70,3. Aus **II** wurden entsprechend nachst. %-Anteile 2.2'-, 2.6-, 2.5-, 2.4-, 2.3'-, 2.3-, 2.4'-Dichlordiphenyl erhalten: ($AlCl_3$; 40°; in Bzl.) 35,8; 3,4; 7,6; 2,5; 18,6; 3,8; 28,4; ($FeCl_3$; 40°; in Bzl.) 38,4; 2,5; 6,1; 2,0; 15,3; 2,9; 32,7; ($SnCl_4$; 40°; in Bzl.) 44,2; 0,6; 2,1; 0,6; 9,7; 0,8; 42,0; (E./CCl_4; Zimmer-Temp.) 20,5; 1,3; 2,6; 1,5; 6,1; 1,1; 66,8. Chlorierung von **III** lieferte analog nachst. %-Anteile 2.4-, 2.4'-, 3.4-, 3.4'-, 4.4'-Dichlordiphenyl: ($AlCl_3$; 40°; in Bzl.) 1,3; 34,3; Spuren; 1,5; 62,9; ($FeCl_3$; 40°; in Bzl.) 0,85; 46,4,; Spuren; 0,56; 52,1; ($SnCl_4$; 40°; in Bzl.) 1,5; 56,0; Spuren; 0,56; 41,5; (E./CCl_4; Zimmer-Temp.) $<$ 0,73; 29,5; Spuren; 0,59; 69,2. Die Ergebnisse werden diskutiert. Das starke Ansteigen des ½ o/p-Verhältnisses mit zunehmendem ½ m/p-Verhältnis anstelle eines langsamen Ansteigens führt Vf. vor allem auf ster. Gründe zurück. — **II** u. **III** wurden nach Gomberg hergestellt.

U. Wollnik. B 225□

Die Bildung von Acyliumionen bei Reaktionen von Carbonsäurederivaten. 1. Mitt. **Die Anwendung der H_R-Säurefunktion auf die Diazotierung von Benzamid in Schwefelsäure.** Harry Ladenheim und Myron L. Bender. (J. Amer. chem. Soc. **82.** 1895—1900. 20/4. 1960. Chicago, Ill., Illinois Inst. of Technol., Dep. of Chem.) (Engl.)

Die Rk. erfolgt in stark schwefelsaurem Medium (4,50—8,50 m). Aus dem Zusammenhang zwischen der Rk.-Geschw.-Konst. [die Kinetik der Diazotierung von *Benzamid* (**I**) wurde bei 26,2 bzw. 25° spektrophotometr. untersucht] und der H_R-Funktion wird NO^+ als nitrosierendes Agens (langsamer Schritt der Rk.) bewiesen. Das ursprüngliche Diazotierungs-Prod. zerfällt dann zu Benzoesäure u. N_2, wobei die intermediäre Bldg. des Acyliumions wahrscheinlich ist. Die gegenüber der Hydrolyse um den Faktor $2{,}5 \cdot 10^7$ größere Rk.-Geschw. der Diazotierung u. das Fehlen eines Sauerstoffaustausches (Austausch-Unterss. mit ^{18}O-I) unterstützen diese Annahme. J. WINKLER. B 225□

Untersuchungen der Grignard-Reaktion. 1. Mitt. Kinetik der normalen Grignard-Additionsreaktion an Benzophenon und Pinakolin. M. Anteunis. (J. org. Chemistry **26.** 4214—17. Nov. 1961. Ghent, Belgium, Univ., Dep. of Org. Chem.) (Engl.)

Vf. untersuchte die Rk. von *Methyl–MgBr* (**Ia**) u. *–MgJ* (**Ib**) mit *Benzophenon* (**II**) u. *Pinakolin* [*3.3-Dimethylbutanon-(2)*, **III**, Kp. 106,0—106,5°]. Er fand eine Rk. 3. Ordnung: $v = k_3 \cdot (\text{Keton}) \cdot (\text{Grignard-Verb.})^2$. Die Abhängigkeit der Geschw.-Konst. k_3 von der Anfangs-Konz. des GRIGNARD-Reagens wird durch Komplex-Bldg. gedeutet. Gemessen wurde bei —2 bis —21,4°, als Lsgm. wurde bei der Rk. von **II** Ae./Bzl.-Gemisch u. bei Rk. von **III** Ae. verwendet. Erhalten wurde für die Rk. **II–Ia** eine Aktivierungsenergie $A = 11{,}1 \pm 0{,}4$ [kcal/Mol], für **III–Ia**, $A = 14{,}4 \pm 0{,}2$, für **II–Ib** $A = 15{,}6 \pm 0{,}4$. Die Ergebnisse dieser Arbeit stützen den SWAINschen Rk.-Mechanismus über einen Sechsring-Übergangszustand. — *tert.-Butyldimethylcarbinol*, $Kp._{760}$ 131°; aus **III** durch GRIGNARD-Rk., 95% (Ausbeute). — *Diphenylmethylcarbinol*; aus **II** durch GRIGNARD-Rk. mit 5% Überschuß an CH_3-MgBr; fast 100%. U. WOLLNIK. B 225□

Eine kinetische Behandlung der Purinsynthese. Laurence C. Cerny. (Ohio J. Sci. **60.** 165—66. Mai 1960. Minneapolis, Minn., Univ. of Minnesota, The Med. School, Dep. of Physiol. Chem.) (Engl.)

Es wurde die Kinetik des ^{14}C-Übergangs von markiertem *Formiat* auf *Inosin-5-phosphat* (I) u. von I weiter auf *Hypoxanthin* oder *Inosin* untersucht (vgl. GREENBERG, J. biol. Chemistry **190.** [1951.] 611). Die Lösungen der Differentialgleichungen werden mit den experimentell ermittelten Daten verglichen; die Übereinstimmung ist befriedigend. CLAUS FISCHER. B 225□

Reaktion von Pyridoxal-5-phosphat mit Aminothiolen. Mary V. Buell und Raymond E. Hansen. (J. Amer. chem. Soc. **82.** 6042—49. 5/12. 1960. Chicago, Ill., Univ. of Chicago, Dep. of Biochem.) (Engl.)

Vff. verfolgten auf UV-spektroskop. Wege die Rk. zwischen *Pyridoxal-5-phosphat* (**I**) bzw. *5-Desoxypyridoxal* (**II**) mit Aminothiolen in wss. Lösung. Bei der Rk. zwischen **I** u. *Cystein* (**III**) verschwindet das UV-Maximum bei 380 mμ u. das Maximum bei 325 wird stärker in einem größeren pH-Bereich. Mit *Alanin* u. *Serin* war zwar die Bldg. von SCHIFFschen Basen nachweisbar, jedoch konnte die Erhöhung der Absorption bei 325 mμ nicht beobachtet werden. *Propanthiol-(1)* u. -(2) reagieren schnell mit **I** (analog **III**). Bei der Einw. von *2-Mercaptoessigsäure, 3-Mercaptopropionsäure* bzw. *2-Mercaptoäthanol* auf **I** ist eine Zunahme der Absorption bei 325 nur dann feststellbar, wenn die Konz. der Mercapto-Verbb. erheblich höher ist im Vgl. mit der von **I**; die Absorptionsminderung der Bande bei 380 mμ ist jedoch in keinem Falle größer als 50%. Aminothiole, wie **III**, *Cysteinäthylester* (**IV**), *Cysteinylglycin* (**V**) u. *2-Mercaptoäthylamin* (**VI**), liefern relativ stabile Komplexe mit **I** (Bande bei 325 mμ), deren Bldg. jedoch verschieden schnell abläuft. Die Rk. zwischen **I** u. 4 Val **III** erfolgt vollständig. Folgende pH-abhängigen maximalen Geschw.-Konst. der Komplex-Bldg. von **I** wurden bei 20° ermittelt: **III** 10^{-4} k_{max} in $Mol^{-1}s^{-1}$] 2,6 bei pH 9,0; **IV** 19,3 bei pH 6,4; **V** 6,4 bei pH 6,8; **VI** 3,2 bei pH 9,0. Die Stabilität der Komplexe beträgt bei **IV** u. **V** über 24, bei **III** 24 u. bei **VI** 2 (Std.). Es wird angenommen, daß bei der Komplex-Bldg. ein Thiazolidinring am $C_{(4)}$ von **I** geschlossen wird. Der Ringschluß-Rk. geht wahrscheinlich eine Imin-Bldg. voraus. Eine Komplex-Bldg. zwischen **I** u. Thioharnstoff bzw. Glutathion (**VII**) wurde nicht beobachtet, das Ausbleiben der Rk. mit **VII** wird darauf zurückgeführt, daß entweder der Cysteinyl-Rest. nicht endständig ist oder die potentielle SH-Gruppe in Form eines Thiazolinrings vorliegt. Ferner wurde die Rk. der Komplexe mit *p-Chlormercuribenzoat* (**VIII**) bei pH 8 oder mit *N-Äthylmaleinimid* (**IX**) bei pH 7,0 verfolgt. Die Halbwertszeit für die Zers. der Komplexe zwischen **I** u. **III–VI** beträgt bei **VIII** weniger als 1 Min., in Ggw. von **IX** beim Komplex mit **III** 19, mit **V** 22 u. mit **VI** 2,3 (Min.). Bei der Zugabe von **III** zu *Pyridoxal* (**X** pH 7) tritt keine Rk. auf, dagegen ist eine langsame Rk. zwischen **IV** u. **X** bei pH 11 zu verzeichnen, wenn 100 Val **IV** angewendet werden. Als Erklärung für das Verh. von **X** wird angenommen, daß die Imin-Bldg. sehr langsam erfolgt. Dagegen ist eine Komplex-Bldg. zwischen **II** u. **III** oder **IV** in einem großen pH-Bereich zu beobachten. Die k-Werte der Komplex-Bldg. von **I** bzw. **II** mit **III** bzw. **IV** bei 20° sind für den pH-Bereich von ca. 4—12 graph. angegeben. Es ergibt sich also, daß die 4-Formylgruppe von **I** mit SH-Gruppen enthaltenden Verbb. in wss. Medium in einem weiten pH-Bereich unter Bldg. stark dissoziierender Thiohalbacetale reagiert. Sie setzt sich auch mit Amino-Verbb. unter Bldg. SCHIFFscher Basen um, während mit

Verbb., die sowohl SH- als auch NH_2-Gruppen in passendem Abstand besitzen, relativ stabile Komplexe unter Bldg. eines Thiazolidinrings entstehen. Vff. nehmen an, daß diese Rk. in 3 Stufen (Addition, Dehydratisierung u. Ringschluß) abläuft u. diskutieren die Faktoren (Imin-Bldg., Ladungszustände der Pyridinanaloga u. der Aminothiole, katalyt. Effekt der Phosphatgruppe von **I**), welche die Rk.-Geschw. beeinflussen können. Ferner wird der Effekt der Phosphatgruppe von **I** auf das UV-Spektrum untersucht. Während bei Veränderung des pH-Wertes von 5 auf 10 das Maximum von **II** um 14 mμ nach längeren Wellen verschoben wird, erleidet dasjenige von **I** keinerlei Verschiebung in Abhängigkeit vom pH. Ferner wurde UV-spektroskop. festgestellt, daß das Verhältnis zwischen freier u. hydratisierter Aldehydgruppe nahe pH 6,8 bei **I** größer ist als bei **II**. Es scheint also, daß die Phosphatgruppe einen induktiven Effekt über die Carbonylgruppe hinweg ausübt. Vff. betrachten die **I**-Komplexe als Modelle für die Bindung von **I** in der Muskel-Phosphorylase a (**XI**), wobei angenommen wird, daß 4 Cysteinylreste in **XI** derart angeordnet sind, daß jede SH-Gruppe mit einer ε-ständigen NH_2-Gruppe eines Lysylrestes u. dem Carbonyl-C-Atom von **I** einen Komplex bildet. B. GNAUCK. B 225□

Reaktivität von Isocyanaten, ausgedrückt in Größen der Hammett-Gleichung. Meta- und parasubstituierte Phenylisocyanate. Melvin Kaplan. (J. chem. Engng. Data **6.** 272—75. April 1961. Buffalo, N.Y., Allied Chem. Co., Nat. Aniline Div.) (Engl.)

Für die Rk. von nachst. Phenylisocyanaten mit überschüssigem *2-Äthylhexanol* (**I**) in Bzl. ergab sich aus den Rk.-Geschw.-Konst. 1. Ordnung k_1 ein Wert für ρ der HAMMETT-Gleichung von ρ = + 1,979. Für die aus den entsprechenden Aminen durch Einw. von $COCl_2$ hergestellten Phenylisocyanate werden angegeben: *p-Nitro-*, $Kp._{14}$ 145°; ($k_1 \cdot 10_4 \cdot s^{-1}$, bei 28°) 45,5; *m-Nitro-* $Kp._{12}$ 136—137°; 36,3; *m-Trifluormethyl-*, $Kp._{83}$ 104°; 10,8; *m-Chlor-*, $Kp._{45}$ 111—112°; —; *m-Brom-*, $Kp._{44}$ 127°; 7,63; *m-Isocyanato-*, $Kp._{15}$ 108°; 5,14; *p-Isocyanato-*, $Kp._{10}$ 108°; 3,89; *p-Chlor-*, $Kp._{10}$ 93—95°; 3,66; *p-Phenyl-*, $Kp._{2-3}$ 137—140°; 1,48; *m-Methoxy-*, $Kp._{10}$ 95—96°; 1,39; *p-n-Butyl-*, $Kp._{17}$ 121°; 0,712; *m-Methyl-*, $Kp._{44}$ 96°; 0,695; *p-Methyl-*, $Kp._{10,5}$ 68—69°; —; *p-Methoxy-*, $Kp._{17}$ 109—110°; 0,552; *3.4-Dichlor-*, $Kp._{25}$ 131,8—133,2; 15,2; *3-Isocyanato-4-chlor-*, $Kp._{10}$ 128—129°; 12,2; *3-Chlor-4-methyl-*, $Kp._{26}$ 121—122,5°; 3,99; *3-Isocyanato-4-methyl-*, $Kp._{10}$ 120°; 2,00; *3-Isocyanato-4-methoxy-*, $Kp._{12}$ 149°; 0,735; *3.4-Dimethyl-*, $Kp._{25}$ 112,8—113,0°; 0,370; *3-Methyl-4-methoxy-*, $Kp._{17}$ 119,5°; 0,700. Weiterhin werden für *p-Urethano-* ($k \cdot 10^4 \cdot s^{-1}$) 1,56; für *m-Urethanophenylisocyanat*, 1,47 sowie für *Phenylisocyanat* (**II**) $Kp._{18}$ 60—63° angegeben. Es wurden folgende σ-Werte ermittelt: m-NCO, σ = + 0,299; p-NCO + 0,238; p-NHCOOR(R = 2-Äthylhexyl-(1)) + 0,038; m-NH·COOR + 0,025. Zwischen den experimentell ermittelten Σσ-Werten zweifach substituierter Verbb. u. den sich durch Addition der σ-Werte der einzelnen Substituenten ergebenden Σσ-Werten ergab sich mit Ausnahme von den p-OCH_3-substituierten Verbb. befriedigende Übereinstimmung. Der Zusatz von Anisol zur Rk. von **I** mit **II** beeinflußte die Geschw.-Konst. k nicht. CH. ZECHEL. B 225□

Kinetik des Abbaus von Isoamylnitrit in Ampullen. 1. Mitt. **Die Art der Reaktionsprodukte und der Einfluß von Temperatur, Sauerstoff, Alkohol, Wasser und Säure auf die Gesamtgeschwindigkeit.** Martin H. Yunker, Dale Szulczewski und Takeru Higuchi. (J. Amer. pharmac. Assoc., sci. Edit. **47.** 613—20. Sept. 1958. Madison, Wis., Univ. of Wisconsin, School of Pharm.) (Engl.)

Bei längerer Lagerung von *Isoamylnitrit* (**I**) tritt dessen spontane Zers. unter Bldg. von fl. u. gasförmigen Prodd. ein. Die Analyse der gasförmigen Zers.-Prodd. aus 2—4 Jahre alten Ampullen ergibt im Mittel 49% N_2, 34% N_2O, 15% CO_2 u. Spuren NO u. CO. Das IR-Spektrum der fl. Rk.-Prodd. zeigt u. a. Ester, Carbonsäure, Isoamylalkohol, Aldehyd u. Isoamylnitrat. Daneben existiert eine wss. Phase. N_2, N_2O u. CO_2 werden durch sek. Rk. aus NO u. Aldehyd gebildet, wie aus der Rk. von *n-Butyraldehyd* mit NO bewiesen wird. Für die Geschw. der Gesamtrk. besteht zwischen 50 u. 80° lineare Abhängigkeit von der Temp., die Aktivierungsenergie beträgt 20 kcal/Mol. O_2 u. W. wirken beschleunigend auf den Rk.-Ablauf. In Ggw. starker Säuren in Konzz. von 0,5—2% wird die Zers.-Rk. zunächst ebenfalls stark beschleunigt, geht dann aber in einen konst. Wert über. Säure katalysiert die Hydrolyse von **I**. Während der Zers.-Rk. gebildete HNO_3 kann auf diese Weise in den Rk.-Ablauf eingreifen. P. JACOB. B 225□

Kinetik des Abbaus von Isoamylnitrit in Ampullen. 2. Mitt. **Stabilisierung.** Martin H. Yunker und Takeru Higuchi. (J. Amer. pharmac. Assoc., sci. Edit. **47.** 621—25. Sept. 1958.) (Engl.) — 1. vgl. vorst. Referat.

Um die Zers. von *Isoamylnitrit* (**I**) in Ampullen, die durch starke Säuren katalysiert wird (l. c.) zu vermeiden, werden bas. reagierende Stoffe zugesetzt. Starke Basen sind ungeeignet. Neben Na_3PO_4, MgO u. $NaHCO_3$ zeigt ein Zusatz von 2% K_2CO_3 die größte Wirksamkeit. Die Gas-Entw. wird dadurch in einem bestimmten Zeitraum vollständig unterbunden, während reines I sich explosionsartig zersetzt. Pyridin u. Diphenylamin (II) sind ebenfalls wirksam. II wird dabei nitriert (Nitrierungs-Prodd. nachgewiesen). Während der Zers.-Rk. gebildete katalyt. wirksame HNO_3 reagiert unter Umesterung von I zum Nitrat. P. JACOB. B 225□

Aminborane. 2. Mitt. Kinetik der Pyridinboran-Propanol-Reaktion. G. E. Ryschkewitsch und E. R. Birnbaum. (J. physic. Chem. **65.** 1087—88. Juni 1961. Gainesville, Fla., Univ. of Florida, Dep. of Chem.) (Engl.) — 1. vgl. C. **1961.** 13137.

Vff. untersuchen die Rk. des *Pyridinborans* (I; $C_6H_5N \cdot BH_3$) in Propanol (II). Die Rk. ist 1. Ordnung in bezug auf Boran u. wird durch Zusätze von Pyridin (III) nicht beeinflußt. Die Rk.-Geschw. in W. beträgt $<5\%$ der Geschw. in reinem II. Zusatz von W. zu II vermindert, Zusatz von 1.4-Dioxan erhöht die Rk.-Geschwindigkeit. Die Geschw.-Konst. für die II–W.-Mischungen folgen der Gleichung von KIRKWOOD. Als geschwindigkeitsbestimmender Schritt wird die Dissoziation von I in BH_3 u. III angesehen. Methylsubstitution im III-Ring vermindert die Rk.-Geschw. in der Reihenfolge I > *3-Picolin*·BH_3 > *4-Picolin*·BH_3. Die Reihenfolge müßte bei Vorliegen einer Hydridübertragungs-Rk. als geschwindigkeitsbestimmender Vorgang entgegengesetzt sein. C.-E. DÖRING. B 225□

Photochemische Reaktionen von Stickstoffdioxid und Kohlenwasserstoffen in der Luft. Arnold Miller, Callaway Brown und Karl D. Franson. (Science [Washington] **123.** 934. 25/5. 1956. Chicago, Ill., Armour Res. Foundation, Inst. of Technol.) (Engl.)

Bei der Bestrahlung eines Gasgemisches aus feuchter Luft, 3-Methylheptan u. NO_2 mit UV-Licht wird Ozon nachgewiesen. Dabei wird ein Teil des NO_2 verbraucht. J. WINKLER. B 226□

Photochemische Oxydation von Äthyl- und Propylalkohol durch p-Benzochinon. B. Atkinson und M. Di. (Trans. Faraday Soc. **54.** 1331—39. Sept. 1958. London, Imperial Coll., Chem. Dep.) (Engl.)

Die Quantenausbeute Φ der photochem. Oxydation von C_2H_5OH, *n-* u. *iso*-C_3H_7OH durch *Benzochinon* (I) zum entsprechenden Aldehyd wurde in CCl_4-Lsg. bei 25° u. λ = 4358 Å für [I] = 10^{-3} bis 10^{-2} m, Alkohol-Konzz. von 10^{-3} bis 5 m u. Lichtintensitäten zwischen $0{,}07 \cdot 10^{-8}$ u. 10^{-8} Einstein/s durch Best. des entstandenen Hydrochinons gemessen; sie beträgt bei Alkohol-Konzz. $>0{,}1$ m in gleicher Reihenfolge 0,78, 0,77 bzw. 0,78, unabhängig von [I] u. λ; bei Alkohol-Konzz. $<0{,}1$ m nimmt Φ mit abnehmender Alkohol-Konz. ab. Die Ergebnisse können durch folgenden Rk.-Mechanismus gedeutet werden: $Q + h\nu \rightarrow Q^*$ ($Q = I$); $Q^* + AH_2 \xrightarrow{k_1} QH + AH$ (AH_2 = Alkohol); $Q^* \xrightarrow{k_2} Q$; $QH + AH_2 \xrightarrow{k_3} QH_2 + AH$; $QH + QH \xrightarrow{k_4} QH_2 + Q$; $2AH \xrightarrow{k_5} A + AH_2$ mit den Konst. k_2/k_1 = 0,38 bzw. 0,52 bzw. 0,49 ($\cdot 10^{-3}$ Mol/Liter) u. k_3^2/k_4 = 7,4 bzw. 8,5 bzw. 7,8 ($\cdot 10^{-5}$ Liter/Mol·s). M. SCHENK. B 226□

Einige Beobachtungen über die Photolyse von Dimethyldisulfid. Tamotsu Ueno und Yoshimasa Takezaki. (Bull. Inst. chem. Res., Kyoto Univ. **36.** 19—23. Jan. 1958. Takezaki Labor.) (Engl.)

Bes. reines gasförmiges *Dimethyldisulfid* (n_D^{20} 1,5258, λ_{max} 2480 Å) wurde in Ggw. von Äthylen u. Acetylen durch Bestrahlung mit 2537 Å-Licht der Photolyse unterworfen. Im $(CH_3)S_2$–C_2H_4-Gemisch findet kein Druckabfall statt; ein solcher tritt erst ein bei Zusatz von NO u. O_2; durch Wasserdampf wird die Rk. wieder unterdrückt. Daraus wird geschlossen, daß $(CH_3)_2S_2$ bei Lichtabsorption hauptsächlich in $CH_3S\cdot$-Radikale dissoziiert, die bei einem Angriff auf Doppelbindungen ziemlich inert zu sein scheinen u. leicht wieder zum $(CH_3)_2S_2$ rekombinieren. W. SOBIESKI. B 226□

Photochemische Umlagerungen und verwandte Umwandlungen. P. de Mayo und S. T. Reid. (Quart. Rev. [chem. Soc., London] **15.** 393—417. 1961. London, Canada, Univ. of Western Ontario, Dep. of Chem.) (Engl.)

Übersicht über photochem. Umlagerungen von einfachen Aldehyden u. Ketonen, konjugierten monocycl. Syst., heteroanularen olefin. Syst., gekreuzt konjugierten Syst. u. über intramol. Additions-Rkk. u. Umlagerungen mit O_2-Austausch. — 123 Literaturangaben. P. GOLINSKE. B 226□

Die Reaktion von aktivem Stickstoff mit Diäthylquecksilber. D. A. Armstrong und C. A. Winkler. (Canad. J. Chem. **34.** 885—87. Juli 1956. Montreal, Quebec, Univ., Phys. Chem. Labor.) (Engl.) — Vgl. C. **1958.** 11485.

Hauptprod. der Rk. ist HCN mit einer Ausbeute von ca. 50% des eingesetzten akt. Stickstoffs. Das Diäthyl-Hg scheint also dessen teilweise Desaktivierung zu bewirken, weshalb Metallalkyl-Verbb. als nicht geeignet für weitere Unterss. der Rk. zwischen

Alkylradikalen u. akt. N angesehen werden. Kleine Mengen von Butan, Propan, Äthan, Methan, Propylen, Acetylen u. Dicyan werden nachgewiesen. Die Ausbeute an HCN ist zwischen 130 u. 330° unabhängig von der Temp., woraus die Vff. auf eine geringe Aktivierungsenergie der Bldg.-Rk. schließen. J. WINKLER. B 226□

Strahlungschemie der Kohlenhydrate. 5. Mitt. **Der Einfluß von ultraviolettem Licht auf wässerige Lösungen von D-Glucose unter Sauerstoff.** G. O. Phillips und G. J. Moody. (J. chem. Soc. [London] **1960.** 3398—3404. Aug. Cardiff, Univ. Coll.) (Engl.) — 4. vgl. C. **1960.** 14659.

Vff. untersuchten die Zers. von *D-Glucose* (I) in wss., sauerstoffdurchperlter Lsg. bei der UV-Bestrahlung. Die Änderung des UV-Absorptionsspektrums, der opt. Drehung, des pH sowie die Geschw. der Bldg. von CO_2 u. anderen Zers.-Prodd. wurden in Abhängigkeit von der Bestrahlungsdosis gemessen. Die papierchromatograph. u. durch Isotopenverdünnung ermittelten hauptsächlichen Zers.-Prodd. waren Arabinose, aldehyd. C_3- u. C_2-Fragmente, Formaldehyd, Ameisensäure, CO_2 u. evtl. Glucoson. Ferner wird kontinuierlich H_2O_2 gebildet. Die Zers. von I im UV-Licht unterscheidet sich deutlich von der durch γ-Strahlung hervorgerufenen. H.-G. FLOSS. B 226□

Untersuchungen über die Wasserstoffwanderung während der katalytischen Reduktion von 3-Phenylbuten-(1) mit Deuterium. William A. Bonner und Jerry B. Mc Kay. (J. Amer. chem. Soc. **82.** 5350—53. 20/10. 1960. Stanford, Calif., Stanford Univ., Dep. of Chem. and Chem. Engng.) (Engl.) — Vgl. C. **1961.** 13874.

3-Phenylbuten-(1) (I) wurde unter Verw. verschiedener Katalysatoren (Pd-Kohle, Pd–$CaCO_3$, PtO_2, RANEY-Ni) in einer D_2-Atmosphäre hydriert. Durch Best. der Kernresonanzspektren der Deuterierungs-Prodd. wurde das im Kern u. das in der aliphat. Kette an C_1—C_4 befindliche Deuterium quant. ermittelt. Mit Pd-$CaCO_3$ erfolgt nur Seitenkettendeuterierung, mit den anderen Katalysatoren auch Kerndeuterierung. Den höchsten D-Geh. an der $C_{(2)}$-Stellung von 2-Phenylbutan erhält man unter Verw. von Pd–C. Der Pd–C-Katalysator bewirkt auch die stärkste Racemisierung bei der Hydrierung von opt.-akt. I. Bei der Deuterierung erfolgt jedoch an vielen Stellen der Seitenkette H–D-Austausch während, aber nicht nach oder (mit Ausnahme von $C_{(1)}$ im Olefin) vor der Red., was durch Kontroll-Verss. bewiesen wurde. Daher ist es nicht möglich, zwischen den 3 Rk.-Wegen, die zur Racemisierung von opt.-akt. I führen können — Doppelbindungswanderung, H-Wanderung oder direkter H–D-Austausch am Benzylzentrum während der Red. — zu unterscheiden.

Versuche: *3-Phenylbutanol-(1)*, $Kp._1$ 66—69°, n_D^{26} 1,5145, aus 4-Methyl-4-phenyl-1.3-dioxan (F. 34,5—36°, $Kp._1$ 90—96°, n_D^{25} 1,5244, durch Kondens. von HCHO mit α-Methylstyrol) durch Erhitzen mit Kupfer–Chromoxid-Katalysator in A. u. nachfolgende Hydrierung (1250—1700 lb./sq.in.) bei 225°; 92% (Ausbeute). — *3-Phenyl-n-butylbromid*, $Kp._{0,8}$ 65—70°, n_D^{20} 1,5329, aus vorst. Verb. u. PBr_3. — *3-Phenylbuten-(1)* (I), $Kp._{17}$ 65—67°, n_D^{26} 1,5050, durch Pyrolyse von Dimethyl-[3-phenylbutyl]-aminoxid (durch Umwandlung des vorst. Bromids in Dimethyl-[3-phenylbutyl]-amin u. dessen Oxydation) bei 90—140° unter N_2. R. STRUFE. B 227

Über die Verweilzeit der Komponenten in der Kontaktzone bei der heterogen-katalytischen Synthese von Vinylacetat. 3. Mitt. Je. N. Rosstowski und Ss. N. Uschakow. (Журнал Прикладной Химии [J. angew. Chem.] **32.** 2060—64. Sept. 1960.) (Russ.) — 3. vgl. ARBUSOWA u. Mitarbeiter, C. **1960.** 4477.

Eine maximale Ausbeute (ca. 95%) an *Vinylacetat* (I) bei der Umsetzung von Acetylen mit Essigsäure an Zn–Acetat-Katalysatoren mit aktiviertem Anthrazit als Träger wird bei 170—190° in 12—14 Sek., bei 200° in 4 Sek. erreicht. Die geringere Ausbeute bei niedrigerer Temp. kann durch längere Kontaktdauer kompensiert werden. Die Verweilzeit ist in allen Fällen der bestimmende Faktor für die I-Ausbeute.

R. K. MÜLLER. B 227□

Über die Katalysatorkonzentration bei der heterogen-katalytischen Synthese von Vinylacetat. 4. Mitt. Je. N. Rosstowski und I. A. Arbusowa. (Журнал Прикладной Химии [J. angew. Chem.] **32.** 2258—61. Okt. 1959.) (Russ.) — 3. vgl. vorst. Referat.

Die Synth. von *Vinylacetat* aus Acetylen u. Essigsäure wird an Katalysatoren untersucht, die Zn-Acetat (I) in verschiedener Konz. (9,2—25,6%) auf verschiedenen akt. Kohlen enthalten. Bei zunehmender I-Konz. nimmt die katalyt. Aktivität zu, gleichzeitig nehmen aber die Sorptions-Eigg. u. die Porosität des Katalysators ab; aus dem Zusammenwirken dieser beiden Einfl. ergibt sich die optimale I-Konz. auf der Kohle zu ca. 18%. R. K. MÜLLER. B 227□

C. Präparative organische Chemie. Naturstoffe

Verhinderung der Autoxydation von organischen Verbindungen in flüssiger Phase. K. U. Ingold. (Chem. Reviews **61.** 563—89. Dez. 1961. Ottawa, Ontario, Nat. Res. Council, Div. of Appl. Chem.) (Engl.)

Übersicht über die einzelnen, bei der Autoxydation vorkommenden Rkk. u. die Zugabe von Antioxydantien während der Autoxydation. — 344 Literaturangaben. P. GOLINSKE. 460☐

Monomethylenierung und Polymethylenierung durch Diazomethan in Gegenwart von Borverbindungen. Alwyn G. Davies, D. G. Hare, O. R. Khan und J. Sikora. (Proc. chem. Soc. [London] **1961.** 172. Mai. London, Univ. Coll., William Ramsay and Ralph Forster Labor.) (Engl.)

In Ggw. von Trialkylboranen lassen sich Alkohole u. Amine unter milden Bedingungen durch Diazomethan (I) in die entsprechenden Methylen-Verbb. überführen. Als Rk.-Mechanismus wird angenommen, daß prim. das Trialkylboran nucleophil mit **I** reagiert u. danach eine nucleophile Umlagerung der Methylengruppe von Bor an C erfolgt. R. STRUFE. 460

Synthetische und biochemische Untersuchungen an organischen Fluorverbindungen. Ernst D. Bergmann. (Bull. Res. Council Israel, Sect. A **10 A.** 1—16. April 1961. Jerusalem, Hebrew Univ., Dep. of Organ. Chem.) (Engl.)

Übersicht. — 78 Literaturangaben. P. GOLINSKE. 460☐

Polyphosphorsäure als Reagens in der organischen Chemie. 2. Mitt. Frank D. Popp und William E. McEwen. (Trans. Kansas Acad. Sci. **63.** 169—93. 1960. Coral Gables, Fla., Univ. of Miami, Dep. of Chem.; Lawrence, Kans., Univ. of Kansas, Dep. of Chem.) (Engl.) — 1. vgl. C. **1961.** 7185.

Übersicht. — Verw. der Polyphosphorsäure bei der Darst. heterocycl. Verbb. durch Cyclisierung; Darst. carbocycl. Verbb. durch intramol. Acylierung; Cyclodehydratisierung von Ketonen u. Alkoholen, BECKMANN-, WAGNER-MEERWEIN-, SCHMIDT-Umlagerung; intermol. Acylierung; intermol. Alkylierung, Dehydratisierung, Phosphorylierung u. verschiedene Reaktionen. — 167 Literaturangaben. P. GREGORZEWSKI. 460☐

Nitrosierung, Diazotierung und Desaminierung. J. H. Ridd. (Quart. Rev. (chem. Soc., London) **15** 418—41. 1961. London, Univ. Coll., Chem. Dep.) (Engl.)

Übersicht. — 92 Literaturangaben. P. GOLINSKE. 460☐

Michael-Kondensation. D. K. Banerjee. (J. Annamalai Univ., Part B **22.** 1—16. 1960. Bangalore, Indian Inst. of Sci.) (Engl.)

Übersicht. — 35 Literaturangaben. P. GOLINSKE. 470☐

Untersuchungen auf dem Gebiet der Chemie der Kohlenwasserstoffe und ihrer katalytischen Umwandlungen. A. L. Liberman. (Успехи Химии [Fortschr. d. Chem.] **30.** 563—92. Mai 1961. Zelinsky-Inst. für org. Chem. der Akad. der Wiss. der UdSSR.) (Russ.)

Allg. Überblick. — 198 Literaturangaben. G. FROELICH. 500☐

Chemie und Eigenschaften von Phosphorsäureenolestern. Frieder W. Lichtenthaler. (Chem. Reviews **61.** 607—49. Dez. 1961. Berkeley, Calif., Univ., Dep. of Biochem.) (Engl.)

Übersicht über Darst., Rkk., physikal. u. insecticide Eigg. von Phosphorsäureenolestern. — 456 Literaturangaben. P. GOLINSKE. 590☐

Über 1.4-Sultone von Hydroxy-n-hexansulfonsäuren. Burckhardt Helferich und Volker Böllert. (Chem. Ber. **94.** 505—09. 24/2. 1961. Bonn, Univ., Chem. Inst.) (Dt.)

Durch Erhitzen der aus 6-Chlorhexanon-(3) mit Na_2SO_3 u. Red. des Prod. in Ggw. von RANEY-Ni erhältlichen *4-Hydroxyhexan-1-sulfonsäure* wird deren *Sulton* (**I**) dargestellt. Der Vers., die aus 6-Chlorhexylacetat (**II**) u. Na_2SO_3 dargestellte *6-Hydroxyhexan-1-sulfonsäure* zu einem 8gliedrigen Sulton zu kondensieren, lieferte ebenfalls **I.** Das mit **I** isomere *1-Hydroxyhexan-4-sulfonsäuresulton* (**III**) wird durch Spaltung von 2-Äthyltetrahydrofuran (**IV**) mit Acetylchlorid (**V**) zu *4-Chlor-n-hexylacetat*, dessen Rk. mit Na_2SO_3 u. Erhitzen dargestellt. Die Halbwertszeiten der Hydrolyse mit 1n NaOH in CH_3OH-W. (7 : 3) bei $^1/_2$m Konz. beträgt bei **III** 10 Std., bei **I** 97 Std. u. bei dem Vgl.-Prod. 4-Hydroxybutan-1-sulfonsäuresulton (mit prim. O wie **III**) $4^1/_2$ Stunden.

Versuche: *6-Chlorhexanon-(3)*, Kp.$_{12}$ 67—70°, durch Zugabe von bei 110° getrocknetem $CdCl_2$ zu C_2H_5MgBr in Ae. unter Rühren u. Luftabschluß, 1½ std. Kochen, Zutropfen von 4-Chlorbuttersäurechlorid bei Raum-Temp., 8std. Kochen u. Rühren, Aufarbeiten mit HCl u. Ae., Waschen mit W., Trocknen mit $CaCl_2$ u. Eindampfen; >45% (Ausbeute). — *6-Hydroxyhexan-1-sulfonsäure,* durch 10std. Kochen u. Rühren von **II** mit 1,25 Val Na_2SO_3 in W., Eindampfen im Vakuum, Lösen in HCl (D. 1,19), Kühlen, Filtrieren, Zugabe von CH_3OH, Sättigen mit HCl unter Kühlung mit Eis-Salz, Filtrieren, 1std. Kochen, langsames Eindampfen im Vakuum bis 100°, Kühlen, Lösen in W., Fällen restlicher SO_4-Ionen mit $BaCl_2$-Lsg., Eindampfen im Vakuum, Lösen in W.–CH_3OH, Sättigen mit HCl bei ca. —20°, Filtrieren u. Eindampfen; 75—83%. — *4-Hydroxy-hexan-1-sulfonsäure,* durch 2std. Kochen des Sultons in H_2O. *Benzylthiuroniumsalz,* $C_6H_{14}O_4S \cdot C_8H_{10}N_2S$, F. 121—122°, durch Neutralisieren der Säure mit NaOH, Eindampfen der Lsg., Lösen in heißem abs. A., Zugabe eines geringen Überschusses Benzylthiuroniumchlorid in abs. A., Absaugen vom NaCl u. Fällen mit viel Ae.; Nadeln aus Dioxan; >80%. *Sulton* (**I**), $C_6H_{12}O_3S$, $Kp._{12}$ 153—154°, $Kp._1$ 101—102°, a) durch 12std. Kochen von vorvorst. Verb. u. 1,05 Val Na_2SO_3 in W. unter Rühren, Waschen mit Ae., Eindampfen im Vakuum, 3std. Hydrieren des rohen Gemisches in W. in Ggw. von Raney-Ni bei 70° u. 108 at, Filtrieren, Eindampfen im Vakuum, Lösen in rauchender HCl, Filtrieren, Fällen mit $BaCl_2$, Absaugen, Eindampfen im Vakuum, Lösen in rauchender HCl, Filtrieren, Zugabe von CH_3OH, Sättigen mit HCl, Filtrieren, Eindampfen, 3std. Erhitzen bei 140—150°/0,1 bis 0,3 Torr, Lösen in Ae.–W., Waschen der Ae.-Schicht mit W. bis zur neutralen Rk., Trocknen mit $CaCl_2$ u. Eindampfen; 34%; b) durch langsames Erhitzen vorst. Roh-Verb. bei 0,5—1 Torr auf 155°, Dest. bei 145—155°, Lösen des Destillats u. Extraktion des Rückstandes mit Ae., Waschen mit W. bis zur neutralen Rk., Trocknen mit $CaCl_2$ u. Eindampfen; 45%. — *4-Chlor-n-hexylacetat,* $C_8H_{15}ClO_2$, $Kp._{20}$ 112—113°, durch Zutropfen von 1,1 Val **V** zu **IV** u. Zn-Staub unter Rühren bei 10—15°, Lösen in W. u. Ae., Waschen der äther. Lsg. mit Soda-Lsg. u. W., Trocknen mit $CaCl_2$ u. Eindampfen; 74%. — *1-Hydroxyhexan-4-sulfonsäure,* a) durch 50std. Kochen von vorst. Verb. u. Na_2SO_3 in W. unter Rühren, Abtrennen unlösl. Anteile, Waschen mit Ae., Eindampfen im Vakuum, Lösen in HCl (D. 1,19), 6std. Stehen, Filtrieren, Fällen mit $BaCl_2$, 8std. Kochen mit CH_3OH, Eindampfen im Vakuum, Lösen in rauchender HCl, Filtrieren u. Eindampfen im Vakuum; b) durch mehrstd. Kochen von **III** in H_2O. *Sulton* (**III**), $C_6H_{12}O_3S$, $Kp._{0,1-0,15}$ 105,5—106,5°, durch langsames Erhitzen der Säure bei 0,1 Torr (½ Std. 150°, 2 Std. 145—155°), Lösen in W.–Ae., Waschen der Ae.-Lsg. bis zur neutralen Rk., Trocknen mit $CaCl_2$ u. Eindampfen; 42%. H. Pagel. 600

Einige allgemeine Aspekte der Reaktionen von Äthern und Estern aus Aldehyden. R. Leimu. (S.-B. finn. Akad. Wiss. **1961.** 85—99.) (Engl.)

Übersicht. — 26 Literaturangaben. P. Golinske. 660□

Die Chemie der β-Chlorvinylketone und die Ketovinylierungsreaktion. N. K. Kotschetkow. (Prakt. Chem. [Wien] **12.** 336—43. Aug. 1961. Moskau, Akademie der Wiss. der UdSSR, Inst. für Chemie der Naturstoffe.) (Dt.)

Vortrag über in der UdSSR ausgearbeitete neue Meth. der organ. Synthese. — 33 Literaturangaben. P. Golinske. 710□

Chemie des Vinylacetylens. 11. Mitt. Mechanismus und Richtung der Hydratation von Vinyläthinylcarbinoläthern. Ss. G. Matzojan, G. A. Tschuchadshjan und Ss. A. Wartanjan. (Журнал Общей Химии [J. allg. Chem.] **29** (**91**). 451—57. Febr. 1959. Chem. Inst. der Akad. der Wiss. der ArmenSSR.) (Russ.) — 10. vgl. Wartanjan u. Mitarbeiter, C. **1962.** 2702; weitere 11. vgl. C. **1962.** 7854.

Bei der Hydratisierung von 1-Methoxypenten-(4)-in-(2) (**I**) u. 2-Methoxyhexen-(5)-in-(3) (**II**) in Ggw. von $HgSO_4$ in 90%ig. Methanol entstehen *1-Methoxypenten-(4)-on-(3)* bzw. *2-Methoxyhexen-(5)-on-(4),* die in der methanol. Lsg. in *1.5-Dimethoxypentanon-(3)* (**V**) bzw. *1.5-Dimethoxyhexanon-(3)* übergehen. 2-Methoxy-2-methylhexen-(5)-in-(3) (**III**) gibt unter gleichen Bedingungen neben *1.5-Dimethoxy-5-methylhexanon-(3)* (**VII**) hauptsächlich *1-Methoxy-5-methylhexen-(4)-on-(3)* (**VI**). Bei der Hydratisierung von **III** in A. in Ggw. von $HgSO_4$ kann neben *1-Äthoxy-5-methylhexen-(4)-on-(3)* (als Haupt-Prod.) auch das Zwischen-Prod. *5-Methylhexadien-(1.4)-on-(3)* isoliert werden. Die Hydratisierung von 2-Äthoxy-2-methylhexen-(5)-in-(3) (**IV**) in A. verläuft analog. Aus 1-Methoxybutin-(2) (**IX**) wird in Ggw. von $HgSO_4$ in Methanol schon bei Zimmer-Temp. in hoher Ausbeute *1-Methoxybutanon-(3)* (**VIII**) erhalten. 1-Acetoxybutin-(2) (**X**) wird in Essigsäure u. in Ggw. von $HgSO_4$ in *1-Acetoxybutanon-(3)* übergeführt, während 1-Acetoxypenten-(4)-in-(2) (**XI**) über 1-Acetoxypenten-(4)-on-(2) durch Isomerisierung während der Rk. in *1-Acetoxypenten-(3)-on-(2)* übergeht. Alle vorst. Rkk. verlaufen über Anlagerungs-Verbb. von $HgSO_4$ an die Dreifachbindung, deren Hydrolyse über Enole zu den Ketonen führt. Bei Zugabe von H_2SO_4 zum Rk.-Gemisch steigt die Hydratisierungs-Geschw. bedeutend, wahrscheinlich infolge Bldg. von Oxoniumsalzen u. der dadurch verstärkten Polarisation der Dreifachbindung. In **IX** ist die Dreifachbindung so stark polarisiert, daß Methanol in Ggw. von $HgSO_4$ unter Bldg. von *1.3.3-Trimethoxybutan* angelagert wird. Der Mechanismus der Anlagerung wird diskutiert.

Versuche: *1-Methoxypenten-(4)-in-(2)* (I), $Kp._{20}$ 37°, n_D^{20} 1,4610. — *2-Methoxyhexen-(5)-in-(3)* (II), $C_7H_{10}O$, $Kp._{18}$ 33,5—34°, durch Kochen von Methyl-[vinyläthinyl]-carbinol mit Methanol in Ggw. von H_2SO_4; $D._4^{20}$ 0,8145; n_D^{20} 1,4505. — *2-Methoxy-2-methylhexen-(5)-in-(3)* (III), $Kp._{11}$ 33—34°, n_D^{20} 1,4530. — *2-Äthoxy-2-methylhexen-(5)-in-(3)* (IV), $Kp._{16}$ 46—47°, n_D^{20} 1,4545. — *1.5-Dimethoxypentanon-(3)* (V), a) $Kp._{8-9}$ 78 bis 82°, durch portionsweises Eintragen von 3 g $HgSO_4$ in 30 g **I** u. 150 ml 90%ig. Methanol u. 30std. Erhitzen auf 60—65°; n_D^{20} 1,4250; 45% (Ausbeute); b) $Kp._9$ 80°, analog mit 0,7 ml konz. H_2SO_4 (14std. Erhitzen); n_D^{20} 1,4245; 63%. — *1.5-Bis-[dimethylamino]-pentanon-(3)*, $Kp._6$ 85—86°, aus 5 g vorst. Verb. u. 20 g 33%ig. Dimethylamin-Lsg. bei 60—70° im Rohr; n_D^{20} 1,4480; 2,4 g. *Oxalat*, F. 155° (A.). — *Tetrahydro-γ-pyron*, $Kp._{24}$ 69—71°, durch 8std. Erhitzen von 8 g **V** u. 30 g 25%ig. H_2SO_4 u. 0,5 g $HgSO_4$ auf 75—80°; n_D^{20} 1,4545; 3 g. *Semicarbazon*, F. 174—175° (W.). — *1.5-Dimethoxyhexanon-(3)*, $Kp._9$ 83—84°, $Kp._3$ 61°, durch 6std. Erhitzen von 10 g **II**, 30 g 90%ig. Methanol u. 1 g $HgSO_4$ auf 60—65°, n_D^{20} 1,4260; 8 g. — *2-Methyltetrahydropyron-(4)*, $Kp._{14}$ 60—61°, durch 4std. Erhitzen von 5,5 g vorst. Verb. mit 20 g 15%ig. H_2SO_4 auf 70—75°; n_D^{20} 1,4430; 2,5 g. *Semicarbazon*, F. 169—171° (W.) — *1-Methoxy-5-methylhexen-(4)-on-(3)* (VI), a) $Kp._8$ 75—76°, durch 6std. Erhitzen von 15 g **III**, 45 g 90%ig. Methanol u. 1 g $HgSO_4$ auf 60—65°; n_D^{20} 1,4547; 14 g; *2.4-Dinitrophenylhydrazon*, F. 107—108° (A.); b) $Kp._{10}$ 80—82°, durch 2std. Erwärmen von 10 g **III**, 30 g 90%ig. Methanol, 0,5 ml konz. H_2SO_4 u. 1 g $HgSO_4$ auf 35—40°; n_D^{20} 1,4555; 8,4 g. — *1.5-Dimethoxy-5-methylhexanon-(3)* (VII), $Kp._{10}$ 90—93°, neben vorst. Verb. nach b); n_D^{20} 1,4390; 0,6 g. — *2.2-Dimethyltetrahydropyron-(4)*, $Kp._5$ 50—51°, aus 10 g **VI**—**VII**-Gemisch u. 30 g 15%ig. H_2SO_4; n_D^{20} 1,4465; 4 g. *Semicarbazon*, F. 165°. — *1-Acetoxy-5-methylhexen-(4)-on-(3)*, $Kp._5$ 92—93°, aus 20 g **VI**, 37 g Acetanhydrid, 40 g Essigsäure u. 2 g Na-Acetat; n_D^{20} 1,4600; 2 g. *Semicarbazon*, F. 133—134°. — *1-Äthoxy-5-methylhexen-(4)-on-(3)*, a) $Kp._{10}$ 83—84°, durch 8std. Erhitzen von 15 g **III**, 50 g 90%ig. A. u. 1 g $HgSO_4$ auf 65—75°; n_D^{20} 1,4540; 10,3 g; *Semicarbazon*, F. 126—127°; b) $Kp._{10}$ 84—86°, durch 8std. Erhitzen von 20 g **IV**, 50 g 90%ig. A. u. 3 g $HgSO_4$ auf 60—70°; n_D^{20} 1,4565; 13,5 g. *Semicarbazon*, F. 125—127°. — *5-Methylhexadien-(1.4)-on-(3)*, $Kp._{10}$ 43—45°, neben vorst. Verb. nach a); n_D^{20} 1,4825; 2 g. — *1-Methoxybutanon-(3)* (VIII), a) $Kp._{11}$ 34—36°, durch 6std. Erhitzen von 15 g **IX**, 45 g 90%ig. Methanol u. 1 g $HgSO_4$ auf 40—60°; n_D^{20} 1,4050; 11 g; *2.4-Dinitrophenylhydrazon*, F. 84—86°; b) $Kp._{680}$ 134—136°, durch langsame Zugabe von 15 ml 90%ig. Methanol u. 0,5 ml konz. H_2SO_4 zu 5 g **IX** u. 1 g $HgSO_4$ u. 2std. Erwärmen auf 30—35°; 4 g. — *Methylvinylketon*, $Kp._{680}$ 78—80°, durch Dest. von 5 g **VIII** in Ggw. von 0,005 g p-Toluolsulfonsäure; n_D^{20} 1,4460; 2,4 g. *Semicarbazon*, F. 140°. — *1-Dimethylaminobutanon-(3)*, $Kp._{22}$ 65—67°, aus 7 g **VIII** u. 15 ml 33%ig. Dimethylamin-Lsg. im Rohr; n_D^{20} 1,4320; 4,8 g. *Pikrat*, F. 107° (W.). — *1.3.3-Trimethoxybutan*, $Kp._{15}$ 53—54°, $Kp._{671}$ 150—151°, durch Vermischen von 7 g **IX**, 20 g abs. Methanol u. 1 g $HgSO_4$ (Wärme-Entw.), 2 Std. langes Erwärmen auf 30—35° u. Neutralisieren mit Na-Methylat; n_D^{20} 1,4100; 7,5 g. — *1-Acetoxybutin-(2)* (X), $Kp._{680}$ 150—152°, aus 1-Hydroxybutin-(2), Acetanhydrid u. H_2SO_4; n_D^{20} 1,439. — *1-Acetoxybutanon-(3)* a) $Kp._{10}$ 80—82°, $Kp._{680}$ 176—178°, durch 6std. Erwärmen von 5 g **X**, 15 g 90%ig. Essigsäure u. 1 g $HgSO_4$; n_D^{20} 1,4230; 1,6 g; *Semicarbazon*, F. 135—136°; b) $Kp._{10-11}$ 78—83°, durch 6std. Kochen von 10 g **X**, 30 g 90%ig. Essigsäure u. 1 g Hg-Acetat; n_D^{20} 1,4235; 8,5 g. Gibt beim Erhitzen mit Na-Acetat *Methylvinylketon*. — *1-Acetoxypenten-(4)-in-(2)* (XI), $C_7H_8O_2$, $Kp._{16-17}$ 71—75°, aus Vinyläthinylcarbinol u. Acetanhydrid/H_2SO_4; $D._4^{20}$ 0,9955; n_D^{20} 1,4660. — *1-Acetoxypenten-(3)-on-(2)*, $C_7H_{10}O_3$, $Kp._2$ 64—65°, $Kp._{1,5}$ 60—61°, durch Zutropfen von 14 g **XI** in 15 ml Essigsäure während 1½ Std. zu 80 g 90%ig. Essigsäure u. 0,5 g $HgSO_4$ bei 40° u. 4std. Rühren bei 40—50°; $D._4^{20}$ 1,05774; n_D^{20} 1,4520; 7,5 g. *2.4-Dinitrophenylhydrazon*, $C_{13}H_{14}N_4O_6$, F. 145—146° (Äthylacetat). — *1-Acetoxypentanon-(2)*, $C_7H_{12}O_3$, $Kp._{16}$ 94—96°, durch Hydrieren von 3,5 g vorst. Verb. an Pt; $D._4^{20}$ 1,0170; n_D^{20} 1,4210; 3 g. ILSE HARTMANN. 740□

Einige Reaktionen der Nitrile, die zur Bildung einer neuen Stickstoff–Kohlenstoff-Bindung führen. Je. N. Silberman. (Успехи Химии [Fortschr. d. Chem.] 29. 709—35. Juni 1960.) (Russ.)

Allg. Übersicht (Bldg. N-substituierter Nitriliumsalze, Darst. von Bis-amiden aus Nitrilen, Synth. N-substituierter Amide nach RITTER [1948], Darst. von 1.3.5-Triazinen u. a. heterocycl. Verbb. aus Nitrilen, Rk. von Nitrilen mit Carbonyl-Verbb.) — 210 Literaturangaben. G. FROELICH. 800□

Synthese von Vinylmonomeren. 9. Mitt. **Anhydride der Methacrylsäure.** A. Ja. Jakubowitsch, L. I. Muler und M. W. Basilewski. (Журнал Общей Химии [J. allg. Chem.] **30 (92).** 1274—76. April 1960.) (Russ.) — 8. vgl. C. **1962.** 1963.

Es werden *Methacrylsäureanhydrid* (**I**), *Methacrylsäureessigsäureanhydrid* u. *Methacrylsäureameisensäureanhydrid* dargestellt.

Versuche: *Methacrylsäureanhydrid* (**I**), Kp.$_2$ 63—65°, Ep. ca. —20°, man gibt zu 90 g Methacrylsäure (**II**), 95 g Pyridin (**III**) u. 0,1 g Cu_2Cl_2 in 250 ml abs. Ae. bei 0—5° allmählich 104,5 g Methacrylsäurechlorid u. rührt 1 Std. lang; n_D^{20} 1,4530; 72—78% (Ausbeute). — *Methacrylsäureessigsäureanhydrid*, $C_6H_8O_3$, Ep. —28°, analog vorst. Verb. aus 40 g **II**, 40 g Acetylchlorid u. 45 g **III** in 150 ml Ae.; 45 g (Roh-Prod.); zur Reinigung mischt man 15 g des Roh-Prod. bei 20° schnell mit dem 2fachen Vol. abs. A., kühlt auf —80° u. trennt die Kristalle ab; $D._4^{20}$ 1,0421; n_D^{20} 1,4253; 7,5 g. — *Methacrylsäureameisensäureanhydrid*, $C_5H_6O_3$, Kp.$_1$ 26—27°, Ep. ca. —50°, man erwärmt 69 g **II** u. 25 g wasserfreie Ameisensäure 10—15 Std. in Ggw. von etwas Hydrochinon auf 35—40°, friert nichtumgesetzte Ausgangs-Verbb. bei —30° aus u. dest.; $D._4^{20}$ 1,0941; n_D^{20} 1,4262; 49%. Helmut Schäfer. 810□

Octadecen-(11)-säure und andere Fettsäuren aus dem Samenöl von Asclepias syriaca. Mary J. Chisholm und C. Y. Hopkins. (Canad. J. Chem. **38.** 805—12. Juni 1960. Ottawa, Canada, Nat. Res. Council, Div. of Pure Chem.) (Engl.)

Vff. fanden bei der Unters. des *Samenöls* (**IV**) von *Asclepias syriaca L.* (*Aslepidaceae*) mittels Gaschromatographie ihrer *Methylester*, die zuvor der Dest. u. Tief-Temp.-Kristallisation unterworfen wurden, neben 4% *Palmitinsäure*, 15% *Ölsäure* u. 53% *Linolsäure* 15% an bisher in pflanzlichen Ölen nicht aufgefundener *Octadecen-(11)-säure* (**I**), ferner 2% *Hexadecadien-(9.12)-säure* (**II**), 10% *Hexadecen-(9)-säure* (**III**), wenig *Stearinsäure*, u. wenig *Linolensäure*, wobei den ungesätt. Fettsäuren *cis*-Konfiguration zukommt. **I** wird durch Überführung in *11.12-Dihydroxystearinsäure* identifiziert. Ihre quant. Ermittlung erfolgt durch Oxydation der gesamten Fettsäuren mit $KMnO_4$ u. Best. der Mengen an Undecandisäure. Für **I** wird der Trivialname *Asclepsäure* vorgeschlagen.

Versuche: *Asclepias syriaca L.-Samenöl* (**IV**), JZ. 127,2, SZ. 1,5, n_D^{25} 1,4748, durch Extraktion der im Herbst geernteten Samen mit PAe.; 19,4% (Ausbeute). — C_{16}-Säuren durch Veresterung von **IV** mit CH_3OH u. HCl, fraktionierte Dest. des *Methylestergemisches* u. Aufarbeitung der Fraktion (**A**) vom Kp.$_{0,5}$ 120—122°; n_D^{25} 1,4472, JZ. 76,9. — *Palmitinsäure*, F. 62—62,5°, durch Kristallisation von 8 g vorst. Fraktion **A** bei —12° u. Verseifung des ausgeschiedenen *Palmitinsäuremethylesters* (1,55 g). — *cis-Hexadecen-(9)-säure* (**III**), durch Verseifung des bei —65° kristallisierenden Anteils (n_D^{25} 1,4493; 3,05 g) von Fraktion **A**. **III** liefert mit alkal. $KMnO_4$-Lsg. *erythro-9.10-Dihydroxypalmitinsäure*, F. u. Misch-F. 125—126° (Essigester). — *cis·cis-Hexadecadien-(9.12)-säure* (**II**), durch Verseifung des aus Fraktion **A** nicht krist. Anteils (n_D^{25} 1,4548; 1,78). — *erythro·erythro-9.10.12.13-Tetrahydroxypalmitinsäure*, $C_{16}H_{32}O_6$, F. 163—164° (Essigester), aus **II** u. alkal. $KMnO_4$. Die Lage der $Cl_{(12.13)}$-Doppelbindung in **II** folgt aus der Oxydation von **II** mit $KMnO_4$-KJO_4, Gaschromatographie der aus dem Rk.-Prod. dargestellten n-Butylester u. Identifizierung von u. a. *Buttersäurebutylester*. — C_{18}-Säuren, durch Aufarbeitung der Methylesterfraktion (**B**) vom Kp.$_{0,5}$ 131—133°; n_D^{25} 1,4571, JZ. 145,1. — *Linolsäure*, durch Verseifung der Fraktion **B**, Behandeln mit alkal. $KMnO_4$, fraktionierte Kristallisation der Hydroxy-Verbb. aus Essigester u. Identifizierung des am schwersten lösl. Anteils als *erythro·erythro-9.10.12.13-Tetrahydroxystearinsäure*, F. u. Misch-F. 171—172°. — *9.10-* u. *11.12-Dihydroxystearinsäuregemisch*, F. 114—115°, wie vorst. aus Fraktion **B** als in Essigester leichter lösl. Anteil; liefert bei der Oxydation mit $KMnO_4$–KJO_4 u. Aufarbeitung des Rk.-Gemisches *Azelainsäure* u. *Undecandisäure* im Verhältnis 5:4, so daß die ursprünglich zugrunde liegende *Ölsäure* u. *Octadecen-(11)-säure* (**I**) sich ebenfalls ca. wie 5:4 verhalten müssen. — **I**, aus dem nicht destillierbaren Anteil des Methylestergemisches durch Verseifung, fraktionierte Kristallisation bei —40° aus Aceton u. Identifizierung als *erythro-11.12-Dihydroxystearinsäure*, F. 128—128,5°. — *Undecandisäure*, F. 109—110° (Essigester), a) aus cis-**I** mit $KMnO_4$–KJO_4 u. Ansäuern; daneben *Heptansäure*, isoliert als *Methylester*; b) durch $KMnO_4$–KJO_4-Oxydation von **IV**; 15%; daneben *Azelainsäure*. Marion Wolff. 810□

Weitere Untersuchungen über die Synthese langkettiger Hydroxysäuren. Kenneth E. Miller, Clifford R. Haymaker und Henry Gilman. (J. org. Chemistry **26.** 5217—19. Dez. 1961. Milwaukee, Wis., Marquette Univ., Dep. of Chem.) (Engl.) — Vgl. C. **1960.** 93.

Vff. stellen *10-Hydroxy-14-n-alkyltetradecansäuren* (**A**) dar, indem sie aus die Thiophen (**I**) u. Säurechloriden erhaltenen *n-Alkyl-[thienyl-(2)]-ketone* mit Hydrazinhydrat in Äthylenglykol zu *2-n-Alkylthiophenen* reduzieren, diese mit 9-Carbäthoxynonanoyl-

-chlorid (VI) zu *9-[5-n-Alkylthenoyl-(2)]-nonansäureäthylestern* umsetzen, die durch $NaBH_4$ zu *10-Hydroxy-10-[5-n-alkylthienyl-(2)]-decansäureäthylestern* red. u. darauf zu *10-Hydroxy-10-[5-n-alkylthienyl-(2)]-decansäuren* verseift werden. Letztere erfahren bei der Behandlung mit RANEY-Ni Entschwefelung zu **A**.

Versuche: Thiophene: *2-n-Octanoyl-*, $Kp._{2,5}$ 150—154°, durch Einrühren von 16,5 g $SnCl_4$ bei —5° zu je 0,15 Mol Octanoylchlorid u. I in Bzl. während 30—45 Min., 4std. Rühren bei Raum-Temp., Zugabe von 10%ig. HCl u. W., Waschen der organ. Phase mit 5%ig. Na_2CO_3-Lsg. u. Dest.; 89,5% (Ausbeute). — *2-n-Decanoyl-*, $Kp._7$ 174 bis 177°, analog aus I u. n-Decanoylchlorid; 92,7%. — *2-n-Tetradecanoyl-*, F. 33,5—34,5° (CH_3OH), analog; 68,0%. — *2-n-Hexadecanoyl-*, F. 42,0—43,0° (CH_3OH), analog; 81,6%. — *2-n-Octylthiophen* (**II**), $Kp._{2,5}$ 118—119°, durch Erhitzen von 2-n-Octanoylthiophen mit 85%ig. $N_2H_4 \cdot H_2O$ in Diäthylenglykol auf 190°, bis W. u. überschüssiges $N_2H_4 \cdot H_2O$ abdest. sind, Zugabe von KOH bei 80°, 3std. Erhitzen auf 160°, Gießen in kaltes W., Benzolextraktion u. fraktionierte Dest.; 66%. — *2-n-Decylthiophen* (**III**), $Kp._{3,5}$ 146—149°, analog; 64%. — *2-n-Tetradecylthiophen* (**IV**), $Kp._{0,5}$ 129—130°, analog; 77,0%. — *2-n-Hexadecylthiophen* (**V**), $Kp._{0,5}$ 158—160°, analog; 90,8%. — Nonansäureäthylester: *9-[5-n-Octylthenoyl-(2)]-* (**VII**), F. 32,5—33,5° (CH_3OH), aus **II** u. **VI** analog den n-Alkyl-[thienyl-(2)]-ketonen; 77,5%. — *9-[5-n-Decylthenoyl-(2)]-*, F. 48—49° (CH_3OH), aus **III** u. **VI**; 65,8%. — *9-[5-n-Tetradecylthenoyl-(2)]-*, F. 61—62° (CH_3OH), aus **IV** u. **VI**; 61,6%. — *9-[5-n-Hexadecylthenoyl-(2)]-*, F. 58,5—59,5° (CH_3OH), aus **V** u. **VI**; 36,8%. — 10-Hydroxydecansäureäthylester: *10-[5-n-Octylthienyl-(2)]-*, durch Einrühren von 1 Mol $NaBH_4$ in 3 Mol **VII** in A., 2std. Rühren bei 70—75°, Zugabe von HCl u. W. u. Ae.-Extraktion; 68,7%. — *10-[5-n-Decylthienyl-(2)]-*, analog; 65,0%. — *10-[5-n-Tetradecylthienyl-(2)]-*, F. 40,5—41,5° (A. + W.); 88,8%. — *10-[5-n-Hexadecylthienyl-(2)]-*, F. 40—41° (A. + W.); 80,8%. — 10-Hydroxydecansäuren: *10-[5-n-Octylthienyl-(2)]-* (**VIII**), F. 30—31° (PAe.), aus dem Äthylester durch Verseifung mit alkohol. KOH, Ansäuern mit HCl, Ae.-Extraktion u. Einengen; 79,0%. — *10-[5-n-Decylthienyl-(2)]-*, F. 57,5 bis 58,5° (PAe.), wie vorst.; 45%. — *10-[5-n-Tetradecylthienyl-(2)]-*, F. 61,5—62,5° (PAe.); 93,5%. — *10-[5-n-Hexadecylthienyl-(2)]-*, F. 76,5—77,5° (PAe.); 94,2%. — 10-Hydroxysäuren (**A**): *-dokosansäure*, F. 83—84° (wss. A.), durch Zugabe von **VIII** zu RANEY-Ni in A., 14std. Kochen u. Rühren, Abfiltrieren vom Katalysator, wiederholte Extraktion des Katalysators mit A., Einengen der vereinigten alkohol. Lsgg., Lösen des Rückstandes in verd. NaOH u. Fällen mit HCl; 70,0%. — *-tetrakosansäure*, F. 83—84° (wss. A.), analog; 71,0%. — *-octakosansäure*, F. 92,5—93° (wss. A.), analog; 78,0%. — *-triakontansäure*, F. 98—99° (wss. A.), analog; 88,6%. M. MENGELBERG. 850□

Darstellung acetylierter Aldonsäuren. Robert Barker. (J. org. Chemistry **25.** 1670—71. Sept. 1960. Bethesda, Md., Nat. Inst. of Health, Nat. Inst. of Arthritis and Metabolic Diseases.) (Engl.)

Vf. gibt eine Meth. zur Darst. *acetylierter Aldonsäuren* aus ihren Salzen an. Die Ausbeuten sind unabhängig von der Art der eingesetzten Salze meist gut.

Versuche ($[\alpha]_D$ bei 20—25° in Chlf.): *Acetylierte Arabinonsäure* (**I**), F. 135—136°, $[\alpha]_D$ +32° (c = 4), a) durch Zugabe von 2 Mol K-Arabinonat zu der bei Raum-Temp. bereiteten Lsg. von 1 Mol geschmolzenem $ZnCl_2$ in Acetanhydrid bei —5°, Sättigen der Suspension mit HCl-Gas unterhalb +5° unter Ausschluß von Feuchtigkeit, mehrstd. Aufbewahren bei Raum-Temp., Zufügen von Eis zu dem auf 0° abgekühlten Rk.-Prod., 1std. Stehenlassen, Verdünnen mit W., wiederholte Extraktion mit Chlf. oder CH_2Cl_2 Einengen der Extrakte im Vakuum bei ca. 40°, wiederholtes Lösen in Toluol u. Einengen u. Kristallisation aus wenig Toluol; 78% (Ausbeute); b) wie vorst. aus Ca-Arabinonat; 70%; c) wie vorst. aus Zn-Arabinonat; 78%. — *Acetylierte Gluconsäure*, F. 110—112°, $[\alpha]_D$ +11,8°, a) analog **I** aus K-Gluconat; 78%; b) aus NH_4-Gluconat; 65%; c) aus Ca-Gluconat; 77%. — *Acetylierte Galaktonsäure*, F. 129—130°, $[\alpha]_D$ +12,1°, a) analog **I** aus K-Galaktonat; 76%; b) aus Ca-Galaktonatpentahydrat; 82%. — *Acetylierte Mannonsäure, Monohydrat*, F. 74—76° (W.), $[\alpha]$ +25,1°, aus NH_4-Mannonat; 71%.

MARION WOLFF. 850□

Zur Biosynthese der Carotinoide. 2. Mitt. **Darstellung von α-Keto-γ-hydroxyisocapronaldehyd und α-Keto-γ-isocaprolacton.** Ludwig Reichel und Bodo Lipke. (Liebigs Ann. Chem. **635.** 142—45. 20/9. 1960. Berlin, Humboldt-Univ., Landwirtschaftl.-Gärtner. Fak., Inst. für Chem.) (Dt.) — 1. vgl. C. **1957.** 8560.

Diacetonalkohol (**I**) läßt sich in wss. Lsg. mit SeO_2 zu *α-Keto-γ-hydroxyisocapronaldehyd* (**II**) oxydieren, der neben der offenkettigen Carbonylform auch in der cycl. Halbacetalform vorliegen kann. Der Enol-Geh. von **II** im Oxo-cyclo-Tautomerie-Gleichgew. wird durch Bromtitration nach MEYER [1911] in Methanol zu 3% ermittelt u. das Vorliegen einer *cis*-Enolform durch die Kupfer-Meth. nach HIEBER [1921] ausgeschlossen.

Bei der Oxydation von I mit SeO_2 in abs. Methanol erhält man *cycl. α-Keto-γ-hydroxyisocapronaldehydmethylacetal.* Einw. von 5%ig. H_2O_2 auf **II** führt in sehr guter Ausbeute zu *β-Hydroxyisovaleriansäure,* die als *β-Jodisovaleriansäure* charakterisiert wird. Oxydiert man **I** mit H_2SeO_3 in Pyridin, so erhält man in ca. 3%ig. Ausbeute *α-Keto-γ-isocaprolacton* (**III**), dessen *Semicarbazon* aus heißem W. als Monohydrat der Säureform krist., das, bei 100° über P_4O_{10} getrocknet, in das Semicarbazon der Lactonform übergeht, aus dem sich **III** nicht mehr regenerieren läßt. **III** reagiert mit GIRARD-Reagens P zu einem *Kondens.-Prod.* (**IV**), das mit 25%ig. Formaldehyd-Lsg. zu **III** zurückgespalten werden kann. **II** u. **III** wirken carotinogen.

Versuche: *α-Keto-γ-hydroxyisocapronaldehyd* (**II**), $C_6H_{10}O_3$, Kp.$_4$ 101—105°, durch Einrühren der Lsg. von 1 Mol SeO_2 oder H_2SeO_3 in W. zu 1 Mol auf 45° erwärmtem **I**, 3std. Rühren bei 45°, 24std. Stehenlassen, Ae.-Extraktion der filtrierten Lsg. u. fraktionierte Dest. des Ae.-Rückstandes im Vakuum; gelbliche ölige Fl.; 20% (Ausbeute). **II** red. FEHLINGsche Lsg. u. ammoniakal. Lsg. von $AgNO_3$. **II** zeigt mit fuchsinschwefliger Säure Rosafärbung, mit Nitroprussidnatrium-Lsg. Grünfärbung, mit m-Dinitrobenzol-Lsg. Rotfärbung u. mit $FeCl_3$ Rotviolettfärbung. *Bis-semicarbazon,* $C_8H_{16}N_6O_3$, F. 229° (Nadeln; W.). — *Cycl. α-Keto-γ-hydroxyisocapronaldehydmethylacetal,* $C_7H_{12}O_3$, Kp.$_3$ 50 bis 55°, durch 5std. Rühren von äquimol. Mengen SeO_2 u. **I** in abs. Methanol bei 90—98°, 17std. Stehenlassen bei 20°, Filtrieren u. fraktionierte Dest.; hellgelbe Fl.; n_D^{20} 1,4292; 7,5%. — *β-Hydroxyisovaleriansäure,* Kp.$_5$ 127°, durch Oxydation von **II** mit 5%ig. H_2O_2 bei 20°, Zers. von überschüssigem H_2O_2 mit MnO_2, Zugabe von verd. H_2SO_4 u. Ausäthern; 81%. — *β-Jodisovaleriansäure,* F. u. Misch-F. 79°. — *α-Keto-γ-isocaprolacton* (**III**), $C_6H_8O_3$, Kp.$_{15}$ 115°, a) durch Einrühren von H_2SeO_3 in die Lsg. der äquimol. Menge **I** in Pyridin bei 50° innerhalb mehrerer Std., Filtrieren der Lsg. nach 24std. Stehen bei 20° u. Dest. im Vakuum; gelbliches Öl; 3%; b) durch 24std. Aufbewahren von **IV** mit 25%ig. Formaldehyd-Lsg., Eindampfen, Trocknen über P_4O_{10} u. Dest.; gibt mit $FeCl_3$ Violettfärbung, mit Nitroprussidnatrium Grünfärbung. *Semicarbazon, Monohydrat der Säureform,* $C_7H_{13}N_3O_4 \cdot H_2O$, F. 218° (Nadeln, W.). Semicarbazon, *Lactonform,* $C_7H_{11}N_3O_3$, F. 221° (Nadeln; abs. Methanol), aus vorst. Deriv. durch 5std. Erhitzen auf 100°/12 Torr über P_4O_{10}. — GIRARD-*P-Kondens.-Prod.* (**IV**), $C_{13}H_{16}ClN_3O_3 \cdot ½ H_2O$, F. 215° (Nadeln; W.), durch 1std. Kochen von **III** mit GIRARD-Reagens P u. Eisessig in abs. Methanol.

MARION WOLFF. 870□

Guanidinverbindungen. 3. Mitt. **Die Darstellung von Triacetylguanidin und seine Umwandlung mit Alkohol.** R. Greenhalgh und R. A. B. Bannard. (Canad. J. Chem. **37.** 1810—12. Nov. 1959. Canada, Ottawa, Defence Res. Chem. Labor.) (Engl.) — 2. vgl. C. **1961.** 16803.

Die Acetylierung von Guanidin (**I**) unter milden Bedingungen lieferte *Triacetylguanidin* (**II**). **II** läßt sich in Ggw. von A. stufenweise über *Diacetyl-* (**III**) u. *Monoacetylguanidin* (**IV**) zum **I**-*Acetat* desacetylieren. **III** zeigt im Gegensatz zu den Angaben von RJABININ, C. **1955.** 1743 (u. WÖRFFEL) einen F. 176—177°. Bei der Behandlung von **III** mit Essigsäure/Methanol entsteht **IV**-*Acetat* fast augenblicklich. Bei Verw. von N.N-Dimethylformamid erfolgt keine Desacetylierung. Die UV-Maxima von **II, III** u. **IV** sind angegeben.

Versuche (FF. korr.): *Triacetylguanidin* (**II**), $C_7H_{11}N_3O_3$, F. 110—112°, sublimiert bei 70—80°/0,005 Torr, aus **I**-Acetat durch 1std. Erhitzen mit Acetanhydrid; aus Aceton Nadeln; 82% (Ausbeute). — *Diacetylguanidin* (**III**), $C_5H_9N_3O_2$, F. 176—177°, sublimiert bei 105—110°/0,005 Torr, durch ½std. Erhitzen von **II** in A. auf 75°; aus Methanol–Ae. Prismen; 71%. *Pikrat,* $C_{11}H_{12}N_6O_9$, F. 162—164° (Methanol). — *Monoacetylguanidin* (**IV**), F. 188—190°, aus **III** mit A.; aus Methanol–Ae. Prismen; 55%. — *Guanidin* (**I**)-*acetat,* F. 227—229°, aus **IV** mit A.; aus Methanol–Ae. Prismen; 74%. — G. MARQUARD. 880

Aminoalkohole der Acetylenreihe. 1. Mitt. **Synthese von 1.1-disubstituierten 4-Dialkylaminobutin-(2)-olen-(1).** N. M. Libman und Ss. G. Kusnetzow. (Журнал Общей Химии [J. allg. Chem.] **30 (92).** 1197—1202. April 1960. Inst. für Toxikol. der Akad. der med. Wiss. der UdSSR.) (Russ.)

Durch MANNICH-Rk. von Dialkyl(diaryl)äthinylcarbinolen mit CH_2O u. Dimethyl- (**I**), Diäthylamin (**II**) oder Piperidin (**III**) in Ggw. von CuCl oder Cu-Acetylenid (**IV**) werden *1-Dialkylamino(piperidino)-alkin-(2)-ole-(3)* erhalten.

Versuche: *2-Methyl-5-diäthylaminopentin-(3)-ol-(2),* Kp.$_4$ 92°, Kp.$_{10}$ 104°, man erhitzt 3 g 2-Methylbutin-(3)-ol-(2), 4 g **II**-Hydrochlorid, 10 ml Formalin (**V**) u. 80 mg **IV** 2 Std. auf 80—90°; n_D^{20} 1,4614; 81,2% (Ausbeute). — *3-Methyl-6-diäthylaminohexin-(4)-ol-(3),* Kp.$_8$ 105,5—106°, aus 8 g 3-Methylpentin-(4)-ol-(3), 9,5 g **II**-Hydrochlorid, 20 ml **V** u. 0,12 g **IV**; n_D^{20} 1,4650; 80,6%. — *1.1-Diphenyl-4-diäthylaminobutin-(2)-ol-(1),* $C_{20}H_{23}NO$, F. 96,5—97,5° (Hexan), a) man erhitzt 1 g Diphenyläthinylcarbinol (**VI**), 0,2 g Polyoxymethylen (**VII**), 0,4 g **II** u. 10 mg CuCl in 5 ml Dioxan 1½ Std. auf dem Wasserbad;

86%; b) man gibt zur Suspension von $NaNH_2$ (aus 2,2 g Na) in 100 ml fl. NH_3 in 5 bis 10 Min. 8 g 1-Diäthylmino-2-brompropen-(2), rührt 3 Std. (unter Ersatz des verdampften NH_3), tropft 7,6 g Benzophenon (**VIII**) in 50 ml Ae. zu, rührt bis zum Verdampfen des NH_3 u. erhitzt den Rückstand noch 1½ Std.; dann extrahiert man die äther. Lsg. mit verd. HCl, alkalisiert u. extrahiert mit Chlf.; 65%. *Hydrochlorid*, $C_{20}H_{24}ClNO$, F. 174,5 bis 175° (Dioxan). — *1.1-Diphenyl-4-piperidinobutin-(2)-ol-(1)*, $C_{21}H_{23}NO$, F. 135,5—136,5° (Dibutyläther), a) man erhitzt 1 g **VI**, 0,8 g **III**-Hydrobromid, 1,5 ml **V**, 10 mg **IV** u. 5 ml A. 4 Std. auf dem Wasserbad; 87,5%; b) analog vorst. Verb. nach b) aus 2,1 g Na, 8,1 g 1-Piperidino-2-brompropen-(2) u. 7,25 g **VIII**; 76,5%. *Hydrochlorid*, $C_{21}H_{24}ClNO$, F. 199—200° (Zers.; Isopropanol). — *1.1-Diphenyl-4-dimethylaminobutin-(2)-ol-(1)*, $C_{18}H_{19}NO$, F. 141—142° (Bzl., Dibutyläther), aus 1 g **VI**, 0,42 g **I**-Hydrochlorid, 1,5 ml **V**, 50 mg **IV** u. 5 ml A. (1½ Std.); Nadeln; 0,97 g. *Hydrochlorid*, $C_{18}H_{20}ClNO$, F. 200,5 bis 201° (Zers.; n-Butanol). — *1-Diäthylamino-3-[9-hydroxyfluorenyl-(9)]-propin-(2)*, $C_{20}H_{21}$·NO, F. 208,5—209° (geringe Zers.; Dioxan), man erhitzt 1 g 9-Hydroxy-9-äthinylfluoren, 0,2 g **VII**, 0,4 g **II**, 10 mg **IV** u. 5 ml Dioxan 1 Std. auf dem Wasserbad; 79,5%. *Hydrochlorid*, $C_{20}H_{22}ClNO$, F. 213—214° (Isopropanol). — *1-Phenyl-1-cyclohexyl-4-diäthylaminobutin-(2)-ol-(1)*, $C_{20}H_{29}NO$, F. 86,5—87° (Hexan), aus 1 g Phenylcyclohexyläthinylcarbinol, 0,2 g **VII**, 0,4 g **II** u. 10 mg **IV** in 5 ml Dioxan; 95,8%. *Hydrochlorid*, $C_{20}H_{30}ClNO$, F. 168° (Aceton). HELMUT SCHÄFER. 920□

Carnitin. G. Deltour. (Ind. chim. belge **25.** 1329—39. Nov. 1960. Bruxelles, Société des Labor. Labaz.) (Franz.)
Übersicht. — 84 Literaturangaben. P. GOLINSKE. 950□

Synthese ungesättigter siliciumorganischer Verbindungen aus Propargylalkohol. W. F. Mironow und N. G. Maximowa. (Известия Академии Наук СССР, Отделение Химических Наук [Nachr. Akad. Wiss. UdSSR, Abt. chem. Wiss.] **1960.** 2059—61. Nov. Zelinsky-Inst. für organ. Chem. der Akad. der Wiss. der UdSSR.) (Russ.)

Ausgehend von Propargylalkohol (**I**) werden einige *γ-Trialkylsilylpropargyl-* u. *-allylalkohole* sowie *Propargyloxysilane* dargestellt.

Versuche: *γ-[Trimethylsilyl]-propargylalkohol*, $C_6H_{12}OSi$, Kp.$_{10}$ 65°, zu C_2H_5MgBr (49 g Mg, 230 g C_2H_5Br) in 600 ml Ae. gibt man 40 g **I**, läßt über Nacht stehen, gibt 70 g Trimethylchlorsilan (**II**) zu, dest. den Ae. ab u. erhitzt den Rückstand 3 Std. lang auf dem sd. Wasserbad, dann gibt man 400 ml Ae. zu u. zers. mit angesäuertem W.; $D._4^{20}$ 0,8753; n_D^{20} 1,4518; 43,5% (Ausbeute). — *γ-[Diäthylmethylsilyl]-allylalkohol* (**III**), $C_8H_{18}OSi$, Kp.$_{10}$ 99—100°, man erwärmt das Gemisch von 24 g Diäthylmethylsilan u. 16 g **I** nach Zugabe von 0,1 ml einer n/10 H_2PtCl_6-Lsg. auf 140—145° u. dest. im Vakuum; $D._4^{20}$ 0,8734; n_D^{20} 1,4605; 67,5%. Gibt mit Acrylonitril *β-[γ-(Diäthylmethylsilyl)-allyloxy]-propionitril*, $C_{11}H_{21}NOSi$, Kp.$_{20}$ 155°; $D._4^{20}$ 0,9124; n_D^{20} 1,4582; 60%. — *γ-[Diäthylmethylsilyl]-propylalkohol*, a) Kp.$_9$ 86°, durch 15std. Hydrierung von **III** in Ggw. von RANEY-Ni; $D._4^{20}$ 0,8626; n_D^{20} 1,4505; b) Kp.$_9$ 92°, aus Essigsäure-γ-[dichlormethylsilyl]-propylester u. C_2H_5MgBr; $D._4^{20}$ 0,8630; n_D^{20} 1,4445. — *Propargyloxytrimethylsilan*, $C_6H_{12}OSi$, Kp.$_{757}$ 110,8°, man gibt zu 56,1 g **I**, 79,1 g Pyridin u. 250 ml Ae. in 3 Std. 110 g **II**, filtriert, leitet in das Filtrat trockenen HCl ein, filtriert u. dest.; $D._4^{20}$ 0,8333; n_D^{20} 1,4090; 47%. — *Propargyloxydiäthylmethylsilan*, Kp.$_{745}$ 134,8°, analog vorst. Verb.; $D._4^{20}$ 0,8339; n_D^{20} 1,4172. — *Dipropargyloxydiäthylsilan*, Kp.$_{10}$ 73°, $D._4^{20}$ 0,966; n_D^{20} 1,4368. — *Tripropargyloxyäthylsilan*, Kp.$_{10}$ 118°, $D._4^{20}$ 1,0328; n_D^{20} 1,4550. — *β-[γ-(Trichlorsilyl)-allyloxy]-propionitril*, $C_6H_8Cl_3NOSi$, Kp.$_7$ 140°, durch 3std. Kochen von 20 g β-Propargyloxypropionitril, 32 g Trichlorsilan u. 0,5 ml n/10 H_2PtCl_6-Lsg. in Isopropanol; $D._4^{20}$ 1,2900; n_D^{20} 1,4780; 23 g. Gibt bei der Methylierung mit CH_3MgCl *β-[γ-(Trimethylsilyl)-allyloxy]-propionitril*, Kp.$_6$ 94—96°, $D._4^{20}$ 0,9084; n_D^{20} 1,4490; 50%. RENATE RICHTER. 980□

Reaktionen von Hexamethyldisilthian und Äthylmercaptotrimethylsilan mit Alkoholen, Mercaptanen, Säuren und Aminen. E. W. Abel. (J. chem. Soc. [London] **1961.** 4933—35. Nov. Bristol, Univ.) (Engl.)

Hexamethyldisilthian (**I**), $S[Si(CH_3)_3]_2$, wird in guter Ausbeute aus Na_2S u. Trimethylchlorsilan (**II**) bei 250° unter Druck gewonnen. **I** liefert mit Alkoholen *Alkoxytrimethylsilane*, wobei *Trimethylsilanthiol* (**III**) als Zwischenstufe angenommen wird. Mit Mercaptanen bildet **I** analog die *Alkylmercaptotrimethylsilane*. Mit prim. oder sek. Aminen entstehen aus **I** *Monoalkylaminotrimethylsilane* bzw. *Dialkylaminotrimethylsilane*. Die Ausbeuten sind allerdings z. T. wenig zufriedenstellend, da das als Nebenprod. beobachtete **III** mit den Aminen auch in anderer Weise reagieren kann. Die gleichen Prodd. wie mit **I** bilden die Amine auch mit Äthylmercaptotrimethylsilan (**IV**). **I** u. auch **IV** setzen sich mit Propionsäure (**V**) zu *Trimethylsilylpropionat* um; mit Benzoesäure (**VI**) entsteht *Trimethylsilylbenzoat*. Die Rkk. mit **I** verlaufen unter Entw. von H_2S, die mit

IV von C_2H_5SH. Alle Rkk. müssen unter Ausschluß von Feuchtigkeit durchgeführt werden.

Versuche: *Hexamethyldisilthian* (I), $C_6H_{18}SSi_2$, Kp. 163°, durch 20std. Erhitzen von 1 Mol Na_2S u. 2 Mol **II** im Rohr auf 240° u. Dest.; n_D^{20} 1,4572; 96% (Ausbeute). — Trimethylsilane: *Äthoxy-*, Kp. 75°, aus 1 Mol **I** u. 2 Mol A. durch 1std. Schütteln bei Raum-Temp.; n_D^{20} 1,3745; 92%. — *n-Butoxy-*, Kp. 125°, analog mit Butanol-(1); n_D^{20} 1,3930; 94%. — *Isopropoxy-*, Kp. 88°, durch 15std. Kochen von **I** u. Isopropanol; n_D^{20} 1,3788; 78%. — *tert.-Butoxy-*, Kp. 105°, durch 18tägiges Kochen von **I** u. tert.-Butanol; n_D^{20} 1,3910; 58%. — *n-Butylmercaptotrimethylsilan*, Kp. 169°, durch 20std. Erwärmen von 1 Mol **I** mit 2 Mol Butanthiol-(1) u. fraktionierte Dest.; n_D^{20} 1,4553; 76%. — *Di-n-butylaminotrimethylsilan*, $C_{11}H_{27}NSi$, Kp. 200°, n_D^{20} 1,4291, a) durch 3tägiges Kochen von 1 Mol **I** u. 2 Mol Di-n-butylamin (**VII**) u. Dest.; 49%; b) durch 50std. Kochen von 1 Mol **IV** (vgl. C. **1961.** 14623) u. 1 Mol **VII**; 68%. — *n-Butylaminotrimethylsilan*, $C_7H_{19}NSi$, Kp. 135°, n_D^{20} 1,4097, a) durch 25std. Kochen von 1 Mol **I** mit 2 Mol n-Butylamin (**VIII**); 13%; b) aus **IV** u. **VIII**; 58%. — *Phenylaminotrimethylsilan*, $C_9H_{15}NSi$, Kp. 208°, n_D^{20} 1,5222, a) durch 25std. Kochen von 1 Mol **I** mit 2 Mol Anilin (**IX**); 85%; b) analog aus **IV** u. **IX**; 71%. — *Trimethylsilylpropionat*, $C_6H_{14}O_2Si$, Kp. 122°, n_D^{20} 1,3939, a) durch 10std. Kochen von **I** u. **V** u. fraktionierte Dest.; 85%; b) durch 5std. Kochen von **IV** u. **V**; 90%. — *Trimethylsilylbenzoat*, Kp. 221°; n_D^{20} 1,4860, a) aus **I** u. **VI**; 83%; b) aus **IV** u. **VI**; 83%. H. BÜRGER. 980□

Anlagerung von $HGeCl_3$ an Halogenderivate des Äthylens. Dehydrochlorierung von α.β-Dichloräthyltrichlorgerman. W. F. Mironow, N. G. Dshurinskaja und A. D. Petrow. (Доклады Академии Наук СССР [Ber. Akad. Wiss. UdSSR] **131.** 98 bis 100. 1/3. 1960. Inst. für organ. Chem. der Akad. der Wiss. der UdSSR.) (Russ.) — Vgl. C. **1961.** 7906.

Im Gegensatz zum Trichlorsilan (I) reagiert Trichlorgerman (II) in exothermer Rk. ohne Katalysator sehr leicht mit Chloräthylenen zu *Chloräthyltrichlorgermanen*. Bei der Dehydrochlorierung von α.β-Dichloräthyltrichlorgerman entsteht in Ggw. von Chinolin *α-Chlorvinyl-* u. in Ggw. von $AlCl_3$ *β-Chlorvinyltrichlorgerman*.

Versuche: Trichlorgermane: *β-Chloräthyl-*, $Kp._{15}$ 75°, man leitet durch 15 g **II** 1 Std. lang Vinylchlorid (**III**) u. erhitzt noch 1 Std. auf 80°; $D._4^{20}$ 1,7637; n_D^{20} 1,5093; 32,5% (Ausbeute). — *α.β-Dichloräthyl-* (**IV**), $Kp._{12}$ 88°, zu 30 g trans-Dichloräthylen gibt man bei < 80° 54 g **II** u. erhitzt noch ½ Std. auf 80°; $D._4^{20}$ 1,8390; n_D^{20} 1,5240; 62%. — *α.β.β-Trichloräthyl-*, $Kp._9$ 92°, analog mit Trichloräthylen; $D._4^{20}$ 1,9000; n_D^{20} 1,5341; 55,3%. — *α.α.β.β-Tetrachloräthyl-*, $Kp._{25}$ 123°, analog mit Tetrachloräthylen; $D._4^{20}$ 1,9243; n_D^{20} 1,5378; 48%. — *α-Chlorvinyl-*, $Kp._{753}$ 151°, durch langsame Dest. eines Gemisches von 27,7 g **IV** u. 13 g Chinolin bis 200°; n_D^{20} 1,5002; 41,5%. — *β-Chlorvinyl-*, Kp. 164—165°, durch langsame Dest. von 20 g **IV** in Ggw. von 0,2 g $AlCl_3$; $D._4^{20}$ 1,7690; n_D^{20} 1,5139; 80%. — *α-Chloräthyltrichlorsilan*, Kp. 136—139°, durch 4std. Erhitzen von 68 g **I** u. 32 g **III** in Ggw. von 0,5 ml einer n/10-Lsg. von $H_2PtCl_2 \cdot 6\,H_2O$ in Isopropanol auf 120°; 6%. Daneben *Äthyltrichlorsilan*, Kp. 98—103°; 20%. RENATE RICHTER. 980□

Carboxylierungsreaktion von Phenolen. Tadeusz Talik. (Wiadomości chem. **12.** 263—96. Mai 1958. Wrocław, Politech., Chem. Organ. I.) (Pol.)

Übersicht. — 233 Literaturangaben. P. GREGORZEWSKI. 1060□

Synthese, Reaktionen und Eigenschaften von einigen stark gehinderten Diphenyläthern. Marjorie Allen und R. Y. Moir. (Canad. J. Chem. **37.** 1799—1809. Nov. 1959. Kingston, Ontario, Queen's Univ., Dep. of Chem.) (Engl.)

Analog MCRAE u. Mitarbeitern (vgl. C. **1950/54.** 8395 S) wurde N-[4'-Carbomethoxy-2'.6'-dinitrophenyl]-pyridiniumchlorid (**II**) mit 7-Hydroxymetamekonin (**I**; 5.6-Dimethoxy-7-hydroxyphthalid) zu *7-[4'-Carbomethoxy-2'.6'-dinitrophenoxy]-metamekonin* (**VI**) kondensiert, während **I** mit N-[4'-Carbomethoxy-2'-nitrophenyl]-pyridiniumtosylat (**IV**) *7-[4'-Carbomethoxy-2'-nitrophenoxy]-metamekonin* (**VII**) ergab. Salicylsäuremethylester (**III**) bildet leicht mit **II** *2-[4'-Carbomethoxy-2'.6'-dinitrophenoxy]-benzoesäuremethylester* (**V**), während **III** mit **IV** nicht reagiert. Bei der Darst. von **V** u. **VI** wurde durch Hydrolyse von instabilem **II** bei der Isolierung als Nebenprod. *N-[4-Carbomethoxy-2.6-dinitrophenyl]-pyridinium-4'-carbomethoxy-2'.6'-dinitrophenolat* (**XII**) erhalten. **VII** liefert bei der Verseifung mit Alkali *7-[4'-Carboxy-2'-nitrophenoxy]-metamekonin* (**XVI**). *2-[4'-Carboxy-2'.6'-dinitrophenoxy]-benzoesäuremethylester* wurde durch 5 Min. lange Rk. von **V** mit wss. KOH bei Raum-Temp. in guter Ausbeute erhalten. Durch Kochen mit KOH wird **V** zu *4-Hydroxy-3.5-dinitrobenzoesäure* zersetzt, während durch Methylationen aus $Ba(OH)_2$ in Methanol **V** ohne Verseifung innerhalb 3 Min. zu *4-Methoxy-3.5-dinitrobenzoesäuremethylester* abgebaut wird. Hydrazinhydrat (**XIII**) u. RANEY-Ni liefern mit **V** *4-Carbomethoxy-2.6-dinitrophenylhydrazin* ohne Red. der Nitrogruppen. Mit Fe/ CH_3COOH wurde **VI** zu *7-[6'-Amino-4'-carbomethoxy-2'-nitrophenoxy]-metamekonin* (**IX**) u. **V** zu dimorphem *2-[6'-Amino-4'-carbomethoxy-2'-nitrophenoxy]-benzoesäuremethylester* (**VIII**) reduziert. **VIII** lieferte beim Erhitzen auf 210° *8-Carbomethoxy-6-nitro-11-oxo-10.11-dihydrodibenz-[b;f]-1.4-oxazepin*, das auch durch Red. von **V** mit $SnCl_2$ in Ggw. von HCl erhältlich ist. **IX** wird in sein *N-l-Menthoxyacetyl-Deriv.* (**X**) übergeführt. Der Vers., Diastereoisomere vom **XVI**-Brucinsalz u. von **X** zu erhalten, schlug vermutlich infolge geringer Stabilität der Konfiguration fehl, jedoch zeigt **X** schwache Mutarotation. Die IR-Maxima von **VIII** sind angegeben.

Versuche: Metamekonine: *7-[4'-Carbomethoxy-2'-nitrophenoxy]-* (**VII**), nach McRae u. Mitarbeitern (l. c.). — *7-[4'-Carboxy-2'-nitrophenoxy]-* (**XVI**), $C_{17}H_{13}NO_9$, F. 237,4 bis 238,4°, aus **VII** durch ½std. Rühren mit KOH in A. bei 76—81°; aus A. u. verd. Essigsäure Nadeln; 88% (Ausbeute). *Brucinsalz*, F. 174,5—177,5° (Aceton u. Methanol); $[\alpha]_D^{21}$ — 7° (Chlf.). — *7-[4'-Carbomethoxy-2'.6'-dinitrophenoxy]-* (**VI**), $C_{18}H_{14}N_2O_{11}$, F. 210—211°, durch kurzes Erwärmen von 1,65 g **II** in Pyridin, 1½std. Erhitzen mit 1,35 g **I** (F. 158—159°), Gießen auf Eis, Kristallisieren aus Aceton u. Trennen der gelblichen Prismen von den leichten tiefgelben Nadeln (Nd. **A**) durch Spülen mit Aceton; aus Aceton im Licht zersetzliche Prismen; 1,4 g; daneben **XII** (aus **A**). — *7-[6'-Amino-4'-carbomethoxy-2'-nitrophenoxy]-* (**IX**), $C_{18}H_{16}N_2O_9$, F. 234—235°, durch 1std. Erhitzen von 1 g **VI** mit Fe in Eisessig auf 100°; aus Aceton gelbes Pulver; 0,4 g. *N-Acetyl-Deriv.*, $C_{20}H_{18}N_2O_{10}$, F. 206—207°, aus **IX** durch kurzes Erhitzen mit Acetanhydrid (**XI**) in Ggw. von konz. H_2SO_4; aus W.-Methanol Nadeln. *N-l-Menthoxyacetyl-Deriv.* (**X**), $C_{30}H_{36}N_2O_{11}$, F. 188—191°, aus 0,539 g **IX** mit 0,31 g *l*-Menthoxyacetylchlorid ($[\alpha]_D$ — 85,75° (c = 2,13; Chlf.)) in Chlf. durch 6std. Kochen, $[\alpha]_D$ — 29° (c = 2,934; Chlf.); aus Methanol Nadeln; 0,7 g neben 0,1 g **IX**. — *2-[4'-Carbomethoxy-2'.6'-dinitrophenoxy]-benzoesäuremethylester* (**V**), $C_{16}H_{12}N_2O_9$, F. 110,6—111,2° (A.), aus 4-Chlor-3.5-dinitrobenzoesäuremethylester (**XV**) durch kurzes Erhitzen in abs. Pyridin auf 100°, 1½ Std. langes Erhitzen mit **III**, Gießen auf Eis u. Reinigen a) durch Kristallisation aus Acetonitril (Kristalle **B**) u. Eindampfen der Mutterlauge, b) durch Extraktion mit heißem A.; 56% neben 11% **XII** (aus **B** oder dem Ungelösten) oder c) durch Zers. von **XII** durch Waschen mit HCl; 73%. — *2-[4'-Carboxy-2'.6'-dinitrophenoxy]-benzoesäuremethylester*, $C_{15}H_{10}N_2O_9$, F. 214—215°, durch Lösen von 3,0 g **V** in sd. A., Abkühlen, 5 Min. langes Schütteln mit 10%ig. KOH; aus Methanol lichtempfindliche Kristalle; 1,1 g (roh). — *3.5-Dinitro-4-hydroxybenzoesäure*, F. 254—255°, a) aus **V** durch ½std. Kochen mit 10%ig. KOH; b) durch 3tägige Rk. von **XIV** mit $Ba(OH)_2$-Hydrat in Methanol bei Raum-Temp. u. Ansäuern des *Ba-Salzes* (leuchtendorangefarbene Kristalle; 1,7 g). ***Methyläthermethylester***, F. 54—55° (Methanol), durch 3 Min. lange Rk. von 2 g **V** mit methanol. $Ba(OH)_2$-Hydrat-Lsg. bei Raum-Temp. u. Ansäuern; 0,6 g neben **III**. *Methylester* (**XIV**), durch 5 Min. langes Rühren von **XII** mit verd. HCl. — *4-Carbomethoxy-2.6-dinitrophenylhydrazin*, $C_8H_8N_4O_6$, F. 171°, durch 1std. Kochen von 1 g **V** in abs. A. mit 0,4 g **XIII** u. Raney-Ni; aus A. rote Nadeln; 0,3 g (roh). *N'-Benzyliden-Deriv.*, F. 241°; orangefarbene Platten. — *2-[6'-Amino-4'-carbomethoxy-2'-nitrophenoxy]-benzoesäuremethylester* (**VIII**), $C_{16}H_{14}$·N_2O_7, FF. 139° (Prismen) u. 141—143° (Platten), durch ¼std. Rk. von 1 g **V** in Eisessig mit Fe bei 50—55°; aus Methanol hellgelbe Prismen u. dunkelgelbe Platten; 0,5 g. *N-Acetyl-Deriv.*, $C_{18}H_{16}N_2O_8$, F. 149—150° (A.-W.), aus **VIII** (F. 142°) mit **XI** u. H_2SO_4. — *8-Carbomethoxy-6-nitro-11-oxo-10.11-dihydrodibenz-[b;f]-1.4-oxazepin*, $C_{15}H_{10}N_2O_6$, F. 315 bis 316°, a) aus **VIII** (F. 135°) durch ½std. Erhitzen auf 210°, b) durch ½std. Erhitzen von 0,5 g **V** in Eisessig mit $SnCl_2 \cdot 2\,H_2O$ in konz. HCl auf 100°; aus Eisessig Nadeln; 0,1 g. — *N-[4'-Carbomethoxy-2'.6'-dinitrophenyl]-pyridiniumchlorid* (**II**), F. 117—120°, aus 2,6 g **XV** in Bzl. mit Pyridin; aus A./Ae. Prismen; 88%. — *N-[4-Carbomethoxy-2.6-dinitrophenyl]-pyridinium-4'-carbomethoxy-2'.6'-dinitrophenolat* (**XII**), $C_{21}H_{15}N_5O_{13}$, F. 242—243° (Zers.), durch Schütteln vorst. Verb. in W. mit Ag_2O, Filtrieren u. Zugabe der Lsg. zu **XIV** in sd. W.; aus Aceton gelbe Nadeln. G. Marquard. 1060

Chlorierte Verbindungen mit pesticider Wirkung. E. Larrea Soto, J. L. Léon Ferández und José Ma. Rey Arnáiz. (An. Real Soc. españ. Física Quím., Ser. B **55**. 601—06. Juli/Aug. 1959. Madrid, Inst. de Quím. „Alonso Barba", Dep. de Quím. Orgán.) (Span.)

Eine Reihe von *2.4.5-Trichlorbenzolsulfonsäurearylestern* wird dargestellt u. hinsichtlich ihrer kontaktinsecticiden Wrkg. gegenüber *Drosophila melanogaster* geprüft. Im Vgl. mit DDT ist die Aktivität in allen Fällen prakt. gleich Null.

Versuche: *2.4.5-Trichlorbenzolsulfonsäure*, nach Huntress u. Mitarbeitern (J. Amer. chem. Soc. **62**. [1940.] 513); > 90% (Ausbeute). — 2.4.5-Trichlorbenzolsulfonsäurearylester durch Veresterung vorst. Verb. mit dem entsprechenden Phenol in Ggw. von

NaOH oder Pyridin u. Umkristallisieren aus Bzl./A.: *-phenylester*, F. 106°; 92%. — *-2'-chlorphenylester*, F. 102°; 78%. — *-3'-chlorphenylester*, F. 117°; 79% — *-4'-chlorphenylester*, F. 150°; 86%. — *-2'.4'-dichlorphenylester*, F. 73°; 78%. — *-2'.4'.6'-trichlorphenylester*, F. 117°; 72%. — *-2'.3'.4'.6'-tetrachlorphenylester*, F. 168°; 79%. — *-pentachlorphenylester*, F. 165°; 71%. P. GOLINSKE. 1090□

Untersuchungen über 4-Arylthiosemicarbazone und verwandte Verbindungen. 1. Mitt. Synthese einiger 4-Arylthiosemicarbazone als potentielle Antituberkulosemittel. V. R. Srinivasan und G. Ramachander. (J. sci. ind. Res. [New Delhi], Sect. C **20C.** 351—53. Dez. 1961. Hyderabad, Osmania Univ., Dep. of Chem.) (Engl.)

Verschiedene *4-Arylthiosemicarbazone* werden durch Kondens. von 4-Phenyl-, 4-p-Tolyl- u. 4-p-Chlorphenylthiosemicarbazid mit substituierten aromat. Aldehyden u. einem heterocycl. Aldehyd erhalten. Bei der Unters. dieser Verbb. auf ihre tuberkulostat. Wirksamkeit wird *1-[Furfuryliden-(2)]-4-p-tolylthiosemicarbazid* als wirksamste Verb. gefunden.

Versuche: 4-Phenylthiosemicarbazone, durch 30 Min. langes Kochen von 4-Phenylthiosemicarbazid mit dem entsprechenden Aldehyd in A.: *Benzaldehyd-*, F. 192° (A.); 90% (Ausbeute). — *p-Tolualdehyd-*, $C_{15}H_{15}N_3S$, F. 180° (A.); 99%. — *m-Hydroxybenzaldehyd-*, $C_{14}H_{13}N_3OS$, F. 230° (A.); 98%. — *p-Methoxybenzaldehyd-*, F. 180° (A.); 99%. — *p-Chlorbenzaldehyd-*, $C_{14}H_{12}ClN_3S$, F. 198° (A.); 97%. — *2.4-Dichlorbenzaldehyd-*, $C_{14}H_{11}Cl_2N_3S$, F. 186° (A.); 98%. — *o-Nitrobenzaldehyd-*, F. 201° (wss. Aceton); 93%. — *m-Nitrobenzaldehyd-*, F. 194° (wss. Aceton); 90%. — *p-Dimethylaminobenzaldehyd-*, $C_{16}H_{18}N_4S$, F. 212° (Nitrobenzol); 98%. — 4-p-Tolylthiosemicarbazone analog: *Benzaldehyd-*, F. 170° (A.); 94%. — *p-Tolualdehyd-*, $C_{16}H_{17}N_3S$, F. 184° (A.); 90%. — *m-Hydroxybenzaldehyd-*, $C_{15}H_{15}N_3OS$, F. 199° (A.); 98%. — *p-Hydroxybenzaldehyd-*, F. 173° (A.); 96%. — *2.4-Dihydroxybenzaldehyd-*, $C_{15}H_{15}N_3O_2S$, F. 165° (Zers.; A.); 94%. — *4-Hydroxy-3-methoxybenzaldehyd-*, F. 182° (A.); 85%. — *3.4-Methylendioxybenzaldehyd-*, F. 203° (A.); 97%. — *p-Methoxybenzaldehyd-*, F. 179° (A.); 99%. — *o-Chlorbenzaldehyd-*, F. 202° (A.); 91%. — *p-Chlorbenzaldehyd-*, $C_{15}H_{14}ClN_3S$, F. 165° (A.); 98%. — *2.4-Dichlorbenzaldehyd-*, $C_{15}H_{13}Cl_2N_3S$, F. 223° (Zers.; A.); 94%. — *p-Brombenzaldehyd-*, F. 160° (Zers.; A.); 96%. — *o-Nitrobenzaldehyd-*, F. 198° (A.); 96%. — *m-Nitrobenzaldehyd-*, F. 214° (Essigsäureäthylester); 98%. — *p-Dimethylaminobenzaldehyd-*, F. 195° (A.); 98%. — *Furfurol-*, F. 160—161° (A.); 88%. — 4-p-Chlorphenylthiosemicarbazone: *Benzaldehyd-*, F. 201° (A.); 85%. — *p-Tolualdehyd-*, $C_{15}H_{14}ClN_3S$, F. 191° (A.); 91%. — *m-Hydroxybenzaldehyd-*, $C_{14}H_{12}ClN_3OS$, F. 211° (A.); 74%. — *p-Methoxybenzaldehyd-*, F. 191° (A.); 85%. — *p-Chlorbenzaldehyd-*, $C_{14}H_{11}Cl_2N_3S$, F. 197° (A.); 88%. — *2.4-Dichlorbenzaldehyd-*, $C_{14}H_{10}Cl_3N_3S$, F. 224° (Zers.; Essigsäureäthylester); 91%. — *o-Nitrobenzaldehyd-*, $C_{14}H_{11}ClN_4O_2S$, F. 212° (A.); 89%. — *m-Nitrobenzaldehyd-*, $C_{14}H_{11}ClN_4O_2S$, F. 216° (Zers.; A.); 95%. — *p-Dimethylaminobenzaldehyd-*, $C_{16}H_{17}ClN_4S$, F. 176° (Bzl.); 88%. E. KOSSMEHL. 1120□

Über die Reaktion von N-Bromsuccinimid mit verschiedenen Arylessigsäuren. Ivan M. Panayotov. (Доклады Болгарской Академии Наук [C. R. Acad. bulg. Sci.] **10.** Nr. 2. 137—40. März/April 1957. Inst. für Chem. der Bulgar. Akad. der Wiss.) (Engl.; Auszug: Russ.)

Die Rk. von N-Bromsuccinimid (**I**) mit Phenyl- (**II**), α- (**III**) u. β-Naphthylessigsäure (**IV**) in organ. Lsgm. liefert die entsprechenden *Aryl-α-bromessigsäuren.* In W. werden aus **I** u. **II** *o-* u. *p-Bromphenylessigsäure* erhalten, während **III** u. **IV** mit **I** in W. verharzen.

Versuche: Rk. von **I** mit **II** in organ. Lsgm.: Man kocht je 0,01 Mol **I** u. **II** in 40 ml CCl_4 5 Std., filtriert nach dem Abkühlen *Succinimid* (100%) ab u. kocht das nach dem Abdampfen des CCl_4 verbleibende Öl mit 3 g NaOH in 15 ml W.; man säuert an, extrahiert mit Ae., dampft ein u. krist. aus 5 ml Bzl. um: *Mandelsäure*, F. 116—117°; in CCl_4 73,0% (Ausbeute), in Chlf. 59,6%, in Dichloräthylen 86,0%, in Bzl. 63,1%, in Cyclohexan 13,7% u. in Eisessig 36,1%. Mit N-Bromphthalimid beträgt die Ausbeute in CCl_4 57,4%. — Analog aus **III** u. **IV** in CCl_4: *Naphthyl-(1)-bromessigsäure*, $C_{12}H_9BrO_2$, F. 140—140,5°; aus Bzl. Nadeln; 86,5%. — *Naphthyl-(2)-bromessigsäure*, $C_{12}H_9BrO_2$, F. 160—161°; aus CCl_4 Nadeln; 86,5%. — Rk. von **I** mit **II** in W.: Man kocht je 0,01 Mol **I** u. **II** in 40 ml W. 1—1½ Std. (unter Abdest. der Br_2-Dämpfe), extrahiert mit Ae., dampft ein, behandelt mit $BaCO_3$ u. überführt in die freien Säuren: Wenig *o-Bromphenylessigsäure* (F. 103—104°; $KMnO_4$-Oxydation liefert *o-Brombenzoesäure*, F. 148—149°) u. 0,19 g *p-Bromphenylessigsäure* (F. 115—116°; *Amid*, F. 191—192°; $KMnO_4$-Oxydation liefert *p-Brombenzoesäure*, F. 251—252°). HELMUT SCHÄFER. 1210□

Über Pyromellitsäure- und Cumidinsäure-Derivate. 5. Mitt. H. Hopff, P. Doswald und B. K. Manukian. (Helv. chim. Acta **44.** 1231—37. 1/8. 1961. Zürich, ETH, Techn.-chem. Labor.) (Dt.) — 4. vgl. Helv. chim. Acta **44.** [1961.] 700; 2. vgl. C. **1962.** 1585.

Vff. stellen durch Chlorierung von 1.4-Dimethyl-2.5-bis-[chlormethyl]-3.6-dichlorbenzol in CCl_4 unter Belichtung *1.4-Dichlor-2.3.5.6-tetrakis-[chlormethyl]-benzol* (**I**) dar, das durch CH_3ONa bzw. K-Acetat in die entsprechenden *Methoxy-* u. *Acetoxy-Verbb.* u. durch „Zweistufen"-Oxydation (vgl. HOPFF u. Mitarbeiter, Helv. chim. Acta **44.** [1961.] 367) in *Dichlorpyromellitsäure* (**V**) übergeführt wird. **II** gilt mit CH_2N_2 den *Tetramethylester.* Analog liefert die Bromierung von Dibromdurol (**IV**) *1.4-Dibrom-2.3.5.6-tetrakis-[brommethyl]-benzol* (**II**), das sich ebenfalls in die entsprechenden *Methoxy-* u. *Acetoxy-Verbb.* umwandeln läßt u. durch „Zweistufen"-Oxydation in *Dibrompyromellitsäure* (**III**) übergeht. **III** spaltet bei der Sublimation W. ab unter Bldg. des citronengelben *Dibrompyromellitsäuredianhydrids.* Bei der Diazotierung von 1.4-Diaminodurol in Ggw. von 100%ig. HF u. von Borfluorwasserstoffsäure in H_2SO_4- oder HCl-Lsg. entsteht nur *Durochinon,* dagegen kein 1.4-Difluordurol. Aus Dinitrodurol wird *1-Nitro-4-aminodurol* (**VI**) hergestellt, das durch Diazotieren in 100%ig. HF in der Kälte in hoher Ausbeute *1-Nitro-4-fluordurol* (**VII**) liefert, dessen mit verd. HNO_3 im Autoklaven hergestellte Oxydations-Prodd. nach der Veresterung mit CH_2N_2 zu einer *krist. Verb.* $C_{13}H_{12}FNO_8$ führen, bei der es sich vermutlich um einen *Methyl-1-nitro-4-fluorbenzoltricarbonsäuretrimethylester,* handelt. Für einige Verbb. sind opt. Daten angegeben.

Versuche: *1.4-Dichlor-2.3.5.6-tetrakis-[chlormethyl]-benzol* (**I**), $C_{10}H_8Cl_6$, F. 221 bis 222° (Bzl.), durch 2std. Einleiten von Cl_2 in eine 60—70° warme Lsg. von 1.4-Dichlor-2.5-bis-[chlormethyl]-3.6-dimethylbenzol in CCl_4 unter Belichtung mit einer 750-Watt-Lampe, weiteres 1 std. Belichten ohne Wärme- u. Chlorzufuhr u. Eindampfen zur Trockne; 43% (Ausbeute). — *1.4-Dibrom-2.3.5.6-tetrakis-[brommethyl]-benzol* (**II**), $C_{10}H_8Br_6$, F. 262—263° (Chlf. u. Sublimation bei 203° im Hochvakuum), durch Schütteln einer Lsg. von **IV** in CCl_4 mit der berechneten Menge Br_2 in CCl_4 u. anschließende Belichtung mit einer 750-Watt-Lampe bis zur Entfärbung; 91%. — *1.4-Dichlor-2.3.5.6-tetrakis-[methoxymethyl]-benzol,* $C_{14}H_{20}Cl_2O_4$, F. 103—104° (CH_3OH/W.), durch 62std. Kochen von **I** mit CH_3ONa in CH_3OH, Einengen auf das halbe Vol., Gießen auf Eis, Zugabe von W. u. Absaugen; 69%. — *1.4-Dibrom-2.3.5.6-tetrakis-[methoxymethyl]-benzol,* $C_{14}H_{20}Br_2O_4$, F. 113—114° (CH_3OH), analog aus **II**; 75,5%. — *1.4-Dichlor-2.3.5.6-tetrakis-[acetoxymethyl]-benzol,* $C_{18}H_{20}Cl_2O_8$, F. 192—193° (Bzl./Aceton u. Aceton), durch 62std. Kochen von **I** mit wasserfreiem K-Acetat in Eisessig, Einengen auf das halbe Vol., Gießen auf Eis u. Ausfällen durch Zugabe von W.; 94%. — *1.4-Dibrom-2.3.5.6-tetrakis-[acetoxymethyl]-benzol,* $C_{18}H_{20}Br_2O_8$, F. 205—206° (Bzl./Aceton u. Sublimation bei 180—190° im Hochvakuum), durch 27std. Kochen von **II** u. wasserfreiem K-Acetat in Eisessig wie vorst.; 78%. — *Dichlorpyromellitsäure* (**V**), durch 22std. Kochen bei gleichzeitigem Luftdurchleiten von **I** mit 65%ig. HNO_3 u. Ag-Vanadat, Eindampfen der Lsg., weitere Oxydation des noch feuchten Rückstandes mit 65%ig. HNO_3 durch 30std. Kochen u. Luftdurchleiten, Eindampfen, Behandeln des Rückstandes mit heißer 2n $NaHCO_3$-Lsg., Ansäuern der mit Kohle gekochten, heiß filtrierten Lsg. mit konz. HCl in der Kälte, wiederholte Ae.-Extraktion u. Einengen. *Tetramethylester,* $C_{14}H_{12}Cl_2O_8$, F. 176—177° (Aceton), durch 2std. Stehenlassen der wie vorst. aus **I** erhaltenen Säure bei Raum-Temp. mit CH_2N_2 in Ae.; 37%. — *Dibrompyromellitsäure* (**III**), $C_{10}H_4Br_2O_8$, F. ab 245° (Zers.), durch Anheizen von **IV** mit 25%ig. HNO_3 im Drehautoklaven (V_4A-Stahl) im Laufe von 6 Std. auf 175°, 3std. Einhalten dieser Temp., Abkühlen, Ablassen der nitrosen Gase, Filtration, Einengen im Dünnschichtverdampfer auf $^1/_3$ des Vol. u. Abkühlen auf —15°; 64,5%. *Tetramethylester,* $C_{14}H_{12}Br_2O_8$, F. 190—191° (CH_3OH), a) durch Veresterung von **III** in wenig CH_3OH/Ae. mit CH_2N_2; b) aus **II** analog **V**-Tetramethylester; 55,7%. — *Dibrompyromellitsäuredianhydrid,* $C_{10}Br_2O_6$, F. 270—275° (Zers.), durch Sublimation von **III** bei ca. 200° im Hochvakuum; citronengelbe Kristalle. — *1-Nitro-4-aminodurol* (**VI**), $C_{10}H_{14}N_2O_2$, F. 161° (CH_2Cl_2/CH_3OH), durch Einrühren einer heißen, frisch bereiteten Lsg. von 70 g Na_2S u. 9 g S in W. zu einer Lsg. von 20 g Dinitrodurol in A. bei 70°, 6std. Rühren bei 75°, Erkaltenlassen über Nacht, Einengen im Vakuum, Zugabe von W., Abkühlung, Filtration, Digerieren des Rückstandes mit heißer, verd. HCl, Zugabe von NH_4OH zur filtrierten Lsg. in der Wärme u. Abfiltrieren des in der Kälte ausgeschiedenen Nd.; 15,9 g. — *1-Nitro-4-fluordurol* (**VII**), $C_{10}H_{12}FNO_2$, F. 96—97° (A. u. Sublimation bei 50° im Hochvakuum), durch portionsweise Zugabe von $NaNO_2$ zu einer mit Aceton-Trockeneis gekühlten Lsg. von **VI** in 100%ig. HF, Erwärmen auf Raum-Temp., vorsichtiges Einengen bis zur Bldg. eines Breies, Verdünnen mit W. u. Filtration; 73,5%. — *Durochinon,* $C_{10}H_{12}O_2$, F. 112—113° (CH_3OH u. Hochvakuumsublimation bei 80°), wie vorst. durch Diazotieren von 1 g Diaminodurol in 10 ml 100%ig. HF mit 0,91 g $NaNO_2$ in der Kälte; gelbe Kristalle; 0,86 g. — *Methyl-1-nitro-4-fluorbenzoltricarbonsäuretrimethylester* (?), $C_{13}H_{12}FNO_8$, F. 93° (CH_3OH), durch Anheizen von 4,4 g **VII** u. 75 ml 25%ig. HNO_3 im Drehautoklaven auf 180°, 5std. Halten bei der gleichen Temp., Abkühlen, Ablassen der nitrosen Gase, Alkalisieren, Ansäuern des auf $^1/_3$ des Vol. eingeeng-

ten Filtrates mit konz HCl, Eindampfen bis fast zur Trockne, Ae.-Extraktion, Eindampfen, Lösen des Rückstandes in CH_3OH/Ae. u. Verestern mit CH_2N_2; 2,3 g.
M. WOLFF. 1240□

Synthese einiger basischer Ester der 3.4.5-Trimethoxybenzoesäure. Gerassimos Frangatos, Geza Kohan und Francis L. Chubb. (Canad. J. Chem. **38.** 1082—86. Juli 1960. Montreal, Quebec, Frank W. Horner Ltd., Res. Labor.) (Engl.)

Vff. setzen 3.4.5-Trimethoxybenzoylchlorid (**V**) mit aliphat. Halogenalkoholen um u. alkylieren mit den erhaltenen *halogenierten Estern* eine Reihe von sek. Aminen einschließlich 1.2.3.4-Tetrahydro-β-carbolin (**I**). Die Rk. wird mit oder ohne Lsgm. u. gewöhnlich in Ggw. eines Säureacceptors wie K_2CO_3 durchgeführt. Es werden *3.4.5-Trimethoxybenzoesäure-2-chloräthylester* (**III**) u. *3.4.5-Trimethoxybenzoesäure-3-chlorpropylester* (**IV**), dargestellt aus **V** u. 2-Chloräthanol (**II**) bzw. 3-Chlorpropanol, als Alkylierungsmittel benutzt. **I** gewinnt man aus 1.2.3.4-Tetrahydro-1-oxo-β-carbolin, das man seinerseits durch Cyclisierung von 2.3-Dioxopiperidin-3-phenylhydrazon in konz. Salzsäure-Essigsäure-Gemisch erhält, durch Red. mit $LiAlH_4$ in sd. Dioxan in über 90%ig. Ausbeute.

Versuche: 3.4.5-Trimethoxybenzoesäureester: *-2-chloräthylester* (**III**), $C_{12}H_{15}ClO_5$, F. 72° (wss. A.), $Kp._1$ 155—158°, durch 4std. Kochen u. Rühren von äquimol. Mengen **V** u. **II** in Ggw. von wasserfreiem K_2CO_3 in abs. Bzl. bis zur Beendigung der CO_2-Entw., Filtration, Abdest. von Bzl. u. Dest. im Vakuum; 66,1% (Ausbeute). — *-3-chlorpropylester* (**IV**), $C_{13}H_{17}ClO_5$, F. 58° (wss. A.), $Kp._1$ 162—164°, analog **III**; 68,3%. — *-2-piperidinoäthylesterhydrochlorid*, $C_{17}H_{26}ClNO_5$, F. 209—210°, durch 3std. Kochen von **III** in überschüssigem Piperidin, Zugabe von 25%ig. NaOH zum abgekühlten Rk.-Prod., wiederholtes Extrahieren mit Chlf., Dest. der Chlf.-Lsg., Aufnehmen des obigen Rückstandes in Chlf., Einleiten von HCl-Gas u. Umfällen des durch Ae. ausgeschiedenen Hydrochlorids aus Isoamylalkohol/Essigester; 72,3%. *Pikrat*, $C_{23}H_{28}N_4O_{12}$, F. 165—166° (A.). — Analog aus **III** bzw. **IV**: *-2-morpholinoäthylesterhydrochlorid*, $C_{16}H_{24}ClNO_6$, F. 213°; 69,2%. *Pikrat*, $C_{22}H_{26}N_4O_{13}$, F. 178°. — *-3-morpholinopropylesterhydrochlorid*, $C_{17}H_{26}ClNO_6$, F. 174°; 61,2%. — *-3-piperidinopropylesterhydrochlorid*, $C_{18}H_{28}ClNO_5$, F. 168°; 68,3%. — *-2-pyrrolidinoäthylesterhydrochlorid*, $C_{16}H_{24}ClNO_5$, F. 182°; 53,6%. *Pikrat*, $C_{22}H_{26}N_4O_{12}$, F. 163°. — *-3-pyrrolidinopropylesterhydrochlorid*, $C_{17}H_{26}ClNO_5$, F. 154°; 55,6%. — *-2-diäthylaminoäthylesterhydrochlorid*, $C_{16}H_{26}ClNO_5$, F. 159°; 54,8%. *Pikrat*, $C_{22}H_{28}N_4O_{12}$, F. 146°. — *-3-diäthylaminopropylesterhydrochlorid*, $C_{17}H_{28}ClNO_5$, F. 174°; 47%. — *1.2.3.4-Tetrahydro-1-oxo-β-carbolin*, F. 188° (wss. A.), durch 3std. Kochen von 2.3-Dioxopiperidin-3-phenylhydrazon (vgl. ABRAMOVITCH u. SHAPIRO, C. **1957.** 9654) mit konz. HCl–Eisessig (1:2), Eindampfen der über Kohle filtrierten Lsg. im Vakuum, Verreiben des Rückstandes mit Aceton bei 0°, Dekantieren u. Umkristallisieren aus sd. Aceton; 49%. — *1.2.3.4-Tetrahydro-β-carbolin* (**I**), F. 208° (wss. A.), durch Zugabe der Lsg. vorst. Verb. in sd. abs. Dioxan zu der Suspension von $LiAlH_4$ in sd. Dioxan unter Erwärmen u. Rühren, 4std. Kochen im N_2-Strom, Zugabe von feuchtem Dioxan zur abgekühlten Lsg., Erhitzen u. Einengen der heiß filtrierten Lsg.; 95,7%. *Pikrat*, F. 253° (Zers.) — *3.4.5-Trimethoxybenzoesäure-2-[1.2.3.4-tetrahydro-β-carbolinyl-(2)]-äthylester*, $C_{23}H_{26}N_2O_5$, F. 151° (Methanol), durch 4std. Kochen von äquimol. Mengen **I**, **III** u. wenig wasserfreiem K_2CO_3 in Dimethylformamid, Einengen der abgekühlten u. filtrierten Lsg., Lösen des Rückstandes in Chlf., Chromatographie an Al_2O_3, Eluieren mit Chlf., Einengen u. Verreiben des Rückstandes mit wenig Methanol; 58%. — *3.4.5-Trimethoxybenzoesäure-3-[1.2.3.4-tetrahydro-β-carbolinyl-(2)]-propylesterhydrochloridmonohydrat*, $C_{24}H_{29}ClN_2O_5 \cdot H_2O$, F. 199—200° (Isoamylalkohol), analog vorst. Verb., Einleiten von trockenem HCl in die eluierte Chlf.-Lsg. u. Ausfällen mit Ae.; 54,3%. M. WOLFF. 1250□

Claisen-Haase-Umlagerung von Enolestern. F. Gogan, A. E. O'Briain, E. M. Philbin, N. S. O'Connor, R. F. Timoney und T. S. Wheeler. (Tetrahedron [London] **3.** 140—43. Juli 1958. Dublin, Univ. Coll., Coll. of Pharmacy.) (Engl.)

Die CLAISEN-HAASE-Umlagerung von β-Acyloxyacrylsäureestern in die isomeren *Diacylessigsäureester* unterliegt der bas. u. sauren Katalyse. Die basenkatalysierte Rk. ist intermol. u. die säurekatalysierte wahrscheinlich intramolekular. Die verwandte Umlagerung von Desoxybenzoinenolestern wurde untersucht.

Versuche: *Diacetylessigsäureäthylester*, $Kp._{16}$ 103—104°, a) durch 24std. Rk. von 1 g β-Acetoxycrotonsäureäthylester (**II**) mit wasserfreiem $FeCl_3$ in abs. Ae.; gelbes Öl; 0,3 g (Ausbeute); b) durch 1std. Einleiten von BF_3 in ein Gemisch aus 2 g **II** u. Benzoylessigsäureäthylester in abs. Ae.; 0,4 g; daneben *Benzoylessigsäureäthylester* [$Kp._{11}$ 146 bis 149°; *Cu(I)-Salz*, F. 180—182°]. *Cu(I)-Salz*, F. 147—148°. — *α-Benzoylacetessigsäureäthylester*, a) durch 1std. Einleiten von BF_3 in β-Acetoxy-β-phenylacrylsäureäthylester (**III**) in abs. Ae.; 70%. *Cu(I)-Salz*, F. 232—234°, b) durch Rk. eines Gemisches aus III u. Acetessigsäureäthylester (IV) mit BF_3. — *β-[o-Toluyloxy]-crotonsäureäthylester* (I), $C_{14}H_{16}O_4$, Kp.$_2$ 148—150°, durch 2tägiges Stehen von 15 g o-Toluylchlorid mit 13 g IV, in Pyridin; hellgelbes Öl; 14 g. — *N-Phenyl-N'-[o-toluyl]-hydrazin*, $C_{14}H_{14}N_2O$, F. 167°, durch 12std. Stehen von 1 g I mit 0,9 g Phenylhydrazin bei —10°; aus wss. A. Nadeln; 0,3 g. — *α-[o-Toluyl]-acetessigsäureäthylester*, $C_{14}H_{16}O_4$, Kp.$_3$ 130—132°, durch 18std. Schütteln von I mit KOH in Pyridin, Verdünnen mit W., Waschen mit Ae., Ansäuern, Ausäthern, Schütteln der äther. Lsg. mit gesätt. Cu-Acetat-Lsg., Behandeln des *Cu(I)-Salzes* ($C_{14}H_{15}O_4 \cdot 1/2$ Cu, F. 203—204°, aus Bzl. blaue Nadeln) mit 10%ig. H_2SO_4 u. Ausäthern. — *β-[o-Chlorbenzoyloxy]-crotonsäureäthylester*, $C_{13}H_{13}ClO_4$, Kp.$_{2,5}$ 160—161°; hellgelbes Öl. — *α-[o-Chlorbenzoyl]-acetessigsäureäthylester*, $C_{13}H_{13}ClO_4$, Kp.$_3$ 139—140°. *Cu(I)-Salz*, $C_{13}H_{12}ClO_4 \cdot 1/2$ Cu, F. 217—219°, dunkelblaue Würfel. — *β-[p-Chlorbenzoyloxy]-crotonsäureäthylester*, $C_{13}H_{13}ClO_4$, F. 27—31°, Kp.$_3$ 156—157°; gelb. — *α-[p-Chlorbenzoyl]-acetessigsäureäthylester*, $C_{13}H_{13}ClO_4$, Kp.$_3$ 150—153°. — *β-[p-Anisoyloxy]-crotonsäureäthylester*, $C_{14}H_{16}O_5$, F. 46—48°. — *α-[p-Anisoyl]-acetessigsäureäthylester*, $C_{14}H_{16}O_5$, Kp.$_4$ 160—162°, gelbes Öl. — *β-[p-Nitrobenzoyloxy]-crotonsäureäthylester*, $C_{13}H_{13}NO_6$, F. 83—85°. — *α-[p-Nitrobenzoyl]-acetessigsäureäthylester*, $C_{13}H_{13}NO_6$, F. 54—55°; aus PAe. rote Nadeln. — *Benzoesäure-1.2-diphenylvinylester* (V), $C_{21}H_{16}O_2$, F. 119°, a) durch 10std. Erhitzen von 25 g Desoxybenzoin (VI) u. 50 ml Benzoylchlorid unter N_2 auf 180°; 16 g; b) durch 4std. Erhitzen von 5 g VI, 60 g Benzoesäureanhydrid u. Na-Benzoat auf 200°; aus Ligroin Tafeln; 0,5 g. — *o-Methoxybenzoesäure-1.2-diphenylvinylester*, $C_{22}H_{18}O_3$, F. 88—89°, aus A. Platten. — *Phenyldibenzoylmethan*, $C_{21}H_{16}O_2$, F. 148°, durch 1/4std. Kochen von V mit $AlCl_3$ in CS_2, Eindampfen, 1/4std. Erhitzen auf 165°, Zers. mit Eis u. HCl u. 8std. Kochen mit A.; Tafeln. K. ZIELOFF. 1270

Synthese von möglichen Amöbiciden. 5. Mitt. S. N. Sawhney und C. N. Kachru. (J. Indian chem. Soc. **36**. 486—88. Juli 1959. Ujjain, M.P., Vikram Univ., School of Studies [Chem.].) (Engl.) — 4. vgl. C. **1961**. 110.

Dargestellt werden die *Methyl-* u. *n-Propylanaloga* von α- u. β-[3-Äthyl-4-methoxyphenyl]-äthylamin u. γ-[3-Äthyl-4-methoxyphenyl]-n-propylamin (vgl. C. **1961**. 2254).

Versuche: *3-Methyl-4-methoxybenzaldehyd* (I), Kp.$_1$ 127°, durch 1std. Einleiten von HCl in ein Gemisch aus o-Kresylmethyläther (III), Bzl. u. $Zn(CN)_2$ in der Kälte unter Rühren, Zugabe von $AlCl_3$, 3std. Einleiten von HCl u. 2std. Erwärmen auf 55°; 21,4% (Ausbeute). *Semicarbazon*, $C_{10}H_{13}N_3O_2$, F. 221° (verd. A.). — *4-Methoxyisophthalsäure*, F. 261° (verd. A.), a) durch Oxydation von I mit alkal. $KMnO_4$; b) analog aus nachst. Aldehyd. — *3-n-Propyl-4-methoxybenzaldehyd*, Kp.$_1$ 145°; 16%. *2.4-Dinitrophenylhydrazon*, F. 188°; aus A. rote Nadeln. *Semicarbazon*, $C_{12}H_{17}N_3O_2$, F. 140°; aus verd. A. Nädelchen. — *3-Methyl-4-methoxy-β-nitrostyrol* (II), $C_{10}H_{11}NO_3$, F. 75°, durch Zugabe von methanol. NaOH zu Nitromethan in Methanol u. I $<$15° u. Gießen in verd. HCl; aus A. gelbe Kristalle; 46%. — *3-n-Propyl-4-methoxy-β-nitrostyrol*, $C_{12}H_{15}NO_3$, F. 58°; aus A. gelbe Nadeln; 27%. — *β-[3-Methyl-4-methoxyphenyl]-äthylamin*, durch Red. von II mit $LiAlH_4$ in abs. Äther. *Hydrochlorid*, $C_{10}H_{16}ClNO$, F. 240°; aus Essigester Nadeln; 42%. *Pikrat*, F. 165°; aus verd. A. gelbe Nadeln. — *β-[3-n-Propyl-4-methoxyphenyl]-äthylaminhydrochlorid*, $C_{12}H_{20}ClNO$, F. 155°; aus Essigester Nadeln; 50%. — *3-Methyl-4-methoxyacetophenon*, Kp.$_1$ 130°, aus Acetylchlorid u. III in CS_2 in Ggw. von $AlCl_3$; 30%. *Semicarbazon*, $C_{11}H_{15}N_3O_2$, F. 216° (A.). *Oxim* (IV), $C_{10}H_{13}NO_2$, F. 97°; aus verd. A. Schuppen; 83%. — *3-n-Propyl-4-methoxyacetophenon*, Kp.$_2$ 143°; 44%. *2.4-Dinitrophenylhydrazon*, F. 160°; aus Essigsäure rote Nädelchen. *Semicarbazon*, $C_{13}H_{19}N_3O_2$, F. 188°; aus verd. A. Nadeln. — *α-[3-Methyl-4-methoxyphenyl]-äthylamin*, Kp.$_1$ 115°, durch Red. von IV mit Na/abs. A.; 39%. *Pikrat*, F. 177° (verd. A.). *Hydrochlorid*, $C_{10}H_{16}ClNO$, F. 175° (Essigester/abs. A.). — *α-[3-n-Propyl-4-methoxyphenyl]-äthylamin*, Kp.$_5$ 125—128°; 33%. *Pikrat*, F. 168°; aus A. gelbe Nadeln. *Hydrochlorid*, $C_{12}H_{20}ClNO$, F. 170° (Essigester). — *β-[3-Methyl-4-methoxybenzoyl]-propionsäure*, $C_{12}H_{14}O_4$, F. 143° (verd. A.), durch Kondens. von III mit Bernsteinsäureanhydrid in Nitrobenzol in Ggw. von $AlCl_3$; 73%. — *β-[3-n-Propyl-4-methoxybenzoyl]-propionsäure*, $C_{14}H_{18}O_4$, F. 139°; aus verd. A. Nadeln; 50%. — *γ-[3-Methyl-4-methoxyphenyl]-buttersäure* (V), $C_{12}H_{16}O_3$, F. 46°, Kp.$_1$ 173°, durch Zugabe vorvorst. Verb., HCl/W. u. Toluol zu amalgamiertem Zn, 30std. Kochen, Schütteln der Toluolphase mit NaOH, Abtreiben von Toluol mit Wasserdampf, Kochen mit Dimethylsulfat, Ansäuern u. Extrahieren mit Bzl.; 61%. — *γ-[3-n-Propyl-4-methoxyphenyl]-buttersäure*, $C_{14}H_{20}O_3$, Kp.$_1$ 195°; 60%. — *γ-[3-Methyl-4-methoxyphenyl]-butyramid* (VI), $C_{12}H_{17}NO_2$, F. 100°, durch 2std. Einleiten von NH_3 in geschmolzene V bei 200° u. Gießen in W.; aus verd. A. glänzende Nadeln; 85%. — *γ-[3-n-Propyl-4-methoxyphenyl]-butyramid*, $C_{14}H_{21}NO_2$, F. 88°; aus A. glänzende Schuppen; 85%. — *γ-[3-Methyl-4-methoxyphenyl]-n-propylamin*, Kp.$_1$ 125°, durch Rk. von VI mit NaOCl-Lsg.; 29%. *Pikrat*, F. 118° (verd. A.). *Hydrochlorid*,

$C_{11}H_{18}ClNO$, F. 195° (abs. A./Essigester). — *γ-[3-n-Propyl-4-methoxyphenyl]-n-propylamin*, Kp.$_1$ 160°; 36%. *Hydrochlorid*, $C_{13}H_{22}ClNO$, F. 110° (Essigester).

W. LIEBSCHER. 1310□

Synthese von möglichen Amöbiciden. 7. Mitt. H. N. Sharma und C. N. Kachru. (J. Indian chem. Soc. **36.** 536—38. Aug. 1959.) (Engl.) — **6. vgl. J.** Indian chem. Soc. **36.** [**1959.**] **311**; 5. vgl. vorst. Referat.

Dargestellt werden *1-[3.4-Dimethoxyphenyl]-N-[γ-amino-n-propyl]-n-heptyl-, -n-octyl-* u. *-n-decylamin.*

Versuche: *3.4-Dimethoxyphenyl-n-hexylketon*, Kp.$_4$ 178—180°, durch 4std. Kochen von Veratrol **u.** n-Heptoylchlorid in abs. CS_2 in Ggw. von $ZnCl_2$, mehrstd. Stehen, Eindampfen, ½std. Kochen mit W. u. Extrahieren mit Bzl.; 60% (Ausbeute). *Semicarbazon*, $C_{16}H_{25}N_3O_3$, F. 140—141°; aus verd. A. Nadeln. — *3.4-Dimethoxyphenyl-n-heptylketon*, F. 50°, Kp.$_6$ 180—183°; aus verd. A. glänzende Schuppen; 59%. *Semicarbazon*, $C_{17}H_{27}N_3O_3$, F. 133°; aus verd. A. Nadeln. — *3.4-Dimethoxyphenyl-n-nonylketon*, F. 62°, Kp.$_6$ 205 bis 208°; aus verd. A. Nadeln; 68%. *Semicarbazon*, $C_{19}H_{31}N_3O_3$, F. 80°; aus verd. A. Prismen. — *1-[3.4-Dimethoxyphenyl]-n-heptylamin* (**I**), Kp.$_6$ 165—168°, durch Red. von 3.4-Dimethoxyphenyl-n-hexylketonoxim mit Na/abs. A.; 35%. *Pikrat*, F. 148°, aus verd. A. gelbe Nadeln. *Hydrochlorid*, $C_{15}H_{26}ClNO_2$, F. 226°; aus abs. A. Prismen. — *1-[3.4-Dimethoxyphenyl]-n-octylamin*, Kp.$_4$ 170—174°; 30%. *Pikrat*, F. 129°; aus verd. A. gelbe Nadeln. *Hydrochlorid*, $C_{16}H_{28}ClNO_2$, F. 215°; aus abs. A. Nadeln. — *1-[3.4-Dimethoxyphenyl]-n-decylamin*, Kp.$_6$ 175—180°; 20%. *Pikrat*, F. 113°; aus verd. A. leuchtend gelbe Nadeln. *Hydrochlorid*, $C_{18}H_{32}ClNO_2$, F. 201°; aus W. Nadeln. — *1-[3.4-Dimethoxyphenyl]-N-[β-cyanäthyl]-n-heptylamin* (**II**), Kp.$_6$ 190—192°, durch 3std. Zutropfen von Acrylnitril zu **I** $<$ 30° unter Rühren, 5std. Rühren, mehrstd. Stehen, ¼std. Erhitzen auf 100° u. Fraktionieren; 60%. *Pikrat*, F. 130°; aus verd. A. gelbe Nadeln. *Hydrochlorid*, $C_{18}H_{29}ClN_2O_2$, F. 219°, aus abs. A. Schuppen. — *1-[3.4-Dimethoxyphenyl]-N-[β-cyanäthyl]-n-octylamin*, Kp.$_4$ 192—195°; 60%. *Pikrat*, F. 125°; aus verd. A. leuchtend gelbe Nadeln. *Hydrochlorid*, $C_{19}H_{31}ClN_2O_2$, F. 217°; aus abs. A. Nadeln. — *1-[3.4-Dimethoxyphenyl]-N-[β-cyanäthyl]-n-decylamin*, Kp.$_6$ 195—198°; 56%. *Pikrat*, $C_{27}H_{37}\cdot N_5O_9$, F. 160° (Zers.); aus verd. A. leuchtend gelbe Nadeln. — *1-[3.4-Dimethoxyphenyl]-N-[γ-amino-n-propyl]-n-heptylamin*, Kp.$_9$ 170—174°, durch Zugabe von $LiAlH_4$ in abs. Ae. zu **II** in abs. Ae., 2std. Erwärmen u. mehrstd. Stehen; 53%. *Dipikrat*, F. 143° (Zers.); aus verd. A. braune Nadeln. *Dihydrochlorid*, $C_{18}H_{34}Cl_2N_2O_2$, F. 222° (Essigester/abs. A.). — *1-[3.4-Dimethoxyphenyl]-N-[γ-amino-n-propyl]-n-octylamin*, Kp.$_8$ 183—185°; 52%. *Dipikrat*, F. 113°; aus verd. A. gelbe Nadeln. *Dihydrochlorid*, $C_{19}H_{36}Cl_2N_2O_2$, F. 207°; aus abs. A./Essigester Nadeln. — *1-[3.4-Dimethoxyphenyl]-N-[γ-amino-n-propyl]-n-decylamin*, Kp.$_6$ 194—198°; 37%. *Dipikrat*, $C_{33}H_{44}N_8O_{16}$, F. 116°; aus verd. A. braune Nadeln.

W. LIEBSCHER. 1310□

Synthese von Bis-[diäthoxymethylsilyl]-Derivaten des 4.4'-Dibrombiphenyls, des 4.4'-Dibromphenyläthers, des α.p-Dibromtoluols und des 1.6-Dibromhexans. L. W. Breed. (J. org. Chemistry **25.** 1198—1202. Juli 1960. Kansas City, Mo., Midwest Res. Inst.) (Engl.)

Es wird die Darst. von *p.p'-Bis-[diäthoxymethylsilyl]-diphenyläther*, *4.4'-Bis-[diäthoxymethylsilyl]-biphenyl*, *1.6-Bis-[diäthoxymethylsilyl]-hexan* u. *α.p-Bis-[diäthoxymethylsilyl]-toluol* beschrieben.

Versuche: *p.p'-Bis-[diäthoxymethylsilyl]-diphenyläther*, $C_{22}H_{34}O_5Si_2$, Kp.$_{0,1}$ 195°, aus **4.4'**-Dibromdiphenyläther, Chlordiäthoxymethylsilan (**I**) u. Na-Draht in Ae. durch 25std. Kochen; n_D^{25} 1,5013; D_4^{25} 1,054; 29,3% (Ausbeute). — *4.4'-Bis-[diäthoxymethylsilyl]-biphenyl*, $C_{22}H_{34}O_4Si_2$, Kp.$_{0,4}$ 185—187°, aus 4.4'-Dibrombiphenyl (**II**) u. Mg in Tetrahydrofuran (THF) durch Zugabe von **I** in THF innerhalb von 3 Std., 12std. Kochen, Zugabe von Toluol, Einengen u. 16std. Kochen; n_D^{25} 1,5253; D_4^{24} 1,084; 23%; daneben 14% *p-Biphenylyldiäthoxymethylsilan*, $C_{17}H_{22}O_2Si$, Kp.$_{0,3}$ 131—132°; n_D^{26} 1,5470; D_4^{25} 1,076. — *1.6-Bis-[diäthoxymethylsilyl]-hexan*, $C_{16}H_{38}O_4Si_2$, Kp.$_{0,1}$ 130°, aus Methyltriäthoxysilan in Ae. durch Zugabe einer GRIGNARD-Lsg. aus Mg u. 1.6-Dibromhexan bei —10°, Zugabe von Bzl., Abdestillieren des Ae. u. 3std. Kochen; n_D^{25} 1,4252; D_4^{25} 0,910; 29,4—42,5%. — *p-Chlorbenzyldiäthoxymethylsilan* (**III**), $C_{12}H_{19}ClO_2Si$, Kp.$_5$ 118 bis 119°, aus Mg, α.p-Dichlortoluol, **I** u. Ae. durch 3std. Zugabe von Toluol u. 2std. Rühren bei 35°; n_D^{25} 1,4854; D_4^{25} 1,066; 70%. — *p-Brombenzyldiäthoxymethylsilan*, $C_{12}H_{19}BrO_2Si$, Kp.$_3$ 124—128°, analog vorst. Verb. aus α.p-Dibromtoluol; n_D^{25} 1,5027; D_4^{25} 1,216; 42,4%. — *α.p-Bis-[diäthoxymethylsilyl]-toluol*, $C_{17}H_{32}O_4Si_2$, Kp.$_{0,1}$ 122—124°, aus Na, Toluol, **I** u. **III** durch 1std. Kochen; n_D^{24} 1,4665; D_4^{25} 0,996; 69,5%. — *p.p'-Dichlordibenzyl*, $C_{14}H_{12}Cl_2$, Kp.$_{0,1}$ 160°, F. 97—99° (A.), aus Mg, α.p-Dichlortoluol u. **I** in THF; 46,4%.

K. RÜHLMANN. 1380□

Herbicide und Pflanzenwachstumsregulatoren. 35. Mitt. **Synthese einiger Triphenylphenoxyalkylphosphoniumsalze.** N. N. Melnikow und W. A. Kraft. (Журнал Общей Химии [J. allg. Chem.] **30 (92).** 1918—21. Juni 1960. Inst. für Pflanzenphysiol. der Akad. der Wiss. der UdSSR.) (Russ.) — **34.** vgl. C. **1962. 7861.**

Triphenylphosphin (I) läßt sich mit Aryloxymethylchloriden in der Siedehitze glatt zu *Aryloxymethyltriphenylphosphoniumchloriden* umsetzen. Etwas schwieriger verläuft die Umsetzung mit Aryloxypropyl- u. -butylchloriden, während β-Aryloxyäthylchloride sich überhaupt nicht mit I zur Rk. bringen ließen. *2.4.5-Trichlorphenoxymethyltriphenylphosphoniumchlorid* u. *δ-[2.4.5-Trichlorphenoxy]-butyltriphenylphosphoniumbromid* zeigten in einer Konz. von 0,1% an Hirsekeimen wachstumshemmende Wrkg.; γ-[2.4.5-Trichlorphenoxy]-propyltriphenylphosphoniumchlorid erwies sich dagegen als wirkungslos.

Versuche: *β-[p-Chlorphenoxy]-äthylchlorid,* F. 45°, $Kp._{760}$ 254—256°, aus β-[p-Chlorphenoxy]-äthanol u. $SOCl_2$; 84% (Ausbeute). — *β-[2.4-Dichlorphenoxy]-äthylchlorid,* F. 31°, $Kp._{760}$ 276—278°; 83%. — *β-[2.4.5-Trichlorphenoxy]-äthylchlorid,* F. 54°, $Kp._{760}$ 300—302°; 46%. — *γ-[p-Chlorphenoxy]-propylchlorid,* $Kp._{10}$ 145—147°, aus 1.3-Dichlorpropan u. Na-p-Chlorphenolat; n_D^{20} 1,5415, $D._4^{20}$ 1,252; 66%. — *γ-[2.4.5-Trichlorphenoxy]-propylchlorid,* F. 45°, $Kp._8$ 180—182°; 69%. — *1-[p-Chlorphenoxy]-4-brombutan,* F. 34°, $Kp._6$ 166°; 70%. — *1-[2.4.5-Trichlorphenoxy]-4-brombutan,* $Kp._5$ 192—194°, n_D^{20} 1,5775, $D._4^{20}$ 1,5862; 66%. — Aryloxyalkyltriphenylphosphoniumchloride, durch 20—30std. Kochen der Aryloxyalkylchloride mit I: *Phenoxymethyl-,* F. 195—197°; 65%. — *p-Chlorphenoxymethyl-,* F. 198—204°; 54%. — *2.4.5-Trichlorphenoxymethyl-,* F. 197—199°; 47%. — *Phenylmercaptomethyl-,* F. 210—212°; 35%. — *γ-Phenoxypropyl-,* F. 171,5—172,5°; 62%. — *γ-[2.4.5-Trichlorphenoxy]-propyl-,* F. 236—238°; 13%. — Aryloxyalkyltriphenylphosphoniumbromide, analog: *γ-Phenoxypropyl-,* F. 177 bis 178°; 85%. — *γ-[p-Chlorphenoxy]-propyl-,* F. 123—126°; 82%. — *δ-Phenoxybutyl-,* F. 178—179°; 79%. — *δ-[p-Chlorphenoxy]-butyl-,* F. 171—173°; 89%. — *δ-[2.4.5-Trichlorphenoxy]-butyl-,* F. 150—153°; 87%. H.-E. TOUSSAINT. 1380□

Reaktionen von Halogenmetallalkoholaten. 7. Mitt. **Reaktion von Halogenmagnesiumcarbinolaten tertiärer Alkohole mit Estern.** I. I. Lapkin und M. N. Rybakowa. (Журнал Общей Химии [J. allg. Chem.] **30 (92).** 1227—30. April 1960. Perm, Univ.) (Russ.) — 6. vgl. C. **1959.** 13777.

Bei der Rk. von BrMg-Dimethyl-[3.4-dimethylphenyl]-carbinolat mit Äthylformiat (I) bildet sich prim. ein polares, unbeständiges Additions-Prod. unter Aufspaltung der Carbonyldoppelbindung von I, das hauptsächlich unter Bldg. von *1-Methyl-1-[3.4-dimethylphenyl]-äthylen,* I u. MgBrOH zerfällt. Daneben entsteht wenig *α-Methyl-α-[3.4-dimethylphenyl]-äthylbromid* u. MgO. Analog reagieren andere Halogenmagnesiumcarbinolate mit I.

Versuche: *Dimethyl-[3.4-dimethylphenyl]-carbinol,* $C_{11}H_{16}O$, $Kp._7$ 116—118°, aus 3.4-Dimethylphenyl-MgBr u. Aceton; $D._4^{20}$ 1,0040; n_D^{20} 1,5268; 65% (Ausbeute). — *Dimethyl-[2.5-dimethylphenyl]-carbinol,* $C_{11}H_{16}O$, $Kp._{27}$ 145—146°, F. 39° (PAe.), aus 2.5-Dimethylphenyl-MgBr u. Aceton; 60%. — *Methylphenyl-o-tolylcarbinol,* $C_{15}H_{16}O$, $Kp._{10}$ 151—153°, aus o-Tolyl-MgBr u. Acetophenon; $D._4^{18}$ 1,0447; n_D^{18} 1,5540; 40%. — *Diisobutylphenylcarbinol,* $C_{15}H_{24}O$, $Kp._{16}$ 118—120°, aus Isobutyl-MgBr u. Methylbenzoat; $D._4^{16}$ 0,9312; n_D^{16} 1,4990; 75%. — Rk. von I mit BrMg-Carbinolaten: Man gibt zum tert. Alkohol im 3fachen Vol. Ae. Äthyl-MgBr in Ae., dann die äquimol. Menge I im gleichen Vol. Ae., kocht 2 Std. u. zersetzt mit 10%ig. Essigsäure (Ausbeuten sind auf das erhaltene Rk.-Prod. bezogen): *2-Methylhexen-(2),* Kp. 94—95°, aus BrMg-Dimethyl-n-butylcarbinolat u. I; 69%; daneben 31% *2-Brom-2-methylhexan* (das dem eingesetzten Carbinol entsprechende Bromid, Ausbeute im folgenden in Klammern). — *2.4-Dimethylpenten-(2),* Kp. 83—84°, aus BrMg-Dimethylisobutylcarbinolat; 83% (17%). — *α-Methylstyrol,* Kp. 160—161°, aus BrMg-Dimethylphenylcarbinolat; $D._4^{20}$ 0,9055; n_D^{20} 1,5325; 80% (20%). — *β-Methyl-α-äthylstyrol,* Kp. 197—198°, aus BrMg-Diäthyphenylcarbinolat; $D._4^{16}$ 0,9167; n_D^{16} 1,5256; 90% (10%). — *β-Äthyl-α-n-propylstyrol,* $Kp._{25}$ 118—120°, aus BrMg-Di-n-propylphenylcarbinolat; $D._4^{17,5}$ 0,9109; $n_D^{17,5}$ 1,5190; 81% (19%). — *β-n-Propyl-α-n-butylstyrol,* $Kp._{10}$ 118—120°, aus BrMg-Di-n-butyphenylcarbinolat; $D._4^{17}$ 0,9200; n_D^{17} 1,5222; 82% (18%). — *β-Isopropyl-α-isobutylstyrol,* $Kp._{28}$ 131—133°, aus BrMg-Diisobutylphenylcarbinolat; $D._4^{18}$ 0,9059; n_D^{18} 1,5168; 80% (20%). — *1-Methyl-1-p-tolyläthylen,* $Kp._{10}$ 72—74°, aus BrMg-Dimethyl-o-tolylcarbinolat; $D._4^{16}$ 0,9100; n_D^{16} 1,5286; 95% (5%). — *1-Methyl-1-[3.4-dimethylphenyl]-äthylen,* $Kp._{15}$ 95—97°, aus BrMg-Dimethyl-3.4-dimethylphenylcarbinolat; $D._4^{20}$ 0,9330; n_D^{20} 1,5320; 83% (17%). — *1-Methyl-1-[2.5-dimethylphenyl]-äthylen,* $Kp._7$ 68°, aus BrMg-Dimethyl-2.5-dimethylphenylcarbinolat; $D._4^{20}$ 0,9067; n_D^{20} 1,5210; 73% (27%). —

1.1-Diphenyläthylen, $Kp._{11}$ 133—134°, aus BrMg-Methyldiphenylcarbinolat; $D._4^{20}$ 1,0250; n_D^{20} 1,6040; 100% (0%). — *1-Phenyl-1-o-tolyläthylen*, $Kp._{10}$ 140—142°, aus BrMg-Methylphenyl-o-tolylcarbinolat; $D._4^{20}$ 1,0160; n_D^{20} 1,5808; 100% (0%). — *1-Phenyl-1-p-tolyläthylen*, $Kp._8$ 146—148°, aus BrMg-Methylphenyl-p-tolylcarbinolat; $D._4^{20}$ 1,0110; n_D^{20} 1,5775; 100% (0%). — *1-Methyl-1-mesityläthylen*, Kp. 204—206°, aus BrMg-Dimethylmesitylcarbinolat; 100% (0%). HELMUT SCHÄFER. 1410□

Tertiäre dreiwertige Alkohole der Acetylenreihe und ihre Umwandlungen. 18. Mitt. **Oxydation von Glycerinen der Acetylen- und Äthylenreihe mit Kaliumpermanganat.** W. I. Nikitin, Ss. D. Ssawranskaja und I. M. Timofejewa. (Журнал Общей Химии [J. allg. Chem.] **30 (92).** 764—70. März 1960. Inst. für Chem. der Akad. der Wiss. der TadshikSSR.) (Russ.) — 17. vgl. C. **1962.** 3089.

Es wird die $KMnO_4$-Oxydation von 3wertigen tert. Alkoholen der Acetylenreihe u. ihren Analogen in der Äthylenreihe untersucht. Die Oxydation erfolgt sowohl an den Mehrfachbindungen als auch an den Einfachbindungen, die den Mehrfachbindungen benachbart sind. Dabei werden die Acetylen-Derivv. überwiegend an der Dreifachbindung angegriffen, wobei sich vor allem *Hydroxysäuren* bilden. Die analogen Äthylen-Derivv. werden dagegen mehr an den Einfachbindungen angegriffen, die der Doppelbindung benachbart sind, u. es entsteht vor allem *Oxalsäure*.

Versuche: *Oxydation von 2.3.6-Trimethyloctin-(4)-triol-(2.3.6)*: Man tropft zu 20 g des Triols in 100 ml W. bei 20° in 5 Std. 1053 ml 3%ig. $KMnO_4$-Lsg. zu, filtriert am nächsten Tag u. erhält nach entsprechender Trennung: *Methyläthylketon* [**I**; Kp. 69—73°; n_D^{20} 1,3832; 1,5 g (Ausbeute); *2.4-Dinitrophenylhydrazon*, F. 113—114°], *Dimethylacetylcarbinol* [Kp. 135—136°; n_D^{20} 1,4158; 1,3 g; *Semicarbazon*, F. 160—161°], *Oxalsäure* (**II**), F. 101—102°; 3,8 g, *α-Methyl-α-hydroxybuttersäure* [**III**; F. 71—72° (PAe.-Bzl.); 5,1 g; *Ba-Salz*, $C_{10}H_{18}BaO_6$]. Weiterhin werden geringe Mengen *Ameisensäure* (**IV**; Kalomel-Rk.) u. *Essigsäure* (**V**; Kakodyl-Rk.) nachgewiesen. — Analog werden aus *3.4.7-Trimethylnonin-(5)-triol-(3.4.7)* erhalten: **I**—**V** u. *Methyläthylacetylcarbinol* (Kp. 146—148°, n_D^{20} 1,4216; *Semicarbazon*, F. 150—151°). — Aus den Oxydations-Prodd. von *2-Methyl-5-[1-hydroxycyclopentyl-(1)]-hexin-(3)-diol-(2.5)* werden isoliert: **II, IV, V**, *Aceton* (Kp. 55 bis 60°; 0,4 g; *2.4-Dinitrophenylhydrazon*, F. 124—126°), *Cyclopentanon* [**VI**; Kp. 110 bis 150°; 0,8 g; *2.4-Dinitrophenylhydrazon*, F. 144—145° aus A.], *1-Acetylcyclopentanol* [**VII**; Kp. 150—178°; 1,2 g; *Semicarbazon*, F. 188—189°] u. *α-Hydroxyisobuttersäure*, F. 79° (Bzl.); 3,4 g. — Die *Oxydation von 2.4-Bis-[1-hydroxycyclopentyl-(1)]-butin-(3)-ol-(2)* lieferte: **II, V, VI, VII** u. *Cyclopentanol-(1)-carbonsäure-(1)*, $C_6H_{10}O_3$, F. 102—103° (PAe.-Bzl.; *Ba-Salz*, $C_{12}H_{18}BaO_6$). — Analog wurden mit $KMnO_4$ oxydiert: *2.3.6-Trimethylocten-(4)-triol-(2.3.6)*, *3.4.7-Trimethylnonen-(5)-triol-(3.4.7)*, *2-Methyl-5-[1-hydroxycyclopentyl-(1)]-hexen-(3)-diol-(2.5)* u. *2.4-Bis-[1-hydroxycyclopentyl-(1)]-buten-(3)-ol-(2)*. HELMUT SCHÄFER. 1850□

Tertiäre dreiwertige Alkohole der Acetylenreihe und ihre Umwandlungen. 19. Mitt. **Oxydation substituierter Dihydropyranole-(5).** W. I. Nikitin und I. M. Timofejewa. (Журнал Общей Химии [J. allg. Chem.] **30 (92).** 771—76. März 1960. Inst. der Akad. der Wiss. der TadshikSSR.) (Russ.) — 18. vgl. vorst. Referat.

Bei der $KMnO_4$-Oxydation von alkylsubstituierten 5.6-Dihydropyranolen-(5) werden wir bei den tert. Alkoholen der Äthylenreihe die Doppelbindung, vor allem aber die der Doppelbindung benachbarten Einfachbindungen aufgespalten. Es bildet sich hauptsächlich *Oxalsäure*, daneben entstehen geringe Mengen *Neutralstoffe*, einfache *Carbonsäuren* u. *Hydroxysäuren*.

Versuche: *Oxydation von 2.2.5.6.6-Pentamethyl-5.6-dihydropyranol-(5)*: Man tropft bei 20° zu 3 g der Verb. in 25 ml W. u. 0,5 g K_2CO_3 langsam 310 ml 3%ig. $KMnO_4$-Lsg. zu; nach üblicher Aufarbeitung werden erhalten: *Aceton* (**I**; Kp. 54—55°), Spuren *Ameisensäure* (**II**) u. *Essigsäure* (**III**), 0,4 g *Oxalsäure* (**IV**; F. 101—102°) u. wenig *α-Hydroxyisobuttersäure* (**V**). — Aus 2.2.5.6-Tetramethyl-6-äthyl-5.6-dihydropyranol-(5) werden erhalten: **I, III, IV**, Spuren **II** u. **V** u. *Methyläthylketon* (**VI**; Kp. 71—80°). — Aus 2.5.6.6-Tetramethyl-2-äthyl-5.6-dihydropyranol-(5): **I, III, IV, VI** u. *Methyläthylhydroxyessigsäure* [**VII**; F. 71—72° (Bzl.)]. — Aus 2.5.6-Trimethyl-2.6-diäthyl-5.6-dihydropyranol-(5): **III, IV, VI, VII** u. Spuren **II**. — Aus 2.2.5-Trimethyl-6.6-tetramethylen-5.6-dihydropyranol-(5): **I, III, IV, V** (F. 78—79°) u. *1-Acetylcyclopentanol* [Kp. 150—168°; *Semicarbazon*, F. 187—188°]. — Aus 5-Methyl-2.2;6.6-bis-[tetramethylen]-5.6-dihydropyranol-(5): **III, IV**, Spuren **II** u. *Cyclopentanon* [Kp. 145—146°; *2.5-Dinitrophenylhydrazon*, F. 145—146°]. — Aus 2.2.5-Trimethyl-6.6-pentamethylen-5.6-dihydropyranol-(5): **I, III, IV, V**, *Cyclohexanon* (**VIII**) u. *Adipinsäure* (**IX**; F. 152—153°). — Aus 5-Methyl-2.2;6.6-bis-[pentamethylen]-5.6-dihydropyranol-(5): **III, IV, VIII, IX** u. wenig *α-Hydroxycyclohexancarbonsäure*, F. 105—106°. HELMUT SCHÄFER. 1850□

Untersuchung auf dem Gebiet der Stereochemie cyclischer Verbindungen. 28. Mitt. **Räumliche Richtung der Serini-Reaktion in der Cyclohexanreihe.** I. N. Nasarow, A. A. Achrem und A. W. Kamernitzki. (Журнал Общей Химии [J. allg. Chem.] **28 (90).** 1805—10. Juli 1958. Inst. für org. Chem. der Akad. der Wiss. der UdSSR.) (Russ.) — 26. vgl. C. **1962. 7132**; weitere 28. Mitt. vgl. C. **1962. 7500.**

Zur Rk. von Cyclohexanoncyanhydrin [**I**; 1-Cyancyclohexanol-(1)] oder cis- (cis-**II**) bzw. trans-2-Methyl-1-cyancyclohexanol-(1) (trans-**II**) mit CH_3MgJ werden die OH-Gruppen vorteilhaft durch Überführen mit Vinyläthyläther (**III**) in die gemischten *Acetaldehydacetale* geschützt. Aus **I** wird über die GRIGNARD-Rk. das gleiche *1-Acetylcyclohexanol-(1)* wie bei der Hydratation von 1-Äthinylcyclohexanol-(1) erhalten. Die Red. des analog dargestellten cis- (cis-**IV**) bzw. trans-2-Methyl-1-acetylcyclohexanols-(1) (trans-**IV**) nach MEERWEIN-PONNDORF verläuft stereospezif. unter Bldg. von einheitlichem *cis-* (*cis*-**V**) bzw. *trans-2-Methyl-1-[α-hydroxyäthyl]-cyclohexanol-(1)* (*trans*-**V**). Die partielle Acetylierung dieser Diole ergibt *cis-* (*cis*-**VI**) bzw. *trans-2-Methyl-1-[α-acetoxyäthyl]-cyclohexanol-(1)* (*trans*-**VI**). cis-**VI** geht beim Erhitzen mit aktiviertem Zn in o-Xylol in *trans-1-Acetyl-2-methylcyclohexan* (*trans*-**VII**) über, das auch aus trans-2-Methylcyclohexancarbonsäurebromid (trans-**VIII**-Bromid) u. CH_3MgJ erhalten wird. Analog entsteht *cis*-**VII** aus trans-**VI**. Die SERINI-Rk. verläuft demnach auch in der Cyclohexanreihe unter Konfigurationsumkehrung am tert. C-Atom.

Versuche: *Acetaldehydäthyl-[1-cyancyclohexyl-(1)]-acetal*, $C_{11}H_{19}NO_2$, Kp.$_2$ 72—73°, durch Zutropfen von 10 Tropfen mit HCl gesätt. Ae. zu 25 g **I** u. 21,7 g **III** in abs. Bzl. u. Stehen über Nacht; n_D^{20} 1,4480; $D._4^{20}$ 0,9838; 33,2 g (Ausbeute). — *1-Acetylcyclohexanol-(1)*, Kp.$_{2,5}$ 58—61°, durch Zutropfen von 19,7 g vorst. Acetals zu CH_3MgJ in Ae., 1std. Kochen, Zers. mit verd. HCl, 1std. Rühren u. Neutralisieren mit $NaHCO_3$; n_D^{20} 1,4678; 11,6 g. *Semicarbazon*, F. 198—199° (Methanol). — *Acetaldehydäthyl-[cis-2-methyl-1-cyancyclohexyl-(1)]-acetal*, $C_{12}H_{21}NO_2$, Kp.$_{2,5}$ 80—81°, aus 27,8 g cis-**II** u. 21,6 g **III**; n_D^{20} 1,4480; $D._4^{20}$ 0,9720; 33,4 g. — *cis-2-Methyl-1-acetylcyclohexanol-(1)* (*cis*-**IV**), Kp.$_3$ 75—77°, F. 37—38° (PAe.), durch Zutropfen von 21,1 g vorst. Acetals zu CH_3MgJ in Ae., 1std. Kochen, Zers. mit verd. HCl u. 2std. Rühren; n_D^{20} 1,4720; 8,3 g *Semicarbazon*, $C_{10}H_{19}N_3O_2$, F. 229—230° (A.); daneben 5,5 g *2-Methylcyclohexanon*, Kp.$_3$ 50—56° (*Semicarbazon*, F. 189—191°). — *Acetaldehydäthyl-[trans-2-methyl-1-cyancyclohexyl-(1)]-acetal*, $C_{12}H_{21}NO_2$, Kp.$_{2,5}$ 84,5°, durch 3std. Kochen von 27,8 g an trans-**II**-reichem **II**-Isomerengemisch mit 21,6 g **III** in A. in Ggw. von HCl unter Feuchtigkeitsausschluß; n_D^{20} 1,4490; $D._4^{20}$ 0,9686; 31,7 g. — *trans-2-Methyl-1-acetylcyclohexanol-(1)* (*trans*-**IV**), Kp.$_{2,5}$ 58—60°, analog cis-**IV** aus vorst. Acetal. *Semicarbazon*, $C_{10}H_{19}N_3O_2$, F. 218,5—219° (Zers.; A.). — *cis-2-Methyl-1-[α-hydroxyäthyl]-cyclohexanol-(1)* (*cis*-**V**), $C_9H_{18}O_2$, F. 94—94,5° (Ae.-PAe.), durch 4std. Erhitzen von cis-**IV** mit Al-Isopropylat in Toluol auf 120°, Verdünnen mit Isopropanol u. weiteres Kochen unter Abdestillieren des Isopropanol-Aceton-Azeotrops; 76%. — *trans*-**V**, $C_9H_{18}O_2$, Kp.$_6$ 105°, analog cis-**V** aus trans-**IV**; n_D^{20} 1,4880; 52%. — *cis-2-Methyl-1-[α-acetoxyäthyl]-cyclohexanol-(1)* (*cis*-**VI**), $C_{11}H_{20}O_3$, F. 44—45° (PAe.), durch 3tägiges Stehen von 11,4 g cis-**V** mit Essigsäureanhydrid–Pyridin, Ansäuern mit verd. H_2SO_4 u. Ausäthern; 14,2 g. — *trans*-**VI**, $C_{11}H_{20}O_3$, Kp.$_{4,5}$ 104,5°, analog aus 7 g trans-**V**; n_D^{20} 1,4672; 7,8 g. — *trans-2-Methyl-1-acetylcyclohexan* (*trans*-**VII**), Kp.$_5$ 49,5—51°, n_D^{20} 1,4565, a) durch 6std. Kochen von 13 g cis-**VI** mit 150 g aktiviertem Zn in abs. o-Xylol unter gelegentlichem Abdestillieren der gebildeten Essigsäure; 52%; b) aus 20,5 g trans-**VIII**-Bromid u. CH_3MgJ in Ae.; 5,6 g. *Semicarbazon*, $C_{10}H_{19}N_3O$, F. 175—176° (wss. Methanol). — *cis*-**VII**, Kp.$_7$ 58—62°, n_D^{20} 1,4665, analog trans-**VII** a) aus 7 g trans-**VI** 2,2 g; b) aus 24 g cis-**VIII**-Chlorid 9 g. *Semicarbazon*, $C_{10}H_{19}N_3O$, F. 182—183° (wss. Methanol). H.-E. TOUSSAINT. 1870

Gewöhnliche Ringe. 1. Mitt. **cis-Eliminierungen.** Sukh Dev. (J. Indian chem. Soc. **33.** 769—77. Nov. 1956. Bangalore, Indian Inst. of Sci., Dep. of Organ. Chem.) (Engl.)

Die Leichtigkeit ion. 1.2-cis-Eliminierungen nimmt in der Reihe Cyclopentan ≃ Cycloheptan > Cyclohexan ab. Die Pyrolyse von *Cyclopentanon-* (**I**), *Cyclohexanon-* (**II**) u. *Cycloheptanoncyanhydrinacetat* (**III**) führt in sehr guten Ausbeuten zu *Δ¹-Cyclopentenyl-* (**IV**), *Δ¹-Cyclohexenyl-* (**V**) bzw. *Δ¹-Cycloheptenylcyanid* (**VI**), die bei Behandlung mit A. u. H_2SO_4 die entsprechenden *Carbonsäureäthylester* (**VII, VIII** bzw. **IX**) geben. Durch saure Verseifung von **VII, VIII** u. **IX** bzw. alkal. Verseifung von **IV, V** u. **VI** entstehen die entsprechenden Carbonsäuren. Durch Pyrolyse von Cyclopentyl-, Cyclohexyl- u. Cycloheptylborat entstehen *Cyclopenten, Cyclohexen* u. *Cyclohepten.*

Versuche: *Cyclopentanoncyanhydrinacetat* (**I**), $C_8H_{11}NO_2$, Kp.$_{15}$ 120°, Kp.$_{684}$ 226 bis 227°, durch ½std. Stehen von Cyclopentanon mit fl. HCN, wenig KCN u. Diäthylamin bei —10°, 24std. Stehen im Kühlschrank, Neutralisation des Amins mit 85%ig.

H_3PO_4 bei -5^0. Verdünnen des erhaltenen *Cyanhydrins* [Kp.$_{26}$ 130°; D.$_4^{21}$ 1,022; n_D^{21} 1,4540; 92—94% (Ausbeute)] mit Ae. u. Rk. mit Acetanhydrid u. Acetylchlorid bei -5^0; D.$_4^{30}$ 1,053; n_D^{30} 1,4460; 94—97%. — *Cyclohexanoncyanhydrinacetat* (**II**), F. 48 bis 50°, Kp.$_{35}$ 148—149°; aus n-Hexan Prismen; 91—94%. — *Cycloheptanoncyanhydrinacetat* (**III**), $C_{10}H_{15}NO_2$, Kp.$_{15}$ 146°; n_D^{26} 1,4650; 91—95%. — *Δ¹-Cyclopentenylcyanid* (**IV**), Kp.$_{35}$ 75°, durch Pyrolyse von **I** bei ca. 470°; n_D^{27} 1,4700; 95—98%. — *Δ¹-Cyclohexenylcyanid* (**V**), Kp.$_{35}$ 99°, aus **II** bei ca. 480°; n_D^{27} 1,4780; 93—97%. — *Δ¹-Cycloheptenylcyanid* (**VI**), $C_8H_{11}N$, Kp.$_{35}$ 118°, aus **III**; n_D^{27} 1,4850; 96—99%. — *Δ¹-Cyclopentencarbonsäureäthylester* (**VII**), Kp.$_{35}$ 95°, durch 24 std. Erhitzen von **IV** mit abs. A. u. H_2SO_4 auf 100°; n_D^{27} 1,4600; 70—75%. — *Δ¹-Cyclohexencarbonsäureäthylester* (**VIII**), Kp.$_{35}$ 109°, aus **V**; n_D^{27} 1,4695; 70—75%. — *Δ¹-Cycloheptencarbonsäureäthylester* (**IX**), $C_{10}H_{16}O_2$, Kp.$_{35}$ 125°, aus **VI**; n_D^{22} 1,4770; 70—75%. — *Δ¹-Cyclopentencarbonsäure*, F. 122—123°, a) durch mehrstd. Stehen von **VII** mit HCl, Essigsäure u. W. bei 0°; 85—90%; b) durch 40 std. Kochen von **IV** mit wss. KOH; aus n-Heptan Prismen; 62%. — *Δ¹-Cyclohexencarbonsäure*, F. 37—38°, Kp.$_6$ 130°, durch 5 std. Kochen von **VIII** mit HCl, Essigsäure u. W.; 80%; b) aus **V** mit wss. KOH; n_D^{25} 1,4990; aus PAe. Prismen; 80%. — *Δ¹-Cycloheptencarbonsäure*, F. 49—50°, Kp.$_1$ 117°, a) aus **IX**; 75%; b) aus **VI**; aus n-Hexan Tafeln; 77—80%. — *Cyclopenten*, Kp.$_{694}$ 41°, durch Pyrolyse von aus Cyclopentanol u. H_3BO_3 in Toluol erhaltenem Cyclopentylborat bei 185—190°; n_D^{25} 1,4208; 88—90%. — *Cyclohexen*, Kp.$_{684}$ 78—80°, analog bei 215°; 90%. — *Cyclohepten*, Kp.$_{684}$ 110—111°, aus nachst. Verb. durch Rk. mit H_3BO_3 u. Pyrolyse bei 200°; n_D^{25} 1,4575; 85%. — *Cycloheptanol*, Kp.$_{684}$ 180°, a) aus Suberon durch MEERWEIN-PONNDORF-Red.; 88—90%; b) durch Red. mit $LiAlH_4$; 97—99%; c) durch Red. mit Na u. Isopropanol; n_D^{29} 1,4725; 85—90%.

K. ZIELOFF. 2010

Kleinringverbindungen. 30. Mitt. **Reaktionen von Phenylcyclobutadienochinon mit Methanol.** Frank B. Mallory und John D. Roberts. (J. Amer. chem. Soc. **83.** 393—97. 20/1. 1961. Pasadena, Calif., California Inst. of Technol., Gates and Crellin Labor. of Chem.) (Engl.) — 29. vgl. CASERIO u. Mitarbeiter, Tetrahedron [London] **11.** [1960.] 171; vgl. auch C. **1959.** 15330.

Phenylcyclobutadienochinon [**I**; 1-Phenylcyclobutendion-(3.4)] liefert bei der therm. Rk. mit Methanol (**VI**) unter verschiedenen Bedingungen *2.4-Dimethoxy-3-phenylcyclobutenon* (**II**, F. 34—37°, Kp.$_{0,5}$ 105°, $n^{23,5}$ 1,5910), *3-Phenyl-4-hydroxy-4-methoxybuten-(2)-säurelacton* (**III**) u. *Phenylbernsteinsäuredimethylester* [**IV**; F. 57,9—58,5° (Hexan)]. Durch 12 tägiges Kochen von **I** in **VI** unter Lichtausschluß entsteht hauptsächlich **II** u. ein wenig **IV**, etwa das gleiche Ergebnis wird beim Erhitzen in einer korrosionsfesten Stahlbombe auf 90—135° (5—12 Std.) mit oder ohne Säurekatalysator (H_2SO_4) erzielt. In Ggw. von H_2SO_4 wird die höchste Ausbeute (49%) an **II** erhalten. Bei etwa 150° (1 bis 2 Tage) werden je ca. 40% **III** u. **IV**, jedoch kein **II** gebildet. Beim Erhitzen der Bombe in einem Elektroofen auf 150° werden 64% **IV** u. 8% **III** isoliert. Da **III** durch 24 std. Erhitzen mit **VI** auf 145—170° sich nicht ändert, ist es nicht der Vorläufer von **IV**. Gasförmige Prodd. treten nicht auf. Für die Rkk. wird als gemeinsame Zwischenstufe, 2-Hydroxy-2-methoxy-3-phenylcyclobutenon (**V**) angenommen, die im Gleichgewicht mit **I** u. **VI** steht. Aus **V** bildet sich **II** durch Rk. von **VI** mit dem aus **V** durch Abspaltung von H_2O entstehenden Carboniumion. Bei höheren Temp. erleidet **V** vermutlich eine Ringspaltung unter Bldg. der stereoisomeren 2-Hydroxy-2-methoxy-1-phenylvinylketene, die zu **III** u. **IV** führen. Die vorherrschende Bldg. von **IV** bei höheren Temp. wird auf die erhebliche Temp.-Abhängigkeit der Stereochemie der Ringöffnung von **V** u./oder des Verhältnisses der Bldg.-Geschw. von **III** u. **IV** aus den Vinylketenen zurückgeführt. Vielleicht spielt auch bei höheren Temp. die direkte Umwandlung von **I** in Phenylketen eine Rolle, das mit **VI** nur **IV** ergeben kann. Die Konstit. von **II** u. **III** wurde chem., mittels kernmagnet. Resonanzspektren u. IR-Spekten nachgeprüft. **II** liefert in sd. verd. HCl wieder **I**. **III** ergab unter den alkal. Bedingungen des TOLLENS-Testes anscheinend β-Formylzimtsäure (Bldg. eines Ag-Spiegels). Die Hydrierung von **III** in Ggw. von Pd/Kohle liefert *β-Phenyl-γ-hydroxy-γ-methoxybuttersäurelacton*, dessen Struktur auf IR-spektroskop. Wege sowie durch CLEMMENSEN-Red. [Bldg. von *β-Phenylbuttersäure Amid*, F. 104,5—106° (wss. A.)] u. durch Säurehydrolyse (12 std. Kochen mit 2 n HCl) u. folgende Oxydation mit Ag_2O (4 std. Einw. von $AgNO_3$ + KOH) zu *Phenylbernsteinsäure* [F. 160—162,5° (W.)] nachgewiesen wurde. Die Hydrolyse von **III** in sd. 2 n HCl (1,7 Std.) führt schließlich zu *3-Phenyl-4.4-dihydroxybuten-(2)-säurelacton* (**VII**), dessen Konstit. IR-spektroskop. u. durch Synth. sichergestellt wurde. **VII** ergab mit **VI** in Ggw. von H_2SO_4 **III**.

Versuche: *β-Phenyl-γ-hydroxy-γ-methoxybuttersäurelacton*, $C_{11}H_{12}O_3$, F. 84,0 bis 84,5° (Hexan u. Sublimation), durch 49 std. Schütteln von **III** in abs. Tetrahydrofuran in Ggw. von 10%ig. Pd-Kohle bei 50 psi H_2-Druck; 89% (Ausbeute). — *3-Phenyl-*

4.4-dihydroxybuten-(2)-säurelacton (**VII**), $C_{10}H_8O_3$, F. 158,0—158,8° Bzl.), durch 27std. Einw. von $AgNO_3$ auf 3-Phenyl-4.4-dichlorbuten-(2)-säure in wss. A. bei Raum-Temp. unter Lichtausschluß, Zugabe von erneutem $AgNO_3$ in W. u. weitere 5tägige Einw.; 6%. — *3-Phenyl-4-hydroxy-4-methoxybuten-(2)-säurelacton* (**III**), $C_{11}H_{10}O_3$, F. 52,5 bis 53,0° (Hexan), Kp.$_{0,5}$ 124°, durch 24std. Einw. von konz. H_2SO_4 auf **VII** in **VI** bei Raum-Temp. u. Eindampfen bei 100°; 62%. B. GNAUCK. 2200□

Kleinringverbindungen. 31. Mitt. **Cyclobutanderivate aus Addukten von Cyclohexenylacetylen und Fluorchloräthylenen.** Clay M. Sharts und John D. Roberts. (J. Amer. chem. Soc. **83.** 871—78. 20/2. 1961.) (Engl.) — 30. vgl. vorst. Referat.

Bei 95° ergibt die Einw. von Trifluorchloräthylen (**I**) auf 1-Äthinylcyclohexen-(1) (**III**) *1.1.2-Trifluor-2-chlor-3-[cyclohexen-(1)-yl]-cyclobuten* (**IV**). Durch Bromierung von **IV** mit N-Bromsuccinimid (**II**) entsteht *1.1.2-Trifluor-2-chlor-3-[3.6-dibromcyclohexen-(1)-yl]-cyclobuten* (**VII**), das durch Abspaltung von 2 Moll. HBr in *1.1.2-Trifluor-2-chlor-3-phenylcyclobuten* (**VI**) übergeht. **VI** liefert durch Hydrolyse *2-Fluor-2-chlor-3-phenylcyclobutenon. 1.1-Difluor-2.2-dichlor-3-[cyclohexen-(1)-yl]-cyclobuten* (**V**) erhält man aus 1.1-Difluor-2.2-dichloräthylen (**VIII**) u. **III** bei 95°. **V** ergibt mit **II** *1.1-Difluor-2.2-dichlor-3-[3.6-dibromcyclohexen-(1)-yl]-cyclobuten*, das durch Abspaltung von HBr in *1.1-Difluor-2.2-dichlor-3-phenylcyclobuten* umgewandelt wird. Seine Hydrolyse liefert *2.2-Dichlor-3-phenylcyclobutenon*. Bei Raum-Temp. führt die Hydrolyse von **IV** mit konz. H_2SO_4 zu *2-Fluor-2-chlor-3-[cyclohexen-(1)-yl]-cyclobutenon* bzw. bei 55—60° zu *3-[Cyclohexen-(1)-yl]-cyclobutadienochinon* (**IX**). Mit Br_2 in Essigsäure ergibt **IX** eine geringe Menge *3-Phenylcyclobutadienochinon*. Verss., *3*-Cyclohexylcyclobutadienochinon durch Red. von **IX** mit H_2 in Ggw. von Pt in A. zu erhalten, führen statt dessen zu dem in Luft instabilen *2-Hydroxy-3-[cyclohexen-(1)-yl]-cyclobuten-(2)-on-(1)*. Durch Einw. von $NaOC_2H_5$ in A. oder NaJ in Aceton auf **IV** treten Verdrängungs-Rkk. auf, u. es entstehen *1.1.2-Trifluor-4-äthoxy-3-[cyclohexen-(1)-yl]-cyclobuten-(2)* bzw. *1.1.2-Trifluor-4-jod-3-[cyclohexen-(1)-yl]-cyclobuten-(2)* u. *1.1.2-Trifluor-2-jod-3-[cyclohexen-(1)-yl]-cyclobuten-(3)*. Beim Erhitzen von **IV** mit Maleinsäureanhydrid (**X**) bzw. Dicarbäthoxyacetylen (**XI**) erhalten Vff. durch DIELS-ALDER-Addition *3.4-[1.1.2-Trifluor-2-chloräthano]-1.2.3.5.6.-7.8.9-oktahydronaphthalin-1.2-dicarbonsäureanhydrid* bzw. *1.2-Dicarbäthoxy-3.4-[1.1.2-trifluor-2-chloräthano]-3.5.6.7.8.9-hexahydronaphthalin* (**XII**). Durch Bromierung von **XII**, Abspaltung von HBr u. Verseifung gelingt es, *1.2-Dicarboxy-3.4-[1.1.2-trifluor-2-chloräthano]-5.6.7.8-tetrahydronaphthalin* herzustellen, das sich durch Hydrolyse mit H_2SO_4 nicht in das entsprechende Diketon umwandeln läßt. Die Hydrolyse von **V** liefert *2.2-Dichlor-3-[cyclohexen-(1)-yl]-cyclobutenon*. Ferner ergibt **V** mit J^- bzw. $C_2H_5O^-$((vermutlich nach dem S_N2'-Mechanismus) *1.1-Difluor-2-chlor-4-jod-* bzw. *-4-äthoxy-3-[cyclohexen-(1)-yl]-cyclobuten-(2)*. Durch Erhitzen von **V** mit Triäthylamin (**XIII**) erfolgt Umlagerung in *1.1-Difluor-2.4-dichlor-3-[cyclohexen-(1)-yl]-cyclobuten* (**XIV**), das durch Hydrolyse in *2.4-Dichlor-3-[cyclohexen-(1)-yl]-cyclobutenon* umgewandelt werden kann. **XIV** reagiert im Gegensatz zu **V** kaum mit NaJ, auch die Einw. von $NaOC_2H_5$ liefert nur schlecht definierte Produkte. Bei 36std. Erhitzen von **V** mit **XIII** auf 180° kann *2-Fluor-1.3-dichlor-5.6.7.8-tetrahydronaphthalin* (**XV**) dargestellt werden, dessen Struktur durch Aufnahme des kernmagnet. Protonenresonanzspektrums nachgeprüft wird. Für die Bldg. von **XV** wird ein Mechanismus vorgeschlagen. Aus **I** u. Isopropenylacetylen (**XVI**) können 3 Prodd. erhalten werden: *1.1.2-Trifluor-2-chlor-3-isopropylencyclobuten, -3-methyl-3-äthinylcyclobutan* u. *-3-methyl-3-[3.3.4-trifluor-4-chlorcyclobutenyl]-cyclobutan*, deren Konstit. auf UV- u. IR-spektroskop. Wege sowie mittels kernmagnet. Resonanzspektren ermittelt wird. Die Addition von 1-[1-Chloräthenyl]-cyclohexen-(1) (**XVII**) an **I** ergibt schließlich *1.1.2-Trifluor-2.3-dichlor-3-[cyclohexen-(1)-yl]-cyclobutan*, das durch HCl-Abspaltung **IV** liefert.

Versuche: *1.1.2-Trifluor-2-chlor-3-[cyclohexen-(1)-yl]-cyclobuten* (**IV**), $C_{10}H_{10}ClF_3$, Kp.$_1$ 68,5—70,0°, F. 11—13°, durch Kondens. von **I** in einem mit **III** (Kp.$_{29-31}$ 54—59°, aus 1-Äthinylcyclohexanol-(1); n_D^{25} 1,4938) gefüllten Rohr (Kühlung mit Trockeneis), Erwärmen im geschlossenen Rohr von Raum-Temp. in 4 Std. auf 95° u. 20std. Erwärmen bei 95°; n_D^{25} 1,4800; $D._4^{25}$ 1,268; 79% (Ausbeute). — *1.1.2-Trifluor-2-chlor-3-phenylcyclobuten* (**VI**), Kp.$_{0,7}$ 66°, durch 22std. Kochen von **IV**, **II** u. Dibenzoylperoxid in CCl_4 (→ *1.1.2-Trifluor-2-chlor-3-[3.6-dibromcyclohexen-(1)-yl]-cyclobuten* (**VII**), $C_{10}H_8Br_2ClF_3$, Kp.$_2$ 123—127° [roh]; n_D^{25} 1,5534; 49%) u. 1,5std. Einw. von KOH in tert.-Butanol auf **VII** bei Raum-Temp.; n_D^{25} 1,5128. — *1.1-Difluor-2.2-dichlor-3-[cyclohexen-(1)-yl]-cyclobuten* (**V**), $C_{10}H_{10}Cl_2F_2$, F. 44,9—45,4° (A.), Kp.$_2$ 87—90°, analog **IV** aus **VIII**; 91%.— *1.1-Difluor-2.2-dichlor-3-phenylcyclobuten*, Kp.$_{1,6}$ 90,5—94° (unrein), durch 14std. Kochen von **V** mit **II** analog **VI** (→ *1.1-Difluor-2.2-dichlor-3-[3.6-dibromcyclohexen-(1)-yl]-cyclobuten*) u. HBr-Abspaltung analog **VI**. Liefert durch Einw. von H_2SO_4 u. chromatograph. Reinigung *2.2-Dichlor-3-phenylcyclobutenon*, F. 80,2—80,5° (Hexan). — *2-Fluor-2-chlor-3-[cyclohexen-(1)-yl]-cyclobutenon*, $C_{10}H_{10}ClFO$, F. 46,7—47,5° (Cyclohexan), durch Einw. (20 Min.) von 96%ig. H_2SO_4 auf **IV**, Gießen auf Eiswasser u. Chromatographie an Al_2O_3; 100%. *2.4-Dinitrophenylhydrazon*, $C_{16}H_{14}ClFN_4O_4$, F. 198,5—198,6° (rote Nadeln aus Äthylacetat-Acetonitril). — *3-Cyclohexen-(1)-ylcyclobutadienochinon* (**IX**), $C_{10}H_{10}O_2$, F. 77,8—78,4° (hellgelb aus heißem Hexan, sublimiert bei 50°/1 mm), durch Rühren (10—15 Min.) von **IV** in 97%ig. H_2SO_4 ohne Kühlung (Steigerung der Temp. auf 40—45s), Erhitzen auf 60—65° (20—30 Min.) u. Gießen auf Eiswasser; 23—41%. *Mono-2.4-dinitrophenylhydrazon*, $C_{16}H_{14}N_4O_5$, F. 260° (Zers.; rote Nadeln). — *2-Hydroxy-3-[cyclohexen-(1)-yl]-cyclobuten-(2)-on-(1)*, $C_{10}H_{12}O_2$, F. 151—152° (Zers.; 50%ig. A.), durch Schütteln (1 Nacht) von **IX** in 95%ig. A. mit H_2 (60 psi) in Ggw. von Pt bei Raum-Temp. u. Isolierung bei 2°; 100%. *2.4-Dinitrophenylhydrazon*, F. 250—251° (Zers.). — *2-Methoxy-3-[cyclohexen-(1)-yl]-cyclobuten-(2)-on-(1)*, F. 125—130° (wss. A.), aus 0,2 g vorst. Verb. mit CH_2N_2; 50 mg. — *Gemisch aus 1.1.2-Trifluor-4-jod-3-[cyclohexen-(1)-yl]-cyclobuten-(2)* u. *-2-jod-3-[cyclohexen-(1)-yl]-cyclobuten-(3)*, Kp.$_{3mm}$ 94—98°, durch 8tägiges Kochen von 12,5 g **IV** mit einer gesätt. Lsg. von NaJ in Aceton; 3,1 g. — *1.1.2-Trifluor-4-äthoxy-3-[cyclohexen-(1)-yl]-cyclobuten-(2)*, durch 16std. Kochen von **IV** mit $NaOC_2H_5$ in A., Gießen in W., Dest. u. Chromatographie der Hexan-Lsg. des Destillats an SiO_2; n_D^{25} 1,4579. — *3.4-[1.1.2-Trifluor-2-chloräthano]-1.2.3.5.6.7.8.9-oktahydronaphthalin-1.2-dicarbonsäureanhydrid*, $C_{14}H_{12}ClF_3O_3$, F. 237—238° (Zers.), durch 40std. Kochen von **IV** u. **X** in Toluol u. 3tägiges Erhitzen des isolierten Öls in Toluol auf 100°; ca. 42%. Liefert durch Neutralisation mit NaOH u. Ansäuern der Lsg. mit H_2SO_4 *1.2-Dicarboxy-3.4-[1.1.2-trifluor-2-chloräthano]-1.2.3.5.6.7.8.9-oktahydronaphthalin*, $C_{14}H_{14}ClF_3O_4$, F. 246 bis 248° (50%ig. wss. A.). — *1.2-Dicarbäthoxy-3.4-[1.1.2-trifluor-2-chloräthano]-3.5.6.-7.8.9-hexahydronaphthalin* (**XII**), $C_{18}H_{20}ClF_3O_4$, Kp.$_{2-3}$ 186—190°, durch 44std. Kochen von 10,0 g **XI** mit 13,0 g **IV** in Toluol; n_D^{25} 1,5120; 8,8 g. — *1.2-Dicarboxy-3.4-[1.1.2-trifluor-2-chloräthano]-5.6.7.8.-tetrahydronaphthalin*, $C_{14}H_{10}ClF_3O_4$, F. 167—169° (CCl_4), durch Zutropfen von Br_2 in CCl_4 zu 6,55 g **XII** in CCl_4, Zutropfen von K-tert.-Butylat-Lsg., Zugabe von W., Kochen des organ. Rückstandes mit 6 n NaOH (1 Nacht) u. Ansäuern; 0,3 g. — *2.2-Dichlor-3-[cyclohexen-(1)-yl]-cyclobutenon*, $C_{10}H_{10}Cl_2O$, F. 86,0 bis 86,5° (Hexan), durch Erhitzen (40 Min.) von **V** mit 96%ig. H_2SO_4 auf 65° u. Gießen auf Eiswasser; 66%. — *1.1.-Difluor-2.4-dichlor-3-[cyclohexen-(1)-yl]-cyclobuten* (**XIV**), $C_{10}H_{10}Cl_2F_2$, fl., durch 16std. Erhitzen von **V** mit **XIII** im Rohr bei 150—160°; n_D^{25} 1,5188; $D._4^{25}$ 1,300; 93%. — *2.4-Dichlor-3-[cyclohexen-(1)-yl]-cyclobutenon*, Kp.$_{3-4}$ 95—100°, durch Erhitzen (5 Min.) von **XIV** mit 97,1%ig. H_2SO_4 auf 95°, Gießen auf Eis u. Chromatographie an SiO_2-Celite; n_D^{25} 1,6053. *2.4-Dinitrophenylhydrazon*, $C_{16}H_{14}Cl_2N_4O_4$, F. 204 bis 206° (rote Nadeln aus Äthylacetat). — *1.1-Difluor-2-chlor-4-jod-3-[cyclohexen-(1)-yl]-cyclobuten-(2)*, $C_{10}H_{10}ClF_2J$, Kp.$_{1,0-1,4}$ 109—112°, durch Kochen (8 Tage) von **V** mit NaJ in Aceton; 63%. — *1.1-Difluor-2-chlor-4-äthoxy-3-[cyclohexen-(1)-yl]-cyclobuten-(2)*, $C_{12}H_{15}ClF_2O$, Kp.$_1$ 87,5°, durch 3std. Kochen von **V** mit 87%ig. wss. KOH in abs. A.; n_D^{25} 1,4920; 41%. — *2-Fluor-1.3-dichlor-5.6.7.8-tetrahydronaphthalin* (**XV**), $C_{10}H_9Cl_2F$, F. 68,1—68,4° (A.), durch 24std. Kochen von **V** (oder **XVI**) mit **XIII** im Rohr auf 105° u. weiteres 36std. Erhitzen auf 180°; 41%. — *1.1.2-Trifluor-2-chlor-3-methyl-3-äthinylcyclobutan*, $C_7H_6ClF_3$, Kp.$_{35,3-36}$ 44—49°, durch 20std. Erhitzen von 53,2 g **XVI** u. 110 g **I** im Rohr auf 95°; n_D^{25} 1,4039; 30 g; daneben 27,2 g *1.1.2.-Trifluor-2-chlor-3-isopropenylcyclobuten* ($C_7H_6ClF_3$, Kp.$_{32-37}$ 60—65°, n_D^{25} 1,4288—1,4295) sowie 9,4 g *1.1.2-Trifluor-2-chlor-3-methyl-3-[3.3.4-trifluor-4-chlorcyclobutenyl]-cyclobutan*, Kp.$_1$ 51—53°; n_D^{25} 1,4206. — *1.1.2-Trifluor-2.3-dichlor-3-[cyclohexen-(1)-yl]-cyclobutan*, $C_{10}H_{11}Cl_2F_3$, Kp.$_2$ 91—94° (hellgelb), durch 18std. Erhitzen von 20 g **XVII** u. 30 g **I** auf 125°; 10 g.

B. GNAUCK. 2200 □

Über die Einwirkung des Bromwasserstoffs und des Sauerstoffs auf α,β-ungesättigte Ketone. 2. Mitt. **Bildung eines α-Diketons aus dem ungesättigten α-Bromketon durch Sauerstoffeffekt.** Hazime Kasiwagi. (Bull. chem. Soc. Japan **31**. 592—97. Juli 1958. Mizuho-Ku, Nagoya Univ., Abteilung der allg. Bildungen, Chem. Labor.) (Dt.) — 1. vgl. C. **1950/54**. 2428 S.

Bei der Einw. von Br u. O_2 auf α-Bromchalkon (**I**) u. α-Brom-4′-methylchalkon (**II**, ω-Brom-4-methyl-ω-benzalacetophenon) werden neben *Benzoe-* u. *p-Toluylsäure* (vgl. l. c.) weitere Rk.-Prodd. isoliert. So erhält man aus **I** *ω-Benzalacetophenondibromid* (*α.β-Dibrom-β-phenylpropiophenon*) u. aus **II** analog *4-Methyl-ω-benzalacetophenon-dibromid* sowie *p-Tolyl-α-brombenzylglyoxal* (**III**). Zur Sicherung der Struktur wird **III** durch Bromierung von p-Tolylbenzylglyoxal (**IV**) synthetisiert. **III** bildet im Gegensatz zu **IV** ein Chinoxalin-Derivat. Aus dem Rk.-Prod. von **I** konnte kein Phenyl-ω-brombenzylglyoxal isoliert werden, da sich der aus der Rk.-Fl. durch Abdampfen des Lsgm.

im Vakuum hinterbleibende Rückstand zersetzt. Die Rk.-Mechanismen werden diskutiert.

Versuche: *p-Tolyl-α-brombenzylglyoxal* (III), $C_{16}H_{13}BrO_2$, F. 84—85° (A.), d) durch Einleiten von HBr u. O_2 in die Lsg. von 2,00 g **II** in PAe. bei 75—90°, Neutralisieren mit Soda-Lsg., Eindampfen im Vakuum, Versetzen des Öls mit A. u. Kühlen mit Eiswasser; 1,10 g (Ausbeute); b) durch Bromierung von **IV** in Methanol, Gießen in W., Aufnehmen in Ae. u. Waschen mit $NaHCO_3$-Lösung. — *p-Tolylbenzylglyoxal* (**IV**), F. 89° (wss. Methanol), durch Kondensation von Benzaldehyd mit p-Methylphenacetylchlorid in Ggw. von Na-Äthylat u. Behandlung des *Epoxids* mit NaOH u. HCl. *Chinoxalin-Deriv.*, $C_{22}H_{18}N_2$, F. 112—112,5° (wss. A.). — *α.α.β-Tribrom-β-phenyl-4-methylpropiophenon*, $C_{16}H_{13}Br_3O$, F. 104,5—106° (A./Chlf.), durch Eintragen von 0,59 g Br_2 in die Lsg. von 1,1 g **II** in Chlf. u. Eindampfen; 1 g. — *α.α.β-Tribrom-β-phenylpropiophenon*, $C_{15}H_{11}Br_3O$, F. 102—104°, analog vorst. Verb. aus **I**. — *ω-Benzalacetophenondibromid*, F. 116—120° (A.), durch Einleiten von HBr/O_2 in die Lsg. von **I** in PAe. bei 62—75°, 3,5 std. Stehen bei 0°, Waschen mit $NaHCO_3$-Lsg. u. Eindampfen. — *4-Methyl-ω-benzalacetophenondibromid*, F. 156,5—157,5°, analog vorst. Verb. aus 2,0 g **II**; 1,2 g. L. Lamza. 2360

Synthetische Anwendungen von aktivierten Metallkatalysatoren. 9. Mitt. **Ein Vergleich der Desulfurierungsfähigkeiten einiger Übergangsmetalle.** G. M. Badger, N. Kowanko und W. H. F. Sasse. (J. chem. Soc. [London] **1960.** 1658—62. April. Adelaide, South Australia, Univ.) (Engl.) — 8. vgl. J. chem. Soc. [London] **1960.** 526.

Vff. untersuchen bei der Desulfurierung von Bis-[naphthyl-(1)]-sulfid (**I**) u. Dihexylsulfid (**II**) mit verschiedenen Metallen deren Aktivität. **I** läßt sich mit Cu-Bronze bis zu 300°, mit red. Fe, Ni, Zn-Staub u. Ag bei 200° nicht entschwefeln. Zn-Staub liefert mit **I** bei 400° geringe Mengen *Naphthalin* (**III**), *Perylen* (**IV**), *Benzo-[j]-fluoranthen* (**V**) u. eines nicht identifizierten *KW-Stoffs*. W 7-Raney-Ni gibt mit **I** je nach den Rk.-Bedingungen **III, IV, V**, *1.1'*-(**VI**), *2.2'-Binaphthyl* (**III**) sowie *Tetralin*. Die Bldg. des letzteren wird durch eine sek. Hydrierung mit dem im Raney-Ni enthaltenen H_2 erklärt. Analoge Ergebnisse werden mit W 7-Raney-Co u. Johnston-Cu erhalten. Die Desulfurierung von **II** erfolgt mit Raney-Ni, -Co u. -Fe in Ggw. von H_2 zu *Hexan* (**VIII**). Raney-W u. -Cu reagieren nur unvollkommen zu **VIII**. Die Rkk. werden über die Bldg. von Naphthyl- bzw. Hexylradikalen erklärt.

Versuche: *Bis-[naphthyl-(1)]-sulfid* (**I**), $C_{20}H_{14}S$, F. 110°, aus Naphthyl-(1)-MgBr u. $SOCl_2$ über das nichtisolierte Sulfoxid; aus A. Nadeln. — *Naphthalin* (**III**), a) aus **I** durch Erhitzen mit Zn-Staub auf 400° u. Chromatographie an Al_2O_3 mit PAe.; 3,95% (Ausbeute); daneben 87,5% nicht umgesetztes **I** u. Spuren von *Perylen* (**IV**), *Benzo-[j]-fluoranthen* (**V**) u. ein *KW-Stoff von F. 298—300°*, b) aus **I** u. jodaktivierter Cu-Bronze bei 290°; 3,14%.; daneben 87,8%. **I** u. Spuren **IV**; c) aus **I** u. W 7-Raney-Ni in sd. Methanol (22 Std.); 88,5%; daneben 1,6% *1.1'-Binaphthyl* (**VI**); d) aus **I** u. W 7-JNi in Xylol bei 140° bzw. Dialkylphthalat bei 220°; 61,3 bzw. 69%; daneben 15,2 bzw. 19,8% **VI** u. Spuren von *2.2'-Binaphthyl* (**VII**) sowie **IV** u. **V**; e) aus **I** u. W 7-Co unter N_2 in Dialkylphthalat bei 220°; 97%; daneben Spuren von **VI, V** u. **IV**; f) aus **I** u. Johnston-Cu unter N_2 bzw. H_2 wie vorst.; 22,3 bzw. 43,7%; daneben nicht umgesetztes **I** u. Spuren von **VI, IV** u. **V**; g) aus **I** u. Fe unter N_2 bzw. H_2 wie vorst.; 4,25 bzw. 32%; daneben nicht umgesetztes **I** u. Spuren von **VI, IV** u. **V**. — *Hexan* (**VIII**); a) aus **II** u. Raney-W bei 220—230° unter H_2 in 15 Std.; 13,6%; 72,3% **II** zurück; b) mit Raney-Cu; 22,4% u. 70% **III**; c) mit Raney-Fe; 84,2%; d) mit Raney-Co; 82%; e) mit Raney-Ni; 82,5%; f) mit red. Ni; 0,82% u. 89% **II**. H. Gleinig. 2600□

Untersuchung auf dem Gebiet der Stereochemie cyclischer Verbindungen. Cyclopentendion-(1.3) in der Dien-Synthese. W. F. Kutscherow und L. N. Iwanowa. (Доклады Академии Наук СССР [Ber. Akad. Wiss. UdSSR] **131.** 1077—79. 11/4. 1960. Zelinsky-Inst. für org. Chem. der Akad. der Wiss. der UdSSR.) (Russ.)

Das durch CrO_3-Oxydation von Cyclopenten-(2)-diol-(1.3) (**I**) in mäßiger Ausbeute zugängliche *Cyclopentendion-(1.3)* (**II**) geht mit Butadien bereits bei Raum-Temp. Dien-Rk. unter Bldg. von *cis-Δ^3-Tetrahydroindandion-(1.3)* (**III**) ein, dessen Struktur durch die Hydrierung zu *cis-Hydrindandion-(1.3)* u. weitere Oxydation zu *cis-Cyclohexan-1.2-dicarbonsäure* bestätigt wird. Eine Reihe weiterer Dien-Addukte von **II** wird beschrieben.

Versuche: *Cyclopentendion-(1.3)* (**II**), $C_5H_4O_2$, F. 35—36°, $Kp._1$ 60°, durch Zutropfen von CrO_3 in Essigsäure zur essigsauren wss. Lsg. von **I** ($Kp._{0,7}$ 107—108°; n_D^{20} 1,5025); n_D^{20} 1,5045; 26% (Ausbeute). — *cis-Δ^5-Tetrahydroindandion-(1.3)* (**III**), $C_9H_{10}O_2$, F. 157,5—158,5° (abs. Methanol), durch 14tägiges Stehen von 2,5 g **II** mit 15 g

Butadien in Bzl. in Ggw. von wenig Pyrogallol; 2,46 g. — *cis-Hydrindandion-(1.3)*, $C_9H_{12}O_2$, F. 86—86,5° (abs. Methanol), durch Hydrieren von 1,62 g **III** in A. über Pd; 1,63 g. — *cis-Cyclohexan-1.2-dicarbonsäure*, F. 186,5—187,5°, durch 1 std. Rühren von 0,45 g vorst. Verb. mit Br_2 in 10%ig. NaOH bei 0°, Sättigen mit SO_2 u. Eindampfen: 0,1 g. — *5-Methylhydrinden-(5)-dion-(1.3)*, $C_{10}H_{12}O_2$, F. 84,5—85,5° (Nitromethan), analog **III** aus 0,48 g **II** u. 3,4 g Isopren in geschlossener Ampulle; 0,71 g. — *4.7-Endomethylen-Δ^5-tetrahydroindandion-(1.3)*, $C_{10}H_{10}O_2$, F. 178—178,5° (abs. Methanol), aus 0,24 g **II** u. 1,2 g Cyclopentadien; 0,4 g. — *4.7-Endomethylenhydrindandion-(1.3)*, $C_{10}H_{12}O_2$, F. 166—166,5° (abs. Methanol), durch Hydrieren von 0,16 g vorst. Verb. in abs. A. über Pd; 0,15 g. — *4.5-Tetramethylen-Δ^5-tetrahydroindandion-(1.3)*, $C_{13}H_{16}O_2$, F. 120—121° (Nitromethan), analog **III** aus 0,48 g **II** u. 1,62 g 1-Vinylcyclohexen-(1); 0,6 g. — *6'-Methoxy-1'.2'.3'.4'-tetrahydronaphtho-[1'.2':4.5]-Δ^5-tetrahydroindandion-(1.3)*, $C_{18}H_{18}O_3$, F. 206,5—207,5° (abs. Methanol), aus 0,48 g **II** u. 1 g 6-Methoxy-1-vinyl-3.4-dihydronaphthalin; 1 g. H.-E. TOUSSAINT. 2650 □

Synthetische Gonadogene. 2. Mitt. S. M. Mukherji, R. P. Gandhi und V. S. Gaind. (J. Indian chem. Soc. **33.** 765—68. Nov. 1956. Hoshiarpur, Panjab Univ., Chem. Dep.) (Engl.) — 1. vgl. C. **1958.** 8905.

Das aus 7-Methoxytetralon-(1) (**II**) u. p-Methoxybenzylchlorid (**IV**) erhältliche *7-Methoxy-2-[p-methoxybenzyl]-tetralon-(1)* (**I**) liefert durch Red. nach CLEMMENSEN *7-Methoxy-2-[p-methoxybenzyl]-tetralin*, das durch Red. mit Li in fl. NH_3 u. A. in *7-[4'-Ketocyclohexen-(2')-ylmethyl]-$\Delta^{1,9}$-oktalon-(2)* (**III**) übergeht. **I** liefert mit Äthyl-MgBr u. Hydrolyse mit HCl über das *tert. Carbinol 7-Methoxy-1-äthyl-2-[p-methoxybenzyl-3.4-dihydronaphthalin*, das analog **III** zu *7-[4'-Ketocyclohexen-(2')-ylmethyl]-8-äthyl-$\Delta^{1,9}$-oktalon-(2)* red. werden kann.

Versuche: *7-Methoxy-2-[p-methoxybenzyl]-tetralon-(1)* (**I**), $C_{19}H_{20}O_3$, F. 88°, Kp.$_6$ 247—250°, durch Zugabe von **IV** in Ae. zum **II**-Na-Salz (aus **II** u. $NaNH_2$ durch mehrstd. Stehen u. 15 std. Kochen) in Bzl., $^1/_2$ std. Stehen u. 8 std. Kochen; aus Methanol Schuppen; 50% (Ausbeute). *2.4-Dinitrophenylhydrazon*, $C_{25}H_{24}N_4O_6$, F. 200—201°, aus Essigester-A. dunkelrote Nadeln. — *7-Methoxy-2-[p-methoxybenzyl]-tetralin*, $C_{19}H_{22}O_2$, Kp.$_4$ 225—230°, durch 48 std. CLEMMENSEN-Red. von **I** u. Methylieren der erhaltenen phenol. Verb in Aceton mit Dimethylsulfat; viscose Masse; 62%. — *7-[4'-Ketocyclohexen-(2')-ylmethyl]-$\Delta^{1,9}$-oktalon-(2)* (**III**), $C_{17}H_{22}O_2$, Kp.$_5$ 220—225°, durch Red. vorst. Verb. in Ae. mit Li in fl. NH_3 u. A. u. 5 std. Erhitzen mit 10%ig. H_2SO_4 auf 100°; viscoses Öl; 55%. *Bis-2.4-dinitrophenylhydrazon*, $C_{29}H_{30}N_8O_8$, F. 120—121° (sintert bei 102°); aus Essigester-A. dunkelrote Nadeln. — *7-Methoxy-1-äthyl-2-[p-methoxybenzyl]-3.4-dihydronaphthalin*, $C_{21}H_{24}O_2$, F. 102° (aus Methanol), Kp.$_5$ 230—235°, durch Zutropfen von Äthyl-MgBr in Ae. zu **I** in abs. Bzl., 2 std. Stehen, 6 std. Kochen, Zers. mit kalter HCl, Ausäthern u. Fraktionieren in Ggw. von wenig J_2; 72%. — *7-[4'-Ketocyclohexen-(2')-ylmethyl]-8-äthyl-$\Delta^{1,9}$-oktalon-(2)*, $C_{19}H_{26}O_2$, Kp.$_5$ 225—228°, aus vorst. Verb. analog **III**; viscoses Öl; 62%. *Bis-2.4-dinitrophenylhydrazon*, $C_{31}H_{34}N_8O_8$, F. 135° (sintert bei 120°), aus Essigester–A. dunkelorangefarbene Tafeln. K. ZIELOFF. 2700

Die Dianthrone der pharmazeutisch interessierenden Hydroxyanthrachinone. H. Auterhoff und F. C. Scherff. (Arch. Pharmaz. Ber. dtsch. pharmaz. Ges. **293/65.** 918—25. Okt. 1960. Braunschweig, TH, Inst. für Pharm. u. Lebensmittelchem.) (Dt.)

Einige pharmakolog. interessante *1.8.1'.8'-Tetrahydroxydianthrone* (Vff. bezeichnen als Dianthron die Verb. mit einer einfachen Bindung zwischen den beiden Anthronresten) wurden aus den entsprechenden Anthrachinonen über die Anthrone u. deren oxydative Dimerisierung dargestellt. Die IR- u. UV-Spektren der Verbb. wurden aufgenommen.

Versuche: *1.8.1'.1'-Tetrahydroxydianthron*, F. 235° (Zers.), gelbgrün, aus 1.8-Dihydroxyanthrachinon (Istizin; F. 190°) durch Red. mit SnCl in sd. Eisessig zu *1.8-Dihydroxyanthron* (F. 170°) u. dessen Oxydation mit $FeCl_3$ in sd. Eisessig. — Analog nachst. 1.8.1'.8'-Tetrahydroxydianthrone: *3.3'-Dimethyl-*, F. > 220° (Zers.), gelbbraun, aus 1.8-Dihydroxy-3-methylanthrachinon (Chrysophanol; F. 195°) über *1.8-Dihydroxy-3-methylanthron* [F. 204° (Zers.)]. — *3.3-Bis-[hydroxymethyl]-*, F. > 260° (Zers.), dunkelbraun, aus Aloe-Emodin (F. 222°) über das *Anthron* (F. 192°). — *3.3-Dicarboxy-*, F. > 300° (Zers.), gelbbraun; aus Rhein (F. 320°) über das *Anthron* [F. 228° (Zers.)]. — *3.3'-Dihydroxy-6.6'-dimethyl-*, F. > 300° (Zers.), dunkelgrünbraun, aus Frangula-Emodin (F. 254°) über das *Anthron* [F. 255° (Zers.)]. — *Rheinmethylester* (*1.8-Dihydroxy-3-carbomethoxyanthrachinon*), $C_{16}H_{10}O_6$, F. 174° (Eisessig), orangerote Nadeln, durch Veresterung von Rhein. — *1.8-Dihydroxy-3-carbomethoxyanthron*, $C_{16}H_{12}O_5$, F. 194—196°; hellgelbe Blättchen aus Eisessig, durch Red. vorst. Verb. mit $SnCl_2$ in sd. Eisessig. A. MASCHKE. 2800 □

Notiz über die Cyclisierung von 3-[Naphthyl-(2)]-buttersäure. P. M. G. Bavin. (Canad. J. Chem. **38.** 1227—28. Juli 1960. Hull, East Yorkshire, Univ., Chem. Dep.) (Engl.)

Das durch Cyclisierung von 3-[Naphthyl-(2)]-buttersäure mit HF, Red. u. Hydrierung erhaltene *Phenanthren* enthält, wie spektroskop. bestimmt wurde, 2% *Anthracen.* Unter den Prodd. der SKRAUP-Rk. mit 2-Aminonaphthalin konnte dagegen kein 1-Azoanthracen nachgewiesen werden. M. WOLFF. 2850 □

Herbicide und Pflanzenwachstumsregulatoren. 36. Mitt. Synthese einiger Tetrachlor-, Pentachlor- und Hexachlor-3.6-endomethylentetrahydrophthalamidsäuren und ihrer Imide. N. N. Melnikow, L. G. Wolfsson und Ss. D. Wolodkowitsch. (Журнал Общей Химии [J. allg. Chem.] **31 (93).** 499—506. Febr. 1961.) (Russ.) — 35. vgl. C. **1962.** 8229.

Eine Reihe von aus Polychlorcyclopentadien u. Maleinsäureanhydrid erhaltenen *Polychlor-3.6-endomethylen-Δ^4-tetrahydrophthalsäureanhydriden* wurde mit prim. Aminen zu *N-Alkyl(aryl)polychlor-3.6-endomethylen-Δ^4-tetrahydrophthalamidsäuren* umgesetzt, die beim Erhitzen über den F. unter Abspalten von W. in die entsprechend N-substituierten *Tetrahydrophthalimide* übergehen. Die neuen Verbb. sind zur Unters. ihrer Wirksamkeit als Herbicide von Interesse.

Versuche: 3.6-Endomethylen-Δ^4-tetrahydrophthalsäurehydride, aus dem entsprechenden Cyclopentadien u. Maleinsäureanhydrid: *3.4.5.6-Tetrachlor-*(**I**), F. 159—160°. — *3.4.5.6.7-Pentachlor-*, F. 172—173°. — *3.4.5.6.7.7-Hexachlor-*, F. 232 bis 235°. — 3.4.5.6-Tetrachlor-3.6-endomethylen-Δ^4-tetrahydrophthalamidsäuren: *N.N-Diäthyl-*, $C_{13}H_{15}Cl_4NO_3$, F. 200°, durch Zutropfen von Diäthylamin zu **I** in Dioxan oder Ae. bei 5° u. 15—40 Min. langem Rühren bei 5—15°; 83% (Ausbeute). — *N-Phenyl-*, $C_{15}H_{11}Cl_4NO_3$, F. 198—200° (Zers.), ebenso; 98%. — *N.N-Diphenyl-*, $C_{21}H_{15}Cl_4NO_3$, F. 140—144°; 85%. — *N-[p-Chlorphenyl]-*, $C_{15}H_{10}Cl_5NO_3$, F. 236° (Zers.); 90%. — *N-[o-Tolyl]-*, $C_{16}H_{13}Cl_4NO_3$, F. 118—120°; 82%. — *N-Phenylamino-*, $C_{15}H_{12}Cl_4N_2O_3$, F. 188°, mit Phenylhydrazin; 50%. — 3.4.5.6.7-Pentachlor-3.6-endomethylen-Δ^4-tetrahydrophthalamidsäuren: *N-Phenyl-*, $C_{15}H_{10}Cl_5NO_3$, F. 125—126°; 100%. — *N-[o-Tolyl]-*, $C_{16}H_{12}Cl_5NO_3$, F. 122—123°; 90%. — *N-[p-Nitrophenyl]-*, $C_{15}H_9Cl_5N_2O_5$, Zers. bei 250°; 61%. — 3.4.5.6.7.7-Hexachlor-3.6-endomethylen-Δ^4-tetrahydrophthalamidsäuren: *N.N-Diäthyl-*, $C_{13}H_{13}Cl_6NO_3$, F. 125—126°; 100%. — *N-[p-Chlorphenyl]-*, $C_{15}H_8Cl_7NO_3$, F. 123—124°; 100%. — *N-[o-Tolyl]-*, $C_{16}H_{11}Cl_6NO_3$, F. 123—124°; 95%. — *N-[p-Nitrophenyl]-*, F. 250° (Zers.); 89%. — 3.4.5.6-Tetrachlor-3.6-endomethylen-Δ^4-tetrahydrophthalimide, durch Erhitzen der entsprechenden Phthalamidsäuren über den F.: *N-Phenyl-*, $C_{15}H_9 \cdot Cl_4NO_2$, F. 214—215°. — *N-[p-Chlorphenyl]-*, $C_{15}H_8Cl_5NO_2$, F. 247—248°. — *N-[o-Tolyl]-*, $C_{16}H_{11}Cl_4NO_2$, F. 239—240°. — *N-[p-Tolyl]-*, $C_{16}H_{11}Cl_4NO_2$, F. 188—189°. — *N-[p-Nitrophenyl]-*, $C_{15}H_8Cl_4N_2O_4$, F. 266,5°. — *N-Phenylamino-*, $C_{15}H_{10}Cl_4N_2O_2$, F. 200°. — 3.4.5.6.7-Pentachlor-3.6-endomethylen-Δ^4-tetrahydrophthalimide: *N-Phenyl-*, $C_{15}H_8 \cdot Cl_5NO_2$, F. 271°. — *N-[m-Chlorphenyl]-*, $C_{15}H_7Cl_6NO_2$, F. 263,5—264°. — *N-[o-Tolyl]-*, $C_{16}H_{10}Cl_5NO_2$, F. 244—245°. — *N-[p-Tolyl]-*, $C_{16}H_{10}Cl_5NO_2$, F. 285—286°. — *N-[p-Nitrophenyl]-*, $C_{15}H_7Cl_5N_2O_4$, F. 340°. — 3.4.5.6.7.7-Hexachlor-3.6-endomethylen-Δ^4-tetrahydrophthalimide: *N-Phenyl-*, $C_{15}H_7Cl_6NO_2$, F. 234°. — *N-[p-Chlorphenyl]-*, $C_{15}H_6Cl_7NO_2$, F. 257°. — *N-[o-Tolyl]-*, $C_{16}H_9Cl_6NO_2$, F. 185°. — *N-[p-Tolyl]-*, $C_{16}H_9Cl_6NO_2$, F. 225—227°. — *N-[p-Nitrophenyl]-*, $C_{15}H_6Cl_6N_2O_4$, F. 284—285°.

H.-E. TOUSSAINT. 2950 □

Enzymatische Oxydation von Polyphenolen zu Benzotropolonen. E. A. H. Roberts und M. Oldschool. (Chem. and Ind. **1958.** 99—100. 25/1. London, Indian Tea Associat.) (Engl.)

Pyrogallol (**I**), **I** u. Gallussäure (**II**), **I** u. Brenzcatechin (**III**) sowie **II** u. **III** werden mit gewaschener Tee-Oxydase (**IV**) behandelt, die Oxydations-Prodd. mit Äthylacetat extrahiert u. zweidimensional papierchromatograph. untersucht. **I** wird durch **IV** in *Purpurogallin* (**V**) u. *Purpurogallincarbonsäure* übergeführt, die in Butanol/Essigsäure/Wasser R_F-Werte von 0,80 bzw. 0,68 aufweisen u. die durch Besprühen mit Alkali als blaugelbe, mit $AlCl_3$ als rosaorangefarbene Flecke zu erkennen sind. Während **II** sowohl allein als auch im Gemisch mit **I** von **IV** nicht angegriffen wird, liefert das **I**–**III**-Gemisch mit **IV** neben **V** wenig *3'.4'-Dihydroxybenzotropolon*, das einen R_F-Wert von 0.90 aufweist u. mit Alkali Violett-, mit $AlCl_3$ Rosafärbung zeigt. Die **IV**-Oxydation des **II**–**III**-Gemisches liefert *3'.4'-Dihydroxybenzotropoloncarbonsäure-(6)*, die einen R_F-Wert von 0,82 aufweist u. mit verd. Alkali violettfarblose, mit $AlCl_3$ orangefarbene Flecke hervorruft. Die Resultate sind ein Beweis für die Annahme, daß die Benzotropolon-Bldg. durch Kondens. zwischen 2 o-Chinonmoll. erfolgt; sie zeigen ferner, daß o-Chinone nicht mit unoxydierten Polyphenolen reagieren. G. MARQUARD. 2950

Untersuchungen über die Bildung N-substituierter Carbonsäureester mit Hilfe von verschiedenen Halogencarbonsäureestern. S. Földeak und B. Matkovics. (Acta Univ. Szegediensis, Acta physica chem. [N.S.] **5.** 43—46. 1959. Szeged, Univ., Inst. of organ. Chem.) (Engl.)

Bei der Darst. von *Piperidino-*, *Morpholino-* u. *Pyrrolidinoessigsäureäthylester* aus Halogenessigsäureäthylestern u. den entsprechenden sek. Aminen erweist sich unter sonst gleichen Rk.-Bedingungen Bromessigsäureäthylester (**I**) gegenüber Chlor- (**II**) oder Jodessigsäureäthylester (**III**) als bes. geeignet, von den Basen reagiert Piperidin (**IV**) besser als Pyrrolidin (**V**) u. Morpholin (**VI**).

Versuche: *Piperidinoessigsäureäthylester*, $C_9H_{17}NO_2$, Kp. 68°, n_D^{25} 1,4525, a) durch langsames Einrühren von 1 Mol **I** in abs. Bzl. zu 2 Mol **IV** in abs. Bzl. bei 0°, Erwärmen auf dem Wasserbad, Abfiltrieren des in der Kälte ausgeschiedenen **IV**-Hydrobromids, Einengen des Filtrates u. Dest. des Rückstandes bei 2—5 Torr; 85% (Ausbeute); b) analog mit **II**; 84%, c) analog mit **III**; 78%. *Pikrat*, $C_9H_{17}NO_2 \cdot C_6H_3N_3O_7$, F. 122°. *Hydrochlorid*, $C_9H_{17}NO_2 \cdot HCl$, F. 117°, durch Einleiten der berechneten Menge HCl-Gas in die äther. Lsg. des Esters. *Jodmethylat*, $C_{10}H_{20}JNO_2$, F. 160—163°. — *Morpholinoessigsäureäthylester*, $C_8H_{15}NO_3$, Kp. 81°, n_D^{25} 1,4531, a) wie vorst. aus **I** u. **VI**; 71%; b) analog mit **II**; 42%; c) analog mit **III**; 68%. *Pikrat*, $C_8H_{15}NO_3 \cdot C_6H_3N_3O_7$, F. 136°. *Hydrochlorid*, $C_8H_{15}NO_3 \cdot HCl$, F. 176° (Zers.). *Jodmethylat*, $C_9H_{18}JNO_3$, F. 132,5°. — *Pyrrolidinoessigsäureäthylester*, $C_8H_{15}NO_2$, $Kp._2$ 59—59,5°, n_D^{25} 1,4460, a) aus **I** u. **V**; 77%; b) analog mit **II**; 52%; c) analog mit **III**; 57%. *Pikrat*, $C_8H_{15}NO_2 \cdot C_6H_3N_3O_7$, F. 118,5°. *Hydrochlorid*, $C_8H_{15}NO_2 \cdot HCl$, F. 133,5°. M. Wolff. 3000☐

Synthese einiger Sondertypen von Glycidestern. Paul S. Starcher, Frederick C. Frostick jun. und Benjamin Phillips. (J. org. Chemistry **25.** 1420—24. Aug. 1960. South Charleston, W. Va., Union Carbide Chem. Co., Res. Dep.) (Engl.)

Vff. beschreiben die Darst. einiger *Glycidester* a) durch Alkoholaustausch von Epoxyestern, b) durch Epoxydation mit Peressigsäure (vgl. C. **1960.** 14683) u. c) durch Kombination von a) u. b). Der Alkoholaustausch bei Estern von α.β-Epoxysäuren erfolgt unter milden Bedingungen in Ggw. von Alkali- bzw. Erdalkalialkoholaten ohne Zerstörung des Oxiranringes, während in Ggw. von Säuren der Epoxidring angegriffen wird. Die Meth. eignet sich bes. zur Darst. von *Estern von Glycidsäuren mit ungesätt. Alkoholen. Diepoxide* lassen sich ebenfalls leicht nach der Austausch-Meth. herstellen. Die direkte Epoxydierung ist nur in solchen Fällen vorzuziehen, wo kein großer Unterschied in der Epoxydierungs-Geschw. zweier verschiedener Doppelbindungen besteht u. die entstehenden Oxiranringe nicht außergewöhnlich empfindlich gegen Essigsäure sind.

Versuche: *2.3-Epoxybuttersäure-*(**I**)-*Methylester*, $Kp._{49}$ 84—85°, aus Crotonsäuremethylester u. Peressigsäure in 6 Std. bei 85—90°; n_D^{30} 1,4150, $D._4^{26}$ 1,075; 61% (Ausbeute). — **I**-*Allylester* (**II**), $Kp._{25}$ 96—98°, a) durch Lösen von $NaOCH_3$ in Allylalkohol, Zugabe von **I**-Methylester, Kochen unter vermindertem Druck (ca. 40°) unter Entfernung von CH_3OH, Kühlen, Zugabe von Essigsäure, Filtration u. fraktionierte Dest.; n_D^{30} 1,4362; 58%; b) analog a) in Ggw. von Na; 37%; c) aus **I**-Äthylester in Ggw. von $Mn(OCH_3)_2$; 68%. — **I**-*6-Methylcyclohexen-(3)-ylmethylester* (**III**), $C_{12}H_{18}O_3$, $Kp._{2,5}$ 117°, aus **I**-Äthylester u. 6-Methylcyclohexen-(3)-ylmethanol analog **II** nach a); n_D^{30} 1,1418; 53%. — **I**-*Penten-(4)-ylester*, $C_9H_{14}O_3$, $Kp._5$ 96°, aus **I**-Äthylester u. Penten-(4)-ol analog **II** nach a); n_D^{30} 1,4405; 33%. — *2.3-Epoxy-2-äthylhexansäure, Allylester*, $C_{11}H_{18}O_3$, $Kp._1$ 70°, aus 2.3-Epoxy-2-äthylhexansäureäthylester (**IV**) analog **II** nach a); n_D^{30} 1,4402; 80%. *6-Methylcyclohexen-(3)-ylmethylester*, $C_{16}H_{26}O_3$, $Kp._{2,5}$ 144°, aus **IV** analog **II** nach a); 44%. — **I**-*Cyclohexylester*, $Kp._3$ 96°, aus **I**-Äthylester u. Cyclohexanol analog **II** nach a); n_D^{30} 1,4575; 41%. — *Äthylenglykol-bis-[2.3-epoxybutyrat]*, $C_{10}H_{14}O_6$, $Kp._4$ 165°, a) aus **I**-Äthylester u. Äthylenglykol mit $NaOC_2H_5$; n_D^{30} 1,4535—1,4542; 45%; daneben 15% **I**-*β-Hydroxyäthylester*; b) durch Epoxydation von Äthylenglykoldicrotonat ($Kp._2$ 108 bis 109°, durch Veresterung von Crotonsäure mit Äthylenglykol; n_D^{30} 1,4653; 52%) nach der l. c. beschriebenen Meth. in 12 Std. bei 75°; 29%; daneben 47% *Äthylenglykolcrotonat-2.3-epoxybutyrat.* — Analog vorst. Verb. nach b): **I**-*2.3-Epoxypropylester*, $Kp._{1,5}$ 96—97°, aus Crotonsäureallylester in 8 Std. bei 70°; n_D^{30} 1,4480; 57%. — *2.3-Epoxy-2-äthylhexansäure-2.3-epoxypropylester*, $Kp._2$ 114—115°, aus 2-Äthylhexen-(2)-säureallylester in 9 Std. bei 60°; n_D^{30} 1,4470—1,4478; 54%. — **I**-*3.4-Epoxy-6-methylcyclohexylmethylester*, $Kp._1$ 142°, a) aus **III** in 1,75 Std. bei 40°; n_D^{30} 1,4734; 77%; b) aus Crotonsäure-3.4-epoxy-6-methylcyclohexylmethylester in 6 Std. bei 60—80°; $<$ 10%. — *2.3-Epoxy-2-äthylhexansäure-3.4-epoxy-6-methylcyclohexylmethylester*, $Kp._4$ 175—180°, aus 2-Äthylhexen-(2)-säure-6-methylcyclohexen-(3)-ylmethylester in 2,25 Std. bei 65°; n_D^{30} 1,4696—1,4708; 63%. — *Pentandiol-(1.5)-bis-[2.3-epoxy-2-äthylhexanoat]*, $Kp._2$ 214—217°, aus *Pentandiol-(1.5)-bis-[2-äthylhexen-(2)-oat]* ($Kp._{0,75}$ 169°

aus der Säure u. dem Alkohol; n_D^{30} 1,4672, $D._{20}^{20}$ 0,9565; 71%) in 3 Std. bei 75°; n_D^{30} 1,4540—1,4550; 88%. — *1.1.1-Trimethylolpropan-tris-[2.3-epoxy-2-äthylhexanoat]*, als Dest.-Rückstand aus *1.1.1-Trimethylolpropan-tris-[2-äthylhexen-(2)-oat]* ($C_{30}H_{50}O_6$, Kp.$_3$ 195 bis 240°, aus der Säure u. dem Alkohol; n_D^{30} 1,4747; 80%) in 7 Std. bei 50—70°; n_D^{30} 1,4261; > 80%. — *Pentaerythrit-tetrakis-[2.3-epoxy-2-äthylhexanoat]*, als blaßgelber Dest.-Rückstand aus Pentaerythrit-tetrakis-[2-äthylhexen-(2)-oat] in 5 Std. bei 65°; n_D^{30} 1,4636; > 80%. M. WOLFF. 3030□

Fortschritte in der Chemie der Bitterstoffe, die einen β-substituierten Furanring enthalten. P. K. Bose. (J. Indian chem. Soc. **37.** 653—67. Okt. 1960.) (Engl.)

Übersicht. — 33 Literaturangaben. P. GOLINSKE. 3061□

Drei 2-Fluoralkyl-5-nitrofurane. William R. Sherman, Morris Freifelder und George R. Stone. (J. org. Chemistry **25.** 2048—49. Nov. 1960. North Chicago, Ill., Abbott Labors., Res. Div., Organ. Chem. Dep.) (Engl.)

Mittels SF_4 wurden aus 5-Nitrofuran-2-carbonsäure (I) *2-Trifluormethyl-5-nitrofuran*, aus 5-Nitrofuran-2-aldehyd (II) *2-Difluormethyl-5-nitrofuran* u. aus 2-Acetyl-5-nitrofuran (III) *2-[α.α-Difluoräthyl]-5-nitrofuran* dargestellt. Alle drei Fluoralkylnitrofurane zeigen antibakterielle Wirksamkeit gegen *Escherichia coli*, *Salmonella typlimurium*, *Staphylococcus aureus* u. *Protens vulgaris*.

Versuche: *2-Trifluormethyl-5-nitrofuran*, $C_5H_2F_3NO_3$, Kp.$_{102}$ 108°, n_D^{25} 1,4368, explodiert bei 247°, aus 0,1 Mol I u. 0,4 Mol SF_4 durch 7std. Erhitzen auf 120° im Rohr; 37% (Ausbeute). — *2-Difluormethyl-5-nitrofuran*, $C_5H_3F_2NO_3$, Kp.$_{13}$ 96—98°, $n_D^{21,3}$ 1,4910—1,4922, aus II u. SF_4 durch 8std. Erhitzen auf 65° im Rohr; 28%. — *2-[α.α-Difluoräthyl]-5-nitrofuran*, $C_6H_5F_2NO_3$, Kp.$_{0,5}$ 58—60°, n_D^{25} 1,4717, aus III u. SF_4 in Ggw. von etwas W. durch 10std. Erhitzen auf 55—60° im Rohr; 34%. A. MASCHKE. 3061□

Reaktion von Isopropylzinkjodid mit Terebinsäurechlorid. Eine vorgeschlagene neue Wirkungsart des Blaise-Reagenses. Takeshi Matsumoto und Akira Suzuki. (J. org. Chemistry **25.** 1666—70. Sept. 1960. Sapporo, Hokkaido Univ., Fac. of Sci., Chem. Dep.) (Engl.)

Vff. untersuchen die Einw. von Isopropylzinkjodid (BLAISE-Reagens; II) auf Terebinsäurechlorid (III), die zu *dl-Pyrocin* (I) führt. Im Gegensatz zu der Auffassung von MATSUI u. Mitarbeitern (vgl. C. **1950/54.** 8936 S) finden Vff. bei der Rk. kein Keton-Zwischenprod. [2-Terebinoylpropan (V)]. Als Nebenprod. wird bei der Bldg. von I *Terebinsäureisopropylester* (IV) aufgefunden. V entsteht dann neben IV, wenn man auf III in Ae. Diisopropyl-Cd (VII) einwirken läßt. Da die Behandlung von V–IV-Gemisch mit II jedoch kein I liefert, schließen Vff. V als Zwischenprod. bei der I-Bldg. aus u. diskutieren einen anderen Rk.-Mechanismus. Bei der Umsetzung von Terebinsäure (VI) mit altem, vermutlich SO_3-haltigem $SOCl_2$ entsteht an Stelle von III *Teraconsäureanhydrid*. Kernmagnet. Resonanzspektren u. Werte der IR-Spektren sind angegeben.

Versuche: *Terebinsäure* (VI), durch Zugabe von 145 g Bernsteinsäuredimethylester in 120 ml Aceton zu 108 g CH_3ONa in 400 ml Ae. bei 0°, 2tägiges Stehen bei Raum-Temp., Gießen von 700 ml konz. HCl u. 350 ml W. zum Rk.-Gemisch, Abdestillieren des Ae., 12std. Kochen der wss. Lsg., Zufügen von 400 ml heißem W., Filtrieren über Kohle u. Umkristallisieren des in der Kälte ausgeschiedenen Prod. aus W.; 65 g (Ausbeute). — *Teraconsäureanhydrid*, $C_7H_8O_3$, F. 44° (CS_2), Kp.$_9$ 137—145°, a) durch Kochen von 9 g VI mit 15 ml altem $SOCl_2$ in Bzl. bis zur Beendigung der HCl-Entw., Eindampfen u. Vakuum-Dest.; 4,6 g; b) durch 13std. Kochen von III mit wenig SO_3 in Bzl.; gibt bei der Verseifung *Teraconsäure*, F. 154—156°. — *Terebinsäurechlorid* (III), Kp.$_{10}$ 123 bis 129°. durch ca. 9std. Kochen von 18 g VI mit 30 g gereinigtem $SOCl_2$ in Bzl.; 17 g. — *dl-Pyrocin* (I), F. 61—62° (PAe.), Kp.$_{35}$ 135—145°. durch Einrühren von 0,01 Mol III in Bzl. zu 0,04 Mol II (aus Zn–Cu-Paar u. Isopropyljodid in PAe.) in Bzl. bei 0° im N_2-Strom innerhalb von 2 Std., 7tägiges Stehenlassen bei Raum-Temp., Hydrolyse mit 6n HCl u. Eis, Schütteln der organ. Phase mit 5%ig. Na_2CO_3-Lsg. u. W. u. fraktionierte Dest.; 1,7 g. — *Terebinsäureisopropylester* (IV), $C_{10}H_{16}O_4$, Kp.$_6$ 115—135°, a) wie vorst. neben I durch fraktionierte Dest.; 0,6 g; b) durch Zusätze von III in Bzl. zu der aus Isopropyl-MgBr u. $CdBr_2$ in Ae. bei 0° dargestellten Lsg. der äquimol. Menge VII bei 0°, 4std. Rühren bei 0°, 2 Std. bei Raum-Temp., 7tägiges Aufbewahren im verschlossenen Gefäß, Zugabe von Eis u. 6n HCl, Ausäthern u. Dest. des Ae.-Rückstandes bei 138 bis 141°/8 Torr; 32%; daneben *2-Terebinoylpropan* (V), [*2.4-Dinitrophenylhydrazon*, $C_{16}H_{20}N_4O_6$, F. 175—176,5° (orangefarbene Nadeln; CH_3OH); 10,6%]. Das wie vorst. erhaltene Gemisch aus IV u. V wird bei der Rk. mit II unverändert zurückerhalten; I kann nicht nachgewiesen werden. M. WOLFF. 3061□

Untersuchungen auf dem Gebiet der thioindigoiden Farbstoffe. 4. Mitt. Mononitroderivate des Thioindigos. N. Ss. Dokunichin und Ju. Je. Gerassimenko. (Журнал

Общей Химии [J. allg. Chem.] **30 (92).** 1231—33. April 1960. Moskau, Woroschilow-Forschungsinst. für org. Zwischenprodd. u. Farbstoffe.) (Russ.) — 3. vgl. C. **1962.** 4527.

Es werden 5- u. *6-Nitrothioindigo* synthetisiert u. ihre Absorptionsmaxima in Bzl. gemessen.

Versuche: *5-Nitrothionaphthenchinon-2-p-dimethylaminoanil* (**I**), $C_{16}H_{13}N_3O_3S$, F. 265—266° (Zers.; Chlorbenzol), man erhitzt 5 g Na_2CO_3, 400 ml W., 6,0 g 5-Nitro-3-acetoxythionaphthen (**II**) u. 4,0 g p-Nitrosodimethylanilin (**III**) in 1 Std. auf 70° u. rührt 3 Std. bei 70°; dunkle Kristalle mit bronzefarbenem Glanz: 86,5% (Ausbeute). — *6-Nitrothionaphthenchinon-2-p-dimethylaminoanil* (**IV**), $C_{16}H_{13}N_3O_3S$, F. 258—259° (Zers.; Chlorbenzol), aus 5 g Na_2CO_3, 400 ml W., 5 g 6-Nitro-3-acetoxythionaphthen (**V**) u. 3,6 g **III** (3 Std., 80°); fast schwarze Kristalle; 81%. — *5-Nitrothioindigo*, $C_{16}H_7NO_4S_2$, F. 380—385° (Zers.; Nitrobenzol), a) man kocht 0,38 g 3-Hydroxythionaphthen (**VI**) u. 0,82 g **I** in 15 ml Essigsäure u. 0,25 ml Piperidin 2 Std.; dunkelrot; 93%; b) man kocht 1,2 g **II**, 1,4 g Thionaphthenchinon-2-p-dimethylaminoanil (**VII**) in 25 ml Essigsäure u. 0,5 ml Piperidin 2 Std.; 79,5%. — *6-Nitrothioindigo*, $C_{16}H_7NO_4S_2$, F. 355—360° (Zers.; Nitrobenzol), a) aus 0,38 g **VI** u. 0,82 g **IV**; dunkelrot; 91,5%; b) aus 1,2 g **V** u. 1,4 g **VII**; 79,5%. HELMUT SCHÄFER. 3071 □

Synthetische Anwendungen von aktivierten Metallkatalysatoren. 10. Mitt. **Die Desulfurierung von Thionaphtheno-[3.2:b]-thionaphthen.** G. M. Badger, N. Kowanko und W. H. F. Sasse. (J. chem. Soc. [London] **1960.** 2969—72. Juli.) (Engl.) — 9. vgl. C. **1962.** 8235; 12. vgl. C. **1962.** 4874.

Vff. untersuchen die Desulfurierung von Thionaphtheno-[3.2:b]-thionaphthen (**I**) mit W 7-RANEY-Ni, RANEY-Co u. vergiftetem RANEY-Ni. Je nach den Rk.-Bedingungen u. Lsgm. werden *Bibenzyl* (**II**), *trans-Stilben* (**III**) u. *2-Phenylthionaphthen* (**IV**), jedoch nicht das erwartete *1.2.3.4-Tetraphenylcyclobutan* erhalten. Ein möglicher Rk.-Mechanismus über ein Biradikal wird diskutiert.

Versuche: *Thionaphtheno-[3.2:b]-thionaphthen* (**I**), F. 214—216° (PAe.), aus 25 g Thiosalicylsäure u. P_2O_5 in sd. Tetralin (3 Std.) u. Kochen des Rk.-Prod. mit wss.-alkohol. KOH (1 Std.); 2,05 g (Ausbeute). — *Bibenzyl* (**II**), $Kp._{0,05}$ 70°, F. 51—52°, a) aus **I** u. W 7-RANEY-Ni in sd. A. (3½ Std.) u. Reinigung durch Chromatographie an Celite-Apiezon L des Dest.-Prod.; 62,2%; b) wie a) in Methanol; 63%; c) wie a) in A. bei Raum-Temp. (3 Monate); 65%; d) wie a) in wss. Methanol bei 4—10° (18 Monate); 94,5%; e) aus **I** u. W 7-RANEY-Ni in Diäthylphthalat bei 200° (2 Std.), Kochen in wss.-alkohol. KOH (8 Std.) u. Dest.; 34,2%; daneben 17,5% *Stilben* (**III**; *Dibromid*, F. 237 bis 240°) u. 32% *2-Phenylthionaphthen* (**IV**), F. 175—176° (A.); f) aus **I** u. RANEY-Ni nach der Meth. von BAKER u. Mitarbeitern (C. **1956.** 1021); 91%; g) aus **I** u. RANEY-Co in sd. A. (5½ Std.); daneben **III** u. unumgesetztes **I**; h) aus **I** u. W 7-RANEY-Ni in Methanol in Ggw. von 2.4.6-Kollidin durch 4std. Kochen; 98%; i) wie h) in Ggw. von Cu-Acetat durch Kochen in A. (1 Std.); 23,1%; daneben 1,2% **III** u. 22,1% **IV**; j) wie h) in Ggw. von Pb-Acetat in sd. A. (3 Std.); 26,9%; daneben 16,7% **IV** u. 42,8% **I**. — *1.2.3.4-Tetraphenylcylcobutan*, $C_{28}H_{24}$, F. 163°, durch Photodimerisation von **III**.
H. GLEINIG. 3071 □

Eine Methode zur Einführung von Substituenten in den Benzolkern des Indols. 6. Mitt. **Synthese von Sulfoderivaten des Indols und Indolins.** A. P. Terentjew und M. N. Preobrashenskaja. (Журнал Общей Химии [J. allg. Chem.] **30 (92).** 1218 bis 1222. April 1960. Moskau, Univ.) (Russ.) — 5. vgl. C. **1961.** 15743.

1-Acetylindolin (**I**) wird mit Chlorsulfonsäure (**II**) in *1-Acetylindolin-5-sulfonsäure* (**III**)-*chlorid* übergeführt. Aus **III**-Chlorid werden *Indolin-5-sulfonsäure* (**IV**) u. verschiedene *Amide* von **III** dargestellt, die zu den *Amiden von* **IV** verseift, dann mit Chloranil (**V**) zu den entsprechenden *Amiden* der *Indol-5-sulfonsäure* oxydiert werden.

Versuche: *1-Acetylindolin-5-sulfonsäure* (**III**), *Chlorid*, $C_{10}H_{10}ClNO_3S$, F. 170—171° (Octan), man tropft zu 23 g **I** unter Kühlen 60 g **II** zu u. erhitzt 1½ Std. auf 50—60°; 54% (Ausbeute). *Amid*, $C_{10}H_{12}N_2O_3S$, F. 223—224° (W.-A.), man erhitzt 7,8 g **III**-Chlorid u. 28 g $(NH_4)_2CO_3$ 2 Std. auf dem Wasserbad; 68%. *Dimethylamid*, $C_{12}H_{16}N_2O_3S$, F. 188,5—189,5° (A.), man rührt 4,6 g **III**-Chlorid u. 100 ml 28%ig. Dimethylamin 2 Stunden. *Methylphenylamid*, $C_{17}H_{18}N_2O_3S$, F. 179,5—180,5° (A.), man erhitzt 5,8 g **III**-Chlorid u. 7 ml N-Methylanilin mit $NaHCO_3$-Lsg. ½ Std. auf dem Wasserbad; 63,5%. — *Indolin-5-sulfonsäure* (**IV**), $C_8H_9NO_3S$, Zers. > 300° (Methanol), man kocht **III**-Chlorid mit HCl u. dampft ein; 80,6%. *Amid*, $C_8H_{10}N_2O_2S$, F. 161—162° (W.), man kocht **III**-Amid 1 Std. mit verd. HCl (1 : 1); 72,7%. *Dimethylamid*, $C_{10}H_{14}N_2O_2S$, F. 108,5 bis 109° (W.), aus **III**-Dimethylamid; 93,4%. *Methylphenylamid*, $C_{15}H_{16}N_2O_2S$, F. 87,5 bis 88° (A.), aus 1 g **III**-Methylphenylamid; 0,4 g. — *Indol-5-sulfonsäure, Amid*, $C_8H_8N_2 \cdot O_2S$, F. 203,5—204,5° (W.-A.), durch 4std. Kochen von 2,3 g **IV**-Amid u. 2,86 g **V** in

100 ml Xylol; 55%. *Dimethylamid*, $C_{10}H_{12}N_2O_2S$, F. 123—125° (W., Bzl.), aus 1,2 g **IV**-Dimethylamid u. 2,4 g **V** in 250 ml Xylol durch 4std. Kochen; 57%. *Methylphenylamid*, $C_{15}H_{14}N_2O_2S$, F. 102—103° (W.), aus 1,12 g **IV**-Methylphenylamid u. 0,96 g **V** in Xylol durch 4std. Kochen; 66%. HELMUT SCHÄFER. 3081 □

Dehydrobufotenin. B. Robinson, G. F. Smith, A. H. Jackson, D. Shaw, B. Frydman und V. Deulofeu. (Proc. chem. Soc. [London], **1961.** 310—11. Aug. Manchester, Univ., Dep. of Chem.; Liverpool, Univ. Dep. of Chem.; Buenos Aires, Univ., Dep. of Sci.) (Engl.)

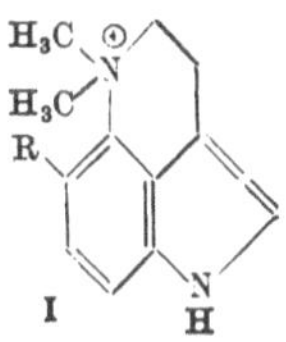
I

Nach den Daten des kernmagnet. Resonanzspektrums von Dehydrobufotenin-„Hydrochlorid" in D_2O erhält *Dehydrobufotenin* die Struktur **I** (*R* = O^-) u. entsprechend *Bufothionin* die Struktur **I** (*R* = OSO_3^-). G. TEEGE. 3081 □

rac.-1.2-Dithiolan-3.5-dicarbonsäure und verwandte Verbindungen. Lennart Schotte. (Ark. Kemi **9.** Nr. **36.** 429—40. 1956. Uppsala, Univ., Chem. Inst., Labor. of Organ. Chem.) (Engl.) — Vgl. C. **1956.** 2458.

Durch Umsetzung hochschm. α.α'-Dibromglutarsäure (**I**), für welche die meso-Konfiguration angenommen wird, mit überschüssigem Na_2S_2 in verd. wss. Lsg. wird überraschend nicht meso-, sondern *rac.-1.2-Dithiolan-3.5-dicarbonsäure* (rac.-**II**) erhalten. Aus niedrigschm. **I** wird **II** nicht gebildet. rac.-**II** entsteht auch durch Oxydation von rac.-α.α'-Dimercaptoglutarsäure (rac.-**III**) mit Luft–O_2 u. liefert über das *saure Brucinsalz* die (+)-*Säure* u. über das *neutrale Brucinsalz* die (—)-*Säure*. Die akt. Säuren racemisieren beim Kochen in W., bleiben jedoch bei raschem Kristallisieren bei < 100° unverändert. Eine feste Probe der (+)-Säure zeigt bei $^1/_2$std. Erhitzen auf 125° ebenfalls keine Änderung von $[\alpha]_D$. — rac.- u. meso-**III** werden durch Rk. von (meso)-**I** mit Diazomethan (**IV**), Umsetzung des *Dimethylesters* mit K-Thiolacetat (**V**) u. Hydrolyse erhalten. Vf. nimmt an, daß hier die meso → rac.-Umlagerung teils bei der Substitution der Br_2-Gruppen, teils bei der Hydrolyse erfolgt. Bei der Umsetzung der HS-Gruppen in rac.-α.α'-Dimercaptoglutarsäuredimethylester mit Benzylchlorid (**VI**) zum *Dibenzyl-Deriv.* bleibt die Konfiguration erhalten.

Versuche: *rac.-1.2-Dithiolan-3.5-dicarbonsäure* (rac.-**II**), $C_5H_6O_4S_2$, F. 194—195° a) durch Suspendieren von 0,05 Mol **I** (F. 172°) in W., Neutralisieren mit $NaHCO_3$-Lsg., sofortiges Zusetzen von 0,12 Mol wss. Na_2S_2-Lsg., 10std. Kühlen unter gelegentlichem Schütteln, 14std. Stehen bei Raum-Temp., Ansäuern mit verd. H_2SO_4, Entfernung des Nd. u. 15maliges Extrahieren mit Ae.; aus W. Prismen; 22% (Ausbeute); b) durch Lösen von 0,002 Mol rac.-**III** in überschüssiger $NaHCO_3$-Lsg., Zusetzen einiger Tropfen $FeCl_3$-Lsg., Durchleiten von O_2 bis zum Verschwinden der violetten Färbung, Ansäuern u. Extraktion; 97% (roh); die analoge Oxydation mit H_2O_2 bzw. J_2 liefert etwa gleiche Ausbeuten. (+)-*Säure*, F. 185—187° (W. < 80° oder Äthylacetat/Ligroin), durch Lösen von 0,044 Mol rac.-**II** u. 0,044 Mol Brucin·4 H_2O in heißem W./A., 24std. Stehen bei Raum-Temp., 4maliges Kristallisieren des *sauren Brucinsalzes* aus wss. A. (5,8 g), Zers. mit verd. H_2SO_4 u. Extraktion mit Ae.; $[\alpha]_D^{25}$ +562° (A.); daneben (—)-*Säure* [F. 185—187°, durch Versetzen der 1. Mutterlauge des sauren Brucinsalzes mit 0,022 Mol Brucin·4 H_2O bei 50—60°, Stehen über Nacht bei 0° u. Zers. des *neutralen Brucinsalzes*; $[\alpha]_D^{25}$ —560° (A.)]. — *rac.-α.α'-Dimercaptoglutarsäure* (rac.-**III**), $C_5H_8O_4S_2$, F. 135 bis 136° (Äthylacetat), durch 4maliges Passieren der Lsg. von 0,0067 Mol rac.-**II** in 4n NH_4OH durch eine Zn-Pulverschicht, Neutralisieren mit verd. H_2SO_4, Filtration des *Zn-Mercaptids*, Zerlegung mit Säure u. Extraktion; 50%; F. hängt infolge Zers. zum *Thiolacton* von der Erhitzungs-Geschw. ab. (+)-*Säure*, F. 84—86°, analog rac.-**III** aus (—)-**II**; $[\alpha]_D^{25}$ +72° (abs. A.); 90%. (—)-*Säure*, F. 84—86°, analog aus (+)-**II**; $[\alpha]_D^{25}$ —73° (abs. A.); 89%. — *Gemisch aus rac.-* (rac.-**III**) *u. meso-α.α'-Dimercaptoglutarsäure* (meso-**III**), F. 106—110° (Äthylacetat), *a*) durch Rk. von 0,062 Mol meso-**I** (F. 172°) mit **IV** in abs. Methanol, mehrstd. Umsetzung des *Esters* mit 0,14 Mol **V** in abs. Methanol bei Raum-Temp., Entfernung des Methanols im Vakuum unter N_2, Gießen in W., Extrahieren mit Ae., Lösen in Methanol, Zugabe von 0,2 Mol wss. KOH bei 40° unter Einleiten von N_2, Ansäuern u. Extraktion mit Ae.; 82% (roh); b) analog a) aus niedrigschm. **I** (F. 136°); 79% (roh). — *rac.-α.α'-Bis-[benzylmercapto]-glutarsäure*, $C_{19}H_{20}O_4S_2$, F. 149,5—151°, durch Neutralisieren von 0,0036 Mol rac.-**III** mit wss. KOH, Zugabe von 0,0072 Mol **VI** in A., mehrstd. Stehen bei Raum-Temp., Abdampfen des A. u. Ansäuern mit verd. H_2SO_4; aus HCOOH Nadeln; 96%. — *Gemisch aus rac.- u. meso-α.α'-Bis-[benzylmercapto]-glutarsäure*, F. 116—119°, a) durch Rk. von 0,016 Mol meso-**I** mit **IV** in abs. Methanol, Eintragen in die methanol. Lsg. von 0,048 Mol Na-Benzylmercaptid, 24std. Stehen bei Raum-Temp., Eindampfen im Vakuum, 3std. Hydrolysieren mit 5 g KOH in 50 ml A. u. 3 ml W. bei 60—70°, Eindampfen u. Ansäuern; 27% (roh); b) analog aus **I** vom F. 136°; 23%. L. LAMZA. 3112

Synthese di- und trisubstituierter Hydantoine. Max Robba und Robert Moreau. (Bull. Soc. chim. France **1961**. 2161—65. Nov. Paris, Fac. de Pharm., Labor. de Pharm. chim.) (Franz.)

Durch Kondens. von Ketonen mit KCN u. $(NH_4)_2CO_3$ in wss. A. bei 115° wurden *5.5-disubstituierte Hydantoine* dargestellt. Die Rk. gelang nicht mit 2-Crotonoyl-5-bromthiophen. Alkylierung mit Dialkylsulfaten gab *3.5.5-trisubstituierte Hydantoine.*

Versuche: *2-Crotonoyl-5-bromthiophen,* C_8H_7BrOS, F 74—75°, durch Rk. von $AlCl_3$ mit 2-Bromthiophen u. dem Säurechlorid in CS_2; sublimierbar; 80% (Ausbeute). — *[5-Bromthienyl-(2)]-cyclohexylketon,* $C_{11}H_{13}BrOS$, F. 61—62°, analog vorst. Verb.; 95%. — *[4.5-Dibromthienyl-(2)]-äthylketon,* $C_7H_6Br_2OS$, F. 54—55°, analog; 95%. — Hydantoine, durch Zugabe von 0,15 Mol KCN u. 0,3 Mol $(NH_4)_2CO_3$ in 250 ml W. zu 0,1 Mol Keton in 250 ml A. bei 96°, 18std. Erhitzen auf 110—120° im Autoklaven, erneute Zugabe von KCN u. $(NH_4)_2CO_3$ u. 18std. Erhitzen: *5-Methyl-5-trifluormethyl-,* $C_5H_5 \cdot F_3N_2O_2$, F. 139°; 60%. — *5-Cyclopropyl-5-äthyl-,* $C_8H_{12}N_2O_2$, F. 156°; 90%. — *5-Cyclopropyl-5-n-propyl-,* $C_9H_{14}N_2O_2$, F. 163°; 95%. — *5-Cyclopropyl-5-isopropyl-,* F. 193°; 70%. — *5-Cyclopropyl-5-n-butyl-,* $C_{10}H_{16}N_2O_2$, F. 152°; 75%. — *5.5-Dicyclopropyl-,* $C_9H_{12}N_2O_2$, F. 199°; 73%. — *5-[p-Fluorphenyl]-5-cyclopropyl-,* $C_{12}H_{11}FN_2O_2$, F 232°; 63%. — *5-[p-Chlorphenyl]-5-cyclopropyl-,* $C_{12}H_{11}ClN_2O_2$, F. 252°; 58%. — *5-[p-Bromphenyl]-5-cyclopropyl-,* $C_{12}H_{11}BrN_2O_2$, F. 244°; 81%. — *5-[3.4-Dimethylphenyl]-5-cyclopropyl-,* $C_{14}H_{16} \cdot N_2O_2$, F. 199°; 75%. — *5-[4-tert.-Butylphenyl]-5-cyclopropyl-,* $C_{16}H_{20}N_2O_2$, F. 251°; 40%. — *5-[4-Methoxyphenyl]-5-cyclopropyl-,* $C_{13}H_{14}N_2O_3$, F. 236°; 84%. — *5-[Thienyl-(2)]-5-n-hexyl-,* $C_{13}H_{18}N_2O_2S$, F. 139°; 84%. — *5-[Thienyl-(2)]-5-n-heptyl-,* $C_{14}H_{20}N_2O_2S$, F. 129°; 94%. — *5-[Thienyl-(2)]-5-cyclopropyl-,* $C_{10}H_{10}N_2O_2S$, F. 201°; 50%. — *5-[5-Bromthienyl-(2)]-5-methyl-,* $C_8H_7BrN_2O_2S$, F. 183°; 80%. — *5-[5-Bromthienyl-(2)]-5-äthyl-,* $C_9H_9BrN_2 \cdot O_2S$, F. 167°; 91%. — *5-[5-Bromthienyl-(2)]-5-n-propyl-,* $C_{10}H_{11}BrN_2O_2S$, F. 164°; 84%. — *5-[5-Bromthienyl-(2)]-5-cyclohexyl-,* $C_{13}H_{15}BrN_2O_2S$, F. 267°; 87%. — *5-[4.5-Dibromthienyl-(2)]-5-methyl-,* $C_8H_6Br_2N_2O_2S$, F. 215°; 70%. — *5-[4.5-Dibromthienyl-(2)]-5-äthyl-,* $C_9H_8Br_2N_2O_2S$, F. 256°; 65%. — *5-[Thienyl-(2)]-5-[p-biphenylyl]-,* $C_{19}H_{14}N_2O_2S$, F. 219°; 50%. — 3-Methylhydantoine, durch Zugabe von 0,1 Mol des entsprechenden vorst. Hydantoins zu 0,1 Mol Na in 450 ml A., Zufügen von $(CH_3)_2SO_4$ u. Kochen bis zur sauren Rk.: *5.5-Dicyclopropyl-,* $C_{10}H_{14}N_2O_2$, F. 117°; 81%. — *5-Phenyl-5-cyclopropyl-,* $C_{13}H_{14} \cdot N_2O_2$, F. 118°; 85%. — *5-[Thienyl-(2)]-5-cyclopropyl-,* $C_{11}H_{12}N_2O_2S$, F. 123—124°; 90%. — *5-[5-Bromthienyl-(2)]-5-methyl-,* $C_9H_9BrN_2O_2S$, F. 192—193°; 83%. — *5-[5-Bromthienyl-(2)]-5-äthyl-,* $C_{10}H_{11}BrN_2O_2S$, F. 120—121°; 53%. — *5-[5-Bromthienyl-(2)]-5-n-propyl-,* $C_{11}H_{13}BrN_2O_2S$, F. 76°; 50%. — *5-[5-Bromthienyl-(2)]-5-phenyl-,* $C_{14}H_{11} \cdot BrN_2O_2S$, F. 146°; 81%. — *5-[5-Bromthienyl-(2)]-5-cyclohexyl-,* $C_{14}H_{17}BrN_2O_2S$, F. 192 bis 193°; 69%. — *5-[4.5-Dibromthienyl-(2)]-5-methyl-,* $C_9H_8Br_2N_2O_2S$, F. 190°; 75%. — *5-[4.5-Dibromthienyl-(2)]-5-äthyl-,* $C_{10}H_{10}Br_2N_2O_2S$, F. 168—169°; 80%. — 3-Äthylhydantoine, analog mit $(C_2H_5)SO_4$: *5-[5-Bromthienyl-(2)]-5-methyl-,* $C_{10}H_{11}BrN_2O_2S$, F. 173°; 30%. — *5-[5-Bromthienyl-(2)]-5-äthyl-,* $C_{11}H_{13}BrN_2O_2S$, F. 103—104°; 80%. — *5-[5-Bromthienyl-(2)]-5-n-propyl-,* $C_{12}H_{15}BrN_2O_2S$, F. 106°; 63%.

GISELA SCHREIBER. 3122□

Eine neue Synthese von Benzothiazolin. Glenn L. Jenkins, Adelbert M. Knevel und Charles S. Davis. (J. org. Chemistry **25**. 2062. Nov. 1960. Lafayette, Ind., Purdue Univ., School of Pharm., Res. Labor.) (Engl.)

Benzothiazolin ist durch Kochen von o-Aminothiophenol (**II**) u. Paraformaldehyd (**I**) in CH_3OH bequem u. in guter Ausbeute zugänglich.

Versuche: *Benzothiazolin,* C_7H_7NS, Kp.$_{18}$ 146—149°, durch 12std. Kochen von **II** in abs. Methanol mit **I** u. Dest. der unteren Schicht; 75—80% Ausbeute. *Phenylisocyanat-Deriv.,* F. 161—162°.

A. MASCHKE. 3142□

Zum 3.6-Dithionhexahydro-1.2.4.5-tetrazin (Dithio-p-urazin). Norbert Petri. (Z. Naturforsch. **16 b**. 767—68. Nov. 1961. Göttingen, Univ., Anorgan.-Chem. Inst.) (Dt.)

Durch 5—6std. Erhitzen von Thiocarbohydrazid u. K-Äthylxanthogenat in Ggw. von A. im Rohr auf 100° entsteht *4-Amino-3.5-dithiono-1.2.4-triazolidin* [**I**; F. 216—221° (Zers.)]. **I** entsteht auch aus Thiocarbohydrazid u. CS_2 durch 5std. Erhitzen im Rohr in Ggw. von W. auf 130—140° neben 50% *2.5-Dithiono-1.3.4-thiodiazolidin.* Die Struktur von **I** wird durch das IR-Spektrum bewiesen. **I** läßt sich in heißer wss. salzsaurer Lsg. mit $FeCl_3$-Lsg. zu *Bis-[5-thiono-4-amino-1.2.4-triazolinyl-(3)]-disulfid* oxydieren, dessen IR-Spektrum dem von **I** sehr ähnlich ist. Mit Benzaldehyd entsteht *4-Benzylidenamino-3.5-dithiono-1.2.4-triazolidin.* **I** u. Benzylchlorid bilden *3.5-Bis-[benzylmercapto]-4-amino-1.2.4-triazol* (F. 148—149°). Durch Methylierung von **I** mit $(CH_3)_2SO_4$ in NaOH wird *3.5-Bis-[methylmercapto]-4-amino-1.2.4-triazol* ($C_4H_8N_4S_2$, F. 150—151°; aus W. Nadeln) gebildet, das beim Schütteln mit Benzaldehyd in salzsaurer Lsg. *4-Benzylidenamino-3.5-bis-[methylmercapto]-1.2.4-triazol* ($C_{11}H_{12}N_4S_2$, F. 87—88°; aus Cyclohexan Nadeln) ergibt. Die Maxima der IR-Spektren aller Verbb. sind angegeben. P. GOLINSKE. 3153□

Reaktion von Diäthylcarbonat mit 4-substituierten Thiosemicarbaziden. B. Stanovnik und M. Tišler. (J. org. Chemistry **26.** 5200—02. Dez. 1961. Ljubljana, Univ., Fac. of Sci. and Technol., Dep. of Chem.) (Engl.) — Vgl. C. **1961. 7574.**

4-Phenylthiosemicarbazid (I) gibt mit Diäthylcarbonat (II) in Äthylenglykolmonomethyläther (III) sowie mit Harnstoff (IV) *2.5-Dianilino-1.3.4-thiadiazol* (V); die von MISTRY u. GUHA [1930] aus I u. IV erhaltene u. als 2-Anilino-Δ^2-1.3.4-thiadiazolinon-(5) bezeichnete Verb. wurde als V identifiziert. In Ggw. von wenig HCl sowie aus I u. Chlorameisensäureäthylester (VI) entsteht *1.6-Diphenylbithioharnstoff*, der sich bei längerem Erhitzen zu V cyclisiert. 2-Methyl-4-phenylthiosemicarbazid (VII) u. $COCl_2$ ergeben das auch aus VII u. Phenylisothiocyanat erhaltene *2.5-Bis-[phenylimino]-3-methyl-1.3.4-thiadiazolidin.*

Versuche: *2.5-Dianilino-1.3.4-thiadiazol* (V), $C_{14}H_{12}N_4S$, F. 247° (wss. A.), a) durch 4std. Kochen von I u. II in III; 20% (Ausbeute); b) aus I u. IV nach MISTRY u. GUHA; c) analog nachst. Verb. nach b) in 4 Stunden. *Diacetat*, $C_{18}H_{16}N_4O_2S$, F. 227°. — *1.6-Diphenylbithioharnstoff*, F. 196° (wss. A.), a) aus I, II u. wenig HCl in III durch 1std. Kochen; b) durch Eintropfen von VI in I u. $NaOC_2H_5$ in sd. A. u. $^1/_2$std. Kochen; 68%. — *2.5-Bis-[p-äthoxyphenylamino]-1.3.4-thiadiazol*, $C_{18}H_{20}N_4O_2S$, F. 213° (A.), a) analog V nach a); b) durch $^1/_2$std. Kochen von 1.6-Bis-[p-äthoxyphenyl]-bithioharnstoff mit W. + J_2. — *2.5-Di-m-toluidino-1.3.4-thiadiazol*, $C_{16}H_{16}N_4S$, F. 230° (A.), wie vorst. nach a) u. b). — *1.6-Di-m-tolylbithioharnstoff*, $C_{16}H_{18}N_4S_2$, F. 177° (A.). — *2.5-Bis-[phenylimino]-3-methyl-1.3.4-thiadiazolidin*, $C_{15}H_{14}N_4S$, F. 175° (wss. A.), a) aus VII u. $COCl_2$; b) aus VII u. Phenylisothiocyanat; c) durch 2std. Erhitzen von VII u. II in III auf 130° u. Verdünnen mit W.; 18%. *Hydrochlorid*, F. 263°. GISELA SCHREIBER. 3173□

Acetylen-Reaktionen von 2-[Phenyläthinyl]-tetrahydropyran. Robert Zelinski und James Louvar. (J. org. Chemistry **23.** 807—10. 20/6. 1958. Chicago, Ill., De Paul Univ., Dep. of Chem.) (Engl.)

2-[Phenyläthinyl]-tetrahydropyran (I) wurde über Pd/Kohle zu *2-[2-Phenyläthyl]-* u. über PtO_2 zu *2-[2-Cyclohexyläthyl]-tetrahydropyran* (II) hydriert. Die Red. von I zum Olefin (mit Zn/Cu-Leg. in Essigsäure, Hydrieren an RANEY-Ni oder Pd/$CaCO_3$, mit $LiAlH_4$ oder Na/fl. NH_3) gelang nicht. Addition von Br_2 u. J_2 an I liefert krist. *Dihalogenide*, mit Cl_2 erfolgt wahrscheinlich sowohl Addition wie Substitution, mit Luft bildet I ein *Peroxid.* Hydratation von I führt zu *α-[Tetrahydropyranyl-(2)]-acetophenon* (IV), das auch aus Tetrahydropyranyl-(2)-acetylchlorid (III) u. Diphenyl-Cd erhalten wird. IV wird zu einem Gemisch aus 4 stereoisomeren *1-Phenyl-2-[tetrahydropyranyl-(2)]-äthanolen* (V) reduziert. Addition von Methanol an I gibt *α-[Tetrahydropyranyl-(2)]-acetophenondimethylacetal* (VII), die Darst. des Monomethylacetals gelang nicht. VII gibt bei der Hydrolyse IV.

Versuche: *2-[Phenyläthinyl]-tetrahydropyran* (I), $C_{13}H_{14}O$, Kp.$_8$ 149°, durch 1std. Kochen von Phenylacetylen u. Äthyl-MgBr u. Rk. des erhaltenen *Phenyläthinyl-MgBr* mit 2-Chlortetrahydropyran (VI; aus Dihydropyran u. der berechneten Menge HCl-Gas bei 0°), anschließende Hydrolyse mit kalter NH_4Cl-Lsg., Ausäthern u. Dest.; $D.^{25}$ 1,020; n_D^{25} 1,5600; 65% (Ausbeute). *Dibromid*, $C_{13}H_{14}Br_2O$, F. 118—119° (PAe.), durch Rk. von I mit Br_2 in CCl_4 unter Eiskühlung; 33%. *Dijodid*, $C_{13}H_{14}J_2O$, F. 137 bis 138° (PAe.), durch 2tägiges Stehen von I mit J_2 in CCl_4; 86%. *2.4-Dinitrobenzolsulfenylchlorid-Addukt*, $C_{19}H_{17}ClN_2O_5S$, F. 203—204° (Bzl.), durch Erwärmen von I mit 2.4-Dinitrobenzolsulfenylchlorid in Eisessig; 83%. — *2-[2-Cyclohexyläthyl]-tetrahydropyran* (II), $C_{13}H_{24}O$, Kp.$_{12-15}$ 155—160°, a) durch 8std. Hydrieren von I in Ggw. von PtO in abs. Methanol bei 60 lbs./sq.in. u. Raum-Temp.; 66%; b) durch Zutropfen von VI in Ae. zu 2-Cyclohexyläthyl-MgBr in Ae. u. anschließende Hydrolyse mit W. u. verd. HCl; $D.^{25}$ 0,921; n_D^{25} 1,4712; 59%. — *2-[2-Phenyläthyl]-tetrahydropyran*, $C_{13}H_{18}O$, Kp.$_5$ 125°, a) durch $2^1/_2$std. Hydrieren von I über Pd-Kohle bei 60 lbs./sq.in. u. Raum-Temp.; $D.^{25}$ 0,976; n_D^{25} 1,5122; 70%; b) aus VI u. 2-Phenyläthyl-MgBr analog II; 52%. — *α-[Tetrahydropyranyl-(2)]-acetophenon* (IV), $C_{13}H_{16}O_2$, Kp.$_{0,8}$ 123—124°, a) durch 6std. Erhitzen von I mit H_2SO_4, HgO in 70%ig. A. im verschlossenen Gefäß auf 100° u. Extrahieren mit PAe.; 84%; b) durch $^1/_4$std. Kochen von III mit Diphenyl-Cd (aus Mg, Brombenzol u. $CdCl_2$) in abs. Bzl., Gießen in wss. NH_4Cl-Lsg. u. Ausäthern; $D.^{25}$ 1,062; n_D^{25} 1,5373; 9%. *2.4-Dinitrophenylhydrazon*, $C_{19}H_{20}N_4O_5$, F. 188—189° (A./Essigester), a) aus V; 81%; b) aus VII. *Semicarbazon*, $C_{14}H_{19}N_3O_2$, F. 133—135° (wss. A.); 31%. — *1-Phenyl-2-[tetrahydropyranyl-(2)]-äthanol* (V), *Stereoisomeren-Gemisch*, $C_{13}H_{18}O_2$, Kp.$_1$ 125 bis 128°, durch 2std. Einw. von $LiAlH_4$ auf IV in Ae. bei Raum-Temp.; n_D^{25} 1,5285; 89%. *3.5-Dinitrobenzoat*, Öl. *Phenylurethan*, Öl. — *α-[Tetrahydropyranyl-(2)]-aceto-*

phenondimethylacetal (VII), $C_{15}H_{22}O_3$, Kp.$_{2-3}$ 109—114°, durch Zugabe von I in Methanol zu rohem HgO u. äther. BF_3-Lsg. in Methanol unter Kühlung u. 1std. Erhitzen im verschlossenen Gefäß auf 100°; D.^{25} 1,068; n_D^{25} 1,5075; 53%. K. Zieloff. 3211

Bakterieller Abbau des Riboflavins. 2. Mitt. Isolierung und Strukturbeweis von 3.4-Dimethyl-6-carboxy-α-pyron, einem bakteriellen Abbauprodukt von Riboflavin. P. Z. Smyrniotis, H. Todd Miles und E. R. Stadtman. (J. Amer. chem. Soc. **80.** 2541—45. 20/5. 1958. Bethesda, Md., Nat. Inst. of Health, Nat. Heart Inst., Sect. on Enzymes, Labor. of Cellular Physiol. and Metabolism.) (Engl.) — 1. vgl. C. **1956.** 7567; 3. vgl. C. **1962. 6424.**

Durch bakteriellen Abbau von Riboflavin (II) entsteht *3.4-Dimethyl-6-carboxy-α-pyron* (I), dessen Konstit. bewiesen wurde. I bildet mit CH_2N_2 *3.4-Dimethyl-6-carbomethoxy-α-pyron*, mit 1 Mol H_2 *3.4-Dimethyl-6-carboxy-Δ³-dihydro-α-pyron* u. mit 3 Mol H_2 *2.3-Dimethylhexan-1.6-disäure.* Durch Einw. von O_3 auf I entstehen *Brenztraubensäure, Methylglyoxal, Oxalsäure* u. *Ameisensäure.*

Versuche: *3.4-Dimethyl-6-carboxy-α-pyron* (I), $C_8H_8O_4$, F. 183—184°, durch Stehen von II mit einem reinen, geeigneten Bakterienstamm für 1 Woche unter anaeroben Bedingungen bei Zimmer-Temp. im Dunkeln, anschließende Säulentrennung u. Extraktion aus wss. H_2SO_4-Lsg. (pH 3) mit Ae.; sublimiert bei 114°/10^{-4} Torr. *Monohydrat,* $C_8H_{10}O_5$, beim Umkristallisieren von I aus Wasser. *Methylester,* $C_9H_{10}O_4$, F. 136—137° (Essigester), durch Rk. von 300 mg I mit äther. CH_2N_2-Lsg.; 260 mg. — *3.4-Dimethyl-6-carboxy-Δ³-dihydro-α-pyron,* $C_8H_{10}O_4$, F. 114—118° (Essigester–Ae.–Hexan), durch Hydrierung von I in A. mit 1 Mol H_2 in Ggw. von 10% Pd-Kohle. — *2.3-Dimethylhexan-1.6-disäure* (?), $C_8H_{14}O_4$, F. 76—80° (sintert bei 73°), durch Hydrierung von I mit 3 Mol H_2 in Ggw. von PtO_2 in Eisessig. *Bis-[p-nitrobenzyl]-ester,* $C_{22}H_{24}N_2O_8$, F. 50—53° (Ae.–Hexan), durch 3std. Kochen der mit KOH auf pH 8 eingestellten Lsg. der Säure mit der alkohol. Lsg. von p-Nitrobenzylbromid. K. Zieloff. 3211

Struktur einiger Kondensationsprodukte des Silvans mit Dihydropyran in Gegenwart von Schwefeldioxid. Raymond Paul und Serge Tchelitcheff. (Bull. Soc. chim. France **1961.** 2139—44. Nov. Vitry-sur-Seine, Soc. des Usines Chim. Rhône-Poulenc., Labor. de Rech.) (Franz.)

2-Methylfuran (Silvan; I) u. Dihydropyran (II) kondensieren sich bei 25—30° unter Einw. von SO_2 zu *2-[5-Methylfuryl-(2)]-tetrahydropyran* (III) u. *1.1-Bis-[5-methylfuryl-(2)]-5-[tetrahydropyranyl-(2)-oxy]-pentan* (IV), das nicht in reiner Form zu isolieren ist, sowie einer noch nicht identifizierten, mit IV isomeren Verbindung. Das durch Hydrierung von III entstehende *1.5;6.9-Diepoxydecan* (V) bildet bei der Einw. von HBr, PBr_5 u. nachfolgender Hydrierung *n-Decan*; Acetanhydrid öffnet seinen Furanring unter Bldg. von *1.5-Epoxydecen-(8)-ol-(6)-acetat* (VI) u. *1.5-Epoxydecandiol-(6.9)-diacetat* (VII), die sich zu den entsprechenden Alkoholen verseifen lassen. VI wird hydriert u. zu *1.5-Epoxydecanol-(6)* (VIII) verseift. V liefert mit Acetylchlorid *1.5-Epoxy-9-chlordecanol-(6)-acetat* (XII), das mit K-Acetat/Acetanhydrid in VI u. VII übergeht u. mit Raney-Ni zu VIII umgewandelt wird. VIII kann auch durch Hydrieren des aus n-Butyl–MgBr u. 1.5-Epoxyhexen-(1)-al-(6) hergestellten *1.5-Epoxydecen-(1)-ols-(6)* (XIII) gewonnen werden. VII u. CH_3COCl reagieren bei 120° zu *1-Chlordecantriol-(5.6.9)-triacetat,* das mit Eisessig/K-Acetat *Decantetrol-(1.5.6.9)-tetraacetat* ergibt, welches auch direkt aus VII, CH_3COBr u. Acetanhydrid/K-Acetat entsteht u. das zu *Decantetrol-(1.5.6.9)* verseift wird. Das aus 5-Methyl-2-valerylfuran (XIV) über *1-[5-Methylfuryl-(2)]-pentanol-(1)* hergestellte *2.5-Epoxydecanol-(6)* sowie das aus 2-[β-Bromäthyl]-tetrahydropyran (IX) u. Na-Acetessigester über *1.5-Epoxydecanon-(9)* gewonnene *1.5-Epoxydecanol-(9)* unterscheiden sich deutlich von VIII. IV bildet bei der Methanolyse in Ggw. von wenig konz. H_2SO_4 neben *2-Methoxytetrahydropyran* ein Gemisch von Alkoholen, das zu ca. 50% aus *1.1-Bis-[5-methylfuryl-(2)]-pentanol-(5)* zu bestehen scheint, denn nach Hydrierung des Gemisches läßt sich *1.1-Bis-[5-methyltetrahydrofuryl-(2)]-pentanol-(5)* (XI) isolieren, dessen *p-Tosylester* bei der Rk. mit $LiAlH_4$ *1.1-Bis-[5-methyltetrahydrofuryl-(2)]-pentan* ergibt. Dieses erweist sich als ident. mit dem Hydrierungs-Prod. des aus I u. Pentanal erhaltenen *1.1-Bis-[5-methylfuryl-(2)]-pentans.* IV entsteht auch durch Kondens. von I mit ω-Hydroxypentanal (X).

Versuche: *2-[5-Methylfuryl-(2)]-tetrahydropyran* (III), $C_{10}H_{14}O_2$, Kp.$_{20}$ 115—117°, durch 2std. Einleiten von 64 g SO_2 in das Gemisch von 205 g I u. 210 g II bei 37°, 60std. Aufbewahren, Einw. von 33%ig. K_2CO_3-Lsg. u. fraktionierte Dest.; D.$_4^{18}$ 1,040, n_D^{18} 1,4905; 67 g (Ausbeute); daneben 64 g I u. 176 g IV (im Gemisch mit Isomeren). — *1.1-Bis-[5-methylfuryl-(2)]-5-[tetrahydropyranyl-(2)-oxy]-pentan* (IV), $C_{20}H_{28}O_4$, Kp.$_2$ 173 bis 175°, a) neben III aus 205 g I u. 210 g II; 176 g im Gemisch mit *Verb.* $C_{20}H_{28}O_4$ [Kp.$_3$ 206—208°; D.$_4^{21}$ 1,065, n_D^{21} 1,5048]; b) durch Einleiten von SO_2 in 1 Mol X u. 2 Mol I bei 38°, 12std. Aufbewahren, Eingießen in 33%ig. K_2CO_3, Ae.-Extraktion u. fraktionierte

Dest.; $D._4^{21,5}$ 1,063, $n_D^{21,5}$ 1,5030; 67%; daneben 5,5% III. — *1.5;6.9-Diepoxydecan* (V), $C_{10}H_{18}O_2$, $Kp._{20}$ 102—103°, durch Hydrieren von III an RANEY-Ni bei 100° u. 100 at; $D._4^{20}$ 0,986, n_D^{20} 1,4593. — *n-Decan*, $C_{10}H_{22}$, $Kp._{20}$ 70—71°, durch Sättigen von 34 g V mit HBr in 20 g Eisessig bei 20° u. anschließend bei 100°, Ae.-Extraktion, Einengen der mit Na_2CO_3-Lsg. gewaschenen Ae.-Schicht, Aufnehmen des Rückstandes in CCl_4, Einw. von 100 g PBr_5 über Nacht, Zers. mit Eis, Hydrieren des Rk.-Prod. an RANEY-Ni in Methanol, Verseifen mit 20 g KOH, erneute Einw. von 50 g PBr_5 auf den CCl_4-Extrakt des Rk.-Prod., der erneut an RANEY-Ni in Ggw. von $NaOCH_3$ bei 25° u. 90 at hydriert wird; 4,4 g. — *1.5-Epoxydecen-(8)-ol-(6)-acetat* (VI), $C_{12}H_{20}O_3$, $Kp._{20}$ 138—139°, a) durch 8std. Erhitzen von V, Acetanhydrid u. $ZnCl_2$ auf 200°; 20%; daneben 16% VII; b) durch 7std. Erhitzen von XII mit geschmolzenem K-Acetat u. Acetanhydrid auf 170°; 12%; daneben 67% VII; $D._4^{23,5}$ 1,004, $n_D^{23,5}$ 1,4601. — *1.5-Epoxydecen-(8)-ol-(6)*, $C_{10}H_{18}O_2$, $Kp._{20}$ 125—126°, durch Verseifen von VI; $D._4^{18,4}$ 0,979; $n_D^{18,4}$ 1,4739. — *1.5-Epoxydecan-diol-(6.9)-diacetat* (VII), $C_{14}H_{24}O_5$, $Kp._2$ 128—130°, a) neben VI nach a); 16%; b) neben VI nach b); 67%; $D._4^{21,8}$ 1,510, $n_D^{21,8}$ 1,4518. — *1.5-Epoxydecandiol-(6.9)*, $C_{10}H_{20}O_3$, $Kp._3$ 140°, durch Verseifen von VII; $D._4^{20,5}$ 1,050, $n_D^{20,5}$ 1,4771. — *1.5-Epoxydecanol-(6)-acetat*, $C_{12}H_{22}O_3$, $Kp._{20}$ 129—131°, durch Hydrieren von VI bei 25° u. 130 at an RANEY-Ni; $D._4^{18,4}$ 0,985, $n_D^{18,4}$ 1,4482; 86%. — *1.5-Epoxydecanol-(6)* (VIII), $C_{10}H_{20}O_2$, $Kp._{20}$ 125 bis 125,4°, a) aus vorst. Ester durch Verseifung mit 10%ig. äthanol. KOH; b) durch Hydrieren von XII an RANEY-Ni in Ggw. von CH_3ONa; c) durch Hydrierung von XIII an RANEY-Ni bei 20° u. 100 at in Essigester, $D._4^{23}$ 0,952, n_D^{23} 1,4553; 83%. *Naphthylurethan*, $C_{21}H_{27}NO_3$, F. 98° (PAe.; Nadeln). — *1.5-Epoxy-9-chlordecanol-(6)-acetat* (XII), $C_{12}H_{21}$·ClO_3, $Kp._{20}$ 165°, durch Zugabe von $ZnCl_2$ zu V u. CH_3COCl unterhalb von 50°, 12std. Aufbewahren, Ausschütteln mit Ae. + W. u. Aufarbeiten der Ae.-Phase durch Dest. $D._4^{20,5}$ 1,081, $n_D^{20,5}$ 1,4660; 80%. — *1-Chlordecantriol-(5.6.9)-triacetat*, $Kp._3$ 177—182°, durch 3std. Kochen von VII mit CH_3COCl u. wenig Zn-Staub; 14%. — *Decantetrol-(1.5.-6.9)-tetraacetat*, $C_{18}H_{30}O_8$, $Kp._3$ 184—186°, a) aus vorst. Verb. durch 7std. Kochen mit Eisessig u. geschmolzenem K-Acetat u. Ae.-Extraktion; 44%; b) durch 6std. Kochen von VII mit CH_3COBr u. Zn, Zugabe von Acetanhydrid u. K-Acetat u. 2std. Erhitzen auf 160°; 56%. — *Decantetrol-(1.5.6.9)*, $C_{10}H_{22}O_4$, $Kp._3$ 195—200°, durch Verseifen von vorst. Ester mit Barytwasser in A. u. 2std. Kochen; 51%; liefert mit HJO_4 bei 20° X (*Dinitrophenylhydrazon*, F. 107°). — *1.5-Epoxydecen-(1)-ol-(6)* (XIII), $C_{10}H_{18}O_2$, $Kp._{20}$ 123—124°, durch Zutropfen von 1.5-Epoxyhexen-(1)-al-(6) in Ae. zu n-C_4H_9–MgBr in Ae. u. ½std. Kochen; 85%. — *2-[Tetrahydropyranyl-(2)]-äthylacetessigsäureäthylester*, $C_{13}H_{22}O_4$, $Kp._2$ 145—146°, aus IX u. Na-Acetessigester; $D._4^{24}$ 1,035, n_D^{24} 1,4599. — *1.5-Epoxydecanon-(9)*, $C_{10}H_{18}O_2$, $Kp._{20}$ 130—132°, durch 4std. Rühren vorst. Verb. mit wss. NaOH; $D._4^{22}$ 0,960, n_D^{22} 1,4536; 70%. — *1.5-Epoxydecanol-(9)*, $C_{10}H_{20}O_2$, $Kp._{20}$ 144 bis 145°, durch Hydrieren vorst. Verb. an RANEY-Ni bei 100° u. 100 at; $D._4^{22,5}$ 0,953, $n_D^{22,5}$ 1,4605; 70%. — *1-[5-Methylfuryl-(2)]-pentanol-(1)*, $C_{10}H_{16}O_2$, $Kp._{20}$ 126—128°, durch Hydrieren von XIV in A. an RANEY-Ni bei 100 at u. 25°; $D._4^{28}$ 0,981, n_D^{28} 1,4862; 73%. — *2.5-Epoxydecanol-(6)*, $C_{10}H_{20}O_2$, $Kp._{20}$ 114—116°, durch Hydrieren vorst. Verb. in A. an RANEY-Ni bei 130° u. 100 at; $D._4^{25,5}$ 0,930, $n_D^{25,5}$ 1,4452; 70%. — *1.1-Bis-[5-methylfuryl-(2)]-pentanol-(5)*, $C_{15}H_{20}O_3$, $Kp._{10}$ 180—185°, durch 2std. Kochen von 42 g IV in CH_3OH in Ggw. von H_2SO_4; $D._4^{21,5}$ 1,070, $n_D^{21,5}$ 1,5150; 29 g; daneben *2-Methoxytetrahydropyran*; 7,6 g. — *1.1-Bis-[5-methyltetrahydrofuryl-(2)]-pentanol-(5)* (XI), $C_{15}H_{28}O_3$, $Kp._{10}$ 181—182°, durch Hydrierung vorst. Verb. an RANEY-Ni bei 60° u. 100 at; $D._4^{24}$ 1,003, n_D^{24} 1,4762. — *1.1-Bis-[5-methylfuryl-(2)]-pentan*, $C_{15}H_{20}O_2$, $Kp._{20}$ 148—150°, durch Einleiten von SO_2 (½ Std.) in I u. Pentanal unterhalb von 40°, 12std. Stehen, Verteilen zwischen $NaHCO_3$-Lsg./Ae. u. Einengen der Ae.-Schicht; $D._4^{22}$ 0,974, n_D^{22} 1,4916; 71%. — *1.1-Bis-[5-methyltetrahydrofuryl-(2)]-pentan*, $C_{15}H_{28}O_2$, $Kp._{10}$ 130—132°, a) aus vorst. Verb. durch 6std. Hydrieren an RANEY-Ni bei 100° u. 80 at in A.; 83%; b) aus XI-*p-Toluolsulfonat* durch Red. mit $LiAlH_4$; $D._4^{20,5}$ 0,926; $n_D^{20,5}$ 1,4570.

GISELA SCHREIBER. 3211 □

Acylierung von Cumarinen in Gegenwart von Trifluoressigsäure. L. L. Woods und Harold L. Williams. (Trans. Kansas Acad. Sci. **63.** 165—68. 1960. Houston, Tex., Texas Southern Univ., Dep. of Chem.) (Engl.)

Vff. beschreiben die Darst. von mono- u. diacyliertem Cumarin u. Thiocumarin in Ggw. von Trifluoressigsäure sowie die Darst. der Barbitursäure- u. Malonitril-Derivv. der acylierten Cumarine. Die IR-Spektren der acylierten Cumarine u. Thiocumarine werden angegeben.

Versuche: *6-[m-Nitrobenzoyl]-cumarin* (I), $C_{16}H_9NO_5$, F. 116—116,5°, durch 2std. Erhitzen von 0,05 Mol m-Nitrobenzoylchlorid, 0,05 Mol Cumarin u. 15 ml Trifluoressigsäure; 97,5% (Ausbeute). Bei der Darst. der Diacyl-Verbb. wurde 0,1 Mol m-Nitrobenzoylchlorid u. 25 ml Trifluoressigsäure verwendet. Folgende Verbb. wurden dargestellt: *6.8-Bis-[m-nitrobenzoyl]-cumarin*, $C_{23}H_{12}N_2O_8$, F. 117—118°; 94,5%. — *6-[m-Nitrobenzoyl]-thiocumarin* (**III**), $C_{16}H_9NO_4S$, F. 111,5—112,5°; 90%. — *6.8-Bis-[m-nitrobenzoyl]-thiocumarin* (**II**), $C_{23}H_{12}N_2O_7S$, F. 112—113,5°; 92,7%. — *[6-(m-Nitrobenzoyl)-2H-chromenyliden-(2)]-malodinitril*, $C_{19}H_9N_3O_4$, F. 108,5—109,5° (Heptan), aus gleichen Mengen **I** u. Malonsäuredinitril durch 3std. Erhitzen mit Acetanhydrid. — *{6.8-Bis-[m-nitrobenzoyl]-2H-thiochromenyliden-(2)}-malodinitril*, $C_{26}H_{12}N_4O_6S$, F. 107 bis 108°, analog vorst. Verb. aus **II**. — *5-[6-(m-Nitrobenzoyl)-chromenyliden-(2)]-barbitursäure*, $C_{20}H_{11}N_3O_7$, F. 111—111,5°, aus gleichen Mengen **I** u. Barbitursäure bei 4std. Erhitzen in Acetanhydrid. — *5-[6-(m-Nitrobenzoyl)-thiochromenyliden-(2)]-barbitursäure*, $C_{20}H_{11}N_3O_6S$, F. 112—113°, aus **III**. P. GREGORZEWSKI. 3211 □

Kostanecki-Robinson-Phenylacetylierung von Orcacetophenon und Orcpropiophenon. C. B. Thanawalla und P. L. Trivedi. (J. Indian chem. Soc. **36**. 49—53. Jan. 1959. Bombay, Inst. of Sci.; Visnagar, N. Gujarat, M. N. Coll.) (Engl.) — Vorl. Mitt. vgl. C. **1959**. 9224.

Durch KOSTANECKI-ROBINSON-Rk. von Orcacetophenon (**I**) mit Na-Phenylacetat (**II**)/Phenylessigsäureanhydrid (**III**) wird *7-Phenylacetoxy-3-phenyl-4.5-dimethylcumarin* (**IV**) dargestellt, aus dem durch Hydrolyse mit 80%ig. H_2SO_4 *7-Hydroxy-3-phenyl-4.5-dimethylcumarin* (**V**) erhalten wird. **V** gibt über *7-Methoxy-3-phenyl-4.5-dimethylcumarin* (**VI**) durch Rk. mit Alkali in Ggw. von Dimethylsulfat (**VII**) *2.4-Dimethoxy-6-methyl-α-phenyl-β-methylzimtsäure*. *7-Methoxy-2-benzyl-5-methylchromon* wird durch CLAISEN-Kondens. von Orcacetophenondimethyläther (**VIII**) mit Phenylessigsäureäthylester (**IX**) in Ggw. von Na, Zers. des erhaltenen *Na-[2.4-Dimethoxy-6-methylbenzoyl]-phenylacetylmethans* (**XIV**) mit HCl u. anschließende Cyclisierung mit HBr/Essigsäure dargestellt. Die Phenylacetylierung von Orcpropiophenon (**X**) gibt ein Gemisch aus *7-Hydroxy-* (**XI**) u. *7-Phenylacetoxy-2-benzyl-3.5-dimethylchromon* (**XII**). Aus **XI** entsteht mit Methyljodid (**XIII**) *7-Methoxy-2-benzyl-3.5-dimethylchromon*, das auch durch Rk. von **XIV** mit **XIII** zu *1-[2.4-Dimethoxy-6-methylbenzoyl]-1-phenylacetyläthan* u. Cyclisierung dargestellt wird.

Versuche: *3-Phenyl-4.5-dimethylcumarin, 7-Phenylacetoxy-Deriv.* (**IV**), $C_{25}H_{20}O_4$, F. 179—180°, durch 8std. Erhitzen von 2 g **I**, 6 g **II** u. 20 g **III** auf 180—190°; aus A. Nadeln; 1,2 g (Ausbeute). *7-Hydroxy-Deriv.* (**V**), $C_{17}H_{14}O_3$, F. 246—247°, durch mehrstd. Rk. von 1 g **IV** mit 80%ig. H_2SO_4 u. Gießen in kaltes W.; aus A. Nädelchen; 0,05 g. *7-Methoxy-Deriv.* (**VI**), $C_{18}H_{16}O_3$, F. 148—149°, durch 15std. Kochen von 0,6 g **V** in abs. Aceton mit Methyljodid (**XIII**) in Ggw. von K_2CO_3, Eindampfen u. Verdünnen mit W.; aus A. lange Nadeln; 0,2 g. — *2.4-Dimethoxy-6-methyl-α-phenyl-β-methylzimtsäure*, $C_{19}H_{20}O_4$, F. 179—180°, durch Zugabe von Dimethylsulfat (**VII**) u. 10%ig. NaOH zu 1 g **VI** in warmem Aceton, Kochen, Zugabe von **VII**/10%ig. NaOH, Alkalisieren, 1/2std. Kochen, mehrstd. Stehen bei Raum-Temp., Filtrieren, Ansäuern des Filtrats mit konz. HCl u. Umfällen aus $NaHCO_3$-Lsg. mit HCl; aus A. Nadeln; 0,06 g. — *[2.4-Dimethoxy-6-methylbenzoyl]-phenylacetylmethan*, $C_{19}H_{20}O_4$, F. 69—70° (Methanol), $Kp._{0,5}$ 225—230°, durch Rk. von 6 g **VIII** u. 7 g **IX** in abs. Xylol mit Na unter Kühlen, 2std. Erhitzen auf 130°, Zers. mit W. u. Ansäuern der wss. Lsg. mit verd. Essigsäure; 1 g. *Cu-Salz*, $C_{38}H_{38}CuO_8$, F. 145—146°, durch 1/2std. Schütteln des Ketons in Ae. mit gesätt. Cu-Acetat-Lsg.; aus PAe./Bzl. (5 : 1) grüne Prismen. *Na-Salz* (**XIV**), durch Rk. von **VIII** u. **IX** in abs. Xylol mit Na unter Kühlen u. 2std. Erhitzen auf 120°. — *7-Methoxy-2-benzyl-5-methylchromon*, $C_{18}H_{16}O_3$, F. 142—144°, durch mehrstd. Rk. von 0,5 g vorst. Ketons mit HBr/Essigsäure; aus Methanol Nadeln; 0,2 g. — *2-Benzyl-3.5-dimethylchromon, 7-Hydroxy-Deriv.* (**XI**), $C_{18}H_{16}O_3$, F. 248—249°, a) durch 8std. Erhitzen von 2 g **X**, 6 g **II** u. 2o g **III** auf 160—170° u. Auskochen mit PAe.; aus Essigsäure Nädelchen; 0,4 g; daneben 0,9 g der *7-Phenylacetoxy-Verb.* (**XII**; $C_{26}H_{22}O_4$, F. 111—112°, aus der PAe.-Lsg. aus A. Nädelchen); b) durch mehrstd. Rk. von 1 g **XII** mit 80%ig. H_2SO_4; 0,4 g. *7-Methoxy-Deriv.*, $C_{19}H_{18}O_3$, F. 125—126°, a) durch 10std. Kochen von 0,25 g **XI** in abs. Aceton mit **XIII** in Ggw. von K_2CO_3, Einengen u. Verdünnen mit W.; aus A. kurze Nädelchen; 0,1 g; b) durch 1/2std. Erwärmen von 0,5 g nachst. Verb. mit HBr/Essigsäure, mehrstd. Stehen bei Raum-Temp. u. Gießen in Eiswasser; 0,2 g. — *1-[2.4-Dimethoxy-6-methylbenzoyl]-1-phenylacetyläthan*, durch 5std. Kochen von **XIV** in abs. Aceton mit **XIII**, Eindampfen, Verdünnen mit W. u. Ausäthern. W. LIEBSCHER. 3211 □

Ageratochromen, eine heterocyclische Verbindung aus dem essentiellen Öl von Ageratum houstonianum Mill. A. Rye Alertsen. (Acta polytechn. [Stockholm], Chem. includ. Metallurgy Ser. **1961**. Nr. 13. 1—66. Trondheim, Norges Tekniske Høgskole, Inst. for Organ. Kjemi.) (Engl.)

Aus dem essentiellen Öl von *Ageratum houstonianum* MILL. (Synonym *Ageratum mexicanum* SIMS; **A**) wird *Ageratochromen* (**I**) erhalten. Die Struktur von **I** wird durch Oxydations- u. Red.-Rkk. u. durch IR- u. UV-Spektren sowie durch Synth. von *Dihydro-*

ageratochromen (*6.7-Dimethoxy-2.2-dimethylchroman*) bestätigt. Eine Reihe von *Chroman-Derivv.* wird dargestellt. Einige 2.2-Dimethyl-2H-chromene, die in der Natur vorkommen, u. ihre mögliche biochem. Synth. werden auf Grund der Theorien von Birch u. Lynen diskutiert. IR- u. UV-Spektren vgl. Original.

Versuche: *Phenoxyaceton*, $C_9H_{10}O_2$, Kp.$_{9-10}$ 102—104°, aus Bromacetophenon u. Na-Phenolat; $n_D^{21,5}$ 1,5188. — *Phenoxyglycerin*, F. 56—58°, Kp.$_{2,5}$ 120—132°, Kp.$_2$ 126 bis 130°, aus Glycerin-α-chlorhydrin u. Na-Phenolat, Dest. u. Umkristallisieren aus Chlf./abs. Äther. — *Phenoxyacetaldehyd*, Kp.$_4$ 64°, durch Oxydation vorst. Verb. mit Pb·$(OOCCH_3)_4$. *2.4-Dinitrophenylhydrazon*, $C_{14}H_{12}N_4O_5$, F. 136—138°; aus Chlf./Methanol Kuben. — *Hemipinsäure* (*3.4-Dimethoxyphthalsäure*), F. 160—161°, durch Erhitzen von Opiansäure mit 30%ig. KOH auf 100°; aus W. Prismen; 77%. — *m-Hemipinsäure* (*4.5-Dimethoxyphthalsäure*), F. 180—183°, durch Oxydieren von Emetindihydrochlorid-heptahydrat mit $KMnO_4$ u. Verseifen des entstandenen *m-Hemipinsäureimids* (F. 317,5 bis 320°) mit alkohol. KOH; gelbliche Kristalle; 10%. — *α-Bromisovaleriansäure*, Kp.$_{13-15}$ 120—125°, durch Darst. von *Isopropylmalonsäurediäthylester* (Kp.$_{12,5-13}$ 96—100°; n_D^{20} 1,4165°), Verseifen, Bromieren u. Decarboxylieren des Esters; 54%. — *β.β-Dimethylacrylsäure*, F. 63—66° (PAe.), Kp.$_{13}$ 86—94°, durch 20 Min. langes Erhitzen vorst. Verb. mit Chinolin auf 165—170°; 32%. *Säurechlorid* (IV), Kp.$_{14}$ 47—50°, mit $SOCl_2$; 66%. — *5.7-Dihydroxy-2.2-dimethylchromanon-(4)*, F. 193—195°, durch Zugabe von **IV** zu Phloroglucin u. $AlCl_3$ in Nitrobenzol u. 4tägiges Stehen bei Raum-Temp.; durch Sublimation bei 90—100°/5·10^{-5}Torr Nadeln; rötlich violette $FeCl_3$-Rk.; 21%. — *5.7-Dihydroxy-2.2-dimethylchroman*, F. 149—150° (Bzl.), durch Red. vorst. Verb. mit amalgamiertem Zn; blau mit äthanol. $FeCl_3$; 32%. — *5.7-Dimethoxy-2.2-dimethylchroman*, Kp.$_{10^{-4}}$ 60 bis 70°, durch Methylierung vorst. Verb. mit CH_3J u. K_2CO_3 in sd. Aceton. — *Veratronitril*, F. 63—65°, durch Versetzen von Veratrumaldehyd mit $NH_2OH \cdot HCl$ u. Dehydratisierung mit Acetanhydrid; 58%. — *4-Aminoveratrol* (*3.4-Dimethoxyanilin*), Kp.$_{18}$ 168 bis 172°, nach Blatt (Org. Synthesis, Coll. Vol. **II** [1944.] **44**) aus vorst. Verb.; 61%. — *3.4-Dimethoxyphenol*, F. 77—80° (CCl_4), durch Diazotieren vorst. Verb. u. Verkochen mit W.; bläulichgrüne $FeCl_3$-Rk.; 42%. — *6.7-Dimethoxy-2.2-dimethylchromanon-(4)* (**III**), F. 102—103°, durch Zugabe von **IV** zu vorst. Verb. u. $AlCl_3$ in Nitrobenzol, 4std. Stehen, Aufarbeiten u. Reinigen durch Chromatographie. — *Ageratochromen* (**I**; *6.7-Dimethoxy-2.2-dimethyl-2H-chromen*), $C_{13}H_{16}O_3$, F. 47,5°, durch Dampf-Dest. der Pflanzen von **A**, Extrahieren des Destillats mit PAe., Dest. bei 39—80°/10^{-4}Torr u. Reinigen durch Chromatographie; aus PAe. Nadeln; 19% (Ausbeute), bezogen auf das Gesamtöl. — *Dihydroageratochromen* (*6.7-Dimethoxy-2.2-dimethylchroman*), $C_{13}H_{18}O_3$, F. 60°, a) durch Hydrieren von **I** in A. an 2%ig. Pd/$BaSO_4$; Blättchen; b) durch 2tägiges Stehen von **III** in A./Essigsäure/W./konz. HCl mit amalgamiertem Zn u. 8½std. Erhitzen auf 100°. — *Dihydroxyageratochromen* (*3.4-Dihydroxy-6.7-dimethoxy-2.2-dimethyl-2H-chromen*; **II**), $C_{13}H_{16}O_5$, F. 129,5°, durch Oxydation von **I** in abs. Ae. mit OsO_4; 88%. *Acetyl-Deriv.*, F. 130°, durch mehrstd. Stehen mit Pyridin/Acetanhydrid bei Raum-Temp.; es läßt sich auf Grund der Analysenwerte nicht entscheiden, ob 1 oder 2 Acetylgruppen vorhanden sind. — *6.7-Dimethoxy-2.2-dimethyl-3-hydroxychromanon-(4)*, $C_{13}H_{16}O_5$, F. 118,8—120°, durch Oxydation von 374 mg **II** mit $Na_2Cr_2O_7$ in Essigsäure; aus Ae. blaßgelbe Kristalle; 55 mg. — *2-[2'-Oxo-1'.1'-dimethyläthoxy]-4.5-dimethoxybenzaldehyd* (**V**), $C_{13}H_{16}O_5$, F. 101,5 bis 102° (Ae.), durch Oxydation von 830 mg **II** in Essigsäure mit $Pb(OOCH_3)_4$; 63%. *2.4-Dinitrophenylhydrazon*, F. 213—216° (Methanol). — *3.3-Dimethyl-2.7-dimethoxy-5.6-[4'.5'-dimethoxybenzo]-1.4-dioxacyclohepten*, $C_{15}H_{2.}O_6$, F. 125—126,5°, durch Oxydation von **II** mit frisch dargestelltem $Pb(OOCCH_3)_4$ u. Umkristallisieren aus techn. Methanol, das möglicherweise saure Verunreinigungen enthält; Nadeln. — *2-[2'-Oxo-1.1-dimethyläthoxy]-4.5-dimethoxybenzoesäure*, $C_{13}H_{16}O_6$, F. 118—119°, durch Oxydation von 1 Mol **V** mit einem Äquivalent $KMnO_4$ in Aceton im alkal. Medium; aus abs. Ae. gelbe Nadeln; 24%. *2.4-Dinitrophenylhydrazon*, F. 210—212°; aus Methanol tiefrote Kristalle. — *2-[2'-Carboxyisopropoxy]-4.5-dimethoxybenzoesäure*, $C_{13}H_{16}O_7$, F. 157 bis 159,5° (Chlf./Ae.), durch Oxydation von **V** mit 3 Äquivalenten $KMnO_4$ in Aceton; rötlichbraune Farbe mit $FeCl_3$; 35%; gibt bei der zersetzenden Dest. unter CO_2-Abspaltung eine *Verb. vom F. 175—176,3°* (rötlichbraune $FeCl_3$-Rk.). P. Golinske. 3211 □

Natürlich vorkommende Xanthone. John C. Roberts. (Chem. Reviews **61**. 591—605. Dez. 1961. Nottingham, Univ., Dep. of Chem.) (Engl.)

Übersicht über Vork., Verteilung, Extraktion, Reinigung, biolog. Eigg. u. Biogenese von Xanthonen u. allg. Meth. zu ihrer Unters. u. Synthese. — 96 Literaturangaben. P. Golinske. 3211 □

Starke Analgetica. Einige 1-substituierte 4-Acyl-4-phenylpiperidine. Bill Elpern, Philip M. Carabateas und Leonard Grumbach. (J. org. Chemistry **26**. 4728—29. Nov. 1961. Rensselaer, N.Y., Sterling-Winthrop Res. Inst.) (Engl.)

1-Benzyl-4-phenyl-4-cyanpiperidin gibt mit Alkyl-MgBr *4-Acyl-1-benzyl-4-phenylpiperidine*, die katalyt. entbenzyliert werden. Die so entstehenden *Aminoketone* werden zu *1-substituierten 4-Acyl-4-phenylpiperidinen* alkyliert. Maximale analget. Wrkg. trat beim *1-[β-Anilinoäthyl]-4-butyryl-4-phenylpiperidin* auf. Bei der analogen 4-Propionyl-Verb. wird die analget. durch die anästhet. Wrkg. überdeckt.

Versuche (FF. korr.): *1-Benzyl-4-phenyl-4-butyrylpiperidinhydrochlorid*, $C_{22}H_{27}$·NO·HCl, F. 227—230°, nach A. P. 2 248 018; 85,3% (Ausbeute). — *1-Benzyl-4-phenyl-4-valeroylpiperidinhydrochlorid*, $C_{23}H_{29}NO \cdot HCl$, F. 200—203°, wie vorst.; 48%. — 4-Phenyl-4-acylpiperidine: *4-Acetyl-*, $C_{13}H_{17}NO$, Kp.$_{0,1}$ 90—96°, durch 4std. Hydrieren von 1-Benzyl-4-phenyl-4-acetylpiperidin in A. + Eisessig an 10%ig. Pd-Kohle bei 55° u. 560 lb.; 74,4%. *Hydrochlorid*, F. 241—242° (Methanol-Essigester). — *4-Propionyl-* (I), analog vorst. Verb.; 38,8%. *Hydrochlorid*, $C_{14}H_{19}NO \cdot HCl$, F. 206 bis 207°. — *4-Butyryl-*, $C_{15}H_{21}NO$, Kp.$_{0,1}$ 90—100°, analog; 70,6%. *Hydrochlorid*, F. 165,6°. — *4-Valeroyl-*, analog; 73,2%. *Hydrochlorid*, $C_{16}H_{23}NO \cdot HCl$, F. 113—115°. — *3-Phenylaminopropylbromidhydrobromid*, $C_9H_{12}BrN \cdot HBr$, F. 128,5—129,5° (A.), aus N-[3-Hydroxypropyl]-anilin; 63,5%. — *2-[4-Methylphenylamino]-äthanol*, $C_9H_{13}NO$, Kp.$_{0,1}$ 95—97°, n_D^{29} 1,5616; 76,4%. — *2-[4-Methylphenylamino]-äthylbromidhydrobromid*, $C_9H_{12}BrN \cdot HBr$, F. 178,9° (Aceton-Ae.), aus vorst. Verb.; 54,2%. — 4-Propionyl-4-phenylpiperidine: *1-[2-Hydroxyäthyl]-*, *Hydrochlorid* (II), $C_{16}H_{23}NO_2 \cdot HCl$, F. 187—190° (A.-Essigester), durch 24std. Kochen von I, Äthylenchlorhydrin u. Na_2CO_3 in n-Butanol unter Rühren, Aufnehmen in Ae.; Filtrieren nach Zusatz von festem CO_2 u. Zugabe von HCl in Ae.; 71,7%. — *1-[2-Chloräthyl]-*, *Hydrochlorid* (III), $C_{16}H_{22}ClNO \cdot HCl$, F. 231 bis 232,4° (Zers.; A.), durch Zutropfen von $SOCl_2$ in Bzl. zu einer sd. Lsg. von II in Bzl. u. etwas Pyridin, 1½std. Kochen u. 48std. Stehen; 91,9%. — *1-Cinnamyl-*, *Hydrochlorid*, $C_{23}H_{27}NO \cdot HCl$, F. 188—191,2°, analog II; 51%. — *1-[β-Anilinoäthyl]-*, *Hydrobromid*, $C_{22}H_{28}N_2O \cdot HBr$, analog II; 56,7%. — *1-[p-Tolylaminoäthyl]-*, *Dihydrochlorid*, $C_{23}H_{30}$·$N_2O \cdot 2\,HCl$, F. 198,4—200,2°, analog II; 19,8%. — *1-[γ-Anilinopropyl]-*, *Dihydrochlorid*, $C_{23}H_{30}N_2O \cdot 2\,HCl$, F. 206,6—212,8° (Zers.), analog II; 32%. — *1-[2-(4-Chlorphenylamino)-äthyl]-*, *Hydrochlorid*, $C_{22}H_{27}ClN_2O \cdot HCl$, F. 229,2—230,8° (A.), durch 16std. Kochen von III u. 4-Chloranilin in Methylcellosolve; 71,3%. — *1-[2-(4-Nitrophenylamino)-äthyl]-*, *Hydrochlorid*, $C_{22}H_{27}N_3O_3 \cdot HCl$, F. 219,6—221,6°, analog vorst. Verb.; 28,8 %. — *1-[β-Anilinoäthyl]-4-phenylpiperidine*: *4-Acetyl-*, *Hydrochlorid*, $C_{21}H_{26}N_2O \cdot HCl$, F. 235—236,4°, analog II; 42,5%. — *4-Butyryl-*, *Hydrochlorid*, $C_{23}H_{30}N_2O \cdot HCl$, F. 209—210,8°, analog II; 35,5%. — *4-Valeroyl-*, *Hydrochlorid*, $C_{24}H_{32}N_2O \cdot HCl$, F. 180,4—188°, analog II; 5,5%. GISELA SCHREIBER. 3231 □

Oxydationsprodukte des Nitrolutidins und des Nitrokollidins. Ellis V. Brown und Ronald H. Neil. (J. org. Chemistry **26**. 3546—47. 12/9. 1961. South Orange, N.J., Univ., Chem. Dep.) (Engl.)

Vff. beschreiben die Darst. von Oxydations-Prodd. des Nitrolutidins u. des Nitrokollidins sowie deren teilweise Decarboxylierung u. Reduktion.

Versuche: *3-Nitro-2.6-lutidin*, F. 38°, durch Nitrierung von 2.6-Lutidin nach PLAZEK [1939]; 81% (Ausbeute). — *3-Nitro-2-methylpyridincarbonsäure-(6)*, $C_7H_6N_2O_4$, F. 126°, durch 1½std. Zugabe von $KMnO_4$ zur vorst. Verb. in W. bei 90°. — *3-Nitro-2-methylpyridin*, F. 28,5°, a) durch Decarboxylierung vorst. Verb. unter N_2 bei 205°/320 Torr; b) durch Decarboxylierung von V (s. unten) bei 280°. *Pikrat*, F. 122—123°. *Hydrochlorid*, F. 157—158°. *$FeCl_3$-Verb.*, F. 82,5°. — *3-Nitropyridincarbonsäure-(2)*, F. 122—123°, durch Oxydation vorst. Verb. mit $KMnO_4$; 12%. — *3-Aminopyridincarbonsäure-(2)*, F. 217°, durch 2std. Red. vorst. Verb. mit Fe-Pulver in HCl u. A. in der Hitze u. Reinigung über das Cu-Salz; 62%. — *3-Nitro-2.4.6-kollidin*, F. 38°, durch Nitrierung nach PLAZEK (l. c.); 93%. — *3-Nitro-2.4-dimethylpyridincarbonsäure-(6)* (I), $C_8H_8N_2O_4$, F. 138° (A./W.), durch Oxydation vorst. Verb. mit $KMnO_4$; 13%; daneben *3-Nitro-2.6-dimethylpyridincarbonsäure-(4)* (II), $C_8H_8N_2O_4$, F. 238°. — *3-Nitro-2.4-dimethylpyridin* (III), $C_7H_8N_2O_2$, Kp.$_{20}$ 113°, durch Decarboxylierung von I unter N_2 bei 180—220°/260 Torr; 86%. *Pikrat*, F. 151°. *Hydrochlorid*, F. 144°. — *3-Amino-2.4-dimethylpyridin*, F. 74—75°, durch Hydrieren von III an Pd/Aktivkohle. — *3-Nitro-2.6-dimethylpyridin*, F. 38°, durch Decarboxylierung von II. *Pikrat*, F. 141°. — *3-Nitro-4-methylpyridincarbonsäure-(2)* (IV), $C_7H_6N_2O_4$, F. 138° (A./W.), durch Oxydation von III mit $KMnO_4$; daneben *3-Nitro-2-methylpyridincarbonsäure-(4)* (V), $C_7H_6N_2O_4$, F. 250 bis 252°. — *3-Amino-4-methylpyridin*, F. 105°, durch Decarboxylierung von IV (Bad-Temp. 145°) u. 1std. Kochen mit Fe-Pulver in HCl u. Äthylalkohol.

GOTTFRIED SCHREIBER. 3231 □

Synthetische Untersuchungen über fungicide Agentien. 9. Mitt. Reaktion von Chinaldin und aromatischen primären Aminen in Gegenwart von Schwefel. Haruo Saikachi und Takuzo Hisano. (Chem. pharmac. Bull. [Tokyo] **8**. 51—53. Jan. 1960.

Fukuska, Katakasu, Univ. of Kyushu, Med. Fac., Pharmac. Inst.) (Engl.) — 8. vgl. C. **1962. 7522.**

Durch Kondens. von Chinaldin (**I**; Kp. 114—115°) mit Anilin (**II**), Toluidin, p-Anisidin, p-Phenetidin (**III**), p-Isopropoxyanilin (**IV**), p-Propoxyanilin u. p-Butoxyanilin in Ggw. von S werden mit Ausnahme von **III** u. **IV** Gemische aus den entsprechenden *Chinolin-2-thiocarbonsäureaniliden* u. *2-[Chinolyl-(2)]-benzothiazolen* erhalten. Mit **III** u. **IV** werden nur die entsprechenden *Thioanilide* erhalten, die im alkal. Medium mit $K_3Fe(CN)_6$ zu den *Benzothiazolen* oxydiert werden können. Der Thiazol-Ringschluß scheint von dem zur aromat. prim. Aminogruppe p-ständigen Substituenten beeinflußt zu werden.

Versuche: Chinolin-2-thiocarbonsäureanilide: *Unsubstituiert* (**V**), $C_{16}H_{12}N_2S$, F. 109,0—110,0°, durch 20std. Erhitzen von 1 Mol **I** mit 1,5 Mol **II** u. 2,5 Mol S auf 160—165°, Abtreiben von **I** u. **II** im Vakuum u. Extrahieren mit heißer 10%ig. NaOH; aus A. orangefarbene Nadeln; 66,7% (Ausbeute). — *p-Methyl-* (**VI**), $C_{17}H_{14}N_2S$, F. 117,0—118,5°; aus A. orangefarbene Nadeln; 63,2%. — *p-Methoxy-* (**VII**), $C_{17}H_{14}N_2OS$, F. 116,0—117,0°; aus A. orangefarbene Nadeln; 59,4%. — *p-Äthoxy-* (**VIII**), $C_{18}H_{16}N_2OS$, F. 114,5—115,5°; aus A. orangefarbene Nadeln; 75,3%. — *p-Isopropoxy-* (**IX**), $C_{19}H_{18}N_2OS$, F. 87,0—87,5°; aus A. orangefarbene Nadeln; 76,5%. — *p-Propoxy-* (**X**), $C_{19}H_{18}N_2OS$, F. 96,5—98,5°; aus A. orangefarbene Nadeln; 55,6%. — *p-Butoxy-* (**XI**), $C_{20}H_{20}N_2OS$, F. 92,5—94,0°; aus A. orangefarbene Nadeln; 50,0%. — 2-[Chinolyl-(2)]-benzothiazole: *Unsubstituiert*, $C_{16}H_{10}N_2S$, F. 198,0—200,0°, a) neben **V** aus dem alkaliunlösl. Rückstand; aus A. Prismen; 3,0%; b) durch Oxydation von **V**. — *6-Methyl-*, $C_{17}H_{12}N_2S$, F. 220,0—221,5°, a) neben **VI**; aus A. Platten; 4,3%; b) durch Oxydation von **VI**. — *6-Methoxy-*, $C_{17}H_{12}N_2OS$, F. 194,0—195,5°, neben **VII**; aus A. Platten; 5,5%. — *6-Äthoxy-*, $C_{18}H_{14}N_2OS$, F. 172,0—173,0°, durch Oxydation von **VIII** im Alkalischen mit $K_3Fe(CN)_6$; aus A. Nadeln. — *6-Isopropoxy-*, $C_{19}H_{16}N_2OS$, F. 135,5—136,5°, durch Oxydation von **IX** im Alkalischen mit $K_3Fe(CN)_6$; aus A. Prismen. — *6-Propoxy-*, $C_{19}H_{16}N_2OS$, F. 191,0—192,0°, neben **X**; aus A. Nadeln; 8,8%. — *6-Butoxy-*, $C_{20}H_{18}N_2OS$, F. 158,0—159,5°, neben **XI**; aus A. Prismen; 14,3%. W. LIEBSCHER. 3231 □

Ableitung einer Verbindung mit dem Tetrahydro-β-carbolin-Ring aus Chinin. Yoshiro Kobayashi. (Chem. pharmac. Bull. [Tokyo] **6.** 732—34. Dez. 1958. Hongo, Tokyo, Univ. Tokyo, Pharmazeut. Fak.) (Dt.)

Durch 15std. Hydrieren von aus Chinin dargestelltem 2'-Hydroxydihydronichin (vgl. C. **1961.** 13190) in Methanol über RANEY-Ni bei 90—100°/100 at wird in 40%ig. Ausbeute *1-Hydroxy-2-[2-amino-5-methoxyphenyl]-4-oxo-8-propylchinolizidin* {**Ia**; $C_{19}H_{28}N_2O_3 \cdot {}^1/_4 H_2O$, F. 194°; $[\alpha]_D^{10}$ +92,90° (A.), Prismen. *Hydrochloridhemihydrat*, $C_{19}H_{28}N_2O_3 \cdot HCl \cdot {}^1/_2 H_2O$, F. 205°, $[\alpha]_D^{22}$ +27,57° (A.), Nadeln} neben wenig *2'-Oxohexahydronichin* {**IIb**; *[2-Oxo-6-methoxy-1.2.3.4-tetrahydrochinolyl-(4)]-[4-propylpiperidyl-(2)]-carbinol*, F. 237°; $[\alpha]_D^{15}$ —13,6° (A.), $[\alpha]_D^{15}$ —22,94° (1n HCl), Prismen. *Hydrochloridhemihydrat*, $C_{19}H_{28}N_2O_3 \cdot HCl \cdot {}^1/_2 H_2O$, F. 170°} erhalten. Die **Ia**-Bldg. wird mit der Spaltung des sek. Lactamringes des zuerst entstehenden **IIb** durch Spuren Alkali u. Bldg. eines tert. Lactamringes mit dem Piperidinring erklärt. **IIb** gibt beim Erhitzen mit 10%ig. alkohol. KOH ein *Stereoisomeres* von **Ia**, *1-Hydroxy-2-[2-amino-5-methoxyphenyl]-4-oxo-8-propylchinolizidin* {**Ib**; $C_{19}H_{28}N_2O_3$, F. 176°; $[\alpha]_D^{20}$ —36,9° (A.), Blättchen}. **Ia** wandelt sich im Gegensatz zu **Ib** beim Stehen in alkohol. HCl über das **IIb**-*Hydrochlorid* in ein *Stereoisomeres* des **IIb**-Hydrochlorids, *2'-Oxohexahydronichinhydrochlorid* {$C_{19}H_{28}N_2O_3 \cdot HCl$, F. 242°, $[\alpha]_D^{26}$ —37,16° (A.), Nadeln. *Freie Base* (**IIa**), *Hemihydrat*, $C_{19}H_{28}N_2O_3 \cdot {}^1/_2 H_2O$, F. 150°, $[\alpha]_D^{22}$ —68,76° (A.), Prismen} um. **Ia** gibt bei der Red. mit $LiAlH_4$ in Tetrahydrofuran *1-Hydroxy-2-[2-amino-5-methoxyphenyl]-8-propylchinolizidin* [**IIIa**; Kp.$_{0,001}$ 200—210° (Bad). *Hydrochlorid*, $C_{19}H_{30}N_2O_2 \cdot HCl \cdot {}^1/_4 H_2O$, F. 272—273°, Prismen], das durch OPPENAUER-Oxydation (langes Erhitzen mit Li-tert.-Butylat u. Benzophenon in Bzl. unter N_2) in *5'-Methoxyindolo-[2'.3':1.2]-8-propylchinolizidin* [**IV**; *Hemihydrat*, $C_{19}H_{26}N_2O \cdot {}^1/_2 H_2O$, F. 108°; $[\alpha]_D^{26}$ +14,94° (A.), Nadeln. *Pikrat*, $C_{19}H_{26}N_2O \cdot C_6H_3N_3O_7$, F. 229—231° (Zers.), Nadeln. *Hydrochlorid*, F. 219 bis 220° (Zers.), Nadeln] übergeführt wird. Analog wird durch Red. von **Ib** das *Stereoisomere 1-Hydroxy-2-[2-amino-5-methoxyphenyl]-8-propylchinolizidin* (**IIIb**; Kp.$_{0,001}$ 220—230°) u. durch anschließende OPPENAUER-Oxydation **IV** dargestellt. Durch diese Rk.-Folge, die Modellbetrachtungen u. Unters. der UV- u. IR-Spektren wird die Konfiguration von **Ia**, **Ib**, **IIa** u. **IIb** gesichert.

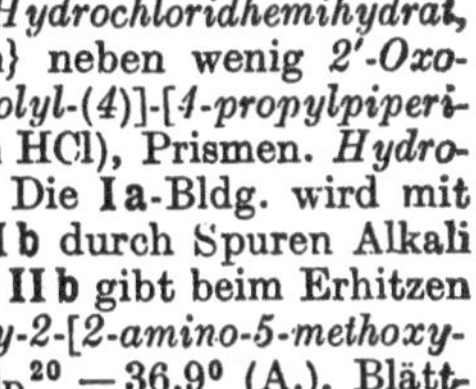

IV

W. LIEBSCHER. 3231

Über die Reaktion von 2.4-Dichlor-5-nitropyrimidin mit Aminen. Edward C. Taylor und Malcolm J. Thompson. (J. org. Chemistry **26.** 5224—26. Dez. 1961. Princeton, N.J., Univ., Frick Chem. Labor.) (Engl.)

Bei der Rk. von 2.4-Dichlor-5-nitropyrimidin (**I**) mit Methylammoniumacetat (**II**) in Dioxan bei 15—20° werden *2-Chlor-4-methylamino-5-nitropyrimidin* (**III**) u. *2-Methylamino-4-chlor-5-nitropyrimidin* (**IV**) neben einer kleinen Menge von *2.4-Bis-[methylamino]-5-nitropyrimidin* (**V**) erhalten, was im Gegensatz zu den Ergebnissen von Brown (C. **1958.** 12689) steht. Die Identität von **IV** wird durch Rk. mit CH_3ONa zum *Methoxy-Deriv.* (**VI**) u. Säurehydrolyse zu *2-Methylamino-5-nitro-3H-pyrimidon-(4)* (**VII**) sowie durch Rk. von **IV** mit NH_3 zu *2-Methylamino-4-amino-5-nitropyrimidin* bewiesen. Behandlung von **III** bzw. **IV** mit wss. Alkali ergibt in der Hauptsache *4-Methylamino-5-nitro-1H-pyrimidon-(2)* bzw. **VII** u. als Nebenprod. **V**.

Versuche: *2-Chlor-4-methylamino-5-nitropyrimidin* (**III**), F. 85—86°, a) durch Zutropfen einer wss. Lsg. von **II** zu **I** in Dioxan bei 0—5°, 3std. Rühren, Verdünnen mit Eiswasser, 2std. Stehen, Filtration u. fraktionierte Kristallisation des Roh-Prod. [57% (Ausbeute)] aus wss. A. als leichter lösl. Fraktion; 13 g; b) wie a) bei 15—20°; 67% Rohprodukt. — *2-Methylamino-4-chlor-5-nitropyrimidin* (**IV**), $C_5H_5ClN_4O_2$, F. 122°, Nadeln, neben **III** nach a) u. b) als schwererlösl. Fraktion; 2—3 g. — *2.4-Bis-[methylamino]-5-nitropyrimidin* (**V**), F. 261—263°, neben **III** u. **IV** nach b) als in A. unlösl. Rückstand; 1,1 g. — *2-Amino-4-methylamino-5-nitropyrimidin*, $C_5H_7N_5O_2$, F. 249—250°, durch 4std. Rk. von **III** mit 10%ig. alkohol. NH_3 bei Raum-Temp.; lange, gelbe Nadeln aus wss. Essigsäure; 91%. — *2-Methylamino-4-methoxy-5-nitropyrimidin* (**VI**), $C_6H_8N_4O_3$, F. 207—208°, durch ½std. Kochen von **IV** mit CH_3ONa in Methanol; blaßgelbe Nadeln aus wss. Methanol; 45%. — *2-Methylamino-5-nitro-3H-pyrimidon-(4)* (**VII**), $C_5H_6N_4O_3$, F. 326° (Zers.), a) durch 2std. Hydrolyse von **VI** mit konz. HCl auf dem Wasserbad; b) durch 1std. Erhitzen von **IV** mit 1n NaOH auf dem Wasserbad, Abkühlen, Filtration, Ansäuern des Filtrats mit konz. HCl u. Umkristallisation aus W.; 31%. Daneben etwas **V**. — *4-Methylamino-5-nitro-1H-pyrimidon-(2)*, F. 325° (Zers.), analog **VII** nach a) u. b) aus **III**; 47%; daneben etwas **V**. — *5-Nitrocytosin*, F. >360°, durch ¾std. Erhitzen von 2-Chlor-4-amino-5-nitropyrimidin mit 0,5n NaOH auf dem Wasserbad, Abkühlen, Ansäuern mit HCl u. Filtration; glänzend gelbe Nadeln; 45%. — *2.4-Diamino-5-nitropyrimidin*, F. >350°, durch schnelles Zufügen einer Lsg. von **I** in A. zu alkohol. NH_3, Kochen u. ½std. Stehen; 99%. J. Sickfeld. 3272□

Synthese einiger N-Pyrimidylaminosäuren. 2. Mitt. P. Roy-Burman, D. Sen und B. C. Guha. (Naturwissenschaften **48.** 737. 2. Dez.-H. 1961. Calcutta, India, Univ., Coll. of Sci. and Technol., Dep. of Appl. Chem.) (Engl.) — 1. vgl. C. **1961.** 17563.

N-[2-Amino-4-methylpyrimidyl-(6)]- u. *N-[4-Methyl-6-aminopyrimidyl-(2)]-aminosäuren* entstehen durch Kondens. von 2-Amino-4-methyl-6-chlor- (**I**) oder 2-Chlor-4-methyl-6-aminopyrimidin (**II**) mit den entsprechenden Aminosäuren im Verhältnis 1:1 in Ggw. von etwas HCl. Alle Verbb. sind weiß u. von amphoterer Natur. Die Wrkg. dieser Verbb. auf das Wachstum von Mikroorganismen u. auf das Tumorwachstum wird untersucht. Die Maxima der IR-Spektren sind angegeben.

Versuche: N-[2-Amino-4-methylpyrimidyl-(6)]-aminosäuren, durch Kondens. von **I** u. den entsprechenden Aminosäuren in Ggw. von etwas HCl: *-L-leucin*, $C_{11}H_{18}N_4O_2$, F. 278° (Zers.). *Äthylester*, $C_{13}H_{22}N_4O_2$, F. 119—120°, durch Einleiten von trockenem HCl in die Lsg. der Säure in abs. A. bei 80° u. Neutralisieren mit wss. Na_2CO_3-Lösung. — *-DL-isoleucin*, $C_{11}H_{18}N_4O_2$, F. 276—278° (Zers.). — *-DL-α-aminobuttersäure*, $C_9H_{14}N_4O_2$, F. 284—286° (Zers.). — N-[4-Methyl-6-aminopyrimidyl-(2)]-aminosäuren: *-glycin*, $C_7H_{10}N_4O_2$, F. 289—292° (Zers., evakuiertes verschlossenes Röhrchen). *Äthylester*, $C_9H_{14}N_4O_2$, F. 136—137,5°. — *-DL-alanin*, $C_8H_{12}N_4O_2$, F. 222—225° (Zers.). — *-DL-phenylalanin*, $C_{14}H_{16}N_4O_2$, F. 260—263° (Zers.). P. Golinske. 3272□

Pyrazine. 2. Mitt. **Die Umlagerung von Pyrazin-N-oxiden.** Bernard Klein, Judith Berkowitz und Natalie E. Hetman. (J. org. Chemistry **26.** 126—31. Jan. 1961. Bronx, N.Y., Veterans Adm. Hospital, Labor. Serv.) (Engl.) — 1. vgl. C. **1960.** 13313.

Vff. stellten fest, daß sich Pyrazinoxid-(1) (F. 113—114°), 3-Methyl- (F. 89—90°) u. 3.5-Dimethylpyrazinoxid-(1) (F. 130—132°) nicht mit Acetanhydrid (**I**) umsetzen lassen, es wird nur etwas dunkelfarbiges Harz gebildet. Bei der Einw. von **I** auf 2.5-Dimethyl- (**II**; vgl. Koelsch u. Gumprecht, C. **1959.** 9576), 2.6-Dimethyl- (**XI**; F. 50°) u. 2.3.5.6-Tetramethylpyrazinoxid-(1) (**X**; F. 100—101,5°) konnten dagegen die entsprechenden *2-Acetoxymethylpyrazine* erhalten werden. Diese Rkk. wurden UV-spektroskop. verfolgt (Abnahme der Absorption bei 260 mμ, Auftreten eines Maximums bei 275 mμ). Während Pyrazindioxid-(1.4) von **I** nicht angegriffen wurde, lieferte 2-Methylpyrazindioxid-(1.4) (**VIII**) glatt *2-Acetoxymethylpyrazinoxid-(4)*. Diese Rk. wurde ebenfalls UV-spektroskop. untersucht (Verminderung der Maxima bei 235 u. 295, Auftreten der Maxima bei ca. 220 u. 260 mμ). Beim Erhitzen von 2.5-Dimethylpyrazindioxid-(1.4) (**III**) mit **I** entstanden **II** u. *2-Acetoxymethyl-5-methylpyrazinoxid-(4)* (**IV**), bei längerem Erhitzen von **III** in **I** trat ferner *2.5-Diacetoxymethylpyrazin* (**VI**) auf.

Die Unterschiede zu den Befunden von KOELSCH u. GUMPRECHT (vgl. l. c.), die auch die Bldg. von 2-Acetoxymethyl-5-methylpyrazin (**V**) festgestellt hatten, werden auf Verf.-Unterschiede zurückgeführt. Zur Erklärung der Bldg. der 4 Verbb. aus **III** werden herangezogen: 1. die Fähigkeit von **I**, dem Syst. $-C{=}N^{+}-O^{-}$ den O zu entziehen, 2. der nucleophile Angriff von CH_3COO^- am Alkyl-C-Atom eines intramol. cycl. Zwischenzustandes u. folgende Umlagerung in **IV**, 3. O-Entzug aus **IV** durch **I** (Bldg. von **V**), 4. nucleophiler Angriff von CH_3COO^- auf beide Alkyl-C-Atome eines doppelt koordinierten Zwischenzustandes u. zweifache Umlagerung der Acetoxygruppe. Vielleicht verläuft diese Umlagerung auch in 2 Stufen über **IV**. Hierfür spricht der Befund, daß beim Erhitzen von **III** mit 1 Val **I** in Eisessig keine Rk. eintritt, erst bei Zugabe eines weiteren Val **I** erfolgt die beschriebene Umsetzung. Nach 6std. Rk.-Dauer konnte die Umwandlung von **IV** in **VI** UV-spektroskop. (Verschwinden der Bande bei 260 u. Bldg. einer solchen bei 272 mμ) beobachtet werden. Die Bldg. der Zwischenstufe u. ihre Umwandlung in das Prod. erfordert also offenbar diese zusätzliche Zeit. In allen Fällen war die Bldg. erheblicher Mengen an polymerem Material zu verzeichnen, was auf das Auftreten auch von freien Radikalzwischenstufen neben den ion. hinweist. Bei der Einw. von 30%ig. H_2O_2 in Eisessig auf **IV** bzw. **V** wurde jeweils *2-Hydroxymethyl-5-methylpyrazindioxid-(1.4)* erhalten, das mit **I** in Pyridin schließlich *2-Acetoxymethyl-5-methylpyrazindioxid-(1.4)* ergab. Ähnlich lieferte 2-Acetoxymethyl-3.5.6-trimethylpyrazin (**IX**) ein Gemisch eines *Mono-* u. *Di-N-oxids* von *2-Hydroxymethyl-3.5.6-trimethylpyrazin.* Bei der Einw. von sd. **I** auf 2.6-Dimethylpyrazindioxid-(1.4) entstand ein Gemisch von *2-Acetoxymethyl-6-methylpyrazin* u. *3.5-Dimethylpyrazinoxid-(1).* Da die Verseifung von 2-Acetoxymethylpyrazin-Derivv. mit Alkali die entsprechenden *2-Hydroxymethyl-Verbb.* lieferte, steht nun eine allg. Meth. zur Einführung von funktionellen Gruppen in die Seitenkette von Pyrazinen zur Verfügung.

Versuche: *2-Acetoxymethyl-5-methylpyrazin* (**V**), $C_8H_{10}N_2O_2$, Kp.$_{10}$ 123—125°, durch Kochen von **II** in **I**; n_D^{11} 1,5113; 33% (Ausbeute). — *2-Hydroxymethyl-5-methylpyrazin* (**VII**), $C_6H_8N_2O$, F. 36—39° (Ae.-PAe.), Kp.$_{21}$ 137—138°, durch 72std. Einw. von 10%ig. wss. NaOH auf **V** bei Raum-Temp.; 85%. — *2-Acetoxymethyl-6-methylpyrazin,* $C_8H_{10}N_2O_2$, Kp.$_{14}$ 127—130°, Kp.$_{0,1}$ 98—99°, durch 1½std. Kochen von **XI** in **I**; n_D^{23} 1,5025; 60%. *Pikrat,* $C_{14}H_{13}N_5O_9$, F. 201—202°. — *2-Hydroxymethyl-6-methylpyrazin,* $C_6H_8N_2O$, F. 43—45° (Ae.-PAe., sublimiert bei 100—110°/10 mm), durch 96std. Einw. von 10%ig. NaOH auf vorst. Verb.; 46%. — *2-Acetoxymethyl-3.5.6-trimethylpyrazin* (**IX**), $C_{10}H_{14}N_2O_2$, Kp.$_{17}$ 145—147°, durch 2std. Kochen von **X** mit **I**; n_D^{24} 1,5053; 57%; daneben *Tetramethylpyrazin,* F. 74°. — *2-Hydroxymethyl-3.5.6-trimethylpyrazin,* $C_8H_{12}N_2O$, F. 65—66° (Ae.-PAe., sublimiert im Vakuum), aus vorst. Verb. analog **VII** (2 Tage); 60%. — *3-Acetoxymethylpyrazinoxid-(1),* $C_7H_8N_2O_3$, F. 104 bis 105° (abs. A.), durch 2½std. Kochen von **VIII** in **I**; 36%. — *2-Acetoxymethyl-5-methylpyrazinoxid-(4)* (**IV**), $C_8H_{10}N_2O_3$, F. 73—74,5° (Ae.), durch ca. 2std. Kochen von **III** in **I**; 30%; daneben *2.5-Dimethylpyrazinoxid-(1)* (**II**), Kp.$_{0,5-1,5}$ 120—134°, $n_D^{23,5}$ 1,5279; *Pikrat,* $C_{12}H_{11}N_5O_8$, F. 148—149°. — *2-Hydroxymethyl-5-methylpyrazindioxid-(1.4),* $C_6H_8N_2O_3$, F. 229—230° (abs. A.), a) durch 24std. Erhitzen von 4 g **V** in **I** mit 30%ig. H_2O_2; 2 g; b) durch 18std. Erhitzen von 3,7 g **IV** in **I** mit 30%ig. H_2O_2 auf 100°; 1,3 g. — *2-Acetoxymethyl-5-methylpyrazindioxid-(1.4),* $C_8H_{10}N_2O_4$, F. 239 bis 240° (abs. A.), durch 18std. Einw. von **I** auf vorst. Verb. in Pyridin bei Raum-Temp., Erhitzen auf 100° (10 Min.) u. Gießen in kaltes W.; 33%. — *2.5-Diacetoxymethylpyrazin* (**VI**), $C_{10}H_{12}N_2O_4$, F. 68—70° (sublimiert im Vakuum), durch 6std. Kochen von **III** mit **I**; 6%. — *2-Hydroxymethyl-3.5.6-trimethylpyrazin-N-oxid,* $C_8H_{12}N_2O_2$, F. 83 bis 83,5° (PAe.), durch portionsweise Zugabe von 35%ig. H_2O_2 zu **IX** in **I** unter Erwärmen auf 70° (7 Std.); 78%; daneben *2-Hydroxymethyl-3.5.6-trimethylpyrazindioxid-(1.4),* $C_8H_{12}N_2O_3$, F. 152,5—154,5° (Methanol). — Von den untersuchten Verbb. sind die UV-Maxima u. die IR-Hauptbanden angegeben. B. GNAUCK. 3272☐

Pterine und ihre Genetik in Drosophila melanogaster. Max Viscontini. (Ind. chim. belge **25.** 1181—92. Okt. 1960. Zürich, Univ., Inst. de chim. organ.) (Franz.)

Übersicht. — 32 Literaturangaben. P. GOLINSKE. 3272☐

Pteridine. 8. Mitt. **Über 4.6- und 4.7-Dihydroxypteridine.** Wolfgang Pfleiderer. (Chem. Ber. **92.** 3190—97. 28/12. 1959. Stuttgart, TH, Inst. für Organ. Chem. u. Organ.-Chem. Technol.) (Dt.) — 7. vgl. C. **1959.** 128; vgl. auch C. **1962.** 5672.

4.5-Diamino-6-oxodihydropyrimidin (**I**) zeigt bei Pteridin-Synth. mit Glyoxylsäureäthylesteräthylhalbacetal (**II**) u. Mesoxalsäure (**VI**) ein den allg. gültigen Orientierungsregeln entgegengesetztes Verhalten. **I** gibt mit **II** bei Raum-Temp. sofort *4-Amino-5-[carbäthoxymethylenamino]-6-oxodihydropyrimidin* (**III**). Zur Bestätigung des Rk.-Verlaufs wird gezeigt, daß 5-Amino-4-dimethylamino-6-oxodihydropyrimidin mit **II** *4-Dimethylamino-5-[carbäthoxymethylenamino]-6-oxodihydropyrimidin* liefert. Ferner wird **III** beim Kochen mit $NaHCO_3$-Lsg. bzw. $NaOCH_3$ in *4.7-Dihydroxypteridin* übergeführt, das auf direktem Wege ohne Isolierung von **III** nicht zugänglich u. gegen verd. Säuren stabil ist. Die Kondens. von **I** mit **II** in $NaHCO_3$-Lsg. führt zu *4.6-Dihydroxypteridin*, das sich auch aus **III** in schwach saurem Medium ausschließlich bildet. Dabei erfolgt keine intermediäre Rückspaltung von **III** zu **I** u. **II**. Es wird ein Rk.-Mechanismus diskutiert. Das gleiche chem. Verh. wie **I** zeigt das *1-Methyl-Deriv.* (**IV**). Mit **II** entsteht das *1-Methyl-Deriv.* von **III**, das sich alkal. in *3-Methyl-7-hydroxy-4-oxodihydropteridin*, sauer in die isomere *6-Hydroxy-Verb.* überführen läßt. Diese wird auch bei der einstufigen Kondens. erhalten. Auch die Rk. von **I** bzw. **IV** mit **VI**-Di-Na-Salz verläuft unerwartet unter Bldg. von *4.6-Dihydroxypteridincarbonsäure-(7)* (**VII**) bzw. *3-Methyl-6-hydroxy-4-oxodihydropteridincarbonsäure-(7)* (**VIII**). Beide lassen sich decarboxylieren. Die Pteridine wurden durch R_F-, pK-Werte, UV-Spektren der Neutral-Moll. u. Ionen u. Fluorescenzfarben charakterisiert. Die beweglichen H-Atome des Pyrazinringes sind saurer als die des Pyrimidinringes. Nach der COOH-Gruppe dissoziiert das H-Atom der 6-OH-Gruppe ab.

Versuche: *4-Amino-5-[carbäthoxymethylenamino]-6-oxodihydropyrimidin* (**III**), *Monohydrat*, $C_8H_{10}N_4O_3 \cdot H_2O$, F. 196° ($CH_3OH$), durch kurzes Schütteln von 2,5 g **I** mit **II** in W.; gelbliche Kristalle; 2,8 g (Ausbeute). — *5-Nitro-4-dimethylamino-6-oxodihydropyrimidin*, $C_6H_8N_4O_3$, F. 216—217° (A.), durch ½ std. Zutropfen von Dimethylamin in CH_3OH zu 9 g 4.6-Dichlor-5-nitropyrimidin in Ae. bei Raum-Temp. u. ½ std. Rühren; hellgelbe Nadeln; 2 g. — *5-Amino-4-dimethylamino-6-oxodihydropyrimidin*, $C_6H_{10}N_4O$, F. 162—163° (A./Ae.), durch Hydrierung von 1,8 g vorst. Verb. in A. in Ggw. von Raney-Ni bei 40°; hellbräunliche Kristalle; 0,8 g. — *4-Dimethylamino-5-[carbäthoxymethylenamino]-6-oxodihydropyrimidin*, $C_{10}H_{14}N_4O_3$, F. 202—203° (A.), aus 0,5 g vorst. Verb. u. **II** in W.; 0,4 g. — *4.7-Dihydroxypteridin*, F. >350° (W.), a) durch Kochen (15 Min.) von 1 g **III** mit 0,5n $NaHCO_3$, Heißfiltration u. Ansäuern mit Essigsäure; 0,5 g; b) durch Kochen von 0,5 g **III** mit $NaOCH_3$ in CH_3OH u. Ansäuern des Na-Salzes mit Essigsäure; 0,3 g. — *4.6-Dihydroxypteridin*, F. >350° (W.), a) durch Kochen (15 Min.) von 0,6 g **I** mit **II** in wss. Essigsäure; 0,75 g; b) analog aus 0,5 g **III**; 0,38 g; c) durch ½ std. Kochen von 1,25 g **I** u. **II** in 1n $NaHCO_3$ u. Ansäuern des *Na-Salzhydrates* ($C_6H_3N_4NaO_2 \cdot H_2O$, Nadeln) mit Essigsäure; 0,4 g; d) durch 2 std. Erhitzen von 0,4 g **VII** im N_2-Strom auf 250°; 0,15 g. — *1-Methyl-4.5-diamino-6-oxodihydropyrimidin* (**IV**), $C_5H_8N_4O$, F. 195° (A.; Vakuumsublimation), durch 2 std. Kochen von 2 g 1-Methyl-4.5-diamino-2-methylmercapto-6-oxodihydropyrimidin mit Raney-Ni in W.; 0,7 g. — *1-Methyl-4-amino-5-[carbäthoxymethylenamino]-6-oxodihydropyrimidin*, $C_9H_{12}N_4O_3$, F. 179° (A./PAe.), aus 1,6 g **IV** u. **II** in W.; gelbe Kristalle; 0,9 g. — *3-Methyl-6-hydroxy-4-oxodihydropteridinmonohydrat*, $C_7H_6N_4O_2 \cdot H_2O$, F. >340° (W.), a) durch Kochen (15 Min.) von 0,5 g vorst. Verb. mit wss. Essigsäure; gelbliche Kristalle; 0,3 g; b) durch 2 std. Erhitzen von 0,2 g **VIII** im N_2-Strom auf 260°; hellgelbe Kristalle; 0,08 g. — *3-Methyl-7-hydroxy-4-oxodihydropteridin*, $C_7H_6N_4O_2$, F. >340° (W.), durch Kochen von 0,9 g vorvorst. Verb. mit Na in CH_3OH; 0,4 g. — *4.6-Dihydroxypteridincarbonsäure-(7)* (**VII**), $C_7H_4N_4O_4$, gelbe Kristalle. *Monohydrat*, $C_7H_4N_4O_4 \cdot H_2O$, F. >350°, durch Kochen (15 Min.) von 5 g **I** mit Di-Na-**VI** in wss. Essigsäure u. 10 Min. langes Kochen des *Na-Salzes* mit 1n H_2SO_4; 4,5 g. — *3-Methyl-6-hydroxy-4-oxodihydropteridincarbonsäure-(7)* (**VIII**), $C_8H_6N_4O_4$. *Dihydrat*, $C_8H_6N_4O_4 \cdot 2\,H_2O$, F. >340°, aus 0,85 g **IV** u. Di-Na-**VI**; glitzernde gelbliche Kristalle; 0,6 g. R. Pasedag. 3272

Pteridine. 9. Mitt. Synthese des 8-Ribityl-6.7-dimethyl-2.4-dioxotetrahydro- und 8-Ribityl-6-methyl-2.4.7-trioxohexahydropteridins. Wolfgang Pfleiderer und Gotthard Nübel. (Chem. Ber. **93.** 1406—16. 10/6. 1960.) (Dt.) — 8. vgl. vorst. Referat.

Das aus 4-Chloruracil (**IV**) zugängliche *4-Chlor-5-benzolazouracil* läßt sich mit dem aus D-Riboseoxim (**V**) durch Red. mit Raney-Ni zugänglichen *D-Ribitylamin* in *4-D-Ribitylamino-5-benzolazouracil* überführen. Dieses wird mit Zn/verd. H_2SO_4 zu *5-Amino-4-D-ribitylaminouracil* red., das sich ohne Isolierung mit Diacetyl (**I**) bzw. Brenztraubensäuremethylester (**II**) zu *8-Ribityl-6.7-dimethyl-2.4-dioxotetrahydro-* (**III**) bzw. *8-Ribityl-6-methyl-2.4.7-trioxohexahydropteridin* kondensieren läßt. Durch Umsetzung der entsprechenden 5-Amino-4-alkylaminouracile mit **I** bzw. **II** wurden zum Vgl. *6.7.8-Trimethyl-*, *8-Äthyl-6.7-dimethyl-*, *8-[β-Hydroxyäthyl]-6.7-dimethyl-*, *8-Benzyl-6.7-dimethyl-2.4-dioxotetrahydropteridin*, *8-Äthyl-*, *8-Benzyl-* u. *8-[β-Hydroxyäthyl]-6-methyl-2.4.7-trioxohexahydropteridin* synthetisiert. Die Pteridine wurden durch R_F- u. pK-Werte sowie UV-Spektren (Tabellen u. Abb.) der Neutral-Moll. u. Ionen charakterisiert. Die UV-Spektren werden ausführlich diskutiert. Bei den Kationen von **III** u. seinen Analogen findet die Protonierung am $N_{(1)}$ statt. Zwischen der Ribitylseitenkette u. $N_{(1)}$ besteht offensichtlich eine H-Brückenbindung.

Versuche: Pteridine: *8-Äthyl-6-methyl-2.4.7-trioxohexahydro-*, $C_9H_{10}N_4O_3$, F. >330° (W.), durch ½ std. Kochen von 2 g 5-Amino-4-äthylaminouracilhydrochlorid u. II in W.; blaßgelbe Kristalle; 1,1 g (Ausbeute). — *8-Benzyl-6-methyl-2.4.7-trioxohexahydro-*, $C_{14}H_{12}N_4O_3$, F. 301—302° (W.), aus 2 g 5-Amino-4-benzylaminouracilhydrochlorid; blaßgelbe Kristalle; 1,5 g. — *8-[β-Hydroxyäthyl]-6-methyl-2.4.7-trioxohexahydro-*, $C_9H_{10}N_4O_4$, F. >330° (W.), aus 2 g 5-Amino-4-[β-hydroxyäthylamino]-, uracilhydrochlorid; blaßgelbe Kristalle; 1,3 g. — *6.7.8-Trimethyl-2.4-dioxotetrahydro-* F. 299—300° (Zers.; wss. A.), durch ½ std. Erwärmen von 2 g 5-Amino-4-methylaminouracilhydrochlorid u. I in W. auf 80—85°, Einengen u. Versetzen mit A.; gelbe Kristalle; 1,4 g. — *8-Äthyl-6.7-dimethyl-2.4-dioxotetrahydro-*, $C_{10}H_{12}N_4O_2$, F. 294—295° (Zers.), gelbe Kristalle; 1,2 g aus 2 g. — *8-[β-Hydroxyäthyl]-6.7-dimethyl-2.4-dioxotetrahydro-*, $C_{10}N_{12}N_4O_3$, F. 280° (Zers.; A./W.), gelbe Kristalle; 1,1 g aus 2 g. — *8-Benzyl-6.7-dimethyl-2.4-dioxotetrahydro-*, $C_{15}H_{14}N_4O_2$, F. 264° (Dimethylformamid), gelbe Kristalle; 1,5 g aus 2 g. — *4-Chlor-5-benzolazouracil*, F. 230—240°, durch Zutropfen von Benzoldiazoniumsalz-Lsg. zu 6 g **IV** in 3,5%ig. $NaHCO_3$-Lsg. bei 0° u. 3 std. Rühren; 4—5 g. — *D-Ribitylamin*, durch Hydrieren von **V** in 80%ig. CH_3OH über RANEY-Ni; Sirup. — *4-D-Ribitylamino-5-benzolazouracil*, $C_{15}H_{19}N_5O_6$, F. 232° (W.), durch 2 std. Rühren vorst. Verb. in W. mit 10 g vorvorst. Verb. in Dioxan bei 50—60° u. Ausfällen mit Aceton; orangefarbene Kristalle; 6 g. — *8-Ribityl-6-methyl-2.4.7-trioxohexahydropteridin*, $C_{12}H_{16}N_4O_7$, F. 250° (A./W. in Ggw. von 1 n HCl), durch Zutropfen von 5 n H_2SO_4 zu 1 g vorst. Verb. u. Zn in sd. W. bis zur Farblosigkeit, Heißfiltration, Einstellen auf pH 1, ½ std. Kochen mit **II**, Neutralisieren mit 1 n NaOH, Lösen des *Na-Salzes* in A./W. u. Ansäuern mit verd. HCl bis pH 1; 0,3 g. — *8-Ribityl-6.7-dimethyl-2.4-dioxotetrahydropteridin* (**III**), $C_{13}H_{18}N_4O_6$, F. 270—271° (Zers.; W.), analog mit **I**; gelbe Kristalle; 0,25 g aus 1 g. R. PASEDAG. 3272□

Pteridine. 10. Mitt. **Zur Struktur des Pterins.** Wolfgang Pfleiderer, Egon Liedek, Rolf Lohrmann und Manfred Rukwied. (Chem. Ber. **93.** 2015—24. 1960.) (Dt.) — 9. vgl. vorst. Referat.

Durch Kondens. der entsprechenden 4.5-Diaminopyrimidine mit Glyoxal (**I**) oder **I**-Bisulfit wurden *2-Methylamino-*, *2-Dimethylamino-*, *2-Acetamido-4-oxodihydropteridin*, *3-Methyl-*, *1-Methyl-2-amino-4-oxodihydropteridin*, *2-Amino-* (**II**) bzw. *2-Acetamido-4-methoxypteridin* synthetisiert. Durch Vgl. der R_F- u. p_K-Werte sowie der UV-Spektren der Neutral-Moll., Kationen u. Anionen konnte gezeigt werden, daß dem *Pterin* (**III**) die Konstit. des *2-Amino-4-oxodihydropteridins* zukommt. **III** wurde durch alkal. Verseifung von **II** dargestellt. Die ausführliche Diskussion der UV-Spektren (Tabellen u. Abb.) zeigt, daß **III** am $N_{(1)}$-Atom protoniert wird.

Versuche: *2.4.5-Triamino-6-methoxypyrimidin*, $C_5H_9N_5O$, F. 176—178° (Chlf.), durch Hydrieren von 20 g 5-Nitroso-2.4-diamino-6-methoxypyrimidin in CH_3OH über RANEY-Ni bei 30—35°; bräunlichgelbe Kristalle; 11,1 g (Ausbeute). — *2-Amino-4-methoxypteridin* (**II**), $C_7H_7N_5O$, F. 207—209° (W./CH_3OH 2:1), durch 2 std. Kochen von 3 g vorst. Verb. mit Polyglyoxal in CH_3OH, Einengen u. Extrahieren mit Chlf.; cremefarbene Nadeln; 2 g. *Acetyl-Verb.*, $C_9H_9N_5O_2$, F. 215° (A.), Nadeln; 0,6 g aus 1 g. — *2-Amino-4-oxodihydropteridin* (**III**), durch ½ std. Kochen von 0,5 g **II** mit 1 n NaOH u. Eintropfen in verd. Essigsäure; 0,35 g. *Acetyl-Verb.*, $C_8H_7N_5O_2$, F. >350° (Braunfärbung ab 270°; n-Propanol); 1,5 g aus 2 g. — *1-Methyl-2.4-diamino-5-formylamino-6-oxodihydropyrimidinmonohydrat*, $C_6H_9N_5O_2 \cdot H_2O$, F. > 350° (W.), durch 2 std. Rühren von 96 g 2.4-Diamino-5-formylamino-6-oxodihydropyrimidin mit Dimethylsulfat u. 1 n NaOH (pH 8—9) bei 35°; Nadeln; 83 g. — *1-Methyl-2.4.5-triamino-6-oxodihydropyrimidinhydrochlorid*, $C_5H_9N_5O \cdot HCl$, F. >300° (Zers.; W.), durch std. Kochen von 50 g vorst. Verb. mit 15—20%ig. methanol. HCl; Blättchen; 44,2 g. — *3-Methyl-2-amino-4-oxodihydropteridin*, $C_7H_7N_5O$, F. 322° (A.), durch Erwärmen von 1,9 g vorst. Verb. mit **I**-Bisulfit-Na auf dem Wasserbad (10 Min.), 15 Min. langes Kochen bei pH 9 (mit 2 n NaOH eingestellt), Einengen u. Sublimieren im Hochvakuum bei 240°; 0,3 g. — *2-Methylamino-4-oxodihydropteridin*, $C_7H_7N_5O$, F. >350° (W.), a) durch 15 Min. langes Kochen von 2 g 4.5- Diamino-2-methylamino-6-oxodihydropyrimidinsulfat u. **I**-Bisulfit-Na in W. u. Einstellen auf pH 5; gelbliche Kristalle; 0,5 g; b) durch 10 Min. langes Kochen von 0,3 g vorst. Verb. mit 1 n NaOH u. Einstellen auf pH 2 mit verd. H_2SO_4; 0,18 g. — *4.5-Diamino-2-dimethylamino-6-oxodihydropyrimidinhydrochlorid*, $C_6H_{11}N_5O \cdot HCl$, F. 286—287°, durch Hydrierung von 10 g 5-Nitroso-4-amino-2-dimethylamino-6-oxodihydropyrimidin in CH_3OH über RANEY-Ni; 10 g. — *2-Dimethylamino-4-oxodihydropteridin*, $C_8H_9N_5O$, F. 282° (Acetanhydrid), 2 std. Kochen; 0,4 g aus 1 g. — *1-Methyl-2-amino-4-oxodihydropteridin*, $C_7H_7N_5O$, F. 335—337° (Zers.; W.), aus 1 g 3-Methyl-2.4.5-triamino-6-oxodihydropyrimidinsulfat; 0,3 g. R. PASEDAG. 3272□

Pteridine. 11. Mitt. **Zur Struktur des Isoxanthopterins.** Wolfgang Pfleiderer und Manfred Rukwied. (Chem. Ber. **94.** 1—12. 20/1. 1961.) (Dt.) — 10. vgl. vorst. Referat. Das aus 4-Chlor-2-amino-6-oxodihydropyrimidin (**VI**) durch Umsetzung mit wss. Methylamin zugängliche *2-Amino-4-methylamino-6-oxodihydropyrimidin* wird durch Nitrosierung, Red. u. Formylierung im Einstufen-Verf. glatt in *2-Amino-4-methylamino-5-formylamino-6-oxodihydropyrimidin* (**I**) übergeführt, das mit methanol. HCl *2.5-Diamino-4-methylamino-6-oxodihydropyrimidinhydrochlorid* (**II**) gibt. Die Methylierung von **I** mit Dimethylsulfat führt zur entsprechenden *1-Methyl-Verb.*, die sich zur *1-Methyl-Verb.* von **II** spalten läßt. Diese, **II** u. 1-Methyl-2.4.5-triamino-6-oxodihydropyrimidinhydrochlorid (**VII**) lassen sich mit Glyoxylsäureäthylesteräthylhalbacetal (**III**) in *1-Methyl-2-amino-4-methylamino-*, *2-Amino-4-methylamino-* u. *1-Methyl-2.4-diamino-5-[carbäthoxymethylenamino]-6-oxodihydropyrimidin* (**VIII**) überführen. Während die letzten beiden Schiffschen Basen sich in $NaHCO_3$-Lsg. glatt zu *8-* bzw. *3-Methyl-2-amino-4.7-dioxotetrahydropteridin* (**IV**) cyclisieren lassen, gelingt die Cyclisierung der ersten in saurem u. alkal. Medium nicht, in sd. W. nur in schlechter Ausbeute. Deshalb wurde *3.8-Dimethyl-2-amino-4.7-dioxotetrahydropteridin* durch Methylierung von **IV** mit $(CH_3)_2SO_4$/Alkali bzw. CH_3J/K_2CO_3 synthetisiert. **IV** konnte ferner mit $PCl_5/POCl_3$ in *3-Methyl-7-chlor-2-amino-4-oxodihydropteridin* übergeführt werden, das mit $NaOCH_3$ die *7-Methoxy-Verb.* liefert. Die Kondens. der oben beschriebenen Pyrimidine mit Brenztraubensäuremethylester (**V**) führt zu *3.6.8-Trimethyl-*, *6.8-Dimethyl-* u. *3.6-Dimethyl-2-amino-4.7-dioxotetrahydropteridin*, wobei im letzten Fall nebenher *3.7-Dimethyl-2-amino-4.6-dioxotetrahydropteridin* entsteht. Zum Vgl. wurde *2-Amino-7-oxodihydropteridin* dargestellt. Die pK-Werte der 2-Amino-4.7-dioxotetrahydropteridine liegen im Bereich von 7—8. Ferner sind die R_F-Werte u. die UV-Spektren der Neutral-Moll., der Anionen u. Kationen angegeben (tabellar. u. graph.). Ihre Diskussion zeigt, daß dem *Isoxanthopterin* die Konstit. eines *2-Amino-4.7-dioxotetrahydropteridins* zukommt. Die Dissoziation der sauren H-Atome erfolgt in der Reihenfolge $N_{(8)}$, $N_{(3)}$.

Versuche: 6-Oxodihydropyrimidine: *2-Amino-4-methylamino-*, $C_5H_8N_4O$, F. 265—266° (W.), durch 4std. Erhitzen von 20 g **VI** mit 40%ig. wss. CH_3NH_2-Lsg. auf 110—120° im Autoklaven, Heißfiltration u. Ansäuern mit Eisessig; Nadeln; 15,2 g (Ausbeute). — *2-Amino-4-methylamino-5-formylamino-* (**I**), *Monohydrat*, $C_6H_9N_5O_2 \cdot H_2O$, F. >350° (W.), durch Erwärmen von 15 g vorst. Verb. mit $NaNO_2$ u. Formamid auf 30°, Versetzen mit Ameisensäure, Erhitzen auf 110° u. Zugeben von $Na_2S_2O_4$ <140°; glänzende Nadeln; 15 g. — *2.5-Diamino-4-methylamino-*, *Hydrochlorid* (**II**), $C_5H_9N_5O \cdot HCl$, durch 4std. Kochen von 10 g **I** mit 15—20%ig. methanol. HCl, Trocknen des *Dihydrochlorids* über KOH u. Umfällen aus A.–Ae.; Nadeln; 8,5 g. — *1-Methyl-2-amino-4-methylamino-5-formylamino-*, $C_7H_{11}N_5O_2$, F. 264—266° (W.), durch 1std. Schütteln von 16 g **I** in 1,5n NaOH mit $(CH_3)_2SO_4$; Nadeln; 11 g. — *1-Methyl-2.5-diamino-4-methylamino-*, *Hydrochlorid*, $C_6H_{11}N_5O \cdot HCl$; 10 g aus 10 g. — *1-Methyl-2.4-diamino-5-[carbäthoxymethylenamino]-* (**VIII**), *Monohydrat*, $C_9H_{13}N_5O_3 \cdot H_2O$, F. 236—238° (Zers.; A.), durch Schütteln von 5,8 g **VII** in W. mit **III** in W. bei Raum-Temp. bis zur homogenen Lsg., Einstellen auf pH 6 mit 2n NaOH u. 1std. Stehen; blaßgelbe Kristalle; 6,4 g. — *2-Amino-4-methylamino-5-[carbäthoxymethylenamino]-*, *Hemihydrat*, $C_9H_{13}N_5O_3 \cdot {}^1/_2 H_2O$, F. 240° (Zers.; A.), hellgelbe Kristalle; 5,4 g aus 4,8 g. — *1-Methyl-2-amino-4-methylamino-5-[carbäthoxymethylenamino]-*, $C_{10}H_{15}N_5O_3$, F. 233° (W.; Wiederverfestigung bei 245°), hellgelbe Nadeln; 1,9 g aus 3,6 g. — 4.7-Dioxotetrahydropteridine: *3-Methyl-2-amino-* (**IV**), $C_7H_7N_5O_2$, F. >350°, durch Kochen (15 Min.) von 5,1 g **VIII** in 0,5 n $NaHCO_3$-Lsg., Filtrieren, Eintropfen in sd. verd. HCl, Lösen in 2n NaOH u. Fällen mit HCl; 2,5 g. — *8-Methyl-2-amino-*, $C_7H_7N_5O_2$, F. >350° (W.), ${}^3/_4$ std. Kochen; hellgelbe Nadeln; 0,4 g aus 1 g. — *3.8-Dimethyl-2-amino-*, $C_8H_9N_5O_2$, F. >350° (W.), a) durch Zutropfen von $(CH_3)_2SO_4$ zu 0,5 g **IV** in wss. NaOH bei 35° (pH 9); glänzende Nadeln; 0,47 g; b) durch 4std. Kochen von 0,5 g **IV** u. K_2CO_3 mit CH_3J in CH_3OH; 0,43 g. — *3-Methyl-7-chlor-2-amino-4-oxodihydropteridin*, $C_7H_6ClN_5O$, F. 297° (Zers.; W.), durch 2std. Kochen von 1 g **IV** mit PCl_5 u. $POCl_3$, Einengen, Versetzen mit Eis, Suspendieren in W. u. Einstellen mit 1%ig. NH_4OH auf pH 6—7; hellgelbe Nadeln; 0,43 g. — *3-Methyl-2-amino-7-methoxy-4-oxodihydropteridin*, $C_8H_9N_5O_2$, F. >350° (W.; ab 260° Braunfärbung), durch 4std. Stehen von 0,7 g vorst. Verb. mit $NaOCH_3$ in CH_3OH bei Raum-Temp.; Nadeln; 0,35 g. — *2-Amino-7-oxodihydropteridin*, $C_6H_5N_5O$, F. >350° (W.), durch 1std. Stehen von 1 g 2.4.5-Triaminopyrimidin mit **III** in W., 15 Min. langes Kochen mit 1n $NaHCO_3$-Lsg., Filtrieren u. Eintropfen in sd. verd. Essigsäure; sandfarbene Kristalle; 1,1 g. — *8-Methyl-2-amino-7-oxodihydropteridin*, $C_7H_7N_5O$, F. 297° (W.), durch ${}^1/_2$ std. Rühren von 0,5 g vorst. Verb. mit $(CH_3)_2SO_4$ u. wss. NaOH bei Raum-Temp.; sandfarbene Kristalle; 0,3 g. — *3.6-Dimethyl-2-amino-4.7-dioxotetrahydropteridin*, $C_8H_9N_5O_2$, F. >350°, durch Kochen (15 Min.) von 5,8 g **VII** mit **V** in W.,

Heißfiltration, Lösen des Nd. in wss. NaOH u. Zutropfen der Lsg. des *Na-Salzes* (seidig glänzende Nadeln) in W. zu sd. verd. HCl; Nadeln; 1,2 g. — *3.7-Dimethyl-2-amino-4.6-dioxotetrahydropteridinhemihydrat*, $C_8H_9N_5O_2 \cdot 1/2\ H_2O$, F. >350° (W.), neben vorst. Verb. durch Einstellen des Filtrats mit verd. NH_4OH auf pH 6—7, Lösen des rotgelben Nd. in heißer wss. NaOH, Heißfiltration, Lösen des *Na-Salzes* (gelbe Nadeln) in verd. NaOH u. Eintropfen in sd. 0,5n Essigsäure; gelbe Kristalle; 2,9 g. — *6.8-Dimethyl-2-amino-4.7-dioxotetrahydropteridin*, $C_8H_9N_5O_2$, F. >350°, hellgelbe Kristalle; 2,5 g aus 2,9 g. — *3.6.8-Trimethyl-2-amino-4.7-dioxotetrahydropteridinmonohydrat*, $C_9H_{11}N_5O_2 \cdot H_2O$, F. >350° (W.), Nadeln; 1,7 g aus 2 g. R. PASEDAG. 3272□

Synthese von N-[Morpholinoalkyl]-benzamiden. Nils Löfgren und Hans Wåhlstam. (Acta chem. scand. **15.** 1467—76. 1961. Stockholm, Univ., Inst. of Organ. Chem. and Biochem.) (Engl.)

Zwölf neue *N-[Morpholinoalkyl]-benzamide* (**A**) werden dargestellt u. hinsichtlich ihrer sedativen u. lokalanästhet. Wrkg. geprüft. Die **A** werden aus Benzoylchlorid u. den entsprechenden N-[Aminoalkyl]-morpholinen dargestellt. Die Ionisations-Konst. K_a von N-[β-Morpholinoäthyl]-2.4-dimethylbenzamid wird bestimmt.

Versuche (FF. korr.): *N-[3-Aminopropyl]-morpholin*, $Kp._{43-45}$ 139—140°, aus Trimethylendiamin nach HULTQVIST u. NORTHEY (J. Amer. chem. Soc. **62.** [1940.] 447); n_D^{20} 1,4768; 41% (Ausbeute). — *1-Morpholinopropanon-(2)-oxim*, $C_7H_{14}N_2O_2$, F. 103—104°, aus $NH_2OH \cdot HCl$, $NaOOCCH_3 \cdot 3\ H_2O$ u. 1-Morpholinopropanon-(2); 63%. — *1-Methyl-2-morpholinoäthylamin*, $C_7H_{16}N_2O$, $Kp._{20}$ 96—98°, durch 3std. Rühren vorst. Verb. mit $LiAlH_4$ in Ae.; n_D^{25} 1,4620; 28%. — *3-Methyl-4-morpholinobutanon-(2)*, $C_9H_{17}NO_2$, $Kp._{31-32}$ 136—139°, durch 6std. Kochen von 149 g Methyläthylketon, 123,5 g Morpholinhydrochlorid, 40 g Paraformaldehyd u. Isopropanol; n_D^{25} 1,4657; 52 g. *Hydrochlorid*, $C_9H_{18}ClNO_2$, F. 146—147° (Aceton/Methyläthylketon). *Oxim*, $C_9H_{18}N_2O_2$, Kp. $_{24-25}$ 172—174°, mit $NH_2OH \cdot HCl$ u. Na-Acetat; n_D^{25} 1,4896; 73%. — *1.2-Dimethyl-3-morpholinopropylamin*, $C_9H_{20}N_2O$, $Kp._{17-18}$ 124—125°, durch $LiAlH_4$-Red. vorst. Oxims; n_D^{25} 1,4672; 33%. — *β-Morpholinopivalinaldehydoxim*, $C_9H_{18}N_2O_2$, $Kp._{24-25}$ 166 bis 167°, aus β-Morpholinopivalinaldehyd, $NH_2OH \cdot HCl$ u. Na-Acetat; n_D^{25} 1,4846; 46%. *Hydrochlorid*, $C_9H_{19}ClN_2O_2$, F. 186—187° (Zers.); aus abs. A. Nadeln. — *2.2-Dimethyl-3-morpholinopropylamin*, $C_9H_{20}N_2O$, $Kp._{22-23}$ 118—120°, durch Red. vorst. Verb. mit $LiAlH_4$ in Ae.; n_D^{25} 1,4661; 35%. — Benzamide, durch Rk. des methylsubstituierten Benzoylchlorids mit dem entsprechenden N-Aminoalkylmorpholin in Ae.: *N-[β-Morpholinoäthyl]-4-methyl-*, $C_{14}H_{20}N_2O_2$, F. 118—119°; 78%. *Hydrochlorid*, $C_{14}H_{21} \cdot ClN_2O_2$, F. 196—197°. — *N-[β-Morpholinoäthyl]-2.4-dimethyl-*, $C_{15}H_{22}N_2O_2$, F. 122—124°; 64%. *Hydrochlorid*, $C_{15}H_{23}ClN_2O_2$, F. 171—172°. — *N-[β-Morpholinoäthyl]-3.5-dimethyl-*, $C_{15}H_{22}N_2O_2$, F. 112—113°; 93%. *Hydrochlorid*, $C_{15}H_{23}ClN_2O_2$, F. 193—195°. — *N-[β-Morpholinoäthyl]-2.6-dimethyl-*, $C_{15}H_{22}N_2O_2$, F. 110—111°; 78%. *Hydrochlorid*, $C_{15}H_{23}ClN_2O_2$, F. 157—158°. — *N-[β-Morpholinoäthyl]-2.4.6-trimethyl-*, $C_{16}H_{24}N_2O_2$, F. 111—113°; 78%. *Hydrochlorid*, $C_{16}H_{25}ClN_2O_2$, F. 187—188°. — *N-[γ-Morpholinopropyl]-4-methyl-*, $C_{15}H_{22}N_2O_2$, F. 80—81°; 78%. *Hydrochlorid*, $C_{15}H_{23}ClN_2O_2$, F. 167—168°. — *N-[γ-Morpholinopropyl]-2.4-dimethyl-*, $C_{16}H_{24}N_2O_2$, F. 55—56°; 73%. *Hydrochlorid*, $C_{16}H_{25}ClN_2O_2$, F. 142—143°. — *N-[γ-Morpholinopropyl]-2.6-dimethyl-*, $C_{16}H_{24}N_2O_2$, F. 82—83°; 82%. *Hydrochlorid*, $C_{16}H_{25}ClN_2O_2$, F. 190—191°. — *N-[γ-Morpholinopropyl]-2.4.6-trimethyl-*, $C_{17}H_{26}N_2O_2$, F. 111—112°; 91%. *Hydrochlorid*, $C_{17}H_{27}ClN_2O_2$, F. 211—213°. — *N-[α-Methyl-β-morpholinoäthyl]-2.4-dimethyl-*, $C_{16}H_{24}N_2O_2$, F. 87—88°; 93%. *Hydrochlorid*, $C_{16}H_{25}ClN_2O_2$, F. 141—142°. — *N-[α.β-Dimethyl-γ-morpholinopropyl]-2.6-dimethyl-*, $C_{18} \cdot H_{28}N_2O_2$, F. 131—132°; 41%. *Hydrochlorid*, $C_{18}H_{29}ClN_2O_2$, F. 232—234°. — *N-[β.β-Dimethyl-γ-morpholinopropyl]-2.6-dimethyl-*, $C_{18}H_{28}N_2O_2$, F. 92—93°; 83%. *Hydrochlorid*, $C_{18}H_{29}ClN_2O_2$, F. 228—230°. P. GOLINSKE. 3282□

Synthesen auf dem Phenothiazin-Gebiet. Elmar Profft und Franz Kasper. (Wiss. Z. Techn. Hochschule Chem. Leuna-Merseburg **3.** 185—91. 1960/61. Leuna-Merseburg, TH für Chem., Inst. für Organ. Chem.) (Dt.)

N-Acylphenothiazine werden mit Säurechloriden von Mono- u. Dicarbonsäuren nach FRIEDEL-CRAFTS umgesetzt. Nach Abspaltung der N-Acylgruppe werden *3-Acyl-* u. *3-Halogenacylphenothiazine* bzw. *α.ω-Bis-[Phenothiazinylcarbonyl]-alkane* erhalten. Als bes. günstig für die FRIEDEL-CRAFTS-Rk. erwiesen sich 10-Chloracetyl- u. 10-[β-Chlorpropionyl]-phenothiazin. Damit konnte das bei vielen Rkk. in der Phenothiazinreihe zu beobachtende Auftreten von gefärbten Nebenprodd. weitgehend verhindert werden. Die Umsetzung von 3-Acetyl-10-halogenacylphenothiazinen mit sek. Aminen führte zu Verbb., die gute pharmakolog. Wrkg. zeigen. Die IR-Spektren verschiedener charakterist. Phenothiazin-Derivv. werden diskutiert.

Versuche: Phenothiazine: *3-Acetyl-10-chloracetyl-*, $C_{16}H_{12}ClNO_2S$, F. 145 bis 146°, a) durch Erwärmen von 10-Chloracetylphenothiazin, Acetylchlorid u. $AlCl_3$ in

CS_2 auf 40° u. 2std. Kochen; aus A. schwachgrüne Kristalle; 70,7% (Ausbeute); b) durch 7std. Kochen von 3-Acetylphenothiazin mit Chloracetylchlorid in abs. Bzl.; 85%. *Phenylhydrazon*, $C_{22}H_{18}ClN_3OS$, F. 175–176°. — *3-Acetyl-10-[β-chlorpropionyl]-*, $C_{17}H_{14}$·$ClNO_2S$, F. 148–149° (Toluol), a) analog vorst. Verb. nach a) (2std. Rk.); 63,3%; b) analog vorst. Verb. nach b); 72,5%. *Phenylhydrazon*, $C_{23}H_{20}ClN_3OS$, F. 192–193°. — *3.10-Bis-[chloracetyl]-*, $C_{16}H_{11}Cl_2NO_2S$, F. 195–196°, a) analog vorst. Verb. nach a) (4 Std.); aus Eisessig schwachgrüne Kristalle; 84%; b) analog vorst. Verb. nach b); 81%. — *3-Bromacetyl-10-chloracetyl-*, $C_{16}H_{11}BrClNO_2S$, F. 184–185° (Eisessig), a) aus 10-Chloracetylphenothiazin u. Bromacetylchlorid (2 Std.); 85,5%; b) analog vorst. Verb. nach b); 85,8%. — *3-Acetyl-*, F. 192–193°, a) durch Versetzen von 3-Acetyl-10-chloracetylphenothiazin in A. mit wss. KOH u. 2std. Kochen; aus A. gelbe Blättchen; 98%; b) analog a) aus 3-Acetyl-10-[β-chlorpropionyl]-phenothiazin; 86,5%. *Phenylhydrazon*, $C_{20}H_{17}N_3S$, F. 253–254°. — *3-Chloracetyl-*, F. 198–199°, durch Erwärmen von 3.10-Bis-[chloracetyl]-phenothiazin in Eisessig auf 60° u. $^1/_4$std. Kochen mit 20%ig. HCl; aus Bzl. rote Nadeln; 85,5%. — *3-Bromacetyl-*, $C_{14}H_{10}BrNOS$, F. 195 bis 196°, a) analog vorst. Verb. aus 3-Bromacetyl-10-acetylphenothiazin; aus Toluol rote Nadeln; 60,4%; b) analog aus 3-Bromacetyl-10-chloracetylphenothiazin; 79,6%. — *3.10-Diacetyl-*, F. 105–106°, durch 7std. Kochen von 3-Acetylphenothiazin mit Acetylchlorid in abs. Bzl.; 82%. *Phenylhydrazon*, $C_{22}H_{19}N_3OS$, F. 205–206°. — *3-Acetyl-10-propionyl-*, F. 127–128°, analog vorst. Verb.; 87,7%. *Phenylhydrazon*, $C_{23}H_{21}N_3OS$, F. 172–173°. — *3-Chloracetyl-10-acetyl-*, F. 171–172°, analog vorst. Verb.; 95,4%. — *3-Bromacetyl-10-acetyl-*, F. 165–167°; 83,4%. — Butane: *1.4-Bis-[10-acetylphenothiazinyl-(3)-carbonyl]-*, $C_{34}H_{28}N_2O_4S_2$, F. ca. 160° (Zers.), durch 6std. Rk. des entsprechenden 10-Acylphenothiazins mit dem Dicarbonsäuredichlorid u. $AlCl_3$ in CS_2 unter N_2; 32,2%. — *1.4-Bis-[10-propionylphenothiazinyl-(3)-carbonyl]-*, $C_{36}H_{32}N_2O_4S_2$, analog vorst. Verb. durch 5std. Rk.; hellgrüner Sirup; 46,2%. — *1.4-Bis-[10-(β-chlorpropionyl)-phenothiazinyl-(3)-carbonyl]-*, $C_{36}H_{30}Cl_2N_2O_4S_2$, durch 5std. Rk.; brauner Sirup; 41,7%. — *1.4-Bis-[10-chloracetylphenothiazinyl-(3)-carbonyl]-*, $C_{34}H_{26}Cl_2N_2O_4S_2$, durch 3std. Rk.; grünes Öl; 45,3%. — Pentane: *1.5-Bis-[10-acetylphenothiazinyl-(3)-carbonyl]-*, $C_{35}H_{30}$·$N_2O_4S_2$, F. ca. 125° (Zers.), durch 5std. Rk.; 47,8%. — *1.5-Bis-[10-propionylphenothiazinyl-(3)-carbonyl]-*, $C_{37}H_{34}N_2O_4S_2$, F. 186–187° (Zers.), durch 4std. Rk.; 70%. — *1.5-Bis-[10-(β-chlorpropionyl)-phenothiazinyl-(3)-carbonyl]-*, $C_{37}H_{32}Cl_2N_2O_4S_2$, durch 3std. Rk.; brauner Sirup; 51,8%. — *1.5-Bis-[10-chloracetylphenothiazinyl-(3)-carbonyl]-*, $C_{35}H_{28}$·$Cl_2N_2O_4S_2$, durch 7std. Rk.; gelbbrauner Sirup; 59,4%. — Octane: *1.8-Bis-[10-acetylphenothiazinyl-(3)-carbonyl]-*, $C_{38}H_{36}N_2O_4S_2$, F. ca. 155° (Zers.), durch 4std. Rk.; 52,4%. — *1.8-Bis-[10-propionylphenothiazinyl-(3)-carbonyl]-*, $C_{40}H_{40}N_2O_4S_2$, F. 170–171° (Zers.), durch 4std. Rk.; 72,8%. — *1.8-Bis-[10-(β-chlorpropionyl)-phenothiazinyl-(3)-carbonyl]-*, $C_{40}H_{38}Cl_2N_2O_4S_2$, durch 6std. Rk.; gelbgrünes Öl; 61,5%. — *1.8-Bis-[10-chloracetylphenothiazinyl-(3)-carbonyl]-*, $C_{38}H_{34}Cl_2N_2O_4S_2$, durch 5std. Rk.; grüner Sirup; 67%. — *1.4-Bis-[phenothiazinyl-(3)-carbonyl]-butan*, $C_{30}H_{24}N_2O_2S_2$, F. 222–224° (Zers.), aus den entsprechenden 10.10'-Diacyl-Derivv. durch alkal. Hydrolyse; aus A., 60%ig. Essigsäure u. Eisessig gelbgrünes Pulver; 21,2–38,6%. — *1.5-Bis-[phenothiazinyl-(3)-carbonyl]-pentan*, $C_{31}H_{26}N_2O_2S_2$, F. 233–235° (Zers.), analog vorst. Verb.; aus Dimethylformamid/W. gelbe Kristalle; 28,8–57,5%. — *1.8-Bis-[phenothiazinyl-(3)-carbonyl]-octan*, $C_{34}H_{32}N_2O_2S_2$, F. 248–250° (Zers.); gelbe Kristalle; 29,6–54,1%. — 3-Acetylphenothiazine: *10-Diäthylaminoacetyl-*, $C_{20}H_{22}N_2O_2S$, durch Versetzen der entsprechenden Halogenacyl-Verb. in Toluol mit dem Amin bei 50°, 4std. Kochen u. Alkalisieren unter N_2; gelbes Öl; 77%. *Hydrochlorid*, $C_{20}H_{23}ClN_2O_2S$, F. 210–212°, durch Versetzen der Base in abs. Ae. mit äther. HCl; 73,2%. *Styphnat*, F. 143–144° (Zers.), durch Versetzen der Base in A. mit 0,1m alkohol. Styphninsäure-Lsg.; aus A. gelbe Kristalle. *Reineckat*, F. 166–167° (Zers.), durch Zugabe einer 1%ig. Reinecke-Salz-Lsg. zu dem Hydrochlorid oder der Base in verd. HCl; rote bis violette Kristalle. — *10-Di-n-butylaminoacetyl-*, $C_{24}H_{30}N_2O_2S$, analog vorst. Verb.; gelbes Öl; 65,6 %. *Hydrochlorid*, $C_{24}H_{31}ClN_2O_2S$, F. 200–202°; 64%. *Styphnat*, F. 184–185° (Zers.). *Reineckat*, F. 176–177° (Zers.). — *10-Piperidinoacetyl-*, $C_{21}H_{22}N_2O_2S$, F. 112–113°; 89,5%. *Hydrochlorid*, $C_{21}H_{23}ClN_2O_2S$, F. 224–225°; 60,4%. *Styphnat*, F. 165–166° (Zers.). *Reineckat*, F. 208–210° (Zers.). — *10-[4-Äthylpiperidinoacetyl]-*, $C_{23}H_{26}N_2O_2S$, F. 100 bis 102°; 76%. *Hydrochlorid*, $C_{23}H_{27}ClN_2O_2S$, F. 148–150°; 69%. *Styphnat*, F. 120 bis 121° (Zers.). *Reineckat*, F. 153–155° (Zers.). — *10-Morpholinoacetyl-*, $C_{20}H_{20}N_2O_3S$, F. 147–148°; 96,2%. *Hydrochlorid*, $C_{20}H_{21}ClN_2O_3S$, F. 170–171°; 84,2%. *Styphnat*, F. 241–243° (Zers.). *Reineckat*, F. 218–220° (Zers.). — *10-Pyrrolidinoacetyl-*, $C_{20}H_{20}$·N_2O_2S, F. 115–116°; 87,2%. *Hydrochlorid*, $C_{20}H_{21}ClN_2O_2S$, F. 176–178°; 59,3%. *Styphnat*, F. 132–133° (Zers.). *Reineckat*, F. 203–205° (Zers.). — *10-[β-Diäthylaminopropionyl]-*, $C_{21}H_{24}N_2O_2S$; gelbes Öl; 60,5%. *Hydrochlorid*, $C_{21}H_{25}ClN_2O_2S$, F. 128

bis 130°; 57,5%. *Styphnat*, F. 106—107° (Zers.). *Reineckat*, F. 126—127° (Zers.). — *10-[β-Di-n-butylaminopropionyl]-*, $C_{25}H_{32}N_2O_2S$; gelber Sirup; 61,2%. *Hydrochlorid*, $C_{25}H_{33}ClN_2O_2S$, F. 189—190°; 60,8%. *Styphnat*, F. 134—136° (Zers.). *Reineckat*, F. 146 bis 148° (Zers.). — *10-[β-Piperidinopropionyl]-*, $C_{22}H_{24}N_2O_2S$; fest, klebrig; 78%. *Hydrochlorid*, $C_{22}H_{25}ClN_2O_2S$, F. 168—169°; 73,8%. *Styphnat*, F. 110—112° (Zers.). *Reineckat*, F. 180—182° (Zers.). — *10-[β-Morpholinopropionyl]-*, $C_{21}H_{22}N_2O_3S$, F. 133—134°; 72,8%. *Hydrochlorid*, $C_{21}H_{23}ClN_2O_3S$, F. 155—157°; 70,2%. *Styphnat*, F. 126—127° (Zers.). *Reineckat*, F. 183—184° (Zers.). — *10-[β-Pyrrolidinopropionyl]-*, $C_{21}H_{22}N_2O_2S$; fest, klebrig; 78%. *Hydrochlorid*, $C_{21}H_{23}ClN_2O_2S$, F. 168—169°; 73,4%. *Styphnat*, F. 116—117° (Zers.). *Reineckat*, F. 192—194° (Zers.). P. GOLINSKE. 3292□

Synthese von Benzo-[b]-tropothiazin und seinen Derivaten. Tetsuo Nozoe, Toyonobu Asao und Kazuko Takahashi. (Bull. chem. Soc. Japan **34**. 146—50. Febr. 1961. Sendai, Tohoku Univ., Fac. of Sci., Dep. of Chem.) (Engl.)

Durch Rk. von 2-Halogentroponen mit o-Aminothiophenol (**II**) in Methanol bei Raum-Temp. entstehen Derivv. von *Cyclohepta-[b]-benzo-[e]-1.4-thiazin* (**I**); dieses Syst. wird als Benzo-[b]-tropothiazin-Syst. bezeichnet. In analoger Weise werden noch weitere Derivv. von **I** dargestellt. **I** liefert Mol.-Verbb., z. B. mit Pikrinsäure, es ist in den verschiedensten organ. Lsgm. u. verd. Säuren mit tiefroter Farbe löslich. **I** läßt sich nicht an Pd/Kohle oder ADAMS-Kontakt hydrieren. Die UV-Spektren einiger Verbb. sind angegeben.

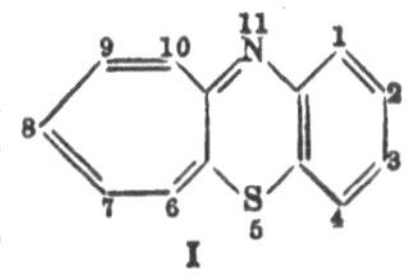

I

Versuche: Benzo-[b]-tropothiazine: *Unsubstituiert* (I), $C_{13}H_9NS$, F. 86—87°, durch 3std. Stehen von 2 g 2-Chlortropon (Jod- oder Bromtropon) u. 2 g **II** in Methanol bei Raum-Temp.; aus PAe. rote Platten; 2,2 g (Ausbeute). *Pikrat*, $C_{19}H_{12}N_4O_7S$, F. 188 bis 189° (Zers.); dunkelbraune Nadeln. *Styphnat*, $C_{19}H_{12}N_4O_8S$, F. 204—205° (Zers.); dunkelbraune Nadeln. *Hydrojodid*, $C_{13}H_{10}JNS$, FF. 194—195,5° u. 210—220° (Zers.); schwarzviolette Nadeln. *Hydrobromid*, $C_{13}H_{10}BrNS$, F. 207° (Zers.); schwarzviolette Nadeln. — *7-Isopropyl-*, aus 150 mg 2-Chlor-4-isopropyltropon u. 100 mg **II** analog **I**; rotes Öl; 150 mg. *Pikrat*, $C_{22}H_{18}N_4O_7S$, F. 172—173° (Zers.); violette Nadeln. *Styphnat*, $C_{22}H_{18}N_4O_8S$, F. 169—170° (Zers.); dunkelviolette Nadeln. — *8-Isopropyl-*, aus 2-Halogen-5-isopropyltropon u. **II**; rotes Öl. *Pikrat*, $C_{22}H_{18}N_4O_7S$, F. 176—177°; violette Nadeln. *Styphnat*, $C_{22}H_{18}N_4O_8S$, F. 176,5—177,5°; violette Nadeln. — *9-Isopropyl-*, aus 2-Halogen-6-isopropyltropon u. **II**; rotes Öl. *Pikrat*, $C_{22}H_{18}N_4O_7S$, F. 198—199° (Zers.); violette Platten. *Styphnat*, $C_{22}H_{18}N_4O_8S$, F. 191—192° (Zers.); violette Prismen. — *10-Methoxy-*, durch 20 Min. langes Erwärmen von 215 mg 2-Brom-7-methoxytropon u. 130 mg **II** in Methanol; rotes Öl; 150 mg. *Pikrat*, $C_{20}H_{14}N_4O_8S$, F. 184—185°; dunkelbraune Nadeln. *Styphnat*, $C_{20}H_{14}N_4O_9S$, F. 173—174°; dunkelbraune Nadeln. — *10-Hydroxy-*, $C_{13}H_9NOS$, F. 168—169°, a) durch 2std. Kochen von 3 g 3-Bromtropolon u. 2 g **II**; aus A. oder Essigsäure rote Nadeln; 2,6 g; b) durch Stehen von 215 mg 2-Methoxy-3-bromtropon u. 130 mg **II** in Methanol unter Kühlung; 220 mg; c) durch 5std. Kochen von 50 mg vorst. Verb. in 2n HCl; 30 mg. — *8-Isopropyl-10-methoxy-*, $C_{17}H_{17}NOS$, F. 123—124°, durch ½std. Kochen von 520 mg 2-Methoxy-4-isopropyl-7-bromtropon u. 250 mg **II** in Methanol; aus Methanol orangefarbene Prismen; 270 mg. *Pikrat*, $C_{23}H_{20}N_4O_8S$, F. 160 bis 161°; braune Nadeln. *Styphnat*, $C_{23}H_{20}N_4O_9S$, F. 145—146°; braune Nadeln. — *8-Isopropyl-10-hydroxy-*, $C_{16}H_{15}NOS$, F. 94—95°, durch 1std. Kochen von 500 mg 3-Brom-6-isopropyltropolon u. 250 mg **II** in Methanol; aus Cyclohexan rote Nadeln; 440 mg; b) durch 1std. Stehen von 260 mg 2-Methoxy-3-brom-6-isopropyltropon u. 130 mg **II**; 300 mg; c) durch 5std. Kochen von 50 mg vorst. Verb. in 2n HCl; 30 mg. *Pikrat*, $C_{22}H_{18}N_4O_8S$, F. 141—142°; bräunlichviolette Platten. *Styphnat*, $C_{22}H_{18}N_4O_9S$, F. 170—171°; bräunlichviolette Prismen. — *8-Isopropyl-10-oxo-10.11-dihydrobenzo-[b]-tropothiazin, N-Acetyl-Deriv.*, $C_{15}H_{11}NO_2S$, F. 169—170,5°, aus vorst. Verb. mit Acetanhydrid/konz. H_2SO_4 bei Raum-Temp.; aus Methanol gelbe Prismen. *N-Benzoyl-Deriv.*, $C_{20}H_{13}NO_2S$, F. 193—194°, durch 20 Min. langes Erhitzen vorst. Verb. mit Benzoylchlorid/Pyridin; aus Methanol orangefarbene Prismen. P. GOLINSKE. 3292□

Untersuchungen über Herbicide. 2. Mitt. **2-Alkoxy- und 2-Aryloxy-4.6-dichlor-1.3.5-triazine, 2-Alkylmercapto- und 2-Arylmercapto-4.6-dichlor-1.3.5-triazine.** H. Koopman, J. H. Uhlenbroek, H. H. Haeck, J. Daams und M. J. Koopmans. (Recueil Trav. chim. Pays-Bas **78**. 967—80. Nov. 1959. Weesp, Centr. Res. Labor. and 's-Graveland, Agrobiol. Labor. „Boekesteyn" of the N. V. Philips Duphar.) (Engl.) — 1. vgl. C. **1961**. 10181.

Durch Rk. von Cyanurchlorid (**I**) mit Alkoholen, Mercaptanen, Phenolen, Thiophenolen u. Oximen in Ggw. von Kollidin (**II**) als Säureacceptor werden die entsprechenden *2-substituierten 4.6-Dichlor-1.3.5-triazine* (**A**) dargestellt. Die Unters. des Einfl. von

Lsgm. (Aceton, Ae., Chlf., Bzl., W.) sowie von tert. Aminen auf die Bldg. von *2-Phenoxy-4.6-dichlor-1.3.5-triazin* zeigt, daß die Ausbeute vom Lsgm. unabhängig ist. Allg. reagieren Thiole schneller als ihre Hydroxyanaloga mit **I**, Phenole schneller als Alkohole u. prim. Alkohole wiederum schneller als sek. Alkohole; tert. Alkohole geben keine normale Reaktion. Die herbiciden u. fungitox. Eigg. der **A** werden untersucht u. die entsprechenden Aktivitäten angegeben. 2-Alkoxy- (**B**) u. 2-Alkylmercapto-Derivv. (**C**) verursachen als Sprühmittel starke Blattschädigungen, während sie auf Wurzeln weniger stark einwirken. In der Alkylgruppe substituierte Verbb. besitzen die gleiche Aktivität wie die unsubstituierten Derivate. Die 2-Aryloxy- (**D**) u. 2-Arylmercapto-Derivv. (**E**) besitzen keine phytotox. Eigenschaften. Die **D** u. **E** sowie die **B** u. **C** mit lipophilem Charakter sind fungitox. wirksam, allg. sind die Mercapto-Verbb. etwas aktiver. Wegen ihrer Hydrolysenempfindlichkeit sind die **D** u. **E** als landwirtschaftliche Fungicide wenig, die **B** u. **C** wegen ihrer phytotox. Eigg. nicht geeignet.

Versuche: 4.6-Dichlor-1.3.5-triazine: *2-Methoxy-*, $C_4H_3Cl_2N_3O$, F. 88—89° (Hexan), durch Zugabe von Methanol in **II** zu **I** in Aceton unter Eiskühlung, 1std. Stehen bei Raum-Temp., Abfiltrieren von Kollidinhydrochlorid (**III**) u. Gießen auf Eis; 80% (Ausbeute). — *2-Butoxy-*, $C_7H_9Cl_2N_3O$, Kp.$_{12}$ 139—140°, durch Zugabe von n-Butanol in **II** zu **I** in Aceton bei < 10°, 3std. Stehen bei Raum-Temp., Abfiltrieren von **III**, Gießen auf Eis u. Ausäthern; 86%. — *2-Äthoxy-*, $C_5H_5Cl_2N_3O$, Kp.$_{14}$ 113—114°; 52%. — *2-n-Propoxy-*, $C_6H_7Cl_2N_3O$, Kp.$_{12}$ 123—124°; 60%. — *2-Isopropoxy-*, $C_6H_7Cl_2N_3O$, Kp.$_{11}$ 116—117°; 32%. — *2-Allyloxy-*, $C_6H_5Cl_2N_3O$, Kp.$_{11}$ 126—127°; 52%. — *2-Propargyloxy-*, $C_6H_3Cl_2N_3O$, Kp.$_{11}$ 134—135°; 42%. — *2-[1-Methylpropoxy]-*, $C_7H_9Cl_2N_3O$, Kp.$_{12}$ 127—128°; 65%. — *2-Amyloxy-*, $C_8H_{11}Cl_2N_3O$, Kp.$_{0,5}$ 95—103°, aus Fuselöl u. **I**; 56%. — *2-Cyclohexyloxy-*, $C_9H_{11}Cl_2N_3O$, Kp.$_{12}$ 168—169°; 62%. — *2-n-Octyloxy-*, $C_{11}H_{17}Cl_2N_3O$, Kp.$_{0,02}$ 126—130°; 61%. — *2-[1-Methyl-n-heptyloxy]-*, $C_{11}H_{17}Cl_2N_3O$, Kp.$_{0,005}$ 101—108°; 48%. — *2-n-Dodecyloxy-*, $C_{15}H_{25}Cl_2N_3O$, Kp.$_{0,01}$ 162—164°; 75%. — *2-[β-Äthoxyäthoxy]-*, $C_7H_9Cl_2N_3O_2$, Kp.$_{0,01}$ 102—103°; 67%. — *2-[α-Methoxycarbonyläthoxy]-*, $C_7H_7Cl_2N_3O_3$, Kp.$_{0,01}$ 104—106°; 43%. — *2-[γ-Chlorpropoxy]-*, $C_6H_6Cl_3N_3O$, Kp.$_{0,07}$ 114—116°; 72%. — *2-[ω-Äthoxycarbonylamyloxy]-*, $C_{11}H_{15}Cl_2N_3O_3$, Kp.$_{0,07}$ 146 bis 154°, aus ω-Hydroxypentancarbonsäureäthylester (dargestellt durch Oxydation von Cyclohexanon mit $K_2S_2O_8$ u. Verestern) u. **I**; 45%. — *2-[γ-Propylmercaptopropoxy]-*, $C_9H_{13}Cl_2N_3OS$, Kp.$_{0,07}$ 147—155°, aus 3-Propylmercaptopropanol-(1) (Kp.$_{17}$ 119°, aus Na-Propylmercaptid (**IV**) u. 3-Chlorpropanol-(1); 55%] u. **I**; 56%. — *2-[β-Propansulfonyläthoxy]-*, $C_8H_{11}Cl_2N_3O_3S$, F. 94—97° (Bzl./PAe.), durch Rk. von **IV** mit 2-Chloräthanol, Verestern des erhaltenen *2-Propylmercaptoäthanols* (**V**, Kp.$_{15}$ 94°; 95%) mit Acetanhydrid, Oxydieren des entstandenen *Essigsäure-2-propylmercaptoäthylesters* (Kp.$_{15}$ 103°; 84%) mit 24%ig. H_2O_2, Hydrolysieren durch 1½std. Kochen mit 2n HCl u. Rk. von *2-Propansulfonyläthanol* (Kp.$_{0,7}$ 144°; 69%) mit **I**; 48%. — *2-Methylmercapto-*, $C_4H_3Cl_2N_3S$, F. 57—59° (PAe.), durch Einleiten von Methylmercaptan (dargestellt durch Erhitzen des S-Methylthiuroniumsulfats mit 5n NaOH) in eine Lsg. von **I** in Aceton bei —25 bis —30°, langsame Zugabe von **II** bei —25 bis —30°, 1std. Stehen bei 0° u. Gießen auf Eis; 89%. — *2-Äthylmercapto-*, $C_5H_5Cl_2N_3S$, Kp.$_{0,07}$ 79—80°, durch Zugabe von Äthylmercaptan u. **II** zu **I** in Aceton bei 0—5°, 3std. Rk. bei Raum-Temp., Abfiltrieren von **III**, Gießen auf Eis u. Ausäthern; 64%. — *2-n-Propylmercapto-*, $C_6H_7Cl_2N_3S$, Kp.$_{0,01}$ 89—91°; 78%. — *2-Isopropylmercapto-*, $C_6H_7Cl_2N_3S$, Kp.$_{0,2}$ 81°; 75%. — *2-Allylmercapto-*, $C_6H_5Cl_2N_3S$, Kp.$_{0,25}$ 111°; 72%. — *2-n-Butylmercapto-*, $C_7H_9Cl_2N_3S$, Kp.$_{1,5}$ 116 bis 119°; 81%. — *2-sek.-Butylmercapto-*, $C_7H_9Cl_2N_3S$, Kp.$_{0,7}$ 97°; 60%. — *2-Isobutylmercapto-*, $C_7H_9Cl_2N_3S$, Kp.$_{0,7}$ 98°; 70%. — *2-tert.-Butylmercapto-*, $C_7H_9Cl_2N_3S$, Kp.$_{0,01}$ 80°; 30%. — *2-[β-Methylallylmercapto]-*, $C_7H_7Cl_2N_3S$, Kp.$_{0,01}$ 78°; 85%. — *2-Amylmercapto-*, $C_8H_{11}Cl_2N_3S$, Kp.$_{1,5}$ 129°; 71%. — *2-Isoamylmercapto-*, $C_8H_{11}Cl_2N_3S$, Kp.$_{0,005}$ 92—94°; 79%. — *2-[γ.γ-Dimethylallylmercapto]-*, $C_8H_9Cl_2N_3S$, Kp.$_{0,5}$ 120—123°, aus γ.γ-Dimethylallylmercaptan (Kp.$_{15}$ 35—36°) u. **I**; 45%. — *2-Cyclohexylmercapto-*, $C_9H_{11}Cl_2N_3S$, F. 58—60°, Kp.$_{0,001}$ 112—117°; 64%. — *2-n-Octylmercapto-*, $C_{11}H_{17}Cl_2N_3S$, Kp.$_{0,4}$ 146 bis 148°; 79%. — *2-n-Dodecylmercapto-*, $C_{15}H_{25}Cl_2N_3S$, F. 23—26°; 80%. — *2-[β-Äthoxyäthylmercapto]-*, $C_7H_9Cl_2N_3OS$, Kp.$_{0,07}$ 112—114°, aus 2-Äthoxyäthylmercaptan (Kp. 125 bis 126°) u. **I**; 77%. — *2-Methoxycarbonylmethylmercapto-*, $C_6H_5Cl_2N_3O_2S$, F. 52—54°, Kp.$_{0,2}$ 119°; 73%. — *2-[β-Propylmercaptoäthylmercapto]-*, $C_8H_{11}Cl_2N_3S_2$, Kp.$_{0,3}$ 152°, durch Rk. von **V** mit PBr_3, Darst. von *2-Propylmercaptoäthylmercaptan* (Kp.$_{13}$ 83°; 82%) aus dem erhaltenen *2-Propylmercaptoäthylbromid* (Kp.$_{13}$ 86°; 61%) über das *Thiuroniumsalz* u. Rk. mit **I**; 84%. — *2-[α.β-Bis-(äthoxycarbonyl)-äthylmercapto]-*, $C_{11}H_{13}Cl_2N_3O_4S$, Kp.$_{0,3}$ 195°, aus Thioäpfelsäurediäthylester (Kp.$_{0,3}$ 89°, dargestellt durch Verestern von Thioäpfelsäure) u. **I**; 50%. — *2-[Dichlorpropylmercapto]-*, $C_6H_5Cl_4N_3S$, Kp.$_{0,02}$ 140°, durch Rk. von Dichlorpropylmercaptan (aus Epichlorhydrin durch Rk. mit Thioharnstoff u. Rk. des erhaltenen Epithio-3-chlorpropans mit HCl) u. **I**; 36%. — *2-Phenoxy-*, C_9H_5-

Cl_2N_3O, F. 113–114° (Bzl.), a) aus Phenol (**VI**) in **II** u. **I** in Aceton; 67%; b) aus **VI** in Dimethylanilin u. **I** in Aceton; 35% (roh); c) aus **VI** in Diäthylanilin u. **I** in Aceton; 60% (roh); d) aus **VI** in Pyridin u. **I** in Aceton; 40% (roh); e) aus **VI** in 2.6-Lutidin u. **I** in Aceton; 100% (roh); f) aus **VI** in 2-Methylchinolin u. **I** in Aceton; 96% (roh). — *2-[2-Nitrophenoxy]-*, $C_9H_4Cl_2N_4O_3$, F. 139–140° (Bzl.), durch Zugabe von o-Nitrophenol u. **II** in Aceton zu **I** in Aceton bei 5–10°, 1std. Stehen bei Raum-Temp., Abfiltrieren von **III** u. Gießen auf Eis; 86%. — *2-[4-Nitrophenoxy]-*, $C_9H_4Cl_2N_4O_3$, F. 201–202° (Bzl.); 81%. — *2-[2.4-Dinitrophenoxy]-*, $C_9H_3Cl_2N_5O_5$, F. 155–156° (Bzl.); 84%. — *2-[4-Chlorphenoxy]-*, $C_9H_4Cl_3N_3O$, F. 111–112° (Bzl.); 86%. — *2-[2.6-Dichlorphenoxy]-*, $C_9H_3Cl_4$·N_3O, F. 140–141° (Bzl.); 80%. — *2-[2.4.6-Trichlorphenoxy]-*, $C_9H_2Cl_5N_3O$, F. 141 bis 142° (Bzl.); 78%. — *2-[2.4.5-Trichlorphenoxy]-*, $C_9H_2Cl_5N_3O$, F. 135–136° (Bzl.); 71%. — *2-[4-Methylphenoxy]-*, $C_{10}H_7Cl_2N_3O$, F. 93–94°; 81%. — *2-Benzyloxy-*, $C_{10}H_7$·Cl_2N_3O, F. 81–82,5° (Hexan); 40%. — *2-Phenäthyloxy-*, $C_{11}H_9Cl_2N_3O$, F. 87–88° (Hexan); 65%. — *2-[3-Phenylpropoxy]-*, $C_{12}H_{11}Cl_2N_3O$, F. 50–52°, Kp.$_{0,01}$ 155°; 58%. — *2-[2.4-Dimethylphenylmercapto]-*, $C_{11}H_9Cl_2N_3S$, F. 65–66°, Kp.$_{0,01}$ 143°; 76%. — *2-Phenylmercapto-*, $C_9H_5Cl_2N_3S$, F. 72–73° (Hexan); 80%. — *2-[4-Methylphenylmercapto]-*, $C_{10}H_7Cl_2N_3S$, F. 112–113,5° (Hexan); 70%. — *2-[4-Chlorphenylmercapto]-*, $C_9H_4Cl_3N_3S$, F. 117–118° (Bzl.); 83%. — *2-[2.4.5-Trichlorphenylmercapto]-*, $C_9H_2Cl_5N_3S$, F. 127 bis 128° (Bzl.); 76%. — *2-[2-Nitrophenylmercapto]-*, $C_9H_4Cl_2N_4O_2S$, F. 148–149° (Bzl.); 63%. — Ketonoxim-[2.4-dichlor-1.3.5-triazinyl-(6)]-äther: *Aceton-*, $C_6H_6Cl_2$·N_4O, F. 65,5–67° (PAe.); 48%. — *Cyclohexanon-*, $C_9H_{10}Cl_2N_4O$, F. 70–71° (PAe.); 67%. — *Acetophenon-*, $C_{11}H_8Cl_2N_4O$, F. 129–130° (Ligroin); 72%. W. LIEBSCHER. 3313□

Cyclohexyliden-d-xylose. 4. Mitt. über Cyclohexylidenderivate von Monosen und mehrwertigen Alkoholen. W. F. Kasimirowa und K. W. Lewitzkaja. (Журнал Общей Химии [J. allg. Chem.] **30 (92)**. 723–26. März 1960. Leningrad, Techn. Inst. der Kälteind.) (Russ.) — 3. vgl. C. **1958**. 5923.

Durch Hydrolyse von 1.2;3.5-Bis-[cyclohexyliden]-xylofuranose (**I**) wird *1.2-Cyclohexyliden-d-xylose* (**II**) dargestellt u. in das *3.5-Diacetyl-*, *3.5-Diallyl-*, *3.5-Ditosyl-* u. *5-Trityl-3-acetyl-Deriv.* von **II** übergeführt.

Versuche: *1.2-Cyclohexyliden-d-xylose* (**II**), $C_{11}H_{18}O_5$, F. 83–84° (A., Bzl.), a) man läßt 3,1 g **I** in 50 ml 70%ig. Essigsäure 72 Std. lang stehen, dampft bei 50° ein u. wäscht mit PAe.; 43% (Ausbeute); b) man erhitzt 18 g **I** in 300 ml 70%ig. Essigsäure 20 Min. lang auf 60–70°, dampft bei 50° ein u. trennt die Kristalle ab; 52%; c) man löst 1,5 g **I** in Methanol, gibt 1,5 ml konz. HCl zu u. läßt nach dem Auffüllen auf 50 ml 4 Std. lang stehen; 59%; $[\alpha]_D^{17}$ $-20°$ (Methanol); Plättchen. *3.5-Diacetyl-Deriv.*, $C_{15}H_{22}O_7$, Kp.$_1$ 175°, man schüttelt 1,1 g **II**, 7 ml Pyridin, 5,1 ml Acetanhydrid u. 0,6 g Na-Acetat 15 Min. lang u. läßt 24 Std. lang stehen; $[\alpha]_D^{18}$ $+31,6°$ (Methanol); 45%. *3.5-Diallyl-Deriv.*, $C_{17}H_{26}O_5$, Kp.$_3$ 198–199°, man erhitzt 5,2 g **II** u. 7,0 g Allylbromid auf 70°, gibt 3 g NaOH in 5 ml W. in 5 Min. zu u. rührt 30 Min. lang; $D._4^{20}$ 1,1151; n_D^{20} 1,4805; $[\alpha]_D^{19}$ $-26,3°$ (Methanol); hellgelber Sirup. *3.5-Ditosyl-Deriv.*, $C_{25}H_{30}O_9S_2$, F. 134° (Aceton), durch 4 Tage langes Stehen von 0,52 g **II** u. 2,44 g p-Tosylchlorid in 5,5 ml Pyridin; $[\alpha]_D^{17}$ $-24,7°$ (Methanol); 80%. *5-Trityl-3-acetyl-Deriv.*, $C_{32}H_{34}O_6$, F. 70–71° (Methanol), man läßt 1,3 g **II** u. 1,4 g Tritylchlorid in 6 ml Pyridin 16 Std. lang bei 40° stehen, gibt 0,4 g Na-Acetat zu, läßt 8 Std. lang stehen, kühlt auf 0°, versetzt mit 3 ml Acetanhydrid u. 0,4 g Na-Acetat u. läßt weitere 16 Std. lang bei 20° stehen; 53%.

HELMUT SCHÄFER. 3400□

Zur Synthese von Glucosiden aus 1-Acyl-β-D-glucose-Derivaten. Burckhardt Helferich, Winfried Piel und Fritz Eckstein. (Chem. Ber. **94**. 491–98. 24/2. 1961. Bonn, Univ., Chem. Inst.) (Dt.)

Die Synth. einer Reihe von partiell u. total *acylierten 1-O-Mesitoyl-β-D-glucopyranosen* (*1-[2.4.6-Trimethylbenzoyl]-β-D-glucopyranosen*) u. ihrer 6-O-Trityl- u. 4.6-O-Benzyliden-Derivv. werden beschrieben. An Säureestern werden Acetyl-, Benzoyl- u. Trichloracetylgruppen eingeführt. Einige der dargestellten Verbb. werden auf ihre Verwendbarkeit für die Synth. von partiell geschützten *Methyl-α-D-glucopyranosiden* durch Umsetzung mit CH_3OH in Ggw. von Methansulfonsäure (**I**) (vgl. HELFERICH u. KASHELIKAR, C. **1958**. 9783) untersucht. *4.6-Di-O-benzoyl-1-O-mesitoyl-β-D-glucopyranose* reagiert hierbei normal unter WALDENscher Umkehrung zum *α-Glucosid*; daneben entsteht wenig *β-Glucosid*. 2.3-Di-O-benzoyl-1-O-mesitoyl-β-D-glucopyranose (**II**) dagegen reagiert, wahrscheinlich wegen der ster. Hinderung durch die Benzoylreste, fast ausschließlich zum *β-Glucosid*, während 2.3.4-Tri-O-benzoyl-, 2.3.6-Tri-O-benzoyl- u. 2.3.4.6-Tetra-O-benzoyl-1-O-mesitoyl-β-D-glucopyranose (**III**) fast gar nicht reagieren. 2.3.4.6-Tetra-O-acetyl-1-O-mesitoyl-β-D-glucopyranose gibt bei der Solvolyse, die hier nur unter etwas drastischeren Bedingungen verläuft, α- u. *β-Glucosid*. Die partiell acetylierten Verbb. eignen sich wegen der leichten Abspaltung der Acetylreste nicht.

Versuche: *1-Desoxy-1-brom-3.4.6-tri-O-acetyl-2-O-trichloracetyl-α-D-glucose* (**XIII**), $C_{14}H_{16}BrCl_3O_9$, F. 83—85° (Ae.–PAe.), durch 2std. Schütteln von 1-Desoxy-1-chlor-3.4.6-tri-O-acetyl-2-O-trichloracetyl-β-D-glucose mit bei 0° mit HBr gesätt. Eisessig bei Raum-Temp., 20std. Stehen bei Raum-Temp., Verdünnen mit Chlf., Waschen mit Eiswasser, W., $NaHCO_3$-Lsg. u. W., Trocknen mit $CaCl_2$, Klären mit Kohle u. Eindampfen im Vakuum; $[\alpha]_D^{18}$ + 160,7° (c = 4,8; Chlf.); 88%. — 1-O-Mesitoyl-β-D-glucose(**IV**)-Derivv.: *6-O-Trityl-*, $C_{35}H_{36}O_7$, F. 166—167,5°, durch 24std. Rk. von **IV** u. 1,1 Val Tritylchlorid (**V**) in abs. Pyridin bei 60°, Kühlen, Gießen in eiskalte, ca. 10% ig. CH_3COOH unter Rühren, Absaugen nach 1 Std., Lösen in wenig warmem A., Einrühren in ca. 2,5% ig. eiskalte CH_3COOH u. Kristallisation des Nd. aus A.–W.; $[\alpha]_D^{20}$ — 6,5° (c = 1,4; Chlf.); 77% (Ausbeute). *2.3.4-Tri-O-acetyl-Deriv.*, $C_{41}H_{42}O_{10}$, F. 182—183° (50% ig. A.), durch Acetylieren in Pyridin mit Acetanhydrid (**VI**); $[\alpha]_D^{20}$ + 57,7° (c = 1,3; Chlf.); 92%. *2.3.4-Tri-O-benzoyl-Deriv.* (**VII**), $C_{56}H_{48}O_{10}$, durch 3std. Rk. von 2,85 g mit Benzoylchlorid (**VIII**) in abs. Pyridin bei 0—6°, 20std. Stehen bei Raum-Temp., Filtrieren, Eindampfen mit Aceton im Vakuum, Lösen in Bzl., Waschen mit W., eiskalter, verdünnter H_2SO_4, $NaHCO_3$-Lsg. u. W., Trocknen mit Drierit u. Al_2O_3, Eindampfen u. mehrfaches Umlösen aus abs. A.; Pulver; $[\alpha]_D^{20}$ — 4,3° (c = 2,1; Chlf.), — 10,1° (c = 2,1; Pyridin); 4,4 g. — *2.3.4-Tri-O-acetyl-* (**IX**), $C_{22}H_{28}O_{10}$, F. 169—170° (abs. A.), durch Lösen vorst. Triacetyl-Deriv. in warmem Eisessig, Zugabe einer bei 0° gesätt. Lsg. von HBr in Eisessig bei ca. 15°, kräftiges Schütteln, Absaugen, Waschen des Nd. mit wenig Eisessig, Gießen des Filtrats in Eiswasser–Chlf., Waschen der Chlf.-Schicht mit W., Trocknen mit Drierit, Eindampfen im Vakuum u. Anreiben mit Ae.; $[\alpha]_D^{20}$ — 2,5° (c = 1,6; Chlf.). *6-O-p-tosyl-Deriv.*, $C_{29}H_{34}O_{12}S$, F. 169—170° (A.), durch Rk. mit p-Toluolsulfonylchlorid (**X**) in Pyridin; $[\alpha]_D^{20}$ + 11,5° (c = 1,1; Chlf.). — *2.3.4-Tri-O-benzoyl-*, $C_{37}H_{34}O_{10}$, analog **IX** aus **VII**; amorph aus Bzl.–PAe.; $[\alpha]_D^{20}$ — 14,0° (c = 2,2; Chlf.). *6-O-Acetyl-Deriv.* (**XI**), $C_{39}H_{36}O_{11}$, Sintern bei ca. 90° (A.), durch Rk. mit **VI** in Pyridin, Zugabe von Eis, Ansäuern mit 2n H_2SO_4, Lösen in Chlf., Waschen mit $NaHCO_3$-Lsg. u. W., Trocknen u. Eindampfen; $[\alpha]_D^{23}$ + 7,8° (c = 1,2; Chlf.); ca. 80%. — *4.6-O-Benzyliden-*, $C_{23}H_{26}O_7$, F. 175—177°, durch 6std. Schütteln oder Rühren von 32,5 g **IV** u. frisch geschmolzenem $ZnCl_2$ in Benzaldehyd bis zur Lsg., Verdünnen mit Ae., Waschen mit Eiswasser, Extrahieren der Waschwässer mit Ae., Trocknen der äther. Lsgg. mit Na_2SO_4 u. Drierit, Eindampfen im Vakuum bei 45° bis 0,2 Torr, Durchkneten des warmen Rückstandes mit Ligroin, Lösen in heißem abs. A., Klären mit Kohle, Zugabe von PAe. bei ca. 30°, Reiben u. Trocknen im Vakuum bei 135°; $[\alpha]_D^{20}$ — 11,5° (c = 2,5; Chlf.); 39 g. *2.3-Di-O-acetyl-Deriv.*, $C_{27}H_{30}O_9$, F. 202—204° (A.), durch Acetylieren in Pyridin mit **VI**, Verdünnen mit abs. A., Gießen in Eiswasser, Absaugen u. Waschen mit PAe.; $[\alpha]_D^{20}$ — 53° (c = 1,6; Chlf.). *2.3-Di-O-benzoyl-Deriv.*, $C_{37}H_{34}O_9$, F. 142—146° (abs. A.), durch Benzoylieren mit **VIII** in Pyridin u. Gießen in W.; $[\alpha]_D^{20}$ — 16,0° (c = 2; Chlf.); fast 90%. Analog: *2.3-Di-O-p-tosyl-*, *2.3-Di-O-mesyl-* u. *2.3-Bis-[O-trifluoracetyl]-derivat.* — *2.3-Di-O-acetyl-*, $C_{20}H_{26}O_9$, F. 172—174° (A.–W.), durch Hydrieren des vorst. Diacetyl-Deriv. in CH_3OH–Eisessig (15 : 1) in Ggw. von PdO, Neutralisieren mit 1n NaOH, Absaugen u. Waschen mit W.; $[\alpha]_D^{20}$ — 27° (c = 1,7; Chlf.); fast 100%. *4.6-Di-O-benzoyl-Deriv.* (**XII**), $C_{34}H_{34}O_{11}$, F. 156—159° (A.), durch Rk. mit **VIII** in Pyridin; $[\alpha]_D^{20}$ + 21° (c = 1,7; Chlf.). — *2.3-Di-O-benzoyl-* (**II**), $C_{30}H_{30}O_9$, durch ½std. Hydrieren vorvorst. Dibenzoyl-Deriv. in CH_3OH–Eisessig (25 : 1) in Ggw. von PdO bei Raum-Temp., Verdünnen mit Aceton zur Lsg., Filtrieren, Neutralisieren mit 1n NaOH, Einengen im Vakuum, Dekantieren, Lösen des Nd. in Bzl.–W., Waschen der Benzolschicht mit $NaHCO_3$-Lsg., Eindampfen u. Trocknen im Exsiccator; amorphes Pulver; $[\alpha]_D^{20}$ + 34,6° (c = 1,9; Chlf.); fast 100%. *4.6-Di-O-p-tosyl-Deriv.*, $C_{44}H_{42}O_{13}S_2$, F. 184—185° (A., Bzl. oder Essigester), durch Rk. von **II** mit **X** in Pyridin; $[\alpha]_D^{20}$ + 6,0° (c = 1,7; Chlf.). *6-O-Trityl-Deriv.*, $C_{49}H_{44}O_9$, durch 24std. Stehen von **II** u. **V** in abs. Pyridin bei 50°, Gießen in Eisessig–Eiswasser (1 : 10) unter Rühren, 1std. Stehen, Absaugen, Lösen in A., Einrühren in Eiswasser, Absaugen u. Umlösen aus A.; amorph; $[\alpha]_D^{23}$ + 20,8° (c = 1,2; Chlf.); 46%. *4-O-Acetyl-6-O-trityl-Deriv.*, $C_{51}H_{46}O_{10}$, F. 135 bis 138° (A.), analog **XI** aus dem 6-O-Trityl-Deriv. von **II**; $[\alpha]_D^{23}$ + 57,7° (c = 1; Chlf.); 77%. — *2.3.4.6-Tetra-O-benzoyl-* (**III**), $C_{44}H_{38}O_{11}$, F. 182,5—184°, a) durch langsame Zugabe von eiskaltem **VIII** zu **IV** in abs. Pyridin unter Schütteln u. Kühlen, 1std. Stehen bei Raum-Temp., Zusatz von Eis, Verdünnen mit Eiswasser, Ansäuern mit 2n H_2SO_4, Lösen des Nd. in Chlf., Waschen mit kalter $NaHCO_3$-Lsg. u. W., Eindampfen im Vakuum, Lösen in A.–Essigester (1 : 1) in der Hitze u. Abkühlen; Nadeln; $[\alpha]_D^{23}$ + 22,1° (c = 1; Chlf.); 79%; b) durch Schütteln von Benzobromglucose u. Ag-Mesitoat in Bzl. bei Raumtemperatur. — *2.3-Di-O-benzoyl-4.6-di-O-acetyl-*, $C_{34}H_{34}O_{11}$, analog **XI** aus **II** u. **VI** in Pyridin u. Umlösen aus 50% ig. A.; $[\alpha]_D^{23}$ + 34,7° (c = 1,1; Chlf.); ca. 80%. — *2.3.6-Tri-O-benzoyl-*, $C_{37}H_{34}O_{10}$, durch langsame Zugabe von **VIII** zu **II** in abs. Pyridin unter Umschütteln u. Eiskühlung, 12std. Stehen bei Raum-Temp., Verdünnen mit W., Ansäuern mit 2n H_2SO_4, Lösen des Nd. in Bzl., Waschen mit eiskalter $NaHCO_3$-Lsg. u. W., Eindampfen im Vakuum, Lösen in A., Filtrieren mit Kohle u. Eindampfen; Glas; $[\alpha]_D^{23}$ +42,8° (c = 1; Chlf.); 96%. — *4-O-Acetyl-2.3.6-tri-O-benzoyl-*, $C_{39}H_{36}O_{11}$, F. 162—164°, durch Lösen von 0,82 g des Acetyltrityl-Deriv. von **II** in warmem Eisessig, Kühlen, Zugabe einer bei 0° gesätt. Lsg. von HBr in Eisessig, Absaugen, Gießen des Filtrats in W.–Eis–Chlf., Waschen der Chlf.-Schicht mit Eiswasser, Trocknen mit Na_2SO_4, Eindampfen im Vakuum, Rk. mit **VIII** wie bei **VII**, Klären mit Kohle u. Eindunsten der alkohol. Lsg.; $[\alpha]_D^{23}$ +65,5° (c = 0,8; Chlf.), feine Nadeln aus CH_3OH; 0,49 g; b) durch Rk. vorst. Verb. mit **VI** in Pyridin; >70%. — *3.4.6-Tri-O-acetyl-*, F. 116—120°, durch Lösen des Trichloracetyl-Deriv. in NH_3-gesätt. Ae. bei 0°, ½std. Stehen bei 0°, Eindampfen im Vakuum <15° u. Kristallisation aus Ae.–PAe.; $[\alpha]_D^{23}$ +15,6° ($CHCl_3$), +16,9° (CH_3OH); 100%. *2-O-Trichloracetyl-Deriv.*, F. 139—143°, durch 20 Min. lange Rk. von **XIII** in abs. CH_3CN mit Ag-Mesitoat, Absaugen, Waschen des Rückstandes mit Chlf., Eindampfen des Filtrats im Vakuum, Lösen in Bzl., ca. 2std. Stehen bei Raum-Temp., Absaugen, Eindampfen des Filtrats im Vakuum, Lösen in warmem Ae. u. vorsichtiges Fällen mit PAe.; $[\alpha]_D^{23}$ +22,1° (c = 1; Chlf.); 56%. *2-O-Benzoyl-Deriv.*, $C_{29}H_{32}O_{11}$, F. 152—153°, analog **VII**; feine Nadeln aus A.–Essigester (3 : 1); $[\alpha]_D^{23}$ +2,04° (c = 1; Chlf.). — *2.3.4-Tri-O-acetyl-6-O-benzoyl-*, $C_{29}H_{32}O_{11}$, F. 113 bis 114° (A.), durch Rk. von **IX** mit **VIII** in Pyridin wie bei **III**; $[\alpha]_D^{23}$ +38,1° (c = 0,9; Chlf.); 75%. — *4.6-Di-O-benzoyl-*, $C_{30}H_{30}O_9$, F. 193—196° (A.), durch 96std. Stehen von **XII** in abs. Bzl.–abs. CH_3OH (3 : 5) mit abs. **I** bei 30°, vorsichtiges Neutralisieren mit 0,1n NaOH, Eindampfen im Vakuum <45°, Extraktion der wss. Lsg. mit Chlf., Trocknen mit Na_2SO_4 u. Eindampfen im Vakuum; $[\alpha]_D^{23}$ +63,1° (c = 1; Chlf.); 42%. — *Methyl-α-D-glucosid*, durch 168std. Stehen vorst. Verb. in abs. Bzl. mit abs. **I** in abs. CH_3OH bei 30°, 24std. Stehen bei 50°, Acetylieren u. Entacetylieren. — *Methyl-β-D-glucosid*, durch 120std. Stehen von **II** in abs. Bzl. u. abs. **I** in abs. CH_3OH, 72std. Stehen bei 50°, vorsichtiges Neutralisieren mit NaOH, Eindampfen im Vakuum <43°, Extraktion der wss. Lsg. mit Chlf., Trocknen mit Na_2SO_4 u. Eindampfen im Vakuum; $[\alpha]_D^{23}$ +86,0° (Chlf.); >80%. *4.6-Di-O-acetyl-Deriv.*, F. 132—133°, durch Rk. mit **VI** in Pyridin; $[\alpha]_D^{23}$ +79,8°; >50%. H. PAGEL. 3400□

Zur Glucosidsynthese aus 1-Acylglucosen. Burckhardt Helferich und Manfred Feldhoff. (Chem. Ber. **94**. 499—509. 24/2. 1961.) (Dt.) — Vgl. vorst. Referat.

Unterss. über das Verh. von *2.3.4.6-Tetra-O-acetyl-1-O-benzoyl-α-D-glucose* (**I**), *1-O-Benzoyl-2.3.4.6-tetra-O-methyl-β-* (**II**) u. *-α-D-glucose* (**III**) sowie *6-O-Acetyl-2.3.4-tri-O-methyl-1-O-mesitoyl-β-D-glucose* (**IV**) unter den Bedingungen der Glucosid-Bldg. mit CH_3OH in Ggw. von Methansulfonsäure (**V**) u. frühere Verss. (HELFERICH u. KASHELIKAR, C. **1958**. 9783; PURVES u. HUDSON [1937]; PIGMAN u. LAFFRE, C. **1954**. 787) lassen folgende allg. Aussagen über die Glucosid-Bldg. aus 1-O-Acylglucosen zu: 1. Die Rk. erfolgt zunächst unter WALDENscher Umkehrung am $C_{(1)}$. Das $C_{(1)}$-epimere Rk.-Prod. wird danach, bes. bei höherer Temp., z. T. anomerisiert u. liefert das bekannte Gleichgewichtsgemisch von α- u. β-Form. Zum Beispiel kann bei der Rk. von **I** mit CH_3OH in Ggw. von **V** zunächst ein Drehwertminimum mit >90% β-Form im Gemisch beobachtet werden; der weitere Verlauf der Rk. führt dann zum Gleichgewicht mit ca. 30% *Methyl-β-* u. 70% *-α-D-glucosid*. 2. 1-O-Mesitoyl-Verbb. eignen sich wegen der leichteren Abspaltbarkeit des Säurerestes, die schon bei niedrigen Temp. u. damit unter langsamerer Anomerisierung vonstatten geht, sowie wegen der leichteren Abtrennung der entstehenden Mesitoesäure, die unter den Bedingungen der Rk. nicht verestert wird, besonders gut. 3. Schutzgruppen an den alkohol. OH-Resten verringern die Rk.-Geschw. u. fördern damit die Anomerisierung, doch sind einzelne oder mehrere freie OH-Gruppen zur Einleitung der Rk. nicht erforderlich. Acetylgruppen werden bei der Rk. abgespalten (vgl. die Rk. von **I**); 2.3.6- u. 2.3.4-Tri- sowie 2.3.4.6-Tetra-O-benzoyl-1-O-acylglucosen u. **III** bleiben auch bei 50° fast unverändert, während die Benzoylreste von 2.3-Di-O-benzoyl-1-mesitoyl-β-D-glucose zwar nicht die Glucosid-Bldg., aber die WALDENsche Umkehrung verhindern. Im Gegensatz zu **III** läßt sich **II** als Verb. ohne freie OH-Gruppe bei 50° umsetzen; hier wird ebenfalls zunächst die α-Verb. gebildet. — Die Synth. von **II**, **III** u. **IV** sowie eine verbesserte Meth. zur Darst. von **I** sind beschrieben. 1-O-Acetyl- (**VI**), 1-O-Mesitoyl- (**VII**) u. 1-O-Benzoyl-2.3.4.6-tetra-O-acetyl-β- (**VIII**) sowie 1.2.3.4.6-Penta-O-acetyl-α-D-glucose (**IX**) reagieren analog **I**.

Versuche: *1-O-Benzoyl-2.3.4.6-tetra-O-acetyl-α-D-glucose* (**I**), F. 58°, durch 18std. Erhitzen von **VIII** mit frisch geschmolzenem $ZnCl_2$ auf 100°, Extraktion mit heißem A. Klären mit Kohle, Zugabe von W., Stehen im Kühlschrank, Abfiltrieren, Trocknen über $CaCl_2$, Extraktion mit abs. Ae. bei —10 bis —15°, Eindampfen, mehrstd. Stehen, Waschen mit CCl_4 bei 0° u. Kristallisieren aus Essigester–PAe.; $[\alpha]_D^{20}$ +112,8° (c = 0,7;

Chlf.); 28,8% (Ausbeute) (nach Aufarbeiten der Mutterlaugen u. der CCl_4-Lsg.). — *1-O-Benzoyl-2.3.4.6-tetra-O-methyl-β-D-glucose* (II), $C_{17}H_{24}O_7$, F. 71,5—73,5° (PAe. oder A.-W.), durch 2std. Schütteln von 1-Desoxy-1-brom-2.3.4.6-tetra-O-methyl-α-D-glucose in Chlf.-CH_3CN (1 : 1) mit Ag-Benzoat, Filtrieren, Waschen des Nd. mit Chlf., Eindampfen von Filtrat u. Wasch-Fl. im Vakuum, Lösen in Chlf., Klären mit Kohle, Filtrieren, Eindampfen im Vakuum u. Dest. bei 147—158°/0,1—0,2 Torr oder Umkristallisieren; $[\alpha]_D^{20}$ —27,55° (c = 0,9; Chlf.); 26%. *α-Anomeres* (III), durch 5std. Kochen von II in abs. Chlf. mit wasserfreiem $SnCl_4$ unter Feuchtigkeitsausschluß, Waschen mit Eiswasser u. verd. $NaHCO_3$-Lsg., 2std. Schütteln mit $CaCl_2$ u. Kohle, Filtrieren u. Eindampfen im Vakuum; Sirup; $[\alpha]_D$ +123,3° (c = 0,6; Chlf.); 52%. — *1-Desoxy-1-brom-2.3.4-tri-O-methyl-6-O-acetyl-α-D-glucose*, durch Zugabe von 8 g 2.3.4-Tri-O-methyl-D-glucose zu Acetanhydrid u. wenig $HClO_4$ unter Feuchtigkeitsausschluß u. Rühren, 1std. Erwärmen auf 30°, Kühlen, langsames Zutropfen von PBr_3 in Eisessig bei 10—15°, 2std. Stehen bei Raum-Temp., Zugabe von Chlf., Waschen der Chlf.-Lsg. mit Eiswasser u. $NaHCO_3$-Lsg., Schütteln mit $MgCO_3$ u. Eindampfen im Vakuum; amorph; $[\alpha]_D^{20}$ +195,5° (c = 2,6; Chlf.); 8,3 g. — *1-O-Mesitoyl-2.3.4-tri-O-methyl-6-O-acetyl-β-D-glucose* (IV), $C_{21}H_{30}O_8$, durch 1std. Schütteln von vorst. frisch dargestellter Verb. in CH_3CN-Chlf. (1 : 1) mit Ag-Mesitoat, Filtrieren, Waschen des Nd. mit Chlf., Eindampfen von Filtrat u. Wasch-Fl., Lösen in Chlf., Klären mit Kohle, Eindampfen im Vakuum, Lösen in heißem CH_3OH, Kühlen auf 0°, Abtrennen u. Trocknen bei 100° im Vakuum; $[\alpha]_D^{20}$ +27,9° (c = 0,9; Chlf.); 29,9%. — *Methyl-α-D-glucosid*, a) durch 47std. Stehen von **VII** in abs. CH_3OH in Ggw. von wasserfreier **V** bei 50,0°; 73%; b) analog a) bei 30,0°; ca. 73%; c) analog a) bei Raum-Temp.; ca. 73%; d) analog a) mit **VIII**; ca. 73%; e) analog a) mit **VI**; ca. 73%; f) analog a) mit **I** in 141 Std.; ca. 70%; g) analog f) durch Aufarbeiten beim Drehwertminimum (— 0,01°); 16%; h) analog g) bei 30° nach 49¾ Std. ($[\alpha]_0^{20}$ — 0,08°); i) analog g) bei Raum-Temp.; k) analog g) mit **IX**. *β-Anomeres*, analog dem α-Isomeren; nach a) 27%; b) bis e) ca. 27%; f) ca. 30%; g) 84%; h) bis k) >92% (Geh.-Best. nach $[\alpha]_D$; isolierte Mengen bei f): 50% β- u. 6% α-Verb.). — *Methyl-2.3.4.6-tetra-O-methyl-α-D-glucosid*, analog vorst. Verb. aus **II** bei 50,0°, Verdünnen mit W. nach 24 Std., Zugabe von 30%ig. NaOH, 1std. Erhitzen auf ca. 95°, Neutralisieren mit verd. H_2SO_4, Extraktion mit Chlf., Trocknen mit Drierit, Filtrieren u. Eindampfen im Vakuum; $[\alpha]_D^{20}$ +154° (c = 0,9; CH_3OH). — *Methyl-2.3.4-tri-O-methyl-α-* u. *-β-D-glucosid*, $C_{10}H_{20}O_6$, analog vorvorst. Verb. aus **IV** bei 50,0°, Zugabe von überschüssiger $NaHCO_3$-Lsg., Extraktion mit Chlf., Trocknen mit Drierit u. Eindampfen im Vakuum; Sirup; $[\alpha]_D^{20}$ +131,3° (c = 0,6; CH_3OH). H. PAGEL. 3400□

Über die Bestandteile der Pirolaceae-Pflanzen. 9. Mitt. **Über die Bestandteile von Pirola incarnata Fisch.** 2. Mitt. **Synthese des Homoarbutins.** Hiroyuki Inouye, Toshio Arai und Yoshihiro Takano. (Chem. pharmac. Bull. [Tokyo] **6.** 653—55. Dez. 1958. Kyoto, Univ., Med. Fak., Pharm. Inst.) (Dt.) — **8.** vgl. J. pharmac. Soc. Japan [Yakugakuzasshi] **78.** [1958.] 301; 5. vgl. C. **1950/54. 8470** S.

Vff. berichten über die Synth. von *Homoarbutin* (I) (vgl. Chem. pharmac. Bull. [Tokyo] **4.** [1956.] 281) aus 2-Methylhydrochinon (II) u. Pentaacetyl-β-d-glucose (III) in Ggw. eines Kationenaustauschers oder p-Toluolsulfonsäure (IV). Die Darst. des I-*Methyläthers* u. I-*Pentaacetats* (V) werden beschrieben.

Versuche: *Homoarbutin* (I), $C_{13}H_{18}O_7$, F. 192—193° (Methanol), $[\alpha]_D^{23}$ —64° (W.), durch 40 Min. langes Erhitzen von 20 g **II** mit 29 g **III** in Ggw. von 9,5 g Amberlite IR-120 (H-Form) oder 0,5 g **IV** auf 130—140°/20—25 Torr, Extrahieren mit warmem Bzl., Abfiltrieren von nichtumgesetztem **II**, Lösen in wenig warmem A., Abfiltrieren von nichtumgesetztem **III**, Eindampfen, mehrstd. Stehen mit 40 ml 0,1 n Na-Äthylat, Neutralisieren mit 0,1 n HCl, Extrahieren mit Essigester, Acetylierung Chromatographie an Al_2O_3, Eluieren mit Bzl., 2std. Kochen des erhaltenen rohen **V** in abs. A. mit 10 ml 0,1 n Na-Äthylat u. Chromatographie an Cellulose mit W. gesätt. Butanol); aus Methanol Nädelchen; 200 mg (Ausbeute); daneben *2-β-Glucosyloxy-5-hydroxytoluol* (R_F 0,16; mit W. gesätt. Butanol). *Pentaacetat* (V), $C_{23}H_{28}O_{12}$, F. 110—111°, aus 40 mg **I**; $[\alpha]_D^{23}$ —22° (Chlf.); aus 50%ig. A. Nadeln; 50 mg. *Methyläther*, $C_{14}H_{20}O_7$, F. 165—166°, aus 50 mg **I** u. CH_2N_2 in Methanol/Ae. durch mehrtägiges Stehen; aus Methanol Nadeln; 50 mg. B. MEHLIS. 3450

Über die Bestandteile der Pirolaceae-Pflanzen. 10. Mitt. **Die Konstitution des Pirolatins.** 5. Mitt. **Synthese des Tetrahydropirolagenins.** Hiroyuki Inouye und Yoshihiro Takano. (Chem. pharmac. Bull. [Tokyo] **6.** 655—59. Dez. 1958.) (Dt.) — 9. bzw. 3. vgl. vorst. Ref. bzw. C. **1950/54.** 8470 S.

Aus Geraniol (I) über *Tetrahydrogeraniol*, *Tetrahydrogeraniumsäure* u. *2-Methyl-5-[3.7-dimethyloctanoyl]-hydrochinon* (II) wird *dl-2-Methyl-5-[3.7-dimethyloctyl]-hydrochinon*) (dl-III) dargestellt. **III**, dessen Struktur durch Abbau gesichert wurde, erwies sich als ident. mit dem aus Pirolatin hergestellten *Tetrahydropirolagenin*. Da dl-I d-Citronellol enthielt, entstanden von vorst. Verbb. neben den Racematen auch die opt.-akt. Isomeren.

Versuche: *Gemisch aus dl-Tetrahydrogeraniol* u. *d-Dihydrocitronellol*, Kp.$_4$ 88 bis 89,5°, durch Hydrieren von **I** (Kp.$_{35}$ 135—136°; $[\alpha]_D^{26}$ +3,2°; D.^{26} 0,881) unter 2,5 bis 3 at H_2 in Ggw. von PtO_2; $[\alpha]_D^{26}$ +1,5°; D.^{26} 0,828. — *Gemisch aus dl-Tetrahydrogeraniumsäure* u. *d-Dihydrocitronellsäure* (2,6 : 1), Kp.$_6$ 128°, aus vorst. Gemisch u. $KMnO_4$ in Aceton; $[\alpha]_D^{25}$ +1,3°; D.^{25} 0,900. — *dl-2-Methyl-5-[3.7-dimethyloctanoyl]-hydrochinon* (dl-**II**), $C_{17}H_{26}O_3$, F. 88—89,5°, durch 2std. Erhitzen von 10 g vorst. Säuregemisches mit 4,5 g 2-Methylhydrochinon u. 4 g BF_3 im Bombenrohr bei ca. 120°, Abtrennung von nichtumgesetzter Säure, Chromatographie an Al_2O_3 u. Eluieren mit Bzl./Ae.; $[\alpha]_D^{25}$ +0,8° (c = 2,8; A.); aus Bzl./PAe. hellgelbe Nädelchen; 2,5 g (Ausbeute); daneben 1,1 g *l*-**II**, $C_{17}H_{26}O_3$, F. 107—108°; $[\alpha]_D^{22}$ —4,3° (c = 2,0; Ae.); aus Bzl./PAe. hellgelbe Nadeln. — *dl-2-Methyl-5-[3.7-dimethyloctyl]-hydrochinon* (dl-**III**), $C_{17}H_{28}O_2$, F. 115,5 bis 117°, durch CLEMMENSEN-Red. (2½ Std., 130—150°) von 1,0 g **II**; $[\alpha]_D^{25}$ —1,3° (c = 2,9; Ae.); aus Bzl./PAe. Nädelchen; 0,55 g. *Diacetat*, $C_{21}H_{32}O_4$, F. 59—61°; aus wss. Methanol Schuppen; Verseifung mit NaOH in A. gibt dl-**III**. *l*-**III**, $C_{17}H_{28}O_2$, F. 127°, analog dl-**III** aus 0,5 g *l*-**II**; $[\alpha]_D$ —5,1° (c = 0,8; Ae.); 0,18 g. *Diacetat*, $C_{21}H_{32}O_4$, F. 60—61°; Verseifung gibt *l*-**III**. — *2.5-Dimethoxyterephthalsäure*, F. 253—256°, durch Rk. von 0,7 g dl-**II** mit Dimethylsulfat, Red. mit Zn/HCl, Rk. mit CH_3J u. Ag_2O u. Oxydation mit $KMnO_4$ in wss. Pyridin; sublimiert bei 160—180° (Bad)/5 Torr; aus Aceton Nadeln; 1,5 mg. B. MEHLIS. 3450

Die Struktur von Verbenalin. G. Büchi und R. E. Manning. (Tetrahedron Letters [London] **1960.** Nr. 26. 5—12. Dez. Cambridge, Mass., MIT, Inst. of Technol., Dep. of Chem.) (Engl.)

Verbenalin [**I**; $C_{17}H_{24}O_{10}$, F. 182—183°, $[\alpha]_D^{25}$ —173° (W.)], ein Glykosid aus *Verbena officinalis* erhält auf Grund neuer Unterss. nebenst. Struktur u. Stereoformel. Katalyt. Red. von **I** an platiniertem RANEY-Ni gibt *Tetrahydroverbenalin* (**II**; F. 196—197°) u. *Desoxyverbanol* (**III**), $C_{10}H_{16}O_3$, F. 139—140°. **III** wird durch CrO_3/Pyridin zu *Desoxyverbanon* [**IV**, F. 113—114°, $[\alpha]_D^{26}$ +57° (Chlf.)] oxydiert. Das *Äthylenthioketal* von **IV** (F. 191—192°) wird durch RANEY-Ni zu *Iridomyrmecin* [F. 60,5—61,5°, $[\alpha]_D^{26}$ +236° (Chlf.)] entschwefelt. Damit ist die Konfiguration an den C-Atomen 5, 8 u. 9 festgelegt. Hydrolyse von **I** mit $Ba(OH)_2$ gibt *Verbenalinsäure* ($C_{16}H_{22}O_{10}$, F. 212—214°), die mit CH_2N_2 wieder **I** zurückliefert. Bei der Hydrolyse tritt Enolisierung ein;

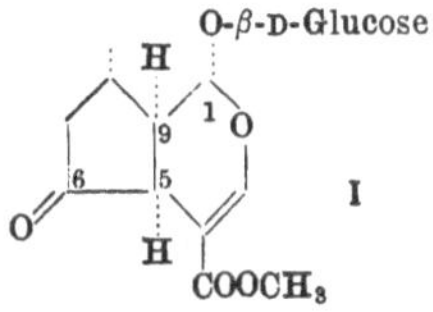

I

in D_2O werden dabei 2,37 D-Atome eingebaut. Die Bldg. von *β-Methylglutarsäure* bei der Ozonolyse ist nur mit einer $C_{(6)}$-Stellung der Ketogruppe vereinbar. Die Konfiguration des Glucoserestes an $C_{(1)}$ wird aus dem Vgl. der Molekularrotationsdifferenzen zwischen **II** u. Tetrahydroverbenalol mit —448° (W.) u. zwischen Hexahydrodesoxyplumierid u. dem entsprechenden Aglykon mit —325° (CH_3OH) abgeleitet. Katalyt. Red. von Verbenalol gibt *Norverbanol*, $C_{10}H_{16}O_4$, F. 97—98,5°. Dessen *Monotosylat* (F. 127,5—128°) läßt sich mit $LiAlH_4$ zu einem *Triol* (*Tri-p-nitrobenzoat*, F. 174—176°) reduzieren. Das gleiche Prod. entsteht bei der Red. von **III**. **I** gibt bei der Red. mit $NaBH_4$ ein *Pentol*, das ein *Pentaacetat* (**V**; F. 172—174°) liefert. Andererseits gibt *Tetraacetylverbenalin* (F. 133—134°) bei der $NaBH_4$-Red. ein *Pentoltetraacetat*, das zu einem *Tetraacetylmonotosylat* (F. 157—158°) verestert wird. Rk. des Tosylats mit Tetraäthylammoniumacetat in Aceton gibt ein zu **V** epimeres *Pentaacetat* (**VI**; F. 134—138°). **V** u. **VI** sind jedoch verschieden von Loganinpentaacetat, F. 137—138°. G. TEEGE. 3450□

Darstellung einiger quaternärer Granatanolester mit pharmakologischer Aktivität. B. Matkovics. (Acta Univ. Szegediensis, Acta physica chem. [N. S.] **5.** 47—52. 1959. Szeged, Univ., Inst. of organ. Chem.) (Engl.)

Es wurden einige bzgl. $C_{(3)}$ isomere *Granatanolester*, Alkaloid-Verbb., deren Ringgerüst gegenüber dem des Tropans um eine Methylgruppe erweitert ist, dargestellt. Ferner wird eine Reihe von quart. *Granataniumsalzen* dargestellt.

Versuche: *Pseudopelletierin*, Kp.$_4$ 98—100°, aus Glutaraldehyd durch Kondens. nach ZIEGLER u. WILMS (vgl. C. **1950.** II. 2545); 54% (Ausbeute). *Reineckat*, $C_{13}H_{22}\cdot CrN_7OS_4$, F. 193—194°, violette Kristalle. — *Granatanol-(3β)* (**III**), $C_9H_{17}NO$, F. 99—100° (Bzl./PAe. 1 : 2), Kp.$_8$ 128—130°, nach CIAMICIAN u. SILBER [1892] bzw. ALDER u. DORTMANN (vgl. C. **1955.** 2680), jedoch mit der Abwandlung, daß das nach der Red. erhaltene Rohprod. mit Bzl. extrahiert u. dest. wird; 80%. *Pikrat*, $C_9H_{17}NO\cdot C_6H_3N_3O_7$, F. 264—265° (W.), F. 275—276° (A.). — *O-Acetylgranatanol-(3β)* (**I**), $C_{11}H_{19}NO_2$, Kp.$_9$ 135—150°, durch 5std. Kochen von **III** in Essigsäureanhydrid, Einengen, Verreiben des

Rückstandes mit W. u. K_2CO_3, wiederholte Ae.-Extraktion u. Dest.; strohgelbe viscose Fl.; n_D^{25} 1,4849. *Pikrat*, $C_{11}H_{19}NO_2 \cdot C_6H_3N_3O_7$, F. 201°. — *O-Acetylgranatanol-(3α)* (**II**), $C_{11}H_{19}NO_2$, Kp.$_{10}$ 172—190°, wie vorst. aus Granatanol-(3α); n_D^{25} 1,4849. *Pikrat*, $C_{11}H_{19} \cdot NO_2 \cdot C_6H_3N_3O_7$, F. 204°. — *3α-Acetoxy-N.N-dimethylgranataniumjodid*, $C_{12}H_{22}JNO_2$, F. 329°, aus je 1 Mol **II** u. CH_3J in abs. A. nach kurzem Stehen; 100%. — *3α-Acetoxy-N-methyl-N-äthylgranataniumjodid*, $C_{13}H_{24}JNO_2$, F. 337,5°, aus je 1 Mol **II** u. C_2H_5J in abs. A. durch 24std. Stehen im Dunkeln; 100%. — *3α-Acetoxy-N-methyl-N-propylgranataniumjodid*, $C_{14}H_{26}JNO_2$, F. 240°, wie vorst. mit C_3H_7J. — *3β-Acetoxy-N.N-dimethylgranataniumjodid*, $C_{12}H_{22}JNO_2$, F. 331°, aus je 1 Mol **I** u. CH_3J in abs. A.; 100%. — *3β-Acetoxy-N-methyl-N-äthylgranataniumjodid*, $C_{13}H_{24}JNO_2$, F. 289,5°, aus **I** u. C_2H_5J; 100%. — *3β-Acetoxy-N-methyl-N-propylgranataniumjodid*, $C_{14}H_{26}JNO_2$, F. 290° (abs. A.), entsprechend mit C_3H_7J; 100%. M. Wolff. 3500 □

Neue Derivate von Xanthinalkaloiden. A. Lespagnol und A. Gaumeton. (Bull. Soc. chim. France **1961**. 253—55. Febr. Lille, Fac. de Méd. et Pharmac., Labor. de Pharmac. Chim.) (Franz.)

Vff. beschreiben die Darst. von *Xanthinalkaloide-Derivv.*, die in 8-Stellung mit 1-Phenyl-2-aminopropanresten substituiert sind.

Versuche: *8-Bromcoffein* (**I**), F. 206°, durch Zugabe der Lsg. von Br_2 in Nitrobenzol zu Coffein in CCl_4/Nitrobenzol bei 103°; 90% (Ausbeute). — *8Bromtheophyllin* (**II**), F. ca. 309°, durch Zugabe von Br_2 zu Theophyllin in Essigsäure bei 40—50°. — *8-Bromtheobromin* (**III**), F. ca. 296°, durch 12—24std. Rühren von Theobromin u. Br_2, Erhitzen erst auf 100°, dann auf 150°. — *N-Methylamphetamin* (**IV**; *Pervitin*), Kp.$_{15-16}$ 90—94°, durch Rk. von Methylbenzylketon, wss. Methylamin-Lsg., Al-Spänen u. einer Spur $HgCl_2$ in A., 1std. Kochen, Abdestillieren des A. im Vakuum, Gießen auf Eis, Lösen des Nd. in konz. KOH u. Extraktion mit Ae.; 78%. — *8-Amphetaminocoffein* (**V**), $C_{17}H_{21}N_5O_2$, F. 183° (A.), durch 1—2std. Erhitzen von **I** mit Amphetamin auf 135—140° u. Gießen der alkohol. Lsg. in W.; 96%. — *8-[N-Methylamphetamino]-coffein*, $C_{18}H_{23}N_5O_2$, F. 105°, durch 2std. Erhitzen von **I** mit **IV** auf 130°. — *8-Amphetaminotheophyllin*, $C_{16}H_{19}N_5O_2$, F. 212°, durch Erhitzen von **II** u. Amphetamin auf 165°. — *8-[N-Methylamphetamino]-theophyllin*, $C_{17}H_{21}N_5O_2$, F. 235°, durch Erhitzen von **II** u. **IV** auf 175°. — *8-Amphetaminotheobromin*, $C_{16}H_{19}N_5O_2$, F. 256°, durch Erhitzen von **III** mit Amphetamin auf 170 bis 190°. — *8-[N-Methylamphetamino]-theobromin*, $C_{17}H_{21}N_5O_2$, F. 154°, durch Erhitzen von **III** mit **IV** auf 150—160°. — *Diäthylaminoäthylamphetaminocoffeinhydrochlorid*, $C_{23}H_{35}ClN_6O_2$, F. 208°, durch 7—8std. Kochen eines Gemisches aus **V**, Diäthylaminochloräthan u. $NaNH_2$ in Xylol, Versetzen mit W., Abtrennen der Xylolschicht, Trocknen u. Einengen im Vakuum. Gottfried Schreiber. 3500 □

Mikrobiologische Hydroxylierung von Steroidalkaloiden. Y. Sato und S. Hayakawa. (J. org. Chemistry **26**. 4181—82. Okt. 1961. Bethesda, Md., Nat. Inst. of Health, Nat. Inst. of Arthritis and Metabolic Diseases.) (Engl.)

Hydroxylierung von Solasodin mit *Helicostylum piriforme* (*A.T.C.C. 8992*) liefert *9α-Hydroxysolasodin* (**I**), *11α-Hydroxysolasodin* (**II**), *7ξ-Hydroxysolasodin* (**III**) u. wenig eines nicht identifizierten *Dihydroxysolasodins*. **I** wird durch Abbau (vgl. Sato u. Mitarbeiter, C. **1960**. 11665) zu *9α-Hydroxyprogesteron* identifiziert, während die Struktur von **II** durch Umwandlung in *11-Oxo-16-dehydroprogesteron* u. in *11α-Hydroxyprogesteron* bewiesen wird. **III** liefert mit MnO_2 *7-Oxosolasodin*. Tomatidin gibt bei der Hydroxylierung mit dem gleichen Mikroorganismus hauptsächlich *7α.11α-Dihydroxytomatidin* (**IV**) neben *7α-Hydroxytomatidin* (**V**) u. einer *Verb. vom F. 188—191°* (**VI**), in der wahrscheinlich das *9α-Hydroxytomatidin* vorliegt. **IV** wird durch Abbau zu *Allopregnan-3.11.20-trion* u. zu *Allopregnan-3.7.11.20-tetraon* identifiziert. Die α-Konfiguration beider Hydroxygruppen in **IV** kann durch Überführung des intermediär entstehenden *3.7.11-Trihydroxy-20-on-Deriv.* in *7α.11α-Dihydroxyallopregnan-3.20-dion* bewiesen werden. **V** gibt beim Abbau *3β-Acetoxyallopregnan-7.20-dion*. Die 7α-Konfiguration in **V** wird durch Molekularrotation u. durch sein Verh. bei der Acetylierung gesichert. Von **VI** wird lediglich ein *3β-O.N-Diacetyl-Deriv.* erhalten.

Versuche: *9α-Hydroxysolasodin* (**I**), F. 213—215°, aus Solasodin durch Inkubation mit *Helicostylum piriforme* (*A.T.C.C. 8992*); $[\alpha]_D^{20}$ —138° (Chlf.); 27% (Ausbeute); daneben *11α-Hydroxysolasodin* (**II**), F. 200—203°; $[\alpha]_D^{20}$ —110° (Chlf.); 1%; *7ξ-Hydoxysolasodin* (**III**), F. 234—238° (Zers.); $[\alpha]_D^{20}$ —82,4° (Chlf.); 1%; u. *Dihydroxysolasodin*, F. 256—259° (Zers.); $[\alpha]_D^{20}$ —43,1° (A.); 0,5%. — *7-Oxosolasodin*, F. 188—191°, aus **III** mit MnO_2 in Chlf. bei Raumtemperatur. — *7α.11α-Dihydroxytomatidin* (**IV**), F. 266 bis 270° (Zers.), aus Tomatidin durch Inkubation mit *Helicostylum piriforme* (*A.T.C.C. 8992*); $[\alpha]_D^{20}$ +23° (A.); 20%; daneben *7α-Hydroxytomatidin* (**V**), F. 238—242° (Zers.); $[\alpha]_D^{20}$ —3,5°; 5%; u. *Verb. vom F. 188—191°* (**VI**); 0,5%. H. Gleinig. 3500 □

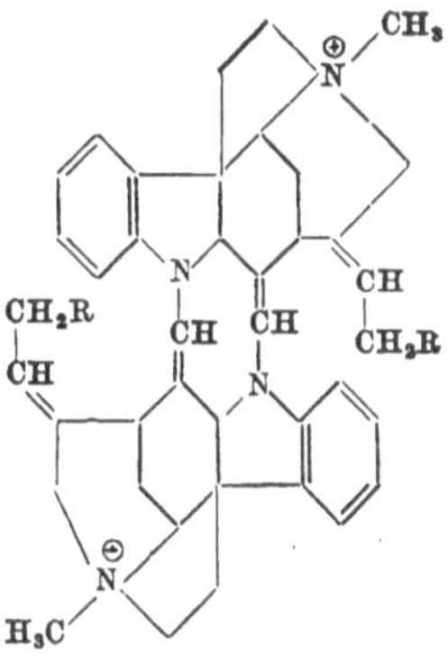

I R = H II R = OH

Die Struktur von Dihydrotoxiferin. V. Boekelheide. O. Ceder, T. Crabb, Y. Kawazoe und R. N. Knowles. (Tetrahedron Letters [London] **1960.** Nr. 26. 1—4. Dez. Rochester, New York, Univ., Dep. of Chem.) (Engl.)

C-Dihydrotoxiferin (**I**) u. *C-Toxiferin I* (**II**) erhalten nach den kernmagnet. Resonanzspektren ihrer Chloride nebenst. Strukturen. G. Teege. 3500 □

Eine neue Synthese von trans-β-Carotin und Decapreno-β-carotin. Joseph D. Surmatis und Alfred Ofner. (J. org. Chemistry **26.** 1171—73. April 1961.) (Engl.)

Vff. beschreiben die Synth. von trans-β-Carotin (I) nach einem $C_{15} + C_{10} + C_{15}$-Schema, wobei sie β-Jonylidenacetaldehyd (II) als C_{15}-Komponente verwenden. Wird statt **II** Vitamin-A-aldehyd eingesetzt, so erhält man ein C_{50}-Carotinoid ohne Vitamin-A-Aktivität, das Decapreno-β-carotin.

Versuche: *2.7-Dimethyloctadien-(1.7)-in-(4)-diol-(3.6)* (**III**), $C_{10}H_{14}O_2$, F. 88—91° (Toluol), durch Rk. von Acetylen, C_2H_5MgBr u. Methacrolein in Ae. u. Toluol, Gießen auf Eis, Ansäuern mit verd. H_2SO_4, Waschen der äther. Lsg. mit $NaHCO_3$ u. W., Trocknen mit wasserfreiem $CaSO_4$ u. Verdampfen des Lsgm.; 70% (Ausbeute). — *2.7-Dimethyloctatrien-(1.4.7)-diol-(3.6)*, $C_{10}H_{16}O_2$, F. 69—70° (PAe.), durch Hydrierung von **III** in Toluol an Pd nach Lindlar (C. **1953.** 1312) bis 1 Mol H_2 aufgenommen war, Filtrieren, Waschen mit heißem Toluol u. Einengen im Vakuum; 80%. — *1.8-Dibrom-2.7-dimethyloctatrien-(2.4.6)* (**IV**), $C_{10}H_{14}Br_2$, F. 80—82°, durch ½ std. Zugabe von HBr zur Lsg. vorst. Verb. in A. unter Rühren bei —10°, ¼std. Rühren bei 0 bis —10°, Absaugen unter N_2, Waschen mit $NaHCO_3$ u. Vakuumtrocknung bei 35°; 90%. — *2.7-Dimethyloctatrien-(2.4.6)-ylen-bis-[triphenylphosphoniumbromid]* (**V**), $C_{46}H_{44}Br_2P_2$, F. 280° (Methanol/Essigester), durch 2 std. Zugabe der Lsg. von **IV** u. wenig J_2 in Bzl. zur benzol. Lsg. von Triphenylphosphin unter Rühren bei 40—45°, 4 std. Rühren in der Wärme u. mehrstd. Stehen bei Raum-Temp.; 90%. — *1.8-Dibrom-2.7-dimethyloctadien-(2.6)-in-(4)*, F. 40°, analog **IV** aus **III** u. HBr; wenig stabil; 79%. — *2.7-Dimethyloctadien-(2.6)-in-(4)-ylen-bis-[triphenylphosphoniumbromid]* (**VI**), $C_{46}H_{42}Br_2P_2$, F. 256—258° (Methanol/Essigester), analog **V** aus vorst. Verb., Triphenylphosphin u. wenig J_2 in Bzl.; 90%. — *9,10-Dehydrocarotin* (**VII**), $C_{40}H_{54}$, F. 154° (Essigester), analog **I** (s. unten) aus **VI** u. β-Jonylidenacetaldehyd (**II**); 55%. — *trans-β-Carotin* (**I**), $C_{40}H_{56}$, F. 181°, a) durch ½ std. Zugabe von **V** zur äther. Lsg. von Phenyl-Li unter Temp.-Anstieg von 22 auf 34°, 1 std. Zugabe der äther. Lsg. von β-Jonylidenacetaldehyd (**II**) unter Rühren, 8 std. Kochen, Kühlen auf —10°, Zugabe von Methanol, 4 std. Kühlen auf —5 bis —10°, Absaugen u. Waschen mit A. u. PAe.; 50,8%; b) durch Hydrieren von **VII** in Hexan am Lindlar-Katalysator, Aufkochen, Filtrieren, Waschen mit heißem Hexan, Einengen bis zur Paste u. 16 std. Erhitzen auf 90° in Inertgas; 75%; aus Bzl. violette Kristalle. — *3.7.11.-16.20.24-Hexamethyl-1.26-bis-[2.6.6-trimethylcyclohexen-(1)-yl-(1)]-hexakosatridekaen-1.3.5.7.9.11.13.15.17.19.21.23.25)* (*Decapreno-β-carotin*), $C_{50}H_{68}$, F. 191°, a) entsprechend **I** nach a) aus **V** u. Vitamin-A-aldehyd; schwarze Kristalle aus CH_2Cl_2/Methanol; 38%; b) durch Hydrierung nachst. Verb. in Hexan entsprechend **I** nach b). — *3.7.11.16.20-24-Hexamethyl-1.26-bis-[2.6.6-trimethylcyclohexen-(1)-yl-(1)]-hexakosadodekaen-(1.3.5.7.9.-11.15.17.19.21.23.25)-in-(13)*, $C_{50}H_{66}$, F. 189°, entsprechend vorst. Verb. aus **VI** u. Vitamin-A-aldehyd; 42%. Gottfried Schreiber. 3550 □

Umkehrbare photochemische Reduktion von Chlorophyll, seinen Analoga und Derivaten. A. A. Krassnowski. (Успехи Химии [Fortschr. Chem.] **29.** 736—59. Juni 1960. Bach-Inst. für Biochem. der Akad. der Wiss. der UdSSR.) (Russ.)

Allg. Übersicht. — 112 Literaturangaben. G. Froelich. 3550 □

Totalsynthese von Chlorophyll a. A. W. Johnson. (Sci. Progr. **49.** 77—84. Jan. 1961. Nottigham, Univ., Dep. of Chem.) (Engl.)

Übersicht. — 20 Literaturangaben. P. Golinske. 3550 □

Notiz über die acylierende Oxydation von α-Cyclogeraniolen mit Quecksilber(II)-acetat. Istvàn Alkonyi. (Chem. Ber. **95.** 279—80. 25/1. 1962. Pécs, Ungarn, Univ., Chem. Inst.) (Dt.)

Die Oxydation von α-Cyclogeraniolen (I) mit $Hg(OOCCH_3)_2$ erfolgt an der Doppelbindung u. liefert wie die SeO_2-Oxydation (vgl. C. **1962.** 2747) *2.4.4-Trimethylcyclohexen-(2)-ylacetat* (II). Die Konstit. von II wird durch Verseifung u. anschließende CrO_3-Oxydation zu *2.4.4-Trimethylcyclohexen-(2)-on-(1)* bewiesen.

Versuche: *2.4.4-Trimethylcyclohexen-(2)-ylacetat* (II), $C_{11}H_{18}O_2$, $Kp._{26}$ 97°, durch Erwärmen von I (aus Isophoron durch Red.) mit $Hg(OOCCH_3)_2$ in Essiessig auf 75°; n_D^{15} 1,4615; 24% (Ausbeute). — *2.4.4-Trimethylcyclohexen-(2)-on-(1)*, Kp. 194°, durch Verseifen von 4,5 g II mit methanol. KOH, Lösen des entstandenen *2.4.4-Trimethylcyclohexen-(2)-ols-(1)* ($Kp._5$ 80°; n_D^{15} 1,4790; 80%) in Eisessig u. ½ std. Erhitzen mit CrO_3 in W. auf 100°; n_D^{20} 1,4755; 3,5 g. *2.4-Dinitrophenylhydrazon*, $C_{15}H_{18}N_4O_4$, F. 170,2°.
P. GOLINSKE. 3600□

Über die endo-exo-Isomerie der 3-Bromnorcampher und 3-Bromnorborneole. 1. Mitt. Darstellung und Verhalten der 3-Bromnorcampher. Hans Krieger. (Suomen Kemistilehti B **31.** 320—27. 1958. Helsinki, Univ., Chem. Inst.) (Dt.)

Die Bromierung von Norcampher (I) verläuft ster. selektiv über die Enolform unter Bldg. von 78% *exo-3-Brom-* (II), <1% *endo-3-Brom* (III) u. 5% *3.3-Dibromnorcampher* (IV). Brom in II u. III ist verhältnismäßig reaktionsträge, mit K-Acetat/Eisessig, Ag-Acetat oder Li_2CO_3/W. erfolgt lediglich ca. 50%ig. Isomerisierung. Die Isomeren lassen sich durch Dest. oder durch Chromatographie an Silicagel trennen, wobei II schneller eluiert wird. Durch Rk. von II mit K-Acetat/Eisessig im Rohr bei 180—190° wird neben III hauptsächlich *endo-3-Acetoxynorcampher* erhalten, der bei Red. mit $LiAlH_4$ *endo-cis-2.3-Dihydroxynorbornan* liefert. Für die Konfigurationsermittlung von II u. III wurde die Regel von BODES herangezogen, wonach im Falle von endo-exo-Isomerie beim Bicyclo-[2.2.1]-heptan-Syst. das endo-Isomere höhere Brechung u. Dichte hat als das exo-Isomere. Einen weiteren Hinweis bietet die Elutionsfolge bei der Chromatographie, wonach das exo-Isomere, das am stärksten ster. gehindert ist, am schwächsten absorbiert u. am schnellsten eluiert wird (vgl. GASTAMBIDE, C. **1955.** 6484). Die Konfigurationsermittlung gelingt auch auf chem. Wege: bei der ster. selektiven Red. mit $LiAlH_4$ bildet III ausschließlich *endo-3-Brom-endo-norborneol* (V), II dagegen *exo-3-Brom-exo-* (VI) u. *exo-3-Brom-endo-norborneol* (VII) im Verhältnis 4 : 1. Bei der Red. von II bildet sich somit im Gegensatz zum üblichen Verlauf (wonach ein substituierter I den endo-Alkohol liefert, wenn sich am $C_{(7)}$-Atom kein zur Ketogruppe cis-ständiger Substituent befindet) überwiegend der exo-Alkohol VI. Die beiden cis-Bromhydrine V u. VI reagieren bei Einw. von Alkali unter Bldg. von I; bei der Debromierung mit Zn/Cu bei Raum-Temp. wird aus V *endo-* bzw. aus VI *exo-Norborneol* gebildet, in der Hitze dagegen *Norbornen.* Die Oxydation mit Chromsäure liefert II u. III zurück. VII bildet bei der Debromierung *endo-Norborneol,* bei der Oxydation II u. bei der therm. Zers. *Norbornenoxid.*

Versuche: *Norcampher* (I), F. 95—96°, a) durch Dien-Synth. von Cyclopentadien u. Vinylacetat, Hydrierung des *Addukts* bei 200 at u. Raum-Temp. über RANEY-Ni, Verseifung mit 15%ig. methanol. KOH, Oxydation des gebildeten *Norborneols* mit CrO_3/H_2SO_4 u. Reinigung über das *Semicarbazon;* b) durch Hydrierung von II über RANEY-Ni in A.; c) durch 2std. Kochen von V mit KOH in Ae., Zugabe von W. u. Ausäthern; d) durch ½ std. Kochen von VI mit 30%ig. KOH. — *exo-3-Bromnorcampher* (II), C_7H_9BrO, Kp. 98—99°, F. 32—32,5° (PAe.), a) durch Zutropfen von 0,5 Mol Br_2 zu 0,5 Mol I, langsames Erwärmen auf 75°, Rk. bei 55—65° bis zum Abflauen der HBr-Entw., kurzes Erwärmen auf 100° u. Dest.; n_D^{20} 1,5298; $D._4^{20}$ 1,5332 (für öliges unterkühltes II); 72% (Ausbeute); daneben 8% einer *Fraktion vom $Kp._5$ 98,5—103°*, die durch Chromatographie an Silicagel u. Eluieren mit 2 Vol.-% A. in PAe. vom Kp. 35° weitere 12 g II u. 1,5 g rohen III liefert (Reinigung durch erneute Chromatographie), sowie 5% *3.3-Dibromnorcampher* [IV, $C_7H_8Br_2O$, F. 108—109°, $Kp._5$ 122—124°; aus Methanol sechseckige Tafeln u. Rauten]; b) durch 24std. Oxydation von 9 g VI oder VII mit 1 g CrO_3 bei Raumtemperatur. — *endo-3-Bromnorcampher* (III), C_7H_9BrO, $Kp._7$ 107,5°, a) durch 14std. Erhitzen von 38 g II mit 20 g Li_2CO_3 u. 250 ml W. auf 120—130°, Extraktion mit Ae., Eindampfen (wobei 0,5 g I in Kolonne u. Kühler sublimiert), Dest. des Rückstandes (94%) aus 51% II u. 49% III (UV-spektroskop. bestimmt) u. Fraktionierung der 2. Fraktion; b) durch Oxydation von V mit CrO_3; c) durch 24std. Erhitzen von 44 g II mit 250 ml Eisessig u. 150 g wasserfreiem K-Acetat auf 120—130°, Ausäthern, Eindampfen u. Fraktionierung des Rückstandes (93%) aus 47% II u. 53% III. Analoge Rk. von reinem III mit Li_2CO_3 bzw. K-Acetat liefert ebenfalls *Isomerengemische* aus ca. 52% II u. 48% III. — *endo-cis-2.3-Dihydroxynorbornan,* F. 208—209° (Sublimation), durch 20std. Erhitzen von 10 g **II** mit je 10 g Eisessig u. K-Acetat auf 180—190° im Rohr, Verreiben mit W., Ausäthern, Dest., Chromatographie der Fraktion vom $Kp._{10}$ 105—120° an Silicagel, Eluieren mit 1 Vol.-% A. in PAe. vom Kp. 35° in Fraktionen zu je 25 ml u. Red. der Fraktionen 9—15 mit $LiAlH_4$; 80%. — *exo-3-Brom-exo-norborneol* (**VI**), $C_7H_{11}BrO$, $Kp._6$ 92—92,5°, durch Eintropfen von 50 g **II** in Ae. in die äther. Suspension von 6 g $LiAlH_4$, 1 std. Kochen, Zugabe von Essigester, Hydrolyse mit 10% ig. H_2SO_4, Eindampfen (wobei 2,5 g des Gemisches aus *exo-* u. *endo-Norborneol* in Kolonne u. Kühler sublimieren), u. Fraktionierung des Rückstandes (88%) aus **VI** u. **VII**; n_D^{20} 1,5397; $D._4^{20}$ 1,5420; 80%; daneben 20% *exo-3-Brom-endo-norborneol* (**VII**; $C_7H_{11}BrO$, $Kp._6$ 101—102,5°; n_D^{20} 1,5373; $D._4^{20}$ 1,5096). Bei der chromatograph. Trennung an Silicagel eines an **VII** angereicherten Gemisches aus **VI** u. **VII** wird **VI** mit A.-PAe. schneller eluiert u. liegt in der 1. Fraktion rein vor. — *Norbornenoxid*, $Kp._6$ 47—50°, F. 170—171°, durch Dest. vorst. rohen Gemisches aus **VI** u. **VII** über eine heizbare Kolonne unter Überhitzung; aus Ae. lange Nadeln. — *endo-3-Brom-endo-norborneol* (**V**), $C_7H_{11}BrO$, $Kp._6$ 93—93,5°, durch Red. von **III** mit $LiAlH_4$; n_D^{20} 1,5433; $D._4^{20}$ 1,5404; 86% (roh). — *exo-Norborneol*, F. 126—127° (Sublimation), durch Behandeln von 6 g Zn-Pulver mit 5% ig. $CuSO_4$-Lsg., Waschen mit W. u. A., Zugabe von Methanol u. 1 g **VI**, 7tägiges Stehen bei Raum-Temp., Filtrieren, Eindampfen, Verdünnen u. Ausäthern. — *endo-Norborneol*, F. 149—150° (Sublimation), analog der exo-Verb. aus **V** oder **VII**. — *Norbornen*, durch Bereitung des Zn/Cu wie vorst., jedoch anschließendes Waschen mit Ae. u. schnelles Trocknen, Erhitzen mit 2,5 g **VI** u. 50 ml Glycerin unter Rühren auf 70° u. Auffangen des Sublimats in einer gekühlten Vorlage. L. LAMZA. 3600

Über die endo-exo-Isomerie der 3-Bromnorcampher und 3-Bromnorborneole. 4. Mitt. Reduktion des 3.3-Dibromnorcamphers. Hans Krieger. (Suomen Kemistilehti B **32.** 109—14. 1959. Helsinki, Univ., Chem. Inst.) (Dt.) — 3. vgl. Suomen Kemistilehti B **31.** [1958.] 348; 1. vgl. vorst. Referat.

Vf. red. *3.3-Dibromnorcampher* (**II**) mit $LiAlH_4$ zu *3.3-Dibrom-endo-norborneol* (**I**) u. untersucht dessen Enthalogenierungs-Rk. mit dem Zn-Cu-Paar, die zu *endo-Norborneol* neben wenig *Norcampher* führt, u. mit Silicagel, bei der *endo-3-Bromnorcampher* entsteht. **I** bildet bei der Oxydation mit CrO_3 in Eisessig **II** zurück. *Nortricyclanon* erhält Vf. ausgehend von *endo-Dehydronorborneol* mit $SOCl_2$ u. Verseifung des Chlorids mit Li_2CO_3 über *Nortricyclanol* u. dessen $K_2Cr_2O_7$-Oxydation. Vf. diskutiert an Hand von IR-Spektren u. Dipolmomenten die Stereochemie von Rkk. am Bicyclo-[2.2.1]-heptan-System.

Versuche: *3.3-Dibromnorcampher* (**II**), F. 107,5—108,5°, durch 5tägiges Stehen von **I** mit CrO_3 in Eisessig u. Ausfällen mit H_2O. — *3.3-Dibrom-endo-norborneol* (**I**), $C_7H_{10}Br_2O$, F. 65—66° (Nadeln; Ligroin), aus **II** durch Red. mit $LiAlH_4$; 60% (Ausbeute). — *endo-Norborneol*, aus **I** mit dem Zn-Cu-Paar (vgl. Suomen Kemistilehti B **31.** [1958.] 175 u. vorst. Ref.); daneben wenig *Norcampher*. — *endo-3-Bromnorcampher* (im *Gemisch mit* **I**), aus **I** durch Chromatographie an Silicagel u. Elution mit 10% A. enthaltendem Petroläther. — *Nortricyclanol*, F. 108,5—109°, durch Rk. von endo-Dehydronorborneol mit $SOCl_2$ nach ROBERTS u. Mitarbeitern (vgl. C. **1955.** 11189) über das *Chlorid* (63%), dessen Verseifung mit Li_2CO_3, Chromatographie des mit 84% Ausbeute erhaltenen Roh-Prod. an Al_2O_3 u. Elution mit PAe. + Ae. (daneben *exo-Dehydronorborneol*). *Phenylurethan*, F. 147,5—148,2° (PAe.). — *Nortricyclanon*, $Kp._{20}$ 74,5—75°, aus vorst. Verb. in Eisessig bei 20° durch Zutropfen einer Lsg. von $K_2Cr_2O_7$ in W., konz. H_2SO_4 u. Eisessig, 24std. Stehenlassen, Alkalisieren, Wasserdampf-Dest., Aussalzen u. Ae.-Extraktion; n_D^{20} 1,4880; 76%. *Semicarbazon*, F. 215—216° (wss. A.); liefert mit Oxalsäure durch Wasserdampf-Dest. u. Ae.-Extraktion das Keton gereinigt zurück. H.-J. KÖTZSCH. 3600□

Über die Diensynthese des 2-Methyldehydronorbornylacetats: Abhängigkeit des sterischen Verlaufes der Synthese von der Temperatur. Pentti Mälkönen und N. J. Toivonen. (Suomen Kemistilehti B **31.** 146—48. 1958. Helsinki, Univ., Chem. Inst.) (Dt.)

Durch 16std. DIELS-ALDER-Rk. von 300 g Cyclopentadien u. 700 g Isopropenylacetat im Stahlschüttelautoklaven bei verschiedenen Temp., Fraktionierung des erhaltenen *exo-* u. *endo-2-Methyl-5,6-dehydronorbornylacetats* ($Kp._{14}$ 74—79°) über eine VIGREUX-Kolonne im N_2-Strom, Verseifung mit methanol. KOH u. Best. im Vakuum unter N_2 wurden *exo-* [*exo*-**I**; F. 54,8—55,8° (Sublimation); $Kp._{14}$ 65—69°] u. *endo-2-Methyl-5,6-dehydronorborneol* (*endo*-**I**; $Kp._{14}$ 65—69°) erhalten. Das Mengenverhältnis beider Isomeren (Best. IR-spektroskop.) verschiebt sich mit steigender Temp. zugunsten von *exo*-I. So wurden aus dem Rk.-Gemisch bei 169—175° (Rk.-Temp.) *2%*, bei 178—184° *18%*, bei 182—189° *23%* u. bei 181—185° *38%* *exo*-I isoliert. L. LAMZA. 3600

Über die Konfiguration des 4-Methylisoborneols. Vorl. Mitt. Veikko Tamminen. (Suomen Kemistilehti B **31.** 144—46. 1958. Helsinki, Univ., Chem. Inst.) (Dt.)

Isoborneol-4-carbonsäure (I) wird über *4-Hydroxymethylisoborneol* u. sein *Tosylat* in *4-Methylisoborneol* (II) übergeführt. Da I exo-Konfiguration besitzt, gilt dies auch für II. Versuche: *4-Hydroxymethylisoborneol*, $C_{11}H_{20}O_2$, F. 235—236° (Bzl./PAe.), durch Eintropfen von 800 mg dl-I (F. 234—235°) in 150 ml abs. Ae. in 1,4 g $LiAeH_4$ in 25 ml Ae., 4std. Kochen, Zers. mit Eiswasser u. verd. H_2SO_4 u. Eindampfen der äther. Lsg.; 560 mg (Rohausbeute). *4-Tosylat*, $C_{18}H_{26}O_4S$, durch 12std. Rk. von 543 mg vorst. Diols mit 570 mg p-Tosylchlorid in 4 ml Pyridin bei 0°; zäher Sirup; n_D^{20} 1,5347; 822 mg. — *4-Methylisoborneol* (II), F. 193—194° (Sublimation), durch Eintropfen von 640 mg vorst. Tosylats in 50 ml Ae. in die Suspension von 0,5 g $LiAlH_4$ in 70 ml Ae., 7std. Kochen, Zers., Eindampfen, Wasserdampf-Dest. u. Extraktion mit PAe.; 205 mg.

L. LAMZA. 3600

Isodimorphie der 3-Methylcampher. Eero Avela. (Suomen Kemistilehti B **31.** 139—44. 1958. Helsinki, Univ., Chem. Inst.) (Dt.)

Wachsartig, durchscheinender, isotrop krist. *exo-3-Methylcampher* (*exo*-I, F. 51,5 bis 52°) wandelt sich > 35° in eine 2. isotrope tannenförmig krist. Modifikation um, die bei Zimmer-Temp. wieder wachsartig wird, beim Kühlen mit Trockeneis jedoch in eine instabile anisotrope Modifikation übergeht, deren Umwandlungspunkt in die isotrope Form nicht bestimmt werden konnte. *endo-3-Methylcampher* (*endo*-I, F. 38—39°) krist. ausschließlich in harten anisotropen Nadeln. Das F.-Diagramm von endo- u. exo-I wird wiedergegeben u. ausführlich beschrieben. L. LAMZA. 3600

Einige Ketomanoyloxide. R. Hodges. (Tetrahedron [London] **12.** 215—18. Mai 1961. Glasgow, Univ., Chem. Dep.) (Engl.)

1-Keto- u. *3-Ketodihydromanoyloxid* werden dargestellt u. ihre Rotationsdispersionskurven mit der von 2-Ketodihydromanoyloxid (I) verglichen.

Versuche (FF. korr.): *8α.13-Oxidolabdanol-(2)*, F. 81,5—83° (verd. Methanol), durch Red. von 260 mg I mit $NaBH_4$ in wss. Methanol; $[\alpha]_D^{20}$ + 40° (c = 0,9; Chlf.); 193 mg (Ausbeute). — *8α.13-Oxidolabden-(2)* (II), F. 84—85°, a) durch Dehydrieren vorst. Verb. nach GRANT (C. **1959.** 15687); $[\alpha]_D$ + 37° (c = 1,0); b) durch Dehydrieren mit PCl_5 in Bzn.; daneben III (s. unten); c) durch 15std. Kochen von 20 mg III mit NaOH in Diäthylenglykol; 15 mg. — *8α.13-Oxidolabdanon-(3)*, $C_{20}H_{34}O_2$, F. 70—71,5°, durch 4tägiges Stehen von 125 mg II mit Monoperphthalsäure in Ae., 10std. Kochen. mit $LiAlH_4$ in Tetrahydrofuran, Chromatographie an Al_2O_3, Eluieren mit Ae., Oxydation mit CrO_3 in Aceton, Verd. mit W., Extrahieren mit Ae. u. Chromatographie an Al_2O_3; $[\alpha]_D$ + 33° (c = 0,9); aus Methanol Nadeln; 81 mg. — *Aceton*, durch Red. von 20 mg vorst. Verb. mit $NaBH_4$ in wss. Methanol, 10 Min. langes Schütteln mit PCl_5 in Bzn., Filtrieren über Al_2O_3, Eindampfen u. Ozonolyse in Essigsäure; 18 mg. *2.4-Dinitrophenylhydrazon*, 112 mg. — *8α.13-Oxidolabden-(2)-on-(1)*, $C_{20}H_{32}O_2$, F. 135—136°, durch $^1/_4$std. Kochen von 85 mg II mit SeO_2 in Eisessig, Hydrolysieren mit methanol. NaOH, Chromatographie an Al_2O_3 u. Oxydation mit CrO_3/H_2SO_4 in Aceton; $[\alpha]_D$ + 86° (c = 0,8), aus Methanol Nadeln; 51 mg. — *8α.13-Oxidolabdanon-(1)*, $C_{20}H_{34}O_2$, F. 80—81°, durch Hydrieren von 40 mg vorst. Verb. in Äthylacetat in Ggw. von Pd/Tierkohle; $[\alpha]_D$ + 75° (c = 1,1), aus wss. Methanol Nadeln; 35 mg. — *8α.13-Oxidolabden-(2)-ol-(1)*, durch Kochen von 140 mg II mit SeO_2, Schütteln mit PCl_5 u. Chromatographieren; 76 mg; daneben *2-Chlor-8α.13-oxidolabdan* (III), $C_{20}H_{35}ClO$, F. 111—112°; $[\alpha]_D$ 0° (c = 0,6); aus Methanol Nadeln; 29 mg. — *8α.13-Oxidolabdan*, F. 19—21°, durch Hydrieren von II; $[\alpha]_D$ + 12° (c = 0,8). W. HAMPEL. 3600

Alkoxylierung von Steroiden mit Kupferbromid-Alkohol. Paul B. Sollman und R. M. Dodson. (J. org. Chemistry **26.** 4180—81. Okt. 1961. Chicago, Ill., G. D. Searle & Co.) (Engl.)

Δ^4-Androsten-3.17-dion gibt mit 2 Val $CuBr_2$ in Ggw von Pyridin in Methanol *6β-Methoxy-Δ^4-androsten-3.17-dion*, ident. mit dem Prod., das aus 5α.6α-Epoxy-3β-hydroxyandrostan-17-on durch Rk. mit Methanol, Oxydation u. milde Dehydratisierung dargestellt wurde. Aus Testosteron entsteht analog *6β-Methoxytestosteron* (I), mit 4 Val $CuBr_2$ u. Pyridin *6-Methoxy-6-dehydrotestosteron* (II), dessen 17-Acetyl-Deriv. bei der sauren Hydrolyse *6-Oxotestosteronacetat* liefert. Die Methoxylierung in 6-Stellung scheint über die Brom-Verb. zu erfolgen, denn bei der Rk. von 6β-Bromtestosteronacetat mit $CuBr_2$ u. Pyridin in Methanol wird I-*Acetat* erhalten. In Abwesenheit von Pyridin führt vorst. Rk. zu II. Umsetzung von 6α-Methyl-17α-acetoxyprogesteron mit 2 Val $CuBr_2$ u. Pyridin liefert *6β-Methoxy-6α-methyl-17α-acetoxyprogesteron*, das mit konz. HCl zu *6-Dehydro-6-*

methyl-17α-acetoxyprogesteron desmethoxyliert wird. Werte der UV- u. IR-Spektren sind angegeben.

Versuche: *6β-Methoxy-Δ⁴-androsten-3.17-dion*, F. 164—165°, aus Δ⁴-Androsten-3.17-dion mit je 2 Val $CuBr_2$ u. Pyridin in sd. Methanol (45 Min.); $[\alpha]_D + 123°$ (Chlf.). — *6β-Methoxytestosteron* (I), F. 210—214°, aus Testosteron mit 2 Val $CuBr_2$ u. Pyridin in Methanol bei 5° (7 Tage); $[\alpha]_D + 45°$ (Chlf.); 35% (Ausbeute). *Acetat*, aus 6β-Bromtestosteronacetat mit 2 Val $CuBr_2$ u. 5 Val Pyridin in sd. Methanol; 70%. — *6-Methoxy-6-dehydrotestosteron* (II), F. 167—168°, a) analog I mit 4 Val $CuBr_2$ u. Pyridin; 60%; b) aus 6β-Bromtestosteron mit $CuBr_2$ in Methanol bei Raum-Temp.; 70%. *17-Acetat*, F. 161—162°. — *6-Oxotestosteron*, F. 209—211°, durch saure Hydrolyse vorst. Acetats. — *6β-Methoxy-6α-methyl-17α-acetoxyprogesteron*, F. 207—212°, aus 6α-Methyl-17α-acetoxyprogesteron mit 2 Val $CuBr_2$ u. Pyridin in Methanol bei 2°; 50%. — *6-Dehydro-6-methyl-17α-acetoxyprogesteron*, aus vorst. Verb. mit konz. HCl. H. GLEINIG. 3700□

Über die Oxydation mit CrO_3 in Dimethylformamid. Günther Snatzke. (Chem. Ber. **94.** 729—34. 21/3. 1961. Hamburg, Univ., Organ.-Chem. Inst., Biochem. Abt.) (Dt.)

An einigen Beispielen aus der Steoridreihe wird gezeigt, daß sich Dimethylformamid (DMF) sehr gut als Lsgm. für CrO_3-Oxydation von Alkoholgruppen eignet. Ketalgruppen werden trotz Zugabe von H_2SO_4 als Rk.-Beschleuniger nicht gespalten, ebensowenig wird die leicht oxydable 7-Methylengruppe in Δ⁵-Steoriden angegriffen.

Versuche: *Cholestan-3-on*, $C_{27}H_{46}O$, F. 130—131°, (Essigester), durch Oxydation von 3β-Hydroxycholestan mit CrO_3 in DMF in Ggw. von wenig H_2SO_4 in 15 Std. bei Raum-Temp.; 79% (Ausbeute). — *3β.5α-Dihydroxy-6β-acetoxycholestan*, F. 141—143° (verd. Methanol, Sintern ab 124°), durch 20std. Stehen von 5α-Hydroxy-3β.6β-diacetoxycholestan in A. u. 0,857 n KOH bei Raum-Temp.; 99%. — *5α-Hydroxy-6β-acetoxy-cholestan-3-on*, $C_{29}H_{48}O_4$, F. 163,5—165,5° (verd. A.), durch Oxydation vorst. Verb. mit CrO_3 in DMF in Ggw. von wenig H_2SO_4; 100%. — *Cholestan-5α-ol-3.6-dion*, $C_{27}H_{44}O_3$, F. 241—246° (Aceton/Dioxan), durch Oxydation von 321 mg Cholestan-3β.5α.6β-triol; 290 mg (unrein). — *3.11-Didehydroouabageninorthoformiat-(1.5.19)*, F. 268—270° (Aceton/PAe.), durch Oxydation von Ouabageninorthoformiat-(1.5.19); 87%. — *3.11-Didehydroouabagenin-1.19-acetonid*, $C_{26}H_{34}O_8$, F. 172—182° (Zers.), durch Oxydation von Ouabagenin-1.19-acetonid; aus Aceton/Bzl. Nadeln; $[\alpha]_D^{18} + 32° \pm 2°$ (Aceton; c = 0,66); 58%. — *5β.14β.19-Trihydroxy-3.11-dioxo-Δ$^{1.20,22}$-cardadienolid*, F. 196—202° (Methanol), nach TAMM (C. **1959.** **16329**) durch Chromatographie von 87 mg vorst. Verb. an Al_2O_3 in Chlf.; 37 mg. — *7-Ketocholesterinacetat*, bei der Oxydation von Cholesterinacetat neben einer *Verb. vom F. 111—113°* (A.) (Blättchen). — *Δ⁵-Pregnen-3.20-dion*, in geringer Menge bei der Oxydation von Δ⁵-Pregnen-3β-ol-20-on; daneben *Δ⁴-Pregnen-3.6.20-trion*. W. HAMPEL. 3700□

Die Struktur von Metagenin. Ken'ichi Takeda und Kaname Hamamoto. (Tetrahedron Letters [London] **1960.** Nr. 3. 1—8. Febr. Osaka, Japan, Shionogi & Co., Res. Labor.) (Engl.)

Metagenin (I) aus *Metanarthecium luteo viride* MAXIM. ist *25D-5β-Spirostan-2β.3β.11α-triol*. Das I-Acetonid läßt sich durch Oxydation mit CrO_3 u. anschließende Hydrolyse mit verd. Essigsäure in *Metagenon* [II; F. 248°, $[\alpha]_D^{25}$ —4,0°. *Diacetat* (III), F. 240—242°] überführen. III liefert bei der Rk. nach HUANG-MINLON u. Acetylierung des Red.-Prod. *Samogenindiacetat* (F. 197—198°). II reagiert unter üblichen Bedingungen weder mit Semicarbazid noch mit Hydrazin. Durch $NaBH_4$-Red. von II wird *Epimetagenin* (IV; *11β-Hydroxy-Verb.*, F. 134—136°, $[\alpha]_D^{25}$ —47,3°) erhalten, während die Red. mit Na in Isopropanol I zurückgibt. Bei der Red. von III mit $LiAlH_4$ entsteht als Hauptprod. neben I ebenfalls IV. IV liefert nur das *2.3-Diacetat* (F. 175°) u. das *2.3-Acetonid* (F. 218 bis 221°), das kein Cathylat (vgl. FIESER u. Mitarbeiter, C. **1953.** 1656) bildet. Das I-Acetonid gibt dagegen unter sehr milden Bedingungen leicht ein *Acetonidcathylat* (F. 159°) u. ein *Acetonidacetat* (V; F. 202—204°). Mit verd. Essigsäure entsteht aus V das *11-Acetat* (F. 219°), von I, das mit CrO_3 zu *2.3-Didesoxy-2.3-secometagenin-2.3-disäure-11-acetat* [VI; F. 282°/Zers.), $[\alpha]_D^{20}$ —67,6°. *Dimethylester*, F. 98—100°] oxydiert wird. Durch alkal. Verseifung geht VI sofort in das *Lacton-(2→11)* (VII; F. 248°, $[\alpha]_D^{20}$ —53,4°. *Methylester*, F. 172°) über, das andererseits durch Na/Isopropanol-Red. von Metagensäuredimethylester (VIII; 2.3-Didesoxy-2.3-secometagenon-2.3-disäuredimethylester) oder neben Metagensäure durch CrO_3-Oxydation von I in Eisessig bei 15° entsteht. VII läßt sich mit $LiAlH_4$ zu *2.3-Secometagenin* (IX; F. 208°) reduzieren. Andererseits entsteht durch $NaBH_4$-Red. von VIII *2.3-Didesoxy-2.3-secoepimetagenin-2.3-disäure* [X; F. 222° (Zers.). *Dimethylester*, F. 163°], die kein Lacton u. unter milden Bedingungen kein Acetat bildet. X wird durch $LiAlH_4$ zu dem von IX verschiedenen *2.3-Secoepimetagenin*

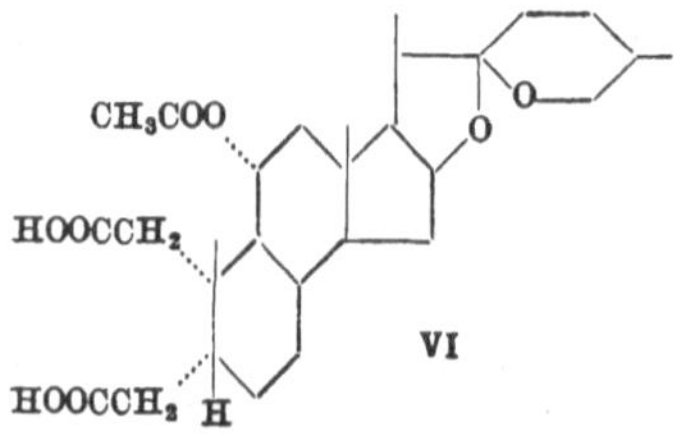
VI

(F. 216—217°) reduziert. 2.3-Di-O-mesylmetagenin-acetat [F. 225° (Zers.)] wird über *2.3-Didesoxy-Δ^2-dehydrometageninacetat* in *11α-Hydroxy-25D-5β-spirostan* (**XI**; F. 182,5—183°, $[\alpha]_D^{25}$ −77°. *Acetat*, F. 187—188°) übergeführt. Ebenso läßt sich 2.3-Di-O-mesylmetagenon [F. 208° (Zers.)] über *2.3-Didesoxy-Δ^2-dehydrometagenon* (F. 178°) in *2.3-Didesoxymetagenon* (F. 172—173°, $[\alpha]_D^{25}$ −48°) überführen, das durch Na/Isopropanol zu **XI** red. wird. **XI** wird andererseits aus 11α-Acetoxytigogenon synth. dargestellt. G. Teege. 3700□

Zur Konstitution des Rhodomycins A. Hans Brockmann und Enno Spohler. (Naturwissenschaften **48.** 716—17. 1. Dez.-H. 1961. Göttingen, Univ., Organ.-Chem. Inst.) (Dt.) — Vgl. C. **1962.** 3827.

Bei milder Säurehydrolyse von Rhodomycin A (I) entstehen *β-Rhodomycinon* (C. **1962.** 3827) u. der Dimethylaminozucker *Rhodosamin* ($C_8H_{17}NO_3$) im Verhältnis 1 : 2. Wie aus den Analysenwerten für Rhodomycin-A-dihydrochlorid ($C_{36}H_{48}N_2O_{12}\cdot 2\,HCl$) u. Rhodomycin-A-diperchlorat ($C_{36}H_{48}N_2O_{12}\cdot 2\,HClO_4$) hervorgeht, ist in **I** 1 Mol β-Rhodomycinon glykosid. mit 2 Mol Rhodosamin verknüpft. Entsprechende Analysen zeigten, daß das aus **I** bei vorsichtiger Säurehydrolyse entstehende u. auch aus *Streptomyces purpurascens*-Kulturen isolierte *Rhodomycin B* 1 Mol β-Rhodomycinon u. 1 Mol Rhodosamin enthält. P. Golinske. 3900□

Eine neue Gruppe von Rhodomycinen. Hans Brockmann und Thomas Waehneldt. (Naturwissenschaften **48.** 717. 1. Dez.-H. 1961.) (Dt.)

Aus Kultur-Lsg. u. Mycel eines *Streptomyces purpurascens*-Stammes wird ein Gemisch wasserlösl. bas. Farbstoffe isoliert, das durch Chromatographie an Zellulose (Butanol/Phosphatpuffer pH 5,8) in 4 Hauptkomponenten zerlegt werden konnte. Alle Komponenten geben bei saurer Totalhydrolyse (0,1 n HCl, 2 Std., 70—75°) *γ-Rhodomycinon* (**I**) sowie eine Zucker enthaltende Fraktion. Bei zwei der roten Glykoside (γ-Rhodomycin I u. II) enthält die Zuckerfraktion, bezogen auf **I**, 1 bzw. 2 Mol *Rhodosamin* (**II**). Von den beiden übrigen Glykosiden enthält das eine (γ-Rhodomycin III) außer 1 Mol **I** u. 2 Mol **II** noch *2-Desocy-L-fucose* (**III**); das 4. Glykosid (γ-Rhodomycin IV) besteht aus **I, II, III** u. einem noch nicht identifizierten Zucker. Die Hydrolysen-Prodd. werden durch Chromatographie getrennt. Der noch nicht identifizierte Zucker ist methoxylfrei u. enthält eine C-Methylgruppe. Er zeigt Mutarotation, ist eine Aldose, keine 2.6- oder 3.6-Didesoxyaldohexose u. kein Monodesoxyzucker. **II** u. **III** werden auch in den Totalhydrolysaten von Cinerubin A u. B gefunden. Saure Partialhydrolysen von γ-Rhodeomycin IV zeigten, daß der Abbau über γ-Rhodomycin III, II u. I zu **I** führt. Bei analogen Verss. mit Cinerubin A u. B ergab sich, daß bei ihrem Abbau zu ε-Pyrromycinon als Zwischenprod. *Pyrromycin* entsteht. P. Golinske. 3900□

D. Makromolekulare Chemie

Über einen Wirbeleffekt in anisotropen Flüssigkeiten. J. L. Ericksen. (J. Polymer Sci. **47.** 327—31. Nov. 1960. Baltimore, Md., John Hopkins Univ.) (Engl.)

Die Gleichungen, welche die Bewegung einer Vorzugsrichtung in einer anisotropen Fl. bei ebenem, stationärem u. homogenem Fließen beschreiben, werden diskutiert. Sie stimmen im wesentlichen mit den von Jeffery [1922] für in Newtonsche Flüssigkeiten eingelagerte starre Rotationsellipsoide überein. Bei genügend kleinem Verhältnis der Wirbel-Bldg. zur Verformungs-Geschw. wird durch das Fließen ein hoher Orientierungsgrad erzeugt. Es werden Bedingungen angegeben, unter denen der hydrodynam. Orientierungseffekt zu Elastizitätserscheinungen in Polymerlösungen führen kann.
H. J. Leugering. 4000□

Die Abhängigkeit der Schmelztemperatur von Homopolymeren in Substanz von der Kristallisationstemperatur. L. Mandelkern. (J. Polymer Sci. **47.** 494—96. Nov. 1960. Washington, D.C., Nat. Bureau Stand., Polymer Structure Section.) (Engl.)

Aus theoret. Überlegungen wird gefolgert, daß bei der Kristallisation von Homopolymeren aus der Schmelze die Kristallitlänge in Kettenrichtung mit der krit. Keimgröße gleichgesetzt werden kann. Hieraus folgt eine lineare Beziehung zwischen der Kristallisations-Temp. T_c u. der Schmelz-Temp. T_m^* (°K) von der Form $T_m^* = (T_m^0 - T_c)/2$, wobei T_m^0 die sog. Gleichgewichts-Schmelz-Temp. bedeutet. Diese Beziehung wird durch Auswertung von Kristallisations-Verss. von Wood u. Bekkedahl (J. Res. nat. Bur. Standards **36.** [1946.] 489) bestätigt. H. J. Leugering. 4000□

Die Beziehung der Stufenhöhe in Einkristallen zu der in festen Polymeren beobachteten Periodizität. Joe S. Ham. (J. Polymer Sci. **47.** 496—98. Nov. 1960. College Station, Tex., A and M College of Texas, Dep. of Physics.) (Engl.)

Es wird eine qual. Modellvorstellung entwickelt, die den Zusammenhang zwischen der durch Röntgenkleinwinkelstreuung an kristallinen Polymeren bestimmten Periodizität einerseits u. der Schichtdicke von aus Lsgg. erhaltenen Einkristallen andererseits herstellt. Hierbei wird auch die Möglichkeit berücksichtigt, daß bei der Kristallisation aus der Schmelze eine Kettenfaltung nur in geringem Maße eintritt. H. J. Leugering. 4000□

Über die Wachstumsformen von Zwillingskristallen von Polyäthylen. F. Khoury und F. J. Padden jun. (J. Polymer Sci. **47.** 455—68. Nov. 1960. Marcus Hook, Pa., Amer. Viscose Corp., Res. and Dev. Div.) (Engl.)

Durch Elektronenbeugung wird bestätigt, daß lattenförmige *Polyäthylen* (I)-Kristalle (1 1 0)-Reflexionszwillinge sind, in denen die Moll. eine regelmäßig gefaltete Struktur aufweisen. Orientierung u. Habitus der auf den (0 0 1)-Flächen dieser Kristalle wachsenden, spiraligen Terrassen wird durch Anordnung u. Richtung der Versetzungen beherrscht. Es wird gefolgert, daß Habitus u. Ordnung durch den seitlichen Zuwachs an eine Kristallstufe bestimmt werden u. nicht durch den orientierenden Einfl. einer Kristallterasse als Unterlage einer Aufwachsung. Zwillings-Bldg. ist ein wesentliches Merkmal mancher aus Lsgm. wachsender I-Kristalle, welche eine radialsymmetr. Struktur besitzen, bei der die Mol.-Ketten senkrecht zur radialen Richtung orientiert sind. Bei diesen Strukturen weist die kristallograph. b-Achse bevorzugt eine tangentiale Orientierung auf. H. J. Leugering. 4010□

Über die Kristallisation von Polyäthylen. Marion B. Rhodes und Richard S. Stein. (J. Polymer Sci. **45.** 521—24. Aug. 1960. Amherst, Mass., Univ. of Massachusetts, Dep. of Chem.) (Engl.)

Mit einer photograph. Kleinwinkel–Lichtstreuungs-Meth. wurden am Beispiel des *Polyäthylens* das Aufschmelzen sowie die Bldg. von Sphärolithen u. Kristallaggregaten beim Abkühlen der Schmelze untersucht. Während beim Aufschmelzen die Streulicht-Intensität stetig mit steigender Temp. abfällt, beobachtet man beim Abkühlen kurz unterhalb des F. ein starkes Intensitätsmaximum. Dieses entspricht einem Zustand der Kristallisation, in dem die gebildeten Sphärolithe, die in amorphem Material eingebettet sind, eine mit der Wellenlänge des Lichtes vergleichbare Größe haben. Beim Aufschmelzen wird ein vergleichbarer Zustand nicht erreicht, da die Sphärolithe beim Schmelzen nicht in ihrer Größe abnehmen. H. J. Leugering. 4010□

Die Kristallinität von Polyäthylen auf Grund röntgenographischer Untersuchungen. M. Kakudo und R. Ullman. (J. Polymer Sci. **45.** 91—104. Juli 1960. Brooklyn, N.Y., Polytechn. Inst. of Brooklyn, Inst. for Polymer Res., Dep. of Chem.) (Engl.)

Es wird eine Meth. zur röntgenograph. Kristallinitäts-Best. angegeben, die darauf beruht, daß die Streuung des amorphen Anteils der Probe zur Streuung für den völlig amorphen Zustand in Beziehung gesetzt wird. Letzterer wird gewonnen, indem Diagramme, die bei Temp. oberhalb des F. ausgewertet wurden, auf Raum-Temp. extrapoliert werden. Die Meth. wird ausführlich theoret. begründet. Die Bedeutung der Monochromatisierung sowie der einzelnen Korrekturen wird diskutiert. Einige Meßergebnisse an *Polyäthylen* (*Super Dylan 6200* u. *6600, Alathon 14, Marlex 9*) werden in Diagrammen dargestellt. H. J. Leugering. 4010□

Die Morphologie von aus Lösung kristallisierten n-Alkanen, linearem Polyäthylen und isotaktischem Polypropylen. B. G. Rånby, F. F. Morehead und N. M. Walter. (J. Polymer Sci. **44.** 349—67. Juni 1960. Marcus Hook, Pa., American Viscose Corp., Res. and Dev. Div.) (Engl.)

Die Morphologie der aus verd. Lsgg. durch Abkühlen gebildeten Einkristalle von *n-Tetratetrakontan, n-Dooktakontan* u. von linearem *Polyäthylen* [Ziegler-Typ vom Molgew. 5300 sowie *Marlex 50* vom Molgew. 74600) wurden elektronenmkr. sowie durch Röntgenkleinwinkelstreuung untersucht. Die Proben läßt man jeweils aus Tetrachlor-, Trichloräthylen, Toluol, p-Xylol, Tetralin, 1.1.2.2-Tetrachlor- u. 1.1.2-Trichloräthan, n-Butylacetat sowie Textilen 50 (Paraffin-KW-Stoff) mit unterschiedlichen Trübungspunkten kristallisieren. Alle Präpp. zeigen im wesentlichen die gleiche Morphologie: große, dünne Grundlamelle mit aufgewachsenen rautenförmigen Schichten von gleicher Dicke. Zwei unterschiedliche Wachstumsmechanismen werden angenommen. Aus der Röntgenkleinwinkelstreuung geht hervor, daß die Dicke der Kristallschichten vom Molgew. unabhängig ist. Sie nimmt mit steigender Kristallisations-Temp. zu (Polyäthylen: 103 Å bei 60^0, 165 Å bei 120^0). Beim Erhitzen von bei tieferen Temp. kristallisierten Proben findet eine Zunahme der Lamellendicke statt. Die Lamellendicke der n-Alkane stimmt mit der Länge der gestreckten Ketten bis auf wenige Å überein.

H. J. Leugering. 4010□

Polymerisation von Olefinen in Lösungen von $TiCl_4$ in n-Heptan bei Bestrahlung mit γ-Strahlen oder Elektronen. R. W. Hummel und J. Hearne. (Int. J. appl. Radiat. Isotopes **9.** 84—87. Dez. 1960. Wantage Res. Labor., Berks., Isotope Res. Div.) (Engl.)

Verss. zur Polymerisation von *Äthylen* (I) u. *Propylen* (II) durch Bestrahlung mit ionisierenden Strahlen in Ggw. einer Lsg. von $TiCl_4$ in Heptan wurden mit einer ^{60}Co-γ-Strahlenquelle (175 c; Strahlungsintensität 0,21 Mrad/h) u. der 4-MeV-Elektronenstrahlung eines Linearbeschleunigers (60 Mrad/h) durchgeführt. Die Vorbereitung der Substanzen, bes. ihre Reinigung, wird eingehend beschrieben. Bei Bestrahlung mit γ-Strahlen erhält man Polymerisate von I nur dann, wenn dieses bes. sorgfältig gereinigt ist. Die Ausbeute G streut stark, im Mittel ist G = 22 Mol/100 eV bei 25° bzw. 7 bei 45°. Wird I mit 4-MeV-Elektronen bestrahlt, dann wird G = 35, bei Steigerung des $TiCl_4$-Geh. der Lsg. wird G = 102 bis 105. Das Molgew. des Polymerisates liegt in beiden Fällen bei 8000—12000. Bestrahlung von II mit γ-Strahlen ergibt keine Anzeichen für eine Polymerisation, bei Elektronenbestrahlung wird G = 2,6, es wird außerdem erhebliche Öl-Bldg. festgestellt (G = 80). Gesetzmäßige Zusammenhänge zwischen G u. den Vers.-Parametern konnten nicht ermittelt werden. W. Reusse. 4010□

Über die Charakterisierung von stereoregulären Polymeren. 2. Mitt. **Polypropylen.** S. Newman. (J. Polymer Sci. **47.** 111—37. Nov. 1960. Springfield, Mass., Monsanto Chem. Comp., Plastics Div.) (Engl.)

Die Anwendbarkeit der Floryschen Theorie der Kristallisation von Copolymeren auf die Kristallisation von teilweise takt. *Polypropylen* (I) wird untersucht. I wird durch schrittweise Extraktion mit Ae., Pentan, Hexan, 2.2.4-Trimethylpentan, Octan u. Tetralin in Fraktionen unterschiedlicher Taktizität zerlegt. An den einzelnen Fraktionen wurden Messungen des spezif. Vol. zwischen 20 u. 200° durchgeführt; ferner wurde der Torsionsmodul als Funktion der Temp. bestimmt. Nur bei einer Fraktion mit weniger als 5% Kristallinität wurde eine befriedigende Übereinstimmung mit der Theorie gefunden. Auf die grundsätzlichen experimentellen Schwierigkeiten wird hingewiesen. H. J. Leugering. 4010□

Dilatometrische Messungen der Glas- und Schmelzübergangstemperaturen von Poly-4-methylpenten-(1), der Kristallisationsgeschwindigkeiten und des ungewöhnlichen Verhaltens der Dichte. Joe H. Griffith und B. G. Rånby. (J. Polymer Sci. **44.** 369—81. Juni 1960. Marcus Hook, Pa., American Viscose Corp.) (Engl.)

Von 7 teils amorphen, teils getemperten u. ungetemperten *Poly-4-methylpenten-(1)*-Proben (I) wurden zwischen —20 u. + 270° die Vol.-Temp.-Kurven u. von einer Probe die Kristallisations-Geschw. zwischen 220 u. 236° dilatometr. gemessen. Die Glasumwandlungs-Temp. T_g wurde zwischen 18 u. 29°, der F. bei 250° gefunden. Der Ausdehnungs-Koeff. oberhalb u. unterhalb von T_g wurde als Maß des Kristallinitätsgrades benutzt. Es ergibt sich für das kristalline I bei Raum-Temp. eine geringere Dichte als für das amorphe. Da das kristalline I einen geringeren Ausdehnungs-Koeff. aufweist, als das amorphe, wird beim Schmelzen eine Volumenzunahme beobachtet. Bei 60° stimmen die Dichten von amorphem u. kristallinem I überein. Die Dichte des I-Kristalles (20°) wird zu 0,828 ± 0,002 g/ml berechnet. H. J. Leugering. 4010□

Diffusionsgeschwindigkeiten von Weichmachern in Polyvinylchlorid-Verbindungen. 2. Mitt. **Einflüsse von Konzentration und Temperatur.** Michio Kikkawa. (Chem. High Polymers [Tokyo] **15.** 9—13. 1958. Hitachi Densen K.K.) (Jap.; Auszug: Engl.) — 1. vgl. C. **1962.** 3111.

Bei 20—140° u. 25—55% Geh. an den Weichmachern (WM) *Trikresylphosphat* (TKP) *Dioctylphthalat* (DOP) bzw. *Dioctyladipat* (DOA) in *Polyvinylchlorid* (I) wird der Einfl. der WM-Konz. u. der abs. Temp. T auf die Diffusions-Geschw. in I bestimmt u. graph. dargestellt. Bei > 100° wird der Diffusions-Koeff. D aus dem Vol.-Bruch des WM berechnet, wobei sich die einzelnen WM nur wenig unterscheiden. Bei niedrigerer Temp. treten die Unterschiede in der WM-Wirksamkeit deutlicher hervor. Dabei erweist sich die Beziehung zwischen log D u. 1/T als linear. Mit abnehmender WM-Konz. steigt die Aktivierungsenergie stark an. Danach ergeben sich nach Eyring folgende Werte für die Aktivierungsentropie $\Delta S^{\neq}$ bei 55%: für TKP 12,8 (cal/Grad·Mol), für DOP 12,7 u. für DOA 3,8; bei 25° 32, 34 bzw. 22. L. Schuler. 4010□

Diffusionsgeschwindigkeiten von Weichmachern in Polyvinylchlorid-Verbindungen. 3. Mitt. **Bestimmung der Viscositäten von Mischungen mit Hilfe eines Stabvibrators.** Michio Kikkawa. (Chem. High Polymers [Tokyo] **15.** 95—104. 1958.) (Jap.; Auszug: Engl.) — 2. vgl. vorst. Referat.

Bei 20—120° werden von Gemischen aus *Polyvinylchlorid* (I) u. 20—60% *Trikresylphosphat, Dioctylphthalat* bzw. *Dioctyladipat* mit Hilfe eines Stabvibrators die Viscosität (η_{50} bei 50 cP) in Abhängigkeit vom Diffusions-Koeff. D des Weichmachers untersucht. Bei 100—120° gilt $\eta_{50} = 3{,}4 \log w_2 + K$ (w_2 = Molenbruch von I); bei 20—50° steigt η_{50} stärker an als nach obiger Gleichung. Es besteht keine lineare Beziehung zwischen η_{50} u. 1/T (T = abs. Temp.). Die scheinbare Aktivierungsenergie von η_{50} fällt mit der Temp. u. ist bei 20—50° gleich der des D. L. Schuler. 4010□

Diffusionsgeschwindigkeiten von Weichmachern in Polyvinylchlorid-Verbindungen. 4. Mitt. **Beziehungen zwischen Diffusionskoeffizienten von Weichmachern und den mit Hilfe eines Stabvibrators bestimmten Viscositäten.** Michio Kikkawa. (Chem. High Polymers [Tokyo] **15.** 143—47. 1958.) (Jap.; Auszug: Engl.) — 3. vgl. vorst. Referat.

Gestützt auf die früheren Vers.-Ergebnisse kann eine lineare Beziehung zwischen log D (Diffusions-Konst.) u. log η_{50} bei 20—50° festgestellt werden. Aus der Abhängigkeit von $D \cdot \eta_{50}$ vom Vol.-Bruch v_1 des Weichmachers läßt sich unter Benutzung der Gleichungen von Eyring über die Diffusion u. Viscosität u. der von Flory-Huggins über die Aktivität die thermodynam. Konst. μ (nach Flory) für Polymeren-Lsgg. ermitteln. In Fällen, in denen diese nicht mit den von Doty u. Zable übereinstimmt, ist eine schon früher erörterte Korrektur einzuführen. L. Schuler. 4010□

Diffusionsgeschwindigkeiten von Weichmachern in Polyvinylchlorid-Verbindungen. 5. Mitt. **Beziehungen zu den Umwandlungstemperaturen 2. Ordnung und den Volumenwiderständen der Verbindungen.** Michio Kikkawa. (Chem. High Polymers [Tokyo] **15.** 148—52. 1958.) (Jap.; Auszug: Engl.) — 4. vgl. vorst. Referat.

Die reziproken Erweichungs-Temp. T_f (°K), die nach Clash-Berg mit Hilfe der App. zur Best. des Torsionswiderstands bestimmt wurden, sind proportional $w_2^{1/2}$ (worin w_2 der Molenbruch des Harzes). Der über 100° gemessene Diffusions-Koeff. D ergibt eine lineare Beziehung zwischen $1/T_f$ u. log D, nicht aber der unter 100° gemessene. Doch scheint bei 20° eine allg. funktionelle Verknüpfung zwischen diesen Größen zu bestehen. Bei allen geprüften Weichmachern läßt sich eine lineare Beziehung zwischen log (ϱw_2) u. log D feststellen (worin ϱ der elektr. Vol.-Widerstand in Ω/cm). L. Schuler. 4010□

Untersuchung der Polymerisation von Hexafluorbutadien. A. L. Klebanski und O. A. Timofejew. (Журнал Прикладной Химии [J. angew. Chem.] **32.** 2064—69. Sept. 1959.) (Russ.)

Während Fluorolefine reaktionsfähiger sind als die entsprechenden Olefine, zeigt *Hexafluorbutadien* (I) im Vgl. zu Butadien eine wesentlich geringere Reaktionsfähigkeit. Unter Einw. von Alkalimetallen oder (bei —80°) von $AlCl_3$ polymerisiert I nicht, offenbar wegen der geringen Beweglichkeit der π-Elektronen. Die Polymerisation von I gelingt in Emulsion mit Laurinsäure-β-diäthylaminoäthylester als kationakt. Emulgator (5%) u. $K_2S_2O_8$ als Katalysator bei einem Verhältnis W. : I = 2,5 : 1, 50° u. pH 3,0 der wss. Phase. Organ. Peroxide sind als Katalysator wenig wirksam. Zur Erzielung des pH 3 wird HCl (3,25 g 36%ig. Lsg. auf 100 g I) zugesetzt. In 120 Std. beträgt die Polymerenausbeute 23%. Das Polymere ist ein helles Pulver vom F. 131°, das sich zu spröden Scheiben geringer Festigkeit pressen läßt. R. K. Müller. 4010□

Copolymerisation von Hexafluorbutadien mit Dienverbindungen in Emulsion. 2. Mitt. A. L. Klebanski und O. A. Timofejew. (Журнал Прикладной Химии [J. angew. Chem.] **32.** 2294—99. Okt. 1959.) (Russ.) — 1. vgl. vorst. Referat.

Bei der Copolymerisation von *Hexafluorbutadien* (I) mit *Chloropren* (II) werden als optimale Bedingungen ermittel: 100,00 (g) I + II, 291,15 W., 5,00 Laurinsäure-β-diäthylaminoäthylester, 3,25 HCl (36%ig), 0,60 $K_2S_2O_8$, pH der wss. Phase 3,0, 40°. Die Copolymeren lassen sich ohne Beschleuniger rasch vulkanisieren. Die Copolymerisations-Konst. sind in Lsg. 5,47 (r_I) bzw. 0,10 (r_{II}), in Emulsion 5,52 bzw. 0,10, also prakt. gleich. Auf Grund der r_I u. r_{II} wird die Verteilung der I- u. II-Glieder im Copolymeren berechnet. Bei II : I = 9 : 1) ist die Zahl der I-Glieder gering, ihre Wahrscheinlichkeit 1,18, bei II : I = 7 : 3 u. Polymerisationsgrad (PG) 74 ist sie 2,09, bei II : I = 5 : 5 u. PG 51,1 ist sie 2,45. R. K. Müller. 4010□

Die nicht-Newtonsche Viscosität von Polymeren in Abhängigkeit von der Molekülgestalt. Elio Passaglia, Jen Tsi Yang und Norman J. Wegemer. (J. Polymer Sci. **47.** 333—47. Nov. 1960. Marcus Hook, Pa., American Viscose Corp.) (Engl.)

Die nicht-Newtonsche Viscosität von *Polystyrol* u. *Polyisobutylen* wurde in verschiedenen Lsgm. in einem großen Schubspannungsbereich (bis ca. 10^4 dyn cm^{-2}) gemessen. An *Polydimethylsiloxan* in Toluol u. *Cellulosetriacetat* in m-Kresol wurden entsprechende Messungen durchgeführt. Die Abnahme der Viscositätszahl [η] mit wachsender Schubspannung ist umso größer, je mehr die Mol.-Form von der Konfiguration des statist. Knäuels abweicht. In einem guten Lsgm. ist dieser Effekt am stärksten ausgeprägt. Bei der Θ-Temp. ist er am geringsten. H. J. Leugering. 4010□

Über die innergranularen chemischen Umwandlungen in Copolymeren des Styrols mit Divinylbenzol. A. B. Dawankow, T. M. Babtschinitzer und Ss. Ja. Borsenkowa. (Научные Доклады Высшей Школы (Иваново), Химия и Химическая Технология [Wiss. Hochschulber. (Iwanowo), Chem. chem. Technol.] **1959.** 363—67. Moskau, Chem.-Technol. Mendelejew-Inst., Lehrst. für Plastmassen.) (Russ.)

Copolymere (CP) von *Styrol* u. *Divinylbenzol* (**I**) mit 2—10% **I** werden mit HNO_3-H_2SO_4-Gemisch bei 60—85° zu Prodd. mit 12—14% N (nach Dumas) nitriert; diese enthalten auf 1 Bzl.-Ring 1—2 NO_2-Gruppen. Die Red. der NO_2- zu NH_2-Gruppen mit $SnCl_2$ + HCl bei 100—115° ergibt Prodd. mit besserem Anionenaustauschvermögen (AV) als diejenige mit Zn + HCl. Die kugelige Form bleibt erhalten, die gelbliche Farbe der Ausgangsstoffe geht in dunkelbraun bis fast schwarz über. Die Vernetzung wirkt erschwerend auf Nitrierung u. Red., die besten Ergebnisse werden bei 2% **I** erhalten. Bei Chlormethylierung der CP mit Chlordimethyläther in Ggw. von $SnCl_2$ u. Behandlung der Prodd. mit Trimethylamin zur Überführung des Cl in die NH_2-Gruppe oder mit Pyridin werden Anionenaustauscher mit AV 2,2—3 bzw. 2 mVal/g erhalten.

R. K. Müller. 4010□

Elektrophoretische Beweglichkeit von Polyelektrolyten. 2. Mitt. **Adsorptive Bindung von Ionen durch Polyvinylalkohol.** Masao Hosono und Ichiro Sakurada. (Chem. High Polymers [Tokyo] **15.** 75—82. 1958. Kyoto, Univ., Kogaku Kenkyujo.) (Jap.; Auszug: Engl.) — 1. vgl. C. **1962.** 3113.

Verschieden polymerisierte Proben von *Polyvinylalkohol* (**I**) vom Polymerisationsgrad 276—2800 werden unter Zusatz von NaJ, NaCl, Na_2SO_4, Na_3PO_4, Na-Formiat, -Acetat u. -n-Butyrat in verschiedenen Konzz. auf die elektrophoret. Beweglichkeit (EB) untersucht. Die EB von **I** nimmt mit zunehmender Ionenstärke des zugesetzten Salzes zu. Vff. erklären dies durch ein Gleichgewicht zwischen den an die **I**-Moll. adsorptiv gebundenen u. den Salzionen. Die Tendenz zur Bindung ist fast unabhängig von den Polymerisationsbedingungen des zur **I**-Herst. benutzten Vinylacetats. Durch Extrapolation der Konz. des Salzes auf 0 läßt sich die Ladung des **I**-Mol. ohne die adsorptive Ionenbindung errechnen. Diese extrapolierten Werte stimmen mit den durch konduktometr. Titration von **I** gefundenen gut überein. L. Schuler. 4010□

Polymerisation in Gegenwart von Polymeren. 1. Mitt. **Emulsionspolymerisation von Vinylacetat in Gegenwart von Polyvinylalkohol.** Seizo Okamura und Takao Yamashita. (Chem. High Polymers [Tokyo] **15.** 165—69. 1958. Kyoto, Univ.) (Jap.; Auszug: Engl.)

Wird *Vinylacetat* in Ggw. von $^1/_5$ des Gew. an *Polyvinylalkohol* in Ggw. von 0,5 bis 1 Gew.-% $K_2S_2O_8$ bzw. jeweils 0,044 Mol-% $(NH_4)_2S_2O_8$, H_2O_2 bzw. Azodiisobutyronitril in wss. Emulsion poylmerisiert, so tritt Pfropfpolymerisation ein. Die Beziehung zwischen Pfropfungswirksamkeit u. Polymerisationsbedingungen wird diskutiert.

L. Schuler. 4010□

Polymerisation in Gegenwart von Polymeren. 2. Mitt. **Emulsionspolymerisation von Vinylacetat in Gegenwart von partiell verseiftem Polyvinylacetat als Schutzkolloid.** Seizo Okamura, Takuhiko Motoyama und Takao Yamashita. (Chem. High Polymers [Tokyo] **15.** 170—74. 1958.) (Jap.; Auszug: Engl.) — 1. vgl. vorst. Referat.

Durch Emulsionspolymerisation von *Vinylacetat* in Ggw. von partiell verseiftem *Polyvinylacetat* (**I**; bis zu 12% Acetyl-Geh.) erhaltener Latex ist stabiler, von kleinerem Teilchendurchmesser u. viscoser als im Fall der Ggw. von völlig zu Polyvinylalkohol verseiftem **I**. Auch die Pfropfwirksamkeit ist größer, u. zwar in umgekehrtem Verhältnis zur Kettenübertragungs-Konst. der Lsg.-Polymerisation. Diese umgekehrte Ordnung soll noch bes. zum koll. Verh. der heterogenen Polymerisation beitragen.

L. Schuler. 4010□

Kinetik der Volumen-Kristallisation in Polyoxymethylen. M. Inoue und T. Takayanagi. (J. Polymer Sci. **47.** 498—502. Nov. 1960. Nagoya, Japan, Toyo Rayon Co. Ltd., Plastics Labor.) (Engl.)

An *Polyoxymethylen* (*Delrin 500*) wurde die Kristallisation aus der Schmelze dilatometr. zwischen 160 u. 115° untersucht. Oberhalb 140° lassen sich die Ergebnisse nach der Avrami-Gleichung darstellen, wobei als Exponent der Zeit der Wert 2 gefunden wird. Ein Maximum der Kristallisations-Geschw. wird bei 140° beobachtet. Außerdem wurde die radiale Wachstums-Geschw. G der Sphärolithe mikrokinemat. zwischen 50 u. 150° bestimmt. Die T-Abhängigkeit von G folgt der von Burnett u. McDevit (vgl. C. **1959.** 16351) abgeleiteten Beziehung für zweidimensionale Keimbildung.

H. J. Leugering. 4010□

Die Morphologie eines Acetal-Harzes. P. H. Geil. (J. Polymer Sci. **47.** 65—74. Nov. 1960. Wilmington, Del., E. I. du Pont de Nemours & Comp., du Pont Exp. Stat.) (Engl.)

Die kristalline Struktur von aus der Schmelze kristallisiertem *Polyoxymethylen* (I) wird licht- u. elektronenopt. untersucht. Die grundlegenden Strukturen sind Lamellen, die den aus verd. Lsgg. erhaltenen Einkristallen ähnlich sind. Aus der Schmelze kristallisierte Lamellen vereinigen sich zu Sphärolithen oder zu Hedriten. Letztere sind hexagonale Strukturen, die durch langsame Kristallisation von dünnen Filmen in einer Dicke von einigen μ erhalten werden können. Die Dicke dieser Hedrite hängt unmittelbar von der Kristallisations-Temp. u. nur mittelbar von der Filmdicke ab. Neue Lamellen entstehen aus Schraubenversetzungen an früher entstandenen Lamellen im Zentrum von Sphärolithen u. Hedriten u. auch an der Peripherie wachsender Sphärolithe. Ein Mechanismus für die Kristallisation von I aus der Schmelze wird aufgestellt.
H. J. LEUGERING. 4010□

Messung der inneren Spannungen durch Radiofrequenz-Spektroskopie. H. S. Gutowsky, Robert A. Bernheim und Harold Tarkow. (J. Polymer Sci. **44.** 143—48. Mai 1960. Urbana, Ill., Univ. of Illinois, Noyes Chem. Labor.; Madison, Wis., U.S. Dep. of Agric., Forest Serv., Forest Prod. Labor.) (Engl.)

Die Druckverschiebung der reinen Quadrupol-Resonanzfrequenz von ^{63}Cu in Cu_2O wurde zur Messung der bei der Nachbehandlung in einem Harz entwickelten Spannung benutzt. Die Meth. ist allg. für die Messung eines inneren Druckes anwendbar. In die Probe muß ein inertes, isolierendes Pulver eingemischt werden, das Kerne enthält, welche eine druckempfindliche, reine Quadrupol-Resonanzfrequenz aufweisen. Bei Proben von *Epon 828* (Epoxidharz), die bei 80° während $1^1/_2$ Std. therm. behandelt wurden, konnte eine Spannung entsprechend einem inneren Druck von 2300 ± 400 lbs./sq.in. aufgefunden werden. Neben der in dem Harz beobachteten Frequenzverschiebung der ^{63}Cu-Resonanz tritt auch eine Absorptionsverbreiterung auf, was für das Vorhandensein einer Verteilung der inneren Drucke spricht. H. J. LEUGERING. 4010□

Vinylester langkettiger organischer Säuren. J. Pouchol. (Chim. mod. **6.** 7—29. Jan./Febr. 1961.) (Franz.)

Zusammenfassende Übersicht über die Darst.-Meth., physikal., chem. Eigg. u. Anwendung der Vinylester langkettiger organ. (bes. Fett-) Säuren sowie deren Polymerisations- bzw. Copolymerisations-Produkte. — 138 Literaturangaben.
GERHARD MÜLLER/Bitterfeld. 4010□

Beziehungen zwischen Intrinsicviscosität und osmotischem Molekulargewicht bei Polymethylmethacrylat in Aceton und Benzol. G. M. Guzmán und J. Ma. G. Fatou. (An. Real Soc. españ. Física Quím., Ser. B **54.** 737—44. Dez. 1958. Madrid, Inst. de Quím. „Alonso Barba", Dep. de Plásticos, Secc. Físicoqu. Macromol.) (Span.)

An einigen handelsüblichen, nach verschiedenen Polymerisations-Verff. hergestellten Proben von unfraktioniertem *Polymethylmethacrylat* wurde versucht, Beziehungen zwischen der Intrinsicviscosität u. dem osmot. Molgew. in Aceton u. Bzl. zu finden. Zwischen den Viscositäten in beiden Lsgm. besteht die Beziehung $[\eta]_B = 1{,}99\,[\eta]_A^{1,16}$ (25°). Zur Best. des Molgew. dienten ein modifiziertes FUOSS-MEAD- u. ein HELLFRITZ-Osmometer. Für Molgew. zwischen 61000 u. 1100000 gelten bei 25° nach der Virialgleichung von FLORY folgende Wechselwrkg.-Parameter: $[\eta] = 3{,}12 \cdot 10^{-4} M_n^{0,60}$ (Aceton) bzw. $[\eta] = 1{,}70 \cdot 10^{-4} M_n^{0,69}$ (Bzl.). M. REIHER. 4010□

Einige Besonderheiten der Kinetik der Copolymerisation ungesättigter Polyester mit Vinylmonomeren unter Ausbildung einer räumlichen Struktur. N. A. Schtschegolewskaja und Ss. I. Ssokolow. (Научные Доклады Высшей Школы (Иваново), Химия и Химическая Технология [Wiss. Hochschulber. (Iwanowo), Chem. chem. Technol.] **1959.** 350—53. Moskau, Inst. für chem. Maschinenbau, Lehrstuhl für physik. Chem.) (Russ.)

Die Kinetik der Copolymerisation von ungesätt. Polyestern von *Sebacin-* u. *Maleinsäure* u. *Diäthylenglykol* u. von Vinylmonomeren (*Styrol* u. *Methylmethacrylat*) unter Bldg. von Monolithblöcken wird dilatometr. verfolgt. Aus der S-Kurve für die der Gel-Bldg. vorausgehende Polymerisation ergibt sich, daß der Induktionsperiode ein Stadium mit linearer zeitlicher Zunahme des Schwundes folgt (Aktivierungsenergie nach der ARRHENIUS-Gleichung zwischen 16,5 u. 40° 16000 cal/Mol), worauf ein Stadium verlangsamter Rk. (infolge Zunahme der Viscosität) folgt. Ersatz von 25% der Sebacinsäure durch Caprolactam oder eines Teiles von Styrol durch Acrylonitril führt zum Beginn der Polymerisation schon bei 5—6°. R. K. MÜLLER. 4010□

Einige ungewöhnliche Auslöschungsfiguren in Polymersphärolithen. H. D. Keith und F. J. Padden jun. (J. Polymer Sci. **45.** 531—34. Aug. 1960. Marcus Hook, Pa., Amer. Viscose Corp., Res. Dev. Dep.) (Engl.)

Für die von KELLER (vgl. C. **1957.** 8230) an *Polyäthylenterephthalat* beobachteten Ringsphärolithe mit einem 45° gegen die Polarisationsebene gedrehten Auslöschungskreuz wird eine theoret. Deutung gegeben. H. J. LEUGERING. 4010□

Röntgenographische Bestimmung der Verteilungen der Kristallitorientierung in Polyäthylenterephthalat-Filmen. C. J. Heffelfinger und R. L. Burton. (J. Polymer Sci. **47.** 289—306. Nov. 1960. Circleville, Ohio, E. I. du Pont de Nemours & Comp.) (Engl.)

Eine Reihe von Definitionen zur eindeutigen Beschreibung der sechs bei semikristallinen Polymerfilmen möglichen Orientierungstypen wird vorgeschlagen. Orientierte Polymerfilme wurden nach einem neuen Röntgenbeugungs-Verf. untersucht, welches die Rotation einer Probe um eine Anzahl unabhängiger Achsen erlaubt u. so Orientierungsverteilungen der kristallinen Bereiche liefert. Die Definitionen u. das Meßverf. für die Kristallitorientierungsverteilungen wurden auf *Polyäthylenterephthalat*-Filme angewendet. H. J. Leugering. 4010□

Polykondensation von Diphensäure mit Pentaerythrit. Wl. Kabaiwanow, M. Natow und M. Georgiewa. (Годишник на Химико-Технологическия Институт [София] [Annu. Inst. chim.-technol. (Sofia)] **5.** Nr. 1. 147—63. 1958, herausgeg. 1959.) (Bulg.; Auszug: Franz.)

Bei der Polykondens. von 2 Mol *Diphensäure* (I) mit 1 Mol *Pentaerythrit* (II) in Ggw. von $NaHSO_4$ oder H_3PO_4 bei 170—205° wird ein thermoreaktives Harz erhalten. Bei Unters. der Kinetik der Polykondens.-Rk. auf Grund der Änderung der SZ. wird eine Rk. 2. Ordnung festgestellt. Das erhaltene Harz ist eine dunkelbraune, glasartige Masse mit Fließpunkt 148—150° nach Ubbelohde, lösl. in Aceton, A.-Bzl.-Gemisch, Pyridin, Phenol u. A.-Aceton-Gemisch. Beim Auftragen der Lsgg. auf Holz oder Metall erhält man einen Film, der beim Erhitzen auf 180° erhärtet; Wasseraufnahme in 24 Std. 0,0008%. Die Filme sind beständig gegen Säuren, nicht gegen Laugen. R. K. Müller. 4010□

Wärmeinduzierte Vernetzung von Copolymerisaten aus N-Methylolacrylamid und Äthylacrylat. Hiroyoshi Kamogawa und Toshii Sekiya. (J. Polymer Sci. **50.** 211—25. März 1961. Yokohama, Japan, Textile Res. Inst. of Japanese Government.) (Engl.)

An Filmen aus Copolymerisat-Emulsionen von *N-Methylolacrylamid* (I) u. *Äthylacrylat* wurde die vernetzende Wrkg. von I untersucht. Der I-Geh. im Copolymerisat variiert von 0,0—9,3%. Die Vernetzung erfolgte durch Wärmebehandlung der Filme. Dabei wurde gefunden, daß das Spannungs–Dehnungs-Verh. der Copolymerfilme merklich sowohl von der Nachbehandlungs-Temp. als auch vom Geh. des Polymeren an Methylolamid-Gruppen abhängt, was der Bldg. von Vernetzungen zwischen Polymerketten zugeschrieben werden kann. Die effektive Vernetzungsdichte der nachbehandelten Copolymerfilme wurde nach folgenden drei Methoden berechnet: 1. Durch Spannung–Dehnungs-Messungen im trocknen Zustand; 2. durch Spannung–Dehnungs-Messung in Aceton; 3. durch Messung des Quellungsgrades in Aceton. Die so gefundenen Werte wurden noch empir. korrigiert, um räumliche Faktoren, wie Kettenverschlingungen, zu eliminieren. Die effektive Vernetzungsdichte ist dem Quadrat des I-Geh. des Copolymeren proportional, u. es besteht eine lineare logarithm. Beziehung zur Neigung von $-^5/_3$ zwischen Spannung u. Quellungsgrad. J. W. Zimmermann. 4010

Bestimmung der Kristallinität von Polycaprolactam-Faser durch eine Röntgenstrahl-Differentialfiltrationsmethode. G. W. Urbańczyk. (J. Polymer Sci. **45.** 161 bis 168. Juli 1960. Łódź, Poland, Inst. of Technol., Dep. of Textile Raw Materials and Metrology.) (Engl.)

In der vorliegenden Arbeit wird ein röntgenograph. Meßverf. zur Best. der Kristallinität von *Polycaprolactam*-Fasern beschrieben. Das Verf. beruht auf einer differentiellen Filterung des am Präp. angebeugten Strahles. Zur Erläuterung des Verf. wird die Best. der Kristallinität zweier Faser-Präpp. mitgeteilt. H. J. Leugering. 4010□

Sphärolithe in Nylon 610 und Nylon 66. C. R. Lindegren. (J. Polymer Sci. **50.** 181—89. März 1961. Wilmington, Del., E. I. du Pont de Nemours & Comp., Inc., Polychem. Dep.) (Engl.)

In *Nylon 610* treten zwei Sphärolithtypen auf, die sich in der Doppelbrechung, im F. u. in der Wachstums-Geschw. unterscheiden. Letztere hängt stark vom Unterkühlungsgrad u. in geringerem Maße vom Molgew. ab. Die Geschw.-Kurve hat für die positiven Sphärolithe einen singulären Punkt bei 188° u. ein Maximum bei 120°. Bei 180° gebildete positive Sphärolithe besitzen die höchste Doppelbrechung. Negative Sphärolithe werden nur bei der Kristallisation zwischen 105 u. 225° beobachtet. Bei *Nylon 66* treten drei Sphärolithtypen auf. Die großen, positiven u. stark doppelbrechenden Sphärolithe haben den gleichen F. (273—274°) wie die negativen. Die kleinen, positiven Sphärolithe schmelzen bei 269,5—270°. Gleichzeitiges Wachstum aller drei Typen wird zwischen 250 u. 255° beobachtet. H. J. Leugering. 4010□

Änderung des Nylongitters durch Resorcin. John Kress und Edwin H. Shaw jun. (Proc. South Dakota Acad. Sci. **38.** 192–94. 1959, herausgeg. 1/1. 1960. Vermillion, S. Dak., State Univ.) (Engl.)

Handelsübliche *Nylon* (I)-Fäden mit einem Durchmesser von 0,3 mm u. einer Bruchfestigkeit von 6 lb. wurden unter einer Zugspannung von 500 g über Nacht mit 2 m Resorcin-Lsg. behandelt, 24 Std. getrocknet u. im belasteten Zustand röntgenograph. untersucht. Gegenüber dem Diagramm von unbehandeltem I zeigen diese Diagramme eine größere Anzahl von Interferenzen u. größere Regelmäßigkeit. Die Diagramme ergaben rhomb. Symmetrie mit den Zellendimensionen a = 17,88 (Å), b = 13,60 u. c = 16,51. Die Faserachse des behandelten I mit 16,51 Å zeigt eine Schrumpfung gegenüber der des unbehandelten I mit 17,2 Å. Aus den Intensitäten einzelner Schichtlinien wird geschlossen, daß die Resorcin-Moll. durch H-Bindungen an die Carboxylgruppen entlang der Kette regelmäßig gebunden sind, u. zwar mit einer OH-Gruppe in der oberen u. einer in der tieferen Lamelle. C. GOTTFRIED. 4010□

Spektrophotometrische Methode zur Bestimmung von Phenylgruppen in Polysiloxanen. W. Ss. Fichtengolz. (Химия и Практическое Применение Кремнеорганических Соединений, Труды Конференции, Ленинград **1958** [Chem. prakt. Anwend. siliciumorg. Verbind., Konferenzber., Leningrad **1958**] Nr. 3. 27–31. Leningrad, Allunions-Lebedew-Inst. für synthet. Kautschuk.) (Russ.)

Es wird gezeigt, daß es möglich ist, aus den UV-Absorptionsspektren (220–290 mμ) den Geh. an *Vinylphenylsiloxan-* bzw. *Methylphenylsiloxan*-Ketten in *Polysiloxanen* bis 10 Mol-% zu ermitteln. Eine graph. Meth. ist angegeben. EBERHARD FISCHER. 4010□

Oxydative Zersetzung des Ozonids von Na-Divinylkautschuk. A. I. Jakubtschik, N. G. Kassatkina, G. I. Demidowa und G. B. Fedorowa. (Журнал Общей Химии [J. allg. Chem.] **27** (**89**). 1195–1201. Mai 1957. (Russ.) Rubber Chem. Technol. **32.** 288–94. Jan./März 1959. (Engl.) Leningrad, Univ.)

Die gegenseitige Lage der 1.4- u. 1.2-Glieder in *Na-Butadienkautschuk* (I) wird mit Hilfe der oxydativen Zers. des I-*Ozonids* (III) untersucht. Dabei werden gefunden: *Ameisen-* u. *Bernsteinsäure, Butan-1.2.4-tricarbonsäure* u. *Hexan-1.x.x.6-tetracarbonsäure*, die aus Teilen des Kautschuk-Mol. mit 1.2-, 1.4–1.4-, 1.4–1.2–1.4- u. 1.4–1.2–1.2–1.4-Verknüpfung hervorgehen. Die mit Hilfe der Verteilungschromatographie (CH) von MARVEL u. Mitarbeiter (vgl. C. **1955.** 2916) gefundene *Propan-1.2.3-tricarbonsäure* (II) kann aus 1.4-verknüpften, verzweigten Teilen des Kautschuk-Mol. (entstanden durch Metallierung einer α-Methylengruppe) oder aber durch Verschiebung einer Doppelbindung (während der Polymerisation oder Ozonisierung) von 1.4–1.2–1.4-verknüpften Teilen des Mol. gebildet werden. Sowohl bei Zers. von III mit Peressigsäure wie auch mit 3%ig. wss. H_2O_2 fanden Vff. bei Trennung der Rk.-Prodd. durch CH II neben den vorst. erwähnten Säuren. Dies bestätigt die angeführten Bldg.-Möglichkeiten von II u. spricht gegen eine evtl. Bldg. durch Sekundär-Rkk. bei Zers. von III, wobei auch *Lävulinsäure* gefunden wird. Ihre Bldg. wird durch Doppelbindungsverschiebung erklärt. O. DOLD. 4030

Über den Mechanismus der Inhibierung von Chloropren. 4. Mitt. Mechanismus der Inhibierung von 2-Chlorbutadien-(1.3) (Chloropren) mit 1.4-Dinitro-2-chlorbuten-(2). P. Nikolinski, Iw. Mladenow und M. Krâstewa. (Годишник на Химико-Технологическая Институт [София] [Annu. Inst. chim.-technol. (Sofia)] **5.** Nr. 1. 187–98. 1958, herausgeg. 1959.) (Bulg.; Auszug: Dt.) — 3. vgl. C. **1961.** 12491.

Chloropren (I) wird mit geringen Zusätzen von 1.4-Dinitro-2-chlorbuten-(2) (II) bei 20 u. 40° 3 Jahre lang stehengelassen. Bei Proben mit 0,001–0,01% II wird hierbei eine geringe Polymerisation von I u. II erzielt; die Proben können mit Initiatorzusatz weiterpolymerisiert werden. Bei höherem II-Zusatz (0,08–0,15%) sind I u. II teilweise zerfallen u. die Prodd. nicht mehr polymerisierbar. Nach Zerlegung in 5 Fraktionen werden spektroskop. in den niedrigen Fraktionen *Acetylchlorid* (III), in den höheren Mononitroolefine nachgewiesen. Der Mechanismus des Zerfalls von I zu III u. der Inhibierungs-Wrkg. von II gegenüber I wird auf Grund der Elektronentheorie erörtert. R. K. MÜLLER. 4030□

Der Diäthylentriamin-Cellulose-Komplex. Leon Segal und Leopold Loeb. (J. Polymer Sci. **42.** 351–56. Febr. 1960. New Orleans, La., Southern Regional Res. Labor.) (Engl.) — Vgl. C. **1962.** 2016.

Nach einer von CREELY, SEGAL u. LOEB (C. **1961.** 17223) beschriebenen Meth. wurde eine stabile *Komplex-Verb.* aus *Diäthylentriamin* (I) u. *Cellulose* (II) (Baumwollgarn) hergestellt. Die Röntgenstrukturanalyse des Komplexes ergibt die Netzebenenabstände $d_{101} = 11,54$, $d_{10\bar{1}} = 4,53$, $d_{002} = 4,18$ Å. Die Abstände sind fast ident. mit denen des Äthylendiamin-II-Komplexes. Die Röntgendaten lassen darauf schließen, daß das I-Mol. zwischen zwei II-Ketten sitzt u. diese durch die sek. u. eine prim. Aminogruppe von I verknüpft. J. W. ZIMMERMANN. 4050 □

Deuteriumaustausch in Stärken und Amylose. N. W. Taylor, H. F. Zobel, Milford White und F. R. Senti. (J. physic. Chem. **65.** 1816—20. Okt. 1961. Peoria, Ill., Northern Regional Res. Labor.) (Engl.)

Entfettete *Weizenstärke* (I), *Kartoffelstärke*, *Maisstärke* mit hohem Geh. an *Amylose* (II), hydrolysierte *Amylose* u. ein Palmitinsäurekomplex von II wurden mit D_2O behandelt; dabei zeigt sich, daß der OH-Wasserstoff prakt. vollständig gegen D austauschbar ist. In deuteriertem I sinkt der D-Geh. durch Behandlung mit Wasserdampf auf Null, ebenso durch Behandlung mit Methanol, jedoch nicht vollständig durch Behandlung mit Äthanol. Die übrigen Proben verhalten sich ähnlich. G. TALSKY. 4050 □

Wassersorption durch Dextrane und Weizenstärke bei hoher Feuchtigkeit. N. W. Taylor, J. E. Cluskey und F. R. Senti. (J. physic. Chem. **65.** 1810—16. Okt. 1961. Peoria, Ill., Northern Regional Res. Labor.) (Engl.) — Vgl. C. **1959.** 16353.

Es wurden die Absorptions- u. Desorptionsisothermen von amorphem *Dextran* (I), teilweise *kristallinem Dextran* (II) u. *Weizenstärke* (III) bei relativen Feuchtigkeiten von 74—99,7% bestimmt. I hat bei 33% Wasser-Geh. u. darüber die Struktur eines statist. Knäuels in Lösung. Zur Erklärung der Wasserabsorption von II u. III im Vgl. mit I ist der Einfl. der Kristallinität u. des elast. Netzwerkes zu berücksichtigen. G. TALSKY. 4050 □

Das chromatographische Verhalten der zwei Komponenten der Amylose der Stärke. M. Ulmann und M. Richter. (Monatsber. dtsch. Akad. Wiss. Berlin **2.** 603—07. 1960. Potsdam-Rehbrücke, Inst. für Ernährung der Dt. Akad. der Wiss.) (Dt.)

Vff. vergleichen das chromatograph. Verh. von aus Kartoffelstärke isolierter *Amylose* (I) auf einer kombinierten sauer-bas. Al_2O_3-Säule einerseits u. auf dem Papierchromatogramm andererseits (I wurde jeweils durch Blaufärbung mittels Jod-Lsg. sichtbar gemacht). Die eine Komponente von I, die auf der Al_2O_3-Säule bereits im sauren Teil adsorbiert wird, zeigt sich bei der aufsteigenden papierchromatograph. Capillaranalyse als mit dem Laufmittel wandernde Zone. Die zweite Komponente, die auf der Al_2O_3-Säule erst im alkal. Abschnitt adsorbiert wird, bildet bei der Capillaranalyse die stationäre Zone. Bei der chromatograph. Unters. einer Stärke-Lsg. wird die I-Zone im oberen, sauren Abschnitt der Al_2O_3-Säule bzw. die stationäre Zone im Papierchromatogramm durch *Amylopektin* überdeckt. S. AUGUSTAT. 4050 □

Synthesen von hormonaktiven Peptiden. R. Schwyzer. (XII. int. Kongr. reine angew. Chem., München **2.** 130—42. 1960. Zürich, Univ., Chem. Inst.; Basel, CIBA A.G.) (Dt.)

Vortrag über synthet. Meth. u. ihre Anwendung der Synth. offenkettiger Polypeptide. P. GOLINSKE. 4070 □

Cyclische Peptide mit antibiotischer Wirkung. J. C. Sheehan. (XII. int. Kongr. reine angew. Chem., München **2.** 143—49. 1960. Cambridge, Mass., MIT, Dep. of Chem.) (Engl.)

Vortrag. — 9 Literaturangaben. P. GOLINSKE. 4070 □

Peptidbereiche von identischer Struktur in Proteinen. F. Šorm. (XII. int. Kongr. reine angew. Chem., München **2.** 150—62. 1960. Praha, Czechoslovak. Acad. of Sci., Inst. of Chem.) (Engl.)

Vortrag. Tabellen mit Peptidfragmenten, isoliert aus Cytochrom c, Chymotrypsinogen, Oxytocin, Vasopressin, Corticotropin, Trypsinogen, Pankreasproteinen, Ribonuclease u. solchen mit analogen Aminosäuresequenzen. P. GOLINSKE. 4070 □

Kernmagnetische Resonanzspektren von Proteinen. Martin Saunders und Arnold Wishnia. (Ann. New York Acad. Sci. **70.** 870—74. 16/6. 1958. New Haven, Conn., Yale Univ., Sterling Chem. Labor.) (Engl.)

Vff. geben die kernmagnet. Resonanzspektren der Lsgg. von *Ribonuclease*, *Lysozym*, *Hämoglobin* sowie von *Polystyrol* in CCl_4 an. Es wird eine Zuordnung der auflösbaren Banden zu C—H-, N—H- u. OH-Protonen diskutiert sowie eine mögliche Zuordnung der Bandenareale zu den Anteilen aromat. bzw. aliphat. Aminosäuren. W. HABERDITZL. 4070 □

E. Biologische Chemie. Physiologie. Medizin

E_1. Allgemeine Biologie und Biochemie

Über die biologische Eiweißsynthese. M. F. Guly. (Український Біохімічний Журнал [Ukrain. biochem. J.] **33.** 876—922. 1961.) (Ukrain.; Auszug: Engl.)

Übersicht an Hand der Literatur. — 307 Literaturangaben. O. LEBTAG. 4100 □

Die Biosynthese der Proteine — neue Aspekte des Problems. 3. Mitt. Kinetik der Biosynthese, Vitamin- und Hormonfaktoren, anomale Biosynthesen. J. Kruh. (Rev. franç. Études clin. biol. **5.** 397—405. April 1960. Paris, Hôpital des Enfants-Malades, Labor. de Rech. de Biochem. méd.) (Franz.) — 2. vgl. C. **1961.** 7261.

Übersicht: Synth.-Dauer von Proteinmolekülen. Existenz von Synthesezwischenprodukten. Der molekulare Umsatz. Rolle des Vitamins B_{12} in der Proteinsynthese. — Rolle der Hormone in der Biosynth. der Proteine. — Einbau von Aminosäureanalogen. Protein-Synth. in den Organismen u. dem Krebsgewebe. — 78 Literaturangaben.

S. GROITZSCH. 4100 □

Beiträge zur Korrelation zwischen den Thioaminosäuren im Tier- und Pflanzenorganismus. Simion Oeriu. (Studii Cercetări Biochim. **1.** 321—28. 2 Tafeln. 1958. Acad. R.P.R., Secţ. de chimioterap.; Bucureşti, Inst. med.-farm., Fac. de med. gen., Cat. de biochim.) (Rum.)

In Tier-Verss. wird der Einfl. des Alters auf die Konz. an *Methionin* (**I**), *Cystein* (**II**) u. *Cystin* (**III**) im Blutserum u. von oxydiertem *Glutathion* (**IV**) im Gesamtblut untersucht. Bei alten Ratten ist die **I**-Konz. kleiner, die Konz. an **III** u. **IV** größer als bei jungen. Durch Verabreichung von **II** per os (täglich 50 mg/kg, 16—20 Tage lang) nimmt bei alten Ratten, Meerschweinchen u. Hunden die **I**-Konz. deutlich zu. In einem synthet. Medium, in dem *Aspergillus niger* wächst, wird nach Einführung von **I** oder **II** chromatograph. **I** gefunden. Genauere Kenntnisse über die gegenseitige Umwandlung der Thioaminosäuren sind durch Unterss. mit S- u. C-Isotopen zu erwarten.

R. K. MÜLLER. 4100 □

Biologische Wirkung von Äthionin, Buthionin, Prothionin, Isoprothionin und Methionin auf Hefe, Bakterien, Protozoen, Pflanzen und höhere Tiere. Elżbieta Petry. (Dissertat. pharmac. [Warszawa] **10.** 169—82. 4 Tafeln. 1958. Kraków, Akad. Med., Zakł. Farmakol.) (Engl.)

Hefezellen werden durch *Äthionin* (**I**) in der Konz. 10^{-3} nach 24 Std. um 73% im Wachstum gehemmt, *Isoprothionin* (**II**) hemmt um 48,8%, *Methionin* (**III**) stimuliert das Wachstum um 37%. *Prothionin* (**IV**) u. *Buthionin* (**V**) haben keine Wrkg. auf Hefe. Bei *Paramecium caudatum* hemmen **I** u. **II** das Wachstum, **III** stimuliert es u. hebt die hemmende Wrkg. von **I** u. **II** auf. Das Wachstum von *Euglena gracilis* wird durch **I** stark, durch **II**, **IV** u. **V** schwach gehemmt. Bei *Proteus vulgaris* u. *Staphylococcus aureus* ist nur **I** hemmend wirksam. Das Wachstum der Haferkoleoptile wird durch **I** in der Konz. 10^{-3} um 35% gehemmt, durch **II** nur um 10%. Auch Scheibchen aus Bohnenblättern werden nur durch **I** (vgl. MILLER 1951) im Wachstum gehemmt. Bei Mäusen wird durch **I** u. **II** per os Verfettung der Leber u. Niere verursacht. Die anderen Präpp. bewirken keine oder nur geringe histolog. Änderungen. F. URBAN. 4100

Die Biosynthese und Struktur von Tyrosinmelanin. J. Harley-Mason. (XII. int. Kongr. reine angew. Chem., München **2.** 35—39. 1960. Cambridge, England, Univ., Chem. Labor.) (Engl.)

Vortrag. Einige Rk.-Schemen sind angegeben. — 23 Literaturhinweise.

P. GOLINSKE. 4100 □

Die Biosynthese von Porphyrinen. A. Neuberger. (XII. int. Kongr. reine angew. Chem., München **2.** 85—98. 1960. London, St. Mary's Hospital, Med. School, Dep. of Chem. Pathology.) (Engl.)

Vortrag über die Bedeutung von α-Amino-β-oxoadipinsäure, die Kondens. von Glycin u. Succinyl-Coenzym A, die Wrkg. von Biotin, über Alanin-Dehydrase u. die Biosynth. von Porphyrinen aus Porphobilinogen. — 19 Literaturangaben.

P. GOLINSKE. 4100 □

Aspekte der Biosynthese von Pteridinen. H. S. Forrest. (XII. int. Kongr. reine angew. Chem., München **2.** 40—51. 1960.) (Engl.)

Vortrag über die Biosynth. des Pteridinring-Syst. u. die Biosynth. biolog. akt. Pteridine. — 32 Literaturangaben. P. GOLINSKE. 4100 □

Über neue Naturfarbstoffe, ihre Biogenese und physiologische Bedeutung. A. Butenandt. (XII. int. Kongr. reine angew. Chem., München **2.** 11—31. 1960. München, MPI für Biochem.) (Dt.)

Vortrag. — 26 Literaturangaben. P. GOLINSKE. 4100 □

Die metabolische Herkunft polycyclischer Chinone. G. Ehrensvärd und S. Gatenbeck. (XII. int. Kongr. reine angew. Chem., München **2.** 99—111. 1960. Lund, Schweden, Univ., Biochem. Inst.) (Dt.)

Vortrag. — 27 Literaturangaben. P. GOLINSKE. 4100 □

Bestrahlung von Lösungen von „transforming" DNS. F. M. Defilippes und W. R. Guild. (Radiation Res. **11.** 38—53. Juli 1959. New Haven, Conn., Yale Univ., Biophys. Dep.) (Engl.)

Biolog. akt. „transforming" *Desoxyribonucleinsäure* (I) wurde aus zu *Streptomycin*-Resistenz transformierten *Pneumokokken* isoliert. Die Präpp. wurden mit *Ribonuclease* u. z. T. mit *Chymotrypsin* behandelt, die Proteine mit Chlf./Isoamylalkohol u./oder Na-Xylensulfonat entfernt, I mit A. oder Isopropanol in Ggw. von Citrat oder Versen gefällt, gegen Salz-Lsgg. (u. a. 2m NaCl) dialysiert, I in 0,15m NaCl bei pH 7 gelöst u. einer Röntgenbestrahlung ausgesetzt (250 kV, 30 mA, 2,2mm Al-Filter, 131 r/min). Bei Luftgesätt. I-Lsg. (Konzz. $8 \cdot 10^{-8}$ bis 10^{-3} g/ml) nahm die „transforming"-Aktivität exponentiell mit der Strahlendosis (65 r bis ca. 6000 r) ab. Die Strahlenempfindlichkeit schwankte stark zwischen verschiedenen Präpp.; bei der höchsten beobachteten Ausbeute wurde pro Ionenpaar eine dem Molgew. 500000 entsprechende Menge I inaktiviert. Es wurde keine Nachwrkg. der Bestrahlung u. im untersuchten Konz.-Bereich kein O_2-Effekt festgestellt. In genügend reinen Lsgg. konnte die Wrkg. von mindestens zwei Radikalen (wahrscheinlich *OH* u. *H*) beobachtet werden. Es wird angenommen, daß im Gegensatz zu den in vitro durchgeführten Verss. in vivo nur wenige der erzeugten Radikale bis zur I gelangen. H. LOHSCHELDER. 4102□

Inaktivierung und Mutation der genetischen Faktoren der Desoxyribonucleinsäure von Pneumokokken durch Ultraviolettbestrahlung und salpetrige Säure. Rose M. Litman und Harriett Ephrussi-Taylor. (C. R. hebd. Séances Acad. Sci. **249.** 838—40. 10/8. 1959. Gif-sur-Yvette, Seine-et-Oise, Labor. de Génétique Physiol. du C.N.R.S.) (Franz.)

Die Inaktivierung von Pneumokokken-*Desoxyribonucleinsäure* (DNS) durch UV-Bestrahlung u. Behandlung mit salpetriger Säure wird mit Hilfe der Resistenz gegen *Streptomycin* (RS), der Resistenz gegen *Aminopterin* (RA) u. der gegen *Optochin* (RO) untersucht. Die UV-Bestrahlung ruft bei allen Resistenzerscheinungen Inaktivierung hervor, ebenso die salpetrige Säure. Bei Behandlung mit der letzteren werden aber zusätzlich noch Mutationen beobachtet. H. STRUCK. 4130□

Giemsa-Färbung an Geweben nach Einbettung in Polyester („Vestopal") und Methacrylat. Wolfgang Thoenes. (Z. wiss. Mikroskop. mikroskop. Techn. **64.** 406—13. Okt. 1960. Düsseldorf, Med. Akad., Inst. für Elektronenmikroskopie.) (Dt.)

Unterss. zeigen, daß die Gewebefärbung nach Methacrylat- u. Polyestereinbettung, den in der Elektronenmikroskopie gebräuchlichen Einbettungsmitteln, im Hinblick auf die Strukturerhaltung den Meth. der klass. histolog. Methodik mindestens ebenbürtig ist. C. GOTTFRIED. 4150

Über die Argentaffinität des geformten Bilirubins in den Geweben. Igor E. Kutlík. (Acta histochem. [Jena] **5.** 213—24. 27/6. 1958. Košice, Comenius-Univ., Path.-Anatom. Inst.) (Dt.)

Wenn zur Imprägnation die von BIELSCHOWSKY, FONTANA oder LILLIE angegebene ammoniakal. Ag-Lsg. zur Anfärbung von *Bilirubin* u. *Hämatoidin* angewendet wird, können die beiden Pigmente nach vorsichtig durchgeführter Entsilberung visuell nicht mehr im Gewebe nachgewiesen werden. Vf. vermutet, daß beide Bilirubinoide bei der Oxydation durch die Ag-Lsg. zu farblosen, in W. lösl. Oxydations-Prodd. abgebaut werden, die im entsilberten Schnitt kein Strukturbild ergeben. P. GREGORZEWSKI. 4150□

Vorläufige Notiz über eine Methode zum cytochemischen Nachweis von Bernsteinsäuredehydrogenase in Leptomonadenformen von Leishmania donovani. E. J. de Souza und S. N. Kothare. (Current Sci. **29.** 109—10. März 1960. Bombay, Dep. of Anat., T. N. Med. Coll.) (Engl.)

Die Mitochondrien der Leptomonadenformen von *L. donovani* wurden mit Pinacyanol sichtbar gemacht (blaue Granula). Mit Nitro-B.T., einem p-Nitrophenyl-substituierten Ditetrazoliumsalz, wurde durch Formazan-Bldg. *Succinodehydrogenase* nachgewiesen. Die Lage der Formazangranula entspricht der Lokalisierung der Mitochondrien. K. MAIER. 4150□

Neue Arbeiten über Interferon. D. C. Burke. (Manufact. Chemist **31.** 382—83. 406. Sept. 1960. Aberdeen, Schottland, Univ., Dep. Biol. Chem.) (Engl.) — Vgl. C. **1960.** 8912.

Übersicht: Produktion, Wrkg., Reinigung, Molgew.-Best. u. mögliche Anwendungen von *Interferon.* — 13 Literaturangaben. A. GUDE. 4150□

Fraktionierung von Nucleinsäuren und Nucleotiden. Bertil Gelotte. (Naturwissenschaften **48.** 554—55. 2. Aug.-H. 1961. Uppsala, AB Pharmacia, Forschungslabor.) (Dt.)

Die Fraktionierung von Gemischen aus *Nucleinsäuren, Polynucleotiden, Nucleotiden* u. *Nucleosiden* in die genannten Gruppen ist mit Hilfe von quervernetztem *Dextran* (*Sephadex*) verschiedener Vernetzungsgrade (6—25 oder G-75) möglich. Wird aus Sephadex G-25 das aus Bäckerhefe mit 0,0125m Phosphatpuffer, der 2% Dodecylsulfat enthält, bei 95° 5 Min. extrahierte Nucleotidgemisch mit 0,2 m NaCl-Lsg. eluiert, so erhält man folgende diskrete Fraktionen: 1. (schnellste Fraktion) Nucleinsäuren u. Polynucleotide; 2. Oligonucleotide; 3. Nucleosiddi- u. -triphosphate, *Cytidylsäure, Uridylsäure, Guanylsäure, Flavinadenindinucleotid, Diphosphopyridinnucleotid*; 4. *Adenylsäure*; 5. Nucleoside. Die Gelfiltration differenziert demnach nach Mol.-Größe ohne Einfl. der Polarität der Verbindungen. Wird statt mit Salz-Lsgg. mit dest. W. eluiert, so erscheinen die Mononucleotide zusammen ohne Abtrennung der *Adenylsäure*. Ebenfalls wird mit Sephadex G-75 hochmol. *Ribonucleinsäure* verschiedener Abbaugrade fraktioniert. Die Verbb. werden zu 100% vom Gelbett wiedererhalten. L. TRÄGER. 4150□

Ribonucleinsäure-Fraktionen in Zellkernen, isoliert durch Phenol und durch Saccharose-Glycerophosphat. G. P. Georgiev, V. L. Mantieva und I. B. Zbarsky. (Biochim. biophysica Acta [Amsterdam] **37.** 373—74. 15/1. 1960. Moscow, Acad. of Sciences of the USSR, A. N. Severtzov Inst. of Animal Morphol.) (Engl.)

Vff. berichten über die Verteilung des Zellkernmaterials. Die Zellkerne wurden aus verschiedenen Geweben nach einer zweistufigen *Saccharose–Glycerophosphat*-Meth. isoliert u. die reinen Kerne durch eine spezielle Meth. mit *Phenol*. Diese phenol. Kerne scheinen das Material des nuclearen Chromatinkomplexes der Kerne darzustellen, deren *Desoxyribonucleinsäure* (DNS)-Geh. größer ist als bei *Saccharose–Glycerophosphat*-Kernen. Der *Ribonucleinsäure* (RNS)-Geh. u. das RNS/DNS-Verhältnis zeigen eine gute Übereinstimmung mit der Entw. des Kerngefüges. Ferner wird über die Inkorporation von ^{32}P berichtet. H. GOLDNER. 4150□

Die Inkorporation von Adenylsäure und Cytidylsäure in Ribonucleinsäure. J. J. Furth, Jerard Hurwitz, Robert Krug und Martin Alexander. (J. biol. Chemistry **236.** 3317—22. Dez. 1961. New York, N.Y., Univ., School of Med., Dep. of Microbiol.) (Engl.)

Nach genauer Beschreibung der Reinigung von *RNS-Adenylat (Cytidylat)–Pyrophosphorylase* (**I**) aus *Escherichia coli* wurden die Eigg. der gereinigten **I** bestimmt. Das Enzym katalysiert die Rk.: ATP + RNS ⇌ RNS—AMP + PP u. katalysiert auch die Inkorporation (I.) von *CMP* u. *AMP* in RNS. Verluste an AMP–I.-Aktivität durch Erhitzen werden von gleichen Verlusten an CMP–I.-Aktivität begleitet. **I** enthält keine Polynucleotidphosphorylase oder anorgan. Pyrophosphatase. I. ist abhängig von der Ggw. von *$MgCl_2$*, *RNS* u. *Mercaptoäthanol*. Zugabe kleiner Mengen von *RNase* zur Inkubations-Lsg. hemmt die Rk., *DNase* hat keine Wirkung. I. ist proportional der Menge zugesetzten Enzyms u. über 30 Min. linear, das pH-Optimum liegt bei pH 8,4. Ersatz des im Inkubationsmedium vorhandenen Trispuffers durch 50 mm Phosphatpuffer resultiert in 70% ig. Hemmung, Glycylglycinpuffer verursacht keine Hemmung. Alkal. Abbau des Rk.-Prod. zeigt, daß CMP u. AMP am Ende der RNA-Kette, die eine unsubstituierte 3'-Hydroxylgruppe trägt, inkorporiert werden. S. VIERKÖTTER. 4150□

Einbau von 2-Aminopurin in die Desoxyribonucleinsäure von Bakterien und Bakteriophagen. Hubert Gottschling und Ernst Freese. (Z. Naturforsch. **16b.** 515—19. Aug. 1961. Madison, Wis., Univ. of Wisconsin, Dep. of Genetics.) (Engl.)

Die *Adenin*-bedürftige Mutante *Escherichia coli B-97* wird in Ggw. von 205 mg *^{3}H-2-Aminopurin* (**I**)/Liter Nährmedium sowie 30 mg *Adenin* (**II**) u. 15 mg *Guanin*/Liter Nährmedium kultiviert. Aus den Zellen werden durch NaCl-Extraktion die Nucleinsäuren isoliert, mit A. gefällt u. durch 7 tägige Dialyse gegen einen Puffer (0,5 m NaCl, 0,03 m Na-Citrat, 0,01 m Versene, 0,075 m Phosphat, pH 7) von niedermol. Bestandteilen befreit. Aus dem Nucleinsäuregemisch wird die *Ribonucleinsäure* durch 1 n KOH 50 Std. bei 37° hydrolysiert u. die verbleibende *Desoxyribonucleinsäure* (DNS) mit A. gefällt. Die DNS wird in 0,1 m Trispuffer, pH 7, resuspendiert u. 7 Tage gegen den gleichen Puffer dialysiert. Die DNS wird anschließend mit Desoxyribonuclease, Phosphodiesterase u. Phosphatase zu den Desoxyribosiden abgebaut, die auf Dowex 1-X 8 aufgetrennt werden. 90% der Radioaktivität erscheinen als **I**-*Desoxyribosid*. In diesem Organismus wird 1 Mol **I** pro 272 Mol **II** eingebaut. Wird E. coli B-97 mit der Bakteriophage T 4r 178 infiziert in Ggw. von 1,069 mm **I**, so läßt sich aus isolierter *Bakteriophagen-DNS* ebenfalls **I** isolieren, wobei 1 Mol **I** auf 3364 Mol **II** kommt. Unter den gewählten Wuchsstoffbedingungen wurde kaum oder nur wenig **I** in andere Purinbasen umgewandelt. Die eingebaute Menge **I** in die DNS von *E. coli* u. T 4-Phagen reicht aus, um die Mutagenität von **I** als unnatürlicher Baustein der DNS wahrscheinlich zu machen. L. TRÄGER. 4150□

Nucleinsäure-Stoffwechsel in HeLa S3-Zellen nach durch Röntgenbestrahlung erzeugter Mitose-Verzögerung. Robert B. Painter. (Radiation Res. **13.** 726—36. Nov. 1960. Columbus, Ohio, Battelle Memorial Inst.) (Engl.)

In HeLa-S 3-Zellen wurde durch Röntgenbestrahlung (500 u. 1500 r) eine Verzögerung der Mitose erzielt. Der Stoffwechsel der *Nucleinsäuren* wurde mit *^{3}H-Thymidin* für

Desoxyribonucleinsäure (DNS) u. mit ^{3}*H-Cytidin* u. *Desoxyribonuclease* (I)-Einw. für *Ribonucleinsäure* (RNS) untersucht. Die Zahl der DNS synthetisierenden Zellen ist nach Wiederaufnahme der Mitose zunächst verringert, sie kehrt dann zum normalen Wert zurück; ferner werden Riesenzellen beobachtet. Der RNS-Stoffwechsel wird durch Dosen bis 1500 r kaum beeinflußt. M. WIEDEMANN. 4150□

Atypisches Rattenepitheliom. 4. Mitt. In vitro-Untersuchung der säurelöslichen Phosphorfraktion der Mitochondrien des lebenden Krebsgewebes. D. Szafarz, L. Wyssmann und Yvonne Khouvine. (Bull. Soc. Chim. biol. **39.** 1233—41. 23/11. 1957. Paris, Inst. de Biol. physico-chim. et C N.R.S.) (Franz.) — **3.** vgl. Bull. Soc. Chim. biol. **39.** [1957.] 477.

Inkubation ^{32}P-markierter Mitochondrien aus atyp. Rattenepitheliom mit nichtmarkiertem anorgan. Phosphat oder *Adenosindiphosphat* (I) ergab folgende Befunde: in isoton. Saccharose-Lsg. hergestellte Mitochondrien enthalten erheblich weniger P, der durch anorgan. P, nicht aber durch **I** allein, des Mediums wieder ergänzt werden kann; der Austausch von säurelösl. P mit dem umgebenden Medium erfolgt nicht durch einfache Diffusion. K. MAIER. 4160□

Atypisches Rattenepitheliom. 5. Mitt. Oxydative Phosphorylierungen der Mitochondrien lebenden Krebsgewebes. Kunio Yagi, Yoshitaka Matsuoka und Yvonne Khouvine. (Bull. Soc. Chim. biol. **39.** 1243—48. 23/11. 1957. Paris, Inst. de Biol. physico-chim.) (Franz.) — **4.** vgl. vorst. Referat.

Die Unters. der oxydativen Phosphorylierung der Mitochondrien des atyp. Rattenepithelioms ergab im allg. ein sehr kleines P/O-Verhältnis, wobei jedoch trotzdem Austausch zwischen ^{32}P-markierter H_3PO_4 des Inkubationsmediums u. den phosphorylierten *Adenosin* (I)-Derivv. stattfand. Trotz des niedrigen P/O-Quotienten besteht die Möglichkeit, daß der ^{32}P-Einbau in die *Nucleinsäuren* (II) teilweise über die **I**-Verbb. erfolgt. Die niedrigen P/O-Werte lassen sich größtenteils durch Ggw. einer sehr akt. Adenosintriphosphatase erklären, deren Aktivität durch ihre Hemmung mittels Rohrzuckers nachweisbar ist. Der geringe ^{32}P-Einbau in **II**, verglichen mit der Atmungsenergieerzeugung, wird durch Annahme anderer Zwischenstufen als phosphorylierter **I**-Derivv. verständlich. K. MAIER. 4160□

Transport und Austauschdiffusion von L-Tryptophan in Ehrlich-Zellen. John A. Jacquez. (Amer. J. Physiol. **200.** 1063—68. Mai 1961. New York City, Sloan Kettering Inst. for Cancer Res., Div. of Exper. Chemotherapy; Cornell Univ., Grad. School of Med. Sci., Sloan Kettering Div.) (Engl.)

Die Initial-Geschw. der *L-Tryptophan* (I)-Aufnahme durch EHRLICH-Asciteszellen kann durch die Summe zweier Prozesse erklärt werden: Diffusion u. akt. Transport mit Sättigungseffekt. Niedrige Konzz. von *Azaserin* (*o-Diazoacetyl-L-serin*), *L-2.4-Diaminobuttersäure*, *L-Histidin* u. *L-Leucin* steigern in niedrigen Konzz. die Initial-Geschw. der **I**-Aufnahme, hemmen jedoch in hohen Konzentrationen. Durch vorherige Belastung mit *Glycin* wird die initiale **I**-Strömung vermindert, durch vorherige Belastung der Asciteszellen mit Azaserin oder **I** wird die initiale Aufnahme der anderen Aminosäuren deutlich gesteigert. U. TAUSENDFREUND. 4160□

Durch Urethan hervorgerufene Leukämie bei isologe Gewebe von röntgenbestrahlten Mäusen tragenden C 57 Bl-Mäusen. I. Berenblum und N. Trainin. (Science [Washington] **134.** 2045—47. 22/12. 1961. Rehovoth, Israel, Weizmann Inst. of Sci.) (Engl.)

Nach Gesamtkörperröntgenbestrahlung (einmalige Dosis von 400 r) von leicht leukäm. Mäusen (Stamm C 57 Bl/6) tritt in den Körpergeweben der Tiere ein *„übertragbarer“ Faktor* (I) auf, der, allein unfähig eine Leukämie bei ausgewachsenen C 57 Bl Empfängertieren (**I** wird diesen Mäusen zusammen mit verschiedenen Organgeweben der bestrahlten Tiere injiziert) zu induzieren, eine Leukämie verursacht, wenn den Empfängertieren per injectionem *Urethan* (**II**; Gesamtdosis: 300 mg/Tier, intraperitoneal) verabfolgt wird. **I** ist offensichtlich kein akt. Leukämievirus, denn bei fehlender **II**-Behandlung der Rezipienten entwickelt sich keine Leukämie. Außerdem spricht gegen die Virusnatur von **I** sein spontanes Auftreten nach der Röntgenbestrahlung. **I** scheint auch kein Vorläufervirus zu sein. H. KOCKERT. 4160□

Beziehungen zwischen der cancerogenen Wirksamkeit konjugierter Moleküle und ihrer Hemmwirkung im Hinblick auf ihre Bindung an Zellproteine. Pascaline Daudel, Giorgio Prodi, Aline Fabel und Marie-Claire Morniche. (C. R. hebd. Séances Acad. Sci. **253.** 593—94. 17/7. 1961.) (Franz.)

Vff. untersuchten die Bindung von *KW-Stoffen* an die Haut-*Proteine* von Vers.-Tieren nach Vorbehandlung mit verschieden starken cancerogenen Verbindungen. Die Vorbehandlung erfolgte mit *1.2.3.4-Dibenzanthracen* (I), *Anthanthren*, *2.10-Dimethyl-7.8-benzacridin*, *1.2.5.6-Dibenzanthracen* (II), *3.4-Benzpyren* (III) u. *9.10-Dimethyl-1.2-benz-*

anthracen (**IV**); geprüft wurde die Fixierung von **I, II, III** bzw. **IV**. Es ergibt sich ein deutlicher Zusammenhang zwischen dem Rückgang der Fixierung u. der Stärke der cancerogenen Aktivität der zur Vorbehandlung verwandten Verbindung.
P. SCHWERDTFEGER. 4160□

Probleme bei der Bewertung der carcinogenen Gefahr durch den Gebrauch von Nahrungszusätzen. Anonym. (Nat. Acad. Sci. — Nat. Res. Council, Publ. Nr. **749.** 1—44. Dez. 1959, Washington, D.C., Nat. Acad. of Sci., Nat. Res. Council, Food Protection Committee, Food and Nutr. Board.) (Engl.)

Neben einem kurzen geschichtlichen Überblick über die Entdeckung der Carcinogene werden für den Fachmann bekannte Fragen, wie starke u. schwache Carcinogene, unterschiedliche Wrkg. bei verschiedenen Species u. bei verschiedener Applikation sowie Dosis-Wrkg.-Beziehungen erörtert. Ferner werden kurze Anleitungen für Technik u. Auswertung von Verss. mit Carcinogenen gegeben. Im Anhang sind in Tabellenform Angaben über Dosierung u. Tumorhäufigkeit folgender Carcinogene enthalten: *Selen*-Verbb., *Thioharnstoff, Aramit, Dulcin, p-Dimethylaminoazobenzol, o-Aminoazotoluol, Crude Ergot, Diäthylenglykol, Polyoxyäthylenstearat, FD & C Green 2 (Green 3, Blue 1 oder Violet 1), FD & C Green 1 oder Orange 1, FD & C Yellow 4, Carboxymethylcellulose, Polyvinylpyrrolidon, Polyoxyäthylen (20), Sorbitanmonostearat, 1.2.5.6-Dibenzanthracen, 20-Methylcholanthren, 3.4-Benzpyren, 1.2-Benzanthracen, Berylliumsilicat, β.β'-Dichlordiäthylsulfid, 2-Acetylaminofluoren, o-Aminoazotoluol, Trypanblau, Stilböstrol, Tetrachlorkohlenstoff, 4-Aminostilben, 4-Dimethylaminostilben.* Weitere Verbb. werden genannt, die verschiedentlich als carcinogen beschrieben wurden, deren Wrkg. jedoch sehr fraglich ist.
W. GUTSCHE. 4160□

Die cancerogenen Azosubstanzen schädigen die Histaminnerven in gleicher Weise wie die cancerogenen Polybenzole. S. Hatem. (C. R. Séances Soc. Biol. Filiales **152.** 908—09. 25/11. 1958. Paris, Univ., Fac. de Méd., Labor. du CNRS.) (Franz.)

Histamin (I) erhöhte durch Komplex-Bldg. die Löslichkeit von *p-Aminoazobenzol, 3.2'-Dimethyl-4-aminoazobenzol* (**II**) u. *3'-Methyl-4-dimethylaminoazobenzol*, nicht aber von *Azobenzol* u. *4-Methoxyazobenzol*. Seine Wrkg. war stärker als die von Imidazol, Methylamin u. Diäthylamin. Wenn Submaxillardrüsen von Ratten mit **II** eingepudert wurden, so konnte an den Stellen, die mit **II** in Berührung gekommen waren, keine **I**-Rk. mehr ausgelöst werden. K. ZINGRAF. 4160□

Fixierung von Histamin und Zerstörung von Nerven durch cancerogene Stilbensubstanzen und durch 3.4-Benzophenanthren. S. Hatem. (C. R. Séances Soc. Biol. Filiales **152.** 941—42. 25/11. 1958.) (Franz.) — Vgl. vorst. Referat.

Histamin (**I**) bildet mit *4-Aminostilben, p-Dimethylaminostilben* u. *3.4-Benzophenanthren* in W. lösl. Komplexe, die **I** blockieren. An der Submaxillardrüse der Ratte unterbinden die Substanzen die **I**-Reaktion. K. ZINGRAF. 4160□

Weitere Stoffwechselversuche mit radioaktivem Buttergelb. E. Broda, O. Hromatka, W. Zischka und K. Karrer. (Mh. Chem. **88.** 1031—37. 1957, herausgeg. 28/1. 1958. Wien, Univ., I. Chem. Inst., Patholog.-anatom. Inst.; Österreichisches Krebsforschungsinst.) — Vgl. C. **1950/54.** 7448 S.

^{14}*C-Buttergelb* wurde in einmaliger Dosis an Ratten verfüttert. Die Tiere wurden nach verschiedenen Zeiträumen getötet, ihre Organe verbrannt u. die Radioaktivität des CO_2 mit dem Gas-GEIGER-Zählrohr bestimmt. Die größte Aktivität wurde in Leber, Niere u. Blut gefunden. Innerhalb des Blutes war der Hauptteil des ^{14}C zuerst im Serum, später in den Erythrocyten zu finden. Die Maxima der Aktivitäten wurden meist nach wenigen Std. erreicht; danach sanken die Aktivitäten der Organe rasch ab. Die Atemluft war inaktiv. ^{14}C wurde hauptsächlich mit dem Harn ausgeschieden. Der C des Rings, der die Dimethylaminogruppe trägt, wird stärker als der C des anderen Benzolrings gespeichert. Speicherung u. Ausscheidung der C-Atome beider Ringe verlaufen qualitativ ähnlich. S. GROITZSCH. 4160□

Wirkung des Toxohormons auf die Leber-Arginase der Maus. J. Biraben und G. Delmon. (C. R. Séances Soc. Biol. Filiales **151.** 1875—76. 1957, herausgeg. 24/6. 1958. Fondation Bergonié, Centre anticancéreux et Chaire de Carcinologie.) (Franz.)

Toxohormon-Extrakt aus neoplast. Geweben verringert nach intraperitonealer Injektion bei Mäusen die *Arginase*-Aktivität um 10—30%. S. GROITZSCH. 4160□

Tumorerzeugung durch Polyoma-Virus: Verstärkung durch chemische Agentien. K. E. K. Rowson, F. J. C. Roe, J. K. Ball und M. H. Salaman. (Nature [London] **191.** 893—95. 26/8. 1961. London, Hosp. Med. Coll., Cancer Res. Dep.) (Engl.)

Zum Studium des Einfl. von Carcinogenen auf die durch Viren ausgelöste Tumor-Bldg. führen Vff. Pinselungs-Verss. mit *9.10-Dimethyl-1.2-benzanthracen* (**I**), *3.4-Benzpyren* (**II**) u. *Crotonöl* an mit Polyoma-Virus (P.V.) infizierten Mäusen durch. Während bei der Behandlung mit I u. II hauptsächlich Hauttumoren gebildet werden, führt P.V.-Infektion vor allem zur Ausbildung von Mammatumoren u. solchen der Parotis. Wie die Ergebnisse zeigen, entstehen bei den mit P.V.-infizierten Mäusen mehr Tumoren vom P.V.-Typ, wenn sie zusätzlich mit Carcinogenen behandelt werden. Bei den infizierten u. mit II gepinselten Tieren entstehen die Hauttumoren schneller u. häufiger als bei den gesunden Kontrollen. Die durch I ausgelöste Carcinogenese wird durch P.V. nicht gefördert. Pinselungen mit Crotonöl führen nicht zur Ausbildung von Hauttumoren bei den P.V.-infizierten Tieren. R. Reiss. 4160□

Der Einfluß einer radiomimetischen Substanz (Mechloretamin) auf den Nucleotid- und Proteingehalt der Leberzellen. L. Cima, G. Fassina, F. Pozza und E. C. Tóth. (Ital. J. Biochem. **9.** 23—32. Jan./Febr. 1960. Padova, Univ., Ist. di Farmacol. e Radiologia.) (Engl.)

Vff. untersuchten den Einfl. i.v. Gaben von *Mechloretamin* (*Methyl-[2.2-dichloräthyl]-amin*) auf den Nucleotid- u. Protein-Geh. der Leberzellen im Rattenversuch. Es tritt eine zeitweilige Hemmung der Nucleinsäure-Synth. u. Depolymerisation dieser Verbb. auf, ähnlich wie nach Röntgenbestrahlung. Bei der Elektrophorese wurde eine Erhöhung der Albumine u. Präalbumine beobachtet. P. Gregorzewski. 4160□

Zur Methodik der Untersuchung von Antigeschwulstmitteln durch Diffusion in Agar-Schalen. A. L. Woronzowa. (Доповіді Академії Наук Української РСР [Ber. Akad. Wiss. UkrainSSR] **1960.** 100—02. Bogomoletz-Inst. für Physiol. der Akad. der Wiss. der UkrainSSR.) (Ukrain.; Auszug: Engl.)

Bei der Nachprüfung der Meth. von Miyamura (Antibiotics and Chemotherapy **6.** [1956.] 280) wurde festgestellt, daß alle Präpp. mit saurer oder alkal. Rk., unabhängig vom antiblast. Effekt, das Wachstum der ascit. Ehrlich-Krebszellen unterdrücken. Aceton, A., n-Propylalkohol, Isopropylalkohol, n-Butylalkohol, Isobutylalkohol u. Isoamylalkohol unterdrücken das Wachstum der Ehrlich-Zellen. Durch 1—10%ig. Lsgg. von NaCl wird es nicht unterdrückt, wohl aber durch höhere Konzentrationen. Die Entfärbung des Methylenblaus durch Ehrlich-Zellen ist stark abhängig vom pH des Mediums. Bei der Prüfung der antiblast. Präpp. durch Diffusion in der Agarschale unter Anwendung von Methylenblau ist zur Vermeidung von systemat. Fehlern der Einfl. von pH, Konz. der Beimengungen u. Konz. der Salze zu berücksichtigen. O. Lebtag. 4160□

E$_2$. Enzymologie. Gärung

Eine für Triphosphopyridinnucleotid spezifische Nitritreduktase aus Escherichia coli. Robert A. Lazzarini und Daniel E. Atkinson. (J. biol. Chemistry **236.** 3330—35. Dez. 1961. Los Angeles, Calif., Univ., Dep. of Chem.) (Engl.)

Aus den auf einem zu 1% aus Glucose u. zu 0,01m aus $NaNO_3$ bestehenden Nährmedium gewachsenen Bakterien *Escherichia coli* (Stamm Bn) wurde nach den üblichen Verff. der wiederholten $(NH_4)_2SO_4$-Fraktionierung, Fällung des akt. Proteins bei pH 5 mit CH_3COOH u. Fraktionierung an DEAE-Cellulose mit einem KCl-Gradienten von 0—0,5m in 0,05m Pyrophosphat (pH 6,5) eine für *TPN* spezif. *Nitritreduktase* (**I**) mit 190-facher Anreicherung erhalten. Die Eigg. von I: Die Geschw. der *TPNH*-Oxydation in Ggw. überschüssigen Nitrits (II) u. TPNH variiert linear mit der I-Konzentration Die Michaelis-Konst. für II bei pH 7,5 ist $4 \cdot 10^{-4}$m, das pH-Optimum liegt zwischen 7,5 u. 8,5. I ist substratspezif. für TPNH. Nitrat, Hyponitrit u. Stickoxydul werden nicht reduziert. Es wurde weder eine Stimulierung durch Metallionen noch eine Hemmung durch Dialyse gegen Lsgg., die Metalle chelatartig binden, beobachtet. I bedarf keines Cofaktors. UV-Bestrahlung verringert nur gering die Aktivität. Starke Inhibitoren sind *KCN*, *p-Chlormercuribenzoat* u. *$KAsO_2$*. Auf 1 Mol II werden 3 Mole TPNH verbraucht, das Red.-Prod. ist NH_3. I enthält drei weitere Aktivitäten: Eine *Cytochrom c* (III)-, eine *Hydroxylamin* (IV)- u. eine *Sulfitreduktase*. Eine Abtrennung dieser drei Aktivitäten gelang nicht, obwohl zumindest III ein von I getrenntes Enzym darstellt, da sich z. B. die Aktivitäten bei UV-Bestrahlung unterschiedlich ändern u. Lyophilisierung in 0,1m KCl zu einem starken Verlust an I u. IV führt, während III quant. erhalten bleibt. Mit ^{15}N-markiertem II konnte nachgewiesen werden, daß NH_2OH kein Intermediärprod. der Red. von II darstellt. S. Vierkötter. 4210□

Deuteriumfraktionierung während der Bildung von molekularem Wasserstoff durch eine Meerespseudomona. Micah I. Krichevsky, Irving Friedman, Marcia F. Newell und Frederick D. Sisler. (J. biol. Chemistry **236.** 2520—25. Sept. 1961. Bethesda, Md., Nat. Inst. of Health, Nat. Inst. of Allergy and Infect. Diseases; Washington, D.C., United States Geolog. Survey.) (Engl.) — Vgl. Sisler, Science [Washington] **129.** [1959.] 1288.

Vff. untersuchten die Bldg. von H_2 durch *Pseudomonas* sp. (Stamm G 4 A) u. den Fraktionierungseffekt bzgl. *D*. Zellfreie Extrakte (anaerob gezüchtet) bildeten H_2 mit *Glucose* (I), *Pyruvat* (II) oder *Formiat* (III) als Substrat. Mit III wurden äquimol. Mengen H_2 u. CO_2 gebildet. II ergab H_2, CO_2 u. *Acetat* als Hauptprodukte. Aerob gezüchtete Zellen katalysierten nicht die H_2-Bldg. aus III. Fe^{2+} steigerte u. $NaHSO_3$ hemmte die H_2-Entwicklung. In Ggw. von 33% D_2O war die H_2-Bldg. bis zu 60% vermindert. *DCOONa* hemmte die H_2-Bldg. ebenfalls. Die in Extrakten aerob u. anaerob gezüchteter Zellen nachgewiesene *Ameisensäuredehydrogenase* (IV) wurde nicht durch D_2O oder DCOONa gehemmt. Mit *Methylenblau* als Acceptor zeigte die *Hydrogenase* keine Hemmung durch D_2O. Extrakte aerob gezüchteter Zellen katalysierten die H_2-Aufnahme zu $<1\%$ der anaeroben. Das Gas aus in 50%ig. Meerwasser oder dest. W. wachsenden Kulturen war etwa um den Faktor 5 an D verarmt, das intracelluläre W. war fast unverändert u. der celluläre Wasserstoff zu 7—10% an D verarmt. Der D-Geh. im freigesetzten H war mit I oder III als Substrat gleich. Es wird angenommen, daß die Fraktionierung auf der Stufe des III-Verbrauchs stattfindet, wobei eine IV wesentlich beteiligt ist.
H. LOHSCHELDER. 4210□

Eine colorimetrische Bestimmungsmethode der Bernsteinsäuredehydrogenase-Aktivität in tierischen Geweben mit Neotetrazoliumsalz. Ryo Nanikawa und Nobuo Tawa. (Nagoya med. J. **6**. 13—25. Mai 1960. Nagoya City Univ., Med. School, Dep. of Legal Med.) (Engl.)

Vff. beschreiben ausführlich die colorimetr. Best. der *Bernsteinsäuredehydrogenase*-Aktivität mit Hilfe von *Neotetrazoliumsalz*. P. GREGORZEWSKI. 4210□

Untersuchungen der Bernsteinsäuredehydrogenase des Herzmuskels. Chemische und histochemische Befunde bei CO-Vergiftung, Kältetod und Hypoxie. Ryo Nanikawa. (Nagoya med. J. **6**. 27—39. Mai 1960. Nagoya City Univ., Med. School, Dep. of Legal Med.; Kobe Med. Coll., Dep. of Legal Med.; Kyoto Univ., Fac. of Med.), Dep. of Legal Med. (Engl.)

Im Mäuse-Vers. wurde festgestellt, daß bei *CO*-Vergiftung die *Bernsteinsäuredehydrogenase* um 18%, bei Kältetod um 19% u. bei reduziertem O_2-Druck bis zu 32% abfällt.
P. GREGORZEWSKI. 4210□

Spektrophotometrische Methoden zur Bestimmung der Bernsteinsäuredehydrogenase- und Bernsteinsäureoxydase-Aktivität in Mitochondrienpräparaten. E. R. Redfearn und Jean M. Dixon. (Biochem. J. **81**. 19 P—20 P. Okt. 1961. Liverpool, Univ., Dep. of Biochem.) (Engl.)

Die *Phenazinmethosulfat* (II)-Red. durch Succinat in Mitochondrien-Präpp. kann mit der von *2.6-Dichlorphenolindophenol* (I) gekuppelt werden, u. die Red.-Geschw. der letzteren wird spektrophotometr. gemessen. *Bernsteinsäuredehydrogenase* (V)-Aktivität in Schweineherzmuskel-Präpp. wird bestimmt, indem die Red.-Geschw. von I bei 600 mμ bei verschiedenen Konzz. von II gemessen wird. Abhängig vom Alter des Präp. werden 66—136 μMol II/mg Enzymprotein benötigt. Durch Extrapolation erhält man aus der Aktivitäts-Konz.-Kurve das Aktivitätsmaximum für die Endkonz. von II. — Um die *Bernsteinsäureoxydase* (IV)-Aktivität unter vergleichbaren Bedingungen zu bestimmen, wurde eine *Cytochrom c* (III) enthaltende Rk.-Mischung in eine Spektrophotometerzelle gegeben. III bleibt so lange in der oxydierten Form, bis das O_2 aus der Lsg. verbraucht ist, um dann in die reduzierte Form überzugehen, wobei die Extinktion bei 550 mμ plötzlich ansteigt, die gemessen wird. Die Zeit zwischen Beginn der Rk. u. dem Beginn der III-Red. u. die Berechnung des O_2-Geh. in der Lsg. aus der Temp. dienen zur Best. der IV-Aktivität. Vff. bestimmten an einem Herzmuskel-Präp., das bei —20° gelagert wurde, 23 Tage lang täglich die IV- u. V-Aktivität. Während V-Aktivität ständig abnimmt, bleibt IV-Aktivität angenähert konstant. P. GREGORZEWSKI. 4210□

Zur Heterogenität von Enzymen. 2. Mitt. **Reindarstellung von zwei Individuen der Malicodehydrogenase (MDH) aus Kartoffelknollen.** H. Boser und G. Pawelke. (Naturwissenschaften **48**. 572. 1. Sept.-H. 1961. Göttingen, Inst. für Agrikulturchemie.) (Dt.) — 1. vgl. C. **1960**. 3574.

Aus Kartoffeln wurden durch $(NH_4)_2SO_4$-Fraktionierung, Abtrennung von Fremdeiweiß mittels $Ca_3(PO_4)_2$-Gel u. Säulenchromatographie nach TISELIUS (Suomalaisen Tiedeakatemian Toimituksia [Ann. Acad. Sci. fennicae], **60**. [1955.] 257) an $Ca_3(PO_4)_2$-Kartoffelstärke 2 Formen *A* u. *B* von *Malicodehydrogenase* mit der spezif. Aktivität >16 u. >11 μMol Substratumsatz/mg Protein/Min. erhalten; $S_{20} \cdot 10^{13}$: 1,81 ± 0,12 u. 3,06 ± 0,16, $D_{20} \cdot 10^{6}$: 1,84 ± 0,22 u. 1,44 ± 0,24, Molgew.: 9520 u. 20500.
K. MAIER. 4210□

Imidazolytische Prozesse. 4. Mitt. **Die enzymatische Bildung von Triphosphohistaminnucleotid.** Ata A. Abdel-Latif und Spyridon G. A. Alivisatos. (J. biol. Chemistry **236**. 2710—15. Okt. 1961. Erratum: **237**. 1. Jan. 1962. Chicago, Ill., Chicago

Med. School, Mount Sinai Med. Res. Foundation and Hosp., and Illinois Inst. of Technol., Dep. of Biol.) (Engl.) — Vgl. C. **1959.** 16365. — 3. Abstr. Meeting Amer. chem. Soc., Sept. 1960, 26 C.

Die MICHAELIS-Konst. der Hydrolyse von *Diphosphopyridinnucleotid* (I) oder *Triphosphopyridinnucleotid* (II) durch Rindermilzhomogenate u. lösl., teilweise gereinigte Präpp. von *Diphosphopyridinnucleotidase* wiesen keine signifikanten Unterschiede auf. Die Geschw. der I-Hydrolyse ist ca. doppelt so groß wie die von **II**. **II** erleidet ähnlich schnelle oder schnellere Histaminolyse als **I**. Das histaminolyt. Spalt-Prod., *Triphosphohistaminnucleotid*, *$P^1(5')$-Ribosylhistamin-$P^2(5')$-2'-phosphoribosyladeninpyrophosphat*, wurde isoliert u. untersucht. K. MAIER. 4210□

Thymidin-Kinase in normalen und malignen Geweben. P. A. Bianchi, A. R. Crathorn und K. V. Shooter. (Biochem. J. **81.** 20 P—21 P. Okt. 1961. London, Chester Beatty Res. Inst.) (Engl.)

Vff. untersuchten den zeitlichen Verlauf der Phosphorylierung durch Enzym-Syst. verschiedener Gewebe u. Zellen, ohne auch nur in einem Fall *Thymidindiphosphat* (TDP) ohne bemerkenswerte Mengen *Thymidintriphosphat* (TTP) zu finden. Weitere Unters. ergab, daß TDP aus TTP durch Dephosphorylierung entsteht. Mäuse erhielten EHRLICH-Asciteszellen intraperitoneal u. wurden 2, 4, 6, 8 u. 10 Tage nach der Injektion getötet. Die *Thymidinkinase*-Aktivität pro Zelle ist nach 2 Tagen geringer als die der injizierten Zellen, sie steigt dann auf ein Maximum am 4. Tag u. fällt rapide während der folgenden 6 Tage. — Intraperitoneale Milzhomogenate von Mäusen mit Virus-induzierter Leukämie erniedrigten am 2. Tag die Kinaseaktivität, am 4. Tag war sie höher als bei den Kontrollen u. am 6. Tag erfolgte eine weitere Erhöhung. P. GREGORZEWSKI. 4210□

Einige Beziehungen zwischen Enzymaktivität, chemischer Reaktionsfähigkeit und Harnstoff-induzierten Desorientierungen bei Ribonuclease. E. A. Barnard und W. D. Stein. (Biochim. biophysica Acta [Amsterdam] **37.** 371—72. 15/1. 1960. London, King's Coll., Dep. of Zool.) (Engl.)

Vff. berichten über die inaktivierende Wrkg. von *Brom-*, *Jodessigsäure* u. *Harnstoff* auf die *Ribonuclease* in Abhängigkeit vom pH-Wert u. die Bedeutung des *Histidins* im akt. Zentrum des Enzyms. Die gesamte Enzymaktivität kann nach einer Harnstoff-Einw. bei 37° u. pH 5—7 wiedererlangt werden, während eine irreversible Inaktivierung bei ungefähr pH 9 einsetzt u. bei pH 10,6 beträchtlich ist. *Ribonuclease* wird relativ schnell durch *Bromacetat* in 8m Harnstoff bei pH 5,3 inaktiviert. Ferner wird die Wrkg. der Inkubation von *Phosphat* untersucht. H. GOLDNER. 4210□

Erhöhung der sauren Ribonuclease-Aktivität in durch CCl_4 und P verursachten Fettlebern. M. Artizzu. (Ital. J. Biochem. **9.** 54—61. Jan./Febr. 1960. Cagliari, Univ., Ist. di Patol. Generale.) (Engl.)

Engl. Wiedergabe der C. **1962.** 6067 referierten Arbeit. P. GREGORZEWSKI. 4210□

Die Wechselwirkung zwischen Ribonuclease und Mononucleotiden, spektrophotometrisch gemessen. J. P. Hummel, Dan A. Ver Ploeg und Charles A. Nelson. (J. biol. Chemistry **236.** 3168—72. Dez. 1961. Iowa City, Iowa, State Univ., Dep. of Biochem.) (Engl.)

Die UV-Absorption von annähernd äquimol. Mischungen von *Ribonuclease* (I) u. einer Reihe von *Mononucleotiden* (M) entspricht nicht der einfachen Summe der Absorption der Bestandteile, sondern ist in dem Bereich von 2400—2700 Å stark vermindert, geringere Unterschiede treten bei ca. 2950 Å auf. Für die Wechselwrkg. des Enzyms mit dem M ist die Phosphomonoestergruppe in 2'- oder 3'-Position des Nucleotids notwendig. Der größere Effekt liegt nach Ansicht der Vff. eher in der veränderten Absorption des Nucleotidchromophors als in Änderungen der aromat. Gruppen des Proteins. Keine Veränderungen der Absorption wurden in Mischungen von I mit *5'-Cytidylsäure*, *Cytidin*, oder Estern der *2'-Cytidylsäure* beobachtet, ebenso nicht oder nur sehr wenig nach Veränderung von I durch Oxydation der Disulfidbindungen, Denaturierung in Ggw. von überschüssigem Harnstoff oder Carboxymethylierung. Die Wechselwrkg. zwischen I u. *2'-CMP* (II) wird stark vom pH beeinflußt, die größten Differenzen treten bei pH 5—5,6 auf. Die Unterschiede in den Spektren erreichen ein Maximum, wenn die mol. Konz. von I gleich der von II bei pH 5,6 ist. S. VIERKÖTTER. 4210□

Die Hemmung von Pankreas-Ribonuclease durch 2'-Cytidylsäure. Charles A. Nelson und J. P. Hummel. (J. biol. Chemistry **236.** 3173—76. Dez. 1961. Iowa City, Iowa, State Univ., Dep. of Biochem.) (Engl.)

Es wurden Messungen der kompetitiven Hemmung der Pankreas-*Ribonuclease* (I) durch *Cytosin-2'-phosphat* (II) in Ggw. verschiedener Substrate durchgeführt. Die Dissoziations-Konst. K_I des Komplexes I–II bei pH 7,3, 30° u. Ionenstärke 0,1 war bei Benutzung von $6,8 \cdot 10^{-8}$m I $2,6 \pm 0,6 \cdot 10^{-4}$m. Bei höherer Konz. von I ($2,7 \cdot 10^{-7}$m) wurde für K_I $2,9 \pm 0,4 \cdot 10^{-4}$m erhalten. Die Werte wurden erhalten durch Messung der

Geschw. der Säure-Bldg. aus dem cycl. Cytidinphosphat. Auch die Messung der Geschw. der Bldg. säurelösl. *Oligonucleotide aus RNA* (III) zeigt, daß II ein kompetitiver Inhibitor für I ist. Der aus dieser Meth. stammende Wert für K_i des Komplexes I–II bei pH 7,3, 30° u. Ionenstärke 0,1 unter Benutzung einer hochmol. Hefe-III ist $1,9 \pm 0,7 \cdot 10^{-3}$m, während mit einer niedermol. Hefe-III ein höherer Wert ($1,5 \cdot 10^{-2}$m) gemessen wurde. Einen weiteren Beweis für die durch II gehemmte I-katalysierte Depolymerisation von III lieferten Viscositätsmessungen. Auf Grund der erhaltenen Ergebnisse vertreten Vff. die Ansicht, daß die Bindungsstellen des Enzyms für III u. für das cycl. Cytidinphosphat nicht ident. sind. S. VIERKÖTTER. 4210□

Die Aminierung von Inosinmonophosphat in der Skelettmuskulatur. C. L. Davey. (Arch. Biochem. Biophysics **95.** 296—304. Nov. 1961. Hamilton, New Zealand, Meat Ind. Res. Inst. of New Zealand.) (Engl.)

Dialysierte Gewebeextrakte aus dem *Musculus sternomandibularis* des Ochsen (A) u. dem M. psoas des Kaninchens (B) mit *Inosinmonophosphat* (I) u. *Asparaginsäure* (II) in Ggw. von *Fructose-1.6-diphosphat* als Energielieferant u. *ATP* inkubiert, führte zur Bldg. von *Adenylbernsteinsäure* (III), daneben Adeninnucleotiden u. von geringen Mengen *Hypoxanthin* (IV) u. *Inosin* (V). Die Rk. war von der Ggw. von Mg^{2+} abhängig. Bei Inkubation von A oder B nur mit I entstand nur IV. B zeigte nur eine geringe Aktivität bzgl. der Synth. von IV u. Adeninnucleotiden. Die III-Synth. wurde durch Zusatz von *Guanosintriphosphat* (VI) mehr als verdreifacht. ATP zeigte kaum eine Wrkg.; Zusätze von *Cytosin-*, *Inosin-* oder *Uridintriphosphat* waren wirkungslos. Längere Dialyse der Muskelextrakte bewirkten nur einen langsamen Abfall der III-Synth., so daß VI als unmittelbarer Energielieferant fest an das Protein gebunden zu sein schien. Die Rk. schien für I u. II spezif. zu sein. *Taurin, Anserin, Glutamin, Glutaminsäure, β-Alanin, Glycin, Serin* u. *Leucin* konnten II ebensowenig ersetzen wie IV, V u. *Guanosinmonophosphat* I ersetzen konnten. Das pH-Optimum der III-Synth. wurde bei 6,9—7,2 gefunden. III-*Synthetase* wurde im *M. longissimus dorsi* u. *M. gastrocnemius* weniger als in B gefunden. Das Enzym wurde daneben noch in der Leber des Kaninchens, nicht jedoch im Herz-, Lungen- oder Nierengewebe gefunden. J. BOELTER. 4210□

Der Einfluß der Lösungsmittelzusammensetzung auf die Molekülgestalt und die enzymatische Aktivität von Myosin A. Yuji Tonomura, Seiichi Tokura, Kazuko Sekiya und Kiichi Imamura. (Arch. Biochem. Biophysics **95.** 229—36. Nov. 1961. Sapporo, Hokkaido Univ., Fac. of Sci., Chem. Dep. and Res. Inst. for Catalysis.) (Engl.)

Myosin A (I) aus der Skelettmuskulatur des Kaninchens wurde in seiner *Adenosintriphosphatase* (II)-Aktivität durch Zusatz von 8% *Dioxan* (III) um bis zu 75% gesteigert; weiterer III-Zusatz ließ die II-Aktivität auf Null absinken. Das pH-Optimum der II-Aktivität wurde durch III-Zusatz von ca. 6,5 auf 7,5 verschoben. Der Zusatz von *A.* erhöhte die II-Aktivität nur gering; über 20% A. ließen die Aktivität stark absinken (Denaturierung der Proteine). Zugabe von *Chloräthanol* ließ die II-Aktivität absinken. In Ggw. von 8% III wurde die MICHAELIS-Konst. K_m mit steigender Temp. erniedrigt, V_{max} jedoch erhöht. Das ungefähre Molgew. von I in 0,5m KCl betrug $5,94 \cdot 10^5$, der ungefähre Kreisradius (R) 1058 Å (durch Messung der Lichtstreuung) u. die wahre Viscosität (V) 2,30 η_{sp}/c. Der Zusatz von III zu I bei 2° erniedrigte V u. erhöhte die II-Aktivität; bei 20° waren die Verhältnisse umgekehrt. Die Änderungen von V u. der Aktivität vollzogen sich in zwei Stufen. Zuerst erfolgte ein leichter Abfall der Aktivität u. geringer Anstieg von V sowie von R, danach ein steiler Abfall der Aktivität u. von R sowie ein starker V-Anstieg. I, in KCl in der Ultrazentrifuge homogen, wurde in Ggw. von III in 2 Banden aufgespalten. J. BOELTER. 4210□

Wirkung von pH und Harnstoff auf optische Drehung, Viscosität und Adenosintriphosphataseaktivität von Myosin A. A. Stracher. (J. biol. Chemistry **236.** 2467 bis 2471. Sept. 1961. Brooklyn, N.Y., State Univ. of New York, Downstate Med. Center, Dep. of Biochem.) (Engl.)

Die *Adenosintriphosphatase* (I)-Aktivität von *Myosin A* (II; aus Kaninchenmuskel) verschwand in 4m *Harnstoff* (III)-Lsg. bei 0° u. pH 7,5 in $<$10 Min., in 3m Lsg. in 30 Min. zu 80% u. blieb in 1m Lsg. fast konstant. Erhöhung des pH von 10,10 auf 10,30 ergab 90%, auf pH 10,50 vollständigen Aktivitätsverlust. *Actomyosin* (IV) verhielt sich wie II. In Ggw. von *ATP* war die alkal. Denaturierung von II verzögert, nicht jedoch die durch III bedingte. III-Konzz. $>$1m bewirkten irreversiblen Abfall der Viscosität (Minimum bei 5m). Mit steigendem pH (jeweils 30 Min. bei 0°) erreichte die Viscosität bei pH 10,35 ein Maximum u. fiel dann steil ab. Aus der Viscositätsänderung von IV gegenüber III u. pH wird auf eine Dissoziation des *Actin–Myosin*-Komplexes geschlossen. Steigende III-Konz. bewirkte bei II stetige Zunahme der negativen Drehung mit Maximum zwischen 7- u. 9,5m III-Lösung. Steigender pH ergab Maxima der (negativen) opt.

Drehung bei pH 10,35 u. 12 u. ein Minimum bei pH 11. Aus einer markanten Änderung des UV-Spektrums in >6m III-Lsg. wird auf eine 2fache III-Wrkg. auf die Struktur von II geschlossen. H. LOHSCHELDER. 4210□

Wirkung von p-Chlormercuribenzoat auf die Myosin A-Adenosintriphosphatase-aktivität. A. Stracher und P. C. Chan. (Arch. Biochem. Biophysics **95.** 435—40. Dez. 1961. Brooklyn, N.Y., State Univ. of New York, Downstate Med. Center, Dep. of Biochem.) (Engl.)

Myosin (**I**) wurde mit *p-Chlormercuribenzoat* (**II**) in einem Medium, das 0,4m an KCl, 0,012m an Tris, 0,3 mg Protein/ml u. variierende Mengen an **II** enthielt, inkubiert. In Abwesenheit von **II** treten zwei pH-Optima für die **I**-*ATPase* (**III**) auf, bei pH 6,0 u. bei pH 9,8, wobei die Aktivität (A) bei pH 9,8 9mal stärker als bei pH 6,0 ist. Die bei pH 7,7 u. 0° für 2 Std. mit wachsenden Mengen an **II** inkubierte **III** zeigt Aktivierungseffekte nur bei niedrigen Konzz. von **II** (0,02—0,03 μMol/mg Protein) im Bereich pH 6,5—8,5 mit einem Maximum bei pH 7,5. Bei pH 9,8 verursacht **II** Hemmung. Die Wrkg. von **II** ist nicht nur von den Konzz., sondern auch von Inkubations (**I**)-Bedingungen, wie pH, Temp. u. Zeit, abhängig. Bei 0,033 μMol **II**/mg **I** u. 0° hatte die **I**-Mischung bei pH 7,7 eine anfängliche A vom 2fachen Wert gegenüber einer Mischung vom pH 9,1. Bei längerer **I** sank jedoch die A der ersten Mischung ab, die der zweiten stieg an, so daß nach 2½ Std. beide Mischungen denselben Wert erreichten. Alle **I** bei 25° führten zu einer Erniedrigung der anfänglichen A. — Die *Guanidierung* der ε-ständigen Aminogruppen in **I** führte zu einem starken Verlust der **III**-A sowohl in Abwesenheit als auch in Anwesenheit von **II**. — Vff. diskutieren die Existenz zweier Typen von *Sulfhydrylgruppen* in **I**, die sich in ihrer Reaktivität u. Funktion unterscheiden.

S. VIERKÖTTER. 4210□

Der Einfluß von Nitro- und Halogenverbindungen auf die oxydative Phosphorylierung. Mavis J. Middlebrook. (Enzymologia [Den Haag] **18.** 337—42. 15/9. 1957. Woods Hole, Mass., Marine Biol. Labor., Inst. for Muscle Res.) (Engl.; Auszug: Dt.)

Es wurde die Wrkg. von *2.4-Dinitrophenol* (**I**), *2.4-Dinitronaphthol-(1)* (**II**), *2.4-Dichlorphenol* (**III**) u. *2.4-Dinitronaphtholsulfonsäure* (**IV**) auf die oxydative Phosphorylierung (o.P.) durch Rattenmitochondrien verglichen. **II** unterdrückt die o.P. bereits in niedrigeren Konzz. als **I**. **I** u. **II** unterdrücken die Phosphorylierung, ohne die Oxydation in gleichem Maße zu hemmen. — **III** unterdrückt Oxydation u. Phosphorylierung im gleichen Ausmaß; es wirkt offenbar auf einem anderen Rk.-Weg. — **IV** hat eine schwächere u. weniger spezif. Wirkung. A. HESSE. 4210□

Untersuchung über die Assoziation zwischen dem Hauptnucleoprotein der grünen Blätter und der Carboxydismutase. Jacques Mayaudon. (Enzymologia [Den Haag] **18.** 343—54. 15/9. 1957. Berkeley, Calif., Univ. of California, Radiat. Labor. and Dep. of Chem.) (Engl.; Auszug: Franz.)

Das früher (vgl. C. **1962.** 1644) bei 0,35-Sättigung an $(NH_4)_2SO_4$ aus den Extrakten der Blätter *Tetragonia expansa* erhaltene Protein erweist sich nach dem Verh. bei fraktionierter Fällung, Elektrophorese u. Sedimentation als ein *Nucleoprotein* (**I**); es ist ident. mit der von WILDMAN, CAMPBELL u. BONNER (Arch. Biochemistry **24.** [1949.] 9) aus grünen Blättern erhaltenen „Fraktion I". Mit **I** ist die *Carboxydismutase*, welche im Verlauf der Photosynth. die Carboxylierung von Ribulose-1.5-diphosphat katalysiert, so fest verbunden, daß durch die erwähnten Operationen keine Abtrennung erfolgt.

A. HESSE. 4210□

Der Einfluß der anaeroben Glykolyse auf die Freisetzung von Histamin im Meerschweinchen und der Ratte durch eine anaphylaktische Reaktion in vitro. A. Prouvost-Danon und H. Moussatché. (Nature [London] **192.** 361—62. 28/10. 1961. Rio de Janeiro, Inst. Oswaldo Cruz.) (Engl.)

Lungenschnitte von sensibilisierten Meerschweinchen (A) u. Ratten (B) wurden in RINGER-Phosphat- bzw. -Bicarbonatpuffer mit u. ohne *Glucose* (**I**) in Ggw. von N_2 oder O_2 inkubiert u. die Freisetzung von *Histamin* (**II**) durch Zusatz eines Antigens (**III**) bestimmt. Lungenschnitte von A zeigten unter anaeroben Bedingungen in Ggw. von **I** glykolyt. Aktivität sowie **II**-Freisetzung, die beide durch Zusatz von *Jodacetat* unterdrückt werden konnten. In Schnitten von B hemmte Anaerobiose die **II**-Freisetzung durch **III**; die Hemmung konnte durch Ggw. von O_2 wie auch von **I** überwunden werden. Die anaphylakt. **II**-Freisetzung scheint damit nicht unbedingt von der O_2-Ggw. abhängig zu sein u. verläuft auch unter anaeroben Bedingungen, wenn die nötige Energie, z. B. durch den Kohlenhydratstoffwechsel, aufgebracht wird. J. BOELTER. 4210□

Untersuchungen über Bildung von Amylase durch Bacillus subtilis. 5. Mitt. **Immunochemische Untersuchungen der durch Bacillus subtilis gebildeten Amylase.** Masayasu Nomura und Tsuru Wada. (J. Biochemistry [Tokyo] **45.** 629—37. Aug.

1958. Tokyo, Univ. of Tokyo, Inst. of Appl. Microbiol., Div. of Enzymol.) (Engl.) — 4. vgl. C. **1960.** 17151.

Die bei i.v. Injektion von 0,5 ml einer Lsg. von zunächst 10 mg krist. *Amylase* (I) aus *Bacillus subtilis* in 1 ml 0,85%ig. NaCl-Lsg. in Kaninchen (u. weiteren 5 Injektionen von je 1 ml dieser Lsg.) enstehende *Antiamylase* (**II**) hebt in vitro die **I**-Wrkg. zu 90% auf, wobei prakt. Proportionalität zwischen Antiserummenge u. „neutralisierter" **I** besteht. Diese **II** ist aber ohne Wrkg. gegen krist. **I** aus *Aspergillus oryzae* (Takaamylase), teilweise gereinigte **I** aus *Aspergillus usamii* oder gereinigte *Malz*-**I**. — Bei Bldg. der **I** in den Zellen von B. subtilis wird als letzter Schritt die Umwandlung einer **I**-Vorstufe (**III**) in den akt.**I**–Protein-Komplex (**IV**) angenommen; die Möglichkeit, daß **III** immunochem. Beziehungen zu **IV** hat, konnte nicht bewiesen werden, da weder in den Kulturmedien noch in den Zellen ein enzymat. inakt., aber zur Kombination mit einem **II** neutralisierenden Antikörper befähigtes Protein nachgewiesen werden konnte. Jedoch wurde dabei beobachtet, daß durch das enzymat. erhaltene Hydrolysat der Stärke die Rk. von **I** mit **II** stark gestört wird (vgl. nachst. Ref.). — Bei Wachstum von B. subtilis auf einem Sojabohnennährmedium ergab sich, daß die innerhalb der Zelle u. die in das Medium abgegebene Exo-**I** in der immunochem. Wrkg. gleich sind. — Die Bldg. der **I** im gleichen Nährmedium wird durch Ggw. von **II** in den Zellen nur so weit vermindert, als **I** durch die vorhandene **II**-Menge neutralisiert werden kann; eine Wrkg. von **II** per se wurde nicht gefunden. A. HESSE. 4210□

Eine immunochemische Untersuchung von mikrobieller Amylase. 1. Mitt. Tsuru Wada und Masayasu Nomura. (J. Biochemistry [Tokyo] **45.** 639—46. Aug. 1958. Tokyo, Univ. of Tokyo, Inst. of Appl. Microbiol., Div. of Enzymol.) (Engl.)

Quant. Unters. der Fällungs-Rk. zwischen konst. Menge krist. *Amylase* (I) aus *Bac. subtilis* u. steigenden Mengen *Antiamylase* (**II**) bzw. zwischen konst. **II**-Menge u. steigenden **I**-Mengen ergab ein Verhältnis von **II** (γ-Globulin; Molgew. 165000)/**I** (Molgew. 45000) zwischen 1 u. 2. Das allg. Verh. entsprach dem anderer Präzipitierungssysteme. Bei Überschuß an **II** nimmt die Nd.-Menge ab. — Die früher (l. c.) beobachtete Hemmung der **I**–**II**-Rk. durch *Stärke* (**III**) oder deren Abbau-Prodd. (**IIIa**) erwies sich als Konkurrenz von **II** u. **III** bzw. **IIIa** um dieselben Bezirke der **I**. Während Mono- u. Disaccharide nur wenig hemmen, erweisen sich Trisaccharide als stärker wirksam; dabei hat die geradkettige *Maltotriose* größere Wrkg. als die verzweigtkettige *Panose*. Dextran (α-glucosid. 1.6-Bindungen aufweisend) ist völlig unwirksam. Vff. schließen, daß die hemmende Wrkg. von Poly- (oder Oligo-) sacchariden mit α-glucosid. 1.4-Bindungen ausgeht. — Bei Zusatz von **III** oder *Amylose* tritt eine Hemmung der **I**–**II**-Rk. (Neutralisation u. auch Fällung) ein, die auf Konkurrenz um **I** beruht. A. HESSE. 4210□

Eine immunochemische Untersuchung von mikrobieller Amylase. 2. Mitt. Tsuru Wada. (J. Biochemistry [Tokyo] **46.** 329—36. März 1959. Tokyo, Univ. of Tokyo, Inst. of Appl. Microbiol.) (Engl.) — 1. vgl. vorst. Referat.

Durch Injektion von krist. *Takaamylase* (**I**) entsteht in Kaninchen ein Antiserum, das offenbar nur einen einzigen homogenen Antikörper (**II**) enthält. — **I** wird in vitro durch **II** gehemmt, wobei eine lineare Beziehung zwischen Hemmungsgrad u. **II**-Menge besteht, ohne daß vollkommene Hemmung der **I** erreicht wird. — Die **I**–**II**-Rk. wird durch Stärkehydrolysat (größte Wrkg.), Maltose, Isomaltose, Panose, Maltotriose oder Grenzdextrin, nicht aber durch Glucose oder Lactose gehemmt. — **II** hemmt auch die **I** von *Aspergillus usamii*, *Asp. awamori* u. *Asp. soyae*, nicht aber die **I** von *Rhizopus tonkinensis*, *Rh. peka*, *M. spinescenz*, *Penicillium chrysogenum* oder die α-**I** aus Malz oder Bac. subtilis. — Hitzedenaturierte **I** hemmt nicht die Rk. zwischen **I** u. **II**. A. HESSE. 4210□

Die Bildung von Ektoenzymen durch holzzerstörende und holzbewohnende Pilze auf verschiedenen Nährböden. 2. Mitt. **Cellulose als C-Quelle.** Horst Lyr. (Arch. Mikrobiol. **34.** 189—203. 1959. Berlin, Humboldt-Univ., Inst. für Forstbotanik Eberswalde.) (Dt.) — 1. vgl. C. **1961. 12508.**

Holzzerstörende u. holzbewohnende Pilze bilden *Cellulase*, *Pektinase* u. *Xylanase* auf Cellulosenährboden. Bei den meisten Pilzen kann Cellulase als adaptives Enzym angesehen werden, jedoch ist die Steigerung der Enzym-Bldg. je nach Pilzart verschieden. Die Pilze mit der größten Cellulaseaktivität bilden das Enzym auch in Abwesenheit von Cellulose. Cellulase u. Xylanase werden als zwei selbständige Enzyme mit deutlich getrennter Substratspezifität betrachtet. W. HIRTE. 4210□

Die Bildung von Ektoenzymen durch holzzerstörende und holzbewohnende Pilze auf verschiedenen Nährböden. 3. Mitt. **Stärke als C-Quelle.** Horst Lyr. (Arch. Mikrobiol. **34.** 238—50. 1959. Berlin, Humboldt-Univ., Inst. für Forstbotanik Eberswalde.) (Dt.) — 2. vgl. vorst. Ref.; **4. vgl. C. 1961. 16137.**

Die untersuchten holzzerstörenden Pilze zeigten *Amylase* (**I**)-Aktivität. Die quant. Unterschiede in der I-Bldg. waren bei den sehr verschiedenen Pilzen auffallend gering. Neben **I** konnten bei allen Pilzen *Xylanase* u. *Pektinase* festgestellt werden. *Xylanase* tritt in beachtlicher Aktivität auch dort auf, wo keinerlei cellolyt. Aktivität nachgewiesen werden konnte, was die Verschiedenheit beider Enzyme unterstreicht. W. HIRTE. 4210□

Über einige interessante Peptidsequenzen in der Enzymologie. P. Desnuelle. (XII. int. Kongr. reine angew. Chem., München **2.** 115—29. 1960. Marseille, Fac. des Sci., Labor. de Chim. Biol.) (Franz.)

Vortrag über die Aktivierung der proteolyt. Enzyme u. die akt. Zentren der Esterasen. — 50 Literaturangaben. P. GOLINSKE. 4210□

Isolierung und Eigenschaften von Schweineleberesterase. Alice J. Adler und G. B Kistiakowsky. (J. biol. Chemistry **236.** 3240—45. Dez. 1961. Cambridge, Mass., Harvard Univ., Gibbs Chem. Labor.) (Engl.)

Aus frischer Schweineleber wurde mit Aceton ein Trockenpräp. gewonnen, das einer weiteren Reinigung durch Extraktion mit NH_4OH u. Fraktionierung mit CH_3COOH, $(NH_4)_2SO_4$ u. Aceton unterworfen wurde. Letzter Schritt war eine Fraktionierung an einer DEAE-Cellulose-Säule bei 1—3° mit 0,02m Phosphatpuffer (pH 7,4) u. Bldg. eines exponentiellen Gradienten durch Zugabe einer 0,05m Phosphat–0,25m NaCl-Lsg. (pH 5,2). Als Kriterien der Homogenität der an der Säule erhaltenen Hauptfraktion (mit 57mal höherer Aktivität als der NH_4OH-Extrakt) wurden die Rechromatographie, Ultrazentrifugation u. die Elektrophorese bei verschiedenen pH-Werten herangezogen. Der I.P. wurde zu $5{,}0 \pm 0{,}5$ bestimmt, das Molgew. zu $1{,}5—2{,}0 \cdot 10^5$. Diese *Esterase* enthält keines der bisher in Enzymen gefundenen Metalle. *Diisopropylfluorophosphat* hemmt das Enzym. Schon 10minütiges Erhitzen auf 67° ergibt eine teilweise Denaturierung, wodurch sich auch die kinet. Daten ändern. S. VIERKÖTTER. 4210□

Die Lokalisierung von Esterase in der Epidermis der Nematode Ascaris lumbricoides. D. L. Lee. (Nature [London] **192.** 282—83. 21/10. 1961. Cambridge, Molteno Inst.) (Engl.)

Stücke von *Ascaris lumbricoides* (aus Schweinen) wurden histochem. mit Naphthol-AS-acetat u. 5-Bromindoxylacetat auf die Aktivität nichtspezif. *Esterase* untersucht. Positive Ergebnisse wurden mit beiden Stoffen in der homogenen oder Matrixschicht (A) der Epidermis, nicht jedoch in allen anderen Schichten gefunden. Starke Färbungen traten am vorderen u. hinteren Ende der Nematode auf. Vollständige Hemmung der Anfärbung wurde nach Inkubation mit $AgNO_3$, *Diäthyl-p-nitrophenylphosphat* (**I**) u. $CuSO_4$ gefunden. *Eserin* schien keine hemmende Wrkg. zu haben. Eine schwach positive Rk. auf Lipide (B) wurde in A gefunden, so daß die Verteilung von B u. Esterase in A übereinstimmten u. die Epidermis als stoffwechselakt. Substanz angesehen werden kann. Eine vollständig durch I hemmbare Esterase wurde in der Ösophagusdrüse, im Dünndarm, den Rectaldrüsen, Cölomocyten, im Nerven-Syst. u. im Muskel gefunden. Die Abwesenheit im nichtkontraktilen Teil des Muskels deutet auf Cholinesterase oder eine Esterase ähnlicher Funktion hin. J. BOELTER. 4210□

Sexualhormone als möglicher Faktor für eine Kontrolle der Biosynthese von Arylesterase. Klas-Bertil Augustinsson und Bertil Olsson. (Nature [London] **192.** 969—70. 9/12. 1961. Stockholm, Univ., Inst. of Organic Chem. and Biochem.; Royal Vet. Coll., Dep. of Animal Nutrit., Genetics and Hyg.) (Engl.)

Vff. stellten fest, daß die Abnahme der Blutplasma-*Arylesterase* (**I**)-Aktivität bei Ebern mit zunehmendem Alter auf einem durch die ♂ Sexualhormone hervorgerufenen Hemmeffekt auf die Biosynth. der **I** beruht. Die Unterss. ergaben im einzelnen folgende Ergebnisse: nach Kastration eines Ebers mit niedriger **I**-Aktivität macht sich ein gradueller Anstieg der **I**-Aktivität bemerkbar; diese hohe **I**-Aktivität sinkt nach i.m. Verabfolgung von *Testosteronpropionat* (**II**) wieder ab. ♀ Sexualhormone (Unterss. mit *Östradiol*) haben keinen Einfl. auf die Biosynth. von **I**. — In vitro beeinflußt **II** die **I**-Aktivität nicht. H. KOCKERT. 4210□

Nachweis von Acetylcholinesterase an den motorischen Endplatten nach Einbettung in Polyäthylenglykol. P. Röhlich. (Nature [London] **178.** 1398. 22/12. 1956. Budapest, Med. Univ., Dep. of Histol. and Embryol.) (Engl.)

Von dem als Einbettungsmittel zum Enzym-Nachw. besonders geeigneten *Polyäthylenglykol* stehen das Präp. *1000* u. *Nonex 63* (GEMEC CHEM. Co., London), *Polywachs 1000* u. *Produkt V 2275* (C. W. H. MARL, Recklinghausen) als wachsähnliche, in W. lösl. Substanzen mit paraffinähnlicher Konsistenz zur Verfügung. Vorteilhaft ist das kürzere Einbettungs-Verf. von 4—5 Std., wobei das Enzym für 2—3 Std. einer Temp. von 42° ausgesetzt wird. *A.* kann vermieden werden. Bei der histochem. Lokalisierung von *Acetylcholin* (**I**) an den motor. Endplatten von Meerschweinchenintercostalmuskeln ließen sich ausreichende Intensität der Rk. (Jodid-Meth.) u. gut unterscheidbare strukturelle Details erkennen. Diffusionsartefakte waren selbst nach 40-Min.-Inkubation geringfügig. Der Vorteil der Meth. beruht auf der Möglichkeit der Herst. dünnerer Schnitte als bei der Gefriermeth.; die Rk. kann auch noch einige Tage nach der Einbettung durchgeführt werden. Nachteilig ist die hygroskop. Eig. des Polyäthylenglykols, die den Schneidevorgang bei höherer Temp. u. Luftfeuchtigkeit schwierig macht.

U. TAUSENDFREUND. 4210□

Die Wirkung chlorierter Kohlenwasserstoff-Insekticide auf die Cholinacetylase, das kondensierende Enzym und die Acetylkinase von Insekten. Jennifer Rothschild und G. F. Howden. (Nature [London] **192.** 283—84. 21/10. 1961. Ascot, Berks., Imp. Coll. Field Stat.) (Engl.)

Homogenate von ganzen (A) sowie aus den Köpfen (B) von *Dieldrin* (I)-sensitiven Hausfliegen (*Musca domestica* L.) wurden nach Filtration mit *Coenzym A, ATP, L-Cystein, Eserinsulfat* (als Cholinesterasehemmstoff), *Cholinchlorid* u. *NaF* (als Phosphatasehemmstoff) sowie den Insekticiden (Endkonz. 10^{-3}m) bei 30° inkubiert. In A wurde 1,3 µg *Acetylcholin* (II)/Tier u. Std., in B 0,7 µg/Kopf u. Std. bzw. 120 u. 567 µg für A u. B pro g u. Std. synthetisiert. Der Zusatz von *p.p'-Dichlordiphenyltrichloräthan,* I, *Heptachlor* u. *Lindan* beeinflußten nicht die II-Synthese. *Citrat* u. *Acetat* wurden gleichermaßen als Quelle für die Coenzym A-Bldg. benutzt, so daß das kondensierende Enzym u. die *Acetylkinase* gleich akt. waren. Entweder schien die *Cholinacetylase*-Aktivität geringer als die der beiden anderen Enzyme oder beide Rk.-Wege waren gleichwertig. Eine gesteigerte II-Synth. als Folge einer chem. oder physikal. Stimulation kann ausgeschlossen werden.

J. BOELTER. 4210□

Ein neues ungesättigtes Uronid, isoliert aus Alginasehydrolysat. Isami Tsujino und Tsuneyuki Saito. (Nature [London] **192.** 970—71. 9/12. 1961. Hakodate, Hokkaido Univ., Fac. of Fisheries.) (Engl.)

Die Fraktionierung eines *Alginase*-Hydrolysats (Substrat: 1%ig. *Alginat*) an einer Kohle-„Celite"-Säule mit H_2O u. 10- bzw. 30%ig. A. ergab in der H_2O-Fraktion das Hauptprod. der Hydrolyse. Es wurden farblose, nadelähnliche Kristalle erhalten mit F. 135,5—136,5° (Zers.), deren IR-Spektrum in KBr zwei Carboxylgruppen zeigte. Molgew. 400 ± 40, starkes Absorptionsmaximum im UV bei 232 mµ (in H_2O) ($E_{1cm}^{1\%}$ 143,0), das bei Bromierung oder Pd-Hydrierung verschwindet u. somit eine α,β-ungesätt. Säure anzeigte. Hydrolyse mit H_2SO_4 bei 100° (1 Std.) ergab *Mannuronsäure* (I) u. I-Lacton. Hieraus ergibt sich die Struktur des neuen Uronidtyps als die eines Diuronids, das *$\Delta^{4.5}$-Mannuronsäure* enthält. Der Mechanismus der enzymat. Spaltung schließt sich demnach dem der *Hyaluronsäure* u. des *Pektins* an.

S. VIERKÖTTER. 4210□

Die Wirkung der Sulfatassimilation auf die Induktion der Arylsulfatasesynthese. T. Harada und B. Spencer. (Biochem. J. **82.** 148—56. Jan. 1962. Osaka, Univ., Inst. of Sci. and Ind. Res.; Dublin, Trinity Coll., Dep. of Biochem.) (Engl.)

Da *Cholinsulfat* (I) außer den *Sulfatophosphaten* (II) *des Adenosins* der einzige Sulfatester in Pilzen (P) ist, untersuchten Vff. die Frage, ob I oder II als endogene Starter der *Arylsulfatase* (III)-Synth. in Frage kommen. Es konnten zwar keine Beziehungen zwischen I oder II u. III festgestellt werden, jedoch signifikante Unterschiede in den gebildeten Mengen von III, die in entscheidendem Maße von der S-Quelle im Nährmedium der P abhängen. Untersucht wurden 26 Stämme verschiedener P (*Mucor, Aspergillus, Neurospora, Penicillium, Rhizopus, Torulopsis* u. a.). Als Nachw. für vorhandene Aktivität (A) von III diente die Freisetzung von *p-Nitrophenol* (IV) aus K-p-Nitrophenolsulfat. Bei einer Reihe von P wird während des Wachstums die Freisetzung von IV inhibiert durch Zugabe von *Cystein* oder anorgan. Phosphat zum Nährmedium. *Taurinsulfat* (V) u. I besitzen nur eine sehr geringe Wirkung. Bei *Mucor hiemalis, Aspergillus nidulans, Rhizopus stolonifer* (R.s.) u. *Ustilago scitaminia* variiert die III-A des acetontrockenen Mycels mit der dem Nährmedium zugesetzten S-haltigen Verbindungen. Während *Taurin, Cysteinsäure, Cysteinsulfinsäure* u. I eine sehr hohe A bedingen, hatten SO_4^{2-}, SO_3^{2-}, $S_2O_3^{2-}$, *Cystein* u. *Methionin* nur einen geringen Einfl. auf die A. Von den acetontrockenen Mycelen der 27 Stämme, die auf einem Nährboden aus Glucose-Pepton-Hefeextrakt gewachsen waren, zeigten nur R.s., Asp. *oryzae* u. nidulans eine A. In einem synthet. Nährboden, dessen einzige SO_4-Quelle V war, zeigten von 27 Stämmen nur vier keine A (*Neurospora gossypii, Saccharomyces cerevisiae* u. var. *ellipsoides* sowie *Sporobolomyces salmonicolar*).

S. VIERKÖTTER. 4210□

Ursprung des durch die Kiemen des Meeresteleosten Myoxocephalus scorpius ausgeschiedenen Ammoniaks. Leon Goldstein und Roy P. Forster. (Amer. J.

Physiol. **200.** 1116—18. Mai 1961. Hanover, N.H., Dartmouth Coll., Dep. of Zool.; Salisbury Cove, Maine, Mount Desert Island Biol. Labor.) (Engl.)

Da bei Best. der *NH_3*-Differenz im Blut vor u. hinter den Kiemen von *Myoxocephalus scorpius* sich nur 12% des ausgeschiedenen NH_3 als aus dem Blut stammend erweisen, wurden Kiemengewebehomogenate näher untersucht. Es ergab sich das Vorliegen signifikanter *Glutaminase-I-* u. *Glutaminsäuredehydrogenase*-Aktivitäten, so daß bei der nachgewiesenen Desaminierung des Blutglutamins durch das Kiemengewebe offenbar die desaminierende Tätigkeit der Enzyme (gegenüber Glutamin u. anderen Aminosäuren) für die NH_3-Ausscheidung verantwortlich ist. U. TAUSENDFREUND. 4210□

Der Stoffwechsel aromatischer Verbindungen höherer Pflanzen. 4. Mitt. Reinigung und Eigenschaften der Phenylalanindesaminase von Hordeum vulgare. Jane Koukol und Eric E. Conn. (J. biol. Chemistry **236.** 2692—98. Okt. 1961. Davis, Calif., Univ. of California, Dep. of Biochem. and Biophys.) (Engl.) — Vgl. C. **1961.** 7985.

Phenylalanindesaminase (**I**), die die Umwandlung von *L-Phenylalanin* (**II**) in trans-Zimtsäure u. NH_3 spezif. katalysiert, wurde aus Gerste, *Hordeum vulgare* L., var. *Aravat*, 28fach angereichert [Stengelacetonpulver, $(NH_4)_2SO_4$-Fraktionierung, Chromatographie an DEAE-Cellulose]. Das pH-Optimum von **I** ist 8,8—9,2. **I** wird durch Zimtsäure, ein Rk.-Prod., gehemmt; K_m für **II** $1{,}7 \pm 0{,}3 \cdot 10^{-3}$ molar. 10^{-3} m KCN hemmt die Rk. zu 85%. **I** ist ein SH-Enzym. *Glutathion* aktiviert, L-Cystein hemmt die Reaktion. Verschiedene aromat. Säuren, wie L-Tyrosin, trans-p-Cumarsäure, β-Phenyl-DL-serin, 3.4-Dihydroxyphenyl-DL-alanin, hemmen **I**. **I** ist ein Aspartase-ähnliches Enzym, das u. a. in Süßklee, Lupine, Reis, Alfalfa, Erbsen nachgewiesen wurde. K. MAIER. 4210□

Enzymatische Trennung racemischer Aminosäuren. 6. Mitt. Hydrolyse verschiedener N-Acyl-DL-Aminosäuren durch Pilzacylasen. Kimiyo Michi und Harumi Tsuda. (J. Biochemistry [Tokyo] **45.** 745—49. Okt. 1958. Tokyo, Japan, Women's Univ., Labor. of Food and Nutrit.) (Engl.) — 5. vgl. Bull. agric. chem. Soc. Japan **21.** [1957.] 235; 2. vgl. C. **1956.** 10502.

Acylase (**I**) wurde aus *Penicillium vinacium* von Weizenkleie u. von Takadiastase (*Aspergillus*) durch Aussalzen des Extraktes mit $(NH_4)_2SO_4$ bis 60% der Sättigung, Acetonfällung u. über den Rivanolkomplex isoliert. Die **I**-Aktivität wurde beim pH-Optimum ohne u. mit Aktivierung durch $10^{-3,7}$ m Co^{2+} an *Acetyl-DL-tyrosin*, *Acetyl-DL-phenylalanin*, *Acetyl-DL-tryptophan*, *Acetyl-DL-methionin* (**III**), *Acetyl-DL-alanin* (**IV**), *Acetyl-DL-isoleucin* (**V**), *Acetyl-DL-leucin* (**VI**), *Acetyl-DL-valin* (**VII**), *Chloracetyl-DL-valin* (**XII**), *Chloracetyl-DL-serin* (**VIII**), *Chloracetyl-DL-threonin* (**IX**), *Acetyl-DL-arginin*, *ε-Benzoyl-α-acetyl-DL-lysin*, *Diacetyl-DL-histidin*, *Acetyl-DL-glutaminsäure* (**X**), *Acetyl-DL-asparaginsäure* (**XI**) u. *Acetyl-D-phenylalanin* (**XIII**) bestimmt. Das pH-Optimum lag für die Acetyl-Derivv. (**II**) der α-Aminomonocarbonsäuren zwischen 7,2 u. 7,8, für die α-Aminodicarbonsäuren zwischen 5,4 u. 5,6. Die **II** der aromat. u. bas. Aminosäuren wurden durch **I** aus *Penicillium* u. *Aspergillus* gleich leicht gespalten, ebenso **III**, **IV** u. **X**. Weniger leicht in abnehmender Reihe wurden **V** > **VI** > **VII** > **XI** gespalten. **VIII** wurde leichter als **IX** hydrolysiert. Co^{2+} aktivierte die Spaltung bis zu mehr als 100%, nur die von **X** u. **XII** wurde leicht gehemmt. **XIII** wurde nicht gespalten. Die fast gleiche Wrkg. beider **I** auf alle Substrate spricht für die Gleichheit beider **I**. W. SCHÖNBORN. 4210□

Glutamylpeptidasen in Nierenschnitten von Ratten und Meerschweinchen. 1. Mitt. **Der histochemische Nachweis einer γ-Glutamyltranspeptidase-ähnlichen Aktivität.** George G. Glenner und John E. Folk. (Nature [London] **192.** 338—39. 28/10. 1961. Bethesda, Md., Nat. Inst. of Health.) (Engl.)

N-[γ-L-Glutamyl]-β-naphthylamid (**I**) mit Rattennierenhomogenat in Tris-Puffer inkubiert, ergab keine Spontanhydrolyse von **I**. Eine erhebliche Aktivierung wurde durch Zusatz von *Glycylglycin* (**II**) erzielt. Die Aktivierung konnte durch *γ-L-Glutamyl-L-alanin*, nicht jedoch durch *α-L-Glutamyl-L-valin* aufgehoben werden. Eine vollständige Hemmung wurde durch Zusatz von *Dinatriumtetrabromphenolphthaleinsulfonat* (**III**) erzielt. Histochem. wurde durch Zusatz von *L-Glutamin*, *α-L-Glutamyl-L-asparagin*, *$MgCl_2$*, *p-Chlormercuribenzoat*, *Na-Jodacetat*, *Di-Na-Äthylendiamintetraessigsäure*, *Na-Pyruvat*, *Diisopropylfluorphosphat* oder *Na-Taurocholat* keine Beeinflussung der enzymat. **I**-Hydrolyse gefunden. Das Naphthylamin freisetzende Enzym schien nicht mit *Glutaminase I* ident. zu sein, sondern ähnelte in seinen Eigg. einer *γ-Glutamyltranspeptidase*. Die Aktivität wurde in der Meerschweinchenniere in den Säumen der proximalen Tubuli des äußeren Marks u. der Markstrahlen sowie in den Acinarzellen des Pankreas, nicht in den Inseln gefunden.

Versuche: *N-[α-Benzyl-N^α-carbobenzoxy-γ-L-glutamyl]-β-naphthylamid*, F. 412 bis 444° (Äthylacetat–PAe.), aus $N^α$-Carbobenzoxy-L-glutamyl-α-benzylester u. *β-Naphthylamin* nach der Meth. der gemischten Anhydride mit *Isobutylchlorcarbonat* in Dioxan. —

N-[*γ*-L-*Glutamyl*]-*β*-*naphthylamid* (I), $C_{15}H_{16}N_2O_3$, F. 228° (verd. Essigsäure); $[\alpha]_D^{20}$ + 2,0° (c = 1,2; Dimethylformamid, 2n in HCl), aus vorst. Verb. durch katalyt. Hydrierung in Ggw. von Pd-Schwarz in 80%ig. Essigsäure. J. BOELTER. 4210□

Glutamylpeptidasen in den Nierenschnitten von Ratten und Meerschweinchen. 2. Mitt. **Die histochemische Charakterisierung einer einheitlichen α-Glutamylpeptidase-aktivität.** George G. Glenner und John E. Folk. (Nature [London] **192.** 339—40. 28/10. 1961.) (Engl.) — 1. vgl. vorst. Referat.

Die Hydrolyse von *N*-[α-L-*Glutamyl*]-*β*-*naphthylamid* (I) durch die Zellen der LANGERHANSschen Inseln u. das Epithel der interglobulären Kanäle des Meerschweinchen-pankreas konnte histochem. nachgewiesen werden. Eine vollständige Hemmung der I-Hydrolyse wurde nach Zusatz des *Di-Na-Salzes* der *Äthylendiamintetraessigsäure* sowie *Citrat, Phosphat* oder $CdCl_2$ erzielt. Keine Beeinflussung der Hydrolyse wurde durch $MgCl_2$, $MnCl_2$, *Jodacetat, p-Chlormercuribenzoat*, $ZnSO_4$, *Diisopropylfluorphosphat* oder $NiCl_2$ erreicht. Zusatz von *α-L-Glutamyl-L-phenylalanin* wirkte hemmend, während *L-Isoglutamin, L-Asparagin, L-Leucinamid, Benzyl-DL-argininamid, L-Glutamin, L-Glutaminsäure* oder *Glycylglycin* ohne Einfl. waren. *β-L-Asparagyl-, α-L-Asparagyl-* u. *α-L-Glutamyl-β-naphthylamid* wurden nicht durch das offensichtlich durch Metall aktivierbare Enzym gespalten.

Versuche: *N*-[*γ*-*Benzyl*-*N*-*carbobenzoxy*-*α*-L-*glutamyl*]-*β*-*naphthylamid*, F. 170° (Äthylacetat), aus *N-Carbobenzoxy-L-glutamyl-γ-benzylester* u. *β-Naphthylamin* nach der Meth. der gemischten Anhydride mit *Isobutylchlorcarbonat* in Dioxan. — *N*-[α-L-*Glutamyl*]-*β*-*naphthylamid* (I), $C_{15}H_{16}N_2O_3 \cdot H_2O$, F. 174—175° (90% Methanol–Ae.), $[\alpha]_D^{20}$ + 42,5° (c = 1; Dimethylformamid, 2n in HCl), aus vorst. Verb. durch katalyt. Hydrierung in Methanol. J. BOELTER. 4210□

Colorimetrische Bestimmung der elastolytischen Aktivität des Pankreas verschiedener Tiere und Proben des menschlichen Pankreas. P. Marrama, C. Ferrari, R. Lapiccirella und U. Parisoli. (Ital. J. Biochem. **8.** 280—86. Sept./Okt. 1959. Modena, Univ., Ist. di Clin. Med. Generale e Terap. Med.; Osp. S. Maria Nuova de Reggio Emilia.) (Engl.)

Zur colorimetr. Best. der *Elastase*-Aktivität werden die Pankreasproben mit 6 Teilen n/40-HCl homogenisiert, zentrifugiert, Überstand mit NaOH auf pH 8,93 gebracht, dann wird mit Elastin–Orcein inkubiert u. die Färbung bei 590 mμ spektrophotometr. bestimmt. Die elastolyt. Aktivität des Pankreas ist hoch bei der Ratte u. fällt in folgender Reihe ab: Schwein, Huhn, Pferd u. Rind. Beim Menschen ist sie ähnlich wie bei Pferd u. Rind. Eine Beziehung zwischen Alter u. Aktivität wurde nicht festgestellt.

P. GREGORZEWSKI. 4210□

Über die Enzymologie des Brechungsmediums des Auges. 6. Mitt. **Wirkung der Injektion von Halogenacetaten in die Linse auf die Transparenz und die Peptidase-aktivität der Kaninchenlinse.** E. Albert Zeller und David Shoch. (Amer. J. Ophthalmol. [3] **52.** 65—72. Juli 1961. Chicago, Ill., Northwestern Univ., Med. School, Dep. of Biochem. and Ophthalmol.) (Engl.) — 5. vgl. C. **1961.** 6898.

Zwischen der Entstehung einer Kataraktlinsentrübung u. einer gegen L-Phenylalaninester gerichteten *Enzymaktivität* scheint eine enge Beziehung zu bestehen. So konnte nach Injektion von 2,5 μm *Jodessigsäure* (höchstgereinigt) in die Linse von Kaninchen zusammen mit der innerhalb 3—4 Tagen auftretenden Linsentrübung eine deutliche Verminderung der, sowohl über posteriore als auch anteriore Linsenanteile verteilten Enzymaktivität nachgewiesen werden; der Abfall der Enzymaktivität ging bis zum 40. Tag weiter; weder Linsentrübung noch Rückgang der Enzymaktivität waren reversibel. Die auch bei menschlichen senilen Katarakten u. Linsentrübungen des Kaninchens auftretende Verminderung der Enzymaktivität läßt auf Stoffwechselstörungen im Linsenkörper als Ursache der Katarakte schließen. Durch Injektion von *Bromacetat* ließ sich ebenfalls eine, wenn auch geringer ausgeprägte, mit gleichzeitiger Verminderung der Enzymaktivität einhergehende Linsentrübung erzeugen. *Chlor-* u. *Fluoracetate* übten nur einen geringen Einfl. auf die Transparenz der Linsen u. die Enzymaktivität aus.

U. TAUSENDFREUND. 4210□

Die Kinetik der durch Chymotrypsin katalysierten Kondensation von N-Benzoyl-L-tyrosin mit Glycylanilid. Oscar Gawron, A. J. Glaid III, R. E. Boyle und Gerald Odstrchel. (Arch. Biochem. Biophysics **95.** 203—10. Nov. 1961. Pittsburgh, Pa., Duquesne Univ., Dep. of Chem.) (Engl.)

N-Benzoyl-L-tyrosin (I) wurde mit *Glycylanilid* (II) u. *Chymotrypsin* (III) bei pH 6,5 u. 23° inkubiert. Die Kinetik der enzymat. Bldg. von *N-Benzoyl-L-tyrosylglycylanilid* (IV) wurde durch die Abnahme von II photometr. gemessen. Das Ferment erwies sich auch bei längeren Verss. (27 Std.) als stabil. Die Verss. ergaben eine lange u. nichtreproduzierbare Induktionsperiode, die durch Kratzen mit einem Glasstab stark verkürzt u. durch Zugabe von genügend krist. **IV** vollständig beseitigt werden konnte. Doch schien nicht die Kristallisation von **IV**, sondern die Bldg. lösl. Acylaminosäureanilide der reaktionsbegrenzende Schritt zu sein. Die Anfangs-Geschw. zeigte eine typ. MICHAELIS-MENTEN-Beziehung mit einer MICHAELIS-Konst. K_m von **I** zu 0,08 Mol/Liter, V_{max} betrug $1{,}5 \cdot 10^3$ Mol/Liter/Mol Enzym/Mol **II**. Es wird angenommen, daß die enzymat. Synth. in der Bldg. eines Komplexes zwischen **I** u. **III** besteht, der mit der NH_2-Gruppe von **II** unter **IV**-Bldg. u. **III**-Freisetzung reagiert. Wahrscheinlich ist die **IV**-Synth. die Umkehrung der **III**-katalysierten Hydrolyse. J. BOELTER. 4210□

Stickstoff-Stoffwechsel in der „Wurzel" von Brassica napus L. J. G. Boswell. (New Phytologist **60**. 1–8. April 1961. Sheffield, Univ.) (Engl.)

Gewebescheiben aus Rüben (*Brassica napus*) wurden 48 Std. in Leitungswasser gespült u. dann in belüfteten Phosphatpuffer (pH variierend von 4,7–5,3) übergeführt. Der Gesamt-*N*-Geh. nimmt während des Waschens ab. Werden die Scheiben in Puffer übergeführt, so steigt der Geh. von Protein- u. Aminosäure-N auf Kosten der anderen N-Fraktionen. Der Auf- u. Abbau von Proteinen geschieht gleichzeitig u. wird von 2 verschiedenen *Enzym-Syst.* kontrolliert, u. zwar enthält das Enzym-Syst. für die Protein-Synth. *Cu*, das für den Abbau *Fe*. Sie können durch spezif. Hemmstoffe selektiv ausgeschaltet werden. Als Fe–Enzym-Inhibitoren dienten u. a. *Na-Azid*, *Na-Jodacetat* u. *Malachitgrün*, als Cu–Enzym-Inhibitoren *Na-Arsenit* u. „*Dieca*". Durch Zugabe von organ. Säuren kann die Protein-Synth. gesteigert werden. U. MOTHES. 4210□

Wirkungen von Glucose auf die Palmitatveresterung durch isoliertes Rattenzwerchfell. Irving B. Fritz und Eli Kaplan. (Amer. J. Physiol. **200**. 1047–50. Mai 1961. Ann Arbor, Mich., Univ. of Michigan, Dep. of Physiol.) (Engl.)

Die bekannte *Glucose* (**I**)-Wrkg. auf die Fettsäureoxydation durch das isolierte Rattenzwerchfell steht in Beziehung zu einer Anregung der Synth. von Glyceriden. So wurde die Oxydation von ^{14}*C-Palmitat* zu CO_2 durch Hemidiaphragmen normal ernährter oder gefasteter Ratten nach Zufügung von **I** u., bes. ausgeprägt, von *Insulin* (**II**) verringert sowie der Einbau von Palmitat in die Neutralfette (ohne unveresterte Fettsäuren) gesteigert. **II** allein blieb ohne Wrkg. auf den Palmitatstoffwechsel, steigerte jedoch in Ggw. von **I** die **I**-Wirkung. Es läßt sich noch nicht entscheiden, ob **I** den Einbau von Palmitat in Muskelglyceride durch gesteigerte Glycerid-Synth. oder durch Hemmung lipolyt. Aktivität bewirkt. U. TAUSENDFREUND. 4210□

Fettstoffwechsel bei höheren Pflanzen. 14. Mitt. Faktoren, die die Synthese von Ölsäure durch besondere Behandlung des Avocadomesocarps beeinflussen. J. B. Mudd und P. K. Stumpf. (J. biol. Chemistry **236**. 2602–09. Okt. 1961. Davis, Calif., Univ. of California, Dep. of Biochem. and Biophysics.) (Engl.) — 13. vgl. C. **1961**. 9070.

Es werden systemat. Verss. über die Synth. von *Ölsäure* aus *Acetat* durch eine bes. Behandlung des Mesocarps von Avocado (Varietät FUERTE, MACARTHUR oder HAAS) durchgeführt. Das Mesocarp von einer rohen Avocado (200 g), mit 250 ml eiskalter 0,25 m Saccharose-Lsg. kalt vermahlen, liefert ein Homogenat, das, mittels eines Käsetuches filtriert, ein Filtrat ergibt, aus dem unter genormter Behandlung durch Zentrifugierung ein Rückstand erhalten wird; er wird in 5–10 ml einer molaren Saccharose-Lsg. suspendiert u. dient als Substrat für die Synth.; daneben werden auch Schnitte, Homogenate u. zellfreie Präpp. herangezogen. Zusammen mit markiertem Acetat ($CH_3{}^{14}COOH$) u. den sonst für die enzymat. Synth. erforderlichen Cofaktoren (J. biol. Chemistry **22**. [1957.] 407; Plant Physiol. **33**. [1958.] 365) werden die Präparationen aus dem Mesocarp im Wasserbad bei 31° ohne Schütteln stehengelassen; nach Abschluß des Vers. (ca. 1 Std.) wird mit HCl angesäuert; Extraktion der Lipide mit $CHCl_3$; Prüfung der Aktivität der Lipide; Abtrennung der Fettsäuren, die chromatograph. an Filterpapier, mit Silicon (Dow Corning 200) behandelt, differenziert u. identifiziert werden; die im Rk.-Gemisch enthaltenen, nach der Abtrennung der Lipide verbliebenen organ. Säuren werden nach HATCH u. Mitarbeiter (J. Lipid Res. **1**. [1960.] 214) bestimmt. Bei den Verss. wird das markierte Acetat in Fettsäuren, aber auch in *Citronen-*, *Bernstein-*, *Malon-*, *Äpfel-* u. *α-Ketoglutarsäure* eingebaut. Die Fettsäuren liegen in Triglyceriden u. in Phospholipiden vor. Der Einbau des Acetats erfolgt optimal bei pH 8. Die Bldg. von *Ölsäure*, die deutlich bei pH über 8 abnimmt, wird durch gesteigerte Verwertbarkeit des erforderlichen Sauerstoffs begünstigt; dies gilt für Temp. bis 46° u. für verd. Suspensionen aus dem Mesocarp. Freie Fettsäuren, vor allem Ölsäure, hemmen den Einbau des Acetats in Fettsäuren ebenso wie in die organ. Säuren des KREBS-Cyclus; diese Hemmung geht wahrscheinlich auf die Verwertung von Adenosintriphosphat zurück. Auch Malonat u. Citrat hemmen den Einbau von Acetat in die Säuren des KREBS-Cyclus. Der Anteil an gebildeter Ölsäure wird durch Malonat etwas erhöht, durch Citrat etwas erniedrigt. Zugesetzte *Caprin-*, *Palmitin-* bzw. *Stearinsäure* zum Rk.-Syst. werden unverändert in die Triglyceride u. Phospholipide eingebaut; Kettenverlängerung oder Desaturierung werden nicht beobachtet. — 45 Literaturangaben. K. TÄUFEL. 4210 □

Fettstoffwechsel bei höheren Pflanzen. 15. Mitt. **Enzymatische Synthese von Fettsäuren durch einen Extrakt aus Avocadomesocarp.** E. J. Barron, C. Squires und P. K. Stumpf. (J. biol. Chemistry **236.** 2610—14. Okt. 1961.) (Engl.)

Unter Hinweis auf die Literatur über die Bldg. von langkettigen Fettsäuren aus Acetylcoenzym A durch zellfreie Syst. aus Kükenleber, Hefe, Rattenleber, Rattengehirn, aber auch mittels eines Mitochondrien-Präp. aus Avocadomesocarp (vgl. STUMPF u. Mitarbeiter, C. **1959.** 3525; SQUIRES u. Mitarbeiter, C. **1959.** 16682) werden analoge Verss. mit einem wasserlösl. Präp. aus Avocadomesocarp durchgeführt. Angaben über Herst. eines Acetonpulvers (1 g aus 1000 g Mesocarp) aus den mitochondrialen Partikeln des Mesocarps, über die Durchführung der Verss., wobei markiertes Acetat ($CH_3{}^{14}COOH$) bzw. markiertes Acetylcoenzym A eingesetzt werden, über die Synth. von markiertem Acetat, Acetylcoenzym A, Malonylcoenzym A nach den Verff. des Schrifttums sowie über die analyt. Behandlung der Rk.-Syst., die auf Protein, Lipide u. die an deren Aufbau beteiligten gesätt. u. ungesätt. Fettsäuren geprüft werden. Die Ergebnisse werden graph. dargestellt u. in Tabellen zusammengefaßt. Die Ergebnisse scheinen sich von denen anderer Forscher, die mit tier. Syst. gearbeitet haben, zu unterscheiden. Im Cytoplasma befindet sich kein lösl. Enzymkomplex, der Fettsäuren synthetisiert, wohl aber in der frischen Mitochondria. Wss. Extrakte aus dem Acetonpulver des Avocadomesocarps bauen aus Acetat in Ggw. von CO_2, ATP, Coenzym A, Mn^{2+} u. red. TPN *Palmitat* u. *Stearat* auf; das Rk.-Syst. ist gegenüber Avidin sehr empfindlich. Auch Acetyl- u. Malonylcoenzym A werden leicht in die 2 genannten Fettsäuren eingebaut, wobei nicht zugegen sein müssen ATP, Coenzym A oder CO_2; dieses Rk.-Syst. ist gegenüber Avidin unempfindlich. Der Ort der Glycerid-Synth. scheint die mikrosomale Fraktion aus dem Mesocarp zu sein. K. TÄUFEL. 4210 □

Die enzymatische Spaltung von Monophosphoinositid durch Präparate von Phospholipase B. R. M. C. Dawson. (Biochim. biophysica Acta [Amsterdam] **27.** 227—28. Jan. 1958. Brabraham, Cambridge, England, A. R. C. Inst. of Animal Physiol., Biochem. Dep.) (Engl.)

Das mittels *Phospholipase B* (**I**) des *Penicillium notatum* aus *Lecithin* (**III**) erhaltene *Monophosphoinositid* (**II**; *Phosphatidylinosit*; C. **1959.** 9954) wird von dem Penicillium-Präp. (optimal bei pH 3,3) weiter hydrolysiert, wobei unter Aufnahme von 2 Mol H_2O der in W. lösl. *Glycerylphosphorylinosit* u. 2 Mol Fettsäure gebildet werden. **I** aus Rinderpankreas (**Ia**), das gegen Lecithin ohne Wrkg. ist, wirkt in ähnlicher Weise (optimal bei pH 6,1). Es ist noch nicht klar, ob der akt. Bezirk des **I** für die Abspaltung beider Fettsäure-Moll. aus **II** verantwortlich ist. Lysolecithin wird von **I** u. **Ia** bei den genannten pH-Werten optimal angegriffen, hemmt aber die Wrkg. von **I** u. **Ia**. Die Wrkg. von **I** u. **Ia** gegen **II** kann durch ausreichende Mengen **III** völlig gehemmt werden. Während **I** *Glycerylphosphorylcholin* freisetzt, ist dies bei **Ia** nicht der Fall. **I** wird von Ca^{2+} nicht angegriffen oder nur schwach gehemmt, während **Ia** durch Ca^{2+} ausgesprochen aktiviert wird. A. HESSE. 4210 □

Intermediärstoffwechsel im isolierten Rattendiaphragma. A. K. Huggins und M. J. H. Smith. (Biochem. J. **81.** 19 P. Okt. 1961. London, Med. School, King's Coll. Hosp., Dep. of Chem. Pathol.) (Engl.) — Vgl. C. **1962.** 2410.

Bei der Inkubation isolierter Rattendiaphragmen mit *^{14}C-Glucose*, *$^{14}C_{(3)}$-Pyruvat* oder *$^{14}C_{(2)}$-Acetat* hängt das Verhältnis der in die Intermediärverbb. des abgetrennten Mediums u. des Gewebeextraktes aufgenommenen Radioaktivität sowohl von der markierten Verb. als auch vom Inkubationsmedium ab. Bei KREBS-RINGER-Phosphat-Lsg. ist das Verhältnis für ^{14}C zwischen Medium u. Gewebe: Glucose : 10, Pyruvat : 4, Acetat : 1; für KREBS-RINGER-Bicarbonat-Lsg. sind die entsprechenden Werte 3,3 u. 0,5. Die qual. Verteilung der Radioaktivität ist für beide Medien sehr ähnlich. ^{14}C erscheint in Verbb. der Glykolyse, des Tricarbonsäurecyclus, der Transaminierung u. synthet. Reaktionen. Bei ^{14}C-Glucose ist die Radioaktivität der Aminosäurefraktion bei Verw. von KREBS-RINGER-Phosphat als Inkubationsmedium größer. P. GREGORZEWSKI. 4210 □

Thermische Stabilität von Allinase und enzymatische Regenerierung des Aromas in geruchlosem Knoblauchpuder. J. S. Pruthi, L. J. Singh und Girdhari Lal. (Current Sci. **28.** 403—04. Okt. 1959. Mysore, Centr. Food Technol. Res. Inst.) (Engl.)

Schon nach 2½ minütigem Blanchieren von frischem Knoblauch läßt sich keine antibakterielle Aktivität (A.B.A.) infolge der vollständigen Zerstörung der *Allinase* feststellen. Aroma u. A. B. A. können jedoch durch Zugabe geeigneter enzymat. Rohextrakte, aus frischem Knoblauch dargestellt, wiederhergestellt werden. S. VIERKÖTTER. 4210 □

Coenzym Q. 25. Mitt. **Die urinäre Ausscheidung von Coenzym Q_{10} durch Patienten mit Diabetes mellitus.** Stanley S. Bergen jun., Frank R. Koniuszy, A. C. Page jun. und Karl Folkers. (Arch. Biochem. Biophys. **95.** 348—51. Nov. 1961. Rahway, N.J., Merck, Sharp & Dohme Res. Labor.; New York, N.Y., St. Luke's Hosp., Dep. of Med.) (Engl.)

Die tägliche Ausscheidung von *Coenzym* Q_{10} (I) im Urin durch Patienten mit Diabetes mellitus, teilweise zusätzlich mit Artheriosklerose oder LAENNECscher Zirrhose, betrug bei ♂ Patienten ca. 71 µg, bei ♀ Patienten ca. 58 µg. Im Urin wurde kein I in gebundener Form gefunden. J. BOELTER. 4210 □

E_3. Mikrobiologie. Bakteriologie. Immunologie

Aminosäuren als Stickstoffquelle für pantothensäurebedürftige Hefezellen. Augustin Betz. (Ber. dtsch. bot. Ges. **73.** 296—304. 31/10. 1960. Bonn, Univ., Bot. Inst.) (Dt.)

Wird zu einer vollständigen Nährlsg. *Caseinhydrolysat* gegeben, so wird bei der Hefe „FROHBERG" das Wachstum gesteigert, bei der Hefe 9080 (*Saccharomyces carlsbergensis*) dagegen gehemmt, wenn *β-Alanin* (I) als Vitaminquelle (Vitaminbaustein) geboten wird. *Pantothensäure* (II) hebt hier die Hemmung wieder auf. Auf die Hefe „FROHBERG" wirken in Ggw. von I u. II *Propionsäure, dl-β-* u. *dl-α-Aminobuttersäure, dl-Norleucin, Leucin* (kalt sterilisiert), *dl-Tryptophan, l-α-Alanin, l-Threonin, l-Asparaginsäure, l-Glutamin, 3.4-Dihydroxyphenylalanin* u. *l-Prolin* wachstumshemmend, *γ-Aminobuttersäure* (III), *l-Asparagin, Glycin, dl-Serin, dl-Threonin, l-Arginin, dl-Valin, l-Leucin, l-Lysin, l-Glutaminsäure, l-Phenylalanin, l-Hydroxyprolin* (IV) u. *l-Histidin* wachstumsfördernd. Beim I-bedürftigen Hefestamm 9080 tritt die Hemmwrkg. noch stärker als bei Hefe „FROHBERG" hervor. Die vorst. Verbb. zeigen mit Ausnahme von III u. IV antagonist. Wrkg. u. hindern pantothenbedürftige Hefezellen, aus I die II aufzubauen. W. HILLER. 4310 □

Hämin und Vitamin-K-Verbindungen als notwendige Faktoren für die Kultivierung bestimmter Stämme von Bacteroides melaninogenicus. Ronald J. Gibbons und John B. Macdonald. (J. Bacteriol. **80.** 164—70. Aug. 1960. Boston, Mass., Forsyth Dent. Infirmary and Harvard School of dent. Med.) (Engl.)

Rein gezüchtete Kulturen von *B. melaninogenicus* in einem Na-Thioglykolat enthaltenden Nährmedium wurden mit den Testsubstanzen bei 37° 3—5 Tage anaerob inkubiert. In 12 von 14 Fällen wurde *Hämin* (I) zum Wachstum benötigt, wobei I zusammen mit *Vitamin K*, in einem zellfreien Überstand von *Staphylococcus aureus* enthalten, zugegeben wurde. *Menadion* (II), im Optimum 0,08 mg/ml, war in der Lage, die Wachstumsfaktoren des Staphylokokkenfiltrates zu ersetzen. Daneben waren *Vitamin* K_1 u. K_2, *Menadionbisulfit* u. *Phthiocol* wachstumsfördernd, ebenso Naphthalin-Derivv., die ein Sauerstoffatom bzw. eine Hydroxy- oder Carboxylgruppe in α-Stellung enthalten. *α-Naphthol, α-Tetralon* u. *α-Naphthoesäure* waren wirksam, während *Naphthalin, β-Naphthol, 1-Methylnaphthalin* u. *1-Aminonaphthalin* unwirksam blieben. Zusätzliche Substitution in 2-, 3- u. 4-Stellung schien ohne Einfl., da *2.3-Dichlor-1.4-naphthochinon, 1.2-Naphthochinon, 1.3-Dihydroxynaphthalin* u. *1.2-Naphthochinon-4-sulfonsäure* wachstumsfördernd blieben. Substitution des 2. Ringes beeinträchtigte die Wirkung. *α-Naphthol-3.6-disulfonsäure* war nicht, *1.5-Dihydroxynaphthalin* nur wenig wirksam. Einring-Verbb. wie *Benzochinon, Hydrochinon, Salicylsäure, Phthalsäure* u. *γ-Phenyl-n-buttersäure*, waren unwirksam. *2-Methylanthrachinon* wirkte hemmend, ebenso *Dicumarin* (kompetitiv), dessen Wrkg. teilweise durch II aufgehoben werden konnte. Der menschliche Speichel wirkte wachstumsfördernd, jedoch nur der unmittelbar aus den Drüsen gewonnene. J. BOELTER. 4310 □

Die Nutzbarmachung von Nucleinsäurederivaten durch Penicillium chrysogenum. Young Tai Kim und Frederick T. Wolf. (Bull. Torrey bot. Club **88.** 42—46. Jan./Feb. 1961. Nashville, Tenn., Vanderbilt Univ., Dep. of Biol.) (Engl.)

Die Nutzbarmachung von 34 *Nucleinsäure-Derivv.* u. verwandten Verbb. als einzige N-Quelle zum Wachstum wurde bei *Penicillium chrysogenum Q 176* untersucht. Alle geprüften *Pyrimidine* waren entweder nicht ausgenutzt oder erwiesen sich als arme N-Quelle. *Adenin, Guanin, Hypoxanthin, Xanthin* u. *Harnsäure, Allantoin* u. *Harnstoff* waren ausgezeichnete N-Quellen. *Methylierte Purine* werden nicht ausgenutzt. *Ribonuclein-* u. *Desoxyribonucleinsäure* sind hervorragende N-Quellen. *Adenin* u. *Guanin* werden zum Wachstum besser ausgenutzt als *Adenosin, Adenylsäure, Guanosin* u. *Guanylsäure. Cytidin, Cytidylsäure, Uridin* u. *Uridylsäure* werden wirksamer ausgenutzt als *Cytosin* oder *Uracil.* H. GOLDNER. 4310 □

Wachstum von Bakterien im Blut. I. Forest Huddleson. (Bull. Organisat. mond. Santé **21.** 187—99. 1959. East Lansing, Mich., Michigan State Univ.; Michigan Agric. Exp. Stat.) (Engl.)

Normalerweise können Bakterien im Blut von Kühen oder Menschen oder in geeigneten Kulturmedien nicht leben oder sich vermehren. Dies ist jedoch durch einen Zusatz von optimalen Beträgen an H^+- u. Mg^{2+}-*Austauscherharzen* sowie *Na-Citrat* zum Blut der Fall. *Milchsäure, Brenztraubensäure, HCl*, H_2SO_4, HNO_3, H_3PO_4, $CoCl_2$ oder Co^{2+}-*Austauscherharz* sind ohne Wirkung. G. KIMMERLE. 4310

Anwendung der Spektralanalyse bei mikrobiologischen Untersuchungen. Frigyes Macher und Ernö Manninger. (Agrokémia és Talajtan [Agrochem. u. Bodenkunde] **10.** 277—84. Mai 1961.) (Ung.)

Im Glührückstand von *Sarcina citrea* u. *Azotomonas insolata* Kulturen wurden die anorgan. Bestandteile u. Spurenelemente bestimmt, zum Beweis, daß die Spektralanalyse auch in der Mikrobiologie nutzbringend sein kann. G. BIDLÓ. 4315

Struktur der intracellulären Glycerinteichosäure aus Lactobacillus casei A.T.C.C. 7469. Marianne V. Kelemen und J. Baddiley. (Biochem. J. **80.** 246—54. Aug. 1961. Newcastle-upon-Tyne, Univ. of Durham, King's Coll., Dep. of Chem.) (Engl.)

Während die Zellwände von *Lactobacillus casei A.T.C.C. 7469* frei von Teichosäure sind, enthält der Zellinhalt *Glycerinteichosäure* (**I**). **I** konnte aus entfetteten Zellen, die durch Schütteln mit Glasperlen zertrümmert waren, durch Behandlung mit Trichloressigsäure u. mehrfaches Umfällen mittels A. isoliert u. teilweise gereinigt werden. **I** liefert bei saurer Hydrolyse Glycerin, Glycerinmonophosphat u. Glycerindiphosphat. Bei Hydrolyse mit heißem Alkali entsteht auch ein gegen Alkali stabiles *Diglycerintriphosphat*, das bei Einw. von Phosphomonoesterase (aus Prostata) *Diglycerinphosphat* liefert, welches mit Alkali zu Glycerin (**II**) sowie α-Glycerophosphat u. β-Glycerophosphat hydrolysiert wird. Daraus folgt, daß **I** ein Polymeres ist, in welchem **II**-Reste durch Phosphodiesterbindungen am $C_{(1)}$ u. $C_{(3)}$ des **II** miteinander verknüpft sind. **I** enthält ferner *D-Alanin* (**III**) (dessen Konfiguration durch Oxydation mittels D-Aminosäureoxydase ermittelt wurde), das durch Esterbindungen am $C_{(2)}$ jedes **II**-Restes gebunden ist. Die **III**-Reste reagieren leicht mit Alkali u. Aminen; die Rk. mit Hydroxylamin verläuft mit ähnlicher Geschw. wie die entsprechende Rk. der mit Ribonucleinsäure verknüpften Aminosäuren während der Zwischenstufen der Synth. von Protein.
A. HESSE. 4315 □

Weitere Untersuchungen über die Teichosäure aus Zellwänden von Bacillus subtilis. J. J. Armstrong, J. Baddiley und J. G. Buchanan. (Biochem. J. **80.** 254—61. Aug. 1961. Newcastle upon Tyne, Univ. of Durham, King's Coll., Dep. of Chem.) (Engl.) — Vgl. C. **1961.** **17239.** u. vorst. Referat.

Die *Ribitteichosäure* (**I**) aus *Bacillus subtilis* liefert bei alkal. Hydrolyse in der Hauptsache *4-O-[β-D-glucopyranosyl]-D-ribit-1-phosphat* u. das isomere *4-O-(β-D-glucopyranosyl)-D-ribit-2-phosphat* u. daneben *Glucosylribitdiphosphat-(1.5)* u. *Glucosylribitdiphosphat-(2.5)*. Die Struktur der Hydrolyse-Prodd. wurde durch Oxydation mit Perjodat ermittelt. Durch diese Unterss. wurde die früher (l. c.) vermutete Struktur von **I** bestätigt. — Oxydation von **I** mit gepuffertem Perjodat vor u. nach Entfernen der Alaninesterreste zeigt, daß die NH_2-Gruppe an einem OH am $C_{(2)}$ oder $C_{(3)}$ der Ribitreste verknüpft ist. A. HESSE. 4315 □

Wasserlösliche Komplexe der Brucellen. E. M. Gubarew, G. D. Bolgowa und E. K. Alimowa. (Український Біохімічний Журнал [Ukrain. biochem. J.] **33.** 833 bis 841. 1961. Rostow/Don, Med. Inst., Lehrstuhl für Biochem.) (Ukrain.; Auszug: Engl.)

Die aus *Brucella abortus 93* u. *Br. suis 44* erhaltenen wasserlösl. Komplexe sind Verbb. von *Polysaccharid, Eiweiß* oder *Polypeptid, Ribonucleinsäure* (**I**) u. *Desoxyribonucleinsäure* (**II**). Die aus verschiedenen Brucellaarten gewonnenen Präpp. unterscheiden sich voneinander im Geh. an **I** u. **II**. Das Präp. aus Br. abortus enthält 10mal mehr **II** als das Präp. aus Br. suis. In allen Fällen liegen folgende Aminosäuren vor: Cystin, Lysin, Arginin, Histidin, Asparaginsäure, Glykokoll, Serin, Glutaminsäure, Alanin, Prolin, α-Aminobuttersäure, Tyrosin, Valin, Methionin u. Phenylalanin. Durch Chromatographie u. Elektrodialyse wird festgestellt, daß die Purin- u. Pyrimidinbasen Adenin, Guanin, Cytosin, Uracil u. Thymin enthalten. Die Kohlenhydrate enthalten Ribose, Arabinose, Glucose. Durch Hydrolyse mit 0,1 n CH_3COOH erhält man aus dem Komplex von Br. suis je eine mit dem 3fachen Vol. Aceton oder mit A. fällbare Fraktion. Die mit A. fällbare Fraktion enthält viel **I** u. **II**, so daß sie ein bes. starkes Red.-Vermögen aufweist. In Verss. mit Meerschweinchen zeigen die Ausgangskomplexe keine tox. Eigenschaften. Sowohl die ursprünglichen Komplexe wie die Fraktionen geben mit Antibrucellaserum in der Verdünnung 1 : 150000 eine positive Rk. der Präcipitation. Alle Präpp. zeigen eine ausgesprochene allergene Aktivität. Diese ist bei den mit Essigsäure oder A. fällbaren Fraktionen bes. hoch. O. LEBTAG. 4315 □

Bemerkungen über den Protein- und Nucleinsäuregehalt von Anaerobiern der Art Treponema. Vergleich mit den Mycobakterien. Michel Moureau. (C. R. hebd. Séances Acad. Sci. **249.** 846—47. 10/8. 1959. Paris, Inst. Pasteur.) (Franz.)

Es wird der *Ribo-* u. *Desoxyribonucleoprotein*-Geh. verschiedener Keime (*Treponema microdentium, T. minutum, T. refringens, T. phagedenis* u. *T. calligyra* u. *Mycobacterium tuberculosis* wie *B.C.G.* u. *B.K. virulent*) untersucht. Es zeigt sich eine gewisse Parallele zwischen Desoxyribonucleinsäure-Geh. u. Teilungsvermögen auf der einen Seite u. zwischen *Ribonucleinsäure*-Geh. u. pathogener Wrkg. auf der anderen Seite.

H. STRUCK. 4315□

Celluläre Komponenten von Bacillus megatherium und ihre Rolle bei der Proteinbiosynthese. G. N. Godson, G. D. Hunter und J. A. V. Butler. (Biochem. J. **81.** 59—68. Okt. 1961. London, Royal Cancer Hosp., Inst. of Cancer Res., Chester Beatty Res. Inst.) (Engl.)

Aus den Protoplasten von *B. megatherium* wird durch Lysis in Puffer-Lsg. ein Membrankomplex (Mk) erhalten, der durch Ultraschallbehandlung weiter zerlegt werden kann. Als Komponenten des Mk wurden gefunden: eine *Mucoprotein*-Fraktion, eine *Phospholipoid*-Fraktion, *Ribonucleoprotein*-Partikel (Ribosomen) sowie *Ribonucleinsäure* von niederem Molgew. zusammen mit gelöstem *Protein* u. den *aminosäureaktivierenden Enzymen* der Zelle. Werden der gesamte Mk oder Protoplasten mit *^{14}C-Aminosäuren* (*L-Phenylalanin, L-Leucin*) inkubiert, so treten ^{14}C-Proteine zuerst in den Ribosomen- u. Phospholipoproteinfraktionen auf. Der größere Teil der ^{14}C-Proteine findet sich in der Phospholipoproteinfraktion, wobei keine Anzeichen dafür sprechen, daß sie von den Ribosomen stammen.

P. SCHWERDTFEGER. 4315□

Homocitrullylaminoadenosin, ein aus Cordyceps militaris isoliertes Nucleosid. Nicholas M. Kredich und Armand J. Guarino. (J. biol. Chemistry **236.** 3300—02. Dez. 1961. Ann Arbor, Mich., Univ., Dep. of biol. Chem.) (Engl.)

Die Verb. wurde aus dem auf einem zu 1% aus Glucose u. zu 0,5% aus enzymat. Caseinhydrolysat bestehenden Nährmedium gewachsenen Mycel von *Cordyceps militaris* nach Homogenisieren, Abtrennung der unlösl. Anteile u. Fraktionierung an einer Dowex-50 (NH_4^+)-Säule durch Elution mit 0,1n NH_4OH gewonnen. Auf Grund des für das N-9-substituierte *Adenin* typ. Absorptionsspektrums, des gebildeten Dipikrats, positiver Rkk. auf Carbamylgruppierung, der Abspaltung eines DNP-Deriv. des Lysins nach 12std. Hydrolyse in 6n HCl, Spaltung der Verb. in Adenin u. *Homocitrullin* mit 1,0n HCl bei 100° (10 Min.) u. *3-Amino-3-desoxyribose* mit 6n HCl bei 100° sowie einer Reihe weiterer Rkk. mit synthet. Vgl.-Substanzen wurde für das *Homocitrullylaminoadenosin* nebenstehende Formel aufgestellt.

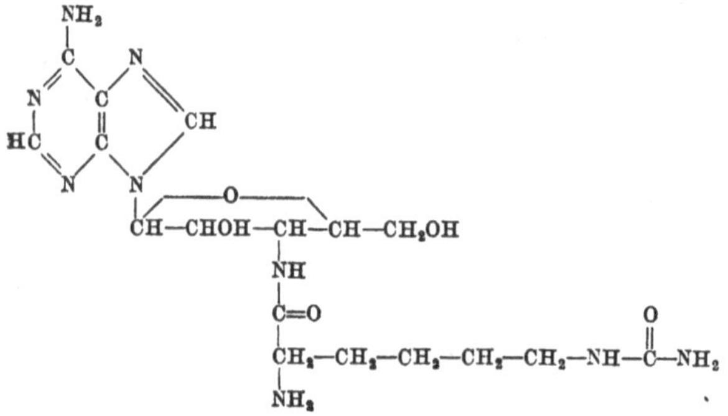

S. VIERKÖTTER. 4315□

Die Hetero-Milchsäuregärung. 3. Mitt. Stellung des ^{14}C in Produkten der Fructosedissimilation bei Leuconostoc mesenteroides. Martin Busse, Paul K. Kindel und Martin Gibbs. (J. biol. Chemistry **236.** 2850—53. Nov. 1961. Ithaca, N.Y., New York State Coll. of Agric., Dep. of Biochem.; Cornell Univ.) (Engl.) — 2. vgl. C. **1955.** 10540.

Fructose (I) wird von *Leuconostoc mesenteroides* (LM) zu CO_2, A., Essigsäure (II), Milchsäure u. Mannit (III) abgebaut. Bei der Einw. von LM auf $^{14}C_{(1)}$-, $^{14}C_{(2)}$- u. $^{14}C_{(6)}$-I (Stamm 39, ATCC 12291, Inkubation der suspendierten Zellen in 0,33m K-Phosphatpuffer, pH 6,0, 30°, 150 ml, WARBURG-Gefäß unter N_2) erhielten Vff. die Hauptmenge der Aktivität in den gleichen Gärprodd., die mit Ausnahme von **II** u. **III** auch aus *$^{14}C_{(2)}$-Glucose* (**IV**) gebildet werden. **I** kann im Gegensatz zu **IV** in LM-Kulturen unter Bldg. von **III** als H_2-Acceptor fungieren. Zusatz von **III** erhöht auch die Ausbeute an CO_2 (Reoxydation von **III**). Die Bldg. von $^{14}CO_2$ aus dem $C_{(6)}$-Atom der **I** spricht für einen Austauschmechanismus über **III** als Zwischenstufe. An dem Abbau der **I** sind u. a. *Fructosephosphoketolase* sowie eine reversible diphosphopyridinspezif. *Mannitdehydrogenase* beteiligt. Letzte katalysiert die Umwandlung von **I** in **III** u. wurde in rohen Extrakten von LM nachgewiesen. — Die Herst. der markierten **I** erfolgte durch Isomerisierung der entsprechend markierten **IV** durch Inkubation mit *Hexokinase* u. *Phosphoglucoseisomerase* in Trispuffer (pH 7,5) in Ggw. von $MgCl_2$ u. Adenosintriphosphat, anschließende Dephosphorylierung mit saurer Kartoffelphosphatase, papierchromatograph. Trennung der **I** u. **IV** (Butanol-A.-W. = 52 : 32 : 16) u. Elution der Zucker. B. Görlich. 4320□

Untersuchung der Thiaminsynthese in der Hefe. 1. Mitt. **Thiaminsynthese in Saccharomyces cerevisiae.** Kuniko Miyagawa. (Vitamins [Kyoto] **16.** 680—86. 1959. Osaka, Osaka City Univ., Fac. of Sci. of Living, Nutrition Labor.) (Jap.; Auszug: Engl.)

2-Methyl-4-amino-5-hydroxymethylpyrimidin, *2-Methyl-4-amino-5-aminomethylpyrimidin* u. *2-Methyl-4-amino-5-formylaminomethylpyrimidin* sind gute Ausgangsstoffe für die *Thiamin*-Synth. in Reader-Medium in Ggw. der Thiazolhälfte durch *Saccharomyces cerevisiae*. Der zellfreie Extrakt enthält ein vollständiges Enzym-Syst. für diese Synthese. P. Gregorzewski. 4320□

Eine antifungale Substanz aus Pseudomonas aeruginosa. Paul D. Klite und Glen B. Gale. (Antibiotics and Chemotherapy **11.** 256—60. April 1961. Durham, N. C., Veterans Administr. Hosp. and Duke Univ. Med. Center, Dep. of Physiol. and Pharmacol.) (Engl.)

In der Nähr-Fl. von *Pseudomonas aeruginosa* wurde eine Substanz gefunden, welche das Wachstum von *Candida albicans* u. gewisse andere pathogene Fungi hemmt. Keine ähnliche Substanz wurde in der Nähr-Fl. anderer, normalerweise in der Darmflora vorhandener Bakterien aufgefunden. H. Aman. 4330□

Neue chemische Methode zur raschen Unterscheidung Isoniazid-sensibler und Isoniazid-resistenter Tuberkelbakterien. W. A. Vischer, M. O. Tirunarayanan und H. Bruhin. (Schweiz. Z. allg. Pathol. Bakteriol. **22.** 577—88. 1959. Basel, J. R. Geigy A.G., Wissensch. Labor.) (Dt.)

Isonicotinsäurehydrazid (**I**)-sensible (H 37 Rv) u. die **I**-resistenten Stämme H 37 Rv-Ir (Katalase-negativ) u. L (Katalase-positiv) von Tuberkelbakterien wurden auf Löwenstein-Jensen-Nährböden mit Peroxydasereagens inkubiert. Nur die **I**-sensiblen Tuberkelbakterien gaben innerhalb von 24 Std. eine *Brenzcatechinperoxydase* (**II**)-Rk. unter Braunfärbung, da die **I**-resistenten Stämme im Gegensatz zu den **I**-sensiblen keine **II** besitzen. Es konnten noch 0,001% **I**-sensibler Keime in **I**-resistenten Kulturen nachgewiesen werden. J. Boelter. 4330□

Mikrobiologische Untersuchungen über ein neues Breitspektrumpenicillin, Penbritin. G. N. Rolinson und Shirley Stevens. (Brit. med. J. **1961. II.** 191—96. 22/7. Brockham Park, Betchworth, Surrey, Beecham Res. Labor. Ltd.) (Engl.)

Penbritin {*B.R.L. 1341*; *6-[D(—)α-Aminophenylacetamido]-penicillansäure*; **I**} ist als ein neues, säurestabiles Penicillin anzusehen mit einem weiten Wrkg.-Bereich gegen grampositive u. gramnegative Bakterien; bei letzten ist **I** ähnlich wirksam wie Tetracyclin u. Chloramphenicol. Gegen Salmonellen u. Hämophilus influenzae ist **I** etwas wirksamer als Penicillin G, Tetracyclin u. Chloramphenicol. Gegen pyogene Kokken ist **I** wirksamer als Tetracyclin u. nur etwas weniger wirksamer als Penicillin G. **I** ist nicht widerstandsfähig gegen *Penicillinase* u. daher gegen penicillinresistente Staphylokokken u. penicillinasebildende Organismen nicht wirksam. Durch Ggw. von Serum wird die Aktivität von **I** nicht bes. beeinträchtigt. Leicht saurer pH-Wert fördert die **I**-Wrkg. gegenüber einigen Mikroorganismen. **I** wirkt hochbaktericid. Resistenz-Entw. geht wie bei Penicillin vor sich. U. Tausendfreund. 4340□

Die Physiologie des Chlortetracyclinproduzenten. Kuan-Chou Tschshan. (Антибиотики [Antibiotika] **6.** Nr. 1. 79—83. Jan. 1961. Inst. für Antibiotica der Akad. der Wiss. der Volksrepublik China.) (Russ.)

An Hand der neueren chines. Literatur behandelt Vf. folgende Fragen: Einfl. der Zus. des Nährbodens auf den Stoffwechsel von *Str. aureofaciens* u. die Bldg. von *Chlortetracyclin*; Einfl. des Phosphats auf den Zuckerverbrauch von Str. aureofaciens u. Biosynth. des Chlortetracyclins; Wege des Kohlenhydratumsatzes von Str. aureofaciens; der Stoffwechsel von Str. aureofaciens, die Biosynth. von Chlortetracyclin in der Mischkultur. — 9 Literaturangaben. O. Lebtag. 4340□

Über die Verwendung von Chloramphenicol-gehemmten Systemen zur Untersuchung der Ribonucleinsäure- und Protein-Synthese. A. I. Aronson und S. Spiegelman. (Biochim. biophysica Acta [Amsterdam] **29.** 214—15. Juli 1958. Urbana, Ill., Univ. of Illinois, Dep. of Bacteriol.) (Engl.)

Vff. setzen sich in ihren Unterss. an *Bacterium megatherium* u. *Escherichia coli* mit Vorstellungen über die Wrkg. von *Chloramphenicol* (**I**) auf die *Ribonucleinsäure* (RNS)- u. *Protein*-Synth. auseinander. — Werden 400 μg/ml u. mehr **I** in der Nährlsg. angeboten dann beträgt die Zunahme der RNS 70%. Eine Protein-Synth. findet dabei nicht statt, da ^{14}C-Glutaminsäure u. Leucin nicht eingebaut werden. Verss. mit einer Leucin-auxotrophen Mutante von E. coli ergaben, daß die RNS-Synth. dann nicht von angebotenen Aminosäuren beeinflußt wird, wenn I in Mengen gegeben wird, die eine vollständige Protein-Synth. verhindern. — Die RNS, die in I-gehemmten Syst. gebildet wird, ist eine normale Zwischenstufe bei der Bldg. von Ribonucleoproteinen. Aus ihren Unterss. leiten Vff. die Hypothese ab, daß I die Umwandlung von instabilen RNS-Polymeren in stabile Ribonucleoproteine verhindert. M. LORENZ. 4340 □

Wirkungen von Chloramphenicol auf die Ribonucleinsäure-Synthese in Escherichia coli, das mit Ultraviolettlicht bestrahlt wurde. Kenshi Suzuki, Fumio Sawada und Yukiko Iwama. (Biochim. biophysica Acta [Amsterdam] **37.** 369—70. 15/1. 1960. Chiba City, Japan, Nat. Inst. of Radiol. Sci., Div. of Chem.) (Engl.)

Vff. untersuchen die biosynthet. Beziehungen zwischen *Ribonucleinsäure* (RNS) u. *Protein* unter bes. Beachtung der Heterogenität der RNS. *Chloramphenicol* (I) am Anfang zugefügt, hemmt die folgende Synth. der RNS für ungefähr 120 Min. nahezu vollständig. I nach 30 Min. oder später zugegeben, erzeugt keine Hemmung, sondern beträchtliche Stimulierung in mehreren Fällen. Die Ergebnisse deuten an, daß die Synth. beider RNS-Arten (stabile u. unstabile) gleich abhängig ist von der *Protein*-Synth. nach der Bestrahlung. Die Stabilität der RNS, die nach 30 Min. in Ggw. von I synthetisiert wurde, ist ebenfalls untersucht worden. Die Ergebnisse deuten keine Beziehung zwischen stabiler u. instabiler RNS an. H. GOLDNER. 4340 □

Amphotericin B und andere polyene, antifungale Antibiotica. Photometrische Bestimmung und Faktoren, welche die Aktivität beeinflussen. John R. Gerke und Mary Ellen Madigan. (Antibiotics and Chemotherapy **11.** 227—37. April 1961. New Brunswick, N.J., Squibb Inst. for Med. Res.) (Engl.)

Es wird eine genaue, mikrobiolog. 3 Std.-Best.-Meth. von *Amphotericin B* (I; *Fungizone*) mittels *Candida tropicalis* beschrieben. Die Aktivitäten der Polyene hängen ab von der Menge des Inokulums, Zus. des Mediums, pH, Inkukationszeit u. Temperatur. I u. *Filipin* waren bei 37° aktiver als bei 25°, im Gegensatz zu *Nystatin* (II, *Mycostatin*). pH-Optimum von *Amphotericin A* (III) = 4,0—6,0; für II = 4,5—6,5 u. für I = 5,5—7,0. Mg^{2+} u. Ca^{2+} vermindern die Aktivität, Natriumcitrationen steigern sie. Gewöhnliche antibakterielle Antibiotica besitzen keine Einw. auf die Aktivität von I. Die Aktivitäten von III u. I addieren sich; ihre spezif. Aktivitäten aber können unter entsprechenden Bedingungen unabhängig voneinander verschieden sein. H. AMAN. 4340 □

Bakterielle Opsonine von Polypeptidnatur. Michelle Hénon, Monique Pelletier und Albert Delaunay. (C. R. hebd. Séances Acad. Sci. **249.** 850—52. 10/8. 1959.) (Franz.)

Bas. Polypeptide aus Geweben vermögen die Phagocytose einiger Bakterien (Colibakterien, Staphylokokken, Salmonellen) erheblich zu verstärken. Diese erinnert an die verstärkte Phagocytose durch den Antikörper O, nur fehlt die spezif. Unterscheidung zwischen grampositiven u. gramnegativen Keimen. Lysozym zeigt dagegen eine hemmende Wrkg. auf die Phagocytose der oben genannten Keime. H. STRUCK. 4370 □

Zunahme der Sensibilität der mit Lysozym vorbehandelten Bakterien in der Typhus-Paratyphus-Gruppe gegen agglutinierende Antiseren. F. Ferina und M. F. Meldolesi. (Boll. Ist. sieroterap. milanese **39.** 556—60. Nov./Dez. 1960. Palermo, Univ., Ist. di Patol. Gener.) (Ital.)

Die Agglutinierbarkeit von Suspensionen von *S. typhi* H 901, *S. paratyphi* A 1 K u. B 3 K durch Standardimmunserum nimmt zu, wenn die Bakterien 48 Std. vorher mit 0,25% Lysozym bei 37° inkubiert werden. B. v. KERÉKJÁRTÓ. 4370 □

Vergleichende Untersuchung über die nichtspezifische pharmakodynamische Wirkung des Diphtherietoxins, der Pope-Linggood-Nährlösung als Kontrolle sowie des Diphtherieanatoxins. Silvia Simionesco-Carapancea, Alice Magheru, Gh. Suhaciu und Rodica Bartel. (Arch. roum. Pathol. exp. Microbiol. **17.** 99—118. März 1958.) (Franz.)

Vff. untersuchten mit den Meth. unspezif. Pharmakodynamik die Wrkg. von *Diphtherietoxin*, das aus in POPE-LINGGOOD-Medium gezüchtetem *Corynebacterium Diphtheriae* (Stamm Park Williams 8) gewonnen wurde, im Vgl. mit dem Nährmedium u. dem mittels Formaldehyd gewonnenen *Diphtherieanatoxin*. Bei den 3 Präpp. wurden keine unspezif. pharmakodynam. Wrkg. festgestellt, da sie die verschiedenen Formen der Reaktivität bzgl. der natürlichen vegetativen Faktoren in der effektor. Zelle des Erfolgsorgans nicht beeinflussen (*M. rectus abdominis* des Frosches, Froschherz, Endabschnitt des Ileums von Hund, Kaninchen, Meerschweinchen u. Ratte). Sie besitzen dagegen eine spezif. Wrkg., die mit der Konz. ansteigt u. sich als Verstärkung oder

Verminderung der inotropen u. tonotropen Eigg. des Herzmuskels manifestiert. Unverd. Toxin (nicht die Kontrollen) bewirkt Kontraktion der gestreiften Muskulatur des M. rectus abdominis des Frosches. Die spezif. Wrkg. befähigt die 3 Präpp. zur Kontraktion der glatten Muskulatur der in vitro u. in situ untersuchten Organe (viscerograph. Registrierung). Die durch *Acetylcholin-* u. *KCl*-Reizung der Darmreceptoren hervorgerufenen interoceptiven Reflexe werden mit zunehmender Konz. der Präpp. zum Verschwinden gebracht. H. LOHSCHELDER. 4370□

Beitrag zur Untersuchung der Reinigungsmethoden für Anatoxine. 2. Mitt. **Untersuchung der Wirkung einiger Iso- und Heteropolysäuren auf Diphtherie- und Tetanusanatoxine.** H. Kranzdorf und S. Banc. (Arch. roum. Pathol. exp. Microbiol. **17.** 91—98. März 1958.) (Franz.) — 1. vgl. C. **1961.** 13599.

Diphtherie- bzw. *Tetanusanatoxin* wurden mit wechselnden Mengen 10%ig. Lsgg. von *Na-Molybdat* (Na_2MoO_4), *K-Wolframat* (K_2WO_4), *Ammoniummolybdat* [$(NH_4)_6 \cdot Mo_7O_{24} \cdot 4\ H_2O$], *K-Bichromat* ($K_2Cr_2O_7$), *Phosphorwolframsäure* ($P_2O_5 \cdot 24\ WO_3 \cdot H_2O$) oder *Phosphormolybdänsäure* ($P_2O_5 \cdot 24\ MoO_3 \cdot H_2O$) versetzt, die Lsgg. mit 1 n H_2SO_4 auf pH 1,5—5,0 eingestellt, der Nd. abzentrifugiert (2—3000 U/min) u. in Boratpuffer vom pH 7,4 aufgelöst. Ausbeuten u. Reinheit der Anatoxine wurden in Abhängigkeit von pH u. Konz. verfolgt. Im Gegensatz zu HCl, H_2SO_4, Essigsäure u. Trichloressigsäure, die nur im Bereich von pH 3,6—4,8 eine Fällung ergeben, erfolgte die Fällung mit obigen Polysäuren bei pH 1,5—5,0 u. mit größeren Ausbeuten. Aus den Verss. wird auf eine selektive Affinität der Anatoxinproteine zu den Anionen der Polysäuren geschlossen. H. LOHSCHELDER. 4370□

Antilipämische Aktivität von bakteriellen Endotoxinkomplexen. L. Checcacci, G. C. Nava und M. Garofano. (Boll. Ist. sieroterap. milanese **39.** 544—49. Nov./Dez. 1960. Pavia, Univ., Ist. di Igiene e Microbiol.) (Ital.)

Vff. teilen die antilipäm. Aktivität (A) verschiedener Endotoxine von gramnegativen Bakterien mit. Alle getesteten Endotoxine zeigen, allerdings in verschieden ausgeprägtem Maße, bei Kaninchen A. Die A verschwindet allerdings bei mit *homologen* oder *heterologen Lipopolysacchariden* immunisierten u. bei mit einem aus Schweinemagenmucosa isolierten *Aminopolysaccharid* vorbehandelten Tieren. B. v. KERÉKJÁRTÓ. 4370□

Über die chemische Zusammensetzung und Antigenstruktur des Bacillus Haemophilus pertussis. Cella Barber und Irina Soare. (Arch. roum. Pathol. exp. Microbiol. **17.** 119—24. März 1958.) (Franz.)

5 auf gleichem Medium gezüchtete Stämme von *Haemophilus pertussis* zeigten eine ähnliche Zus. des Geh. an Gesamt-*N*, säurelösl. N, Gesamt-*P*, säurelösl. *P*, *Lipiden* (**I**), *Kohlenhydraten*, *Proteinen*, *Nucleinsäuren*, *Desoxyribonucleinsäure* (**II**), *Ribonucleinsäure* (**III**) u. Asche. Wenn einer der Stämme in anderer Nähr-Lsg. gezüchtet wurde (jedoch ebenfalls unter Kohlezusatz), so verschoben sich die Werte beträchtlich, bes. für **I** u. **III**. Mit 2,5 m *Harnstoff*-Lsg. wurde nach HINK u. JOHNSON (J. Immunol. **57.** [1947.] 323.) ein *Nucleoproteinkomplex* extrahiert, der 14,8% N u. 3,7% P enthielt. Er schützte Mäuse, denen intranasal eine Suspension von *H. pertussis* injiziert wurde. Die Seren der mit diesem Antigen immunisierten Mäuse enthielten *Agglutinine* (Titer 1/200—1/400) u. hochwertige *Präcipitine* (Titer 1/120000). FLOSDORF-*Agglutinogen* (**IV**; J. Immunol. **39.** [1940.] 475.) konnte nur mit 0,03% Ausbeute isoliert werden. Durch Extraktion Aceton-behandelter Bakterien mit n/4 HCl (40 Min. bei 80°), Neutralisation mit NaOH, Zentrifugieren bei 10000 U/min, Zusatz von Trichloressigsäure zum Überstand (End-Konz. 14%), Abzentrifugieren des Protein-Nd., Dialyse u. Eindampfen bei > 50° wurde ein *Allergen* in gelben, durchscheinenden Blättchen isoliert (Ausbeute 3—4%), das als *Polysaccharidkomplex* nach Säurehydrolyse 70% reduzierende Substanzen lieferte u. **II** enthielt. Es erwies sich als nicht tox. u. erzeugte intrakutan injiziert beim Meerschweinchen keine Nekrose. Es läßt sich für die Keuchhustendiagnose verwenden u. kann statt **IV** verwandt werden. H. LOHSCHELDER. 4370□

Einige chemische Untersuchungen an Viren. Wendell M. Stanley. (Annu. Rep. Board Regents Smithsonian Instn. **1955.** 357—68. 1956. Univ. of California, Virus Labor.) (Engl.)

Vf. gibt eine Übersicht über die geschichtliche Entw. der Virusforschung u. geht dann vor allem auf Unterss. am *Tabakmosaikvirus* ein, auf seine Reindarstellung, seinen Charakter als Nucleoproteid, die Spaltung, Best., der chem. Zus., Mutationen. M. WIEDEMANN. 4374□

Der Gebrauch eines einfachen synthetischen Substrates für die Gewebekultur tierischer Zellen und des Poliomyelitis-Virus. Robert Dubreuil und Vytautas Pavilanis. (Canad. J. Microbiol. **4.** 543—50. Okt. 1958. Montréal, Qué., Univ. de Montréal, Inst. de Microbiol. et d'Hygiène.) (Franz.)

Es wird ein Medium mitgeteilt, das gutes Zellwachstum von Nierengewebe von Affen u. Mäusen sowie einwandfreie Entw. der *Polio*-Stämme Mahoney, MEF-1 u. Saukett erbrachte. Bestandteile pro 1000 ml in g: 8 NaCl, 0,4 KCl, 0,06 KH_2PO_4, 0,06 Na_2HPO_4, 0,1 $MgSO_4 \cdot 7 H_2O$, 0,1 $MgCl_2 \cdot 6 H_2O$, 0,14 $CaCl_2$, 1,4 $NaHCO_3$, 2,0 Glucose, 0,03 d-Ribose, 0,2 l-Cystein, 0,2 l-Glutamin, 0,02 Phenolrot, 200000 I. E. Penicillin, 0,2 Dihydrostreptomycin. H. Frank. 4374□

Der Stoffwechsel der mit Poliovirus infizierten Human-Amnionzellkulturen. 2. Mitt. **Die Ausnutzung von Glucose, Pyruvat und Ribose in mit Virus infizierten Zellen.** Yechiel Becker, N. Grossowicz und H. Bernkopf. (Proc. Soc. exp. Biol. Med. **107.** 603—06. Juli 1961. Jerusalem, Hebrew Univ. Hadassah Med. School, Virus Labor. und Dep. of Bacteriol.) (Engl.) — Vgl. C. **1960.** 17169.

Die mit Poliovirus infizierten Amnionzellen (IZ) verbrauchen mehr *Glucose* (I) u. bilden mehr Milchsäure als nichtinfizierte Zellen (NZ). Das Verhältnis Milchsäure: I ist bei IZ 0,9, bei NZ 1,6. IZ synthetisieren aus I auch Ribose, NZ dagegen nicht. Wird im Nährboden statt I Ribose angeboten, ist die Virusvermehrung spärlich, sie ist noch geringer, wenn I durch Pyruvat ersetzt wird, obwohl auch dieses von IZ u. NZ aufgenommen wird. E. Fischoeder. 4374□

Versuche zur Übertragung des Virusstammes BB-T_2 durch Nucleinsäuren. A. Graffi und D. Fritz. (Rev. franç. Études clin. biol. **5.** 388—90. April 1960. Berlin, Deutsche Akademie der Wiss. zu Berlin, Inst. für Med. u. Biologie.) (Franz.)

Vff. isolierten *Nucleinsäuren* (NS) mit der Phenol-Meth. aus Zellkulturen von Mäuseembryonen, infiziert mit dem *Virus BB-T_2*. Dieser Virus wirkt cytopathogen. Die isolierten NS werden auf frische Zellkulturen übertragen, wobei der cytopathogene Effekt zu beobachten ist. Werden Lsgg. aus diesen Kulturen neugeborenen Ratten injiziert, bewirken sie Sarkome der Niere u. der Knochen. Elektronenmkr. sind deutlich Viruspartikel bes. in den Zellkernen der infizierten Kulturen zu beobachten.

S. Groitzsch. 4374□

Über die Biosynthese des grippalen Virus unter Zuführung eines Ribonucleinsäureextraktes des Virus. Eigenschaften der am häufigsten isolierten Arten und ihr Ribonucleinsäuregehalt. Radu Portocala, Vera Boeru und Iosif Samuel. (C. R. hebd. Séances Acad. Sci. **249.** 848—49. 10/8. 1959. Bucarest, Acad. de la Républ. Populaire Roumaine, Inst. d'Inframicrobiol.) (Franz.)

Aus dem Grippevirus läßt sich mit Phenol eine *Ribonucleinsäure* (I) isolieren, welche die Zellen anregt, das homologe Virus zu synthetisieren. Bei dem Typ A_2 ist das nicht möglich. Bei dem Typ A_1 ist die I häufig aktiver als das Ausgangsmaterial. Weiter wird beobachtet, daß I im Vgl. zu der Virussuspension viel leichter durch Temp., längere Konservierung u. Ribonuclease inaktiviert wird. H. Struck. 4374□

Der Mechanismus der DNS-Vermehrung und der genetischen Rekombination in Phagen. Cyrus Levinthal. (Proc. nat. Acad. Sci. USA **42.** 394—404. Juli 1956. Ann Arbor, Michigan, Univ. Physics Dep.) (Engl.)

Mit *^{32}P* markierte Bakteriophagen des T 2-Typs wurden auf unmarkierten *Escherichia coli* Zellen u. unmarkiertem Medium vermehrt. Die Verteilung des ^{32}P in den Phagen wie in der durch osmot. Schock freigesetzten *Deosxyribonucleinsäure* (DNS) wurde durch Autoradiographie bestimmt. Demnach enthält der T 2-Phage ca. 40% seiner DNS in einem großen Stück, das die genet. Marker umfaßt. Bei der Vermehrung verteilt sich nach der von Watson u. Crick vorgeschlagenen komplementären Weise der Doppelstrang auf die beiden „Tochter"-DNS-Moleküle u. ergänzt sich dort; eine weitere Aufspaltung des 40% DNS-Stücks findet jedoch bei weiteren Verdopplungen nicht statt. Von den kleinen DNS-Stücken umfaßt keines mehr als 8%.

M. Wiedemann. 4374□

Radiobiologische Aspekte der Induktion der Phagenbildung lysogener Bakterien durch Röntgenstrahlen, γ-Strahlen und Ultraviolettbestrahlung. Herbert Marcovich und Raymond Latarjet. (Advances biol. med. Physics **6.** 75—94. 1958. Paris, Inst. du Radium, Lab. Pasteur.) (Engl.)

Übersicht. Dosis-Wrkg.-Kurven: Phage 2, *E.coli* K 12 (λ) u. K 12 S, Fähigkeit zur Phagen-Bldg., Induktion; Induktionsphänomen: opt. Lyse, Bakteriophagen-Bldg., Variation der Zahl infektiöser Partikel in induzierten Bakterien, Dosis-Induktions-Kurve, Nachw. niedriger Induktionsfrequenz; „abortive" Induktionen; Vgl. mit UV-Strahlung: Latenzperiode, Induktionskurven, Best. der zur Induktion erforderlichen Energie, Licht-Wrkg. u. POX-Effekt; ein biol. Integrator ionisierender Strahlung; Unters. einer Population lysogener, in einem konst. Feld von γ-Strahlen wachsender Bakterien. — 32 Literaturangaben. K. Maier. 4374□

Die Chemie der Algen (Chlorophyta). G. K. Baraschkow. (Ботанический Журнал [Bot. J.] **46.** 1825—34. Dez. 1961. Murmansk, Kola-Zweigstelle der Akad. der Wiss. der UdSSR, Inst. für Meeresbiologie.) (Russ.)

Übersicht an Hand der Literatur. — 96 Literaturangaben. O. LEBTAG. 4380□

E_4. Pflanzenchemie. Pflanzenphysiologie. Pflanzenpathologie

Wirkung von Äthylalkohol auf die physiologische Uhr. E. Bünning und J. Baltes. (Naturwissenschaften **49.** 19. 1. Jan.-H. 1962. Tübingen, Univ., Botan. Inst.) (Dt.)

Mit dem Transpirationsstrom angebotener *Äthylalkohol* (2—2,5 Vol.-%) führt bei *Phaseolus* zur Periodenverlängerung um etwa 4 Stunden. P. LOCH. 4400□

Die Wirkung der Temperatur auf bestimmte Kohlenhydrate und Stickstofffraktionen in der Rinde und den Wurzeln von Pfirsichbäumen während der kalten Jahreszeit. Clive W. Donoho jun. und David R. Walker. (Proc. Amer. Soc. horticult. Sci. **75.** 155—62. 1960. Raleigh, N.C., North Carolina State Coll., Dep. of Horticult.) (Engl.)

Der Gesamt-*N*-Geh. der Wurzeln (W) u. der Rinde (R) von *Elberta*-Pfirsichbäumen zeigte innerhalb der Vers.-Periode (Dez./Jan.) bei verschiedenen Temp. keine wesentlichen Unterschiede. Bei ungefähr gleichem Geh. an unlösl. N in R u. W bewirkte ein Abfall der Temp. von 40 auf 32° F ein Absinken des N-Geh. nur in den W. Der Geh. an Nichtprotein-N unterlag im allg. weder saisonbedingten noch sonstigen Temp.-Schwankungen in R; Temp.-Erhöhung erhöhte leicht den Geh. in den W. Der Geh. an lösl. Protein-N, ungefähr gleich in R u. W, wurde nicht durch Temp.-Veränderungen beeinflußt. Der Gesamtzucker-Geh. der R (Maximum im Dez.) fiel zum Vers.-Ende hin ab, der der W stieg kontinuierlich weiter an, ebenso der Geh. an reduzierenden Zuckern. Temp.-Änderungen waren auf den Geh. an reduzierenden Zuckern u. an Stärke ohne Einfl. in den W. In der R bewirkte eine Erhöhung der Temp. eine solche des *Stärke*-Geh. sowie eine Erniedrigung des Geh. an reduzierenden Zuckern u. umgekehrt. Die Analysenergebnisse standen mit Ausnahme des lösl. Protein-N mit der elektr. Leitfähigkeit der Pflanzenteile in Beziehung. J. BOELTER. 4404□

Der Einfluß der Meereshöhe auf den Gehalt an Lithium bei phanerogamen Pflanzen. Didier Bertrand. (C. R. hebd. Séances Acad. Sci. **249.** 844—45. 10/8. 1959. Paris, Inst. Pasteur. Labor. de Chim. Biol.) (Franz.)

Es wird gezeigt, daß der *Li*-Geh. bei *phanerogamen* Pflanzen zunimmt je höher ihr Standort über dem Meeresspiegel ist. H. STRUCK. 4404□

Schutz der Pflanzen vor ionisierenden Strahlen. L. P. Bresslawetz und S. F. Mileschko. (Природа [Natur] **49.** Nr. 5. 50—53. Mai 1960. Moskau, Akad. der Wiss. der UdSSR, Inst. für Biophysik.) (Russ.)

Befeuchten von Roggenkörnern mit *Ribonucleinsäure* u. *Omain* vor bzw. nach der Röntgenbestrahlung bietet den Pflanzen einen gewissen Schutz vor der schädlichen Einw. der Bestrahlung. Bei Neutronen ($4{,}65 \cdot 10^8$ cm/s) u. γ-Bestrahlung (bis zu 30000 r) zeigen die tetraploiden Keimlinge eine größere Widerstandsfähigkeit als die diploiden. In den Staubkörnern kommt es zur Fett- statt Stärke-Bldg. u. das Plasma liegt den Zellwänden nicht eng an. I. v. KLOCH-KORNITZ. 4404□

Über die Verbreitung von Gentisinsäure in grünen Pflanzen. L. A. Griffiths. (J. exp. Botany **10.** 437—42. Okt. 1959. Trinidad, B.W.I., Imp. Coll. of Trop. Agric., Regional. Res. Centre.) (Engl.)

Eine große Zahl von Pflanzenfamilien, -gattungen u. -arten wurde untersucht. Bei den meisten konnte *Gentisinsäure* (I) gefunden werden. I kommt nicht unbedingt bei allen Gattungen einer Familie vor. Der Geh. an I schwankt zwischen den Gattungen u. Arten einer Familie oft stark. U. MOTHES. 4420□

Vorkommen von Sedoheptulose in den Karpophoren und Basidiosporen von Inocybe-Arten. Robert G. Benedict, Varro E. Tyler jun., Lynn R. Brady und Daniel E. Stuntz. (Nature [London] **192.** 1080—81. 16/12. 1961. Seattle, Wash., Univ. of Washington, Dep. of Bot.; Coll. of Pharm., Drug Plant Labor.) (Engl.)

Die fettfreien Extrakte von Basidiosporen verschiedener *Inocybe*-Arten wurden nach der Zirkular-Meth. von RUTTER (Nature [London] **161.** [1948.] 435) untersucht. Neben *Mannit* werden *Ketoheptulosen* gefunden. 2 Arten liefern eine Heptulose, die die gleiche Beweglichkeit (Chromatogramm) besitzt wie *Sedoheptulose* (I). Weiterhin wurden Basidiosporen von *I. cinnamomra* untersucht u. auch hier kann auf Grund des gleichen Effekts mit der Anwesenheit von I gerechnet werden. Im teilweise gereinigten Sporenextrakt wurde eine zweite Ketose gefunden, die die Beweglichkeit der *Fructose* aufweist. H. BUSSE. 4420□

Ein neues Asparaginderivat, N^4-[2-Hydroxyäthyl]-L-asparagin, aus der Zaunrübe (Bryonia dioica). L. Fowden. (Biochem. J. **81.** 154—56. Okt. 1961. London, Univ. Coll., Dep. of Bot.) (Engl.)

Durch 2-dimensionale Papierchromatographie in 75% ig. Phenol (in Ggw. von NH_3) u. 1-Butanol/Essigsäure/Wasser (90:10:29) lassen sich in den A.-Extrakten von Blättern u. Zweigen der rotbeerigen Zaunrübe (*Bryonia dioica*) 3 Verbb. nachweisen, die mit Ninhydrin unter Braunfärbung reagieren: *L-Asparagin*, *N^4-Äthyl-L-asparagin* (I) u. *N^4-[2-Hydroxyäthyl]-L-asparagin* (II). Aus dem wss. Extrakt von 20 kg Zaunrübenschößlingen konnten durch Chromatographie an Zeo-Karb 215, Dowex 50-X 8, Dowex-1 (Acetat) sowie durch präparative Papierchromatographie 7 g I u. 1,2 g II isoliert werden. Die Identifizierung von II erfolgte durch Vgl. mit der synthet. gewonnenen Verb. (F., Drehwert, R_F-Wert, IR-Spektrum).

Versuche: N^4-[2-Hydroxyäthyl]-L-asparagin (II), $C_6H_{12}N_2O_4$ F. 202—203°, aus 8 g 4-Äthylhydrogen-L-asparaginsäure (nach CURTIUS u. KOCH J. prakt. Chem. **38.** [1888.] 473) durch 3std. Kochen mit 10 ml Äthanolamin in 10 ml A., Einengen, Reinigen durch Chromatographie an Dowex 50-X 8 u. Dowex-1; 3,2 g (Ausbeute); $[\alpha]_D^{20}$ —2,5 ± 0,4° (c = 5,0; W.). Hydrolyse mit 6 n HCl, 24 Std. bei 100°, liefert Asparaginsäure u. Äthanolamin. P. SCHWERDTFEGER. 4420 □

Über das Vorkommen der neuen in Boletus-Species gefundenen Aminosäure. Artturi I. Virtanen. (Suomen Kemistilehti B **31.** 360—62. 1958. Helsinki, Biochem. Inst., Labor. of the Foundation for Chem. Res.) (Engl.)

Vf. isolierte aus Apfelsinenschalen eine *Aminosäure* (I) in der Annahme, es handle sich um die neue kürzlich aus *Boletus*-Arten isolierte Aminosäure. UV-spektroskop. u. elementaranalyt. wurde I aber als *Tryptophan* identifiziert, das aber nicht mit der aus *Boletus* isolierten Säure ident. ist. P. GREGORZEWSKI. 4420 □

γ-Glutamyl-S-methylcystein und γ-Glutamyl-S-methylcysteinsulfoxid in Leguminosen. H. Rinderknecht. (Chem. and Ind. **1957.** 1384—85. 19/10. Pasadena, Calif., U. S. Dep. of Agricult., Agricult. Res. Serv.; Western Utilization Res. and Develop. Div., Fruit and Vegetable Chem. Labor.) (Engl.)

Papierchromatograph. konnte in 70% ig. A.-Extrakten aus Limabohnen u. 5 anderen Bohnenarten *γ-Glutamyl-S-methylcystein*, $C_9H_{16}N_2O_5S \cdot 1,5\,H_2O$, F. 130—135° (sintern), 165—173° (Zers.), $[\alpha]_D^{28}$ = —20,7, u. *γ-Glutamyl-S-methylcysteinsulfoxid* nachgewiesen werden. P. GREGORZEWSKI. 4420 □

Vergleich der Albumine verschiedener Getreidekörner. Tor-Magnus Enari und Juhani Mikola. (Acta chem. scand. **15.** 1206—07. 1961. Helsinki, Lab. of Brewing.) (Engl.)

Die *Albumine* (I) von Gersten-, Roggen-, Hafer-, Sommer- u. Winterweizenkörnern wurden an Diäthylaminoäthylcellulose fraktioniert. Ca. 30% der Proteine (II) waren bas. u. passierten die Kolonne in 5mm Na-Phosphat, pH 7,5. Die absorbierten neutralen u. sauren II wurden durch Gradientenelution (abnehmender pH, steigende Phosphatmolarität) eluiert. Die Elutionsdiagramme ähnelten einander, jedoch waren die Gesamt-I in Weizen u. Hafer größer, in Roggen kleiner als in Gerste. Der Anteil bas. I betrug in Hafer 20%, Winter- u. Sommerweizen 36 u. 33%, Roggen u. Gerste 32%. K. MAIER. 4420 □

Öl aus dem Samen von Acacia decurrens Wild. G. V. Subba Rao. (Current Sci. **28.** 410. Okt. 1959. Calcutta, Indian Museum, Ind. Sect.) (Engl.)

Aus dem Samen von *Acacia decurrens* Wlld. wurde durch Solventextraktion mit Ae. ein Öl in einer Ausbeute von 9,41% gewonnen. Farbe blaß-braun, ausgeprägter Geruch, erinnernd an Senföl, Säurezahl 10,5; n_D^{40} 1,4707; Verseifungszahl; 190,8; Jodzahl 137,1. S. VIERKÖTTER. 4420 □

Chlorophyllfarbstoffe der Bryophyten. Bryales-Carotinoide. Robert Douin. (C. R. hebd. Séances Acad. Sci. **243.** 1051—54. 8/10. 1956.) (Franz.) — Vgl. C. **1961.** 5491.

Die papierchromatograph. Unters. von 40 *Bryales*-Arten ergab folgende Farbstoffe: *β-Carotin, α-Carotin, Chlorophyll a u. b, Lutein, Xanthophyllepoxid.* Die Carotinoidausstattung der Moosplastiden ist sehr gleichmäßig u. unterscheidet sich von Art zu Art nur quantitativ sehr stark. K. MAIER. 4420 □

Das Carotin-Polyensystem in einem Tomatenstamm, der reich an δ-Carotin ist, im Vergleich mit acht anderen Tomatenstämmen. T. E. Kargl, F. W. Quackenbush und M. L. Tomes. (Proc. Amer. Soc. horticult. Sci. **75.** 574—78. 1960. Lafayette, Ind., Purdue Univ.) (Engl.)

Reife Tomatenfrüchte verschiedener Sorten wurden homogenisiert u. extrahiert. Der Extrakt wurde an einer Magnesia-Diatomeenerde-Kolonne aufgetrennt u. die Farbstoffe in den einzelnen Fraktionen spektrophotometr. bestimmt. Im „High Delta"-

Tomatenstamm wurden *Lycopin, Neurosporin, Phytofluen, Phytoen*, α-, β-, γ-, δ- (I), ε- (II) u. ζ-*Carotin* gefunden, jedoch kein *Prolycopin*. I u. II wurden nur in diesem Stamm gefunden. Die untersuchten Arten konnten in 2 Gruppen, die ihrerseits wieder unterteilt werden konnten, aufgeteilt werden. $B^+B^+mo_B$-, Rutgers- ($B^+B^+mo_B+mo_B+$) u. Jubilee-Stamm (tt), die vor allem acycl. Carotine u. Polyene enthielten, wobei die beiden ersten vor allem die hochungesätt. acycl. Carotine mit mehr als 7 Doppelbindungen, letzterer die mehr gesätt. acycl. C_{10}-Polyene besaßen sowie „Intermediate Beta"-($BBmo_B+mo_B+$) u. „High Beta" ($BBmo_Bmo_B$) (vor allem Carotine mit dem β-Iononring), u. „High Delta" (meist Verbb. mit dem α-Iononring), die eine erheblich verringerte acycl. u. eine entsprechend erhöhte alicycl. Fraktion enthielten. Die Arten „Apricot" (at at), „Low Total" (rr) u. „Low Total Jubilee (rrtt) wurden nicht berücksichtigt. Das Vork. der acycl. u. der alicycl. Carotine wird mit der Existenz zweier entsprechender Enzym-Syst. erklärt. J. BOELTER. 4420□

Extraktionsverfahren zur Aufklärung flüchtiger Wirkstoffe von Pflanzen. H. Schildknecht und G. Rauch. (Z. Naturforsch. **16 b.** 301—04. Mai 1961. Erlangen, Univ., Inst. für Organ. Chemie.) (Dt.)

Vff. beschreiben ein Extraktions-Verf., mit dem aus Pflanzenteilen flüchtige Wirkstoffe über die Gasphase schonend isoliert u. konz. werden. Sie isolierten die Abwehrstoffe der Traubenkirsche *Prunus padus* aus Blättern, Knospen u. Rinde u. identifizierten sie als *Benzaldehyd* u. *HCN*. Auch die Blätter der Eberesche *Sorbus ancuparia* geben HCN ab, wenn man sie zerdrückt. GOTTFRIED SCHREIBER. 4420□

Gehalt an östrogenen Stoffen von Pflanzen in Abhängigkeit von den Kulturbedingungen. R. Ferrando, M. M. Guilleux und A. Guerrillot-Vinet. (Nature [London] **192.** 1205. 23/12. 1961. Alfort (Seine), Ecole Nat. Vétérin., Labor de Nutr. et d'Alimentat.) (Engl.)

Karotten, die auf gedüngten Böden aufwuchsen, haben einen erhöhten Geh. an *östrogenen Substanzen*. Die quant. Unterss. wurden an sterilen ♀ Mäusen vorgenommen unter Verw. von *Diäthylstilböstrol* als Vgl.-Substanz. In gleicher Weise u. mit ähnlichen Ergebnissen wird Weizensaat untersucht. H. BUSSE. 4420□

Die Aufnahme von Hexöstrol durch Pflanzen und seine Beständigkeit im Boden. R. F. Glascock und H. E. H. Jones. (J. Endocrinology **21.** 373—80. Febr. 1961. London, Univ. of Reading, Nat. Inst. for Res. in Dairying; Middlesex Hosp. Med. School; Courtauld Inst. of Biochem.) (Engl.)

Vff. untersuchten die Aufnahme von *Hexöstrol* (I) durch Pflanzen u. Vork. im Boden. Hierzu wurden Gras-Kleemischungen u. Rüben ausgesät. Zu einem Teil wurden diese Bodenflächen mit 3,7 u. 14,8 g I pro Morgen besprüht, ein kleiner Teil hiervon wurde mit ^3H-I besprüht, die andere Fläche blieb als Kontrollfläche unbehandelt. In keiner, der in Zwischenräumen von 4 Monaten entnommenen Pflanzenproben, konnten biolog. bestimmbare I-Mengen festgestellt werden. Die geringste biolog. bestimmbare I-Menge liegt zwischen 10 u. 19 μg I/kg Frischgewicht. Die Proben aus dem mit markiertem I behandelten Boden zeigten einen Geh. von 0,12—0,49 μg/kg Frischgewicht. Im Boden der Kontrollfläche wurde ein nicht identifiziertes Östrogen in lokal verschiedener Konz. festgestellt. Biolog. Best. u. Tritium-Best. von Bodenextrakten zeigten ca. 20% der angewandten I-Menge. Über 3 Monate kontrolliert, konnten Vff. im mit markiertem I behandelten Boden keine Veränderung der spezif. Aktivität feststellen. Erst durch kontinuierliche Extraktion mit A. über 7 Tage gelang es, die Radioaktivität aus den Bodenproben abzutrennen. Nur 9—11% der Radioaktivität in den Extrakten war chem. ident. mit I. G. BRATFISCH. 4420□

Die Stabilität von Hexöstrol im Boden und Aufnahme durch Pflanzen. W. A. Broom, M. R. Gurd, G. L. M. Harmer und S. S. Randall. (J. Endocrinology **21.** 381—85. Febr. 1961. Nottingham, Boots Pure Drug Co. Ltd.) (Engl.) — Vgl. auch vorst. Referat.

Vff. untersuchten Stabilität von *Hexöstrol* (I) im Boden u. Aufnahme durch Pflanzen. Hierzu wurden verschiedene Streifen Ackerland mit verschiedenen I-Konzz. behandelt: 10 μg I/kg u. 50 μg I/kg entsprechen 4 g I u. 20 g I pro Morgen Ackerland. 70% des angewandten I konnten durch geeignete Extraktion wieder zurückgewonnen werden. Auf dem Ackerboden wurden Gras, Klee u. Kohl ausgesät. Nach verschiedenen Zeiten wurden Boden, Gras, Klee u. Kohl biolog. auf östrogene Aktivität untersucht. Nach wenigen Wochen verschwand I aus dem Boden. Ein Teil des angewandten I sinkt allerdings in tiefere Bodenschichten ab. Bei der Anfangs-I-Konz. von 10 μg/kg wurde bereits nach 4 Wochen kein I mehr gefunden. Die geringste bestimmbare I-Konz. liegt bei 4 μg/kg. Die Anfangskonz. von 50 μg I/kg fiel nach 4 Wochen auf 4 μg I/kg u. nach 8 Wochen auf ca. 2 μg I/kg ab. In Gras, Klee u. Kohl konnte keine östrogene Aktivität festgestellt werden. G. BRATFISCH. 4420□

Die Wirkung von N-Arylphthalamidsäuren auf die Blütenbildung der Tomate. F. G. Teubner und S. H. Wittwer. (Proc. Amer. Soc. horticult. Sci. **69.** 343—51. Juni 1957. East Lansing, Mich., Michigan State Univ.) (Engl.)

N-m-Tolylphthalamidsäure u. andere *N-Arylphthalamidsäuren* (I), wie *o-*, *p-Tolyl-*, *m-*, *o-Chlorphenyl-*, *2.5-Dichlorphenyl-* u. *Phenylphthalamidsäure* bewirkten, als Blattspray während der Blüten-Bldg. von Tomatenpflanzen angewendet, eine höhere Zahl von Blüten. Die Aktivität der Verbb. hängt offenbar von der Ggw. eines H-Atoms am Arylring in p-Stellung zum N ab. *2.4.5-Trichlorphenyl-*, *o-*, *m-*, *p-Hydroxyphenyl-*, *p-Carboxyphenyl-*, *p-Acetylphenyl-* u. *p-Nitrophenylphthalamidsäure* waren unwirksam. Die Aktivierung der Blüten-Bldg. ist anscheinend varietätsunabhängig. Infolge des labilen Charakters von I treten offenbar keine Nebenwrkg. auf. K. MAIER. 4450☐

Atmungsmechanismen und Schwankungen bei Glutathion und Ascorbinsäure in keimenden Erbsen. S. P. Spragg und E. W. Yemm. (J. exp. Botany **10.** 409—25. Okt. 1959. Univ. of Bristol, Dep. of Bot.) (Engl.)

Als Vers.-Material diente *Pisum sativum.* 10—12 Std. nach Keimungsbeginn nehmen die Erbsen in steigendem Maße O_2 auf u. geben CO_2 ab. Die Atmung bleibt dann weitere 20 Std. konst. bei hohem Atmungsquotienten. Nach 30—36std. Keimung (Sprengung der Testa u. Erscheinen der Radicula), steigt der O_2-Verbrauch stark an. Die gleiche Wrkg. wird, ohne Rücksicht auf das Keimstadium bei präparativer Entfernung der Testa erzielt. Innerhalb der ersten 48 Std. sinkt der Geh. an oxydiertem *Glutathion* (I), während der Geh. der red. Form (**Ia**) steigt. Die Gesamtmenge I + **Ia** bleibt etwa konstant. **Ia** befindet sich vor allem in den Kotyledonen. Der Geh. an *Dehydroascorbinsäure* (II) + *Ascorbinsäure* (III) steigt ständig, obwohl II in den ersten Std. abnimmt. In beiden Syst. steigt während der Zeitspanne mit anaeroben Bedingungen im intakten Samen der Anteil der red. Form, bezogen auf die Gesamtmenge. I/**Ia** u. II/III scheinen eine geringe Rolle bei der aeroben Oxydation im keimenden Samen zu spielen. Die Enzymaktivierung scheint in den frühesten Keimstadien wesentlich von I beeinflußt zu werden. U. MOTHES. 4455☐

Der Verbrauch von Zuckern bei der Keimung von isolierten Reis-Embryonen. Toshio Fukui und Ziro Nikuni. (Mem. Inst. sci. ind. Res., Osaka Univ. **13.** 187—91. 1956.) (Engl.)

Isolierte, reife Reis-Embryonen wurden in einfacher Nähr-Lsg. kultiviert; als Kohlenhydratquelle wurden verschiedene Zucker getestet. Die Embryonen wuchsen ausgezeichnet mit *Saccharose, D-Glucose, Maltose* u. *D-Fructose* (in der Reihenfolge ihrer Wirksamkeit). Sie wuchsen unbefriedigend mit *Raffinose, Stachyose* u. *Lactose.* Bei Verw. von *Mannit, L-Rhamnose, D-Galaktose, D-Mannose, D-* u. *L-Arabinose* tritt völlige Wachstumshemmung ein. Die optimalen Konzz. aller Zucker liegen bei 0,1—0,2 molar. U. MOTHES. 4455☐

Die Biogenese der Carotinoide bei pflanzlichen Organismen. E. C. Grob. (XII. int. Kongr. reine angew. Chem., München **2.** 52—56. 1960. Bern, Univ., Botan. Inst.) (Dt.)

Vortrag über die Beziehungen zwischen Konstit. u. Biosynth., über die C_5-Vorstufen u. ihre Bldg. im Organismus, über die Kondens. des „akt. Isoprens" zur C_{40}-Kohlenstoffkette, über die Umwandlung der farblosen Polyene in Carotinoide u. über die Bldg. der sauerstoffhaltigen Carotinoide. — 55 Literaturangaben. P. GOLINSKE. 4460☐

Die Biosynthese von Flavonoiden und Anthocyaninen. A. J. Birch. (XII. int. Kongr. reine angew. Chem., München **2.** 73—84. 1960. Manchester, Univ.) (Engl.)

Vortrag. — 23 Literaturangaben. P. GOLINSKE. 4460☐

Über das komplementäre Verhalten von Fluorescenz und Sauerstoffemission während der Induktionsperiode der Photosynthese. René Delosme, Pierre Joliot und Jean Lavorel. (C. R. hebd. Séances Acad. Sci. **249.** 1409—11. 12/10. 1959.) (Franz.)

Vff. untersuchten an *Chlorella pyrenoidosa* den Zusammenhang zwischen der Fluorescenzintensität u. O_2-Abgabe (ampèrometr. Messung) bei schwacher Beleuchtung u. verschiedener O_2-Konzentration. Es konnte in der Induktionsperiode ein komplementäres (gegenläufiges) Verh. von Fluorescenz u. O_2-Abgabe nachgewiesen werden. Im Anfang der Licht-Rk. (bes. nach langer Dunkelheit) steigen jedoch Fluroescenz u. O_2-Abgabe kurzfristig gleichsinnig an. Nach der eigentlichen Induktionsphase kommt es zu einer Abweichung vom komplementären Verh. die bes. stark bei starker Belichtung ist. Vff. formulieren den photochem. Cyclus des *Chlorophylls* in 3 Teilschritten: 1. $\overline{A}$ (+ H_2O) → $\underline{B}$ + ··· ½ O_2; 2. $\underline{B}$ → C; 3. C (+ H-Acceptor) → $\overline{A}$; wobei $\overline{A}$ die photoakt. Form, $\underline{B}$ die fluorescierende u. C eine Zwischenform des Chlorophyllkomplexes darstellt. P. SCHWERDTFEGER. 4460☐

Gerät für die Untersuchung der Zwischenprozesse der Photosynthese mit Hilfe des Radioisotops ^{14}C. W. Je. Ssemenenko. (Физиология Растений [Physiol. d.

Pflanzen] **8.** 129—33. 1961. Moskau, Timirjasew-Inst. für Physiol. der Pflanzen der Akad. der Wiss. der UdSSR.) (Russ.; Auszug: Engl.)

Beschreibung der Konstruktion u. Arbeitsweise einer App. für die Messung der Photo-Synth.-Prodd., bei deren Konstruktion davon ausgegangen wird, daß die Veränderungen des ^{14}C-Geh. zu Beginn der Blattbelichtung nur dann erfaßt werden können, wenn die Größe der Kammer so gewählt wird, daß die in 1 Min. von der Blattoberfläche aufgenommene CO_2-Menge bei der gegebenen Intensität der Photo-Synth. sich zur CO_2-Menge in der Kammer wie 1:10 bis 1:1 verhält. O. LEBTAG. 4460□

Maximale Photosynthese-Werte in der Natur. Jacob Verduin, E. Eloise Whitwer und Bruce C. Cowell. (Science [Washington] **130.** 268—69. 31/7. 1959. Bowling Green, Ohio, Bowling Green State Univ., Biol. Dep.) (Engl.)

Vgl. zwischen einer neuen, im Sommer 1958 im westlichen Erie-See erstmalig benutzten Meth. zur Best. der maximalen Photo-Synth.-Werte von Phytoplankton u. dem herkömmlichen Verf. (Einschluß von Plankton in Klar- u. Schwarzglasgefäße, Absenken 3 Std. auf 0—3 m Wassertiefe, Vgl. der pH-Werte als Ausdruck der CO_2-Konz.) ergaben, daß die bisherigen Meth. deshalb um 2% zu niedrige Werte brachten, weil die fördernde Wrkg. der unter natürlichen Verhältnissen vorhandenen Wasserbewegung vernachlässigt wurde. H. G. W. GLEISS. 4460□

Die Hemmung von Photoreaktionen der Chloroplasten durch 2-Alkyl-4-hydroxychinolin-N-oxide. M. Avron. (Biochem. J. **78.** 735—39. April 1961. Rehovoth, Israel, Weizmann Inst. of Sci., Biochem. Sect.) (Engl.)

2-Heptyl-4-hydroxychinolin-N-oxid u. *2-Nonyl-4-hydroxychinolin-N-oxid* sind starke Hemmstoffe für Photo-Rkk. in Chloroplasten. Die cyclisierende Photophosphorylierung ist am wenigsten empfindlich gegenüber der Einw. der Hemmstoffe, die Ferricyanid-Red. u. -Phosphorylierung am empfindlichsten. E. LÜCK. 4460□

Konkurrierende Anpassung der Kationenaustauschkapazität von Wurzeln. L. K. Wiersum und K. Bakema. (Plant and Soil [The Hague] **11.** 287—92. Sept. 1959. Groningen, Inst. for Soil Fertility.) (Engl.)

Verschiedene Pflanzenarten wurden nach der „split-root"-Technik in Glasgefäßen in Sandkultur angezogen, wobei in die eine Hälfte des Gefäßes ein mit Kationen beladener *Kunstharzaustauscher*, in die andere Hälfte ein mit Anionen beladener Austauscher eingemischt war. Nach 14 Tagen wurden die Wurzeln getrennt gewonnen u. auf ihre Kationenaustauschkapazität (KAK) analysiert. Bei allen Pflanzenarten zeigte sich, daß die KAK der Wurzeln unter dem konkurrierenden Einfl. des synthet. Kationenaustauschers angestiegen war. Die Hälfte der Wurzeln, die in dem Anionenaustauschersubstrat wuchs, wies in allen Fällen eine etwas niedrigere KAK auf.

WILFRIED WERNER. 4470□

Nitratgehalt von Weidegras bei unterschiedlich hoher Düngung. G. ap Griffith. (Nature [London] **185.** 627—28. 27/2. 1960. Aberystwyth, Welsh Plant Breeding Stat.) (Engl.) — Vgl. C. **1960.** 3912.

Der *Nitrat-* u. *Rohprotein-Geh.* von Weidegras steigt proportional der Düngungshöhe mit Ammoniumsulfat an. W. HIRTE. 4470□

Untersuchungen mit bestimmten Phosphor-, Kalium- und Magnesiumkonzentrationen an der Erdbeere. Carter R. Smith und Norman F. Childers. (Proc. Amer. Soc. horticult. Sci. **75.** 360—66. 1960. New Brunswick, N.J., Rutgers State Univ.) (Engl.)

Erdbeeren wurden mit Nähr-Lsgg. verschiedenen *P*- (1,9 u. 9,3 ppm), *K*- (20, 98, 176 u. 254 ppm) u. *Mg*-Geh. (6, 18 u. 30 ppm) gezüchtet. Das Frischgew. einiger Pflanzenteile wurde bei der niedrigsten K-Konz. gegenüber dem 98-ppm-Wert erheblich reduziert. Im allg. wurde das Trockengew. der Blätter u. Blattstiele mit steigender K-Konz. herabgesetzt. Die extremsten K-Konzz. konnten das Wachstum bis zu einem gewissen Grade hemmen. Die Pflanzen-Entw. selbst wurde nicht beeinflußt. Die verschiedenen Mg-Konzz. beeinflußten kaum das Wachstum; die höchste Mg-Konz. red. das Gew. der Blätter u. der Wurzeln sowie die Blattzahl, verlängerte jedoch die Stengelglieder. Ein P-Geh. von 0,22% in den Blättern war mit einem eingeschränkten Wachstum verbunden. Es wurden keine durch Nährstoffmangel bedingten Foliarsymptome gefunden. J. BOELTER. 4470□

Die Resorption und die Beweglichkeit von ^{28}Magnesium in der Bohne (Phaseolus vulgaris L.). M. J. Bukovac, F. G. Teubner und S. H. Wittwer. (Proc. Amer. Soc. horticult. Sci. **75.** 429—34. 1960. East Lansing, Mich., Michigan State Univ.) (Engl.)

Auf die Blattoberfläche von Bohnenpflanzen (*Phaseolus vulgaris* var. *Blue Lake*) wurde eine $^{28}MgSO_4$-Lsg. (pH 2,0) aufgebracht u. die Pflanze in verschiedenen Zeitabständen auf die Verteilung des ^{28}Mg untersucht. Etwa 10% der ursprünglichen Radioaktivität wurden nach 24 Std. im behandelten Blatt, keine nennenswerte Aktivität dagegen in der übrigen Pflanze gefunden. Die Zufuhr von $^{28}MgCl_2$ an der Wurzel führte zu einer Verteilung der Aktivität über die ganze Pflanze (32% in den Samen u. Hülsen, 33% im Stamm, 5% in dem prim. sowie 13 bzw. 16% in dem jungen u. alten 3blättrigen Laub). Die vorherige Züchtung der Pflanze in Nährmedien mit u. ohne Mg war auf die Vers.-Ergebnisse ohne Einfluß. J. BOELTER. 4470□

Spurenelementmangel und Transpiration bei Tropaeolum majus L. Karl H. Schütte. (J. exp. Botany **10.** 443—47. Okt. 1959. Cape Town, Univ. of Cape Town, Dep. of Bot.) (Engl.)

Die Transpiration von in Wasserkultur gehaltenen *Tropaeolus majus* nimmt ab, wenn in der Nähr-Lsg. *B*, *Cu*, *Mg* oder *Zn* fehlen. Die Beblätterung ist bei Mangelkulturen meist reicher, aber weniger widerstandsfähig. U. MOTHES. 4470□

Die bei Mineralmangel an der glatten Cayenne-Ananas unter festgelegten Bedingungen auftretenden Symptome. Héctor Cibes und George Samuels. (Univ. Puerto Rico, agric. Exp. Stat., techn. Paper **1961.** Nr. 31. 1—30. Juli.) (Engl.)

Die bei Mangel von jeweils einem der folgenden Salze auftretenden Symptome werden beschrieben: $Ca(NO_3)_2$, $MgSO_4$, KH_2PO_4, $CaCl_2$, NaH_2PO_4, Na_2SO_4, $NaNO_3$, K_2SO_4, $Mg(NO_3)_2$, Fe, H_3BO_3, $MnSO_4$, $ZnSO_4$ u. $CuSO_4$. P. LOCH. 4470□

Molybdän und die auf Symbiose beruhende Stickstoffaufnahme der Erle (Alnus glutinosa Gaertn.). J. H. Becking. (Nature [London] **192.** 1204. 23/12. 1961. Wageningen, Agricult. Univ., Labor. of Microbiol.) (Engl.)

Die *Stickstoff*-Aufnahme der Erle ist abhängig vom *Mo*-Geh. des Bodens. Exemplare, die auf Mo-armen Böden aufwuchsen, zeigten typ. N-Mangelerscheinungen. Der Gesamt-N-Geh. dieser Pflanzen war gegenüber anderen, die auf Mo-haltigen Böden (150 μg Mo/Topf in Form von *Na-Molybdat*) aufwuchsen, beträchtlich geringer.

H. BUSSE. 4470□

Einfluß einiger Derivate der Phenoxyessigsäure auf die Atmungsintensität und die Aktivität der Atmungsenzyme beim Keimen von Körnern mit Stärkereserve. Hélène Jeanrenaud, Florica Soare und Octavian Raianu. (An. ştiinţ. Univ. „Al. I. Cuza" Iaşi, Secţ. II [N. S.] **4.** 11—24. 2 Tafeln. 1958.) (Franz.)

Die Keimfähigkeit von Weizen- u. Gerstenkörnern in $^1/_{2500}$- u. $^1/_{250000}$m wss. Lsgg. von *2-Methyl-4-chlorphenoxyessigsäure* (I), *2-Benzyl-4-chlorphenoxyessigsäure* (II) u. *2-Methylphenoxyessigsäure* (III) wird in Verss. von 96std. Dauer im Vgl. mit W. als Nährmedium untersucht. Die Keimung wird durch **I** u. **III** gehemmt, durch **II** verstärkt. Bei Weizen stimulieren **I, II** u. **III** die Atmung, bei Gerste nur **II. I** u. **III** bewirken aber auch bei Weizen eine verminderte Aktivität der Peroxydase u. völlige Aufhebung der Katalaseaktivität (bei **III**) bzw. deren Herabsetzung (bei **I**); also bewirken auch hier **I** u. **III** Störungen der enzymat. Prozesse. R. K. MÜLLER. 4485□

Wirkung verschiedener Faktoren auf die Inaktivierung von β-Indolylessigsäure in vitro. S. M. Sircar und Shakuntala Bose. (Proc. nat. Inst. Sci. India, Part B **26.** 409—20. 26/12. 1960. Calcutta, Calcutta Univ., Dep. of Bot.) (Engl.)

Bei Lsgg. reiner *β-Indolylessigsäure* (I) wurde der Aktivitätsverlust nach verschiedenartiger Behandlung im biolog. Test bestimmt (Hemmungstest mit Reiskeimwurzeln). Vorsichtiges Autoklavieren verändert den **I**-Geh. nicht. Pufferzusatz bis pH 5,9 stabilisiert das Wurzelwachstum. Im Licht wird **I** schnell inaktiviert, am stärksten in weißem, schwächer in blauem u. grünem Licht. Die Inaktivierung von **I** im Dunkeln nimmt bei steigender Temp. u. mit der Zeit zu. *Citronensäure, Oxalsäure* u. *Bernsteinsäure* als Zusatz zur **I**-Lsg. fördern das Wurzelwachstum stark u. inaktivieren die **I**.

U. MOTHES. 4485□

Einfluß der Gibberellsäure auf die Unterbrechung der Ruheperiode von Bäumen. L. Ss. Sinowjew, I. N. Konowalow und I. I. Tschernjajewa. (Ботанический Журнал [Bot. J.] **46.** 1781—86. Dez. 1961. Leningrad, Allunions Inst. für landwirtsch. Mikrobiol. der Allunions Akad. für Landwirtsch.; Botan. Komarow-Inst. der Akad. der Wiss. der UdSSR.) (Russ.)

In Verss. mit Linde u. Haselnußstrauch wird gezeigt, daß durch tägliches Auftragen von *Gibberellsäure* (I) auf die Knospen im Laufe von 15—20 Tagen das latente Wachstum der Knospen in ein sichtbares Wachstum übergeht. Mit Hilfe von **I** kann ein Übergang vom tiefen Ruhezustand zum akt. Wachstum erzielt werden. Die **I**-Wrkg. auf die Knospen ist abhängig von der Art der Pflanzen (Linde, Haselnuß, Ahorn, Esche) u. vom physiolog. Zustand der Knospen. Die für die Unterbrechung des Ruhezustandes notwendigen **I**-Konzz. können stärker variieren als die **I**-Konzz. für die Stimulierung des Wachstums. O. LEBTAG. 4485□

Gibberellin-ähnliche Substanzen in Pflanzen. Margaret Radley. (Nature [London] **191.** 684—85. 12/8. 1961. Welwyn, Herts, Imp. Chem. Ind. Ltd., Pharmaceut. Div., Akers Res. Labor.) (Engl.)

Das Vork. *gibberellinähnlicher Substanzen* (I) wurde bei einigen *Leguminosen* u. bei *Fucus vesiculosus* untersucht. Äthanol. Extrakte der zu untersuchenden Organe wurden gereinigt u. auf Erbsenpflanzen übertragen. Als Kontrolle dienten Pflanzen, die reines *Gibberellin* (II) erhalten hatten. Es wurden je 2 Varietäten von *Phaseolus vulgaris* u. *Pisum sativum* untersucht. Bei beiden wurde in den Knöllchen ziemliche starke II-Aktivität gefunden. In den Wurzeln der Erbsen befanden sich ebenfalls Spuren von I, nicht aber in denen von Bohnen. Bei Bohnen wurde gefunden, daß nur solche Pflanzen I enthalten, die mit *Rhizobium* beimpft waren. In manchen Fällen wird I in die Nähr-Lsg. abgegeben. In *Fucus* wurde ebenfalls eine I gefunden. Durch chromatograph. Vgl. mit verschiedenen II-Verbb. wurde wahrscheinlich gemacht, daß die in Fucus vorkommende I eins der bekannten II ist. U. MOTHES. 4485□

Synthese einiger Thioharnstoffabkömmlinge und Bestimmung ihrer Aktivität als Wuchsstoffe. B. T. Markin. (Физиология Растений [Physiol. d. Pflanzen] **8.** 86—91. 1961. Stawropol, Landwirtsch. Inst., Lehrstuhl für Pharmakol. u. Biochem.) (Russ.; Auszug: Engl.)

Durch Erhitzen eines äquimol. Gemisches von Thioharnstoff u. 1-Brom-2-phenoxyäthan bzw. 1-Brom-2-(4-chlorphenoxy)-äthan bzw. 1-Brom-2-(2.4-dichlorphenoxy)-äthan auf dem Wasserbad im Laufe von 55—60 Min. wurden in einer Ausbeute von 79 bzw. 70 bzw. 82% der Theorie nachstehende, in der Literatur bisher nicht beschriebene Verbb. erhalten: *Phenoxyäthanthiuroniumbromid* (I), *4-Chlorphenoxyäthanthiuroniumbromid* (II) u. *2.4-Dichlorphenoxyäthanthiuroniumbromid* (III). Es wurden folgende F.-Werte festgestellt (in Klammer der F.-Wert für die entsprechende freie Base): I 149 (128)°; II 127 (113)°; III 173(—)°. Gegenüber den Wurzeln von Maispflanzen zeigen I, II u. III eine stärkere stimulierende Wrkg. als *2.4-Dichlorphenoxyessigsäure* (IV). So beträgt die Aktivität bei 20 mg/Liter bei I 261, bei II 131, bei III 140%, wenn die Aktivität von IV gleich 100% gesetzt wird. In Verss. mit 8 Tage alten Bohnenpflanzen zeigen I, II u. III eine stimulierende Wrkg. auf das Wurzelwachstum, die bei I im Vgl. zu Heteroauxin (100%) 34,9, bei II, 87,3, bei III 57,2% erreicht, wenn die Präpp. in der Konz. von 50 mg/Liter angewandt werden. O. LEBTAG. 4485□

Die Unwahrscheinlichkeit der Chelat-Hypothese der Auxinwirkung. D. D. Perrin. (Nature [London] **191.** 253—55. 15/7. 1961. Canberra, Australian Nat. Univ., Dep. of Med. Chem., Inst. of Advanced Studies.) (Engl.)

Im Gegensatz zur Meinung anderer Autoren kommt Vf. auf Grund von Messungen der Ionisationskonst. einiger Pflanzenwuchsstoffe u. der Stabilitätskonst. ihrer Cu-Komplexe mit der Cu-Amalgam-Elektrode zu dem Ergebnis, daß die Metallkomplex-Bldg. bei der physiolog. Aktivität der *Indolylessigsäure* u. anderer Pflanzenwuchsstoffe keine Rolle spielt. GOTTFRIED SCHREIBER. 4485□

E₅. Tierchemie. Tierphysiologie. Tierpathologie

Isotope in der Forschung bei der Pathogenese von Stoffwechselkrankheiten. D. E. Grodzensky. (J. Nuclear Energy **3.** 168—76. Aug. 1956.) (Engl.)

Übersicht. GERHARD SCHMIDT. 4500□

Vorkommen von Titan, Vanadin, Chrom und Schwefelsäure in der Seescheidenartigen Eudistoma ritteri. Estees P. Levine. (Science [Washington] **133.** 1352—53. 28/4. 1961. Pacific Grove, Calif., Hopkins Marine Stat. of Stanford Univ.) (Engl.)

Durch quant. spektrograph. Analyse wird festgestellt, daß die Körpergewebe von *Eudistoma ritteri* bis zu 1,512°/₀₀ *Titan*, 0,471°/₀₀ *Vanadin* u. 0,144°/₀₀ *Chrom* enthalten. Körpergewebe u. Haut zeigen einen pH von 1,5, was auf die darin vorkommende H_2SO_4 (mit $BaCl_2$ nachgewiesen) zurückzuführen ist. WOLFGANG HERRMANN. 4510□

Mikrochemische Untersuchungen an einzelnen Havers' Systemen. 2. Mitt. Methodische Überlegungen unter besonderer Berücksichtigung des Ca/P-Verhältnisses in mikroskopischen Knochenstrukturen. J. Strandh. (Exp. Cell Res. **21.** 406—13. Nov. 1960. Uppsala, Univ., Dep. of Pathol. II.) (Engl.) — 1. vgl. C. **1961.** 16153.

Angabe einer Mikrometh. zur Trennung der Kationen u. Anionen der Knochensalze mkr. Knochenstrukturen, wobei nach Veraschen im Pt-Tiegel (60 Min., 400°), Lösen in 4m HCl, Eindampfen bei 105° u. Lösen in 0,12m HCl Ca mittels Dowex 50-Säule abgetrennt u. P im Durchlauf mit Molybdatreagens colorimetr., Ca nach Elution mit 4m HCl flammenphotometr. bei 422,7 mμ bestimmt wird. Das Ca/P-Verhältnis HAVERSscher Syst. u. von Teilen der Lamellen eines Querschnitts normaler menschlicher Compacta unterschied sich bei den morpholog. verschiedenen Strukturen nicht signifikant. Auch der Vgl. von Knochenstrukturen verschiedener Mineralisierungsgrade ergab keine Ca/P-Veränderung. K. MAIER. 4510□

Der Gehalt an einigen Spurenelementen während der Regeneratbildung beim Oberschenkelbruch der Taube. A. M. Bilouss. (Український Біохімічний Журнал [Ukrain. biochem. J.] **33.** 856—63. 1961. Charkow, Ukrain. Inst. für Orthopädie u. Traumatol.) (Ukrain.; Auszug: Engl.)

7—60 Tage nach den künstlichen Knochenbrüchen wurde spektrograph. der Geh. an *Cu*, *Al*, *Fe* u. *Mn* im Regenerat, in den Endbereichen des gebrochenen Knochens u. im gegenüberliegenden unverletzten Bereich untersucht. Danach ist 7—12 Tage nach dem Knochenbruch im Knochenkallus der Cu-Geh. 5—6mal u. der Mn-Geh. 2,0 bis 2,6mal größer als in der Norm. Im Regenerat ist in den Frühetappen der Bldg. der Al-Geh. 7—8mal höher als in der Norm. Der Fe-Geh. im Knochenkallus ist kurz nach dem Knochenbruch bes. hoch. Im unbeschädigten Knochenbereich verändert sich der Geh. an Cu, Fe, Al u. Mn ebenso wie im Regenerat, jedoch wesentlich weniger stark. In den Endfragmenten der Knochen ist deren Geh. ebenfalls erhöht.

O. LEBTAG. 4510□

Der Fluorid- und Selen-Gehalt von Zähnen lebender Versuchspersonen und von Zähnen aus altgriechischen Skelettfunden. D. M. Hadjimarkos und Carl W. Bonhorst. (Nature [London] **193.** 177—78. 13/1. 1962. Portland, Oreg., Univ. of Oregon Dental School u. Univ. of Portland, Chem. Dep.) (Engl.)

Im Zahnschmelz (a) bzw. Dentin (b) von Zähnen 20—40 Jahre alter Griechen aus Athen (A) bzw. von Zähnen aus griech. Skelettfunden (B; 8. u. 11. Jahrhundert v. Chr.) wurden folgende Gehh. (in ppm) an *F* bzw. *Se* ermittelt: a von A: 178 bzw. 0,03; b von A: — bzw. 0,13; a von B: 374 bzw. 0,13; b von B: — bzw. 0,45. Die Gründe für diese stark unterschiedlichen Werte werden ausführlich dargelegt. Die Befunde werden in Hinsicht auf die Beziehungen zwischen der Cariesempfindlichkeit u. der Höhe des F- u. Se-Geh. der Zähne diskutiert. H. KOCKERT. 4510□

Chemische Zusammensetzung und physikalische Eigenschaften des Schmelzoberhäutchens. H. Schüle. (Arch. oral Biol. **4.** 40—49. Aug. 1961. Kiel, Univ., Zahnärztl. Inst., Klin. für Zahn-, Mund- u. Kieferkrankh.) (Dt.)

Vf. führte Unterss. über die chem. Zus. u. die physikal. Eigg. des Schmelzoberhäutchens (SM) von noch nicht durchgebrochenen Zähnen (Z 1), gerade durchgebrochenen Zähnen (Z 2) u. von exogenen Schmelzoberhäutchen auf Zähnen höherer Altersklassen (Z 3) durch. — Nach den Ergebnissen ist das Protein von Z 1, Z 2 u. Z 3 gegen Säuren, Alkalien u. proteolyt. Enzyme, auch nach Vorbehandlung mit Red.-Mitteln weitgehend resistent. Während das Protein von Z 1 u. Z 2 vermutlich zu den Keratinen gehört, hat das von Z 3 eine abweichende Aminosäurenzusammensetzung. Histochem. werden in Z 1, Z 2 u. Z 3 Mucopolysaccharide nachgewiesen. SM ist für Milch-, Salz- u. Asparaginsäure, Kochsalz, Glycin, Glucose, Methylenblau sowie Calcium- u. Phosphationen permeabel, während z. B. Cystin u. Kongorot zurückgehalten werden. Die Permeabilität nimmt von Z 1 nach Z 3 ab. Eine Schutzfunktion für die Schmelzprismen scheint SM nicht zu erfüllen. R. ILLHARDT. 4520□

Einige Mitteilungen über die Löslichkeit von Schmelz und Dentin in Säure. S. A. Leach. (Arch. oral Biol. **1.** 218—32. Jan. 1960. Manchester, Univ., Turner Dental School.) (Engl.)

Fein gepulverter *Zahnschmelz* u. *Dentin* (Mensch) werden in 0,2 m Acetatpuffer (pH 4,7) nicht vollständig entkalkt. Die Löslichkeit hängt von der Menge der Festsubstanz ab u. ist außerdem umgekehrt proportional dem F-Geh. der Probe. Ferner spielen auch die Molalität der Lsg. u. der pH-Wert eine Rolle. H. DOSSMANN. 4520□

Kritische Betrachtungen zur Chelationswirkung von Aminosäuren auf den Zahnschmelz. A. Breustedt. (Arch. oral Biol. **4.** 134—40. Aug. 1961. Jena, Univ., Klin. für Zahn-, Mund- u. Kieferkrankh.) (Dt.)

Vf. findet, daß die im Speichel vorhandenen Aminosäuren nicht in der Lage sind, mit dem Ca des *Hydroxylapatits* weder im bas. noch im sauren Bereich stabile innere Komplexe zu bilden. Nur *Glutamin-* u. *Asparaginsäure* vermögen im sauren Bereich Zahnhartsubstanzen verstärkt zu lösen, was aber, da auch einfache Dicarbonsäuren das gleiche Verh. zeigen, nicht auf die Aminogruppe zurückgeführt werden kann.

R. ILLHARDT. 4520□

Variable und freie Mucopolysaccharide in der Rattenniere. J. M. N. Boss, P. Breddy und G. F. Cooper. (J. Physiol. **157.** 35P—36P. Juli 1961. Bristol, Univ. of Bristol, Dep. of Physiol.) (Engl.)

Im Verlauf von Unterss. über die Wrkg. von Wasserdiurese u. antidiuret. Hormon auf die Histologie der Rattenniere wurde die Verteilung von *Mucopolysacchariden* geprüft. Es konnte gezeigt werden, daß Perjodsäure-SCHIFF-positives Material, wahrscheinlich saure Mucopolysaccharide, in Sammelkanälchen u. Markpapillaren der Niere vorkommen kann. U. TAUSENDFREUND. 4520□

Hexosamingehalt gealterter und chronisch erkrankter Lungen. Herbert A. Saltzman, Muriel K. Schauble und Herbert O. Sieker (unter techn. Mitarbeit von Randall B. Vanderbeek). (J. Lab. clin. Med. **58.** 115—21. Juli 1961. Durham, N.C., Vet. Admin. Hosp.; Duke Univ., Med. Center.) (Engl.)

Die Unters. des *Hexosamin*-Geh. als wichtigem Bestandteil der Bindegewebegrundsubstanz der Lunge führte bei gesunden Vers.-Tieren zu Werten von 0,771 bis 0,583 mg/100 g Trocken-Gew. des Gewebes sowie bei gesunden Personen zu einem Mittelwert von 0,652 mg/100 g. Der mittlere *Galactosamin-Glucosamin*-Quotient erstreckte sich von 0,19 mit 2 Monaten bis 0,16 mit 2 Jahren bei Kaninchen u. zeigte Mittelwerte von 0,223 beim Menschen. Artunterschiede waren gering, mit der Alterung der Tiere traten keine signifikanten Veränderungen auf. Bei Lungenemphysem lag der mittlere Hexosamin-Geh. des menschlichen Lungengewebes um 0,671 mg/100 g, der Quotient betrug 0,249 im Vgl. zu Werten von 0,782 mg/100 g bzw. 0,170 bei akuten Infektionen, Hämorrhagien oder Ödem. Diese Hexosaminverschiebungen gehören möglicherweise zu den grundlegenden Veränderungen in der Lungengrundsubstanz, die zur Entw. der chron. Lungenerkrankungen beitragen, die biochem. Befunde können allerdings auch Veränderungen im Blut-Geh. der Lungen widerspiegeln.
U. TAUSENDFREUND. 4520□

Eine Methode zum Nachweis kleinster Mengen Melaninpigment. John K. Young. (Amer. J. clin. Pathol. **35.** 264—65. März 1961. San Francisco, Calif., School of Dent., Coll. of Phys. and Surg.) (Engl.)

Zum Nachw. geringfügiger *Melanin*-Mengen eignet sich die Trocknung der Gewebeschnitte am Ende der Färbevorgänge; nach 20 Min. Trocknung wird für kurze Zeit der Refraktionsindex derart verändert, daß das Pigment sichtbar wird. An Hand der Behandlung der Mundschleimhaut eines 10jährigen Kaukasus-Jungen wird die gesamte Prozedur beschrieben. U. TAUSENDFREUND. 4520□

Verwertung von $^{14}C_{(1)}$-Acetat durch Lebergewebe von kälteexponierten und überwinternden Hamstern. Arliss Denyes und Joan D. Carter. (Amer. J. Physiol. **200.** 1043—46. Mai 1961. Kingston, Ontario, Canada, Queen's Univ., Biol. Dep.) (Engl.)

Beim kälteexponierten u. überwinternden Hamster liegt offenbar eine biochem. Schädigung der Glucokinase-Rk. u. einiger anderer Stufen des glykolyt. Abbauweges der Leber vor. So findet sich bei Hamstern nach Exposition gegenüber einer Umgebungs-Temp. von ca. 6° eine Blockierung der Lipogenese der Leber aus *$^{14}C_{(1)}$-Acetat* innerhalb von 48 Stunden. Nach 8 Wochen Kälteexposition ist diese Blockierung weitgehend (bis auf 74% der Kontrollwerte) behoben; während der Überwinterung, die gewöhnlich nach 8 Wochen beginnt, kommt es jedoch erneut zur Blockierung der Lipogenese. Während eines 6std. Wachseins wird die Blockierung teilweise wieder aufgehoben oder kehrt sogar zu dem 8-Wochen-Wert zurück. Gleichzeitig mit dieser Blockierung zeigt sich eine gesteigerte Bldg. von *$^{14}CO_2$* aus $^{14}C_{(1)}$-Acetat bei den kälteexponierten Tieren. In vitro steigerte 0,02m *Glucose* die Lipogenese im Lebergewebe kälteexponierter Hamster nicht, es sei denn, die Tiere wären für 6 Std. wach gewesen. 0,02m *Succinat* steigerte Lipogenese u. $^{14}CO_2$-Bldg. aus $^{14}C_{(1)}$-Acetat nicht. Dagegen hob *Fructose* die Blockierung der Lipogenese aller kälteexponierten Tiere auf.
U. TAUSENDFREUND. 4550□

Das Hindurchströmen von Radiorubidium durch das isolierte Kaninchenmesenterium beeinflussende physiologische Faktoren. W. O. Berndt und R. E. Gosselin. (Amer. J. Physiol. **200.** 454—58. März 1961. Hanover, N.H., Dartmouth Med. School, Dep. of Pharmacol. and Toxicol.) (Engl.)

Beim Hindurchströmen von *^{86}Rb* durch das Kaninchenmesenterium handelt es sich um eine passive Diffusion (unter wesentlicher Beteiligung eines Temp.-Faktors). Das Mesenterium zeigt ähnliche Rkk. wie intakte Capillaren: Seine Permeabilität wird durch Verringerung der extrazellulären Ca-Konz. oder des pH erhöht. Auch 5-Hydroxytryptamin steigert das Strömen von ^{86}Rb; diese Wrkg. kann durch Salicylat, nicht aber durch Lysergsäurediäthylamid aufgehoben werden. K. ZINGRAF. 4550□

Die komplementhemmende Wirkung einiger Antiproteasen. M. Rybak, M. Petakova, V. Mansfeld und J. Hladovec. (Experientia [Basel] **15.** 380—82. 15/10.

1959. Prag, Inst. für Hämatolog. u. Bluttransfus. u. Forsch.-Inst. für Pharmazie u. Biochem.) (Dt.)

Wurde als Komplement (C')-Quelle ein properdinfreies Humanserum (RP) in einem hämolyt. Syst. verwendet, so erfolgte komplette Hämolyse der mit Amboceptor sensibilisierten Hammelerythrocyten. Eine Vorbehandlung des RP mit verschiedenen Antiproteasen hemmte die Hämolyse mehr oder weniger. Am wirksamsten waren Antiproteasen aus Sojabohnen, Pankreas, Phaseolus u. Kartoffeln. Der Proteasecharakter des Komplements, mindestens einer Komponente ist dadurch erwiesen.

E. FISCHOEDER. 4551□

Wirkung von Zymosan bei Hunden mit hämorrhagischer Hypotension. Benjamin Blattberg und Matthew N. Levy (unter Mitarbeit von Rosa M. Scott). (Amer. J. Physiol. **200.** 984—86. Mai 1961. Cleveland, Ohio, St. Vincent Charity Hosp., Res. Dep.) (Engl.)

Zur Klärung des Zusammenhangs zwischen *hämorrhag. Schock* u. *Properdin* erhielten Hunde von 11—17 kg Gew. 48 Std. vor dem Schock 7 mg *Zymosan* i.v. (Anregung der Aktivität des reticuloendothelialen Syst.) oder 50 mg 2—3½ Wochen vor dem Schock. Als Folge der Injektion stieg bei 14 von 24 Hunden der Properdintiter um mehr als 25%, 71% der Tiere mit angestiegenem Titer überlebten den Schock. Im Gegensatz dazu überlebten nur 30% der Hunde, deren Titer nicht angestiegen war (Übereinstimmung mit unbehandelter Kontrollserie). Der erhöhte Properdintiter wird als eine der Manifestationen der nach der Zymosaninjektion gesteigerten reticuloendothelialen Aktivität angesehen.

U. TAUSENDFREUND. 4551□

Papierchromatographie der Fettsäuren der Milch. S. Li Moli und G. Mininni. (Boll. Soc. ital. Biol. sperim. **37.** 156—59. 28/2. 1961. Bari, Univ., Ist. di Clin. Pediatr.) (Ital.)

Es wird eine papierchromatograph. Meth. beschrieben, bei der die entsprechend behandelte Kuhmilch 2 Chromatogramme (gesätt. u. ungesätt. Fettsäuren) ergibt, die auf Grund ihrer R_F-Werte oder im Vgl. mit bekannten Säuren identifiziert werden. Auf diese Weise konnten außer den flüchtigen Säuren (ca. 8,6%), der *Arachinsäure* (1,3%) u. der *Decen-* bzw. *Dodecensäure* (0,3 u. 0,4%) alle anderen Fettsäuren der Milch sichtbar gemacht werden.

F. KREN. 4555□

Der Einfluß der Harnstoffaufnahme auf die Speichelbildung des Schafes. A. D. Wilson. (Nature [London] **192.** 271. 21/10. 1961. Melbourne, Univ., School of Agricult.) (Engl.)

Die Menge der Speichelabsonderung durch die Parotisdrüse von Merinoschafen wurde mit Hilfe einer einseitigen Speicheldrüsenfistel gemessen. Neben einer Grunddiät aus Weizenstroh u. Protein (Diät A) wurde dieselbe unter Zusatz von *Harnstoff* (**I**) u. Melasse (Diät B) verfüttert. Nach 2 Wochen wurden bei den Tieren die Diäten gegeneinander ausgetauscht. Die Speichelausscheidung war kaum von der Diät abhängig. Der Gesamt-N-Geh. im Speichel erhöhte sich von 2,9 bzw. 4,2 mg N/100 ml (A) auf 12,1 bzw. 13,3 mg N/100 ml bei Diät B. Die Aufnahme von **I** schien weder vom qual. noch vom quant. Standpunkt für die Speichel-Prod. von Bedeutung zu sein.

J. BOELTER. 4555□

Eine vereinfachte Methode für die Zuckerbestimmung in Speichel und Plaques. Halfdan Eggers Lurà. (Dtsch. zahnärztl. Z. **16.** 646—48. 1/5. 1961.) (Dt.)

Vf. überträgt die enzymat. Best. von *Glucose* im Blut u. Harn mittels der Glucose-oxydase–Peroxydase-Meth. auf Unterss. in der Odontologie. Zur Best. wird das Reagenspapier „Testape" (LILLY & Co., Indianapolis) verwendet, aus dessen Verfärbungsgrad nach Eintauchen in die Unters.-Lsg. u. durch Vgl. mit einer Farbskala der *Glucose*-Geh. abgelesen wird. Anwendungsmöglichkeiten, die untersucht werden: 1. *Glucose*-Eliminierung in der Mundhöhle nach Gaben von *Glucose*-Lsgg. bekannten Geh., 2. *Stärke-* u. *Rohrzucker*-Abbau durch *Maltase* u. *Saccharase* im Munde, 3. *Glucose*-Konz. in Plaqueaufschwemmungen.

J. WINTER. 4555□

Die Wirkung von 17α-Methyl-19-nortestosteron auf die endokrine Funktion der menschlichen Hoden. L. G. Huis in't Veld, B. Louwerens und P. A. F. van der Spek. (Acta endocrinol. [Copenhagen] **37.** 217—30. Juni 1961. Utrecht, Rijks Inst. voor de Volksgezondheit; Noordwijkerhout, Psychatr. Inrichting „St. Bavo".) (Engl.)

Es wurde der Testikularfunktionstest *I* (Best. der neutralen *17-Ketosteroide* u. gesamten *17-Hydroxycorticosteroide* im Harn nach 3tägiger Zufuhr von 10000 I.E. *Choriongonadotropin*/Tag) u. *II* (analog nach 10tägiger Zufuhr von 5000 I.E. Choriongonadotropin/Tag) nach JAYLE u. Mitarbeiter (La fonction endocrine du testicule, Masson et Cie., Paris [1957.] 201) vor u. während der Behandlung mit *17α-Methyl-19-nortestosteron* (**I**; 5 mg/Tag) an 12 Versuchspersonen (darunter 4 ♂ Kastraten) durch-

geführt. Ein Nachw., daß die Produktion u./oder Sekretion von Vorstufen der 17-Ketosteroide durch **I** gehemmt wird, konnte nicht geführt werden.
P. SCHWERDTFEGER. 4559 □

Katalytische Wirkung von Δ^4-3-Ketosteroiden auf den Aminosäureabbau. 65. Mitt. über Sexualhormone, Steroide und Sterine. Erich Gerhards und Wilhelm Dirscherl. (Liebigs Ann. Chem. **642.** 187—93. April 1961. Bonn, Physiol.-chem. Inst. der Univ.) (Dt.) — 59. vgl. C. **1961.** 18035.

Δ^4-3-Ketosteroide können ähnlich wie 1.2-Diketone bei ca. 160° Aminosäuren katalyt. abbauen. Der Abbau von *Glycin* wurde in phenol. Lsg. mit *Testosteron* (**I**) als Katalysator u. *Triphenyltetrazoliumchlorid* als H-Acceptor genauer untersucht. Die Aminosäuren werden unter Bldg. äquimol. Mengen NH_3 u. CO_2 oxydativ desaminiert u. decarboxyliert. 1 Mol. **I** baut in 1 Std. 14 Mol. Glycin ab. Die maximale Umsatz-Geschw. von *Desoxycorticosteron* ist der von **I** ähnlich. Alicycl. Ketone ohne konjugierte Doppelbindungen beeinflussen den Aminosäureabbau nur schwach, wie Verss. mit *Östron* u. *Campher* ergaben. *α-Östradiol* beeinflußt ihn überhaupt nicht. *Dehydroepiandrosteron* (**II**), das keine Δ^4-3-Konfiguration besitzt, baut Glycin mit anfangs kleiner, später zunehmender Rk.-Geschw. ab, woraus geschlossen werden kann, daß nicht **II**, sondern ein daraus entstehendes Prod. katalyt. wirkt. *α-Alanin* wird durch **I** langsamer (5,6 Mol/Mol **I**/Std.), *β-Alanin* schneller (33 Mol/Mol **I**/Std.) als Glycin zersetzt. U. LASCHET. 4559 □

Nachweis für die Existenz voneinander getrennter Vasopressin- und Oxytocinhaltiger Granula in der Neurohypophyse. F. S. LaBella, G. Beaulieu und R. J. Reiffenstein. (Nature [London] **193.** 173—74. 13/1. 1962. Winnipeg, Canada, Univ. of Manitoba, Fac. of Med., Dep. of Pharmacol. and Therapeutics.) (Engl.)

Die Unters.-Ergebnisse der Vff. lassen mit ziemlicher Sicherheit erkennen, daß *Vasopressin* u. *Oxytocin* in voneinander getrennten, jeweils für das eine oder das andere der beiden Hormone spezif. Zellgranula (Rinderhypophysenhinterlappen) vorkommen.
H. KOCKERT. 4560 □

Wirkung von synthetisch erhaltenem Oxytocin auf den Kropf der Taube R. R. Chaudhury und M. Roy Chaudhury. (Nature [London] **193.** 179—80. 13/1. 1962. New Delhi, All India Inst. of Med. Sciences, Dep. of Pharmacol.) (Engl.)

Vff. stellten fest, daß an Tauben verabfolgtes synthet. *Oxytocin* (**I**; *Syntocinon*, SANDOZ PRODUCTS LTD.; Dosis: 200 mE. i.v. u. 200 mE. i.m.) eine signifikante Erhöhung des Kropfgewichts (im Vgl. zu nicht mit **I** behandelten Kontrollen) verursacht. Wird den Tieren durch Inkubation mit Na-Thioglykolat inaktiviertes **I** verabfolgt, so ist das Kropf-Gew. nicht erhöht. — Offenbar wirkt **I** bei Vögeln nicht direkt auf das Kropfwachstum ein, sondern verursacht eine Freisetzung von das Kropfwachstum stimulierendem *Prolactin*. H. KOCKERT. 4560 □

Reaktion der Niere auf Oxytocin und Vasopressin in Gegenwart von Stilböstrol. Sybil Lloyd und Mary Pickford. (J. Physiology **158.** 40 P—41 P. Sept. 1961. Edinburgh, Univ., Dep. of Physiol.) (Engl.)

Nach Gaben von *Stilböstrol* (0,033 mg/kg) hatte *Vasopressin*, i.v. gegeben, normale antidiuret. Wrkg. bei Hündinnen, leitete jedoch nicht verstärkte Na^+- u. Cl^--Ausscheidung ein. *Oxytocin* (**I**), i.v. gegeben, hatte mittlere antidiuret. Wrkg. u. verhinderte nicht die steigende Elektrolytausscheidung. Injektion von **I** in die Arteria carotis rief normale Elektrolytausscheidung hervor. K. ZINGRAF. 4560 □

Clearance von exogenem Vasopressin aus dem Plasma von Hunden. Henry D. Lauson und Manuel Bocanegra. (Amer. J. Physiol. **200.** 493—97. März 1961. New York City, Yeshiva Univ., Albert Einstein Coll. of Med., Dep. of Physiol.) (Engl.)

Nach i.v. Infusion von Rinder-*Pitressin* (**I**) entsprach die Gesamt-**I**-Clearance des Plasmas (**I**-Infusions-Geschw./**I**-Konz. im arteriellen Plasma) 16,1% des Plasma-Vol./Min.; sie war im Durchschnitt 2,2mal so hoch wie die Glomerulusfiltrations-Geschw. (Kreatinin-Clearance) u. 0,63mal so hoch wie die effektive Plasmaströmung durch die Niere (p-Aminohippursäure-Clearance). In den ersten 15 Min. nach Ende der Infusion betrug die Halbwertszeit 5,4 Min., u. das „scheinbare" Verteilungs-Vol. von **I** war nur um ca. 14% größer als das Plasmavolumen. K. ZINGRAF. 4560 □

Ultrafiltrierbarkeit von endogenem antidiuretischem Hormon aus dem Plasma von Hunden. Manuel Bocanegra und Henry D. Lauson. (Amer. J. Physiol. **200.** 486—92. März 1961. New York City, N.Y., Yeshiva Univ., Albert Einstein Coll. of Med., Dep. of Physiol.) (Engl.) — Vgl. vorst. Referat.

Bei der Ausblutung von Hunden, denen vorher hyperton. NaCl-Lsg. verabreicht worden war, gewonnenes Blut war reich an antidiuret. Aktivität (anscheinend *Vasopressin* aus der Neurohypophyse). Die ganze Aktivität war im Plasma enthalten,

Erythrocyten zeigten sie nicht; ca. 75% der Aktivität waren bei 4° unter Druck von 5% CO_2 in O_2 durch Cellulose ultrafiltrierbar. K. ZINGRAF. 4560 □

Isolierung und partielle Charakterisierung eines wachstumsteuernden Faktors. Francis W. Sayre, Eder Hansen, Theodore J. Starr und Evangeline A. Yarwood. (Nature [London] **190.** 1116—17. 17/6. 1961. Richmond, Calif., Kaiser Found. Res. Inst., Labor. of Comparative Biol.) (Engl.)

Es konnte eine akt. Fraktion aus Pferdeleber durch Salzfällung u. Säulenchromatographie gewonnen werden, die in einem chem. definierten Medium einen wachstumsfördernden Einfl. auf den Nematoden *Caenorhabditis briggsae* ausübt. Vorgang: 24 Std. Autolyse der Leberstückchen bei 4°, Ammonsulfat-Fällung bei 40 u. 60% Sättigung des 1 : 1 mit W. verd. Homogenatüberstandes (pH 7,0), Repräzipitation, Dialyse, Chromatographie an der Hydroxylapatit-Säule, Elution mit Phosphatpuffern, einer der 6 Proteingipfel ist biolog. aktiv. U. TAUSENDFREUND. 4560 □

Hypothalamuseinflüsse auf die heterotrope Hypophyse bei der Ratte. Warner H. Florsheim und Karl M. Knigge. (Amer. J. Physiol. **200.** 498—500. März 1961. Long Beach, Calif., U.S. Veterans Hosp.; Los Angeles, Calif., Univ. of California, Med. School; Cincinatti, Ohio, Univ. of Cincinatti, Med. School.) (Engl.)

Hypophysenvorderlappen (HVL) neugeborener Ratten wuchsen in den Augen hypophysektomierter Empfänger gut u. erhielten deren Schilddrüsenfunktion in hohem Grade aufrecht. Schädigungen des HVL im „Thyreotropinbereich" besaßen keinen Einfl. auf das Wachstum oder die Funktion dieser Implantate. K. ZINGRAF. 4560 □

Wirkung von ACTH auf das Geschlechtsverhältnis der Ratte. Erich Geiringer. (Proc. Soc. exp. Biol. Med. **106.** 752—54. April 1961. Dunedin, N.Z., Univ. of Otago, Dep. of Med.) (Engl.)

Erhalten junge ♀ Ratten 1 Woche lang jeden 2. Tag subkutane Injektionen von langwirksamem *ACTH* (0,05 ml = 1 I.E.) u. werden sie am Tag nach der 1. Injektion zum 1. Mal gedeckt, so wird das Geschlechtsverhältnis (Anzahl der ♂ je 100 ♀) des 1. Wurfs bei Geburt signifikant erniedrigt, während die durchschnittliche Wurfgröße prakt. unverändert bleibt. Nach Ansicht des Vf. wirkt ACTH auf das prim. Geschlechtsverhältnis, d. h. auf das Verhältnis der von den beiden Spermatozoentypen befruchteten Eizellen. P. SCHWERDTFEGER. 4560 □

Kontrolle des aktiven Natriumtransportes durch die Froschhaut durch den Hypophysenvorderlappen. R. M. Myers, W. R. Bishop und B. T. Scheer. (Amer. J. Physiol. **200.** 444—50. März 1961. Eugene, Oreg., Univ. of Oregon, Dep. of Biol.) (Engl.)

Nach Entfernung des Hypophysenvorderlappens bei *Rana pipiens* tritt eine Zunahme des Ausströmens von ^{22}Na durch die Haut (Dauer 4 Monate) u. eine Abnahme des Ruhepotentials u. des Na-Stromes (verringerte Geschw. des akt. Na-Transportes; Dauer maximal 3 Wochen) ein. Diese Veränderungen können durch Behandlung mit *ACTH* von Säugetieren oder mit *Aldosteron* aufgehoben werden. K. ZINGRAF. 4561 □

Interrenale Kontrolle des aktiven Natriumtransportes durch die Froschhaut. W. R. Bishop, M. W. Mumbach und B. T. Scheer. (Amer. J. Physiol. **200.** 451—53. März 1961. Eugene, Oreg., Univ. of Oregon, Dep. of Biol.) (Engl.) — Vgl. auch vorst. Referat.

Zerstörung von Interrenalgewebe bei Fröschen bewirkt eine deutliche Abnahme des akt. *Na*-Transports durch die isolierte Haut u. eine Zunahme des elektr. Widerstandes der Haut. Diese Wrkg. wird durch Säugetiernebennierenrindenextrakt, Hydrocortison oder Aldosteron teilweise aufgehoben; ACTH ist unwirksam. K. ZINGRAF. 4561 □

Wirkung von chronisch hoher und niedriger Salzaufnahme auf die Nebennierenrindenfunktion. Lewis K. Dahl, Lawrence Silver, Sanford Spraragen und Malcolm Smilay. (Nature [London] **190.** 348—49. 22/4. 1961. Upton, N.Y., Brookhaven Nat. Labor., Med. Res. Center.) (Engl.)

Es wird an 2 Patienten geprüft, ob niedrige *NaCl*-Aufnahme zur Unterfunktion der Nebennierenrinde (NNR) führen kann. Die Funktion der NNR wird nach JENKINS getestet (Amer. J. Med. **18.** [1955.] 3). Die Abnahme der insgesamt zirkulierenden Eosinophilen nach der Infusion von *ACTH* ist bei Ernährung ohne oder mit Salz gleich u. entspricht einer normal funktionierenden NNR. Dagegen ist die Ausscheidung von *17-Ketosteroiden* u. *17-Hydroxycorticoiden* im Harn bei hoher Salzaufnahme etwas vermindert. Der Blutdruck der Patienten fällt bei Salzmangel merklich ab u. steigt nach Gabe von Salz wieder an. Die vorliegenden Resultate zeigen nach Ansicht der Vff., daß eine hohe Salzaufnahme nicht günstig u. eine niedrige nicht schädlich ist.
WOLFGANG HERRMANN. 4561 □

Aldosteron und Elektrolytbilanz beim nephrotischen Syndrom. E. Flaschi. (Minerva nefrol. [Torino] **7.** 71—72. Juli/Sept. 1960. Suppl. zu: Minerva med. [Torino]. Cagliari, Univ., Ist. di Patol. Spec. Med.) (Ital.)

Bei 7 Patienten mit nephrot. Syndrom, bei denen die Ausscheidungsfunktion der Niere nicht gestört war, wurde eine Hypovolämie, eine Abnahme der Ausscheidung von Na^+ u. eine deutliche Zunahme der Ausscheidung von K^+ u. *Aldosteron* (I) im Harn festgestellt. Bei 5 weiteren Patienten, bei denen gleichzeitig Niereninsuffizienz vorlag, verhielt sich die Ausscheidung von Na^+ u. K^+ genau so, dagegen war die I-Ausscheidung u. das Blut-Vol. normal. K. ZINGRAF. 4561 □

Tonisierender Einfluß der Nebennieren auf die Natrium-Ausscheidung. J. N. Mills, S. Thomas und K. S. Williamson. (J. Physiology **158.** 33 P—34 P. Sept. 1961. Manchester, Univ., Dep. of Physiol.) (Engl.)

Bei Normalpersonen erhöhte *Spironolacton* (*Aldactone* SEARLE) immer die *Na-Ausscheidung*; es übt jedoch keine direkte Wrkg. auf die Niere aus, sondern blockiert nur die Wrkg. der Nebennierensteroide. K. ZINGRAF. 4561 □

Wirkungen von Hydrocortison und Adrenalektomie auf die α-Aminoisobuttersäureaufnahme. S. A. Kaplan und C. Susan Nagareda. (Amer. J. Physiol. **200.** 1035—38. Mai 1961. Los Angeles, Calif., Childrens Hosp.; Univ. of Southern California, Dep. of Ped.) (Engl.)

Trotz der Hervorrufung einer negativen N-Bilanz des Gesamtkörpers scheinen die Nebennierensteroide möglicherweise zu gesteigerter Proteinsynth. durch die Leber zu führen: Bei adrenalektomierten Mäusen (1 mg Desoxycorticosteronacetat, Percortentrimethylacetat, CIBA als Substitution bis zum 7 Tage später erfolgenden Vers.) konnte durch 1 mg *Hydrocortison* (*Solu-Cortef*, UPJOHN, i.v., oder *Cortef*, UPJOHN, i.m.) die Aufnahme von gleichzeitig gegebener *^{14}C-α-Aminoisobuttersäure* (I; 10 μc intraperitoneal oder i.v.) durch die Leber gesteigert werden; in Lymphgewebe kam es zu geringer Verringerung der I-Aufnahme, die Nieren schieden I vermehrt aus. I wird in nur ganz geringem Maße, wenn überhaupt, in die Proteine der Gewebe der Maus eingebaut.
U. TAUSENDFREUND. 4561 □

Aufrechterhaltung des Kreislaufs unter chirurgischem Stress bei Nebennierenrindenhemmung. Charles A. Papacostas (unter techn. Mitarbeit von Jasper P. Reed). (Amer. J. Physiol. **200.** 975—78. Mai 1961. Philadelphia, Pa., Temple Univ., School of Med., Dep. of Pharmacol.) (Engl.)

50 mg *Prednisolonphosphat* (I)/Tag für die Dauer von 28 Tagen hat bei Hunden eine Nebennierenrindeninsuffizienz zur Folge, die sich an stark vermindertem Anstieg der freien *17-Hydroxycorticosteroide* im Plasma nach einem chirurg. Stress zeigt; trotz der definitiv verringerten Nebennierenrindenreserve überstanden die Tiere die Operation (Laparatomie, 2—3 Min. lang Handhabungen am Darm) u. die nächsten beiden postoperativen Tage jedoch ohne Kreislaufkollaps oder Hemmung der Pressor-Rk. durch Levarterenol. Wenn nur derart geringe Mengen von 17-Hydroxycorticosteroiden zur Aufrechterhaltung des Kreislaufgeschehens nötig sind, stellt sich damit die Frage nach der Bedeutung der hohen Plasma-Spiegel beim Stress. — 50 mg I/Tag für die Dauer von 14 Tagen hatte bei Hunden nur eine geringe Nebennierenhemmung zur Folge, die sich nicht beim chirurg. Stress sondern nur bei kurzem funktionellem Test mit adrenocorticotropem Hormon (ACTH) zu erkennen gibt. U. TAUSENDFREUND. 4561 □

Untersuchungen über Methyl- und Fluor-substituierte Prednisolone im Kammerwasser des Kaninchens. 2. Mitt. Chromatographie. Henry S. Kroman und Irving H. Leopold. (Amer. J. Ophthalmol. [3] **52.** 77—81. Juli 1961. Philadelphia, Pa., Wills Eye Hosp., Res. Dep.) (Engl.)

Die in dieser Mitt. verwendete Meth. der Chromatographie u. Spektrophotometrie wird für empfindlicher als die in der 1. Mitt. (noch im Druck) angewendete Tetrazoliumblau-Colorimetrie zum Nachw. von CH_3- u. *F*-substituierten *Prednisolonen* im Kammerwasser angesehen. Im Gegensatz zu den höheren Werten der 1. Mitt. konnten auf chromatograph. Wege (Toluol, Propylenglykol, Methanol, Chlf., WHATMAN Nr. 1-Papier) im Kammerwasser von Kaninchen (pooled) nach i.v. Injektion von 25 mg bzw. örtlicher, innerhalb 1 Std. 4maliger Anwendung 0,5%ig. Lsg. von *16α-Methyl-9α-fluorprednisolon* (*Decadron*), *9α-Fluor-16α-hydroxyprednisolon* (*Kenacort*) u. *6-Methylprednisolon* (*Medrol*, freier Alkohol) Steroid-Konzz. von 1,0—1,5 μg/1,5 ml nachgewiesen werden, die durch nachfolgende UV- u. H_2SO_4-Chromagenabsorptionsspektren bestätigt werden konnten.
U. TAUSENDFREUND. 4561 □

Bestimmung der 17-Hydroxycorticosteroide im Harn bei Schwangeren mit Hyperemesis gravidarum. Nelly Rosales Pizarro. (An. Fac. Farmac. Bioquím. **7.** 121—25. 1956. Lima, Univ., Cát. de Bioquím., u. Labor. del Inst. Sánitas.) (Span.)

Bei Schwangeren mit Hyperemesis gravidarum war der Geh. an *17-Hydroxycorticosteroiden* im Harn verringert. Er betrug 0,650—4,020 mg. K. ZINGRAF. 4561 □

Die gegenwärtigen Kenntnisse über die Stoffwechselwirkungen von Adrenalin. F. Pocchiari. (Farmaco [Pavia], Ediz. sci. **13.** 665—78. Sept. 1958. Roma, Ist. Super. di Sanità, Labor. di Chim. Biol.) (Ital.)

Übersicht. — 24 Literaturangaben. K. ZINGRAF. 4561 □

Aktive Erschlaffung ungestreifter Muskeln durch Epinephrin. Inderjit Singh, Sunita I. Singh und Naranjan Singh Dhalla. (Amer. J. Physiol. **200.** 955—58. Mai 1961. Agra, Med. Coll., Dep. of Physiol.; New Delhi, Lady Hardinge Med. Coll., Dep. of Pharmacol.) (Engl.)

Ungestreifte Muskulatur besitzt offenbar 2 kontraktile Mechanismen, einen der akt. Erschlaffung u. einen der passive Erschlaffung herbeiführt. Dies wird aus Unters.-Ergebnissen geschlossen, bei denen Magenmuskulatur des Frosches (*Rana tigrana*) u. der Uterus des Meerschweinchens in vitro nach Zufügung von *Epinephrin 1*: 100000 eine Erschlaffung zeigten, die mit gesteigertem O_2-Verbrauch einherging (akt. Erschlaffung, ca. 15 Min. dauernd, gleichzeitig vermehrte Milchsäure-Bldg., Hemmung durch Asphyxie oder Cyanid), danach Erschlaffung ohne vermehrten O_2-Verbrauch. Die durch die jeweiligen Mechanismen hervorgerufenen Kontraktionen verhalten sich ebenfalls gegensätzlich: Kontraktion durch den ersten Mechanismus ohne gesteigerten O_2-Verbrauch, Kontraktion durch den zweiten Mechanismus mit gesteigertem O_2-Verbrauch.

U. TAUSENDFREUND. 4561 □

Die Reaktion von Melanophoren von Xenopus laevis auf Brenzcatechinamine. J. D. P. Graham. (J. Physiol. **158.** 5 P—6 P. Sept. 1961. Cardiff, Welsh Nat. School of Med., Dep. of Pharmacol.) (Engl.)

Die Farbänderung von *Xenopus* nach Injektion von *Brenzcatechinaminen* (**I**) ist auf das Ansprechen des β-Rezeptors der Melanophoren auf **I** zurückzuführen; dieser Mechanismus liegt indessen der natürlichen Farbänderung nicht zugrunde. K. ZINGRAF. 4561 □

Die Verteilung von Noradrenalin und Adrenalin im Herzen der Katze, des Kaninchens und der Ratte. E. Muscholl. (Experientia [Basel] **14.** 344. 15/9. 1958. Mainz, Univ., Pharmakol. Inst.) (Dt.) — Vgl. C. **1961.** 16925 u. 5149.

Im Herzen der Katze, des Kaninchens u. der Ratte ist der *Noradrenalin*-Geh. im rechten Vorhof viel höher als im linken u. in der rechten Kammer höher als in der linken.

K. ZINGRAF. 4561 □

Eine Methode zur Bestimmung von Adrenalin und Noradrenalin im Harn. T. B. B. Crawford und W. Law. (J. Pharmacy Pharmacol. **10.** 179—88. März 1958. Edinburgh, Univ., Dep. of Pharmacol.) (Engl.)

Zur Best. von *Sympathin* (**I**) [*Adrenalin* (**II**) + *Noradrenalin* (**III**)] im Harn werden die Amine an das Kationenaustauscherharz Amberlite IRC-50 adsorbiert u. mit 2n H_2SO_4 eluiert. Im Eluat wird **I** nach einer Modifikation des Verf. von LUND (Acta pharmacol. toxicol. [København] **5.** [1949.] 231; **6.** [1950.] 137) fluorimetr. bestimmt, wobei **II** u. **III** die gleiche Fluorescenz-Intensität geben. Zur Einzel-Best. von **II** u. **III** werden die Amine papierchromatograph. nach dem modifizierten Verf. von CRAWFORD u. OUTSCHOORN (Brit. J. Pharmacol. Chemotherapy **6.** [1951.] 8) getrennt u. wie **I** bestimmt. Durchschnittlich werden 82% des zugesetzten **II** oder **III** als **I** wiedergefunden, nach Trennung 51% **II** oder **III**. Das Verf. wird diskutiert. PH. FRESENIUS. 4561 □

Aus intracraniellen Quellen während der Reizung der Formatio reticularis freigesetzte humorale Faktoren. Seth K. Sharpless und Alan B. Rothballer. (Amer. J. Physiol. **200.** 909—15. Mai 1961. New York, N.Y., Albert Einstein Coll. of Med., Dep. of Pharmacol. and Anatomy.) (Engl.)

Mit Hilfe der klass. autopharmakolog. Meth. wurde versucht, eine Freisetzung von *Brenzcatechinaminen* in den allg. Kreislauf bei der Reizung der *Formatio reticularis* des Hirn-Präp. (Katze) nachzuweisen; als Testsubstanzen fanden *Epinephrinhydrochlorid* (*Adrenalin*, PARKE, DAVIS & Co.), *Norepinephrinbitartrat* (*Levophed*, WINTHROP), *Serotoninkreatininsulfat* (ABBOTT), *Isoglutaminoxytocin*, *Phenoxybenzaminhydrochlorid* (*Dibenzyline*, SMITH, KLINE & FRENCH; **I**), *Gallamintriäthojodid*, *Methylscopolaminnitrat* u. *1.4-Bis-[1.4-benzodioxanyl-(2)-methyl]-piperazin* (*Dibozane*, MCNEIL LABOR.) Verwendung. Nach Ausschaltung der durch Hirnnerven u. sympatho-adrenale Entladungen vermittelten Wrkg. wurden Fluktuationen des Blutdruckes u. Bewegungen der denervierten Nickhaut beobachtet. Da diese Wrkg. durch **I** nicht blockiert wurden u. durch geringe Dosen von Pitressin reproduziert werden konnten, werden sie mehr einer Freisetzung von *Vasopressin* aus der Neurohypophyse als einer Brenzcatechinamin-Freisetzung zugeschrieben. — Es werden auch vorläufige Daten über die Beeinflussung des möglicherweise für die antidiuret. Wrkg. von Schmerz u. emotioneller Erregung verantwortlichen Hypothalamo-Neurohypophysen-Syst. mitgeteilt. U. TAUSENDFREUND. 4561 □

Sekretionsquote von Schilddrüsenhormon und Milcherzeugung bei laktierenden Ratten. Clark E. Grosvenor. (Amer. J. Physiol. **200.** 483—85. März 1961. Memphis, Tenn., Univ. of Tennessee, Dep. of Physiol.) (Engl.)

Bei laktierenden Ratten wurde in den ersten 2 Wochen der Laktation eine um 130% erhöhte Sekretion von Schilddrüsenhormon, in den nächsten 2 Wochen dagegen eine Abnahme derselben beobachtet. Es bestanden Zusammenhänge zwischen der Sekretionsquote u. der Höhe der Milcherzeugung. K. ZINGRAF. 4562 □

Vasculäre Bindegewebe unter dem Einfluß von Thyroxin. 2. Mitt. Wirkung von l-Thyroxin auf die Aortawandung des Kaninchens. I. Lorenzen. (Acta endocrinol. [Copenhagen] **37.** 183—90. Juni 1961. Copenhagen, Univ., Inst. of Med. Anatomy, Connective Tissue Res. Labor.) (Engl.) — 1. vgl. Acta endocrinol. [Copenhagen] **36.** [1961.] 197.

Kaninchen erhielten 2 Wochen lang *l-Thyroxin* (I) u. physiolog. NaCl-Lsg. injiziert. Danach wurden die Schäden der Aortawandung auf Grund der grobsinnlichen u. mkr. Unters. sowie der Best. des *Hexosamin* (II)-, *Hydroxyprolin*-, *W*.- u. *Ca*-Geh. festgestellt. Es konnte eine deutliche Zunahme des II-Geh. sowie eine vermehrte in vivo-Aufnahme von ^{35}S festgestellt werden. Diese Veränderungen sind denen ähnlich, die nach Verabreichung von *Adrenalin* sowie I + Adrenalin beobachtet werden. Nach Ansicht des Vf. sind die Aortaschäden auf eine I-induzierte Empfindlichkeit gegenüber endogenem Adrenalin zurückzuführen. Die Akkumulation von *Mucopolysacchariden* stellt wahrscheinlich einen Reparaturprozeß dar. P. SCHWERDTFEGER. 4562 □

Vasculäre Bindegewebe unter dem Einfluß von Thyroxin. 3. Mitt. Der Einfluß von l-Thyroxin auf die Adrenalin-induzierten Veränderungen der Kaninchenaorta. I. Lorenzen. (Acta endocrinol. [Copenhagen] **37.** 191—98. Juni 1961.) (Engl.) — 2. vgl. vorst. Referat.

Kaninchen erhielten a) 2 Wochen lang *Adrenalin* (I) u. danach 2 Wochen *l-Thyroxin* (II) injiziert, bzw. b) 2 Wochen I u. danach 2 Wochen physiolog. NaCl-Lösung. Bei a) waren die Veränderungen der Aorta nicht so stark, wie bei gleichzeitiger Zufuhr von I u. II (l. c.). Die II-Injektionen führten jedoch im Vgl. zu unbehandelten Tieren zu einem deutlichen Anstieg des *Hexosamin*-Geh. u. einer vermehrten Aufnahme von ^{35}S in vivo. Dies zeigt, daß die Aortawandung durch die II-Behandlung, trotz der Diskontinuität der I-Zufuhr, eine Schädigung erleidet. Im Gegensatz dazu unterscheidet sich die Aorta der Tiere nach b) nicht wesentlich von den unbehandelten Kontrolltieren. Die dazugehörigen mkr. Beobachtungen lassen sich als Anzeichen einer Heilung deuten. P. SCHWERDTFEGER. 4562 □

Calcium und ^{131}J-Stoffwechsel bei Ratten und in Homogenaten der Rattenschilddrüse. Yaro Ribeiro Gandra und John G. Coniglio. (Amer. J. Physiol. **200.** 1023—26. Mai 1961. Nashville, Tenn., Vanderbilt Univ., School of Med., Dep. of Biochem.) (Engl.)

Ca übt offenbar eine direkte Wrkg. auf das Schilddrüsengewebe aus. Bei Ratten wurde durch übermäßige Zufuhr von Ca mit der Kost (bis 2,4 g/100 g Kost) eine Schilddrüsenvergrößerung herbeigeführt, die von einer Verminderung des Geh. an *organ. J* u. einer Steigerung des Geh. an *anorgan. J* (^{131}J als Testsubstanz) begleitet war. In vitro konnte gezeigt werden, daß die Schilddrüsenvergrößerung mit größerer J-Aufnahme einhergeht. Durch Zufügung von Ca zum Medium kann die Gesamt-J-Aufnahme der Schilddrüsenschnitte verringert werden, was durch Interferenz mit der Umwandlung von anorgan. J. zu organ. J. gedeutet wird, ohne daß direkt die J-Aufnahme beeinträchtigt wird. Der Geh. an organ. J bleibt unverändert. Der Quotient gebundenes J/freies J ist bei Ca-Zufuhr geringer. U. TAUSENDFREUND. 4562 □

Stammesunterschiede in bezug auf die Jodkonzentrierungsfähigkeit der Schilddrüse bei der Ratte. Emanuel Silverstein und Stephanie Lee. (Amer. J. Physiol. **200.** 1027—28. Mai 1961. Bethesda, Md., Nat. Inst. of Health, Nat. Inst. of Arthritis and Metabol. Dis.) (Engl.)

Bei Unters. des Quotienten (*J-Konz. in der Schilddrüse*)/(*J-Konz. im Serum*) bei verschiedenen Rattenstämmen fanden sich folgende signifikanten Unterschiede in Quotienten u. im Schilddrüsen-Gew., wobei der Quotient in Beziehung zum Schilddrüsen-Gew. stand (Stamm OM/N: Quotient 40,2, Gew. 11,96 mg; Stamm HR: Quotient 27,4, Gew. 12,77; Stamm SD: Quotient 26,7, Gew. 11,54; Stamm BR/pN: Quotient 19,7, Gew. 8,85). Zwischen dem Quotienten u. der Konz. des Plasmas an *proteingebundenem J* u. histolog. Schilddrüsenstruktur bestand keine signifikante Beziehung. Ebenso waren die Differenzen in der Konz. an proteingebundenem J zwischen den Stämmen nicht signifikant. U. TAUSENDFREUND. 4562 □

Aufnahme und Bindung von Thyroxin und Trijodthyronin durch das Rattenzwerchfell in vitro. Allen Lein und Robert M. Dowben. (Amer. J. Physiol. **200.** 1029—31. Mai 1961. Chicago, Ill., Northwestern Univ., Dep. of Physiol. and Med.) (Engl.)

Hemidiaphragmen entwöhnter (SPRAGUE-DAWLEY-)Ratten nehmen aus einer $1{,}3 \cdot 10^{-7}$ m *l-Thyroxin* (I) oder *l-Trijodthyronin* (II) enthaltenden KREBS-RINGER-Puffer-Lsg. doppelt so schnell II wie I auf. Die erhaltenen Daten stimmen mit einer auf einem Zweistufenvorgang basierenden kinet. Analyse überein: Zuerst einfache Diffusion in das Gewebe (geschwindigkeitsbegrenzender Schritt), dann Bindung an die Zellproteine, ein im Vgl. zur Diffusion sehr rascher Vorgang. Als Diffusions-Konst. ergab sich k_D (I) = 0,153 cm³/Min. u. k_D (II) = 0,352 cm³/Minute. Es existiert offenbar nur ein Ort im Gewebe, der die Bindung übernimmt, u. dessen Kapazität u. Affinität für I u. II gleich groß sind; maximaler Bindungswert ist $28 \cdot 10^{-4}$ μMol/g Gewebe, die Affinitäts-Konst. ist $1{,}4 \cdot 10^4$ g/μMol. Damit scheint die Differenz in der I- u. II-Aufnahme nur durch die unterschiedliche Diffusion bedingt zu sein. U. TAUSENDFREUND. 4562□

Thyroxinstoffwechsel bei der Schilddrüsenhyperfunktion bei Rindern. B. N. Premachandra und C. W. Turner. (Proc. Soc. exp. Biol. Med. **106.** 818—19. April 1961. Columbia, Mo., Univ. of Missouri, Dep. of Dairy Husbandry.) (Engl.)

Die mittlere biol. Halblebenszeit (t½) von *Thyroxin* (I) wurde an 16 normalen Milchkühen zu 2,47 Tagen bestimmt u. die Umsatz-Geschw. zu 28,4%/Tag. Die Tiere wurden durch Injektion von I, in Mengen, die a) 50% bzw. b) 100% über der normalen Wintersekretion liegen, in einen der Schilddrüsenhyperfunktion entsprechenden Status versetzt. Durch die I-Injektionen wurde t½ stark verkürzt; bei a wurde die Milchproduktion mehrere Wochen lang um 20% u. mehr erhöht, während die weitere I-Steigerung entsprechend b keinen zusätzlichen Einfl. hatte. Die Ergebnisse zeigen, daß sich der Organismus gegen eine I-Überproduktion durch Verkürzung von t½ schützt. Bei Unters. der induzierten Schilddrüsenhyperfunktion dürfte eine I-Dosis keine direkte Beziehung zum Grad der Hyperfunktion zeigen, da t½ allmählich abnimmt, wenn die I-Konz. ansteigt.
P. SCHWERDTFEGER. 4562□

Die Wirkung von Glukagon auf die Nierenfunktion des Hundes. Maria Serratto und David P. Earle. (Proc. Soc. exp. Biol. Med. **102.** 701—04. Dez. 1959. Chicago, Ill., Northwestern Univ., Dep. of Med.) (Engl.)

Verabfolgung von Insulin-freiem *Glukagon* (I) beschleunigt die p-Aminohippursäure- u. die Kreatin-Clearance beim Hund vorübergehend, nimmt aber auf die Filtrationsrate keinen Einfluß. Zeitweise wird die tubuläre Glucosereabsorption erniedrigt.
P. LOCH. 4564□

Insulin und die anaphylaktoide Dextranreaktion. A. Rédei, S. Nagy und S. Karády. (Naturwissenschaften **48.** 380—81. 1. Mai-H. 1961. Szeged, Med. Univ. of Szeged, Inst. of Pathophysiol.) (Engl.) — Vgl. C. **1961.** 18751.

Da der Mechanismus, über welchen *Insulin* (I) die anaphylaktoide Rk. auf *Dextran* (II) steigert, unbekannt ist, wurde die Wrkg. von I auf den Plasma-II-Spiegel u. den wahrscheinlichen Wrkg.-Ort der zellulären Wrkg. von II, der Serotonin- u. Histamin-enthaltenden Mastzellen untersucht. Bei für die anaphylaktoide Rk. nicht empfindlichen Katzen konnte durch I keine Veränderung der Serum-II-Werte (wie es bei Glucose der Fall ist) erzielt werden, so daß ein gesteigerter II-Transport durch I-Einfl. nicht anzunehmen ist. Bei Ratten konnte durch I eine Steigerung der II-Wrkg. infolge Steigerung der Permeabilität der Zellmembranen gegenüber II u. nachfolgende Freisetzung der die anaphylaktoide Rk. verursachenden akt. Amine hervorgerufen werden; I allein blieb ohne Wirkung. U. TAUSENDFREUND. 4564□

Pharmakologische Eigenschaften von Orinase und neuen Arylsulfonylharnstoffen. Ryszard Gryglewski. (Dissertat. pharmac. [Warszawa] **10.** 151—68. 1958. Kraków, PAN, Zakt. Farmakogn.) (Engl.)

Die hypoglykäm. Wrkg. von Arylsulfonylharnstoffen nimmt ab in der Reihenfolge *p-Äthylbenzolsulfonylbutylharnstoff* (I) > *p-Toluolsulfonylbutylharnstoff* (II; *Orinase*) > *p-Aminobenzolsulfonylbutylharnstoff* > *p-Toluolsulfonylisopropylharnstoff* (III) > *o-Toluolsulfonylbutylharnstoff*. Butylharnstoff selbst hat keine Wrkg. mehr. Die DL_{50}-Werte, gemessen bei weißen Mäusen mit Na-Salzen, betragen 0,49 (g/kg) bei I, 0,73 bei II u. 1,43 bei III. II u. III haben in der Verdünnung 10—500 γ/ml keine bakteriostat. Wirkung. Injektionen von 100—300 mg II/kg i. v. bewirken bei Kaninchen u. Katzen zunächst Blutdruckabfall, dann Anstieg mit Vertiefung u. Beschleunigung der Atmung. Bei Tauben mit Avitaminose B_1 verursacht II keine Senkung des Blutzucker-Geh., bei Tauben mit Hypervitaminose B_1 wird der Zucker-Geh. im Blut durch II normal gesenkt. Bei Katzen mit operativ entferntem Pankreas wirkt II kurz nach der Operation ebenfalls nicht auf den Blutzuckergehalt. Atropin u. Pendiomid zeigen keine Wrkg. bei gleichzeitiger Verabreichung von II, Hydergin ist ein Synergist, Ephedrin ein Antagonist. II wirkt somit übe das vegetative Syst. auf den Blutzuckergehalt. F. URBAN. 4564

Eine neue Methode zur Untersuchung des Harnzuckers. Trennung und Identifizierung der Zucker im Harn mittels Papierelektrophorese mit hohem Potentialgradienten. Iwao Iuchi und Susumu Shibata. (Clin. chim. Acta [Amsterdam] **5.** 42—47. Jan. 1960. Ube, Japan, Yamaguchi Med. Coll., Dep. of Clin. Pathol.) (Engl.)

Beschreibung einer Nachw.-Meth. für Zucker mit Hochspannungselektrophorese auf Papier (Spannungsgradient 7000 V, 0—100 mA; Entw. mit $AgNO_3$ in Aceton). Bei Glucosurie zeigte der Harn 3 deutlich getrennte Banden von *Glucose* (I), *Harnsäure* u. *Harnstoff–Kreatinin*. I, *Fructose* (II), *Ribose* (III), *Rhamnose, Lactose, Maltose, Saccharose, Glucuronsäure* u. *Glucosamin* konnten leicht identifiziert werden. *Sorbose* u. *Xylose* waren schwer von I zu unterscheiden. Die Banden von Galaktose u. II sowie von III u. Mannose zeigten teilweise Überlagerung. K. ZINGRAF. 4564□

Die Bestimmung von Acetylcholin unter Verwendung von Blutegelmuskel in einem Mikrobad. J. C. Szerb. (J. Physiology **158.** 8P—9P. Sept. 1961. Babraham, Cambridge, A.R.C. Inst. of Animal Physiol.) (Engl.)

25—100 pg *Acetylcholin* können am Blutegelmuskel in einem Mikrobad (0,05 ml) bestimmt werden, wenn der Muskel vorher mit verd. LOCKE-Lsg. gewaschen u. mit Sarin in einer Konz. von 10^{-5} durchströmt wurde. K. ZINGRAF. 4569□

Histaminfreisetzung aus Mastzellen aus der Bauchhöhle von Ratten durch Antikörper gegen Ratten-γ-Globulin. K. F. Austen und J. H. Humphrey. (J. Physiology **158.** 36 P—37 P. Sept. 1961. London, Mill Hill, Nat. Inst. for Med. Res.) (Engl.)

Antikörper gegen Ratten-*γ-Globulin* bewirkten *Histamin*-Freisetzung (I-F) aus Mastzellen aus der Bauchhöhle von Ratten. I-F wurde durch *Diisopropylfluorphosphat, Salicylaldoxim, Indol* sowie durch Weglassen von Ca^{2+} oder Mg^{2+} aus dem Medium gehemmt. Succinat u. Caproat hatten keinen Einfluß. K. ZINGRAF. 4569□

Die wesentliche Rolle der SH- und S—S-Gruppen bei der anaphylaktischen Reaktion. K. A. P. Edman und J. L. Mongar. (J. Physiology **157.** 40 P. Juli 1961. London, Univ. Coll., Dep. of Pharmacol.) (Engl.)

Der SH-Gruppen blockierende Stoff *N-Äthylmaleinimid* vermindert in 0,1 mm Lsg. die Freisetzung von *Histamin* (I) aus sensibilisierter Meerschweinchenlunge nach Antigen-Einw. auf 44% des Kontrollwertes; 1 mm Lsg. vermindert die I-Freisetzung auf 7%. Substanzen, die S—S-Bindungen reduzieren (*Cystein, Thioglykolat, Glutathion*), steigern in 10 mm Lsg. die I-Freisetzung auf 117% u. vermindern sie in 50 mm Lsg. auf 25%. Vermehrung der SH-Gruppen des Gewebes durch Zerstörung der S—S-Bindungen führt zur Steigerung der I-Freisetzung, während exzessive Zerstörung der S—S-Bindungen die I-Freisetzung hemmt. Durch Auswaschen mit TYRODE-Lsg. kann die hemmende Wrkg. der reduzierenden Verbb. umgekehrt werden. Die Hemmung der I-Freigabe ist nicht Folge von Tonussteigerung oder Ionenstärkeveränderung. Die dualist. Wrkg. von *Harnstoff* u. *A.* bei der anaphylakt. Rk. könnte mit ähnlichen Mechanismen bei der Proteindenaturierung erklärt werden. Ebenfalls über den Weg der Red. von S—S-Bindungen wirkt O_2-Mangel steigernd auf die I-Freisetzung, Cystein u. O_2 wirken additiv. U. TAUSENDFREUND. 4569□

Mechanismus der Histaminfreisetzung im Endotoxinschock. Lerner B. Hinshaw, Margaret M. Jordan und James A. Vick. (Amer. J. Physiol. **200.** 987—89. Mai 1961. Minneapolis, Minn., Univ. of Minnesota, Med. School, Dep. of Physiol. and Pharmacol.) (Engl.)

Es werden die Veränderungen der Konzz. von *Histamin* (I) u. *Histidin* (II) im Blut von Hunden verfolgt zum Zwecke der Best. der Veränderungen des Hämatokrits im zirkulierenden Blut u. dem arteriellen Blutdruck nach letalen Dosen von *Escherichia coli-Endotoxin*. Im Verlaufe der Hypotension des Endotoxinschocks steigt gleichzeitig der Geh. des Blutes an I, der I/II-Quotient u. der Hämatokrit, so daß eine beschleunigte Umwandlung von II in I angenommen werden muß. Damit wird erneut die akt. Rolle von I beim Endotoxinschock bestätigt. U. TAUSENDFREUND. 4569□

Die Wirkung von Bradykininaerosol bei Meerschweinchen und beim Menschen. H. Herxheimer und E. Stresemann. (J. Physiology **158.** 38 P—39 P. Sept. 1961. Berlin, Free Univ. of West Berlin, Astmapoliklin.) (Engl.)

Bei Meerschweinchen waren 0,5—2% synthet. *Bradykinin* (I) als Aerosol oder bis zu 6 mg/kg intraperitoneal ohne Wrkg., dagegen riefen geringe Dosen intracardial verabreicht eine schwere Dyspnoe von langer Dauer hervor. Asthmatiker, nicht aber Normalpersonen, welche 0,5% I-Aerosol 5—60 Sek. lang einatmeten, zeigten eine deutliche Abnahme der Vitalkapazität u. Bronchospasmus von ca. 20—30 Min. Dauer. In einigen dieser Verss. wirkten *Atropin, Mepyramin, Aminophenazon* u. *Phenazon* antagonistisch. K. ZINGRAF. 4569□

Altersveränderungen im Blut des Goldhamsters. E. L. House, B. Pansky und M. S. Jacobs. (Amer. J. Physiol. **200.** 1018—22. Mai 1961. New York City, New York Med. Coll., Flower and Fifth Aven. Hosp., Dep. of Anatomy.) (Engl.)

An 500 Goldhamstern konnten mit fortschreitendem Alter (4 Wochen bis 1 Jahr) neben gewissen Blutkörperchenverschiebungen folgende Veränderungen im Blut nachgewiesen werden: Mit 8 Wochen beginnende Anhebung des *Hämatokrit*-Wertes von ca. 48 auf 50—53; leichter Anstieg des *Hämoglobins* auch etwa mit 8 Wochen von 15,3 auf 16,8/100 ml; allmählicher Abfall der *Albumin*-Werte von ca. 50 auf 41 im Verlauf des Jahres; Vermehrung der α_2-*Globuline* von ca. 16—26, beginnend mit ca. 6 Monaten; Verminderung der β-Globuline von ca. 17 auf 8, beginnend mit 8 Wochen; Anstieg des γ-*Globulin/Fibrinogen-Quotienten* mit 8 Wochen von ca. 8 auf 11, sodann Abfall auf ca. 8,5 mit 6 Monaten, erneut Anstieg auf 15 mit 1 Jahr; Abfall des *Albumin/Globulin-Quotienten* mit steigendem Alter von ca. 1 auf 0,68; Anstieg der *Albuminlipoproteine* von ca. 24 auf 46 u. Abfall der β-γ-*Lipoproteine* von ca. 32 auf 17 mit steigendem Alter; *Fibrinogen* erwies sich als mit γ-*Globulin* verbunden; unverändert blieben α_1-*Globuline* u. α-*Lipoproteine*. U. TAUSENDFREUND. 4572□

Veränderungen an Blutbestandteilen des Schafes nach Thyreoidektomie. Patricia L. Hackett, Lynn A. George, Charles M. Barnes und Leo K. Bustad. (Amer. J. Physiol. **200.** 1011—12. Mai 1961. Richland, Wash., Gen. Electric Comp., Hanford Labor., Biol. Labor.) (Engl.)

Die Beobachtung verschiedener Blutkomponenten des Schafes nach Thyreoidektomie für die Dauer eines Jahres führte zu folgenden Abweichungen von der Norm: Abfall des *proteingebundenen J*, Anstieg von *Kreatinin* gleich nach der Operation; *Lymphopenie* während des 2. postoperativen Monats; Anhebung des Geh. an *anorgan. P* im letzten experimentellen Abschnitt; keine Veränderungen bei *Ca*-, *Hämoglobin*-, *Hämatokrit*-Werten u. den Zahlen der *neutrophilen Leukocyten*; keine Veränderung von *Harnstoff-N* u. *Cholesterin*. U. TAUSENDFREUND. 4572□

Untersuchungen zum Mechanismus der Hämoglobinoxydation. Reaktionen N-substituierter Phenylhydroxylamin-Derivate. H. P. Lenk und B. E. Wahler. (Naunyn-Schmiedebergs Arch. exp. Pathol. Pharmakol. **238.** 50—52. 1960. Berlin.) (Dt.)

Oxygenierte Suspensionen gewaschener Humanerythrocyten (2,22—6,10·10^{-3} Atome *Hämoglobin* (**I**)–Fe/Liter] wurden mit freien Radikalen vom Typ *Diphenylstickstoffoxid* (End-Konzz. 2·10^{-5}—10^{-3} m) bei 20° inkubiert. Die symm. substituierten Radikale *4-Methoxy-*, *4-Äthoxy-*, *2-Methyl-4-methoxy-* u. *2.6-Dimethyl-4-methoxy*-Verbb. bildeten mehr **I** als für stöchiometr. Umsatz berechnet. Die Rk.-Geschw. nahm mit wachsender ster. Hinderung ab. Erhöhung der **I**- oder Radikal-Konz. hemmte die Katalyse. Bei Inkubation mit O_2 bzw. CO_2 gesätt. oder mit geringem $Na_2S_2O_3$-Überschuß reduzierten krist. Ratten-**I** in Phosphatpuffer, pH 6,3, mit [*2.4-Dimethoxyphenyl*]-*stickstoffoxid* (**II**) war die *Hämiglobin*(**III**)-Synth. beim Verhältnis 1 freies Elektron/1 Fe nach 60 Min. noch nicht beendet. Es fanden sich keine Hinweise auf eine katalyt. Oxydation durch O_2. Nach Überführung der SH-Gruppen (Cysteinreste) der **I**-Proteine mit N-Äthylmaleinimid bei schwach saurem pH in Thioäthergruppen, zeigte sich bei CO-**I**, das mit **II** vorinkubiert war, beschleunigte **III**-Bldg. u. Umsatzerhöhung. K. MAIER. 4572□

Die Wirkung des Guanidinhydrochlorids auf die Redox-Verhältnisse des Hämoglobins. Ramaprasad Banerjee. (C. R. hebd. Séances Acad. Sci. **249.** 841—43. 10/8. 1959.) (Franz.)

Es wird der Einfl. von 0,9m *Guanidin* (**I**) auf *Hämoglobin* (**II**) u. *Methämoglobin* (**III**) des Pferdes untersucht. **I** verändert das Redoxpotential des **III**. Dieser Effekt ruft keine spektralen Veränderungen des **III** hervor. Das Verschwinden einer Ionisierung des **III** (pK 6,5) wird nach der Behandlung mit **I** beobachtet. Veränderungen der Entropie von **II** u. **III** wurden nicht festgestellt. H. STRUCK. 4572□

Identifizierung von Galaktose-6-phosphat in galaktosämischen Erythrocyten. Tohru Inouye, Myron Tannenbaum und David Yi-Yung Hsia. (Nature [London] **193.** 67—68. 6/1. 1962. Chicago, Ill., Univ. of Illinois, Med. School, Dep. of Biochem.; Northwestern Univ., Med. School, Dep. of Pediatrics, Children's Memorial Hosp., Genetic Clin.) (Engl.)

Vff. konnten in Erythrocyten von galaktosäm. Patienten *Galaktose-6-phosphat* nachweisen. H. KOCKERT. 4573□

Der Einfluß verschiedener Chemikalien auf den Stoffwechsel der Phosphatkomponenten in roten Blutkörperchen. Gordon C. Mills und Rayford S. Jones. (Arch. Biochem. Biophysics **95.** 363—70. Nov. 1961. Galveston, Tex., Univ. of Texas, Med. Branch, Dep. of Biochem. and Nutrition.) (Engl.)

Anionenaustauscher wurden benutzt, um die Veränderungen in den Phosphatkomponenten normaler Erythrocyten während einer Behandlung in vitro zu untersuchen.

Es wurde der Einfl. einer Zugabe von *Ascorbinsäure* (I), *Acetylphenylhydrazin* (II), *Azid* (III), *Fluorid* (IV) u. *Jodessigsäure* (V) mit dem Ergebnis untersucht, daß weder I noch II oder III einen nennenswerten Einfl. auf den Spiegel verschiedener organ. Phosphate haben. Die Ergebnisse der Unters. von mit IV oder V behandelten Blutproben stehen in Übereinstimmung mit der Ansicht, daß IV zuerst das Enzym Enolase u. V die Glycerinaldehyd-3-phosphatdehydrogenase blockieren. Adenin u. Guaninnucleotide werden schneller umgesetzt als Pyridin-, Uracil- u. Cytosinnucleotide. Gesunde Blutkörperchen sind in der Lage, die schädlichen Wrkg. von I—III auf das Hämoglobin abzufangen.

R. RISTOW. 4573 □

Charakterisierung eines niedermolekularen a_2-Mucoids aus Humanserum. H. E. Schultze, K. Heide und H. Haupt. (Naturwissenschaften **49.** 15. 1. Jan.-H. 1962. Marburg/Lahn, Behringwerke AG.) (Dt.)

Das immunoelektrophoret. Verf. von HEREMANS (Les Globulines Sériques du Systeme Gamma, Brüssel [1960]) wird so modifiziert, daß es zur Reindarst. von γ_{1A}-*Globulin* (nach HEREMANS β_{2A}-Globulin) angewendet werden kann. γ_{1A}-Globulin wird durch 1,1—1,4m $(NH_4)_2SO_4$-Lsg. sowie durch Rivanol u. Phosphorwolframsäure, aber nicht durch Sulfosalicylsäure oder Perchlorsäure ausgefällt. Es wandert bei pH 4,5 mit der MP-2-Fraktion. Die Sedimentationsanalyse ergibt $S_{20,w}^{0} = 3,6$. Es enthält 5,2% Hexosen (mit einem Galaktose/Mannose-Verhältnis von ca. 1:1), 3,6% Acetylhexosamin, 4,1% Acetylneuraminsäure, 0,2% Fucose, 2,2% Tyrosin u. 0,9% Tryptophan. Es ist ident. mit dem von SCHMID u. BÜRGI (Biochim. biophysica Acta [Amsterdam] **47.** [1961.] 440) beschriebenen *Ba-α_2-Glykoprotein.* Vff. schlagen den Namen *α_2-HS-Mucoid* vor.

P. LOCH. 4574 □

Die Serumglykoproteine beim durch Carragheenin experimentell hervorgerufenen Granulom. Barbara Robert, L. Robert und M. F. Jayle (unter techn. Mitarbeit von Monique de Moncuit). (Experientia [Basel] **15.** 385—87. 15/10. 1959. Paris, Fac. de Méd., Serv. de Biochim. Med.) (Franz.)

Im Verlaufe der Entw. von *Carragheenin*-Granulomen bei Ratten ist im Serum ein Anstieg des Gesamt-*Sialsäure* (I)-Geh. sowie eine Vermehrung von sulfosalicylsäurelösl. I u. Haptoglobin-I feststellbar; die beiden genannten Fraktionen sind für den I-Anstieg bei der Ratte verantwortlich. Beim Meerschweinchen dagegen bleibt Gesamt-I unverändert, wenn auch die beiden genannten Fraktionen höhere als normale Werte aufweisen. Die Serumglykoprotein-Rk. fällt bei Ratten höher als bei Meerschweinchen aus,.

U. TAUSENDFREUND. 4574 □

Papierelektrophorese des Katzenserums. Colette Causse-Vaills, Andrè Vérain und Alice Vérain. (C. R. hebd. Séances Acad. Sci. **252.** 2453—55. 17/4. 1961. Alger, Univ., Fac. mixtr de Méd. et de Pharmacie, Labor. de Phys. méd.) (Franz.)

Die Elektrophorese ergab für das Serum der Katze einen geringen *Albumin*-Geh., das Vorhandensein eines *α_3-Globulins*, das Fehlen von *γ-Globulin* (I) beim Fötus u. sehr geringen I-Geh. bei jungen Katzen u. eine Umkehr des Verhältnisses *α_2-Globulin/α_3-Globulin* während des Wachstums. K. ZINGRAF. 4574 □

Isolierung eines β_1-Globulins mit Plasminogen-Aktivität in immunchemisch-homogenem Zustand. Georges Sandor und Jean Pelmont. (C. R. hebd. Séances Acad. Sci. **252.** 2468—70. 17/4. 1961.) (Franz.)

Durch Chromatographie auf einer Diäthylaminoäthylcellulosesäule wurde aus Euglobulinen von menschlichem Serum ein Prod. mit schwacher Plasminogenaktivität isoliert; die Aktivität konnte durch Zugabe anderer, allein inakt. Serumbestandteile gesteigert werden. K. ZINGRAF. 4574 □

Untersuchung normaler und abgebauter Makroglobuline in verdünnter Lösung. P. Metais, A. M. Kovacs-Jung und M. Daune. (Clin. chim. Acta [Amsterdam] **5.** 26—32. Jan. 1960. Strasbourg, Univ., Fac. de Méd., Clin. Méd. A; Centre de Recherches sur les Macromol.) (Franz.)

Das Molgew. u. der Partikelradius eines isolierten *Makroglobulins* (I) mit einem Geh. von ca. 6% Polysacchariden wurde bestimmt. Auf Grund des Sedimentations- u. Lichtdiffusions-Verh. unter Einw. von Mercaptoäthanol wird die Hypothese widerlegt, die I seien Aggregate von γ-Globulinen; ihre Struktur ist viel komplizierter. In einem gegen physiolog. NaCl-Lsg. dialysiertem menschlichen Serum war in der nicht dialysierbaren Fraktion ein Faktor (wahrscheinlich mit Eiweißcharakter) vorhanden, der einen Abbau von I bewirkte. Albumine oder γ-Globuline waren unwirksam.

K. ZINGRAF. 4574 □

Verhalten des antihämophilen Globulins im adsorbierten, recalcifizierten Plasma und die Wirkung von Prothrombin auf seinen Verbrauch. G. Mayer und S. Mayer. (C. R. Séances Soc. Biol. Filiales **155.** 892—95. 1961. Strasbourg, Centre de Transfusion Sanguine.) (Franz.)

Wird normales Plasma an $BaSO_4$ adsorbiert, um das *Prothrombin* (I) zu entfernen, so erfolgt nach Recalcifizierung kein Abbau des antihämophilen *Globulins* (II), u. es läßt sich keine *Thromboplastin* (III)-beschleunigende Wrkg. nachweisen. Durch Zusatz von steigenden Konzz. an I erfolgt ein II-Abbau, der hinsichtlich des Umfangs u. der Geschw. normal ist, jedoch im Hinblick auf das Einsetzen des II-Abbaus verlangsamt erscheint; eine III-beschleunigende Wrkg. tritt nicht auf. P. SCHWERDTFEGER. 4574 □

Über die Lokalisation von C-reaktivem Protein im Eiweiß-Spektrum des Serums. Kl. Zimmermann und J. Zach. (Klin. Wschr. **38.** 1193—96. 1/12. 1960. Würzburg, Univ., Med. Poliklinik.) (Dt.)

Vff. reicherten aus Exsudaten (Ascites- bzw. Pleuraexsudat) das *C-reakt. Protein* (I) durch Adsorption an $BaSO_4$ u. Elution mit 5%ig. Na-Citrat-Lsg. sowie mittels Durchlaufelektrophorese an. I wandert hierbei mit den *γ-Globulinen*. In I-haltigem Serum tritt I bei der Immunoelektrophorese ebenfalls im Bereich der γ-Globulinpräcipitation auf. Die möglichen Ursachen der Divergenz bisheriger elektrophoret. Analysen werden diskutiert. P. SCHWERDTFEGER. 4574 □

Veränderungen der Plasmakonzentrationen an freien Fettsäuren bei der Passage durch die Hundeniere. Frank J. Hohenleitner und John J. Spitzer. (Amer. J. Physiol. **200.** 1095—98. Mai 1961. Philadelphia, Pa., Hahnemann Med. Coll. and Hosp., Dep. of Physiol.) (Engl.)

Bei gleichzeitiger Best. der Plasma-Konz. an *freien Fettsäuren* in einer Arterie (repräsentativ für den Geh. in den Nierenarterien) u. in einer Nierenvene von Hunden sowie Best. des Nierenplasmastroms u. der Aufnahme der freien Fettsäuren durch die Niere, läßt sich zeigen, daß sich das Ausmaß der Eliminierung freier Fettsäuren proportional zur arteriellen Konz. verhält. U. TAUSENDFREUND. 4574 □

Der Einfluß des Nahrungsfettes und die wiederholte Entnahme geringer Blutmengen auf den Plasmacholesterinspiegel der Ratte. I. W. Coleman und J. M. B. Beveridge. (J. of Nutrit. **71.** 303—09. Juli 1960. Ontario, Canada, Queen's Univ., Dep. of Biochem.) (Engl.)

Es wird der Einfl. verschiedener Mengen an *Butterfett* u. *Maisöl* (0,6—58,5% des Gesamtcalorien-Geh.) in der Nahrung auf den *Cholesterin* (I)-Spiegel im Plasma der Ratte untersucht. Bei der normalen Zufütterung wird kein Effekt beobachtet. Wird den Tieren dagegen ein um den anderen Tag 6 Tage lang 1—1,5% des gesamten Blut-Vol. abgenommen, so tritt eine starke Erhöhung des I auf. Bei einer stärkeren Blutabnahme wird auch bei fettfrei ernährten Tieren eine Zunahme des I beobachtet. H. STRUCK. 4574 □

Gallensäuren und Steroide. 59. Mitt. **Über den Serumcholesterinspiegel und neutrale Sterine in den Faeces bei keimfreien Ratten.** Henry Danielsson und Bengt Gustafsson. (Arch. Biochem. Biophysics **83.** 482—85. Aug. 1959. Stockholm, Karolinska Inst., Dep. of Chem. I; Lund, Univ., Inst. of Histol., Dep. of Germ-free Res.) (Engl.) — 56. vgl. C. **1959.** 12555.

Bei halbsynthet. Futter ohne wesentliche Mengen *Cholesterin* (I) lag der I-Geh. im Serum bei keimfreien Ratten signifikant höher als bei den Kontrollen. Bei einem Futter mit vollständig steroidfreiem synthet. Fett schieden keimfreie Tiere täglich 2,6 mg neutrale Sterine in den Faeces aus; mindestens 82% davon bestanden aus I. K. ZINGRAF. 4574 □

Hühner-Prothrombin, -Thrombin und -Fibrinogen. C. H. Bigland und C. Triantaphyllopoulos. (Amer. J. Physiol. **200.** 1013—17. Mai 1961. Edmonton, Alberta, Canada, Univ. of Alberta, Dep. of Physiol. and Pharmacol.) (Engl.)

Es werden Ergebnisse über bisher nicht ausreichend geprüfte Aspekte des Gerinnungsvorganges von Hühnerblut mitgeteilt: Plasma von 100 Hühnern im Alter von 10 Wochen ergab bei Prüfung mit Hühnerhirn-Thromboplastin, eine Einstufen-Prothrombinzeit von 11,4 Sek.; als mittlerer *Prothrombin* (I)-Geh. ergab sich mit der Einstufen-Prothrombinzeit-Technik ein Wert von 137% des menschlichen I-Spiegels, jedoch von nur 53% bei Best. mit der Adsorptions- u. Elutionstechnik; als *Fibrinogen*-Geh. des gleichen Plasmas wurde ein Mittelwert von 346 mg/100 ml ermittelt; Hühner-*Thrombin* (II) ergab mit dem gleichen, jedoch gepufferten Plasma eine mittlere Thrombinzeit von 12 Sek.; die Gerinnung des Hühnerplasmas mit Hühner-II erwies sich als sehr empfindlich gegenüber pH-Veränderungen u. wurde bei pH 7,1 in 12 Sek., bei pH 7,7 in 60 Sek. vollendet; die Gerinnungszeit stieg mit Rinder-II u. Kaninchen-II wesentlich an (Ausdruck von Artspezifität). U. TAUSENDFREUND. 4574 □

Wirkung von sehr niedrigen Thrombinkonzentrationen auf das antihämophile Globulin. Thrombin und Verbrauch an antihämophilem Globulin im Verlauf der Koagulation. G. Mayer und S. Mayer. (C. R. Séances Soc. Biol. Filiales **155.** 909—13. 1961. Strasbourg, Centre Régional de Transfusion Sanguine.) (Franz.)

In 1:5 verd. Plasma zerstören bereits sehr geringe Konzz. an *Thrombin* (I) das antihämophile *Globulin* (II). Der Abbau von II setzt bei I-Konzz. von $^1/_{2000}$ E./0,1 ml ein, ist bei Konzz. von $^1/_{800}$ E./0,1 ml beschleunigt u. bei einer Konz. von $^1/_{200}$ E./0,1 ml vollständig. Bei I-Konzz. von $^1/_{80000}$—$^1/_{4000}$ E./0,1 ml wird eine Stimulation der II-Aktivität beobachtet. In einem gerinnungsfähigen, recalcifizierten Medium ist der II-Verbrauch um so stärker verlangsamt, wie die I-Bldg. abnimmt. Geringe I-Zusätze normalisierten bei einem Cirrhoseplasma den verzögerten II-Verbrauch. P. SCHWERDTFEGER. 4574 □

Phenylbrenztraubensäure im Harn. O. Meulemans. (Clin. chim. Acta [Amsterdam] **5.** 48—53. Jan. 1960. Utrecht, Netherlands, State Univ., Dep. of Pediatr.) (Engl.)
Es wird eine Modifikation der Meth. von THE, FLEURY u. VINK (Clin. Chim. Acta **2.** [1957.] 424) zur Best. des *Phenylbrenztraubensäure* (I)-Geh. im Harn beschrieben. Dabei wird die Extinktion gemessen, nachdem die Grünfärbung durch $FeCl_3$ verblaßt ist u. von der ursprünglichen Extinktion subtrahiert. Man erhält genauere Werte, u. niedrige I-Werte können bestimmt werden. Die Best. von I unter Verw. zunehmender Mengen Harn (bis zu 5 ml) bietet einen Vorteil gegenüber einer einzigen Best. von I.
K. ZINGRAF. 4577 □

Wirkung von Hyperoxie, Hypercapnie und Hypoxie auf die Blut-Liquor-Schranke. Miriam Lending, Lawrence B. Slobody und Joan Mestern. (Amer. J. Physiol. **200.** 959—62. Mai 1961. New York, N.Y., New York Med. Coll., Flower and Fifth Aven. Hosp., Dep. of Ped.) (Engl.)
Es wurden die Durchtritts-Geschw. von ^{131}*J-Humanserumalbumin* aus dem Plasma in die Cerebrospinal-Fl. sowie die Plasma- u. Liquor-Aktivitäten von *Glutaminsäure–Oxalessigsäure-Transaminase* u. *Milchsäuredehydrogenase* beim Hund unter verschiedenen O_2-Sättigungsgraden des arteriellen Blutes sowie bei Hypercapnie untersucht. Bei kleinen Hunden von 2—3 Monaten führte Hypercapnie, die mit deutlicher respirator. Acidose einherging, zu einer großen Steigerung der Durchtritts-Geschw. des ^{131}J-Albumin aus dem Plasma in die Cerebrospinal-Fl.; ebenso konnte durch lang dauernde Hypoxie eine Steigerung der Durchlässigkeit der Blut–Liquor-Schranke erzielt werden; in beiden Gruppen kam es zu gesteigerten Konz.-Quotienten Cerebrospinal-Fl.–Enzymaktivitäten/Plasma–Enzymaktivitäten. Bei erwachsenen Hunden blieben Hypercapnie u. Hypoxie ohne Einfl. auf die Blut–Liquor-Schranke. U. TAUSENDFREUND. 4578 □

Der Adenosintriphosphorsäuregehalt des Hühnereies während der Inkubation. K. O. Drel. (Український Біохімічний Журнал [Ukrain. biochem. J.] **33.** 871—75. 1961. Lugansk, Med. Inst., Lehrstuhl für Biochemie.) (Ukrain.; Auszug: Engl.)
Die Verss. ergaben, daß in den ersten 5—6 Tagen der Inkubation von Hühnereiern der Geh. an *Adenosintriphosphorsäure* (I) sowohl im ganzen Ei sowie in seinen einzelnen Bereichen abnimmt, bedingt durch die Ausnutzung der energiereichen Verbb. durch den Embryo. Nach 6 Tagen nimmt der I-Geh. im Embryo u. im Ei zu, bedingt durch die Intensivierung der glykolyt. Prozesse u. der anaeroben Phase des Kohlenhydratumsatzes. Vom 15. Tag ab nimmt der I-Geh. ständig ab. In diesem Zeitraum verbraucht der Embryo viel Energie zur Durchführung der Muskeltätigkeit, wodurch der Geh. an energiereichen Phosphat-Verbb. abnimmt. Im nichtbefruchteten Ei bleibt der Geh. an energiereichen Verbb. in der Eihaut unverändert. Im Eigelb nimmt der I-Geh. in der ersten Inkubationshälfte deutlich zu. Dies beruht darauf, daß im Eigelb des unbefruchteten Eies glykolyt. Prozesse stattfinden. O. LEBTAG. 4583 □

Selengehalt der Hirse und Zahncaries bei der Ratte. D. M. Hadjimarkos. (Nature [London] **193.** 178. 13/1. 1962. Portland, Oreg., Univ. of Oregon, Dental School.) (Engl.)
Nach Ansicht des Vf. ist der relativ hohe *Se*-Geh. in Hirse für die bei nahezu reiner Hirsediät auftretende Zahncaries bei Ratten verantwortlich. — Für 4 im Handel erhältliche Hirsesorten (Japan. Hirse, early fortune, white proso u. yellow proso) wurde folgender Se-Geh. (in ppm) bestimmt: 0,21, 0,22, 0,22 u. 0,41. H. KOCKERT. 4585 □

Stickstoff- und Mineralretention durch 1 Woche alte Kinder. Jean E. Slater. (Brit. J. Nutrit. **15.** 83—97. 1961. Cambridge, Univ. of Cambridge, Dep. of Exper. Med., Med. Res. Council.) (Engl.)
Bei Vgl. zwischen Neugeborenen ernährt mit *Muttermilch-* (13) u. einem *Kuhmilch*-Gemisch (9), welches mehr *N, K, Cl, P, Ca* u. *Mg* als die durchschnittliche Brustmilch enthielt, ergab sich an den Tagen 6, 7 u. 8 nach der Geburt folgendes: Beide Gruppen resorbierten 80—90% des N-Geh. der Nahrung u. retinierten davon die Hälfte. Bei Flaschenfütterung (Ff) wurde 127 mg N/kg mehr retiniert, die *Harnstoff*-Konz. im Blut war höher, u. es wurden mehr K u. P vereinnahmt, resorbiert u. retiniert als bei Brustnahrung (BN). Bei BN schieden die Kinder kaum P aus (0,46 mg/kg/Tag), während bei Ff. 34,9 mg im Harn ausgeschieden wurde. Bei Ff. wurde 3—4mal soviel Mg u. 5mal so-

viel Ca wie bei BN retiniert, die Harnausscheidung war bei Ff geringer; die Harnausscheidung von Ca u. Mg der Kinder mit BN war bei P-Zulage mit der Kost geringer als ohne Zulage. Die geringe P-Menge in der Muttermilch scheint die Ca- u. Mg-Retention zu beeinflussen. Vf. folgert, daß mit dem Kuhmilchgemisch die chem. Reifung des Weichteilgewebes u. des Skeletts schneller vorangeht als unter Muttermilchkost.

U. TAUSENDFREUND. 4585☐

Proteinmangelernährung, Erfordernisse und Zusätze. J. F. Brock. (Nat. Acad. Sci. — Nat. Res. Council, Publ. Nr. **843.** 103—18. **1961.** Cape Town, South Africa, Univ., Dep. of Med.) (Engl.)

Nach Klärung der Begriffe u. Besprechung der Möglichkeiten zur Erkennung von *Protein* (I)-Mangel werden zusammenfassend die Ergebnisse einiger Ernährungsteste an unterernährten Kindern besprochen, die zusätzlich I als Mehl aus *Pisum sativum* ohne Magermilch bzw. Fischmehlzusätze in der Diät erhielten. Die meßbaren Ergebnisse waren Gewichtszunahme u. Normalisierung des Serumalbumins. Vf. weist darauf hin, daß die Quantität des verabreichten I für eine positive Wrkg. ohne Bedeutung ist.

H. DOSSMANN. 4585☐

Untersuchungen über das Stickstoff- und Wassergleichgewicht von Säuglingen bei Ernährung mit pflanzlicher Proteinnahrung. Chiung-Fei Chen, Huoyao Wei, Po-Chao Huang und Ta-Cheng Tung. (Nat. Acad. Sci. — Nat. Res. Council, Publ. Nr. **843.** 247—50. 1961. Taipei, Taiwan, National Taiwan Univ., Coll. Med.) (Engl.)

Der Einfl. von 4 verschieden zusammengesetzten pflanzlichen Säuglingsnahrungen in Flockenform wurde an Säuglingen zur Best. das N- u. Wassergleichgewicht untersucht. Bestandteile waren Reis, Sojabohnen, Weizen, Sesamkraut u. Erdnüsse. Ein Gemisch von 60% Sojabohnen u. 20% Reis u. Weizen ergab die höchste N-Retention, die aber geringer war als bei Kuhmilchverabreichung. Das Wassergleichgewicht war bei Kuhmilchernährung negativ u. bei 3 Fällen während der Flockenernährung positiv.

H. DOSSMANN. 4585☐

Bestimmung des Nährwertes von Proteinen durch chemische Analyse. A. E. Bender. (Nat. Acad. Sci. — Nat. Res. Council, Publ. Nr. **843.** 407—24. 1961. London, Bovril Ltd., Res. Dep.) (Engl.) H. DOSSMANN. 4585☐

Zusammenfassung der Fortschritte in der Anwendung gereinigter Aminosäuren in Nahrungsmitteln. E. E. Howe. (Nat. Acad. Sci., — Nat. Res. Council, Publ. Nr. **843.** 495—507. **1961.** Rahway, N.J., Merck Inst. for Therapeutic Res.) (Engl.)

H. DOSSMANN. 4585☐

Gegenwärtiger Stand von Ölsaatproteinen. Aaron M. Altschul. (Nat. Acad. Sci. — Nat. Res. Council, Publ. Nr. **843.** 517—30. **1961.** New Orleans, La., U. S. Dep. of Agriculture, Agricultural Res. Service.) (Engl.)

Die Möglichkeiten der Einbeziehung von Ölkuchen in die menschliche Ernährung werden besprochen. H. DOSSMANN. 4585☐

Die Toxikologie von Lebensmittel-Zusatzstoffen. A. C. Frazer. (XII. int. Kongr. reine angew. Chem., München **2.** 343—57. **1960.** Birmingham, Univ., Dep. of Med. Biochem. and Pharmakol.) (Engl.)

Vortrag über Ernährungsschäden u. Unterss. über die direkte u. indirekte Toxizität. — 11 Literaturangaben. P. GOLINSKE. 4585☐

Riboflavin und die Hämoglobinoxydationsstabilität bei Ratten. W. K. Metcalf (J. Physiology **157.** 51 P. Juli **1961.** Bristol, Univ. of Bristol, Dep. of Anatomy.) (Engl.

Die Stabilität des intracellulären *Hämoglobins* gegenüber oxydierenden Stoffen, wie Na-Nitrit, die in vitro durch Zufügung schwacher isoton. Lsg. solcher Stoffe zu gewaschenen, in NaCl suspendierten Erythrocyten bestimmt werden kann (die roten, opaleszenten Suspensionen werden in dem Maße, wie Hämoglobin zu Methämoglobin umgewandelt wird, braun), kann durch *Riboflavin* (I) gesteigert werden, so daß anzunehmen ist, daß I oder I-Derivv. eine Rolle bei der Verhütung der Methämoglobin-Bldg. in vivo spielen, u. daß ein relativer I-Mangel als Erklärung für gesteigerte Empfindlichkeit des Hämoglobins junger carcinomatöser oder gravider Ratten gegenüber oxydierenden Stoffen dienen könnte. U. TAUSENDFREUND. 4587☐

Kristallisierte Dihydropteroylglutaminsäure. R. L. Blakeley. (Nature [London] **188.** 231—32. 15/10. 1960. Canberra, Australian Nat. Univ., John Curtin School of Med. Res., Dep. of Biochem.) (Engl.)

Durch Red. von gereinigtem Pteroylglutamat mit $Na_2S_2O_4$ nach FUTTERMAN (C. **1958.** 9810) u. 2maliges Fällen des Red.-Prod. aus einer Lsg. von pH 5—6 durch langsamen Zusatz von nHCl (bis zu pH 6,8) wurde krist. *Dihydropteroylglutaminsäure*, $C_{19}H_{21}N_7O_6 \cdot 2{,}5\ H_2O$, in Form feiner Nädelchen frei von Tetrahydropteroylglutaminsäure erhalten. K. MAIER. 4587☐

Vitamin-B_{12}-Aktivität im Rattenserum. Maureen A. Booth und G. H. Spray. (Nature [London] **193.** 74—75. 6/1. 1962. Oxford, Radcliffe Infirmary, Nuffield Dep. of Clin. Med.) (Engl.)

Vff. stellten fest, daß die alkaliempfindliche *Vitamin-B_{12}* (I)-Aktivität aus Rattenserum (Albinoratten, WISTAR-Stamm) offenbar mit I selbst ident. ist u. daß die alkalistabile Aktivität aus 3 Komponenten besteht, von denen die eine wahrscheinlich mit *Thymidin* u. die beiden anderen mit *Adenosin* u. *Guanosin* ident. sind.

H. KOCKERT. 4587 □

Beziehung zwischen der Vitamin-B_{12}-Konzentration im Serum zu der in Leber und Nieren von Kaninchen. K. Ina Simnett und G. H. Spray. (Nature [London] **193.** 75—76. 6/1. 1962. Oxford, Radcliffe Infirmary, Nuffield Dep. of Clin. Med.) (Engl.)

Vff. stellen fest, daß die *Vitamin-B_{12}* (I)-Konz. in der Leber 10- u. mehrfach u. die in der Niere 8—60fach höher liegt als im Serum von Kaninchen. Die Unters.-Ergebnisse bestätigen, daß beim Kaninchen ein schneller I-Austausch zwischen dem Blut u. den beiden untersuchten Organen erfolgt. H. KOCKERT. 4587 □

Vitamin-B_{12}-Einfluß in vitro auf die Glutathionoxydation in Erythrocyten. P. C. Jocelyn. (Biochem. J. **81.** 19 P. Okt. 1961. Edinburgh, Univ., Dep. of Biochem.) (Engl.)

Die Oxydations-Geschw. des *Glutathions* (I) in Erythrocyten hängt von der Zus. des Suspensionsmediums ab. Bei Verw. von Kochsalz-Lsg., dialysiertem menschlichem Serum oder Plasma wird die Oxydations-Geschw. von I durch *Cu^{2+}* (50—200 μg%), *SeO_2* (100—400) u. *Ascorbinsäure* (100) erhöht. Die I-Oxydations-Geschw. in Erythrocyten, die in 24 Std. gegen Cu-freie NaCl-Lsg. dialysiertem menschlichen Serum oder Plasma suspendiert sind, wird durch *Vitamin B_{12}* (II; 100—10000 $\mu\mu$g/ml Medium) inhibiert; nachfolgende Zugabe von Cu^{2+} (25—100 μg%) neutralisiert die II-Wirkung. Andererseits wird die durch Cu^{2+} verursachte I-Oxydations-Geschw. durch II neutralisiert. Vff. folgern, daß II den Cu^{2+}-Eintritt in die Erythrocyten hemmt.

P. GREGORZEWSKI. 4587 □

Eine Untersuchung des Ascorbinsäure-Spiegels und seiner Form in Milch aus mastitisnegativen Gebieten. Taro Nagasawa, Yasuo Kuzuya und Nobuko Shigeta. (Vitamins [Kyoto] **16.** 676—79. 1959. Gifu, Gifu Univ., Fac. of Agric.; Nagoya, Nagoya Junior Women's Coll.) (Jap.; Auszug: Engl.)

Der durchschnittliche *Ascorbinsäure* (I)-Geh. beträgt 1,92 mg/100 ml; in latenten Mastitisgebieten ist der I-Geh. 10—20% geringer. P. GREGORZEWSKI. 4587 □

Die Hemmung der Cholinbiosynthese de novo durch 2-Amino-2-methylpropanol-(1). Ibert C. Wells und Charles N. Remy. (Arch. Biochem. Biophysics **95.** 389—99. Nov. 1961. Syracuse, N.Y., Veterans Admin. Hosp., Gen. Med. Res. Program and State Univ. of New York, Upstate Med. Center, Dep. of Biochem.) (Engl.)

6 Tage mit einer *Cholin* (I)-freien Diät unter Zusatz von 0,33% *2-Amino-2-methylpropanol-(1)* (II) ernährte ♂ WISTAR-Ratten erhielten nachfolgend 5 intraperitoneale Injektionen von je 10 mg I bis zum 8. Tag. Eine Std. nach der letzten I-Injektion wurde den Tieren *$^{14}C_{(CH_3)}$-L-Methionin* (III) intraperitoneal injiziert. Die Tiere wurden in bestimmten Abständen getötet. Aus der Leber wurde das Lipid (IV)-gebundene I isoliert u. auf Radioaktivität untersucht. Die chron. Applikation von II hemmte den Einbau der CH_3-Gruppe aus III in das IV-gebundene I, wobei die de novo-Synth. von I in der Leber zwar der der Kontrolltiere parallel ging, jedoch um 46% erniedrigt war. Ähnliche Ergebnisse wurden in der Niere gefunden. Der CH_3-Einbau aus *^{14}C-Formiat*, *$^{14}C_{(2)}$-Glycin* u. *$^{14}C_{(3)}$-DL-Serin* in I wurde ebenfalls durch chron. II-Applikation gehemmt, nicht jedoch der aus *$^{14}C_{(CH_3)}$-Betain* (V). $^{14}C_{(1)}$-V wurde dagegen kaum in I eingebaut, so daß eine Red. von V zu I ausscheidet. Die II-Zufuhr bewirkte eine hämorrhag. Nierendegeneration. Die Hemmung der I-Synth. de novo nach chron. II-Zufuhr stieg bis zum 6. Tage an u. blieb dann konstant. Die chron. Zufuhr von II vor akuter I-Applikation hatte keinen Einfl. auf den Einbau von exogenem $^{14}C_{(CH_3)}$-I in die IV-gebundene Form. Gleichzeitig mit III in II-behandelte Tiere appliziertes I beeinflußte nicht die de novo-I-Synth., so daß I kein Zwischen-Prod. der IV-gebundenen I-Form zu sein schien. Chron. verabreichtes I verhinderte nicht nur die hämorrhag. Wrkg., sondern hob auch die hemmende Wrkg. von II auf, so daß die Wrkg. von II möglicherweise in der Umwandlung in ein IV-gebundenes II besteht, die durch genügend I verhindert werden kann. Verss. in vitro ergaben eine Hemmung des III-Einbaues durch II auch bei akut gegebenem I.

J. BOELTER. 4587 □

Die Fettsäurekomponente des Vitamin-A-Esters in Schafleber. K. Subba Rao, P. Seshadri Sastry und J. Ganguly. (Arch. Biochem. Biophysics **95.** 285—89. Nov. 1961. Bangalore, Indian Inst. of Sci.; Dep. of Biochem.) (Engl.)

Der mit anderen Lipiden aus Schafleber extrahierte *Vitamin-A-Ester* (I) wurde durch Ausfällen mit kaltem Aceton von Phospholipiden befreit, die Triglyceride selektiv durch einen Extrakt aus mit Aceton getrocknetem Schafpankreas in Ggw. von $HgCl_2$ hydrolysiert u. I durch mehrfache Chromatographie gereinigt. Die Fettsäurekomponente konnte als Palmitinsäure identifiziert werden. Das gereinigte Prod. bestand zu 64% aus Vitamin-A-palmiat u. betrug 23% des Ausgangsöles. R. RISTOW. 4587 □

Faktoren, die die biologische Aktivität von Carotin beeinflussen. 2. Mitt. Wirkung der Aminosäuren, Proteine und Antioxydantien auf die Carotin-Stabilität in synthetischem Magensaft. Ryuichiro Ishii und Chieko Horikawa. (Vitamins [Kyoto] **16.** 687—89. 1959. Osaka, Osaka Municipal Hygienic Labor.) (Jap.; Auszug: Engl.)

Durch *Butylhydroxyanisol, Nordihydroguajaretsäure, Propylgallat* u. *Ascorbinsäure* wird *Carotin* gegen Oxydation geschützt. Weniger wirkungsvoll sind Asparagin, Casein, Ovalbumin u. Gliadin. Na-Cu-Chlorphyllin fördert die Zers., gleichzeitiger Zusatz mit Ascorbinsäure schützt. P. GREGORZEWSKI. 4587 □

Beseitigung der Myopathie des Rottnest Quokka (Setonix brachyurus) durch α-Tocopherol. B. A. Kakulas. (Nature [London] **191.** 402—03. 22/7. 1961. Perth, Univ. of West-Australia, Dep. of Pathology.) (Engl.)

Die seit einiger Zeit bei in Gefangenschaft gehaltenen Beuteltieren (*Setonix brachyurus*) auftretenden Paralysesymptome der hinteren Extremitäten beruhen auf *Vitamin-E*-Mangel u. konnten durch orale Vitamin-E-Gaben von 200—600 mg in 2—3 Wochen geheilt werden. H. D. BOCK. 4587 □

Ausscheidung von injiziertem konjugiertem und nichtkonjugiertem Bilirubin durch die Galle bei normalen und bei Gunn-Ratten. Irwin M. Arias, Lois Johnson und Sonia Wolfson. (Amer. J. Physiol. **200.** 1091—94. Mai 1961. New York, N.Y., Yeshiva Univ., Albert Einstein Coll. of Med., Dep. of Med.; Bronx Municipal Hosp. Center.) (Engl.)

Es wird gezeigt, daß die Fähigkeit zur Konjugierung von *Bilirubin* (I) der limitierende Faktor des I-Stoffwechsels in der normalen Rattenleber ist: Im Gegensatz zu normalen WISTAR-Ratten konnten homozygote, ikter. GUNN-Ratten i.v. injiziertes unkonjugiertes I nicht in die Galle ausscheiden. Konjugiertes I wird jedoch durch GUNN-Ratten nach i.v. Injektion in einer normalen Geschw. von 56 ± 8,4 µg I/100 g Körper-Gew./Min. ausgeschieden. Von normalen Ratten wird nach Injektion von konjugiertem I etwa 2mal so viel I mit der Gallen-Fl. innerhalb 10 Min. ausgeschieden wie von unkonjugiertem I, so daß damit ein Maß für die zur cellulären Aufnahme u. Bindung von I erforderliche Zeit angedeutet ist. Die Konjugierung allein begrenzt demnach offenbar den I-Stoffwechsel durch die normale Rattenleber. U. TAUSENDFREUND. 4594 □

Ausscheidung von Inulin, Saccharose und Mannit durch die Galle: Analyse der Gallenbildung. Lewis S. Schanker und C. Adrian M. Hogben. (Amer. J. Physiol. **200.** 1087—90. Mai 1961. Bethesda, Md., Nat. Heart Inst., Labor. of Chem. Pharmacol.; Washington, D.C., George Washington Univ., Dep. of Physiol.) (Engl.)

Es wird die Passage großer, inerter, lipoidunlösl. Moll. in die Gallen-Fl. nachgewiesen. Im Gleichgewichtszustand fanden sich Galle/Plasma-Quotienten für *Inulin* = 0,1, für *Saccharose* = 0,2 u. für *Mannit* = 1,2. Die Membran der Leberparenchymzelle ist demnach offenbar durchgängig für diese Moleküle. U. TAUSENDFREUND. 4594 □

Erholung isolierter Meerschweinchenileumsegmente nach Anaphylaxie. Sheldon E. Greisman. (Amer. J. Physiol. **200.** 1083—86. Mai 1961. Baltimore, Md., Univ. of Maryland, School of Med., Dep. of Med. and Physiol.) (Engl.)

Die nach anaphylakt. Kontraktion des Meerschweinchenileums durch Belüftung, je nach Dauer der Belüftung sogar in stufenweiser Form, ermöglichte Erschlaffung des Darmes sowie Ergebnisse von Verss. mit O_2-vorbehandelter TYRODE-Lsg. deuten auf einen O_2-abhängigen Vorgang bei Einbeziehung des intracellulären histamininaktivierenden Systems. U. TAUSENDFREUND. 4594 □

Verteilung von resorbiertem ^{85}Strontium und ^{45}Calcium unter dem Einfluß von Lactose. F. W. Lengemann und C. L. Comar. (Amer. J. Physiol. **200.** 1051—54. Mai 1961. Ithaca, N.Y., New York State Veter. Coll., Cornell Univ., Dep. of Phys. Biol.) (Engl.)

Bei Unterss. der Resorption u. nachfolgenden Deposition von ^{85}*Sr* (0,015 mc) u. ^{45}*Ca* (0,164 g $CaCl_2 \cdot 2\,H_2O$, 0,35 mc) aus abgebundenen Dünndarmabschnitten der Ratte ließ sich feststellen: es wird mit ^{45}Ca als ^{85}Sr aus dem betreffenden Darmsegment resorbiert; ^{85}Sr wird, bes. in den ersten 4 Std., in stärkerem Ausmaß (im Verhältnis zur resorbierten Menge) als ^{45}Ca in den Knochen eingebaut; durch Injektion von 25 ml 0,5 mMol *Glucose, Lactose* oder *l-Lysin*/ml in Ileumschlingen wird vermehrt ^{45}Ca u. ^{85}Sr resorbiert u. die ^{45}Ca-Deponierung im Knochen auf diejenige von ^{85}Sr gesteigert; an

Duodenum- u. Jejunum-Schlingen können derartige Beobachtungen nicht gemacht werden. Es wird vermutet, daß durch Lactose die Bldg. einer sonst nach der Resorption auftretenden Ca-Bindung verhindert wird. U. TAUSENDFREUND. 4594☐

Darmresorption von L-Phenylalanin in vitro. Richard P. Spencer und A. H. Samiy. (Amer. J. Physiol. **200.** 501—04. März 1961. Boston, Mass., New England Deaconess Hosp., Cancer Res. Inst.; Peter Bent Brigham Hosp. u. Harvard Med. School, Dep. of Biol. Chem.) (Engl.)

Der Nettotransport von *L-Phenylalanin* (I) in umgestülpten Darmsäcken des Hamsters erreichte bei ursprünglich gleicher Konz. auf beiden Seiten nach 1 Std. ein Fließgleichgewicht. Transportierte Nettomenge als Funktion der Endkonz. in der Schleimhaut u. Konz.-Gradient konnten durch eine LANGMUIRsche Adsorptionsisotherme beschrieben werden. Säcke aus dem Mittelteil des Dünndarms transportierten mehr **I** als Säcke vom proximalen oder diestalen Ende. Hohe Konz. von **I** sowie L-Tryptophan oder L-Methionin verringerten den Nettotransport. K. ZINGRAF. 4594☐

Anhäufung von L-Phenylalanin durch Dünndarmabschnitte. A. H. Samiy und Richard P. Spencer. (Amer. J. Physiol. **200.** 505—07. März 1961. Boston, Mass., Peter Bent Brigham Hosp.; New England Deaconess Hosp., Cancer Res. Inst., u. Harvard Med. School, Dep. of Biol. Chem.) (Engl.)

In Dünndarmabschnitten des Hamsters tritt eine Ansammlung von *L-Phenylalanin* (I) aus Lsgg. in vitro ein, ohne daß ein Abbau erfolgt. Die Aufnahme erreicht ein Gleichgewicht in ca. 20 Min., während zu einem Transport durch einen Darmsack ca. 1 Std. erforderlich ist. Die Konz. von **I** in der Wand des Darmsacks während des Transportes war gleich hoch oder höher als in der Serosaflüssigkeit. Es ist daher möglich, daß die intramurale Ansammlung, der akt. Prozeß u. die Diffusion von der Wand zur Serosa ein passiver Vorgang ist. K. ZINGRAF. 4594☐

Strömungs- und Druckverhältnisse in Lymph- und Blutgefäßen des Darmes bei Wasserresorption. J. S. Lee. (Amer. J. Physiol. **200.** 979—83. Mai 1961. Minneapolis, Minn., Univ. of Minnesota, Med. School, Dep. of Physiol.) (Engl.)

Das in vitro durch die Wand des Rattendarmes beförderte W. kommt zu 85% aus dem Ductus lymphaticus heraus, so daß offenbar die Wasserresorption vorwiegend in das lymphat. Syst. vor sich geht. Sowohl der venöse als auch der lymphat. Druck (welcher höher als der erste ist) lassen sich durch den Dehnungsdruck im Darmlumen beeinflussen, ohne daß sie als einfache Reflektion des Lumendruckes aufzufassen sind; beim Lumendruck = 0 sind beide signifikant höher; bei ruhender Wasserresorption (z. B. O_2-Mangel, Mangel an Glucose, Vorhandensein von Phlorhizin oder NaCN in der Spül-Fl.) entwickelt sich kein positiver Druck. U. TAUSENDFREUND. 4594☐

Die Oxydation flüchtiger Fettsäuren in der Rumenschleimhaut und der Leber ketotischer Schafe. E. E. Smith, G. D. Goetsch und H. D. Jackson. (Arch. Biochem. Biophysics **95.** 256—62. Nov. 1961. Lafayette, Ind., Purdue Univ., Dep. of Biochem. and Veterinary Sci.) (Engl.)

Der Stoffwechsel von *Acetat* (**I**), ***Propionat*** (**II**) u. ***Butyrat*** (**III**) wurde in Leber (L)- u. Rumenschleimhaut (RS)-Schnitten gesunder u. ketot. Schafe verglichen. Alle 3 Säuren zeigen geringen Einfl. auf die O_2-Aufnahme normaler u. ketot. L u. RS. Die Bldg. von *Acetessigsäure* (**IV**) wird bei normalem u. ketot. Gewebe durch **II** allein u. im Gemisch mit **I** u. **III** gesenkt, durch **III** allein u. im Gemisch mit **I** erhöht, ohne daß die normalen u. ketot. Gewebe deutliche Unterschiede zeigen. Ketot. Leber hat nur den halben N-Geh. normaler Leber u. einen erhöhten Lipid-Geh., der damit eher als **I**, **II** u. **III** als Quelle für **IV** in Frage kommt. Ketot. L, normale u. ketot. RS bilden etwa gleiche Mengen **IV** u. sind damit Quelle der Blutketone. Normale L bildet geringere Mengen **IV**. R. RISTOW. 4594☐

Stoffwechsel von $^{14}C_{(1)}$-Glucose und $^{14}C_{(6)}$-Glucose in Leberschnitten von nach Fasten gefütterten Ratten. Jay Tepperman und Helen M. Tepperman. (Amer. J. Physiol. **200.** 1069—73. Mai 1961. Syracuse, N.Y., State Univ. of New York., Upstate Med. Center, Dep. of Pharmacol.) (Engl.)

Bei Ratten, die für 48 Std. gefastet haben u. dann mit kohlenhydratreicher Kost gefüttert wurden, konnte eine gesteigerte Lipogenese in der Leber u. eine deutliche Steigerung der Enzymaktivitäten für den Eintritt in den Hexosemonophosphatabbauweg beobachtet werden. Die Verfolgung der Quotienten von $C_{(1)}/C_{(6)}$ (als Ausdruck der Muster des $^{14}C_{(1)}$- u. $^{14}C_{(6)}$-Glucose-Stoffwechsels) in CO_2 u. Lipid (Leberschnitte) stimmen mit der Annahme gesteigerten Glucose-Stoffwechsels über den direkten Abbauweg überein (Anstieg des Quotienten). — In den ersten 12 Std. der Neufütterung konnte keine Beziehung zwischen anfänglicher Glykogen-Konz. in Leberschnitten u. Lipogenese festgestellt werden. Es bestand eine negative Beziehung zwischen dem $C_{(6)}/C_{(1)}$-Quotienten u. der Gewinnung von Impulsen aus zugefügtem Acetat. U. TAUSENDFREUND. 4596☐

Der Stoffwechsel der Thioaminosäuren im Tierorganismus unter dem Einfluß von Serin und Glutathion. S. Oeriu, Anca Gheorghe und M. Galiano-Serban. (Studii Cercetari Biochem. **1.** 329—33. 1958. Acad. R.P.R., Secț. de chimioterap., u. București, Inst. med.-farm., Fac. de med. gen., Cat. de biochem.) (Rum.)

In Verss. an älteren Ratten wird festgestellt, daß nach Einführung von *Serin* (50 mg/kg täglich, 16 Tage lang) im Blutserum der Geh. an *Methionin* von 1,12 auf 0,95(%) u. der Geh. an *Cystin* (**I**) von 6,09 auf 5,75 zurückgeht, der Geh. an *Cystein* (**II**) dagegen von 0,32 auf 0,62 zunimmt. Unter gleichen Bedingungen bewirkt die Einführung von Glutathion eine Abnahme von **I** von 6,09 auf 5,04 u. von **II** von 0,32 auf 0,18.

R. K. Müller. 4596□

Die Verteilung von Natrium in der Meerschweinchenhaut. R. St. J. Buxton und E. M. Sedgwick. (J. Physiology **157.** 41 P. Juli 1961. Bristol, Univ. of Bristol, Dep. of Physiol.) (Engl.)

Bei Unterss. von Hautpartien des Meerschweinchens war die höchste Na^+-Konz. in der Bauchhaut, die niedrigste in der Haut der Vorderpfoten (Diff. 3,2 mVal/kg bei Frischgewebe) zu finden. Der K^+-Spiegel war in der Backenhaut am höchsten, gefolgt von Abdomen, Vorderpfote u. Hinterteil. Die Cl^--Werte wichen nicht signifikant voneinander ab. Der erhöhte Na^+-Geh. konnte keiner Retention von Blut in der Haut zugeschrieben werden. Maßnahmen zur Na^+-Verarmung oder Na^+-Belastungen hatten keine Veränderung der Na^+-Verteilung zur Folge. Dagegen bewirkte Sensibilisierung mit *Pferdeserum* eine Verminderung des Na^+-Geh. der Haut; *Verb. 48/80* u. *Promethazin* verminderten den Na^+- u. K^+-Geh. der Haut; alle 3 Maßnahmen verminderten den *Wasser*-Geh. der Haut; 48/80 u. Promethazin ließen den Cl^--Spiegel der Haut ansteigen; *Histamin*, 100 μg subkutan, verminderte den Wasser-Geh. u. Na^+-Geh. der Haut; nach 48/80 bestand zwischen Histamin u. Na^+-Konz. ein umgekehrtes Verhältnis. U. Tausendfreund. 4597□

Anionenleitung des Herzmuskels. O. F. Hutter und D. Noble. (J. Physiology **157.** 335—50. Juli 1961. London, Univ. Coll., Dep. of Physiol.) (Engl.)

Es wurde die Bedeutung von Cl^- im elektr. Verh. des Herzmuskels u. die relative Membranpermeabilität einer Reihe von Fremdanionen an isolierten Fasern des Purkinje-Gewebes u. der Papillarmuskeln des Säugerherzens untersucht. Die Frequenzänderungen bei Entfernung von Cl^- weisen darauf hin, daß Cl^- normalerweise zu dem Depolarisationsstrom des Schrittmacherpotentials beiträgt; die Dauer der Aktionspotentialplateaus wird durch Cl^--Eliminierung verlängert. Ersatz von Cl^- durch J^- führt zum Stillstand der spontanen Aktivität; NO_3^- u. Br^- verlangsamen anfangs den Rhythmus; diese Wrkg. wird als Folge eines Hyperpolarisationsstroms durch die stärker permeablen Ionen angesehen. Die Dauer des Aktionspotentials wird durch J^-, NO_3^- u. Br^- verkürzt. Wenn NO_3^- nicht zum völligen Stillstand führt, macht es den Weg frei für eine Beschleunigung (vermutlich Folge eines Ersatzes von intrazellulärem Cl^- durch ein stärker permeierendes Anion). Die Membranleitung wird nur zu einem Teil von Cl^- aufrechterhalten; J^- u. NO_3^- steigern die Membranleitung.

U. Tausendfreund. 4597□

Wirkung der Kohlensäure auf die Glykogenese des Herzens. G. Dessaux. (C.R. Séances Soc. Biol. Filiales **151.** 1915—18. 1957, herausgeg. 24/6. 1958. Lyon, Fac. des Sci., Labor. de Physiol. générale.) (Franz.)

Bei der *Glykogenese* des Herzens verändert CO_2 in der Konz. von 10% in der Atemluft weder die Endmenge der *Glykogen*-Reserve, noch die Geschw. des Vorgangs.

S. Groitzsch. 4597□

Glykogenmobilisierung und Arbeit beim Rattenherzen. Robert L. Hazelwood und William C. Ullrick. (Amer. J. Physiol. **200.** 999—1003. Mai 1961. Boston, Mass., Boston Univ., School of Med., Dep. of Physiol.) (Engl.)

Da nach isometr. Kontraktionen isolierter Rattenherztrabekel von normalen, von 48 Std. gefasteten u. von hypophysektomierten Tieren bei Unters. der Muskulatur auf ihren *Glykogen* (**I**)-Geh. keine Beziehung zwischen dem **I**-Geh. u. der geleisteten Arbeit, sondern nur eine Beziehung zum Ausgangs-**I**-Geh. erkennbar war (bei den gefasteten u. den hypophysektomierten Tieren größere Arbeitsleistung), muß angenommen werden, daß die isolierten Herzmuskel-Präpp. zur sofortigen Energielieferung andere Substrate als Kohlenhydrate in Anspruch nehmen. U. Tausendfreund. 4597□

Über die Erneuerung des Adeninnucleotidgehaltes in den Muskeln nach der Arbeit. S. Ju. Netschiporenko und N. G. Gimmelreich. (Український Біохімічний Журнал [Ukrain. biochem. J.] **33.** 811—22. 1961. Kiew, Inst. für Biochemie der Akad. der Wiss. der UkrainSSR.) (Ukrain., Auszug: Engl.)

Die Unters. des Geh. an *Adenosintriphosphorsäure* (**I**), *Adenosindiphosphorsäure* (**II**), *Inosinsäure* (**III**) u. *anorgan.-P* + *Kreatin-P* (**IV**) im Quadricepsmuskel der Ratte ergab im Ruhezustand einen mittleren Geh. (in mg-% P) von 130,80 **I**, 77,36 **II** u. 305 **IV**. Nach 15 Min. langem Schwimmen ohne zusätzliche Belastung betrug der Geh. an **I** 147,77, an **II** 73,49, an **IV** 316,88. Nach der gleichen Schwimmdauer mit zusätzlicher Belastung mit 13 g betrug der Geh. an **I** 76,65, an **II** 70,45, an **III** 31,45, an **IV** 355,19. Erfolgte nach dem Schwimmen ein Ruhezustand (5,15 u. 30 Min., 2 u. 6 Std.), so nahm der **III**-Geh. so rasch ab, daß schon nach 5 Min. kein **II** nachzuweisen war. Der Geh. an **I** erreichte schon nach 5 Min. den Ausgangswert, der Geh. an **II** erst nach 30 Min.

O. LEBTAG. 4597 □

E_6. Pharmakologie. Therapie. Toxikologie. Hygiene

Kapazität von Mollusken der Familie der Planorbideen zur Akkumulation gewisser Metalle. Robert Deschiens, Didier Bertrand und Vincenzo Molinari. (C.R. Séances Soc. Biol. Filiales **151**. 1356—58. 1957, herausgeg. 11/3. 1958.) (Franz.)

Vff. untersuchen die Akkumulation von *Zn, Cu, Fe* u. *Pb* durch *Planorbis glabratus* u. *Bulinus truncatus* aus Lsgg. mit 1,1 mg Zn, 0,17 mg Cu, 0,29 mg Fe bzw. 0,275 Pb pro Liter im Vgl. mit entsprechenden Kontrollkulturen. Nach 24—48 Std. enthielten die Mollusken 368 (98,4) mg Zn, 2280 (56) mg Cu, 4600 (592) mg Fe bzw. 36 (0,16) mg Pb/kg Trockensubstanz (in Klammer die Kontrollorganismen). Da Cu u. Zn auf die Mollusken tox. wirken, erscheint diese Akkumulationskapazität im Hinblick auf ihre Bekämpfung wichtig. P. SCHWERDTFEGER. 4606 □

Spezifität von Goldthioglucose zur Hervorrufung einer Hypothalamus-Schädigung und einer Hyperphagie. Jean Mayer und Norman B. Marshall. (Nature [London] **178**. 1399—1400. 22/12. 1956. Boston, Mass., Harvard School of Public Health, Dep. of Nutr.; Harvard Med. School, Dep. of Physiol.) (Engl.)

Bei Überprüfung von *Goldthiosorbit* (ABBOTT), *Goldthiomalat, Goldthiocapronsäure, Goldthioglycerin, Goldthioglykolsäureanilid* u. *Goldnatriumthiosulfat* in gleichen Dosen wie *Goldthioglucose* (**I**) konnte nur mit **I** bei Mäusen eine Hypothalamisschädigung (ventromedial; bei allen) mit Hyperphagie u. Fettleibigkeit (bei 60%) hervorgerufen werden (Dosierung 1 mg/g), obwohl die Toxizität einiger verwendeten Medikamente derjenigen von **I** entspricht. Bei der Ratte kann trotz Hypothalamusschädigung keine Fettleibigkeit hervorgerufen werden, was möglicherweise mit der größeren Toxizität von **I** bei Ratten zusammenhängt, so daß die letale Wrkg. entsprechend schädigend wirkender **I**-Dosen den Erfolg verschleiert. Es wird angenommen, daß der *Glucose*-Anteil die ventromediale Hypothalamusschranke durchlässiger werden läßt für die Penetration der Glucose-enthaltenden Verbindung. U. TAUSENDFREUND. 4607 □

Über das Carboxymyoglobin bei akuter Vergiftung der Ratten durch Kohlenmonoxyd. B. A. Ssobtschuk, L. M. Doloschitzki und T. M. Gladischewska. (Український Біохімічний Журнал [Ukrain. biochem. J.] **33**. 848—55. 1961. Lwow, Med. Inst., Lehrstuhl für Biochemie u. Lehrstuhl für allg. Hygiene.) (Ukrain.; Auszug: Engl.)

Es wird bestätigt, daß beim Durchleiten von CO durch Lsgg. von Oxymyoglobin u. Oxyhämoglobin *Carboxymyoglobin* (**I**) u. *Carboxyhämoglobin* (**II**) entstehen. Bei der Sättigung des Muskelbreies mit CO tritt eine deutliche Rosafärbung ein, bedingt durch die Ggw. von **I**, das durch $Na_2S_2O_4$ nicht verändert wird. In den Muskeln der durch CO vergifteten Ratten wird das Absorptionsmaximum wegen der Ggw. von **I** nach 580,8 mμ verschoben. Bei der vollständigen Sättigung des Hämoglobins mit CO ist die **I**-Menge abhängig von der Geschw. der Vergiftung: bei 5 Min. langer Vergiftung erreichte der **I**-Geh. nur 7%, nach 60 Min. dagegen ca. 35%. Die Ergebnisse bestätigen, daß bei der akuten Vergiftung das Myoglobin sich mit CO verbindet, daß die Bldg. von **I** träger erfolgt als die von **II**. Spektralanalyt. lassen sich Myoglobin u. Hämoglobin von **I** u. **II** unterscheiden. O. LEBTAG. 4607 □

Die pharmakologische Wirkung von zwei Derivaten der Crotonylbuttersäure. P. Bouyard und A. Sassine. (C. R. Séances Soc. Biol. Filiales **151**. 970—72. 21/12. 1957. Fac. de Méd., Labor. de Physiologie appliqueé.) (Franz.)

G 5668 (**I**; Gemisch aus gleichen Teilen *α-[N-Äthyl-N-crotonylamino]-buttersäuredimethylamid* u. *α-[N-Propyl-N-crotonylamino]-buttersäuredimethylamid*) wurde pharmakolog. am anästesierten Hund untersucht. 20—40 mg/kg i. v. wirken schwach u. kurzdauernd hypotensiv. Beim geöffneten Thorax u. künstlicher Atmung wird die Amplitude der Herzkontraktion nur geringfügig, der Rhythmus nicht verändert. Gleichzeitig tritt eine leichte Milz- u. Nierenvergrößerung auf. Die Atmungsamplitude wird erhöht, in manchen Fällen auch der Atemrhythmus, die Wrkg. von *Acetylcholin, Adrenalin* u. *Noradrenalin* wird nicht beeinflußt. 80—100 mg/kg i. v. verursachen beim Nerv-Muskel-Präp. muskuläre Tremulationen. 200 mg/kg i. p. oder s. c. verursachen bei Ratten u.

Mäusen Übererregbarkeit, 300 mg/kg starke motor. Erregungen mit konvulsiv. Erscheinungen, Aggressivität u. Überempfindlichkeit auf äußere geringe Reize, 400 mg/kg Mattigkeit; DL_{50} = 400 mg/kg i. p. (Maus); die Ratte überlebt trotz starker Konvulsionen Dosen von 500 mg/kg. I (> 30 mg/kg i. v. beim Hund u. 50 mg/kg i. v. beim Kaninchen) wirkt antagonist. auf die atmungshemmende Wrkg. von Morphin u. verschiedene Barbiturate. S. GROITZSCH. 4607 □

Wirkung von 3-Methylchromon auf das Zentralnervensystem. G. Prino. (Farmaco [Pavia], Ediz. sci. **13.** 619—28. Sept. 1958. Milano, Valeas S.P.A., Labor. di Ricerche.) (Ital.)

3-Methylchromon senkte die Rectal-Temp. von Albinomäusen, potenzierte die hypnot. Wrkg. von *Evipal, Secobarbital, Pentobarbital, Thiopental* u. *Chloralhydrat* (diese Wrkg. verschwand bei einer Umgebungs-Temp. von 36°), verlängerte die muskelerschlaffende Wrkg. von *Meprobamat* (bei der Ratte) u. erleichterte das Auftreten von *Cardiazol* (I)-, *Coffein* (II)-, u. *Strychnin* (III)-Krämpfen. *Khellin* senkte ebenfalls die Rectal-Temp. von Mäusen, potenzierte die Wrkg. der Barbiturate bei einer Umgebungs-Temp. von 36° u. erleichterte das Auftreten von I-, II- oder III-Krämpfen nicht. K. ZINGRAF. 4607 □

Quantitative Untersuchungen über die Verhütung von Skelettschädigungen durch β-Aminopropionitril mittels L- und D-Trijodthyronin. A. Khogali. (J. Physiology **158.** 29 P—30 P. Sept. 1961. Dundee, Queen's Coll., Univ. of St. Andrew's, Dep. of Physiol.) (Engl.)

Durch *β-Aminopropionitril* bewirkte Knochenschädigungen (erhöhte Brüchigkeit, geringere Elastizität) konnten bei jungen Ratten durch gleichzeitige Verabreichung von *L-* oder *D-Trijodthyronin* verhütet werden. K. ZINGRAF. 4607 □

Untersuchung über Cuminsäure und Cuminaldehyd. Hideo Ito. (Folia pharmacol. japon. **55.** 671—75. 20/5. 1959. Kumamoto, Univ., Fac. of Med., II. Dep. of Pharmacol.) (Jap.; Auszug: Engl.)

Da der saure Teil des Öls aus *Thujopsis dolabrate,* der Hinokitiol enthält, phamakolog. wirksam ist, wurden analoge Verbb. des Hinokitiols, Cuminsäure-Derivv. untersucht. Sie zeigten aber entgegen den Erwartungen keine Ähnlichkeit, sondern erhöhten die Atmung des Kaninchens. Folgende Verbb. wurden untersucht: *Cuminsäure, Cuminaldehyd, Cuminaldazin, Cuminaldehyd-N-cyanacetylhydrazon, Cuminaldehydsemicarbazon, Cuminaldehydthiosemicarbazon, Cuminaldehydpyrimidinylcarbonylhydrazon, Cuminaldehydpyrazinylcarbonylhydrazon.* P. GREGORZEWSKI. 4607 □

Synergismus von Malathion gegenüber resistenten Insekten. Frederick W. Plapp jun. und Gaines W. Eddy. (Science [Washington] **134.** 2043—44. 22/12 1961. Corvallis, Oreg., U.S., Agricult. Res. Serv., Entomol. Res. Div.) (Engl.)

Vff. stellten fest, daß *Triphenylphosphat, Tributyltrithiophosphat* (*Tributylphosphorotrithioat*) u. *Tributyltrithiophosphit* (*Tributylphosphorotrithioit*) die Toxizität von *Malathion* (I) gegenüber I-resistenten Stubenfliegen (*Musca domestica* L.) u. I-resistenten Moskitos (*Culex tarsalis* Coq.) steigern, wobei in einigen Tests die Resistenz sogar völlig aufgehoben wurde. Alle 3 getesteten Phosphorsäureester haben jedoch bei nichtresistenten Stämmen einen weit geringeren Einfl. auf die Toxizität von I als bei I-resistenten. H. KOCKERT. 4607 □

Fraktionierung des Russelschen Viperngiftes unter besonderer Berücksichtigung des koagulierend wirkenden Proteins. W. J. Williams und M. P. Esnouf. (Biochem. J. **81.** 20 P. Okt. 1961. Oxford, Radcliffe Infirmary, Univ. of Oxford, Nuffield Dep. of Clin. Biochem.) (Engl.)

Vff. fraktionierten das Viperngift säulenchromatograph. an Diäthylaminoäthylcellulose, entwickelten bei Raum-Temp. durch schrittweise Elution mit 0,01 m 2-Amino-2-hydroxymethylpropandiol-(1.3)-Phosphatpuffer bei pH 8,5, 7,0 u. 6,0 u. dann bei pH 6,0 mit 0,15 m, 0,5 m u. 1 m NaCl. Der Hauptanteil der Koagulierungsaktivität ist in der 0,15 m NaCl-Fraktion enthalten. Diese Fraktion ist elektrophoret. homogen, läßt sich aber durch Zentrifugieren (100000·*g*, 40 Std. in 7—20% Rohrzucker, 3°) in 2 Komponenten zerlegen. Die spezif. Aktivität des durch Säulenchromatographie erhaltenen koagulierend wirkenden Proteins beträgt ungefähr das 12fache des rohen Giftes. Das gereinigte Protein reagiert in Ggw. von Ca^{2+} mit einer Rinderserumfraktion, die Aktivität hängt bis zu einem 10fachen Überschuß an Serum nicht von der Menge des Gift-Proteins ab, steht aber in direktem Verhältnis zur Serummenge. Vff. folgern daraus, daß das Gift-Protein als Enzym u. das Serum als Substrat wirkt, Aktivitätsmaximum bei pH 7,0—9,0. Das koagulierend wirkende Protein zeigt lediglich Esterase-Aktivität gegen Toluol-p-sulfonylargininmethylester u. leichte Gelatinase-Aktivität. P. GREGORZEWSKI. 4609 □

Über den Einfluß von PAS und Phthivazid auf die Oxydation des Radiomethionins im tierischen Organismus. W. G. Selinski. (Український Біохімічний Журнал [Ukrain. biochem. J.] **33.** 842—47. 1961. Odessa, Med. Inst., Lehrstuhl für Biochemie.) (Ukrain., Auszug: Engl.)

In Verss. mit weißen Ratten erfolgte 30 Tage lang eine tägliche perorale Zufuhr von je 0,8 g/kg *PAS* oder 0,18 g/kg *Phthivazid* (I), danach erhielten alle Tiere (auch die Kontrollen) subcutan 50 γ ^{35}*S-Methionin* (II). Im 24-Std.-Harn wurde der Geh. an Gesamt-^{35}S u. an $^{35}SO_4^{2-}$ bestimmt. Danach sind I u. PAS ohne merklichen Einfl. auf die Oxydation von II zu Sulfat. O. LEBTAG. 4610□

Resorption und Ausscheidung von in Muskeln von Patienten mit Diabetes mellitus injiziertem Penicillin. L. Weinstein und R. H. Meade. (Nature [London] **192.** 987—88. 9/12. 1961. Boston, Mass., New England Center Hosp. u. Tufts Univ., School of Med., Dep. of Med.) (Engl.)

Vff. stellten fest, daß nach Injektion von krist. *Benzylpenicillin G* (**I**; einmalige Dosis von 10000 E.) in den Gesäßmuskel von Diabetkern (a) u. normalen Kontrollpersonen (b) etwa gleichen Alters der maximale **I**-Blutspiegel bei b früher (nach 1 Std.) erreicht wird u. höher liegt (8 E./ml) als bei a (nach 2 Std. u. 5,4 E./ml). **I** verschwindet aus dem Serum jedoch bei beiden Vers.-Gruppen etwa gleich schnell. Außerdem wurde festgestellt, daß die **I**-Ausscheidung über die Nieren bei b in 2 Std. ca. 50%, in 8 Std. ca. 80% u. in 24—48 Std. ca. 95% der injizierten **I**-Dosis beträgt. Bei a hingegen beträgt die **I**-Ausscheidung innerhalb von 2 Std. nur 25% u. innerhalb von 24 Std. nur 50%. — Wird **I** i.v. verabfolgt, so bestehen keine so ausgeprägten Unterschiede zwischen a u. b hinsichtlich der **I**-Ausscheidung im Urin. — Vff. schließen aus diesen Ergebnissen, daß die niedrigeren **I**-Blutspiegel u. die verminderte **I**-Ausscheidung bei a nicht so sehr Ausdruck einer veränderten Nierenfunktion ist, sondern sich vielmehr durch eine defekte Resorption von **I** aus i.m. Depots erklären lassen. Wahrscheinlich werden andere Substanzen bei a ebenfalls schlechter aus dem Muskelgewebe aufgenommen als bei b. H. KOCKERT. 4611□

Die akute, orale Toxizität von Benzylpenicillin-Kalium bei Meerschweinchen. Eldon M. Boyd und Robert A. Fulford. (Antibiotics and Chemotherapy **11.** 276—83. April 1961. Ontario, Canada, Queen's Univ., Kingston, Dep. of Pharmacol.) (Engl.)

Meerschweinchen sind ebenso resistent gegen die prim. Gift-Wrkg. von oralem *Benzylpenicillin* (**I**)-*Kalium* wie Mäuse, Ratten, Kaninchen, Katzen u. Hunde. Tod infolge prim. Vergiftung tritt innerhalb weniger Std. ein (Atemstillstand nach Krämpfen oder anderen Erregungserscheinungen des Zentralnerven-Syst., akute Gastroenteritis; orale $DL_{50} = 5{,}36 \pm 0{,}34$ g freies **I**/kg Körper-Gew. 24—48 Std. nach Verabreichung von **I**-*Kalium*). Die sek. Vergiftung tritt schrittweise auf u. führt innerhalb 1—2 Wochen zum Tode der meisten, aber nicht aller Überlebenden der prim. Vergiftung. Mäuse, Ratten, Kaninchen, Katzen u. Hunde sind relativ resistent gegen die Wrkg. der sek. Vergiftung. Diese scheint auf eine im Körper in letalen Dosen entstandenen Substanz zurückzuführen zu sein u. äußert sich in einer allmählichen mehr oder weniger allg. Toxämie mit terminaler Prostration, Koma u. Atemstillstand. DL_{50} der sek. Toxizität $0{,}343 \pm 0{,}224$ g **I**/kg 14 Tage nach der Verabreichung an die Meerschweinchen. Bei Mäusen, Ratten, Kaninchen, Katzen u. Hunden treten bei so niedrigen Dosen von **I**-*Kalium* keine Todesfälle ein. Das Meerschweinchen ist daher gegen die sek. Vergiftung durch **I**-*Kalium* bes. empfindlich, nicht aber gegen die prim. Vergiftung. H. AMAN. 4611□

Penbritin, ein neues Breitspektrumantibioticum. Vorläufiger pharmakologischer und chemotherapeutischer Bericht. D. M. Brown und P. Acred. (Brit. med. J. **1961. II.** 197—98. 22/7. Brockham Park, Betchworth, Surrey, Beecham Res. Labor. Ltd.) (Engl.)

Penbritin {*B.R.L. 1341*; *6-[*D*(—)-α-Aminophenylacetamido]-penicillansäure*; **I**; *α-Aminobenzylpenicillin*} kann gegenüber Mäusen, Ratten, Hunden u. Katzen als ungiftig angesehen werden. Nach peroraler Verabreichung von 20 mg/kg konnten z. B. beim Hund schon nach 1 Std. hohe Blutspiegel von über 7 μg/ml nachgewiesen werden, der Kurvenverlauf ist dann ähnlich wie bei Phenethicillin u. Penicillin V, durch die ausgeprägtere initiale Höhe ist jedoch ein längeres Anhalten wirksamer Blutspiegel zu beobachten. Die Ausscheidung geht über die Niere vor sich sowie über die Gallen-Fl.; in Galle u. Harn findet **I** sich in konz. Form (300 u. 800fach gegenüber Blut); in der Niere geht die Ausscheidung ähnlich wie die von Penicillin G u. Methicillin vor sich. Die Wirksamkeit von **I** gegenüber Staphylokokken u. Streptokokken entspricht derjenigen bisheriger peroraler Penicillin-Präparate. Die Aktivität von **I** gegenüber Infektionen mit gramnegativen Mikroorganismen ist größer als die von Tetracyclin u. Chloramphenicol, so daß die in vivo-Wrkg. damit nicht der in vitro-Wrkg. entspricht. U. TAUSENDFREUND. 4611□

Resorption und Ausscheidung von Penbritin. E. T. Knudsen, G. N. Rolinson und Shirley Stevens. (Brit. med. J. **1961. II.** 198—200. 22/7. Brentford, Beecham Res. Labor.) (Engl.)

An Hand der Resorptions- u. Blutspiegelprüfungen mit *Penbritin* (*B.R.L. 1341; 6-[D(—)-α-Aminophenylacetamido]-penicillansäure*; **I**; vgl. vorst. Ref.), die eine 30% ig. Ausscheidung der gut resorbierten peroralen Dosis innerhalb von 6—8 Std. durch die Niere erkennen ließen u. zu Blutspiegelwerten von 2—7 μg/ml 1—2 Std. nach 250 bis 1000 mg-Dosen führten, wird folgendes Dosierungsschema für klin. Prüfungen von **I** empfohlen; 6 stündlich 250 mg bei Behandlung von Infektionen, die durch grampositive Mikroorganismen verursacht sind oder bei Haemophilus influenzae-Infektionen; 6 bis 8 stündlich 250—500 mg bei Harnwegsinfektionen (unter Berücksichtigung der hohen Harn-Konz. von **I**); 8 stündlich 750 mg oder mehr bei Infektionen infolge gramnegativer Mikroorganismen, außer denen, die im Harntrakt vorkommen.

U. TAUSENDFREUND. 4611 □

Penbritin, ein perorales Penicillin mit Breitspektrumaktivität. G. T. Stewart, H. M. T. Coles, H. H. Nixon und R. J. Holt. (Brit. med. J. **1961. II.** 200—06. 22/7. Carshalton, Surrey, Queen Mary's Hosp. for Children.) (Engl.)

Penbritin (*B.R.L. 1341; 6-[D(—)-α-Aminophenylacetamido]-penicillansäure*; **I**; vgl. vorvorst. Ref.) kann als bakericides penicillinähnliches Mittel mit dem Aktivitätsbereich der Tetracycline angesehen werden. Die bakericide Wrkg. entspricht über einen weiten Bereich von pathogenen Kokken zu Bazillen etwa derjenigen von Penicillin G gegenüber pyogenen Kokken. **I** wird durch Penicillinase angegriffen u. ist deshalb gegen Penicillinasebildner unwirksam. In Dosen von 50—100 mg/kg/Tag bei Kindern wurde eine gute Resorption beobachtet u. bakericide Plasmaspiegel über die Dauer von 4 u. mehr Std. erzielt. Die Ausscheidung ging rasch in hohen Konzz. vor sich. Außer vorübergehenden Exanthemen bei 3 Salmonellenträgern traten bei 28 Patienten im Verlaufe 5 oder mehrtägiger Therapie keine Nebenwrkg. auf. 8 schwere Harnwegsinfektionen durch coliforme Bakterien u./oder Streptokokken u. 6 andere Infektionen reagierten rasch, 6 Träger von Salmonella typhimurium u. 2 von Escherichia coli-Serotypen erfuhren keine Klärung der Infektion. U. TAUSENDFREUND. 4611 □

D-Penicillamin als ein Antidot für 8-Hydroxychinolin und Alloxan. Makoto Matsuda und Katashi Makino. (Nature [London] **192.** 261—62. 21/10. 1961. Minato-ku, Tokyo, Tokyo Jikei-kai School of Med., Dep. of Biochem.) (Engl.)

Die DL (innerhalb von 10 Std.) von *8-Hydroxychinolin* (**I**) wurde für Mäuse zu 0,03 mg/g gefunden. 0,2 mg *D-Penicillamin* (**II**)/g Körper-Gew., 5 Min. vor der DL von **I** injiziert, verhinderte in 60% den Tod der Tiere. 0,5 mg **II**/g verhinderte in 100% den Tod der Tiere, nicht aber die tox. Symtome (Dyspnoe, Tremor u. Paralyse), die jedoch durch Applikation von 1,0 mg **II**/g ebenfalls vermieden werden konnten. 1,0 mg **II**/g, 1 Std. vor der **I**-DL gegeben, verhinderten ebenfalls den Tod der Tiere. Injektionen von 1 mg/g *Vitamin* B_6 (**III**), *DL-Cysteinhydrochlorid* (**IV**) oder *Glucose* (**V**) bzw. 0,15 mg *Vitamin* B_{12} (**VI**), 5 Min. vor der **I**-DL gegeben, konnten die letale Wrkg. nicht aufheben. 1 mg **II**/g, 5 Min. vor der Injektion der DL von *Alloxan* (0,45 mg/g), verzögerte den Tod der Tiere, **III, IV, V** u. **VI** waren wirkungslos. **I** erhöhte in einer subletalen Dosis den Blutzucker-Geh. nach 1—3 Std. um 100% u. erniedrigte ihn nach 6—16 Std. um 40%. Nach 24 Std. trat eine Annäherung an den normalen Wert ein. Die Änderungen des Blutzucker-Geh. durch **I** konnten nicht durch Injektion von 1,0 mg **II**/g beeinflußt werden, so daß der durch **I** bewirkte Tod u. der Antidoteffekt von **II** nicht mit den Änderungen des Blutzucker-Geh. zusammenhängen. J. BOELTER. 4611 □

Verstärkung der Wirkung von Antibioticis als chemotherapeutische Agentien. J. S. Kiser. (Antibiotics and Chemotherapy **11.** 261—66. April 1961. Pearl River, N.Y., Am. Cyanamid Comp., Agric. Div., Animal Sci. Dep.) (Engl.)

Chlortetracyclin (*Aureomycin*) im Futter mit niedrigerem Ca-Geh. als üblich erreicht bei mit *Salmonella gallinarum* infizierten Hühnern signifikant höhere Konzz. im Blut u. bewirkt dementsprechend längere Überlebenszeit. H. AMAN. 4611 □

Ester der 3.4.5-Trimethoxybenzoesäure mit γ-Aminopropanolen, auf das Zentralnervensystem beruhigend wirkende Substanzen. Janusz Supniewski, Kazimierz Bednarz und Jolanta Krupińska. (Dissertat. pharmac. [Warszawa] **10.** 191—211. 1958. Kraków, Akad. Med., Zakł. Farmakol.)

Die Toxizität (DL_{50}) der Hydrochloride der *3.4.5-Trimethoxybenzoesäure-γ-diäthylaminopropylester* (**I**), *-γ-piperidinopropylester* (**II**) u. *-γ-morpholinopropylester* (**III**) beträgt bei Mäusen (Katzen) 200 (30), 200 (25) u. 1500 (40) mg/kg. Alle Verbb. wirken 24 Std. nach Verabreichung sedativ u. einschläfernd. Die Evipannarkose wird verlängert, jedoch nicht so nachhaltig, wie bei Anwendung von Reserpin oder Chlorpromazin. I.v. Gaben von 1—15 mg/kg erniedrigen den Blutdruck von Katzen in Urethannarkose

u. vertiefen gleichzeitig die Atmung. Die Wrkg. von Cardiazol wird nicht beeinflußt, die von Strychnin wird durch **II** etwas gehemmt. Die hormonalen Stadien werden bei Mäusen durch **I**—**III** nicht beeinflußt. Der Schwellenwert der Empfindlichkeit gegen Elektroschock bei Mäusen wird durch **II** heraufgesetzt. —

Versuche: 3.4.5-Trimethoxybenzoesäureester-Hydrochloride werden durch 1½ std. Kochen von Trimethoxybenzoesäurechlorid mit dem entsprechenden γ-Amino-propanol in abs. Bzl. am Rückfluß, Kühlen u. Sättigen der Lsg. mit trockener HCl u. Kristallisation des Nd. aus A., Bzl. u. Aceton erhalten: *γ-Diäthylaminopropyl-* (**I**), $C_{17}H_{28}ClNO_5$, F. 173—174°; 62,5% (Ausbeute). *Pikrat*, $C_{23}H_{30}N_4O_{12}$, F. 154—156°, gelbe Kristalle aus Äthanol. — *γ-Piperidinopropyl-* (**II**), $C_{18}H_{28}ClNO_5$, F. 167—168°; 68,3%. *Pikrat*, $C_{24}H_{30}N_4O_{12}$, F. 113—115°. — *γ-Morpholinopropyl-* (**III**), $C_{17}H_{26}ClNO_6$, F. 173 bis 175°; 73,5%. *Pikrat*, $C_{23}H_{28}N_4O_{13}$, F. 124—125°. F. URBAN. 4620□

Wirkung von Chlorpromazin auf den Blutalkoholspiegel bei Kaninchen. Dale L. Tipton, V. C. Sutherland, Thomas N. Burbridge und Alexander Simon. (Amer. J. Physiol. **200.** 1007—10. Mai 1961. San Francisco, Calif., Univ. of California, School of Med., Dep. of Pharmacol.; California Dep. of Mental Hyg., Langley Porter Neuropsych. Inst.) (Engl.)

Auch beim Kaninchen konnte eine Steigerung des Blut-*A.*-Spiegels nach einer gegebenen A.-Dosis durch *Chlorpromazin* (**I**:3 mg/kg) festgestellt werden; diese Steigerung trat sowohl nach 1,56 g A./kg peroral als auch, wenn auch in geringerem Ausmaß, nach 0,78 g A./g i.v. auf. Durch Vgl. mit der Wrkg. anderer Substanzen auf den A.-Spiegel (0,2 mg *Reserpin*/kg, 3 mg *Phenobarbital*/kg, 2 mg *Atropin*/kg, 2 mg *Hexamethonium*/kg welche den Blut-A.-Spiegel nicht beeinflußten, u. Vgl. mit A.-ähnlich resorbierten Substanzen wie *Salicylsäure* u. *Sulfamerazin*, deren Resorption durch **I** nicht beschleunigt wurde) konnte erkannt werden, daß **I** den A.-Spiegel des Blutes nicht durch verstärkte A.-Resorption sondern wohl eher durch Hemmung des A.-Abbaus anhebt. U. TAUSENDFREUND. 4620□

Die Wirkung von Reserpin auf die Konzentration von 5-OR-Indolylverbindungen im Nucleus caudatus und im Cerebrospinalliquor des Hundes. G. W. Ashcroft und D. F. Sharman. (J. Physiology **158.** 32 P—33 P. Sept. 1961. Babraham, Cambridge, A. R. C. Inst. of Animal Physiol.) (Engl.)

2 Std. nach i.v. Injektion von 2 mg/kg *Reserpin* war beim Hund die Konz. der 5-OR-*Indolyl*-Verbb. (**I**; R = H, Alkyl oder Aryl) erhöht; im Nucleus caudatus zeigte die saure Fraktion von **I** eine Zunahme, die bas. eine Abnahme, so daß der Gesamtwert unverändert war. K. ZINGRAF. 4620□

Die Wirkung von 5-Hydroxytryptamin und verwandten Verbindungen auf die neuromuskuläre Übertragung bei der Heuschrecke Schistocerca gregaria. R. B. Hill und P. N. R. Usherwood. (J. Physiology **157.** 393—401. Juli 1961. Glasgow, Univ. of Glasgow, Dep. of Zool.) (Engl.)

Es wurde die Wrkg. von *Tryptaminhydrochlorid* (**I**), *5-Hydroxytryptaminkreatinsulfat* (**II**), *5.6-Dimethoxytryptamin*, *Lysergsäurediäthylamid* (**III**), *Bromlysergsäurediäthylamid* (**IV**) u. *3-[Pyrrolidinomethyl]-thionaphthol* (**V**) auf die neuromuskuläre Übertragung von Impulsen auf das Sprungbein der Heuschrecke mit Hilfe Registrierung der Aktionspotentiale u. akt. Membran-Rkk. durch intracelluläre Mikroelektroden sowie durch Aufschreibung der Spannung untersucht. Es zeigte sich, daß **I**, **II** u. **I**-Analoge die neuromuskuläre Übertragung blockieren; in hohen Konzz. wurde die Entw. der Aktionspotentiale u. die Spannung des Extensor tibialis- u. Flexor tibialis-Muskels (nicht jedoch die dazugehörenden Nervenfasern) blockiert. Die akt. Membran-Rk. oder der Membranwiderstand der Muskelfasern werden nicht gehemmt. **III**, **IV** u. **V** zeigten ähnliche Wrkg. wie **I** u. **II**. U. TAUSENDFREUND. 4620□

Stoffwechsel von Lysergsäurediäthylamid. E. Rothlin. (Nature [London] **178.** 1400—01. 22/12. 1956. Basel.)

Über den Stoffwechsel von *Lysergsäurediäthylamid* (**I**) wird Folgendes gesagt: **I** wird bei Inkubation mit Rattenblut bei 38° weder gebunden noch zerstört. In Leberhomogenaten kommt es bei Inkubation bei 38 u. bei 3° zu einer 50%ig. Aktivitätsabnahme innerhalb weniger Min., danach erfolgt keine weitere Abnahme. In Hirnhomogenaten kommt es innerhalb 10 Min. zu einer Abnahme auf 42%, in den nächsten 17 Std. auf 21%. Die ident. Ergebnisse bei 3 u. 38° sprechen gegen stoffwechselmäßige Umformung von **I**. Die Ausscheidung von **I** oder seinen Metaboliten erfolgt über die Galle. Der größere Teil von **I** scheint eine chem. Umwandlung durchgemacht zu haben, da die Ausscheidungs-Prodd. im Gegensatz zu **I** in W. lösl. sind. Papierchromatograph. lassen sich aus der Galle nach Verabreichung von markiertem **I** 3 radioakt. Verbb. mit unterschiedlichen R_F-Werten isolieren, die bisher nicht biolog. oder chem. definiert worden sind. Die beiden

letzten geben eine positive VAN URK-Farb-Rk., keine von beiden ist jedoch mit 2-Hydroxy-I ident.; ob die 1. Verb. mit 2-Hydroxy-I ident. ist, bleibt noch zu prüfen.
U. TAUSENDFREUND. 4620□

Wirkungen einiger halogenhaltiger Benzhydrylätherderivate auf die Willensaktivität bei Mäusen. Shiro Hisada und Taeko Hado. (Nagoya med. J. **6.** 7—12. Mai 1960. Nagoya City, Univ., Med. School, Dep. of Pharmacol.) (Engl.)

Im Mäuse-Vers. wird gezeigt, daß die durch 1 mg *Methamphetamin*/kg verursachte Hyperaktivität durch *2-Morpholinoäthyl-[4'-chlorbenzhydryl]-äther, 3-Morpholinopropyl-[4'-chlorbenzhydryl]-äther* u. *3-Morpholinopropyl-[4'-fluorbenzhydryl]-äther* gehemmt wird, während sie alleine ohne Wrkg. sind. Die Toxizität ist gering. P. GREGORZEWSKI. 4620□

γ-Aminobuttersäure und Histaminschock. Shiro Hisada und Heitaro Iwata. (Nagoya med. J. **6.** 1—6. Mai 1960. Nagoya City, Univ., Med. School, Dep. of Pharmacol.) (Engl.)

γ-Aminobuttersäure (**I**)-Vorbehandlung verhindert bei Meerschweinchen den durch *Histamin* (**II**)-Aerosol verursachten Schock. Die **II**-induzierte Kontraktion des Darms wird nicht inhibiert, **I** hemmt aber die **II**-induzierte Atemstimulierung.
P. GREGORZEWSKI. 4625□

Die prophylaktische Wirkung von Regitin beim Histaminschock. Czesław Maśliński. (Dissertat. pharmac. [Warszawa] **10.** 213—23. 1958. Warszawa, PAN, Zakł. Patomorfologii.)

Regitin (**I**) verhindert den Histaminschock bei Meerschweinchen. Die Wrkg. von **I** ist am stärksten, wenn Histamin (**II**) 30—45 Sek. nach **I** verabreicht wird. Die prophylakt. Wrkg. von **I** hält nur wenige Min. an. Nach Einsetzen des Schocks ist **I** unwirksam. **I** löst die durch **II** verkrampften glatten Muskel u. vermindert deren Empfindlichkeit gegen **II**. Benzimidazolhydrochlorid hat gegenüber **II** keine prophylakt. Wirkung.
F. URBAN. 4625

Stoffwechsel von Heilmitteln. 18. Mitt. Der Stoffwechsel von Methylhexabital (5-Cyclohexenyl-3.5-dimethylbarbitursäure). 8. Mitt. **Quantitative Bestimmung der Hauptstoffwechselprodukte des Methylhexabitals im Rattenurin mit Hilfe der UV-Spektroskopie.** Hisao Tsukamoto, Hidetoshi Yoshimura und Satoshi Toki. (Chem. pharmac. Bull. [Tokyo] **6.** 88—91. Febr. 1958. Katakasu, Fukuoka, Univ. of Kyushu, Med. Fac., Pharm. Inst.) (Engl.) — 17. bzw. 7. vgl. C. **1962. 9067.**

Die 3 Hauptmetabolite *5-[3-Hydroxycyclohexen-(1)-yl]-3.5-dimethylbarbitursäure* (**I**), *5-[3-Oxocyclohexen-(1)-yl]-3.5-dimethylbarbitursäure* (**II**) u. *5-[3-Oxocyclohexen-(1)-yl]-5-methylbarbitursäure* (**III**) werden wie folgt bestimmt: auf pH 3 mit H_2SO_4 eingestellter Urin wird mit Essigester extrahiert, zur Trockne eingedampft, in Methanol aufgenommen u. aufsteigend chromatographiert (Butanol mit Borat–NaOH, pH 11). Das Chromatogramm wird mit 1%ig. wss. $NaJO_4$ u. 1%ig. wss. $KMnO_4$ besprüht; R_F-Werte: **I**: 0,375 ~ 0,525; **II**: 0,30 ~ 0,375; **III**: 0,05 ~ 0,20; die Flecke werden ausgeschnitten, mit Borat–NaOH (pH 11) eluiert u. die Absorption für **I** bei 244 mμ, für **II** bei 240 mμ u. für **III** bei 238 mμ bestimmt. P. GREGORZEWSKI. 4627□

Ein pharmakologischer Vergleich zwischen Phenazocinhydrobromid und Morphinsulfat als narkotische Analgetica. Irving Shemano, Herbert Wendel und Samuel D. Ross. (J. Pharmacol. exp. Therapeut. **132.** 258—63. Mai 1961. Philadelphia, Pa., Smith, Kline & French Labor., Pharmacol. Sect.) (Engl.)

Die pharmakolog. Wrkg. von *Phenazocin* (**I**; *dl-2'-Hydroxy-5.9-dimethyl-2-phenäthyl-6.7-benzomorphanhydrobromid*; akt. Stoff des Handels-Präp. *Prinadol*, SMITH KLINE & FRENCH) erwies sich qual. als ähnlich der von *Morphin* (**II**). **I** ruft Analgesie hervor, Toleranz, Atemdepression, Hypotension, Bradycardie, Colonspasmen, Exzitation u. Mydriasis bei Katzen, **I** besitzt antiemet. Eigg., u. seine Wrkg. werden durch N-Allylnormorphin antagonist. beeinflußt. Bei narkotisierten Hunden konnte für **I** eine größere Dissoziation zwischen analget. Wrkg. u. cardiovaculär-respirator. Depressor-Wrkg. als für **II** festgestellt werden; es fehlten auch emet. Wirkungen. **I** ist deshalb als vielversprechender Stoff für die Schmerzbekämpfung anzusehen.
U. TAUSENDFREUND. 4627□

Die Wirkung von Morphin auf die Kontraktion der Nickhaut der Katze infolge postganglionärer Sympathicus-Reizung. A. B. Cairnie, H. W. Kosterlitz und D. W. Taylor. (J. Physiology **158.** 15P. Sept. 1961. Aberdeen, Univ., Dep. of Physiol.) (Engl.)

Morphin setzt die Empfindlichkeit der Nickhaut gegenüber *Noradrenalin* nicht herab u. beeinflußt die Erregungsleitung in A- oder C-Nervenfasern nicht. Es scheint die Freisetzung von Überträgersubstanz an den Nervenendigungen zu hemmen.
K. ZINGRAF. 4627□

Morphinhemmung des Plasmacorticosteroid-Spiegels bei Ratten mit Dauervenenkathetern. Margaret A. Slusher und Barbara Browning. (Amer. J. Physiol. **200**. 1032—34. Mai 1961. Los Angeles, Calif., Univ. of California, Med. Center, Dep. of Anatomy and Physiol. Chem.) (Engl.)

Morphin (I) führt anfangs zu einer Sekretion von *adrenocorticotropem Hormon* (ACTH) durch direkte Aktivierung der Hypophysen–Nebennieren-Achse u. nicht über einen Injektionsstress; anschließend kommt es zu einer hemmenden Wrgk. von **I**, die auf neurogene Faktoren ausgeübt wird, welche den täglichen Rhythmus der Plasma-Corticosteroid-Spiegel regulieren. So konnte bei Ratten mit venösen Dauerkathetern (deren täglicher Anstieg der *Plasma–Corticosteroide* um 17 Uhr lag) durch 1 mg **I**/100 g, verabreicht durch den Katheter, ein 390%ig. Anstieg der Plasma–Corticosteroide erzielt werden, welcher nach 8 Std. einer 51%ig. Verminderung Platz machte.

U. TAUSENDFREUND. 4627 □

Wirkungen wiederholter Dosen von Curare auf den neuromuskulären Block bei der Katze. Fiona Acheson und Oliver Murphy. (Amer. J. Physiol. **200**. 947 bis 950. Mai 1961. Dublin, Trinity Coll., Dep. of Physiol.) (Engl.)

Die bei Katzen auf Verabreichung von 0,6 mg *D-Tubocurarinchlorid* (I) je nach atmosphär. Temp. unterschiedliche Dauer der Blockade des für das Experiment gewählten Musculus tibialis anterior (umgekehrtes Verhältnis zwischen Blockadedauer u. Temp.) wird nicht als Folge der Temp.-Unterschiede als solcher, sondern als Folge einer Adaptation der Vers.-Tiere an die Umgebungs-Temp. angesehen. — Durch wiederholte Dosen von **I** kommt es zu einer Toleranz-Entw. gegenüber **I**, so daß bei nachfolgenden Dosen sich immer stärker ausgeprägte Verkürzungen der Blockadedauer bemerkbar machen. U. TAUSENDFREUND. 4628 □

Kreislauf- und Antiarrhythmie-Wirkung von Amotriphene. Theodore G. Brown jun., Theodore J. Green und Rupert L. Green. (Amer. Heart J. **61**. 531—36. April 1961. Rensselaer, N. Y., Sterling-Winthrop Res. Inst., Pharmacol. Sect.) (Engl.)

3-Dimethylamino-1.1.2-tris-[4-methoxyphenyl]-1-propenhydrochlorid (*Amotriphene, Myordil, WIN 5494*) besitzt doppelt so starke coronargefäßerweiternde Wrkg. wie Papaverin, ohne den Herzmuskel zu stimulieren, verringert die durch Parasympathicolytica ausgelöste Sinustachycardie, die Überleitungs-Geschw. (in gleicher Stärke wie *Chinidin*; I) u. die Vorhofs- u. Kammer-Geschw. bei experimentellem Herzflimmern u. -flattern. Es vergrößert die Refraktärperoide des isolierten Kaninchenvorhofes 4- bzw. 8mal stärker als **I** bzw. Procainamid u. normalisiert Herzarrhythmien infolge von Digitalis. K. ZINGRAF. 4630 □

Die Wirkung von Phenoxybenzamin (Dibenzyline) auf die Gefäßreaktion auf sympathikomimetische Amine im Unterarm. M. J. Allwood und Jean Ginsburg. (J. Physiology **158**. 219—28. Sept. 1961. London, Sherrington School of Physiol.; St. Thomas's Hosp. Med. School, Dep. of Med.) (Engl.)

Phenoxybenzamin bewirkte im Unterarm von Normalpersonen eine Umkehr der Gefäßconstriction nach intraarterieller (i.a.) u. eine Zunahme der Gefäßerweiterung nach i.v. Injektion von *Adrenalin*; eine Verringerung der Gefäßconstriction nach i.a. u. eine Aufhebung derselben nach i.v. Anwendung von *Noradrenalin*; keine wesentliche Veränderung der Gefäßerweiterung nach i.a. u. eine Zunahme derselben nach i.v. Injektion von *Isopropylnoradrenalin*. K. ZINGRAF. 4630 □

Adrenergische Herzblockade mit Dichlorisoproterenol beim intakten nichtnarkotisierten Tier. Robert L. Van Citters, Donald Baker und Robert F. Rushmer. (Amer. J. Physiology **200**. 990—94. Mai 1961. Seattle, Wash., Univ. of Washington, School of Med., Dep. of Physiol. and Biophys.) (Engl.)

Bei fortlaufender Registrierung der Ventrikelfunktion des Herzens des nichtnarkotisierten Hundes konnte durch 5 mg des Dichloranalogen von Isoproterenol (*Dichlorisoproterenol*, LILLY RES. LABOR., I) eine Blockierung der Rk. des Ventrikels auf i.v. infundiertes *Isoproterenol* nachgewiesen werden, während **I** gegenüber der Wrkg. von *Epinephrin* u. *Norepinephrin* weniger wirksam war u. ohne Einfl. auf die nach Arbeitsleistung u. zentraler Stimulation auftretende Ventrikel-Rk. blieb. Die Wrkg. von **I** waren dosisabhängig. Bei Kombination von **I** mit *Phenoxybenzamin* (*Dibenzyline*) blieb die Wrkg. von **I** bestehen, zusätzlich konnte Hemmung der Wrkg. der beiden Epinephrine beobachtet werden. U. TAUSENDFREUND. 4630 □

Klinische Prüfung eines wasserlöslichen Theobrominderivats. Luigi Carlizza. (Clinica terap. **21**. 424—35. Okt. 1961. Roma, Pio Ist. di S. Spirito; Osped. Riuniti, VII Padiglione del Policlin. „Umberto I".) (Ital.)

Bericht über 2jährige erfolgreiche Anwendung von *β-Hydroxypropyltheobromin* bei Kreislaufinsuffizienz, akuter u. chron. Coronarinsuffizienz, Hypertension u. chron. obliterierenden Arterienerkrankungen. K. ZINGRAF. 4630 □

Wirkung von Digitalis auf den aktiven Zuckertransport im Darm. T. Z. Csáky, H. G. Hartzog III und G. W. Fernald. (Amer. J. Physiol. **200.** 459—60. März 1961. Chapel Hill, N.C., Univ. of North Carolina, School of Med., Dep. of Pharmacol.) (Engl.)

Ouabain (10^{-6}m) u. *Thevetin* (10^{-7}m) hemmen den akt. Transport von *3-Methylglucose* durch den Darm des Frosches in vitro vollständig. *Acetylstrophanthidin* besitzt eine schwache Hemmwirkung. K. ZINGRAF. 4630□

Wirkung von Digitoxin und k-Strophanthin auf die Nebennieren und Hoden des Meerschweinchens. Kalevi Pyörälä. (Acta endocrinol. [Copenhagen] **27.** 238—44. Febr. 1958. Helsinki, Wihuri Res. Inst.) (Engl.)

Subkutane Verabreichung von 0,2 mg *Digitoxin*/kg oder 0,05 mg *k-Strophanthin* (**I**)/kg 28 Tage lang hatte bei Meerschweinchen keinen Einfl. auf das Gew. u. die Cholesterin- oder Ascorbinsäure-Konz. der Nebennieren sowie die Menge oder Verteilung von Sudan-positiven Lipiden in der Nebennierenrinde. **I** bewirkte eine deutliche Involution der Milz, des Hodens u. der akzessor. ♂ Geschlechtsorgane u. eine leichte Hyper trophie von Hypophyse u. Schilddrüse. K. ZINGRAF. 4630□

Wirkung von Ouabain auf den Kaliumaustausch im Säugetierherzen. Sidney S. Schreiber, Murray Oratz und Marcus A. Rothschild (unter techn. Mitarbeit von Robert Quesenberry). (Amer. J. Physiol. **200.** 1055—62. Mai 1961. New York, N.Y., Vet. Admin. Hosp., Radioisotope Serv.; New York Univ., School of Med., Dep. of Med.) (Engl.)

Bei Unters. des *K*-Austausches im Meerschweinchenherzen unter dem Einfl. von *Ouabain* in vitro unter Verw. von ^{42}K mit modifizierter RINGER-Lsg. konnte eine Hemmung der K-Aufnahme in die langsamer austauschende K-Fraktion festgestellt werden, während der Eintritt in die schneller austauschende Fraktion oder der Austritt von K aus der langsam wie auch der schnell austauschenden Fraktion nicht beeinflußt wurde. Die Ouabain-Hemmung war bei K-Konzz. der RINGER-Lsg. von 3,8—4,3 mVal/Liter nachweisbar, wurde fraglich bei Konzz. von 5,0—5,5 mVal/Liter u. fehlte bei Konzz. von 7,0—7,5 mVal/Liter. Es ist deshalb anzunehmen, daß die Wrkg. von Ouabain sich gegen die langsam austauschende Fraktion des intracellulären K richtet. U. TAUSENDFREUND. 4630□

Coronaratherosklerose. — Status von MER-29 (Triparanol). A. C. Corcoran. (Amer. Heart J. **61.** 431—35. April 1961. Cleveland, Ohio, St. Vincent Charity Hosp., Dep. of Clin. Invest.) (Engl.)

1-[p-(β-Diäthylaminoäthoxy)-phenyl]-1-(p-tolyl)-2-(p-chlorphenyl)-äthanol (*MER-29, Triparanol*) hemmt die Umwandlung von *Desmosterin* zu *Cholesterin* (**I**); es bewirkt bei 80% der Atherosklerotiker eine Abnahme des Serum-**I**. Sein therapeut. Wert bei Coronaratherosklerose ist noch umstritten. K. ZINGRAF. 4630□

Untersuchungen über die experimentelle Atherosklerose. 11. Mitt. **Der Einfluß von Natriumdehydrocholat auf den Verlauf der experimentellen Atherosklerose bei Tauben.** Stanisław Czekaj. (Dissertat. pharmac. [Warszawa] **10.** 183—89. 1958.)

Das *Na-Salz der Dehydrocholsäure* vermindert bei täglicher Injektion (i.m. 200 mg/kg) den Geh. an *Cholesterin* (**I**) u. Fettsäuren im Blutserum von Tauben mit experimenteller Atherosklerose. Die Wrkg. ist in der 6. Behandlungswoche am größten: der **I**-Geh. wird bis um 24% gesenkt. Die histolog. Änderungen sind bei den Vers.-Tieren geringer als bei Kontrolltieren. F. URBAN. 4630

Wirkung von Diamox auf Potentialdifferenz, Widerstand und Sekretionsgeschwindigkeit des Hundemagens. W. S. Rehm, C. A. Canosa, H. S. Schlesinger, W. K. Chandler und W. H. Dennis. (Amer. J. Physiol. **200.** 1074—82. Mai 1961. Louisville, Ky., Univ. of Louisville, Dep. of Physiol. and Chem.) (Engl.)

Bei Best. der Wrkg. von *Acetazolamid* (**I**; *Diamox*; verschiedene Konzz.) auf die Sekretion des unterteilten Magens anästhesierter Hunde wurde festgestellt, daß **I** die H^+-Sezernierung bei hoher initialer Sekretions-Geschw. zu über 93% hemmt, während bei niedriger initialer Sekretion die Sezernierung zwischen 27 u. 75% gehemmt wird. **I** führt zu einem initialen Abfall der Potentialdifferenz u. einem initialen Anstieg des elektr. Widerstandes des sezernierenden Magens. Nach einem erneut hergestellten Gleichgewichtszustand beträgt die durchschnittliche Sekretion 10% der Kontrollen, die Potentialdifferenz ist um 17 mV geringer. Im ruhenden Magen treten nach **I** keine Veränderungen von Potentialdifferenz u. elektr. Widerstand auf. Reizung nach **I**-Verabreichung hat gegenüber Kontrollen einen größeren Abfall der Potentialdifferenz u. einen geringeren Abfall des elektr. Widerstandes sowie eine geringere H^+-Sekretion zur Folge. Anlegung elektr. Stromes (25—100 mA) zwischen Serosa u. Schleimhaut nach **I**-Verabreichung führt zur Steigerung der H^+-Sekretionsgeschwindigkeit. Es wird angenommen, daß die Wrkg. von **I** von dem Vorhandensein saurer Sekretionsaktivität abhängig ist u. daß **I** H^+- u. Cl^--Mechanismen hemmt. U. TAUSENDFREUND. 4634□

Untersuchung des Natrium- und Kaliumstoffwechsels bei Chlorothiazid-behandelten Hypertonikern mit ^{22}Na und ^{86}Rb. S. Lamperi und F. Di Pietrantonj. (Minerva nefrol. [Torino] **7.** 79—89. Juli/Sept. 1960. Suppl. zu: Minerva med. [Torino]. Genova, Univ., Ist. di Patol. Speciale Med.) (Ital.)

Der Rhythmus der *Na*$^+$-Ausscheidung kann bei Hypertonikern mit kurzer Krankheitsdauer im Vgl. zu Normalpersonen erhöht sein, bei langer Krankheitsdauer ist er immer verringert. Es scheint keine enge Korrelation zwischen der durch *Chlorothiazid* bewirkten Blutdrucksenkung u. den Veränderungen des Blut-Vol. oder der Menge des austauschbaren Na$^+$ zu bestehen. Die Behandlung mit Natriureticis, bes. in Kombination mit NaCl-armer Diät, schließt die Gefahr eines *K*$^+$-Mangels in sich. K. ZINGRAF. 4634□

Vergleichende Untersuchung über die diuretische Wirksamkeit der neuen synthetischen Sulfonamide. F. Gobbato und P. Turchetto. (Minerva nefrol. [Torino] **7.** 91—93. Juli/Sept. 1960. Suppl. zu: Minerva med. [Torino]. Padova, Univ., Ist. di Med. del Lavoro.) (Ital.)

Bei Normalpersonen wurden für die diuret. Wrkg. neuerer Sulfonamid-Derivv. im Vgl. zu *Benzhydroflumenthiazid* (**I**) = 1 folgende Wirkstärken ermittelt: *Fluorothiazid*, $^1/_5$; *Hydrochlorothiazid*, $^1/_{10}$; *Acetazolamid*, $^1/_{40}$; *Chlorothiazid*, $^1/_{60}$. Die Wrkg.-Dauer von **I** betrug 19 Std., die der übrigen Präpp. nur ca. 4 Stunden. K. ZINGRAF. 4634□

Diuretische Reaktion gegenüber Chlorthalidon. A. Douglas, R. Hall, D. B. Horn, D. N. S. Kerr, D. T. Pearson und H. Richardson. (Brit. med. J. **1961.** II. 206—10. 22/7. Newcastle-upon-Tyne, Univ. of Durham, Dep. of Med. and Pathol.; Royal Vict. Infirmary.) (Engl.)

Chlorthalidon (*Hygroton*, GEIGY) hat sich bei Prüfung seiner Wrkg. an 9 normalen Personen u. 28 Patienten, mit Wasserretention aus verschiedener Ursache, in Dosen von 100—200 mg 1- oder 2mal in der Woche als wirksames Diureticum zur Ödemausschwemmung mit einer über 24—72 Std. anhaltenden Wrkg.-Dauer bewährt. Als zusätzliche Hypertensionsbehandlung werden 12,5—25 mg/Tag empfohlen. Die als Nebenwrkg. auftretende Hypokaliämie läßt sich durch Gaben von *KCl* oder *Spironolacton* verhindern, letztes verbessert auch noch die diuret. Reaktion. Nach Überdosierung von **I** kann es zu reversibler Blut–Harnstoff-Erhöhung kommen. U. TAUSENDFREUND. 4634□

Klinische Prüfung eines neuen oralen Diureticums, 1-Allyl-3-äthyl-6-aminouracil, Mictine. N. I. Nissen und B. Zachau-Christiansen. (Ugeskr. Laeger **118.** 188—92. 16/2. 1956. Frederiksberg Hosp., Med. Afd. E.) (Dän.)

Inhaltlich ident. mit C. **1960.** 8599 referierten Arbeit. K. ZINGRAF. 4634□

Mögliche Interpretation des renalen Wirkungsmechanismus der Carboanhydrase-Hemmstoffe. F. Marro. (Minerva nefrol. [Torino] **7.** 89—91. Juli/Sept. 1960. Suppl. zu: Minerva med. [Torino] Parma, Univ., Ist. di Fisiol. Generale.) (Ital.)

Die Rückresorption der Bicarbonate wird durch 3 Mechanismen reguliert: Intracelluläre Hydratations-Geschw. von CO_2, intracelluläres Verhältnis zwischen Cl^- u. HCO_3^- u. Geschw. des akt. Na$^+$-Transportes. Die Wrkg. der Carboanhydrasehemmstoffe (**I**) sind nicht prim. von einer Verringerung der zur Verfügung stehenden H$^+$-Menge abhängig; diese ist nur eine Begleiterscheinung der verringerten Erzeugung von HCO_3^- infolge einer verringerten Geschw. der intracellulären Hydratation von CO_2. Die renalen Wrkg. von **I** treten auch bei Verringerung von pH u. Zunahme von pCO_2 auf u. verschwinden bei längerer Behandlung infolge der Konz.-Abnahme von HCO_3^- im Plasma unter einen bestimmten Wert. K. ZINGRAF. 4634□

Tubuläre Ionenaustauschvorgänge, untersucht mit den modernen Diureticis. Klinischer Teil. L. Migone. (Minerva nefrol. [Torino] **7.** 51—64. Juli/Sept. 1960. Suppl. zu: Minerva med. [Torino] Parma, Univ., Ist. di Patol. Med. e Metodol. Clin.) (Ital.)

Übersicht über osmot. Diurese, *Na*$^+$-Diurese, Wasserdiurese u. den Einfl. von *Diureticis*, Diureticabehandlung bei ödemerzeugenden Syndromen u. patholog. Mechanismen der Wasser- u. Salzretention, Aldosteronhemmstoffe, Einfl. der Spirolactone (**I**) in Kombination mit Thiaziden (**II**) u. Mannit, Diuresemechanismen u. histochem. Unterss. über den tubulären Angriffspunkt der Diuretica, Unterss. der Diuresemechanismen durch Verabreichung mehrerer Diuretica nacheinander, K$^+$-Ausscheidung u. Einfl. verschiedener Diuretica, Wrkg. von Hormonen auf den tubulären Na$^+$–K$^+$-Austausch, Na$^+$–K$^+$-Austausch bei Verabreichung von **I** + **II** zu therapeut. Zwecken, Anwendung von **I** bei Benzothiodiazid-empfindlichen u. refraktären Fällen, Diätfaktoren. — 49 Literaturangaben. K. ZINGRAF. 4634□

Der tubuläre Ionentransport unter besonderer Berücksichtigung des Kaliums untersucht mit den modernen Diureticis. Experimenteller Teil. V. Capraro, F. Marro und M. A. Parenti. (Minerva nefrol. [Torino] **7.** 64—70. Juli/Sept. 1960. Suppl. zu: Minerva med. [Torino]. Parma, Univ., Ist. di Fisiol. Generale.) (Ital.)

Übersicht. Besprechung der Ergebnisse von eigenen Unterss. u. solchen anderer Autoren. — 39 Literaturangaben. K. ZINGRAF. 4634 □

Anthelmintische Breitbandaktivität von Dithiazanine gegenüber Eingeweidewürmern. J. C. Swartzwelder, W. W. Frye, Pena Chavarria, R. Lampert, J. P. Muhleisen, J. H. Miller, S. H. Abadie, S. O. Anthony, R. W. Sappenfield, R. L. Simmons, L. J. Coco, R. E. Robertson, C. B. Carson jun. und J. F. Hebert. (Amer. J. Digest. Diseases [N. S.] **6.** 1061—68. Nov. 1961. New Orleans, La., Louisiana State Univ., School of Med.) (Engl.)

Dithiazanine (*3.3'-Diäthylthiadicarbocyaninjodid*) eignet sich zur Bekämpfung von *Trichuris trichura, Strongyloides stercoralis* u. *Ascaris lumbricoides*.

P. GREGORZEWSKI. 4649 □

Bei der Suche nach Chemotherapeuticis mit Wirkung gegen Amöben benutzte Methoden. I. de Carneri. (Farmaco [Pavia], Ediz. prat. **12.** 449—59. Okt. 1957. Pavia, Univ., Ist. di Ig. e Microbiol. Ist. „Carlo Erba„ per Rickerche Terap., Labor. di Microbiol.) (Ital.)

Übersicht über die Verbreitung der Infektion durch *Entamoeba histolytica* u. über Meth. zur Best. der Wrkg. von Substanzen gegen Amöben in vitro u. in vivo. — 115 Literaturangaben. K. ZINGRAF. 4649 □

Die Behandlung von Acne vulgaris mit Pregnandiol. T. Kawamura, K. Nishihara, A. Minami, R. Matsumoto, K. Taniguchi und Y. Korai. (Acta dermatol. [Kyoto] **54.** 678—81. 1959. Kanazawa Univ., School of Med., Sect. of Dermatol.; Takaoka Agric. Cooperative Hosp., Sect. of Dermatol.) (Jap.; Auszug: Engl.)

Bei der Behandlung von 56 Fällen der Acne vulgaris mit *Pregnandiol* (**I**; „*Diol*", TANABESEIYAKU Co.) ergaben sich gute Resultate, wenn die Medikation mindestens 1 Monat kontinuierlich fortdauerte. In manchen Fällen trat am 5.—7. Tag der Behandlung eine zeitweilige Verschlechterung ein. Bei Frauen mit Menstruationsstörungen zeigte **I** erhöhte Wirksamkeit. Die **I**-Therapie war in Fällen mit positivem Hauttest auf **I** stärker wirksam. In einigen Fällen wurden keine signifikanten Nebenwrkg. beobachtet. B. v. KERÉKJÁRTÓ. 4661 □

Die Behandlung von Hauterkrankungen mit Ema-Salbe. H. Taguchi. (Acta dermatol. [Kyoto] **54.** 651—77. 1959. Osaka, Univ., School of Med., Dep. of Dermatol.) (Jap.; Auszug: Engl.)

Vf. erzielte in 23 von 37 Fällen gute bis sehr gute Heilerfolge bei verschiedenen Hauterkrankungen, wie Dermatitiden, Ekzemen, Ulcera u. a., mit einer Mischsalbe aus *Emaform* u. *Hydrocortison*. B. v. KERÉKJÁRTÓ. 4661 □

Klinische Wirkung von Cortomycin-Salbe bei einigen Hautkrankheiten. T. Horiuchi. (Acta dermatol. [Kyoto] **54.** 637—48. 1959. Keio Univ., School of Med., Dep. of Dermatol.) (Jap.; Auszug: Engl.)

Vf. berichtet über einen ausgezeichneten klin. Effekt einer 0,5% *Hydrocortison* u. 0,5% *Neomycinsulfat* enthaltenden Salbe bei infektiösen u. nichtinfektiösen Hauterkrankungen. B. v. KERÉKJÁRTÓ. 4661 □

Experimentelle Aspergillose der Maus (Aspergillus fumigatus) und ihre chemotherapeutische Beeinflussung. H. J. Scholer. (Schweiz. Z. allg. Pathol. Bakteriol. **22.** 564—76. 1959. Basel, F. Hoffmann-La Roche u. Co. A.-G., Abt. für exper. Med.) (Dt.)

Aspergillus fumigatus-Stämme von Aspergillosen der Hornhaut (Mensch), Lunge (Mensch, Pinguin u. Feldhase) u. Niere (Meerschweinchen u. Feldhase) wurden i.v. Mäusen injiziert, die bei Injektion von $0{,}8 \cdot 10^6$ Sporen oder mehr eingingen, wobei histolog. Nieren, Gehirn u. Herzen schwere Schädigungen aufwiesen, die offensichtlich durch direkten Kontakt mit dem Pilz verursacht worden waren. Chemotherapeut. erwiesen sich *Nystatin, Hydroxystilbamidin* u. *Amphotericin* subkutan gegeben, als wirksam (Sanierung der Nierenbefunde u. Verlängerung der Überlebenszeit).

J. BOELTER. 4661 □

Gesundheitsschädigungen durch Staub von Epoxyharzen. R. E. Joyner und W. Leak Pegues. (J. occupat. Med. **3.** 211—14. April 1961. Texas City, Tex., Union Carbide Chem. Co.) (Engl.)

Bericht über die Unters. von 6 Arbeitern, bei denen sich offenbar durch Staub oder Dämpfe beim mechan. Entfernen eines ausgehärteten Epoxyharzes mittels Preßlufthämmern Entzündungserscheinungen der oberen Luftwege u. eine Nierenreizung entwickelten. *Epichlorhydrin* u. freie Amine traten als Abbau-Prodd. nicht in Erscheinung, wohl aber *Xylol* u. andere pyrolyt. Bruchstücke, die möglicherweise zu der Schädigung beitrugen. H. ZELLER. 4681 □

F. Pharmazeutische Chemie. Desinfektion

Beiträge zur Herstellung chloralhydrathaltiger Suppositorien. Ilona Ferenczi und Mária Dobó-Wayer. (Gyógyszerészet [Pharmazie] **1.** 206—07. Nov. 1957. Szeged, Orvostud. Egyet., Gyógysz. Intézet.) (Ung.)

Da Kakaobutter allein als Suppositorienmasse nicht geeignet ist, haben Vff. die Beimischung von Cetylalkohol, Wachs u. Stearin versucht. Am besten bewährte sich ein Gemisch von Kakobutter mit 1% Cetylalkohol; es muß vor der Herst. der Zäpfchen zubereitet werden. P. HAJDÚ. 4766□

Moderne Probleme der galenischen Pharmazie. Ladislav Zathurecky. (Gyógyszerészet [Pharmazie] **1.** 6—9. Mai 1957. Bratislava, Komensky Univ., Galen. Inst.) (Ung.)

Übersicht über die Neu-Entw. in der Arzneifabrikation, bes. die rectalen Applikationsformen. P. HAJDÚ. 4766□

Fabrikation und Verarbeitungstechnologie einiger blutdrucksenkender Arzneimittel pflanzlichen Ursprungs. Kálmán Szász. (Gyógyszerészet [Pharmazie] **1.** 101—03. Aug. 1957. Budapest, Kóbányai Gyógyszergyár, Növénykémiai Labor.) (Ungl.)

Allg. kurzer Überblick über die Arbeiten in Ungarn bzgl. der Gewinnung, Verarbeitung u. Analyse von Mutterkorn-, Veratrum- u. Rauwolfiaalkaloiden. P. HAJDÚ. 4782□

Bemerkungen zur systematischen Bewertung der ungarischen Datura „Metel". Sándor Sárkány und Gizella Verzár-Petri. (Gyógyszerészet [Pharmazie] **1.** 251—53. Dez. 1957. Budapest, Egyet. Alkalmazott Növénytani Intézet.) (Ung.)

Vff. können die aus Samen verschiedener Herkunft gezüchteten *Datura metel L.*-Pflanzen nur als *Dat. innoxia Mill.* identifizieren. — 25 Literaturangaben. P. HAJDÚ. 4782□

Untersuchungen über das Genus Digitalis. 6. Mitt. **Schwankungen im Glykosidgehalt britischer Digitalis pupurea-Clone.** J. M. Rowson. (J. Pharmacy Pharmacol., Suppl. **12.** 66T—72T. Dez. 1960. Museum of the Pharmaceutical Soc. of Great Britain; Ibadan, Nigeria, Nigerian Coll. of Technol., Pharmacy Dep.) (Engl.) — 5. vgl. C. **1962.** 5706.

Aus Samen wilder *D. purpurea* verschiedener Herkunft gezüchtete Clone wiesen im 1. u. 2. Jahr einen Glykosid-Geh. der Blätter von 13,7 (9,8—18,9) u. 7,6 (3,1—11,4) E./g auf (Best. nach der 3.5-Dinitrobenzoesäure-Meth. unter Vgl. mit dem Standard-digitalis-Präp.). Das Samen-Gew. beeinflußte Ausbeute oder Aktivität der Blätter (1. Jahr) nicht. Eine für jedes Clon zwischen Blattaktivität des 1. u. 2. Jahres bestehende positive Korrelation deutet auf eine genet. Abhängigkeit der Aktivität hin. K. MAIER. 4782□

Untersuchungen über das Genus Digitalis. 7. Mitt. **Schwankungen im Glykosidgehalt von Digitalis pupurea-Clonen.** J. M. Rowson. (J. Pharmacy Pharmacol., Suppl. **12.** 73T—86T. Dez. 1960.) (Engl.) — 6. vgl. vorst. Referat.

Es wurde die jahreszeitliche Änderung des Glykosid-Geh. der Blätter 1- u. 2jähriger *D. purpurea*-Pflanzen (150 Clone) untersucht. K. MAIER. 4782□

Untersuchungen über die Zerstäubungstrocknung von emulgierten Arzneizubereitungen. 1. Mitt. A. Richter und K. Steiger-Trippi. (Pharmac. Acta Helvetiae **36.** 322—37. Mai 1961. Beil. zu: Schweiz. Apotheker-Ztg. Zürich, TH, Pharm. Inst., Galen. Abt.) (Dt.)

Die Unterss. lassen erkennen, daß die Zerstäubungstrocknung fl. Emulsionen u. deren anschließende bzw. spätere Regeneration prinzipiell möglich ist, sofern die Emulsion einen bestimmten Anteil an Feststoffen enthält, damit die Emulgatorschicht in getrocknetem Zustand ausreichend stark ist. Die Regenerierung der Emulsion aus dem Trockenpulver ist ferner von den zur Verfügung stehenden App. abhängig, worauf bei der Festlegung der Rezeptur bes. geachtet werden muß. Da Zuluft-Temp., Betriebsdruck u. Zufluß-Geschw. — Faktoren, die die Emulsions-Bldg. aus Trockenpulvern beeinflussen können — sich auf die Güte der Emulsion in Abhängigkeit von der Rezeptur ganz unterschiedlich auswirken können, müssen diese Einfl. bei jeder Rezeptur gesondert ermittelt werden. Verss., die mit nachfolgender Rezeptur durchgeführt wurden: 10 oder 20(%) Paraffinöl, 0,9 Na-Oleat, 1,0 Tylose SL 400, 2,0 Aerosil-Standard u. Nipa-Wasser (0,7 p-Hydroxybenzoesäuremethylester, 0,3 -propylester u. W. ad 100,0) ad100, zeigen, daß die obere Öl-Konz. bei 20% liegt. Emulsionen mit höheren Ölanteilen verkleben bei der Zerstäubungstrocknung u. zeigen bei der Regenerierung Trennungserscheinungen. H. P. FIEDLER. 4790□

Untersuchungen über die Zerstäubungstrocknung von emulgierten Arzneizubereitungen. 2. Mitt. A. Richter und K. Steiger-Trippi. (Pharmac. Acta Helvetiae **36.** 625—33. Nov. 1961. Beil. zu Schweiz. Apotheker-Ztg.) (Dt.) — 1. vgl. vorst. Referat.

Unter Verw. einer Stearatcreme [10,00 (g) Stearinsäure, 2,56 40%ig. KOH-Lsg., 20,0 Sorbit-Lsg. u. 67,44 W.] kann gezeigt werden, daß sich O/W-Emulsionen Zerstäubungstrocknen lassen. Auch andere Zubereitungen, welche weitere lipophile Anteile enthalten können, lassen sich in die Pulverform überführen, sofern als Feuchthaltemittel nicht Glycerin, Glykole usw., sondern Hilfsstoffe verwendet werden, die im wasserfreien Zustand ebenfalls pulverförmig sind. Die vergleichende Überprüfung der plast. Viscositäten u. der Fließgrenzen der Zubereitung vor der Zerstäubungstrocknung u. nach dem Regenerieren zeigt, daß beide Typen das gleiche Verh. zeigen, wenngleich quant. Unterschiede bestehen können. H. P. Fiedler. 4790□

Herstellung von Invertzucker-Infusionslösung unter Feldverhältnissen. R. Dolder, A. Brunner und K. Neugel. (Pharmac. Acta Helvetiae **36.** 352—60. Mai 1961. Beilage zu: Schweiz. Apotheker-Ztg. Zürich.) (Dt.)

Mit den bei einer Sanitätsabteilung zur Verfügung stehenden Mitteln kann aus Kristallzucker, chloriertem W., Weinsäure u. 30%ig. NaOH eine 10%ig. Invertzucker-Lsg. hergestellt, in Mineralwasserflaschen abgefüllt u. sterilisiert werden. Die resultierende Lsg., pH 4,6, ist steril, pyrogenfrei, nichttox. u. ausreichend schwebstofffrei. H. P. Fiedler. 4790□

Kritische Bemerkungen zum Polytricin enthaltenden Streupulver. Dezsö Horváth. (Gyógyszerészet [Pharmazie] **1.** 17—19. Mai 1957. Pécs, Orvostud. Egyet. Gyógyszertár.) (Ung.)

Von Klinikern wurde ein Streupulver für die Kinderheilkunde vorgeschlagen, dessen Wirkstoff eine *Kombination* von *Penicillin, Streptomycin* u. *Trypaflavin* (= Polytricin) war. Vf. sieht bei der Anwendung dieses Pulvers eine Gefahr (Allergie). Als Antibioticum wird Chloramphenicol für den Puder vorgeschlagen. P. Hajdú. 4790□

Neu registrierte Arzneimittel. F. Freude. (Pharmazie **12.** Nr. 1. Beil.: Pharmaz. Prax. 13—16. Jan. 1957.

Antemisin (VEB Chem. Fabrik v. Heyden, DDR): Suppositorien mit 100 (mg) 2-Dimethylaminoäthylbenzhydryläther-β-bromtheophyllin, 100 1.1.1-Trichlor-2-hydroxy-2-methylpropan. Antemeticum. — *Dolcontral* (VEB Chem. Fabrik v. Heyden, DDR): Ampullen mit 100 mg 1-Methyl-4-phenyl-4-carbäthoxypiperidinhydrochlorid (Pethidin). Analgeticum, Spasmolyticum. — *Chlorprocain* (VEB Leuna-Werke, DDR): Ampullen mit 2-Chlor-4-aminobenzoesäurediäthylaminoäthylester. Lokalanätheticum. — *Garmastan* (Dr. Klopfer, DDR): Ampullen mit Casein u. Kamillen-Melissen-Auszug. Gegen Mastitis. — *Nephramid* (VEB Farbenfabrik Wolfen, DDR): Tabletten mit 250 mg 2-Acetylamino-1.3.4-thiadiazol-5-sulfamid (Acetazolamid). Diureticum. — *Oxystin* (VEB Chem. Fabrik v. Heyden, DDR): Ampullen mit 3 Voegtlin-Einheiten Oxytocin. Uterotonicum. — *Pentinol* (Scharffenberg, DDR): Lsg. von 15% 3-Methylpentin-(1)-ol-(3). Hypnoticum. — *Prothazin* (VEB Chem. Fabrik v. Heyden, DDR): Ampullen mit 50 (mg) u. Dragees mit 25 N-[2'-Dimethylaminopropyl]-phenothiazinhydrochlorid (Promethazin). Antihistaminicum. — *Sarodormin* (VEB Deutsches Hydrierwerk Rodleben, DDR): Tabletten mit 250 mg 3-Phenyl-3-äthyl-2.6-dihydroxypiperidin. Hypnoticum. — *Venokastan „B 1" oral* (VEB Homöopharm, DDR): Lsg. eines stabilisierten u. standardisierten Roßkastaniensamenvollextraktes mit Vitamin B_1. Venotonicum, Antithromboticum. K. Gerecke. 4800□

Neue Arzneimittel. Anonym. (Pharmaz. Ztg. verein. Apotheker-Ztg. **102.** 157—59. 7/2. 1957.) (Dt.)

Andantol (Chemiewerk Homburg, BRD): Dragees mit 4 mg N-Dimethylaminoisopropylthiophenylpyridylaminhydrochlorid. Antihistaminicum. — *Cirpon* (*Tropon*, BRD): Tabletten mit 200 mg 2-Methyl-2-n-propylpropandiol-(1.3)-dicarbamat (Meprobamat). Tranquilizer. — *Ergotren* (Merck, BRD): Dragees mit 0,075 (mg) Ergometrinphosphat, 0,125 Ergocrisitinphosphat; Lsg. von 0,15 Ergometrinphosphat, 0,25 Ergocristinphosphat. Uterotonicum. — *Gantrisin-Bepanthen* (Hoffmann-La Roche, BRD): Lsg. von 5% 3.4-Dimethyl-5-sulfanilamidoisoxazol, 2,5% Panthenol. Urologicum. — *Serpatonil* (Ciba, BRD): Tabletten mit 0,15 (mg) Reserpin, 5α-Phenyl-α-piperidylessigsäuremethylesterhydrochlorid (Ritalin). Gegen Psychoneurosen. K. Gerecke. 4800

Neue Arzneimittel. Anonym. (Schweiz. Apotheker-Ztg. **95.** 672—80. 14/9. 1957.) (Dt.)

Rolicton (Searle, USA): Tabletten mit 400 mg 1-Methylallyl-3-methyl-6-aminotetrahydropyrimidindion (Aminometradin). Diureticum. — *Rabro* (Rabro, Niederlande): Tabletten mit 300 (mg) Süßholzextrakt, 350 Bi-Subnitrat, 400 $MgCO_3$, 200 $NaHCO_3$, 25 Faulbaumrinde, 25 Kalmuswurzel. Gegen Ulcus. — *Alucol-Kautabletten* (Wander,

Schweiz): Tabletten mit Al-Hydroxyd u. Mg-Hydroxyd. Antacidum. — *Dulcolax* (GEIGY, Schweiz): Dragees mit 5 (mg) u. Suppositorien mit 10 4.4'-Diacetoxydiphenylpyridyl-(2)-methan. Laxans. — *Convenil* (HOMMEL, Schweiz): Dragees mit 75 (mg) Phenyläthylessigsäurediäthylaminoäthylester, 0,1 Secale-Gesamtalkaloide (berechnet auf Ergotamin), 0,1 Belladonna-Gesamtalkaloide (berechnet auf Hyoscyamin). Sedativum. — *Parutène* (SAUTER, Schweiz): Dragees mit Phenyläthylacetamid, Rutin, Ascorbinsäure, Adonis vernalis. Antiscleroticum. — *Megacillin* (GRÜNENTHAL, BRD): Ampullen mit 800000 I.E. Antihistamin-Penicillin (Neopenyl), 200000 I.E. Penicillin-G-Kalium. Antibioticum. — *Bicarnésine* (LABAZ, Belgien): Lsg. von 20% Carnitin-Carnitinat (γ-Trimethylamino-β-hydroxybuttersäure). Gegen Appetitmangel. K. GERECKE. 4800 □

Neue Arzneimittel. Anonym. (J. Amer. pharmac. Assoc., pract. Pharmacy Edit. **18.** 380—81. Juni 1957.) (Engl.)

Nesacaine Hydrochloride (MALTBIE, USA): β-Diäthylaminoäthyl-2-chlor-4-aminobenzoathydrochlorid (Chlorprocainhydrochlorid). Lokalanaestheticum. — *Doriden* (CIBA, Schweiz): Tabletten mit 2-Äthyl-2-phenylglutarimid (Glutethimid). Hypnoticum. K. GERECKE. 4800 □

Neue Arzeneimittel. Anonym. (J. Amer. pharmac. Assoc., pract. Pharmacy Edit. **18.** 496—97. Aug. 558—59. Sept. 686—89. Nov. 1957.) (Engl.)

Albamycin Sodium (UPJOHN, USA): Stoffwechsel-Prod. aus Streptomyces niveus u. Streptomyces spheroides. Antibioticum. — *Cathomycin Sodium* (MERCK, SHARP & DOHME, USA): Stoffwechsel-Prod. aus Streptomyces niveus u. Streptomyces spheroides (Novobiocin-Na). Antibioticum. — *Povidone-Iodine*: Jod-Polyvinylpyrrolidin-Komplex-Verb. (Betadine, Isodine). Desinfiziens. — *Primaquine Phosphate*: 8-[4-Amino-1-methylbutylamino]-6-methoxychinolindiphosphat. Gegen Malaria. — *Pyronil* (LILLY, USA): 1-[4-(p-Chlorphenyl)-3-phenylbuten-(2)-yl]-pyrrolidindiphosphat. Antihistaminicum. — *Seromycin* (LILLY, USA): D-4-Aminoisoxazolidinon-(3) (Cycloserin). Antibioticum. — *Inversine Hydrochloride* (MERCK, SHARP & DOHME, USA): 3-Methylaminoisocamphanhydrochlorid (Mecamylaminhydrochlorid). Ganlienblocker. — *Ritalin* (CIBA, Schweiz): α-Phenyl-α-piperidyl-(2)-essigsäuremethylesterhydrochlorid. Antidepressivum. — *Halotestin* (UPJOHN, USA): 9α-Fluor-11β-hydroxy-17α-methyltestosteron (Fluoxymesteron). Anabolicum, Androgen. — *Vanquin* (PARKE DAVIS, USA): 6-Dimethylamino-2-{2'-[2''.5''-dimethyl-1''-phenylpyrryl-(3'')]-vinyl}-1-methylchinoliniumchloriddihydrat (Pyrviniumchlorid). Anthelminthicum. — *Dimethylane* (NATIONAL, USA): 2.2-Diisopropyl-4-hydroxymethyl-1.3-dioxolan (Promoxolan). Myorelaxans. — *Fumidil* (ABBOTT, USA): Stoffwechsel-Prod. aus Aspergillus fumigatus (Fumagillin). Antibioticum. — *Asterol* (HOFFMANN-LA ROCHE, Schweiz): 6-[2-Diäthylaminoäthoxy]-2-dimethylaminobenzothiazoldihydrochlorid (Diamthazoldihydrochlorid). Fungistaticum. K. GERECKE. 4800 □

Neue Arzneimittel. Anonym. (Chemist and Druggist **168.** 130—31. 3/8. 1957.) (Engl.)

Albamycin (UPJOHN, England): Sirup mit 125 mg Novobiocin-Ca je 5 ml. Antibioticum. — *Cogentin* (MERCK, SHARP & DOHME, USA): Tabletten mit 2 mg Benztropinmethansulfonat. Gegen Parkinson. — *Tetracyn P* (PFIZER, England): Kapseln mit 250 (mg) Tetracyclinhydrochlorid, 380 Na-Hexametaphosphat. Antibioticum. — *Cortril lotion with neomycin* (PFIZER, England): Lsg. von 0,5(%) u. 1 Hydrocortison, 0,5 Neomycinsulfat. Antibioticum. — *Pertix* (HOMMEL, England): Lsg. von Menaphthondiphosphorsäureester, Isoniazid, 2-Diäthylaminoäthyl-β-phenylbutyrat. Antipertussicum. — *Quadrin* (WARD, England): Tabletten mit 300 (mg) NH_4Cl, 0,2 Reserpin, 0,5 Homatropinmethylbromid, 30 Coffein. Spasmodicum. — *Caprylgel* (FERRIS, England): Gel mit 10% Na-Caprylat. — *Piriton Duolets* (ALLEN & HANBURYS, England): Tabletten mit 8 mg Chlorpheniraminmaleat. Antihistaminicum. — *Dramamine* (SEARLE, England): Lsg. von 250 mg Dimenhydrinat je 5 ml. Antemeticum. — *Mio-Pressin* (SMITH, KLINE & FRENCH, England): Kapseln mit 25 (mg) Rauwolfia serpentina, 0,2 Protoveratrin, 5 Phenoxybenzaminhydrochlorid. Antihypertonicum. — *Frenquel* (MERREL, England): Tabletten mit 20 mg [Piperidyl-(4)]-benzhydrolhydrochlorid (Azacyclonolhydrochlorid). — Psychosedativum. K. GERECKE. 4800 □

Neue Arzneimittel. Anonym. (Chemist and Druggist **168.** 302—05. 14/9. 1957.) (Engl.)

Harmonyl (ABBOTT, England): Tabletten mit 0,25 mg 11-Desmethoxyreserpin (Deserpidin). Antihypertonicum. — *Cortibiotic* (ROUSSEL, England): Lsg. von 2,5 (mg) Prednisolonacetat, 12,5 Soframycin, 2,5 Phenylephrinhydrochlorid je ml. Antirhiniticum. — *Teoquil* (ALLEN & HANBURYS, England): Gel mit 0,4% u. Puder mit 0,2% 2.2'-Hexadekamethylen-bis-[isochinoliniumchlorid]. Fungistaticum. — *Sandosten* (SANDOZ, Schweiz): Spray mit 0,5% Thenalidindigluconat, 17,5% Ca-Lactobionat, 2% Ephedrinhydrochlorid. Antirhiniticum. — *Cortoderm* (Crookes, England): Salbe mit 0,5 u. 1% Hydrocortisonacetat. Dermaticum. — *Calcipen-V* (Boots Pure Drug, England): Tabletten mit 60 u. 120 mg Phenoxymethylpenicillin (Penicillin V). Antibioticum. — *Ultracortenol with Bradosol* (Ciba, England): Salbe mit 0,5% Prednisolontrimethylacetat, 0,05% β-Phenoxyäthyldimethyldodecylammoniumbromid (Bradosol). Antiallergicum. — *Proponesin* (British Drug Houses, England): Tabletten mit 100 mg Tolproninhydrochlorid. Analgeticum. — *Histryl Spansule* (Smith, Kline & French, England): Kapseln mit 5 u. 2,5 mg Diphenylpyralinhydrochlorid. Antiallergicum. — *Pethilorfan* (Roche Products, England): Ampullen mit 100 (mg) Pethidinhydrochlorid, 1,25 Levallorphan. Analgeticum. — *Amargyl* (May & Baker, England): Tabletten mit 25 (mg) Chlorpromazinhydrochlorid, 25 Amylobarbiton. Sedativum. K. Gerecke. 4800□

Neue Arzneimittel. Anonym. (France-Pharmacie **10.** 311—12. Mai. 1957.) (Franz.)

Atarax (Haussmann, Schweiz): Dragees mit 10 mg 1-[p-Chlorbenzhydryl]-4-[2'-(2''-hydroxyäthoxy)-äthyl]-diäthylendiamin (Hydroxyzin). Ataracticum. — *Botropase „Ravizza"* (Union Romande et Amann, Schweiz): Ampullen mit Hämocoagulase. Gegen Hämorrhagien. — *Cathocillin* (Merck Sharp & Dohme, USA): Kapseln mit 125mg Novobiocin-Na, 125000 Einheiten Penicillin G-Kalium. Antibioticum. — *Cytoferine C* (Ayerst, USA): Tabletten mit 324 (mg) $FeSO_4$, 150 Ascorbinsäure; Lsg. mit 200 $FeSO_4$, 150 Ascorbinsäure je 10 ml. *Exo-Thion* (Actipharm, Schweiz): Salbe mit 2,5(%) dl-Methionin, 2,5 Mesoinosit, 0,1% Chlorophyll, Axerophthol 50000 Einheiten je 100 g. Dermaticum. *Feloflux-Methionine* (Sauter, Schweiz): Ampullen mit 500 (mg) Na-Dehydrocholat, 500 Na-Acetylmethionat. Hepaticum. — *Hylenta* (Ayerst, USA): Tabletten mit 500 mg Sulfamethazin, 250000 Einheiten Penicillin G-Kalium. Antibioticum, Chemotherapeuticum. — *Nadalgine* (Nadeau, Frankreich): Tabletten mit 50 mg Dypiron. Analgeticum. — *Nugestoral* (Organon, Holland): Tabletten mit 15 (mg) Progestoral, 175 Hesperidin, 175 Ascorbinsäure, 2 Menadiol-Na-Diphosphat, 315 μg α-Tocopherylacetat. K. Gerecke. 4800□

Fonurit, ein quecksilberfreies perorales Diureticum neuen Typs. Katalin Bognár-Labancz. (Gyógyszerészet [Pharmazie] **1.** 268—69. Dez. 1957. Budapest, Gyógyszertár.) (Ung.)

Beschreibung des Carboanhydrase-hemmenden Handels-Präp.: 0,25 g 2-Acetylamino-5-sulfonamido-1.3.4-thiodiazol pro 1 Tablette. P. Hajdú. 4800□

Gastropin. (Neues ungarisches anticholinergisches Mittel). Endre Siftár. Gyógyszerészet [Pharmazie] 1. 20—21. Mai 1957. Budapest, Egészség. Miniszt., Gyógyszerismertető Oszt.) (Ung.)

Beschreibung des Handels-Präp. *N-Diphenylmethyltropeyl-α-tropininiumbromid* (5 mg pro 1 Tablette). P. Hajdú. 4800□

Gefäßverengende Mittel. 1. Teil. **(Sympathomimetica, Adrenergica).** József Nagy. (Gyógyszerészet [Pharmazie] **1.** 232—36. Nov. 1957. Budapest, Gyógyszertári Központ. Gyógyszervizsgáló Labor.) (Ung.)

Kurze Übersicht über die Phenyläthylamingruppe. Strukturformel, Dosierung u. therapeut. Anwendung sowie die Synonimen sind zusammengestellt. P. Hajdú. 4806□

17-Hydroxycorticosteron. József Nagy. (Gyógyszerészet [Pharmazie] **1.** 269. Dez. 1957. Budapest, Gyógyszertár.) (Ung.)

Übersicht über Eigg. u. therapeut. Anwendung von Hydrocortison.

P. Hajdú. 4808□

Einfache Methode zur Messung des Gasdruckes in Injektionsfläschchen und Ampullen. F. Briner und H. Sager. (Pharmac. Acta Helvetiae **36.** 609—16. Nov. 1961. Beil. zu: Schweiz. Apotheker-Ztg. Basel, F. Hoffmann-La Roche & Co., A.-G.) (Dt.)

Unter Verw. einer 10 ml-Injektionsspritze als Manometer können in näher beschriebener Weise Druck-Best. von Injektionsflaschen u. Ampullen durchgeführt werden. Das Prinzip der Best. beruht auf dem Proportionalitätsgesetz von Druck u. Vol. eines Gases. Es lassen sich durch Ablesung der Vol.-Veränderung des Gases Drücke mit einer Meßgenauigkeit von ±9% bestimmen. H. P. Fiedler. 4880□

Bestimmung des Bariumsulfatgehalts von Röntgenkontrastmitteln. Gábor Vastagh und Anna Kovách. (Gyógyszerészet [Pharmazie] **1.** 22—24. Mai 1957. Budapest, Országos Közegészség. Intézet, Kém. Osz.) (Ung.)

Nach einem alkal. Aufschluß in einem Ni-Tiegel wird das Ba zunächst als $BaCO_3$ abgetrennt u. dann als $BaSO_4$ gravimetr. bestimmt. P. Hajdú. 4880□

Beiträge zum Nachweis organischer Verbindungen. L. Rosenthaler. (Pharmac. Acta Helvetiae **36.** 602—08. Nov. 1961. Beil. zu Schweiz. Apotheker-Ztg. Bern.) (Dt.)

Beschrieben werden Rkk. der Citronen-, Brenztrauben- u. Barbitursäure, Farb-Rkk. mit Ninhydrin, z. B. von Ascorbinsäure u. von Chinonen mit Na-Thiosulfat, weitere Rkk. mit p-Chinon u. die Farb-Rkk. tert. Amine nach OHKUMA. Abschließend werden die mit cis- u. trans-Aconitsäure eintretenden Farb-Rkk. von Theobromin, Theophyllin, Coffein, Regitin usw. verglichen u. diskutiert. H. P. FIEDLER. 4880□

Anwendung der komplexometrischen Bestimmung zur Kontrolle des Amidazophengehalts von Rezepturpulvergemischen. László Kovács und József Kotsy. (Gyógyszerészet [Pharmazie] **1.** 27—29. Mai 1957. Budapest, Egészség. Miniszt. Müszaki Fejleszt. Oszt.) (Ung.)

Das Verf. von BUDESINSKY [1955] wurde für die Best. von *Amidazophen* in Gemischen mit Phenacetin, Coffein, Phenyläthylbarbitursäure, Acetylsalicylsäure u. MgO angewandt. Letzteres kann bzw. muß ebenfalls komplexometr. mitbestimmt werden, wofür Vff. auch eine Meth. vorschlagen. P. HAJDÚ. 4880□

Argentometrische Bestimmung von Phenobarbitural in Gegenwart anderer Arzneimittel. Lajosné Szabolcs und Gábor Vastagh. (Gyógyszerészet [Pharmazie] **1.** 207—10. Nov. 1957. Budapest, Orsz. Közegészség. Int., Kémiai Oszt.) (Ung.) — Vgl. G. VASTAGH, Gyógyszerésztudományi Értesitő [Acta pharmac. hung.] **27.** [1957.] 113.) (Ung.)

Die Anwendbarkeit der Meth. in Arzneikombinationen wird untersucht. Vorschriften sind für die Best. in Tabletten, Zäpfchen u. Injektions-Fll. mitgeteilt. Die Anwesenheit von Phosphat- u. Bromidionen, außerdem von Phenacetin, Theophyllin u. Theobromin stört die Best., Amidazophen, Azophen, Alkaloidbasen bzw. -hydrochloride u. Coffein (auch als Na-Benzoat oder -Salicylat) stören nicht. P. HAJDÚ. 4880□

Komplexometrische Bestimmung einiger Phenothiazinderivate. 2. Mitt. **Bestimmung von Diparcol, Phenergan, Parsidol, Multergan und Pacatal.** Lech Przyborowski, Franciszka Kroze und Leszek Krówczyński. (Dissertat. pharmac. [Warszawa] **10.** 255—63. **1958.** Lublin, Akad. Med., Zakł. Chem. farmac.) (Pol.) — 1. vgl. Chem. analit. [Warszawa] **4.** [1959.] 59.

N-[2'-Diäthylaminoäthyl]-phenothiazin, N-[2'-Dimethylamino-2'-methyläthyl]-phenothiazin, N-[2'-Diäthylamino-2'-methyläthyl]-phenothiazin, N-[2'-Trimethylammonium-2'-methyläthyl]-phenothiazinhydroxyd u. N-[1'-Methylpiperidyl-(3')-methyl]-phenothiazin lassen sich in wss. Lsg. mit 0,02m CdJ_2/KJ-Lsg. im Überschuß als Komplexe der Formel $(X)_2K_2CdJ_4$ (X = freie Base) fällen. Im Filtrat wird der Cd^{2+}-Überschuß in Ggw. von Urotropin komplexometr. titriert. Der mittlere Fehler der Best. beträgt ±1% bei Anwendung von 50 mg Substanz. F. URBAN. 4880

Dünnschichtchromatographie von Herzglykosiden. E. Steinegger und J. H. van der Walt. (Pharmac. Acta Helvetiae **36.** 599—601. Nov. 1961. Beil. zu: Schweiz. Apotheker-Ztg. Bern, Univ., Pharmakolog. Inst., Pharmakognost. Abt.) (Dt.)

Zum Nachw. von Herzglykosiden wird die Dünnschichtchromatographie vorgeschlagen: Die Glasplatten werden mit Kieselgel G (MERCK) bestrichen. Als Lsgm. wird die obere, ca. 2 Tage haltbare organ. Phase verwendet, die nach vollständiger Trennung der Schichten des Gemisches Essigester/Pyridin/W. (5 : 1 : 4) anfällt. Bei einer Steighöhe von 9—10 cm kann eine gute Trennung in 25—30 Min. erzielt werden. Nach der Entw. wird die Platte 3 Min. bei 100° getrocknet u. nach dem Abkühlen mit einer gesätt. Lsg. von $SbCl_3$ in Chlf. besprüht. Getrennt wurden nach diesem Verf. Scillaren A, Scilliglaucosid, Digitoxin, Proscillaridin A, ein Extrakt aus Urginea maritima u. ein Digilanidgemisch. H. P. FIEDLER. 4880□

Titrationen in wasserfreiem Medium. Dénes Murányi. (Gyógyszerészet [Pharmazie] **1.** 24—26. Mai 1957. Miskolc, Borsod megyei Gyógyszertári Központ.) (Ung.)

Die Best. von *Papaverin, Morphin, Äthylmorphin* u. *Codein* (letzteres auch im Gemisch mit Sb_2S_5) durch Titration in Eisessig (+ Hg(II)-Acetat) mit Perchlorsäure u. Gentianviolett als Indicator wird beschrieben. P. HAJDÚ. 4880□

Bestimmung der gesamten schwach basischen Alkaloide von Rauwolfia serpentina Bent. 2. Mitt. Bithika Bose. (J. Proc. Instn. Chemists. (India) **33.** 77—78. März 1961. Calcutta, Lady Brabourne Coll., Chem. Dep.) (Engl.) — 1. vgl. BOSE, J. Proc. Instn. Chemists. [India] **29.** [1957.] 166.

Die Überprüfung der beschriebenen Best. der gesamten schwach bas. Alkaloide von *Rauwolfia serpentina* ergab, daß der dort erhaltene Rückstand tatsächlich nur aus Alkaloiden zu bestehen scheint. H. ALTHOFF. 4880

Probleme der Wertbestimmung von Mutterkorndrogen. Jenö Bayer. (Gyógyszerészet [Pharmazie] **1.** 210—15. Nov. 1957. Budapest, Köbányai Gyógyszergyár, analit. Labor.) (Ung.)

Übersicht. — 96 Literaturangaben. P. HAJDÚ. 4880□

Mikrobiologische Bestimmung der in Kapseln enthaltenen Tetracycline und Untersuchung des eventuellen Einflusses von Hilfsstoffen. Th. Csillaghy-Rutschmann und A. Linder. (Pharmac. Acta Helvetiae **36.** 617—24. Nov. 1961. Beil. zu: Schweiz. Apotheker-Ztg. Genève, Univ., Labor. de Pharm. galén.; Labor. de Statist. mathémat.) (Franz.)

Die statist. Analyse gestattet es, nachzuweisen, daß Hilfsstoffe von Gelatinekapseln, wie Lactose, Saccharose, Glucose, Mg- u. Na-Stearat, keinen signifikanten Einfl. auf die Best. der *Tetracycline* (I) ausüben, so daß die I in dem zu untersuchenden Kapselinhalt ohne vorherige Trennung bzw. Isolierung der ggf. gleichzeitig vorhandenen Hilfsstoffe bestimmt werden können. H. P. Fiedler. 4880□

Council of Scientific & Industrial Research, Neu Delhi (Erfinder: Manojit Mohan Dhar, Nandoo Mal Khanna und Moti Lal Dhar, Lucknow), Indien, **Gewinnung von cardioaktiven Glykosiden aus Digitalis.** Man percoliert gepulverte Digitalis lanata-Blätter mit A., konz. das Percolat, entfernt das Chlorophyll durch Extraktion mit Bzl. u. extrahiert den Rückstand mit Chlf. (I), dest. I ab, löst den Rückstand in A., behandelt mit $BaCO_3$, filtriert u. bringt das Filtrat zur Trockne. Man löst den Rückstand wieder in abs. I u. behandelt die Lsg. mit Mercks aktiviertem Al_2O_3, das teilweise deaktiviert wurde, indem man es 30 Min. mit Aceton behandelte. Man eluiert zunächst mit abs. I, dann mit Gemischen aus I mit steigendem Geh. an A. u. erhält *Digitoxin*, eine Substanz „D" unbekannter Konstit., *Gitoxin* u. *Digoxin*. Durch Eluieren mit A. allein werden die Lanatoside erhalten. (**Ind. P. 62 497** vom 7/12. 1957, ausg. 29/1. 1960.) C. Lüttgen. 4791

Magyar Állam (Erfinder: Paul Tuzson und Zoltán Kiss), Budapest, Ungarn, **Gewinnung von Alkaloiden aus Solanum dulcamara.** (I), indem man Teile von I zerstückelt, mit angesäuertem W. extrahiert, den Extrakt mittels NH_3 alkal. einstellt u. den erhaltenen Nd. abfiltriert. Der Nd. wird mit Alkaloide lösenden Stoffen, wie A. oder Methylalkohol, behandelt, der Auszug wird eingedampft, mit Säuren, bes. salzsaurem A., hydrolysiert u. das Hydrochlorid des Solanumalkaloids gewonnen. Dieses ergibt mit 80%ig. Methanol aufgekocht, die freie Base, welche als *Soladulcidin* benannt wird, $C_{27}H_{45}NO_3$, F. 208—209°, keine Doppelbindung. (**Ung. P. 143 910** vom 28/11. 1955, ausg. 15/1. 1958.) G. König. 4791

Salimuzzaman Siddiqui, Karachi, Pakistan, **Isolieren von Alkaloiden und Alkaloidkomplexen** aus den *Raumwolfia*arten, z. B. Rauwolfia serpentina (I). Man extrahiert in 2—3 cm lange Stücken geschnittene Wurzeln der I mit A. oder Methanol, entfernt das Extraktionsmittel im Vakuum, verteilt den halbfesten Rückstand zwischen W. u. Äthylacetat u. extrahiert die anfallende wss. Schicht mehrmals mit Äthylacetat, wobei man zum Schluß zwei deutlich getrennte Schichten erhält. Dann extrahiert man die wss. Schicht mehrmals mit Amylalkohol u. extrahiert dann die Amylalkoholschicht mehrmals mit W., bis der wss. Extrakt fast farblos ist. Zum Schluß entfernt man das Lsgm. im Vakuum. (**Ind. P. 60 994** vom 3/7. 1957, ausg. 3/10. 1959.) H. Nebelsiek. 4791

Alembic Chemical Works Co. Ltd., Baroda, Indien, **Gewinnung eines bronchodilatorisch wirkenden Alkaloids** aus Adhatoda vasica Nees in reiner krist. Form durch Extraktion der Blätter nach üblichen Meth. mit einem polaren oder schwach polaren, ganz oder teilweise mit W. mischbaren Lsgm., W. oder wss. Säure u. Aufarbeiten des Extrakts. Das erhaltene Prod., das als „*Vasicinon*" bezeichnet wird, liegt in dimorpher Form vor, F. 210—212° bzw. 200—202°; $[\alpha]_D^{32}$ —116 bis —117°; UV-Spektrum (10 μg in 1 ml W.) zeigt Maxima bei 227, 272, 302 u. 314 mμ; Elementaranalyse: C = 65,33 (%), H = 4,93, O = 16,09, N = 13,65; Molgew. (Rast-Meth.) ca. 215. Er bildet ein Hydrochlorid, F. 182—186°, Hydrojodid, F. 220—224°, Sulfat, F. 182—186°, Nitrat, F. 138—139°, u. Hydrobromid, F. 254—256° (alle mit Zers.). (**Ind. P. 62 349** vom 21/11. 1957, ausg. 20/2. 1960.) C. Lüttgen. 4791

Wellcome Foundation Ltd., London, England (Erfinder: Clifford Gordon Raison), **Synthese von Bis-[p-aminophenoxy]-Derivaten von aromatischen Kohlenwasserstoffen.** Hergestellt werden Verbb. der allg. Formel I, sowie ihre Säure-Additionsprodukte.

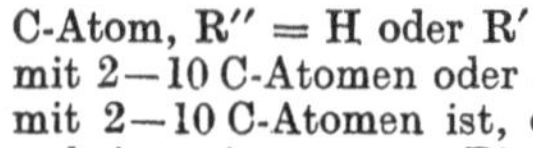

I

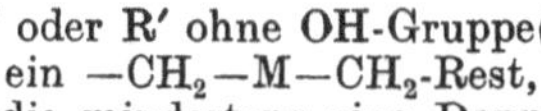

II

In I ist R′ ein Alkylrest mit 1—4 C-Atomen u. mindestens einer OH-Gruppe an einem dem N-Atom nicht benachbarten C-Atom, R″ = H oder R′ oder R′ ohne OH-Gruppe(n); W ist eine Polymethylenkette mit 2—10 C-Atomen oder ein $-CH_2-M-CH_2$-Rest, in welchem M eine aliphat. Kette mit 2—10 C-Atomen ist, die mindestens eine Doppel- oder Dreifachbindung enthält, wobei zwei ungesätt. Bindungen einander nicht benachbart sein dürfen. Die Herst. erfolgt z. B. nach folgendem Verf.: Rkk. zwischen $\alpha.\omega$-disubstituierten aliphat. Verbb.

der allg. Formel $W(X)_2$ mit p-ZY-substituierten Phenyl-Derivv., wobei X u. Y Gruppen sind, die bei dieser Rk. Ätherbindungen ergeben (z. B. Br-Atome u. OH-Gruppen); Z = tert. NR'R'' oder ein Rest, der sich in NR'R'' umwandeln läßt, z. B. eine sek. Arylaminogruppe mit einem Acyl- oder Nitrosorest, der durch Hydrolyse abspaltbar ist. Ist NR'R'' eine sek. Aminogruppe, so erhält man die **I** durch Rkk. zwischen Verbb. R'B mit Aminen der allg. Formel **II**, wobei B ein Halogenatom oder ein Sulfonsäureesterrest ist. — Beispiele sind folgende Bis-[p-hydroxyäthylaminophenoxy] (= **III**)-Derivv.: 1.7-**III**-Heptan, F. 105—106°; 1.5-**III**-Pentan, F. 114—115°; 1.6-**III**-Hexan, F. 141 bis 143°; 1.8-**III**-Octan, F. 140—141°; 1.9-**III**-Nonan, F. 101—102°; ferner folgende Bis-[p-(dihydroxyäthylamino)-phenoxy] (= **IV**)-Derivv.: 1.5-**IV**-Pentan, F. 112—114°; 1.2-**IV**-Äthan, F. 113—114°; 1.3-**IV**-Propan, F. 106—108°; 1.4-**IV**-Butan, F. 127—129°; 1.6-**IV**-Hexan, F. 111—113°; 1.7-**IV**-Heptan, F. 107—109°; 1.8-**IV**-Octan, F. 112—114°; 1.9-**IV**-Nonan, F. 100—102°; 1.10-**IV**-Dekan, F. 110—111°; weiterhin: 1.7-Bis-[p-(β.γ-dihydroxypropylamino)-phenoxy]-heptan, F. 123—124°; weiterhin folgende Bis-[p-hydroxyäthylaminophenoxy]-pentan (**V**)-Derivv.: 1.5-**V**-Pentan, F. 114—115°; 1.4-**V**-Butandihydrochlorid, F. 238—240°; 1.10-**V**-Decandihydrochlorid, F. 139°; 1.3-**V**-Propan, F. 132—133°; weiterhin folgende Bis-[p-(γ-hydroxypropylamino)-phenoxy] (= **VI**)-Derivv.: 1.7-**VI**-Heptan, F. 97°; 1.6-**VI**-Hexandihydrochlorid, F. 179—181°; 1.8-**VI**-Octandihydrochlorid, F. 145°; 1.4-**VI**-Butandihydrochlorid, F. 147—148°; 1.5-**VI**-Pentan, F. 85—87°; weiterhin folgende Bis-[p-(β-hydroxy-n-propylamino)-phenoxy] (= **VII**)-Derivv.: 1.6-**VII**-Hexan, F. 113°; 1.7-**VII**-Heptan, F. 64—66°; 1.8-**VII**-Octan, F. 110°; weiterhin folgende Bis-[p-hydroxyäthylmethylaminophenoxy] (= **VIII**)-Derivv.: 1.5-**VIII**-Pentan, F. 86—87°; 1.6-**VIII**-Hexan, F. 117—119°; 1.7-**VIII**-Heptan, F. 76—77°; 1.8-**VIII**-Octan, F. 115—117°; weiterhin folgende Bis-[p-bis-(β-hydroxypropyl)-aminophenoxy] (= **IX**)-Derivv.: 1.6-**IX**-Hexan, F. 129°; 1.7-**IX**-Heptan, F. 87—89°; 1.8-**IX**-Octan, F. 118—120°; 1.4-**IX**-Butan, F. 138—141°; 1.5-**IX**-Pentan, F. 96—97°; weiterhin 1.7-Bis-[p-bis-(β.γ-dihydroxypropyl)-aminophenoxy]-heptan, F. 107—109°; 1.4-Bis-[p-bis-(β-hydroxyäthyl)-aminophenoxy]-butin-(2), gelbe Blättchen, F. 75°; 1.4-Bis-[p-bis-(β-hydroxyäthyl)-aminophenoxy]-buten-(2), weiße Prismen, F. 117—118°; 1.6-Bis-[p-bis-(β-hydroxyäthyl)-aminophenoxy]-hexadien-(2.4), ledergelbe Prismen, F. 138°; 1.7-Bis-[p-bis-(β-hydroxyäthyl)-aminophenoxy]-hepten-(3), unkristallisierbares Öl; 1.6-Bis-[p-bis-(β-hydroxyäthyl)-aminophenoxy]-hexen-(3), weiße Prismen, F. 104°; 1.4-Bis-[p-(β-hydroxyäthylamino)-phenoxy]-buten-(2), weiße Blättchen, F. 156°; Dihydrochlorid, F. 232—235° (Zers.); 1.4-Bis-[p-(β-hydroxyäthylmethylamino)-phenoxy]-buten-(2), weiße Blättchen, F. 109°; 1.4-Bis-[p-(β-hydroxyäthylmethylamino)-phenoxy]-butin-(2), glänzende Blättchen, F. 100—101,5°; 1.4-Bis-[p-(β-hydroxy-n-propylamino)-phenoxy]-buten-(2), weiße Blättchen, F. 103,5—104,5°; 1.6-Bis-[p-(β-hydroxyäthylamino)-phenoxy]-hexen-(3), weiße Blättchen, F. 129°; 1.4-Bis-[p-(β-hydroxyäthylamino)-phenoxy]-butin-(2), gelbe Nadeln, F. 97°. Diese Verbb. sind pharmakolog. wirksam gegen Infektionen mit *Schistosoma mansoni*. (**E. P. 770 410** vom 26/10. 1953, ausg. 20/3. 1957.) A. KALIX. 4807

N. V. Philips' Gloeilampenfabrieken, Holland, **Herstellung optisch aktiver 1-[3'.4'-Dihydroxyphenyl]-2-aminoäthanole,** dad. gek., daß man l-1-[3'.4'-Dihydroxyphenyl]-2-aminoäthanol (**I**) oder eines seiner Salze mit einem Aldehyd oder Keton umsetzt u. die entstehende SCHIFFsche Base reduziert. — *l-1-[3''.4''-Dihydroxyphenyl]-2-[1'-methyl-3'-phenylpropylamino]-äthanol-(1)*, F. 162—163° (Zers.) [α] —21° (verd. HCl), u. *-2-[1'-methyl-2'-(4''-hydroxyphenyl)-äthylamino]-äthanol-(1)*, F. 152—155°, *Hydrochlorid*, [α] —25°, aus **I** u. 4-Phenylbuten-(3)-on-(2) bzw. 1-[4'-Hydroxyphenyl]-propanon-(2). — *Pharmazeutica.* (**F. P. 1 216 997** vom 4/11. 1958, ausg. 29/4. 1960. Holl. Prior. 5/11. 1957.) S. BÖTTCHER. 4807

Farbwerke Hoechst Akt.-Ges., vormals Meister Lucius & Brüning, Deutschland, **Herstellung von 4-Phenoxyphenylpropionsäuren,** z. B. *4-[4'-Hydroxyphenoxy]-3-jodphenylpropionsäure* (**I**), F. 152°, u. *4-[3'.5'-Dijod-4'-hydroxyphenoxy]-3-jodphenylpropionsäure* (*Trijodthyropropionsäure*; **II**), FF. 119—120° u. 130° (nach Wiederverfestigung). Man setzt 4-[4'-Methoxyphenoxy]-3-nitrobenzaldehyd in Pyridin mit Malonsäure um zu *4-[4'-Methoxyphenoxy]-3-nitrozimtsäure*, F. 196°, stellt daraus den *Methylester*, F. 142—143°, her (*Butylester*, F. 72°), den man zu *4-[4'-Methoxyphenoxy]-3-aminophenylpropionsäuremethylester* red.; dieser wird in Dimethylformamid/Essigsäure mit $NaNO_2$ u. H_2SO_4 u. einer Lsg. von KJ, J_2 u. Harnstoff in W. u. Chlf. behandelt unter Bldg. von *4-[4'-Methoxyphenoxy]-3-jodphenylpropionsäuremethylester*, $Kp._{1,5-2}$ 236 bis 238°, F. 46°, den man zur *Säure*, F. 117°, verseift u. zu **I** desalkyliert. **I** gibt in Ggw. von LiOH mit J_2/Jodharnstoff **II**. — *Therapeutica.* (**F. P. 1 213 550** vom 29/8. 1958, ausg. 1/4. 1960. D. Prior. 29/8. 1957.) S. BÖTTCHER. 4807

Farbwerke Hoechst Akt.-Ges., vormals Meister Lucius & Brüning, Frankfurt/M. (Erfinder: Walter Siedel, Bad Soden, Helmut Nahm, Kelkheim-Münster, und Johann König, Frankfurt/M.), **L(+)-3.5-Dijodthyronin (I)** als *Heilmittel* verwendbar, erhält man durch Versetzen von DL-N-Formyl-3.5-dijodthyronin (**II**) in Isopropanol (**III**) mit Brucin (**IV**), Abtrennen des gebildeten schwerlösl. D(—)-N-Formyl-3.5-dijodthyronin/Brucin-Salzpaares (**V**), Eindampfen der Lsg. zur Trockne, Zerlegung des in Form des diastereomeren, leicht lösl. L(+)-N-Formyl-3.5-dijodthyronin/Brucin-Salzpaares erhaltenen Rückstandes mit Alkalien u. Abspaltung des Formylrestes durch Behandeln mit HCl. — Man erhitzt **II**, F. 225—230° (Zers.) [hergestellt durch Formylieren von 350 g DL-3.5-Dijodthyronin mit wasserfreier HCOOH in Ggw. von $(CH_3CO)_2O$ bei Raum-Temp.] in 1500 ml wasserfreiem **III** auf dem Dampfbad u. versetzt die entstandene Suspension mit einer sd. heißen Lsg. von 300 g wasserfreiem **IV** in 1500 ml **III**. Das nach 8 Std. abgeschiedene **V** wird heiß abgesaugt u. mit **III** gewaschen; **V**-Ausbeute 381 g. Durch Eindampfen der Mutterlauge zur Trockne im Vakuum, Aufnehmen des Rückstandes in 1000 ml 1n NH_4OH-Lsg., 3maliges Ausschütteln mit je 300 ml $CHCl_3$ zwecks Entfernung von **IV** u. Ansäuern der NH_4OH-Lsg. mit HCl auf pH 1—2 unter Kühlen fällt man L(+)-N-Formyl-3.5-dijodthyronin (**VI**) als zunächst harzigen, später krist. Nd., der mit W. gewaschen u. dann getrocknet wird; **VI**-Ausbeute 146 g; F. 186° (Zers.); $[\alpha]_D^{23}$ + 43,8° (α = + 2,19°; 1 dm; 200 mg in 4 ml 95%ig. Äthanol). Durch 2std. Kochen von 74,3 g **VI** mit 750 ml eines 1 : 2-Gemisches von 48%ig. HBr u. W., Abkühlen der klaren Lsg., Absaugen des ausgefallenen HBr-Salzes (**VII**) von **I**, Suspendieren von **VII** in heißem W., Zusatz von gesätt. Na-Acetat-Lsg. bis zum pH 6 u. Absaugen des ausgefallenen Nd. erhält man **I**, das mit W., Methanol u. Aceton gewaschen wird; F. 254° (Zers.); **I**-Ausbeute 61,3 g; $[\alpha]_D^{25}$ + 25,2° (α = + 1,26°; 1 dm; 200 mg in 4 ml eines 1 : 2-Gemisches von 1n HCl u. 95%ig. Äthanol). (**D. A. S. 1 077 673** Kl. 12q vom 19/8. 1958, ausg. 17/3. 1960.) A. Mohr. 4807

Geigy Chemical Corp., New York, N.Y., V.St.A., übert. von: Walter Schindler, Riehen, Schweiz, **2-[β-Aminoäthyl]-5-hydroxyindol** stellt man wie folgt her: 24 g 5-Benzyloxyindolcarbonsäure (F. 192—194°) werden in 600 ml trocknem Bzl. suspendiert u. 25 ml $SOCl_2$ zugegeben, dann 2 Std. gekocht u. benzol. Dimethylamin-Lsg. zugefügt. Man erhält nach Reinigung *5-Benzyloxyindol-2-carbonsäuredimethylamid*, F. 198—200°; 2 g $LiAlH_4$ werden in 110 ml abs. Tetrahydrofuran gelöst u. eine Lsg. von 5 g 5-Benzyloxyindol-2-carbonsäuredimethylamid in 150 ml Tetrahydrofuran zugetropft. Man hält 6 Std. auf 40° u. isoliert schließlich *2-Dimethylaminoäthyl-5-benzyloxyindol*, F. 80°. 5 g desselben werden warm in 15 ml Äthylacetat gelöst u. 2,5 g CH_3J zugefügt. Man erhält *2-Trimethylammonioäthyl-5-benzyloxyindoljodid*, F. 178—179°. 18 g dieses Methojodids u. 18 g fein pulverisiertes KCN werden in 540 ml Methanol suspendiert u. in H-Atmosphäre 15 Std. gekocht. Man erhält *5-Benzyloxyindolyl-(2)-acetonitril*, F. 180 bis 181°. 1 g dieses Nitrils wird in einem Soxhlet-App. mittels $LiAlH_4$ in 200 ml Ae. reduziert. Man erhält *2-[β-Aminoäthyl]-5-benzyloxyindol*, F. 150—151°. 1,16 g desselben werden in 15 ml abs. A. gelöst u. in Ggw. von 0,95 g 10%ig. Pd-Katalysator auf Aktivkohle bei Raum-Temp. mit H_2 hydriert. Man erhält *2-[β-Aminoäthyl]-5-hydroxyindolhydrochlorid*, F. 190—192°. — Die Verb. *beeinflußt den Blutdruck* u. ist *neurophysiolog.* wirksam. (**A. P. 2 883 394** vom 18/4. 1957, ausg. 21/4. 1959. Schwz. Prior. 5/5. 1956.) A. Dandl. 4807

Farbwerke Hoechst Akt.-Ges., vormals Meister Lucius & Brüning, Deutschland, **Herstellung von Thiophen-3.5-disulfamiden**, dad. gek., daß man Thiophen-3.5-disulfohalogenide mit NH_3 umsetzt. — *2-Chlorthiophen-3.5-disulfamid*, F. 219 bis 220°, aus 2-Chlorthiophen u. Chlorsulfonsäure über 2-Chlorthiophen-5-sulfonylchlorid ($Kp._{0,05}$ 64—66°), -3.5-disulfochlorid (F. 80—82°), das mit NH_3 oder Äthylurethan umgesetzt wird. — *2-Methyl-*, F. 195—197°, *2-Äthyl-*, F. 204—206°, *2-[n-Butyl]-*, F. 155—157°, u. *2-[3′-Methylbutyl]-thiophen-3.5-disulfamid*, aus 2-Methyl-, 2-Äthyl-bzw. 2-[n-Butyl]-thiophen über 2-Methyl-, 2-Äthyl-, 2-[n-Butyl]- bzw. 2-[3′-Methylbutyl]-thiophen-3.5-disulfochlorid. — *Pharmazeutica.* (**F. P. 1 216 617** vom 17/12. 1958, ausg. 26/4. 1960. D. Prior. 17/12. 1957.) S. Böttcher. 4807

Soc. Civile Solucal, Frankreich (Erfinder: Raymond Quelet und Pierre Bapseres), **Herstellung von N-Acylpyrazolidindionen-(3.5)**, dad. gek., daß man einen Malonsäureester in A. in Ggw. von Na-Alkoholat mit einem Hydrazid umsetzt. — 160 (g) Malonsäurediäthylester u. 137 Isonicotinsäurehydrazid werden in 1 Liter A. unter Zusatz von Na-Äthylat (23 Na in 500 cm^3 A.) 5 Std. gekocht. Man filtriert, löst in W., setzt HCl zu u. erhält *1-Isonicotinoylpyrazolidindion-(3.5)*, F. 251—252°. — *1-Isonicotinoyl-4-äthyl-*, F. 262—263°, u. *-4-[n-butyl]-*, F. 270—271°, *1-[o-Methoxybenzoyl]-*, F. 215°, *1-Salicyloyl-*, F. 225—226°, u. *1-[p-Aminosalicyloyl]-pyrazolidindion-(3.5)*, Zers.

ab 200°, aus Äthyl- bzw. n-Butylmalonsäurediäthylester, o-Methoxybenzoesäure- bzw. p-Aminosalicylsäurehydrazid. — *Therapeutica.* (**F. P. 1 211 326** vom 29/6. 1956, ausg. 15/3. 1960.) S. BÖTTCHER. 4807

Bristol Laboratories, Inc., Syracuse, übert. von: Yvon Gaston Perron, De Witt, und Joseph Sam, Camden, N.Y., V.St.A., **N-[β-Pyridyläthyl]-3.4.5-trimethoxybenzamide** sowie deren Salze, die als nicht tox., nicht hypnot. *Sedativa* u. *klin. Beruhigungsmittel bei psychoneurot. Depressionen* u. als *Analgetica Verw. finden,* werden durch Rk. von 3.4.5-Trimethoxybenzoylhalogenid, -ester oder -azid mit β-Pyridyl-(4)-äthylamin oder β-Pyridyl-(2)-äthylamin hergestellt. — Zu einer Lsg. von 23 g 3.4.5-Trimethoxybenzoylchlorid in 150 ml Chlf. werden unter Rühren u. Kühlung 12,2 g β-Pyridyl-(4)-äthylamin in 30 ml Triäthylamin u. 100 ml Chlf. gegeben u. 15 Min. lang erhitzt. Man erhält *N-{β-[Pyridyl-(4)]-äthyl}-3.4.5-trimethoxybenzamid,* F. 111 bis 112°; *Hydrochlorid,* F. 151—152°. — Analog: *N-{β-[Pyridyl-(2)]-äthyl}-3.4.5-trimethoxybenzamid,* F. 122—123°, *Hydrochlorid,* F. 189—191°. (**A. P. 2 870 156** vom 3/3. 1958, ausg. 20/1. 1959.) A. DANDL. 4807

Soc. des Usines Chimiques Rhône-Poulenc, Paris, Frankreich, **Herstellung von Piperidyl-(2)-phenylmethanolderivaten, Form B,** dad. gek., daß man die Lsg. eines Salzes des Acyloxypiperidyl-(2)-phenylmethans, Form B, in W. oder Methanol oder wss. Chlf. neutralisiert oder alkal. macht (NaOHF, Triäthylamin, $NaHCO_3$, Na-Methylat). — *1-Acetylpiperidyl-(2)-phenylmethanol, Form B,* F. 146—147°, *l-Form,* F. 146°, $[\alpha]_D^{20}$ —86° (c = 0,64%, Chlf.), *d-Form,* F. 146°, $[\alpha]_D^{20}$ + 100° (c = 0,87%; Chlf.), aus Acetoxypiperidyl-(2)-phenylmethanhydrochlorid (F. 229—230°; l-Form, F. 232°; d-Form, F. 232°). — *Heilmittel.* (**Oe. P. 206 440** vom 13/1. 1958, ausg. 25/11. 1959. F. Prior. 6/2. 1957.) S. BÖTTCHER. 4807

Lannacher Heilmittel G. m. b. H., Lannach (Erfinder: Alfred Pongratz, Graz, und Konrad Lothar Zirn, Lannach), Steiermark, Österreich, **Herstellung von 4-Nicotinoylaminobenzoesäure-β-diäthylaminoäthylesterhydrochlorid,** F. 187 bis 187,5° (A.), aus 4-Aminobenzoesäure-β-diäthylaminoäthylesterhydrochlorid u. Nicotinsäureanhydrid oder -chloridhydrochlorid (im letzten Fall in Ggw. tert. Basen) bei höherer Temperatur. — *Lokalanästheticum.* (**Oe. P. 205 500** vom 15/2. 1957, ausg. 25/9. 1959.) H.-J. NITZSCHKE. 4807

Parke, Davis & Co., Detroit, übert. von: Edward F. Elslager, St. Clair Shores, und Frank H. Tendick, Große Pointe Park, Mich., V.St.A., **Acridin-N-oxide** der allg. Formel I (R = Alkylen- oder Oxyalkylen mit 2—5 C-Atomen; R^1 u. R^2 = H, Alkyl oder Hydroxyalkyl mit 2—8 C-Atomen; R^1 u. R^2 können außerdem mit dem Amidstickstoff einen heterocycl. Ring bilden, z. B. einen Pyrrolidin-, Piperidin-, Cyclohexylimin-, Morpholin- oder Piperazinring; Y = H, Methyl, Methoxy, Chlor, Amino oder Phenyl in der 2- oder 3-Position) werden durch Rk. von 9-Chloracridin-10-oxid mit einem Aminoalkylamin der Formel $H_2N—R—N(R^1)(R^2)$ in Ggw. von Lsgm. hergestellt. — 14,8 (g) 6,9-Dichlor-2-methoxyacridin-10-oxid, 45 Phenol (als Lsgm.) u. 9 5-Diäthylamino-2-aminopentan werden unter Rühren 2 Std. auf dem Dampfbad erhitzt. Man kühlt auf 50° u. schüttet in ein Gemisch aus 1000 ml Aceton u. 10 ml konz. HCl. Es fällt gelbes *6-Chlor-9-[4-diäthylamino-1-methylbutylamino]-2-methoxyacridin-10-oxid-dihydrochlorid* (**II**), F. 221—223°, *Monohydrat,* F. 147°. In analoger Weise werden hergestellt: *6-Chlor-9-[3-(1-äthylpentylamino)-propylamino]-2-methoxyacridin-10-oxid-dihydrochlorid,* F. 217—220°; *3.6-Dichlor-9-[4-diäthylamino-1-methylbutylamino]-acridin-10-oxid-dihydrochlorid,* F. 216—218°; *3-Chlor-9-[4-diäthylamino-1-methylbutylamino]-acridin-10-oxid-dihydrochlorid,* F. 192°; *3-Amino-6-chlor-9-[3-diäthylaminopropylamino]-acridin-10-oxid-monohydrat; 6-Chlor-9-[4-diäthylamino-1-methylbutylamino]-3-methylacridin-10-oxid-dihydrochlorid, 6-Chlor-9-[4-Diäthylamino-1-methylbutylamino]-2-phenylacridin-10-oxid-dihydrochlorid.* Zahlreiche weitere Derivv. ohne F.-Angaben sind benannt. Die Herst. der Ausgangsstoffe wird beschrieben. Die Verbb. sind *wirksam gegen Bacterien, Parasiten* u. *Plasmodien.* (**A. P. 2 880 210** vom 20/2. 1956, ausg. 31/3. 1959.) A. DANDL. 4807

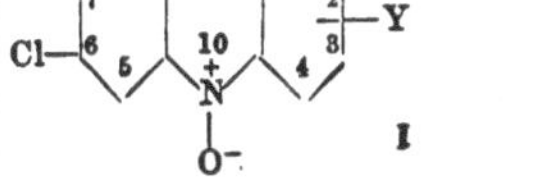

I

Union Chimique Belge Soc. An., Belgien, **Herstellung von N-Benzhydrylpiperazinderivaten** der allg. Formel I (R = Alkyl-, Cycloalkyl-, Phenyl- oder Benzylrest; R′ = H, Cl, CH_3 oder OCH_3; n = < 7), dad. gek., daß man a) ein 1-[p-substituiertes Benzhydryl]-4-[ω-hydroxyalkyl]-piperazin (**II**) mit $SOCl_2$ in das -[ω-chloralkyl]-piperazin überführt u. dieses mit einer Metall-Verb. ROMe umsetzt, b) **II** oder eine Alkali-Verb. mit einem R-Halogenid, c) ein 1-[p-substituiertes Benzhydryl]-piperazin mit einer Halogen-Verb. Hal$(CH_2)_2$OR, d) ein p-substituiertes Benzhydrylhalogenid mit einem entsprechenden Piperazinoalkyläther oder e) II mit Äthylenoxyd umsetzt. — *1-[p-Chlorbenzhydryl]-4-[2-(5-hydroxypentyloxy)-äthyl]-piperazin*, Kp.$_{0,05}$ 240°, (*Dihydrochlorid*, F. 173°), durch Rk. von 1-[p-Chlorbenzhydryl]-4-[2-hydroxyäthyl]-piperazin (Kp.$_{0,1}$ 105°), das aus N-[2-hydroxyäthyl]-piperazin u. p-Chlorbenzhydrylchlorid hergestellt wurde, mit $SOCl_2$, u. Rk. des entstehenden 1-[p-Chlorbenzhydryl]-4-[2-chloräthyl]-piperazins mit Mono-Na-Pentandiol-(1.5). — *1-[p-Chlorbenzhydryl]-4-[2-(p-tert.-butylbenzyloxy)-äthyl]-*, Kp.$_{0,001}$ 225—230° (*Dihydrochlorid*, F. 223°), *-4-[2-(m-methyl-benzyloxy)-äthyl]-* Kp.$_{0,5}$ 244°, *-4-[2-[2-hydroxyäthoxy)-äthyl]-*, Kp.$_{0,5}$ 220° (*Dihydrochlorid*, F. 193°), *-4-[2-phenoxyäthyl]-*, Kp.$_{0,005}$ 210—212°, u. *-4-[2-(3-hydroxypropoxy)-äthyl]-piperazin*, Kp.$_{0,03}$ 219°, wobei als Ausgangsstoffe p-[tert.-Butyl]-benzylbromid, m-Methylbenzylbromid, 1-Chlor-2-[2-hydroxyäthoxy]-äthan bzw. 1-[Piperazino]-2-phenoxyäthan (Kp.$_1$ 143—144°) verwendet werden. — Weitere Verbb. der Formel I, worin R′, R u. n (in dieser Reihenfolge) folgende Bedeutung haben: *H*, $CH_2 \cdot CH_2OH$, *2*, Kp.$_{0,005}$ 185° — *Cl*, $(CH_2)_4OH$, *2*, Kp.$_{0,4}$ 223°; — *Cl*, $(CH_2)_6OH$, *2*, Kp.$_{0,05}$ 243°. — *Cl*, $(CH_2)_{10}OH$, *2*, Kp.$_{0,1}$ 268°. — *Cl*, $CH_2CH(OH)CH_2OH$, *2*, Kp.$_{0,02}$ 240°. — *Cl*, $CH_2C(CH_3)(CH_2OH) \cdot C_2H_5$, *2*, Kp.$_{0,1}$ 232°. — *Cl*, *-Cyclohexyl*, *2*, Kp.$_{0,05}$ 225°. *Dihydrochlorid*, F. 196°. — *Cl*, *4-Hydroxycyclohexyl*, *2*, Kp.$_{0,4}$ 268°. — *Cl*, *[1-Hydroxymethyl]-cyclohexyl*, *2*, Kp.$_{0,1}$ 258°. — *Cl*, *p-*$CH_3C_6H_4$, *2*, Kp.$_{0,005}$ 215°. — *Cl*, *m-Methylbenzyl*, *2*, Kp.$_{0,5}$ 244°. — *Cl*, CH_2CH_2OH, *3*, Kp.$_{0,02}$ 218—220°. *Dihydrochlorid* F. 212°. — *Cl*, $(CH_2)_5OH$, *3*, Kp.$_{0,02}$ 250—255°. — *Cl*, *p-[tert.-Butyl]-benzyl*, *3*, Kp.$_{0,02}$ 260—265°. — *Cl*, CH_2CH_2OH, *6*, Kp.$_{0,005}$ 248°. — CH_3, CH_2CH_2OH, *2*, Kp.$_{0,1}$ 208°. — CH_3, $(CH_2)_6OH$, *2*, Kp.$_{0,001}$ 202°. — OCH_3, CH_2CH_2OH, *2*, Kp.$_{0,1}$ 228°. — OCH_3, $(CH_2)_5OH$, *2*, Kp.$_{0,2}$ 235°. — OCH_3, C_6H_5, *2*, Kp.$_{0,2}$ 235°. *Dihydrochlorid* F. 140°. — Als Ausgangsstoffe werden genannt 1-[Piperazino]-2-[2-hydroxyäthoxy]-äthan, Kp.$_{0,25}$ 113°, -[5-hydroxypentyloxy]-äthan, Kp.$_{0,5}$ 153°, 1-Benzhydryl-4-[2-hydroxyäthyl], Kp.$_{0,01}$ 180°, 1-[p-Chlorbenzhydryl]-4-[3-hydroxypropyl]-, Kp.$_{0,01}$ 215°, -[6-hydroxyhexyl]-, Kp.$_{0,01}$ 235°, 1-[p-Methyl-benzhydryl]-, Kp.$_{0,1}$ 188°, u. 1-[p-Methoxybenzhydryl]-4-[2-hydroxyäthyl]-piperazin, Kp.$_{0,5}$ 225°. — *Antiallergica*. (**F. P. 1 212 015** vom 27/3. 1957, ausg. 21/3. 1960.)

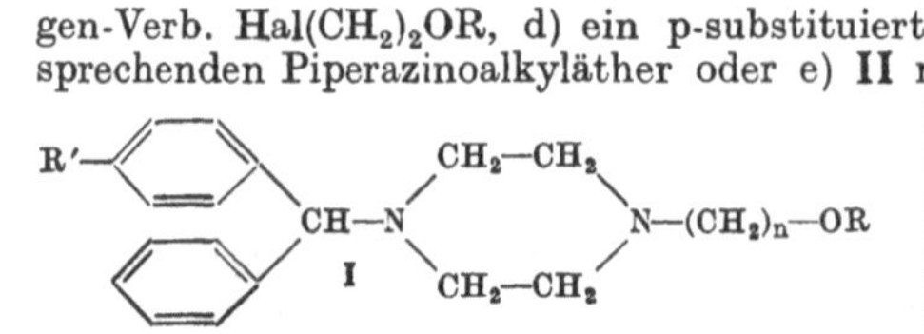

S. BÖTTCHER. 4807

Soc. An. Chérifienne d'Études et de Recherches Scientifiques (S. A. C. E. R.), Marokko, **Löslichmachen von Purin- und Pyrimidinbasen**, z. B. Adenin, Adenosin, Coffein, Uridin, Inosin u. Theophyllin, dad. gek., daß man die Basen mit einem N-acylierten Tyrosin, wie Acetyl-, Formyl- oder Propionyltyrosin, umsetzt. — *Adenin-N-acetyl-l-(—)-tyrosinat*, $[\alpha]_D^{25}$ + 35,9° (c = 6,315; W.). — *Adenosin-* u. *Coffein-N-acetyl-l-(—)-tyrosinat*. — *Uridin-N-acetyl-dl-tyrosinat*. — *Inosin-* u. *Adenosin-N-formyl-l(—)-tyrosinat*. — *Theophyllin-*, *Adenosin-*, *Inosin-* u. *Uridin-N-propionyl-l(—)-tyrosinat*. (**F. P. 1 216 136** vom 10/2. 1959, ausg. 22/4. 1960. Marokkan. Prior. 30/1. 1959.)

S. BÖTTCHER. 4807

Soc. des Usines Chimiques Rhône-Poulenc, Frankreich, **Phenothiazine.** *3-Chlor-*, F. 138°, u. *3-Dimethylsulfamido-10-[3′-(4″-methansulfonylpiperazino)-propyl]-phenthiazin*, F. 166°, werden dadurch erhalten, daß man 3-Chlor- bzw. 3-Dimethylsulfamido-10-[3′-piperazinopropyl]-phenthiazin in Toluol in Ggw. von Pyridin mit Methansulfochlorid umsetzt. (**F. P. 73 140** vom 7/2. 1958, ausg. 23/9. 1960. **Zusatz zu F. P. 1 212 725; C. 1962. 5023.**)

S. BÖTTCHER. 4807

Soc. des Usines Chimiques Rhône-Poulenc, Frankreich, **Herstellung von Iminodibenzylderivaten** der allg. Formel I (A = 2wertiger aliphat. Rest; R = H, Acyl- oder Carbamylrest), dad. gek., daß man Iminodibenzyl mit einem Piperazin-Deriv. X—A—NC_4H_8N—CH_2CH_2OR (X = Estergruppe), oder ein ggf. substituiertes Hydroxyäthylpiperazin mit einem Iminodibenzyl-Deriv. der Formel II oder ein Iminodibenzyl-Deriv. der Formel III mit einem Ester X—CH_2CH_2OR umsetzt, oder eine Verb. der

I 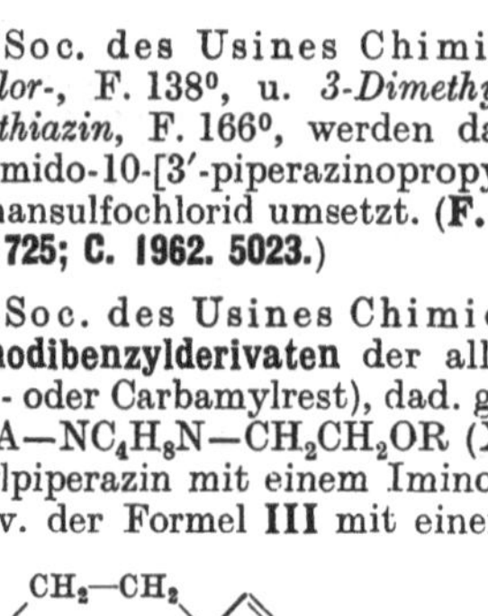 II 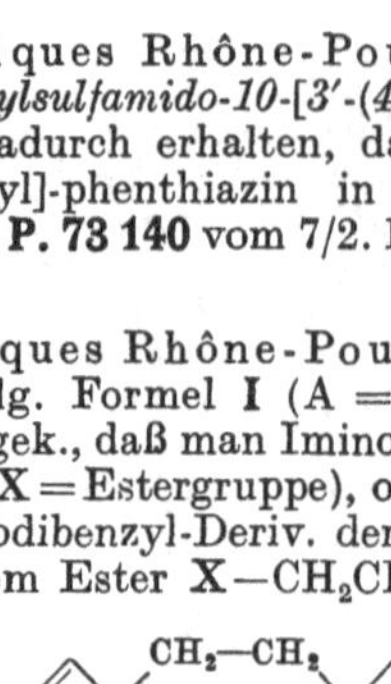 III 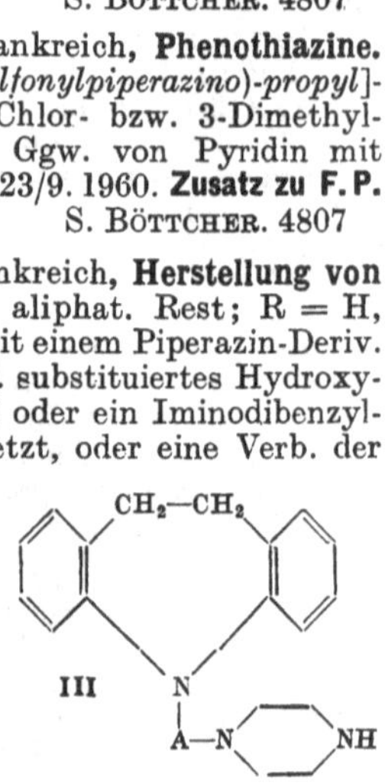

Formel **IV** > 100° erhitzt. — *5-[3'-(4''-Hydroxyäthylpiperazino)-propyl]-(Dimaleat,* F. 191—193°), *5-[3'-(4''-Acetoxyäthylpiperazino)-propyl]-(Dimaleat,* F. 198—199°) u. *5-[2'-(4''-Hydroxyäthylpiperazino)-äthyl]-iminodibenzyl,* F. 148°, aus 5-[3'-Chlorpropyl-(1')]-iminodibenzyl, das aus Iminodibenzyl u. 2-Chlorpropoxytetrahydropyran durch Hydrolyse des 5-[3'-(Tetrahydropyranyl-(2'')-oxy)-propyl]- u. Chlorierung des 5-[3'-Hydroxypropyl]-iminodibenzyls ($Kp._{0,2}$ 165—172°) hergestellt wurde, u. 4-[2'-Hydroxyäthyl)-piperazin, bzw. aus 5-[2'-(p-Toluolsulfonyloxy)-äthyl]-iminodibenzyl (F. 126—128°), das aus 1-Chlor-2-tetrahydropyranyloxyäthan über 5-[2'-Hydroxyäthyl]-iminodibenzyl ($Kp._{0,6}$ 185—200°) gewonnen wurde. — *Pharmazeutica.* (**F. P. 1 215 599** vom 27/6. 1958, ausg. 19/4. 1960.) S. BÖTTCHER. 4807

IV
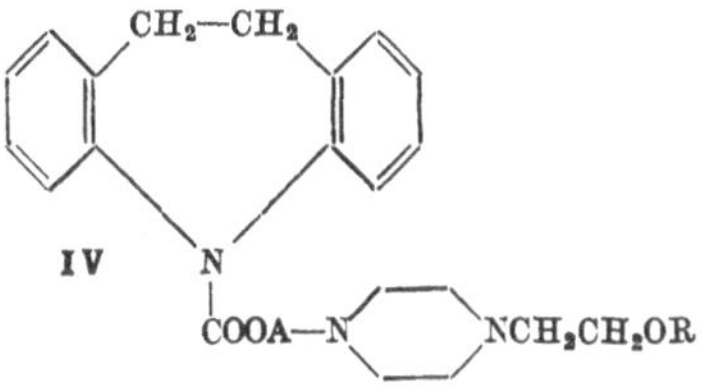

Soc. des Usines Chimiques Rhône-Poulenc, Frankreich, **Herstellung von Iminodibenzylderivaten** der allg. Formel **I** (A = 2wertiger aliphat. Rest; R = H, Acyl- oder Carbamylrest; n = 0, 1 oder 2), dad. gek., daß man Iminodibenzyl mit einem Piperidin-Deriv. $X-A-NC_5H_9-C_nH_{2n}OR$ (X = Estergruppe) oder ein entsprechendes Piperidin-Deriv. mit einem Iminodibenzyl-Deriv. der Formel **II** umsetzt. — 5-[3'-(p-Toluolsulfonyloxy)-propyl]-iminodibenzyl (F. 100—102°), hergestellt aus Iminodibenzyl u. 1-Chlor-3-tetrahydropyranyloxypropan über 5-[3'-Hydroxypropyl]-iminodibenzyl ($Kp._{0,8}$ 185—200°) wird in Toluol 4 Std. mit 4-Hydroxypiperidin gekocht unter Bldg. von *5-[3'-(4'-Hydroxypiperidino)-propyl]-iminodibenzyl; Hydrochlorid,* F. 211—213°. — *Pharmazeutica.* (**F. P. 1 215 600** vom 28/6. 1958, ausg. 19/4. 1960.) S. BÖTTCHER. 4807

I
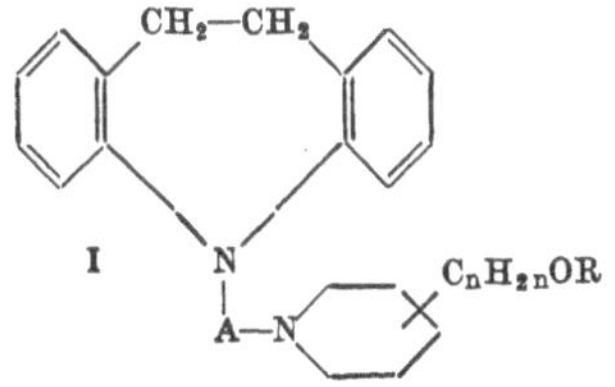

II
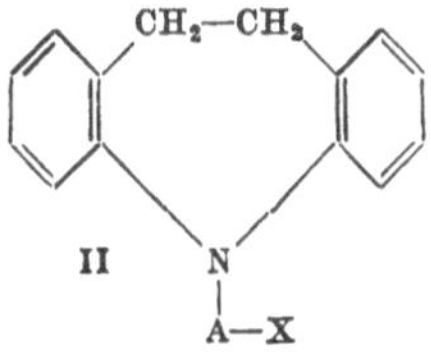

Soc. des Usines Chimiques Rhône-Poulenc, Frankreich, **Herstellung von Iminodibenzylderivaten** der allg. Formel **I** (A = 2wertiger aliphat. Rest; R u. R' = H oder Alkylreste), dad. gek., daß man a) ein Iminodibenzyl-Deriv. der Formel **II** (X = Estergruppe) mit einem Piperazin, N-carbonsäureamid, b) Iminodibenzyl mit einem Piperazin-Derivv. $X-A-NC_4H_8N-CO-N(RR')$ oder c) ein 5-[Piperazinoalkyl]-iminodibenzyl mit einem Carbamylhalogenid kondensiert. — *5-[3'-(4''-Carbamyl-,* F. 134—136°, *-(4''-Methylcarbamyl-,* F. 140—142°, u. *-(4''-Dimethylcarbamylpiperazino)-propyl]-iminodibenzyl (saures Maleat,* F. 138—140°), aus 5-[3'-Piperazinopropyl]-iminodibenzyl ($Kp._{0,05}$ 215—230°; Dihydrochlorid, F. 220°), das aus Iminodibenzyl u. 1-[3'-Chlorpropyl]-4-formylpiperazin hergestellt wurde, u. KOCN, Methylisocyanat bzw. Dimethylcarbamylchlorid. — *Pharmazeutica.* (**F. P. 1 216 271** vom 30/6. 1958, ausg. 25/4. 1960.) S. BÖTTCHER. 4807

I
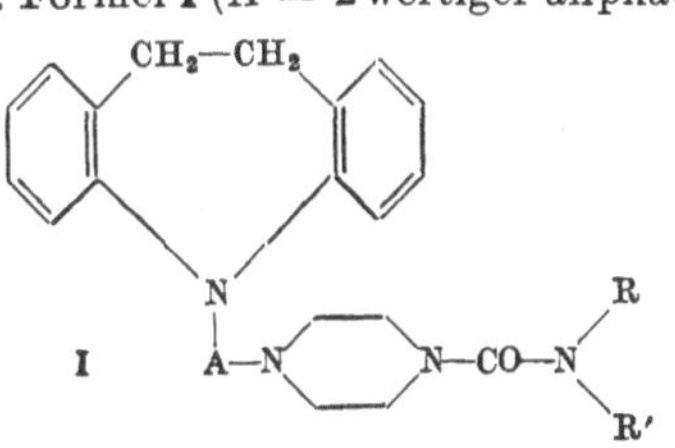

II
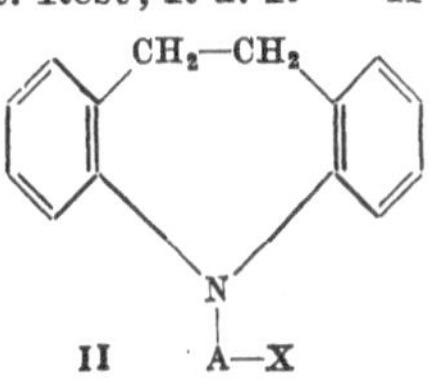

Ciba Soc. An., Schweiz (Erfinder: Lincoln Harvey Werner), **Herstellung von Morphanthridinderivaten** der allg. Formel **I** (X = O oder H_2; A = Alkylenrest; B = tert. Aminogruppe), dad. gek., daß man in Verbb. der allg. Formel **II** tert.-Aminoalkylgruppen einführt u. ggf. 5-[tert.-Aminoalkyl]-morphanthridin-6.11-dione reduziert. — *5-[2-Dimethylaminopropyl]-,* $Kp._{0,2}$ 185° (*Hydrochlorid,* F. 111 bis 114°), *5-[3-Dimethylaminopropyl]-,* $Kp._{0,1}$ 192° (*Hydrochlorid,* F. 97—102°), u. *5-[2-Diäthylaminoäthyl]-morphanthridindion-(6.11),* (*d-Tartrat,* F. 99 bis 100°), aus Morphanthridindion-(6.11) u. 2- bzw. 3-Dimethylaminopropyl- bzw. 2-Diäthylaminoäthylchlorid. — *5-[2-Diisopropylaminoäthyl]-(Hydrochlorid,* F. 132° [Zers.]), *5-[3-(Hydrochlorid,* F. 110° [Zers.]) u. *5-[2-Diäthylaminopropyl]-morphanthridindion-(6.11)* (*Hydrochlorid,* F. 213—215°). — *5-[3-Dimethylaminopropyl]-,* $Kp._{0,8}$ 185—195°, (*Hydrochlorid,* F. 236—239°; *Methochlorid,* F. 166 bis 170°), *5-[2-Diäthylaminoäthyl]-,* (*Hydrochlorid,* F. 110—130°), *5-[2-Isopropylaminoäthyl]-,*

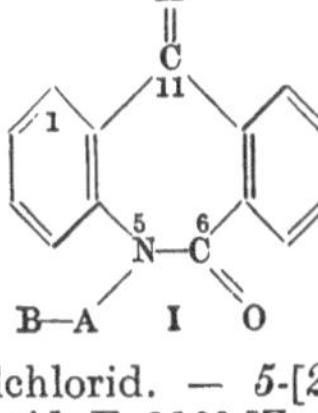
I

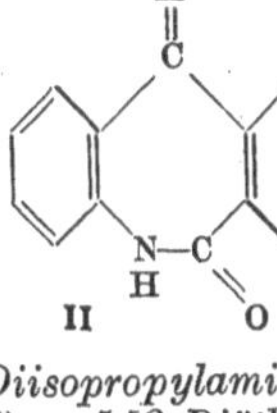
II

(*Hydrochlorid*, F. 208—210°), *5-[3-Diäthylaminopropyl]-*, (*Hydrochlorid*, F. 87—89°; *Methochlorid*, F. 157—161°), *5-[2-Diäthylaminopropyl]-*, (*Hydrochlorid*, F. 125° [Zers.]), *5-[2-Piperidinoäthyl]-*, *5-[2-Morpholinoäthyl]-* u. *5-[2-(4-methylpiperazino)-äthyl]-morphanthridinon-(6)*, aus Morphanthridinon-(6). — *Bz-Methylmorphanthridindion-(6.11)*, 2 Isomere, F. 254—256°, (**III**) bzw. F. 209—213° (**IV**), *5-[2-Diäthylaminoäthyl]-(d-Tartrat*, F. 135—145°), *5-[2-Dimethylaminopropyl]-(d-Tartrat*, F. 128—138°), *5-[3-Dimethylaminopropyl]-(d-Tartrat*, F. 97—110°), *5-[2-Diäthylaminopropyl]-(Hydrochlorid*, F. 135° [Zers.]), *5-[2-Diisopropylaminoäthyl]-(Hydrochlorid*, F. 125° [Zers.]) *v. 5-[3-Diäthylaminopropyl]-Deriv.* von **III**, (*Hydrochlorid*, F. 143° [Zers.]), *5-[2-Dimethylaminopropyl]-Verb.* von **IV**, (*Hydrochlorid*, F. 190—193°), aus 2-Methylanthrachinon. — *Bz-Methylmorphanthridinon-(6)*, F. 234—238° (**V**) bzw. F. 176—179° (**VI**), *5-[3-Dimethylaminopropyl]-Verb.* von **V** (*Hydrochlorid*, F. 150—165°) u. von **VI** (*Hydrochlorid*, F. 140° [Zers.]), *5-[2-Diäthylaminoäthyl]-(Hydrochlorid*, F. 130° [Zers.]), *5-[2-Diäthylaminopropyl]-(Hydrochlorid*, F. 160° [Zers.]), *5-[3-Diäthylaminopropyl]-(Hydrochlorid*, F. 107° [Zers.]) u. *5-[2-Diisopropylaminoäthyl]-Verb.* von **V**, (*Hydrochlorid*, F. 145° [Zers.]). — Bz-*Chlormorphanthridindion-(6.11)*, 5 Isomere, darunter F. 210—214° (**VII**), F. 176—179° (**VIII**) u. F. 257—261° (**IX**), aus Chloranthrachinon. — *5-[3-Dimethylaminopropyl]-Deriv.* von **VII**, (*Hydrochlorid*, F. 160—170°), von **VIII** (*Hydrochlorid*, F. 96—100°) u. von **IX**, (*Hydrochlorid*, F. 120—130°). — *5-[2-Dimethylaminopropyl]-Deriv.* von **VII** (*Hydrochlorid*, F. 215—217°) u. von **VIII** (*d-Tartrat*, F. 85° [Zers.]). — *Heilmittel*. (**F. P. 1 216 631** vom 31/12. 1958, ausg. 26/4. 1960. A. Prior. 6/1. u. 29/10. 1958.) S. Böttcher. 4807

Sandoz Soc. An., Schweiz, **Herstellung von Pivalinsäureester von Reserpinderivaten** der allg. Formel I (R_1 = Alkylrest; R_2 = Alkoxy- oder Alkylmercaptogruppe, R_3 = H oder Alkoxygruppe; R_4 u. R_5 = H oder Alkylreste) erhält man dadurch, daß man entsprechende Reserpsäuremethylester mit Pivalinsäure-Derivv. umsetzt. — *Reserpsäuremethylesterpivalat*, F. 250—252°, $[\alpha]_D^{20}$ —93° (c = 0,2; Pyridin), aus Reserpsäuremethylester u. Pivaloylchlorid in Ggw. von Pyridin. — *11-Äthoxydeserpidinsäuremethylesterpivalat*, F. 193—195°, $[\alpha]_D$ —92° (c = 0,2; Pepidin), aus 11-Äthoxydeserpidinsäuremethylester. — *17-Desmethoxy-17-isopropoxyreserpsäuremethylesterpivalat*, F. 228—230°, $[\alpha]_D$ —61° (c = 0,2; Pyridin). — *10.11-Dimethoxydeserpidinsäuremethylesterpivalat*, F. 270—271°, $[\alpha]_D$ —103° (c = 0,3; Pyridin), aus 10.11-Desmethoxydeserpidinsäuremethylester. — *11-[Äthylmercapto]-derserpidinsäuremethylesterpivalat*, F. 215—218°, $[\alpha]_D$ —87° (c = 0,2; Pyridin), aus 11-[Äthylmercapto]-deserpidinsäuremethylester. — *(—)-(l)-5-Methylreserpsäuremethylesterpivalat*, F. 249—251°, $[\alpha]_D$ —83° (c = 0,2; Pyridin), aus (—)-(l)-5-Methylreserpsäuremethylester. — *11-Äthoxy-17-desmethoxy-17-isopropoxydeserpidinsäuremethylesterpivalat*, F. 193—195°, $[\alpha]_D$ —73° (c = 0,2; Pyridin), aus 11-Äthoxy-17-desmethoxy-17-isopropoxydeserpidinsäuremethylester. — *(—)-(d)-6-Methylreserpsäuremethylesterpivalat*, F. 250—251°, $[\alpha]_D$ —68° (c = 0,2; Pyridin), aus (—)-(*d*)-6-Methylreserpsäuremethylester. — *Heilmittel*. (**F. P. 1 216 034** vom 28/1. 1958, ausg. 21/4. 1960. Schwz. Prior. 30/1. u. 3/12. 1958.) S. Böttcher. 4807

I

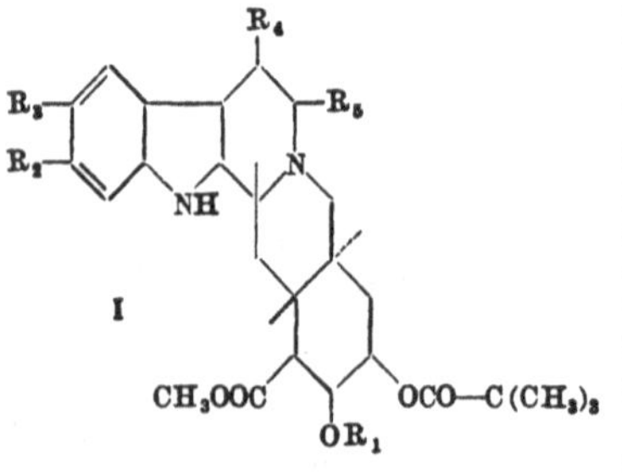

Laboratoires Français de Chimiothérapie, Frankreich (Erfinder: Léon Velluz und Georges Muller), **Herstellung von l-12-Chlorreserpin**, FF. 210° u. 240° (2 Modifikationen); $[\alpha]_D^{20}$ —106° (c = 0,25%; Chlf.). 1-1β-Carboxymethyl-2β-methoxycarbonyl-3α-methoxy-4β-acetoxy-6β-formylcyclohexan wrid mit Diazomethan behandelt u. der Methylester mit 6-Methoxy-7-chlortryptamin umgesetzt zu *18β-Acetoxy-12-chlor-11.17α-dimethoxy-16β-methoxycarbonyl-2.3;3.4-diseco-$\Delta^{4,21}$-20α-yohimben-3-säuremethylester*, den man in Methanol mit KBH_4 red. zu *d-12-Chlor-18β-hydroxy-11.17α-dimethoxy-16β-methoxycarbonyl-3-oxo-2.3-seco-20α-yohimban*, F. 244°; $[\alpha]_D^{20}$ +39° (c = 0,5%; Pyridin); man acetyliert u. erhält *l-18β-Acetoxy-12-chlor-11.17α-dimethoxy-16β-methoxycarbonyl-3-oxo-2.3-seco-20α-yohimban*, F. 125—130°; $[\alpha]_D^{20}$ —3° (c = 0,5%; Pyridin); bei Behandlung mit $POCl_3$ entsteht *l-18β-Acetoxy-12-chlor-11.17α-dimethoxy-16β-methoxycarbonyl-$\Delta^{3,14}$.20α-yohimben*, F. 280°, $[\alpha]_D^{20}$ —51° (c = 0,5%; Dimethylformamid), das man mit Zn in HCOOH red. zu *l-18β-Acetoxy-12-chlor-11.17α-dimethoxy-16β-methoxycarbonyl-3β.20α-yohimban*, (I) F. 310°, $[\alpha]_D^{20}$ —86° (c = 0,25%; Chlf.), bzw. mit $NaBH_4$ u. HCl zu *l-18β-Acetoxy-12-chlor-11.17α-dimethoxy-16β-methoxycarbonyl-20α-yohimban*, FF. 232, dann 280°; $[\alpha]_D^{20}$ —120° (c = 0,25%; Chlf.). **I** wird selektiv verseift zu *l-12-Chlor-18β-hydroxy-11.17α-dimethoxy-16β-methoxycarbonyl-3β.20α-yohim-*

ban, F. 265°, $[\alpha]_D^{20}$ −70° (c = 0,25%; Chlf.), das man mit 3.4.5-Trimethoxybenzoylchlorid umsetzt. (**F. P. 1 214 119** vom 11/10. 1957, ausg. 6/4. 1960.) S. Böttcher. 4807

Laboratoires Français de Chimiothérapie, Frankreich (Erfinder: Léon Velluz und Georges Muller), **Herstellung von l-9.10-Benzodeserpidin,** F. 248°, $[\alpha]_D^{20}$ −172° (c = 0,5%; Chlf.). l-1β-Carboxymethyl-2β-methoxycarbonyl-3α-methoxy-4β-acetoxy-6β-formylcyclohexan wird mit Diazomethan behandelt u. der Methylester mit 4.5-Benzotryptamin umgesetzt zu *18β-Acetoxy-9.10-benzo-17α-methoxy-16β-methoxycarbonyl-2.3;3.4-diseco-Δ⁴˒²¹-20α-yohimben-3-säuremethylester*, den man reduzierend verseift zu *d-9.10-Benzo-18β-hydroxy-17α-methoxy-16β-methoxycarbonyl-3.oxo-2.3-seco-20α-yohimban*, F. 237°; $[\alpha]_D^{20}$ +42° (c = 0,5%; Pyridin); man acetyliert zu *l-18β-Acetoxy-9.10-benzo-17α-methoxy-16β-methoxycarbonyl-3-oxo-2.3-seco-20α-yohimban*, F. 262°, $[\alpha]_D^{20}$ −10° (c = 0,5%; Pyridin), cyclisiert mit $POCl_3$ zu *d-18β-Acetoxy-9.10-benzo-17α-methoxy-16β-methoxycarbonyl-Δ³˒¹⁴-20α-yohimben*, F. 260°, $[\alpha]_D^{20}$ +56° (c = 0,5%; Dimethylformamid), hydriert mit $NaBH_4$ zu *l-18β-Acetoxy-9.10-benzo-17α-methoxy-16β-methoxycarbonyl-20α-yohimban*, F. 290°, $[\alpha]_D^{20}$ −20° (c = 0,5%; Pyridin), mit Zn in HCOOH zu *-3β.20α-yohimban*, F. 312°, $[\alpha]_D^{20}$ −170° (c = 0,5%; Pyridin); dieses wird selektiv verseift zu *l-18β-Hydroxy-9.10-benzo-17α-methoxy-16β-methoxycarbonyl-3β.20α-yohimban*, FF. 190°, dann 237°, $[\alpha]_D^{20}$ −115° (c = 0,5%; Pyridin), das man mit 3.4.5-Trimethoxybenzoylchlorid umsetzt. (**F. P. 1 214 120** vom 15/10. 1957, ausg. 6/4. 1960.) S. Böttcher. 4807

Laboratoires Français de Chimiothérapie, Frankreich (Erfinder- Léon Velluz und Georges Muller), **Herstellung von l-12-Methyldeserpidin,** F. 231°; $[\alpha]_D^{20}$ −124° (c = 0,5%; Chlf.). l-1β-Carboxymethyl-2β-methoxycarbonyl-3α-methoxy-4β-acetoxy-6β-formylcyclohexan wrid mit Diazomethan behandelt u. der Methylester mit 7-Methyltryptamin umgesetzt zu *18β-Acetoxy-17α-methoxy-16β-methoxycarbonyl-12-methyl-2.3;3.4-diseco-Δ⁴˒²¹-20α-yohimben-3-säuremethylester*, den man reduzierend verseift zu *d-18β-Hydroxy-17α-methoxy-16β-methoxycarbonyl-12-methyl-3-oxo-2.3-seco-20α-yohimban*, F. 180°; $[\alpha]_D^{20}$ +25° (c = 0,5%; Pyridin); man acetyliert zu *l-18β-Acetoxy-18α-methoxy-16β-methoxycarbonyl-12-methyl-3-oxo-2.3-seco-20α-yohimban*, F. 226°, $[\alpha]_D^{20}$ −14° (c = 0,5%; Pyridin), cyclisiert mit $POCl_3$ zu *l-18β-Acetoxy-17α-methoxy-16β-methoxycarbonyl-12-methyl-Δ³˒¹⁴-20α-yohimben*, F. 250°, $[\alpha]_D^{20}$ −19° (c = 0,5%; Pyridin) u. hydriert mit $NaBH_4$ zu *l-18β-Acetoxy-17α-methoxy-16β-methoxycarbonyl-12-methyl-20α-yohimban*, F. 295°, $[\alpha]_D^{20}$ −192° (c = 0,5%; Pyridin), mit Zn in HCOOH zu *-3β.20α-yohimban*, F. 267°, $[\alpha]_D^{20}$ −93° (c = 0,5%; Pyr8din); dieses wird selektiv verseift zu *l-18β-Hydroxy-17α-methoxy-16β-methoxycarbonyl-12-methyl-3β.20α-yohimban*, F. 236°, $[\alpha]_D^{20}$ −80° (c = 0,5%; Pyridin), das man mit 3.4.5-Trimethoxybenzoylchlorid umsetzt. (**F. P. 1 214 122** vom 31/10. 1957, ausg. 6/4. 1960.) S. Böttcher. 4807

National Cash Register Co., V.St.A. (Erfinder: **Barrett K. Green und Lowell Schleicher**), *Herstellung von mikroskopischen, Öl enthaltenden Kapseln*. (**F. P. 1 165 805** vom 26/6. 1954, ausg. 29/10. 1958. A. Prior. 30/6. 1953. — C. **1960.** 9651 [Oe. P. 199 206].)

Atlas Powder Co., übert. von: **William C. Griffin,** Wilmington, Del., V.St.A., *Lösungsmittel für Arzneistoffe*. (**Can. P. 552 195** vom 1/2. 1952, ausg. 28/1. 1958. A. Prior. 22/3. 1951. — C. **1955.** 7267 [A. P. 2 667 268].)

S. p. A. Prod. Farmaceutici Specializzati Dott. M. Calosi & Figlio, Florenz, Italien, *Stabile Injektionslösungen des Thiaminphosphorsäureesterchlorids*. (**E. P. 807 242** vom 4/9. 1956, ausg. 14/1. 1959. It. Prior. 19/10. 1955. — C. **1960.** 7256 [D. A. S. 1 069 331].)

Humphreys Medicine Co., Inc., V.St.A. (Erfinder: **Matthew Edward Dullaghan** und **Robert Harold Hochstadt**), *Konzentrieren von Hamamelis-Extrakt*. (**F. P. 1 165 037** vom 1/6. 1956, ausg. 16/10. 1958. A. Prior. 28/10. 1955. — C. **1960.** 12771 [Belg. P. 549 273].)

Soc. An. pour la Diffusion Industrielle, Tanger, *Arzneimittel*. (**F. P. 1 165 856** vom 13/12. 1955, ausg. 30/10. 1958. — C. **1959.** 6567 [D. A. S. 1 040 183].)

W. C. Heraeus G. m. b. H., Hanau, und **Deutsche Gold- und Silber-Scheideanstalt vormals Roessler,** Frankfurt/M. (Erfinder: **Helmut Bredereck,** Stuttgart), *Erhöhung der Katalysatorwirksamkeit zur Herstellung von Polymerisaten*. (**D. A. S. 1 110 868** Kl. 39c vom 1/3. 1954, ausg. 13/7. 1961. Zusatz zu D. A. S. 1 014 327; C. 1958. 7312. — C. **1959.** 1879 [E. P. 771 631].)

Ciba Ltd., Basel, Schweiz, *In 3- und 6-Stellung substituierte 2.5-Bis-[alkylenimino]-p-benzochinone*. (**Holl. P. 98 217** vom 24/11. 1956, ausg. 15/6. 1961. Schwz. Prior. 25/11. 1955 u. 19/9. 1956. — C. **1959.** 17306 [F. P. 1 163 465].)

Sterling Drug, Inc., New York (Erfinder: **Alexander Robert Surrey,** Albany), N.Y., V.St.A., *N-Aralkyl-N-alkoxyalkyl-halogenalkanamide*. (**D. A. S. 1 114 203** Kl. 12q vom 19/2. 1955, ausg. 28/9. 1961. A. Prior. 19/2. 1954. — C. **1960.** 13455 [A. P. 2 732 403].)

Ciba Ltd., Basel, Schweiz, *Aminobenzoesäureester*. (**Holl. P. 98 482** vom 29/8. 1956, ausg. 17/7. 1961. Schwz. Prior. 30/8. 1955. — C. **1960.** 3633 [F. P. 1 166 447].)

N. V. Philips' Gloeilampenfabrieken, Eindhoven (Erfinder: **Hendrik Durk Moed,** Weesp), Holland, *Phenylalkylamine*. (**D. A. S. 1 114 510** Kl. 12q vom 30/9. 1955, ausg. 5/10. 1961. Holl. Prior. 28/5. 1955. — C. **1955.** 15772 [F. P. 1 165 845].)

Ciba Ltd., Basel, Schweiz, *Herstellung von Amiden von Aminocarbonsäuren.* (**Holl. P. 98 418** vom 8/2. 1955, ausg. 17/7. 1961. Schwz. Prior. 9/2. 1954. — C. **1958.** 4571 [Oe. P. 191 405].)

Farmaceutici Italia Soc. An., Mailand, Italien, *Herstellung eines Kaffeesäureesters.* (**Holl. P. 98 113** vom 28/5. 1955, ausg. 15/5. 1961. It. Prior. 28/5. 1954. — C. **1960.** 5251 [Schwz. P. 338 825].)

Wellcome Foundation Ltd. (Erfinder: **Walter Mark Duffin**), *Naphthalinderivate.* (**Aust. P. 222 973** vom 15/11. 1957, ausg. 20/8. 1959. — C. **1959.** 6892 [E. PP. 790 202 u. 790 203].)

Aktiebolaget Bofors, Bofors, Schweden, *Anilide von 1-Alkylpiperidincarbonsäuren und 1-Alkylpyrrolidincarbonsäuren.* (**Holl. P. 98 233** vom 21/2. 1957, ausg. 15/6. 1961. Schwed. Prior. 22/2. 1956. — C. **1961.** 9129 [Oe. P. 197 380].)

Ciba Soc. An., Schweiz, *Herstellung von Pyridyl-(2)-oxazolen.* (**F. P. 1 200 947** vom 7/7. 1958, ausg. 24/12. 1959. Schwz. Prior. 11/7. 1957, 11/2. u. 8/5. 1958. — C. **1961.** 14386 [A. P. 2 929 819].)

Spofa, Spojené Farmaceutické Závody, Národní Podnik, Prag, Tschechoslowakei, *Herstellung von Chromonyl-(3)-[4-hydroxycumarinyl-(3)]-methan.* (**Holl. P. 98 236** vom 7/3. 1957, ausg. 15/6. 1961. Tschech. Prior. 10/3. 1956. — C. **1959.** 3581 [D. A. S. 1 029 381].)

Wellcome Foundation Ltd., London, England, *Herstellung von Piperazinderivaten.* (**Holl. P. 98 256** vom 11/6. 1957, ausg. 15/6. 1961. A. Prior. 11/6. 1956. — C. **1960.** 15493 [Aust. P. 217 718].)

Soc. des Usines Chimiques Rhône-Poulenc, Paris, Frankreich, *Phenthiazinderivate.* (**Holl. P. 98 215** vom 15/11. 1956, ausg. 15/6. 1961. F. Prior. 25/11. 1955 u. 16/8. 1956. — C. **1960.** 229 [D. A. S. 1 058 998].)

Soc. des Usines Chimiques Rhône-Poulenc (Erfinder: **Paul Gailliot, Jean Robert** und **Jacques Gaudechon**), *Phenthiazinderivate.* (**Aust. P. 228 300** vom 11/7. 1957, ausg. 16/6. 1960. F. Prior. 19/7. 1956 u. 29/3. 1957. — C. **1959.** 15138 [D. A. S. 1 052 989].)

Soc des Usines Chimiques Rhône-Poulenc, Paris. übert. von: **Robert Michel Jacob**, Ablons-sur-Seine, und **Jacques Georges Robert**, Paris, Frankreich, *Aminophenothiazine.* (**A. P. 2 972 612** vom 1/4. 1958, ausg. 21/2. 1961. E. Prior. 13/5. 1955. — C. **1959.** 12325 [D. P. [DDR] 14792].)

Eastman Kodak Co., V.St.A. (Erfinder: **Charles Donald Robeson**), *Polyene.* (**F. P. 1 211 308** vom 30/6. 1955, ausg. 15/3. 1960. A. Prior. 1/7. 1954. — C. **1958.** 11904 [D. A. S. 1 001 258].)

Chas. Pfizer & Co., Inc., V.St.A. (Erfinder: **Lloyd Hillyard Conover, Robert Keith Blackwood** und **Frederick John Pilgrim**), *Pyridoxin.* (**F. P. 1 212 035** vom 20/12. 1957, ausg. 21/3. 1960. A. Prior. 31/12. 1956.— C. **1961.** 11055 [E. P. 839 583].)

Chas. Pfizer & Co., Inc., übert. von: **Jonathan O. Brooks**, Brooklyn, N.Y., V.St.A., *Calciumchlorid-Calciumpantothenat-Doppelsalze.* (**A. P. 2 957 025** vom 24/11. 1953, ausg. 18/10. 1960. — C. **1958.** 1930. [E. P. 758 808].)

Glaxo Laboratories Ltd., England (Erfinder: **Thomas Eric Holt** und **John Attenburrow**), *Saure Hydrolyse von Steroidsemicarbazonen.* (**Aust. P. 227 621** vom 4/11. 1958, ausg. 28/4. 1960. E. Prior. 14/11. 1957. — C. **1960.** 15496 [D. A. S. 1 074 040].)

Schering Akt.-Ges., Berlin, *Aminoacetate von gesättigten und ungesättigten 21-Hydroxypregnanverbindungen* (**Ind. P. 63 669** vom 7/4. 1958, ausg. 5/2. 1960. — C. **1959.** 17314 [D. A. S. 1 037 451].)

American Cyanamid Co. (Erfinder: **Seymour Bernstein** und **Robert Herman Lenhard**), *9-α-Halogen-Δ^4-pregnen-16α, 17α, 21-triol-3,11,20-trione und ihre Ester.* (**Aust. P. 226 460** vom 14/8. 1957, ausg. 18/2. 1960. A. Prior. 20/8. 1956. — C. **1959.** 16735 [D. A. S. 1 059 448].)

Syntex Soc. An., Mexico, *Herstellung von neuen 6α-Chlor- oder 6α-Fluor-$\Delta^{1,4}$-3,20-dioxopregnadienen.* (**F. P. 1 215 564** vom 7/3. 1958, ausg. 19/4. 1960. Mexican. Prior. 9/3., 26/3., 11/6., 18/6., 20/7., 9/8., 16/8. 3/9., 23/9., 26/9. u. 15/10. 1957. — C. **1961.** 3747 [D. A. S. 1 079 042].)

G. D. Searle & Co. (Erfinder: **David Anson Tyner**), Skokie, Ill., V.St.A., *Herstellung von 16-Alkyl-$\Delta^{1,3,5,10}$ östratrien-3.16.17-triolen und deren Äthern und Estern.* (**Schwz. P. 353 738** vom 5/2. 1957, ausg. 15/6. 1961. A. Prior. 6/2. 1956. — C. **1958.** 14127 [D. A S. 1 028 573] u. C. **1960.** 11749 [Holl. P. 92 469].)

Upjohn Co., Kalamazoo, Mich., V.St.A., *Hormonpräparat.* (**E. P. 864 710** vom 8/11. 1957, ausg. 6/4. 1961. A. Prior. 24/12. 1956. — C. **1960.** 7609 [A. PP. 2 880 130 u. ? 880 138].)

Armour & Co., Chicago (Erfinder: **Charles William Frank Damaskus**, La Grange), Ill., V.St.A., *Stabilisieren von wässerigen Chymotrypsinlösungen.* (**D. A. S. 1 106 033** Kl. 30h vom 2/7. 1958, ausg. 4/5. 1961. A. Prior. 5/7. 1957. — C. **1961.** 18423 [Holl. P. 95 508].)

Johannes Arends, Volkstümliche Namen der Arzneimittel, Drogen, Heilkräuter und Chemikalien. Eine Sammlung der im Volksmund gebräuchlichen Benennungen und Handelsbezeichnungen. Fünfzehnte, vermehrte und verb. Aufl. Berlin, Göttingen, Heidelberg: Springer. 1961. (VI + 418 S.) 8⁰. DM 18,60.

Arthur Owen Bentley, Textbook of pharmaceutics. 7th edit. by Harold Davis and others. London: Baillière, Tindall & Cox. 1961. (XIII + 1091 S. m. Taf., Tab. u. Diagr.) 52 s, 6 d.

Ralph William Clark, Orientation in pharmacy. 2nd edit. Philadelphia: Lea & Febiger. 1961. (182 S. m. Abb.) $ 4.50.

Edward P. Claus, Pharmacognosy. 4th edit. Philadelphia: Lea & Febiger. 1961. (565 S. m. Abb.) $ 12.50.

Henri Drouin, Lexique de spécialités pharmaceutiques 3e édit. Paris: Société nouvelle de publications médicales. 1958. (573 S.)

Takeru Higuchi, ed., Pharmaceutical analysis, New York: Interscience, 1961, (854 S, m, Abb,) $ 22.50,

Ernst Jucker, Hrsg., Fortschritte der Arzneimittelforschung. Vol. III. Basel, Stuttgart: Birkhäuser Verl. 1961. (564 S.) DM 80,—.

George Karsten† und **Ulrich Weber**, Lehrbuch der Pharmakognosie für Hochschulen. 9., vollkommen neu bearb. Aufl. Jena: Gustav Fischer Verl. 1961. (Etwa 448 S. m. 500 Abb. u. 1 Taf.) Etwa DM 38,—

Friedrich Oehlkers und **Egon Stahl**, Lehrbuch der Pharmakognosie für Hochschulen. 9., vollkommen neu bearb. Aufl. Jena: Gustav Fischer Verl. 1961. (Etwa 450 S. m. Abb.) Etwa DM 38,—.

T. O. Soine and **C. O. Wilson**, Rogers' inorganic pharmaceutical chemistry. 7th edit. London: Kimpton, 1961. (704 S. m. Abb.) 75 s.

G. Analyse. Laboratorium

Die Prüfung von Normschliffverbindungen. Anonym. (Glas-Instrumenten-Techn. **4.** 312—16. Aug. 1960.) (Dt.)

Unter Anführung der Toleranzen für Größe u. Dichtheit der Schliffe u. Hinweis auf DIN-Entwurf 12256 werden eine Reihe von Verff. geschildert, die sich in der Praxis bewährt haben: Prüfungen ohne Meßgerät, wobei der Kern leicht angefeuchtet in die Hülse eingesetzt, dann versucht wird, beide Teile gegeneinander zu verdrehen u. zu wackeln. Art, Lage u. Form von Lufteinschlüssen lassen Rückschlüsse auf die Ursache der Fehler zu. Gute Schliffe sollen sich leicht wie Kugellager drehen lassen. 2. Prüfungen mit Meßgerät. Dazu dienen in den USA Kerne u. Ringe aus gehärtetem Stahl. Kern oder Hülse werden mit einem Bleistiftstrich versehen u. dann mit dem Prüfling gegeneinander verdreht. Verwischt der Strich gleichmäßig, so ist der Schliff dicht. Andere ähnliche Meth. werden beschrieben. 3. Exakte Prüfverff. mit Feinmeßgeräten, wie Lichtspaltlehren, Projektionsgeräten mit 10facher Vergrößerung, dem Zeissschen Komparator, dem Kegelmeßgerät VKM, dem Solex-Verf. u. den neuen pneumat. Verff. der DAMW, Prüfdienststelle Glas, Ilmenau/Thür., wobei die Luftmenge gemessen wird, die unter bestimmten Bedingungen durch ein nichtgefettetes Schliffpaar strömt, werden besprochen. W. Stross. 5010□

Eine Technik zum Umkristallisieren im kleinen Maßstab. M. Martin-Smith. (Lab. Pract. **7.** 572—74. Okt. 1958. Glasgow, Univ., Exp. Pharmac.) (Engl.)

Der App. besteht aus einem Pyrexglasrohr (8—10 mm ∅) mit einer Kugel von 1—5 ml Inhalt u. einem Rohransatz mit Glasfritte mittlerer Durchlässigkeit. Die umzukristallisierende Substanz wird in der Kugel unter Erwärmen gelöst, der App. umgedreht u. die Lsg. unter Druck in ein von Craig u. Post (Ind. Engng. Chem., analyt. Edit. **16.** [1944.] 413) beschriebenes Zentrifugenröhrchen filtriert, in dem die Substanz auskristallisiert. Die Fl. wird durch Zentrifugieren vollständig von den Kristallen getrennt. W. Stross. 5038□

Neue thermogravimetrische Anordnungen. 2. Mitt. **Thermische Technik.** J. Bréfort. (Chaleur et Ind. **42.** 115—31. April 1961.) (Franz.) — 1. vgl. C. **1962.** 598.

Es werden besprochen: Stromschwankungsreglerkreis, Spannungsregler u. seine Kupplung mit den Rheostaten, die Rheostaten, Unters. der optimalen Arbeitsbedingungen für den Regler bei konst. u. variabler Temp., einige prakt. Vers.-Durchführungen. M. Hagedorn. 5052□

Thermogravimetrische Analyse. Cecil L. Wilson. (J. Roy. Inst. Chem. **83.** 550—64. Okt. 1959. Belfast, Queen's Univ.) (Engl.)

Vf. stellt verschiedene handelsübliche Thermowaagen vor, deren allg. Anwendung an mehreren Beispielen beschrieben wird. Für Lehrzwecke wird der Aufbau einer einfachen Thermowaage angegeben. D. Hass. 5052□

Ein einfacher automatischer Hochtemperatur-Thermoanalyseapparat. S. J. Lloyd und J. R. Murray. (J. sci. Instruments **35.** 252—54. Juli 1958. Harwell, Berks., A.E.R.E.) (Engl.)

Es wird ein automat. registrierender Vakuum-DTA-App. mit einem Mo-Drahtofen für Temp. zwischen 400 u. 1550° beschrieben. Kleine Proben (bis 0,3 g) können zur Unters. von Phasenänderungen im festen Zustand in direkte Berührung mit dem Pt/Pt-13%-Rh-Element gebracht werden, in dessen unmittelbarer Nachbarschaft sich die Vgl.-Anordnung befindet. Zur Aufnahme von 20—80 g-Proben u. von Material, das mit dem Thermoelement reagiert, ist ein Tiegel vorgesehen, in dessen Boden die Verb.-Stelle des Elements eingelassen ist. Die Anordnung ist von einer wassergekühlten Edelstahlglocke umgeben, die auf 10^{-5} mm evakuiert werden kann. W. Betcke. 5052□

Über die Auswahl der „Raster"-Geschwindigkeit, der optimalen Zeitkonstante und der Spaltbreite bei spektrometrischen Messungen. G. G. Petrasch. (Оптика и Спектроскопия [Optik u. Spektroskopie] **6.** 792—97. Juni 1959.) (Russ.)

Für die Ermittlung der optimalen Bedingungen mit dem kleinsten summar. Fehler (nach der Meth. der mittleren Quadrate) bei der Aufnahme von Spektren werden Gleichungen abgeleitet, die die systemat. Verzerrungen, die App.-Funktion u. die Charakteristiken des Registrier-Syst. berücksichtigen. R. K. Müller. 5063□

Verwendung des Rechenschiebers zur Berechnung der log ε-Werte in der Spektroskopie. G. Ludwig. (Angew. Chem. **73.** 271—72. 21/4. 1961. Erlangen, Univ., Inst. für Org. Chem.) (Dt.)

Es wird gezeigt, wie aus der am Spektralgerät angezeigten konzentrations- u. schichtdickenabhängigen Extinktion E der dekad. Logarithmus des molaren Extinktions-

Koeff. unter direkter Anwendung der Beziehung $^{10}\log \varepsilon = {}^{10}\log E - {}^{10}\log(cd)$ auf ganz einfache u. schnelle Weise ermittelt werden kann. Für ein ganzes Spektrum braucht man bei stetiger Kurve die Einerstelle nur einmal auszurechnen. H. LINDBERG. 5063□

Automatisches Registrierphotometer. D. Halama, (Chem. Zvesti **13.** 254—64. 1959. Bratislava, Kat. techn. mikrobiol. a biochém. Slov. vys. školy techn.) (Tschech.)

Ausführliche Konstruktionsbeschreibung eines registrierenden Photometers für die quant. Auswertung von Papierchromatogrammen. Die App. besitzt 2 Photozellen in Kompensationsschaltung, auf welche die durch Farbfilter (des LANGE-Kolorimeters) sensibilisierten Strahlenbündel in 45° von der Unterlage reflektiert werden. Eine Photozelle empfängt das von dem Chromatogramm reflektierte Strahlenbündel, die andere das von reinem Papier gleicher Qualität. Papierstreifen-Geschw. 5 cm/min. Die App. arbeitet vollautomat. u. kann in 8 Std. 40—80 Chromatogramme mit guter Reproduzierbarkeit auswerten. J. TŮMOVÁ. 5064□

Lineare Titrationskurven von Säuren und Basen. Norman R. Joseph. (Science [Washington] **129.** 1493. 29/5. 1959. Chicago, Ill., Univ. of Illinois, Coll. of Pharm., Dep. of Chem.) (Engl.)

Durch eine einfache Umformung geht die HENDERSON-HASSELBALCH-Gleichung in $p_H - p_K = p_A - p_B$ über, wobei p_A u. p_B die negativen log der Säure- bzw. Basen-Konzz. bedeuten. S-förmige Titrationskurven einwertiger schwacher Säuren oder Basen können dann als Geraden, die mehrwertiger Elektrolyte (z. B. Aminosäuren, Peptide oder Polypeptide) als eine Schar paralleler Geraden dargestellt werden. Dieses Verf. wird auf die Titration eines Dipeptids (*Glycylaminotricarballylsäure*) angewendet, das 4 titrierbare Gruppen besitzt. Die Ergebnisse werden in einem halb-logarithm. Koordinaten-Syst. [$(p_A - p_B)$ gegen p_H] u. einem D'OCAGNE-Nomogramm aufgetragen. Bei diesem in seiner allg. Form für alle Elektrolyte geeigneten Dreileiternomogramm wird auf der 1. Skala ein beliebiger pH-Bereich, auf der 2. $(p_A - p_B)$ oder log B/A u. auf der 3. der dem pH-Bereich entsprechende pK-Bereich eingetragen. Jede Skala ist linear. Die pH- u. pK-Intervalle sind gleich, aber gegenläufig. Die $(p_A - p_B)$-Skala ist äquidistant u. parallel zu den beiden anderen; ihr Nullpunkt liegt in der Skalenmitte. W. HEIN. 5066□

Lineare Titrationskurven. H. Druckrey. (Science [Washington] **129.** 1492. 29/5. 1959. Freiburg, Chirurg. Univ.-Klinik, Labor.) (Engl.) — Vgl. vorst. Referat.

Vf. verweist darauf, daß sich zur linearen Darst. von Titrationskurven ebenfalls das doppeltlogarithm. „Massenwirkungsgesetz-Netz" Nr. 435½ der Fa. SCHLEICHER & SCHÜLL eignet. W. HEIN. 5066□

Die potentiometrische Titration von sehr schwachen Säuren. Der Einfluß des für das Titriermittel verwendeten Lösungsmittels. Gerald A. Harlow und Garrard E. A. Wyld. (Analytic. Chem. **30.** 73. Jan. 1958. Emeryville, Calif., Shell Developm. Co.) (Engl.)

Bei der potentiometr. Titration von schwachen Säuren in Aceton oder Pyridin mit Lsgg. quart. Ammoniumbasen ist die Höhe des Potentialsprungs von dem sauren Charakter des Lsgm. für die Base abhängig. Die Titrationskurven für *Phenol* in Aceton u. *Pyridin* sowie von *2.6-Di-tert.-butyl-4-methylphenol* in Pyridin mit Tetra-n-butylammoniumhydroxid in W., Methanol, A. u. Isopropanol sind wiedergegeben. Letzteres ist am besten als Lsgm. geeignet. W. BETCKE. 5066□

Neuer Titrierautomat für Potentiometrie. G. Halfter, W. Kuttler und G. Köhler. (Chemie-Ing.-Techn. **31.** 734. Nov. 1959. Grenzach, Bd. Anal. Labor. Fa. Geigy u. Lorch/Wttb., Entwicklungslabor. Fa. Colora.) (Dt.)

Ein Automat wird beschrieben, der die Titrier-Fl. gegen Ende der Titration diskontinuierlich in gleichen Vol.-Schritten zuführt. Die bei der Zugabe einer bestimmten Menge Titrier-Fl. entstehende Potentialänderung wird gespeichert u. dann kompensiert. Nach Zugabe einer weiteren gleichen Menge wird die nun entstehende Potentialänderung durch Differenz-Bldg. mit dem gespeicherten Wert verglichen. Der Endpunkt ist erreicht, wenn die Differenz positiv wird. Pro Impuls werden 0,5 ml zugegeben, so daß aus der Anzahl der Impulse die verbrauchte Menge abgelesen werden kann u. sich die Verw. einer Bürette erübrigt. Alle Elektrodenarten können verwendet werden; bei Glaselektroden stören weder das Asymmetriepotential noch Alkalifehler. W. STROSS. 5066□

Anwendung der oscillographischen Polarographie in der quantitativen Analyse. 12. Mitt. **Ausnutzungsmöglichkeit der Kapazitätserscheinungen.** R. Kalvoda. (Collect. czechoslov. chem. Commun. **25.** 3071—84. Dez. 1960. Prag, Tschechoslow. Akad. der Wiss., Polarograph. Inst.) (Dt.) — 11. vgl. C. **1961.** 3759.

Adsorbierbare organ. Verbb. ändern die Kapazität der Elektrodendoppelschicht. Im Kurvenverlauf der Funktion $dE/dt = f(E)$ tritt daher ein Adsorptions- u. ein Desorptionseinschnitt auf, der zur analyt. Best. ausgenutzt werden kann. Kapazitätseinschnitte auf den oscillograph. $dE/dt = f(E)$-Kurven unterscheiden sich von den elektrolyt. Vorgängen durch Konz.- u. Temp.-Abhängigkeit u. können auch durch Vgl. der dE/dt = f(E)-Kurve mit derjenigen in „leeren" Grund-Lsgg. unterschieden werden. Die Einschnitte wurden bei *Pyridin, 2-, 3-* u. *4-Picolin, 2.4-* u. *2.6-Lutidin, 2.4.6-Kollidin, Methanol, Äthanol, n-* u. *iso-Propanol, n-, sek.-, tert.-* u. *iso-Butanol, n-tert.-* u. *iso-Pentanol, n-Hexanol, n-Heptanol, Caprylalkohol, Decylol, Dodecanol, Bzl., Toluol, Xylol, p-Cymol, Mesitylen, Papaverin, Atropin, Narcotinsäure, Typtophan, α-Naphthylessigsäure, β-Indolylessigsäure, -propionsäure* u. *-buttersäure, Intercain* u. *Oestron* beobachtet u. verglichen. Die Adsorbierbarkeit steigt mit der Schwerlöslichkeit. Die Konstitutions-Einfl. bei nichtionisierten sowie ionisierten Verbb. werden diskutiert. P. ZUMAN/Prag. 5066

Einfluß der Registriereinrichtung auf die Gestalt der polarographischen Kurven. L. Němec. (Collect. czechoslov. chem. Commun. **25.** 3085—97. Dez. 1960. Prag, Labor. přístroje.) (Dt.)

Vf. untersucht den Einfl. des Registriermechanismus auf die Größe des bei konst. Spannung abgelesenen Stromes sowie auf die Verzerrung der Form der Spannungsabhängigkeit des Stromes, wenn sich die Spannung langsam als lineare Funktion der Zeit ändert u. während der Dauer eines Tropfens prakt. konst. ist. Zu einer verläßlichen Registrierung der polarograph. Ströme sind Registriermechanismen mit linearer Dämpfung u. geringfügiger Abnahme der Polarisationsspannung (ca. 1 mV) im Stromkreis der Hg-Tropfelektrode am besten geeignet. Nur diese Syst. ermöglichen es, den genauen Mittelwert der polarograph. Ströme zu gewinnen; ihr Einfl. auf die Gestalt der polarograph. Kurven läßt sich annähernd berechnen u. leicht auf einen annehmbaren Wert beschränken. Andere Registriermechanismen können Verzerrungen der Kurven verursachen. P. ZUMAN/Prag. 5066

Zur mikrochemischen automatischen Untersuchung der atmosphärischen Luft. 1. Mitt. **Die „relativ-konduktometrische" Kohlendioxidbestimmung.** H. Malissa und G. Wagner. (Mikrochim. Acta [Wien] **1962.** 332—39. Wien, TH, Inst. für analyt. Chem. u. Mikrochem.) (Dt.)

Vff. beschreiben ein relativkonduktometr., automat. registrierendes Gerät, mit dessen Hilfe der CO_2-Geh. der atmosphär. Luft bestimmt wird. Die Ergebnisse werden den nach der bisherigen titrimetr. Meth. erhaltenen gegenübergestellt. Bei zumindest gleicher Genauigkeit (±1% relativ) wurde ein wesentlicher Zeitgewinn erreicht. F. SARFERT. 5088□

a) Elemente und anorganische Verbindungen

Allgemeine Betrachtungen zur Chromatographie anorganischer Ionen an Cellulose. F. Fouarge und G. Duyckaerts. (J. Chromatogr. [Amsterdam] **3.** 48—57. Jan. 1960. Liège, Belgien, Univ. Labor. de Chim. analyt.) (Franz.)

Vff. untersuchen die papierchromatograph. Trennung der Alkalien (I), Erdalkalien (II) u. Seltenen Erden (III) unter bes. Berücksichtigung des Elutionsmechanismus. Elution von I durch mit 2nHCl gesätt. Phenol beruht auf Verteilung, während sie mit methanol. Lsgm. (mit u. ohne HCl) auf Adsorption beruht. Das „freie" W. im methanol. Laufmittel wird als „Motor" für die Wanderung angesehen. Diese Hypothese erklärt die verzögernde Wrkg. von HCl: das H^+-Ion bindet freies Wasser. Weiterhin wird eine Umkehrung der Reihenfolge der Kationen bei Elution mit 12nHCl beobachtet. Inversion u. Retardation beruhen auf Dehydration der Kationen durch das H^+-Ion der Säure, wodurch die Adsorptionsfähigkeit erhöht wird, diese ist abhängig vom Ionenradius der I, II u. III. U. BEHRENS. 5106□

Polarographische Bestimmung der Reinheit von Reagentien. 2. Mitt. **Polarographisches Verhalten zahlreicher Elemente in doppelt normaler Natriumhydroxidlösung.** Elena Fornasari und Elena Gagliardo. (Atti Inst. Veneto Sci., Lettere Arti, Cl. Sci. mat. natur. **115.** 217—32. 1957. Padova, Centro di Studio per la polarografia.) (Ital.) — 1. vgl. Suppl. alla Ricerca sci. **1957.** 273.

Mit Hilfe der beschriebenen Meth. (l. c.) untersuchten Vff. das polarograph. Verh. der folgenden anorg. Kationen in 2nNaOH: *Ag(I), Al(III), As(III), Au(III), Be(II), Bi(III), Cd(II), Co(II), Co(III), Cr(III), Cr(VI), Cu(II), Fe(II), Fe(III), Ga(III), Hg(II), In(III), Mn(II), Mo(VI), Ni(II), Pb(II), Re(VII), Sb(III), Sn(II), Sn(IV), Ti(IV), Tl(I), U(VI), V(V), W(VI)* u. *Zn(II)*. Tabellar. sind die gemessenen Werte von $\pi_{1/2}$ u. J_d angegeben. C. GOTTFRIED. 5106

Die volumetrische Bestimmung von Phosphaten und von Metallen in Gegenwart von Phosphaten. 4. Mitt. **Die komplexometrische Bestimmung einiger Metalle in Gegenwart von Phosphat mit Eriochromschwarz T als Indicator.** S. S. Daniel, J. P. Redfern, J. E. Salmon und J. G. L. Wall. (Lab. Pract. **7.** 15—16. Jan. 1958. London, Battersea Coll. of Technol., Chem. Dep.) (Engl.) — 3. vgl. C. **1962.** 2103.

Eine Reihe von Metallen läßt sich in alkal. Lsg. auch in Ggw. von überschüssigem Phosphat bei Verw. der *Äthylendiamintetraessigsäure* (AeDTE)-Meth. durch Rücktitration mit Zn^{2+}-Lsg. bestimmen. Die Ergebnisse der Best. von Zn^{2+}, Co^{2+}, Ni^{2+}, Cd^{2+}, Hg^{2+}, Mg^{2+}, In^{3+} u. Ca^{2+} in Ggw. wechselnder Mengen PO_4^{3-} sind aufgeführt. Auf Sr^{2+} u. Ba^{2+} läßt sich das Verf. auch bei Abwesenheit von PO_4^{3-} nicht anwenden. Bei Ca^{2+} darf der PO_4^{3-}-Überschuß nur gering sein. Die Probe-Lsg. (0,1—0,2 mMol) wird mit bekannten Mengen 0,3m H_3PO_4- u. 0,01m Na-AeDTE-Lsg. (letztere in 2- bis 3fachem Überschuß) versetzt u. mit Ammoniak gegen Methylrot neutralisiert. Nach 10 Min. langem Kochen wird der pH-Wert mit etwas verd. Ammoniak auf 10 eingestellt. Der AeDTE-Überschuß wird gegen 0,01m $ZnSO_4$-Lsg. unter Verw. von Eriochromschwarz T als Indicator (Farbwechsel Blau—Weinrot) zurücktitriert.

W. BETCKE. 5106□

Über die colorimetrische Bestimmung von Fluorid. 2. Mitt. **Resacetophenon und dreiwertiges Eisen als Reagentien.** Shu-Chuan Liang und Kwong-Hwa Hsüeh. (Sci. sinica **6.** 1039—47. Dez. 1957. Peking, Acad. Sinica, Inst. of Chem.) (Engl.) — 1. vgl. C. **1959.** 9339.

Resacetophenon (Acetylresorcin, I) bildet mit Fe(III) einen farbigen Komplex, dessen Zers. durch F^- als Grundlage einer spektrometr. F^--Best. dient. Gemessen wird die Verminderung der Absorption des Fe-I-Komplexes in saurer, acetatgepufferter Lsg. durch F^- bei 470 mμ. Die Absorption des Komplexes erreicht ein Maximum bei pH 3,1. Im Bereich pH 1,7—3,1 besteht eine nahezu lineare Beziehung zwischen der F^--Konz. u. der Absorptionsverminderung. Der Vgl. zwischen 3 Reagentien mit 1, 7,5 u. 50 mg Fe^{3+} auf 100 mg I in 100 ml Lsg. zeigte ,daß die Empfindlichkeit gegenüber F^- mit abnehmender Fe-Konz. zunimmt, jedoch nimmt die Empfindlichkeit ab. Der optimale pH-Bereich ist 2—2,5. Der Einfl. von Cl^- u. NO_3^- ist unerheblich, während SO_4^{2-} u. S^{2-} die Absorption erheblich vermindern. CN^- stört ebenfalls u. HCO_3^- beeinflußt den pH-Wert. Ti(IV) hydrolysiert u. Zr(IV) bildet mit F^- einen stabileren Komplex als Fe(III). Absorptionsmessungen bei wechselndem mol. Verhältnis ergaben, daß das Molverhältnis zwischen Fe(III) u. I in dem untersuchten Komplex 2:3 ist. W. BETCKE. G 246□

Die Bestimmung von Sulfid, Hydrogensulfid und Schwefelwasserstoff bei deren gemeinsamer Anwesenheit in reinen wässerigen Lösungen. K. P. Mischtschenko, T. A. Tumanowa und I. Je. Fliss. (Журнал Аналитической Химии [J. analyt. Chem.] **15.** 211—17. März/April 1960. Leningrad, Technol.-Inst. der Cellulose-Papier-Ind. UdSSR.) (Russ.)

Die Best. von Sulfid (I), Hydrogensulfid (II) u. H_2S nebeneinander gelingt durch potentiometr. Titration der Lsgg. mit $AgNO_3$ an einer Ag/Ag_2S-Elektrode. Nach Best. des pH-Wertes der Ausgangs-Lsg. wird durch Zusatz von Alkali ein pH-Wert von 13 eingestellt u. mit $AgNO_3$ die Summe von I, II u. H_2S bestimmt. Aus diesen Werten errechnet man mit Hilfe thermodynam. Gleichungen die Einzelkonzz. von I, II u. H_2S. Das bei der Titration entstehende AgHS besitzt bei 25° ein Löslichkeits-Prod. von $(8,87 \mp 0,21) \cdot 10^{-27}$.

E. HEISE. G 253□

Bestimmung der Alkalisulfide durch direkte Titration. Sándor A. Kiss. (Talanta [London] **8.** 726—28. Okt. 1961. Kazincbarcika, Hungary, Borsody Vegyi Kombinat.) (Engl.)

Vf. beschreibt eine Meth. zur Schnellbest. von S^{2-} mit Hilfe einer direkten Titration. Zur Fällungstitration von S^{2-} eignen sich bes. Ag^+ u. Cd^{2+} bei potentiometr. Indizierung des Endpunktes. Am günstigsten erwies sich die Titration mit 0,1m $Cd(CH_3COO)_2$-Lsg. in acetatgepuffertem Medium, da Ag^+ mit zahlreichen Anionen reagiert. Die Anzeige des Endpunktes erfolgte nach der Dead-Stop-Methode. Das Verf. wird durch OH^- u. CN^- gestört, während SO_3^{2-}, $S_2O_3^{2-}$, NO_2^- u. Cl^- keinen Einfl. haben. Die Genauigkeit der Best.-Meth. wird mit $\pm 0,2\%$ angegeben. K. OHLS. G 253□

Derivate des Trihydroxyfluorons als Reagentien für Tellur. G. G. Schitarewa und W. A. Nasarenko. (Украинский Химический Журнал [Ukrain. chem. J.] **26.** 368—72. 1960. Odessa, Inst. für allg. u. anorg. Chem. der Akad. der Wiss. der UdSSR.) (Russ.)

C_9-substituierte Derivv. von 2.3.7-Trihydroxyfluoron (I) bilden im schwach sauren Medium mit Te(IV) 2:1-Komplexe. Se(IV) u. Se(VI) reagieren unter diesen Bedingungen nicht. Folgende I-Derivv. wurden geprüft: *9-Propyl*-I, Gelb—Orange (Farbumschlag bei Te-Zusatz), 4,0—6,0 (optimaler pH), 0,2 (Empfindlichkeit in μg/ml); *β-Hydroxy-α-naphthyl*-I, Gelborange—Rot, 4,0—5,5, 0,2; *4-Hydroxy-3-methoxyphenyl*-I, Braungelb—Braunrot, 4,0—5,0, 0,4; *2-Methoxy-3.4-methylendioxy-6-äthyl-β-methylaminophenyl*-I, Weingelb—Weinrot, 4,0—5,0, 0,4; *Trichlormethyl*-I, gelber Nd.—Orangerot, 4,0—5,0, 0,2; *4-Nitrophenyl*-I, rosa Nd.—Rot, 4,0—5,0, 0,2; *5-Nitro-2-hydroxyphenyl*-I, 4,0—6,0, 0,4; *3-Nitro-2-hydroxyphenyl*-I, Orangerosa—Rosarot, 3,5—5,0, —. — Ausführung:

Zu 3 ml einer Te(IV)-Lsg. ($\leq$10 μg Te) werden bei dem angegebenen pH-Wert 0,5 ml einer 1%ig. Gelatine-Lsg. u. 0,5 ml einer $1 \cdot 10^{-3}$m alkohol. I-Lsg. zugesetzt.

E. STEINBERG. G 255□

Charakteristik des Bor–Benzoin-Komplexes. Verbesserung der fluorometrischen Bor-Bestimmung. Charles E. White und Donald E. Hoffman. (Analytic. Chem. **29.** 1105–08. Juli 1957. College Park, Md., Univ. of Maryland, Dep. of Chem.) (Engl.)

Der Einfl. der Alkalität u. zahlreicher Verbb. auf die Stabilität der Fluorescenzintensität des zur fluorometr. B-Best. benutzten B–Benzoin-Komplexes wurde untersucht. Zur Unters. des pH-Einfl. wurden alkohol., 50 γ B enthaltende Lsgg. mit 2 ml 0,5%ig. alkohol. Benzoin-Lsg. versetzt u. nach Zugabe von 0,1–0,5 ml Puffer-Lsg. mit A. auf 25 ml aufgefüllt. Die Fluorescenzintensität wurde während 20 Min. unter Verw. eines Filters von 460–510 mμ Durchlässigkeit bei einer Anregung mit Licht von 310–400 mμ gemessen. Die größte Intensitätsbeständigkeit (von der 4. bis zur 14. Min.) wurde mit 0,4–0,9 ml Glycinpuffer (pH 12,8) erreicht, während die Intensität bei Zusatz von 0,1 ml 0,6nNaOH nur für ca. 1 Min. konst. blieb. Weiter wurde der Einfl. zahlreicher organ. Basen untersucht, von denen Isopropylamin (2 ml) das beste Ergebnis (Intensitätskonstanz von der 7.–30. Min.) brachte. Eine Reihe von Lsgm., wie Alkohole, Dioxan, Chlf., Ae., Formamid, wurde benutzt. Der höchste Intensitätswert ergab sich bei Verw. von 95%ig. Äthanol. Das Absorptionsspektrum des B–Benzoin-Komplexes in KOH-haltiger Lsg. wurde aufgenommen. Die Meth. der Variation der Molverhältnisse ergab, daß ein 1:1-Komplex vorliegt. Best.-Vorschrift: 1–25 γ B in 1 ml Lsg. werden mit 0,5 ml W., 0,5 ml Glycinpuffer (pH 8) u. 15 ml A. versetzt. Nach Zusatz von 3 ml 0,5%ig. Benzoin-Lsg. wird mit A. auf 25 ml aufgefüllt u. die Fluorescenz nach 5–20 Min. gemessen.

W. BETCKE. G 258□

Die Bestimmung freien Bors in Borcarbid, Bornitrid und Legierungen von diesen. Je. Je. Kotljar und T. N. Nasartschuk. (Журнал Аналитической Химии [J. analyt. Chem.] **15.** 207–10. März/April 1960. Kiew, Inst. für Metallkeram. u. spez. Legg. der Ukrain. Akad. der Wiss.) (Russ.)

Bei Behandlung von Bornitrid, Borcarbid u. Bor-Legg. mit einem Gemisch von Perhydrol u. HNO_3 wird nur das freie B oxydiert, während gebundenes B auch bei wiederholter Behandlung nicht angegriffen wird. In der erhaltenen Borsäure-Lsg. kann B durch Titration mit Invertzucker bestimmt werden. Nach dieser Meth. können bis zu 10 mg B bestimmt werden.

E. HEISE. G 258□

Die spektrophotometrische Bestimmung von Bor in Hochtemperatur-Legierungen mit der Chinalizarin-Methode. A. H. Jones. (Analytic. Chem. **29.** 1101–05. Juli 1957. Detroit, Mich., Gen. Motors Co., Res. Staff.) (Engl.)

Bor läßt sich in Hochtemp.-Legg. spektrometr. auf Grund der Färbung seines Chinalizarin (I)-Komplexes in starker H_2SO_4 in Konzz. von 0,01–0,1% bestimmen. Lediglich Ti stört in geringem Maße. Die Störung kann durch Berücksichtigung des Ti-Geh. auf der Eichkurve eliminiert werden. Die Probe (bis 0,3 mg B u. 50 mg Ti) wird im Fe-Tiegel mit 8 g Na_2O_2 geschmolzen. Die Schmelze wird in 25 ml W. aufgenommen u. nach Zusatz von 26 ml konz. H_2SO_4 am Rückfluß 5 Min. lang gekocht. Nach der Red. von $Cr_2O_7^{2-}$ mit einem geringen Überschuß Na_2SO_3 wird die Lsg. auf 100 ml aufgefüllt. 2,00 ml davon werden mit 25 ml I-Lsg. (120 mg I/Liter konz. H_2SO_4 wird 1:20 mit H_2SO_4 verd.) versetzt. Nach 2 Std. wird die Absorption bei 615 mμ gemessen. Die Absorption einer ebenso hergestellten Blind-Lsg. muß berücksichtigt werden.

W. BETCKE. G 258□

Aufschluß schwerzersetzlicher Silicate in der Ultramikro-Analyse. Claude W. Sill. (Analytic. Chem. **33.** 1684–86. Nov. 1961. Idaho Falls, Id., U. S. Atom. Energy Commiss. Health and Safety Div.) (Engl.)

Eine auf einer Fluorid–Pyrosulfat-Schmelze basierende Meth. zur Zers. hartnäckiger Silicate wird beschrieben: Die Probe (0,5 g) im Pt-Tiegel wird mit 1 ml W. befeuchtet, mit 2 Tropfen HF abgeraucht u. mit 3 g KF verschmolzen. Die Schmelze wird mit 3 ml konz. H_2SO_4 erhitzt u. bei der Entw. von Gasblasen jedesmal schnell beiseitegesetzt. Die Lsg. der Schmelze in verd. HCl wird zur Hydrolyse der Phosphate auf 15 ml eingedampft u. dann auf das zur weiteren Analyse erforderliche Vol. verdünnt. Kleinste Mengen nichtflüchtiger Elemente können bei geochem. Unterss. bestimmt werden.

W. BETCKE. G 261□

Verbesserungen bei der fluorometrischen Bestimmung von Submikrogramm-Mengen Beryllium. Claude W. Sill, Conrad P. Willis und J. Kenneth Flygare jun. (Analytic. Chem. **33.** 1671–84. Nov. 1961. Idaho Falls, Id., U.S. Atom. Energy Commiss., Health and Safety Div.) (Engl.)

Die von SILL u. WILLIS (C. **1959**. 15142) beschriebene Meth. zur fluorometr. Best. von Be mit Morin (2'.4'.3.5.7-Pentahydroxyflavon) wurde verbessert. Das Anwendungsgebiet konnte erweitert werden. Durch Ersatz der zur Maskierung von störenden Elementen verwendeten EDTA durch Diäthylentriaminpentaessigsäure (DTPE) konnte eine Erhöhung der Selektivität erzielt werden. Fluorescenzstörungen durch Seltenerdmetalle, nicht aber durch Th u. Zr werden vermieden). Bei Ausschluß aller das Morin oxydierenden Stoffe erwies sich ein Zusatz von Sn(II) zur Stabilisierung der Fluorescenz als überflüssig. Bes. untersucht wurde die Adsorption von Be aus alkal. Lsg. an Glaswänden. Gering ist die Adsorption an Polystyrol. Durch eine bes. Filterkombination wurde eine Verdreifachung des Verhältnisses der Be- zur Blindfluorescenz erreicht. Die Anregung geschieht durch Licht des sichtbaren Bereichs, so daß farblose Ionen nicht stören. Nach der Meth. der Variierung des Molverhältnisses wurde der Be-Morin-Komplex als 1:1-Chelat erkannt. — Es werden Vorschriften für die Best. von Be in U, Zr, Th, Al, Silicaten, Cu-Legg., Oxiden u. Phosphaten der Seltenerdmetalle u. in Luftrauch angegeben. — Allgemeine Vorschrift: Zu einer Lsg. von 13 g umkrist. DTPE + 10 ml 20%ig. Triäthanolamin in 50 ml W. werden 20 ml einer filtrierten Lsg. von 60 g NaOH + 320 g $NaClO_4$ in 250 ml W. u. nach vollständiger Lsg. der Rest gegeben (Lsg. A). Zu 15 g DTPE in 200 ml W. werden 75 ml Piperidin gegeben u. unter Rühren abgekühlt. Dann wird mit W. auf 500 ml aufgefüllt (Puffer-Lsg. B). — Zu der Be-Lsg. (ca. 0,5 ml) werden nach Entfernung der störenden Elemente 1 ml Al-Lsg. (4,9 g $Al_2(SO_4)_3 \cdot 18\,H_2O$ + 1 ml 72%ig. $HClO_4$ in 100 ml), 3 ml Lsg. A u. 3 Tropfen 0,01%ig. Chinin-Lsg. in 1%ig. $HClO_4$ gegeben. Dann wird mit 72%ig. $HClO_4$ bis zum Auftreten einer hellblauen Fluorescenz (unter UV-Licht) neutralisiert. Nach Auslöschung der Fluorescenz mit 1 n NaOH werden 5 ml Lsg. B u. 1 ml 0,0075%ig. Morin-Lsg. in 40%ig. A. zugesetzt. Die Lsg. wird auf 25 ml aufgefüllt u. vor der Fluorescenzmessung 20 Min. in einem Temp.-Bad (Raum-Temp.) genau temperiert. Entsprechend werden Eich- u. Blind-Lsgg. hergestellt. Ein Be-Standard (0,05 μg Be/ml) wird durch Lösen von 0,1964 g $BeSO_4 \cdot 4\,H_2O$ + 10 ml 72%ig. $HClO_4$ im Liter u. Verdünnen von 5 ml dieser Lsg. + 1 ml $HClO_4$ auf 1 Liter erhalten. — Die Erfassungsgrenze ist 0,5 mμg Be/25 ml Lsg.; 0,25 μg Be lassen sich mit einem Fehler von 0,5% bestimmen. — Ce(IV) oxydiert Morin u. muß mit Na_2SO_3 red. werden. Störungen durch Fe, U, Th u. Zr werden diskutiert. — Be in U: 1 g U wird durch Erwärmen in einem HCl–W.-Gemisch (1:2) mit 15 Tropfen 30%ig. H_2O_2 gelöst, die Lsg. wird mit 3 ml konz. H_2SO_4 bis zur Rauch-Entw. eingeengt u. dann mit 5 g Na_2SO_4 verschmolzen. Die Lsg. des Schmelzkuchens in 35 ml W. wird mit 25 ml 10%ig. EDTA-Lsg. versetzt u. mit NH_3 gegen Phenolphthalein (I) neutralisiert (kein Nd.) u. das U mit 2 g $Na_2S_2O_4$ reduziert. Die klare grüne Lsg. wird 2 mal mit je 10 ml Chlf. + 10 Tropfen Acetylaceton ausgeschüttelt. Die Extrakte werden mit einer H_2SO_4-sauren, EDTA- u. H_2O_2-haltigen Lsg. gewaschen, mit der gegen I neutralisierten Waschlsg. ausgeschüttelt u. zur fluorometr. Best. mit $HClO_4/HNO_3$ zersetzt. — Be in Zr: 0,5 g Zr werden durch Erhitzen in 5 g Na_2SO_4 + 10 ml H_2SO_4 gelöst, die H_2SO_4 wird abgeraucht u. die Mischung zusammengeschmolzen. Die Lsg. der Schmelze in 30 ml 10%ig. EDTA-Lsg. wird nach Zusatz von 30 ml W. mit konz. NH_3 gegen I neutralisiert, mit 72%ig. $HClO_4$ schwach angesäuert, mit 10 Tropfen Acetylaceton (II) versetzt, mit NH_3 wieder alkal. gemacht u. wie früher beschrieben extrahiert. — Be in Th: Eine wie oben beschriebene Pyrosulfatschmelze wird in 25 ml alkal. 0,25 m DTPE-Lsg. gelöst. Die Lsg. wird mit NH_3 neutralisiert, mit etwas II versetzt u. wie beim Zr weiterbehandelt. — Be in Al: 0,1 g Al werden durch Kochen in 10 ml HCl (1:1) gelöst, mit 3 ml H_2SO_4 abgeraucht u. mit 4 g Na_2SO_4 verschmolzen. Die Schmelze wird in 30 ml 10%ig. EDTA-Lsg. gelöst, mit 40 ml W. verd. u. mit NH_3 gegen I neutralisiert. Nach schwachem Ansäuern mit H_2SO_4 wird die Lsg. 5 Min. gekocht u. mit 10 Tropfen II versetzt. Dann wird 2 mal mit je 10 ml Chlf. extrahiert u. wie oben beschrieben weiterverfahren. — Be in Silicaten: Die KF-Schmelze der Probe (0,5 g) wird in Na/K-Pyrosulfat umgeschmolzen u. in verd. HCl gelöst. Die Lsg. wird mit 30 ml 10%ig. EDTA-Lsg. versetzt u. wie beim Al weiterbehandelt. — Be in Cu-Legg.: Die Probe (0,5 g) wird in 10 ml 48%ig. HBr gelöst. Nach Zusatz von 1 g NaBr wird die Lsg. zur Trockne eingedampft. Der Rückstand wird in 10 ml 72%ig. $HClO_4$ aufgenommen, die Mischung bis zur Grünfärbung gekocht u. nach Zusatz von 30 ml W. auf 10 ml eingeengt. Nach Auffüllung auf 50 ml wird die Fluorescenz direkt bestimmt. — Be in Seltenerdmetallen Nb u. Ta: 0,5 g Monazitsand werden mit 3 g KF verschmolzen u. die Schmelze mit H_2SO_4 in eine Pyrosulfatschmelze übergeführt. Die Schmelze wird in HCl + W. gelöst u. das Vol. der Lsg. auf 10—15 ml eingeengt. Nach Zusatz von 25 ml W. wird filtriert, das Filtrat mit 25 ml 0,25 m DPTE-Lsg. versetzt u. mit NH_3 gegen I neutralisiert. Nach Zusatz von II wird die NH_3-alkal. Lsg. mit Chlf. ausgeschüttelt u. wie beschrieben weiterverfahren. — Ein bes. Verf. zur Best. von Be im Luftrauch wird beschrieben. W. BETCKE. G 281 □

Zur Mikroanalyse wässeriger Salzlösungen. 1. Mitt. Die Verwendung der kritischen Mischungstemperatur zur Gehaltsbestimmung von Zinksalzlösungen. Franz Gölles. (Mikrochim. Acta [Wien] **1961.** 487—97. Graz, Univ., Inst. für Pharmakognosie.) (Dt.)

Vf. untersuchte die Eignung von $Zn(NO_3)_2$, $ZnSO_4$, $ZnCl_2$ u. $Zn(CH_3COO)_2$ für die quant. Schnellanalyse nach FISCHER u. KARASEK (C. **1949.** II. 684), wobei als Test-Fl. bei $ZnSO_4$ Gemische aus n-Hexanol u. Methanol (1:1), n-Pentanol (I) u. abs. Methanol (1:1), aus I u. Glykol (1:1) u. aus n-Butanol u. Isopropanol (2:1), bei $Zn(CH_3COO)_2$ Phenolum liquef. (II), n-Butanol (III) sowie p- u. m-Kresol, bei $Zn(NO_3)_2$ II, III, sek.-Butanol u. Acetessigsäuremethylester u. bei $ZnCl_2$ II, m-Kresol, Acrylnitril u. Adipinsäuredinitril verwendet wurden. Bei Verw. von III war die Nachw.-Empfindlichkeit für $Zn(NO_3)_2$ am größten u. für Zn-Acetat am kleinsten während bei Verw. von II die Empfindlichkeit in der Reihe NO_3^-, Cl^-, CH_3COO^- zunahm. Weiterhin untersuchte Vf. die Verteilung der Salze zwischen der Test-Fl. u. den wss. Lsgg. u. diskutiert Zusammenhänge zwischen der Form der Verteilungskurven u. der Verwendbarkeit der Syst. für die Schnellanalyse. Zwischen den einzelnen Syst. ergaben sich beträchtliche Unterschiede bzgl. Empfindlichkeit u. Reproduzierbarkeit, die auf die unterschiedliche Löslichkeit der Salze in den Test-Fll. u. auf die verschiedenen Anionen zurückzuführen sind. Zu Vgl.-Zwecken wurde ein Syst. mit $MgSO_4$ angeführt. J. KRAETSCH. G 288□

Quantitative Thalliumbestimmung in Form von Thalliumdichromat. 1. Mitt. Gravimetrische und volumetrische Methode. N. I. Baschilowa. (Журнал Аналитической Химии [J. analyt. Chem.] **13.** 545—54. Sept./Okt. 1958. Moskau, Kurnakow-Inst. für allg. u. anorg. Chem. der Akad. der Wiss. der UdSSR.) (Russ.)

Vf. berichtet über Unterss. zur Auswahl optimaler Bedingungen für die Fällung von Tl als $Tl_2Cr_2O_7$ aus neutralem u. saurem Medium durch Auflösen von CrO_3 in H_2SO_4. Säure- u. CrO_3-Konz. beeinflussen die Resultate erheblich. Es wird empfohlen, zur volumetr. Best. das Tl aus Lsgg., die <1 g H_2SO_4/100 ml enthalten, durch ca. 0,25 g CrO_3/100 ml zu fällen. Der im Nd. enthaltene $Cr_2O_7^{2-}$-Rest wird dann jodometr. titriert. Im Gegensatz zu Erfahrungen anderer Autoren ist $Tl_2Cr_2O_7$ gut wägbar; zur gravimetr. Best. sind höhere Säure-Konzz. in der zu fällenden Lsg. zulässig; aus bis 10 g H_2SO_4/100 ml enthaltenden Lsgg. wird das Tl durch 1—2 g CrO_3/100 ml gefällt, Lsg. u. Nd. werden für 3—4 Std. auf 3—4° abgekühlt, dann durch Porzellantiegel filtriert, erst mit kalter CrO_3/H_2SO_4-Lsg., dann mit einer Lsg. von 0,25 g CrO_3/100 ml, schließlich mit Aceton oder A. chromatfrei gewaschen. Dann wird bei 110—130° bis zur Gew.-Konstanz getrocknet. Beträgt der Nd. weniger als 10 mg, so muß länger abgekühlt werden. Die Best. soll gegenüber der in Form von Tl_2CrO_4 eine Reihe von Vorteilen besitzen (keine Abtrennung der hauptsächlichen Begleitelemente des Tl, größere Variationsbreite in bezug auf Acidität u. Reagensmenge, schnelleres Ausfallen u. bessere Filtrierbarkeit des Nd.); ebenso läßt sie sich als Mikrometh. anwenden. $Tl_2Cr_2O_7$ ist eine inkongruent schmelzende u. sich lösende Substanz. H.-J. OSTMANN. G 297□

Die Extraktion von Zirkonium mit Di-n-butylphosphat und seine direkte Bestimmung in der organischen Phase mit 1-[Pyridyl-(2)-azo]-naphthol-(2). R. F. Rolf. (Analytic. Chem. **33.** 125—28. Jan. 1961. Midland, Mich., The Dow Chem. Co.) (Engl.)

Um Zr in Al/Mg-Legg. zu bestimmen, werden die Legg. in Mineralsäure + HBF_4 gelöst. Zr wird durch eine Di-n-butylphsophat (I)-Lsg. in Chlf. extrahiert u. mit 1-[Pyridyl-(2)-azo]-naphthol-(2) (II) als Farbreagens photometr. bestimmt. Die Extraktion von Zr in I wurde mit Hilfe von ^{95}Zr bes. untersucht. — Zur Herst. der Eichkurve werden aliquote Mengen (0—5,00 ml) Zr-Standard-Lsg. (35,3 g $ZrOCl_2 \cdot 8\ H_2O$ in 330 ml HCl (1:1) werden auf 1000 ml verd., daraus werden Lsgg. mit 10 μg Zr/ml hergestellt) mit 1 ml 4,3%ig. HBF_4 versetzt u. mit 1:1-NH_3-Lsg. gegen m-Kresolpurpur neutralisiert (Farbumschlag nach gelb). Nach Verdünnen auf 10 ml werden 25 ml $Al(NO_3)_3$-Lsg. [1800 g $Al(NO_3)_3 \cdot 9\ H_2O$ in 920 ml W.] u. 10 ml einer durch Waschen mit W. u. Soda-Lsg. bes. gereinigten 0,008%ig. Lsg. von I in Chlf. zugesetzt. Durch $Al(NO_3)_3$ wird F^- komplex gebunden. Dann wird 30 Sek. ausgeschüttelt u. die Extraktion mit 5 ml I-Lsg. wiederholt. Zu dem filtrierten Chlf.-Extrakt werden 5 ml 0,05%ig. methanol. II-Lsg. u. 2 ml Pyridin gegeben. Die Lsg. wird mit Chlf. auf 25 ml aufgefüllt u. nach 1 Std. die Absorption bei 555 mμ gegen eine Blind-Lsg. gemessen. Das BEERsche Gesetz ist für Zr-Konzz. von 10—65 μg/25 ml erfüllt. W. BETCKE. G 322□

Colorimetrische Bestimmung des Zirkoniums durch Reaktion mit Arsenazo III. W. G. Gorjuschina und Je. W. Romanowa. (Заводская Лаборатория [Betriebs-Lab.] **26.** 415—18. 1960. Forsch.- u. Projektions-Inst. der Seltenen-Erden-Ind.) (Russ.)

Zr bildet mit Arsenazo III einen intensiv blau gefärbten Komplex. Zr muß in Lsg. in einheitlicher Form vorliegen (Kochen der mindestens 2n salzsauren Lsg.). 50 ml zu colorimetrierende Lsg. (2n an HCl) sollen 5—30 μg Zr, 3 ml 1%ig. Gelatine-Lsg. (Stabilisierung der Färbung) u. 1 ml 0,1%ig. Reagens-Lsg. enthalten. Die Messung erfolgt mit Rotfilter. Es stören: >100 mg Al^{3+} u. SO_4^{2-}; >50 mg Tartrat; >20 mg Sn^{4+}; 15 mg Fe^{2+}; >10 mg Ti^{4+} u. Be^{3+}; >5 mg Fe^{3+}, Cr^{3+}, Seltenerdmetalle, Cu^{+}; >3 mg Cu^{2+}; sowie U, Th, F^-, PO_4^{3-}, Oxalate. NO_3^- stört nicht. — Mit dieser Meth. konnte Zr in Erzen (Einwaage 0,1—0,2 g) unmittelbar nach deren Zers. ohne vorherige Abtrennung der Begleitelemente durchgeführt werden. S. Eckert. G 322 □

Zirkoniumanalyse mit einem Produktionsüberwachungs-Quantometer. C. L. Easterday. (Analytic. Chem. **31.** 1867—68. Nov. 1959. Ashtabula, Ohio, Mallory-Sharon Metals Corp.) (Engl.)

Vf. benutzt zur Best. von Zr-Verunreinigungen einen direkt anzeigenden Spektrographen. Das Verf. beruht auf der Umwandlung des Metalls zum Oxid, der Vermischung des Oxids mit einem Träger u. der Anregung in einem Gleichstrombogen. Das benutzte Quantometer wurde mit chem. bzw. spektrochem. eingestellten Standardproben auf folgende Konz.-Bereiche geeicht: 20—250 (ppm) Al bei Linie 3944,0, 200—2000 Fe bei 2599,4, 5—100 Co bei 3453,5·2, 20—100 Ti bei 3349,4·2, 10—20 Sn bei 3262,3·2, 20 bis 50 V bei 3184,0·2, 20—1000 Ni bei 3002,5·2, 20—600 Si bei 2881,6·2, 10—40 Mg bei 2795,5·2, 5—25 Mn bei 2576,1·2, 0,1—0,8 B bei 2497,7·2, 20—1500 Cr bei 4254,3, 5—8000 Cu bei 3247,5 u. 0,1—0,5 Cd bei 2288,0. Unterss. über die Reproduzierbarkeit ergaben folgende Abweichungen: im Konz.-Bereich 20—100 (ppm) Al 7,2%, 200—2800 Fe 3,5%, 5—10 Co 20,0%, 20—100 Ti 12,0%, 20—50 Sn 5,0% 20—50 V 11,1%, 20 bis 50 Ni 5,0%, 40—300 Si 6,1%, 20—40 Mg 8,5%, 20—150 Mn 7,0%, 0,2—0,8 B 25,0%, 20—450 Cr 9,2%, 10–7000 Cu 2,5% u. 0,2—0,6 Cd 28,0%. Die Analysendauer pro Probe beträgt ca. 30 Minuten. W. Hein. G 322 □

Bleibestimmung unter Verwendung eines Anionenaustauschers und Natriumchloranilat. Edwin A. Wynne und Russell D. Burdick. (Analytic. Chem. **33.** 1963. Dez. 1961. Fair Lawn, N.J., Fisher Sci., Co., Chem. Manuf. Div.) (Engl.) — Vgl. C. **1962.** 1731.

Pb-Mengen in Konzz. unter 50 ppm lassen sich in der Ausgangs-Lsg. mittels eines Aussalzeffektes bestimmen. Dazu bleibt die Analysen- u. die Vgl.-Lsg. nach Zusatz des Na-Chloranilat 30 Min. in den Zentrifugierröhrchen stehen, wird dann mit 0,3 g NH_4Cl versetzt, geschüttelt u. darauf 30 Min. lang zentrifugiert. Danach wird nach der Originalvorschrift weitergearbeitet. W. Hein. G 328 □

Isolierung von radioaktivem Wismut aus metallischem Blei und seinen Verbindungen. J. R. W. Kerr, D. I. Coomber und D. T. Lewis. (Nature [London] **192.** 547—48. 11/11. 1961. London, Dep. of Sci. and Ind. Res. Labor. of the Gov. Chem.) (Engl.)

Es wird ein Verf. zur radiochem. Abtrennung u. Best. des im Pb enthaltenen ^{210}Bi angegeben. Danach wird das Pb in Säure gelöst, mit Bi-Träger versetzt u. Bi mit n-Propylgallat gefällt. Die β-Radioaktivität des Nd. wird mit einem Geiger-Müller-Endfensterzählrohr gemessen. Verss. mit entsprechend zusammengesetzten Standard-Lsgg. zeigen, daß Bi quant. gefällt wird. Die Ergebnisse der an verschiedener Pb-Proben durchgeführten Messungen sind angegeben. Aus der numer. Übereinstimmung zwischen den gemessenen α- u. β-Aktivitäten wird geschlossen, daß ^{210}Po der hauptsächliche α-Strahler im natürlichen Pb ist u. daß Ra sowie andere α-Strahler nur in kleinen Mengen vorhanden sein können. E. Schiewer. G 334 □

Über die chromometrische Bestimmung von sechswertigem Molybdän mit Wolfram- und anderen Elektroden. A. I. Bussew und Li Gyn. (Журнал Аналитической Химии [J. analyt. Chem.] **13.** 519—27. Sept./Okt. 1958. Moskau, Lomonossow-Univ.) (Russ.)

Vff. beschreiben Unterss., die den Ersatz der Pt-Indicatorelektrode bei der Titration von Mo(VI) mit Cr(II) durch eine Elektrode mit hoher H-Überspannung zum Ziele haben, da die Pt-Elektrode gemäß $2\,Cr^{2+} + 2\,H^+ = 2\,Cr^{3+} + H_2$ auch als H_2-Elektrode wirken kann. Es werden erprobt: Hg-Elektrode, amalgamierte Pt-Elektrode, Graphit-, W- u. Ta-Elektrode, sämtlich gegen gesätt. Kalomelelektrode. Die Titrationen werden in HCl- u. H_2SO_4-Lsgg. ausgeführt; die Kurven zeigen 2 Sprünge, die der Red. zu Mo(V) u. der folgenden Red. zu Mo(III) zuzuordnen sind. Am geeignetsten erweist sich die in Form eines Stabes von 10 cm Länge u. 3—4 mm Ø ausgebildete W-Elektrode. In HCl-Lsg. wird Mo am besten nach dem 2. Sprung titriert (der 1. ist schwächer, aber ebenfalls brauchbar), während in H_2SO_4-Lsg. nur der 1. Sprung zur Mo-Best. herangezogen werden kann. Da die Red. von Fe u. Cu an der W-Elektrode ebenfalls indiziert wird, Mo jedoch häufig in Ggw. dieser Metalle zu bestimmen ist, werden Verss. zur Simultantitration ausgeführt. Zunächst wird Fe in 4%ig. H_2SO_4-Lsg. bei Zimmer-Temp. titriert (1. Sprung), dann folgen die Vorgänge Cu(II) → Cu(I) u. Mo(VI) → Mo(V) (2. Sprung, schlecht

reproduzierbar); nach Zusatz von konz. HCl u. Erhitzen auf 60—70° kann Mo an Hand der Red. Mo(V) → Mo(III) titriert werden (3. Sprung, genaue Resultate für Mo); schließlich folgt die (zur Cu-Best. jedoch nicht geeignete) Red. Cu(I) → Cu. Ist jedoch Mo allein zu bestimmen (Arbeitsvorschrift für Ferromolybdän), dann wird besser in HCl-Lsg. bei 70° gearbeitet u. Mo aus der Differenz des $CrCl_2$-Verbrauchs zwischen dem 1. u. 2. Sprung berechnet; der 1. Sprung entsteht hier am Ende der Vorgänge Mo(VI) → Mo(V), Fe(III) → Fe(II) u. Cu(II) → Cu(I), der 2. zeigt die beendete Red. Mo(V) → Mo(III) an.
H.-J. OSTMANN. G 336□

Die photolytische Trennung des Urans von Aluminium und von Thorium, Cer und Lanthan. K. Singh, Balaram Sahoo und D. Patnaik. (Proc. Indian Acad. Sci., Sect. A **50.** 129—31. Aug. 1959. Cuttack, Ravenshaw Coll., Dep. of Chem.) (Engl.)

Beim Zusatz von NH_4HF_2 zu einer Lsg. von $U(NO_3)_4$ u. $Al(NO_3)_3$ fällt das Al zum größten Teil als AlF_3 aus. Aus dem mit 10% A. versetzten Filtrat fällt im Sonnenlicht (ca. 4 Std.) der photolyt. gebildete Komplex $NH_4F \cdot UF_4 \cdot H_2O$ quant. aus. In gleicher Weise ist eine Trennung des U von Th, Ce u. La möglich. Bei einigen Analysen wurden aus Al-haltigen Lsgg. 99%, aus Th-, Ce- u. La-haltigen 95% U wiedergefunden.
W. BETCKE. G 339□

Isolierung und Bestimmung von Uran als Dibenzoylmethanchelat. Tsunenobu Shigematsu und Masayuki Tabushi. (J. chem. Soc. Japan, pure Chem. Sect. [Nippon Kagaku Zassi] **81.** 256—68. Febr. 1960. Kyôto-Daigaku, Rigakubu, Kagaku-Kyôsitu.) (Jap.; Auszug: Engl. S. A18.)

U bildet mit Dibenzoylmethan ein Chelat, das aus einer Lsg. von pH 6∼7 mit Butylacetat ausgezogen wird. Der Auszug zeigt bei ca. 400 mμ Absorption. Durch Intensitätsmessung kann U spektrophotometr. bestimmt werden. Durch Verwenden von EDTA (Ca-Salz) als Maskierungsmittel kann U aus den Gemischen mit anderen Metallen, bes. aus den Prodd. der Kernabspaltung leicht isoliert werden. E. MAEKAWA. G 339□

Eine neue gravimetrische Bestimmungsmethode für Mangan und Cadmium. Th. I. Pirtea. (Z. analyt. Chem. **184.** 252—55. 1961. Bukarest, Univ. „C. I. Parhon", Labor. für analyt. Chem.) (Dt.)

Die Meth. beruht auf der Fällung von Mn bzw. Cd mit o-Phenanthrolinhydrochlorid in Ggw. von NH_4SCN oder KSCN in schwach saurer Lösung. Die Ndd. werden 30 Min. lang bei 110° oder nach Waschen mit A. u. Ae. im Vakuumexsiccator bei Raum-Temp. getrocknet u. dann als $[Mn(C_{12}H_8N_2)_2](SCN)_2$ (sandfarben) bzw. $[Cd(C_{12}H_8N_2)_2](SCN)_2$ (farblos) ausgewogen. Die Grenz-Konz. beträgt für Mn 1:1250000, für Cd 1:1000000. Die meisten schweren Metalle stören, da sie unter den Analysenbedingungen auch schwer lösl. Ndd. bilden. Na, K, NH_4^+, Ca, Sr, Ba, Mg, Be, Sc, Al u. Cr stören in Mengen von 1—10 mg nicht. Man muß dann nur bei pH 3—4 arbeiten. Fe kann mit EDTA maskiert werden. P. KURZMANN. G 350□

Linieninterferenzkorrekturen für die röntgenspektrographische Bestimmung von Vanadin, Chrom und Mangan in niedrig legierten Stählen. P. D. Zemany. (Spektrochim. Acta [London] **16.** 736—41. Juli 1960. Schenectady, N.Y., Gen. Electr. Co., Res. Labor.) (Engl.)

Die röntgenspektrograph. Best. von gleichzeitig in niedrig legierten Stählen vorkommenden V, Cr u. Mn gestaltet sich deswegen schwierig, weil V–K_β mit Cr–K_α u. Mn–K_α mit Cr–K_β interferiert. Die vom Vf. entwickelte Best.-Meth. besteht darin, daß zunächst die Summe der Intensitäten gemessen u. dann der Beitrag des eines Elementes bestimmt wird; der Beitrag des anderen Elementes ergibt sich durch Subtraktion. An 8 Stählen durchgeführte Analysen lieferten Werte für Mn, Cr u. V, die innerhalb ±0,2% mit den wahren Werten übereinstimmten. C. GOTTFRIED. G 350

Eine neue empfindliche, qualitative Bestimmungs-Methode für dreiwertiges Eisen. Virgil Armeanu, Dimitrie Camboli und Cornelia Iancu. (Bul. Inst. politehn. Bucureşti **20.** Nr. 2. 85—87. April/Juni 1958. Bucarest, Inst. Polytechn., Labor. de Chim. Générale.) (Franz.)

Die angegebene Nachw.-Meth. beruht auf einer intensiven roten Färbung, die sich bei Rk. von β-Furoinoxim mit Fe^{3+} bildet. Die Rk. hat eine Empfindlichkeit von $2 \cdot 10^{-5}$ u. eine Erfassungsgrenze von 0,32 γ Fe. Es stören den Nachw. Bi^{3+}, Sn^{2+}, Sn^{4+}, Sb^{3+}, Sb^{5+}, AsO_3^{3-} u. AsO_4^{3-} in einem Mengenverhältnis >20:1, Cr^{3+} > 50:1, Al^{3+}, Pb^{2+} > 1000:1 u. Hg^{2+} >400:1. — Arbeitsvorschrift: Auf ein Blaubandfilter wird 1 Tropfen Fe^{3+}-Lsg. gegeben, über einer Flamme getrocknet, 1 Tropfen 1%ig. alkohol. Lsg. von β-Furoinoxim zugefügt u. das Papier über NH_3-Dämpfe gehalten. Ein roter Fleck erscheint. H. FRIES. G 354□

Eine neue empfindliche, qualitative Bestimmungs-Methode für Nickel. Virgil Armeanu, Dimitrie Camboli und Cornelia Iancu. (Bul. Inst. politehn. Bucureşti

20. Nr. 2. 81—84. April/Juni 1958. Bucarest, Inst. Polytechn., Labor. de Chim. Générale.) (Franz.)

Die angegebene Nachw.-Meth für *Ni* beruht auf der Bldg. eines hellbraunen Nd. von Ni^{2+} mit *β-Furoinoxim*. Gestört wird der Ni-Nachw. durch Al^{3+}, Cr^{3+}, Sn^{2+}, Sn^{4+}, Sb^{3+}, Sb^{5+}, AsO_3^{3-} u. AsO_4^{3-}, wenn diese Ionen im Verhältnis $>$10:1 vorhanden sind, durch $Bi^{3+} > 30:1$ u. durch $Hg^{2+} > 250:1$. Der Nachw. hat eine Empfindlichkeit von $2 \cdot 10^{-5}$, u. die Erfassungsgrenze liegt bei 0,32 γ Ni. — Arbeitsvorschrift: a) Zu 1 Tropfen der Ni-Lsg. auf einem Stück Filterpapier wird nach Trocknung über der Flamme 1 Tropfen einer 1%ig. alkohol. Lsg. von β-Furoinoxim gegeben u. das Papier über NH_3-Dampf gehalten. Ein brauner Fleck erscheint. b) Auf ein Stück Filterpapier wird 1 Tropfen 1%ig. Ammoniak gegeben. 1 Tropfen Ni^{2+}-Lsg. u. anschließend 1 Tropfen der Reagens-Lsg. zugefügt. Ein brauner Fleck erscheint. H. FRIES. G 356□

Eine neue, halbmikroanalytische Methode zur gravimetrischen Bestimmung von Kupfer neben Quecksilber. Virgil Armeanu, Niculae Caplescu und Georgeta Mihail. (Bul. Inst. politehn. Bucureşti **20.** Nr. 2. 89—92. April/Juni 1958. Bucarest, Inst. Polytechn., Labor. de Chim. Générale.) (Franz.) — Vgl. C. **1959.** 7240.

Cu bildet mit o-Phenylendiamin (o-$Phen_2$; I) eine Verb., die sich mit Tetrajodomercurat (II) zu einem rotvioletten, unlösl., kristallinen Komplex von (Cu-o-$Phen_2$)·(HgJ_4) umsetzt. Hierauf beruht eine Halbmikro-Best.-Meth. von *Cu* neben *Hg*, die genau u. schnell durchzuführen ist. Der Fehler des Verf. beträgt ca. ±0,09%. *Arbeitsvorschrift*: Zu 50 ml einer neutralen oder schwach sauren wss. Lsg., die ca. 10—40 mg Cu u. 10—40 mg Hg als Sulfat oder Chlorid enthält, fügt man eine 2%ig. alkohol. Lsg. von I bis zur blauvioletten Färbung der Lsg. u. weiter tropfenweise 2—3%ig. H_2SO_4, bis die Farbe in Grüngelb umschlägt u. der entstandene Nd. sich wieder gelöst hat. Dann wird tropfenweise die Lsg. von $K_2(HgJ_4)$, die durch tropfenweises Versetzen von 5—10 ml einer 1%ig. Lsg. von $HgCl_2$ mit einer 10%ig. Lsg. von KJ bis zur Auflsg. von HgJ_2 bereitet wurde, in geringem, der Hg-Menge in der Analysen-Lsg. entsprechendem Überschuß zugefügt, bis zur vollständigen Fällung gerührt, der Nd. 10 bis 15 Min. lang absitzen gelassen, filtriert, 3—4 mal mit 3—4 ml 2%ig. Lsg. von I u. 2—3 mal mit kaltem W. gewaschen u. bei 105° bis zur Gew.-Konstanz getrocknet. H. FRIES. G 358□

Papierchromatographische Trennung von Kupfer, Silber und Gold. Gerhard Weidmann und Joachim Drabner. (Österr. Chemiker-Ztg. **60.** 138—39. Mai 1959. Graz, Univ., Inst. für anorg. u. analyt. Chem.) (Dt.)

Zur Trennung von *Ag*-, *Au*- u. *Cu-Chlorid* wird als Laufmittel zur aufsteigenden Chromatographie n-Tributylphosphat (I)–Methanol (2:1) verwendet, nachdem das gereinigte I zuvor mit HCl verschiedener Normalität geschüttelt wurde. Die Anfärbung erfolgt bei Cu durch α-Benzoinoxim, bei *Ag* u. *Au* durch Dimethylaminobenzylidenrhodanin. Während *Au* nahezu in Front wandert, wächst der R_F von *Cu* mit zunehmender Normalität der HCl, bis er bei n > 9,5 konst. wird. Das durch I nicht extrahierbare *Ag* bleibt in Startpunktnähe zurück. F.-M. FRIEDRICH-ANDERSECK. G 360□

Die Bestimmung des Palladiums mit β-Hydroxy-α-naphthaldehyd. A. Ss. Pessiss und S. A. Bitowt. (Журнал Аналитической Химии [J. analyt. Chem.] **15.** 200—02. März/April 1960. Perm, Med. Inst.) (Russ.)

Es wird eine gravimetr. Meth. zur Best. von Pd mit β-Hydroxy-α-naphthaldehyd (I) n HNO_3-saurer Lsg. bei pH 2,3—3,0 beschrieben. Es können noch 1 mg Pd erfaßt werden. Der Umrechnungsfaktor beträgt 0,2377. Die Best. ist auch in Ggw. von Cu, Ni, Co, Fe, Ag, Cd u. Pt möglich. In Ggw. von Fe ist ein I-Überschuß erforderlich. Da Ba, Sr, Ca, Mg, Zn, Mn u. Be mit I nur im alkal. Medium reagieren, stören sie die Pd-Best. nicht. E. HEISE. G 365□

EDTA-Titration von Palladium. Jorma Kinnunen und Bengt Merikanto. (Chemist-Analyst **47.** 11. März 1958. Pori, Finland, Outokumpu Oy, Metalworks.) (Engl.)

Pd wird mit Äthylendiamintetraessigsäure-Lsg. entweder in ammoniakal. Lsg. gegen Mn^{2+} oder in saurer Lsg. gegen Th^{4+} oder Tl^{3+} (bei eiskalten Lsgg.) zurücktitriert. — Die 5—50 mg Pd enthaltende ammoniakal. Lsg. wird mit überschüssiger 0,01 mEDTA-Lsg. versetzt, mit kaltem W. auf 150 ml verd. u. nach Zusatz von 0,1 g Ascorbinsäure, einigen Tropfen Eriochromschwarz T u. NH_3-Puffer-Lsg. gegen 0,01 m $MnSO_4$-Lsg. bis zum Farbumschlag Blau—Rot titriert. Zur Titration in saurer Lsg. wird nach dem EDTA-Zusatz mit CH_3COONH_4-Lsg. pH 3 eingestellt u. in Ggw. von Xylenolorange gegen 0,01 m $Th(NO_3)_4$-Lsg. [oder bei pH 4—5 gegen $Tl(NO_3)_3$-Lsg.] bis zum Farbumschlag nach Gelb zurücktitriert. W. BETCKE. G 365□

b) Organische Verbindungen

Bestimmung von Kohlenstoff und Wasserstoff in organischen Verbindungen. Wirksamkeit von Verbrennungskatalysatoren. 2. Mitt. Jirí Horácek, Jirí Körbl und Václav Pechanec. (Mikrochim. Acta [Wien] **1960.** 294—98. 1960. Prag, Chem. Inst. der Tschechoslowak. Akad. der Wiss. u. Forsch.-Inst. für Pharm. u. Biochem.) (Dt.) — 1. vgl. C. **1960.** 8628.

Unter Standardbedingungen untersuchen Vff. die Oxydationswirksamkeit von 28 Oxydationskatalysatoren an einem Testgemisch aus CH_4 + 4% O_2 u. stellen die niedrigste Temp. fest, bei der die Oxydation des CH_4 zu CO_2 u. H_2O noch vollständig verläuft. Die untersuchten Katalysatoren lassen sich in 2 Gruppen einteilen: 1. solche, die CH_4 unter 500° quant. verbrennen [Co_3O_4, Co_2O_3 + Ag, Fe_2O_3 + Ag, NiO u. die Zers.-Prodd. von $Zn(MnO_4)_2$ u. NH_4MnO_4] u. 2. solche, die auch bei 650° zu keiner quant. Verbrennung führen. A.-M. FRETZDORFF. 5352□

Mikrobestimmung von Kohlenstoff und Wasserstoff in fluorhaltigen organischen Verbindungen. G. Ingram. (Analyst **86.** 539—42. Aug. 1961. Maidenhead, Berks., Courtaulds Ltd., Res. Labor.) (Engl.)

Die Mikro-Best. von C u. H neben F ist mit guter Genauigkeit möglich, wenn ein modifiziertes Verf. der Meth. von BELCHER u. INGRAM (Analytica chim. Acta [Amsterdam] **4.** [1950.] 118) angewendet wird. Durch kontrollierten Vorschub des Verbrennungsofens (5 mm/5 Sek.) wird eine stationäre Zeit von 22,5 Sek. erreicht. Das Probeschiffchen befindet sich 40 mm vor dem Hauptofen. Die gesamte Verbrennungszeit beträgt 8 Min., bis der Verbrennungsofen den Hauptofen erreicht hat. In dieser Stellung ist nach 7 Min. die Zers. vollständig, u. die entstehenden Prodd. sind übergetrieben. Der O_2-Strom beträgt 50 mc/min; die Temp. der Zers.-Kammer wird auf 900 ± 20° gehalten. W. u. CO_2 werden in FLASCHENTRÄGER-Absorptionsröhrchen aufgefangen. Wenn die untersuchte Substanz N-haltig ist, wird ein mit MnO_2 gefüllter Absorber zwischen die beiden Absorptionsröhrchen geschaltet. Die Absorption bzw. Zurückhaltung von F durch Ag u. MgO sowie die von SiF_4 durch MnO_2 werden untersucht. SiF_4 wird von MnO_2 bei der angewendeten O_2-Strömungs-Geschw. quant. absorbiert. Bei Verw. von MnO_2 ist zu beachten, daß durch Absorption einer geringen Menge SiO_2 im H_2O-Absorptionsröhrchen ein geringer Fehler bei der H-Best. auftritt. Es ist zweckmäßiger, das MgO nicht ins Zers.-Rohr, sondern in der Ag-Wolle anzuordnen, so daß es leicht ausgewechselt werden kann. Dabei verändert sich die Genauigkeit der Meth. nicht. K. OHLS. 5352□

Ein neuer Typ eines Verbrennungskolbens für die Stickstoffbestimmung nach Kjeldahl. Věra Fojtová und Jiří Purš. (Chem. Listy **55.** 201—03. Febr. 1961. Praha, Fak. transfusní stanice; Kroměříz, Výzk. ústav obilnářský ČSAZV.) (Tschech.)

Um N-Verluste zu vermeiden, die durch Verspritzen, bei der trockenen Verbrennung durch Haftenbleiben geringer Substanzmengen an den Wänden entstehen, wurde ein neuer Typ eines Verbrennungskolbens entworfen. Dieser besteht aus einem Reagensglas (Ø 16 mm), welches am Ende zu einem Kölbchen (Vol. 6—8 ml) geformt ist. Das Reagensglas ist dicht oberhalb des Kölbchens abgebogen, beide Schenkel bilden einen Winkel von 135°. B. MELOUN/Prag. 5352

Analysen von 2-Bromäthanol-, 1.2-Dibromäthan-, 1.1.2.2-Tetrabromäthan- und 1-Brom-2-(2-bromäthoxy)-äthan-Gemischen. L. R. Kiley. (Analytic. Chem. **30.** 1709. Okt. 1958. Midland, Mich., Dow Chem. Co.) (Engl.)

Vf. gibt eine quant. Best.-Meth. für *2-Bromäthanol* (I; C_2H_5BrO, Bereich 0—50 ± 0,5%, Analysenbande 2,8 μ, Basislinie 2,7—2,9 μ), *1.2-Dibromäthan* (II; $C_2H_4Br_2$, 0—50 ± 0,5%, 8,44 μ), *1-Brom-2-(2-bromäthoxy)-äthan* (III; $C_4H_8Br_2O$, 0—50 ± 0,3%, 8,92 μ) u. *1.1.2.2-Tetrabromäthan* (IV; $C_2H_2Br_4$, 0—100 ± 1,0%, 14,25 μ) an. Die Konz. beträgt einheitlich 100 mg/ml bei einer Schichtdicke von 0,1 mm. Die Extinktionen betragen bei 2,8 μ: **I** 0,945, **II**-**IV** 0,00; bei 8,44 μ: **I** 0,234, **II** 0,648, **III** 0,194, **IV** 0,015; bei 8,92 μ: **I** 0,187, **II** 0,013, **III** 0,916, **IV** 0,037; bei 14,25 μ: **I** 0,058, **II** 0,003, **III** 0,002, **IV** 0,446. M. SCHÜLE. G 500

Photometrische Titration einiger Aldehyde mit Natriumhydridoborat. Evelyn Cochran und Charles A. Reynolds. (Analytic. Chem. **33.** 1893—94. Dez. 1961. Lawrence, Kans., Univ. of Kansas, Dep. of Chem.) (Engl.)

Die Aldehydproben werden in einem Isopropanol-Wasser-Gemisch (1:1) gelöst u. mit einer $NaBH_4$-Lsg. bekannten Geh. in Dimethylformamid titriert. Die Absorption des Aldehyds im UV wird als Funktion des zugesetzten Vol. der $NaBH_4$-Lsg. bestimmt. Aliphat. Aldehyde ohne Seitenketten werden bei 25° schnell red.; die Titration dauert 15 Minuten. Alkylaldehyde mit einer α-ständigen Seitenkette u. einige aromat. Aldehyde reagieren viel langsamer. Erwärmen auf 45° beschleunigt die Rk. u. ist ohne Einfl. auf die Genauigkeit. Die trotz erhöhter Temp. bei einigen schwer reagierenden Aldehyden auftretenden Fehler sind auf teilweise Hydrolyse des $NaBH_4$ zurückzuführen; die Fehler können dadurch vermieden werden, daß das Lsgm. 0,01 m an NaOH gemacht wird. Furfurylaldehyd u. o-Methoxybenzaldehyd reagieren auch bei 45° zu langsam u. ergeben zu hohe Werte. Zimtaldehyd, p-Hydroxybenzaldehyd, p-Dimethylaminobenzaldehyd, Vanillin u. Anisaldehyd sind wegen der Langsamkeit der Red. überhaupt nicht zu bestimmen. Aldehyde, die nicht die C=O-Absorptionsbande in W. zeigen, wie Formaldehyd u. Halbacetale bildende Aldosen, können nach dieser Meth. ebenfalls nicht bestimmt werden. Peroxide u. einige schnell reagierende Ketone, wie Aceton u. Cyclohexanon, stören. Verbb. mit sauren H-Atomen zersetzen das $NaBH_4$ u. müssen vor der Titration neutralisiert werden. Verbb., die unter Analysenbedingungen nicht red. werden, sind Anhydride, Ester, Amide, Imide, Acetale, Nitrile, Halogen-Verbb. u. C=C enthaltende Verbindungen. Der Fehler betrug bei den durchgeführten Titrationen niemals mehr als 0,4%. P. KURZMANN. G 660□

Bestimmung von Methylketonen durch pH-Messung. M. H. Hashmi. (Analytica chim. Acta [Amsterdam] **17.** 383—85. Okt. 1957. Lahore, Pakistan, C.S.I.R., West Region Labor.) (Engl.) — Vgl. C. **1957.** 8755.

Die pH-Änderung, die bei der Bldg. von Oximen aus Ketonen u. Hydroxylaminhydrochlorid durch die frei werdende HCl bewirkt wird, läßt sich zur Best. von Methylketonen benutzen. Im Gegensatz zu den durch Austitration der Säure erzielten Ergebnissen sind die durch pH-Messung erhaltenen exakt. Zur Best. wird zu 10 ml 5%ig. $HONH_2 \cdot HCl$-Lsg. so viel Keton gegeben, daß dessen Konz. nach dem Verdünnen auf 25 ml 2,5 mg/ml nicht übersteigt. Die Keton-Konz. läßt sich an Hand einer Eichkurve direkt aus dem pH-Wert ablesen. Analysenergebnisse sind für *Aceton, Äthylmethyl-, n-Propylmethyl-, n-Butylmethyl-, Isopropylmethyl-* u. *tert.-Butylmethylketon* aufgeführt. W. BETCKE. G 710□

Untersuchung der Friedel-Craftsschen und der Friesschen Ketonsynthesen. Bestimmung von Oxoverbindungen im Reaktionsgemisch. Bestimmung der Ortho- und Para-Isomeren nebeneinander. I. Simonyi und G. Tokár. (Acta chim. Acad. Sci. hung. **15.** 285—90. 1958. Budapest, Labor. der Vereinigten Arznei- u. Nährmittelwerke.) (Dt.)

Es wird ein Verf. zur Best. des Keton-Geh. in Rk.-Gemischen von FRIEDEL-CRAFTS- u. FRIES-Synth. angegeben. Das betreffende Keton wird mit Al-Isopropylat (I)/Chlor-Al-Isopropylat (II) red., das entstandene Aceton abdest. u. bestimmt (±2—3%). Von Prodd. der FRIESschen Verschiebung (*Hydroxyacetophenon, Hydroxypropiophenon*) werden nur die p-Isomeren reduziert. Die o-Isomeren zeigen auf Zusatz von **II** intensive Fluorescenz, die zur Best. herangezogen wird.

Versuche: Best. des Keton-Geh. in: *Acetophenon*: 160 g $AlCl_3$, 400 ml Bzl., 116 g Acetylchlorid, 1 Std. bei 50°; *o-* u. *p-Hydroxyacetophenon*: 200 g Nitrobenzol, 150 g $AlCl_3$, 100 g Phenylacetat, bei Zimmer-Temp.; *o-* u. *p-Hydroxypropiophenon*: 200 g Nitrobenzol, 150 g $AlCl_3$, 100 g Phenylpropionat, bei Zimmer-Temp.; ca. 1 g des Rk.-Gemisches werden in Isopropanol mit **I**/**II** 1 Std. gekocht u. nach Ansäuern Aceton in eine Vorlage mit Hydroxylaminchlorhydrat (**III**)/NaOH übergetrieben. Der **III**-Überschuß wird zurücktitriert. — Best. der o-Hydroxyketone: Eine Probe des Rk.-Gemisches wird mit W. zersetzt, das Keton mit Bzl. extrahiert u. nach Zusatz von **II** die Fluorescenz mit dem PULFRICH-Photometer (Filter D-5-L_3) gemessen. J. RUNGE. G 1180□

Eine Ultraschall-Methode zur Fluorescenzbestimmung von Phthalaten. Alfred Weissler und Barbara Wasileski. (Analytic. Chem. **33.** 1963. Dez. **1961.** Bethesda, Md., Nat. Heart Inst., Labor. of Techn. Dev.) (Engl.)

Bei der Bestrahlung von Kaliumhydrogenphthalat mit Ultraschall entsteht ein fluorescierendes Prod. (wahrscheinlich 3-Hydroxyphthalat), das die Best. von kleinen Mengen Phthalat (0,05—6 g) erlaubt. Die wss. Lsg. der Probe (ca. 10^{-5} m) wird 5 Min. lang mit Ultraschall (400 kHz) behandelt. Die Fluorescenz wird bei 440 mμ nach Anregung bei 315 mμ gemessen; sie ist der Phthalat-Konz. der Lsg. proportional. W. BETCKE. G 1220□

Bestimmung von Pyridin in Trikresol und von Anilin in Phenolen mittels Hochfrequenztitration. M. I. Wachtel und A. F. Tschernjakina. (Химическая Промышленность [Chem. Ind.] **1959.** 446—47. Juli/Aug.) (Russ.)

Die von JERSCHOW u. Mitarbeitern (C. **1957.** 5072; **1958.** 4586) beschriebene Hochfrequenztitration wird zur Best. von Pyridin (**I**) in Trikresol (**II**) benutzt: eine Einwaage von 5—15 g **II** wird in Portionen von je 0,2 ml mit 0,5 n H_2SO_4 versetzt, nach Umrühren die Anzeige des Mikroamperemeters gegen die H_2SO_4-Menge aufgetragen u. die **I**-Menge aus dem Knickpunkt der Kurve ermittelt. Analog erfolgt die Best. von Anilin in Phenolen. R. K. MÜLLER. G 3231□

Potentiometrische Bestimmung von Natriumchlorid und Theophyllin nebeneinander in Gegenwart von Hydroxyäthyltheophyllin. C. Paciar und K. Linek. (Chem. Zvesti **14.** 425—33. Juni 1960. Bratislava, Slovenská akad. vied, Chem. ůstav, oddelenie chém. prírodných latok.) (Slowak.)

Das Ag-Salz des Theophyllins (I) ist bei pH 2 soweit lösl., daß es die Best. des NaCl nicht stört. Nach Einstellen auf pH 9—10 ist die Best. des I möglich. Vff. haben die Löslichkeits-Prodd. des Ag-Salzes des I in wss. Lsg. bei 20° u. im Bereiche von pH 6—11 ermittelt. — 7-(β-Hydroxyäthyl)-theophyllin mit Beimischung von 10—100 mg I u. NaCl wird in 20 ml W. durch Erwärmen auf 50—70° gelöst, die Lsg. abgekühlt u. mit 2 ml 1n H_2SO_4 versetzt. Dann werden die Chloride durch Titrieren gegen 0,1n $AgNO_3$-Lsg. bestimmt. Zur Rk.-Fl. werden 2 ml 2n Na_2CO_3-Lsg. zugegeben u. argentometr. ermittelt. Die Genauigkeit der Best.-Meth. beträgt $\pm$0,2% für NaCl u. $\pm$0,5% für I.
V. FIC. G 3272

Gaschromatographie von Gemischen von Eugenol mit Geraniol und mit Terpineol. Rosanna Pilleri. (Rassegna Chim. **12.** Nr. 5. 37—39. Sept./Okt. 1960. Torino, Univ., Ist. di Merceol.) (Ital.)

Die Trennung u. Best. von Eugenol mit Geraniol oder Terpineol (I) erfolgt gaschromatograph. in einer mit 25% Apiezon L imprägnierten Celit-C-22-Säule bei 160° unter Verw. von 2,5 Liter N_2/h als Trägergas u. 0,01 ml des zu untersuchenden Probegemisches. Die Retentionszeiten sind angegeben. Die im austretenden Gas enthaltenen Prodd. werden im Verbrennungsofen bei 700° nach der Meth. von MARTIN u. SMART (C. **1958.** 11907) zu CO_2 oxydiert. Infolge des verschiedenen Verh. bei der Trennung werden die α- u. β-Isomeren von I nur unvollkommen erfaßt (Diagramme).
G. PLATZER. G 3600 □

Untersuchung der jodometrischen Wertbestimmung des Penicillins. István Kerényi. (Magyar Kémiai Folyóirat [Ung. Z. Chem.] **67.** 313—20. Juli 1961. Budapest, Landes- Hygien. Inst.) (Ung.)

K-Penicillin (I) wird im Phosphatpuffer gelöst, mit n-NaOH versetzt u. die Hydrolyse mit HCl beendigt. Dann wird im acetatgepufferten Medium 0,01n Jod-Lsg. zugegeben u. der Jodüberschuß nach der Oxydation in Ggw. von Stärke-Lsg. gegen 0,01n $Na_2S_2O_3$-Lsg. zurücktitriert. Leer-Vers.: ohne Hydrolyse u. 1 Min. lange Oxydation mit der Jod-Lsg., die Streuung der Meßwerte beträgt höchstens 0,614%. Folgende Optimalwerte der die Best. beeinflussenden Faktoren wurden gefunden: zur Lsg. des I pH 6,0, 1%ig. Phosphatpuffer, 15 Min. lange Hydrolysendauer, zur Oxydation mit 0,75% KJ enthaltender 0,01n J_2-Lsg. pH 4,60, 0,5m Acetatpuffer, 15 Min. lange Oxydationsdauer im Dunkeln, ca. 100% Jodüberschuß. P. TOLNAY. G 3900

c) Bestandteile von Pflanzen und Tieren

Natriumchloridlösung als ein Hilfsmittel beim Verschmieren lebender Pollen. R. K. Savage und Daphne I. Pearce. (Stain Technol. **35.** 286—87. Sept. 1960. Harwell, Berks., Radiobiolog. Res. Unit., Med. Res. Council.) (Engl.)

Wenn bei der Herst. mkr. Pollen-Präpp. durch Breitstreichen auf dem Objektträger die im Staubbeutel befindliche Fl. zu schnell verdunstet, so daß sich Klumpen bilden, kann vor dem Verschmieren ein Tropfen (je nach Fl.-Geh. des Staubbeutels ca. 0,6 μLiter, jeweils genau abgemessen) 1%ig. NaCl-Lsg. zugesetzt werden, ohne daß die Lebensfunktion des Pollens oder die nachfolgende Fixierung beeinträchtigt wird. Vor dem Fixieren muß das Präp. getrocknet sein. R. JUNGE. 5661 □

Eine vielseitige Resorcin–Fuchsin-Vorschrift. M. Krutsay. (Stain Technol. **35.** 283—84. Sept. 1960. Keszthely-Hungary, Distr. Hosp., Dep. of Pathol.) (Engl.)

Lsg. I (aus 2,0 g Resorcin + 0,5 g Fuchsinbase + 2,0 ml 25%ig. HCl + 100 ml 96%ig. A.) u. Lsg. II (aus 39—40%ig. H·CHO) werden zu gleichen Vol.-Teilen gemischt u. das Präp. 30 Min. lang gefärbt u. 2 Min. lang mit Pikrinsäure gegengefärbt. Für Färbungen oxydierter oder hydrolysierter Präpp. wird Lsg. I 20 Min. lang allein angewandt. Die Färbe-Lsg. kann an formalingehärtetem Material angewandt werden u. liefert Ergebnisse, die mit den aus Fuchsin–Leukobasen-Färbungen erhaltenen vergleichbar sind. R. JUNGE. 5661 □

Störungen bei der Salkowski-Probe auf Indolylessigsäure. Robert S. Platt jun. und Kenneth V. Thimann. (Science [Washington] **123.** 105—06. 20/1. 1956. Cambridge, Mass., Harvard Univ., Biol. Labor.) (Engl.)

Red.-Mittel, wie Fe(II), Ascorbinsäure u. bes. Polyphenole (Brenzcatechin, Resorcin, Phloroglucin, Hydrochinon) vermindern die bei der auf Indolylessigsäure angewandten SALKOWSKI-Rk. auftretende Absorption bei 530 mμ ganz erheblich. Bestrahlung mit weißem Licht hat eine Verzögerung der Farb-Entw. zur Folge, die auf die Bldg. kleiner

Mengen Fe(II) aus Fe(III) unter dem Einfl. des Lichts zurückgeführt werden kann. Die weite Verbreitung von Polyphenolen in Pflanzen macht die Anwendung der Probe beim Vorliegen von Pflanzenextrakten unsicher. W. BETCKE. 5666 □

d) Medizinische und toxikologische Analyse

Gleichzeitige Sr- und Ca-Bestimmung in Urin und Serum durch Flammenspektroskopie. Giorgio De Angelis und Gianfranco Mazzuoli. (Ital. J. Biochem. 8. 319—33. Nov./Dez. 1959. Rom, Univ., Ist. di Chim. Anal.; Ist. di Patol. Speciale Med. e Metodolog. Clinica.) (Engl.)

Vff. beschreiben eine gleichzeitige *Sr*- u. *Ca*-Best. in Urin u. Serum. Die Fll. werden deproteinisiert, *Ca* u. *Sr* als Oxalate gefällt, der Nd. in HCl gelöst u. die Emission flammenphotometr. bei den Wellenlängenpaaren 423—461 mμ u. 622—681 mμ bestimmt. Durch Subtraktion der *Ca*-Emission (bei 423 oder 681 mμ) von der Gesamtemission bei der *Sr*-Wellenlänge (461 oder 681 mμ) erhält man den *Sr*-Geh. mit einem durchschnittlichen Fehler von 0,2 μg/ml bei einem Geh. von 0—10 μg/ml Serum. Bei 423 bis 461 mμ wurden bessere Ergebnisse erhalten. P. GREGORZEWSKI. 5732 □

Quantitative Bestimmung von Glucose in Urin mit Dinitrosalicylsäure. G. Blomhert und C. L. Harders. (Nederl. Tijdschr. Geneeskunde 105. 1431—33. 22/7. 1961. 's Gravenhage, Gemeente-apotheek, Biochem. Labor. en Gemeenteziekenhuis, Afdel. voor Interne Geneeskunde.) (Holl.)

Vff. beschreiben eine schnelle u. ausreichend genaue Meth. zur Best. von *Glucose* (I) in Urin mit 3.5-Dinitrosalicylsäure (I) in alkal. Lösung. Die Reagens-Lsg. besteht aus 120 g NaK-Tartrat u. 6 g Phenol (III) in 350 ml W. u. 6 g Na-Bisulfit in 10 ml W. (Lsg. A), 20 g II suspendiert in 800 ml W. (Lsg. B) u. 36 g NaOH in 360 ml W. (Lsg. C). 50 ml Lsg. C werden mit Lsg. B vermischt, Lsg. A zugefügt, danach die restliche Lsg. C in 3—4 Portionen, auf 2 Liter mit W. verd. u. 2 Wochen bei 25—30° gealtert. 0,1 ml Urin u. 10 ml Reagens-Lsg. werden 5 Min. auf 100° erhitzt, sofort abgekühlt u. bei 600 mμ photometriert. Die Meth. ist auf ca. 0,1% I genau. Pro Std. können 50—60 Unterss. durchgeführt werden. III, Aceton, Harnstoff, Salicyl-, Oxal- u. Harnsäure stören nicht; Kreatinin ist prakt. ohne Bedeutung; Chloralhydrat führt zu erhöhten I-Werten. G. KIRSTEN. 5732 □

Papierchromatographie von Barbituraten unter Verwendung von Formamid und Äthylenglykol als stationären Phasen. F. Dybing. (Scand. J. clin. Lab. Invest. 12. 333—35. 1960. Oslo, Univ. of Oslo, Dep. of Pharmacol.) (Engl.)

Zur schnellen papierchromatograph. Isolierung u. Best. von Barbitursäure-Derivv. bei toxikolog. Unterss. (Mageninhalt, Leber u. anderen Geweben) werden Lsgm.-Syst. von Chlf.-*Äthylenglykol* u. best. von Chlf.-Formamid empfohlen; mit dem letzten wurden folgende R_F-Werte ermittelt: *Phenylmethyl-* 0,05, *Diäthyl-* 0,13, *Phenyläthyl-* 0,13, *Äthylallyl-* 0,14, *Äthylpiperidyl-* 0,18, *Diallyl-* 0,18, *Allylisopropyl-* 0,23, *Äthyl-n-butyl-* 0,34, *Äthylcyclohexenyl-* 0,37, *Äthyl-[1-methylbutenyl]-* 0,40, *Äthylcycloheptenyl-* 0,46, *n-Butylallyl-* 0,48, *Äthylisoamyl-* 0,52, *Dipropyl-* 0,53, *Äthyl-[1-methylbutyl]-* 0,58, *Methylcyclohexenyl-N-methyl-* 0,86, *Phenyläthyl-N-methyl-* 0,89, *Allylisopropyl-N-methylbarbitursäure* 0,93. U. TAUSENDFREUND. 5764 □

Edward Joseph Conway, Microdiffusion analysis and volumetric error. 5th revised edit. London: Lockwood. 1962. (XVIII + 467 S. m. Abb., Tab. u. Diagr.) 42 s.

Karel Eckschlager, Chyby chemických rozborů, Praha: SNTL. 1961. (164 S. m. 15 Abb. u. 28 Tab.) Kčs 13,60.

Elvira Cinnirella Finzi, Guida pratica di chimica analitica qualitativa, Milano: Libr. editrice di A. Noguerol. 1960. (322 S. m. Abb.)

Ivo Hais a Karel Macek, Some general problems of paper chromatography: relations between chemical structure and chromatic behaviour at systematic analysis. Praha: Nakladatelství Československé akademie věd. 1961. (224 S.) Kčs 30, 50.

Ivo Hais a Karel Macek, Monograph on paper chromatography III, Bibliography 1957—1960 and survey of applications. Praha: Nakladatelství Československé akademie věd. 1961. (504 S.) Kčs 56,—.

—, Bibliography of publications dealing with the polarographic method in 1960. Praha: Nakladatelství Československé akademie věd. 1961. (126 S.) Kčs 8,20.

H. Angewandte Chemie

I. Allgemeine chemische Technologie

Die Blasensäule als Element der technischen Reaktionsführung. Herbert Kölbel und Horst Langemann. (Chem. Techn. 13. 394—99. Juli/Aug. 1961. Berlin, TU, Inst. für Techn. Chemie.) (Dt.) — Vgl. C. 1961. 9926.

Die Verw. von Blasensäulenreaktoren zur Durchführung von Rkk. zwischen gasförmigen u. fl. Phasen sowie für Gas- u. Fl.-Rkk. erlaubt eine bes. elegante Lsg. reaktionstechn. Probleme. Ein ständiger Strom aufsteigender Gasblasen durchsetzt eine Fl.-Säule u. dient bei Fl.-Rkk. zur pneumat. Rührung. Die dadurch erreichte gleichmäßige Durchmischung der Fl. schafft einen guten Konz.- u. Temp.-Ausgleich. Der Blasensäulenreaktor wurde zur Durchführung heterogenkatalyt. Gas-Rkk. entwickelt, wobei die Fl. als Katalysatorträger u. Wärmeüberträger dient. Die Vorgänge in der Blasensäule sind hydrodynam. Natur. Das Strömungs-Verh. der Säule kennzeichnet den Rk.-Ablauf sowie den Stoff- u. Wärmeübergang u. man unterscheidet in Abhängigkeit vom Durchsatz ein laminares sowie ein turbulentes Strömungsgebiet. Einfl. von Strömungs-Eigg., Blasengröße, Gas-Geschw., Oberflächenspannung, Viscosität u. Grenzflächenfließ-Verh. bestimmen die Eigg. der verwendeten Gase. Eine allg. Berechnung von Blasensäulenreaktoren ist durch die komplexe Abhängigkeit von hydrodynam. u. kinet. Größen schwierig. W.-D. HEUSSNER. 5802□

Wärme- und strömungstechnische Untersuchungen an quer angeströmten Rippenrohrbündeln. 1. Mitt. **Versuchsanlagen und Meßergebnisse bei höheren Drucken.** H. Brauer. (Chemie-Ing. Techn. **33.** 327—35. Mai 1961. Duisburg, Forsch.-Inst. der Mannesmann A.G.) (Dt.)

Beschreibung von Vers.-Anlagen für normalen Druck u. höheren Druck bis 11 at bei Aufheizung von Luft durch Dampf. Der Anwendungsbereich bekannter Gleichungen für den Wärmeübergang an glatten Rohren kann auch auf Rippenrohre ausgedehnt werden. A. KNICKENBERG. 5802□

Einige theoretische Betrachtungen zur Kondensation an Wassertropfen. H. Syhre. (Energietechnik **11.** 401—06. Sept. 1961. Dresden.) (Dt.)

Die Berechnung von Einspritzkondensatoren erfordert die genaue Best. der Erwärmungszeit des eingedüsten Kühlwassers. Diese Zeit ist u. a. abhängig von der Wärmeübergangszahl u. dem Tropfendurchmesser. Vf. zeigt Wege zu deren Berechnung. — 14 Literaturhinweise. H.-J. POMMRICH. 5802□

Gleichzeitiger Wärme- und Stoffübergang. 2. Mitt. F. Molyneux. (Chem. Process Engng. incorp. Atomic Wld. **42.** 65—71. Febr. 1961. Birkenhead, Coll. of Technol., Dep. of Chem. Engng.) (Engl.) — 1. vgl. C. **1962. 2853.**

Vf. führt die Berechnung eines Luftkühlers durch, mit dessen Hilfe es möglich ist, die bei der Lagerung u. dem Transport fl. Gase bei tiefen Temp. auftretenden Verluste um 75% zu senken. Das wird erreicht durch die Verw. eines Wärmeaustauschers mit längsgeripptem Doppelrohr. J. MARTINS. 5816□

Näherungsgleichungen für thermodynamische und Transporteigenschaften von Luft bei hohen Temperaturen. C. Frederick Hansen. (Nat. Aeronaut. Space Adm., techn. Rep. **1959.** Nr. R-50. 1—33. Moffett Field, Calif., Ames Res. Center.) (Engl.)

Es werden Näherungsgleichungen entwickelt u. die Werte der Kompressibilität, Enthalpie, Entropie, spezif. Wärme, Schall-Geschw., Viscosität u. Wärmeleitfähigkeit sowie Pr-Zahlen für einen Temp.-Bereich von 500—15000° K u. für Drücke zwischen 0,0001 u. 100 at in Tabellen zusammengestellt. Es läßt sich ableiten, daß die Pr-Zahl für vollständig ionisierte Luft, die sich in völligem Gleichgewicht befindet, die Größenordnung von 0,01 hat. Das bedeutet, daß bei derartig strömender Luft die Grenzschichten eine große Durchlässigkeit für den Wärmestrom besitzen. J. MARTINS 5816□

Das Mischen von Flüssigkeiten in Rührkesseln. L. R. P. Reavill. (J. Ramsey Soc. chem. Engr. **7.** 34—41. 1960.) (Engl.)

Drei Meth. zur Berechnung von Rührern werden angegeben u. diskutiert: die empir. Meth., die Meth. der Dimensionsanalyse u. eine mathemat. Methode. R. KRÄMER. 5822□

Beeinflussung der Sammlereigenschaften kationenaktiver Sammler bei der Flotation von Quarz durch Zusatz einer unpolaren Flüssigkeit. Andrzej Waksmundzki und Anna Barcicka. (Przemysl chem. **39.** 773—76. Dez. 1960. Lublin, PAN, Prac. Zakt. Fiz.-Chem. Zjawisk powierzchn.) (Pol.)

Die Sammler-Wrkg. kationenakt. Sammler (höhere Amine bei pH 6,2) wird durch Zusatz unpolarer Fll., z. B. Petroleum (1:1) wesentlich verstärkt. Die Wrkg. der Amine nimmt mit der Länge der C-Kette zu. Eine Grenze wird durch die Löslichkeit des Amins in der wss. Phase gesetzt. F. URBAN. 5828□

Herstellung und Eigenschaften von Molekularsieben des A-Typs. Otto Grubner, Miloš Rálek und Pavel Jírů. (Chem. Průmysl **11 (36).** 521—23. Okt. 1961. Praha, ustav fyzikální chemie ČSAV.) (Tschech.)

Die Herst. von Molekularsieben 3,8, 4 u. 5 A wird beschrieben. Als Rohstoffe wurden $Al(OH)_3$, NaOH, Wasserglas, $CaCl_2$ u. KCl verwendet. Die röntgenograph. Unters. erfolgte nach der DEBYE-SCHERRER-Methode. Die Möglichkeiten der Verw. von Molekularsieben in der Industrie werden diskutiert. — 10 Literaturangaben. J. SCHNEIDER. 5848 □

Gewinnung von Aromaten mittels Mofex-Verfahren. Karl Smeykal und Martin Köthnig. (Chem. Techn. **13.** 403—12. Juli/Aug. 1961. VEB Leuna-Werke „Walter Ulbricht", Zentrales Vers.-Labor.) (Dt.)

Vff. beschreiben Verf. zur Gewinnung von Aromaten aus „Reformatbenzinen". Neben den besonderen Meth. der destillativen Auftrennung wurde die Fl.-Fl.-Extraktion durch Entw. großtechn. Verff. begünstigt u. die Verarbeitung „breiter Schnitte" möglich. Bei verschiedenen N-alkylierten Formamiden, bes. bei Monomethylformamid (I), wurde ein typ. Lösevermögen für einzelne KW-Stoffe festgestellt u. eine spezif. Abtrennung einzelner Fraktionen erreicht. Bei I konnte eine Beeinflussung der Selektivität durch Zusatz von W. beobachtet werden. Zerlegung dieser Lsgm.-KW-Stoff-Gemische erfolgt durch Wasserdampf bei 100°. Das Mofex-Verf. arbeitet bei Normaldruck u. 20° mit Extraktionssäulen, die eine absteigende, aromatenreiche Extraktphase u. die aufsteigende, aromatenarme Raffinatphase trennen. Verhältnisse bei Abtreib- u. Verstärkersäulen der Gegenstromextraktion wie 4:3 liefern ca. 90% Ausbeuten mit ca. 99% Reinheit. Bei Einsparung eines zweiten Lsgm. in der Gegenstromextraktion arbeitet ein Vakuumaustreib-Verf. bei 100—300 Torr. W.-D. HEUSSNER. 5862 □

Über die Konstruktion einer Meßvorrichtung zur Bestimmung der Wärmeleitfähigkeit von Gasen unter hohem Druck. E. Dittrich. (Energietechnik **11.** 406—10. Sept. 1961. Dresden.) (Dt.)

Konstruktionsbeschreibung u. Fehlerabschätzung der Meß-Vorr. für Drücke bis 2000 kp/cm². — 40 Literaturhinweise. H.-J. POMMRICH. 5886 □

Stähle für Kern-Kraftanlage. K. J. Irvine und J. D. Murray. (Iron Steel Inst., spec. Rep. **69.** 517—33. 1960. United Steel Co., Res. Dev. Dep.) (Engl.)

Von den als Werkstoff für Kernkraftanlagen verwendeten Stählen werden die mit *Al* beruhigten *Feinkornstähle* mit einem *Mo-V*-Zusatz oder mit erhöhtem *N*-Geh. besonders behandelt. Von dem Stahl *Affreeze III* mit 0,12 (%) C, 1,3 Mn, 0,22 Mo, 0,07 V werden die Festigkeits-Eigg. sowie die 0,1%-Kriechfestigkeit im 100000-Std.-Vers. bei 420° mitgeteilt. Auch vom Stahl *Esshete CML* mit 1 Cr u. 0,5 Mo werden die Werte für Kerbschlagzähigkeit, Kriechfestigkeit u. Zeitstandfestigkeit bei 500° angegeben. *Bainitstähle* vom *Fortiweld*-Typ besitzen eine höhere Festigkeit als Stähle mit ferrit./perlit. Struktur bei Temp. bis zu 400°. H. HOCHSTEIN. 5894 □

Fortschritt in der Entwicklung einiger verbesserter Stähle für gasgekühlte Reaktor-Druckkessel. I. M. Mackenzie. (Iron Steel Inst., spec. Rep. **69.** 437—62. 1960. Colvilles Ltd.) (Engl.)

Die Eigg. von Stählen, die als Werkstoff für Druckbehälter gasgekühlter Kernreaktoren dienen sollen, werden mitgeteilt u. bes. auf drei Stähle verwiesen: 1. mit *Al* u. *Mo* behandelter *hochmanganhaltiger* (1,23%) *Stahl* mit geringem C-Geh. u. einer Zugfestigkeit von 28—32 t/sq.in., der eine gute Kerbzähigkeit mit hoher Warmfestigkeit vereint; 2. den mehrfach legierten, hochfesten Stahl [1,50 (%) Mn, 0,30 Ni, 0,70 Cr, 0,28 Mo u. 0,10 V], bes. für Druckkessel; 3. den vergüteten, niedriggekohlten, mehrfach legierten Stahl (mit 0,13 C, 1,20 Mn, 0,32 Ni, 0,80 Cr, 0,37 Mo u. 0,1 V) mit hoher Festigkeit u. Zähigkeit bei guter Schweißbarkeit. H. HOCHSTEIN. 5894 □

Thermische Optimierung von Reaktoranlagen. J. Krebs und L. Gabriel. (Energietechnik **11.** 371—79. Aug. 1961. 396—400. Sept. 1961. Berlin.) (Dt.)

Vff. entwickeln eine analyt. Lsg. zur Best. techn. Maxima u. wirtschaftlicher Optima von Reaktoranlagen zur Erzeugung von Elektroenergie. Am Beispiel einer Druckwasseranlage wird gezeigt, wie Nettoleistung, Pumpenleistung, Wirkungsgrad u. Temp.-Differenz im Wärmeaustauscher die Kosten beeinflussen. Ein Vgl. mit bisher bekannten Meth. der Optimierung zeigt die Vorteile der Methode. — 16 Abb., 19 Literaturzitate. H.-J. POMMRICH. 5894 □

Versuche über Wärmeaustauscher-Prototypen für Kernkraftwerke. R. Roche. (Chaleur & Ind. **41.** 285—92. Okt. 1960. Électricité de France, Labor. d'essais spéciaux, Div. Essais-Economies.) (Franz.)

Die durch gesteuerte Uranspaltung erzeugte Wärme soll im geschlossenen CO_2-Kreislauf (Druck 25 kg/cm²) über Wärmeaustauscher (WA) auf den Sekundärkreislauf (WA, Dampf, Turbine) übertragen werden. Die WA umfassen jeweils 2 Druckstufen mit Ekonomiser, Verdampfer u. Überhitzer; sie sollen in vielen kleinen Einheiten ausgelegt

werden. Dadurch ist es möglich, schon in den Verss. die günstigste Konstruktion der WA in Originalgröße zu ermitteln u. auszuführen. Schilderung der Vers.-Tätigkeit.
M. Hagedorn. 5894□

Reaktionsvorgänge bei der katalytischen Reformierung unter Verwendung eines speziellen Pt-Katalysators. 1. Mitt. Richard Birthler und Paul Steingaszner. (Chem. Techn. **13.** 412—17. Juli/Aug. 1961. Böhlen, VEB Kombinat „Otto Grotewohl".) (Dt.)

In den zur Reformierung der Bzn. bislang verwendeten Verff. macht sich das ungünstige Verhältnis zwischen Produktions- u. Regenerationsperiode des Katalysators bemerkbar. Durch Ablagerung größerer C-Mengen verliert der Katalysator schnell seine Aktivität u. muß daher oft regeneriert werden. In der Gruppe der Pt-Katalysatoren konnten wesentlich wirkungsvoller arbeitende Dehydrierungskatalysatoren gefunden werden u. mit einem Geh. von 0,2 Gew.-% Pt enthalten sie fast nur ein Drittel Pt der bisher bekannten Katalysatoren. Die größeren Mengen aromat. KW-Stoffe, die sich bei der Reformierung bilden, lassen auf eine Dehydrocyclisierung der Paraffine in gewissen Grenzen schließen. Diese Verschiebung läßt sich auch in einer Veränderung der Octanzahl nach größeren Werten erkennen. W.-D. Heussner. 5904□

Reaktionsvorgänge bei der katalytischen Reformierung unter Verwendung eines speziellen Pt-Katalysators. 2. Mitt. Paul Steingaszner und Richard Birthler. (Chem. Techn. **13.** 418—23. Juli/Aug. 1961. Budapest, Inst. für Hochdruckversuche.) (Dt.) — 1. vgl. vorst. Referat.

Das Reformat ist ein Prod. vieler komplexer Rkk., die sich aber prinzipiell auf die Grund-Rk.-Typen Isomerisierung, Dehydrierung, Cyclisierung u. Spaltung zurückführen lassen. In Abhängigkeit von der Betriebszeit läßt sich zeigen, daß die Ausbeute an Reformat um ca. 4% abnimmt, während die Bldg. von C_1—C_8-KW-Stoffen zunimmt. Ein Vgl. der berechneten Gleichgewichts-Zus. mit gefundenen Werten ergibt, daß große Teile Bzl. u. der C_8-Aromaten aus höhermol. KW-Stoffen durch Dehydrierung entstehen. Es wird angenommen, daß der Katalysator die Isomerisierung von Spaltstücken mehr begünstigt als die der bereits vorhandenen KW-Stoffe. W.-D. Heussner. 5904□

Einfluß der Vorschwefelung auf die Aktivität des Al_2O_3-WS_2-NiS-Hydrierkatalysators. Gerhard Günther. (Chem. Techn. **13.** 427—30. Juli/Aug. 1961. Zeitz, VEB Hydrierwerk.) (Dt.)

Als Katalysator für die Teerhydrierung nach dem TTH-Verf. wird ein Kontakt 8376 aus 25% WS_2 u. 5% NiS auf akt. Al_2O_3 verwendet. Der Einfl. der Vorschwefelung des Kontaktes durch Aufnahme von ca. 7,7 Gew.-% H_2S (wahrscheinlich aus dem S des Rohprod.) wird an einzelnen Vers.-Paaren u. deren Aktivitätswerten studiert. Es läßt sich zeigen, daß die Art der Vorbehandlung (Red. u. Vorschwefelung) von großem Einfl. auf die Hydrieraktivität ist. Durch Unterss. bei Temp. von 25—340° wurde ermittelt, daß die Porendiffusion nicht der die Geschw. bestimmende Schritt für die S-Aufnahme des Kontaktes ist, sondern nur die Rk.-Temp. Einfl. hat. Eine erkennbare Kontaktschädigung wird durch eine Rk. des Katalysators mit H_2 hervorgerufen, deren Wrkg. erst oberhalb 250° einsetzt. Sie kann ohne erneute Oxydation u. anschließende sulfidierende Red. nicht aufgehoben werden. W.-D. Heussner. 5904□

Fließmechanismus und kinetische Beziehung bei der Synthese von Acetonitril im Fließbett. Sasao Ogasawara, Takashi Shirai und Kiyoshi Morikawa. (Bull. Tokyo Inst. Technol., Ser. B **1960.** 21—31.) (Engl.)

CH_3CN wird aus C_2H_2 u. NH_3 in Ggw. von γ-Al_2O_3 u. 2,5m% Na_2CO_3 als Fließbettkatalysator in Gefäßen von 1,5, 3 u. 8″ ∅ synthetisiert. Alle experimentellen Ergebnisse werden in Beziehung zu der abgeänderten Gleichung von Yagi-Miyanchi u. Danckwerts gesetzt, in welche ein neuer Faktor für die Kontaktwirksamkeit eingefügt wird.
M. Hagedorn. 5904□

Herstellung höhermolekularer aliphatischer Nitrile aus synthetischen Fettsäuren im Wirbelschichtverfahren. Hans Kraus. (Chem. Techn. **13.** 402—03. Juli/Aug. 1961. Rodleben, VEB Dt. Hydrierwerk, Forsch.-Labor.) (Dt.)

Bei der Herst. von n-Alkylnitrilen im Wirbelschicht-Verf. mit Ausbeuten $>$90% werden durch besondere Temp.-Führung u. Vermeidung örtlicher Temp.-Stauungen die Anteile der Crack-Prodd. gegenüber früheren Verff. bedeutend verringert. Durch eine in der Wirbelschicht (W) erzeugte intensive Berührung des Prod. mit dem Kontakt werden bei gleichem Durchsatz nur ca. 30% der sonst verwendeten Kontaktmenge benötigt. Als Kontakt wird Silicagel bei Temp. um 320° verwendet, die Kontaktzeit beträgt unter diesen Bedingungen 2—3 Sekunden. Das Verf. ist dad. gek., daß das vorgewärmte NH_3-Gas gleichzeitig als Schleppgas für die Fettsäuredämpfe dient. Die

Durchwirbelung des Kontaktes u. Vermeidung von Inhomogenität in W wird mit einem engmaschigen Ni-Netz erreicht. Vf. beobachtet, daß kurzkettige Nitrile in hochmol. Gemischen die Rk.-Zone rascher verlassen als langkettige. Die Meth. gestattet, die entstehenden Crackverluste um 70% zu senken. Vgl. zwischen den Verff. mit stehender Kontaktsäule u. W lassen verfahrenstechn. Vorteile der letzteren erkennen.
W.-D. HEUSSNER. 5904□

Arthur D. Little, Inc., Cambridge, Mass., V.St.A. (Erfinder: Raymond Winfield Games und Richard Elsworth Merrill), **Eine Masse zur Befestigung von Gewindebolzen** besteht aus Kolophonium, Äthylcellulose, einem Weichmacher u. einem Lösungsmittel. (**E. P. 835 716** vom 1/4. 1957, ausg. 25/5. 1960.)
F. KOCH. 5811

Bowser, Inc., Fort Wayne, Ind., V.St.A. (Erfinder: George Jiri Topol, Hamilton, Ontario, Canada), **Abtrennen von Feststoffen und/oder emulgiertem Wasser aus organischen Lösungsmitteln und Ölen.** Die zu behandelnde Fl. wird in erhitztem Zustand in einen Vakuumbehälter geleitet, in welchem sie über nicht beheizte Filter- u. Abscheide-Vorr. geführt wird. Die flüchtigeren Komponenten werden als Kondensat abgeleitet, die Feststoffe im Behälterboden gesammelt u. von dort entfernt. — Abbildungen. (**D. A. S. 1 115 222** Kl. 12d vom 3/9. 1957, ausg. 19/10. 1961. A. Prior. 4/9. 1956.)
H. BLACHETZKI. 5829

Dow Chemical Co., übert. von: Scott Lynn, Midland, Mich., V.St.A., **Trennung von Mischungen,** die aus mindestens zwei Verbb. mit ähnlichem Dampfdruck in fl. Zustand bestehen u. die verschiedene FF. haben, erfolgt dadurch, daß man die Dämpfe der Mischung so kühlt, daß sich zuerst die hochschm. Verb. abscheidet. Der Druck soll kleiner sein als der Dampfdruck der gesätt. fl. Mischung der beiden Verbindungen. — Die Dämpfe einer Mischung aus $^2/_3$ *Äthylendiamin* u. $^1/_3$ *Piperazin* werden bei 10 mmg Hg auf 27° gekühlt, wodurch 99,3% ig. Piperazin, F. 111,8°, erhalten wird. Ferner können getrennt werden Mischungen aus: $^4/_5$ *p-* u. $^1/_5$ *o-Dichlorbenzol*; gleichen Teilen *trans-* u. *cis-2.5-Dimethylpiperazin* u. *1.2.3.5-* u. *1.2.3.4-Tetrachlorbenzol.* — 3 Diagramme, Vorr., Zeichnungen. (**A. P. 2 852 517** vom 7/11. 1955, ausg. 16/9. 1958.)
G. KRAUSS. 5829

Dürener Metalltuch Schoeller, Hoesch & Co., Düren, **Metallisches Filtergewebe.** Um feinste Feststoffe abfiltrieren zu können, sind die Kettendrähte (I) um die Schußdrähte (II) unmittelbar aneinander gelegt, der Abstand der II voneinander ist gleich groß dem Durchmesser der I u. die Stärke der II ist mehrfach größer als die der I. — Abbildungen. (**D. A. S. 1 111 151** Kl. 12d vom 15/3. 1952, ausg. 20/7. 1961.)
H. BLACHETZKI. 5831

Canadian-Ingersoll-Rand Co. Ltd., Montreal, Quebec, Canada, und Bird Machine Co., South Walpole, Mass., V.St.A., **Abtrennen von groben Teilen aus einer Suspension** mittels konzentr. zueinander angeordneten Siebrohren. Die Suspension wird im ringförmigen Rohfl.-Raum (I) gerührt u. gleichzeitig die Feststoffe von den den I bildenden Sieben entfernt u. aus dem I ausgetragen. Beiderseits des I sind Filtraträume. — Abbildung. (**D. A. S. 1 112 046** Kl. 12d vom 10/4. 1958, ausg. 3/8. 1961. A. Prior. 16/4. 1957.)
H. BLACHETZKI. 5831

Texaco, Inc., Del., übert. von: James K. Truitt, Beacon, N.Y., V.St.A., **Korrosion verhütendes Mittel in Gefrierschutzlösungen,** die im wesentlichen aus wss. Äthylenglykol bestehen, enthaltend 0,1—7, bes. 1—4 Gew.-%, eines Aryl- oder Alkarylbenzolsulfonamids mit nicht >15 C-Atomen, z. B. Benzolsulfonamid oder p-Toluolsulfonamid, Vgl.-Verss. mit W. als Lsgm., das ca. 200 ppm Cl-Ionen enthält. — Tabellen. (**A. P. 2 976 247** vom 15/5. 1958, ausg. 21/3. 1961.) H. SCHINDLER. 5859

Commissariat à l'Énergie Atomique, Paris (Erfinder: Sébastien Foglia, Verrieres Le Buisson), Frankreich, **Entladevorrichtung für Kernreaktoren.** Ein schwerer zylindr. Körper trägt an seinem unteren Ende mindestens 3 symm. angeordnete vertikale Stangen, von denen jede an ihrer mit dem zu entnehmenden Brennelement in Berührung kommenden Fläche eine Ausnehmung aufweist. In jeder Ausnehmung ist ein Wälzkörper (z. B. eine Rolle oder eine Kugel) untergebracht, der beim Anheben der Vorr. durch Klemm- oder Keil-Wrkg. eine Verriegelung der als Greiforgan wirkenden Stangen mit dem anzuhebenden Brennelement bewirkt. (**D. A. S. 1 100 193** Kl. 21g vom 1/2. 1960, ausg. 23/2. 1961. F. Prior. 18/2. 1959. **F. P. 1 225 784** vom 18/2. 1959, ausg. 4/7. 1960.)
H. KESSEL. 5895

Strachan & Henshaw Ltd. (Erfinder: Ronald Bellinger und William Henry Shipley), Bristol, England, **Lade- und Entladevorrichtung für Kernreaktoren.** Ein Füllstutzen, der, um jeden zu beschickenden Ort erreichen zu können, um seine

Achse drehbar u. mindestens mit einem Teil radial neigbar ist, wird über ein Gestänge gedreht u. in seinem neigbaren Teil geneigt mittels zweier Kraftquellen, die über Zahnradgetriebe zugleich Zeiger verstellen, die auf einer gemeinsamen Skala, auf der die zu beschickenden Stellen dargestellt sind, Drehung u. Neigung des Füllstutzenmundstücks anzeigen. (**D. A. S. 1 102 918** Kl. 21g vom 14/11. 1957, ausg. 23/3. 1961. E. Prior. 16/11. 1956.) H. KESSEL. 5895

Indatom S. à r. l. und Comp. des Ateliers et Forges de la Loire, Paris (Erfinder: René Tiberghien, Paul Alliot, Paris, und Michel Charon, Antony), Frankreich, **Lade- und Entladevorrichtung für Kernreaktoren,** die unter Gasdruck stehen. Der Kopf einer Hülse hat ein Ventil mit Dichtungen beiderseits, von denen die eine, oberhalb des Ventils liegende Raum zum Einführen der Nase des Arbeitsgeräts in die Hülse freiläßt u. die andere, unten liegende die Hülse gegen den Beschickungsarm oder (wenn dieser zurückgezogen ist) einen am Eingang der Hülse angebrachten Verschluß abdichtet. Die Drücke beiderseits des Ventils werden geregelt, um das selbsttätige Öffnen durch die Verschiebung der Nase des Gerätes zu ermöglichen, wenn man dieses mit dem Hülsenkopf kuppelt. (**D. A. S. 1 107 840** Kl. 21g vom 23/3. 1960, ausg. 31/5. 1961. F. Prior. 27/3. 1959 u. 24/2. 1960. **F. P. 1 232 354** vom 27/3. 1959, ausg. 7/10. 1960.) H. KESSEL. 5895

Babcock & Wilcox Ltd. (Erfinder: William Robert Wootton), London, England, **Weiterbeförderung von Brennelementen nach der Entnahme aus einem Kernreaktor** mit senkrechten Kanälen. Von einer höhergelegenen Station führt für die einzeln erfolgende Abladung der Elemente aus einer Entnahmemaschine ein Übergaberohr nach unten, das beim Durchgang der Brennelemente eine Fl.-Säule enthält u. je nach dem Durchmesser der Brennelemente nur eine so geringe lichte Weite aufweist, daß die Sink-Geschw. der Elemente durch den Strömungswiderstand des Ringspalts zwischen den Elementen u. dem Rohr wesentlich verringert wird, u. das in einer Kammer unterhalb eines Fl.-Spiegels u. oberhalb eines beweglichen Brennelementbehälters endet. Eine Druckerzeugungs-Vorr. erhält beim Abladen der Elemente durch Herst. eines Überdrucks innerhalb der Kammer die Fl.-Säule im Übergaberohr aufrecht. (**D. A. S. 1 100 828** Kl. 21g vom 1/3. 1957, ausg. 2/3. 1961. E. Prior. 1/3. 1956.) H. KESSEL. 5895

Commissariat à l'Énergie Atomique, Paris (Erfinder: Léon Le Flem, Enghien-Les-Bains, Daniel Voelthel, Paris, und Jacques Jouin, Chaville), Frankreich, **Schließvorrichtung für die Kanäle von Kernreaktoren.** Eine äußere u. eine innere Trommel, von denen jede allein als Strahlenschutz dienen kann, sind in einer rohrförmigen Hülse, die den Strahlenschutzblock des Reaktors an der Seite des zu verschließenden Kanals durchquert, axial hintereinander liegend drehbar. Die Hülse ist exzentr. zum Kanal u. hat Vorr. zum Verstellen der Winkellage der Trommeln, so daß in einer Schließstellung der äußeren Trommel die entsprechenden Kanäle der Trommeln nicht in einer Achse liegen u. bei einer Öffnungsstellung der äußeren Trommel die Längskanäle der Trommeln mit dem Reaktorkanal fluchten. (**D. A. S. 1 110 333** Kl. 21g vom 5/5. 1960, ausg. 6/7. 1961. F. Prior. 5/5. 1959. **F. P. 1 234 173** vom 5/5. 1959, ausg. 14/10. 1960.) H. KESSEL. 5895

Deutsche Babcock & Wilcox-Dampfkessel-Werke Akt.-Ges., Oberhausen (Erfinder: Hartwig Benzler, Oberhausen, Franz Josef Quirrenbach, Duisburg, und Winfried Schwarze, Oberhausen), **Notkühleinrichtung für Kernreaktoren,** die im Normalbetrieb mit prim. Zwangskreislauf arbeiten, mit einem vertikalen Wärmeaustauscher, der zum Reaktor so angeordnet ist, daß bei einer Notabschaltung die Reaktorrestwärme durch natürlichen Umlauf des prim. Kühlmittels abgeführt wird. Im oberen Teil des Wärmeaustauscherkessels sind oberhalb der Hauptwärmeaustauscherelemente noch besondere Wärmeaustauscherelemente angeordnet, die als Kühlrohrbündel an den sek. Kreislauf der Hauptwärmeaustauscherelemente angeschlossen oder Überhitzerbündel sein können. (**D. A. S. 1 115 846** Kl. 21g vom 24/6. 1959, ausg. 26/10. 1961.) H. KESSEL. 5895

N. V. Philips' Gloeilampenfabrieken (Erfinder: Adrianus Cornelis van Dorsten und Otto Reifenschweiler), Eindhoven, Holland, **Neutronengenerator,** bei dem die auf eine Aufprallplatte treffenden Ionen eines H-Isotops in einer Entladung zwischen 2 Kathodenplatten u. einer die Entladungsstrecke umgebenden zylindr. Anode unter Verw. eines axialen Magnetfeldes gewonnen werden. Dieses ist von dem Beschleunigungsraum dadurch abgeschirmt, daß der Magnetkreis geschlossen u. die Aufprallplatte im Boden einer hohlen Beschleunigungselektrode untergebracht ist, die mit einer Öffnung nach der Kathodenplatte gerichtet ist. (**D. A. S. 1 107 839**

Kl. 21g vom 23/9. 1958, ausg. 31/5. 1961. **F. P. 1 202 728** vom 25/9. 1958, ausg. 12/1. 1960. **E. P. 829 335** vom 24/9. 1958, ausg. 2/3. 1960. Alle Holl. Prior. 27/9. 1957.)
H. Kessel. 5895

Shell Internationale Research Mij. N. V., Den Haag (Erfinder: Cornelis Thomas Douwes und Pieter Aldert van Weeren, Amsterdam), Holland, **Herstellung von Tonerde und Kieselerde enthaltenden Katalysatoren** durch Tränken des Trägers, gleichzeitig oder getrennt, mit einer oder mehreren Salz-Lsgg. mindestens eines Elements der VI. Nebengruppe u. mindestens eines Elements der VIII. Gruppe des Period. Syst. u. mit einer Lsg. eines oder mehrerer Al-Salze. Die Imprägnier-Lsgg. können einen aliphat. Alkohol mit 4–6 OH-Gruppen enthalten; der Katalysator kann nach dem Imprägnieren, Trocknen u. Calcinieren noch einer Atmosphäre mit ca. 2½ Vol.-% Wasserdampf bei 525–700° ausgesetzt werden. (**D. A. S. 1 117 089** Kl. 12g vom 20/1. 1960, ausg. 16/11. 1961. Holl. Prior. 22/1. 1959.) H. Roos. 5905

B. F. Goodrich Co., New York, N.Y. (Erfinder: **Stephen Thomas Semegen**, Cuyajoga Falls, **Robert Louis Scofield**, Akron, und **Howard Larkin Jacobs**, Cleveland, Ohio), V.St.A., *Selbstdichtender geschichteter Gegenstand und Verfahren zu seiner Herstellung*. (**D. A. S. 1 045 647** Kl. 39b vom 19/10. 1955, ausg. 4/12. 1958. A. Prior. 22/10. 1954. — C. **1960.** 14475 [F. P. 1 146 575].)

E. I. du Pont de Nemours & Co., V.St.A. (Erfinder: **James Edward van Epp**), *Klebmischung, besonders zum Verkleben von Butylkautschuk*. (**F. P. 1 177 849** vom 14/6. 1957, ausg. 29/4. 1959. A. Prior. 27/8. 1956. — C. **1959.** 6250 [D. A. S. 1 036 427].)

Permutit Co. Ltd., London, England (Erfinder: **Theodore Roger Ernest Kressman**), *Herstellung von Ionenaustauschern*. (**E. P. 804 782** vom 29/3. 1955, ausg. 26/11. 1958. — C. **1959.** 245 [D. A. S. 1 027 875].)

Pritchett & Gold und **E. P. S. Co. Ltd.**, England, *Herstellung poröser Formkörper aus thermoplastischen Polymeren*. (**F. P. 1 174 405** vom 30/4. 1957, ausg. 11/3. 1959. E. Prior. 30/4. 1956 u. 4/4. 1957. — C. **1960.** 7964 [Aust. P. 214 828].)

Standard Telephones & Cables Ltd., London, England (Erfinder: **Arthur James Warner**), *Reinigung von Edelgasen*. (**E. P. 805 516** vom 8/2. 1957, ausg. 10/12. 1958. — C. **1961.** 10697 [D. A. S. 1 090 646].)

Robert R. Porter, Salt Lake City, Utah, V.St.A., und **Transvaal & Orange Free State Chamber of Mines**, Johannesburg, Südafrika, *Gegenstrombehandlung von Flüssigkeiten mit Feststoffen*. (**A. P. 2 973 319** vom 21/4. 1959, ausg. 28/2. 1961. — C. **1958.** 12211 [E. P. 783 483].)

Badische Anilin- & Soda-Fabrik Akt.-Ges., Ludwigshafen/Rh. (Erfinder: **Günther Hamprecht**, Limburgerhof/Pfalz, **Heidrich Oertel** und **Matthias Schwarzmann**, Ludwigshafen/Rh.), *Herstellung von Organoaluminiumverbindungen*. (**E. P. 858 498** vom 25/8. 1959, ausg. 11/1. 1961. D. Prior. 18/9. 1958. — C. **1960.** 7281 [D. A. S. 1 070 179].)

II. Betriebsschutz. Feuerschutz

Bestimmung des Gasgehalts der Kohle zwecks Erzielung größerer Arbeitssicherheit. Dušan Pícha. (Práce Ústavu Výzkum Využití Paliv, Rada A. **10.** 115–39. 1959.) (Tschech.)

Aus einer schrägstehenden Kugelmühle werden im Labor. beim Mahlen von Kohlen die entwickelten Gase evakuiert u. der Geh. der Kohle an CH_4, CO_2, CO u. N_2 ermittelt. Der Vgl. verschiedener Kohle-Vork. zeigt, daß Kohlen aus tekton. Störungen einen höheren CH_4-Geh. aufweisen u. daß die Zunahme der Gas-Entw. bei höheren Temp. unwesentlich ist. Die Bedeutung der Unters. des Gas-Geh. für die Feststellung von Gefahren schlagender Wetter im Bergbau u. für das Verwitterungsproblem wird erörtert.
R. K. Müller. 5936□

Arbeitsschutz- und sicherheitstechnische Probleme beim Betreiben von Trocken-Entschwefelungsanlagen. H. Beyerlein und A. Lösch. (Energietechnik **11.** 387–88. Sept. 1961. Leipzig.) (Dt.)

Eine Verpuffung in einer mit eisenhydroxidhaltiger Masse gefüllten Trockenentschwefelungsanlage gab Anlaß, bis zur Neufassung der ASAO 142 besondere Vorschriften für Arbeiten an derartigen Anlagen bindend festzulegen.
H.-J. Pommrich. 5936□

III. Elektrotechnik

Die Reaktivität und die physikalischen Eigenschaften der kohlenstoffhaltigen Materialien für die Herstellung von Anodenmasse. Josef Koutník und Jan Koranda. (Práce Ústavu Výzkum Využití Paliv, Rada A. **10.** 75–89. 1959.) (Tschech.)

Bei Kohlen, die zu Anodenmasse verarbeitet werden, nimmt die Rk.-Fähigkeit mit dem elektr. Widerstand u. dem H-Geh. zu, mit zunehmendem spezif. Gew. u. C-Geh. ab. Die katalyt. Wrkg. der Mineralstoffe u. die Schwel-Temp. spielen eine größere Rolle als die Porosität. R. K. Müller. 5992□

Die Feinstruktur und die physikalischen Eigenschaften der Anodenmassen im Hinblick auf ihre technische Verwertung. Ferdinand M. Kessler, Věra Večeříková und František Valeška. (Práce Ustavu Výzkum Využití Paliv, Řada A. **10.** 251—74. 1959.) (Tschech.)

Die durch Röntgenanalyse festgestellten Größen (Flächenabstände, Kristallgröße) von SÖDERBERG-Elektrodenmassen u. die Ergebnisse der thermogravimetr. Analyse werden mit dem Verh. im Betrieb in Beziehung gesetzt. R. K. MÜLLER. 5992 □

Einige experimentelle Einzelheiten über das Verhalten von Bleioxiden und feinverteiltem Blei. C. Drotschmann. (Batterien [Utrecht] **15.** 216—18. Sept. 1961. 267—71. Jan. 1962. Eindhoven, TH Abt. Elektrochemie.) (Dt. u. Engl.)

Verschiedenes Schütt-Gew. von Pb-Staub-Präpp. hat Einfl. auf die Porosität der damit hergestellten Anodenmasse von Pb-Akkumulatoren; dies trifft bei Bleiglätte u. Mennige nicht zu. Es werden Zahlenangaben über die scheinbare Dichte u. die Penetration von Anodenmassen gegeben. Die Resultate der Penetrationsmessungen sind stark abhängig vom Zeitfaktor u. von der Atmosphäre, in der die Massen gelagert werden. Das Prinzip der Herst. trockengeladener, negativer Platten wird besprochen u. Adsorptionskurven von Phenol an formierten, negativen Massen in Abhängigkeit von Phenol-Konz. u. Imprägnierzeit aufgestellt. C. DROTSCHMANN. 5970 □

Comp. Générale de Télégraphie sans Fil (Erfinder: Marceline Mazond und Georges Youssov), Paris, Frankreich, **Vorbehandlung von Halbleitern,** auf denen mittels Pb-Legg. p–n-Zonen erzeugt worden sind, vor dem Ätzen durch Tauchen in konz. sd. Chromsäure-Lösung (**D. A. S. 1 108 040** Kl. 48d vom 6/2. 1958, ausg. 31/5. 1961. F. Prior. 12/2. 1957.) H. BAUR. 5953

International Standard Electric Corp., New York, N.Y., V.St.A. (Erfinder: Henley Frank Sterling, London, England), **Herstellung extrem reiner Halbleiterelemente** durch therm. Zers. entsprechender Hydride in einer Gasentladung u. Niederschlagen des Rk.-Prod. auf einen beweglichen Träger. Es wird eine mit Hochfrequenz zwischen zwei koaxial ineinander angeordneten Elektroden, deren innere mit W. gekühlt wird, betriebene Gasentladung verwendet u. das Hydrid in den Ringraum zwischen den Elektroden eingeleitet. Dadurch wird die Zers. außerhalb des Elektrodenzwischenraumes vorgenommen. — Abbildung. (**D. A. S. 1 114 170** Kl. 12c vom 27/6. 1958, ausg. 28/9. 1961. E. Prior. 3/7. 1957.) O. STEIL. 5953

Union Carbide Corp., früher Union Carbide & Carbon Corp., New York, N.Y., V.St.A., **Elektrische Kohle-Bürsten** mit verlängerter Haltbarkeit werden hergestellt durch Imprägnieren der üblichen Kohlekörper mit einer wss. Lsg. oder Suspension von SiO_2 u. anschließendes Erhitzen auf 1000—1600, bes. 1400—1500°, so daß in dem fertigen Prod. 0,3—1, bes. 0,5—0,8% vom Gesamt-Gew. SiO_2 enthalten ist. Zum Imprägnieren können auch Siliconharze oder organ. Silicate verwendet werden. Hierbei ist vor der genannten Temp.-Behandlung eine Vorwärmung auf 600—850° notwendig. (**E. P. 795 700** vom 29/11. 1955, ausg. 28/5. 1958. A. Prior. 7/12. 1954.) G. FRIKELL. 5953

Amalgamated Curaçao Patents Co. N. V., Willemstad, Curaçao, Niederländisch-Westindien (Erfinder: Henri Bernard Beer, Den Haag, Holland), **Herstellung einer Elektrode, bestehend aus einem Kern aus Titan, einer Deckschicht aus einem Edelmetall und einer Sperrschicht aus Titanoxid,** dad. gek., daß man zunächst den Ti-Kern auf elektrolyt. bzw. therm. u./oder chem. Wege mit der Sperrschicht aus TiO_2 versieht u. anschließend die Deckschicht aus Edelmetall auf die Sperrschicht aufbringt. — Elektroden für die Herst. von Persulfaten oder Perboraten, zur Oxydation von Aldosen, Anoden für die Alkalichloridelektrolyse, für Chrombäder oder Versilberungsbäder. (**D. A. S. 1 115 721** Kl. 12h vom 2/2. 1960, ausg. 26/10. 1961. Holl. Prior. 6/2. 1959.) F. LAASS. 5953

Werner Soyk und Josef Herglotz, Lauf/Pegnitz, **Dielektricum aus Bariummetatitanat.** Formkörper, z. B. zur Herst. von Kondensatoren, mit guten physikal. Eigg. werden hergestellt unter Verw. von 5—10 Gew.-% Ton als Bindemittel. Hierzu wird ein Gemisch aus TiO_2 u. Kaolin oder Bentonit mit der zur Bldg. von $BaTiO_3$ u. $BaSiO_3$ ausreichenden Menge BaO oder $BaCO_3$ bei 1385° 2 Std. gesintert. Zum Beispiel ergeben 70,2 (%) $BaCO_3$, 24,8 TiO_2 u. 5 Kaolin einen Formkörper, der aus 87,7 $BaTiO_3$, 9,9 $BaSiO_3$ u. 2,4 Al_2O_3 besteht u. eine DK 1100 hat. (**A. P. 2 955 946** vom 21/2. 1957, ausg. 11/10. 1960.) G. FRIKELL. 5955

Vladimir J. Houska, Bound Brook, und Robert J. Lurie, Plainfield, N.J., V.St.A., **Farbstabiles elektrisches Isoliermaterial,** bestehend aus 100 (Teilen) Vinylchloridpolymerisaten oder -mischpolymerisaten, 5—40 ungebleichtem Ton, 2—10 Pb-Stabilisator, bes. bas. Pb-Phthalat u.-Phosphit, 3—40 einer epoxydierten C_8—C_{22}-

Fettsäure (I) oder eines Esters von I u. einem aliphat., cycloaliphat. oder Aralkylalkohol oder einem Arylhydroxyd, bes. epoxydiertem Sojaöl, u. evtl. Weichmacher, bes. Propylenglykolsebacatpolyester. (**A. P. 2 912 397** vom 20/10. 1955, ausg. 10/11. 1959.) C. LÜTTGEN. 5957

International Minerals & Chemical Corp., New York, N.Y., übert. von: Harry H. Houston, Elmhurst, Ill., und Louis S. McCollum, North Hollywood, Calif., V.St.A., **Isoliermasse aus Perlit.** Um neben der hohen Temp.-Beständigkeit auch genügend mechan. Festigkeit zu erzielen, wird der expandierte Perlit mit einem anorgan. Glas zur Herst. von Formkörpern gebunden. Hierzu wird ein wss. Schlicker, dessen Feststoffe zu ca. 70—80 (%) aus zerkleinertem expandiertem Perlit, 10—20 Ton u. 2—10 eines Flußmittels, das zur Bldg. eines Borat- u./oder Phosphatglases befähigt ist, filtriert, getrocknet u. bei 1400—1750° F gebrannt. Das Prod. ist beständig bis ca. 1600° u. hat ein Gew von ca. 6 lb./cu.ft. (**A. P. 2 956 893** vom 28/10. 1957, ausg. 18/10. 1960.) G. FRIKELL. 5957

E. I. du Pont de Nemours & Co., übert. von: Paul Arthur jun., Wilmington, Del., V.St.A., **Herstellung von ferromagnetischem Chromoxid.** Zur Herst. wird CrO_3 in Ggw. von W. bei einer Temp. von 400—525° einem Druck von 500—3000 at ca. 3 Std. ausgesetzt. Das Prod. enthält nach dem Waschen u. Trocknen 58,9—61,9% Cr u. entspricht bzgl. der Röntgenstrahlenbeugung vollständig einem tetragonalen Kristall mit den Konst. $a_0 = 4{,}41 \pm 0{,}10$ Å u. $c_0 = 2{,}90 \pm 0{,}10$ Å. Die Durchschnittsgröße der Kristalle geht nicht über 10 μ hinaus. Die Koerzitivkraft liegt je nach den Herst.-Bedingungen zwischen 36—79,5 Oe. (**A. P. 2 956 955** vom 12/2. 1960, ausg. 18/10. 1960.) G. FRIKELL. 5959

E. I. du Pont de Nemours & Co., übert. von: Lothar H. Brixner, Wilmington, Del., V.St.A., **Fluorhaltiges ferromagnetisches Produkt.** Die Herst. des für Umformer, magnet. Gleichrichter, Speicher-Syst. u. Kurzwellengeräte geeigneten, kub. krist. $LiFe_2O_3F$ erfolgt durch Erhitzen eines aus je 1 Mol bestehenden Gemisches von LiF u. Fe_2O_3 auf 850—950° 1—3 Std. lang, Abkühlen, Mahlen, Formen unter Druck, Erhitzen auf 1100—1100° 2½—3½ Std. u. Abkühlen. Das Prod. hat folgende Eigenschaften: Magnet. Sättigung 2360 (Gauß), magnet. Remanenz 230, Koerzitivkraft 7,4 Oe, spezif. Widerstand 15^5 Ω/cm, Curie-Temp. 628°. (**A. P. 2 962 345** vom 29/11. 1957, ausg. 29/11. 1960.) G. FRIKELL. 5959

Steatite Research Corp., Keasbey, N.J., V.St.A., übert. von: Avenir Vassielev, René Clement und Pierre Varieras, Paris, Frankreich, **Mangan-Zink-Ferrite.** Die Herst. hochwirksamer Ferrite aus Prodd., an deren Reinheit keine bes. hohen Forderungen gestellt werden, gelingt durch Calcinieren eines aus 50—75 (Mol-%) Fe_2O_3 (Reinheit 99%), 10—35 ZnO (Reinheit 99,5%) u. 10—35 MnO (Reinheit ca. 98%) bestehenden Gemisches bei 800—1250° in einer N_2-Atmosphäre, Mahlen, Formen u. Brennen des Formkörpers bei 1250—1380° in Ggw. von Wasserdampf. (**A. P. 2 958 664** vom 16/1. 1956, ausg. 1/11. 1960.) G. FRIKELL. 5959

Standard Elektrik Lorenz Akt.-Ges., Stuttgart (Erfinder: Fritz Günter Adam, Nürnberg), **Ziehen von Einkristallen,** z. B. aus Si, Ge oder intermetall. Verbb., aus einer an einem Rohr hängenden, laufend ergänzten Schmelze. Es wird ein aus dem zu kristallisierenden Stoff bestehendes Rohr verwendet, das untere Ende geschmolzen, aus der Schmelze in bekannter Weise ein Kristall gezogen u. weiteres Material der Schmelze innerhalb des Rohres zugeführt. — Abbildung. (**D. A. S. 1113 682** Kl. 12c vom 26/4. 1958, ausg. 14/9. 1961.) O. STEIL. 5961

Pertrix Union G. m. b. H., Ellwangen/Jagst (Erfinder: Joachim Euler, Frankfurt/M.), **Galvanisches Primärelement vom Leclanché-Typus,** gek. durch die Kombination eines mit einer alkal. Lsg. behandelten Braunsteins als Depolarisator mit einem ammoniakal. Salmiakelektrolyten. (**D. A. S. 1 116 286** Kl. 21b vom 27/5. 1960, ausg. 2/11. 1961.) F. LAASS. 5971

Westinghouse Electric Corp., East Pittsburgh, Pa., V.St.A. (Erfinder: Albert J. Cornish), **Thermoelektrische Vorrichtung mit mindestens einem Thermoelement,** dad. gek., daß bei mindestens einem Thermoelement das eine Glied ganz oder im wesentlichen aus GeTe besteht. Das andere Glied besteht aus InAs. — Zeichnung. (**D. A. S. 1 114 232** Kl. 21b vom 24/11. 1959, ausg. 28/9. 1961. A. Prior. 15/1. 1959.) F. LAASS. 5971

Accumulatoren-Fabrik Akt.-Ges., Hagen (Erfinder: Rolf Dieberg, Dortmund), **Gas-Diffusions-Elektroden für Brennstoff-Elemente,** gek. durch ein gesintertes poröses Nickelgerüst, in welches Kohlepulver (I) eingesintert ist. I dient als Trägersubstanz für Katalysatoren, bes. Edelmetallkatalysatoren. (**D. A. S. 1 116 287** Kl. 21b vom 31/12. 1959, ausg. 2/11. 1961.) F. LAASS. 5971

LICENTIA Patent-Verwaltungs-G. m. b. H., Frankfurt/M. (Erfinder: Anton Eisl, Kassel), **Gasentladungsionenquelle,** bei der durch ein enges Rohr oder eine Düse ein ionisierbares Medium mit hoher Geschw. strömt. Durch eine Öffnung an der Stelle größter Geschw. werden die Ionen quer zur Strömung mittels einer Absaugeelektrode in ein Vakuumgefäß gezogen. (**D. A. S. 1 107 838** Kl. 21g vom 20/6. 1957, ausg. 31/5. 1961.) H. KESSEL. 5975

Carl Zeiss, Heidenheim/Brenz (Erfinder: Karl Heinz Steigerwald, Mosbach), **Glühanodenionenquelle** mit Vorratsbehälter zur Nachlieferung der ionenliefernden Substanz. Die Glühanode ist vom Vorratsbehälter räumlich getrennt u. wird allein aus diesem über einen Capillarkanäle enthaltenden, an der Bldg. der ionenliefernden Substanz chem. nicht beteiligten Körper, bes. einen Docht oder einen keram. Körper, mit der ionenliefernden Substanz gespeist. (**D. B. P. 974 827** Kl. 21g vom 17/11. 1950, ausg. 10/5. 1961. Anmeldung bekanntgemacht 27/3. 1952.) H. KESSEL. 5975

Hughes Aircraft Co., V.St.A. (Erfinder: Chester D. Beintema), **Transparente, leitfähige Zinnoxid-Schichten auf Glas,** z. B. für *Kathodenröhren*, erhält man durch Bedampfen von gereinigtem, 200—300° heißem Borosilicatglas im Vakuum ($3 \cdot 10^{-5}$ mm) mit SnO_2, SnO oder $Sn(OH_2)$ aus Ta-Schiffchen, bis das Glas eine strohgelbe Färbung annimmt. Anschließend wird in Luft bei 500° geglüht, bis die Färbung verschwunden ist. — Zeichnung der Apparatur. (**F. P. 1 201 363** vom 21/8. 1958, ausg. 30/12. 1959. A. Prior. 28/8. 1957.) O. KAYSER. 5975

Westinghouse Electric Corp., East Pittsburgh, Pa., übert. von: Elmer E. Selby jun., Elmira, N.Y., Wendell L. Plummer, Richardson, Tex., und Ernest A. Lederer, Essex Falls, N.J., V.St.A., **Sedimentationsverfahren für die Leuchtschirmherstellung.** Der (feste) Leuchtstoff wird in einer wss. Lsg. suspendiert, die 5% eines Gemisches von 99,95 (%) Sr-Acetat u. 0,05 Ba-Acetat, sowie 0,4—1,0 Na- oder K-Silicat enthält u. die Sedimentation im übrigen in der üblichen Weise durchgeführt. (**A. P. 2 921 863** vom 27/8. 1958, ausg. 19/1. 1960.) A. KALIX. 5975

Siemens-Schuckertwerke Akt.-Ges., Berlin und Erlangen (Erfinder: Hermann Dusek, Manhattan Beach, Calif., V.St.A.), **Neutronenvervielfacher.** Der Neutronenstrom wird moduliert, z. B. durch die Bewegung einer prim. Neutronenquelle oder eines Neutronenabsorbers. (**D. A. S. 1 111 304** Kl. 21g vom 23/4. 1960, ausg. 20/7. 1961.) H. KESSEL. 5975

Robert Müller, Frederiksberg, Dänemark, **Herstellung von elektrischen Kondensatoren.** Die Al-Beläge werden durch therm. Spaltung von Al-dialkylhydrid, z. B. Al-diisobutylhydrid, mittels IR oder eines hochfrequenten elektr. Wechselfeldes gebildet. (**Dän. P. 85 763** vom 10/11. 1955, ausg. 29/9. 1958.) K. H. KÄHLER. 5983

Carl Zeiss, Heidenheim/Brenz (Erfinder: Fritz Schleich, Unterkochen, und Dietrich Hoffmeister, Oberkochen), **Oberflächenbearbeitung nach einem Muster mit Hilfe eines Ladungsträgerstrahls,** bes. zur Herst. von *gedruckten Schaltungen, Gravuren oder Klischees.* Die den Abtaststrahl einer das Muster aufnehmenden Fernsehkamera steuernden Ablenksignale dienen zugleich zur synchronen Ablenkung des Ladungsträgerstrahls u. die von der Fernsehkamera gelieferten Videosignale zur Intensitätssteuerung. (**D. A. S. 1 106 431** Kl. 21g vom 4/9. 1959, ausg. 10/5. 1961.) H. KESSEL. 5983

Telegraph Construction & Maintenance Co. Ltd., England, *Insekticides Mittel für Thermoplasten.* (**F. P. 1 175 286** vom 16/5. 1957, ausg. 23/3. 1959. E. Prior. 17/5. 1956 u. 3/5. 1957. — C. **1959.** 16754 [D. A. S. 1 052 678].)

N. V. Philips' Gloeilampenfabrieken, Holland, *Ferromagnetisches Material.* (**F. P. 1 163 019** vom 8/8. 1956, ausg. 22/9. 1958. Holl. Prior. 10/8. 1955. — C. **1959.** 14219 [Holl. P. 88 282].)

Lignes Télégraphiques et Téléphoniques, Frankreich (Erfinder: **André Pierrot** und **Yves Lescroel**), *Ferromagnetisches Material.* (**F. P. 1 163 304** vom 14/12. 1956, ausg. 24/9. 1958. — C. **1961.** 6273 [D. A. S. 1 087 507].)

Steatit-Magnesia Akt.-Ges., Deutschland, und **Steatite Research Corp.,** V.St.A. (Erfinder: **Oskar Eckert** und **Georg Zerbes**), *Magnetkörper.* (**F. P. 1 158 450** vom 24/10. 1956, ausg. 13/6. 1958. D. Prior. 25/10. 1955. — C. **1961.** 257 [D. A. S. 1 076 839].)

Gould-National Batteries, Inc., St. Paul, Minn., V.St.A., *Blei-Akkumulator.* (**Belg. P. 563 166** vom 12/12. 1957, ausg. 3/6. 1960. — C. **1960.** 8637 [A. P. 2 841 632].)

Accumulatoren-Fabrik Akt.-Ges., Hagen, *Trocken geladene Bleielektroden.* (**E. P. 864 592** vom 22/4. 1959, ausg. 6/4. 1961. D. Prior. 30/5. 1958. — C. **1961.** 5211 [D. A. S. 1 088 118].)

Yardney International Corp., New York, N.Y., V.St.A., *Elektroden für Silber-Zink-Akkumulatoren.* (**E. P. 866 493** vom 7/5. 1957, ausg. 26/4. 1961. F. Prior. 7/5. u. 18/6. 1956. A. Prior. 3/4. 1957. — C. **1961.** 8427 [A. P. 2 932 680].)

Soc. des Accumulateurs Fixes et de Traction Soc. An., Romainville, Frankreich, *Kontinuierliche Herstellung von Sintergerüstelektroden für galvanische Elemente.* (**D. A. S. 1 114 870** Kl. 21b vom 17/3. 1954, ausg. 12/10. 1961. F. Prior. 17/3. 1953. — C. **1956.** 10315 [F. P. 1 077 036].)

Chloride Electrical Storage Co. Ltd., Clifton-Junction, Manchester. England, *Stabilisieren mikroporöser thermoplastischer Massen.* (**Belg. P. 535 503** vom 7/2. 1955, ausg. 5/12. 1958. — C. **1958.** 5184 [F. P. 1 122 060].)

International Standard Electric Corp., New York, N.Y., V.St.A., übert. von: **Paul Schaeren**, Yverdon, Schweiz, bzw. **Bell Telephone Mfg. Co.**, Antwerpen, Belgien, *Elektrolytkondensator.* (**A. P. 2 851 642** vom 7/6. 1955, ausg. 9/9. 1958. **Belg. P. 539 423** vom 30/6. 1955, ausg. 17/7. 1959. Beide Schwz. Prior. 2/7. 1954. — C. **1959.** 7253 [Oe. P. 196 031].)

IV. Wasser. Abwasser

Die Wasseraufbereitung für Großkraftwerke. W. Kache. (Energietechnik **11.** 418—22. Sept. 1961. Radebeul.) (Dt.)

Vf. gibt Hinweise zur wirtschaftlichen Planung, Ausführung u. Unterhaltung von Wasserreinigungs- u. -aufbereitungsanlagen in Großkraftwerken.

H.-J. Pommrich. 6014□

Die Aggressivität der Wässer in den Kohlesortierwäschereien. F. Edeline und P. Lieben. (Bull. Centre belge Étude Doc. Eaux **1960/IV.** 294—300.) (Franz.)

Zahlreiche Wasser-Unterss. ergaben, daß die Aggressivität von W. durch den Langelier-Index, die Wasserhärte u. den Salz-Geh. eindeutig festgelegt werden kann. Es werden Wege gezeigt, um durch Mischung verschiedener Wässer ihre Aggressivität zu beheben. Nicht aggressive Wässer können durch Kreislauf in den Wäschereien durch Salzaufnahme u. Verminderung der Härte aggressiv werden. Vff. geben eine Einführung in die Theorie der Aggressivität des W. u. der Korrosion u. besprechen Mittel zur Behebung der Aggressivität.

W. Schönborn. 6036□

Bemerkungen zur Praxis der Abwasserreinigung von Kohlenzechen. F. Edeline und P. Lieben. (Bull. Centre belge Étude Doc. Eaux **1960/IV.** 279—85.) (Franz.)

Nach tabellar. Übersicht über die amtlichen Anforderungen, denen ein Abwasser in Belgien genügen muß, damit es in die städt. Kanalisation oder in Flüsse abgeleitet werden darf, werden die Probenahme für Wasser-Unterss., die Messung absetzbarer Stoffe, die Ausflockung, die Messung der Abwassermenge u. Verff. zur Schlammabsetzung besprochen. Eine Meth. zur Best. von Phenolen (Rk. mit diazotiertem p-Nitranilin) nach Hinden wird angegeben. Auf die Bedeutung der Einsparung von W. u. auf die Störung der Flotation durch Reste von Flockungsmitteln im Kreislaufwasser wird hingewiesen.

W. Schönborn. 6042□

Synthetische Detergentien mit leichterer biologischer Abbaufähigkeit. V. C. E. Burnop und H. J. Bunker. (Bull. Centre belge Étude Doc. Eaux **1960/IV.** 262 bis 268. Abingdon, Esso Res. Ltd., Biol. Cons.) (Franz.)

Die biolog. Abbaufähigkeit von 17 Alkylbenzolsulfonaten (I) mit verschieden gestalteter Seitenkette (geradlinig u. verzweigt) wurde untersucht. Die Unterss. wurden nach dem BSB_5-Test u. an kleinen Tropfkörpermodellen durchgeführt. Die I mit Tetrapropylenseitenkette wurde nur langsam durch die Mikroorganismen angegriffen. Um einem Abbau zu unterliegen, mußte die Seitenkette nicht unbedingt geradkettig, sondern konnte auch leicht verzweigt sein. Wesentliches Hindernis für den biolog. Abbau war ein quaternäres C-Atom am äußersten Ende der Seitenkette. Die Abbaufähigkeit war in den Tropfkörpermodellen viel besser u. erfolgte schneller als im BSB_5-Test. Es wird daraus gefolgert, daß ein guter Abbau nur bei optimalen Bedingungen für das Wachstum u. die Stoffwechseltätigkeit der Mikroorganismen möglich ist. Die Best. von I erfolgte mit der Methylenblau-Meth. nach Longwell u. Maniece in der von Slack angegebenen Vereinfachung.

W. Schönborn. 6044□

Bestimmung von ^{90}Sr und ^{90}Y in kontaminierten Quellwässern. M. H. François und M. Jezequel. (Bull. Centre belge Étude Doc. Eaux **1960/IV.** 269—71. Fontenay-aux-Roses, Serv. de contrôle des radiations et de génie radioactif.) (Franz.)

Es wird eine Meth. zur Best. niedriger Konz. von ^{90}Sr u. ^{90}Y in W. beschrieben. Danach werden 500 ml W. auf pH 6,5—6,6 eingestellt, 1,75 mg Y als Schleppersubstanz zugefügt u. mit 150 ml einer Lsg. von 0,5 g o-Thenoyltrifluoraceton in 1 Liter Bzl. ausgeschüttelt. Die Radioaktivität im eingedampften Extrakt wird bestimmt u. auf ^{90}Sr u. ^{90}Y umgerechnet. Unter den angegebenen Bedingungen wird nur ^{90}Y extrahiert, aber nicht Sr, Ca, U, Th u. Pn. Die Meth. erlaubt die Best. von $3 \cdot 10^{-7}$ μc/ml.

W. Schönborn. 6054□

Eine vereinfachte Bestimmungsmethode für 6-wertiges Chrom. Brian L. Goodman. (Water Sewage Works **108.** 80. Febr. 1961. Warren, Mich., Sew. Treatment Plant.) (Engl.)

Nach der angegebenen Meth. werden 50 ml der Probe mit 0,1 g eines trockenen Gemisches aus 0,25 g 1.5-Diphenylcarbohydrazid u. 9,75 g Weinsäure (in Plastikflasche aufzubewahren) versetzt, bis zur Lsg. geschüttelt u. bei 540 mμ im Spektrophotometer oder mit Grünfilter im Filterphotometer die Absorption gemessen. Die Meth. zeigte bei

0,50—3,00 ppm Cr^{6+} Übereinstimmung mit der Standardmethode. Beständige Farbstandards können aus Mischungen von NH_4-Oxalat–Kristallviolett-Lsg. mit Safranin-Lsg. leicht hergestellt werden. W. SCHÖNBORN. 6058□

Die Beziehung zwischen der manometrischen Bestimmungsmethode für den biologischen Sauerstoffbedarf und der 5-Tage-Methode und ihrer Genauigkeit im Bereich von 1—20 ppm. E. O. Dillingham und A. G. Jose. (Tappi **43.** 626—30. Juli 1960. Appleton, Wis., Inst. of Paper Chem.) (Engl.)

Weitere Bewertung (vgl. C. **1959.** 6595) der Reinkultur–Kurzzeit-Manometertechnik (WARBURG-Apparatur) (RKM) als Mittel zur Voraussage des langzeitigen biochem. O_2-Bedarfs (BSB) (z. B. nach 5 Tagen = BSB_5). Der Vgl. zwischen der RMK- u. BSB_5-Meth. u. ihrer Genauigkeit wird an Glucose-Lsgg., Flußwasser- u. Flußwasser + Glucose-Lsg. durchgeführt. Als Ergebnis folgt, daß mit der 18std. RMK-Best. der BSB_5 innerhalb derselben Genauigkeitsgrenzen ermittelt werden kann, wie es nach der BSB_5-Meth. selbst möglich ist. Die Vorzüge der RKM-Meth. werden besprochen. M. HAGEDORN. 6064□

Toxikologische Untersuchungen an Flotationsmitteln, die in den belgischen Anlagen zur Kohleaufbereitung verwendet werden. F. Devlaminck. (Bull. Centre belge Étude Doc. Eaux **1960/IV.** 286—93.) (Franz.)

Die in Belgien bei der Kohleaufbereitung angewendeten Flotationsmittel können nach ihren toxikolog. Wrkg. in Phenol-abspaltende Mittel (**I**; Carbonol, Creosote, Carboline, Entbenzolierungsöl), anästhet. wirkende Stoffe (**II**; Kiefernöl, Methylisobutylcarbinol), oberflächenakt. Stoffe (**III**; Tensatyl DA 120) u. prakt. wasserunlösl. Prodd. (**IV**; Schweröl, Petroleum u. a.) eingeteilt werden, die z. T. auch in Mischung verwendet werden. Diese Flotationsmittel wurden auf ihre Toxizität (minimale tödliche Dosis) an *Phocinus laevis Agas* untersucht. Die Toxizität der **I** ging dem Phenolindex (bestimmt nach HINDEN) parallel; **III** konnte die Wrkg. von **I** steigern. Die Best. des Phenolindex kann daher zur Kontrolle der Abwässer auf Toxizität verwendet werden. Die betäubende Wrkg. der **II** findet keine einfache chem. Best., die der Toxizität entspricht. Die **IV** sind nicht schädlich, obwohl sie als Film auf der Wasseroberfläche die Belüftung des W. verhindern. 2 Abwässer solcher Aufbereitungsanlagen zeigten keine Toxizität. W. SCHÖNBORN. 6068□

Olaf Kappel, Bagsvaerd, Dänemark, **Mittel zum Niederschlagen von auf Wasser schwimmendem Öl,** hergestellt aus 70 (Gew.-Teilen) feinem Sand, 30 Braunkohlenstaub u. 5 Heizöl. Die Mischung wird auf 400—450° im Drehofen erhitzt u. ist nach dem Abkühlen gebrauchsfertig. Statt Braunkohlenstaub kann auch Asphalt- oder Holzkohlenpulver verwendet werden. (**Dän. P. 85 358** vom 18/2. 1955, ausg. 28/7. 1958.) K. H. KÄHLER. 6025

Demag-Elektrometallurgie G. m. b. H., Duisburg (Erfinder: Kurt Mäder, Wittlaer), **Ozonisieren von Wasser.** Das mit einem ozonhaltigen Gas versetzte W. wird der Druck-Wrkg. eines Schraubenpumpenrades ausgesetzt, an dessen Gehäuserand Teilströme des so behandelten W. abgeführt werden. — Abbildungen. (**D. A. S. 1 112 465** Kl. 85b vom 3/2. 1958, ausg. 3/8. 1961.) H. BLACHETZKI. 6025

V. Anorganische Industrie

Methode zur automatischen Kontrolle des Prozesses der Alkaliabsorption von Stickstoffoxiden bei der Fabrikation verdünnter Salpetersäure. Ja. I. Turjan und N. Ss. Anikina. (Химическая Промышленность [Chem. Ind.] **1960.** 59—61. Jan./Febr. Lisitschansk, Zweigstelle des Inst. für Automatik der Staatl. Plankomm. der UkrainSSR.) (Russ.)

Bei der potentiometr. Titration von Na_2CO_3 u. $NaHCO_3$ enthaltenden Lsgg. mit H_2SO_4 unter Verw. einer Sb-Elektrode (gegen Hg_2Cl_2-Elektrode) treten 2 Potentialsprünge für den Übergang $Na_2CO_3 \rightarrow NaHCO_3$ u. für die Neutralisation von $NaHCO_3$ auf, auch in Ggw. von $NaNO_3$ u. $NaNO_2$ in wechselnden Verhältnissen. Auf die Messung des pH = const. + log $[Na_2CO_3]/[NaHCO_3]$ mit Sb-Elektrode bauen Vff. eine automat. Kontrolle der Absorption von N-Oxiden in Soda-Lsg. auf, wobei als Endpunkt des Cyclus $[Na_2CO_3] = 10 \pm 2$ bzw. $[NaHCO_3] = 15{,}9 \pm 3{,}2$ g/Liter gewählt wird; dies entspricht dem Signalpotential 400 ± 10 mV. Die der Eichkurve zugrunde liegende lineare Beziehung zwischen pH u. Potential wird experimentell bestätigt. Am Ende des Absorptionsprozesses enthält die Lsg. nur noch $NaHCO_3$, kein Na_2CO_3. R. K. MÜLLER. H 243□

Verwertung der als Nebenprodukte einiger Fabrikationen erhaltenen Stickstoffoxide. W. I. Atroschtschenko, A. N. Zeitlin, A. P. Sassorin und W. Ss.

Solotarew. (Химическая Промышленность [Chem. Ind.] **1960.** 79—80. Jan./Febr.) (Russ.)

Die bei einigen organ. Synth. als Nebenprod. in kleiner Menge, aber hoher Konz. auftretenden N-Oxide kann man in Glocken- oder Siebbodenkolonnen mit auf den Böden liegenden Kühlschlangen mit W. zu HNO_3 lösen. Bei hohem Geh. der Gase an Wasserdampf (z. B. bei Gasen der Oxydation von Xylose) wird dieser vor dem Einleiten in die Kolonne kondensiert u. das Kondensat in der Kälte abgetrennt, wobei durch Luftzusatz einer Abnahme des Partialdrucks der N-Oxide entgegengewirkt u. im zweiten Kühler NO etwa zu 80% oxydiert wird. Eine Anlage wird in schemat. Darst. gezeigt u. beschrieben. R. K. Müller. H 243□

Die Verarbeitung von Ammoniumsulfit-hydrogensulfit-Lösungen auf Ammoniumsulfat und elementaren Schwefel. B. A. Tschertkow. (Кокс и Химия [Koks u. Chem.] **1959.** Nr. 1. 48—53.) (Russ.) — Vgl. C. **1959.** 1046.

Zwecks Weiterentw. des „Katasulfprozesses" von Bähr (1938) wurde die Kinetik dieser Rk. untersucht. Die Bldg.-Geschw. des intermediär auftretenden $S_2O_3^{2-}$ wurde zu $G_{S_2O_3} = a \cdot e^{0{,}047t}$ ermittelt, wobei a eine von der mittleren Zus. der Lsg. abhängige Konst. bedeutet. Eine Beschleunigung der Rk. kann mit Hilfe von Katalysatoren, im vorliegenden Fall S, erzielt werden. Um verschiedene, bei der chargenweisen Umsetzung im Autoklaven auftretende Schwierigkeiten zu vermeiden, wurde in einer kleintechn. App. eine kontinuierliche Arbeitsweise erprobt. Die umzusetzende Lsg. wurde durch einen Autoklaven gepumpt, über dessen Boden sie eine Schicht von fl. S passieren mußte. Eine prakt. vollständige Umsetzung wurde bei einer Verweilzeit von 80—90 Min. erzielt. Der Druck blieb zwischen 3,75—5 atü, die Temp. zwischen 152 u. 163°. Durch Labor.-Verss. wurde bewiesen (Tabellen u. Diagramme im Original), daß auch in offenen Gefäßen bei 100—105° in ca. 1½ Std. die Umsetzung erzielt werden kann, wenn durch intensives Rühren mit viel S die Thiosulfat-Bldg. beschleunigt u. dann durch Ansäuern mit H_2SO_4 oder SO_2 die Rk. zu Ende geführt wird. F. Otto. H 253□

Die Wärmeübertragung in den Vakuumkühlern der Kali-Industrie. Otto Krull. (Bergakademie [Freiberg] **12.** 697—99. Dez. 1960. Werder.) (Dt.)

Übersicht über die wärmetechn. Bedingungen u. Vorgänge bei der Vakuumkühlung der in der Kaliindustrie anfallenden, ca. 110° heißen Lösungen. W. Wesly. H 274□

Die Herstellung von reinstem Barium- und Strontiumcarbonat. Ladislav Plocek. (Chem. Průmysl **11** (36). 129—32. März 1961. Hradec Králové, Výzkumný ústav elektrotechn. keramiky.) (Tschech.)

Es wird die Herst. von $BaCO_3$ bzw. $SrCO_3$ für spektralanalyt. Zwecke mit $\leq$0,001% Ca oder für keram. Zwecke mit $\leq$0,01% Ca in 80%ig. Ausbeute beschrieben. Bei der Raffination der Rohstoffe werden die Löslichkeitsunterschiede der Erdalkalichloride in überschüssiger HCl, der Erdalkalinitrate in überschüssiger HNO_3 u. die Unlöslichkeit von $BaCrO_4$ in neutralem Medium ausgenutzt. J. Schneider. H 285□

Hydrocarbon Research, Inc., V.St.A. (Erfinder: Clarence Albert Johnson und Percival Cleveland Keith), **Herstellung von Wasserstoff** durch Umwandlung des im Rohsynthesegas enthaltenden CO mit Wasserdampf in Ggw. eines als Wirbelschicht angeordneten, aus Fe- u. Cr-Oxyden bestehenden Katalysators bei 370—540°, bes. bei 427—510°, zu H_2 u. CO_2. — Vorr. u. Schema der Anlage. (**F. P. 1 197 020** vom 17/12. 1957, ausg. 27/11. 1959. A. Prior. 17/12. 1956.) W. Wittholz. H 238

Friedrich Uhde G. m. b. H. (Erfinder: Hans Hesky), **Anreichern von Deuterium in Wasser oder Wasserstoff** bei der Herst. von H_2, wobei W. in fl. Phase mit dem hergestellten H_2 in einem katalyt. Isotopenaustauscher (**I**) behandelt u. mit D angereicherter H_2 u./oder W. zwischen **I** u. H_2-Erzeuger (**II**) abgezogen wird, dad. gek., daß der Katalysator (**III**) im **I** in feiner Verteilung in fl. W. zur Anwendung kommt u. die Zuführung von W. zum **II** nach Abtrennung der **III** erfolgt. Die Herst. des H_2 kann durch Elektrolyse von W. oder aus C-haltigen Verbb. u. W. erfolgen. Vorzugsweise sind **I** u. **II** in Reihen kaskadenförmig verbunden, wobei das mit D angereicherte W. der vorhergehenden Stufe, der folgenden Stufe im Gegenstrom zum H_2 zugeführt wird. — Zeichnung. (**Aust. P. 220 679** vom 18/6. 1957, ausg. 9/4. 1959. **Belg. P. 558 414** vom 15/6. 1957, ausg. 25/3. 1960. Beide D. Prior. 16/6., 9/8. 1956 u. 23/1. 1957.) C. Lüttgen. H 240

Düngemittel-Technik Akt.-Ges., Schweiz, **Granulieren von Schwefel.** Der auf 90—120° erwärmte S wird in leichtfl. Zustand auf einem Granulator mit einem Kühlmittel, z. B. W., behandelt. Bei Verw. anderer Kühlmittel, wie Sand, Erde, Phosphate oder ähnliche Stoffe in Pulverform, erhält man S-haltige Granalien. — Vorr. (2 Abb.). (**F. P. 1 196 200** vom 20/5. 1958, ausg. 23/11. 1959.) W. Wittholz. H 253

Avesta Jernverks Aktiebolag, Avesta, Schweden, **Herstellung von Bisulfitlösungen,** wie Rohsäure u./oder Kochsäure. SO_2 wird in fl. Form zusammen mit für die Herst. solcher Lsgg. geeigneten Komponenten, z. B. Kalkstein in feiner Mahlung, in gewünschten Mengen in einen Reaktor eingeführt, in dem die für die Herst. der Bisulfit-Lsg. gewünschte Rk. unter Überdruck erfolgt. — Vorrichtungen. (3 Abb.) (**Oe. P. 211 652** vom 23/9. 1958, ausg. 25/10. 1960. Schwed. Prior. 28/9. 1957.) W. WITTHOLZ. H 253

Max Schmidt, München (Erfinder: Max Schmidt und Rolf Roland Wägerle), **Herstellung von wasserfreien Alkalimetallthiosulfaten.** S wird mit Alkalimetallnitriten in wasserfreiem Dimethylformamid oder Dimethylacetamid als Rk.-Medium unter Erwärmen zu Thiosulfat oxydiert (N_2 oder CO_2-Atmosphäre, Umsetzung bei 50—130°). (**D. A. S. 1 085 507** Kl. 12i vom 30/8. 1958, ausg. 21/7. 1960.) E. MIESSGANG. H 253

Texaco Development Corp., New York, N.Y., V.St.A. (Erfinder: Du Bois Eastman), **Herstellung von Ruß.** Man erhitzt vorerhitzten KW-Stoff mit Dampf u. O_2-haltigem Gas auf >2000, bes. 2500—2900° F in einer zylindr. Rk.-Zone, deren Verhältnis von Länge zu Durchmesser 1—4 beträgt, bei einem Druck von >100 lbs./sq.in. in solchen Mengenverhältnissen, daß 0,5—5% des im KW-Stoff enthaltenen C zu Ruß umgesetzt werden u. daß auf 1 (Teil) KW-Stoff 0,2—1,5 Dampf kommen. (**E. P. 848 419** vom 15/2. 1957, ausg. 14/9. 1960.) K. DEMMLER. H 260

Mario Giannattasio, Resina, Neapel, Italien, **Gewinnung von Magnesiumoxid aus Meerwasser.** Man versetzt das Meerwasser mit Na_2CO_3, filtriert u. calciniert den abgetrennten Nd. bei 650°. (**It. P. 524 019** vom 2/8. 1954.) K. KOEBKE. H 282

Hrvoje Ivekovic, Jugoslawien, **Extraktion von hydratisiertem Al_2O_3** aus dem Bodensatz von Na-Aluminat-Lsgg., dad. gek., daß man zur Beschleunigung der Sedimentation u. der Zers. Stoffe zusetzt, deren Kp. u./oder Verdampfungswärme unter denen des W. liegt. (**F. P. 1 220 787** vom 30/4. 1959, ausg. 27/5. 1960. Jugoslaw. Prior. 15/12. 1958.) S. BÖTTCHER. H 294

Universal Oil Products Co. (Erfinder: George Ladislav Hervert und Herman Samuel Bloch), **Tonerdegewinnung.** Vgl. E. P. 769 217; C. **1958.** 2843. Zu ergänzen ist, daß man bei Temp. bis zu 205° ein gelartiges Prod. erhält, während bei höheren Temp. kristallines Al_2O_3 anfällt. (**Aust. P. 203 801** vom 29/7. 1954, ausg. 22/11. 1956.) W. GRÄGER. H 294

E. I. du Pont de Nemours & Co., Wilmington, Del., übert. von: Charles O. Bostwick, Stanton, Del., V.St.A., **Herstellung von wasserfesten metallorganischen Verbindungen.** Gemische aus Alkylestern (I) von Ti, Zr, Th oder Hf einerseits u. Aminoalkoholen (**II**) andererseits werden unter Rückflußkühlung auf 50—225° erhitzt u. die als Nebenprodd. entstehenden Alkohole abdestilliert. Bei Verw. von festen oder hochviscosen Rk.-Komponenten können inerte organ. Lsgm., wie Bzl., Xylol, Toluol oder Cyclohexan, mitverwendet werden. Die anzuwendenden Mengenverhältnisse von **I**:**II** können 1:1 bis 1:4 betragen; die Rk.-Prodd. lassen sich infolge von Polymerisationen u. Chelat-Bldg. der nicht umgesetzten Komponenten nicht scharf definieren, sie sind hochviscos bis fest mit glasartigem Charakter u. werden als oberflächenakt. *Dispersionsmittel für Pigmente, KW-Stoffe u. Wachse* in wss. u. organ. Fll. verwendet. — Beispiele für **I**: Alkyl-, Aryl-, Aralkyl- u. Cycloalkylester mit 1—12 C-Atomen, bes. β-Naphthyl-ortho-titanate u. -zirkonate; Beispiele für **II**: prim., sek. u. tert. Aminoalkohole, Mono-, Di- u. Triaminoalkohole, Aminophenole, -kresole, -naphthole, -anthranole, -hydrochinone, -pyrogallole, -resorcine u. -brenzcatechine. Von den Rk.-Prodd. können durch einfaches Mischen Säureadditions-Prodd. mit H_3PO_4, H_3BO_3, H_2CO_3, Ameisen-, Essig-, Laurin-, Stearin-, Öl-, Cocosöl- u. Ricinusölsäure hergestellt werden. (**A. P. 2 824 114** vom 9/9. 1952, ausg. 18/2. 1958.) A. KALIX. H 324

Appareils et Evaporateurs Kestner, Frankreich, **Herstellung von Natriumbichromat.** Die heiße, schwefelsaure $Na_2Cr_2O_7$-Lsg. wird im Vakuum auf ca. 25 bis 20° oder weniger abgekühlt, so daß aus der Lsg. $Na_2SO_4 \cdot 10\,H_2O$ auskrist., gleichzeitig W. entweicht u. Verluste an Chromsalzen vermieden werden. (**F. P. 1 195 044** vom 23/4. 1958, ausg. 13/11. 1959.) H. WITTHOLZ. H 335

Potasse et Engrais Chimiques, Frankreich (Erfinder: Pierre Pagny), **Adsorption von Uransalzen** aus U-haltigen Lsgg. durch Behandeln mit dreibas. Erdalkaliphosphaten bei 80—90°. Als Adsorptionsmittel dienen $Ca_3(PO_4)_2$, $Ca_2Ba(PO_4)_2$ oder $CaBaZn(PO_4)_2$. Die U-Salze werden aus dem Adsorptionsmittel in üblicher Weise extrahiert. (**F. P. 1 196 820** vom 30/7. 1957, ausg. 26/11. 1959.) W. WITTHOLZ. H 339

Freeport Sulphur Co., V.St.A. (Erfinder: Raphael F. Matson), **Abtrennen von Eisen(II)** aus sauren, Co- u./oder Ni-Salze enthaltenden wss. Lösungen. Man fügt zu der Salz-Lsg. Co-Pentammin in etwa den Fe(II)-Salzen äquivalenter Menge, erhitzt auf 77—93° u. hält den pH-Wert auf 3,5—5 durch period. Zufügen von NH_3, wodurch eine selektive Ausfällung des Fe erfolgt u. die Co- bzw. Ni-Salze in Lsg. bleiben. (**F. P. 1 199 965** vom 18/7. 1958, ausg. 17/12. 1959. A. Prior. 27/1. 1958.)

W. WITTHOLZ. H 354

Abbott Laboratories (Erfinder: **Charles Louis Mehltretter**), *Elektrolytische Herstellung von Alkaliperjodat.* (**Aust. P. 228 229** vom 14/8. 1958, ausg. 9/6. 1960. A. Prior. 27/8. 1957. — C. **1960.** 17241 [D. A. S. 1 076 637].)

Ruhrchemie Akt.-Ges., Oberhausen/Rhld. (Erfinder: **Walter Rottig** und **Franz Hanisch**), *Gewinnung von Schwefel aus Schwefelwasserstoff enthaltenden Gasen.* (**D. A. S. 1 068 228** Kl. 12i vom 15/6. 1955, ausg. 5/11. 1959. — C. **1960.** 4315 [Oe. P. 197 396].)

Siemens-Schuckertwerke Akt.-Ges., Berlin und Erlangen, *Herstellung von Borjodid.* (**E. P. 868 555** vom 21/4. 1958, ausg. 17/5. 1961. D. Prior. 14/5. 1957. — C. **1959.** 12969 [D. A. S. 1 056 592].)

Columbian Carbon Co., V.St.A. (Erfinder: **Maurice Rupert Howell**), *Abscheidung von Ruß.* (**F. P. 1 187 973** vom 14/11. 1957, ausg. 17/9. 1959. A. Prior. 28/11. 1956. — C. **1960.** 16558 [A. P. 2 851 124].)

Columbian Carbon Co., V.St.A. (Erfinder: **George Louis Heller**), *Herstellung von trockenen Rußperlen.* (**F. P. 1 187 974** vom 14/11. 1957, ausg. 17/9. 1959. A. Prior. 24/11. 1956. — C. **1960.** 16558 [A. P. 2 900 737].)

Columbian Carbon Co., V.St.A. (Erfinder: **Roy Lee Gholson**), *Granulieren von Ruß.* (**F. P. 1 200 233** vom 5/3. 1958, ausg. 18/12. 1959. A. Prior. 17/4. 1957. — C. **1961.** 12603 [E. P. 839 919].)

Olin Mathieson Chemical Corp., V.St.A. (Erfinder: **Homer L. Robson**), *Calciumhypochlorit-Gemische.* (**F. P. 1 183 666** vom 1/10. 1957, ausg. 10/7. 1959. A. Prior. 4/10. 1956. — C. **1961.** 14056 [D. A. S. 1 102 113].)

Montecatini Soc. Gen. per l'Industria Mineraria e Chimica, Mailand, Italien, *Herstellung von Alkalichromaten.* (**It. P. 524 143** vom 28/10. 1954. — C. **1960.** 2309 [D. A. S. 1 062 690].)

Columbian Carbon Co., V.St.A. (Erfinder: **John Martin**), *Herstellung von α-Eisen(III)-oxid.* (**F. P. 1 196 444** vom 28/5. 1958, ausg. 24/11. 1959. A. Prior. 13/6. 1957. — C. **1961.** 8433 [E. P. 830 108].)

VI. Silicatchemie. Baustoffe

Das Glasieren keramischer Ware. Georg Helm. (Glas-Email-Keramo-Techn. **9.** 124—28. April 1958.) (Dt.)

Vf. beschreibt Vorr., die dem Entstauben u. Glasieren dienen. G. BAUER. 6212 □

Emaillieren ohne vorheriges Beizen? L. Vielhaber. (Glas-Email-Keramo-Techn. **9.** 123—24. April 1958.) (Dt.)

Da das GRAAD-Email die Blechoberfläche ebenfalls etwas aufrauht, wird die Möglichkeit erörtert, durch das Email u. durch das Emaillier-Verf. allein eine ausreichende Aufrauhung der Blechoberfläche zu erzielen u. so auf das Beizen blanker Bleche zu verzichten, d. h. diese nur in einem alkal. Bad zu entfetten. G. BAUER. 6212 □

Einige Untersuchungen zur Torsionsfestigkeit von Grundemaillierungen. Armin Petzold und Helmut Betzer. (Glas-Email-Keramo-Techn. **9.** 116—18. April 1958. Freiberg/Sa., Bergakad., Inst. für Silicathüttenkunde.) (Dt.)

Geprüft wird die Wrkg. der Email- u. Blechdicke, des CaO-Geh. u. der Torsionsgeschwindigkeit. Ferner werden die Torsionswerte verschiedener Emails mitgeteilt.

G. BAUER. 6212 □

Keramische Wandfliesen. 2. Mitt. **Die Herstellungsverfahren.** W. Wanie. (Glas-Email-Keramo-Techn. **9.** 128—32. April; 175—77. Mai 1958.) (Dt.) — 1. vgl. Glas-Email-Keramo-Techn. **8.** [1957.] **424 u. 466.**

Angaben über Aufbereitungsmaschinen, Pressen u. Brennaggregate, über das Glasieren u. Glattbrennen von Wandfliesen. Ferner wird auf die Vorgänge bei der Mahlung eingegangen, sowie auf die Voraussetzungen, die für diese Art der Hartzerkleinerung gegeben sein müssen. G. BAUER. 6216 □

Erzeugung kaustischen Magnesits aus einheimischen Rohstoffen. S. Černoch, M. Míček und B. Stark. (Chem. Zvesti **12.** 587—98. Okt. 1958. Košice, Vys. škola techn.) (Slowak.) — Vgl. C. **1960.** 15874.

Magnesit aus dem Vork. von Vavro bei Košice liefert beim Brennen in einem Wirbelschichtofen MgO in guter Qualität. Die Festigkeitswerte der bei verschiedenen Brenntemp. erhaltenen Präpp. werden tabellar. mitgeteilt. R. K. MÜLLER. 6218 □

Die Alkalien im Portlandzementklinker. Georgi N. Babatschev und Kostadinke K. Radeva. (Silikattechnik **12.** 33—35. Jan. 1961. Sofia, Wiss. Forsch.-Inst. des Bauwesens.) (Dt.)

Der Geh. an K u. Na als Oxide in verschiedenen Zementklinkern schwankt zwischen 0,5 u. 1,3%. Die Verteilung ist nahezu gleichmäßig. Der Sulfat-Geh. steigt mit der Konz. an Ca u. Na. Die Aluminatphase enthält die Hauptmenge K in Form von KC_8A_3 u. die größere Menge Na. Ein Teil Na befindet sich in der Kristallphase des Calciumaluminatferrits. Die Alkalien des Zementes lösen sich rasch u. reagieren mit den chem.

akt. Zuschlagstoffen. Eine Zerstörung des Betons ist die Folge. 20—60% des K u. 12 bis 35% des Na-Geh. gehen sofort in Lsg., was auf eine schnelle Hydrolyse u. Hydratation der die Alkalimetalle enthaltenden Phase des Klinkers zurückzuführen ist.

H. SCHUMANN. 6222 □

Über den Einfluß von Bariumoxid auf die Klinkerbildung. 2. Mitt. **Untersuchung des Einflusses von BaO und MgO auf die Viscosität der flüssigen Phase.** I. I. Cholin, J. S. Malinin, S. B. Entin. (Silikattechnik **12.** 340—42. Juli 1961. Moskau, Gesamtstaatl. wiss. Forsch.-Inst.) (Dt.) — 1. vgl. C. **1962.** 2507.

Für die Unters. der Viscosität der fl. Phase eines Klinkers wurde ein von Vff. konstruiertes Vibrations-Elektroviscosimeter benutzt. Zusätze von BaO u. MgO wurden gerade deswegen gewählt, weil BaO eine schwächere u. MgO eine stärkere negative elektr. Ladung als das im Klinkermedium reichlich vorhandene CaO aufweisen. Es stellte sich heraus, daß die Einführung von BaO in größeren Mengen zum Anwachsen u. von MgO zur Abnahme der Aktivierungsenergie der Schmelze führt. Anders ausgedrückt festigt BaO das Anionenskelett der Schmelze, während MgO die entgegengesetzte Wrkg. hat.

N. PETERS. 6222 □

Plastbeton. J. S. Tscherkinskij und W. M. Kalaschnikowa. (Silikattechnik **12.** 28—32. Jan. 1961.) (Dt.)

Die Eigg. von „Polymerbetonen“ werden untersucht. Verw. finden Portlandzement 400, Flußsand u. PVA-Dispersionen mit 50% Feststoff-Geh., stabilisiert mit Carboxymethylcellulose (A), zusätzlich Dibutylphthalat als Weichmacher (AW) u. mit Polyvinylalkohol stabilisiert (B). Der Zement wird mit W., PVA-Dispersion u. dann mit Sand vermischt. Die Plastizitäts-Best. erfolgt durch Kegelausbreitmaß auf Rütteltischen. Eine Abhängigkeit zwischen Plastizität u. Plastzusatzmenge ist nicht erkennbar, wohl aber zwischen Plastizität u. W.-Zement-Faktor (W/Z-Faktor). Dispersion B verringert die Viscosität u. damit auch den W/Z-Faktor u. steigert die Biegefestigkeit um das Doppelte des reinen Zementmörtels bis zu 160 kp/cm². PVA-Dispersion A läßt die Biegefestigkeit bei lufttrockenem Material um das Dreifache, die Schlagfestigkeit auf das Fünffache u. die Druckfestigkeit auf 140% des normalen Zementmörtels ansteigen. Die Dispersion AW steigert die Schlagfestigkeit, aber nicht Druck- u. Biegefestigkeit.

H. SCHUMANN. 6224 □

Versuche mit Feuerbeton auf Portlandzementbasis. Ivan Schmid. (Silikattechnik **12.** 22—24. Jan. 1961. Prag, VEB Teplotechna.) (Dt.)

Alle Verss. werden im Temp.-Bereich 650—1100° mit Hochofenzement 250 durchgeführt, da dieser Zement das vorteilhafteste Verhältnis von CaO zu Al_2O_3 aufweist. Als Mikrofüllmittel dient eine Mischung aus feingemahlenem Ton mit Schieferton (Absaugstaub eines Schamottewerks). Der zu 50—70% im Absaugestaub enthaltene ungebrannte Ton wirkt als Mineralisator. Für Qualitätsfeuerbeston wird als Füllstoff grobgemahlener, entstaubter u. auch nicht entstaubter, gebrannter Schieferton benutzt. Gebranntes Kieselsteinschrot eignet sich als Füllung für Leichtfeuerbeton. Zum Vgl. wird Portlandzement 350 gewählt. Die Eignung hängt davon ab, ob der Betrieb kontinuierlich oder diskontinuierlich arbeitet u. ob die Temp. schwanken bzw. welche Höhe sie erreichen. Allg. ließen sich die Mischungen im Temp.-Bereich 600—1100° verwenden. Kleinere Belastungen als 0,5 kp/cm² verschieben die Verw.-Grenze bis auf ca. 1210°.

H. SCHUMANN. 6224 □

Holmegaards Glasvaerk A/S, Fensmark, Dänemark, **Herstellung von feuerfesten Behältern zum Glasschmelzen.** Ein Behälter aus feuerfestem Ton wird zunächst vorgeglüht, hierauf mit einer fl. Si-Verb., z. B. polymerisiertem Äthylsilicat gefüllt, u. 12 Std. stehengelassen. Nach Entleeren des Behälters läßt man diesen noch 14 Tage in feuchter Atmosphäre stehen, wobei das aufgesaugte Äthylsilicat hydrolysiert wird u. der gebildete A. verdampft. Abschließend wird der Behälter bei 1000° gebrannt. (**Dän. P. 85 919** vom 10/4. 1956, ausg. 3/11. 1958.) K. H. KÄHLER. 6175

Lia Foa und Alberto Bentivoglio, Mailand, Italien, **Herstellung von Bauplatten** aus Magnesiazement, dad. gek., daß man eine Polyvinylacetatemulsion u./oder ein ligninsulfonsaures Salz zugibt. — 78 (Teile) MgO, 5 ZnO, 10 Talkum, 2 Ultramarinblau, 2 ligninsulfonsaures Ca u. 3 Polyvinylacetat werden mit einer $MgCl_2$-Lsg. von 24 Bé angemacht. (**It. P. 523 993** vom 17/11. 1954.) K. KOEBKE. 6229

Phenoleum S. p. A., Turin, Italien, **Herstellung von Wandverkleidungsplatten.** Man mischt zu einer Asbestpaste 10—30% Phenolharze, formt zu Platten u. preßt darauf eine Kartonschicht, die mit Melaminharzen imprägniert ist. Preßdruck 40 bis 100 at bei 120—150°. (**It. P. 524 249** vom 30/10. 1954.) K. KOEBKE. 6229

F. L. Smidth & Co. A/S, Kopenhagen, Dänemark, **Herstellung von wärme- und schallisolierenden Platten.** Auf eine poröse Unterlage wird eine Aufschlämmung von

40—70 (Gew.-%) Zement, 25—45 Ton u. 5—15 Mineralfaser, z. B. Glasfaser, gebracht. Nach einer Verweildauer zum Zwecke der Faserorientierung wird das W. abgesaugt u. die Platte anschließend gepreßt. In die Aufschlämmung kann auch ein Metalldrahtnetz eingelegt werden. (**Dän. P. 84 735** vom 2/12. 1954, ausg. 14/4. 1958.)
K. H. KÄHLER. 6229

Wargöns A/B, Vargön, Schweden (Erfinder: S. Bergh und C. Olofsson), **Staubbindemittel für nicht asphaltierte Straßen**, bestehend aus 100 (Gew.-Teilen) pulverisierter Sulfitablauge u. 25, bes. 15 feingemahlenem Ton oder Steinmehl. (**Schwed. P. 165 370** vom 10/7. 1954, ausg. 18/11. 1958.) K. H. KÄHLER. 6231

Corning Glass Works, V.St.A. (Erfinder: **Harrison Porter Hood**), *Herstellung von bleifreien pharmazeutischen Glasbehältern*. (**F. P. 1 156 790** vom 18/9. 1956, ausg. 21/5. 1958. A. Prior. 14/10. 1955. — **C. 1958.** 10477 [D. A. S. 1 023 862].)

N. V. Philips' Gloeilampenfabrieken, Holland, *Aufbringen lichtstreuender Schichten auf Glasoberflächen*. (**F. P. 1 162 013** vom 6/12. 1956, ausg. 8/9. 1958. Holl. Prior. 8/12. 1955. — **C. 1959.** 4280 [D. A. S. 1 026 929].)

Jenaer Glaswerk Schott & Gen., Deutschland, *Praktisch fluorfreies Flintglas*. (**F. P. 1 158 141** vom 5/10. 1956, ausg. 6/6 1958. D. Prior. 11/10. 1955. — **C. 1957.** 9191 [D. A. S. 1 003 926].)

Quartz & Silice, Frankreich, *Kieselsäureglas für kernphysikalische Zwecke*. (**F. P. 1 156 358** vom 13/7. 1956, ausg. 14/5. 1958. — **C. 1959.** 12 667 [D.A.S. 1 039 715].)

Owens Illinois Glass Co., V.St.A. (Erfinder: **Erwin Carl Hagedorn**), *Änderung der physikalischen Eigenschaften von aluminiumhaltigem Rohglas*. (**F. P. 1 161 757** vom 9/10. 1956, ausg. 4/9. 1958. A. Prior. 21/3. 1956. — **C. 1960.** 1297 [D. A. S. 1 060 565].)

Libbey-Owens-Ford Glass Co., V.St.A. (Erfinder: **George Benson Watkins** und **Lazarus Daniel Thomas**), *Aufbringen eines chromoxidhaltigen Überzuges auf Glas oder Keramik*. (**F. P. 1 162 069** vom 11/12. 1956, ausg. 9/9. 1958. A. Prior. 13/12. 1955. — **C. 1961.** 2406 [Belg. P. 553 321].)

F. Wilhelm Anton Kurz, Lidingö, und **Robert Karl Ignaz Jagitsch**, Göteborg, Schweden, *Behandlung von Glasgegenständen*. (**Norw. P. 93 129** vom 23/11. 1955, ausg. 29/12. 1958. — **C. 1959.** 13917 [D. A. S. 1 040 198].)

W. C. Heraeus G. m. b. H., Deutschland, *Edelmetallpräparate zum Verzieren keramischer Gegenstände*. (**F. P. 1 158 614** vom 21/9. 1956, ausg. 17/6. 1958. D. Prior. 7/10. 1955. — **C. 1957.** 13157 [D. A. S. 1 004 536].)

Österreichisch-Amerikanische Magnesit Akt.-Ges., Österreich, *Herstellung von basischen Steinen und Massen*. (**F. P. 1 157 702** vom 28/9. 1956, ausg. 3/6. 1958. Oe. Prior. 20/12. 1955. — **C. 1959.** 1915 [D. A. S. 1 010 439].)

Österreichisch-Amerikanische Magnesit Akt.-Ges., Österreich, *Feuerfeste Magnesiamasse*. (**F. P. 1 158 670** vom 2/10. 1956, ausg. 18/6. 1958. Oe. Prior. 20/12. 1955. — **C. 1959.** 3615 [Oe. P. 194 305].)

Corning Glass Works, V.St.A. (Erfinder: **Leon Roger Schlotzhauer** und **Kenneth Travis Wood**). *Feuerfeste Körper*. (**F. P. 1 159 278** vom 26/9. 1956, ausg. 25/6. 1958. A. Prior. 29/9. 1955. — **C. 1959.** 16131 [A. P. 2 842 447].)

N. V. Philips' Gloeilampenfabrieken, Holland (Erfinder: **Frank Kulcsar** und **Clarence George Cmolik**), *Ferromagnetisches keramisches Material*. (**F. P. 1 159 682** vom 9/8. 1956, ausg. 1/7. 1958. A. Prior. 11/8. 1955. — **C. 1960.** 11078 [Aust. P. 215 611].)

Internationella Siporex Aktiebolaget, Schweden (Erfinder: **Endel Wijard**), *Herstellung eines Überzuges auf Bewehrungseinlagen für Leichtbeton*. (**F. P. 1 155 890** vom 25/6. 1956, ausg. 9/5. 1958. Schwed. Prior. 13/7. 1955. — **C. 1961.** 5578 [D. A. S. 1 073 932].)

Master Mechanics Co., V.St.A. (Erfinder: **Robert Morton Evans**), *Säurefester Zementmörtel*. (**F. P. 1 156 882** vom 22/6. 1956, ausg. 22/5. 1958. A. Prior. 24/6. 1955. — **C. 1960.** 8998 [E. P. 804 358].)

Simon-Carves Ltd., England, *Plastifizierungsmittel für Kieselsäuremörtel*. (**F. P. 1 156 709** vom 12/9. 1956, ausg. 20/5. 1958. E. Prior. 12/9. 1955 u. 4/9. 1956. — **C. 1960.** 8648 [D. A. S. 1 057 944].)

Wey-Établissement, Liechtenstein, *Oberflächenbehandlung von durch Schalbretter zu verformenden Mörtelmassen*. (**F. P. 1 160 209** vom 9/11. 1956, ausg. 9/7. 1958. Schwz. Prior. 10/11. 1955. — **C. 1960.** 15877 [E. P. 804 107].)

Chemische Werke Hüls Akt.-Ges., Deutschland, *Verbundplatte*. (**F. P. 1 160 797** vom 11/10. 1956, ausg. 5/8. 1958. D. Prior. 19/4. 1956. — **C. 1959.** 11382 [Oe. P. 196 114].)

Whiffen & Sons Ltd., England, *Herstellung poröser thermoplastischer Massen*. (**F. P. 1 172 657** vom 22/2. 1957, ausg. 13/2. 1959. E. Prior. 8/3. 1956. — **C. 1960.** 7299 [Oe. P. 204 785].)

Trubenised (Gt. Britain) Ltd., England, übert. von: **Scott Bader & Co. Ltd.**, *Verbessertes Schleif- und Poliermaterial*. (**F. P. 1 185 032** vom 22/10. 1957, ausg. 29/7. 1959. E. Prior. 25/10. 1956. — **C. 1961.** 4135 [E. P. 821 929].)

VII. Agrikulturchemie. Schädlingsbekämpfung

Ein neues Granulierungsverfahren und seine Anwendung auf dem Gebiet der Düngemittelerzeugung. Yves Berquin. (Génie chim. **86.** 45—47. Aug. 1961.) (Franz.)

Zur Trocknung u. Granulierung einer fl. Phase, ggf. auch von pastenförmiger Konsistenz wird diese in den unteren Teil einer zylindr.-kon. Kammer gebracht, während ein warmer Luftstrom auf die Wirbelschicht der sich bildenden Körner einwirkt. Diese reichern sich allmählich zur gewünschten Größe an. W. WESLY. 6270□

Filtration von Extraktions-Phosphorsäure auf einem Vakuumbandfilter. E. N. Ginsburg, I. L. Gofman und Ss. K. Milowanowa. (Химическая Промышленность [Chem. Ind.] **1959.** 443—45. Juli/Aug.) (Russ.)

In schemat. Darst. wird eine Anlage zur Gewinnung von H_3PO_4 bei der Behandlung von Apatitkonzentrat mit H_2SO_4 mit Filtration des $CaSO_4$ („Phosphogips") auf einem Vakuumbandfilter gezeigt (Abb.) u. beschrieben. Neben der Filtrationszone sind 3 Waschzonen vorgesehen, wobei die Wasch-Fl. im Gegenstrom zum Extraktionsgut von der letzten zur ersten Waschzone u. von dort zum Extraktionsgefäß geführt wird. Die Anlage liefert H_3PO_4 mit 24—25% P_2O_5. Unter optimalen Bedingungen werden je m^2 Filterfläche u. Std. 850 kg Gips bei einer Höhe des Filterkuchens von 23—25 mm entfernt. R. K. MÜLLER. 6282 □

Der hydrothermische Prozeß der Entfluorierung von natürlichen Phosphaten im Cyclonofen. Ss. I. Wolfkowitsch, A. A. Ionass, N. N. Posstnikow, R. Je. Remen, L. N. Ssidelkowski, A. P. Schurygin, P. F. Derewitzki und T. N. Jagodina. (Химическая Промышленность [Chem. Ind.] **1959.** 674—80. Dez. Moskau, Forsch.-Inst. für Düngemittel u. Insektofungicide, Energet. Inst.) (Russ.)

Im Cyclonofen werden F-haltige natürliche Phosphate geschmolzen u. von F befreit. Apatitkonzentrate müssen auf 1550—1600° erhitzt werden, um leichtfl. Schmelzen zu ergeben, bei *Apatit-Nephelin* (I) u. *Kara-Tau-Phosphorit* (II) genügen 1450—1500°. Der Übergang von P_2O_5 in citratlösl. Form wird durch rasche Abkühlung (Abschrecken) der Schmelze erreicht; bei 95% Entfluorierung gehen 87—95% des P_2O_5 in citratlösl. Form über, entsprechend ca. 25% des Gesamtprodukts. Die Ofenleistung beträgt bei I 660, bei II 440 kg/m^3·Std.; 2 Typen von Cyclonöfen sind in schemat. Abb. wiedergegeben. R. K. MÜLLER. 6282 □

Untersuchung der Stabilität der Ionenaustauscher KU-2 und AN-2 F bei Anwendung von konzentrierten Lösungen. W. I. Atroschtschenko, Ja. I. Assnin und S. A. Nikitskaja. (Химическая Промышленность [Chem. Ind.] **1960.** 551—53. Okt./Nov.) (Russ.) — Vgl. C. **1960.** 16225.

Die Belastungsgrenzen der für die Entsalzung von Kondensaten der Fabrikation von N-Düngemitteln verwendeten Ionenaustauscherharze werden untersucht. Die durch den Kationenaustauscher KU-2 filtrierten Lsgg. können bis 300 (mg-Äquivalente/Liter) Gesamt-NH_3 enthalten, die durch den Anionenaustauscher AN-2 F geleiteten Lsgg. bis 200 HNO_3. KU-2 kann mit 25%ig. HNO_3 regeneriert werden (mit 40%ig. HNO_3 evtl. zu starker Abrieb), AN-2F mit 15%ig. NH_4OH. Bei den höheren Belastungen bei Beladung u. Regeneration werden höherkonz. NH_4NO_3-Lsgg. erhalten. R. K. MÜLLER. 6284 □

Die Homogenität von Gemischen von Düngemitteln und Schädlingsbekämpfungsmitteln. Robert M. Creamer. (J. agric. Food Chem. **9.** 26—29. Jan./Febr. 1961. Beltsville, Md., Dep. of Agriculture, Soil and Water Conserv. Res. Div., Fertilizer Invest. Res. Branch.) (Engl.)

Unterss. über die Homogenität von Gemischen aus Düngemitteln u. Schädlingsbekämpfungsmitteln (**a**) zeigen, daß die Gemische homogener sind, wenn die **a** als Lsg. u. nicht auf einem festen Trägerstoff zugesetzt werden. Die Homogenität wird durch Mischen während des Zusatzes der Lsg. u. Verw. von Düngemitteln einheitlicher Korngröße gesteigert. Die Lsg. der **a** wird bevorzugt von den feinen Teilchen, bes. den Phosphatanteilen adsorbiert, was zur beschleunigten Zers. der **a** führen kann. Die Anreicherung der **a** auf den feinen Teilchen trägt zur Ungleichförmigkeit bei u. verursacht die Bldg. giftiger Stäube. W. WESLY. 6290 □

Gütesteigerung der Torfdünger. M. N. Nikonow und O. Je. Fattschichina. (Земледелие [Ackerbau] **8.** Nr. 8. 69—75. Aug. 1960. Zentrale Torfmoorversuchsstation.) (Russ.)

Hochmoortorfgemische mit pH ca. 3 sind ungeeignet (senken den Ertrag). Alle Torfdünger sollen einen pH-Wert von 5—7 aufweisen; der Wasser-Geh. soll allg. 60% nicht übersteigen, die Asche nicht über 50% vom völlig trockenen Torf betragen. N-Geh.: im Niederungstorf 2,5—4, im Hochmoortorf 1—2%. P-Geh.: 0,1—20%. K-Geh.: 1 bis über 2%. Die Huminstoffe können zu 15—25% von deren Gesamt-Geh. im Torf lösl. sein. Das Kompostieren kann in 1,5—2 Monaten beendet sein, bei Zugabe von Stallmist u. geringer Feuchtigkeit bis zu 1 Jahr dauern. Eine Tabelle gibt Auskunft über die günstigste Zus. verschiedener Torfdünger. A. v. WILPERT. 6294 □

Gewinnung von Methan und organischen Düngemitteln bei der Vergärung von Holzabfällen und Stallmist. I. F. Romaschkewitsch und G. N. Karelina. (Микробиология [Mikrobiologie] **30.** 146—51. Jan./Febr. 1961. Moskau, Allunions-Forschungs-Inst. für Düngung u. Agrarbodenkunde.) (Russ.; Auszug: Engl.)

Laubholzsägespäne können ohne vorherige Hydrolyse in Ggw. einer mesophilen Mikroflora mit hohen Ausbeuten (500 m^3/1 t Trockensubstanz) zu Methan vergoren werden. Die vergorene Substanz ist ein hochwertiges Düngemittel, unabhängig davon, ob Sägespäne allein oder gemischt mit Stalldünger vergoren wurden.

K. SATTLER. 6294□

Städtische Abfälle als Quelle organischer Düngemittel. N. A. Wassin. (Земледелие [Ackerbau] **8.** Nr. 10. 66—70. Okt. 1960.) (Russ.)

Allg. über die Kompostierung von Müll u. Fäkalien der Städte.

C. KOZÁK. 6294□

Über die Besiedlung des Bodens mit Collembolen bei Düngung mit verschieden behandeltem Klärschlamm. G. Höller-Land. (Z. angew. Entomol. **44.** 425—44. Aug. 1959. Bonn, Univ., Landw. Fakultät der Univ., Inst. für Zoologie.) (Dt.)

Die Verbreitung der Collembolen wird als Maßstab für die Zers.- u. Fäulnisprozesse im Klärschlamm verwendet u. soll als Anzeiger für die Verwendbarkeit unterschiedlich behandelter Klärschlamme dienen. Frischer Klärschlamm ist für die Benutzung ungeeignet und weist keine Collembolen auf. In den Boden gebracht, verdrängt er Collembolen. Ähnlich verhält sich gestapelter Klärschlamm. Kompostierter oder getrockneter Klärschlamm dagegen zeigt eine gesunde u. reichliche Collembolenfauna. Der hohe N-Geh., evtl. auch der H_2S-Geh. scheint die Collembolen zu schädigen.

W. HIRTE. 6294□

Die Wirkung der Klärschlammrotte auf die Bodenmilben. Gerd Höller. (Z. angew. Entomol. **44.** 405—24. Aug. 1959. Bonn, Univ., Landw. Fakultät, Inst. für Zoologie.) (Dt.)

Wird frischer Klärschlamm in den Boden gebracht, so werden Milben vollständig verdrängt. Eine Wiederbesiedlung findet nur langsam statt. Auch gestapelter Klärschlamm wird nur sehr langsam besiedelt, während getrockneter oder kompostierter wesentlich schneller besiedelt wird. Die Milben dienen hier als Anzeiger für die Fäulnisprozesse u. den Fäulnisgrad. W. HIRTE. 6294□

Einige physikalische Eigenschaften von Topfpflanzenkomposten und ihre Wirkung auf das Pflanzenwachstum. 1. Mitt. **Physikalische Bodenverbesserungsmittel.** A. C. Bunt. (Plant and Soil [The Hague] **13.** 322—32. Jan. 1961. Bayfordbury, Hertford, John Innes Horticult. Inst.) (Engl.)

Granitgrus (mittlere Korngröße 1—2 mm) u. Sphagnumtorf wurden 3 Böden (Ziegelton, sandiger Boden u. Feinsand) zu je 40% einzeln (= Mischungen B u. C) oder zu 15 + 25% zusammen zugesetzt (= Mischung D, A = 100% Boden). Den Töpfen wurde eine NPK-Volldüngung gegeben. Tomatenpflanzen (Sorte Potentate) wurden durch Torf enthaltende Mischungen gefördert, durch C jedoch leicht gehemmt. Die Blüte wurde in ersterem Fall um 2,6 Tage beschleunigt, in letzterem um 1,7 Tage verzögert. Auf den Fruchtertrag hatten die Zusätze keinen signifikanten Einfluß. — Ausgeprägtere Unterschiede ergaben sich bei Löwenmaul (Antirrhinum orontium): Schlechtestes Wachstum auf Feinsand, dort durch Torfzusatz zu über 100% verbessert, durch Gruszusatz weiter verschlechtert, bestes Wachstum auf Sandboden, dort durch beide Zusätze noch weiter leicht verbessert, noch gutes Wachstum auf Ziegelton, durch Zusätze wenig beeinflußt. Die Veränderung der physikal. Boden-Eigg. durch die Mischung wurde an Hand des Gesamt- u. Makroporen-Vol., der Luftkapazität, des Welkepunktes, der verfügbaren Mikroporen, der verfügbaren Waserkapazität u. der Permeabilität verfolgt. — Die Korngröße des Granitgruses (0,5—1 mm oder 3—5 mm) hatte nur geringen Einfluß. Bei den Tomaten war das Frisch-Gew. positiv mit dem Makroporen-Vol. (pF 0—1,6) korreliert, der Blühbeginn dagegen negativ mit der Luftkapazität. Bei Löwenmaul waren ebenfalls Frisch-Gew. u. Makroporen-Vol. sowie Frisch-Gew. u. log Permeabilität positiv korreliert. G. JAGNOW. 6302□

Einfluß der Erosion auf einige Eigenschaften der Kreide-Rendzina in der Gegend von Lublin. 2. Mitt. Ryszard Turski. (Ann. Univ. Mariae Curie-Skłodowska, Sect. E **14.** 31—52. 6 Tafeln. 1959, herausgeg. 1961.) (Pol.) — 1. vgl. C. **1961.** 2756.

Der Feuchtigkeits-Geh. des Bodens ist in den verschiedenen Teilen des Bodenprofils (Höhen, Abhänge, Täler) unterschiedlich. Erosionsvorgänge (Abtragung u. Ablagerung) haben einen starken Einfl. auf den Geh. an physiolog. brauchbarem W. im Boden. In Trockenperioden verwischen sich die Unterschiede. F. URBAN. 6302□

Die Anionenaustauschersubstanzen Aluminium- und Eisen(III)-Hydroxid-Silicat-Phosphat-Humat als Minerale des Bodens. Werner Rathje. (Plant and Soil [The Hague] **13.** 75—88. Aug. 1960. München, Max-Planck-Inst. für Biochemie.) (Dt.)

Zur Entscheidung, ob Al- u. Fe(III)-Hydroxid-Silicat-Phosphat-Humat durch doppelte Umsetzung entstehende stöchiometr. definierbare Substanzen (mit konst. Zus. innerhalb eines Konz.-Bereiches) oder Austauscher (mit konzentrationsabhängiger Menge der austauschbaren Bestandteile) darstellen, wurden die Komponenten in heißem

W. aus verd. Lsgg. umgesetzt. Je 50 ml angesäuerte m/50 $AlCl_3$- u. $FeCl_3$-Lsg. u. verschiedene Mengen m/50 Na-Silicat- oder KH_2PO_4- oder Na-Humat (20 g Huminsäure MERCK in 1 Liter n/10 NaOH)-Lsg. wurden in 200 ml sd. W. getropft u. dessen pH mittels NaOH u. Bromphenolblau, Bromthymolblau oder Phenolphthalein während der Ausfällung konst. gehalten. Nach Ausfällung wurde weitere 3 Std. unter Ersatz verdampften W. zum Sieden erhitzt u. SiO_2, P_2O_5 u. Huminsäure (letztere bei 436 u. 578 mμ) colorimetr. sowie der pH-Wert bestimmt. Die Ergebnisse zeigen, daß die SiO_2-, P_2O_5- u. Huminsäure-Konzz. in der Lsg. in weitem Bereich um so größer sind, je mehr ihre Molprozente in den Ndd. zunehmen, u. daß sie bei verschiedenen pH-Werten (meist im Bereich von 4—5) Minima aufweisen. Bei pH-Werten oberhalb der Minima sind die Molarprozente der Ndd. abhängig von der Konz. in der Lsg., bei pH-Werten unterhalb der Minima erfolgt eine Auflösung der Niederschläge. Die ausgefällten Verbb. sind also Austauscher für OH-, Silicat-, PO_4- u. Humat-Ionen. — 42 Literaturangaben. G. JAGNOW. 6304 □

Ionenaustausch des Humins durch Gleichgewichtsdialyse und Quellung. Heinrich Thiele, H. Affeldt und G. Ryhiner. (Sci. Proc. Roy. Dublin Soc., Ser. A **1.** 81—84. 22/7. 1960. Kiel, Univ.) (Engl.)

Der *Ionenaustausch* (I.A.) des natürlichen *Humins* wurde mit Hilfe der Gleichgewichtsdialyse geprüft. Lsgg. einiger anorganischer Ionen in verschiedenen Konzz. wurden gegen Suspensionen von Torf bis zum Gleichgewicht dialysiert u. der I.A. bestimmt. Er ist abhängig von der Konz. u. der Art der Ionen. Der I.A. wächst mit dem Ansteigen des Atom-Gew. der Kationen in der Reihenfolge $Ca < Sr < Cd < Pb$. Cu^{2+}-Ionen bilden Komplexe. Weiterhin ist der Austausch, vor allem beim Cd, abhängig vom zugehörigen Anion. Mit *Harnstoff*, *Anilin* u. *Urotropin* fand ein I.A. nur statt, wenn diese organ. Stoffe in ion. Form (als Hydrochloride) vorliegen. Weitere Verss. wurden mit *Gelen* (*Alginaten*) unternommen. Alle untersuchten Metall-Alginate (Ca, Pb, Cu, Cd) ergaben in einer Torfsuspension mit Ausnahme des Pb-Alginats infolge des I.A. ein beträchtliches Anwachsen ihres Volumens. S. VIERKÖTTER. 6304 □

Die Rolle der Polyphenole bei der Ausbildung eines Bodenprofils. R. I. Davies, C. B. Coulson und D. A. Lewis. (Sci. Proc. Roy. Dublin Soc. Ser. A **1.** 183—89. 22/7. 1960. Banger, Univ. Coll. of North Wales, Dep. of Agric. Chem., School of Agric.) (Engl.)

Vff. versuchten, einen gemeinsamen Nenner für die organ. u. anorgan. Entw. eines Bodenprofils zu finden. Den einigenden Faktor fanden sie in den *Polyphenolen* (I), die in Menge u. Geh. in den Blättern abhängig sind von der Art der Pflanze, ihrem Standort u. der Jahreszeit. Außerdem können I biosynthetisiert u. somit während des Bodenabbaus gebildet werden. Die Unterss. ergaben, daß die I an folgenden Prozessen der Boden-Bldg. beteiligt sind: 1. An der Komplex-Bldg. u. dem Transport *anorgan. Substanzen* in nichtion. Form. 2. An der Stabilisierung des Proteins in den Blättern bei der Alterung, wobei sich dann ein *Oberflächenhumus* gesteigerter Stabilität bildet. 3. An der Bldg. der *Huminsäure* durch Ausbildung von I-Aminosäure-Copolymeren. S. VIERKÖTTER. 6304 □

Die Aminosäuren des Bodens und ihre Veränderungen. Jules Carles, Louis Goubiès und Roger Gadet. (C. R. hebd. Séances Acad. Sci. **247.** 1229—32. 20/10. 1958. Toulouse, Inst. Catholique, Labor. de Physiol. Végétale et Stat. Agronom. de l'O.N.I.A.) (Franz.)

Bei der Hydrolyse von Bodenproben aus verschiedenen Gegenden u. anschließender Papierchromatographie wiesen Vff. ca. 20 verschiedene Aminosäuren nach, die in allen Bodenproben vorkommen, deren Mengenverhältnisse zueinander aber sehr unterschiedlich sind. In naturgedüngten Böden u. in warmen Gegenden wird die Entstehung u. Umwandlung der Aminosäuren sehr beschleunigt. A. GUDE. 6304 □

Veränderungen bei den Aminosäuren von Bodenhydrolysaten. J. Carles und J. Decau. (Sci. Proc. Roy. Dublin Soc. Ser. A **1.** 177—82. 22/7. 1960. Toulouse, Inst. Catholique.) (Engl.)

Bodenproben aus verschiedenen Gegenden Frankreichs u. Afrikas wurden analysiert, indem jeweils 20 g 12 Std. bei 100° mit 60 ml 6 n HCl hydrolysiert wurden. Die Aminosäuren wurden mittels Ionenaustauschers abgetrennt u. papierchromatograph. u. elektrophoret. untersucht. In der Reihenfolge ihrer Bedeutung wurden folgende Aminosäuren gefunden: *Leucin*, *α-Alanin*, *Valin*, *Lysin* (I), *Glycin*, *Asparaginsäure*, *Glutaminsäure*, *Threonin*, *β-Alanin* (II), *Prolin*, *γ-Aminobuttersäure* (III), *Phenylalanin*, *Tyrosin*, *Diaminopimelinsäure*, *Arginin*, *Hydroxyprolin*, *Ornithin*, *Aminoadipinsäure* u. *Histidin*. Diese Aminosäuren wurden in nahezu allen Bodenproben zusammen mit den Decarboxylierungs-Prodd. *Äthanolamin* u. *Histamin* gefunden. Daß keine S-haltigen Aminosäuren u. kein Tryptophan gefunden wurde, wird auf die Möglichkeit einer Zers. dieser Verbb.

bei der Hydrolyse zurückgeführt. Mit dem Ansteigen der Boden-Temp. u. den damit verbundenen besseren Bedingungen für die Bodenbakterien nahm der Geh. der Proben an durch bakterielle Decarboxylierung entstandenen Aminosäuren (I, II u. III) zu.

S. VIERKÖTTER. 6304

Die Natur und die Verteilung der Huminsäure. Alan Burges. (Sci. Proc. Roy. Dublin Soc., Ser. A **1**. 53—58. 22/7. 1960. Liverpool, Univ., Hartley Botanical Laboratories.) (Engl.)

In Anbetracht der beträchtlichen Verwirrung hinsichtlich der Nomenklatur der organ. Substanz im Boden ist der Vf. bestrebt, zu einer einheitlichen Bezeichnungsweise zu kommen. *Humus* ist das dunkelbraune oder schwarze Material, das aus der partiellen Zers. von Pflanzen u. tier. Rückständen stammt. *Humus* ist unterteilt in a) *Humin* (unlösl. in NaOH), b) *Huminsäuren* (I, lösl. in NaOH, fällbar durch HCl, unlösl. in A.), c) *Fulvosäuren* (lösl. in NaOH, nicht fällbar durch HCl), d) *Hymatomelansäuren* (lösl. in NaOH, fällbar durch HCl, lösl. in A.). Die Anteile der genannten Stoffe im Boden ändern sich mit den Bodentypen. Die I-Fraktion repräsentiert entweder eine einzelne chem. Substanz oder zumindest eine Gruppe engverwandter Verbindungen. Experimentelle Befunde sprechen dafür, daß die I N-frei ist u. daß die Anwesenheit von N in manchen Präpp. aus der Verb. der I mit Aminosäuren oder Proteinen stammt. Im Boden kommt die I als Metallkomplex vor, wobei das Metall mit den Gegebenheiten des Bodens variiert. S. VIERKÖTTER. 6304 □

Die Differentialthermoanalyse von Huminsubstanzen und verwandtem Material. B. D. Mitchell. (Sci. Proc. Roy. Dublin Soc., Ser. A **1**. 105—14. 22/7. 1960. Aberdeen, Macaulay Inst. for Soil Res.) (Engl.)

Verschiedene schottische Torfarten unterschiedlichen botanischen Ursprungs wurden der DTA unterworfen. Alle Proben zeigen zwischen 200 u. 400° eine Doppelspitze, deren Größe abhängig ist von der fortschreitenden Humifizierung, aber auch von der Korngröße des untersuchten Materials. Die Fläche unter dem peak steht in einfacher Beziehung zum kalor. Wert des C-haltigen Materials. Die Hauptfraktionen des Torfs [*Holocellulose, Lignin, Huminsäure* (I)] u. die in A. + Bzl. lösl. u. unlösl. Fraktionen der I geben unterschiedliche Kurvenzüge in O_2-Atmosphäre, wobei die Lage der exothermen Spitzen bestimmt wird durch den Sauerstoff- oder Kohlenstoffanteil der genannten Verbindungen. Die charakterist. DTA-Kurven werden angegeben. Zum Vgl. mit diesen komplexen Substanzen werden die DTA-Kurven einfacher, aber verwandter Verbb. (Zucker, Kohlenwasserstoffe, Alkohole) in O_2- u. N_2-Atmosphäre aufgenommen, um an Hand der Kurvenzüge dieser Verbb. die physikal. u. chem. signifikanten Besonderheiten des komplexen organ. Materials zu bestimmen: Die exothermen Spitzen der Kurven der vollständigen Verbrennung des Torfs können zur Unterscheidung zwischen dem Kohlenhydrat- u. dem aromat. Anteil herangezogen werden.

S. VIERKÖTTER. 6304 □

Das Auflösen von Tricalciumphosphat durch „Phosphor-Bakterien" in Sand und Boden. Alicja Dobrzańska und Julia Gołębiowska. (Ann. Univ. Mariae Curie-Skłodowska, Sect. E **14**. 67—76. 1959, herausgeg. 1961. Lublin, WSR, Zakł. Mikrobiol. roln.) (Pol.)

Bodenbakterien, die in fl. Nähr-Lsg. $Ca_3(PO_4)_2$ auflösen, haben diese Fähigkeit in Sand u. im Boden nicht. Ebenso vermögen Wachstumsfaktoren, die im Hefewasser u. im Bodenextrakt enthalten sind, die Aktivität der „Phosphor-Bakterien" nur in fl. Nährmedium, nicht im Sand oder Boden zu verstärken. Zusatz von Glucose führt zu einer Verdoppelung der Bakterienzahl im Boden, hat aber keinen Einfl. auf die Auflösung von $Ca_3(PO_4)_2$. Zusatz von 1% Kaolin zum Boden verstärkt die Sorptionsfähigkeit des Bodens für assimilierbare P-Verbb., mehr Kaolin blockiert dagegen die P-Abgabe an die Pflanzen. — 13 Literaturangaben. F. URBAN. 6306 □

Die Entwicklung des Azotobacters bei der Einbringung einiger natürlicher organischer Stoffe in den Boden. Ju. O. Darsnijek. (Агробиология [Agrobiologie] **1961**. 582—86. Juli/Aug. Bairam-Ali, Landw. Vers.-Station.) (Russ.)

Azotobacter zeigte optimale Entw. bei der Einbringung von Wurzel- u. Stoppelrückständen der Baumwollpflanze in den Boden, was sich durch ihren mäßige Geh. an Gesamt-N (nicht über 0,4—0,9%) u. breites Verhältnis von C:N sowie durch die Ggw. von Stoffen erklärt, die vom Azotobacter unmittelbar verwertet werden können. Auf kleine Stallmistgaben bzw. Luzernerückstände reagiert Azotobacter schwach. Durch große Gaben von Stallmist, bes. von frischem, wurde Azotobacter unterdrückt. Auch Stallmistkompost beeinflußte Azotobacter ungünstig. Impfung des Bodens mit Mikroorganismen förderte nicht die Entw. des Azotobacters, tote Mikroorganismenzellen bewirkten jedoch eine schwache Intensivierung der Entwicklung.

M. GORDIENKO. 6306 □

Der Einfluß von Schwefel- und Stickstoffdüngung und Inokulation mit Rhizobium meliloti auf das Wachstum von Bokharaklee (Melilotus altus Desr.). R. Ashford und J. L. Bolton. (Canad. J. Plant Sci. **41.** 81—90. Jan. 1961.) (Engl.)

In Glasgefäßen wurde eine Vermiculit-Nähr-Lsg. mit u. ohne S als K_2SO_4 u. mit steigenden Mengen N als NH_4NO_3 zur Kultivierung von je 4 Bokharakleepflanzen verwandt. Diese wurden entweder steril gezogen oder mit Rhizobium meliloti beimpft. Nach 75 Tagen wurden Sprosse sowie Vermiculit + Wurzeln analysiert. Der S-Zusatz bewirkte eine Steigerung der Trockenmasse mit steigender N-Gabe u. erhöhte die N-Geh. der beimpften Pflanzen bei geringer N-Gabe. Bei hohem N-Geh. der Nähr-Lsg. senkte S den N-Geh. der sterilen Pflanzen. Die N-Steigerung führte zu einem Anwachsen der N-Geh. im Sproß nur bei sterilen Vers.-Gliedern. S förderte die N-Fixierung, hohe N-Gaben hemmten sie. Die positive S-Wrkg. auf den Ertrag wird auf eine direkte Förderung der Wirtspflanze zurückgeführt, nicht auf eine Stimulation der Knöllchenbakterien.

WILFRIED WERNER. 6306□

Die Bedeutung der biologischen Stickstoffestlegung bei der Bildung von Humusstoffen im Boden. F. Ju. Gelzer. (Агробиология [Agrobiologie] **1961.** 588—95. Juli/Aug. Moskau, Abt. des Allunions-Inst. für landw. Mikrobiol.) (Russ.)

Humus-Ansammlung im Boden findet dann statt, wenn eine kontinuierliche Synth. durch Rhizosphärebakterien in der Umgebung von Wurzeln der mehrjährigen Gräser vor sich geht u. die Humus-Ansammlung längere Zeit durch Pflügen nicht gestört wird. Weiter ist die Humus-Bldg. mit der Ggw. von allen biogenen, für die Zellen unentbehrlichen Elementen verbunden. Durch das Fehlen eines dieser Elemente wird die Humus-Bldg. limitiert. Als limitierendes Element tritt oft N auf. Außer von schon bekannten N-fixierenden Mikroorganismen wird N auch von Endophyten stark mykotropher Pflanzen fixiert. Die Intensität der Humus-Bldg. wird durch die Aktivität von 2 symbiotrophen Mikroorganismen (Endophyten u. Rhizosphärebakterien) bestimmt, deren Tätigkeit von den Pflanzen u. ihrer Produktivität abhängig ist.

M. GORDIENKO. 6306□

Die Bedeutung der Tausendfüßler (Diplopoda) als Bodenfauna. 1. Mitt. J. Lang. (Zool. Listy **7** (21). 361—80. 1958. Praha, Vys. škola pedagog., zool. úst.) (Tschech.)

Bodenproben-Unterss. über 3 Jahre (6 ganzseitige Tabellen) zeigen, daß sich mit zunehmender Humifizierung die Bodenfauna ändert. Die Tausendfüßlerarten *Choneiulus palmatus*, *Proteroiulus fuscus* u. *Leptophyllum nunum* können als Indicatoren der 2. u. 3. Humifizierungsstufe von Waldböden angesehen werden. Eingehende Besprechung der Boden-Unterss. mit den typ. tier. Vertretern der verschiedenen Garestufen.

E. ROTTER. 6306□

Die Wirkung von Erdwürmern auf die Mikroflora des Bodens. J. V. Bhat, S. R. Khambata, Maya G. Bhat, C. A. Sastry, Rajul V. Iyer und V. Iyer. (Indian J. agric. Sci. **30.** 106—14. Juni 1960. Bangalore, Indian Inst. of Sci.) (Engl.)

Feld- u. Labor.-Verss. ergaben, daß durch die Aktivität von Erdwürmern (Lumbricus terrestris) im Boden die Azotobacter-Zahl vermehrt wird, was auch eine Erhöhung des Nitrat- u. Gesamt-N-Geh. zur Folge hatte. Die Gesamtzahl an Bakterien, Pilzen u. Actinomyceten wurde nicht beeinflußt. WILFRIED WERNER. 6306□

Eine Untersuchung der Mikroflora einiger indischer Böden mittels Anreicherungskulturmethoden. S. R. Khambata, V. Iyer, Rajul V. Iyer, Maya G. Bhat und J. V. Bhat. (Indian J. agric. Sci. **30.** 91—105. Juni 1960. Bangalore, Indian Inst. of Sci.) (Engl.)

Vff. untersuchten die Mikroflora von Proben aus 73 Böden durch Anreicherungskulturen in folgenden 16 Substraten: *Cellulose, Stärke* (**I**), *Pektin* (**II**), *Glucose, Fructose, Glycerin* (**III**), *Citrat* (**IV**), *Oleat* (**V**), *Harnstoff* (**VI**), *Hippurat* (**VII**), *Asparagin* (**VIII**), *Benzoat* (**IX**), *Glutamat* (**X**), *Glycin* (**XI**), *Inosit* (**XII**) u. *Saccharose* (**XIII**). Nach den Unterss. scheinen in diesen Böden Pseudomonas spp. die häufigsten u. vielseitigsten Mikroorganismen zu sein. Sie sind bes. für den Abbau von **IV, V, IX, X** u. **XII** verantwortlich. Der Abbau von **II** u. **VI** scheint in erster Linie von Sporenbildnern vorgenommen zu werden. Corynebakterien scheinen im Boden eine bes. Rolle bei der Zers. u. Umwandlung von **I, III, VII, VIII** u. bes. von **XI** zu spielen. Enterobacteria spp. reicherten sich nur auf **XIII**-Substrat an. WILFRIED WERNER. 6306□

Die Wirkung der Rückstände einiger Insekticide im Boden auf im Schatten gewachsenem Tabak. R. R. Kincaid, F. E. Guthrie, R. D. Chisholm, L. Koblitsky, F. S. Chamberlin, L. M. May und C. F. Eno. (Tobacco Sci. **4.** 201—07. 1960.) (Engl.)

DDT (**I**), *TDE* (**II**), *Lindan* (**III**) u. *Endrin* (**IV**) wurden bis zu Konzz. von 75 lbs./A., bezogen auf seinen Wirkstoff, angewandt. Bei **I, II** u. **IV** war in den folgenden 3 Jahren ein nicht signifikant höherer Ertrag zu verzeichnen. Die **III**-Parzelle brachte im 1. Jahr bei der höchsten Konz. nur $^2/_3$ des Ertrages der unbehandelten Parzelle, die Wurzeln waren geschädigt, die Pflanzenhöhe reduziert u. die Blüte verzögert. Die Rückstände hatten nach 5 Jahren noch folgende Höhen: **I** u. **II** 20—30%, **III** 5—25%, **IV** 40%. Die Höhe der Nitrifikation, Zahl der Mikroorganismen u. O_2-Aufnahme war 100 Tage nach der Anwendung nicht verändert. W. HILLER. 6312□

Weitere Untersuchungen zur Giftigkeit von Insekticiden für diazinonresistente Musca domestica. Andrew J. Forgash und Elton J. Hansens. (J. econ. Entomol. **53.** 741—45. Okt. 1960. New Brunswick, N.J., State Univ.) (Engl.)

Ein gegen Diazinon resistenter Stamm von Musca domestica wies auch gegenüber folgenden Insekticiden eine erhöhte Widerstandsfähigkeit auf: *Dimethoate, DMBC (2.4-Dimethylbenzylchrysanthemumat), Barthrin, DDVP, Dibrom, Am. Cyanamid 18706, Dimetilan, Dipterex, Phosdrin, Bayer 29493, Demeton, G-30494, Phorate, Dicapthon, Thanite, Thiodan, Heptachlor, Heptachlorepoxid.* Die Resistenz nahm in der angegebenen Reihenfolge zu. FRITZ MÜLLER/Ludwigshafen. 6312□

Chemische Untersuchungen über organische Phosphorinsekticide. 16. Mitt. **Reaktion von Parathion mit Phenylquecksilberacetat.** Ichiro Muta, Shinkō Gotō und Rokurō Satō. (Botyu-Kagaku [Sci. Insect Control] **26.** 56—61. Mai 1961.) (Jap.; Auszug: Engl.) — **15.** vgl. C. **1962.** 2143.

Parathion (**I**) reagiert mit organ. Hg-Verbb. in CH_3OH-Lsg., nicht aber in Ggw. von HCl. Bei 4tägiger Rk. von **I** mit *Phenylquecksilberacetat* (**II**) bei 50° lassen sich *p-Nitrophenylacetat* (**III**) u. *O.O-Diäthyl-O-phenylquecksilberthionophosphat* (**IV**) aus dem Rk.-Prod. isolieren; in Ggw. von W. entstehen bei 50° *Bzl., Essigsäure, HgS, p-Nitrophenol* u. *Diäthylphosphorsäure.* Papierchromatograph. lassen sich in **II** enthaltendem **I**-Staub **III** u. **IV** nachweisen. Für die Rk. von **I** mit **II** wird eine Gleichung angegeben. W. WESLY. 6312□

Chemische Untersuchungen über organische Phosphorinsekticide. 17. Mitt. **Die Umsetzung von EPN und Diazinon mit Phenylquecksilberacetat.** Ichiro Muta, Shinkō Gotō und Rokurō Satō. (Botyu-Kagaku [Sci. Insect Control] **26.** 62—65. Mai 1961.) (Jap.; Auszug: Engl.) — 16. vgl. vorst. Referat.

In Gemischen von *EPN* (**I**) mit organ. P-Verbb. u. Quarzstaub ist die Rk.-Geschw. während der Lagerung bei 50° proportional dem Mol-Verhältnis der organ. Hg-Verbb. zu **I**. Bei 3tägiger Rk. von **I** mit *Phenylquecksilberacetat* (**II**) bei 50° läßt sich *p-Nitrophenylacetat* (**III**) aus dem Rk.-Prod. isolieren; in Ggw. von W. entstehen bei 50° *Bzl., Essigsäure, HgS, p-Nitrophenol* u. *Äthylbenzolphosphorsäure.* Papierchromatograph. läßt sich in **II** enthaltendem **I**-Staub **III** nachweisen. Für die Zers. von **I** mit **II** wird eine Gleichung angegeben. Bei 1wöchiger Rk. von *Diazinon* (**IV**) mit **II** bei 50° lassen sich aus dem Rk.-Prod. *2-Isopropyl-4-methyl-6-hydroxypyrimidin* (**V**), *O.O-Diäthyl-O-phenylquecksilberthiophosphat* u. *Essigsäureanhydrid* isolieren. Bei mehrwöchiger Behandlung des Rk.-Prod.. mit W. entstehen Bzl., Essigsäure, HgS, O.O-Diäthylphosphorsäure u. **V**. Es scheint, daß **IV** mit **II** ebenso wie Parathion mit **II** reagiert. W. WESLY. 6312□

Versuche mit fluorescierenden Stoffen zur Markierung von Insekticiden im Boden. L. N. Staniland. (Plant Pathol. **10.** 78—84. Juni 1961. Bristol, National Agric. Advisory Service.) (Engl.)

Als geeignet für die Markierung von Insekticiden erwiesen sich ein grünes phosphorescierendes Pulver, Anthracen, Saturngelb, Neonrot u. „Oil colour G". Die Verw. dieser Stoffe zur Markierung von Bodeninsekticiden sowie die Bodenuntersuchungs-Meth. u. die anschließende Auswertung werden beschrieben. Derart durchgeführte eingehende Unterss. ergaben, daß bei Staubbehandlungen die Insekticid-Konz. in den verschiedenen Bodentiefen stark schwankt u. von der Bodenbeschaffenheit (trocken, feucht, Struktur der Bodenkrume), Bodenbearbeitung sowie den Wetterverhältnissen weitgehend abhängig ist. Ähnlich verhielt es sich bei der Anwendung fl. Insekticidemulsionen. W. KREIPE. 6312□

Die Bestimmung von Äthyl-N.N-di-n-propylthiolcarbamat in Böden mittels Gaschromatographie. R. E. Hughes jun. und V. H. Freed. (J. agric. Food Chem. **9.** 381—82. Sept./Okt. 1961. Corvallis, Oreg., State Coll., Dep. of Agricult. Chem.) (Engl.)

Man unterwirft die mit W. versetzte Bodenprobe einer Wasserdampf-Dest., extrahiert das Destillat laufend mit PAe., der sich in einer Vorlage befindet, engt die Probe ein, versetzt mit wasserfreiem Na_2SO_4 u. *n-Nonylketon* (**I**), gibt eine aliquote Menge in einen Gaschromatographen u. vergleicht die Spitzenwerte der zu bestimmenden Verb. u. des **I** mit denen von Eichlösungen. W. WESLY. 6324□

Untersuchung von Fungiciden mittels Sporenkeimung in Schüttelkultur. Richard T. Darby. (Appl. Microbiol. **8.** 146—48. Mai 1960. Natick, Massachusetts, U.S. Army, Quartermaster Res. and Engng. Center.) (Engl.)

Mittels Sporenkeimung von Myrothecium verrucaria (Alb. et Schw.) Ditm. ex Fr. Stamm QM 460 wurde die fungicide Wrkg. von *Na-Pentachlorphenat* (I), *Ca-8-Chinolinolat* (II), *Zn-Dimethyldithiocarbamat* (III) u. *2-Mercaptobenzothiazol* (IV) in Schüttelkultur getestet. Eine Konz. von $1{,}8 \cdot 10^{-5}$ m I bewirkte eine 50%ig. Keimungshemmung. Bei II völlige Hemmung durch 10^{-5} m Lösung. Anfänglicher Effekt bei niederer Konz. (10^{-8} m, 10^{-6} m) während der 4std. Vers.-Dauer aufgehoben. III u. IV wurden kombiniert in verschiedenen Konzz. getestet, dabei konnte sich ihre Wrkg. gegenseitig fast völlig aufheben. III allein verhinderte die Sporenkeimung in $2 \cdot 10^{-6}$ m Lösung. Auch für Memnoniella echinata, Alternaria tenuis u. verschiedener Aspergillus- u. Penicillium-Arten brachte die Meth. reproduzierbare Werte. M. WALLER. 6328 □

Multimolekulare Adsorptionschromatographie zur Reinigung von Schädlingsbekämpfungsmitteln in Mengen von einigen Gramm. G. G. Patchett und G. H. Batchelder. (J. agric. Food Chem. **9.** 395—96. Sept./Okt. 1961. Richmond, Calif., Stauffer Res. Center.) (Engl.)

Beschreibung der multimol. Adsorptionschromatographie zur Reinigung von Pflanzenschädlingsbekämpfungsmitteln, wobei man 1—3 g eines Prod. mit 99% Reinheit in 3 Std. aus einer 3- oder 5 g-Probe erhält. Beispiele erläutern die Anwendung. W. WESLY. 6328 □

Düngemitteltechnik Akt.-Ges., Schweiz, übert. von: Chemische Werke Albert, Deutschland, **Behandlung von Düngemitteln.** Feinst zerkleinertes Phosphat oder andere Düngemittel, wie Kalkstickstoff, werden in Wirbelschicht mit Mineralsäure, z. B. H_2SO_4, H_3PO_4, HNO_3 oder ihren Gemischen, übersprüht. Durch Anordnung eines Rührers in der Wirbelschicht-Kammer kann gleichzeitig ein Granulieren des Prod. erfolgen. In gleicher Weise kann man Phosphate ammonisieren. Die Prodd. können auch mit anderen Düngestoffen, z. B. Abwasserschlamm, Torf, Sägespänen, Lignin, vermischt werden. — Vorr. (2 Abb.). (**F. P. 1 198 772** vom 8/2. 1958, ausg. 9/12. 1959. D. Prior. 16/2. 1957.) W. WITTHOLZ. 6291

A. P. E. Applicazione Processi Elettrochimici S. p. A. (Erfinder: Aulo Maluta und Librio Casale), Genua, Italien, **Herstellung hochkonzentrierter, Stickstoff, Phosphate, Kalium und Magnesium enthaltender Mehrnährstoff-Düngemittel** durch Rk. von K u. Mg enthaltenden Rohmineralien mit H_3PO_4 u. Neutralisation der Rk.-Masse mit NH_3, dad. gek., daß K_2SO_4 u. $MgSO_4$ enthaltende Rohmineralien unmittelbar u. bei normaler Temp. mit H_3PO_4- oder Ammoniumphosphat-Lsgg. zur Rk. gebracht werden, worauf das erhaltene feste Gemisch bei normaler Temp. mit NH_3 völlig neutralisiert u. in ein trockenes, gekörntes oder pulverförmiges Düngemittel übergeführt wird. Als Ausgangsstoffe werden K_2SO_4 u. $MgSO_4$ enthaltende Abfallaugen oder Leonit, Schönit, Langbeinit u. dgl. in natürlichem oder angereichertem Zustand verwendet. Beim Vermischen der Mineralien mit der H_3PO_4-Lsg. wird dem Gemisch gleichzeitig die NH_3-Lsg. zugesetzt. Ohne Erwärmen, Filtrieren oder Austreiben gasförmiger Bestandteile werden chloridfreie Düngemittel mit ca. 9(%) N, 9—15 P_2O_5, 18 bis 23 K_2O u. 5—8,5 MgO erhalten, in denen das P_2O_5 zu 98—100% in NH_4-Citrat-Lsg. lösl. ist. (**D. A. S. 1 101 454** Kl. 16 vom 14/5. 1958, ausg. 9/3. 1961. **A. P. 2 977 213** vom 16/8. 1958, ausg. 28/3. 1961. Beide It. Prior. 18/5. 1957.) H. KARST. 6291

Rohm & Haas Co., Philadelphia, Pa., übert. von: Frank M. Eaton, Riverside, Calif., und Dougal Harold McRae, Levittown, Pa., V.St.A., **Behandlung von Baumwollsaatgut oder -pflanzen.** Man besprüht die Pflanzen vor dem Aufbrechen der ersten Knospen mit einer wss. Lsg. von Verbb., die in wss. Lsg. Anionen einer chlorierten aliphat. Säure (I) bilden, die 2—4 C-Atome u. wenigstens 2 Cl-Atome enthält. Beispiele für I: *2.3-Dichlorisobuttersäure*; *Trichloracrylsäure*; *2.3-Dichlorpropionsäure*; *Trichloressigsäure*; *Dichlorbernsteinsäure*; *2.2.3-Trichlor-n-buttersäure* in Form der freien Säure oder ihrer Salze, z. B. des Na, K, Fe, Ba, Al, Cd, Ca, Ni, Hg, Zn, Mn oder der Ammoniumsalze. — Man kann auch 2 verschiedene Baumwollpflanzen so nebeneinander pflanzen, daß nur die eine der beiden mit I behandelt wird. Dann läßt man sie zur Blüte kommen u. sammelt später getrennt die ausgereiften Samenkörner. Anzuwendende Menge von I 0,1—5%, bes. 0,5—2%. — Man erzielt auf diese Weise Kreuzungen, die eine bessere Baumwollausbeute ergeben. (**A. PP. 2 889 662** vom 10/5. 1957 u. **2 889 663** vom 19/8. 1958, beide ausg. 9/6. 1959.) H. NEBELSIEK. 6313

Soc. Nouvelle des Établissements Silvestre, Frankreich (Erfinder: Jean Vesco und Pierre Tessier), **Fungicid,** bes. gegen *Mehltau*, aus neutralem oder bas. $(SO_3Cu)_2Cu \cdot 2\,H_2O$ u. N-[Trichlormethylmercapto]-tetrahydrophthalimid (Captan).

Das Cu-Salz wird durch Umsetzen von $CuSO_4$ mit Alkalisulfit bzw. -bisulfit in neutralem Medium erhalten. (**F. P. 1199127** vom 13/6. 1958, ausg. 11/12. 1959.)
W. WITTHOLZ. 6313

E. I. du Pont de Nemours & Co., Wilmington, übert. von: Henry J. Gerjovich, Wilmington, Del., V.St.A., **Benzthiazolyl-(2)- beziehungsweise Benzoxazolyl-(2)-carbamin-, -thiocarbamin- und -dithiocarbaminsäureester** der allg. Formel I

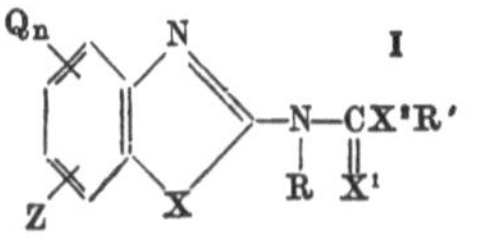

I

(X, X^1, X^2 = O oder S; R = H oder Alkylgruppe mit weniger als 5 C-Atomen; R' = aliphat. KW-Stoff-Rest mit weniger als 5 C-Atomen; Q = Halogen, Z = H, NO_2; n = 0—2) werden erhalten durch Rk. eines entsprechend substituierten 2-Aminobenzthiazols bzw. -oxazols mit einer Verb. der allg. Formel X^1=C(Cl)—X^2—R' in einem inerten Medium bei Temp. von 25—110° u. in Ggw. eines Säurebindungsmittels oder, wenn X^1 u. X^2 = O, auch in Ggw. von W. bei Temp. von 70—110° u. pH 4—9. Die **I** sind verhältnismäßig unlösl. in W. u. mäßig lösl. in Dioxan, Aceton, Alkoholen u. fl. KW-Stoffen. — 105 (Gew.-Teile) Chlorameisensäuremethylester werden allmählich unter Rühren bei Raum-Temp. zu einer Lsg. von 150 2-Aminobenzthiazol u. 101 Triäthylamin in 700 Dioxan gegeben. Nach $1^1/_2$std. Rühren werden 1500 W. auf einmal zugegeben. Der Nd. wird abfiltriert u. aus Eisessig umkrist. → *Benzthiazolyl-(2)-carbaminsäure* (**II**)-*Methylester*, $C_9H_8N_2O_2S$, F. 223° (Zers.); 59% (Ausbeute) *6-Chlor-*; *5.6-Dichlor-*; *4- u. 6-Nitro-Derivat. N-Methyl-Deriv.*, $C_{10}H_{10}N_2O_2S$, F. 115°. — Analog werden hergestellt: II-*Äthylester*, $C_{10}H_{10}N_2O_2S$, F. 212—215°. *N-Methyl-Deriv.*, $C_{11}H_{12}N_2O_2S$, F. 102° — II-*Allylester*. — II-*Propylester*, $C_{11}H_{12}N_2O_2S$, F. 169°. — *[Benzthiazolyl-(2)]-thiocarbaminsäure* (**III**), *S-Methylester*. — *S-Isopropylester-N-Butylderivat*. — *[Benzthiazolyl-(2)]-dithiocarbaminsäure, Methylester. N-Methylderivat*. — *Isopropylester*. — *[Benzoxazolyl-(2)]-carbaminsäure, Methylester. 5-Chlorderivat. N-Methyl-Deriv.*, $C_{10}H_{10}N_2O_3$, F. 103—104°. — *[Benzoxazolyl-(2)]-thiocarbaminsäure* (**IV**), *S-Isopropylester. S-Butylester, N-Methylderivat. S-Methylester; N-Methylddrivat. O-Methylester, N-Propylderivat*. — *[Benzoxazolyl-(2)]-dithiocarbaminsäure, Methylester. N-Methylderivat. Butylester, 5-Chlorderivat*. — Nach einem weiteren Verf. werden Verbb. der allg. Formel **I** (X^1 = S, X^2 = O) erhalten durch Rk. eines entsprechend substituierten 2-Chlorbenzthiazols bzw. -oxazols mit einem Alkalirhodanid in einem großen Überschuß von Alkohol. — 16,9 2-Chlorbenzthiazol, 9,7 KSCN u. 350 Isopropanol werden unter Rückfluß 15 Std. erhitzt u. nach Abkühlen wird der Nd. abfiltriert, gewaschen u. aus Isopropanol umkrist. → III-*O-isopropylester*, $C_{11}H_{12}N_2OS_2$, F. 176—177°; 46,4%. — Analog werden erhalten: III-*O-methylester*. — III-*O-butylester*. — III-*O-allylester*. — *6-Nitro*-III-*O-methylester*. — IV-*O-allylester*. — IV-*O-methylester*. — *6-Chlor*-III-*O-methylester*. — *6-Chlor*-IV-*O-methylester*. — *5.6-Dichlor*-III-*O-methylester*. — III-*O-äthylester*, $C_{10}H_{10}N_2OS_2$, F. 170°. — *6-Nitro*-III-*O-allylester*. — *4-Nitro*-III-*O-methylester*. — *4-Chlor*-III-*O-methylester*. — *5.6-Dichlor*-III-*O-allylester*. — IV-*O-äthylester*, $C_{10}H_{10}N_2O_2S$, F. 141—142°. — *4-Chlor*-IV-*O-methylester*. — *5.7-Dichlor*-IV-*O-methylester*. — *4-Nitro*-IV-*O-äthylester*. — *Fungicide*. (**A. P. 2833689** vom 15/3. 1957, ausg. 6/5. 1958.) F. HIRSCH. 6313

Dow Chemical Co., übert. von: Dale N. Robertson, Midland, Mich., V.St.A., **Nitroäthylene, besonders Halogennitrostilbene,** der allg. Formel R—CH=C(NO_2)—R' (R = Naphthyl, das noch Halogen, NO_2 u. Alkoxy enthalten kann; R' = Phenyl, das noch die gleichen Substituenten wie R enthalten kann; nach dem anderen Verf. ist R u. R' je ein Aryl oder Halogenaryl, wobei jedoch wenigstens einer dieser Reste Halogenaryl sein soll, beide können noch die vorst. Substituenten enthalten). Man kondensiert einen Aldehyd der allg. Formel R—CHO mit einem prim. Amin der allg. Formel R''—NH_2 (R'' = Alkyl mit 3—6 C-Atomen) in einem mit W. nicht mischbaren Lsgm. (Bzl.,Cyclohexan); die entstandene SCHIFFsche Base der allg. Formel R—CH=N—R'' wird dann mit Nitromethan der allg. Formel R'—CH_2NO_2 in einer überschüssigen, wasserfreien Alkansäure (Essig-, Propion-, Buttersäure) bei 20—40° umgesetzt. — Aus 0,1 Mol 1-Naphthaldehyd u. 0,1 Mol n-Butylamin in 50 cm³ Bzl. unter Rückfluß u. azeotroper Entfernung des W. → N-(1-Naphthyliden)-n-butylamin; daraus mit 0,1 Mol Phenylnitromethan (**I**) in 20 cm³ Eisessig unter Wärme-Entw. → *1-(β-Nitrostyryl)-naphthalin*, aus A. F. 122—122,5°; 68,7% (Ausbeute). — 5-Brom-1-naphthaldehyd → N-(5-Brom-1-naphthyliden)-n-butylamin + **I** → *5-Brom-1-(β-nitrostyryl)-naphthalin*. — 5-Brom-8-nitro-1-naphthaldehyd → N-(5-Brom-8-nitro-1-naphthyliden)-n-butylamin + **I** → *5-Brom-8-nitro-1-(β-nitrostyryl)-naphthalin*. — 2.7-Dimethoxy-1-naphthaldehyd → N-(2.7-Dimethoxy-1-naphthyliden)-n-butylamin + 2-Chlor-**I** → *1-(2-Chlor-β-nitrostyryl)-2.7-dimethoxynaphthalin*. — 8-Nitro-1-naphthaldehyd → N-(8-Nitro-1-naphthyliden)-n-butylamin + 2-Fluor-**I** → *1-(2-Fluor-β-nitrostyryl)-8-nitronaphthalin*. — 4-Chlor-1-naphthaldehyd → N-(4-Chlor-1-naphthyliden)-n-butylamin + 4-Nitro-**I** → *4-Chlor-*

1-(4-nitro-β-nitrostyryl)-naphthalin. — 6-Methoxy-2-naphthaldehyd + n-Propylamin → N-(6-Methoxy-2-naphthyliden)-n-propylamin + 4-Chlor-I → *2-(4-Chlor-β-nitrostyryl)-6-methoxynaphthalin.* — 5-Chlor-6-methoxy-2-naphthaldehyd → N-(5-Chlor-6-methoxy-2-naphthyliden)-n-butylamin + 4-Brom-I → *2-(4-Brom-β-nitrostyryl)-5-chlor-6-methoxy-naphthalin.* — 4-Methyl-1-naphthaldehyd → N-(4-Methyl-1-naphthyliden)-n-amylamin + 3-Nitro-I → *4-Methyl-1-(3-nitro-β-nitrostyryl)-naphthalin.* — 2-Methoxy-6-nitro-1-naphthaldehyd → N-(2-Methoxy-6-nitro-1-naphthyliden)-n-butylamin + 3-Brom-I → *1-(3-Brom-β-nitrostyryl)-2-methoxy-6-nitronaphthalin.* — 2-Chlorbenzaldehyd → N-(2-Chlorbenzyliden)-n-butylamin, $Kp._{0,05}$ 90—93°, + I → *2-Chlor-α'-nitrostilben,* aus A. F. 90,2—91,2°; 81,8%. — 2.4-Dichlorbenzaldehyd → N-(2.4-Dichlorbenzyliden)-n-butylamin + I → *2.4-Dichlor-α'-nitrostilben,* F. 121—123°; 83,7%. — 2-Fluorbenzaldehyd → N-(2-Fluorbenzyliden)-n-butylamin + I → *2-Fluor-α'-nitrostilben,* F. 79—80°; 51,8%. — 2.6-Dichlorbenzaldehyd → N-(2.6-Dichlorbenzyliden)-n-butylamin + I → *2.6-Dichlor-α'-nitrostilben,* aus A. F. 136—136,5°; 83%. — Benzaldehyd → N-Benzyliden-n-butylamin + 2-Chlor-I → *2-Chlor-α-nitrostilben,* aus A. F. 92,8—93,5°; 54,6%. — 2-Chlor-I → *2.2'-Dichlor-α-nitrostilben,* aus A. F. 120,5—121,5°; 63,3%. — N-(2-Äthoxybenzyliden)-n-butylamin + 2-Chlor-I → *2-Chlor-2'-äthoxy-α-nitrostilben,* aus A.–Dioxan F. 120—121°; 77%. — 2-Nitrobenzaldehyd → N-(2-Nitrobenzyliden)-n-butylamin + 2-Chlor-I → *2-Chlor-2'.α-dinitrostilben,* aus A.–Dioxan F. 155,8—156,6°; 80,8%. — N-(2-Brombenzyliden)-n-butylamin + I → *2-Brom-α'-nitrostilben,* aus A. F. 91,5—92,5°; 97,1%. — 4-Chlorbenzaldehyd → N-(4-Chlorbenzyliden)-n-butylamin + I → *4-Chlor-α'-nitrostilben,* aus A. F. 113—114°; 74,7%. — N-(2.4-Dichlorbenzyliden)-n-butylamin + 2-Chlor-I → *2.2'.4-Trichlor-α'-nitrostilben,* F. 90—91°. — N-(3.4-Dichlorbenzyliden)-n-butylamin + I → *3.4-Dichlor-α'-nitrostilben,* F. 110°. — N-(2-Methoxybenzyliden)-n-butylamin + 2-Chlor-I → *2-Chlor-2'-methoxy-α-nitrostilben,* F. 120—121°. — N-(4-Brombenzyliden)-n-butylamin + I → *4-Brom-α'-nitrostilben.* — N-(2-Brombenzyliden)-n-butylamin + 4-Brom-I → *2.4'-Dibrom-α'-nitrostilben.* — *4-Brom-2'-chlor-α'-nitrostilben.* — *4-Brom-2.4'-dichlor-α-nitrostilben.* — *2-Chlor-2'-fluor-α-nitrostilben.* — *4-Fluor-α-nitrostilben.* — *2-Chlor-2'-fluor-α'-nitrostilben,* F. 84,5—85,5°. — N-(4-Phenylbenzyliden)-n-butylamin + 3-Brom-I → *3-Brom-α-nitro-4'-phenylstilben.* — *4-Chlor-4'-isopropyl-α-nitrostilben.* — N-(4-Jodbenzyliden)-n-hexylamin + I → *4-Jod-α'-nitrostilben.* — N-(3.5-Dibrom-2-methoxybenzyliden)-n-propylamin + I → *3.5-Dibrom-2-methoxy-α'-nitrostilben.* — N-(2-Chlor-6-fluorbenzyliden)-n-butylamin + 2-Chlor-I → *2.2'-Dichlor-6-fluor-α'-nitrostilben.* — *2-Brom-2'-chlor-α.5'-dinitrostilben.* — N-(4-Äthoxy-5-methoxy-2-nitrobenzyliden)-n-propylamin + 3-Chlor-I → *3-Chlor-4'-äthoxy-5'-methoxy-α.2'-dinitrostilben.* — R u. R' kann noch sein: 3.4-Methylendioxyphenyl, 3-Carbäthoxyphenyl, Carbalkoxy- u. Carbalkoxyalkoxyphenyl. — *Insekticide, Fungicide, Germicide,* diese letzten bes. für *Seifen* u. *Textilien* aus Cellulose. Die Verbb. sind bes. wirksam gegen *frühen Tomatenmehltau, Alternaria solani, Puccinia graminis tritici, Tetranychus bimaculatus, Penicillium digitatum* u. *Staphylococcus aureus.* Zwischenprodukte. (**A. PP. 2 855 442** u. **2 855 443** vom 18/10. 1956, ausg. 7/10. **1958.**) G. KRAUSS. 6313

Dow Chemical Co., übert. von: Dale N. Robertson, Midland, Mich., V.St.A., **α-Arylnitroäthylene** der allg. Formel **I** erhält man durch Rk. eines Aldehyds mit einem prim. Amin u. weiterer Rk. der entstandenen SCHIFFschen Base der allg. Formel **II** mit einem Arylnitromethan der allg. Formel **III** bei 20—150°, bes. 20—40° in Ggw. einer organ. Säure nach dem Rk.-Schema: R—CH=N—R' **(II)** + $ArCH_2NO_2$ **(III)** → R—CH=C(Ar)—NO_2 **(I)** + $R'NH_2$ (R = Phenyl, Naphthyl, Thiophenyl, Furanyl; Ar = Phenyl, das noch Halogen, Alkyl, Alkoxy u. NO_2 enthalten kann). — Aus 0,5 Mol Benzaldehyd in 100 cm^3 Bzl. u. 0,55 Mol n-Butylamin unter azeotroper Entfernung des W. → N-Benzyliden-n-butylamin, $Kp._{16}$ 116—117°; 88,5% (Ausbeute). Aus 0,1 Mol davon u. 0,1 Mol Phenylnitromethan **(IV)** in 25 cm^3 Eisessig → *α-Nitrostilben,* aus A. F. 73,5—74°; 95,1%. — 2-Thiophenaldehyd → *2-(β-Nitrostyryl)-thiophen.* Aus A. F. 126,5 bis 127°; 81,4%. — Furfurol → N-(2-Furfuryliden)-n-butylamin, $Kp._{10}$ 80—87°, + **IV** → *2-(β-Nitrostyryl)-furan,* aus A. F. 87,5—88°; 81,3%. — *2-(2-Chlor-β-nitrostyryl)-furan,* aus A. F. 103—104°; 82,4%. — N-(4-Nitrobenzyliden)-n-butylamin → *α.4'-Dinitrostilben,* aus A. F. 159,3—159,8°; 64,8%. — *α.3'-Dinitrostilben,* aus A.–Dioxan F. 112,8 bis 113,8°; 71,8%. — N-(o-Methoxybenzyliden)-n-butylamin + **IV** → *2-Methoxy-α'-nitrostilben,* aus A. F. 117—118°; 95,5%. — *1-(β-Nitrostyryl)-naphthalin,* aus A. F. 122 bis 122,5°; 68,7%. — Als Aldehyde sind noch verwendbar: 3.4-Methylendioxy-, 3.4-Dimethoxybenzaldehyd, 3.4-Dimethyl-; 4-tert.-Butyl-; 5-Chlor-; 4-Isopropyl-; 5-Brom-; 5-Nitro-; 5-Methyl-furfurol, 5-Brom-1-; 4.8-Dimethoxy-1-; 5-Brom-8-nitro-1-; 4-Hydroxy-naphthaldehyd. — *Pesticide; Zwischenprodukte.* (**A. P. 2 899 429** vom 18/10. 1956, ausg. 11/8. 1959.) G. KRAUSS. 6313

Shell Development Co., New York, N.Y., übert. von: Charles M. Gable, Lafayette, Calif., V.St.A., **Herstellung von Äthylenoxiden** erfolgt durch Oxydation von Äthylen-Verbb. in der fl. Phase mittels wss. H_2O_2 in Ggw. von Wolframsäure oder Heteropolywolframsäuren oder der sauren u. neutralen Salze auf einem inerten Träger mit einer Porosität von vorzugsweise ca. 45—70% u. mit einem mittleren Durchmesser der Poren von 20—200 Å, bei 0—80°, wobei der Wasser-Geh. der Rk_t-Mischung ca. 70 (Mol) W. auf 1 der Äthylen-Verb. betragen soll. — Allylalkohol u. H_2O_2 im Verhältnis 1,5 : 1 u. 35 W. auf 1 H_2O_2 → *Glycid* u. etwas *Glycerin*. Als Katalysator wird H_2WO_4 auf akt. Al_2O_3 angewendet. Es werden ferner hergestellt: *2-Methylglycid, 2.3-Epoxybutanol, 2.3-Epoxybutan-1.4-diol*, F. 52—53°; *2-Methyl-2.3-epoxypentanon-4*; *Äthylenglykolmonoepoxypropionat*. — Bei in W. unlösl. Äthylen-Verbb. verwendet man Lsgm. für beide Ausgangsstoffe, bes. tert. Alkohole. — Z. B. verwendet man bei der Epoxydierung von *Aldrin* (1.2.3.4.10.10-Hexachlor-1.4.4a.5.8.8a-hexahydro-1.4;5.8-endo-exodimethanonaphthalin) zu dem *Insekticid „Dieldrin“* (1.2.3.4.10.10-Hexachlor-6.7-epoxy-1.4.4a.-5.6.7.8.8a-oktahydro-1.4;5.8-endo-exodimethanonaphthalin) als Lsgm. tert.-Butylalkohol. (**A. P. 2 870 171** vom 21/5. 1956, ausg. 20/1. 1959.) G. König. 6313

André Hendrickx, Frankreich, **Bekämpfung von Schnecken** mittels Köder, welche neben den üblichen Stoffen, wie Kleie, Luzerne- oder Maismehl, Ölpreßkuchen, $CaCO_3$, Dextrose, Farbstoffen, als Wirkstoff *Metaldehyd* enthalten. (**F. P. 1 196 582** vom 3/6. 1958, ausg. 25/11. 1959.) W. Witthölz. 6313

Lummus Co., V.St.A. (Erfinder: **James E. Seymour**), *Herstellung von Phosphat-Mischdüngemitteln.* (**F. P. 1 192 122** vom 27/3. 1956, ausg. 23/10. 1959. A. Prior. 29/3. 1955. — C. **1959.** 15821 [D. A. S. 1 049 400].)

Montecatini Soc. Gen. per l'Industria Mineraria e Chimica, Italien, und **Ateliers de Constructions Mécaniques de Vevey Soc. An.**, Schweiz (Erfinder: **Waldemar Loertscher, Charles Hess, Bartolomeo Orsini** und **Temistocle Fabris**), *Herstellung von Granalien aus Ammoniumnitrat und anderen Stoffen.* (**F. P. 1 198 829** vom 12/2. 1958, ausg. 9/12. 1959. It. Prior. 14/2. 1957. — C. **1961.** 13331 [Belg. P. 564 765].)

Ragnar Palmer, Johanneshov, Schweden, *Trocknen von Geflügeldünger.* (**Norw. P. 92 792** vom 20/9. 1954, ausg. 10/11. 1958. — C. **1958.** 3432 [E. P. 765 619].)

N. V. de Bataafsche Petroleum Mij., Holland (Erfinder: **Samuel B. Soloway, John F. Wikstrom jun., Juan G. Morales** und **Johannes van Overbeek**), *Pflanzenwachstumsregulatoren.* (**F. P. 1 162 140** vom 12/3. 1956, ausg. 9/9. 1958. A. Prior. 14/3. 1955. — C. **1958.** 244 [D. A. S. 1 005 988].)

Imperial Chemical Industries Ltd., London, England, *Herbicid.* (**Jap. A. S. 10 650/1959** vom 3/7. 1956, ausg. 10/12. 1959. E. Prior. 20/7. 1955 u. 1/6. 1956. — C. **1960.** 1303 [F. P. 1 158 756].)

Schering Akt.-Ges., Deutschland, *Herbicid.* (**F. P. 1 191 205** vom 7/2. 1958, ausg. 19/10. 1959. — C. **1960.** 970 [D. A. S. 1 061 121].)

Boots Pure Drug Co. Ltd., England, *Herbicide.* (**F. P. 1 187 748** vom 27/6. 1957, ausg. 15/9. 1959. E. Prior. 27/6. 1956. — C. **1962.** 3954 [Oe. P. 207 170].)

Esso Research and Engineering Co., V.St.A. (Erfinder: **Allen R. Kittleson** und **Joseph F. Nelson**), *Perchlormethylmercaptanderivate.* (**F. P. 1 220 808** vom 14/6. 1956, ausg. 27/5. 1960. A. Prior. 28/6. 1955. — C. **1960.** 5953 [E. P. 787 168].)

Rohm & Haas Co., Philadelphia, Pa., V.St.A. (Erfinder: **Chien-Pen Lo** und **W. E. Craig**), *Herstellung und Verwendung von Bis-isopropoxycarbonyläthylen-bis-dithiocarbamat.* (**F. P. 1 164 878** vom 19/1. 1957, ausg. 15/10. 1958. **Belg. P. 554 305** vom 19/1. 1957, ausg. 29/1. 1960. Beide A. Prior. 19/1. 1956. — C. **1960.** 15 882 [A. P. 2 841 519].)

F. Hoffmann-La Roche & Cie. Soc. An., Schweiz, *Mittel zur Behandlung von Pflanzenkrankheiten.* (**F. P. 1 190 193** vom 16/1. 1958, ausg. 9/10. 1959. Schwz. Prior. 28/1. 1957. — C. **1961.** 7006 [Oe. P. 202 812].)

Farbenfabriken Bayer Akt.-Ges., Deutschland (Erfinder: **Engelbert Kühle, Werner Schäfer, Ludwig Eue** und **Richard Wegler**), *Pflanzenbehandlungsmittel.* (**F. P. 1 190 302** vom 21/1. 1958, ausg. 12/10. 1959. D. Prior. 21/1. 1957. — C. **1958.** 10485 [D. A. S. 1 024 746].)

J. R. Geigy Akt.-Ges. (Erfinder: **Alfred Margot** und **Hans Gysin**), Basel, Schweiz, *Fungicides Pflanzenschutzmittel.* (**Jap. A. S. 10 649/1959** vom 13/6. 1956, ausg. 10/12. 1959. Schwz. Prior. 17/6. 1955. — C. **1960.** 1304 [Oe. P. 194 651].)

Stauffer Chemical Co., V.St.A., *Insekticide.* (**F. P. 1 164 224** vom 22/3. 1956, ausg. 7/10. 1958. — C. **1960.** 14 839 [Belg. P. 546 446].)

Farbenfabriken Bayer Akt.-Ges., Deutschland, *Schädlingsbekämpfungsmittel.* (**F. P. 1 165 867** vom 8/3. 1956, ausg. 30/10. 1958. — C. **1959.** 935 [E. P. 786 322].)

R. T. Vanderbilt Co., Inc., V.St.A. (Erfinder: **William F. Russell**), *Insekticide.* (**F. P. 1 165 495** vom 12/11. 1956, ausg. 27/10. 1958. A. Prior. 29/12. 1955. — C. **1959.** 5613 [D. A. S. 1 034 911].)

Ruhrchemie Akt.-Ges., Deutschland (Erfinder: **Walter Rottig** und **Theodor Lüssling**), *Schädlingsbekämpfungsmittel* (**F. P. 1 190 388** vom 23/1. 1958, ausg. 12/10. 1959. D. Prior. 15/2. 1957. — C. **1960.** 277 [D. A. S. 1 055 872].)

E. Merck Akt.-Ges., Deutschland, *Insekticid.* (**F. P. 1 191 243** vom 10/2. 1958, ausg. 19/10. 1959. D. Prior. 22/2. 1957. — C. **1960.** 10 376 [Oe. P. 203 268].)

N. V. Philips' Gloeilampenfabrieken (Erfinder: **Johan Dirk Bijloo, Jan Hendrik Uhlenbroek** und **Jasper Daams**), *Schädlingsbekämpfungsmittel.* (**Aust. P. 228 220** vom 28/5. 1958, ausg. 9/6. 1960. Holl. Prior. 31/5. 1957. — C. **1960.** 14494 [D. A. S. 1 075 891].)

VIII. Metallurgie. Korrosion

Das Schmelzen von Kobalterzen und -rückständen. Verbesserte Konverterarbeitsweise beim Schmelzen von Kobalt. C. C. Downie. (Mining J. [London] **253.** 660—61. 25/12. 1959. **254.** 64. 15/1. 1960.)

Beschreibung der Arbeitsweisen zum Schmelzen von Co-Erzen u. -Rückständen u. der erzielten Verbesserungen unter Berücksichtigung der Verw. von Koks verschiedener Herkunft. W. WESLY. 6360□

Untersuchung über kleine wassergekühlte Kupolöfen. Nobutaro Kayama und Kazuo Saito. (Imono, J. Japan Foundrymen's Soc. **33.** 579—85. Aug. 1961.) (Jap.; Auszug: Engl.)

Unterss. über die Zweckmäßigkeit der Wasserkühlung kleiner Kupolöfen zeigen, daß übermäßige Kühlung den Ort der Rk. $C + O_2 = CO_2$ nach oben verschiebt u. der Rk. $C + CO_2 = 2\ CO$ entgegenwirkt. Stärkere Kühlung erhöht das Oxydationsvermögen des Ofens u. die C- u. Si-Verluste u. senkt die Schmelztemperatur. Ein kleiner Kupolofen sollte nicht ohne Auskleidung betrieben werden. Die Kühlung muß überwacht u. das Koksverhältnis schwach erhöht werden. W. WESLY. 6370□

Die Eigenschaften von Formsand bei hoher Temperatur, die Oberflächenmängel von Gußstücken verursachen. Takeo Banno und Kazuyoshi Noritomi. (Imono, J. Japan Foundrymen's Soc. **33.** 475—96. Juli 1961.) (Jap.; Auszug: Engl.)

Unterss. über die die Oberflächenmängel von Gußstücken (Borken, „Rattenschwänze") bestimmenden Formsand-Eigg. zeigen, daß natürlicher Sand zuverlässigere Werte als Silica-Sand-Gemische gibt. Mit Ton oder anderen Zusätzen vermischter Sand führt zu befriedigenden Ergebnissen. Zur Beurteilung der Formsande dienen Warmdruckfestigkeit u. -verformbarkeit u. (bei Verw. von Sandzusätzen) Verformbarkeit unter Spannung. Je größer diese variablen Größen sind, um so geringer sind die Oberflächenfehler der Gußstücke. Die Warmfestigkeit von Formsand wird erörtert. — 24 Literaturangaben. W. WESLY. 6382□

Neuere Aufzeichnungen über das Stranggießen von Nichteisenmetallen. 1. Mitt. **Kupfer und Kupferlegierungen.** E. Herrmann. (Metall **14.** 1098—1105. Nov. 1960. Neuhausen am Rheinfall AJAG.) (Dt.)

Überblick über neuentwickelte Anlagen. F. VIER. 6382□

Einblasen fester Brennstoffe in die Schmelzzone eines Versuchs-Hochofens. E. J. Ostrowski, M. B. Royer und L. J. Ropelewski. (U.S. Dep. Interior, Bur. Mines, Rep. Invest. **1960.** Nr. 5648. 1—14. Bruceton, Pa., Bur. of Mines.) (Engl.)

Verss. werden zur Ermittlung des größtmöglichen Anteiles an *Anthrazitfein* zum Einblasen in die Schmelzzone eines Vers.-Hochofens als Ersatz für den Koks der Beschickungssäule sowie zur Best. des Einfl. dieses Einblasens auf die Ofenleistung, Durchsatz-Geschw., Schlackenmenge u. die chem. Rkk. bei der *Roheisen*-Herst. durchgeführt. Hierbei zeigt sich, daß ein Teil des zur Schmelzführung notwendigen Kokssatzes des Hochofenmöllers durch Einblasen von festem, C-haltigem Brennstoff direkt in die Hochofenschmelzzone ersetzt werden kann. Der als Anthrazitfein eingeblasene C hat die gleiche Wrkg. auf die Roheisenerzeugung wie der C des Kokses im Möller. Die Wind-Temp. ist zum Ausgleich für die Kühlwrkg. des kalten Anthrazits zu erhöhen. Hierfür werden Berechnungsangaben gemacht. Die erhöhte Roheisenleistung ergibt sich z. T. daraus, daß nicht der gesamte eingeblasene Anthrazit verbraucht wird, wodurch der O_2 des Blaswindes mehr vom Koks des Möllers verbrennt. Es kann erwartet werden, daß infolge der Verw. von feinerem Anthrazit (Erleichterung der Verbrennung) der heißere, zum Ausgleich für die Kühlwrkg. des kalten Brennstoffes benötigte Blaswind höhere Produktions-Geschw. bewirkt. Auch andere Materialien als feste Brennstoffe, wie z. B. Gichtstaub, können in die Schmelzzone eingeblasen werden. Der eingeblasene Anthrazit enthält weniger *S* als der durch ihn ausgetauschte Koks; infolgedessen ist der S-Geh. des Roheisens niedriger. H. HOCHSTEIN. 6390□

Parameter der Wechselwirkung von Legierungselementen in geschmolzenem Eisen. Harue Wada und Tunezo Saito. (Nippon Kinzoku Gakkai-Si [J. Japan Inst. Metals] **25.** 159—63. 1961.) (Jap.; Auszug: Engl.)

Zur Berechnung der Parameter der Wechselwrkg. von Leg.-Elementen in geschmolzenem Fe werden stat.-thermodynam. Gleichungen abgeleitet. W. WESLY. 6390□

Verteilung von Sauerstoff in Gußstücken aus grauem Gußeisen mit verschiedener Wandstärke. Georges Blanc und Albert Blondel. (Fonderie **1961.** 356—61. Okt. Centre techn. des Industries de la Fonderie.) (Franz.) — Vgl. C. **1961.** 996.

Aus den Unters.-Ergebnissen über den Einfl. der Wandstärke von Graugußstücken auf die O-Verteilung folgt, daß sich die O-Gehh. in heterogener Form verteilen; jedoch ist ein Einfl. der Gußstückdicke insoweit festzustellen, als weniger dicke Gebiete etwas weniger O enthalten als die dickeren Gebiete innerhalb desselben Gußstückes.

H. HOCHSTEIN. 6402 □

Einige das Abschreckverhalten von walzenförmigem Gußeisen beeinflussende Faktoren. K. E. Pinnow und R. W. Lindsay. (Mod. Castings **39.** Nr. 1. 75—84. Jan. 1961. Pennsylvania State Univ.) (Engl.)

Die Überhitzungs- u. die Gießtemp. sowie das Chargenmaterial in ihrem Einfl. auf die Abschreckcharakteristik von walzenförmigem Gußeisen werden durch Erzeugung von Hartguß aus Schmelzen mit konst. chem. Zus. untersucht. Die Überhitzungs- u. die Gießtemp. werden durch Eintauch-Thermoelemente dabei genau gemessen. Eine Zunahme der Überhitzungs-Temp. von 2600 auf 2900° F erhöhte die Abschreckkapazität der bei 2450° F abgegossenen Schmelzen. Eine Abnahme in der Gießtemp. von diesen Überhitzungs-Temp. auf 2450° F verringerte die Schrecktiefe. Unterschiede im Schmelzvorrat hatte einen wesentlichen Einfl. auf das Abschreck-Verh. der auf geringe Überhitzungs-Temp. (2600° F) gebrachten Schmelzen, hatte aber einen geringeren Einfl. auf die auf hohe Temp. (2900° F) überhitzten Schmelzen. Die Überhitzungs-Temp. beeinflußte jedoch die Struktur hinsichtlich der Anteile an weiß- u. grauerstarrtem Eisen des Schalenhartgusses nicht merklich. Eine Erniedrigung der Gießtemp. von der Überhitzungs-Temp. auf 2450° F erbrachte merkliche Veränderungen in der Struktur des weißerstarrten Gußeisens. Die genauen Ursachen für diese Veränderungen im Abschreck-Verh. wurden nicht bestimmt. Jedoch waren sie nicht ein direktes Ergebnis von Unterschieden in der üblichen chem. Zus., noch in dem Gas-Geh. zwischen den auf verschiedene Temp. überhitzten Schmelzen. H. HOCHSTEIN. 6402 □

Untersuchungen über die Bearbeitbarkeit des Gußeisens. A. de Sy, J. van Eeghem, E. Bodart und L. Czaplicki. (Gießerei **48.** 689—95. 16/11. 1961. Gent u. Lüttich.) (Dt.)

An aus Betriebs- u. Vers.-Schmelzen hergestellten Proben aus Gußeisen wird die Bearbeitbarkeit durch Abdrehen mit Werkzeugen aus Schnellarbeitsstahl nach der Meth. der Werkzeugstandzeit bestimmt. Ferner werden Verss. mit Hartmetall durchgeführt, um festzustellen, ob sich die Bearbeitbarkeit durch den Verschleiß des Werkzeuges bestimmen läßt. Die Verss. mit Schnellarbeitsstahl zeigten eine deutliche Beziehung zwischen Bearbeitbarkeit u. BRINELL-Härte des Gußeisens. Zwischen Bearbeitbarkeit u. Zugfestigkeit sowie Bearbeitbarkeit u. chem. Zus. wurde keine einfache Beziehung gefunden. Ein *Cu*-Zusatz scheint die Bearbeitbarkeit von Gußeisen günstig zu beeinflussen. So erhöht ein Zusatz von 1,6—2,0% Cu die Standzeit des Werkzeuges durchschnittlich um das 13fache. Die Verss. mit Hartmetall zeigten eine so große Streuung, daß sie prakt. nicht verwertbar sind. H. HOCHSTEIN. 6402 □

Einwirkung der Graphitform auf die mechanischen Eigenschaften. Hiromu Tanimura und Kiichi Taniguchi. (Nippon Kinzoku Gakkai-Si [J. Japan. Inst. Metals] **25.** 116—20. 1961.) (Jap.; Auszug: Engl.)

Unterss. über die Eigg. von Grauguß mit gleichmäßig verteiltem Flockengraphit (A), eutekt. Graphit in zellenartiger Verteilung (B) u. Gemischen beider Graphitarten zeigen: Grauguß mit A hat die höhere Dehnung. Bei passendem C-Geh. ist der Grauguß zäh. Mit B hat er eine niedrige Dehnung; die Zugfestigkeit ist hoch; die Proben können sehr spröde sein. Grauguß mit Gemischen von A u. B zeigt niedrige Dehnung u. Zugfestigkeit; die Proben sind spröde. W. WESLY. 6402 □

Die Modifizierung von Gußeisen durch Zusätze von flüssigem Stahl. M. M. Turbowski. (Литейное Производство [Giesserei-Betr.] **1959.** 4—7. März.) (Russ.)

Das Verf. der Modifizierung von Grauguß durch Zusatz von fl. Stahl besteht darin, daß als Ausgangsmaterial ein Grauguß mit 3,1—3,5(%) *C*, 2,2—2,6 *Si*, 0,5—0,6 *Mn*, 0,15—0,19 *P*, 0,05—0,07 *S* verwendet wird, dem fl. Stahl mit 0,14—0,20 C, 0,18—0,30 Si, 0,4—0,9 Mn, 0,06—0,07 P u. 0,058—0,062 S in der Gießpfanne zugesetzt wird. Die Dosierung des Zusatzes an fl. Stahl richtet sich nach der Wandstärke des Gußstückes. Bei Zusatz einer bedeutenden Menge fl. Stahls tritt in dünnwandigen Proben eine weiße Erstarrung ein. Mit Vergrößerung der Wandstärke kann der Stahlzusatz erhöht werden. Bei einer Wandstärke des Gußstückes von 6—10 mm beträgt der günstigste Zusatz an fl. Stahl ca. 10%. Das Gefüge eines derart hergestellten Gußeisens enthält 100% Perlit oder sorbitähnlichen Perlit u. feinlamellaren Graphit. Aus der chem. Zus. u. den mechan. Eigg. des mit fl. Stahl versetzten Gußeisens kann geschlossen werden, daß die mechan. Eigg. durch eine geringe Abnahme des C- u. Si-Geh. erhöht werden. Aus dem unwesentlichen Unterschied der chem. Zus. folgt jedoch, daß der Hauptfaktor der Erhöhung der mechan. Eigg. des Gußeisens die Modifizierung ist. Aus aufgestellten Kurven ist ersichtlich, daß der mittlere Wert des C-Äquivalents für Grauguß **4,11%**

u. für modifiziertes Gußeisen 3,74% beträgt. Bei einer solchen Erniedrigung des C-Äquivalents kann die Biegefestigkeit um 8—9% zunehmen. Mit zunehmendem C-Äquivalent wird die Härte erniedrigt, aber bei gleichem C-Äquivalent ist die Härte des modifizierten Gußeisens höher als die von Grauguß. H. HOCHSTEIN. 6404□

Über den Einfluß der Wärmebehandlung auf die Graphitisierung von weißem Gußeisen. W. F. Subarew und F. K. Tkatschenko. (**Известия Академии Наук СССР, Отделение Технических Наук, Металлургия и Топливо** [Nachr. Akad. Wiss. UdSSR, Abt. techn. Wiss., Metallurg. Brennstoffe] **1960.** Nr. 6. 19—24. Nov./Dez.) (Russ.)

Untersucht wird die beschleunigende Wrkg. einer Abschreckung mit nachfolgendem Anlassen auf die Graphitisierung von weißem Gußeisen. Hierbei zeigt sich, daß in einem z. T. bei 950° graphitisierten Gußeisen, das von 800° gehärtet worden war, die Graphitisierungszentren sich fast ausschließlich in Berührung mit dem ledeburit. Zementit anlagern. Hieraus folgt, daß die unbeständigen, sich beim Anlassen bei 450° bildenden sek. Carbide bei einer Erwärmung kurz vor dem Glühen gelöst werden können, zuvor aber ihr Zerfall unter Bldg. von Graphitisierungszentren eintritt. Die Bldg. einer erhöhten Anzahl von Graphitzentren aus ledeburit. Zementit ist in diesem Fall offenbar im Zusammenhang mit der Umwandlung der Zwischencarbide beim Anlassen nicht möglich. Gleichzeitig bilden sich in einem bei nur 700° graphitisierten, jedoch zuvor bei 800° gehärteten Gußeisen Graphitisierungszentren vorzugsweise an den Stellen der Anordnung der sek. Carbide. Dies beweist, daß die Erhöhung der Zahl der Graphitisierungszentren in diesem Fall mit der Bldg. unbeständiger sek. Carbide u. mit einer Reihe anderer Faktoren zusammenhängt. H. HOCHSTEIN. 6404□

Die Dämpfungskapazität und ihr Verhalten in Gußeisen. Hifumi Hotta. (Imono, J. Japan Foundrymen's Soc. **33.** 511—18. Juli 1961.) (Jap.; Auszug: Engl.)

Unterss. über die Dämpfungskapazität (DK) von Gußeisen zeigen, daß diese bis zu 3% C unverändert bleibt, aber oberhalb dieses Wertes steigt. Die DK von Grauguß, Meehanit, Gußeisen mit Kugelgraphit, hämmerbarem Gußeisen u. Gußstahl hängt von der Graphitform ab. Je kugelförmiger der Graphit in Gußeisen ist, um so geringer ist die DK; sie hängt von der Größe der Spannung ab. Bei hohen Spannungen beobachtet man Hysterese. Die beobachteten Wrkgg. sind am deutlichsten in Gußeisen mit Flockengraphit. Die hohe DK von Grauguß wird einer Versetzungsbewegung zugeschrieben, die die Folge einer Spannungsanreicherung an spitzen Graphitkanten ist. Spannungs-Dehnungs-Kurven auf Biegeprüfungen stützen diese Hypothese. W. WESLY. 6404□

Die Bildung von Keimen bei der sekundären Graphitisierung von magnesiumhaltigem Gußeisen. P. Rysch. (Литейное Производство [Giesserei-Betr.] **1961.** Nr. 6. 37—40. Juni.) (Russ.)

In Verss. mit Mg-haltigem Gußeisen wird nachgewiesen, daß alle Maßnahmen, wie Härten, Kokillenguß u. Verformung, die stabile Störungen verursachen (Versetzung, Kaltriß, Mikrohohlraum, Phasengrenze), die Graphitisierung fördern.
H. HOCHSTEIN. 6404□

Die Erniedrigung des Verbrauches an Ferromangan beim Schmelzen von Stahl G 13 L. Ju. A. Schulte, W. Ss. Schitikow und M. I. Kurbatow. (Литейное Производство Giesserei-Betr.] **1961.** Nr. 6. 40—41. Juni.) (Russ.)

Zur Erniedrigung der Mn-Verluste u. damit auch des Ferromanganverbrauches bei der Herst. von Stahl *G 13 L* wird ein bes. Elektrostahlerschmelzungs-Verf. vorgeschlagen, bei dem die Schlacken nicht abgezogen werden u. die Ausfällungsdesoxydation durch die Diffusionsdesoxydation ersetzt wird. Nach dem Einschmelzen des Bades wird die Schlacke durch ein Gemisch aus gemahlenem *Koks* (3—4 kg/t) u. 75% *Cu* (5—8 kg/t) bei einer Schlackenbasizität CaO/SiO_2 von ca. 2,0 desoxydiert. Eine solche Schmelzführung bewirkt eine wesentliche Red. des Mn aus der Schlacke. Wesentlich bessere Ergebnisse können noch bei Verw. von *Kalk* als Flußmittel erhalten werden. In diesem Fall kann der MnO-Geh. in der Schlacke leicht auf 3% erniedrigt werden. Es wird dabei die Verw. von frisch gebranntem Kalk empfohlen. H. HOCHSTEIN. 6408□

Beitrag zur Löslichkeit und Diffusion von Wasserstoff in Stahl. Gerwig Vibrans. (Arch. Eisenhüttenwes. **32.** 667—73. Okt. 1961. Braunschweig, TH, Inst. für Werkstoffkunde. u. Schweißtechn.) (Dt.)

Proben aus Stahl *Ck 22* wurden nach zwei Verff. mit H beladen. Während durch die elektrolyt. Beladung bei 80° eine nur einigermaßen gleichmäßige H-Verteilung zu erreichen war, ergab die Beladung bei 550° unter einem H_2-Druck von 100—150 at eine gleichmäßige Verteilung des gelösten Gases. H konnte durch Vakuumentgasung bei 650° ausgetrieben u. seine Menge über die Messung der Wärmeleitfähigkeit des Gases bei 20 Torr ermittelt werden. Das Verf. der Druckbeladung ermöglicht die Messung der Löslichkeit von H in Stahl bis herunter zu einer Temp. von 200°. Die so ermittelten

Werte liegen im Temp.-Bereich unter 400° weit über der bisher bekannten Löslichkeitskurve. Diese Abweichung wird durch Annahme eines Poren-Vol. von 0,1% im Stahl erklärt. Für das Entweichen von H aus Stahl scheinen nicht Oberflächen-Rkk., sondern die Diffusion im Werkstoffinnern maßgebend zu sein. Die Effusion von H aus Zylinder u. Quader wurde rechner. behandelt. Auch kann man bei bekannter Diffusions-Konst. die Abnahme der mittleren H-Konz. mit der Zeit ermitteln. So berechnete Werte wie auch Werte anderer Vff. streuen über ca. 3 Größenordnungen. Die Wrkg. von Poren im Stahl auf die Größe der für die Effusion maßgebenden Diffusions-Konst. wird berechnet: Bei einem angenommenen Poren-Vol. von 0,02% erhält man bei 20° eine scheinbare Verkleinerung der Diffusions-Konst. um den Faktor 100. Sie erklärt sich dadurch, daß nur der atomar gelöste, nicht der in den Poren vorhandene molekulare H diffundieren kann. Innerhalb der kurzen Zeitspanne, nach der in H-haltigem Schweißgut Fischaugen erzeugt werden können, baut sich kein mit der Festigkeit des Werkstoffes vergleichbarer Druck in makroskop. Poren auf. Die Werte des zu erwartenden Druckes in Abhängigkeit von der Zeit u. dem Poren-Vol. werden berechnet. H. HOCHSTEIN. 6408□

Die mechanischen Hochtemperatur-Eigenschaften von in gasgekühlten Reaktordruckkesseln verwendeten Stählen. J. M. Robertson und R. W. Nichols. (Iron Steel Inst., spec. Rep. **69.** 14—39. 1960. UKAEA Culchett Labor.) (Engl.)

Kriech- u. Zeitstandprüfungen werden an Proben an niedriggekohlten (0,16—0,2% C) Stählen mit 1,0—1,3% Mn im normalisierten u. im entspannten Zustand durchgeführt. Für einen durch Al korngefeinten Stahl zeigen die Unters.-Ergebnisse an, daß die 0,2%-Kriechdehnung in 200000 h bei 400° bei einer Spannung von 3,5 t/in.² eintreten wird. Der durch Si beruhigte SIEMENS-MARTIN-Stahl zeigte eine höhere Kriechfestigkeit unter ähnlichen Bedingungen, doch war eine genaue Extrapolation infolge von Flexionen aus den experimentellen Kriechdehnungs–Zeit-Kurven nicht möglich. Bei den Zeitstandprüfungen betrug die Festigkeit nach 200000 h bei 400° 8,4 t/in.² für mit Al korngefeinte Stähle u. 12 t/in.² für den Sonderguß aus mit Si beruhigtem Stahl. Weitere Kriech- u. Hochtemp.-Zeitstandsprüfungen werden an einigen im Elektroofen erzeugten Stählen von ähnlicher Zus. durchgeführt u. die hierbei erhaltenen Ergebnisse mit den Ergebnissen an den SIEMENS-MARTIN-Ofen-Stählen verglichen. H. HOCHSTEIN. 6408□

Metallurgische Ansichten über das Kriechen in kohlenstoffhaltigen unlegierten und niedriglegierten Stählen. J. Glen und J. D. Murray. (Iron Steel Inst., spec. Rep. **69.** 40—53. 1960. Colvilles Ltd., United Steel Co. Ltd.) (Engl.)

Die verschiedenen metallurg. Erscheinungen, die die Kriech-Eigg. von Stahl beeinflussen, werden erörtert. Die Bedeutung jeder einzelnen Erscheinung wird besprochen u. ihre Bedeutung für die Praxis behandelt. Aus dieser Betrachtung ist es klar, daß die Ausscheidungsprozesse, die im Stahl auftreten, die die Kriechfestigkeit bestimmenden Hauptfaktoren sind. Bes. werden die unlegierten C-Stähle hinsichtlich ihrer Kriech-Eigg. behandelt. Es wird dabei gezeigt, daß die Kriechfestigkeit u. Schwankungen derselben mit dem „akt." N-Geh. in Beziehung stehen, u. zwar sowohl bei den mit Al als auch mit Si beruhigten Stählen. Wärmebehandlungen, welche die Ausscheidung von nichtkohärenten Nitriden aus solchen Stählen bewirken, verursachen eine Abnahme der Kriechfestigkeit. Eine genaue Überwachung solcher Behandlungen ist wesentlich, wenn reproduzierbare Eigg. erhalten werden müssen. H. HOCHSTEIN. 6408□

Einfluß der Kaltbearbeitung auf das Verhalten von Wasserstoff in Stahl. R. M. Hudson, K. J. Riedy und G. L. Stragand. (Corrosion [Houston] **16.** Nr. 3. 97—100. März 1960. Monroeville, Pa., United States Steel Corp., Phys.-Chem. Sect.) (Engl.) — Vgl. C. **1961.** 2768.

Bestätigung der von HUDSON, NORRIS u. STRAGAND (C. **1960. 12144**) erhaltenen Ergebnisse über die Bedeutung der Oberflächen-Rkk. für die Desorption von H im Stahl. WOLFGANG SIMON. 6408□

Die subkritische Graphitisierung von Stählen und verwandten Legierungen. J. E. Harris, J. A. Whiteman und A. G. Quarrell. (Iron Steel Inst., spec. Rep. **69.** 54—75. 1960. Sheffield, Univ.) (Engl.)

Die Graphitisierungsmerkmale einer Anzahl vakuumerschmolzener reiner *Fe–C-* u. *Fe–C–Si*-Legg. werden untersucht. Zunehmende Verunreinigungs-Geh., steigende Al-Geh. sowie die Abschreckung auf Martensit beschleunigen die Graphitisierung. Einige der beobachteten Einfl. kann durch die Annahme erklärt werden, daß der Graphit auf Versetzungen durch Keim-Bldg. entsteht. Es wird nachgewiesen, daß ein geringer Vorteil von *Ni–Mg*-Zusätzen zu einem übereutektoiden Stahl erlangt werden kann; der stabilisierende Einfl. von Mg wird dabei durch die graphitisierende Wrkg. von N wieder ausgeglichen. H. HOCHSTEIN. 6410□

Über den Einfluß von Mangan und Nickel auf die Perlitbildung bei Unterkühlung des Austenits. Erich Greulich. (Arch. Eisenhüttenwes. **32.** 709—17. Okt. 1961. Mannheim.) (Dt.)

Der Einfl. von Mn bis ca. 2% u. Ni bis ca. 4% auf die isotherm. Austenitumwandlung von eutektoid. Stahl in der Perlitstufe wird untersucht u. dabei gefunden, daß das für den Härteabfall während der Umwandlung früher gefundene Gesetz der GAUSSschen Summenkurve auch in diesem Leg.-Bereich gültig ist. Die in der Formel enthaltenen Größen für die kürzeste Halbwertszeit der Umwandlung u. den Parameter der GAUSSschen Funktion hängen exponentiell vom Leg.-Geh. ab u. können daraus berechnet werden. Die Genauigkeit des Zusammenhangs wird von der Austenitisierungs-Temp. beeinflußt. Am genauesten sind die abgeleiteten Gleichungen bei der betrieblich verwendeten Härte-Temp. von 790°. Auch die Verfeinerung des bei der Umwandlung gebildeten Perlitkorns ist exponentiell vom Leg.-Geh. abhängig. Mn ist hierbei von der 3fachen Wirksamkeit des Ni. In gleicher Weise wird die Geschw. des Perlitwachstums vom Leg.-Geh. beeinflußt. Mn verzögert diese um ein Mehrfaches derjenigen bei Ni-Zusätzen. Auch für die Diffusion der C-Atome während der Perlit-Bldg. wurde eine exponentielle Abhängigkeit für die Verzögerung durch Mn u. Ni festgestellt. Die hierfür gefundenen Beiwerte sind nicht unmittelbar vergleichbar mit den bei gleichbleibender Temp. gültigen Beiwerten, da sich beim Austenitisieren Fehlstellen bilden, die unterkühlt werden u. die Geschw. der Diffusion erhöhen. — 14 Literaturangaben. H. HOCHSTEIN. 6410□

Zur Frage der Stahl-Erschmelzung mit verlangter Phasenzusammensetzung. P. N. Bidulja, Ss. A. Iodkowski und N. N. Saschtschichin. (Литейное Производство [Giesserei-Betr.] **1961.** Nr. 6. 1—4. Juni.) (Russ.)

Aus Schmelz-Verss. ergibt sich, daß man zur Erzeugung von 2—5% *Ferrit* im Stahl *EJ 316* bei beliebigen *Cr-* u. *Ni*-Geh. nur den C-Geh. verändern muß. Aus einer graph. Darst. kann die Zus. des Stahls entnommen werden, welche die verlangte Ferritmenge aufweist. Die Handhabe dieser graph. Darst. wird an zwei Beispielen, bei denen im Stahl 2—5% Ferritphase auftreten sollen, erläutert. Es erweist sich als techn. realisierbar, einen austenit.-ferrit. Stahl mit einer verlangten, in engen Grenzen liegenden Phasen-Zus. zu erschmelzen, was bes. bei der Herst. feuerfester Stähle von Wert ist, da dadurch die Stahlgüte verbessert u. der Schmelzprozeß mit entsprechender Wirtschaftlichkeit automatisiert werden kann. H. HOCHSTEIN. 6410□

Der Einfluß kleiner Zusätze auf die Gefügeungleichmäßigkeit und die Hitzebeständigkeit großer Gußstücke aus Stahl der Marke 12 CH 11 W 2 NMF-L. N. Ss. Kreschtschanowski, A. F. Ssilajew und M. F. Scheschenew. (Литейное Производство [Giesserei-Betr.] **1959.** 39—42. März.) (Russ.)

Untersucht wird der Einfl. kleiner Zusätze an *Ca*, *Ba* u. *Ce* auf die mechan. Eigg. eines Stahls mit ca. 0,10(%) *C*, 0,5 *Mn*, 0,25 *Si*, 11 *Cr*, 0,9 *Ni*, 1,5—2,0 *W*, 0,30—0,35 *V*, 0,55—0,75 *Mo*, 0,03 *S*, 0,015—0,18 *P*. Hierbei zeigt sich, daß die Abhängigkeit der Schlagzähigkeit von der Dosierung dieser Zusätze stark unterschiedlich ist. So ruft eine Erhöhung des Ba-Zusatzes anfangs eine Erniedrigung u. darauf eine Erhöhung der Schlagzähigkeit hervor, während mit der Erhöhung der Ce-Menge die Schlagzähigkeit bis auf einen Höchstwert zunimmt u. darauf abnimmt. Ein Ca-Zusatz zeigt prakt. keinen Einfl. auf die mechan. Eigg. dieses Stahls. Es werden Angaben über die chem. Zus. der im Stahl *12 Ch 11 W 2 NMF-L* auftretenden nichtmetall. Einschlüsse sowie über die Menge der in diesem Stahl enthaltenen Gase gemacht. Hieraus folgt, daß die Abweichungen sich in den für Elektroofenschmelzen üblichen Normen halten. Das Feingefüge des Stahls mit einem geringen Zusatz einer *Al–Ba–Ca*-Leg. unterscheidet sich von dem eines Stahls ohne Zusätze u. mit geringem Ce- u. Ca-Zusatz durch eine größere Gefügegleichmäßigkeit u. eine geringere Menge an freiem *Chromferrit*. Unterschiede im Charakter der Korngrenzen u. des Zustandes des Chromferrits ließen sich elektronenmkr. nicht nachweisen. Ein mit einer Al-Ba–Ca-Leg. versetzter Stahl zeigte nach einer 5000std. Alterung bei 600° eine Stabilisierung der mechan. Eigg., was durch eine gleichmäßige Verteilung der bei der Alterung ausgeschiedenen Sekundärphasen erklärt wird. Die Alterung ruft eine unwesentliche Veränderung der Feinstruktur durch eine Verdickung der Carbide hervor. Es wird gezeigt, daß die Einführung geringer Zusätze eine große Verfestigung im Ausgangszustand u. einen weniger intensiven Prozeß der Entfestigung bei Betriebs-Temp. hervorruft. Die Dauerfestigkeit der Stähle hängt vom Charakter der geringen Zusätze ab. Der Stahl mit einem geringen Zusatz an Al–Ba–Ca-Leg. besitzt die größte Dauerfestigkeit. Die Bildsamkeit bei der Dauerprüfung des Stahls mit verschiedenen geringen Zusätzen ist sehr hoch u. prakt. gleich. Alle Proben wiesen einen Zähbruch auf. Das Zähbruch-Verh. des Stahls auch bei Unters.-Temp. von 690 u. 660° u. bei niedrigen Spannungen wird durch das zähe Fließen des Korns bedingt. Die

Zerstörung der Proben tritt an den Kristalliten auf, die nahe der Bruchzone stark verformt sind. Ein anderes wichtiges Kennzeichen der Warmfestigkeit des legierten Stahls ist seine Kriechfestigkeit bei 610°, die durch die Zusätze erhöht wird.

H. HOCHSTEIN. 6410□

Beitrag zur Konstitution der Kupferschlacken. Karlheinz Kotte. (Bergakademie [Freiberg] **12.** 390—91. Juli 1960. Freiberg.) (Dt.)

Unter Anwendung eines mehrstufigen Analysen-Verf. wurden die einzelnen Cu-Phasen in den Kupferschlacken bestimmt. Danach liegt in den Schlacken der Rohstein- u. Konverterarbeit in der Hauptsache die *sulfid. Cu*-Phase, in den Raffinierschlacken dagegen freies *oxid. Cu* vor. In allen Schlacken tritt *elementares Cu* auf. Beim Arbeiten in oxydierender Atmosphäre u. entsprechenden Fe-Geh. ist *ferrit. gebundenes Cu* vorhanden. Die *silicat. Cu*-Phase tritt entweder überhaupt nicht auf oder hat metallurg. keine Bedeutung.

F. VIER. 6432□

Die Rückgewinnung von Kupfer aus Beizbädern. P. Boer. (Metall **14.** 1107—08. Nov. 1960. São Paulo, Laminacão Nacional de Metals Soc. An.) (Dt.)

Beschrieben wird die kontinuierliche Rückgewinnung von Cu aus der H_2SO_4-sauren Beize durch Elektrolyse. Ist das Beizbad zu stark verschmutzt oder mit anderen Leg.-Komponenten angereichert, so wird Cu durch Fe-Feilspäne auszementiert u. feuerraffiniert. Die Lsg. geht durch Dekantiertanks in einen Behälter mit $Ca(OH)_2$, wo Fe ausgeschieden wird. Die neutrale Cu- u. Fe-freie Lsg. geht in den Abfluß. F. VIER. 6432□

Beitrag zur Frage des Kriechverhaltens von Kupferlegierungen. K. Dies und W. Jung-König. (Metall **14.** 1085—93. Nov. 1960. Frankfurt/M.) (Dt.)

Untersucht wurden die bin. Cu–Cr- u. Cu–Zr-Legg., die nach Kaltverformung u. Warmaushärtung verschiedene Festigkeits-Eigg. aufweisen können sowie 2 Mehrstoff-Al-Bronzen, die wegen ihrer hohen Festigkeit bei Raum-Temp. für Konstruktionszwecke geeignet sind u. bis zu 250° eingesetzt werden. *CuZr 0,24* erwies sich bei 400° über 1000 Std. kriechfester als *CuCr 0,76* bei 300°. Bei *CuZr 0,13* tritt auch bei 200 Std. bei 500° noch kein Härteabfall auf. Zugfestigkeit u. Streckgrenze der Mehrstoffbronze *FeAl 10* fallen zwischen 20 u. 500° stark ab. Dasselbe gilt für *NiAl 10*, doch liegen die Absolutwerte für die $\sigma_{0,2}$-Grenze durchweg höher. F. VIER. 6432□

Untersuchungen über warmfeste Cr-Legierungen. 3. Mitt. **Einwirkung der Schmelzatmosphäre auf die Eigenschaften von 60 Cr-25 Fe-15 Mo-Legierungen bei hoher Temperatur.** Renpei Yoda, Heitaro Yoshida und Kiyoshi Mukaidani. (Nippon Kinzoku Gakkai-Si [Japan Inst. Metals] **25.** 108—12. 1961.) (Jap.; Auszug: Engl.) — 2. vgl. Nippon Kinzoku Gakkai-Si [Japan Inst. Metals] **24.** [1960.] 615.

Legg. mit 60 (%) *Cr*, 25 *Fe*, 15 *Mo*, mit Zusätzen von 2 *Ti* u. Ersatz von Fe durch 10 *Co* werden an der Luft oder bei vermindertem Druck geschmolzen. Die bei vermindertem Druck gewonnenen Proben haben eine geringere Härte, eine bessere Verformungsfähigkeit u. eine durch Ti-Zusatz bewirkte, stärkere Kriechfestigkeit als die an der Luft geschmolzenen Proben. Letztere gestatten im Gegensatz zu den unter vermindertem Druck gewonnenen Proben keine Warmbearbeitung. W. WESLY. 6434□

Bekämpfung der Korngröße von Leichtlegierungen und Unterkühlungsmessungen. V. B. Kurfman. (Mod. Castings **39.** Nr. 4. 98—102. April **1961.** Midland, Mich., Dow Chem. Co.) (Engl.)

Die Abkühlungskurven von *Mg*- u. *Al*-Legg. handelsüblicher Reinheit zeigen eine Unterkühlungs-Wrkg. bis 15° F. Diese hohen Werte werden mit dem groben Korn in Beziehung gebracht. Das Verf. gestattet eine Überwachung der Kornfeinung, ist in 2 Min. ausführbar u. wird am Beispiel von *Mg–Al-*, *Mg–Zn-*, *Al–Si-*, *Al–Cu-* u. *Al–Mg*-Legg. beschrieben.

W. WESLY. 6442□

Das Fluorproblem in der Aluminium-Industrie. 2. Mitt. P. H. Müller, H. Schmitt und G. Bischofberger. (Z. Erzbergbau Metallhüttenwes. **13.** 419—24. Sept. 1960. Rheinfelden, Aluminiumhütte Rheinfelden GmbH.) (Dt.) — 1. vgl. C. **1960.** 7663.

Durch den Einbau von Axiallüftern zusammen mit geeigneten Filtern aus Kunststoffgewebe in die Hallenabluftreinigungsanlagen kann das ins Freie austretende F erheblich gesenkt werden. Auch Elektrofilter wirken günstig. Der Einbau von elektron. Filtern wird beschrieben u. an einem Beispiel die Abnahme des F-Geh. in der Umgebung einer Al-Hütte durch die Reinigung der Abgase nachgewiesen. F. VIER. 6446□

Die optimale Zusammensetzung der Legierung AL 10 für das Gießen von Kolben. D. P. Lowzow. (Литейное Производство [Giesserei-Betr.] **1959.** 12—14. März.) (Russ.)

Auf Grund von Schmelz-Verss. zur Ermittlung der günstigsten chem. Zus. der Al-Leg. *AL 10* wird festgestellt, daß bei einem Geh. unter 6,0 (%) *Cu* u. 5 *Si* die Leg. eine erhöhte Neigung zur Riß-Bldg. besitzt. Bei einer Erhöhung des Si-Geh. von 4,5—5,0 auf 5,3 (bei 5,6—5,7 Cu) wird der Ausschuß durch Riß-Bldg. stark vermindert. In allen Fällen tritt bei einem Cu-Geh. über 6,25 ein durch Riß-Bldg. verursachter Ausschuß nicht mehr auf. Für die Herst. von Kolben besitzen AL-Legg. mit 6,25—8 Cu u. 5,0 bis 6,0 Si die günstigsten Eigenschaften. Neben der Verbesserung der Gieß-Eigg. der Lsg. *AL 10* führt die Erhöhung des Cu- u. Si-Geh. zur Erniedrigung des linearen Wärmeausdehnungs-Koeff., zur Erhöhung der Warmfestigkeit, Härte u. anderer physikal.-mechan. u. technolog. Eigg. sowie zu einer Verbesserung des Betriebs-Verh. der Kolben. H. HOCHSTEIN. 6446□

Verhalten von Fe bei der Flüssig-Flüssig-Extraktion von Nb und Ta. Sanji Nishimura, Jhoichiro Moriyama und Isao Kushima. (Nippon Kinzoku Gakkai-Si [Japan Inst. Metals] **25.** 112—16. 1961.) (Jap.; Auszug: Engl.)

Unterss. über das Verh. von Fe bei der Nb- u. Ta-Extraktion mit $HF-HNO_3$-Hexon (I), HF–HCl–I, $HF-H_2SO_4$–I u. HF–I zeigen, daß Fe von Nb u. Ta auf Grund ihrer Verteilungs-Koeff. befriedigend getrennt wird. Die Extrahierbarkeit von Fe steigt mit dem Anstieg der Mineralsäure-Konz. bei konst. HF-Acidität u. steigt allmählich mit der HNO_3- oder HF-Konz. im $HF-HNO_3$-I- oder HF-I-System. Bei konst. HF-Acidität (12,75 n) fällt sie in der Reihenfolge: HF–HCl > $HF-H_2SO_4$ > $HF-HNO_3$. Das Syst. HF–I ist weniger wirksam als andere HF-Minersalsäure–I-Systeme. Auf Grund des Fe-Verteilungs-Koeff. für das HF–I-Syst. sind gute Lsgm.: Tributylphosphat, Oktylalkohol, Isoamylalkohol, Methylisobutylketon u. Mesityloxid. W. WESLY. 6448□

Über die geeignete Zusammensetzung von Katalysatoren für hydrometallurgische Hochdruck-Verfahren. Hideo Sugawara und Saburo Shimodaira. (Nippon Kinzoku Gakkai-Si [Japan Inst. Metals] **25.** 155—59. 1961.) (Jap.; Auszug: Engl.)

Als Katalysatoren zur Extraktion von Metallpulvern aus Auslaug-Lsgg. unter Red. mit H_2 bei hohem Druck eignen sich nachst., in 20%ig. NaOH-Lsg. aktivierte Legg. (gemessen am H_2-Verbrauch nach dem Aceton-Verf.): *Ni–Al* > *Fe–Al* > *Cu–Al*. *Al*-Legg. mit 40—50% *Ni* sind am wirksamsten. *V* wird als Nd. niedriger Oxide mit H_2 in Ggw. von akt. 40 Ni–60 Al-Lsg. extrahiert. W. WESLY. 6474□

Messung der Oberflächengröße von Pulvern mit der BET-Methode. B. C. Lippens und M. E. A. Hermans. (Powder Metallurgy **1961.** 66—81. Amsterdam, K. Zwavelzuurfabrieken, Arnhem, Keuring van Elektrotechn. Materialien.) (Engl.)

Die spezif. Oberfläche von Pulvern, d. h. die gesamte äußere u. innere Oberflächengröße bezogen auf die Gew.-Einheit, bestimmt den Sintervorgang im starken Maße u. wird mit der sog. BET-Meth. ermittelt, wobei die Adsorption gemessen wird. Für den Bau u. die Handhabung der BET-App. werden zweckmäßige Verbesserungsvorschläge durchgeführt. Ferner wird eine Mikro-BET-App. beschrieben, mit der eine große Vereinfachung der Meßtechnik erreicht wird. Die Wirkungsweise wird an Beispielen erläutert. H. FAHLENBRACH. 6474□

Eine Vergleichsuntersuchung von Methoden zur Messung der Korngrößenanalysen in Sub-Siebgebiet. H. F. Fischmeister, C.-A. Blände und S. Palmqvist. (Powder Metallurgy **1961.** 82—119. Stockholm, Jernkontoret Powder Metallurgy Laborat., Metallografiska Inst. Fagersta, Fagersta Bruks A B.) (Engl.)

Es werden 11 Pulver (*WC* verschiedener Herkunft, WO_3, *W*, *Fe*, *Co*, SiO_2 u. Al_2O_3), die bei den pulvermetallurg. Industrien von großer Bedeutung sind, auf Schütt- u. Rütteldichte, auf Luftdurchlässigkeit u. Gasadsorption (BET), bes. aber auf die Korngrößenverteilungen untersucht. Die letztgenannte Eig. wird mit folgenden Meth. untersucht: Elektronen- u. Lichtmikroskopie, Turbulenz, Sedimentation (in Gasen u. Fll.), Zentrifugalklassierung in Luft, Siebanalyse. WC-Pulver mit verschiedenen Feinheitsgraden werden außerdem noch auf die opt. Reflexion hin geprüft. Die Prüfungen wurden in vielen Fällen, bes. auch bei den WC-Pulvern, durch die Bldg. von Pulveragglomeraten sehr erschwert u. die Ergebnisse getrübt. In manchen Fällen, bes. für die Praxis, sind aber die Agglomeratgrößen von größerer Bedeutung als die Größe der Einzelpulver. — 63 Literaturangaben. H. FAHLENBRACH. 6474□

Der Einfluß der Oberflächen-Eigenschaften auf das Sintern von Uran- und Beryllium-Pulvern. J. Williams, J. W. S. Jones und K. H. Westmacott. (Powder Metallurgy Nr. **7.** 167—88. 1961. Harwell, Berks., Atomic Energy Res. Establ., Metallurgy Div.) (Engl.)

Beim Sintern ungepreßter U-Pulver im Vakuum zeigt sich der starke Einfl. dünner Oberflächenschichten aus Oxiden. Bei der Pulver-Herst. ist daher der Beizprozeß entscheidend für die Verwendbarkeit zum Sintern. Auch beim Vakuumsintern von Be-Pulvern konnte der schädliche Einfl. von Oberflächenverunreinigungen der Pulver bewiesen werden. Auch hier wird gezeigt, daß bei der elektrolyt. Herst. von Flocken-

pulvern ein sorgfältiger Arbeitsgang für die Oberflächenreinigung eingelegt werden muß. In beiden Fällen erschwert das Fehlen von Meth. zur Unters. der Oberflächenschichten von feinen Pulvern die Reproduzierbarkeit pulvermetallurg. Fertigungen.
H. FAHLENBRACH. 6474□

Die Herstellung von Hohlformen aus Beryllium durch Locker-Sintern und Heißpressen. A. J. Martin, R. A. Knight und G. C. Ellis. (Powder Metallurgy Nr. **7.** 268–82. 1961. Aldermaston, Berks., Atomic Weapons Res. Establ.) (Engl.)

Die Erfahrungen bei der Herst. von Hohlformen aus Be mit Hilfe des Pulversinter-Verf. ohne Pressen u. durch Heißpressen (Sintern u. Pressen in einem Arbeitsgang) werden mitgeteilt. Dünnwandige Halbkugelschalen konnten einwandfrei nur durch 2maliges Heißpressen hergestellt werden. H. FAHLENBRACH. 6474□

Pulvermetallurgisch hergestellte Titan-Aluminium-Mangan-Legierungen. M. F. Grimwade. (Powder Metallurgy Nr. **7.** 283–95. **1961.** Wembley, England, General Electric Co. Ltd., Hirst Res. Centre.) (Engl.)

Ti–Al–Mn-Legg. mit 4 u. 6% *Al* u. 4% *Mn*, Rest *Ti* wurden aus Ti-Hydrid, $TiAl_3$- u. Elektrolyt-Mn-Pulvern durch Hochvakuumsintern bei 1250° von Stabproben hergestellt, die mit ca. 6,5 t/cm² aus den Pulvern gepreßt waren. Der Sinterwerkstoff besitzt infolge der nadelförmigen Struktur eine sehr geringe Duktilität. Wird diese Struktur z. B. durch Schmieden zerstört, so sind die mechan. Eigg. der Sinter-Legg. denen der gegossenen Werkstoffe gleicher Analyse mindestens gleichwertig. Günstig sind auch ohne Schmieden bei den Sinter-Legg. die Kriech-Eigg. bei Temp. zwischen 200 u. 400°. Durch Wärmebehandlungen konnte die Nadelstruktur bisher nicht beseitigt werden.
H. FAHLENBRACH. 6474□

Eine vorläufige Untersuchung der Reaktionen zwischen Wolframcarbid- u. Wolframcarbid + 6% Kobalt-Pulvern einerseits und feuchtem und trockenem Wasserstoff andererseits. G. E. Spriggs. (Powder Metallurgy Nr. **7.** 296–311. **1961.** Coventry, Hard Metal Tools, Ltd.) (Engl.)

Durch die Messung des bei verschiedenen Temp. aus den Pulvern austretenden C-Betrages wird die scheinbare Aktivierungsenergie für folgende Rkk. bestimmt: Carburiertes WC zeigt im trockenen H_2 bis zu 900° keine Reaktion. Wassergemahlenes WC + 6% Co zeigt eine komplexe Rk. im trockenen H_2 bei Temp. zwischen 600 u. 900°. Wassergemahlenes WC im trockenen H_2, Aktivierungsenergie (AE) = 8,38 kcal/Mol zwischen 600 u. 900°. Carburiertes WC im nassen H_2·AE = 58,1 kcal/Mol zwischen 800 u. 900°. Wassergemahlenes WC im nassen H_2·AE = 34,8 kcal/Mol zwischen 700 u. 900°. Wassergemahlenes WC + 6% Co im nassen H_2·AE = 38,4 kcal/Mol zwischen 825 u. 900°, AE = 7,38 kcal/Mol zwischen 600 u. 800°. In der Kugelmühle mit W. werden die physikal. u. chem. Eigg. von WC-Pulvern geändert. Dieses Ergebnis wird zu erklären versucht. H. FAHLENBRACH. 6476□

Wechseltemperaturbeanspruchung von edelmetallplattierten Kontaktbimetallen. F. Erdmann-Jesnitzer, H. Schlegel und H. Wendt. (Fertigungstechn. u. Betr. **11.** 649–53. Okt. 1961. Freiberg/Sa.) (Dt.)

An verschiedenen Plattierungen wurden Abschreck-Verss. vorgenommen mit einer App., durch die die Abschreckung mechanisiert wurde. An der Plattierung *Ag/MSt 2u* wurde nachgewiesen, daß der Abschreck-Vers. als Verf. zur Prüfung der Haftfestigkeit geeignet ist. Für die anderen, bei den Verss. verwendeten Werkstoffe ist der Einsatz der Abschreckprüfung infolge der zu hohen Abschreckzahlen unzweckmäßig. Die Abhängigkeit dieser Abschreckzahlen von der Abschreck-Temp. wird theoret. als eine Abart einer WÖHLER-Kurve betrachtet. Dabei wird die Wechsel-Temp.-Beanspruchung als Wechselschubbeanspruchung u. die Abschreckzahl als Lastwechselzahl angesehen.
H. HOCHSTEIN. 6478□

Metallurgische Untersuchung kleiner Stücke aus insbesondere zum Emaillieren bestimmtem Gußeisen. Pierre Détrez. (Fonderie **1961.** 339–55. Okt. Centre techn. des Industries de la Fonderie.) (Franz.)

Die A_1- u. A_3-Temp. sowie die Temp. der beginnenden Graphit-Bldg. u. die Wärmeausdehnungsbeiwerte von Grauguß mit ca. 3,1–3,6 (%) *C*, 1,2–3,15 *Si*, 0,1–1,4 *P* sowie teils mit ca. 0,6 *Cr*, das zur Herst. kleiner emaillierter Teile dienen soll, werden dilatometr. ermittelt, u. an dem Gußeisen werden Gefüge-Unterss. durchgeführt. Es werden Hinweise bes. über eine zweckmäßige Erschmelzung, eine günstige chem. Zus. u. Wärmebehandlung von Grauguß zur Herst. kleiner Emaillierteile gegeben. — 28 Literaturangaben. H. HOCHSTEIN. 6480□

Formbildung im Zähbruch einer Kobalt-Eisenlegierung. C. W. Chen. (Acta metallurg. [New York] **9.** 68–71. Jan. 1961. Pittsburgh, Pa., Westinghouse Res. Labor.) (Engl.)

Beschrieben wird das Auftreten von Poren bei Zerreißfestigkeitsprüfungen einer Fe-Co-Leg. mit 49 (%) *Fe*, 49 *Co* u. 2 *V* bei Raumtemperatur. Die Leg. enthält noch geringe Mengen an Oxiden u. anderen Einschlüssen. Eine schnelle Abkühlung unterdrückt die $\gamma \rightarrow \alpha$-Umwandlung u. wandelt die γ-Phase in eine martensit. Struktur um. Unter bestimmten Abschreckbedingungen besitzt die Leg. eine hohe Bildsamkeit (43—81% Brucheinschnürung). Der Zähbruch ist stets von Poren-Bldg. begleitet. Diese Poren können in drei verschiedenen Mikrostrukturen erzeugt werden. In fast allen bildsamen Proben (in 13 von 14) treten die Poren in Schichten unterhalb der freien Oberfläche auf. Auch werden sie an den Stellen gefunden, wo eine Verformung ohne Einschnürung stattfindet. Es wird gefolgert, daß die Einleitung zur Poren-Bldg. unabhängig vom hydrostat. Zug ist. Poren werden nur gefunden in der stark verformten α-Phase u. fast nicht in einem schwachverformten Martensit, woraus hervorgeht, daß die plast. Deformation die Poren-Bldg. wirksam begünstigt. Es wird angenommen, daß die Poren-Bldg. nicht notwendigerweise zu einem Bruch in einer duktilen Art führt. Im Gegenteil kann das Zusammentreffen eines sich ausdehnenden Risses mit einer Pore momentan die Ausdehnung auf Grund einer plötzlichen Abnahme der normalen Spannungs-Konz. am Rißkopf aufhalten. H. HOCHSTEIN. 6480□

Der Einfluß der plastischen Verformung und der Reckalterung auf die Übergangstemperatur von Flußstahl. T. R. G. Williams und D. H. Hughes. (Metallurgia [Manchester] **63.** 233—37. Mai 1961. Southampton, Univ.) (Engl.)

Messungen der Übergangs-Temp. von Flußstahl mit 0,17 (%) *C*, 0,05 *Si*, 0,76 *Mn*, 0,1 *Ni*, 0,05 *Cr*, 0,05 *Mo*, 0,031 *S* u. 0,034 *P* mittels der TIPPER-Prüfung zeigen, daß die plast. Verformung im Bereich einer linearen 2—10%ig. Dehnung die Übergangs-Temp. unter die von normalisiertem Stahl erniedrigt. Die Reckalterung erhöht die Übergangs-Temp. des kaltverformten Stahls, jedoch gleicht sie nur z. T. den rheotrop. Einfl. des plast. Fließens aus. Während COTTRELL-Sperr-Einfl. eine vollständige Erklärung des diskontinuierlichen Fließens u. der Reckalterung vermitteln, scheinen sie eine nur verhältnismäßig kleine Rolle im Spröd-Verh. von Flußstahl bei niedrigen Temp. zu spielen. H. HOCHSTEIN. 6480□

Spannungszustand und Mehrachsigkeitszahlen in gekerbten Zug- und Biegeproben bei elastischer Beanspruchung. Albert Kochendörfer und Albert Schürenkämper. (Arch. Eisenhüttenwes. **32.** 681—87. Okt. 1961. Düsseldorf, MPI für Eisenforsch.) (Dt.)

Die Spannungen in Kerbzug- u. Kerbbiegeproben von Stahl bei elast. Beanspruchung werden errechnet. Photoelast. Messungen an Baustählen zeigen, daß die so berechneten Spannungszustände mit den wirklichen bei nicht zu scharfen Kerben gut übereinstimmen. Aus dem Spannungsverlauf wird der Verlauf der Mehrachsigkeit im Kerbquerschnitt u. längs der Probenachse in Abhängigkeit von der Kerbschärfe u. der Querdehnungszahl berechnet. H. HOCHSTEIN. 6480□

Spannungszustand und Ausbildung der Fließzonen in gekerbten Zug- und Biegeproben und ihr Einfluß auf das Festigkeits- und Formänderungsverhalten der Werkstoffe. Albert Kochendörfer und Albert Schürenkämper. (Arch. Eisenhüttenwes. **32.** 689—99. Okt. 1961.) (Dt.) — Vgl. vorst. Referat.

Theoret. Überlegungen über Fließgrenze, die Ausbldg. der Fließzonen, Spannungen u. Mehrachsigkeitszahlen an zug- u. biegebeanspruchten gekerbten Rechteckproben werden mitgeteilt, u. es wird ein Vgl. errechneter Werte mit Vers.-Ergebnissen angestellt. Es werden Angaben über den elast. Spannungszustand u. die Fließzonen gemacht u. hieraus Folgerungen für das Werkstoff-Verh. von Stählen in Proben u. in Bauteilen gezogen. H. HOCHSTEIN. 6480□

Einfluß der Belastungsgeschwindigkeit bei der Härteprüfung. Alfred Krisch. (Arch. Eisenhüttenwes. **32.** 675—79. Okt. 1961. Düsseldorf, MPI für Eisenforsch.) (Dt.)

Die Massenkräfte am Ende des Eindringvorgangs bei der Härteprüfung nach BRINELL u. VICKERS sowie der dadurch bedingten Fehler der Prüfkraft werden berechnet. Die zulässigen Geschw. u. Eindringzeiten des Prüfkörpers werden ermittelt, u. es wird das Entstehen weiterer Fehler durch Ungleichmäßigkeiten beim Eindringen durch Erschütterungen u. durch ungenügende Einspannung der Proben behandelt. Für die Unters. von Härteprüfgeräten werden Folgerungen gezogen. H. HOCHSTEIN. 6480□

Ein einfaches Verfahren zur Isolierung dünner nichtmetallischer Oberflächenbeläge. Gert König. (Arch. Eisenhüttenwes. **32.** 729—31. Okt. 1961. Erlangen, Univ., Mineralog. Inst.) (Dt.)

Die Grundlagen u. Vers.-Durchführung für die Isolierung dünner, nichtmetall. Blechauflagen werden beschrieben. Auf die nichtmetall. Schicht wird ein Kunststofffilm gegossen u. das Blech von der anderen Seite her elektrolyt. aufgelöst. Nach der

Elektrolyse löst man die Folie mitsamt den anhängenden Einschlüssen mit organ. Fl. auf u. führt den Rückstand nach Verdunsten des Lsgm. der weiteren Unters. zu. — 22 Literaturangaben. H. HOCHSTEIN. 6480□

Beitrag zur Elektronenmikrofraktographie von zahnradlinienartig verlaufenden Rissen an Teilen aus Leichtmetallen. E. Mencarelli. (Métaux **37.** 1—14. Jan. 1961.) (Franz.)

Die elektronenfraktograph. Unters. von zahnradlinienartig verlaufenden Rissen an Teilen aus den Al-Legg. *AU 4 G* u. *AG 7* ergaben das Auftreten derselben Risse u. Brüche wie sie an ähnlichen Rissen an Stahl beobachtet wurden. Es treten dieselben Arten Sprödbrüche u. duktile Brüche mit becherförmigen Vertiefungen u. interkristalline Brüche auf. F. VIER. 6482□

Neues Röntgenstrahlen-Verfahren zur Lokalisierung des Kerns in Brennstoffplatten. Charles A. Ziegler, J. C. McCue, J. Brinkerhoff und D. Chleck. (Nucleonics **19.** Nr. 1. 76—78. Jan. 1961. Waltham, Mass., Tracerlab, Inc.) (Engl.)

Bei dem beschriebenen Verf. wird die kohärente Röntgenstrahlenstreuung zur schnellen u. genauen Lokalisierung des Urans in umkleideten Reaktorbrennstoffplatten benutzt (Fließband-Meth.). HERBERT WEBER. 6484□

Experimentelle Untersuchung des Fließpressens von Metallen. H. Ll. D. Pugh und M. T. Watkins. (Product. Engr. **40.** 256—82. April 1961.) (Engl.)

Der Aufbau u. die Arbeitsweise einer Presse zur Durchführung von Kalt- u. Warmfließpreß-Verss. an *Al* mit einem Reinheitsgrad von 99,5% u. an der Al-Leg. *DTD 363* [0,38 (%) *Fe*, 1,91 *Cu*, 0,20 *Si*, 0,20 *Mn*, 2,40 *Mg*, 0,05 *Ti*, 0,12 *Cr*, 7,20 *Zn*] werden erläutert u. der Einfl. des Abnahmegrades u. der Rohlingsanfangs-Temp. auf den zum Fließpressen von Stangen bei 20 u. 400° erforderlichen Druck ermittelt. Ferner werden der Einfl. der Geschw. auf den maximalen Preßdruck sowie der Temp.-Anstieg während des Fließpressens festgestellt u. Angaben über die Prüfung der Preßprodd. gemacht. Bei weiteren Fließpreß-Verss. an Nichteisenmetallen wird der Einfl. der Stempel-Geschw. festgestellt u. die Fließverformung in Al-Probestücken sichtbar gemacht. Schließlich wird der Einfl. der Abnahme auf die Eigg. der durch Fließpressen verformten Al-Legg. in Abhängigkeit von der chem. Zus. ermittelt. — 29 Literaturangaben. H. HOCHSTEIN. 6490□

Untersuchung der Schweißbarkeit von hitzebeständigen Stählen mit 12% Chrom. M. Ch. Schorschorow, W. W. Below, W. N. Semsin und I. D. Smirnowa. (Сварочное Производство [Schweisstechn. Betr.] **1959.** Nr. 9. 6—10. Sept. Metallurg. Baikow-Inst. der Akad. der Wiss. der UdSSR sowie Zentr. Polsunow-Forsch.-Inst. für Dampfturbinen.)

Durch Einw. der Schweißwärmebehandlung wird der Nahtbereich der Schweißverbindung von Stählen mit 12% *Cr* einer Abschreckung unter Bldg. spröder Strukturen unterworfen. In Stählen ohne eine verfestigende Leg. führt eine Verringerung der Abkühlungs-Geschw. beim Schweißen zu einer bedeutenden Kornvergröberung u. zu einer Abnahme der Verformbarkeit. Die Abschreckneigung u. die Neigung zur Kornvergröberung nimmt mit wachsendem C-Geh. zu. Cr-Stähle mit 12% Cr u. verfestigenden Leg.-Zusätzen sind gegen Veränderungen der Einfl.-Größen der Schweißwärmebehandlung weniger empfindlich u. sind durch eine geringere Neigung zur Kornvergröberung im Nahtbereich gekennzeichnet. Am Beispiel der Neigung des Stahls *15 Ch 12 WMF* zu Kaltriß-Bldg. beim Schweißen von Blechproben mit einer Stärke von 25 mm wird die Möglichkeit der Herst. hochwertiger Schweißverbindungen bei einer Vorwärm-Temp. von 200° nachgewiesen. Die untersuchten 12%ig. Cr-Stähle mit Leg.-Zusätzen sind therm. nicht stabil u. neigen bei den Schweißbedingungen zur Entfestigung in der Zone mit hoher Anlaßtemperatur. Der Entfestigungsgrad hängt von der Art der Wärmebehandlung des Gegenstandes vor der Schweißung, der Vorwärm-Temp., der Schweißung u. des Anlassens ab. Zwecks Begrenzung der Entfestigung der Schweißverbindung in der Zone mit hoher Anlaß-Temp. darf die Vorwärmung nicht sehr hoch sein. Die gleiche Festigkeit von Schweißverbindung u. Grundmetall wird durch eine entsprechende Wärmebehandlung vor u. nach der Schweißung gesichert. Die Anlaß-Temp. des Stahls vor dem Schweißen muß niedriger als die Temp. des Anlassens nach der Schweißung sein. H. HOCHSTEIN. 6506□

Einige Angaben über das Schweißen bei niedrigen Temperaturen. Fon-schan Li und Tschshin-fa Tschu. (Автоматическая Сварка [Automat. Schweissen] **14.** Nr. 5. 20—23. Mai 1961. Chines. Volksrep., Waggonwerk in Zizikare.) (Russ.)

Außentemp. bis —30° haben keinen merklichen Einfl. auf die mechan. Eigg. bogengeschweißter Verbindungen aus Stahl *St-3* bis 12 mm Stärke. Bei Temp. unterhalb —30° wurde eine Zunahme der Kristallisationsrisse bemerkt. H. JÄGER. 6506□

Untersuchung der Lichtbogenschweißung von hitzebeständigem austenitischem Stahl der Marke EI-572. W. A. Toropow. (Сварочное Производство [Schweisstechn. Betr.] **1959.** Nr. 9. 11—15. Sept. Zentr. Forschungs-Inst. für Technol. des Maschinenbaus.) (Russ.)

Auf Grund der Schweiß-Unterss. an hitzebeständigem Stahl *EI-572* wurden Elektroden *ZT-5-57* (keine näheren Angaben) ausgearbeitet, die eine Dauerfestigkeit der Schweißnaht nicht unter der Dauerfestigkeit von *EI-572* gewährleisten. Bei einer Temp. von 600° beträgt die Dauerfestigkeit der bei 810° stabilisierten Schweißnaht mehr als 22 kg/mm². Der günstigste Wärmebehandlungsbereich für schwere Blechschweißkonstruktionen aus *EI-572* ist eine Stabilisierung bei 800—820°. H. HOCHSTEIN. 6506□

Das mechanisierte Aufschmelzen einer Schicht von Stahl hoher Härte. F. A. Chomussko. (Автоматическая Сварка [Automat. Schweissen] **14.** Nr. 5. 24—29. Mai 1961. Akad. der Wiss. der UkrainSSR, Inst. für Elektroschweißen.) (Russ.)

Vf. berichtet über die technolog. Erprobung des mechanisierten Aufschmelzens von Schichten hoher Härte (67 R_c) aus Stahl *ChW-15* auf Stahl *45*. H. JÄGER. 6506□

Das Lichtbogenschweißen von Mehrstoff-Manganbronze. P. Schmidt und S. Zschötge. (Metall **14.** 1093—97. Nov. 1960. Frankfurt/M.) (Dt.)

Beschrieben wird das Schweißverh. einer Mehrstoffbronze mit 10—15 (%) *Mn*, 7—9 *Al*, 2—4 *Fe* u. 1,5—5 *Ni*, die sich durch hohe Beständigkeit gegen Korrosion, Erosion, Kavitation u. Verschleiß auszeichnet. Die kalt- u. warmverformbare Bronze läßt sich nach dem Lichtbogenschweiß-Verf. verschweißen. Es wird gezeigt, daß bes. entwickelte mitteldick umhüllte Schweißelektroden das Verbindungsschweißen auch mit artfremden Werkstoffen ermöglichen. F. VIER. 6506□

Die Schweißwärme als Hauptfaktor zur Bestimmung der Schweißbeschaffenheit. Nicholas S. Hodska. (Welding Engr. **45.** Nr. 9. 30—33. Sept. 1960. Stratford, Conn., Sikorsky Aircraft Corp.) (Engl.)

Die Beschaffenheit einer Schweiße hängt hauptsächlich von der Schweißwärme ab, zu deren Best. aus der Gesamtwärme ein Nomogramm angegeben wird.
W. WESLY. 6506□

Über den Einfluß der Ferritphase auf die Eigenschaften des Schweißgutes und Grundmetalls von Schweißverbindungen aus austenitischem Chrom-Nickel-Stahl. A. Je. Runow und K. W. Ljubawski. (Сварочное Производство [Schweisstechn. Betr.] **1959.** Nr. 9. 15—19. Sept. Zentr. Forsch.-Inst. für Technol. des Maschinenbaus.) (Russ.)

Die Ggw. einer Ferrit (I)-Phase im aufgeschmolzenen Cr–Ni-Stahl *1Ch19N10B* u. im vergossenen Stahl *1 Ch 20 N 12 T* kann die Ursache einer geringen Erniedrigung der Dauerfestigkeitswerte in dem Fall sein, daß der im Ausgangsgefüge vorhandene I nicht der Auflösung oder einem Zerfall während der Stahl-Herst. u. bei seiner nachfolgenden Wärmebehandlung unterworfen war. Bei gleichem Ausgangs-Geh. an I-Phase u. gleichartiger Technologie in der Herst. des austenit.-ferrit. Stahls hängt die Intensität des I-Zerfalls u. die damit verbundene Versprödung des Stahls im Temp.-Bereich 550—900° stark von der Veränderung seiner chem. Zus. ab. Bei den untersuchten austenit.-ferrit. Stählen mit ca. 20% Cr wird die I-Beständigkeit bei der Stabilisierung in bedeutendem Maße durch geringe Veränderungen der *Si*-Komponente bestimmt. Eine Versprödung dieser Stähle kann in einer Reihe von Fällen einerseits durch Auswahl einer solchen Stahl-Zus., die eine geringe Zerfalls-Geschw. der I-Phase gewährleistet, u. andererseits durch Erniedrigung des Ausgangs-Geh. an I u. durch Anwendung einer austenitisierenden Wärmebehandlung, in deren Verlauf eine Koagulation sowie eine teilweise oder vollständige Auflösung derselben auftritt, wesentlich verringert werden. Die Technologie der Herst. des austenit.-ferrit. Stahls zeigt einen wesentlichen Einfl. auf den Verteilungsgrad der I-Ausscheidung u. damit auch auf die Intensität des I-Zerfalls bei den Versprödungs-Temp. sowie auf die Intensität ihrer Auflösung bei der austenitisierenden Wärmebehandlung im Temp.-Intervall 1000—1250°. Die maximalen Abmessungen der I-Teilchen u. entsprechend die geringste Intensität des Zerfalls u. der Auflösung der I-Phase wird im Stahl bei massiven Gußstücken beobachtet. H. HOCHSTEIN. 6506□

Über Flußmittel für eine automatische Schweißung von Aluminium. D. M. Rabkin. (Автоматическая Сварка [Automat. Schweissen] **14.** Nr. 5. 37—42. Mai 1961. Akad. der Wiss. der Ukrain. SSR, Paton-Inst. für Elektroschweißen.) (Russ.)

Das Syst. KCl–NaCl–Na_3AlF_6 wurde auf technolog. brauchbare Flußmittel zum Al-Schweißen untersucht. Als verwendbare Zus. wird angegeben: 20—40 (%) *NaCl*, 30 Na_3AlF_6, 30—50 *KCl*. H. JÄGER. 6506□

Ein neues keramisches Flußmittel für die Auftragschweißung. L. G. Liwschitz und A. I. Schirjajew. (Сварочное Производство [Schweisstechn. Betr.] **1960.** Nr. 1. 28—29. Jan. Allunions Forsch.-Inst. für Mechanisierung der Landwirtschaft.) (Russ.)

Zur Herst. eines neuen keram. Flußmittels für die Auftragschweißung von Stahl wird folgende Technologie empfohlen: Getrennte Vermahlung der Komponenten (Flußmittel *AN-348 A* oder Schlackenkruste, 75%ig. Ferromangan u. Flußspat) auf einer Kugelmühle u. ihre getrennte Aussiebung durch ein Sieb mit Maschen von 0,02 mm Durchmesser. Ferner werden gußeiserne Späne bei 300—350° zur Entfernung von Öl u. organ. Stoffen geglüht, dann werden Feingut u. grobe Teile durch Siebe mit 0,25 u. 2 mm Maschenweite ausgesiebt. Abgewogen werden dann die aus 35—55% Flußmittel, 40—20% gußeiserne Spänenn, 15% 75%ig. Ferromangan, 10% Flußspat u. Wasserglas bestehenden Einzelbestandteile, die man in einer bestimmten Reihenfolge miteinander vermischt, trocknet u. durch Siebe mit 3 mm Maschenweite passieren läßt. Die unter Verw. dieses neuen Flußmittels mit Schweißdraht Sw-08 durchgeführten Schweißungen waren zufriedenstellend. H. HOCHSTEIN. 6506□

Untersuchungen zum Bandschleifen von Rotguß. G. Pahlitzsch und G. Becker. (Metall **14.** 1077—80. Nov. 1960. Braunschweig, TH.) (Dt.)

Bericht über die Ermittlung der günstigsten Arbeitsbedingungen beim Bandschleifen von Rotguß. F. VIER. 6510□

Schwefelsäurefreie Beizen für Eisen und ihre Regeneration. Robert Weiner. (Draht-Welt **47.** 409—12. Mai 1961. Innsbruck.) (Dt.)

Übersicht über die Vor- u. Nachteile von H_2SO_4, HCl u. H_3PO_4 zum Beizen von Fe, die Verw. von Kunststoffen u. Graphit für säurebeständige Behälter, Leitungen usw. u. die Regeneration der Säuren, bes. der wertvollen H_3PO_4, mit Hilfe von Ionenaustauschern. W. WESLY. 6512□

Schutzeigenschaften von Vakuumüberzügen. Derzeitige und künftige Arbeitsweisen. N. A. Lockington und I. J. Tóth. (Corrosion Technol. [London] **8.** 168 bis 172. Juni 1961. Metallic Surfaces Res. Labor., Ltd.) (Engl.)

Übersicht über Grundzüge, Ausführung, Zubehör u. Anwendung des Verf. zur Aufbringung von *Al*- u. *Cd*-Schutzschichten im Vakuum u. deren Eigenschaften. Auch *Zn, Sn, Cu, Ag, Au, U, Mo* u. *Cr* können im Vakuum verdampft u. aufgebracht werden; jedoch hat die Verw. dieser Metalle nur geringe Bedeutung. — 18 Schrifttumshinweise. W. WESLY. 6516□

Bestimmung des Einflusses der Herstellung auf die physikalischen Eigenschaften von Asphaltmastix-Überzügen. Lyle R. Sheppard. (Corrosion [Houston] **17.** 157 t—170 t. April 1961. Houston, Tex., Shell Pipe Line Corp.) (Engl.)

Vf. ermittelt durch Feld- u. Labor.-Verss. die charakterist. Eigg. von Asphaltmatrixüberzügen, die deren Eignung bei der Verw. als Korrosionsschutzmittel u. Beschwerungsmaterial für Pipelines beeinflussen. Zur Qualitätskontrolle wird ein Penetrationstest mit stumpfer Nadel vorgeschlagen, der im bearbeiteten Zustand Aussagen über Binderqualität u. das Verhältnis Bindemittel/Aggregat ermöglicht. Im Labor. werden Erweichungspunkt des Bindemittels u. Penetration, Schüttgew., Adhäsion, Kohäsion, prozentualer Vol.-Anteil an Hohlräumen, Stumpfnadelpenetration u. die Temp.-Charakteristika ermittelt. Zwischen Erweichungspunkt des Binders u. seinem prozentualen Anteil u. der Adhäsion u. Kohäsion des Überzugs besteht ein direkter Zusammenhang. — Anhang über die Prüfmethoden. — 21 Literaturangaben. — Diskussion. P. FRENZEL. 6528□

Spannungskorrosion von Alpha-Messung. Einfluß der chemischen Zusammensetzung, Verformung und Anlaßglühung. K. V. Kamath und F. Erdmann-Jesnitzer. (Bergakademie [Freiberg] **12.** 391—92. Juli. Metall **14.** 1061—72. Nov. 1960.) (Dt.)

Verss. an Schlaufenproben aus α-Messing mit 10—14% u. 25% *Zn* nach DIN 50908 ergaben, daß nach Anlassen u. Kaltverformen Anomalien auftreten. Die geringste Lebensdauer wurde nach Anlassen bei 300—500° beobachtet. Bis 75% Kaltverformung wird die Lebensdauer erhöht. Am stärksten wirkt sich Kaltverformung im ungeglühten Zustand aus. Durch Zusatz von Si unter gleichzeitigem Zusatz von kleinen Mengen Sn kann die Spannungskorrosion von α-Messing erheblich herabgesetzt werden. Zwischen Härte- u. Lebensdauer–Anlaß-Temp.-Kurven bestehen Zusammenhänge. Durch Zusatz von *Si* wird die Härte erhöht, die Entfestigung zu höheren Temp. verschoben, der Widerstand der Korngrenze gegen NH_3 erhöht u. die Neigung zur Spannungskorrosion in NH_3-Lsg. herabgesetzt, wahrscheinlich durch Anreicherung von Si an den Korngrenzen. — 60 Literaturangaben. F. VIER. 6538□

Spannungskorrosion von α-Messing (Einfluß der chemischen Zusammensetzung, Verformung und Anlaßglühung.) Karkala Vasudeva Kamath. (Freiberger Forsch.-H., Reihe B Heft **56.** 3—98. 1961.) (Dt.)

Inhaltlich ident. mit der vorst. referierten Arbeit. H.-J. TASCHOW. 6538□

Interkristalline Korrosion von handelsüblichem, reinem Zirkonium. B. S. Payne und D. K. Priest. (Corrosion [Houston] **17.** 196 t—200 t. April 1961. Rochester, N.Y. Pfaudler-Permutit Inc., Pfaudler Div., Res. Labor.) (Engl.)

Vff. untersuchen die lokale Korrosion an Schweißstellen in handelsüblichem, reinem Zr im Betrieb mit heißer HCl, die mit der Ggw. einer sog. „Übergangszonen"-Mikrostruktur in Verbindung gebracht wird. Das Gefüge besteht aus gleichachsigen α–Zr-Körnern, die in größerem Ausmaß als im Ausgangsmaterial von Korngrenzenausscheidungen umgeben sind. Beim Schweißen bzw. bei spezif. Erwärmung unter entsprechenden Bedingungen erfolgt Segregation des β–Zr bzw. der β–Zr stabilisierenden metall. Verunreinigungen an den Korngrenzen u. Ausscheidung in der α-Form u. als intermetall. Verbindung. Vff. führen die interkrist. Korrosion auf einen elektrochem. Mechanismus zwischen α–Zr u. der Ausscheidung zurück. Die Korrosionserscheinungen lassen sich durch Verw. von hochreinem Zr u. durch Erhitzen der geschweißten Zr-Stücke auf 1800° F mit anschließendem Abschrecken in W. vermeiden. — 11 Literaturangaben. Diskussion. P. FRENZEL. 6538 □

Auf Aluminium gebildete Filme als Korrosionsprodukte in Wasser von hoher Temperatur. D. F. MacLennan. (Corrosion [Houston] **17.** 181 t—184 t. April 1961. Dartmouth, Nova Scotia, Naval Res. Establ., Phys. Chem. Sect.) (Engl.) — Vgl. C. **1962.** 3965.

Vf. untersucht das Verh. von Al u. der Al-Legg. *155*, *157* u. *2 S*, die kurzzeitig in einem Autoklaven hochreinem W. von 300° ausgesetzt werden. Die gebildeten Korrosions-Prodd. werden mkr. u. elektronenmkr. untersucht. Die ganze Oberfläche der Proben überzieht sich sofort mit einer Oxidschicht. Bei Rein-Al wächst diese bis zum Auftreten von Rissen, die auf innere Spannungen zurückgeführt werden. Auf der Oberfläche der Leg. *157* tritt verstärkte lokale Korrosion um die einheitlich verteilten Teilchen der zweiten Phase auf, wodurch möglicherweise ein erhöhter Korrosionsschutz erreicht wird. Die ähnlich verlaufende Korrosion der Leg. *155* bietet auf Grund der unregelmäßigeren Verteilung dieser Teilchen geringeren Schutz, während auf der *2 S*-Leg. bei Annahme des obigen Mechanismus kaum noch ein begünstigender Einfl. festzustellen ist. P. FRENZEL. 6538 □

Lochfraß und Deckschichtenbildung an Blei. Edith-Luise Schmeling und Benno Röschenbleck. (Werkstoffe u. Korrosion **12.** 215—23. April 1961. Köln-Dellbrück u. Schwäbisch-Gmünd.) (Dt.)

Es wird über Schadensfälle an Pb-Rohren durch Lochfraß-Bldg. — hervorgerufen durch Fremdströme oder differentielle Belüftung — berichtet. Das Verh. der auf Pb gebildeten Schutzschichten wurde durch Aufnahme von galvanostat. u. potentiostat. Stromdichte-Potential-Kurven bei kathod. u. anod. Polarisation untersucht. Die thermodynam. Bldg.-Potentiale einiger Pb-Verbb. werden angegeben. Die Messungen wurden in $Ca(OH)_2$-, $NaHCO_3$-, $Ca(HCO_3)_2$-, z. T. mit NaCl-Zusatz u. in NaCl-Lsgg. vorgenommen. F. VIER. 6538 □

Einfluß der Schimmelpilze auf die Korrosion von Metallen. O. N. Albitzkaja und N. A. Schaposchnikowa. (Микробиология [Mikrobiologie] **29.** 725—30. Sept./Okt. 1960. Moskau, Allunions Lenin-Inst. für Elektrotechnik.) (Russ.; Auszug: Engl.)

Folgende Isolationsmaterialien für Stromkabel wurden auf ihre Empfindlichkeit gegenüber Schimmelpilzen untersucht: *Lackseide* u. *Lackgewebe* auf Baumwollgrundlage (hochempfindlich), *Melamin-Glyptal-Öllack* auf Glasgewebe (wenig empfindlich), *Polyisobutylen*, *Fluoroplast* u. eine Si-organ. Emaille als freie Filme (unempfindlich). Die Materialproben (50·50 mm) wurden mit einem Sporengemisch folgender Pilze beimpft: *Aspergillus niger v. Tiegh* (**I**), *Asp. amstelodami* (*Mang.*) *Thom et Church* (**II**), *Penicillium cyclopium Westl.* (**III**), *Pen. brevi-compactum Thom.* (**IV**), *Paecilomyces varioti Bain* (**V**), *Stachybotrys arta Corda*, *Chaetomium globosum Kunze.* Nur **I**—**V** konnten auf den Lackgeweben Säuren bilden. Drähte aus *Cu* (d = 0,070 mm), oxydiertem *Al* (d = 0,420 mm) u. *Stahl* (d = 0,415 mm) wurden 28 Tage den von **I**—**V** entwickelten Säuren ausgesetzt, wobei sie entweder völlig zerstört wurden oder in ihrer Zerreißfestigkeit beträchtlich beeinträchtigt wurden. K. SATTLER. 6538 □

Anwendung von Tellur zur Erhöhung der Verschleißfestigkeit der gußeisernen Scheiben von Getreidereinigungsmaschinen. Ss. M. Palesstin. (Литейное Производство [Giesserei-Betr.] **1961.** Nr. 6. 43—44. Juni.) (Russ.)

Gußeiserne Scheiben für Getreidereinigungsmaschinen mit 3,3—3,6 (%) *C*, 1,6 bis 1,9 *Mn*, 0,9—0,15 *P*, 0,08 *S*, Rest im wesentlichen *Fe*, erhalten durch einen *Te*-Zusatz (0,005—0,01 %) eine weiß erstarrte Randzone. Die Wirkung von Te ist stark u. übersteigt die von Cr in grauem Gußeisen um das 150—200fache. Einen starken Einfl. auf die Randschichttiefe der weißen Erstarrung zeigt auch der Mn-Gehalt. Durch den Te-Zusatz wird die Verschleißfestigkeit der gußeisernen Scheiben wesentlich gesteigert. Es werden zwei Verff. zur Oberflächen-Leg. der Scheiben mit Te bzw. des Zusatzes von Te zum fl. Gußeisen in der Gießpfanne beschrieben. H. HOCHSTEIN. 6546□

Einfluß der chemischen Zusammensetzung und der Abkühlungsgeschwindigkeit auf die Verschleißfestigkeit von Grauguß. N. W. Iwanow. (Литейное Производство [Giesserei-Betr.] **1959.** Nr. 4. 35—37. April.) (Russ.)

Durch Vgl.-Verss. wird nachgewiesen, daß die Verschleißfestigkeit von Grauguß nicht nur auf Grund einer Härteprüfung beurteilt werden kann. So erniedrigen Veränderungen der Technologie bei der Herst. des Gußstückes, die zu einer Erhöhung der Abkühlungs-Geschw. führen, die Verschleißfestigkeit, obwohl die Härte des Gußeisens erhöht wird; im Gegensatz dazu wird eine Erhöhung der Härte des Gußeisens infolge einer Veränderung der chem. Zus. von einer Erhöhung seiner Verschleißfestigkeit begleitet. H. HOCHSTEIN. 6546□

Zur Frage der Antifriktionseigenschaften von schwefelhaltigem Gußeisen. A. D. Uschakow. (Литейное Производство [Giesserei-Betr.] **1960.** Nr. 10. 41—43. Okt.) (Russ.)

Unterss. über den S-Geh. sowie über den Charakter der Sulfideinschlüsse in der Oberflächenschicht von Gußeisen u. über den Einfl. solcher S-Anreicherungen auf die Reibungsoberfläche bestätigen die verhältnismäßig hohe Güte der Reibungsoberfläche der Proben aus S-haltigem Gußeisen. Die Rauhigkeit der Reibungsoberfläche dieses Gußeisens bei trockener Reibung befindet sich im Bereich der 8. Klasse u. höher; bei normalem Gußeisen überschreitet sie bei Unterss. unter analogen Bedingungen die 6. Klasse nicht. H. HOCHSTEIN. 6546□

Untersuchungen über die Verschleißfestigkeit verschiedener Gußeisen mit verschiedener Graphitform. Yoshihiko Abe. (Imono, J. Japan Foundrymen's Soc. **33.** 496—502. Juli 1961.) (Jap.; Auszug: Engl.)

Die Oberflächenrauheit von Gußeisen mit verschiedener Graphit (**I**)-Form, das trockenem Abrieb ausgesetzt wird, wird von Form, Abmessungen u. Verteilung des **I** beeinflußt, wenn die Grundmasse aus Perlit (**II**) besteht. Die Ferrit-Grundmasse von hämmerbarem Gußeisen, Gußeisen u. Stahl mit Kugel-**I**, ist weniger verschleißfest als Proben mit **II**-Grundmasse u. hat eine starke Oberflächenrauheit. Die Oberflächenhärte ist nach dem Abrieb fast konst. u. unabhängig von der Grundmasse u. **I**-Form. W. WESLY. 6546□

Metallgesellschaft Akt.-Ges., Frankfurt/M. (Erfinder: Kurt Meyer, Frankfurt/M., Hans Rausch, Oberursel/Taunus, und Karl-Heinz Boss, Bad Homburg v. d. Höhe), **Hartbrennen von Erzpellets auf Sinterrosten.** Beim Hartbrennen von Erzpellets, bes. solchen aus *Fe*-Erzen, nach dem Saugzug-Verf. wird das auf dem Sinterrost erstellte Pelletsbett in mehrere Schichten aufgeteilt, von denen die oberste prakt. keine festen Brennstoffe enthält u. durch O_2-haltige Gase, wie Verbrennungsgase von über 1000°, hartgebrannt wird, während die darunterliegenden Schichten so viel festen Brennstoff aufweisen, daß dessen Verbrennungswärme zusammen mit der fühlbaren Wärme der aus den obersten Schichtteilen kommenden Gase gerade zum Härten der Pellets ausreicht. Vor der Herst. der Grünpellets können dem Erz bis 2% $Ca(OH)_2$ zugesetzt werden. (**D. A. S. 1 114 210** Kl. 18a vom 20/3. 1959, ausg. 28/9. 1961.) HANS HOFFMANN. 6379

Centre Technique des Industries de la Fonderie (Erfinder: Nicolas Volianik), Frankreich, **Zusatz aus einem oder mehreren Elementen zu Metallbädern,** z. B. Zusatz von *C* u./oder *Si* in ein C-armes fl. ***Kupolofeneisen***, durch Auflegen des Mittels auf die Oberfläche der Schmelze u. Einblasen derselben, dad. gek., daß im Bad durch ein geregeltes, durch Eintauchrohre bewirktes Einblasen von Gas u. durch die Bldg. großer Gasblasen eine ungeordnete Turbulenz hervorgerufen wird, um im Wirbel der Schmelze das zu Beginn auf die Badoberfläche aufgebrachte, ca. 0,5—4% des Schmelzgew. ausmachende Zusatzmittel einzuhüllen. Zweckmäßig wird die Pfanne oder der Tiegel, in denen der Zusatz erfolgt, zwecks Vermeidung einer Abkühlung im Laufe des Verf. wärmeisoliert. (**F. P. 1 242 864** vom 17/4. 1959, ausg. 9/1. 1961.) H. HOCHSTEIN. 6381

Hercules Powder Co., Wilmington, Del., V.St.A. (Erfinder: John Raymond Lewis), **Bindemittel für Gießereiformen u.- kerne** besteht aus einem zusammengeschmolzenen Gemisch eines ***Kunstharzes des Novolaktyps*** u. eines in Petroleum-KW-Stoffen unlösl. ***Kiefernholzharzes***. Das Bindemittel eignet sich für die Herst. von Formschalen u. neigt nicht zum Ankleben an der heißen Formplatte. (**D. A. S. 1 102 979** Kl. 31c vom 22/9. 1956, ausg. 23/3. 1961. A. Prior. 23/9. 1955.) W. SCHWARZMAIER. 6383

Hoesch Akt.-Ges., Dortmund (Erfinder: Walter Heß), **Dichtungsmasse für Stahlwerkskokillen** besteht aus *Wasserglas* mit Füllstoffen, wie *Asbest, Kieselgur, Schlackenwolle* u. *Schlackenmehl.* Die Menge der Füllstoffe ist so bemessen, daß die Masse auch während des Gießens u. Absaugens der Gießgase noch plast. bleibt, wodurch Formänderungen zwischen Bodenplatte u. Kokille möglich sind, ohne undicht zu werden. (**D. A. S. 1 098 678** Kl. 31c vom 11/3. 1959, ausg. 2/2. 1961.) W. SCHWARZMAIER. 6383

L'Air Liquide (Soc. An. pour l'Étude et l'Exploitation des Procédés Georges Claude) (Erfinder: Édouard de Moustier), Frankreich, **Frischen von phosphorhaltigem Roheisen** mit konz. O_2 u. mit Einblasen von Kalk, der sich in einem, in das Innere des Schmelzbades gerichteten Trägergasstrom, wie Luft oder CO_2, in Suspension befindet, dad. gek., daß zur Verringerung der Fe-Verluste u. zur Erzeugung einer Phosphatschlacke mit geringem Fe-Oxid-Geh. u. guter Citratlöslichkeit zugleich der O_2 u. der Kalk unter die Oberfläche eines tiefen Schmelzbades in einer solchen Richtung eingeblasen werden, daß die Rk.-Zone des Kalkes so nah wie möglich an der Rk.-Zone des O_2 liegt u. auch die unteren Badbereiche wesentlich derart miterfaßt, daß die darüberschwimmende Schlacke nur ein Minimum an Fe-Oxid u. nicht an Phosphorsäure gebundenem Kalk enthält. (**F. P. 1 243 414** vom 27/2. 1959, ausg. 13/1. 1961.) H. HOCHSTEIN. 6401

Meehanite Metal Corp., V.St.A., **Herstellung von Gußstücken aus Gußeisen mit Kugelgraphit** u. einem Mg-Rest-Geh. von unter 0,04% aus einer Gußeisenschmelze, dad. gek., daß der Schmelze gleichzeitig *CaSi*, CaF_2 u. *Mg* in Form einer Mg–Fe–Si-Leg. in einer solchen Menge zugesetzt wird, daß das zugesetzte Mg insgesamt mehr als 0,04% ausmacht u. CaSi u. CaF_2 des Zusatzgemisches den Geh. an Rest-Mg der Schmelze auf einen Wert unter 0,04% begrenzen. Zweckmäßig erfolgt dieser Zusatz zu einer Gußeisenschmelze mit einem S-Geh. über 0,02%. Gefügebilder. (**F. P. 1 246 421** vom 15/12. 1959, ausg. 8/2. 1961.) H. HOCHSTEIN. 6405

Prochirhin Soc. An. (Erfinder: Guillaume Müller), Frankreich, **Frischmittel für unberuhigte, beruhigte und halbberuhigte Stähle** in Form eines durch chem. Rk. entschwefelnd u. desoxydierend wirkenden sowie die Zusammenballung feiner Einschlüsse fördernden Pulvers besteht aus einem Gemisch aus *F*- u. *B*-Derivv. oder in chem. Verb. hiermit aus Flußmitteln wie *Na*-, *Li*- u. *K-Fluoriden* sowie aus Red.-Mitteln, wie *C, Si, Mn* oder *Al,* deren Rk.-Prodd. in statu nascendi ein verstärktes Aufwallen der Blöcke aus Flußstahl bewirken u. die Lunker-Bldg. in den beruhigten u. halbberuhigten Stählen verringern. Bes. besteht das Frischmittel aus 80(%) $Na_2B_4O_7$, 10 *NaF*, 1 Na_2CO_3, 1 K_2CO_3, 5 *Graphit* u. 3 *Ruß*. (**F. P. 1 245 440** vom 21/1. 1960, ausg. 27/1. 1961.) H. HOCHSTEIN. 6409

Hüttenwerke Phoenix Akt.-Ges., Duisburg, **Herstellung von Ferromangan im Hochofen.** Das Verf. nach dem Hauptpatent kann auch mit P-haltigen Mn-Erzen durchgeführt werden, wenn die Schlacke ein Verhältnis von CaO + MgO : Si zwischen 1,7–2,8 aufweist, der Geh. an CaO 3–18% der Summe CaO + Mg ausmacht u. sie 18–30% Al_2O_3 enthält. (**Belg. P. 534 863** vom 14/1. 1955, ausg. 24/10. 1958. D. Prior. 15/1. 1954. **Zusatz zu Belg. P. 500 370; C. 1961. 11512.**) G. FRIKELL. 6419

Union Carbide Corp., New York, N.Y., V.St.A., **Gewinnung von Metallen der IV.- bis VI.-Gruppe des Periodischen Systems** durch Elektrolyse eines Schmelzbades aus einem Alkalimetallchlorid u. -fluorid u. einem Halogenid des zu gewinnenden Metalls, bes. Ti, Zr, Nb, Ta, Cr bei 750–800° u. 4–7 Volt. Man geht z. B. von einem Schmelzbad aus 50–56 (Gew.-Teilen) NaCl u. 50–44 NaF oder 80 KCl u. 20 NaF aus u. setzt die Metalle in Form ihrer Chloride, z. B. $TiCl_4$, $ZrCl_4$, $TaCl_5$ oder $NbCl_5$, zu. (**Ind. P. 60 096** vom 3/4. 1957, ausg. 4/10. 1958. Südafrikan. Prior. 2/5. 1956.) H. NEBELSIEK. 6421

Pechiney Comp. de Produits Chimiques et Électrométallurgiques, Paris, Frankreich (Erfinder: Pierre Tardieu, Edea, Kamerun), **Gewinnung von technisch reinem Mangan im Niederschachtofen.** Das unter Einsatz von C oder Heiz- u. Red.-Mittel sowie O_2-reichen Windes übliche Niederschachtofen-Verf. wird zur Gewinnung von techn. reinem Mn mit 1–3 (%) *Fe*, 0,1–0,5 *Si* u. 6,5–7 *C* aus evtl. durch Flotation angereicherten Mn-Erzen, bes. *Pyrolusit,* angewendet. In den Ofen wird zweckmäßig eine ausschließlich aus pulverförmigem Erz u. Brennstoff bestehende Beschickung aufgegeben. (**D. A. S. 1 113 467** Kl. 18a vom 30/7. 1957, ausg. 7/9. 1961. F. Prior. 31/7. 1956.) HANS HOFFMANN. 6437

Council of Scientific & Industrial Research, Neu-Delhi (Erfinder: Tarapada Banerjee, Prem Prakash Bhatnagar und Maharaj Krishna Gupta, Jamshedpur), Indien, **Herstellung von stickstoffhaltigem Mangan.** Man behandelt reines Mn, das bes. frei ist von Fe u. Cr, mit O_2-freiem N_2 bei 1000–1100°.

Das Mn zeigt nach dem Abkühlen einen Geh. von bis zu 6,2% N. Es dient zum Einbringen von N in Legierungen. (**Ind. P. 62 338** vom 21/11. 1957, ausg. 20/1. 1959.) C. LÜTTGEN. 6437

National Lead Co. (Erfinder: William Robert Opie), **Elektrolytische Herstellung von Ti-Metall.** In den unteren Teil des unterhalb der Oberfläche der Salzschmelze angeordneten korbähnlichen Kathodenraumes wird *$TiCl_4$* eingeleitet, wobei das Verhältnis von Strom zu $TiCl_4$ zwiseden 5,0 u. 7,0 Farad pro Mol. zugeführtem $TiCl_4$ liegt, die Stärke des Kathodenstromes auf 200—550 A/ft.^{2} gehalten wird u. die Temp. des aus Alkali-, Erdalkali- oder Mg-Chlorid bestehenden Schmelzbades 375—950° beträgt. — Zeichnungen. (**Aust. P. 223 622** vom 17/4. 1957, ausg. 24/9. 1959. A. Prior. 25/4. u. 2/5. 1956.) K. DEMMLER. 6449

Akt.-Ges. für Unternehmungen der Eisen- und Stahlindustrie, Deutschland, **Mangan-Zink-Ferrit** für Magnetkerne. Die Oxide werden bei 1000—1300° vorgesintert, pulverisiert u. bei 1270—1320° gesintert. Es bilden sich Kristalle von 5—10 μ aus; D. 4,3—4,8 ($>150\ \Omega\cdot$cm, bes. $>250\ \Omega\cdot$cm). Die Ausgangsstoffe enthalten $<0,5\%$ Verunreinigungen— Bei der zweiten Sinterung enthält die Atmosphäre $<0,1\%$ O_2 (**F. P. 1 201 347** vom 14/8. 1958, ausg. 29/12. 1959. D. Prior. 22/8. 1957.) O. KAYSER. 6475

Zahnradfabrik Friedrichshafen Akt.-Ges., Friedrichshafen, **Schutzmasse zur Vermeidung örtlicher Aufkohlungen von Stahlteilen bei der Zementation** durch Gas oder Aufkohlungspulver, dad. gek., daß dieses Schutzmittel aus einem Gemisch von *H_3BO_3* u./oder *B_2O_5*, mit Bindemitteln u. Trägermaterialien, wie *Kunstharzlack* oder *Al_2O_3*, besteht. Vorzugsweise besteht dieses Schutzmittel aus 50% eines organ. Bindemittels, z. B. Kunstharzlack, 40% B_2O_3 mit einer Korngröße unter 0,1 mm, 7% H_3BO_3 mit einer Korngröße unter 0,1 mm u. 3% Al_2O_3 mit einer Korngröße unter 0,1 mm. (**F. P. 1 243 555** vom 22/10. 1959, ausg. 16/1. 1961. D. Prior. 22/11. 1958.) H. HOCHSTEIN. 6493

United States Atomic Energy Commission, V.St.A. (Erfinder: Franklin Duncan McCuaig und Robert David Misch), **Hartlot zum Verbinden von Zirkonium- oder Zirkoniumlegierungen mit Zirkonium, Eisen, Stahl, keramischen Material und Cermets.** Das Lot besteht aus 6—9 (%) *Ni*, 6—9 *Cr*, *Mo* oder *W*, 0—7,5 *Fe* Rest *Zr*. (**F. P. 1 234 529** vom 1/9. 1959, ausg. 18/10. 1960. A. Prior. 8/9. 1958.) W. HAUSWALD. 6505

Siemens-Schuckertwerke Akt.-Ges., Berlin und Erlangen (Erfinder: Wilfried Ziehl und Hans-Günther Heitmann, Erlangen), **Entrostung von aus Eisen und/oder Stahl bestehenden Gegenständen und Anlagen.** (Rohrsysteme, Kesselanlagen) mittels Lsgg. aus einer sehr verd., ca. n/400-Säure (z. B. 0,009% *HCl*) u. einem Zusatz von *NH_3*, *Hydrazin*, *Hydroxylamin* oder *organ. Aminen* in Menge von $3\cdot10^{-4}$ bis $3\cdot10^{-3}$ Mol/Liter bei Temp., bei denen die in der Lsg. vorhandenen Salze hydrolyt. gespalten sind. Es ist auch möglich, die Anlage mit vorgewärmtem Speisewasser, durch Zugabe von z. B.Hydrazin auf einen pH-Wert von 8—9 gebracht, vorzubehandeln u. anschließend durch Zugabe von Säure zu dem hydrazinhaltigen Speisewasser dieses auf einen pH-Wert von 2,6—2,9 einzustellen u. mit diesem nachzubehandeln. (**D. A. S. 1 107 046** Kl. 48d vom 6/4. 1957, ausg. 18/5. 1961.) H. BAUR. 6513

Deutsche Rhodiaceta Akt.-Ges. (Erfinder: Otto Nuss), Freiburg/Br., **Reinigen von Spinndüsen in Flüssigkeiten** unter gleichzeitiger Einw. von Schallwellen im Hörbereich durch Übertragen von einer Membran auf die Reinigungsflüssigkeit. (**D. A. S. 1 111 901** Kl. 48d vom 26/5. 1959, ausg. 27/7. 1961.) H. BAUR. 6513

Martin Kühn, Düsseldorf, **Feinbearbeitung von Metalloberflächen bei gleitender Bewegung gegeneinander.** Zur Schmierung werden metallhaftende saure Schmierstoffe oder solche Gemische verwendet, die zur chem. Bindung an das Metall befähigte, saure Gruppen, bes. *Phosphonsäure-* u./oder *Arsonsäuregruppen* u. zugleich eine *Alkylgruppe* mit mehr als 8 C-Atomen u. in dieser C-Kette ggf. eine Ketogruppe enthalten. Die C-Kette kann durch andere Atome oder Atomgruppen (Ester- oder Säureamidgruppen) unterbrochen sein. Saure Gruppen enthaltende hochpolymere Stoffe u. saure Gruppen enthaltende organ. Verbb. von Tonmineralien werden vorzugsweise verwendet. Die sauren Eigg. der metallhaftenden Schmierstoffe kann durch Zusatz organ. bas. Stoffe stufenweise gesteuert werden. Beispiel: Kolben u. Zylinder einer Einspritzpumpe läßt man unter Schmierung mit einem Gemisch von 10 (Teilen) *Alkylphosphonsäuren* (Alkyl = KW-Stoffreste einer Kettenlänge von C_{10}—C_{30}), 10 *Nachlauffettsäuren* einer Kettenlänge von 16—25 C-Atomen u. 80 *niedrigviscosem Maschinenöl* einlaufen. (**D. A. S. 1 106 579** Kl. 48d vom 24/4. 1957, ausg. 10/5. 1961.) H. BAUR. 6513

D. Napier & Son Ltd., England, **Verbesserung der Feuerwiderstandsfähigkeit von Leichtmetallegierungen** durch Aufstäuben eines Pulvers eines Metalles, welches eine hohe Feuerwiderstandsfähigkeit besitzt, oder eines nicht entflammbaren Harzes, z. B. eines Epoxyharzes mit einem Zusatz von Glimmer. Als Metallpulver sind nichtoxydierbarer *Stahl* oder *Mo*-Metall genannt, das z. B. in einer Dicke von 0,04 mm aufgebracht wird. (**F. P. 1 201 173** vom 7/8. 1958, ausg. 29/12. 1959. E. Prior. 7/8. 1957.)
M. F. MÜLLER. 6517

Alpha-Molykote Corp., Stamford, Conn., V.St.A. (Erfinder: Günther Spengler, München), **Überziehen von Gegenständen mit kristallisiertem Molybdänsulfid.** Metall. u. nichtmetall., auch bei höheren Temp. beständige, Mo-haltige oder mit Überzügen von Mo u./oder Mo-Verbb. versehene Gegenstände werden zur Sulfidierung ½—10 Std. zwischen 300 u. 500° mit *S* u./oder *S-Verbb.*, in welchen der S in 2wertiger Form vorliegt, in alkal. Medium (Hydroxide, Sulfide oder Carbonate der Alkali- oder Erdalkalimetalle bzw. $(NH_4)_2CO_3 \cdot H_2O$ oder Gemische derselben) in Berührung gebracht. Zum Beispiel wird eine Motorwelle an den in Gleitlagern ruhenden Stellen mit *Mo-Hexacarbonyl* behandelt u. dann in eine Schmelze eines Gemisches von *Na-* u. *K-tri-* bzw. *tetrasulfid* von 300° getaucht. (**D. A. S. 1 106 143** Kl. 48d vom 1/9. 1954, ausg. 4/5. 1961.)
H. BAUR. 6529

Metallgesellschaft Akt.-Ges., Frankfurt/M. (Erfinder: William S. Russell, Royal Oak, und James L. Van Vliet, Huntington Woods, Mich., V.St.A.), **Aufbringen von Überzügen auf Aluminium und seine Legierungen** mit Lsgg., die 5—150 (g/Liter) PO_4, 2,5—62 CrO_3 u. 2,5—123 F enthalten, in einem pH-Bereich unter 1,6, u. die so geführt werden, daß der F-Geh. dem sich anreichernden Al-Geh., der bis 55 betragen kann, angepaßt wird, so daß bei 1 Al 2,5—10,1 Fluorid, bei 30 Al 61—71 Fluorid u. bei 55 Al 114—123 Fluorid vorhanden sein sollen. Bei einem Ansteigen der Al-Konz. über 1 wird das Verhältnis F : CrO_3 auf über 0,5 erhöht bis maximal 3,8 bei 55 Al. Beispiel: Lsg. mit 5 (g/Liter) *PO_4*, 4 *CrO_3*, 2,1 *Al*, 5,5 *F* u. 0,5 Cr^{III} mit pH-Wert von 1,46. (**D. A. S. 1 112 371** Kl. 48d vom 19/1. 1960, ausg. 3/8. 1961. A. Prior. 9/2. 1959.)
H. BAUR. 6529

Badische Anilin- & Soda-Fabrik Akt.-Ges., Deutschland (Erfinder: Fritz Graf, Alfred Müller, Leo Unterstenhöfer, Otto Funk und Rolf Seitz), **Herstellung von korrosionsschützenden und wasserundurchlässigen Überzügen** aus ungesätt. *Polyesterharzen* im Gemisch mit einer weniger hochmol. polymerisierbaren Verb., z. B. Vinyl- u. Styrolverbindungen. Vor dem Aufbringen des Harzüberzuges wird die zu schützende Oberfläche mit einer mineral. Substanz, z. B. Zement oder gelöschter Kalk, welche mit W. u. unter Zutritt von Luft abbinden, überzogen. — Ein Stahlrohr wird mit einem Gemisch aus 2 (Teilen) Zement u. 3 W. überzogen u. 8 Std. stehen gelassen. Danach wird eine Paste aus 1 eines polymerisierbaren Polyesterharzes u. 2,2 diorit. Schiefermehl mit einem Spachtel aufgetragen. Das Polyesterharz wird aus Maleinsäure, Phthalsäure u. Glykol erhalten. Davon bilden 65 (%) mit 35 Styrol, 4 Cyclohexanonperoxid u. 0,4 Co-Naphthenat die Überzugspaste. — In einem weiteren Beispiel wird ein Gemisch aus 1 gelöschten Kalk u. 1,5 W. in Menge von 90 g pro m² als Grundiermasse aufgebracht. (**F. P. 1 199 989** vom 23/7. 1958, ausg. 17/12. 1959.)
M. F. MÜLLER. 6529

Gerhard Collardin G. m. b. H. (Erfinder: Hanns Ketterl), Köln, **Herstellung von dünnen Phosphatschichten auf Eisen und Zink** mit üblichen Phosphatierungs-Lsgg. u. Vorbehandlung mit aktivierenden, *Ti*-haltigen ($^1/_{1000}$—$^1/_{100}$ ‰ Ti) *Alkaliphosphat-Lsgg.*, denen *Terpene* bzw. techn. terpenhaltige Gemische (5—10% Kiefernöl, pine oil) u. *Netzmittel* (0,1—2%) zugesetzt werden, bei Aufrechterhaltung eines pH-Wertes von 7—8 der Vorbehandlungs-Lösung. Beispiel für die Aktivierungs-Lsg.: 86(%) wasserfreies *Dinatriumphosphat*, 5 *Dikaliumhexafluotitanat*, 8 *Kiefernöl*, 1 *Dodecylbenzolsulfonat*. (**D. A. S. 1 112 868** Kl. 48d vom 29/2. 1956, ausg. 17/8. 1961.) H. BAUR. 6533

Metallgesellschaft Akt.-Ges., Frankfurt/M. (Erfinder: Heinrich Fleischhauer, Werner Rausch, Frankfurt/M., und Rudolf Brodt, Weiskirchen, Kr. Offenbach/M.), **Erleichterung der Kaltverformung von wärmebehandelten Eisen- oder Stahlwerkstücken** (Drähte, Bänder, Rohre, bes. patentierte Stahldrähte). Auf diese wird vor der Wärmebehandlung eine aus *Erdalkaliphosphat* bestehende Schicht aufgebracht, die ggf eingebrannt wird, vorzugsweise im Glühofen. Beispiel: Lsg. aus 300 g/Liter *$Ca(H_2PO_4)_2$*, 22% freie *H_3PO_4*, bezogen auf den Gesamt-P_2O_5-Geh. u. 1 g/Liter nichtionogenen Emulgator (*oxäthylierter Arylalkylalkohol* mit 20 Äthylenoxidgruppen). (**D. A. S. 1 111 480** Kl. 48d vom 7/1. 1956, ausg. 20/7. 1961.) H. BAUR. 6533

Farbwerke Hoechst Akt.-Ges., vormals Meister Lucius & Brüning, Frankfurt/M. (Erfinder: Guido von Rosenberg und Walter Brotz, Gersthofen über Augsburg), **Dampfförmig wirksame Korrosionsschutzmittel** zur Verhinderung der Korrosion von Metallen werden in Umhüllungen aus *Polyäthylenfolien* eingeschlossen, wobei deren Dicke oder Flächengröße der jeweils erforderlichen Dampfabgabe durch die Umhüllung hindurch angepaßt wird. (**D. A. S. 1 109 003** Kl. 48d vom 29/9. 1956, ausg. 15/6. 1961.) H. Baur. 6539

Georges Lucien Jarry, Seine, Frankreich, **Rostschutzmittel,** bestehend aus 1,5 (Teilen) Polyvinylacetat, 5 Polyvinylchlorid, 0,5 Maleinsäure, 5 Methylmethacrylat u. 88 Lsgm. (z. B. Äthyl-, Butylacetat, Cyclohexanon). (**F. P. 1 183 303** vom 24/9. 1957, ausg. 6/7. 1959.) T. Oppermann. 6539

Eberhard Krietsch, Wolfen, Kr. Bitterfeld, **Verhinderung der Heißwasserkorrosion** in Umlauf-Syst. (Brennkraftmaschinen, Umlaufheiz-Syst., Boilern) durch Zusatz einer hochtemperaturbeständigen Mischung von 1—2(%) *Triäthanolammoniumphosphat* u. 0,01—0,2 des *Alkalisalzes* u./oder eines *Deriv. des Benztriazols* u./oder eines *Mercaptobenzazols* bei einem pH-Wert von 7,5—9,0 zu der Betriebsflüssigkeit. (**D. A. S. 1 111 900** Kl. 48d vom 20/9. 1958, ausg. 27/7. 1961.) H. Baur. 6539

British Petroleum Co. Ltd., London (Erfinder: Ronald Douglas Wilsdon und Laurence King Rendle, Sunbury-on-Thames, Middlesex), England, **Verringerung der Korrosion an Verbrennungsvorrichtungen,** die mit S-haltigen Brennstoffen betrieben werden. NH_3 wird in Mengen von 0,5—9,0 Gew.-%, bezogen auf das Gesamtgew. des S, in elementarem oder gebundenem Zustand in dem jeweils zugeführten Brennstoff, kontinuierlich in einen Bereich der Verbrennungs-Vorr. eingeführt, der hinter der Flammzone liegt u. in dem die Temp. oberhalb des Taupunktes der unbehandelten Verbrennungsgase, jedoch unter der Oxydations-Temp. des NH_3 liegt. Abbildung. (**D. A. S. 1 108 042** Kl. 48d vom 16/7. 1956, ausg. 31/5. 1961. E. Prior. 26/7. 1955 u. 13/3. 1956.) H. Baur. 6539

Pelissier & Frey S. à r. l., Seine, Frankreich, **Antikorrosions- und Schutzmittel gegen Wärme für Rohrleitungen,** welches $CaCO_3$ u. ein *Ca-Salz einer Fettsäure* enthält, z. B. 0,2 (%) Fe_2O_3, 0,14 Al_2O_3, 0,8 SiO_2, 97 $CaCO_3$ u. 1 Ca-Stearat. (**F. P. 1 174 470** vom 3/5. 1957, ausg. 11/3. 1959.) T. Oppermann. 6539

Bundesrepublik Deutschland, vertreten durch den Bundesminister für Wirtschaft, dieser vertreten durch den Präsidenten der Bundesanstalt für Materialprüfung, Berlin und Standard Elektrik Lorenz Akt.-Ges., Stuttgart (Erfinder: Johannes Elze, Berlin), **Erkennen von durch Handschweiß auf Zinkoberflächen hervorgerufene Korrosion** durch Behandlung mit einer alkal. wss. Lsg., die leicht lösl. Salze, Glykokoll u. H_2O_2 enthält. Beispiel: Lsg. aus 127,9 (g) Na_2SO_4 (wasserfrei), 0,375 *Glykokoll,* 0,293 $NaCl$, 33 (ml) 0,1n $NaOH$, 20 H_2O_2 (30% ig.) mit pH-Wert von 9,8. (**D. A. S. 1 110 494** Kl. 48d vom 7/11. 1956, ausg. 6/7. 1961.) H. Baur. 6541

A. J. Maurin, Manuel d'anticorrosion. Tome II: Applications des techniques d'anticorrosion. Paris: Eyrolles. 1961. (320 S. m. 167 Abb. u. 52 Tab.) 43 NF.

—, Stahlschlüssel. Nomenclature internationale des aciers. Paris: Techniques et Documentation. 1961. (210 S,) 53 NF,

—, Structural processes in creep: report of a symposium organized by the Iron and Steel Institute and the Institute of Metals, London, 3 and 4 May 1961. London: Iron & Steel Institute. 1961. (351 S. m. Abb., Tab. u. Diagr.) 65 s.

IX. Organische Industrie

Explosionsgefahr von Gemischen von Stickstoffoxiden mit heißen Gasen und Dämpfen. Gemische mit Distickstoffmonoxid bei atmosphärischem Druck. B. B. Brandt, L. A. Matow, A. I. Roslowski und W. Ss. Chailow (unter Mitarbeit von G. N. Groshan). (Химическая Промышленность [Chem. Ind.] **1960.** 419—25. Juli/Aug.) (Russ.)

Bei der Nitrierung von KW-Stoffen, wie *Cyclohexan* (**I**), *Heptan* oder *Dodecan* in Gas- oder fl. Phase mit HNO_3 u. bei der Oxydation, z. B. von *Cyclohexanol, p-Xylol* (**II**) oder *p-Cymol,* in fl. Phase mit HNO_3 werden N-Oxide enthaltende Gasgemische (Zus.; Tabelle) erhalten, deren Explosionsgefahr zu untersuchen ist. Vff. beschreiben eine Anordnung für solche Unterss. u. teilen die damit bestimmten Grenzen der Brennbarkeit bei Gemischen von N_2O mit Butan, **I**, **II** u. CO bei verschiedenen N_2-Konzz. bei 1 at mit (Diagramme). Der Koeff. α des Oxydationsmittelüberschusses hat bei den bin. Gemischen von N_2O mit KW-Stoffen im Mittel die krit. Werte 28 u. ca. 0,3. Bei 75—78% N_2 ist $\alpha = 1$. N_2O bildet mit obigen Stoffen echte brennbare Gemische etwa gleicher Art. Die

Zündgrenze von I–N_2O-Gemischen ist von kleinen CO-Zusätzen prakt. unabhängig; auch in den anderen Fällen sind CO-Beimengungen für die Explosionsgefahr zu vernachlässigen. R. K. MÜLLER. 6568 □

Die Pyrolyse von Fluorkohlenstoffen. A. W. Fokin und Ju. M. Kossyrew. (Химическая Промышленность [Chem. Ind.] **1960.** 186–92. April/Mai.) (Russ.)

Vff. untersuchen die therm. Meth. der Depolmerisation u. die Rückgewinnung von Abfällen von Polytetrafluoräthylen. Das Hauptprod. der Zers. bei gewöhnlichem Druck u. 710° ist *Perfluorpropylen* (I), 45% (Ausbeute), bei 600° *Perfluorcyclobutan* (II), >57%, bei 750° *Perfluorisobutylen* (III), 34%, bei 20 Torr u. 700° C_2F_4, 79%. Die Pyrolyse von II bei 710° u. gewöhnlichem Druck liefert 45,5 (%) III, 35,3 I u. 3,2 C_2F_4, der Rest sind Harze. Bei der Pyrolyse von III bei 750–850° entsteht ein Gemisch von CF_4, C_2F_6, Harzrückständen u. Koks. Die Anwendungsmöglichkeiten für I u. III werden erörtert. R. K. MÜLLER. 6598 □

Gleichgewichtsverhältnisse bei der Konversion von Methan unter Druck. A. G. Leibusch. (Химическая Промышленность [Chem. Ind.] **1960.** 213–21. April/Mai.) (Russ.)

Aus den Gleichgewichts-Konst. der Rkk. zwischen CH_4 u. O_2 CH_4 u. Wasserdampf u. CO u. Wasserdampf bei 827–1127° (Tabelle) wird für diese Temp. u. Drucke bis 40 at die Zus. der Prodd. bei Umsetzung von CH_4 mit Wasserdampf, O_2, CO_2, N_2 oder deren Gemischen berechnet u. tabellar. für folgende Ausgangsgemische mitgeteilt: $CH_4 + H_2O + O_2$ 1 : 1 : 0,6; $CH_4 + H_2O + O_2 + N_2$ 1:1:0,6:0,9; $CH_4 + H_2O + CO_2$ 1:1,3: 0,7 (bis 20 at). Beim Zweistufen-Verf. der CH_4-Konversion beträgt der anwendbare Höchstdruck 20 at; beim Einstufen-Verf. darf die Temp. 1100° nicht übersteigen, weil sonst die Lebensdauer des Ni-Katalysators beeinträchtigt wird, der Druck soll nicht über 20–30 at gewählt werden. — 20 Literaturhinweise. R. K. MÜLLER. H 510 □

Methankonversion bei erhöhtem Druck. A. G. Leibusch und Je. D. Schorina. (Химическая Промышленность [Chem. Ind.] **1960.** 469–76. Sept.) (Russ.) — Vgl. vorst. Referat.

Erdgas mit 92(%) CH_4, 3–4 C_2H_6 + C_3H_8 u. 4–6 N_2 wird auf 300–400° vorgeheizt u. über einen Ni-Katalysator geleitet. O_2 wird meist erst im Konverter zugesetzt. Die CH_4-Konversion nimmt mit steigender Temp. (830–1030°) zu, mit steigendem Druck (10–40 at) ab; sie ist bei 930° u. 10 at in 0,08 Sek. prakt. vollständig. Die Prodd. enthalten $(CO_2 + H_2)/(CO + H_2O) = 0,65–1,80 : 1$. Bei Zusatz von 2,2–2,3 Vol. H_2O + CO_2 + 2 O_2 je Vol. CH_4 wird bei 940° (10 at), 1040° (20 at) oder 1100° (40 at) ein für die Synth. geeignetes Gas mit 0,5% Rest-CH_4 erhalten. Wenn höherer CH_4-Geh. (bis 2%) nicht stört, kann bei gleichem Druck die Temp. um 70–100° niedriger gewählt werden, bei N_2-Zusatz um 20–60° niedriger. Abweichungen von der Gleichgewichts-Zus. sind mit der katalyt. Wrkg. der Gefäßwände (rostfreier Stahl) u. zu geringer Kühl-Geschw. zu erklären. Bei genügend oxydierendem Gas wird keine C-Abscheidung auf dem Katalysator beobachtet. R. K. MÜLLER. H 510 □

Industrielle Methoden der Äthylengewinnung aus Äthan im Ausland. P. Ss. Kogan. (Химическая Промышленность [Chem. Ind.] **1960.** 516–20. Sept.) (Russ.)

Übersicht über die Verff. der oxydierenden u. der rein therm. Pyrolyse des Äthans außerhalb der Sowjetunion u. die dabei verwendeten App. (Röhrenöfen, Anlagen mit beweglichem Wärmeträger, Regenerativöfen). — 40 Literatur- u. Patenthinweise. R. K. MÜLLER. H 520 □

Katalytische Hydratisierung von Propylen zu Isopropylalkohol in der Dampfphase. M. A. Dalin, W. M. Mamedowa und A. Ss. Kassparow. (Химическая Промышленность [Chem. Ind.] **1959.** 385–87. Juli/Aug.) (Russ.)

Bei der Hydratisierung von Propylen (I) mit Wasserdampf in Dampfphase zu *Isopropylalkohol* (II) wird als Katalysator mit 50%ig. H_3PO_4 getränktes Silicagel (65% Porosität) verwendet. Die optimalen Bedingungen werden ermittelt: 170–180°, 9 bis 11 atü, Vol.-Geschw. von I 500–600 Liter/h, W. : I = (0,7–1) : 1 Mol, I-Konz. im Gas 80–90%; unter diesen Bedingungen werden bei einem Durchgang 5–6% von I zu II umgesetzt; das Kondensat enthält 15–17% II. Die Umwandlung von I in II im Kreislauf-Verf. beträgt 65% des Gleichgewichts. R. K. MÜLLER. H 560 □

Gewinnung von Natriumformiat nach kontinuierlicher Methode aus einer Lösung von Natriumhydroxyd und Kohlenoxid. Ss. N. Kasarnowski und O. L. Lebedew. (Химическая Промышленность [Chem. Ind.] **1960.** 114–15. März.) (Russ.)

Na-Formiat (I) wird durch Einleiten von 93–94%ig. CO von unten in 40–42%ig. NaOH bei 210–240° u. 50 at erhalten. In Vorverss. werden bei 203° u. 50 at 96,8% I dargestellt; die Zus. des Prod. ist: 94,6—96,7(%) I, 0,1—1 NaOH, 0,9—2,3 Na_2CO_3, 1,6 NaCl, 0,0—0,1 H_2O. R. K. MÜLLER. H 810□

Gewinnung von Dicarbonsäuren aus Hydroxysäuren. B. L. Moldawski. (Химическая Промышленность [Chem. Ind.] **1960**. 112—14. März. Allunions-Forsch.-Inst. für Erdölchem.) (Russ.)

Die durch Oxydation von Paraffinen mit Luft (z. B. bei 120°) erhaltenen Hydroxysäuren (HOS) lassen sich mit 57%ig. HNO_3 leichter zu Dicarbonsäuren oxydieren als einfache Monocarbonsäuren. Man gibt der auf 75—80° erhitzten HNO_3 unter Rühren allmählich die HOS (oder ein HOS-Gemisch) zu, so daß die Temp. auf ca. 90° bleibt (ca. 1,5 Std.) u. rührt dann bei 90° noch 1,5 Std. weiter. Als obere Schicht verbleiben ca. 50% der HOS; aus der HNO_3-Schicht wird HNO_3 durch Dest. zusammen mit niedrigen Fettsäuren entfernt; nach Dest. von $^2/_3$ der Fl. wird in der Porzellanschale auf dem Wasserbad zur Trockene verdampft; die Ausbeute an Dicarbonsäuren beträgt 37%; nach Vakuum-Dest. mit überhitztem Wasserdampf (140—240°, 20—30 Torr) werden davon 75% (SZ. 815) gewonnen. Ihre Zus. ist: 35(%) Bernstein-, 20 Glutar-, 16 Adipin-, 12 Pimelinsäure, 17 höhermol. Säuren (C_8—C_9). Zur Trennung werden die Dicarbonsäuren zweckmäßig in ihre Ester übergeführt. R. K. MÜLLER. H 820□

Pennsalt Chemicals Corp., V.St.A. (Erfinder: Charles Edward Inman, Robert Edward Oesterling und Edward Albert Tyczkowski), **Herstellung α-fluorierter organischer Verbindungen,** dad. gek., daß eine Verb. mit akt. H-Atom bei 0—80° in Ggw. eines Na-, K- oder Li-Amids oder -Alkoholats mit Perchlorylfluorid ($FClO_3$; I) umgesetzt wird. — 200 (Teile) Malonsäurediäthylester werden zn 200 C_2H_5ONa in 375 A. gegeben, auf 0—10° abgekühlt u. I eingeleitet. Nach Filtrieren u. Dest. wird *2.2-Difluormalonsäurediäthylester*, Kp. 184°, $Kp._1$ 35°; $D.^{25}$ 1,162; n_D^{20} 1,3800 erhalten. *2.2-Difluormalondiamid*, Kp. 200—201°. — *2.2-Difluoracetessigsäureäthylester*, Kp. 168°, aus Acetessigester, n_D^{20} 1,3975 *2.4-Dinitrophenylhydrazon*, F. 106—107°). *α-Äthyl-α-fluormalonsäurediäthylester*, $Kp._{0,2}$ 48°, n_D^{20} 1,4121, u. *5-Äthyl-5-fluorbarbitursäure* F. 204—205,5°, aus α-Äthylmalonsäurediäthylester. — *Difluormalondinitril*, aus Malondinitril. — *3.3-Difluorpentandion-(2 4)*, Kp. 114°, aus Pentandion-(2.4), $Kp._{102}$ 61°, n_D^{20} 1,3680. *2.4-Dinitrophenylhydrazon*, F. 124—125°. — *α-Fluor-α-phenylmalonsäurediäthylester*, $Kp._{0,3}$ 124°, n_D^{20} 1,4792, u. *α-Fluor-α-phenylmalondiamid*, F. 204—205°, aus α-Phenylmalonsäurediäthylester. — Weitere Verbb. der allg. Formel (R, R_1, R_2) CF, worin R, R_1 u. R_2 (in dieser Reihenfolge) folgende Bedeutung haben: *F*, $COOC_2H_5$, $COOCH_3$. — *F*, $COOC_2H_5$, $COOC_3H_7$. — *F, CN, COOH*. — *F, CN*, $COOC_2H_5$. — CH_3, $COOCH_2Cl$, $COOC_3H_7$. — *F*, $COOCH_3$, $COCH_2CH_2CHCl_2$. — *F*, $COOC_3H_7$, $COCH_3$. — *F, CN*, $COOCH_3$. — *F*, $p\text{-}ClC_6H_4$, $COOC_2H_5$, $COOC_2H_5$. — $COCH_3$, $COOC_2H_5$, $COOC_2H_5$. — $CH_2CH{=}CH_2$, $COOC_2H_5$ $COOC_2H_5$. — *F*, NO_2, $COOCH_3$. — *F*, NO_2, *CN*. — *F, CN*, C_6H_5. — *F*, $COCH_3$, COC_3H_7. — *F*, $CSOCH_3$, $CSOCH_3$. — Ferner *1.1-Difluorcyclopentadien, -inden* u. *9.9-Difluorfluoren*. (**F. P. 1 212 245** vom 24/9. 1958, ausg. 22/3. 1960. A. Prior. 24/9. 1957.) S. BÖTTCHER. 6565

Inventa Akt.-Ges. für Forschung und Patentverwertung Luzern, Luzern (Erfinder: Clau Berther, Chur), Schweiz, **Cyancarbonsäureamide** werden durch halbseitiges Verseifen von Dinitrilen der allg. Formel NC—$(CX_2)_n$—R—$(CX_2)_m$—CN (R = Aryl oder heterocycl. Rest mit aromat. Eigg., die —CN in m- oder p-Stellung tragen; X = H, CH_3, C_2H_5; n u. m = 0 oder ganze Zahlen) mit Anionenaustauschern (niedrigvernetzte Polystyrole) in Ggw. von W. u. mindestens einer flüchtigen Base (Pyridin, NH_3) bei 40—100° erhalten. — Aus 5 kg Terephthalsäuredinitril in 95 Liter W. u. 150 Liter Pyridin in Ggw. von 10 Liter „Permutit ESB" (Vernetzungsgrad 3%, mit quatern. NH_4-Gruppen) bei 70°, Filtrieren u. Abkühlen → 0,5 kg Terephthalsäurediamid u. 3,3 kg *p-Cyanbenzoesäureamid*, F. 222—223° (CH_3OH u. CH_3CN); 74% (Ausbeute). — 2.6-Dicyanpyridin → *2-Cyanpyridin-6-carbonsäureamid*, F. 191—192,5° CH_3CN); 61,5%, neben etwas Diamid. — Isophthalsäuredinitril → *m-Cyanbenzoesäureamid*. — p-Phenylendiessigsäuredinitril → *p-Cyanmethylphenylessigsäureamid*, F. 163° (A.); 70%. — Vgl. Schwz. P. 333 174; C. **1962**. 4727. — *Zwischenprodukte*. (**Schwz. P. 354 432** vom 8/3. 1957, ausg. 15/7. 1961.) G. KRAUSS. 6575

National Research Council, übert. von: Wendel A. Alexander, Ottawa, Canada, **Silber-Katalysator für die Oxydation von Kohlenwasserstoffen,** bes. von C_2H_4, wird durch Überziehen der Oberfläche eines Ag-Katalysators mit einer Leg. aus Erdalkalimetallen die ggf. 0,1—3% Ni enthalten können u. anschließendes Ausglühen des überzogenen Katalysators bei 450° in inerter Atmosphäre erhalten. Die Herst. des Überzuges erfolgt durch Eintauchen von Ag in die geschmolzene eutekt. Leg., z. B. aus Ca–Mg, mit anschließedner Behandlung mit W. oder Säuren, um die überschüssigen Erdalkalimetalle bis auf Spuren, welche die Aktivität des Ag-Katalysators bedingen, zu entfernen. (**A. P. 2 883 346** vom 2/2. 1953, ausg. 21/4. 1959. E. Prior. 28/2. 1952.) G. König. 6583

Farbenfabriken Bayer Akt.-Ges., Leverkusen (Erfinder: Heinrich Hellmann und Dieter Dieterich, Tübingen), **Durchführung unsymmetrischer Dreikohlenstoff-Kondensationen** zur Herst. von Verbb. der allg. Formel **I** erfolgt durch Erhitzen von HCHO mit Carbonyl-Verbb. der allg. Formeln **II** u. **III** in Ggw. von bas. Katalysatoren (Alkali, sek. oder tert.-Amine) nach dem Rk.-Schema: Acyl—CH_2—R (**II**) + HCHO → Acyl—C(R)=CH_2 + Acyl—CH(R')—R'' (**III**) → Acyl—CH(R)—CH_2—C(Acyl)(R')—R'' (**I**, Acyl auch Carboxyl oder Carbalkoxy; R = acidifizierend wirkende Gruppe; R' u. R'' = beliebige gleiche oder verschiedene Substituenten, von denen mindestens einer acidifizierend auf die CH-Gruppe wirkt, wie Acyl, Phenyl, substituiertes Phenyl, CN, SO_3H). — Aus 10 mMol Dibenzoylmethan, 10 mMol Paraformaldehyd (**IV**) u. 10 mMol Cyclopentanon-o-carbonsäuremethylester in Ggw. von 3 Tropfen Triäthylamin in 10 cm³ Toluol durch 2std. Kochen → *2-[β.β-Dibenzoyläthyl]-cyclopentanon-(1)-carbonsäure-(2)-methylester*, $C_{23}H_{22}O_5$, F. 134—136° (Aceton/CH_3OH/PAe.); 84% (Ausbeute). — Desoxybenzoin + Acetamidomalonsäuredimethylester (**V**) + **IV** → *C_6H_5—CO—CH(C_6H_5)—CH_2—C(NH—CO—CH_3)($COOCH_3$)$_2$*, $C_{22}H_{23}NO_6$, F. 137,5° (CH_3OH); 82%. — Acetylaceton + Nitromalonsäuredimethylester + **IV** → *(CH_3CO)$_2$CH—CH_2—C(NO_2)($COOCH_3$)$_2$*, $C_{11}H_{15}NO_8$; Kp.$_{0,001}$ 134—136°; 45%. — Benzoylacetonitril + **V** + **IV** → *C_6H_5COCH(CN)—CH_2—C($NHCOCH_3$)($COOCH_3$)$_2$*, $C_{17}H_{18}N_2O_6$, F. 139—140° (CH_3OH); 66%. — Dibenzoylmethan + **V** + **IV** → *(C_6H_5CO)$_2$CH—CH_2—C($NHCOCH_3$)·($COOCH_3$)$_2$*, $C_{23}H_{23}NO_7$, F. 140—142° (CH_3OH); 88%. — Acetylaceton + **V** + **IV** → *(CH_3CO)$_2$CH—CH_2—C($NHCOCH_3$)($COOCH_3$)$_2$*, $C_{13}H_{19}NO_7$, F. 121° (CH_3OH/Ae.) u. Trocknen bei 80°/1 Torr, 43%. — Acetessigsäuremethylester + Nitromalonsäuredimethylester + **IV** → *CH_3CO—C($COOCH_3$)—CH_2—C(NO_2)($COOCH_3$)$_2$*, $C_{11}H_{15}NO_9$; Kp.$_{0,01}$ 132 bis 134°; 45%. — Dibenzoylmethan + Nitromalonsäuredimethylester + **IV** → *(C_6H_5CO)$_2$·CH—CH_2—C(NO_2)($COOCH_3$)$_2$*, $C_{21}H_{19}NO_8$, F. 95,5° (CH_3OH/PAe.); 60%. — *Zwischenprodukte.* (**D. A. S. 1 107 227** Kl. 12o vom 8/9. 1959, ausg. 25/5. 1961. **Zusatz zu D. B. P. 945 927; C. 1957. 2330.**) G. Krauss. 6599

Esso Research and Engineering Co., V.St.A. (Erfinder: Merrell R. Fenske, Robert H. McCormick und Harry Lawroski), **Trennung verschieden gesättigter Kohlenwasserstoffe,** dad. gek., daß eine Fraktion mehr u. weniger gesätt. C_2—C_5-KW-Stoffe mit einem mindestens 60% fl. NH_3 enthaltenden Lsgm. im Gegenstrom extrahiert wird, wobei ein Gasgemisch von NH_3 u. höhergesätt. KW-Stoffen anfällt, während das fl. Gemisch NH_3 u. weniger gesätt. KW-Stoffe enthält; es wird dest. u. aus dem anfallenden azeotrop. Gemisch NH_3 durch Auswaschen mit W. oder organ. Lsgm. entfernt, während das Gasgemisch abgekühlt u. die fl. Phase, die hauptsächlich aus NH_3 besteht, entfernt wird. Man erhält *Propen, Butadien* oder *Buten* neben *Propan, Buten* oder *Butan.* — 2 Verfahrensschemata. (**F. P. 1 221 149** vom 26/2. 1959, ausg. 31/5. 1960. A. Prior. 27/3. 1958.) S. Böttcher. H 500

Mario Ramella und Gino Bozza, Mailand, Italien, **Herstellung niederer Monochloralkane** aus den entsprechenden Alkoholen. Der Alkohol wird in den Ester einer Fettsäure mit 12—18 C-Atomen oder einer zweibas. Säure, wie Adipinsäure, Korksäure, Sebacinsäure, übergeführt u. der Ester mit gasförmiger HCl zur Rk. gebracht. Der Prozeß kann kontinuierlich in 2 Gefäßen durchgeführt werden, wobei ein Gemisch von Ester u. HCl zirkuliert, im ersten Gefäß Alkohol u. im zweiten HCl zugeführt wird. — Vorr.; Zeichnungen. (**It. P. 524 597** vom 20/11. 1954.) K. Koebke. H 510

Dow Chemical Co., Midland (Erfinder: Sheldon Burnley Heath, Midland, John William Corey, Sanford, und Herbert Edwin Chinworth, Midland), Mich., V.St.A., **Diolefine** werden durch Dehydrierung von Olefinen mit 4—6 C-Atomen bei 500—750° in Ggw. eines Ca-Ni-Phosphats, das aus den entsprechenden Metallsalzen, z. B. nach A. P. 2 542 813; C. **1954.** 1564, gefällt wurde, erhalten. Das wasserhaltige Gel wird zuerst erhitzt bis eine teigartige, knetbare Masse entstanden ist, deren Wasser-Geh. 40—75, bes. 60—70% betragen soll. Diese Masse wird dann weiter erhitzt u. gleichzeitig mechan. (Kneten, Walzen, Quetschen oder Kollern) bearbeitet, jedoch der vorst. Wasser-Geh. durch Zusatz von W. oder frisch gefälltem Gel aufrechterhalten, bis ein trockenes Pulver mit einer Schüttdichte von 0,4—0,6 g/cm³ entstanden ist. Die mechan. Bearbeitung u. das Erhitzen werden fortgesetzt bis der Wasser-Geh. 40% u. die Schüttdichte 0,5—0,7 g/cm³ beträgt. Anschließend wird die Masse vollständig getrocknet, gemahlen, gesiebt (Sieböffnung 1,68—0,177 mm) u. dann zu Plätzchen mit einer Schüttdichte von 0,95—1,1 g/cm³ verpreßt. — n-Butylene → *1.3-Butadien.* — Vorr., Zeichnung. (**D. A. S.**

1 058 496 Kl. 12o vom 9/9. 1957, ausg. 4/6. 1959. **E. P. 816 034** vom 12/9. 1957, ausg. 8/7. 1959.) G. KRAUSS. H 520

Union Carbide Corp., New York (Erfinder: George Harvey Smith, Kenmore), N.Y., V.St.A., **Ungesättigte Kohlenwasserstoffe, besonders Acetylen.** Gesätt. oder ungesätt. KW-Stoffe u. O_2 oder diesen enthaltende Gase werden getrennt auf 400—900° vorerhitzt, im Verhältnis 1,6—2:1 gemischt u. mit einer Geschw. von >0,5, bes. 1 Mach (Verhältnis der linearen Geschw. des Gemisches zur Schall-Geschw. im gleichen Gemisch bei bestimmten Temp. u. Gas-Zus.), in die Rk.-Kammer bei 1,1 bis 1,3 at geleitet u. teilweise verbrannt; nach einer Verweilzeit von 0,004 Sek. wird das Rk.-Gemisch durch Eindüsen von W. oder kalten Gasen abgeschreckt. — Aus Propan u. O_2 bei 1437° → 5,4% *Acetylen* u. 14,4% ungesätt. KW-Stoffe. — Vgl. F. P. 1 153 816; C. **1959.** 4963. — Vorr., Zeichnung. (**D. A. S. 1 063 596** Kl. 12o vom 20/6. 1956, ausg. 20/8. 1959. **E. P. 821 109** vom 20/6. 1956, ausg. 30/9. 1959. Beide A. Prior. 21/6. 1955.) G. KRAUSS. H 530

Callery Chemical Co., Pittsburgh, übert. von: William H. Schechter, Zelienople, Pa., V.St.A., **Bortrifluoridkomplexverbindungen** werden bei der Einw. von H_2F_2 auf Trialkylborate in inerter Atmosphäre oder durch Rk. von $NaBF_4$ u. Trialkylborate in Ggw. einer Säure erhalten. — $3\,HF + B(OCH_3)_3 \rightarrow BF_3 \cdot 2\,CH_3OH + CH_3OH$, $3\,NaBF_4 + 3\,HCl + B(OCH_3)_3 + 5\,CH_3OH \rightarrow 4\,BF_3 \cdot 2\,CH_3OH + 3\,NaCl$. Bortrifluoridmethanol (**I**; $Kp._4$ 58—59°), läßt sich bei 25° mit Ae. zu $BF_3CH_3OH \cdot (C_2H_5)_2O$, $Kp._{760}$ 120—130°, umsetzen. **I** gibt mit BaF_3 u. n-Butanol bei 85° $BaF_2 \cdot BF_3$. Die Pyrolyse gibt BF_3. Mit NH_3 wird $BF_3 \cdot NH_3$ erhalten, das mit an BF_3 gesätt. H_2SO_4 versetzt, BF_3 gibt. **I** mit W. behandelt u. 2mal dest., gibt $BF_3 \cdot 2\,H_2O$, $Kp._4$ 54. Mit Dioxan wird daraus $BF_3 \cdot 2\,H_2O \cdot C_4H_8O_2$, F. 141—142° erhalten. *Katalysatoren* für Isomerisierungen, Alkylierungen u. Polymerisierungen. (**A. P. 2 889 370** vom 18/5. 1955, ausg. 2/6. 1959.) G. KÖNIG. H 560

Soc. des Usines Chimiques Rhône-Poulenc, Paris, Frankreich, **Herstellung von Glykolmonoäthern** der allg. Formel RR'C(OH—CH_2OR'') (**I**) durch Rk. von Verbb. der Formel R—CO—R' mit Chlormethyläthern der Formel $ClCH_2OR''$ in Ggw. von Mg in Tetrahydrofuran, Tetrahydropyran oder deren Homologen u. anschließender Hydrolyse der Mg-Verb. in nicht saurem Medium. In **I** bedeuten R u. R' gesätt. oder ungesätt. aliphat., isocycl. oder heterocycl. Reste, R' kann auch H sein; R u. R' können mit dem gemeinsamen C auch einen Ring bilden; R'' ist ein gesätt. oder ungesätt. aliphat., isocycl. oder heterocycl. Rest; Mg kann durch HgCl aktiviert werden. — Wird Äthoxy-2-methylheptanol-(2) mit HCOOH umgesetzt, wird *2-Methylheptanal*, $Kp._{11}$ 51° erhalten. — Vgl. F. P. 1 163 002; C. **1959.** 16786. (**E. P. 808 880** vom 11/7. 1957, ausg. 11/2. 1959. F. Prior. 19/7. 1956.) G. KÖNIG. H 570

Montecatini Soc. Gen. per l'Industria Mineraria e Chimica, Italien (Erfinder: Angelo de Micheli und Alessandro Pistoni), **Gewinnung von Pentaerythrit und Alkaliformiat** aus den Mutterlaugen der Pentaerythrit (**I**)-Herst., dad. gek., daß das Formiat mit CH_3OH zur Kristallisation gebracht wird, worauf CH_3OH abdest. wird. Die wss. Lsg. von **I** wird entweder auf 15° abgekühlt, wobei **I** krist. oder erneut der Herst. von **I** aus HCHO u. Acetaldehyd zugeführt. (**F. P. 1 220 764** vom 27/4. 1959, ausg. 27/5. 1960. It. Prior. 30/4. 1958.) S. BÖTTCHER. H 580

Union Carbide Corp., New York, N.Y., V.St.A. (Erfinder: William Morton Lanham), **Herstellung von kondensierten Polyphosphatestern** u. deren acylierten Derivaten. Zu D. A. S. 1 061 763; C. **1960.** 7684, ist nachzutragen: Die Polyphosphatester haben wahrscheinlich die Konstit.-Formeln **I** oder **II**, wobei R, R', R'' u. x die in D. A. S. 1 061 763 angegebene Bedeutung besitzen. y ist gleich 2—10. Zur Herst. von Polyphosphorsäureestern finden folgende Verbb. Verw.:

$R[OP(=O)(OR')(OC_2H_3R'')_x]_yOH$ I

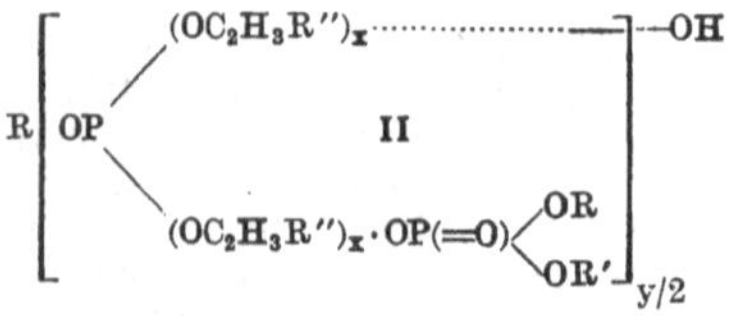

II

$(C_8H_{17}O)_2P(=O)(OC_2H_4)_{1,216}$ OH, n_D^{30} 1,4431; $(C_8H_{17}O)_2P(=O)(OC_3H_5Cl)_{1,027}$OH, n_D^{30} 1,4517; $(C_6H_5O)_2P(=O)(OCH_2CH_2)_{1,75}$OH; n_D^{30} 1,5307; $(C_4H_9O)_2P(=O)(OCH_2CH_2)_{1,224}$OH, n_D 1,4341; $(C_8H_{17}O)_2P(=O)(CH_2CH_2)_{4,82} \cdot$OH, n_D^{30} 1,4515; $(CH_3O)_2P(=O)(OCH_2CH_2)_{1,996} \cdot$OH; n_D^{30} 1,4371; $(C_8H_{17})_2P(=O)(C_3H_6)_{1,10} \cdot$OH, n_D^{30} 1,4420. — Zusätze für Schmiermittel, Plastifikatoren für Kunstharze, Insekticide, Flammschutzmittel. (**E. P. 812 390** vom 5/6. 1956, ausg. 22/4. 1959. A. Prior. 6/6. 1955.) G. KÖNIG. H 590

Dow Chemical Co., Midland, Mich., übert. von: Frederick H. Norton, Concord, Calif., V.St.A., **2-Hydroxy-2-phenyläthansulfonsäure und deren Salze** werden durch Erhitzen von Styrol mit einer wss. Alkalibisulfit-Lsg. bes. $NaHSO_3$ auf

60—150, bes. 75—150° erhalten. *Na-Salz*, $C_6H_5CH(OH)CH_2SO_3Na$; *S-Benzylisothiuroniumsalz*, F. 149,5—150°. Aus den Salzen entsteht mit Mineralsäuren oder Kationenaustauschern („Dowex-50") die *freie Säure*, die mit Metallen, deren Oxiden, Hydroxiden oder deren Salzen von schwachen Säuren, NH_3, NH_4-Salzen oder Aminen in andere Salze übergeführt werden. — *Zwischenprodd.* zur Herst. von *Reinigungs-* u. *Netzmitteln* u. *Herbiciden*. (**A. P. 2 840 601** vom 26/6. 1957, ausg. 24/6. 1958.) G. KRAUSS. H 600

Consortium für Elektrochemische Industrie G. m. b. H., Deutschland, **Herstellung von Carbonylverbindungen**, dad. gek., daß Olefine u. O_2 bei 50—150° u. 1—50 at mit wss. Lsgg. von Verbb. der Pt-Metalle, die außerdem als Cl-Ionendonatoren Pd-, Cu- bzw. Fe-Chlorid enthalten, umgesetzt werden. — Zum Beispiel wird Buten zu *Methyläthylketon* oxydiert, indem es mit 10 Vol.-% O_2 durch eine wss. Lsg. von 4,45 (g/Liter) $PdCl_2$, 5,67 $FeCl_3$, 144,4 $CuCl_2 \cdot 2\,H_2O$, 19 $(CH_3COO)_2Cu \cdot H_2O$ u. 2,73 HCl geleitet wird. — *Acetaldehyd*, aus C_2H_4. (**F. P. 1 211 498** vom 1/8. 1958, ausg. 16/3. 1960. D. Prior. 1/8. 1957.) S. BÖTTCHER. H 650

Theodor Fischer, Schkopau, **Kontinuierliche Herstellung von Acetaldehyd** aus C_2H_2 u. Glykolen in Ggw. von alkal. Katalysatoren, dad. gek., daß bei geeigneten Temp. ein Gemisch von Glykolacetal u. Monovinyläther erhalten wird, das mit flüchtigen organ. Säuren, bes. CH_3COOH, zu CH_3CHO rein dest. wird, wobei die Zers. des Gemisches u. die Dest. in derselben App. vorgenommen werden. — Verfahrensschema. (**D. P. [DDR] 21 530** Kl. 12o vom 6/11. 1958, ausg. 3/7. 1961 [Wirtschaftspatent].) L. GROSSNER. H 670

Metal & Thermit Corp., V.St.A. (Erfinder: Hugh E. Ramsden und Ambrose J. Gibbons jun.), **Herstellung von Methylheptenon**, $Kp._{5-6}$ 44—55°, n_D^{23} 1,4364 bis 1,4380, dad. gek., daß Isopren mit HCl umgesetzt wird unter Bldg. von 1-Chlor-3-methylbuten-(2) (I), Kp. 106—113°. Essigsäureäthylester (II) u. CH_3ONa werden bis zur vollständigen Lsg. des letzteren erhitzt, danach im Laufe mehrerer Std. unveränderter II, C_2H_5OH u. CH_3OH azeotrop. abdestilliert. Nach dem Abkühlen wird dem Rückstand allmählich $< 30°$ I zugesetzt; der entstehende Acetessigsäureisopentenylester ($Kp._{1-2}$ 77—91°) wird ohne Isolierung mit CH_3OH u. NaOH umgesetzt. (**F. P. 1 223 349** vom 28/11. 1958, ausg. 16/6. 1960. A. Prior. 3/12. 1957.) S. BÖTTCHER. H 710

Farbenfabriken Bayer Akt.-Ges., Leverkusen (Erfinder: Ernst Truscheit, Hans Joachim Kabbe, Leverkusen, und Karl Eiter, Köln), **Herstellung von Octen-(4)-dion-(2.7)**, dad. gek., daß Hexen-(3)-disäure-(1.6)-dichlorid bei tiefen Temp. (—80 bis höchstens 0°) in einem inerten Lsgm. (Hexan, Cyclohexan, PAe.) in Abwesenheit von Äthern, bes. unter N_2, mit CH_3ZnJ oder $(CH_3)_2Zn$ umgesetzt wird. Hierbei wird *Octen-(4)-dion-(2.7)*, F. 30—31°, aus PAe. hellgelbe Kristalle, erhalten. — *Zwischenprod.* zur Herst. von Carotinoiden, Terpenen u. Polyenen. (**D. A. S. 1 116 650** Kl. 12o vom 23/3. 1960, ausg. 9/11. 1961.) W. GRÄGER. H 720

Dow Chemical Co., Midland, Mich., übert. von: Nicholas B. Lorette, Lake Jackson, Tex., V.St.A., **Ketoäther** werden durch Rk. eines prim., gesätt. oder ungesätt. Alkohols mit einem α,β-ungesätt. Keton der allg. Formel R—C(R')=CH—CO—R'' (R, R' u. R'' = Methyl, Äthyl; R u. R' = auch H), bes. im Verhältnis 2:1 bis 4:1 in Ggw. eines stark sauren Kationenaustauschers (sulfonierte Mischpolymere aus Styrol u. Divinylbenzol, erhältlich nach A. PP. 2 597 438; C. **1954**. 6601 u. 2 366 007; C. **1946**. I. 2287), bes. bei 15—35° erhalten. — Aus 1 Mol Mesityloxyd u. 2,86 Mol Methanol in Ggw. von „Dowex-50" (erhältlich nach A. P. 2 500 149) bei 25° → *4-Methoxy-4-methylpentanon-(2)*, $Kp._{10}$ 48°; $D.^{25}$ 0,901; n_D^{20} 1,4180; 94% (Ausbeute). — A. → *4-Äthoxy-4-methylpentanon-(2)*, $Kp._{10}$; $D.^{25}$ 0,886; n_D^{23} 1,4152; 81,2%. Ferner kann umgesetzt werden: Allyl-, Propyl-, Methallyl-, Crotyl-, n-Butyl-, Isobutyl-, n-Amylalkohol, Hexanol mit 3-Pentenon-(2), Homomesityloxid, 3-Hexenon-(2) u. 2-Methylhepten-(3)-on-(5). (**A. P. 2 871 269** vom 8/3. 1957, ausg. 27/1. 1959.) G. KRAUSS. H 740

Montecatini Soc. Gen. per l'Industria Mineraria e Chimica, Italien (Erfinder: Gian Paolo Chiusoli), **Herstellung von α,β; δ,ε-ungesättigten Carbonsäuren und Estern**, dad. gek., daß Verbb. der allg. Formel R—(CH=CH—CH_2Cl)n (R = H oder nicht reagierender Rest mit 0—20 C-Atomen; n = 1 oder 2) bei 0—75° in Aceton, Cyclohexanon, $(CH_3)_2O$ oder Äthylenglykol in Ggw. von $MgCO_3$, $CaCO_3$ oder NaH_2PO_4 mit CO u. C_2H_2 (0,75 : 3), Ni-Carbonyl u. einem Alkohol umgesetzt werden. — Bei 45° werden 10 Liter C_2H_2 pro Std. durch 200 cm³ CH_3OH geleitet u. gleichzeitig 2 Lsgg. von 100 cm³ CH_3OH, die eine mit 30 g Ni-Carbonyl, die andere mit 40 Chlorcyanbuten, zugetropft. Nach 4 Std. wird *7-Cyanheptadien-(2.5)-säure* (I)-*Methylester*, $Kp._{13}$ 140—150°, abdestiliert. — *Hexadien-(2.5)-säure*, $Kp._{12}$ 95—105°, aus Allylchlorid; in CH_3OH der *Methylester*, $Kp._{12}$ 35—40°, der sich zu *Capronsäuremethylester* hydrieren läßt; in A. *Äthylester*, $Kp._{10}$ 50—55°, in Isopropanol *Isopropylester*, $Kp._5$ 36 bis 42°, in Benzylalkohol *Benzylester*, $Kp._{20}$ 150—162°, in Äthylenglykol *Monoglykol-*

ester, Kp.$_8$ 80—120°. — *Heptadien-(2.5)-säure*, Kp. 117—124°, aus Crotylchlorid. *Methylester*, Kp.$_{10}$ 58—62°. — *Octadien-(2.5)-disäuredimethylester*, Kp.$_8$ 133—138°, aus 5-Chlorpenten-(3)-carbonsäure. — *7-Acetoxyheptadien-(2.5)-säure*, Kp.$_6$ 120—130°, aus 1-Chlor-4-acetoxybuten-(2). — *Tetradecatetraen-(2.5.9.12)-disäuredimethylester*, Kp.$_{10}$ 200—210°, aus 1.8-Dichloroctadien-(2.6). Daraus *Tetradecandisäuredimethylester*, F. 41°. — I-*Isopropylester*, Kp.$_{13}$ 160—165°. *Cyclohexylester*, Kp.$_5$ 180—183°. (**F. P. 1 212 892** vom 7/10. 1958, ausg. 28/3. 1960. It. Prior. 10/10. 1957, 8/1. u. 24/4. 1958.)

S. BÖTTCHER. H 800

Union Carbide Corp., New York, N.Y. (Erfinder: Amelio Emidio Montagna und Leo Vernoy Mc Quillen, South Charleston, W. Va.), V.St.A., **Gesättigte und ungesättigte Carbonsäuren** werden durch Oxydation der entsprechenden Aldehyde erhalten. Zu Schwz. P. 328 748 u. E. P. 782 430; C. **1961.** 1368, ist nachzutragen: Der Aldehyd u. eine starke anorgan. Base (Alkali- u. Erdalkalihydroxide) werden gleichzeitig, jedoch getrennt von einander, in eine wss. Aufschlämmung von feinverteiltem Ag eingerührt, durch die überschüssiger O_2 oder ein diesen enthaltendes Gas geleitet wird u. die gleichzeitig eine Temp. von 0—100° hat. Die Zugabe-Geschw. des Aldehyds soll nicht größer sein als seine Oxydationsgeschwindigkeit. Das pH soll mindestens 12,5 betragen. (**A. P. 2 930 801** vom 29/6. 1954, ausg. 29/3. 1960. **D. A. S. 1 065 846** Kl. 12o vom 17/11. 1954, ausg. 24/9. 1959. A. Prior. 19/11. 1953 u. 29/6. 1954.) G. KRAUSS. H 810

Union Carbide Corp., New York, N.Y. (Erfinder: Amelio Emidio Montagna, South Charleston, und Everett Revere Lashley jun., Charleston, W. Va.), V.St.A., **Herstellung von organischen Carbonsäuren** durch Oxydation von Aldehyden mit O_2 oder diesen enthaltenden Gasen in wss.-alkal. Lsg. mit pH mindestens 12,5 während der Oxydation bei 0—100° unter kräftigem Rühren in Ggw. von feinverteiltem Ag als Oxydationskatalysator u. Abtrennen der freien Carbonsäuren, dad. gek., daß die Oxydation in Ggw. von mindestens 0,01, bes. 0,1—2 Teilen eines Gemisches aus Triäthanolamin u. Tetra-Na-Äthylendiamintetraacetat je 100 Teile Ag durchgeführt wird; dadurch wird die *Lebensdauer* des Katalysators *verlängert* u. die *Ausbeute* je kg Ag *erhöht*; vgl. Tabelle. — Aus den entsprechenden Aldehyden können hergestellt werden: *Sorbin-*, *Acryl-*, *Methacryl-*, *Croton-*, *2-Äthylbuten-(2)*, *Hexen-(2)-*, *2-Methylpenten-(2)-*, *Octen-(2)-*, *2-Äthylhexen-(2)-*, *Octatrien-(2.4.6)-*, *Penten-(4)-*, *Butter-*, *n-Hexan-*, *2-Äthylbutter-*, *2-Äthylhexan-*, *2-Äthyloctan-*, *2-Butylhexan-*, *β-Butoxybutter-*, *3.5-Diäthoxyhexan-*, *2-Äthyl-3-hydroxyhexan-*, *Glutar-*, *β-Methylglutar-*, *α-Äthyl-β-methylglutar-*, *α-Äthylglutar-*, *$Δ^3$-Tetrahydrobenzoe-*, *$Δ^3$-Tetrahydro-o-toluyl-*, *2.3-Dihydro-1.4-pyran-2-carbon-*, *2.5-Dimethyl-2.3-dihydro-1.4-pyran-2-carbon-*, *Furancarbon-*, *Benzoe-*, *Salicyl-*, *Zimt-* u. *p-Chlorbenzoesäure*. (**D. A. S. 1 074 043** Kl. 12o vom 3/2. 1958, ausg. 28/1. 1960. A. Prior. 4/2. 1957. **Zusatz zu D. A. S. 1 065 846; s. vorst. Referat.**) G. KRAUSS. H 810

Rohm & Haas Co., Philadelphia, Pa., V.St.A., **Herstellung schwefelhaltiger Additionsprodukte von Estern der α-Methylen-α'-methyladipinsäure (I)** der Formel $CH_2 = C(COOR)—CH_2—CH_2—CH(COOR)—CH_3$ (R = Alkyl mit 1—14 C-Atomen, Alkoxyalkyl mit 2—14 C-Atomen, Aralkyl mit 7—14 C-Atomen, Cycloalkyl mit 3—14 C-Atomen oder Alkylcycloalkyl mit 3—14 C-Atomen). Der Ester wird in Ggw. eines Katalysators (bes. einer stark alkal. Verb. oder UV-Licht) bei 20—200°, bes. 30—150° mit einer Verb. der Formel R'SH umgesetzt (R' = H, Alkyl mit 1—18 C-Atomen, Aryl mit 6—10 C-Atomen, Aralkyl oder Alkaryl mit 7—20 C-Atomen, Hydroxyalkyl oder Polyhydroxyalkyl mit 2—12 C-Atomen, Mercaptoalkyl mit 2—12 C-Atomen oder Alkoxycarbonylalkyl mit 1—8 C-Atomen im Alkoxyrest u. 1—6 C-Atomen im Alkylrest). Additions-Prodd., in welchen R = CH_3 oder C_2H_5 können in üblicher Weise umgeestert werden. — Zum Beispiel wird H_2S in eine methanol. Lsg. des Dimethylesters von I eingeleitet, die Piperidin u. Trimethylbenzylammoniummethylat enthält. Es entsteht ein Gemisch aus *2.5-Dimethoxycarbonylhexylmercaptan*, Kp.$_{0,2}$ 115—119°, n_D^{20} 1,4662 u. *Bis-[2.5-dimethoxycarbonylhexyl]-sulfid*, Kp.$_{0,1-0,2}$ 215—225°, n_D^{20} 1,4758. — Analog: *2.5-Dibutoxycarbonylhexylmercaptan*; *Bis-[2.5-dibutoxycarbonylhexyl]-sulfid*, Kp.$_{0,3}$ 266 bis 267°, n_D^{20} 1,4640. — *2.5-Dihexoxycarbonylhexylmercaptan*; *Bis-[2.5-dihexoxycarbonylhexyl]-sulfid*, Kp.$_{0,4}$ 320—325°, n_D^{20} 1,463. — *2.5-Bis-(2-äthylhexoxycarbonyl)-hexylmercaptan*; *Bis-[2.5-di-(2-äthylhexoxycarbonyl)-hexyl]-sulfid*, Kp. 304—312°, n_D^{20} 1,4612. — Durch Einw. von Thiophenol auf den Dimethylester von I entsteht *2.5-Dimethoxycarbonylhexylphenylsulfid*, Kp.$_1$ 169—182°, n_D^{20} 1,522. — *2.5-Dimethoxycarbonylhexylbutylsulfid*. — *α-Butylmercaptomethyl-α'-methyladipinsäuredimethylester*, n_D^{19} 1,4683. — *α-(Hydroxyäthyl)-mercaptomethyl-α'-methyladipinsäuredimethylester*, Kp.$_{0,2}$ 192—193°, n_D^{20} 1,4844. — *α-Phenylmercaptomethyl-α'-methyladipinsäuredimethylester*, Kp.$_{0,98}$ 186—188°, n_D^{20} 1,5225. — *α-Dodecylmercaptomethyl-α'-methyladipinsäuredimethylester*, Kp.$_1$ 170—175°, n_D^{20} 1,4764. — *α-[1.1.3.3.5.5-Hexamethylhexyl]-mercapto-*

methyl-α'-methyladipinsäuredibutylester, $Kp._{0,2}$ 220—230°, n_D^{20} 1,4695. — *α-Phenylmercaptomethyl-α'-methyladipinsäurediäthylester* wird mit Octanol in Ggw. von H_2SO_4 gekocht → *α-Phenylmercaptomethyl-α'-methyladipinsäuredioctylester* bzw. *-äthyloctylester* (bei vorzeitigem Rk.-Abbruch). — Verw. als Weichmacher, bes. für Polyvinylchlorid, u. als Schmiermittel. (**Holl. P. 97 984** vom 7/5. 1957, ausg. 15/5. 1961. A. Prior. 7/5. 1956.) F. BÖHM. H 820

Kemball, Bishop & Co. Ltd., England, **Herstellung von 1.4-Glucosaccharolacton**, dad. gek., daß man eine wss. Lsg. des Gemisches der freien Säure mit dem 1.4- u. 3.6-Lacton längere Zeit erhitzt u. während 7tägigem Rührens bei Raum-Temp. das *Monohydrat* des *1.4-Lactons* (I) kristallisieren läßt, welches chromatograph. gereinigt wird. Die Mutterlauge wird bis zum Gleichgewicht von Säure u. Lactonen eingeengt, mehrere Std. auf 80—90° erwärmt, auf 20° abgekühlt u. I wie vorst. gewonnen oder auf 7° abgekühlt u. 21 Std. bei 7° gehalten; oder man stellt ein Gemisch aus der wss. Lsg. der Säure mit den Lactonen, des reinen 3.6-Lactons u. den Mutterlaugen der Isopropanolextraktion von I her, aus denen Isopropanol azeotrop abdest. wurde, behandelt dieses mit Aktivkohle u. rührt 5 Tage. (**F. P. 1 221 065** vom 27/1. 1959, ausg. 31/5. 1960. E. Prior. 28/1. 1958.) S. BÖTTCHER. H 850

Monsanto Canada Ltd., Ville La Salle, Quebec, Canada (Erfinder: Arthur Ferguson McKay und Martha Skulski), **1.3-Bis-[ω-hydroxyalkyl]-harnstoffe** [harnstoff (I)] der allg. Formel $HO-(CH_2)_n-NH-CO-NH-(CH_2)_n-OH$, worin n 5—18 ist, werden durch Rk. von 1.3-Bis-[ω-hydroxyalkyl]-thioharnstoff mit H_2O_2 erhalten. — Beispiel: Eine Lsg. von 1.3-Bis-[5-hydroxypentyl]-thioharnstoff in wss. alkohol. NaOH wird bei 20—23° mit H_2O_2 versetzt u. das Rk.-Gemisch 30 Min. lang unter Eiskühlung nachgerührt. Nach Abfiltrieren von Na_2SO_4 u. Eindampfen des Filtrats wird *1.3-Bis-[5-hydroxypentyl]*-I als Öl erhalten, welches durch Kühlen krist., nach Umkrist. F. 106,5—108,5° (A./Essigester). — Analog: *1.3-Bis-[6-hydroxyhexyl]*-I, F. 155—117°; *1.3-Bis-[7-hydroxyheptyl]*-I, F. 122—122,5°; *1.3-Bis-[11-hydroxyundecyl]*-I, F. 134,5 bis 136°. — *Zwischenprod. zur Herst. linearer Polymerer* durch Rk. mit Dicarbonsäuren der allg. Formel HOOC—R—COOH, worin R einen zweiwertigen KW-Stoffrest bedeutet oder durch Rk. mit 1.3-Di-(ω-carboxyalkyl)-I der allg. Formel $HOOC-(CH_2)_m-NH-CO-NH-(CH_2)_m-COOH$, worin m 2—17 ist. (**E. P. 804 300** vom 16/10. 1956, ausg. 12/11. 1958.) F. KREIS. H 880

Monsanto Canada Ltd., Ville La Salle, Quebec, Canada (Erfinder: Arthur Ferguson McKay und Martha Skulski), **1.3-Bis-[ω-hydroxyalkyl]-thioharnstoffe** [thioharnstoff (I)] der allg. Formel $HO-(CH_2)_n-NH-CS-NH(CH_2)_n-OH$, worin n 5—18 ist, erhält man durch Rk. von CS_2 in einem inerten Lsgm. mit einem ω-Aminoalkohol der allg. Formel $NH_2-(CH_2)_n-OH$. — Beispiel: Eine Lsg. von CS_2 in A. wird bei 5° mit einer Lsg. von 6-Aminohexanol-(1) in abs. A. versetzt u. das Gemisch nach der Rk. 7 Std. lang unter Rückfluß gekocht. Nach Konzentrieren im Vakuum u. Umkrist. aus Aceton gewinnt man *1.3-Di-(6-hydroxyhexyl)*-I, F. 79,5—80°. — Analog erhält man *1.3-Di-(7-hydroxyheptyl)*-I, F. 82,5—83° u. *1.3-Di-(11-hydroxyundecyl)*-I, F. 94—97°. — *Zwischenprod.* zur Herst. linearer Polythioharnstoff-Polyester der allg. Formel $HO[(CH_2)_n-NH-CS-NH-(CH_2)_n-OCO-R-COO]_xH$ durch Rk. mit einer Dicarbonsäure der allg. Formel HOOC—R—COOH, worin R einen zweiwertigen KW-Stoffrest bedeutet, oder linearer Polyharnstoff-Polythioharnstoff-Polyester durch Rk. mit einem 1.3-Bis-(ω-carboxyalkyl)-harnstoff der allg. Formel $HOOC-(CH_2)_m-NH-CO-NH-(CH_2)_m-COOH$, worin m 2—17 ist, ferner zur Herst. bifunktioneller Harnstoffe nach E. P. 804 300; vgl. vorst. Referat. (**E. P. 804 299** vom 16/10. 1956, ausg. 12/11. 1958.) F. KREIS. H 880

National Distillers & Chemical Corp., New York, N.Y. (Erfinder: Irving Lester Mador und Louis Joseph Rekers, Cincinnati, Ohio), V.St.A., **Herstellung von Diaminoderivaten von dimeren konjugierten Dienen**, dad. gek., daß ein konjugiertes Dien mit 4—8 C-Atomen [Butadien, Isopren, Dimethylbutadien, Methylpentadien-(1.3), Cyclohexadien oder Cyclopentadien] in einem prakt. wasserfreien organ. Lsgm. (einwertige aliphat. Alkohole mit 1—4 C-Atomen oder deren Gemische, bes. CH_3OH/A., ggf. im Gemisch mit anderen Lsgm., wie Ae., Dioxan oder Bzl.) mit NH_2OH oder einem Salz von NH_2OH ($NH_2OH \cdot HCl$) in Ggw. eines reduzierend wirkenden Metallsalzes [$TiCl_3$, $Ti(NO_3)_3$, $SnCl_2$, $MnCl_2$, VCl_2] umgesetzt wird u. das erhaltene Diamino-Deriv., bes. durch Ausfällung mittels eines zugesetzten Nicht-Lsgm. für das Diaminodimere des Diens isoliert. Zum Beispiel wird Diaminooctadien oder dessen Hydrochlorid erhalten. Es kann sofort bei der Herst. eines Salzes des Diamino-Deriv. mit einem Lsgm. gearbeitet werden, in welchem das NH_2OH-Salz lösl., das Salz des Diamino-Deriv. jedoch prakt. unlösl. ist, wie Ae., Äthylenglykoldimethyläther oder CH_2Cl_2. Hierbei wird zweckmäßig das Hydroxylamin u. das reduzierende Metallsalz in prakt. stöchiometr. Mengen angewendet. Die

Rk. kann auch mit $TiCl_4$ in Ggw. eines Hydrierungskatalysators (Adorn-Katalysator, Pt oder Pd/Kohle) bei erhöhtem H_2-Druck durchgeführt werden, worauf nach Neutralisation des Rk.-Gemisches die in ihm enthaltene Ti-Verb. TiO_2 ausgefällt wird, welches in $TiCl_4$ übergeführt u. wiederverwendet wird. Geeignet *zur Herst. von Linearpolyamiden.* (**D. A. S. 1 093 353** Kl. 12o vom 10/9. 1957, ausg. 24/11. 1960. A. Prior. 14/9. 1956.)
W. Gräger. H 910

E. I. du Pont de Nemours & Co., V.St.A. (Erfinder: Robert Henry Sullivan), **Herstellung von Glutaminsäure,** dad. gek., daß ein N-acyliertes 3-Aminocyclopenten bei —5 bis +10° mit 85%ig. H_2SO_4 behandelt, das entstehende N-substituierte 3-Aminopentanol mit HNO_3 oxydiert u. die N-acylierte Glutaminsäure hydrolysiert wird. — N-[Cyclopentenyl-(3)]-phthalimid wird durch Behandlung mit H_2SO_4 in N-[Hydroxycyclopentyl]-phthalimid, F. 120—123°, übergeführt; analog N.N'-Bis-[3-hydroxycyclopentyl]-pyromellitimid, F. 272—274°, aus N.N'-Bis-[cyclopentenyl-(3)]-pyromellitimid, N-[3-Hydroxycyclopentyl]-succinimid, F. 83,5—84,5°, aus N-[Cyclopentyl-(3)]-succinimid, N.N'-Bis-[3-hydroxycyclopentyl]-succinamid, N-[3-Hydroxycyclopentyl]-acetamid u. -benzamid. Die erhaltene N-Acyl-, z. B. N-Phthalylglutaminsäure wird oxydiert u. hydrolysiert. (**F. P. 1 215 399** vom 27/11. 1958, ausg. 19/4. 1960. A. Prior. 14/1. 1958.)
S. Böttcher. H 950

Purdue Research Foundation, V.St.A. (Erfinder: Herbert Charles Brown), **Herstellung organischer Borverbindungen,** z. B. *Tri-n-hexyl-, Triäthyl-Trivinyl-, Tricyclohexyl-, Tri-n-dceyl-, Trioctyl-(2)-, Tri-n-octyl-B, Triäthyl-B-Triäthylamin-Komplex* u. *Tri-[2-phenyläthyl]-boran,* dad. gek., daß Li- oder Na-Hydrid in $(CH_3)_2O$ oder Diäthylenglykol bei 25—125° mit BF_3-Ätherat, BCl_3, Triphenylborat, Triäthylborat, BBr_3-Ätherat oder Trimethylborat u. einem Olefin [Hexen-(1), Butadien, Hexin-(3), Äthylen, Styrol, C_2H_2, Cyclohexen, Decen-(1), Octen-(1) bzw. -(2)] umgesetzt wird. (**F. P. 1 222 316** vom 25/4. 1959, ausg. 9/6. 1960. A. Prior. 25/4. 1958.)
S. Böttcher. H 980

British Petroleum Co. Ltd. (Erfinder: Peter Desmond Holmes und Roy Turner), **Entalkylieren alkylsubstituierter aromatischer Kohlenwasserstoffe.** Der alkylsubstituierte aromat. KW-Stoff wird bei Temp. über 520° zusammen mit H_2 über einen Katalysator geschickt, der zum größten Teil aus Al_2O_3 besteht u., bezogen auf das Gewicht des Katalysators, in geringerer Menge, 0,01—1%, Pt u. 6—8% F in gebundener Form enthält. Das Verhältnis von H_2 : KW-Stoff im Beschickungsgut kann 0,5 : 1 bis 4 : 1 betragen. Der Kp. der zur Rk. kommenden KW-Stoffe soll über 150° liegen. (**Aust. P. 222 403** vom 6/8. 1957, ausg. 23/7. 1959. E. Prior. 15/8. 1956.)
O. Roick. H 1010

E. I. du Pont de Nemours & Co., V.St.A. (Erfinder: Benjamin W. Howk und John C. Sauer), **Herstellung von Hydrochinon und Chinhydron,** dad. gek., daß C_2H_2 oder seine Homologen bei 85—200°, bes. 100—175°, u. 50—3000 at, bes. 700—1500 at, in Ggw. von Rh- oder Ru-Carbonylen, -Halogeniden oder -Chelaten in W., Alkoholen, Äthern oder Ketonen mit CO umgesetzt wird. In einem Autoklaven werden unter Druck 100 cm^3 CH_3OH u. 1 g Dirutheniumnonacarbonyl gefällt, mit CO_2-Schnee u. Aceton wird gekühlt u. 26 g C_2H_2 eingeleitet. Man läßt $16^1/_2$ Std. bei 100—150° u. 835—980 at CO-Druck, kühlt ab u. dest.; es wird *Hydrochinon,* F. 175—177°, erhalten. — Analog *Chinhydron,* F. 168—170°. (**F. P. 1 220 190** vom 2/2. 1959, ausg. 23/5. 1960. A. Prior. 14/8. 1958.)
S. Böttcher. H 1060

Badische Anilin- & Soda-Fabrik Akt.-Ges. (Erfinder: Harry Distler), Ludwigshafen/Rh., **Herstellung von Estern α,β-äthylenisch ungesättigter Sulfonsäuren mit aromatischen Hydroxyverbindungen,** dad. gek., daß β-Chloräthansulfochlorid, das in α- u./oder β-Stellung ggf. durch KW-Stoffreste, Halogen oder Halogen-KW-Stoffreste substituiert ist (1.3-Dichlorpropan-2-sulfochlorid, 2-Chlorpropan-1-sulfochlorid, 2.3-Dichlorbutan-1-sulfochlorid, 2-Chlor-2-phenyläthansulfochlorid, β.β'-Dichloräthan- oder β.β'.β''-Trichloräthansulfochlorid) mit aromat. Hydroxy-Verbb. in wss.-alkal. Medium, bes. bei pH 8—10, zweckmäßig in Ggw. eines indifferenten organ. Lsgm. (Cyclohexan, PAe., Bzl., Toluol, Xylol, Ae., Dioxan, Tetrahydrofuran, Chlf., CCl_4, Methylen- oder Äthylenchlorid), bei —10° bis +80°, bes. bei 0—30°, umgesetzt u. die Sulfonsäureester abgetrennt werden, welche durch Dest. bes. in Ggw. von Polymerisationsinhibitoren (Hydrochinon, Methylenblau, Phenothiazin) gereinigt werden können. Es werden die Vinylsulfonsäureester von Phenol, $Kp._{0,1}$ 90—91°, n_D^{40} 1,5171; von p-Chlorphenol $Kp._{0,1-0,2}$ 105—110°, n_D^{40} 1,5315; von 2.4.5-Trichlorphenol, $Kp._{0,2}$ 160°, F. 45°; von 2.4.6-Trichlorphenol, $Kp._{0,1}$ 131—133°, n_D^{40} 1,5650; von 2.3.4.5.6-Pentachlorphenol, F. 93° $Kp._{0,2}$ 190°; von p-tert.-Butylphenol, $Kp._{0,1}$117 bis 119°, n_D^{25} 1,5130; von 2-Methyl-4-chlorphenol, F. 52—53° $Kp._1$ 153—159°, von Nonylphenol, dickes Öl, n_D^{40} 1,5000; von Dodecylphenol, gelbes Öl, n_D^{20} 1,5055; von

2.4.6-Tribromphenol, F. 81,5—82,5°; von Octylphenol, gelbes Öl, n_D^{20} 1,5105; von Kresol, $Kp._7$ 143—148°, n_D^{20} 1,5220; 2-Methyläthensulfonsäurephenylester, $Kp._{0,3}$ 121 bis 126°, n_D^{20} 1,5230; der hochviscose Monovinylsulfonsäureester von 4.4'-Dihydroxydiphenylpropan; der Resorcindivinylsulfonsäureester, fast farbloses Öl, u. der 4.4'-Dihydroxydiphenylsulfon-divinylsulfonsäureester erhalten. Geeignet zur Herst. von Polymerisationsprodukten. (**D. A. S. 1 094 735** Kl. 12 o vom 18/7. 1959, ausg. 15/12. 1960.)
W. GRÄGER. H 1090

Distillers Co. Ltd., Edinburgh, England (Erfinder: Edward James Gasson, David James Hadley und Harry Davies Hollingworth), **Carbonsäureester** werden durch Verseifen von Carbonsäurenitrilen in Ggw. von überschüssigen Alkoholen, bes. im Verhältnis 1 : 5—10, u. bas. Katalysatoren u. W. erhalten. — Aus Benzonitril u. Äthylenglykol in Ggw. von MgO bei 180° unter Durchleiten von N_2 → *Bis-[1.2-benzoyloxy]-äthan*, F. 73°, u. *Hydroxyäthylbenzoat*, F. 42°. — Terephthalsäurenitril → *Bis-[2-hydroxyäthyl]-terephthalat*. — Isophthalsäurenitril → *Bis-[2-hydroxyäthyl]-isophthalat*, F. 142°. — Fumarsäurenitril → *Bis-[2-hydroxyäthyl]-fumarat*. — Adipinsäurenitril → *Bis-[2-hydroxyäthyl]-adipinat*. Ferner können verestert werden: m- u. p-Tolunitril, β-Naphthonitril, m- u. p-Nitrobenzonitril, -Chlorbenzonitril, α-, β- u. γ-Cyanpyridin, α- u. β-Furonitril mit Äthylen-, Propylen-, Butylenglykol u. Glycerin. Vgl. D.A.S. 1 040 029; C. **1961.** 4520. — *Zwischenprodd.* zur Herst. von *Polymeren*; *Lsgm.* u. *Weichmacher*. (**E. P. 800 875** vom 25/11. 1955, ausg. 3/9. 1958.) G. KRAUSS. H 1210

Sherwin-Williams Co., Cleveland, Ohio, übert. von: Aaron Stack, Park Forest, und Earl G. Shaver, Chicago, Ill., V.St.A., **Geruchsfreie Diester von aromatischen Dicarbonsäuren** mit wasserunlösl. aliphat. Monoalkoholen werden durch Begasen der Ester mit einem inerten Gas bei 85—140° u. höchstens 150 Torr in Ggw. von geringen Mengen gesätt. aliphat. KW-Stoffe der Methanreihe (von PAe. bis zur Vaseline) erhalten. Die Beispiele betreffen die Reinigung von *2-Äthylhexanol-*, *Capryl-*, *Stearyl-*, *Decyl-* u. *Dioctylphthalsäureester*. (**A. P. 2 802 860** vom 6/8. 1954, ausg. 13/8. 1957.)
L. STADELMANN. H 1220

VEB Leuna-Werke „Walter Ulbricht" (Erfinder: Arthur Rudolf), Leuna/Kr. Merseburg, **Gewinnung von reinem Salicylsäureamid** (I) aus seinen Lsgg., die durch Rk. von Salicylsäureester mit überschüssigem, wss. NH_4OH erhalten werden, erfolgt dadurch, daß die nicht vorgewärmte Rk.-Lsg. zwischen 90 u. 100, bes. 92 u. 95° über einen Oberflächenverdampfer geleitet wird, wodurch überschüssiges NH_3 u. der entstandene Alkohol entfernt werden. Aus der Lsg. wird I in üblicher Weise abgeschieden. Der den Verdampfer umgebende Raum wird so groß gewählt, daß störende Druckschwankungen in der Abgangsleitung für NH_3 nicht auftreten. — Aus 100 Liter Lsg. werden 21 kg reinweißes I erhalten, F. 140,5—141°; es ist frei von Schwermetallen, Cl-Ionen, NH_4-Salzen u. Verbrennungsrückstand; Reinheitsgrad 100%. — Vgl. Holl. P. 93 739; C. **1962.** 4350. (**D. A. S. 1 096 893** Kl. 12 o vom 29/1. 1958, ausg. 12/1. 1961.)
G. KRAUSS. H 1250

Goodyear Tire & Rubber Co., V.St.A. (Erfinder: Ronald B. Spacht), **Herstellung aromatischer Diamine,** dad. gek., daß ein prim. Amin bei 100—350° u. 1—20 at in Ggw. eines Katalysators aus Anilinhydrochlorid (I) u. Fe_2O_3 bzw. NH_4Cl u. Fe in einem Lsgm., das mit W. ein azeotropes Gemisch bildet, mit einer aromat. Polyhydroxy-Verb. umgesetzt u. der Katalysator mit Na_2CO_3 ausgefällt wird. — 220 (g) Hydrochinon, 125 Anilin, 24 I u. 6 Fe-Oxid werden auf 180° erhitzt, die Temp. wird langsam auf 240° gesteigert, 325 Anilin werden zugesetzt, bei 8 Torr u. 260° wird dest.; es wird das *Diamin*, F. 132—138°, in 92%ig. Ausbeute erhalten. (**F. P. 1 220 232** vom 9/2. 1959, ausg. 23/5. 1960. A. Prior. 25/7. 1958.) S. BÖTTCHER. H 1310

Goodyear Tire & Rubber Co., V.St.A. (Erfinder: Ronald B. Spacht), **Herstellung aromatischer Diamine,** dad. gek. daß man ein prim. Amin bei 100—350° u. 1—20 at in Ggw. von Fe-Pulver u. J_2 u. eines KW-Stoffes, der mit W. ein azeotropes Gemisch bildet, mit einer aromat. Polyhydroxy-Verb. umsetzt u. zur Ausfällung von Fe ein lösl. Salz zusetzt. — 220 (g) Hydrochinon, 125 Anilin, 4 Fe u. 25 J werden auf 180° erhitzt, die Temp. wird langsam auf 240° gesteigert, 325 Anilin werden zugesetzt, u. bei 8 Torr u. 260° wird dest.; man erhält das *Diamin*, F. 132—138°, in 92%ig. Ausbeute. (**F. P. 1 220 239** vom 10/2. 1959, ausg. 23/5. 1960. A. Prior. 25/7. 1958.)
S. BÖTTCHER. H 1310

American Cyanamid Co., New York, N. Y. (Erfinder: Stephan Joseph Groszos, Darien, Conn.), V.St.A., **Herstellung von organischen Borverbindungen,** z. B. *Phenylbordichlorid*, *Benzylbordichlorid*, *Phenyl-* u. *Benzylbordijodid*, die durch Behandeln mit HCl in Ae. in *Phenyl-*, F. 208—215°, bzw. *Benzylborsäure* (I), F. 195 bis 214°, übergeführt werden können, dad. gek., daß BCl_3, BBr_3 oder BJ_3 bei 575 bis 700° mit einer carbocycl. Verb. (Bzl., Toluol, Naphthalin, Methylnaphthaline, halogenierte Benzole, Pyridine, Triazine, Pyrazine, Pyrimidine, Furane, Thiophene, Pyrrole, cycloaliphat. Verbb.) umgesetzt werden. — I kann mit Diäthanolamin in *Iminodiäthylbenzylboronat*, F. 193—194°, übergeführt werden. (**F. P. 1 212 843** vom 10/9. 1958, ausg. 25/3. 1960. **D. A. S. 1 115 734** Kl. 12o vom 12/9. 1958, ausg. 26/10. 1961. Beide A. Prior. 12/9. 1957.) S. BÖTTCHER. H 1380

Union Carbide Corp., übert. von: Samuel W. Tinsley, South Charleston, W. Va., V.St.A., **p.β-Dinitrostyrol**, F. 200° (Bzl.) wird durch Behandeln von 1-[p-Nitrophenyl]-äthylnitrat mit mindestens 70, bes. 96%ig. H_2SO_4 unter Wasserabspaltung u. intramol. Umlagerung bei 0—80, bes. 40°, in 96—98%ig. Ausbeute erhalten. Das Rk.-Gemisch wird auf Eis gegossen oder mit W. abgeschreckt u. bis pH 7—8, bes. mit wss. NH_4OH, neutralisiert. (**A. P. 2 884 465** vom 3/5. 1957, ausg. 28/4. 1959.) G. KRAUSS. H 1410

Studiengesellschaft Kohle m. b. H. (Erfinder: Günther Wilke), Mülheim/Ruhr, **Herstellung von Cyclododecatrienen-(1.5.9)** neben anderen ringförmigen KW-Stoffen mit mindestens 8 C-Atomen u. mindestens 2 Doppelbindungen im Ring durch Einw. von Ti-Halogeniden u. Dialuminiumhydriden oder Al-Trialkylen im Molverhältnis Ti : Al = 1 : 0,5 bis 2, bes. 1 : 1, auf Isopren, Piperylen u. bes. Butadien bei Temp. bis 150° in Ggw. von aliphat. oder aromat. oder halogenierten KW-Stoffen. — Zu 0,7 ml $TiCl_4$ in 100 ml abs. Bzl. werden 0,88 ml Al-Triäthyl gegeben u. bei 40—50° während 3 Std. 68 g Butadien eingeleitet. Der Katalysator wird mit 2 ml CH_3OH zersetzt, Polybutadien mit Aceton gefällt, die Lsg. mit W. gewaschen u. dest.: 60% *Cyclododecatrien-(1.5.9)*, $Kp._{15}$ 108°. — Analog aus Isopren *1.5.9-Trimethylcyclododecatrien-(1.5.9)*, $Kp._{13}$ 138°; n_D^{20} 1,5120. — Aus Piperylen *3.7.11-Trimethylcyclododecatrien-(1.5.9)*, $Kp._{2,5}$ 92—94°; n_D^{20} 1,4910—1,4930. (**D. P. [DDR] 20 243** Kl. 12o vom 21/3. 1958, ausg. 7/11. 1960 [Ausschließungspatent]. D. Prior. [Bundesrepublik Deutschland] 17/4. 1957. **Zusatz zu D. P. [DDR] 16 550; C. 1962. 3267.**) L. GROSSNER. H 1810

Stamicarbon N. V., Heerlen, Holland, **Herstellung von Cyclohexanon und Cyclohexanol** durch Oxydation von Cyclohexan (I). Nach Abdest. von nicht umgesetztem I wird der Rückstand zwecks Verseifung der darin vorhandenen Ester bei 70—96° erst mit Na_2CO_3- oder K_2CO_3-Lsg. u. dann mit NaOH- oder KOH-Lsg. behandelt. Zur Erzielung vollständiger Verseifung soll die NaOH- bzw. KOH-Konz. hierbei mindestens 0,05, u. zur Vermeidung von Kondens.-Rk. höchstens 2 mg-Äquivalent/g betragen. Anschließend folgt eine Wasserdampfdestillation. (**Holl. P. 97 116** vom 26/1. 1959, ausg. 15/2. 1961.) F. BÖHM. H 1960

Union Carbide Corp., New York, N.Y., V.St.A. (Erfinder: Donald Chester Freeman jun.) **Herstellung von Cyclopentadienylmangantricarbonyl**, dad. gek., daß $MnCl_2$ oder $MnBr_2$ in Tetrahydrofuran oder Äthylenglykoldimethyläther mit einer Suspension von Li, Na oder K u. Cyclopentadienyl-Li, -Na oder -K bzw. Methylcyclopendatienyl-Li, -Na oder -K in dem gleichen Lsgm. umgesetzt u. unter Druck CO eingeleitet wird. (**F. P. 1 215 360** vom 21/11. 1958, ausg. 19/4. 1960. **E. P. 858 442** vom 26/11. 1958, ausg. 11/1. 1961. Beide A. Prior. 27/11. 1957.) S. BÖTTCHER. H 2180

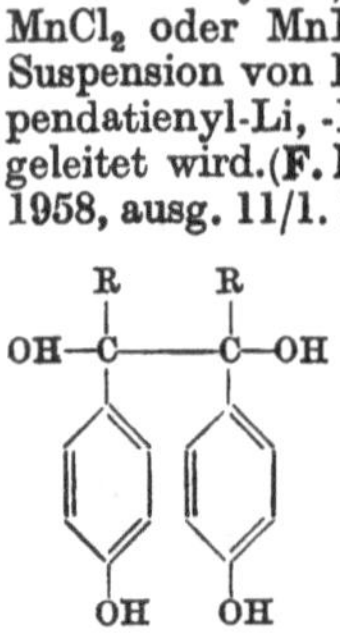

I

Abbott Laboratories (Erfinder: Irvin Walter Sangrelet), **Herstellung von Pinakolen** der allg. Formel I (R = Alkylrest) durch Red. einer alkal. wss. Lsg. eines aromat. Ketons mit K-Amalgam. Hergestellt wird aus p-Hydroxypropiophenon: *3.4-Bis-(p-hydroxyphenyl)-hexandiol-(3.4)*, F. 185—187°. (**Aust. P. 223 804** vom 9/4. 1958, ausg. 1/10. 1959.) K. DEMMLER. H 2250

Farbwerke Hoechst Akt.-Ges., vormals Meister Lucius & Brüning (Erfinder: Rudolf Sartorius), Frankfurt/M., **Herstellung von reinem 2.2-Bis[4-hydroxyphenyl]-propandiallyläther** der Formel $CH_2{=}CH{-}CH_2{-}O{-}C_6H_4{-}C(CH_3)_2{-}C_6H_4{-}O{-}CH_2{-}CH{=}CH_2$, dad. gek., daß das rohe Rk.-Prod. eines Alkalisalzes von 2.2-Bis-[4-hydroxyphenyl]-propan mit Allylchlorid in Bzn. (Kp. 65 bis 95°) gelöst, diese Lsg. einer extraktiven Reinigung mit methanol. Alkalilauge unterworfen u. der reine Diallyläther aus der sodann mit W. gewaschenen Benzin-Lsg. isoliert wird. Der reine Diallyläther ist ein schwachgelblich gefärbtes Öl mit n_D^{20} 1,5648. Zwischenprod. für verschiedene Synthesen. (**D. A. S. 1 110 154** Kl. 12o vom 26/9. 1956, ausg. 6/7. 1961.) W. GRÄGER. H 2260

Imperial Chemical Industries Ltd. (Erfinder: Robert William Gunn Preston und Hubert William Dyson Stubbs), **Herstellung von 4-Alkyl-, 4-Aral-**

kyl- oder 4-Cyclohexylaminodiphenylaminen durch Alkylieren eines N-Nitroso-4-nitrodiphenylamins, das durch Rk. von Diphenylamin mit N-Oxiden in Ggw. eines Lsgm. erhalten wird, in fl. Phase in Ggw. eines Hydrierungskatalysators mit einem Keton, Aldehyd oder einem ggf. substituierten Cyclohexanons. — Hergestellt werden: *4-Isopropyl-*, F. 78—79°, *4-sek.-Butyl-*, F. 44—48° u. *4-Cyclohexylaminodiphenylamin*, F. 111—114°. *Antioxydantien.* (**Aust. P. 223 554** vom 20/11. 1957, ausg. 17/9. 1959. E. Prior. 23/11. 1956.) K. DEMMLER. H 2510

Farbwerke Hoechst Akt.-Ges., vormals Meister Lucius & Brüning, Frankfurt/M. (Erfinder: Leopold Horner, Mainz, und Anton Mentrup, Mainz-Gonsenheim), **Tertiäre Phosphine,** bes. solche mit 2 oder 3 verschiedenartigen Resten am P-Atom werden durch kathod. Red. (bes. Hg-, auch Cd-, Pb-, Pt- u. Cu-Kathode) quart. Phosphoniumsalze in Lsg. (bes. W., auch A., Dimethylsulfoxid, CH_3CN) bei mindestens 3 V, bes. 24 V u. ca. 60—90° erhalten. — Eine wss. Lsg. von 22 g Triphenylmethylphosphoniumbromid wird 3 Std. bei ca. 70—80° bei 24 V u. ca. 3 A (Hg-Kathode) elektrolysiert. Bei der Dest. der stark riechenden organ. Schicht werden 9,2 g *Methyldiphenylphosphin,* $Kp._{15}$ 160°, u. aus der wss. Schicht 2,8 g unverändertes Ausgangsmaterial erhalten. — Analog wird erhalten: (-phosphoniumbromid = **I**, -phosphoniumchlorid = **II**, -phosphin = **III**): Äthylphenyldibenzyl-**I** → *Äthylphenylbenzyl*-**III**, $Kp._{12}$ 168°. — Butylen-(1.4)-bis-[methylphenylbenzyl-**I**] → *Butylen-(1.4)-bis-[methylphenyl*-**III**], $Kp._1$ 178—180°. — Äthyltribenzyl-**I** → *Äthyldibenzyl*-**III**, $Kp._1$ 143—145°. — Äthylbutylbenzyldodecyl-**I** → *Äthylbutyldodecyl*-**III**, $Kp._{13}$ 188—191°. — Triphenylmethyl-**I** → *Methyldiphenyl*-**III** u. *Phosphinoxid* als Nebenprod. an Pt-Kathode. — Triphenylbenzyl-**II** → *Triphenyl*-**III** (Pt-Kathode). — Triphenyl-β-hydroxyäthyl-**II** → *Triphenyl*-**III** (Pb-Kathode). — Tetrakis-[hydroxymethyl]-**II** → *Tris-[hydroxymethyl]*-**III** (Pb-Kathode). — Triphenyläthyl-**I** → *Diphenyläthyl*-**III**, $Kp._{760}$ 275—280°, u. *Triphenyl*-**III**. — Dibenzylmethyläthyl-**I** → *Benzylphenylmethyl*-**III**, $Kp._{12}$ 160°. — Dibenzylphenyläthyl-**I** → *Benzylphenyläthyl*-**III**, $Kp._{12}$ 168°. — Dibenzylphenyl-β-hydroxyäthyl-**II** → *Benzylphenyl-β-hydroxyäthyl*-**III**, dest. unter Zers.; Benzylphenyläthylallyl-**I** → *Phenyläthylallyl*-**III**, $Kp._{15}$ 113—115°. — Benzylphenylmethyl-β-hydroxyäthyl-**II** → *Phenylmethyl-β-hydroxyäthyl*-**III**, dest. unter Zers.; Triphenylisopropyl-**I** → *Diphenylisopropyl*-**III**, $Kp._{13}$ 163 bis 165°, u. *Triphenyl*-**III**. — Triphenyl-tert.-butyl-**II** → *Triphenyl*-**III**. — Triphenylacetylmethyl-**I** → *Triphenyl*-**III**. — Dibenzylphenylbutyl-**I** → *Benzylphenylbutyl*-**III**, $Kp._3$ 151—152°. — Dibenzylphenylpropyl-**I** → *Benzylphenylpropyl*-**III**, $Kp._{12}$ 173—174°. — Dibenzyläthylbutyl-**I** → *Benzyläthylbutyl*-**III**, $Kp._{12}$ 137—139°. — Phenyltrimethylphosphoniumjodid → *Trimethyl*-**III** + *Phenyldimethyl*-**III**. — Triphenylallyl-**I** → *Triphenyl*-**III**. (Pb). (**D. A. S. 1 114 190** Kl. 12o vom 26/5. 1959, ausg. 28/9. 1961.) A. JAHN. H 2580

DEHYDAG Deutsche Hydrierwerke G. m. b. H., übert. von: Rudolf Heise, Düsseldorf, **Hydroperoxide teilweise hydrierter, polycyclischer aromatischer Verbindungen** werden durch Behandeln der aromat. Verbb. mit O_2 oder diesen enthaltenden Gasen bei 20—120°, bes. 60—80°, unter Bestrahlung mit bes. gelbem u. rotem Licht in Ggw. eines Sensibilisierungsfarbstoffes, wie Chlorophyll, Phthalocyaninen, Fluorescein, Dinaphthylendioxid, Phenylbenzimidazol u. Phenyldimethylacridin, erhalten. — Aus Tetrahydronaphthalin u. Luft in Ggw. von 0,1% öllösl. Cu-freiem Chlorophyll unter Bestrahlung mit Licht → *Tetrahydronaphthalinperoxid,* wodurch die Ausbeute in der Zeiteinheit erhöht wird. Ferner sind in Hydroperoxide überführbar: Oktahydro-, Benzolalkyltetrahydronaphthalin, Tetrahydroanthracen, -phenanthren, -acenaphthen, deren Oktahydro-Derivv. u. Aralkyltetrahydronaphthaline. (**A. P. 2 861 031** vom 1/2. 1955, ausg. 18/11. 1958. D. Prior. 4/2. 1954.) G. KRAUSS. H 2600

Universal Oil Products Co., Des Plaines, Ill., V.St.A., **Gewinnung von Naphthalinen** aus Bzl.-KW-Stoffgemischen (**I**) durch Extraktion im Gegenstrom-Verf., dad. gek., daß **I** in einer 1. Stufe bei 93—232° mit einer wss. Lsg. eines aliphat. Alkohols oder Glykols oder deren Äther unter einem Druck, bei dem beide Komponenten fl. sind, extrahiert werden, der die Naphthaline (**II**) enthaltende Extrakt in einer 2. Stufe im Gegenstrom zu einem fl. Paraffin-KW-Stoff (**III**), dessen Kp. unter dem Kp. der **II** liegt, geführt wird, wobei die Benzol-KW-Stoffe durch **III** ausgetauscht werden, u. das erhaltene **II**/**III**-Gemisch durch Dest. getrennt wird. Das Verf. wird kontinuierlich durchgeführt unter Rückführung der wiedergewonnenen **III** in das Verfahren. — Zeichnung. (**Ind P. 62 403** vom 27/11. 1957, ausg. 4/12. 1958.) C. LÜTTGEN. H 2700

N. V. de Bataafsche Petroleum Mij., Den Haag, Holland, **Herstellung von 1.2.3.4.7.7-Hexachlorbicyclo-[2.2.1]-heptadien-(2.5)** durch Rk. von 1.2.3.4.5.7.7-Heptachlorbicyclo-[2.2.1]-hepten-(2) mit NaOH. Eine hohe Ausbeute (z. B. 92,2%)

wird erzielt, wenn diese Rk. bei 100—200° u. 2—10 at in einem fl. Medium ausgeführt wird, das aus 0,2—6 (Gew.-%) W., 25—40 Isopropylalkohol u. zum Rest aus aliphat. KW-Stoffen mit 5—7 C-Atomen im Mol. bzw. einer Petroleumfraktion, deren durchschnittliche Anzahl C-Atome pro Mol. der vorhandenen KW-Stoffe 5—7 beträgt, besteht. (**Holl. P. 96968** vom 11/9. 1956, ausg. 15/2. 1961. A. Prior. 12/9. 1955.)
F. Böhm. H 2950

Distillers Co. Ltd., England (Erfinder: Edwin George Edward Hawkins), **Herstellung von 2-Chlor-3.4-epoxybuten-(1)** (I), dad. gek., daß aus 1.2-Dichlor-3.4-epoxybutan in Dioxan, Äthylenglykol oder wss. Alkoholen durch NaOH oder KOH HCl abgespaltet u. I dest. wird. (**F. P. 1207388** vom 13/11. 1958, ausg. 16/2. 1960. E. Prior. 14/11. 1957.) S. Böttcher. H 3030

Soc. Agrifurane Soc.An., Frankreich, **Herstellung von Furfurol,** dad. gek., daß man die bei der Hydrolyse der Pentosane entstehenden flüchtigen Säuren (CH_3COOH) kondensiert, konz. u. zur Katalyse verwendet werden, was eine Einsparung an Katalysatoren zur Folge hat. (**F. P. 72077** vom 28/6. 1957, ausg. 21/3. 1960. **Zusatz zu F. P. 1161087; C. 1959. 16167. E. P. 842689** vom 24/6. 1958, ausg. 27/7. 1960. F. Prior. 28/6. 1957.) S. Böttcher. H 3061

Farbwerke Hoechst Akt.-Ges., vormals Meister Lucius & Brüning, Frankfurt/M. (Erfinder: Albert Mondon, Kiel), **Reaktionsfähige Erythrinane** werden durch Rk. von Cyclohexanon-(2)-ylglyoxylsäure (I) oder deren reaktionsfähigen Derivv., die auch teilweise oder ganz ketalisiert sein können, mit einem im Phenylkern durch eine oder mehrere, ggf. verätherte OH-Gruppen substituierten β-Phenyläthylamin bei höheren Temp. in Ggw. von höhersd. organ. Lsgm. (Bzl., Toluol, Xylol) bes. unter N_2 u. Ringschluß des entstandenen Kondens.-Prod. in Ggw. von Säuren, bes. verd. H_3PO_4, erhalten. — Aus 13 g I u. 27,6 g Homoveratrylamin (II) in 300 cm³ wasserfreiem Xylol unter N_2 im Ölbad bei 180°, Entfernen des Xylols zuerst bei 20, dann bei 12 Torr unter N_2, Erhitzen des Rückstandes mit 150—200 cm³ abs. Ae. → 30—33 g schwach gelbes *Enamin* (III), $C_{28}H_{34}N_2O_5$, F. 124—125° (CH_3OH); UV-Absorption 228 u. 282 mμ; *2.4-Dinitrophenylhydrazon*, $C_{34}H_{35}N_5O_7$, F. 208°; aus CH_3OH tiefrote Kristalle; UV-Absorption 280 mμ; aus 1,18 g III in CH_3OH in Ggw. von PtO u. 65 cm³ H_2 → *Dihydro-*

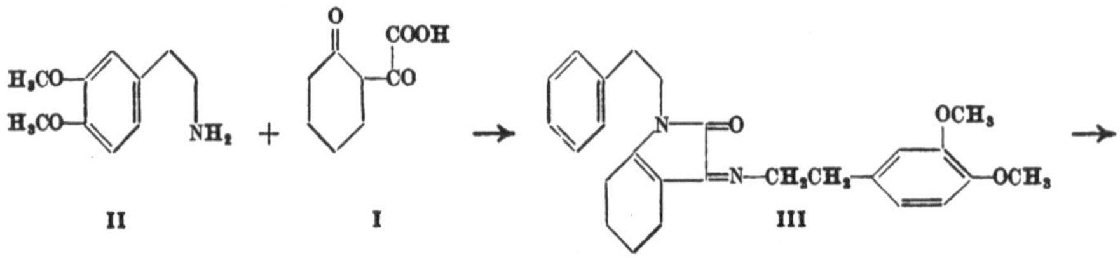

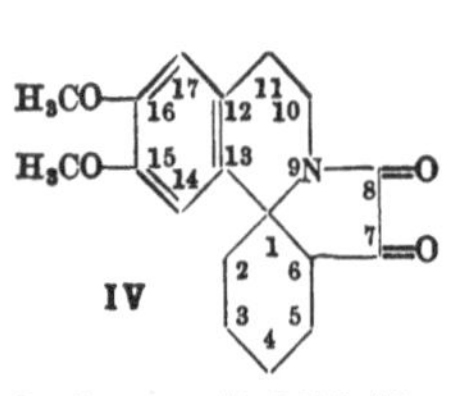

Verb., $C_{28}H_{36}N_2O_5$, UV-Absorption 230 u. 278 mμ; aus 26,77 g III in 100 cm³ CH_3OH, 150 cm³ 85%ig. H_3PO_4 u. 150 cm³ W. auf dem Wasserbad, Entfernen des CH_3OH im Vakuum, Zusatz von W., Extraktion mit Ae. u. Chlf. im Verhältnis 2 : 1, Extraktion des Auszugs mit 1n NaOH, Ansäuern mit HCl → *15.16-Dimethoxyerythrinandion-(7.8)* (IV), $C_{18}H_{21}NO_4$, F. 180° (CH_3OH); 91% (Ausbeute); manchmal entsteht eine Kristallform mit F. 155 bis 157°; UV-Absorption 220 u. 281 mμ; *2.4-Dinitrophenylhydrazon*, F. 263° (Zers.); goldgelb. Durch Red. von IV nach Wolff-Kishner → *15.16-Dimethoxyerythrinanon-(8)*, F. 117—118°. — Cyclohexanon + Oxalsäureäthylester in A. in Ggw. von CH_3ONa unter Kühlen → Cyclohexanon-(2)-glyoxylsäureäthylester; 88%, → I, F. 123—124°; aus Ester u. Äthylenglykol in Ggw. eines sauren Ionenaustauschers → I-Monoäthylenketal, $C_{10}H_{14}O_5$, F. 143°, + II → *1-Homoveratryl-4.5.6.7-tetrahydroisatin-β-äthylenketal*, $C_{20}H_{25}NO_5$, zähes, gelbes Öl, Kp.$_{0,001}$ 180° (Bad) [tiefrotes *2.4-Dinitrophenylhydrazon*, F. 208° (CH_3OH)]; daraus mit 50%ig. H_3PO_4 → IV-*7-Äthylenketal*, $C_{20}H_{25}O_5N$, F. 125° (Ae.); als Nebenprod. IV. — I-Monoäthylenketal + CH_2N_2 → *Ester*, Kp.$_{0,02}$ 95°, F. 88° (Ae.); daraus mit Äthylenglykol in Ggw. eines sauren Ionenaustauschers → I-*Diäthylenketal*, $C_{12}H_{18}O_6$, F. 105—110°, Kp.$_{0,005}$ 130° (Bad), → IV-*7-Äthylenketal*. — In die 7-Stellung lassen sich bas. Reste einführen, wodurch physiolog. wirksame Verbb. entstehen. — Zwischenprodukte. (**D. A. S. 1105424** Kl. 12p vom 13/11. 1957, ausg. 27/4. 1961.) G. Krauss. H 3081

Hans S. Mannheimer und John Joseph McCabe jun., **Herstellung von substituierten quaternären Hydroxycycloimidinsäurederivaten** durch Rk. von Verbb. der Formel I mit Verbb. der Formel II bei 100—200° F in wss. Lsgg. mit pH 7—9. (R = KW-

Stoffrest mit 4—8 C-Atomen; R_2 = aliphat. KW-Stoffrest mit 1—4 C-Atomen, Äther- oder Ketonrest mit 2—4 C-Atomen; R_3 = KW-Stoffrest mit 6 bis 20 C-Atomen; Z = O oder S; x = 1—5; M = Alkalimetall). — Beispiel: Eine wss. Lsg. von Lauryl-„cycloimidat" wird auf 140° F erhitzt, mit Na(OH) auf pH 12—13 eingestellt, mit einer wss. Lsg. des Na-Salzes von Lauryldiäthoxyäthersulfat versetzt, durch HCl auf pH 8,2—8,7 eingestellt u. die Lsg. des Rk.-Prod. der Formel III erhalten. — *Reinigungs-, Desodorisierungs-, Netz-, Emulgierungs- u. Dispergierungsmittel sowie Baktericide u. Fungicide.* (**Aust. P. 221 425** vom 22/3. 1956, ausg. 4/6. 1959.) K. Demmler. H 3122

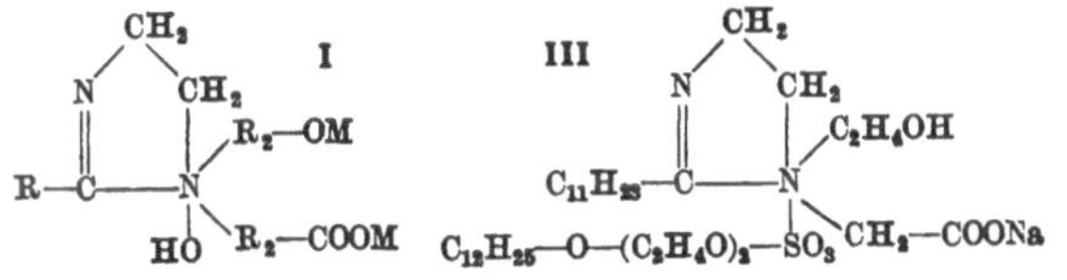

$R_3Z(C_2H_4O)_x-SO_3-M$ II

Betsy Hellinghuizer, Holland, **Herstellung von N-Acylaminooxazolidinonen-(2)**, z. B. *N-Formyl-*, F. 96°, u. *N-Acetylaminooxazolidinon-(2)*, F. 117°, dad. gek., daß 3-Aminooxazolidinon-(2) bei 50° mit HCHO bzw. Essigsäureanhydrid umgesetzt wird. (**F. P. 1 204 315** vom 3/7. 1957, ausg. 25/1. 1960. Holl. Prior. 12/4. 1957.) S. Böttcher. H 3132

Farbenfabriken Bayer Akt.-Ges., Deutschland (Erfinder: Friedrich Bossert und Hans Henecka), **Herstellung von Thiochromonen**, z. B. *2-Methyl-* F. 104°, *2.8-Dimethyl-5-acetamido-*, F. 163—164°, u. *-5-amino-*, F. 170°, *2-Phenyl-5-amino-8-methyl-*, F. 115°, u. *2-[p-Chlorphenyl]-5-amino-8-methylthiochromon*, F. 176 bis 177°, dad. gek., daß Thiophenole, wie Thiophenol, 2-Methyl-5-acetamidothiophenol, in Ggw. von Polyphosphorsäuren mit Diacylessigsäureestern, wie Diacetyl-, α-Benzoylacetyl-, p-Chlorbenzoylacetylessigsäureester, umgesetzt wird. (**F. P. 71 844** vom 26/6. 1957, ausg. 1/2. 1960. D. Prior. 4/7. 1956. **Zusatz zu F. P. 1 169 556; C. 1960. 11822.**) S. Böttcher. H 3221

Ciba Soc. An., Schweiz, **Herstellung von γ-Carbolinen**, dad. gek., daß α-Indolyl-Metall-Verbb. mit einem α-Amino- oder Pyridylalkylketon u. das Rk.-Prod. mit HCHO u. einem sek. Amin zu einer Mannich-Base umgesetzt, diese quaternisiert u. die quatern. Verbb. durch Erwärmen cyclisiert werden. — N-Methylindol wird in Ae. mit n-Butyl-Li umgesetzt, unter Rühren Diäthylaminoaceton zugesetzt u. *1-[N-Methyl-α-indolyl]-1-hydroxy-1-methyl-2-diäthylaminoäthan*, $Kp._{0,02}$ 140—143°, isoliert; dieses wird mit Dimethylamin u. HCHO zu *1-[Methyl-β-dimethylaminoäthyl-α-indolyl]-1-hydroxy-1-methyl-2-diäthylaminoäthan*, Kp. 190°, umgesetzt, mit CH_3J wird zu *1-[N-Methyl-β-trimethylammoniomethyl-α-indolyl]-1-hydroxy-1-methyl-2-dimethylaminoäthanjodid* quaterniert u. durch Kochen unter Abspaltung von Trimethylamin zu *1.9-Dimethyl-1-hydroxy-3.3-diäthyl-1.2.3.4-tetrahydro-γ-carboliniumjodid*, FF. 140°, 216° u. 310°, cyclisiert; durch Erwärmen im Ölbad von 230° wird W. u. Äthan abgespalten unter Bldg. von *1.9-Dimethyl-3-äthyl-γ-carboliniumjodid* (I), F. 310°. — *1-Diäthylamino-2-hydroxy-2-[N-methyl-α-indolyl]-cyclohexan*, F. 84°, aus α-Diäthylaminocyclohexanon. *1-Diäthylamino-2-hydroxy-2-[N-methyl-β-dimethylaminomethyl-α-indolyl]-cyclohexan*, F. 86°. *1-Diäthylamino-2-hydroxy-2-[N-methyl-β-trimethylammoniomethyl-α-indolyl]-cyclohexanjodid*, F. 170° (Zers.). *5.5-Diäthyl-11-methyl-11b-hydroxy-1.2.3.4.4a.5.6.11b-oktahydrobenzo-[a]-γ-carboliniumjodid*, F. 224—226°. *5-Äthyl-11-methyl-1.2.3.4-tetrahydrobenzo-[a]-γ-carboliniumjodid*, F. 258°. — I auch aus Benzyläthylaminoaceton über *1-[N-Methyl-α-indolyl]-1-hydroxy-1-methyl-2-[benzyläthylamino]-äthan*, F. 71°. *1-[N-Methyl-β-dimethylaminomethyl-α-indolyl]-1-hydroxy-1-methyl-2-[benzyläthylamino]-äthan*, $Kp._{0,1}$ 160°, *1-[N-Methyl-β-trimethylammoniomethyl-α-indolyl]-1-hydroxy-1-methyl-2-[benzyläthylamino]-äthanjodid* u. *1.9-Dimethyl-1-hydroxy-3-benzyl-3-äthyl-1.2.3.4-tetrahydro-γ-carboliniumjodid*, F. 220° (Zers.). — *11.12-Dimethylpyrido-[2.1:b]-γ-carboliniumjodid*, Zers. >340°, aus 2-Acetylpyridin über *[N-Methyl-α-indolyl]-[pyridyl-(2)]-hydroxymethylmethan*, F. 123 bis 125° (*Hydrochlorid*, F. 177°), *[N-Methyl-β-(dimethylaminomethyl)-α-indolyl]-[-pyridyl-(2)]-hydroxymethylmethan*, F. 119—121°, u. *[N-Methyl-β-(trimethylammoniomethyl)-α-indolyl]-[pyridyl-(2)]-hydroxymethylmethan.* (**F. P. 1 200 950** vom 9/7. 1958, ausg. 24/12. 1959. Schwz. Prior. 11/7. 1957.) S. Böttcher. H 3231

Olin Mathieson Chemical Corp., V.St.A., **Herstellung von 1-[n-Butyl]-borazylhexan (I).** Das Grignard-Deriv. von 1.5-Dibrompentan wird mit Di-n-butylchlorboran in Ae. umgesetzt u. I abdestilliert I; $Kp._{10}$ 60—62°. (**F. P. 1 194 610** vom 11/4. 1958, ausg. 10/11. 1959.) T. Oppermann. H 3241

Alfred Rieche und Manfred Schulz, Berlin, **Herstellung von Peroxiden des o-Phthaldialdehydes (I)** durch Rk. von I mit H_2O_2, Alkyl- oder Aralkylhydroperoxid in Ggw. von Säuren. — 5 g I werden in 200 (ml) 3%ig. abs. äther. H_2O_2 gelöst u. unter

Kühlung 20 abs. äther. 2n HCl zugesetzt: 58,7% *3.6-Dihydroxybenz-1.2-dioxen*, F. 127 bis 128° (Essigester–Cyclohexan). – Analog aus 5 g **I**, 20 tert.-Butylhydroperoxyd, 25 abs. Ae. u. 3 abs. äther. HCl 81,4% *1.3-Di-tert.-butylperoxyphthalan*, F. 52—54° (Bzn.). – Aus 5 g **I**, 20 Cumolhydroperoxid u. 3 abs. äther. HCl 97% *1.3-Di-[cumylperoxy]-phthalan*, F. 83—84° (CH_3OH/W.). (**D. P. [DDR] 21 654** Kl. 12o vom 24/4. 1959, ausg. 4/8. 1961 [Wirtschaftspatent].) L. GROSSNER. H 3252

B. F. Goodrich Co., New York, N.Y., V.St.A., *Herstellung von Carbonsäureestern.* (**E. P. 851 600** vom 8/10. 1956, ausg. 19/10. 1960. A. Prior. 13/10. 1955. — C. **1959.** 17460 [F. P. 1 165 428].)

Universal Oil Products Co., Des Plaines, übert. von: **Henry W. Grote**, Hinsdale, Ill., V.St.A., *Reduktive Alkylierung.* (**Can. P. 552 102** vom 11/10. 1955, ausg. 21/1. 1958. A. Prior. 12/10. 1954. — C. **1961.** 297 [D. A. S. 1 063 604].)

Ciba Ltd., Basel, Schweiz, *Herstellung von Sulfonsäurechloriden.* (**Holl. P. 98 188** vom 27/1. 1956, ausg. 15/6. 1961. Schwz. Prior. 28/1. u. 16/12. 1955. — C. **1960.** 8342 [D. A. S. 1 026 750].)

Badische Anilin- & Soda-Fabrik Akt.-Ges., übert. von: **Hubert Kindler**, Ludwigshafen/Rh., *Wiedergewinnung von nicht umgesetzten Gasen aus den Abgasen.* (**A. P. 2 894 037** vom 6/9. 1957, ausg. 7/7. 1959. D. Prior. 7/9. 1956. — C. **1960.** 11818 [D. A. S. 1 067 434].)

Esso Research and Engineering Co., Elizabeth, N.J., V.St.A., *Radiochemische Umwandlung von Kohlenwasserstoffen.* (**E. P. 864 225** vom 21/6. 1957, ausg. 29/3. 1961. A. Prior. 28/6. 1956. — C. **1961.** 6676 [D. A. S. 1 086 680].)

Standard Oil Co., Chicago, Ill., übert. von: **Arthur P. Lien**, Hammond, **Wilford J. Zimmerschied** und **Willard S. Higley**, Whiting, Ind., V.St.A., *Trennung organischer Verbindungen mittels Harnstoff.* (**Can. P. 551 739** vom 20/7. 1950, ausgl. 14/1. 1958. A. Prior. 30/9. 1949. — C. **1954.** 880 [A. P. 2 577 202].)

N. V. de Bataafsche Petroleum Mij., Den Haag, Holland (Erfinder: **R. D. Mullineaux** und **J. H. Raley**), *Dehydrieren von Kohlenwasserstoffen zu Alkenen und Dialkenen.* (**Belg. P. 550 311** vom 14/8. 1956, ausg. 4/12. 1959. A. Prior. 16/5. 1956. — C. **1960.** 17463 [Aust. P. 211 722].)

Distillers Co. Ltd., England (Erfinder: **Frederick James Bellringer**), *Chloroprenherstellung.* (**F. P. 1 175 230** vom 16/5. 1957, ausg. 23/3. 1959. E. Prior. 26/5. 1956. — C. **1959.** 15189 [E. P. 798 205].)

Phillips Petroleum Co. (Erfinder: **Emory William Pitzer** und **Lucien Bagnetto jun.**), V.St.A., *Dehydrierung von organischen Verbindungen.* (**F. P. 1 181 755** vom 28/8. 1957, ausg. 18/6. 1959. A. Prior. 29/8. 1956. — C. **1961.** 16651 [A. P. 2 888 499].)

Esso Research and Engineering Co., Elizabeth, N.J., V.St.A., *Entfernung von Acetylenen aus butadienhaltigen Crackgasen.* (**Holl. P. 97 703** vom 26/6. 1957, ausg. 17/4. 1961. A. Prior. 26/6. 1956. — C. **1961.** 10744 [F.P. 1 177 961].)

Karl Ziegler, Mülheim/Ruhr, *Primäre Alkohole.* (**E. P. 804 335** vom 28/7. 1955, ausg. 12/11. 1958. D. Prior. 7/8. 1954. — C. **1958.** 8757 [D. A. S. 1 014 088].)

Farbenfabriken Bayer Akt.-Ges. (Erfinder: **Peter Kurtz**), Leverkusen, *Allylacetylene aus Acetylenen und Allylhalogeniden.* (**Schwz. P. 335 514** vom 26/5. 1955, ausg. 28/2. 1959. **A. P. 2 884 464** vom 26/5. 1955, ausg. 28/4. 1959. Beide D. Prior. 29/5. 1954. — C. **1957.** 14133 [D. A. S. 1 007 767].)

Shell Development Co., New York, N.Y., V.St.A. (Erfinder: **Willem A. de Jong**, Amsterdam, Holland), *Überführung organischer Hydroperoxide in Carbinole.* (**Can. P. 551 729** vom 29/5. 1956, ausg. 14/1. 1958. Holl. Prior. 31/5. 1955. — C. **1961.** 11891 [A. P. 2 853 532].)

California Research Corp., San Francisco, Calif., V.St.A., *1.2-Glykole.* (**E. P. 860 326** vom 23/2. 1959, ausg. 1/2. 1961. A. Prior. 21/3. 1958. — C. **1961.** 12996 [D. A. S. 1 095 801].)

California Research Corp., San Francisco, übert. von: **Seymour J. Lapporte**, Berkeley, und **William A. Sweeney**, San Rafael, Calif., V.St.A., *1.2-Glykole.* (**A. P. 2 971 989** vom 21/3. 1958, ausg. 14/2. 1961. — C. **1961.** 12996 [D. A.S. 1 095 801].)

Dumont Frères & Cie., Belgien (Erfinder: **André von Bezard**), *Reduktion von Carbonylverbindungen.* (**F. P. 1 155 151** vom 21/6. 1956, ausg. 23/4. 1958. Schwz. Prior. 25/6. 1955. — C. **1959.** 9731 [D. A. S. 1 042 562].)

Celanese Corp. of America, New York, N.Y., übert. von: **Oren V. Luke jun.**, **Max V. Robeson** und **Wallace E. Taylor**, Corpus Christi, Tex., V.St.A., *Pentaerythrit.* (**A. P. 2 951 095** vom 29/10. 1952, ausg. 30/8. 1960. — C. **1957.** 9511 [E. P. 742 159].)

Farbenfabriken Bayer Akt.-Ges., Leverkusen (Erfinder: **Wilhelm Krey** und **Karl Raichle**, Krefeld), *Herstellung von Monohydroxydiäthern.* (**Holl. P. 98 255** vom 6/6. 1957, ausg. 15/6. 1961. D. Prior. 30/6. 1956. — C. **1959.** 1605 [D. A. S. 1 021 346].)

N. V. de Bataafsche Petroleum Mij., Den Haag, Holland, *Öllösliche Sulfonsäuren aus Petroleumkohlenwasserstoffen.* (**E. P. 820 691** vom 20/1. 1958, ausg. 23/9. 1959. A. Prior. 22/1. 1957. — C. **1961.** 16652 [A. P. 2 830 081].)

Esso Research and Engineering Co., Elizabeth, N.J., V.St.A., *Herstellung sauerstoffhaltiger organischer Verbindungen.* (**Holl. P. 98 500** vom 11/1. 1957, ausg. 17/7. 1961. A. Prior. 11/1. 1956. — C. **1960.** 12504 [F. P. 1 171 390].)

Eastman Kodak Co. (Erfinder: **John Duval Cawley**), Rochester, N.Y., V.St.A., *Herstellung von Geranylaceton.* (**Schwz. P. 326 417** vom 20/12. 1951, ausg. 31/1. 1958. A. Prior. 5/1. 1951. Zusatz zu Schwz. P. 317 115; C. 1958. 7354. — C. **1956.** 14181 [F. P. 1 058 800].)

United States Rubber Co., New York, N.Y., übert. von: **Elbert C. Ladd**, Passaic, N.J., V.St.A., *Herstellung von Ketonen.* (**Can. P. 551 768** vom 26/4. 1947, ausg. 14/1. 1958. — C. **1951. I.** 1070 [F. P. 961 357].)

United States Rubber Co., New York, N.Y., übert. von: **Elbert C. Ladd**, Passaic, N.J., V.St.A., *Herstellung von Ketonen.* (**Can. P. 551 769** vom 26/4. 1947, ausg. 14/1. 1958. — C. **1951. I.** 389 [F. P. 960 026].)

Badische Anilin- & Soda-Fabrik Akt.-Ges., Ludwigshafen/Rh., *Isomerisierung von gesättigten aliphatischen Carbonsäuren.* (**E. P. 868 324** vom 30/7. 1959, ausg. 17/5. 1961. D. Prior. 31/7. 1958. — C. **1960.** 9381 [D. A. S. 1 070 164].)

Montecatini Soc. Gen. per l'Industria Mineraria e Chimica, Mailand, Italien, *Carbonylieren durch Umsetzung von Hydroperoxiden mit Kohlenoxyd.* (**E. P. 864 351** vom 12/6. 1957, ausg. 6/4. 1961. It. Prior. 15/6. u. 9/10. 1956. — C. **1961.** 11515 [F. P. 1 175 983].)

Union Carbide Corp., New York, N.Y., V.St.A., *Aldehydoxydation*. (**Belg. P. 564 289** vom 27/1. 1958, ausg. 17/6. 1960. A. Prior. 4/2. 1957. — C. **1961.** 2441 [Oe. P. 203 478].)

Badische Anilin- & Soda-Fabrik Akt.-Ges., Ludwigshafen/Rh., *Acrylsäure und deren Ester aus Acetylen, Kohlenmonoxyd und Wasser oder Alkoholen*. (**E. P. 810 536** vom 4/7. 1957, ausg. 18/3. 1959. D. Prior. 5/7. 1956. — C. **1959.** 4625 [D. A. S. 1 029 365].)

Badische Anilin- & Soda-Fabrik Akt.-Ges., Deutschland (Erfinder: **Hubertus Baron** und **Herbert Friederich**), *Acrylsäurechloralkylester*. (**F. P. 1 218 142** vom 2/3. 1959, ausg. 9/5. 1960. D. Prior. 5/3. 1958. — C. **1961.** 7052 [D. A S. 1 081 450].)

Farbenfabriken Bayer Akt.-Ges., Leverkusen, *Acrylsäurenitril aus Acetylen und Blausäure*. (**E. P. 805 744** vom 29/6. 1956, ausg. 10/12. 1958. D. Prior. 1/7. 1955. — C. **1960.** 15572 [D. A. S. 1 040 541].)

Dominion Rubber Co. Ltd., Montreal, Quebec, Canada, übert. von: **Thomas H. Newby**, Middlebury, Conn., **Robert H. Snyder**, North Caldwell, N.J., und **Howard A. Hageman**, Southbury, Conn., V.St.A., *Herstellung von Maleinsäuremonoureid (Maleinursäure)*. (**Can. P. 551 917** vom 6/10. 1955, ausg. 21/1. 1958. A. Prior. 15/12. 1954. — C. **1959.** 6957 [A. P. 2 793 231].)

Montecatini Soc. Gen. per l'Industria Mineraria e Chimica, Mailand, Italien (Erfinder: **G. Boffa**, **D. Costabello** und **A. Quilico**), *Sebacin- und Äthylkorksäure*. (**Belg. P. 559 791** vom 2/8. 1957, ausg. 22/4. 1960. It. Prior. 3/8. 1956 u. 8/3. 1957. — C. **1961.** 12998 [F. P. 1 110 350].)

Escambia Chemical Corp., Pace, Fla., V.St.A., *Milchsäure*. (**D. A. S. 1 114 177** Kl. 12o vom 14/12. 1956, ausg. 28/9. 1961. A. Prior. 29/12. 1955. — C. **1959.** 12694 [A. P. 2 847 464].)

Montecatini Soc. Gen. per l'Industria Mineraria e Chimica (Erfinder: **Valerio Bianchi** und **Bruno Pescarolo**), Mailand, Italien, *Weinsäure und reines Kaliumnitrat*. (**D. A. S. 1 116 207** Kl. 12o vom 18/2. 1958, ausg. 2/11. 1961. It. Prior. 19/2. 1957. — C. **1961.** 13356 [E. P. 831 918].)

Centre National de la Recherche Scientifique (Erfinder: **Charles Paquot**, Paris, und **Roger Perron**, Chatenay-Malabry), Frankreich, *Gemische gesättigter aliphatischer Polyketodicarbonsäuren*. (**D. A. S. 1 115 730** Kl. 12o vom 14/3. 1958, ausg. 26/10. 1961. F. Prior. 15/3. 1957. — C. **1961.** 7749 [F. P. 1 179 283].)

Centre National de la Recherche Scientifique, Paris, Frankreich, *Polyketodicarbonsäuren*. (**E. P. 859 740** vom 12/3. 1958, ausg. 25/1. 1961. F. Prior. 15/3. 1957. — C. **1961.** 7749 [F. P. 1 179 283].)

E. I. du Pont de Nemours & Co., Wilmington, Del., V.St.A., *Disubstituierte Nitrosamine, Ammoniumnitrite und Amin-Salpetrigsäure-Additionsverbindungen*. (**E. PP. 867 992** u. **867 993** vom 1/5. 1957, ausg. 10/5. 1961. A. Prior. 2/5. 1956. — C. **1960.** 10406 [F. P. 1 171 532].)

Farbenfabriken Bayer Akt.-Ges., übert. von: **Carl Boresch** und **Mathieu Quaedvlieg**, Leverkusen, *Reaktionsprodukte aus Alkylaminsalzen und Epichlorhydrin*. (**A. P. 2 976 316** vom 31/7. 1956, ausg. 21/3. 1961. D. Prior. 4/8. 1955. — C. **1959.** 9434 [D. A. S. 1 044 020].)

International Minerals & Chemical Corp., Chicago, Ill., übert. von: **Forest A. Hoglan**, Toledo, Ohio, V.St.A., *Herstellung von Glutaminsäure*. (**Can. P. 551 643** vom 21/2. 1952, ausg. 14/1. 1958. A. Prior. 8/3. 1951. — C. **1955.** 7083 [A. P. 2 688 037].)

International Minerals & Chemical Corp., V.St.A. (Erfinder: **Forest A. Hoglan**), *Gewinnung von Glutaminsäure*. (**F. P. 1 152 201** vom 10/4. 1956, ausg. 13/2. 1958. A. Prior. 13/4. 1955. — C. **1958.** 11662 [E. P. 778 575].)

Institut für Silikon- und Fluorkarbon-Chemie, Radebeul, *Alkenylhalogensilane*. (**Ung. P. 143 925** vom 30/3. 1956, ausg. 1/7. 1958. — C. **1959.** 2286 [D. A. S. 1 029 377].)

Metal & Thermit Corp., Carteret, N.J., V.St.A., *Herstellung von Dimethylzinnchlorid*. (**Schwed. P. 165 648** vom 3/9. 1953, ausg. 16/12. 1958. — C. **1959.** 12385 [D. A. S. 1 046 052].)

American Cyanamid Co., New York, N.Y., übert. von: **Eugene C. Medcalf**, Bound Brook, und **Gerard N. Vriens**, Somerville, N.J., V.St.A., *Alkylierung aromatischer Kohlenwasserstoffe*. (**Can. P. 552 182** vom 5/3. 1952, ausg. 28/1. 1958. A. Prior. 1/12. 1951. — C. **1956.** 11072 [A. P. 2 694 095].)

Universa Oil Products Co., V.St.A. (Erfinder: **Herman Samuel Bloch**), *Alkylierung von Aromaten*. (**F. P. 1 218 081** vom 30/12. 1958 ausg. 9/5. 1960. A. Prior. 30/12. 1957. — C. **1961.** 2493 [E. P. 827 830].)

Farbwerke Hoechst Akt.-Ges., vormals Meister Lucius & Brüning, Frankfurt/M., *Herstellung von Benzoldisulfonsäure-(1.3)*. (**Holl. P. 98 294** vom 3/6. 1958, ausg. 15/6. 1961. D. Prior. 13/6. 1957. — C. **1960.** 9384 [D. A. S. 1 063 151].)

Imperial Chemical Industries Ltd., London, England, *Herstellung von Benzoldisulfonsäure-(1.4) und Naphthalindisulfonsäure-(2.6)*. (**Holl. P. 98 262** vom 19/7. 1957, ausg. 15/6. 1061. E. Prior. 23/7. 1056 u. 15/7. 1957. — C. **1961.** 13358 [F. P. 1 179 756].)

Dow Chemical Co., Midland, Mich., V.St.A., *Herstellung von Benzolcarbonsäuren*. (**Holl. P. 97 742** vom 9/4. 1958, ausg. 17/4. 1961. A. Prior. 6/5. 1957. — C. **1960.** 11470 [A. P. 2 906 775].)

Farbwerke Hoechst Akt.-Ges., vormals Meister Lucius & Brüning, Frankfurt/M., *Aromatische Carbonsäuren*. (**E. P. 864 069** vom 25/9. 1957, ausg. 29/3. 1961. D. Prior. 25/9., 21/12. 1956 u. 30/7. 1957. — C. **1959.** 12386 [D. A. S. 1 051 840]; C. **1959.** 12698 [D. A. S. 1 047 192] u. C. **1961.** 11894 [D. A. S. 1 101 393].)

Badische Anilin- & Soda-Fabrik Akt.-Ges., Deutschland, *Dimethylterephthalat*. (**F. P. 1 183 996** vom 7/10. 1957, ausg. 16/7. 1959. D. Prior. 12/10. 1956. — C. **1960.** 3699 [D. A. S. 1 063 143].)

Farbwerke Hoechst Akt.-Ges., vormals Meister Lucius & Brüning, Frankfurt/M.-Hoechst (Erfinder: **Walter Berndt** und **Werner Dimmling**, Frankfurt/M.), *Herstellung von Terephthalsäure*. (**Can. P. 551 599** vom 17/9. 1954, ausg. 14/1. 1958. D. Prior. 19/9. 1953. — C. **1958.** 4626 [F. P. 1 113 330].)

Henkel & Cie. G. m. b. H., Düsseldorf, *Cyclische Di- und Tricarbonsäuren*. (**E. P. 869 505** vom 6/3. 1959, ausg. 31/5. 1961. D. Prior. 7/3. 1958. — C. **1960.** 302 [D. A. S. 1 056 598].)

Joh. A. Benckiser G. m. b. H., Chemische Fabrik, Ludwigshafen/Rh., *Nitrilotriphosphorsäureester*. (**E. P. 867 195** vom 12/2. 1959, ausg. 3/5. 1961. D. Prior. 12/2. 1958. — C. **1959.** 11731 [D. A. S. 1 048 919].)

Shell Development Co., New York, übert. von: **Rolf H. Hemmerich**, Larchmont, N.Y., V.St.A., *Verminderung der Polymerisation von lagerndem Styrol*. (**Can. P. 552 069** vom 25/6. 1956, ausg. 21/1. 1958. A. Prior. 29/8. 1955. — C. **1961.** 3814 [A. P. 2 867 672].)

Allied Chemical & Dye Corp., New York, übert. von: **Leon O. Winstrom**, East Aurora, N.Y., V.St.A., *Herstellung von cis-Cyclohexandicarbonsäure-(1.2)-anhydrid*. (**Can. P. 551 860** vom 2/3. 1955, ausg. 21/1. 1958. A. Prior. 3/6. 1954. — C. **1958.** 9063 [F. P. 1 122 478].)

Badische Anilin- & Soda-Fabrik Akt.-Ges., Ludwigshafen/Rh., *2.5-Diarylamino-3.6-dihydroterephthalsäureester.* (**E. P. 866 762** vom 8/9. 1959, ausg. 3/5. 1961. D. Prior. 10/9. 1958. — C. **1961.** 4523 [D. A. S. 1 082 907].)

Midland Silicones Ltd., London, England, *Fluorierte Organosiliciumverbindungen.* (**E. P. 863 722** vom 15/6. 1959, ausg. 22/3. 1961. A. Prior. 16/7. 1958. — C. **1960.** 14870 [A. P. 2 911 428].)

Farbenfabriken Bayer Akt.-Ges., Deutschland (Erfinder: **Hanns Gerber** und **Rudolf Stroh**), *3.5.3'.5'-Tetrasubstituierte 4.4'-Dihydroxydiphenylmethancarbonsäuren.* (**F. P. 1 228 765** vom 29/6. 1959, ausg. 2/9. 1960. D. Prior. 8/7. 1958. — C. **1961.** 2790 [D. A. S. 1 074 593].)

Crown Zellerbach Corp., Camas, Wash., V.St.A. (Erfinder: **Holger G. H. Erdtman**, Stockholm, Schweden), *Herstellung von β-Conindendrol.* (**Can. P. 551 906** vom 28/9. 1950, ausg. 21/1. 1958. — C. **1956.** 6245 [A. P. 2 680 748].)

Farbenfabriken Bayer Akt.-Ges., Leverkusen, *Gewinnung von 1-Nitronaphthalin-6- und 1-Naphthylamin-7-sulfonsäure aus ihren Mischungen mit 1-Nitronaphthalin-6-, -7- und -8-sulfonsäuren.* (**E. P. 811 691** vom 1/4. 1957, ausg. 8/4. 1959. D. Prior. 31/3. 1956. — C. **1958.** 10784 [D. A. S. 1 016 259].)

Bataafse Petroleum Mij. N. V., Den Haag, Holland (Erfinder: **Martin Luther Courter**, Emeryville, Calif., V.St.A.), *Herstellung von reinem Äthylenoxid.* (**D. A. S. 1 114 471** Kl. 12 o vom 10/1. 1955, ausg. 5/10. 1961. A. Prior. 11/1. 1954. — C. **1957.** 1799 [F. P. 1 117 375].)

A/S Ferrosan, Kopenhagen, Dänemark, *Diuretisch wirksame Purinkomplexe.* (**Dän. P. 85 302** vom 21/2. 1957, ausg. 14/7. 1958. Zusatz zu Dän. P. 83 259; C. 1961. 6247. — C. **1962.** 1715 [Holl. P. 97 362].)

Ciba Soc. An., Basel, Schweiz, *α.β-Bis-[aryloxazolyl-(2)]-äthylenverbindungen.* (**Norw. P. 92 410** vom 8/6. 1956, ausg. 8/9. 1958. — C. **1961.** 11890 [D. A. S. 1 051 855].)

Ciba Soc. An., Basel, Schweiz, *Azolverbindungen.* (**Norw. P. 92 411** vom 8/6. 1956, ausg. 8/9. 1958. — C. **1959.** 5300 [F. P. 1 154 216].)

VEB Leuna-Werke „Walter Ulbricht" (Erfinder: **Friedrich Osinger** und **Max Thiel**), Leuna, *$\Delta^{3,4}$-Thiazoline.* (**Ung. P. 143 860** vom 23/4. 1956, ausg. 15/1. 1958. D. Prior. 30/11. 1955. — C. **1960.** 4356 [Oe. P. 197 376].)

J. R. Geigy Akt.-Ges., übert. von: **Reinhard Zweidler**, Basel, und **Ernst Keller**, Binningen, Schweiz, *Triazolylstilbenverbindungen.* (**A. P. 2 972 611** vom 19/8. 1957, ausg. 21/2. 1961. Schwz. Prior. 6/9. 1956. — C. **1960.** 14198 [Oe. P. 200 143].)

American Cyanamid Co., New York, N.Y., übert. von: **John Song**, North Plainfield, und **Gilmer T. Fitchett**, Plainfield, N.J., V.St.A., *Herstellung von Aminomercapto-1.3.4-thiadiazolen.* (**Can. P. 551 865** vom 27/4. 1956, ausg. 21/1. 1958. A. Prior. 27/10. 1955. — C. **1957.** 3397 [A. P. 2 759 947].)

Distillers Co. Ltd., Edinburgh, Schottland (Erfinder: **Leslie S. Abbott**, Banstead, und **Archibald R. Graham**, Richmond, Surrey), England, *Herstellung substituierter Piperidine.* (**Can. P. 551 241** vom 17/3. 1953, ausg. 7/1. 1958. E. Prior. 3/4. 1952. — C. **1956.** 12976 [E. P. 742 053].)

Soc. des Usines Chimiques Rhône-Poulenc, Paris (Erfinder: **Robert Michel Jacob**, Ablon/Seine, und **Nicole Marie Joseph**, Paris), Frankreich, *Herstellung von Estern des [Piperidyl-(2)]-phenylcarbinols und deren Salzen.* (**Oe. P. 203 004** vom 19/9. 1957, ausg. 25/4. 1959. F. Prior. 6/2. 1957. — C. **1961.** 14834 [F. P. 70 999].)

Soc. des Usines Chimiques Rhône-Poulenc, Paris (Erfinder: **Robert Michel Jacob**, Ablon/Seine, und **Nicole Marie Joseph**, Paris), Frankreich, *Herstellung von Estern des [Piperidyl-(2)]-phenylcarbinols und deren Salzen.* (**Oe. P. 203 005** vom 19/9. 1957, ausg. 25/4. 1959. F. Prior. 7/2. 1957. — C. **1961.** 14835 [F. P. 71 000].)

Badische Anilin- & Soda-Fabrik Akt.-Ges., übert. von: **Heinrich Scholz**, Ludwigshafen/Rh., *Freifließendes, lockeres, nicht zusammenbackendes Hexamethylentetramin.* (**A. P. 2 912 435** vom 7/10. 1957, ausg. 10/11. 1959. D. Prior. 6/11. 1956. — C. **1959.** 15509 [D. A. S. 1 049 866].)

Süddeutsche Kalkstickstoff-Werke Akt.-Ges. (Erfinder: **Franz Kaess** und **Erwin Rothlauf**), Trostberg/Obb., *Herstellung von Melamin.* (**Can. P. 551 748** vom 27/10. 1955, ausg. 14/1. 1958. — C. **1959.** 6636 [A. P. 2 845 424].)

VEB Leuna-Werke „Walter Ulbricht" (Erfinder: **Gerhard Meier**), Leuna, *Behandlung der Lactamöle.* (**Ung. P. 143 889** vom 29/6. 1956, ausg. 15/1. 1958. D. Prior. 27/8. 1955. — C. **1959.** 3651 [F. P. 1 148 390].)

Ciba Soc. An., Schweiz, *Spaltung von Steroidracematen.* (**F. P. 1 171 999** vom 20/7. 1956, ausg. 4/2. 1959. Schwz. Prior. 20/7., 29/8. u. 14/9. 1955 u. 10/2. 1956. — C. **1960.** 999 [D. A. S. 1 030 828].)

Upjohn Co., Dover, Del., V.St.A., *Therapeutische Fettemulsionen.* (**Holl. P. 98 246** vom 18/4. 1957, ausg. 15/6. 1961. A. Prior. 30/4. 1956. — C. **1961.** 11523 [A. P. 2 945 869].)

Arthur C. Trask Co., Chicago, Ill., V.St.A., *Trennen von Ligninsulfonsäuren.* (**Norw. P. 93 100** vom 30/8. 1957, ausg. 22/12. 1958. — C. **1959.** 5634 [A. P. 2 838 483].)

X. Färberei. Organische Farbstoffe

Die Chemie der Cellulose unter Beibehaltung der Faserstruktur. J. A. van der Hoeve. (Chem. Weekbl. **57.** 577—80. 11/11. 1961.) (Holl.)

Übersicht über die Entw. der Bindung von Farbstoffen an Cellulose (**I**) u. die Bldg. von Brückenbindungen zwischen **I**-Molekülen. — 10 Schrifttumshinweise.

W. WESLY. 7002 □

Färbereihilfsmittel. J. E. Bloor und A. R. Thompson. (Rev. Textile Progr. **8.** 286—321. 1956.)

Zusammenfassende Übersicht an Hand der Literatur. — 206 Literaturhinweise.

P. ECKERT. 7006 □

Anwendung des Präparates OS-20 bei der Färberei. Ss. F. Fajer und D. Je. Medwedewa. (Текстильная Промышленность [Textil-Ind.] **21.** Nr. 7. 66. Juli 1961.) (Russ.)

Präp. OS–20 (Emulphor O) ist ein Gemisch von Polyglykoläthern höherer Fettalkohole. Es wird als Egalisator beim Färben von Cellulosefasern mit Direkt- u. Küpenfarbstoffen verwendet. OS–20 ist das wirksamste Mittel für eine merkliche Erhöhung der Abriebfestigkeit von Säure- u. Direktfarbstoffen bei Wolle u. gemischten Geweben. Das beste Ergebnis erhält man bei Auflösung zusammen mit dem Farbstoff. 2—3 Teile mit 1 Teil Farbstoff 10—15 Min. lang kochen. Das Einfärben geschieht auf die eingeführte Art. Es erhöht auch die Naßabriebfestigkeit der Färbung, bes. gegen Schweiß, erhöht die Farbausbeute der Flotte u. setzt die Unkosten um 10—15% herab.

H. BIEBER. 7006□

Farbstoffe und Textilhilfsmittel. Anonym. (SVF Fachorg. Textilveredlung **16.** 694—97. Okt. 1961.) (Dt.)

J. R. GEIGY AG., Basel: *Cuprophenylrot FGLN* (Zirk. Nr. 1326) ist ein Nachkupferungsfarbstoff, der als Heißfärber verwendet wird. Der Farbstoff ist aber auch im Direkt- u. im Ätzdruck (Anthrachinonsälze) sowie für die Halbwollfärberei gut geeignet. Die Färbungen besitzen sehr hohe Lichtechtheit u. gute Löslichkeit. Der Farbstoff deckt sehr gut tote Baumwolle. — *Reactonbrillantorange 2GL* (Zirk. Nr. 1341) läßt sich mit gutem Erfolg auch bei Kunstharzappreturen anwenden. Die Stabilität der Farbstoff—Faser-Bindung gegen saure atmosphär. Einfl. sowie auch gegen alkal. Wäschen ist gut. — *Tinosolgelb 2G–F* (Zirk. Nr. 1340 u. D 177) ist ein wasserlösl. Estersalz eines Leukoküpenfarbstoffes. Die Färbungen besitzen ausgezeichnete Allgemeinechtheiten u. dient zum Färben u. Bedrucken von allen Arten von natürlichen u. Regenerat-Cellulosefasern. — *Reactonmarineblau BGL* (Zirk. Nr. 1312). Der Farbstoff besitzt ausgezeichnete Löslichkeit sowie eine sehr gute Beständigkeit der Farbstoff—Faser-Bindung. — CIBA AG., Basel: *Cibacronbraun 4GR* ist ein Reaktivfarbstoff für Cellulosefasern, der sehr gute lichtechte u. sehr gute wasser-, wasch- u. schweißechte Färbungen u. Drucke ergibt. Der Farbstoff eignet sich für Gummierungszwecke, PVC-Beschichtungen u. Kunstharz-Ausrüstungen. — IMPERIAL CHEMICAL INDUSTRIES LTD., Manchester: ***Ausbeute von Procionfarbstoffen, ausgefärbt nach verschiedenen Färbe-Verff. auf Viscose.*** Informationsblatt Dyehouse Nr. 630. — ***Technische Publikationen für die Papier-Industrie.*** T.I. 609. Farbstoffe für die Papier-Industrie. — T.I. 610. Einfl. des pH beim Färben von Papier. T.I. 611. Papierbeschichtung: Perminal KB. — T.I. 612. Zweiseitigkeit beim Färben von Papier. — T.I. 613. Löslichkeit von Papierfarbstoffen. — T.I. 614. Lissatan AC bei der Bewoidleimung von Papier. — ***Die Herst. von Marine- u. Schwarztönen auf Polyesterfasern unter Verw. von Azokombinationen im Einbad-Verfahren.*** Informationsblatt Dyehouse Nr. 596. — ***Procionmarineblau H3R*** ist bes. für den Textildruck von Interesse. Die Licht- u. Waschechtheiten sind gut. Geeignet ist der Farbstoff für Cellulosefasern u. echter Seide. — ***Prociongrün 2B*** dient zum Färben weniger zum Drucken von Cellulosefasern. Die Färbungen sind gut licht- u. waschecht. P. ECKERT. 7018□

Färben der Synthesefasern. J. Waller und G. W. Lewis. (Rev. Textile Progr. **11.** 309—20. 1960.) (Engl.)

Zusammenfassende Übersicht an Hand der Literatur. — 66 Literaturhinweise.

P. ECKERT. 7020□

Die Polyesterfaser. Möglichkeiten beim Färben und Ausrüsten. Heinz Blättermann, Rudolf Koch und Heinz Meier. (Z. ges. Textilind. **59.** 424—30. 5/6. 1957.)

Die Herst. u. Eigg. von Polyesterfasern werden angegeben. Zum Färben wurden verschiedene Dispersionsfarbstoffe u. Färberezepturen auch mit Färbebeschleunigern angegeben. Die Möglichkeiten zur Fixierung u. der Mischung mit anderen Farbstoffen werden erörtert. H. GRIMM. 7020□

Das Bedrucken der Textilien. G. S. A. Corbishley. (Rev. Textile Progr. **11.** 329—40. 1960.) (Engl.)

Zusammenfassende Übersicht an Hand der Literatur. — 119 Literaturhinweise.

P. ECKERT. 7022□

Die reduktometrische Bestimmung von Hydroxytriphenylmethanfarbstoffen mit Vanadin(II)-sulfat. Miroslav Matrka und Zdeněk Ságner. (Chem. Průmysl **11 (36).** 135. März 1961. Pardubice-Rybitví, Výzkumný ústav org. syntéz.) (Tschech.)

Es wurde eine techn. Titrier-Meth. von Hydroxytriphenylmethanfarbstoffen mit VSO_4 beschrieben. Als Indicator wurde Safranin T verwendet. Die Rücktitration wurde mit $(NH_4)Fe(SO_4)_2$ durchgeführt. Der Fehler der Meth. beträgt $\pm 0{,}50\%$. Diese Titration ist auch als potentiometr. Titration ausführbar. J. SCHNEIDER. 7086□

Farbwerke Hoechst Akt.-Ges., vormals Meister Lucius & Brüning (Erfinder: Hugo Bartl und Erich Feess), Frankfurt/M., **Herstellung von Weiß-**

und Buntreserven auf Textilmaterialien, bes. Geweben oder Gewirken aus nativer oder regenerierter Cellulose. Als Reservierungsmittel auf oder unter Imprägnierungen mit Schwefelsäureestern von Leukoküpenfarbstoffen (I) u. $NaNO_2$ verwendet man Additions-Verbb. von Aldehyden oder Ketonen u. Alkalisulfoxylaten an Amino- oder Iminogruppen enthaltende Verbb., bei denen das N-Atom der Amino- bzw. Iminogruppe an mindestens einen aromat. oder heterocycl. Rest oder an eine weitere NH_2-Gruppe oder eine durch einen aromat. oder heterocycl. Rest substituierte NH_2-Gruppe gebunden ist. Zum Beispiel klotzt man mit einer Lsg., die 20 (g/Liter) I, 15 $NaNO_2$ u. 3 Na_2CO_3 enthält, bedruckt nach dem Trocknen mit einer Paste aus 150 (g) anthranilo-N-methylensulfoxylsaurem Na, 700 Stärke-Traganth-Verdickung u. 150 W. u. entwickelt den Farbstoff in üblicher Weise. Die bedruckten Stellen bleiben weiß. (**D. A. S. 1 104 484** Kl. 8n vom 4/7. 1959, ausg. 13/4. 1961.) F. BÖHM. 7017

Montecatini Soc. Gen. per l'Industria Mineraria e Chimica, Mailand, Italien, **Färben von Polyäthylengegenständen.** Man taucht die Gegenstände in eine Lsg. fettlösl. organ. Farbstoffe (Rot-Permanent-Öl, Somali-Blau) in solchen Lsgm., von denen Polyäthylen nicht mehr als 1% seines Gew. absorbiert (A., Aceton). (**It. P. 524 699** vom 16/12. 1954.) K. KOEBKE. 7021

A/B Pluria, Stockholm, Schweden (Erfinder: F. W. J. Karrer), **Bleichen und Färben von Textilien.** Das Verf. nach Schwed. P. 141 001 wird dahingehend ausgebildet, daß die Bleich- u. Färbelsg. in eine pulsierende Bewegung versetzt wird, damit die Lsg. mehrere Male durch das Material gepreßt wird. (**Schwed. P. 164 662** vom 28/9. 1953, ausg. 16/9. 1958. **Zusatz zu Schwed. P. 141 001; C. 1955. 8973.**) K. H. KÄHLER. 7021

Chemstrand Corp., Decatur, Ala., V.St.A., **Einheitliche Färbung von Fasermischungen,** die aus Wolle u. Fasern aus Gemischen von Acrylonitrilpolymerisaten mit einem Gesamtgeh. an Acrylonitril von mindestens 80 (%) u. an Vinylpyridin von 2—10 bestehen. Man färbt mit Wollfarbstoffen in Ggw. von 0,5—8 (bezogen auf Fasermaterial) H_2SO_4, 0,25—2,5 eines Äthylenoxid-Kondens.-Prod. einer Fettsäure oder eines Fettalkohols mit 12—20 C-Atomen u. 0,1—2 des Rk.-Prod. von Äthylenchlorhydrin mit dem Kondens.-Prod. aus äquimol. Mengen Hydroxyäthyläthylenendiamin u. Stearinsäure. (**E. P. 846 500** vom 8/10. 1957, ausg. 31/8. 1960. A. Prior. 12/9. 1957.) F. BÖHM. 7021

Ciba Soc. An., Basel, Schweiz, **Färben von Hydroxylgruppen enthaltendem Material,** bes. aus Cellulose. Man behandelt, bes. bei erhöhter Temp., mit wasserlösl. Metallkomplexverbb. von Farbstoffen, die mindestens einen dihalogenierten Triazinring aufweisen, u. fixiert in der für Reaktivfarbstoffe üblichen Weise mit säurebindenden Mitteln, die zweckmäßig stärker alkal. als Na_2CO_3 sein sollen. Ein geeigneter Farbstoff besitzt z. B. die Formel I. (**Belg. P. 559 943** vom 9/8. 1957, ausg. 22/4. 1960. Schwz. Prior. 10/8. 1956.) F. BÖHM. 7021

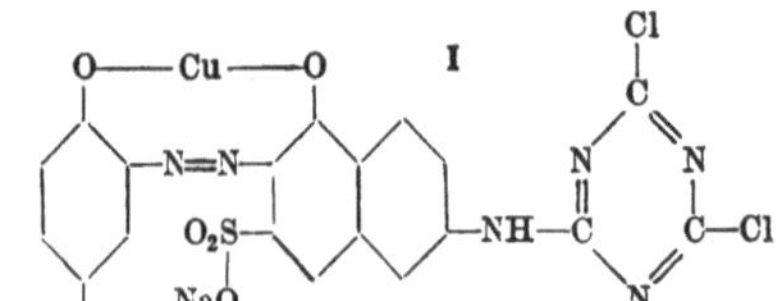

I

Ciba Soc. An., Basel, Schweiz, **Färben von Material mit vielen Hydroxylgruppen** bes. aus *Cellulose.* Man verwendet lösl. 1 : 2-Cr- oder Co-Komplexe von Azofarbstoffen mit einem monohalogenierten 1.3.5-Triazinylrest, z. B. des Farbstoffs der Formel I, in der für Reaktivfarbstoffe üblichen Art. (**Belg. P. 563 864** vom 10/1. 1958, ausg. 17/6. 1960. **Zusatz zu Belg. P. 559 943; s. vorst. Ref.**) F. BÖHM. 7021

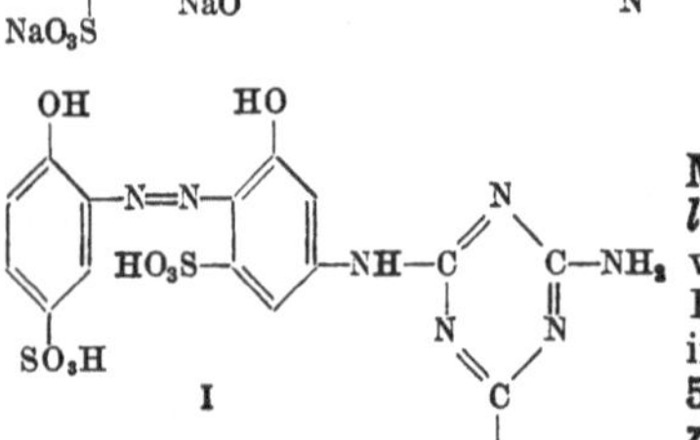

I

Fasano & Rabatto Stamperia e Applicazioni Tecniche su Tessuti Soc. in Nome Coll., Chieri, Turin, Italien, **Mehrfarbendruck auf Textilien.** Man bringt die Leukoester von Küpenfarbstoffen in den Bezirken auf, die dem gewünschten Bild entsprechen, entwickelt die einzelnen Farben nacheinander durch Belichten mit UV-Licht durch ein Diapositiv u. wäscht die nicht oxydierten Farbstoffreste aus. (**It. P. 519 682** vom 27/7. 1954.) K. KOEBKE. 7023

Eastman Kodak Co., Rochester, N.Y., übert. von: Max W. Krell und Flaven E. Johnson, Kingsport, Tenn., V.St.A., **Herstellung von Benzalanilin-3-sulfonsäureverbindungen** der allg. Formel I. worin X Phenylen, R u. R_1 Alkyl, Hydroxyalkyl oder Alkoxyalkyl bedeutet u. die Gruppe RR_1N— in p-Stellung zur

—CH=N-Gruppe steht, durch Rk. eines Anilins der Formel RR_1N-X (R, R_1 u. X wie vorst.) mit Formaldehyd (I) u. m-Nitrobenzolsulfonsäure (II) in Ggw. von H_2SO_4 u. Fe bei 5—35°. — Beispiel: Eine durch Rk. von Nitrobenzol mit 20%ig. Oleum hergestellte, **II** enthaltende Rk.-Mischung wird nach Verdünnung mit W. nacheinander mit N.N-Bis-[β-hydroxyäthyl]-m-toluidin, 36%ig. wss. **I** u. Fe-Draht versetzt u. 4 Std. bei 16—20° gerührt. Nach Abdekantieren vom Fe erhält man *4'-[Bis-(β-hydroxyäthyl)-amino]-2'-methylbenzalanilin-3-sulfonsäure* [*-benzalanilin-3-sulfonsäure* (**III**)] als organgegefärbte feste Substanz; Ausbeute 90%. Analog: *4'-[Bis-(β-hydroxyäthyl)-amino]*-**III**, 89%; *4'-[Äthyl-β-hydroxyäthylamino]*-**III**, 80%; *4'-[Bis-(β-hydroxyäthyl)-amino]-2'-chlor*-**III**, 80%. 24 weitere Derivate. — *Zwischenprodd.*, bes. zur Herst. von Methinverbb. durch Rk. mit Cyanessigester u. Malodinitril, die als Farbstoffe für Celluloseacetat-Textilien Verw. finden. (**A. P. 2 798 090** vom 2/3. 1953, ausg. 2/7. 1957.) F. Kreis. 7049

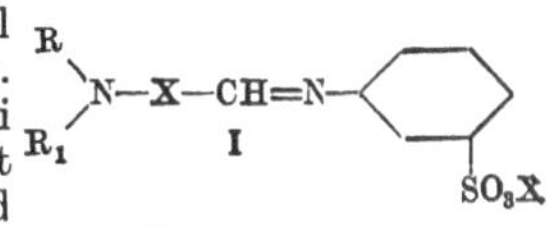

Farbwerke Hoechst Akt.-Ges., vormals Meister Lucius & Brüning, Frankfurt/M., **Feste, haltbare Diazoniumverbindungen** gewinnt man durch Diazotierung von o-Aminoazoverbb. der Formel **I**, z. B. von 2-Amino-4.5-dimethoxy-2'-benzolsulfonyl-4'-nitroazobenzol. — Verw. zur *Erzeugung von Azofarbstoffen.* (**Holl. P. 97 423** vom 19/9. 1958, ausg. 15/3. 1961. D. Prior. 25/9. 1957.) F. Böhm. 7053

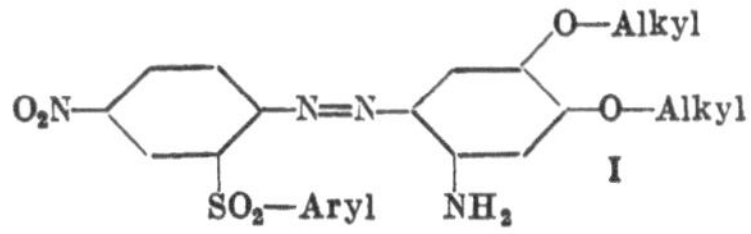

Badische Anilin- & Soda-Fabrik Akt.-Ges., Ludwigshafen/Rh. (Erfinder: Willy Braun und Ernst Hartwig, Heidelberg), **Farbstoffe der Anthrachinonreihe,** Pigmentfarbstoffe, geeignet zum Spinnfärben von Fäden aus Celluloseacetat, Viscose oder Polyacrylonitril u. infolge großer Hitzebeständigkeit bes. geeignet zum Färben von Polystyrol oder linearen Polyamiden in der Masse, erhält man durch Rk. von Anthrachinonderivv., die mindestens eine umsetzungsfähige Aminogruppe enthalten, mit Monohalogenarylsulfonen. — Durch 26std. Erhitzen von 22 (Gew.-Teilen) 1-Aminoanthrachinon (**I**) u. 30 4-Chlordiphenylsulfon (**II**) in 100 Nitrobenzol in Ggw. von 8 Na_2CO_3, 4 Na-Acetat u. 0,5 CuO zum Sieden oder durch 24std. Rühren von 44 **I**, 80 4-Bromdiphenylsulfon (**III**) in Ggw. von 16 Na_2CO_3, 14 Na-Acetat u. 2 CuO in 300 W. bei 220° im Druckgefäß erhält man einen gut lichtechten u. temperaturbeständigen roten Farbstoff, Kristalle aus Nitrobenzol oder N.N-Dimethylformamid, F. 248—250°. In ähnlicher Weise erhält man weitere Farbstoffe aus (-diphenylsulfon = **IV**): **II** u. 4-Brom-4'-methoxy-**IV**, leuchtend orangerote Kristallpulver, F. 234—236°, färbt orangerot; **I** u. 4-Brom-4'-hydroxy-**IV**, Farbstoff mit freier OH-Gruppe; 1.5-Diaminoanthrachinon u. **III**, rotes Kristallpulver, F. 346—348°, bes. geeignet zur Spinnfärbung von Viscose; 1-Amino-4-hydroxyanthrachinon u. **III**, violettes Pulver, F. $>$360°; 1-Amino-4-benzoylaminoanthrachinon u. **III**, blauviolettes Kristallpulver; 1-Amino-5-benzoylaminoanthrachinon u. **III**, orangebrauner Farbstoff; 2-Amino-3.4-phthaloyl-5.7-dichloracridon u. **III**, grüner Farbstoff; 1.4-Diaminoanthrachinon u. **III**, dunkelblaugrünes Kristallpulver, F. 314—315°; **I** u. p-Bromphenylnaphthylsulfon, rotes Kristallpulver, F. 218—220°; **I** u. p-Bromphenylmethylsulfon, rotes Kristallpulver, F. 237—238°; 1.8-Diaminoanthrachinon u. **II**, violettes Kristallpulver, F. 266—268°; 1-Amino-4-methoxyanthrachinon u. **II**, violettes Kristallpulver, F. 248—251°. 1-Amino-4-nitroanthrachinon u. **II**, violetter Farbstoff, nach Red. der NO_2-Gruppe rotstichigblauer Farbstoff; **I** u. 4-Bromphenyl-γ-pyridylsulfon, rotes Kristallpulver, F. 223—225°; **I** u. 4-Bromphenyläthylsulfon, rote Blättchen, F. 315—320°. (**D. A. S. 1 113 052** Kl. 22b vom 28/3. 1959, ausg. 24/8. 1961.) O. Roick. 7059

Imperial Chemical Industries Ltd., London, England, **Stabilisierung von Halogentriazinylaminoverbindungen, insbesondere Farbstoffen.** Um der Hydrolyse bei der Trocknung u. Lagerung entgegenzuwirken, versetzt man die Verbb. oder ihre Lsgg. mit einer Mischung von H_3PO_4-Salzen, die für sich in W. gelöst diesem einen pH-Wert von 6—8 verleiht, z. B. mit einer Mischung aus 4 (Teilen) Na_2HPO_4 u. 7,2 KH_2PO_4. (**Holl. P. 96 380** vom 17/4. 1957, ausg. 15/12. 1960. E. Prior. 20/4. 1956 u. 8/4. 1957.) F. Böhm. 7063

Badische Anilin- & Soda-Fabrik Akt.-Ges., Ludwigshafen/Rh. (Erfinder: Arnold Tartter, Lambsheim/Pfalz), **Farbstoffe der Phthalocyaninreihe,** N-substituierte Aminomethylphthalocyanine erhält man durch Rk. von chlormethylierten Phthalocyaninen in wss. Medium mit prim. oder sek. Monoaminen bei Temp. unter 100°. — Durch Verpasten von (phthalocyanin = **I**) 200 (Gew.-Teilen) Tetrakis-[chlormethyl]-Cu-**I** (**II**) mit 250 W., Zugabe von 200 Hexamethylenimin (**III**) in kleinen Anteilen bei normaler Temp., Verrühren zu einer homogenen Masse u. 5std. Erhitzen unter Rühren bei 80° erhält man 250 *Tetrakis-[hexamethyleniminomethyl]-Cu*-**I**, leicht lösl. in Essigsäure (**III a**) oder verd. HCl u. mit blauer Farbe in Benzylalkohol (**III b**), unlösl. in Aceton u. Methylalkohol. In ähnlicher Weise erhält man weitere Farbstoffe aus: Tetrakis-[chlormethylphenyl]-Cu-**I** u. **III**, grüner Farbstoff; Tris-[chlormethyl]-Co-**I** u. Pyrrolidin (**IV**), blau, leicht lösl. in Glykolacetat oder verd. HCl; Bis-[chlormethyl]-diaza-Cu-**I** u. **IV**, in **III a** rotstichigblau lösl.; **II** u. Dimethylamin, blau; Gemisch aus **II** u. Pentakis-[chlormethyl]-Cu-**I** (**V**) u. 3-Methoxypropylamin, blau; Tris-[chlormethyl]-Al-**I** u. Piperidin, in verd. **III a** grünstichigblau lösl.; **II** u. N-Methylcyclohexylamin, in **III b** blau lösl.; Bis-[chlormethyl]-Cu-**I**-disulfonsäure u. **IV** oder **III**, in W. blau lösl.; **II** u. α-Methylaminoäthylbenzol, in **III b** lösl.; **II** u. β-Hydroxyäthyl-, N-Methyl- oder N-Äthylanilin, in **III b** oder verd. HCOOH blau lösl.; **II** u. Diäthylamin, lösl. in **III b** u. verd. **III a**; Gemisch aus **V** u. Hexakis-[chlormethyl]-Cu-**I** u. n-Butylamin, blau in verd. HCOOH lösl.; **II** u. N-Methyl- oder N-Äthyl-β-hydroxyäthylamin, Diäthanolamin, Diisopropanolamin oder 1.4-Dihydroxy-2-aminobutan. (**F. P. 1 194 716** vom 15/4. 1958, ausg. 12/11. 1959. D. Prior. 20/4. 1957. **D. A. S. 1 097 596** Kl. 22e vom 20/4. 1957, ausg. 19/1. 1961.) O. ROICK. 7073

Československá Socialistická Republika, Tschechoslowakei (Erfinder: Günther Essbach, Wolfen, Willy Köhler, Dessau, Konrad Ducke, Wolfen), **Herstellung einer schwarzen, kobalthaltigen Lackfarbe** durch Kupplung von diazotiertem 5-Nitro-2-aminophenol (**I**) mit 2-Naphthylaminosulfonsäure-(1) (**II**) bei 50° u. bei Ggw. von Mineralsäure, dad. gek., daß die Kupplung in einem stark mineralsauren Medium durchgeführt wird, worauf der gebildete Farbstoff isoliert u. kobaltiert wird. — Beispiel: **14,4** (g) **I** (= 0,1 Mol), 600 ml H_2O, 60 Na-Salz der 1-Naphthalinsulfonsäure werden 90 Min. lang gemischt, dann setzt man 70 ml HCl (20° Bé) hinzu u. diazotiert 20 Min. lang bei 15° unter Zusatz von 24,6%ig. Nitritlösung. In 600 ml H_2SO gibt man 23 **II** (= 0,1 Mol + 5%), rührt über Nacht u. läßt dann in 10—15 Min. die diazotierte Lsg. zufließen, rührt 24 Std. lang bei 50°, filtriert, wäscht mit NaCl-Lsg. (6° Bé), löst in 1000 ml H_2O, erhitzt auf 80—85° u. setzt 40 ml 28,8%ig. NaOH hinzu, gießt eine auf 85° erwärmte Lsg. von 14 $CoSO_4$ in 50 ml H_2O hinzu u. neutralisiert mit ca. 10 ml Eisessig. (**Tschech P. 97 934** vom 2/10. 1959, ausg. 15/1. 1961. D. Prior. 20/1. 1959.) L. MACHER. 7079

XIa. Farben. Anstriche. Lacke. Naturharze

Über die weniger schädlichen Bestandteile der Öle für Anstrichlacke. Giorgio Balbi. (Riv. ital. Sostanze grasse **38.** 60—62. Jan. 1961. Bovisio Masciago, Milano, Ges. I.C.S.A.M.) (Ital.)

Überblick über Vork., Eigg. u. schädliche Einfll. einiger Bestandteile der zur Herst. von Lacken verwendeten Öle u. Fettsäuren auf die Fertigprodd. sowie deren Best.-Meth. u. Reinigung. — 10 Literaturhinweise. A. SANDER. 7096□

Einige Betrachtungen über Lösungsmittel für Nitrocelluloseprodukte. Roberto Rigoli. (Ind. Vernice — Lack- u. Farben-Chem. Suppl. La Verniciatura **14.** Nr. 3. 8—9. 1960.) (Ital.)

Konz.- u. Viscositätsänderungen von Lacken durch flüchtige u. nichtflüchtige Lösungsmittel. J. LEHMBERG. 7100□

Dielektrische Eigenschaften von Körnerlack im 10-cm-Mikrowellenbereich. R. C. Gupta und B. P. Pradhan. (Proc. nat. Inst. Sci. India, Part A **25.** 184—90. 26/5. 1959. Lucknow, Univ. of Lucknow, Dep. of Physics.) (Engl.)

Ermittelt wurden DK u. dielektr. Verlust im 10-cm-Bereich von 5 Sorten Körner-Schellack mit einer Genauigkeit von 1 bzw. 5%. B. SCHEIFELE. 7106□

Verfahren zur Erhöhung der Haltbarkeit von Nitroemailfilmen. B. Ja. Gorowoi. (Химическая Промышленность [Chem. Ind.] **1959.** 391—93. Juli/Aug.) (Russ.) — Vgl. C. **1959.** 16795.

Ein Zusatz von kation. oberflächenakt. Stoffen vom Typ $(R—NC_6H_5)^+Cl^-$ in alkohol. Lsg. zum Pigment (z. B. ZnO) bewirkt eine Stabilisierung von Nitrolacken gegen Entmischung u. Alterung (unter Licht-Einw. bei Raum-Temp. oder im Dunkeln bei 60°) u. Auswaschen des Weichmachers sowie eine Verminderung u. Milderung der Relaxationsprozesse, so daß die Nitrocelluloseketten teilweise schon während der Filmhärtung ausrelaxieren u. weitere Strukturumwandlungen keine unerwünschten Veränderungen der physikal.-mechan. Eigg. verursachen. R. K. MÜLLER. 7106□

Anstriche aus Cyclohexenoxid-Verbindungen. C. W. McGary jun., C. T. Patrick jun. und Ralph Stickle jun. (Ind. Engng. Chem., int. Edit. **52.** 318—19. April 1960. South Charleston, W.Va., Union Carbide Chem. Co.) (Engl.)

Das Diepoxid 3.4-Epoxy-6-methylcyclohexylmethyl-3.4-epoxy-6-methylcyclohexancarboxylat (EP 201) wird mit einer Fettsäure (dehydratisierte Ricinusölfettsäure; **I**) in einem solchen Verhältnis bei 160—200° umgesetzt, daß das Addukt noch freie Epoxid-Gruppen aufweist. Es wird dann in Lsg. (Xylol) nach Zusatz eines Katalysators, wie BCl_3 oder $SnCl_4$, polymerisiert. Das Mengenverhältnis zwischen EP 201 u. **I** bestimmt das Molgew. des Polymeren. Die Lacke sind gut UV-beständig, hart u. zäh. Tabellen über die Beständigkeit gegen Alkali, sd. W. u. UV-Licht. M. HAGEDORN. 7106□

Perchlorvinyl-Lacke für industrielle Zwecke. V. V. Chebotarevsky. (Chem. in Canada **13.** Nr. 4. 29—33. April 1961. Moskau, Inst. Sci. Res.) (Engl.)

Herst. u. Stabilitäts-Eigg. von Perchlorvinyl (**I**) (nachchloriertes PVC) sind entscheidend für die Qualität der damit erzeugten Lackfarben. Überzüge mit **I**-Lackfarben besitzen gute Wasserfestigkeit, Wetterbeständigkeit u. Chemikalienresistenz. Zur Verbesserung der Haftfähigkeit auf Metallflächen werden 20—30% halbtrocknende Ölalkydharze, Acrylalkyd-Polymere oder Epoxidharze (Molgew. 500—800) zugesetzt. B. SCHEIFELE. 7106□

Die Synthese ungesättigter Polyesterharze und die Gewinnung von Lacken auf deren Grundlage. N. G. Schtanko. (Химическая Наука и Промышленность [Chem. Wiss. Ind.] **4.** 294—302. 1959.) (Russ.)

Übersicht über die Herst. von Lacken aus ungesätt. Polyesterharzen. Behandelt werden: Zus. der Rohstoffe; Mechanismus der Bldg. der Polyesterharze auf der Grundlage des Maleinsäureanhydrids; Technologie der Gewinnung von ungesätt. Polyesterharzen u. Lacken auf deren Grundlage; Technologie des Auftragens u. Anwendungsgebiet der ungesätt. Polyester-Filmbildner. K. WEKUA. 7106□

Untersuchung des Mechanismus der Schutzwirkung und des Kristallisationsprozesses von Filmen von Polytrifluoräthylen. L. A. Ssyssina und W. A. Kargin. (Химическая Промышленность [Chem. Ind.] **1959.** 378—83. Juli/Aug.) (Russ.) — Vgl. C. **1960.** 10073.

Amorphes Polytrifluorchloräthylen (**I**) nimmt aus den Dämpfen ca. 3% HNO_3, 1—2% W. u. 0,5—2% Mesitylen auf, in krist. Zustand etwas mehr. Die Schutz-Wrkg. von **I**-Überzügen auf Metallen beruht also nicht darauf, daß die aggressiven Stoffe durch **I** nicht diffundieren, sondern auf der Adhäsion von **I** am Metall, die (auf Al u. Stahl) bei krist. **I** 5—7mal geringer ist als bei amorphem **I**, noch geringer bei niedrigmol. **I**. Der Übergang von **I** aus amorphem in krist. Zustand durch Erhitzen auf 170—200° wird dilatometr. u. röntgenograph. bestätigt. Der Abstand der Gitterebenen im krist. **I** beträgt 5,3 Å. Die Zerreißfestigkeit ist bei auf 170° erhitztem **I** am höchsten (500 kg/cm²) sie nimmt bei Relaxation ab. Der Elastizitätsmodul ist vom Kristallinitätsgrad prakt. unabhängig. Die Abnahme der Schutz-Wrkg. von **I**-Filmen durch Kristallisation beruht nicht auf dem Auftreten von Spannungen, sondern auf dem Rückgang der Adhäsion am Metall. R. K. MÜLLER. 7106□

Vergleich von PVA-, -Copolymer- und Acrylharzemulsionsanstrichen. K. A. Safe. (Peintures, Pigments, Vernis **37.** 390—97. Juli 1961.) (Franz.) — Vgl. C. **1962.** 2184. B. SCHEIFELE. 7106□

Die Adhäsion von Überzügen aus Fluoroplast-3 gegenüber Metallen. T. N. Nikolajewa und N. Ss. Kudrjawzewa. (Химическая Промышленность [Chem. Ind.] **1959.** 668—72. Dez.) (Russ.)

Die Adhäsion von Überzügen aus *Fluoroplast-3* (**I**; Polytrifluorchloräthylen) auf Metallen wird auf Grund der Belastung (a in g/mm) einer 1-mm-Messerschneide bestimmt, die den Film von der Unterlage löst. **I** wird auf das (polierte oder rauhe) Metall in mehreren Schichten aus 30%ig. Suspension in A. + Xylol aufgetragen; jede Schicht wird an der Luft bis zur Trübung, dann 10—15 Min. bei 120—125° getrocknet u. 20 Min. auf 270° erhitzt. Bei **I** ohne Füllung ist a klein. Das beste Pigment ist Cr_2O_3, mit dessen Geh. (bis zu 25%) a zunimmt. Die größten a-Werte werden auf Al u. Duralumin, die kleinsten auf Stahl gefunden. Optimal ist auf Al eine Schichtdicke von 160—180 μ, mit Grundierung von 4 Schichten **I** + 25% Cr_2O_3, nach dem Auftragen 5—6 Std. auf 230° erhitzt. R. K. MÜLLER. 7106□

Korrosionsschutz durch Plaste nach modernen Verfahren. D. Weichert. (Technik **15.** 539—42. Aug. 1960. Leipzig.) (Dt.)

Übersicht über das Auftragen von Kunststoffen u. Kunstharzen auf metall. Oberflächen nach dem Flammspritz- u. Wirbelsinterverfahren. M. HAGEDORN. 7106□

Anwuchsverhindernde Eigenschaften von Zinküberzügen. M. G. Duff. (Chem. and Ind. **1957.** 1542. 23/11. Chichester, Sussex, M. G. Duff & Partners Ltd.) (Engl.)
Die Resultate der Verss. von SKERREY (vgl. C. **1962.** 5111) sollten mit Vorsicht aufgenommen werden, da es nicht sicher ist, ob der Zinküberzug an sich für das Fehlen von Anwuchs verantwortlich ist. B. SCHEIFELE. 7106 □

Holz — seine Bearbeitung mit Beizen und Lacken. Ch. G. Robba. (Ind.-Lackier. Betr. **29.** 298—302. Sept.; 322—25. Okt. 1961. Wiesental/Baden.) (Dt.)
J. LEHMBERG. 7118

Chemische und technologische Untersuchung des Harzes vom Bombax endecaphylla, Veloso. Antenor A. S. Machado und Benjamin C. Cordeiro. (Bol. Inst. Quím. agric. **1958.** 7—19.) (Port.)
Die Analyse des Harzes von *Bombax endecaphylla* ergibt: Harzsäuren 53,21 (%), phenol. Verbb. 16,30, Resinole 16,74, Resole 5,6, mineral. Rückstand 0,24 (nicht bestimmt 7,91). Von den verschiedenen Verw.-Möglichkeiten erscheinen aussichtsreich: Verw. in Firnissen u. Lacken (20—40%ig. Lsg. in 95%ig. A.), in Holzleimen (20 g Harz + 100 g 40%ig. CH_2O-Lsg. + 25 ml 20%ig. NaOH), Verw. von wasserlösl. Resinaten (Seifen) bei der Papierleimung, Verw. zur Konservierung von Ölen u. Fetten.
R. K. MÜLLER. 7140 □

Bestimmung von „Chlorendic"-Säure in Feuerschutzanstrichen. G. G. Esposito und M. H. Swann. (Analytic. Chem. **32.** 680—81. Mai 1960. Aberdeen, Proving Ground, Md., Coating and Chem. Labor.) (Engl.)
Vff. beschreiben eine Meth., nach der „Chlorendic"-Säure (3.6-Endodichlormethylen-3.4.5.6-tetrachlor-Δ^4-tetrahydrophthalsäure; **I**) in Alkydharzen bestimmt werden kann. **I** wird aus dem nichtflüchtigen Anteil des Harzes durch Verseifen mit 1n KOH in Isopropanol u. Bzl. nach 1std. Erhitzen als Dikaliumsalz isoliert u. nach Filtration in W. gelöst, mit H_2SO_4 (1 : 1) angesäuert u. mit Ae. extrahiert. Nach dem Auswaschen anderer anorgan. u. organ. Säuren mit W. wird **I** in nichtwss. Medium mit 0,2n KOH in abs. Methanol mit m-Kresolpurpur als Indikator titriert. — Das IR-Spektrum von **I** in Alkydharzen zeigt eine starke Bande bei 8,45 μ, die von der aliphat. Esterstruktur herrührt, u. eine Bande bei 12,2 μ für die $-CCl_2$-Gruppe. P. SCHARNER. 7158 □

Kemisk Vaerk Køge A/S, Kopenhagen, Dänemark, **Herstellung von Phthalocyaninpigmenten in vorwiegender β-Kristallform.** In einem Kollergang werden 100 (g) rohes Cu-Phthalocyanin mit 25 Oleum (17%) während 3 Std. behandelt. Auf die fast pulverförmige Masse werden dann unter Umrühren 1,5 Liter W. von 98° gesprüht. Nach Abkühlen auf 50° wird eine Emulsion aus 90 Xylol u. 200—300 cm³ W., ein anionakt. Dispergiermittel enthaltend, zugesetzt u. nach $^1/_2$std. Umrühren das Xylol mittels Dampf abdestilliert. (**Dän. P. 85 237** vom 8/1. 1955, ausg. 7/7. 1958.) K. H. KÄHLER. 7093

Imperial Chemical Industries Ltd., London (Erfinder: Joseph Glassman, Manchester), England, **Herstellung von Diazopigmenten** der allg. Formel **I**

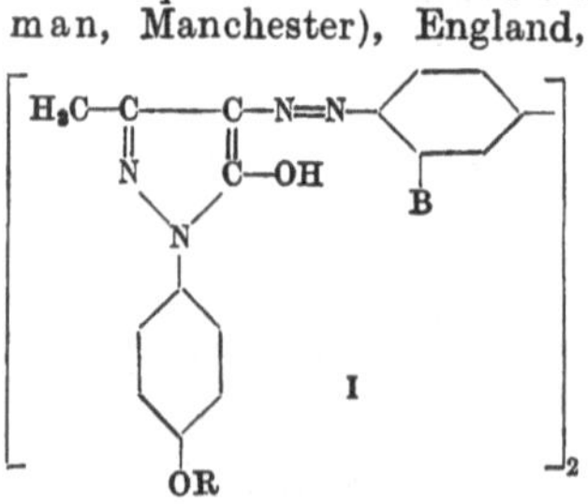

I

(R = Alkyl mit 1—3 C, Phenyl oder p-Chlorphenyl; B = Cl, OCH_3, C_6H_5 oder COOR). *3.3'-Dimethoxy-4.4'-diaminodiphenyl → 1-(4'-Methoxyphenyl)-3-methyl-5-pyrazolon.* Die isolierte Pigmentpaste wird in Ggw. von Dinatriumdinaphthylmethandi-β-sulfonat u. W. vermahlen. Die erhaltene fließfähige Paste färbt Viscose leuchtend rot u. ausgezeichnet echt. Um braune Farbtöne zu erhalten, wird die Kupplung in Ggw. von Ruß durchgeführt. Die Pigmente sind auch geeignet zum Färben von Kautschuk, Polyvinylchlorid, Polyäthylen u. Celluloseacetat. Sie dienen ferner zur Herst. von Emulsionsfarben. (**D. A. S. 1 112 232** Kl. 22a vom 21/7. 1958, ausg. 3/8. 1961. **F. P. 1 200 962** vom 25/7. 1958, ausg. 28/12. 1959. Beide E. Prior. 31/7. 1957.)
F. RATH. 7093

Farbenfabriken Bayer Akt.-Ges., Leverkusen (Erfinder: Hans König, Köln, und Rudolf Saitner, Opladen), **Grundieren von Metallen.** Es werden die Kondens.-Prodd. aus einer ggf. substituierten Phenolcarbonsäure, sowie evtl. noch einem Phenol oder einem anderen Phenol-Deriv., u. einem ggf. substituierten Aldehyd, zweckmäßig in Form von Lsgg., Pasten oder Suspensionen verwendet. Die Prodd. haften gut, z. B. auf Eisen, Zink, Messing, Bronze u. Kupfer. (**D. A. S. 1 114 965** Kl. 22g vom 20/8. 1958, ausg. 12/10. 1961.) P. KRUG. 7097

Farbenfabriken Bayer Akt.-Ges., Leverkusen (Erfinder: Hans Schran, Köln, Herbert Detzner, Leverkusen, Hartmut Grahmann, Köln, und Rudolf

Saitner, Opladen), **Tarnfarben.** Bei der Herst. von Tarnfarben werden Dianthrimide der Anthrachinonreihe, die durch Amino- oder Acylaminogruppen substituiert sind u. Trianthrimide der Anthrachinonreihe, die ggf. durch Amino- oder Acylaminogruppen substituiert sind, verwendet. (**D. B. P. 975 121** Kl. 23b vom 29/5. 1956, ausg. 24/8. 1961.) P. KRUG. 7107

Fleischers Kjemiske Fabrikker A/S, Bergen, Norwegen (Erfinder: Rolf Vossgard), **Herstellung von tixothropen Lackfarben auf Polyamidkunstharzbasis.** 500 (g) portugies. Harz werden auf 250° erhitzt, mit 60 Pentaerythrit vermischt u. die Mischung weiter auf 280—290° in CO_2-Atmosphäre erhitzt. Sobald die SZ. <7, wird auf 260° abgekühlt u. mit 260 Polyamid in Form von Äthylendiaminpolymerem von di- u. trimerisierten Fettsäuren vom Molgew. 6000—9000 versetzt. Von dieser Lsg. werden 35 g in eine aus 500 Sojaöl, 1,5 Ca-Naphthenat u. 100 Pentaerythrit u. 190 Phthalsäureanhydrid bei 240° hergestellte Mischung, die mit Testbenzin (white spirit) bis auf 50% verd. worden ist, gebracht, auf 210—240° erhitzt u. mit 700 Testbenzin verdünnt. (**Norw. P. 91 073** vom 27/1. 1956, ausg. 3/3. 1958.) K. H. KÄHLER. 7107

Børge Steen Plougmann, Frederiksberg, Dänemark, **Herstellung von Steinkohlenteerpechemulsionen.** Einer Pechemulsion werden 3,83% Acrylsäureharz u. W. zugesetzt. Solche Emulsionen eignen sich bes. für *Dach-* u. *Schiffsanstriche.* (**Dän. P. 85 967** vom 28/7. 1955, ausg. 27/10. 1958.) K. H. KÄHLER. 7107

Mauro De Martino, Mailand, Italien, **Verbesserung von Celluloseacetatfolien,** die 58,5—62,5% Acetylgruppen enthalten. Durch Zusatz von Mono- oder Dihalogen-Derivv. aromat. KW-Stoffe [Chlorbenzol, o-Dichlorbenzol (**I**)] wird die Flexibilität um 60—70%, die Reißfestigkeit um 50—60% erhöht, während die Wasseraufnahme um 30% verringert wird. — 100 (Teile) Celluloseacetat, 340 CH_2Cl_2, 40 A., 20 **I**, 10 Triphenylphosphat werden vermischt u. zu Folien verarbeitet. (**It. P. 524 430** vom 31/8. 1954.) K. KOEBKE. 7107

LICENTIA Patent-Verwaltungs-G.m.b.H., Frankfurt/M. (Erfinder: Paul Nowak und Franz Josef Bollig, Kassel), **Abbeizlösungen für harzartige Formentrennmittel,** wie Silicone. Die unter Verw. von hochsd. Alkoholen u. deren Derivv. mit Zusatz von Alkalien hergestellten Abbeiz-Lsgg. sind dad. gek., daß sie noch Alkanolamine, bes. Triäthanolamin, enthalten. (**D. A. S. 1 114 602** Kl. 22g vom 3/3. 1958, ausg. 5/10. 1961.) P. KRUG. 7119

Accumulatoren-Fabrik Akt.-Ges., Deutschland, *Herstellung von Granalien aus Bleimennige und Bleiglätte.* (**F. P. 1 162 471** vom 14/12. 1956, ausg. 15/9. 1958. D. Prior. 19/12. 1955. — C. **1958.** 7898 [D. A. S. 1 013 273].)

Farbenfabriken Bayer Akt.-Ges., Deutschland, *Herstellung von Pigmenten.* (**F. P. 68 226** vom 8/10. 1955, ausg. 9/4. 1958. D. Prior. 9/10. 1954. Zusatz zu F. P. 1 091 201; C. 1956. 14504. — C. **1958.** 12252 [D. A. S. 1 024 184].)

Farbwerke Hoechst Akt.-Ges., vormals Meister Lucius & Brüning, Frankfurt/M., übert. von: **Günter Messwarb**, Kelkheim/Taunus, **Walter Denk** und **Hans Scherer**, Frankfurt/M., *Herstellung von Vinylchloridmischpolymeren.* (**A. P. 2 971 948** vom 7/5. 1957, ausg. 14/2. 1961. D. Prior. 9/5. 1956. — C. **1959.** 16171 [D. A. S. 1 027 874].)

Esso Research and Engineering Co., Elizabeth (Erfinder: **Herbert K. Wiese**, Cranford, **Joseph F. Nelson**, Westfield, und **Charles E. Morrell**, Summit), N.J., V.St.A., *Herstellung von Cyclopentadienyltrihalogensilan-Maleinsäureanhydrid-Addukten.* (**D. A. S. 1 114 491** Kl. 12o vom 26/6. 1954, ausg. 5/10. 1961. A. Prior. 13/7. 1953. — C. **1956.** 12697 [F. P. 1 102 019].)

Midland Silicones Ltd., London, England, *Siliconharzlacke.* (**E. P. 797 974** vom 26/11. 1956, ausg. 9/7. 1958. A. Prior. 12/3. 1956. — C. **1960.** 5657 [D. A. S. 1 063 735].)

Soc. An. des Pneumatiques Dunlop, Seine, Frankreich, übert. von: **Semtex Ltd.**, *Überzugsmittel.* (**F. P. 1 174 878** vom 9/5. 1957, ausg. 17/3. 1959. E. Prior. 9/5. 1956 u. 29/1. 1957. — C. **1961.** 18518 [E. P. 850 966].)

B. F. Goodrich Co., New York, N.Y., übert. von: **Vernon G. Boger** und **Alexander G. Thomas**, Akron, Ohio, V.St.A., *Mittel zur Herstellung von Schutzüberzügen und Filmen.* (**A. P. 2 854 425** vom 13/5. 1955, ausg. 30/9. 1958. — C. **1959.** 13951 [Jap. A. S. 1491/1958].)

E. I. du Pont de Nemours & Co., V.St.A. (Erfinder: **Laverne William Crissey** und **John Herbert Lowell**), *Überzugsmittel auf der Basis von Methacrylsäuremethylesterpolymeren.* (**F. P. 71 387** vom 24/1. 1957, ausg. 22/12. 1959. A. Prior. 2/2. 1956. Zusatz zu F. P. 1 165 808; C. 1960. 16952. — C. **1961.** 6692 [A. P. 2 934 510].)

American Cyanamid Co., V.St.A. (Erfinder: **William Minor Wooding, Yun Jen** und **Edward Helmut Sheers**), *Behandlung von Regeneratcellulosefilmen.* (**F. P. 1 191 348** vom 18/12. 1957, ausg. 19/10. 1959. A. Prior. 21/12. 1956. — C. **1960.** 1693 [A. P. 2 856 314].)

Monsanto Chemical Co., St. Louis, Mo. (Erfinder: **Ernest Alexander Sutton**, Winslow, Wash.), V.St.A., *Herstellung von Mischpolymerisatlatices.* (**D. A. S. 1 110 871** Kl. 39c vom 29/9. 1956, ausg. 13/7. 1961. — C. **1958.** 11086 [A. P. 2 767 153].)

XIb. Plaste (Kunstharze. Plastische Massen)

Strangpressen von Plastisolen. C. H. Brower und B. H. Maddock. (Mod. Plastics **38.** Nr. 2. 127—28. 131. 208. Okt. 1960. Bound Brook, N.J., Union Carbide Plastics Co., Dev. Div.) (Engl.)

Unters. des Verh. von 2 verschieden schnell gelierenden Plastisolen (P) während des Strangpreßvorgangs ergab, daß das rascher gelierende P infolge vorzeitigen Gelierens in der Schnecke Anlaß zu verzögertem u. ungleichmäßigem Ausstoß gab. Vff. erkannten, daß sich dieser Nachteil beim Strangpressen von P, bes. bei P auf der Basis von Dioctylphthalatweichmachern, dadurch beheben läßt, daß die P mittels einer Pumpvorr. unter erhöhtem Druck (200 lbs./sq.in.) in den Extruder eingeführt werden. Diese Modifikation der Strangpreß-Vorr. führt auch bei erhöhter Betriebs-Temp. zu gleichmäßigen u. höheren Extrusionsgeschwindigkeiten. Hierbei ist die Verw. von fl. P der von körnigem Gut vorzuziehen, da ihre Weiterleitung durch die Pumpvorr. einen geringeren Arbeitsaufwand erfordert. H. SONTAG. 7170 □

Ultraschallschweißung von plastischen Massen. N. A. Olschanski und A. W. Mordwinzewa. (Сварочное Производство [Schweisstechn. Betr.] **1959.** Nr. 9. 30—33. Sept.)

Angaben über Durchführung u. Vorzüge einer Ultraschallschweißung plast. Massen. H. HOCHSTEIN. 7170 □

Einfluß der Preßbedingungen auf Polypropylen. Howard Robb. (Mod. Plastics **38.** Nr. 3. 116. 118. 122. 218. 221. Nov. 1960. Kansas City, Mo., Spencer Chemical Co.) (Engl.)

Vf. untersuchte bei sonst gleichen Bedingungen den Einfl. der Zylinder-Temp. auf folgende Eigg. der Preßlinge aus a) einem hochisotakt. Polymer mit weiter Molgew.-Verteilung, b) einem hochisotakt. Polymer mit enger Molgew.-Verteilung u. c) einem wenig isotakt. Polymer: Zerreißfestigkeit, Dehnung, Schlagfestigkeit, Mol.-Orientierung, Flexibilität, Härte u. Schrumpfung. Änderungen der Zylinder-Temp. beeinflussen Dehnung u. Schlagfestigkeit, während die übrigen Eigg. kaum davon betroffen werden. Als obere Grenze der Zylinder-Temp., bis zu der keine merklichen Schädigungen des Preßlings beobachtet werden, wird 575° F angegeben. H. SONTAG. 7172 □

Orientierung während des Spritzgießens. R. L. Ballman und H. L. Toor. (Mod. Plastics **38.** Nr. 2. 113—14. 117. 120—22. 124. 205—07. Okt. 1960. Springfield, Mass., Monsanto Chem. Co., Plastics Div.) (Engl.)

Die durch den nichtisothermen Fluß der Moll. während des Spritzvorgangs verursachte Orientierung der Polyäthylen-Moll. wurde durch Unters. der Doppelbrechung der Spritzlinge bestimmt. Die Abhängigkeit dieser Eig. von den Spritzbedingungen zeigt, daß die Mol.-Orientierung mit zunehmender Temp. des Gesenkes, der Hohlraumdicke u. der Temp. des Heizzylinders abnimmt, während sie mit zunehmender Größe der Angußstelle, zunehmendem Kolbendruck u. Arbeitstakt der Maschine zunimmt. H. SONTAG. 7172 □

Perchlorvinylharze und verschiedene Copolymere des Vinylchlorids als filmbildende Materialien. Ja. L. Rasskin und M. Ss. Swerdlin. (Химическая Наука и Промышленность [Chem. Wiss. Ind.] **4.** 327—33. 1959.) (Russ.)

Vff. geben an Hand der Literatur einen zusammenfassenden Überblick über die Perchlorvinylharze (**I**) u. die Copolymeren des Vinylchloridharzes (**II**) als filmbildende Materialien u. berichten über die **I**, den Einfl. ihrer Viscosität auf die physikal.-mechan. Eigg. ihrer Filme, den Einfl. von Stabilisatoren auf die Lichtechtheit der Filme. Ferner besprechen sie die Copolymeren des **II** mit anderen Monomeren u. Pfropfpolymeren. — 30 Literaturangaben. K. WEKUA. 7172 □

Über PVC-Plastisole. R. Reichherzer. (Mitt. chem. Forsch.-Inst. Wirtsch. Österreichs **15.** 85—87. Aug. 1961. Wien, Kunststoff-Inst.) (Dt.)

Ein Verf. zur Herst. von Plastisolen wird beschrieben, deren Viscositäts- u. Alterungs-Eigg. sowie deren Shorehärte im ausgelierten Zustand durch Mischen eines Emulsionspolymerisats mit einem Suspensionspolymerisat in weiten Grenzen variiert werden können. H. JÖRDER. 7172 □

Wellplatten aus Hart-PVC. Eduard Papst. (Mitt. chem. Forsch.-Inst. Wirtsch. Österreichs **15.** 87—89. Aug. 1961. Hallein-Neualm, Halvic, Kunststoffwerke G. m. b. H.) (Dt.)

Beschreibung der Herst., Eigg. u. Verw. von Wellplatten aus Hart-PVC. H. JÖRDER. 7172 □

Gewinnung von Schaumpolystyrol aus niedrig siedenden Paraffinen. W. M. Nepyschnewski und G.M. Ssinaiski. (Химическая Промышленность [Chem. Ind.] **1959.** 672—74. Dez. Woronesh, Zweigstelle des Allunions Forschungsinst. für synthet. Kautschuk.) (Russ.)

Polystyrol wird im Autoklaven bei 110° mit einer Butanfraktion (3% C_3H_8, 88% n-u. iso-C_4H_{10}, 9% höhere KW-Stoffe) 4—5 Std. bei einem Druck bis 9—10 kg/cm² gesätt., dann unter gleichem N_2-Druck auf 35—40° abgekühlt. Die hellgelbe, monolith. Masse vom spezif. Gew. ca. 1 wird in perforierten Stahlformen geschäumt. Die physikal.-chem. Eigg. des Schaumprod. (Vol.-Gew., Druckfestigkeit, linearer Schwund, Menge der zusammenhängenden Poren) hängen von Sättigungs-Temp., Sättigungsgrenze u. Füllungsgrad der Form ab. Unter den angegebenen Bedingungen hat das Prod. 10—20% zusammenhängende Poren. R. K. MÜLLER. 7172□

Hexachlorcyclopentadien, ein neues Ausgangsmaterial für die Gewinnung feuerfester und wärmebeständiger Polymeren. L. M. Kogan. (Химическая Промышленность [Chem. Ind.] **1959.** 448—58. Juli/Aug. Ssamoilow-Inst. für Düngemittel u. Insektofungicide.) (Russ.)

Literaturübersicht. — 63 Literaturhinweise. R. K. MÜLLER. 7172□

Alkydharze. A. M. Lubman. (Химическая Наука и Промышленность [Chem. Wiss. Ind.] **4.** 313—21. 1959.) (Russ.)

An Hand der überwiegend nichtsowjet. Literatur gibt Vf. einen zusammenfassenden Überblick über die industrielle Meth. zur Herst. von Alkydharzen (I) durch Alkoholyse, die Veresterung des Alkoholisats mit Phthalsäureanhydrid, die Fettsäure-Meth. zur Gewinnung von **I**, die Modifizierung von **I** mit Ricinusöl u. die Gewinnung von **I** in der Lsg. (azeotrop. Meth.). Die hierbei verlaufenden Rkk. werden durch entsprechende Gleichungen veranschaulicht. — 86 Literaturangaben. K. WEKUA. 7176□

Copolymere des Styrols mit Ölen und Alkydharzen. P. M. Bogatyrew und N. N. Rosowskaja. (Химическая Наука и Промышленность [Chem. Wiss. Ind.] **4.** 322—26. 1959.) (Russ.)

An Hand der Literatur berichten Vff. über den gegenwärtigen Stand der Forschung über die Copolymere des Styrols (I) mit Ölen u. Alkydharzen (II). Sie führen die Prinzipien an, auf deren Grundlage sich die Polymerisation des **I** mit Öl u. **II** vollzieht u. beschreiben die Gewinnung von Öl-I-Harzen u. Alkyd-I-Harzen u. deren techn. Anwendung. — 44 Literaturangaben. K. WEKUA. 7176□

Tungöl und seine Derivate in Polyestern. Frank B. Root und Roger W. Amidon. (Mod. Plastics **38.** Nr. 2. 144. 146. 149—50. Okt. 1960. Naugatuck, U. S. Rubber Co., Chem. Div.) (Engl.)

Vff. untersuchten die Wrkg. a) des Zumischens von Tungöl (T) zu Styrol-Lsgg. von Polyesterharzen u. b) der Modifikation dieser Harze durch Rk. mit T. Styrol-Lsgg. der üblichen Polyesterharze sind zwar nur in geringem Maße mit T verträglich, aber bereits geringe Zusätze an T genügen, um die beim Härten dieser Harze auftretende Gelierung zu verkürzen u. die infolge des exothermen Verlaufs der Rk. freiwerdende Wärme zu vermindern. Die Verträglichkeit der Polyesterharz-Lsgg. in Styrol mit T läßt sich durch Modifikation der Harze mit Kolophonium verbessern, so daß ihre Styrol-Lsgg. einen T-Zusatz von ca. 4—5% vertragen. Die Rk. zwischen Polyesterharzen u. T führt bei der Veresterungs-Temp. zu vollständiger Umsetzung beider Komponenten u. ergibt bei Raum-Temp. härtende Harze, deren Eigg. (Verh. während des Härtens, mechan. Festigkeitswerte) je nach Polyestertyp u. Zusatzmenge an T variieren. Diese Eigg. werden mit denen der unmodifizierten Harze verglichen. Bei 100° verläuft die Rk. zwischen Polyesterharzen u. T unvollständig u. es lassen sich Harze mit höherem Geh. an T gewinnen. Diese modifizierten Polyesterharze eignen sich zur Herst. von Einbrennlacken. Bei der Härtung der Filme erfolgt eine Dien-Synth. nach DIELS-ALDER, zu der T infolge der 3 konjugierten Doppelbindungen seines Hauptbestandteils, der Eläostearinsäure, fähig ist. H. SONTAG. 7176□

Kondensation von Phenol mit Formaldehyd in Gegenwart eines binären Katalysators. A. G. Ssirota und G. Ss. Petrow. (Химическая Промышленность [Chem. Ind.] **1959.** 383—85. Juli/Aug.) (Russ.)

Die Novolak-Kondens. von *Phenol* (I) u. *CH_2O* wird in Ggw. von katalyt. wirkenden HCl–Oxalsäure (II)-Gemischen untersucht. Bei einer I-Konz. a zu Beginn u. x am Ende der Kondens. (Zeit τ) ist die Geschw.-Konst. $K = (1/\tau)\, x/a\,(a - x)$. Bei 97° ist K für HCl u. für **II** allein wenig verschieden, bei 69° ist der Unterschied (**II** < HCl) größer. Bei HCl-**II**-Gemischen ist K kleiner mit deutlichem Minimum bei 0,007 (%, auf **I** bezogen) HCl + 0,718 **II** bei 97° u. 0,003 HCl + 0,737 **II** bei 69°. Auch der Temp.-Koeff. der Kondens. hängt vom HCl : **II**-Verhältnis ab, was mit der Zunahme der Dissoziations-Konst. von **II** bei steigender Temp. zusammenhängt. Der Zusatz von **II** zu HCl bewirkt einen Übergang von CH_2O aus der akt. Form CH_2OH^+ in die inakt. Form CH_2O sowie eine Abnahme der an der Bldg. von Chlormethylphenolen teilnehmenden Cl^- durch Verdünnung mit $C_2O_4^{2-}$, die mit steigender Temp. verstärkt wird. Die zunehmende Dissoziation von **II** führt aber auch zu einer Zunahme der H^+ u. damit zu schnellerer Aktivierung von CH_2O. R. K. MÜLLER. 7176□

Die Chemie der Polyamide. G. Champetier. (Chim. e Ind. [Milano] **41.** 310—18. April 1959. Paris, Ecole Supér. de phys. et de chim.)

Untersucht wurden die Einfl. einer Substitution der CH_2-Gruppen durch O, S, aromat. Gruppen usw. B. SCHEIFELE. 7180□

Einige Betrachtungen über die organischen Verbindungen des Phosphors und ihre Anwendungsmöglichkeiten. 2. Mitt. **Organophosphorpolymere.** G. Quesnel. (Chim. et Ind. **83.** 257—64. Febr. 1960. Soc. Pierrefite; Cons. sci.) (Franz.) — 1. vgl. C. **1962.** 5430.

Überblick über Herst., Eigg. u. Anwendungsmöglichkeiten von Organophosphorpolymeren. — 140 Literaturangaben. M. WINIKER. 7198□

Untersuchung des Abschmelzens von verstärkten Kunststoffen. W. R. Lucas und J. E. Kingsbury. (Mod. Plastics **38.** Nr. 2. 135—38. 140. 211. Okt. 1960. Redstone Arsenal, Ala., Army Ballistic Missile Agency.) (Engl.)

Vff. untersuchten das Abschmelzen von glasfaserverstärkten Melaminharzen zur Charakterisierung ihres aerodynam. Verh. bei der Verw. als Isoliermaterial für Raketenköpfe, wobei auf die Bedeutung anderer Eigg. dieser Harze für ihren Einsatz auf diesem Gebiet hingewiesen wird. H. SONTAG. 7204□

Prüfung der Spannungsrißbildung von Polyäthylen nach der Biegestreifentestmethode. K. A. Kaufmann. (Mod. Plastics **36.** Nr. 7. 146—48. 150—51. 174. März 1959. ASTM Committee D-20, Sect. J, Subcommittee XV, Task Group.) (Engl.) — Vgl. C. **1960.** 3055.

Vf. beschreibt die Entw. dieser Prüfmeth. u. schlägt folgende Abänderungen zur Erzielung einer verbesserten Reproduzierbarkeit vor: rascheres Abkühlen während der Folien-Herst. (2 statt 8 Min.), Verw. dünnerer Proben (0,075 statt 0,125 in.) u. Verw. einer 20%ig. statt einer konz. Reagenslösung. Die nach 3 verschiedenen Versionen der Meth. erhaltenen Prüfergebnisse von Polyäthylenharzen verschiedener Herkunft werden miteinander verglichen u. lassen die Vorteile der abgeänderten Meth. erkennen. H. SONTAG. 7210□

Vorrichtung zum Messen der Spannungsrelaxation von Kunststoffen. R. J. Curran, R. D. Andrews jun. und F. J. McGarry. (Mod. Plastics **38.** Nr. 3. 142—43. 146. Nov. 1960. Cambridge, Mass., Massachusetts Inst. of Technol.) (Engl.)

Die an Hand einer schemat. Abb. beschriebene Meßvorr. ermöglicht die serienmäßige Messung bei verschiedenen Spannungs- u. Temp.-Bedingungen sowie in verschiedenen Medien. H. SONTAG. 7210□

Sherwin-Williams Co., Cleveland, Ohio, übert. von: Aaron Stack, Park Forest, und Earl G. Shaver, Chicago, Ill., V.St.A., **Schwach verfärbte Phthalsäureester** wasserunlösl. Monoalkohole, die nicht mehr als 18 C-Atome haben, werden erhalten, wenn dem Veresterungsgemisch, das aus Phthalsäureanhydrid, dem Alkohol, einem organ. Lsgm. u. einem Veresterungskatalysator, bes. p-Toluolsulfonsäure, besteht, vor der Veresterung 5—30% W., bezogen auf Phthalsäureanhydrid, zugefügt werden u. das W. nach dem Rückflußerhitzen aus dem Rk.-Gemisch entfernt wird. — Beispiele: *Phthalsäureester von Capryl-, Decyl-, Stearylalkohol. — Weichmacher.* (**A. P. 2 802 858** vom 14/4. 1954, ausg. 13/8. 1957.) L. STADELMANN. 7171

Imperial Chemical Industries Ltd. (Erfinder: Henry Brunner und Derek John Walbridge), **Polymere Verbindungen,** z. B. aus Vinyl-Verbb. oder Terpen-KW-Stoffen, die mindestens 5 Gew.-% p- u./oder m-Diisopropenylbenzol (I) enthalten, geeignet als Bestandteil von Überzugs- oder Klebmitteln, Drucktinten oder auch als Zusatz zu Schmiermitteln, erhält man, auch bei der Herst. von Alkydharzen durch Polymerisation, auch Block- u. Pfropfpolymerisation, von I mit den verschiedenen Monomeren. Auch die Herst. von Polymeren allein aus I wird beschrieben. (**Aust. P. 222 520** vom 28/2. 1957, ausg. 30/7. 1959. E. Prior. 29/2. 1956.) O. ROICK. 7173

Farbwerke Hoechst Akt.-Ges., vormals Meister Lucius & Brüning, Deutschland, **Herstellung von Polyolefinen,** dad. gek., daß man Äthylen u./oder α-Olefine in Ggw. von Ti- oder V-Halogeniden u. -Oxyhalogeniden u. einem Polysiloxan der allg. Formel $[-SiH(R)-O-]_n$ (R = Alkyl-, Aryl- oder Aralkylrest; n = 2—100), wie Methylhydrogenpolysiloxan, polymerisiert. (**F. P. 1 220 376** vom 23/2. 1959, ausg. 24/5. 1960. D. Prior. 22/2. 1958.) S. BÖTTCHER. 7173

Phillips Petroleum Co., Bartlesville, Okla., V.St.A., **Katalytische Polymerisation von Olefinen** bei $> 450^0$, dad. gek., daß der Katalysator aus Cr- u. P-Oxyden in Verbindung mit SiO_2, Al_2O_3, Zr oder Th besteht, wobei $>0,1$ des Cr als Cr^{VI} vorliegen soll. Filme aus den Polymerisations-Prodd. weisen erhöhte Zug- u. Reißfestigkeit sowie geringe Wasserdampfdurchlässigkeit auf. (**Ind. P. 59 018** vom 30/11. 1956, ausg. 24/1. 1959.) C. LÜTTGEN. 7173

Petrochemicals Ltd., London, England (Erfinder: Edward William Duck), **Verbesserungen bei der Polymerisation von Olefinen.** Bei der Niederdruckpolymerisation von Olefinen, wie Äthylen oder Propylen, z. B. mit einem Druck zwischen 10 u. 100 atm u. bei 80—180°, verwendet man zusätzlich zu den bekannten Katalysatorgemischen, wie aus $TiCl_3$ (I) oder $TiCl_4$ (II) einerseits u. Al- oder Zn-Verbb., wie Al-Alkyl-Verbb., andrerseits noch eine 3. Komponente, die aus Ni, Co, Pt, Ir oder Cu in metall. feinverteiltem Zustand oder in Form von Verbb. besteht, z. B. aus einem Gesamtgemisch von I, Al-Triisobutyl u. Ni-Acetylacetonat (III) oder aus II, Al-Triäthyl u. III. — Zum Beispiel vermischt man die 3 Komponenten in einem inerten Lsgm., wie Pentan oder Bzl., im Mol-Verhältnis von 1—4, 2—6 u. 0,5—2. — Die Polymerisate zeigen erhöhte Schlagzähigkeiten. (**E. P. 837 251** vom 29/4. 1958, ausg. 9/6. 1960.) K. SARRE. 7173

Petrochemicals Ltd., London, England, **Katalysatoren für die Polymerisation von Alkenen.** Die für die Rk. meist verwendeten Katalysatoren nach Ziegler werden in ihrer Wrkg. durch Zusatz einer organ. Metall-Verb. verbessert, die von den übrigen darin enthaltenen Komponenten verschieden ist u. ein O-Atom enthält, das das Metall an den organ. Rest bindet. Als Metalle werden Alkalimetalle u. solche der IV.—VI. Gruppe des Period. Syst., bes. Th, Zr, Hf, Ti u. Al, verwendet. Als organ. Gruppen kommen vorzugsweise Alkoxy- u. Aryloxyreste in Frage, bes. solche mit 6—10 C-Atomen; z. B. Zr-Tetramethylat, -Tetraäthylat u. -Tetraisopropylat, Hf-Tetramethylat, Th-Tetraisopropylat, Al-Trioktanolat, Ti-Tetranonanolat, Na-Methylat, -Nonylat, -Phenylat, Li-Octylat, K-Isopropylat u. Al-Triphenylat. — Die Menge beträgt 5—30 Mol-% der gesamten Katalysatormenge. (**Belg. P. 562 871** vom 2/12. 1957, ausg. 3/6. 1960. E. Prior. 4/12. 1956, 22/2. u. 7/10. 1957.) A. KALIX. 7173

Monsanto Chemical Co., St. Louis, Mo., übert. von: Norman L. Hardwicke, Texas City, Tex., V.St.A., **Äthylenpolymerisation** erfolgt bei 100—400°, bes. 150 bis 250° u. 10000—25000 lbs./sq.in. in Ggw. von 0,001—5% Perchlorylfluorid (ClO_3F) zu wachsartigen bis festen Polymerisaten. Bei der Herst. von Mischpolymerisaten sollen $>$50% Äthylen zugegen sein. — Beispiele. (**A. P. 2 947 738** vom 24/2. 1959, ausg. 2/8. 1960.) H. SCHINDLER. 7173

Phillips Petroleum Co., Del., übert. von: John E. Cottle, Bartlesville, Okla., V.St.A., **Kontinuierliche Olefin- (Äthylen-) Polymerisation** in Ggw. eines Chromoxydkatalysators, aufgeschlemmt in (Cyclo-) Paraffinen, wobei der Zufluß des Monomeren u. des Katalysators in Abhängigkeit vom Austritt des Polymerisats u. vom Rückfluß des wiedergewonnenen Monomeren erfolgt. Im Reaktor werden für Äthylen eine Temp. von 275—375° F u. für Propylen von 150—250° F sowie Drücke bis zu 700 lbs./sq.in. aufrechterhalten. — Beschreibung u. Zeichnung der Anlagen. — Vgl. F. P. 1 157 872; C. **1961.** 15582. (**A. P. 2 908 734** vom 25/8. 1955, ausg. 13/10. 1959. **E. P. 831 979** vom 16/8. 1956, ausg. 6/4. 1960. A. Prio. 25/8. 1955.) H. SCHINDLER. 7173

Phillips Petroleum Co., Bartlesville, Okla., V.St.A., **Reinigen von Kohlenwasserstoffpolymerisaten, insbesondere Polyäthylen,** dad. gek., daß man diese in einem mit W. nicht mischbaren Lsgm. (I) löst u. die Lsg. mit dest. W. extrahiert. Nach dem Abdestillieren des I erhält man Polymerisate, die sich durch besonders gute Farblosigkeit auszeichnen. (**Ind. P. 59 387** vom 16/1. 1957, ausg. 27/2. 1959.) C. LÜTTGEN. 7173

Farbwerke Hoechst Akt.-Ges., vormals Meister Lucius & Brüning, Deutschland, **Behandlung wasserunlöslicher Polymerer zur Reinigung** mit einer wss. Lsg. oberflächenakt. Stoffe u. Umwandlung dieser Stoffe in nicht oberflächenakt. Stoffe. — Man suspendiert 200 (Gew.-Teile) eines Niederdruckpolyäthylens, das noch aliphat. KW-Stoff-Lsgm. von der Polymerisation her enthält, in 100 W. u. 1,5 Betainlaurylesterhydrochlorid (I), entfernt das Lsgm. mit Wasserdampf, stellt zur Umwandlung von I auf pH 12 u. wäscht das Polymere. — Man gibt zu einem durch Emulsionspolymerisation erhaltenen Polyvinylchloridlatex 1,2% (des Monomeren) eines Emulgators aus 50—90 Teilen Na-Laurinsäurehydroxyäthansulfonat u. 10—50 Na-Alkylsulfonat, stellt auf pH 1 oder 12, rührt 8—10 Std. u. trennt das Polymere ab. (**F. P. 1 185 487** vom 2/10. 1957, ausg. 31/7. 1959. D. Prior. 2/10. 1956.) M. PANKOW. 7173

Solvay & Cie., Brüssel, Belgien, **Polymerisation von Propylen.** Um stark kristalline Polymerisate zu erhalten, verwendet man Katalysatoren, die auf folgende Weise hergestellt wurden: Man läßt eine metallorgan. Verb. der 4.—6. Hauptgruppe des Period. Syst. in einem KW-Stoff mit einer mineral. Verb. eines Metalls der 4.—6. Nebengruppe u. einem Halogenid eines Elements der 3.—5. Hauptgruppe reagieren, filtriert den Nd. ab, suspendiert ihn in einem KW-Stoff u. aktiviert ihn durch Zusatz einer metallorgan. Verb. der 3.—5. Hauptgruppe. Als Ausgangsstoffe verwendet man z. B. $Sn(C_4H_9)_4$, $TiCl_4$, $AlCl_3$ u. $Al(C_2H_5)_3$. (**Holl. P. 97 119** vom 9/2. 1959, ausg. 15/2. 1961.) F. BÖHM. 7173

Montecatini Soc. Gen. per l'Industria Mineraria e Chimica, Mailand, Italien, **Suspensionspolymerisation** von Vinylmonomeren, dad. gek., daß man als Dispersionsmittel die Komplex-Verbb. von H_3BO_3 oder H_3PO_3 mit Polyolen (Cellulose, Polyvinylalkohol) verwendet. Inkrustationen werden vermieden, u. die Größe u. Struktur der Polymerengranula läßt sich regulieren. (**It. P. 524 615** vom 5/8. 1954.)
K. KOEBKE. 7173

Goodyear Tire & Rubber Co., Akron, Ohio, V.St.A., **Polymerisate und Mischpolymerisate von Butadien,** in denen die Butadieneinheiten zu mindestens 90% in 1.4-Bindung vorliegen, erhält man durch Polymerisation der Monomeren in einem inerten Lsgm. in Ggw. einer Katalysatormischung aus Al-Alkyl u. $CoCl_2$, $NiCl_2$ oder $NiBr_2$, in der das Verhältnis Al : Co u./oder Ni gleich 0,2 : 1 bis 10 : 1, bes. 0,5 : 1 bis 2 : 1, ist, bei -10 bis $+100^0$. Ca. 97% der 1.4-Struktureinheiten liegen als *cis-Konfiguration* vor. — Beispiele: *Polybutadien, Butadien–Isopren-, Butadien–Hexen-1-* u. *Butadien–Octen-1–Hexen-1-Mischpolymerisate.* (**E. P. 859 698** vom 11/8. 1959, ausg. 25/1. 1961. A. Prior. 4/12. 1958 u. 16/4. 1959.) L. STADELMANN. 7173

E. I. du Pont de Nemours & Co., Wilmington, Del., V.St.A., **Polymerisate von cyclischen Dienkohlenwasserstoffen** erhält man durch Polymerisieren von Dicyclopentadien, Dicyclo-(2.2.1)-2.5-heptadien oder 5-Methylendicyclo-(2.2.1)-2-hepten allein oder in Mischung mit Äthylen in Ggw. von Koordinationskatalysatoren, bes. $TiCl_4$/Al-Alkyl, in Substanz oder bes. in Lsg. bei normaler oder erhöhter Temperatur. Die Polymeren können durch Wärme, S oder Peroxyde leicht vernetzt werden. — Herst. von Formartikeln. (**E. P. 863 373** vom 11/10. 1957, ausg. 22/3. 1961. A. Prior. 5/11. 1956.) L. STADELMANN. 7173

Phillips Petroleum Co., Bartlesville, Okla., V.St.A., **Katalysatoren zur Polymerisation polymerisierbarer Kohlenwasserstoffe** erhält man aus 1. mindestens einem Halogenid (**I**) des Ti, Zr, Hf oder Ge, 2. einer Verb. der allg. Formel $M'(OR')_x$ (**II**), in der M' = Li, Na, K, Rb, Cs, Mg, Ca, Zn, Sr, Cd, Ba, Al, Ga, In, Tl; R' ein Alkyl-, Alkenyl-, Cycloalkyl-, Cycloalkenyl- oder Arylrest oder deren Mischung u. x die Wertigkeit des Metalls ist, 3. u. mindestens einer Organometall-Verb. der allg. Formel R_mMX_n (**III**; M = Al, Ga, In, Tl oder Be); R ein gesätt. acycl., gesätt. cycl. oder aromat. KW-Stoffrest oder deren Mischung; X = Halogen; m u. n eine ganze Zahl u. ihre Summe gleich der Wertigkeit des Metalls) oder mindestens einer Mischung eines organ. Halogenids (**IV**) u. mindestens eines der Metalle Na, K, Li, Rb, Cs, Be, Mg, Zn, Cd, Hg, Al, Ga, In oder Tl oder mindestens einem Hydrid der allg. Formel $M''M'''H_y$ (**V**; M'' = Alkalimetall, M''' = Al, Ga, In oder Tl; y gleich der Summe der Wertigkeiten von M'' u. M'''). Die Polymerisation wird bei -250 bis $+500^0$ F, bes. $50-300^0$ F, u. 100 bis 700 lbs./sq.in. in Ggw. von inerten Verdünnungsmitteln durchgeführt. Die Katalysatorbestandteile werden in folgenden molaren Mengenverhältnissen angewendet: **II** : **I** = 0,05–50 : 1; **III** : **I** = 0,05–50 : 1; **IV** : **I** bzw. Metall : **I** = 0,02–50 : 1; **V** : **I** = 0,05 bis 50 : 1. Man erhält z. B. *Polyäthylene* mit folgenden Eigg.: Molgew. (aus dem Schmelzindex berechnet) 9025, 41540; D. 0,941, 0,966; F. 242^0, 247^0; Schmelzindex 445; innere Viscosität 0,451, 1,699. (**E. P. 824 374** vom 13/12. 1956, ausg. 25/11. 1959. A. Prior. 22/12. 1955.) M. MAIERHAUSER. 7173

Esso Research and Engineering Co., Del., übert. von: David W. Young, Westfield, N.J., V.St.A., **Herstellen eines verbesserten Al-Katalysators,** dad. gek., daß man $AlCl_3$ unter N_2-Decke in gleichmol. Verhältnis mit Al-Triäthyl bei Raum-Temp. mahlt u. nach Unterbindung der Wärme-Rk. den entstandenen Katalysator bei einer Konz. von 0,05 g/ml in Butan löst. — Der komplexe Katalysator $Al(C_2H_5)_3AlCl_3$ wird dann langsam in eine fl. Mischung von Isobutylen, Äthan, Äthylen bei -101^0 eingetragen. Die Polymerisation ist unter Rühren nach 1 Std. beendet; es werden 14% Polymerisat erhalten. Nach Trennung hat das Polymerisat ein Molgew. von 4000 (nach STAUDINGER). (**A. P. 2 924 579** vom 23/3. 1955, ausg. 9/2. 1960.) W. SCHLITT. 7173

Montecatini Soc. Gen. per l'Industria Mineraria e Chimica, Mailand (Erfinder: Umberto Maffezzoni und Ermanno Susa, Mailand), Italien, **Stabilisieren von Katalysatoren,** die zur *Polymerisation an konjugierten Diolefinen* geeignet sind u. aus Al-Halogenalkylen u. Metall-Verbb. der VIII. Gruppe des Period. Syst. bestehen, dad. gek., daß man dem Katalysator während oder nach seiner Herst. sehr geringe Mengen eines Diolefins zusetzt. — Der stabilisierte Katalysatorkomplex ist lagerfähig. (**D. A. S. 1 115 024** Kl. 39c vom 10/3. 1960, ausg. 12/10. 1961. It. Prior. 18/3. 1959.) L. STADELMANN. 7173

Farbenfabriken Bayer Akt.-Ges., übert. von: Günther Nischk, Leverkusen, **Aktivator zur Polymerisation ungesättigter Verbindungen,** bestehend aus einem bas. Hydrazid der Formel: $(R)C_6H_4-N(R')-(CH_2)_x-CO-NH-N(R'')R'''$, worin x = 1—5, R u. R' = niedermol. Alkyl oder Aralkyl, R'' u. R''' = H, niedermol. Alkyl, Phenyl, Aralkyl u. Acyl. — Als solche sind in den Beispielen *N-Methylphenyl-N-methylglycinhydrazid*, *N-Methylphenyl-N-äthylglycinhydrazid*, *N-Methylphenyl-N-methyl-β-aminopropionsäurehydrazid* u. *N-Äthylphenyl-N-methylglycinhydrazid* genannt, die zusammen mit Benzoylperoxyd eingesetzt werden. Als Monomere sind Monomethylester der Maleinsäure sowie deren Monoallylester aufgeführt, die mit Styrol oder Divinylbenzol oder Methylmethacrylat oder Äthylmethacrylat mit Styrol mischpolymerisiert werden. Schmelzbare, feste bis nichtschmelzbare unlösl. Endprodukte. (**A. P. 2 974 118** vom 5/6. 1956, ausg. 7/3. 1961.) H. SCHINDLER. 7173

Soc. Nobel Française, übert. von: Pierre Alfred Talet, Paris, Frankreich, **Mischpolymerisate aus Vinylacetat oder Methacrylsäureestern** u. 1—2 (%) Acrylamid können durch Zusatz von ≧0,75 Glyoxal u. Erwärmen auf 25—105° gehärtet werden. Durch die eintretende Vernetzung werden die Harze härter, wärmefester u. weniger lösl. in organ. Lösungsmitteln. Wie aus den Beispielen hervorgeht, wird die gleiche Wrkg. auch durch Zusatz von CH_2O u. dessen Polymeren sowie Toluylendiisocyanat erzielt. (**A. P. 2 886 557** vom 14/7. 1955, ausg. 12/5. 1959.) C. LÜTTGEN. 7173

Badische Anilin- & Soda-Fabrik Akt.-Ges., Deutschland, **Wasserlösliche Mischpolymere aus Acrylamid, Methacrylamid und Acrylsäureestern.** Die nach D. A. S. 1 037 128; C. **1960.** 2708 hergestellten Mischpolymeren eignen sich als *Schutz-Koll.* zur Emulsionspolymerisation von Vinyl-Verbb., zum Herstellen von Dispersionen von Ölen, Fetten, Wachsen, Hochmolekularen, wie Nitrocellulose, Polyestern, Lsgg. in organ. Lsgm., Pigmenten, Desinfektions- u. Pflanzenschutzmitteln. Sie können mit CH_2O oder Methylolgruppen enthaltenden CH_2O-Kondens.-Prodd. zur Verbesserung ihrer Wasserfestigkeit nachbehandelt werden. — 25 (Teile) W., 1 des Mischpolymeren aus je 40 Methylacrylat, Methacrylamid u. 20 Acrylamid u. 0,125 $K_2S_2O_8$ werden bei 70° mit 25 Vinylpropionat 1 Std. bei 80—90° gerührt: Paste. (**F. P. 1 173 609** vom 15/3. 1957, ausg. 18/2. 1959. D. Prior. 17/3. u. 30/4. 1956.) M. PANKOW. 7173

Dow Chemical Co., Midland, Mich., V.St.A., **Kontinuierliche Mischpolymerisation von (Meth-)Acrylsäure und Monovinylaromaten,** bes. Styrol, durch Erhitzen des Gemisches auf 130—160° in Ggw. Radikale bildender Katalysatoren, wobei das Verhältnis Monomere : Polymerisat auf höchstens 60%ig. Umsatz gehalten wird. Das Rk.-Gemisch wird durch Verdampfen von den Monomeren befreit, die zurückgeführt werden. Die Prodd. besitzen ein einheitliches Molgew. u. können durch Wärmepressen weiterverarbeitet werden. — Vorr., Zeichnung, Tabelle u. Diagramm. (**E. P. 843 896** vom 6/11. 1958, ausg. 10/8. 1960. A. Prior. 12/12. 1957.) H. SCHINDLER. 7173

Rohm & Haas Co., Philadelphia, Pa., übert. von: Roger K. Graham, Moorestown, N.J., und Muriel S. Gluckman, Philadelphia, Pa., V.St.A., **Herstellen von Pfropfmischpolymerisaten** von 10—90 (Gew.-%) eines Polyalkylacrylats, in dem der Alkylteil nicht mehr als 18 C-Atome enthält, u. 90—10 eines monomeren Acryl- u. Methacrylats, in dem der Alkylteil nicht mehr als 18 C-Atome enthält, Acrylnitril, Acrylsäure, Styrol, ringsubstituierten Styrolen mit nicht mehr als 20 C-Atomen, OH-substituierten Alkylvinyläthern, in dem der Alkylteil 2—18 C-Atome sowie 1—2 OH-Gruppen je C-Atom u. nicht mehr als 1 OH-Gruppe an einem C-Atom, N-Vinyllactamen u. alkylsubstituierten N-Vinyllactamen mit 6—20 C-Atomen, dad. gek., daß man das Polyalkylacrylat u. das Monomere bei —70 bis +100° einer hohen Strahlenenergie von 10000—10000000 „REP“ aussetzt. Als Quelle für die hohe Strahlenenergie kommen radioakt. Stoffe (^{60}Co, ^{137}Cs, ^{90}Sr) in Betracht. (**A. P. 2 926 126** vom 13/1. 1956, ausg. 23/2. 1960.) W. SCHLITT. 7173

American Cyanamid Co., übert. von: Mary L. Miller, New York, N.Y., V.St.A., **Herstellung von Blockmischpolymerisaten.** Zunächst wird (Meth-)Acrylsäure oder deren Nitril in einem bromhaltigen organ. fl. Medium, wie Bromoform, 1.1.1-Tribromäthan oder Dibrommethan, gelöst u. dann diese Lsg. mit Licht von 3100—4100 Å bestrahlt. Die hierdurch bewirkte Br-Abspaltung führt zu Polymeren, die Br- oder bromhaltige Endgruppen besitzen. Das abgetrennte Polymerisat wird in einem inerten wss. Lsgm., wie Alkaliperchlorat oder -thiocyanat-Lsgg., gelöst u. mit z. B. (Meth-)Acrylamid, Vinylpyrrolidon, Acrolein oder Allylalkohol versetzt u. das Gemisch durch Bestrahlung mit Licht von >2800 Å mischpolymerisiert. Die End-Prodd. besitzen hohe Erweichungspunkte u. eignen sich zur Herst. von Fasern u. Formkörpern sowie als Zusätze zu Schmiermitteln oder Papier. — Mengenbeispiele. — Tabellen. (**A. P. 2 940 952** vom 10/6. 1957, ausg. 14/6. 1960.) H. SCHINDLER. 7173

E. I. du Pont de Nemours & Co., Wilmington, Del., V.St.A., **Herstellen von Pfropfpolymerisaten aus Cellulose und Monomeren.** Man läßt Cellulose zunächst in W., wss. Lsgg. von NaOH, Säuren, Glycerin oder deren Mischungen quellen, setzt dann ein

olefin. ungesätt. Monomeres zu u. unterwirft die Mischung einer ionisierenden Strahlung von mindestens 0,1 MeV bei ca. 0—50°. Die in Abwesenheit von Monomeren bestrahlte Cellulose bleibt bei Aufbewahrung in inerter Atmosphäre u./oder bei tiefer Temp., z. B. —80°, über längere Zeit, z. B. Wochen u. Monate, polymerisationsaktiv. In den Beispielen werden als Monomere verwendet: Vinylacetat, Vinylidenchlorid, Acrylnitril. Verw. der Rk.-Prodd. als *Zusätze zu Papier, Filmen, Formmassen.* Die Pfropfprodd. mit Bis-(chloräthyl)-vinylphosphonat sind *flammfest,* die mit Vinyldimethylchlorsilan *wasserfest.* (**E. P. 845 690** vom 30/6. 1958, ausg. 24/8. 1960. A. Prior. 8/7. 1957.)
L. STADELMANN. 7173

Imperial Chemical Industries Ltd., London, England, **Pfropfpolymerisation.** In hochmol. Verbb. (Kautschuk, Cellulose, Harze, deren Derivv., Vinyl-, Acrylharze, Epoxydharze, Polyamide) werden Peroxygruppen (durch Bestrahlen in Ggw. von O_2, Verseifen u. Behandlung der Verseifungs-Prodd. mit H_2O_2, Kneten u. Mischen bei Temp. bis 170° in O_2) eingeführt, dann bringt man sie mit monomeren olefin. oder diolefin. ungesätt. Verbb. zusammen u. zersetzt die Peroxygruppen, z. B. bestrahlt man mit UV-Licht oder setzt Red.-Mittel (Bisulfide, Amine) zu, polymerisiert bei 100—170° u. arbeitet in Abwesenheit von polymerisationshemmendem O_2. — Man mischt 600 g Polyäthylengranulat 30 Min. bei 120° im O_2-Strom, gibt es mit der gewichtsgleichen Menge Styrol zusammen, entgast, bestrahlt mit einer 500-W-Hg-Lampe in 10 cm Abstand u. extrahiert das erhaltene Polymere mit Toluol. Der unlösl. Rückstand enthält an Polyäthylen gebundenes Polystyrol. (**F. PP. 1 228 459** vom 17/4. 1959 u. **1 228 463** vom 18/4. 1959, beide ausg. 31/8. 1960. **Oe. PP. 214 646** u. **214 647** vom 17/4. 1959, ausg. 25/4. 1961. Alle E. Prior. 18/4. 1958.)
M. PANKOW. 7173

Koppers Co., Inc. übert. von: Gaetano F. d'Alelio, Pittsburgh, Pa., V.St.A., **Herstellung von Dihydroxyalkylalkenylaryläthern** der allg. Formel $CH_2{=}CR{-}Ar{-}O{-}C_nH_{2n-1}(OH)_2$, in der Ar für einen Arylenrest u. R für H oder den Methylrest steht, während n eine Zahl nicht $>$8 bedeutet. Man setzt ein Alkenylphenol (Vinyl- oder Isopropenylphenol) mit einer Epoxy-Verb. (Epichlorhydrin oder 1-Chlor-3.4-epoxybutan) in alkal. Lsg. um u. säuert mit HCl an. Man erhält so: 1-(2-Vinylphenoxy)-2.3-propandiol, F. 91—92°; 1-(4-Isopropenylphenoxy)-2.3-propandiol, F. 111,5°; 1-(3-Vinylphenoxy)-2.3-propandiol, 1-(2-Vinylphenoxy)-3.4-butandiol, 1-(4-Isopropenylphenoxy)-3.4-butandiol, 1-(4-Vinylphenoxy)-2.3-propandiol, 1-(3-Isopropenylphenoxy)-2.3-propandiol. Geeignet *zur Herst. von Polymerisaten* in Ggw. von Per-Verbb. (H_2O_2, Acetyl-, Acetylbenzoyl-, Phthalyl- oder Laurylperoxyd, tert.-Butylhydroperoxyd, Persulfate, Perchlorate u. dgl.) oder Mischpolymerisaten mit Styrol, Butadien, Maleinsäureanhydrid, Methylmethacrylat oder anderen äthylen. ungesätt. Verbindungen. In gleicher Weise können die entsprechenden *Allylphenoxy*-Verbb. hergestellt u. *zur Herst. von Polymerisaten* u. Mischpolymerisaten verwendet werden. (**A. PP. 2 850 481** vom 20/10. 1954, ausg. 2/9. 1958 u. **2 851 440** vom 20/10. 1954, ausg. 9/9. 1958.) W. GRÄGER. 7173

Rohm & Haas Co., V.St.A. (Erfinder: Joseph Lloyd O'Brien), **Herstellung von Dialkylphosphorsäurealkylacrylaten und -methacrylaten** der allg. Formel $CH_2 = CR{\cdot}COO{\cdot}A{\cdot}O{\cdot}P(O)(OR_1)(OR_2)$, worin R = H, Cl oder CH_3, R_1 u. R_2 = Alkyl-, Chloralkyl- oder Bromalkylreste mit $\leqq$4 C-Atomen u. A = Alkylenrest mit 2—6 C-Atomen, dad. gek., daß man Verbb. der Formel $Q{-}P({=}O)(OR_1)(OR_2)$ (Q = H, Cl, Br, J, OR_1) mit Verbb. der Formel $CH_2{=}C(R){-}COO{-}A{-}OH$ umsetzt. — 0,2 (Mol) 2-Hydroxyäthylmethacrylat, 0,22 Pyridin u. Bzl. werden unter Rühren langsam mit 0,2 Diäthylchlorphosphat versetzt, 4 Std. bei 20—25° gerührt, filtriert u. in Ggw. von N.N'-Di-[1.4-naphthochinonyl-(2)]-p-phenylendiamin rektifiziert: *Diäthylphosphatoäthylmethacrylat,* $Kp._{0,15-0,2}$ 108—115°; $n_D^{25,5}$ 1,4338; Ausbeute 66,5%. — *Diäthylphosphatopropyl-*, $Kp._{0,06}$ 117—119°, n_D^{20} 1,4357, *Dimethylphosphatoäthyl-*, $Kp._{0,03}$ 102—107°, $n_D^{26,5}$ 1.4360, u. *-propylmethacrylat,* $Kp._{0,04}$ 103—108°, u. *Diäthylphosphatoäthylacrylat,* n_D^{25} 1,4351, aus Diäthyljodphosphat, Phosphorsäuredimethyl- u. -trimethylester, Diäthylchlorphosphat, Hydroxypropyl- u. -äthylmethacrylat bzw. 2-Hydroxyäthylacrylat. — Die Prodd. können untereinander u. mit anderen Polyestern *polymerisiert* werden. (**F. P. 1 202 964** vom 20/3. 1958, ausg. 14/1. 1960. A. Prior. 29/3. 1957.) S. BÖTTCHER. 7173

Argus Chemical Corp., übert. von: William E. Leistner und Olga H. Knoepke, Brooklyn, N.Y., V.St.A., **Weichgemachte Vinylchloridharze,** gek. durch den Geh. eines Weichmachergemisches, das zu 25—75% aus solchen Estern von Mono- oder Dialkyl- (C_1—C_{12})-phenolen mit aliphat. Monocarbonsäuren besteht, die 17—40 C-Atome besitzen u. sich von solchen Phenolen ableiten, die durch mindestens einen Alkylrest mit mindestens 8 C-Atomen substituiert sind, wie *Nonylphenyllaurat, Dodecylphenyl-2-äthylhexoat* oder *Dinonylphenylacetat.* (**A. P. 2 920 055** vom 5/4. 1954, ausg. 5/1. 1960.)
O. SCHÖN. 7173

Imperial Chemical Industries Ltd., London, England (Erfinder: William Charlton und John Henry Cundall), **Herstellung von substituierten Polystyrolderivaten,** die am Kern Substituenten mit der Struktur $-CH_2OR$ aufweisen, wobei R = H, einen KW-Stoffrest oder evtl. substituierten Säurerest bedeutet, durch Rk. von chlormethyliertem Polystyrol (I) mit einem Mol-Gew. von <3100, das im Durchschnitt $\leqq 1$ Chlormethylgruppe (II) für jeden Benzolring enthält, mit einer Alkali-Verb. von R′OH, wobei R′ die gleiche Bedeutung hat wie R, jedoch kein H sein kann. — Man kocht ein Gemisch aus 45 (Teilen) Na, gelöst in 500n-Butanol u. 500 Methyläthylketon (III) u. 200 I, Molgew. 1000, 0,7 II pro Benzolkern, gelöst in 500 III, 72 Std. unter Rückfluß, gießt das Rk.-Gemisch in 5000 CH_3OH, wobei butoxymethyliertes Polystyrol als plast. Masse in einer Menge von 210 (87% der Theorie) ausfällt. — Analog aus K_2CO_3 u. Salicylaldehyd aldehydphenoxymethyliertes Polystyrol. Weitere Beispiele für phenoxymethyliertes, carboxymethyliertes, hydroxymethyliertes, hydroxäthoxymethyliertes, acetoxymethyliertes, stearoxymethyliertes, acetylaminophenoxymethyliertes u. acetylaminophenoxymethyliertes Polystyrol. Aus 11 Na in 180 Xylol, 80 A., 80 Salicylsäure u. 65 I durch 100std. Kochen → 90 o-Hydroxybenzoesäureester des hydroxymethylierten Polystyrols. — *Zwischenprodd.* zur Herst. von harzartigen Stoffen. (**E. P. 810 025** vom 21/11. 1955, ausg. 11/3. 1959.)
C. LÜTTGEN. 7173

Esso Research and Engineering Co., Elizabeth, N. J., V.St.A. (Erfinder: Derek Paul Archer), **Herstellung von Petroleumharzen** aus dampfgecrackten Erdölfraktionen durch Polymerisation mittels FRIEDEL-CRAFTS-Katalysatoren. Vor der Polymerisation werden die Ausgangsstoffe mit einer kalten 20%ig. wss. Lsg. von Ferroammoniumsulfat behandelt u. nach dem Dekantieren über $CaCl_2$ getrocknet. Durch Beseitigung von organ. Peroxyden werden die Polymerisate viel heller. — Beispiele. (**E. P. 824 129** vom 19/10. 1956, ausg. 25/11. 1959.) H. SCHINDLER. 7173

Dow Chemical Co., übert. von: Francis L. Ingley, Midland, und Daniel Moldovan, Rhodes, Mich., V.St.A., **Harzartige Masse zur Herstellung von Formkörpern, Filmen und Überzügen.** Man dispergiert 5—10 (Teile) eines unvulkanisierten Mischpolymerisats aus 40—80 Butadien u. 60—20 Styrol (I) in 90—95 eines Gemisches aus 50—60 mindestens einer aromat. Monovinyl-Verb., bes. I, u. 50—40 eines Acrylsäureesters, bes. Äthylacrylat, u. polymerisiert nach Zugabe von 0,01—0,1% Benzoylperoxyd durch Erhitzen auf 60—220°. Das Prod. zeichnet sich durch gute Zug- u. Biegefestigkeit aus. (**A. P. 2 843 561** vom 29/3. 1955, ausg. 15/7. 1958.)
C. LÜTTGEN. 7173

E. I. du Pont de Nemours & Co., Wilmington, Del., übert. von: Thomas Franklin Banigan, Kenmore, N.Y., V.St.A., **Schlüpfrigmachen von Filmen aus organischen Polymerisaten,** bes. *Polyäthylen.* Man besprüht die Filme mit einer wss. Dispersion, die 0,5—1(%) Polyvinylacetat (I), dessen Partikel zu mindestens 25 einen maximalen Ø von 0,5—1 μ u. deren Rest einen Ø von 1—30 μ aufweisen, u. 0,25 bis 1 Stärke enthält, deren Teilchen- Ø < 30 μ liegt, u. trocknet den Überzug bei einer Temp., bei der das I erweicht. Die überzogenen Filme weisen eine gute Gleitfähigkeit auf u. haften nicht aneinander. (**A. P. 2 824 023** vom 13/12. 1955, ausg. 18/2. 1958.)
C. LÜTTGEN. 7173

Dunlop Rubber Co. Ltd., London, England (Erfinder: Wilfrid Henry Hogg), **Herstellung von Schaumkörpern** durch Erhitzen einer schaumbildenden Masse aus in einem Weichmacher dispergiertem Polyvinylchlorid (I) u. üblichen Blähmitteln, dad. gek., daß man der Masse ein Alkylenpolyamin, bes. Tetraäthylenpentamin, Diäthylentriamin oder Äthylendiamin, zusetzt, so daß gleichzeitig mit der Schaum-Bldg. eine Härtung des I eintritt, die ein Herausnehmen der Schaumkörper (II) aus den Formen in noch heißem Zustand zuläßt, ohne daß eine Deformation der II eintritt. (**E. P. 816 502** vom 17/3. 1955, ausg. 15/7. 1959.) C. LÜTTGEN. 7173

Farbwerke Hoechst Akt.-Ges., vormals Meister Lucius & Brüning, Frankfurt/M., **Stabilisieren von Olefinpolymerisaten** mittels eines Stabilisator-Syst. aus Kondens.-Prodd. von Alkylphenolen u. Aldehyden, Ketonen oder S-Chloriden u. einem organ. Phosphoramid (Phosphorigsäure-, Phosphorsäure-, Phosphorsäureester u./oder Phosphonsäureamid u./oder Thiophosphorsäure-, Thiophosphorsäureester u./oder Thiophosphonsäureamid u./oder Pyrophosphorsäuretetramid u./oder Triphosphorsäurepentamid). Man verwendet 0,001—5, bes. 0,05—1 Gew.-% (des Polymeren) an Katalysatorsystem. — Man mischt in Polypropylen 1% einer Mischung aus gleichen Teilen des Nonylphenol–Aceton-Kondens.-Prod. u. Thiophosphorsäuredibutylamiddianilid ein. (**F. P. 1 247 547** vom 21/12. 1959, ausg. 2/3. 1961. **Oe. P. 215 148** vom 18/12. 1959, ausg. 10/5. 1961. Beide D. Prior. 20/12. 1958.) M. PANKOW. 7173

Monsanto Chemical Co., St. Louis, übert. von: Paul R. Graham, Richmond Heights, Mo., V.St.A., **Stabilisieren von Plastisolen,** die aus 100 (Teilen) festen Polyvinylchlorids oder eines Mischpolymerisats aus $\geqq$50% Vinylchlorid u. Vinylacetat oder Diäthylmaleat bestehen, die in 25—100 Weichmacher (I), bes. Dioctylphthalat, dispergiert sind u. eine Teilchengröße von 0,05—200 μ aufweisen. Setzt man einer solchen Dispersion 0,5—5 eines Esters eines C_3—C_{18}-Alkohols u. eines Gemisches aus ungesätt. C_{16}—C_{22}-Carbonsäuren, bes. ein Gemisch aus Isodecyloleat u. -linoleat zu, das in I gelöst wird, so verändert sich die Viskosität des Plastisols bei längerem Lagern nur wenig. (**A. P. 2 852 482** vom 7/2. 1955, ausg. 16/9. 1958.) C. LÜTTGEN. 7173

Monsanto Chemical Co., St. Louis, Mo., V.St.A., **Herstellung von Vinylphosphonat-Metallsalzen** der allg. Formel $[CH_2 = CH-P(OR)OO\text{-}]_nM$, in der R für einen Alkylrest oder β-Chloralkylrest mit 1 bzw. 2—6 C-Atomen, während n der Wertigkeit (mindestens 2) des Metalls M (Mg, Ca, Sr, Ba, Zn, Cd, Cu, Al, Fe, Co, Ni) entspricht. Man erhitzt, bes. unter CO_2, einen Vinylphosphonsäurediester der Formel $CH_2{=}CHPO\cdot(OR)_2$ mit einem Metallhalogenid, bes. dem Chlorid, auf ca. 160—200° im Ölbad u. behandelt das Rk.-Prod. zweckmäßig mit einem niederen aliphat. Alkohol oder Keton (Aceton, Methyläthylketon), um die darin unlösl. Rk.-Prodd. leicht von unveränderten Ausgangsstoffen trennen zu können. Man erhält so die Metallsalze der Vinylphosphonsäureäthyl-, -methyl-, -n-propyl-, -isopropyl-, -n-butyl-, -isobutyl-, -isoamyl-, -n-amyl-, -β-chloräthylester. Geeignet als *Stabilisatoren, bes. gegen Licht-Einw., in Polyvinylchlorid* oder Mischpolymerisaten von Vinyl- oder Vinylidenchlorid, denen die Metallsalze der Vinylphosphonsäureester in Mengen von 2—10% zugemischt werden. — Vgl. auch A. P. 2 784 206; C. **1961.** 5980. (**E. P. 796 838** vom 13/6. 1956, ausg. 18/6. 1958. A. Prior. 13/6., 17/6. u. 24/6. 1955.) W. GRÄGER. 7173

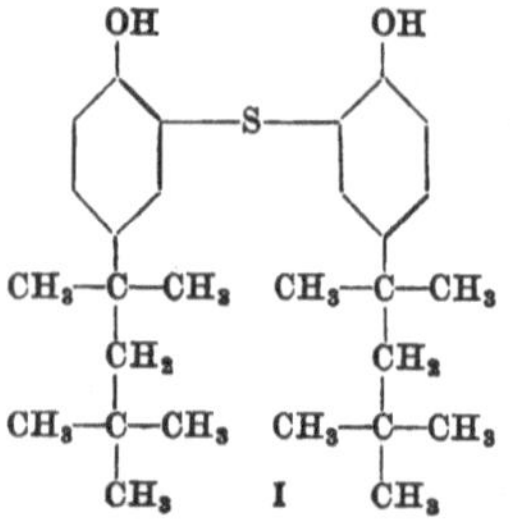
I

Ferro Corp., Cleveland, übert. von: Albright M. Nicholson jun., Warrensville Heights, und Baruch Zaremsky, South Euclid, Ohio, V.St.A., **Herstellung von o.o'-Bis-(p-1.1.3.3-tetramethylbutylphenol)-monosulfid (I)** (F. 132—134°) erfolgt durch Rk. von p-1.1.3.3-Tetramethylbutylphenol mit SCl_2 bei 120—145° F. in einem aliphat. KW- oder Chlor-KW-Stoff. Durch Rk. von I mit Ni-Acetat·4 H_2O in Xylol oder durch Überführen von I mittels C_2H_5ONa in sein Na-Salz u. dessen Rk. mit $NiCl_2$ in A. erhält man das *Ni-Salz* von I. — *Lichtstabilisatoren* für *Polyalkylene*, bes. *Polyäthylen.* (**A. P. 2 971 968** vom 29/1. 1959, ausg. 14/2. 1961. **E. P. 858 890 vom 3/6. 1959, ausg. 18/1. 1961.** A. **Prior.** 29/1. **1959.)** O. MÜLLER-MEININGEN. 7173

Goodyear Tire & Rubber Co., Akron, Ohio, V.St.A., **Polyester** werden wie üblich aus Dicarbonsäuren u. Glykolen hergestellt. Als Katalysator dient eine Uran-Verb. (Uranylnitrat, -acetat, -sulfat, -fluorid; Urantrioxyd, -tetrafluorid, -tetrachlorid; Na-Mg-Uranylacetat), ggf. zusammen mit üblichen Metallkatalysatoren. (**E. P. 861 712** vom 20/3. 1959, ausg. 22/2. 1961. A. Prior. 6/8. 1958.) F. KOCH. 7177

Imperial Chemical Industries Ltd. (Erfinder: John Francis Lloyd Roberts, Harry James Twitchett und Arthur Scott Wild), **Herstellung von synthetischen Polyestern, besonders Polyäthylenterephthalat, in fein verteilter Form.** Man stellt Lsgg. der Ester in halogenierten niederen Fettsäuren oder in >80%ig. wss. Lsg. derselben her u. fällt die Ester durch Zugabe von verd. <50%ig. wss. Lsgg. der Halogenfettsäuren als Pulver aus. (**Aust. P. 227 615** vom 7/10. 1958, ausg. 28/4. 1960. E. Prior. 30/10. 1957.) C. LÜTTGEN. 7177

Soc. des Usines Chimiques Rhône-Poulenc, Seine, Frankreich (Erfinder: Georges Collardeau und Maurice Jean Reymermier), **Herstellung ungesättigter Polyester.** Inhaltlich ident. mit D. A. S. 1 093 084; C. **1961.** 11918. (**F. P. 1 171 786** vom 19/4. 1957, ausg. 29/1. 1959.) M. PANKOW. 7177

Soc. des Usines Chimiques Rhône-Poulenc, Frankreich, **Herstellung von 2.2-Bis-[2'-hydroxy-4-cyclohexyloxyphenyl]-propan,** F. 73—75°, das man zu *copolymerisierbaren Polyestern* verarbeiten kann, dad. gek., daß man 2.2-Bis-[4-hydroxymethyl]-propan mit 1.2-Epoxycyclohexan kondensiert. (**F. P. 72 342** vom 25/9. 1957, ausg. 6/4. 1960. **Zusatz zu F. P. 1 171 786; s. vorst. Ref.**) S. BÖTTCHER. 7177

Paul Ernest Legendre, Hericy, Frankreich, **Polyesterharze,** die bes. hell sind (GARDNER-Skala 0,25—1,5 in 50% Lsg.), werden wie üblich, bes. auch mit fetten Ölen, aber in Ggw. von reinem SiO_2 oder Quarz erhalten. — Vorr., Zeichnung. (**E. P. 859 710** vom 11/3. 1958, ausg. 25/1. 1961. F. Prior. 21/8. 1957.) F. KOCH. 7177

Lewis Berger & Sons Ltd., London, England, **Ölmodifizierte Polyesterharzmassen** bestehen aus einer monomeren aromat. Verb., einem Acrylester u. einer monomeren Vinyl–Stickstoff-Verb. (oder deren α-substituiertem Deriv.), die bei höherer Temp. wie üblich zum Polyester kondensiert werden. Trocknende oder halbtrocknende Ölfettsäuren mit ungesätt. Ketten werden während oder nach Veresterung zugegeben. — 2760 (Teile) Leinölsäure, 716 Pentaerythrit, 840 Trimethyloläthan, 2020 Phthalsäureanhydrid, 1300 Vinyltoluol, 1300 Methylmethacrylat, 434 Acrylnitril, 31,5 Ditertiärbutylperoxyd werden gemischt, auf 440° erhitzt u. unter einem Schutzgas kondensiert. (**E. P. 862 583** vom 28/5. 1957, ausg. 15/3. 1961. A. Prior. 6/6. 1956.) F. KOCH. 7177

Bataafse Petroleum Mij. N.V., Den Haag, Holland, **Polyester aus einem Epoxyharz,** das mit einem fetten Öl (I) in Ggw. eines alkal. Katalysators u. Zusatz von mehrbas. Säuren oder deren Anhydriden (II) sowie einer einbas. Säure mit 2—24 C (III) durch Erhitzen kondensiert ist. Sowohl die **I** als auch die **II** können ungesätt. Gruppen enthalten. **III** kann auch als Anhydrid eingesetzt werden u. ist bes. Essig- oder Benzoesäure. Zu *Folien* geeignet. (**E. P. 858 827** vom 25/3. 1959, ausg. 18/1. 1961. Holl. Prior. 27/3. 1958.) F. KOCH. 7177

Georges Lichkine und Pierre Saunier, Seine, Frankreich, **Lagerfähige Polyestermischungen.** Man verwendet als Katalysator Di-[tert.-butyl]-peroxyd $[(CH_3)_3CO]_2$, tert.-Butylperbenzoat, $(CH_3)_3CO_3C_6H_5$, oder tert.-Butylhydroperoxyd, $(CH_3)_3C-OOH$, in Mengen von 2—10%. — Man nimmt z. B. eine Mischung aus 300 (g) Polyesterharz (200 Poise Viscosität), 12 Di-[tert.-butyl]-peroxyd, 3 Ca-Stearat, 15 TiO_2, 250 $CaCO_3$, 100 Quarzpulver, 270 2,5 u. 10 mm lange Glasfasern u. 50 pflanzliche oder Kunstfasern. (**F. P. 1 190 812** vom 27/1. 1958, ausg. 15/10. 1959.) M. PANKOW. 7177

Kenilworth Mfg. Co. Ltd., West Drayton, Middlesex, England (Erfinder: Harry Georg Werrell), **Gefärbte Polyesterformkörper** werden erhalten durch Mischen von mindestens 2 Komponenten von mit ggf. Pigmentfarben gefärbten Polyesterharzen (I) u. übliches Aushärten. — **I** (aus Maleinsäure, Adipinsäure u. Diäthylenglykol) gelöst in Styrol, enthalten eine blaue Farbe (ggf. andere Füllstoffe) sowie Co-Naphthenat; oder die **I** enthalten eine gelbe Farbe u. organ. Peroxyde. Die Mischung ist grün u. härtet bei normaler Temperatur. (**E. P. 854 344** vom 20/3. 1958, ausg. 16/11. 1960.) F. KOCH. 7177

N. V. Onderzoekingsinstituut Research, Arnheim (Erfinder: Georg Hennemann, Velp), Holland, **Behandlung von Fäden und Fasern aus Polyestern** zur Erzielung besserer Verarbeitbarkeit auf Streck- u. Kämmaschinen sowie auf der Karde. Man behandelt das Material bei normaler oder erhöhter Temp. mit höchstens 1%ig. Alkalihydroxyd-Lsg., bis ein Gew.-Verlust von höchstens 0,5% eingetreten ist, z. B. 25 Min. bei 90° mit wss. 0,3%ig. NaOH. (**Holl. P. 97 137** vom 14/12. 1956, ausg. 15/2. 1961.) F. BÖHM. 7177

E. I. du Pont de Nemours & Co., übert. von: Shee L. Jung, Wilmington, Del., V.St.A., Segmentierte **Polymere mit Urethan- u. Harnstoffgruppierungen** erhält man durch Rk. eines Gemisches aus dem Dihalogenameisensäureester eines endständige OH-Gruppen aufweisenden Polyesters (**I**; aus 2.5-Hexandiol u. Adipinsäure; F. $<60°$; Molgew. >600) u. dem Dihalogenameisensäureester eines 2wertigen Phenols mit 6 bis 16 C-Atomen, wie Resorcin, Hydrochinon, p.p'-Diphenylolpropan u. p.p'-Dihydroxydiphenyl, mit stöchiometr. Mengen eines Diamins (Äthylendiamin, N.N'-Dialkylhexamethylendiamin, p-Xylylendiamin u. Piperazine), bes. in Lsg. (CH_2Cl_2) u. in Ggw. halogenwasserstoffbindender Mittel (Na_2CO_3). Die 60—90% Reste der **I** aufweisenden Prodd. dienen zur Herst. von *Fäden u. Folien,* ggf. unter Mitverw. von Ruß, Kaolin, SiO_2, Pigmenten u. Weichmachern. (**A. P. 2 962 470** vom 9/1. 1958, ausg. 29/11. 1960.) G. TEWES. 7181

Collo Rheincollodium G. m. b. H., Deutschland (Erfinder: Josef Winkler), **Gegen Mikroorganismen widerstandsfähige plastische Massen aus Polyurethanen.** Man versetzt die Ausgangsstoffe, z. B. den Aktivator, oder Teilpolymere mit Dialkyldithiocarbaminsäuren oder deren Disulfiden, wie $[(CH_3)_2NCS]S_2$, $[(C_2H_5)_2NCS]_2S_2Zn$ oder $(C_4H_7)_2NCS]_2S_2Cu$. (**F. P. 1 191 322** vom 10/12. 1957, ausg. 19/10. 1959. A. Prior. 10/12. 1956.) M. PANKOW. 7181

E. I. du Pont de Nemours & Co., Wilmington, übert. von: Robert B. Kane, Claymont, Del., V.St.A., **Polyurethanschaumstoffe** werden hergestellt durch Verschäumen eines 8—14(%) NCO-Gruppen aufweisenden Rk.-Prod. (I) mit Wasser. Das **I** wird gebildet durch Rk. eines Gemisches aus einem wenigstens 60 1.2-Propylenglykolreste aufweisenden Polyalkylenglykoläther (II) u. einem Fettsäuretriglycerid (**III**; Ricinusöl) im Mol-Verhältnis 1:0,5—1,5 mit einem organ. Diisocyanat (Toluylen-2.4-diisocyanat) bei 25—100°, wobei die NCO- zu den OH-Gruppen von **II** u. **III** im

Verhältnis 1,3—1,6:1 vorliegen. Tert. Amine können mitverwendet werden. (**A. P. 2 955 091** vom 27/8. 1957, ausg. 4/10. 1960.) G. TEWES. 7181

Manufactures de Produits Chimiques du Nord Établissements Kuhlmann, Frankreich (Erfinder: Earl J. Robertson), **An Harnstoffgruppierungen freie Polyurethan-Hartschaumstoffe** erhält man durch Erwärmen eines Gemisches (Vorpolymerisat) aus Polymischäthern (I; Oxyalkylierungs-Prodd. von Alkoholen mit 1—6 OH-Gruppen; Molgew. 270—1200; Äquivalent-Gew. 90—300), Tetra-N-hydroxyalkylalkylendiaminen (II; Molgew. 220—400; Äquivalent-Gew. 55 bis 100; Oxyäthylierungs-Prodd. von Äthylen- oder Butylendiamin), Polyisocyanaten (Toluylendiisocyanat) u. Netzmitteln (äth- oder propoxyliertes Propylenglykol oder in W. lösl. Siliconöl) mit inerten Lsgm. vom Kp. —30 bis 99°, wie $CFCl_3$, C_4H_8 (cycl.), $CClF_2—CClF_2$, CH_2Cl_2 u. CCl_4, ferner Butan u. Penten. Es soll ein Verhältnis von NCO: OH-Gruppen 0,8—1,2:1 u. von I:II-Äquivalenten 0,75—6,0:1 vorliegen, ferner das mittlere Äquivalent-Gew. von I + II 80—130 betragen. W. wird nicht mitverwendet, jedoch feuerhemmende Füllstoffe (Ruß, SiO_2, Kaolin, $MgCO_3$, $CaCO_3$ u. Ammoniumphosphat). (**F. P. 1 247 044** vom 14/1. 1960, ausg. 15/2. 1961. A. Prior. 26/1. 1959.) G. TEWES. 7181

Badische Anilin- & Soda-Fabrik Akt.-Ges., Deutschland, **Schaumherstellung.** Man läßt Diisocyanate auf OH-Gruppen enthaltende Polyvinyl-Verbb. mit einer OH-Zahl bis 250 einwirken u. behandelt die erhaltenen Prodd. mit Wasser. — Man wärmt eine Mischung aus 50 (Gew.-Teilen) eines hochviscosen Mischpolymeren aus 196 Methylacrylat u. 11,6 Allylalkohol (OH-Zahl 54) mit 10 Toluylendiisocyanat 45 Min. auf 90°, mischt das viscose Rk.-Prod. bei 50° mit 1 W. u. verschäumt in der Form. (**F. P. 1 170 249** vom 11/2. 1957, ausg. 12/1. 1959. D. Prior. 11/2. 1956.) M. PANKOW. 7181

Shell Oil Co., New York, N.Y., übert. von: Roy W. Tess, Orinda, Calif., V.St.A., **Polyurethanharze** erhält man durch Rk. von Allylalkohol (I)-Mischpolymerisaten (II) mit organ. Polyiso(thio)cyanaten (Arylendiisocyanate u. NCO-Gruppen aufweisende Polyalkylenglykolätherurethane) im Mol-Verhältnis 4:1—1:4. Die II sind solche aus I u. 15—90 Mol-% Styrol, p-Chlorstyrol, α-Methylstyrol, p-Methoxystyrol, p-Butylstyrol, p-Octylstyrol, Vinyltoluol, 2.5-Dibutylstyrol, β-Vinylnaphthalin u. 2.4-Dichlorstyrol sowie deren Rk.-Prodd. mit bis zu 30% Äthylen- oder Propylenoxyd. Die Prodd. dienen zur Herst. von Überzügen, Gießkörpern u. Schaumstoffen, ggf. unter Mitverwendung von W. u. Katalysatoren (tert. Amine). (**A. P. 2 965 615** vom 3/4. 1958, ausg. 20/12. 1960.) G. TEWES. 7181

Midland Silicones Ltd., London, England, **Formtrennmittel bei der Herstellung von Polyurethanschaumstoffen,** sind härtbare *Dimethylpolysiloxane* (mit Vinyl-, SiH- oder Acetoxygruppen), die auf die Formen aufgebracht durch Luftfeuchtigkeit oder organ. Peroxyde erhärten. (**E. P. 862 361** vom 19/11. 1959, ausg. 8/3. 1961. A. Prior. 9/2. 1959.) G. TEWES. 7181

Allied Chemical Corp., übert. von: Antoine Khawam, East Orange, N.J., V.St.A., **Flammschutzmittel in Polyurethanschaumstoffen** (I) sind 5—50 (%) der Rk.-Masse an chlorhaltigen Phosphorsäureestern (Tri-β-trichloräthylphosphat, Trichlorpropylphosphat, Diallylstyrolphosphonat u. Diallylphenylphosphonat) oder von Estern halogenhaltiger Carbonsäuren (Tetrachlorphthalsäure u. Dibrombernsteinsäure). Die I werden hergestellt auf Grundlage von Polyestern, Fettsäureglyceriden (OH-Zahl >50) oder Polyalkylenglykoläthern (Molgew. wenigstens 200) u. 0,3—30 hiervon eines 3 OH-Gruppen aufweisenden Diamins der allg. Formel **A** (n = 1 bis 10; alkylen = Alkylenrest mit 2—3 C-Atomen, x, y u. z = ganze Zahlen, deren Summe 3—12 beträgt; R = Alkylrest mit 10—20 C-Atomen), wie N-Coco-N.N'.N'-tri-(2-hydroxyäthyl)-äthylendiamin, u. überschüssigem Polyisocyanat. Das Verschäumen erfolgt durch Zusatz von Wasser. (**A. P. 2 956 031** vom 4/4. 1958, ausg. 11/10. 1960.) G. TEWES. 7181

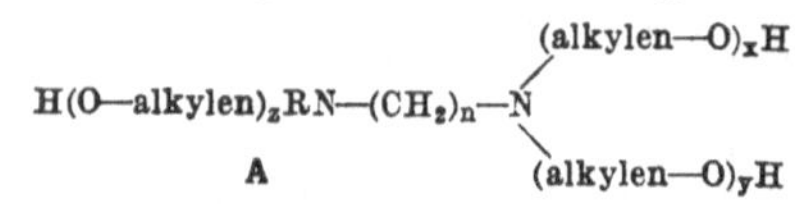

A

E. I. du Pont de Nemours & Co., Wilmington, Del., übert. von: Fred Gollob, Cornwall-on-Hudson, N.Y., V.St.A., **Lösungsmittel für kettenverlängerte Polyalkylenglykolätherurethane** (aus Polyglykolen mit einem Molgew. von wenigstens 750 u. organ. Diisocyanaten; kettenverlängert durch W. u. H_2S) sind Gemische aus 4—85 (%) Dimethyl-, Diäthyl-, Dipropyl- u. Dibutylsulfoxyd u. 96—15 Methyläthylketon, Aceton, Methylisobutylketon u. Cyclohexanon. — Beschichtung von Textilien. (**A. P. 2 955 095** vom 8/1. 1958, ausg. 4/10. 1960.) G. TEWES. 7181

Inventa Akt.-Ges. für Forschung und Patentverwertung, Luzern, übert. von: Heinz R. Fueg, Domat-Ems, und Kurt Kahr, Chur, Schweiz, **Reinigung von Lactamen,** die durch eine BECKMANNsche Umlagerung von z. B. Cyclohexanonoxim oder 2-Methylcyclohexanonoxim mit konz. H_2SO_4 u. anschließendes Neutralisieren erhalten wurden, dad. gek., daß man die flüchtigen organ. Verunreinigungen durch eine Vakuum-Dest., bes. in Ggw. von inerten Gasen, entfernt. — *Caprolactam,* F. 69°; *Methyl-caprolactam,* F. 91°. (**A. P. 2 939 865** vom 28/5. 1957, ausg. 7/6. 1960.) W. HEYER. 7181

Wolf Jaques & Co., Passaic, N.J., V.St.A., **Herstellung von Dicyandiamid (I)-Formaldehyd (II) Harzen,** die in wss. Lsg. nicht gelieren. Eine wss. Lsg., die auf 1 (Mol) I 5,3—16 II enthält, wird bei pH 7 erhitzt, bis das resultierende Kondens-Prod. bei starker Verdünnung mit W. lösl. bleibt u. nach Zugabe des Na-Salzes der Dinaphthylmethandisulfonsäure u. Ansäuern mit $Al_2(SO_4)_3$ gefällt wird. — Imprägniermittel für Textilien, Leder, Holz u. Kork. (**It. P. 515 811** vom 5/3. 1953.) K. KOEBKE. 7181

Farbenfabriken Bayer Akt.-Ges. (Erfinder: Walter Noll), Leverkusen, **Mit Wasser selbsttätig emulgierende Lösungen von Organopolysiloxanen** bestehen aus 0,1—60(%), fl. KW-Stoff-substituierten Polysiloxanen, 99,8—30 wasserfreiem A. oder Propanol u. 0,1—10 eines Esters aus Fettsäuren mit 8—18 C-Atomen mit Polyglykolen oder Polyhydroxy-Verbb. mit mehr als 3 OH-Gruppen oder dessen Verätherungs-Prodd. mit Polyglykolen. Die Lsgg. sind beliebig lagerfähig. (**D. A. S. 1 106 070** Kl. 39b vom 13/11. 1959, ausg. 4/5. 1961.) A. DANDL. 7189

Norddeutsche Kabelwerke Akt.-Ges., Berlin-Neukölln (Erfinder: Friedrich Schränkler, Berlin-Lichterfelde), **Elastische, elektrisch isolierende Formkörper und Überzüge** aus *Organopolysiloxanen,* die in Ggw. von aliphat. Peroxydkatalysatoren mit einer Zers.-Temp. von > 150° (Di-tert.-Butylperoxyd ggf. im Gemisch mit Benzoylperoxyd) u. polymeren Carbonsäureestern gefärbt werden. Ggf. Zusätze von Inhibitoren u. Weichmachern. (**D. A. S. 1 113 086** Kl. 39b vom 11/11. 1959, ausg. 24/8. 1961.) F. KOCH. 7189

Farbwerke Hoechst Akt.-Ges., vormals Meister Lucius & Brüning, Deutschland, **Herstellung von Phosphorpolyestern,** die mehrfach die Gruppe $-OP(O)-(R^1)O\cdot R^2$ enthalten (R^1 = Alkyl-, Alkenyl-, Cycloalkyl-, Cycloalkenyl-, Aryl-, Aralkyl-, Alkarylrest u. deren Derivv.; R^2 = 2wertige organ. Gruppe), durch Rk. von funktionellen Derivv. von Phosphonsäuren mit mehrwertigen gesätt. u./oder olefin. ungesätt. Alkoholen. Ein Teil der Phosphonsäuren kann durch mehrbas. Carbonsäuren, ggf. auch ungesätt. Carbonsäuren ersetzt sein, ferner können einwertige Carbonsäuren u. Alkohole mitverwendet werden. Bei Verw. ungesätt. mehrbas. Carbonsäuren erhält man ungesätt. Kondens.-Prodd., die allein oder zusammen mit mischpolymerisierbaren Vinyl-Verbb. polymerisiert werden können. — Die Polyphosphonate sind nicht brennbare Harze, die als *Klebstoffe* u. *Lacke,* als *Imprägnierungsmittel* für Papier, Textilien u. Glasfasern dienen. — Zu dem bei 60° erhaltenen Rk.-Prod. aus 212 (Gew.-Teilen) Diäthylenglykol u. 195 Phenylphosphonsäuredichlorid gibt man 98 Maleinsäureanhydrid u. 50 Xylol u. erhitzt unter Rückfluß 20 Std. unter Wasserentfernung bis zu 170° u. 1 Std. lang bei 180°. Das viscose Rk.-Prod. kann mit Benzoylperoxyd polymerisiert werden, oder man löst 60 davon in 40 Styrol u. erhält mit Benzoylperoxyd bei 80° in kurzer Zeit ein transparentes, sehr hartes Harz (F. P. 1 196 971). — Allg. kann man solche Phosphorpolyester durch Rk. der mehrwertigen Alkohole mit solchen Phosphorsäure-Derivv. herstellen, die mit den OH-Gruppen reagieren. So kann man Diäthylenglykol mit Triäthylphosphat kondensieren oder Äthylenglykol mit $POCl_3$ u. danach mit Dimethylterephthalat. (**F. PP. 1 196 971** vom 29/11. 1957, ausg. 27/11. 1959. D. Prior. 30/11. u. 31/12. 1956 u. **1 198 449** vom 17/1. 1958, ausg. 7/12. 1959. D. Prior. 17/1. u. 26/1. 1957.) M. PANKOW. 7199

Soc. Nobel Française, Seine, Frankreich, **Herstellung von Pfropfpolymerisaten.** Man polymerisiert polymerisierbare Monomere in Ggw. von Cellulose-Derivv. (Celluloseacetat, -acetobutyrat, Alkylcellulose) mittels ionisierender Strahlung. Der F. der Polymeren steigt mit abnehmender Menge an polymerisierten Monomeren. Man kann zur Verhinderung der Vernetzung Thioharnstoff, 8-Hydroxychinolin, Phenyläthylamin zusetzen oder die Vernetzung durch Zusatz von Divinylbenzol, Allylphthalat usw. fördern. — 180 g Äthylcellulose u. 120 g Styrol bestrahlt man mittels ^{60}Co mit γ-Strahlen in O_2-Abwesenheit bei 35° bis zu $2\cdot10^6$ r u. erhält eine durchsichtige Masse, die als *Formpulver für Preßmassen* dient. (**F. P. 1 171 805** vom 19/4. 1957, ausg. 30/1. 1959.) M. PANKOW. 7205

Chemische Werke Albert, Deutschland, **Tropenfeste Preßmassen** aus Phenolaldehydharzen, denen Lignin u./oder ligninhaltige Holz-Zers.-Prodd., deren Hemi-

celluloseanteile ganz oder teilweise entfernt sind, z. B. das bei der Behandlung von Holz mit wss. HCl anfallende Prod., zugesetzt sind. — Man nimmt z. B. eine Mischung aus 527 (g) Phenolnovolak, 73 Hexamethylentetramin, 500 Ligninpulver u. 9 Zn-Stearat. (**F. P. 1 177 054** vom 29/5. 1957, ausg. 20/4. 1959. D. Prior. 25/8. 1956.)
M. PANKOW. 7205

S. à r.l. Fubert, Turin, Italien, **Material zum Pressen von Gegenständen**, bestehend aus 12(kg) Holzmehl, 0,3 tier. Leim, 0,5 Reismehl, 0,8 Kunstharz z. B. „Melokol Ciba", u. Wasser. (**It. P. 515 967** vom 16/4. 1954.) K. KOEBKE. 7205

American Cyanamid Co., New York, N.Y. (Erfinder: John Christos Petropoulos, Norwalk, Conn.), V.St.A., **Aminoplast-Alkydharzpräparat** für *Überzüge, Laminate, Preßmassen.* Als Alkydharz verwendet man ein aus mehrwertigem Alkohol u. einer Säure I (R u. R' = Alkyl mit 1—4 C-Atomen; n = 1 oder 2) erhaltenes Produkt.

Man kocht 10 (Teile) 2.2-Di-[p-tolyl]-butan, 300 Essigsäure, 300 W., 90 konz. H_2SO_4 u. 70 CrO_3 ca. 10 Std. lang, verd. mit W. u. erhält 4.4'-[Butyliden-(2)]-dibenzoat (II), F. 267—268°. 298 II, 240 Sojaölfettsäure u. 118 Glycerin erhitzt man bis zur Veresterung auf 245°: *Harz.* 75 des Harzes mischt man mit 25 butyliertem Melamin-CH_2O-Harz, überzieht damit Stahl u. emailliert 30 Min. lang bei 300° F. (**Jap. A. S. 8735/1959** vom 7/2. 1958, ausg. 25/9. 1959. A. Prior. 7/2. 1957.) M. PANKOW. 7205

Imperial Chemical Industries Ltd., London, England (Erfinder: Ernest Arthur Mason und James Joseph Gallagher), **Schichtkörper aus Organopolysiloxanen** (I) u. Asbest, Glasfasermatten oder Gewebe aus synthet. Fasern. Die I haben 1,0—1,8 organ. Gruppen pro Si-Atom. Als Härter werden 0,01—5,0 Gew.-% eines Metallsalzkomplexes aus einer organ. Säure mit einem Amin verwendet. — Metalle: Ca, Co, Mn, Zn u. die Seltenen Erden Ce, Nd, Pr. — Säuren: Äthylhexen-, Pelargon-Stearin-, Naphthalin-, Resin-, Linol- u. Ölsäure. — Amine: Butyl-, Amyl-, Octyl-, Cyclohexyl-, Diäthyl-, Triäthyl-, Äthanol-, Diäthanol-, Triäthanol-, N-(2-Aminoäthyl)-äthanol-, Isopropanolamin oder Morpholin. (**E. P. 859 724** vom 22/9. 1958, ausg. 25/1. 1961.) F. KOCH. 7205

D. Napier & Son Ltd., London, England (Erfinder: Christopher Arthur Pearce), **Borhaltige synthetische Harze** werden durch Rk. von einem Borhalogenid oder einem Borester mit einem difunktionellen GRIGNARD-Reagens u. nachfolgender Hydrolyse hergestellt. Als Borkomponente kann z. B. BF_3 verwendet werden, als GRIGNARD-Reagens p-Phenylendimagnesiumdibromid. Als Lsgm. wird Äthylenglykolmonomethyläther verwendet. Die Harze zeigen Temp.-Beständigkeit bis 350°, sind gute *elektr. Isolatoren* u. haben eine *niedrige Dielektrizitätskonstante.* Sie können verwendet werden als *Bindemittel bei der Herstellung von Glasfaserschichtkörpern.* (**E. P. 858 817** vom 10/7. 1958, ausg. 18/1. 1961.) A. DANDL. 7205

Bataafse Petroleum Mij. N.V., Den Haag, Holland, **Hochmolekulare epoxygruppenhaltige acetonlösliche Produkte** werden erhalten, wenn man eine Lsg. eines Glycidylpolyäthers eines 2wertigen Phenoles mit einer Epoxyzahl nicht größer als 1 u. nicht mehr als 5% eines FRIEDEL-CRAFTS-Katalysators oder eines Komplexes desselben auf 50—300° erwärmt u. das Erhitzen fortsetzt bis sich die Viscosität um das dreifache gesteigert hat. Als Polyäther wird z. B. 2.2-Bis-(4'-hydroxyphenyl)-propanglycidylpolyäther verwendet, der ein Molgewicht von 250—400 aufweist, als Katalysator ein BF_3-Komplex. — 5750(g) eines Glycidylpolyäthers eines 2wertigen Phenoles (Molgewicht ca. 350) werden auf 97° erwärmt, 115 BF_3-Äthylaminkomplex zugegeben u. bei dieser Temp. 3 Std. lang gerührt. Die Viscosität steigt dabei von 60 auf 5000 cP. Es wird ein Prod. erhalten, das pro Epoxygruppe ein Äquivalenzgewicht von 280 zeigt. 56 g einer 25%ig. aceton. Lsg. dieses Harzes werden mit 17 BF_3-Äthylaminkomplex gemischt u. mit der Lsg. Glasfaservließe getränkt, dann ein *Schichtkörper* hergestellt, das Aceton verdampft u. der *Formkörper* bei 147° u. 14 at 5 Min. lang verpreßt. (**E. P. 858 080** vom 29/1. 1958, ausg. 4/1. 1961.) A. DANDL. 7205

Isoleringsaktiebolaget W.m.B. (Erfinder: Lars Sten Robert Norrhede und Erik Torsten Linde), **Herstellung von zusammenhängenden Körpern aus expandierten Körnern synthetischen thermoplastischen Materials**, z. B. *Polystyrol.* Die vorexpandierten Körner werden in einen langgestreckten, auf 2 Seiten von endlosen Förderbändern gebildeten Kanal eingeführt u. in diesem der Einw. von ca. 100° heißem, unter überatmosphär. Druck stehendem Dampf ausgesetzt, wobei sich die Körner ausdehnen u. dabei zusammengepreßt werden. — Zeichnungen. (**Aust. P. 221 198** vom 1/2. 1957, ausg. 14/5. 1959. Schwed. Prior. 3/2. 1956.) K. DEMMLER. 7205

Imperial Chemical Industries Ltd., London (Erfinder: **Arthur William Charles Taylor**, Norton-on-Tees), England, *Thermoplastische Formmassen.* (**Schwz. P. 345 460** vom 15/6. 1956, ausg. 13/5. 1960. E. Prior. 15/6. 1955 u. 1/6. 1956. — C. **1959.** 4318 [E. P. 792 695].)

Monsanto Chemical Co. (Erfinder: **Robert Otho Leonardo Lynn jun.** und **Harold Wilbur Mohrman**), *Suspensionspolymerisation.* (**Aust. P. 228 134** vom 28/3. 1958, ausg. 2/6. 1960. A. Prior. 1/4. 1957. — C. **1960.** 11486 [A. P. 2 862 913].)

Imperial Chemical Industries Ltd., England, *Polymerisieren von Olefinen.* (**F. P. 1 178 361** vom 10/7. 1957, ausg. 6/5. 1959. E. Prior. 10/7. 1956 u. 3/6. 1957. — C. **1960.** 12176 [E. P. 816 614].)

Farbwerke Hoechst Akt.-Ges., vormals Meister Lucius & Brüning, Frankfurt/M. (Erfinder: **Otto Fuchs**, Hofheim/Taunus, und **Ernst Junghanns**, Frankfurt/M.), *Verminderung der Abbau- und Versprödungsneigung von nach dem Niederdruckverfahren hergestellten Polymerisaten und Mischpolymerisaten von Olefinen.* (**D. A. S. 1 034 852** Kl. 39b vom 22/3. 1956, ausg. 24/7. 1958. — C. **1960.** 12516 [Oe. P. 207 112].)

Farbwerke Hoechst Akt.-Ges., vormals Meister Lucius & Brüning, Frankfurt/M., *(Sulfo)-Halogenierte Mischpolymere von Niederdruckpolyolefinen.* (**E. P. 855 714** vom 8/2. 1957, ausg. 7/12. 1960. D. Prior. 8/2. 1956. — C. **1960.** 2361 [Oe. P. 203 709].)

Bakelite Ltd., England, *Polymerisieren ungesättigter Verbindungen.* (**F. P. 1 172 199** vom 5/2. 1957, ausg. 6/2. 1959. — C. **1958.** 9624 [E. P. 767 417].)

N. V. de Bataafsche Petroleum Mij., Holland, *Polymerisieren acetylenisch ungesättigter Kohlenwasserstoffe.* (**F. P. 1 199 310** vom 28/1. 1958, ausg. 14/12. 1959. Holl. Prior. 30/1. 1957. — C. **1960.** 15569 [E. P. 828 989].)

Imperial Chemical Industries Ltd., London, übert. von: **Harold France** und **Arnold Lister**, Manchester, England, *Polymerisate aus Polyestern und Polyisocyanaten.* (**A. P. 2 978 449** vom 12/11. 1957, ausg. 4/4. 1961. E. Prior. 16/11. 1956. — C. **1960.** 6341 [Oe. P. 204 283].)

E. I. du Pont de Nemours & Co., Wilmington, Del., V.St.A., *Polymere Phosphate.* (**Norw. P. 93 133** vom 26/10. 1955, ausg. 29/12. 1958. — C. **1961.** 1747 [Holl. P. 93 651].)

Phillips Petroleum Co., V.St.A. (Erfinder: **Wayne Eugène Cooper** und **Walter Charles Pouppirt**), *Entfernung von Polymerisationskatalysatoren.* (**F. P. 1 190 545** vom 19/9. 1957, ausg. 13/10. 1959. A. Prior. 28/9. 1956. — C. **1961.** 10770 [A. P. 2 886 210].)

Rohm & Haas Co., V.St.A. (Erfinder: **Peter La Roche de Benneville**), *N-Cyan-N-alkylaminoalkylester.* (**F. P. 1 223 209** vom 16/7. 1955, ausg. 15/6. 1960. A. Prior. 20/7. 1954. — C. **1960.** 11836 [E. P. 786 109].)

Union Carbide Corp., New York, N.Y. (Erfinder: **Donald Everett Hardman**, South Charleston, W.Va.), V.St.A., *Durch Wärmeeinwirkung härtbare Kunstharzpasten.* (**D. A. S. 1 047 422** Kl. 39b vom 3/8. 1955, ausg. 24/12. 1958. A. Prior. 4/8. 1954. — C. **1958.** 6979 [E. P. 775 825].)

DEHYDAG Deutsche Hydrierwerke G. m. b. H., Deutschland, *Epoxide.* (**F. P. 1 222 857** vom 4/2. 1959, ausg. 14/6. 1960. D. Prior. 6/2. 1958. — C. **1960.** 16955 [D. A. S. 1 075 614].)

Solvay & Cie., Belgien, *Polymerisation ungesättigter Ester.* (**F. P. 1 179 197** vom 19/7. 1957, ausg. 21/5. 1959. Belg. Prior. 18/8. 1956. — C. **1961.** 5271 [D. A. S. 1 053 786].)

N. V. Onderzoekingsinstituut Research, Holland, *Herstellung von Lösungen von Polyestern* (**F. P. 1 194 222** vom 4/4. 1958, ausg. 6/11. 1959. Holl. Prior. 2/5. 1957. — C. **1960.** 13539 [Holl. P. 92 196].)

Solvay & Cie., Belgien, *Herstellung von Polyesterharzen.* (**F. P. 1 180 055** vom 28/6. 1957, ausg. 1/6. 1959. Belg. Prior. 10/7. 1956. — C. **1960.** 8362 [D. A. S. 1 064 716].)

American Cyanamid Co., V.St.A. (Erfinder: **George Bliss Duhnkrack** und **Charles Ray Mills**), *Polyestermischung.* (**F. P. 1 198 463** vom 20/1. 1958, ausg. 8/12. 1959. A. Prior. 23/1. 1957. — C. **1959.** 8727 [A. P. 2 822 345].)

Imperial Chemical Industries Ltd., London, England (Erfinder: **Roxburgh Richmond Aitken, Lawrence Michael Dadson** und **Herbert Gudgeon**), *Polymischester.* (**E. P. 804 839** vom 22/5. 1956, ausg. 26/11. 1958. — C. **1960.** 16609 [Belg. P. 557 694].)

M. G. Plastics Ltd., England (Erfinder: **Robert Lionel Gorick**), *Preßmischung aus Polyestern.* (**F. P. 1 188 300** vom 13/12. 1957, ausg. 21/9. 1959. E. Prior. 7/3. 1957. — C. **1961.** 13739 [Belg. P. 565 398].)

American Cyanamid Co., V.St.A. (Erfinder: **George Bliss Duhnkrack** und **Charles Hosea Dugliss**), *Polyester-Styrolmischung.* (**F. P. 1 177 020** vom 28/5. 1957, ausg. 20/4. 1959. A. Prior. 29/5. 1956. — C. **1960.** 4042 [D. A. S. 1 061 066].)

American Cyanamid Co., V.St.A. (Erfinder: **John Christos Petropoulos**), *Modifiziertes Alkydharz.* (**F. P. 1 198 459** vom 18/1. 1958, ausg. 8/12. 1959. A. Prior. 22/1. 1957. — C. **1960.** 11130 [A. P. 2 851 431].)

Solvay & Cie., Belgien, *Herstellung härtbarer Harze.* (**F. P. 1 187 833** vom 9/9. 1957, ausg. 16/9. 1959. Belg. Prior. 25/9. 1956. — C. **1960.** 7359 [D. A. S. 1 038 759].)

Imperial Chemical Industries Ltd., England, *Herstellung poröser Harze.* (**F. P. 1 190 066** vom 16/11. 1957, ausg. 9/10. 1959. E. Prior. 16/11. 1956 u. 1/11. 1957. — C. **1960.** 6341 [Oe. P. 204 283].)

Studiengesellschaft Kohle m. b. H., Deutschland (Erfinder: **Günther Wilke** und **Peter Wilhelm Borner**), *Behandlung von Epoxiden der Cyclododecanreihe.* (**F. P. 1 225 184** vom 25/3. 1959, ausg. 29/6. 1960. A. Prior. 31/3. 1958. — C. **1961.** 3170 [D. A. S. 1 075 601].)

Imperial Chemical Industries Ltd., England, *Organopolysiloxanharze.* (**F. P. 1 184 486** vom 17/10. 1957, ausg. 22/7. 1959. E. Prior. 17/10. 1956 u. 7/10. 1957. — C. **1961.** 9228 [E. P. 828 833].)

Udic Soc. An., Zug, Schweiz, *Herstellung löslicher Nitrierungsprodukte des Lignins.* (**E. P. 866 968** vom 3/12. 1959, ausg. 3/5. 1961. Schwz. Prior. 3/12. 1958. — C. **1960.** 13212 [D. A. S. 1 079 633].)

Badische Anilin- & Soda-Fabrik Akt.-Ges., übert. von: **Fritz Stastny**, Ludwigshafen/Rh., *Herstellung von Schaumstoffen.* (**A. P. 2 861 046** vom 6/2. 1957, ausg. 18/11. 1958. D. Prior. 24/2. 1956. — C. **1960.** 2712 [F. P. 1 166 980].)

W. Ss. Schifrina und **N. N. Ssamossatski.** Das Polyäthylen. Verarbeitung und Anwendung. Moskau: Gosschimisdat 1961. (262 S. m. Abb.) 88 Kop. [Russ.]

—, Plaste als Antifrikationsmaterialien. Moskau: Verl. der Akad. der Wiss. der UdSSR. 1961. (118 S. m. Abb.) 60 Kop. [Russ.]

XII. Kautschuk

Der Einfluß des statischen Moduls von Gummi auf die Starrheit des Systems Reifenkord-Gummi. A. Čulík und I. Franta. (Chem. Průmysl **11(36)**. 384–87. Juli 1961. Praha, Vysoká škola chemickotechnol.) (Tschech.)

Im Syst. Reifenkord-Gummi wurde die Beziehung zwischen dem Modul E der Starrheit des Syst. u. dem Modul M des Gummis untersucht. Es wurde keine direkte Abhängigkeit festgestellt. Die Starrheit des Syst. hängt von der Zahl der Reifenkordschichten, der Art des verwendeten Riefenkords usw. ab. Aus den Unters.-Ergebnissen folgt, daß der Modul E ein Charakteristikum für die strukturellen u. dynam. Eigg. des Syst. darstellt.
J. SCHNEIDER. 7220□

Herstellung eines Lackes für Gummischuhe durch Oxydation von Natrium-Butadien-Kautschuk in Lösung und seine Eigenschaften. B. A. Dogadkin, D. M. Ssandomirski, K. I. Rasschiwalina und T. I. Geller. (Химическая Промышленность [Chem. Ind.] **1959**. 398–401. Juli/Aug.) (Russ.)

Die O_2-Aufnahme einer 5% ig. Lsg. von Na-Butadienkautschuk (I) in White-spirit (II) ist etwas größer als die von II allein. Die Anreicherung von Peroxydgruppen geht aber bei II nach ca. 12 Std. weiter als bei der Lsg. von I in II. Die Viscosität der I-II-Lsg. erreicht nach ca. 18 Std. ein Minimum, wenn die Oxydation bei 120° erfolgt. Für die Bldg. eines Lackes für Gummischuhe sind die günstigsten Bedingungen 11–12% I in II u. 120–130°. Als Rk.-Beschleuniger eignet sich Fe (III)-Stearat (oder Oleat) in einer Menge von 3,5%; etwas weniger wirksam sind 2% Captax + 5% Benzoesäure. Die Aktivierungsenergie der oxydativen Zers. von I-Vulkanisat ist 31 (kcal/Mol), bei Ggw. von Fe-Salz 17,5. Die zur Beseitigung der Klebrigkeit u. Erhöhung der Festigkeit erforderliche Vulkanisation erfolgt durch Erhitzen auf 143° unter Zugabe von 2% S oder Thiuram, 4% Butylcymat oder 2% Ruß mit anschließendem Trocknen bei 100° (30 Min.) bzw. 70° (50 Min.).
R. K. MÜLLER. 7224□

Einfluß des Herstellungsverfahrens auf die Kennwerte und Eigenschaften von Zinkoxid. Jean Vandemaele. (Rev. gén. Caoutchouc **37**. 1666–70. Dez. 1960. Soc. Vieille-Montagne.) (Franz.)

Für die Verw. von ZnO in Kautschuk u. Kunststoffen sind außer den Verunreinigungen an Pb, Cu, Mn noch die Darstellungsweise u. der SO_3-Geh. zu berücksichtigen. Auch die Korngestalt u. Korngröße von ZnO spielen eine Rolle.
B. SCHEIFELE. 7226□

Neue Methode zur Identifizierung von Ruß. A. Fiorenza. (Rubber India **11**. Nr. 6. 13–19. Nr. 7. 15–19. Nr. 8. 16–19. Juni/Juli/Aug. 1959. Mailand, Pirdli S.p.A., Kautschuk-Labor.) — Vgl. C. **1960**. 3717.
B. SCHEIFELE. 7248□

Kontrolle der Autoreifen nach der Ultraschallmethode. W. I. Ryshow und W. A. Ionow. (Заводская Лаборатория [Betriebs-Labor.] **26**. 1244–47. 1960. Zentr. Forsch.-Inst. für Technol. u. Maschinenbau u. Forsch.-Inst. für Reifenind.) (Russ.)

Entwickelt wird ein Immersions-Ultraschall-Defektoskop zur Überwachung von Autoreifen. Die Vorr. u. ihre Wirkungsweise werden beschrieben. Die Meth. ist zur Entdeckung von Fehlern in Form von Schichtungen u. Hohlräumen geeignet.
H. HOCHSTEIN. 7248□

Esso Research and Engineering Co., Elizabeth, N.J., V.St.A., *Halogenieren von Butylkautschuk*. (**E. P. 867 737** vom 7/12. 1959, ausg. 10/5. 1961. A. Prior. 30/12. 1958.— C. **1961**. 12666 [D. A. S. 1 101 762].)

Goodyear Tire & Rubber Co., übert. von: **Richard Leshin**, Akron, Ohio, V.St.A., *Vulkanisationsbeschleuniger*. (**A. P. 2 866 777** vom 4/8. 1955, ausg. 30/12. 1958. — C. **1959**. 10747 [E. P. 788 768].)

Goodyear Tire & Rubber Co., übert. von: **Richard Leshin**, Akron, Ohio, V.St.A., *Vulkanisationsbeschleuniger für Kautschuk*. (**A. P. 2 866 778** vom 4/8. 1955, ausg. 30/12. 1958. — C. **1959**. 10415 [E. P. 791 068].)

UCLAF, Seine, Frankreich (Erfinder: **André Allais, Pierre Girault** und **Anatole Vesleiman**), *Kupfer(I)-Komplexe*. (**F. P. 1 182 939** vom 18/9. 1957, ausg. 1/7. 1959. — C. **1960**. 7706 [D. A. S. 1 073 474].)

Revertex Ltd., London (Erfinder: **Ian Kemp**, Hartfordshire), England, *Behandlung von Naturkautschukmilch*. (**Jap. A. S. 1540/1960** vom 15/4. 1957, ausg. 1/3. 1960. E. Prior. 16/4. 1956. **F. P. 1 173 588** vom 12/4. 1957, ausg. 26/2. 1959. E. Prior. 16/4. 1956 u. 3/4. 1957. — C. **1960**. 14540 [E. P. 816 230].)

Rubber Stichting, Holland, *Herstellung von Kautschukhydrofluorid*. (**F. P. 1 173 480** vom 3/4. 1957, ausg. 25/2. 1959. Holl. Prior. 9/4. 1956. — C. **1961**. 326 [Belg. P. 556 374].)

Baldo Vergnano, Italien, teilweise übert. von: **Ottino Italo**, *Herstellung von Reinigungstüchern*. (**F. P. 1 177 653** vom 1/7. 1957, ausg. 28/4. 1959. It. Prior. 3/7. 1956 u. 9/3. 1957. — C. **1960**. 2716 [D. A. S. 1 061 736].)

XIII. Ätherische Öle. Parfümerie. Kosmetik

Probleme der modernen Kosmetik. Ruggero Tagliavini. (Riv. ital. Essenze, Profumi, Piante officin., Olii veget., Saponi **43**. 411–13. 15/9. 1961. Basel, Ciba, Sez. Ricerche Cosmetol.) (Ital.)

Die Einarbeitung von Wirkstoffen mit spezif. Eigg. in kosmet. Zubereitungen macht es unerläßlich, die Hautverträglichkeiten nicht nur der zur Einarbeitung vorgesehenen Substanzen, sondern auch der fertigen Zubereitungen zu prüfen. Hinweise auf die üblichen Prüfmethoden. H. P. FIEDLER. 7284□

Die praktische Verwendung der Saccharoseester in der Kosmetik. Paolo Rovesti. (Riv. ital. Essenze, Profumi, Piante offizin., Olii veget., Saponi **43.** 407—09. 15/9. 1961. Ist. di Ricerche sui Deriv. vegetali.) (Ital.)

Saccharoseester, die durch Umesterung von Saccharose mit den Methylestern langkettiger Fettsäuren (Zuckerester) oder mit natürlichen Glyceriden (Saccharoglyceride) entstehen, nichtionogene Emulgatoren, Netzmittel u. Lösungsvermittler, sind, wie an einigen Beispielen aufgezeigt wird, gut zur Herst. kosmet. Präpp. geeignet. H. P. FIEDLER. 7284□

Cholinascorbat in der Kosmetik. Silvio Rivera und Paolo Rovesti. (Riv. ital. Essenze, Profumi, Piante officin., Olii veget., Saponi **43.** 420—21. 15/9. 1961. Milano, Esperis S.A., Labor. di Ric. u. Ist. di Ric. sui Deriv. vegetali.) (Ital.)

Cholinascorbat (I), lösl. in W., verd. A., Aceton, Ae., PAe., wenig lösl. in abs. A., pH-Wert einer 2,5%ig. wss. Lsg. 6,65, $[\alpha]_D$ dieser Lsg. $+1,9^0$, zeigt eine gute peripher-vasodilator. Wirkung. I wurde zu 2,5% in einer 10%ig. Sorbit-Lsg. gelöst u. diese Lsg. geprüft. Schon nach 5—10 Min. konnte bei percutaner Applikation bei verschiedenen Vers.-Personen die vasodilator. Wrkg. von I nachgewiesen werden; die Hautverträglichkeit von I ist gut. Kosmet. Zubereitungen, welche 2% I enthalten, haben sich bei der kosmetolog. Prüfung bewährt. H. P. FIEDLER. 7284□

Embryocitin, eine neue cutane bioaktive Substanz. Gabriella Hunger-Ricci und Paolo Rovesti. (Riv. ital. Essenze, Profumi, Piante officin., Olii veget., Saponi **43.** 416—17. 15/9. 1961. Milano, Centro Internat. di Ricerche biocosmet.) (Ital.)

Fischeier enthalten nicht näher definierte bioakt. Substanzen, die als *Embryocitin* bezeichnet werden u. bes. einen günstigen Einfl. auf die Hautregeneration nehmen sollen. Es wurden lyophilisierte Karpfeneier bei 40^0 24 Std. mit Oleylalkohol extrahiert. Das anfallende Öl, zu 2—3% in kosmet. Zubereitungen eingesetzt, hat sich bei der kosmetolog. Prüfung bewährt. H. P. FIEDLER. 7284□

Fett- und wasserlösliche Extrakte aus Blütenpollen. Silvio Rivera und Adriano Fayaud. (Riv. ital. Essenze, Profumi, Piante officin., Olii veget., Saponi **43.** 414—15. 15/9. 1961. Milano, Esperis S.A., Labor. di Ricerche.) (Ital.)

Aus den von Bienen gesammelten Blütenpollen wird ein als Emulsion vorliegender Extrakt gewonnen, der fett- u. wasserlösl. Anteile enthält. Der fettlösl. Anteil, 7,57%, bezogen auf das Pollengewicht, zeigt nachfolgende Kennzahlen: SZ. 36,4, VZ. 104,6, EZ. 68,2, Acetyl-VZ. 138,6, AZ. 34, JZ. 179,9, Unverseifbares 57,02% (JZ. 187,4, Acetyl-VZ. 124,6), JZ. der Fettsäuren 118,6, SZ. 201,6, mittleres Molgew. 277. In dem wasserlösl. Anteil werden u. a. reduzierende Zucker, Aminosäuren, Vitamine der B-Gruppe Ascorbinsäure, Biotin, Vitamin H, Mesoinosit, Folsäure usw. nachgewiesen. Da der Gesamtpollenextrakt, dessen Zus. allerdings je nach der Art der verarbeiteten Pollen recht unterschiedlich sein wird, biolog. wertvolle Substanzen enthält, wird seine Verw. zur Herst. kosmet. Präpp. vorgeschlagen. H. P. FIEDLER. 7284□

Glycerinmonostearat. 2. u. 3. Mitt. **Einige praktische Einsatzgebiete.** E. S. Lower. (Soap, Perfum. Cosmet. **33.** 1313—16. Dez. 1960. **34.** 53—55. Jan. 1961.) (Engl.) — 1. vgl. C. **1961.** 15226.

Nach allg. Darlegung der techn. Einsatzmöglichkeiten von *Glycerinmonostearat* (I) unter Angabe anwendungstechn. Hinweise für die Verarbeitung von I geht Vf. ausführlich auf den Einsatz von I in Kosmetika u. Waschmitteln ein. Angabe von Rezepten für Hand-, Frisier-, Antischweiß-, desodorierende, nicht-schäumende Rasier-, Barrier-, u. Insektenschutzcreme unter Verw. von I. — 61 Literaturangaben. H. SONTAG. 7284□

Die Bestimmung von Citronellol im Gemisch mit Geraniol. D. Holness. (Essenze Deriv. Agrumari **31.** 77—82. April/Juni 1961.) (Ital.)

Inhaltlich ident. mit der C. **1962.** 593 referierten Arbeit. H. P. FIEDLER. 7286□

Untersuchungen des flüchtigen Erdbeeraromas mittels der Kolonnen- und Papierchromatographie. M. Winter, B. Willhalm, M. Hinder, E. Palluy und E. Sundt. (Riechstoffe und Aromen **8.** 252—53. 282—84. Aug./Sept. 1958. Genf, Firmenich & Cie, Forschungslabor.) (Dt.)

Inhaltlich ident. mit der C. **1959.** 1291 referierten Arbeit. H. SONTAG. 7286□

Dow Chemical Co., übert. von: Walter B. Trapp, Midland, Mich., V.St.A., **3.6.10-Trimethylundecadien-(5.9)-ol-(4),** $C_{14}H_{25}OH$, Kp.$_1$ 98—105^0; n_D^{25} 1,470;

D.[25] 0,86, erhält man durch Rk. von Citral mit sek.-Butyl-MgBr oder -Cl in Ae. oder Butyläther bei 25—28° u. Hydrolyse des entstandenen Rk.-Prod. mit wss. NH_4Cl. — *Riechstoff*, bes. für Gemische mit rosenartigem Geruch. (**A. P. 2 878 295** vom 5/7. 1957, ausg. 17/3. 1959.) G. KRAUSS. 7277

General Aniline & Film Corp., V.St.A., **Mittel zur Herstellung von Dauerwellen.** Es wird eine 1—4%ig. alkohol. Lsg. eines Polyvinylpyrrolidons in Form eines Sprühgemisches aufgebracht. Als Sprüh- u. Zerstäubermittel dient z. B. Dichlorfluormethan (I) oder ein Gemisch von I mit Monochloridifluormethan. (**F.P. 72687** vom 27/12. 1957, ausg. 22/4. 1960. **Zusatz zu F. P. I 099 244; C. 1957. 560.**) M. F. MÜLLER. 7285

Elizabeth Arden S. à r.l., Schweiz, **Kosmetische Flüssigkeit zum Färben der Haare** unter Verw. von stabilisierten, leicht oxydierbaren Farbstoffen (aromat. Diamine u. Nitrodiamine, Aminophenole u. Phenylendiamine). Um der Fl. die notwendige Viscosität zu geben, werden Dickungs- u. Emulgierungsmittel in Form von hydrophilen Kondens.-Prodd. von Fettsäuren sowie Cetylalkohol u. Octyldodecanol zugegeben. Solch ein Prod. ist unter dem Namen „Katioran AF" (BASF) (I) im Handel. Weitere Zusatzstoffe sind nicht ionisierte Netzmittel, z. B. „Sandozin NJ" (II), Sorbit, Harnstoff u. $(NH_4)_2CO_3$. Zur Stabilisierung der Farbstoffe wird ein Red.-Mittel (Monoäthanolsulfit; III) zugesetzt. — Ein Farbstoff aus 50 (g) 3.5-Diaminonitrobenzol u. 200 o-Nitro-p-phenylendiamin wird mit 100 III vermahlen u. in einem Gemisch gelöst, das 4300 A., 1800 I, 720 Cetylalkohol, 900 Octyldodecanol, 630 Sorbit, 225 Harnstoff, 225 II u. 300 $(NH_4)_2CO_3$ enthält. Man erhält eine klare Fl., die in Fläschchen abgefüllt wird. Für den Gebrauch wird die Fl. mit einer 4%ig. H_2O_2-Lsg. verrührt, wobei sich eine homogene Creme bildet, die zum Färben der Haare verwendet wird. (**F. P. 1 215 672** vom 9/10. 1958, ausg. 20/4. 1960. Schwz. Prior. 20/6. 1958.) M. F. MÜLLER. 7285

Dr. Karl Thomae G. m. b. H., Biberach/Riss, *Haar- und Hautpflegemittel*. (**Holl. P. 98 251** vom 15/5. 1957, ausg. 15/6. 1961. D. Prior. 16/5. 1956. — **C. 1958.** 13649 [D. A. S. 1 023 562] u. **C. 1959.** 7316 [D. A. S. 1 031 471].)

XIV. Zucker. Kohlenhydrate. Stärke

Die Hydrolysenindustrie bei der Lösung von Aufgaben der Großchemie. Ss. W. Tschepigo. (Химическая Промышленность [Chem. Ind.] **1960.** 177—86. April/Mai.) (Russ.)

Übersicht: Polysaccharide (I) enthaltende Pflanzenabfälle als Grundlage der Entw. der Zuckerchemie; Hydrolyse von I u. Darst. von Monosen (II); chem. u. biochem. Verarbeitung von II; Verwertung von Hydrolyselignin. — 63 Literaturhinweise. R. K. MÜLLER. 7400 □

Die Wirkung der Anwendungszeit von Phosphat und Pottasche auf Zuckerrüben. S. N. Adams. (J. agric. Sci. **56.** 127—30. Febr. 1961. Dunholme, Lincoln, Rothamsted Field Stat.) (Engl.)

In 29 Feld-Verss. wurde in den Jahren 1957—59 bei gleicher N-Grunddüngung (1 cwt. N/acre) die Wrkg. einer im Herbst untergepflügten im Vgl. zu einer im Frühjahr vor der Zubereitung des Saatbeetes verabreichten P–K-Düngung (1,0 cwt. P_2O_5 u. 1,5 cwt. K_2O/acre) auf Ertrag u. Zucker-Geh. von Zuckerrüben geprüft. In 20 Verss. erbrachte die Frühjahrsdüngung, in 9 Verss. die Herbstdüngung die höchsten Erträge. Zucker- u. Blatterträge waren im allg. bei Frühjahrsdüngung höher. Die günstigere Wrkg. der Frühjahrsdüngung wird darauf zurückgeführt, daß hier die Pflanzen bessere Jugend-Entw. aufwiesen. Bei einer zusätzlichen geringen P–K-Startgabe in das Saatbeet war die Herbstdüngung der Frühjahrsdüngung gleichwertig. P–K-Düngung erhöhte den Zucker-Geh. im Mittel um 0,2%. WILFRIED WERNER. 7406 □

Die Reduzierung der Bestandsdichte von Zuckerrübenkeimpflanzen durch heptachlorimprägnierte Düngemittel. S. McDonald. (Canad. J. Plant Sci. **41.** 16—19. Jan. 1961. Lethbridge, Alberta, Canada Agric. Res. Stat.) (Engl.)

In zweijährigen Feld-Verss. reduzierte alternativ mit einigen Solventien imprägniertes Ammoniumphosphat (I) die Zahl von Zuckerrübenpflanzen um ca. 75%. Der Kombination zur Bekämpfung der Larve von *Tetanops myopaeformis* (*Roed.*) zugesetztes Heptachlor (1 Gew.-%) erhöhte die phytotox. Wirkung. Nicht in die Furche mit dem Saatgut zusammengegeben, sondern als Banddüngung ½ in. neben der Saatreihe verabreicht, erhöhte I die Bestandsdichte über die der Kontrolle. Beigegebene Solventien u. Heptachlor verminderten diese positive Wirkung. WILFRIED WERNER. 7406 □

Die Rolle der Insekticid-Düngemittelmischungen bei der Beeinflussung der Entwicklung von Zuckerrüben. J. A. Onsager und J. F. Schulz. (J. econ. Entomol. **54.** 720—23. Aug. 1961. Fargo, N. Dak., North Dakota Agric. Exp. Stat.) (Engl.)

In Gewächshaus- u. Freiland-Verss. 1958 u. 1959 wurde Zuckerrübensaat mit Düngemittel-Insekticidgemischen zur Furche behandelt. Gaben bis 1 lb./acre *Aldrin* (**I**) oder *Heptachlor* (**II**) hatten keinen wesentlichen Einfl. auf Keimung u. Entwicklung der Rüben, wohingegen dieselbe Gabe *Phorate* (**III**) oder *Disyston* ausgesprochen pflanzenschädigend wirkte. Gekörnte Gemische von **I**, **II** oder **III** schädigten etwas weniger als Emulsionen. FRITZ MÜLLER/Ludwigshafen. 7406□

Beurteilung von Thiodan und Sevin zur Bekämpfung von Webwürmern an Zuckerrüben. Arthur F. Hagen. (J. econ. Entomol. **54.** 799. Aug. 1961. Nebraska, Agric. Exp. Stat.) (Engl.)

Der Befall mit *Loxostege* spp. konnte durch Anwendung von *Sevin* oder *Thiodan* [1 (lb./acre)] ebenso wie durch *Endrin* (0,4) fast vollkommen eingeschränkt werden, die Erträge wurden nicht beeinflußt. FRITZ MÜLLER/Ludwigshafen. 7406□

Blattlausbekämpfungsversuche an Zuckerrüben und Vergilbungsviruserkrankung in Kern County, Californien. Edward S. Sylvester, Vernon E. Burton und G. V. Ferry. (J. econ. Entomol. **54.** 758—61. Aug. 1961. Berkeley, Davis u. Kern County Calif., Univ. of California.) (Engl.)

Anwendung von *Disyston* (**I**) oder *Demeton* (**II**) im Frühjahr 1960 schränkte den Befall mit vergilbungsübertragenden Blattläusen stark ein. Gekörntes **I** (2 lbs./acre) vor der Saat erhöhte den Ertrag über den der unbehandelten Kontrolle, aber weniger als alle anderen Behandlungen. Am besten bewährte sich gekörntes **I** vor dem Pflanzen mit nachfolgendem Sprühen von **II** zu der Zeit, wenn die Hälfte aller Pflanzen befallen ist. Ein höherer Ertrag wurde auch erzielt mit Sprühen von **II** oder mit **I**-Körnern als Kopf- oder Seitengabe. FRITZ MÜLLER/Ludwigshafen. 7406□

Flüssigkeitsdosierer mit Gleichlaufsteuerung. Kalkmilchdosierer für die Zuckerindustrie. Tamás Zágon. (Élelmezési Ipar [Lebensmittelind.] **15.** 338—41. Nov. 1961.) (Ung.)

In der patentierten Vorr. wird die Fl. aus der Wanne mit einer Löffelreihe konst. Umlaufzahl geschöpft. Der durch die Löffel nach innen geschüttete Fl.-Strahl wird durch eine verstellbare Verteilerschaufel in einen rückfließenden u. abgeführten Teil geteilt. Die abgeführte Menge ändert sich mit der Wellendrehung der Verteilerschaufel linear. K. GÄRTNER. 7412

Verfahrenstechnische Verbesserungen und Neuentwicklungen in der deutschen Stärke-Industrie. W. Kempf. (Fette, Seifen, Anstrichmittel **63.** 78—85. Jan. 148—53. Febr. 1961. Detmold, Bundesforschungsanst. für Getreideverarbeitung.) (Dt.)

Übersicht über die Kartoffelstärke-, Maisstärke- u. Weizenstärke-Industrie. — 135 Literaturangaben. M. ULMANN. 7448□

Der augenblickliche Stand unserer Kenntnisse über gewisse Erscheinungen der Physiko-Chemie der Stärke. Technologische Schwierigkeiten bei den Lebensmittelprodukten auf der Grundlage der Getreidearten. A. Guilbot. (Ind. aliment. agric. **78.** 205—18. März 1961.) (Franz.)

Übersicht. — 39 Literaturangaben. G. HOFER. 7448□

Bestimmung der Verhältnisse von Zuckern durch Chromatographie und direkte Photometrie. S. M. Martin. (Chem. and Ind. **1957.** 823—24. 22/6. Ottawa, Nat. Res. Council, Div. of Appl. Biol.) (Engl.)

Gemische von *Fucose, Arabinose, Galaktose* u. *Mannose* wurden mit Pyridin/Essigester/W. (1 : 2 : 1) als Laufmittel papierchromatograph. getrennt. Die Chromatogramme wurden nach 1 Std. langem Trocknen in $AgNO_3$-Lsg. (0,35 g $AgNO_3$ u. 1,5 ml W. mit Aceton auf 100 ml aufgefüllt). nach 5 Min. in NaOH-Lsg. (0,6 g NaOH u. 7,5 ml W. mit A. auf 100 ml aufgefüllt, vor Gebrauch mit 1,5 Vol.-Teile Aceton versetzt u. nach Trocknen in 5%ig. wss. $Na_2S_2O_3$-Lsg. getaucht. Nach 5 Min. langem Trocknen bei 100° wurden die Chromatogramme in Streifen geschnitten u. mit einem registrierenden Integral-Densitometer ausgemessen. W. WILLENBERG. 7488□

Das Sorptionswasser der Stärke. Untersuchung durch Hertzsche Spektrologie. A. Guilbot, R. Charbonnière, P. Abadie und P. Girard. (Stärke **12.** 327—32. Nov. 1960. Paris, I.N.R.A. Labor. de Biochemie et Physico-Chimie des Céréales.) (Franz.)

An Hand des Syst. Stärke/W. wird über die Aussagemöglichkeit der HERTZschen Spektrologie berichtet. Die Messungen der dielektr. Absorption der Substanzen müssen über einen sehr weiten Frequenzbereich durchgeführt werden. Wenn auch die Meth. nur eine grobe Annäherung darstellt, so gestattet sie doch, die Größenordnung von unter verschiedenen Zuständen gebundenen Wassermengen zu bestimmen. Die Ergebnisse treffen sich mit denen anderer Unters.-Methoden. Die Bindung des W. in mol. Ketten wie die der Stärkekomponenten bleibt weiterhin wegen der Kontinuität u. des gleichzeitigen Vorhandenseins verschiedener Typen von W. schwierig zu untersuchen. Im einzelnen werden die Funktionen von dielektr. Absorption u. Frequenz von benzoylierter β-Maltose, entwässerter bzw. benzoylierter Getreidestärke, amorpher u. krist. wasserfreier β-Maltose, β-Maltosemonohydrat, geschmolzener, entwässerter u. krist. wasserfreier Glucose, Glucosemonohydrat sowie Stärke mit Wasser-Geh. von 0,6 bis 51,5% wiedergegeben. Die bei der Unters. wasserhaltiger Stärke gewonnenen Kurven weisen je nach Wasser-Geh. verschiedene Maxima auf, wobei Analogien zum Verlauf der Sorptionskurve bestehen. — 23 Literaturangaben. W. WILLENBERG. 7490□

Bergedorfer Eisenwerk Akt.-Ges., **Astra-Werke**, Hamburg, *Zuckersaftreinigung.* (**E. P. 867 620** vom 12/3. 1959, ausg. 10/5. 1961. D. Prior. 19/3. 1958. — C. **1960.** 6002 [D. A. S. 1 069 539].)

O. J. Meijers' Fabrieken voor verpakte Artikelen N. V., Veendam, Holland, *Herstellung kaltquellender Stärkeprodukte.* (**E. P. 863 575** vom 29/3. 1957, ausg. 22/3. 1961. Holl. Prior. 31/8. 1956. — C. **1961.** 5635 [D. A. S. 1 089 340].)

O. J. Meijers' Fabrieken voor verpakte Artikelen N. V., Holland, *Herstellung von in kaltem Wasser quellender Stärke auf mechanischem Wege.* (**F. P. 1 175 961** vom 12/6. 1957, ausg. 3/4. 1959. Holl. Prior. 31/8. 1956. — C. **1961.** 5635 [D. A. S. 1 089 340].)

O. J. Meijers' Fabrieken voor verpakte Artikelen N. V., Holland, *In Wasser quellende Stärkederivate.* (**F. P. 1 175 962** vom 12/6. 1957, ausg. 3/4. 1959. Holl. Prior. 3/10. 1956. — C. **1961.** 12297 [D. A. S. 1 093 299].)

International Minerals & Chemical Corp., V.St.A. (Erfinder: **Jacob W. Sietsema** und **William C. Trotter**), *Phosphatmodifizierte Stärke mit höherer Viscosität.* (**F. P. 1 200 137** vom 3/1. 1958, ausg. 18/12. 1959. A. Prior. 31/1. 1957. — C. **1960.** 675 [D. A. S. 1 055 470].)

Anheuser-Busch, Inc., St. Louis, Mo., V.St.A., *Verminderung des Wassergehaltes von Stärkesuspensionen.* (**E. P. 868 901** vom 18/9. 1959, ausg. 25/5. 1961. — C. **1961.** 5636 [A. P. 2 913 359].)

Ohio State University Research Foundation, Columbus, Ohio, V.St A., übert. von: **Kenneth M. Gaver**, Montreal, Quebec, Canada, *2-Substituierte Glucopyranosepolymere.* (**Can. P. 551 694** vom 21/9. 1953, ausg. 14/1. 1958. A. Prior. 1/11. 1946. — C. **1951.** II. 2396 [A. P. 2 518 135].)

Inventa Akt.-Ges. für Forschung und Patentverwertung, Schweiz, *Konzentration von Zuckerlösungen.* (**F. P. 1 191 572** vom 14/2. 1958, ausg. 20/10. 1959. Schwz. Prior. 6/3. 1957. — C. **1959.** 12076 [D. A. S. 1 049 799].)

XV. Gärungsindustrie

Wirtschaftliche Phosphorsäuredosierung in der Backhefeindustrie. Emil Bergander und Berthold Franz. (Wiss. Z. Humboldt-Univ. Berlin, math.-naturwiss. R. **6.** 581—83. 1956/57. Berlin, Humboldt-Univ., Inst. für Gärungschemie u. landwirtschaftl. Technol.) (Dt.)

Bei Versuchsgärungen wurde festgestellt, daß Phosphatüberdosierung das Hefewachstum hemmt. Die gleiche Verminderung der Hefeausbeute tritt ein, wenn der P_2O_5-Geh. der Hefe unter 2% absinkt. H. HAEVECKER. 7506□

Proteinsynthese in Hefe. G. Harris. (Brauwissenschaft **14.** 205—09. Mai/Juni 1961. Nutfield, Surrey, Brewing Ind. Res. Found.) (Dt.)

Übersicht. — 35 Literaturangaben. P. GREGORZEWSKI. 7506□

Das Bestimmen von Drogen. G. Hartmann. (Riechstoffe u. Aromen **11.** 50—53. Febr. 1961. Berlin-Lichterfelde, Destillateur-Fachschule.) (Dt.)

62 vor allem zur Spirituosen-Herst. verwendete Drogen werden tabellar. nach Art der botan. Pflanzen-Best. charakterisiert. G. LOSSNER. 7536□

Reinigung des durch direkte Hydratation von Äthylen gewonnenen Äthylalkohols. M. A. Dalin und R. I. Schenderowa. (Химическая Промышленность [Chem. Ind.] **1960.** 275—77. Juni.) (Russ.)

Aus rohem synthet. A. mit 0,3—0,4(%) Aldehyden, 0,26—0,3 höheren Alkoholen, 0,7—0,8 Äthern u. 37 mg Estern je Liter erhält man 60% A., der den Normen für Trinkbranntwein entspricht u. als Verunreinigung prakt. nur noch Ester (50 mg/Liter) enthält, wenn man aus der Dest. in der Cu-Kolonne eine 80%ig. A.-Fraktion entnimmt u. diese über Ni auf Kieselgur bei (optimal) 140° u. 15 at mit H_2 hydriert u. wieder destilliert. Eine Hydrieranlage wird beschrieben (Abb.). Der Katalysator wird bei 450—500° (6 Std.) mit Luft regeneriert u. dann mit H_2 behandelt. Die Reinigung durch zweimalige Rektifikation mit 1% NaOH oder mit alkal. $KMnO_4$-Lsg. genügt nicht. R. K. MÜLLER. 7536□

Der Einfluß der Gibberellinsäure auf die Keimung der Gerste. E. O. Morris. (Chem. and Ind. **1958.** 97. 25/1. Glasgow, The Royal Coll. of Sci. and Technol., Dep. of Microbiol.) (Engl.)

Mit Filtraten von Kulturen des *Gibberella fujikurio* wurden 2 Gerstenproben behandelt. Sie wiesen gegenüber den unbehandelten Kontrollen eine etwas erhöhte Keimenergie auf, da das Filtrat geringe Mengen Gibberellinsäure (I) enthielt. Verss. mit einer 0,08%ig. wss. Lsg. reiner I zeigten eine gleichmäßige Zunahme der Keimfähigkeit u. -energie, während die Wasserempfindlichkeit merklich abnahm. W. KREIPE. 7540□

Neue Verbesserungen beim Mälzen unter besonderer Berücksichtigung des Weichprozesses. Alan Macey. (Brewers Digest **35.** Nr. 10. 49—53. 70. Okt. 1960. Newark-on-Trent, Engl., Associated British Maltsters Export Co., Ltd.) (Engl.)

In einem Überblick wird über die augenblicklich gebräuchlichen verschiedenen Arten der Malz-Herst. in England berichtet u. bes. auf die einzelnen Möglichkeiten zur Beurteilung der unterschiedlichen Malzgersten in ihrer Keimfähigkeit u. -energie sowie auf mehrere Weich-Meth. eingegangen. Ferner werden die bekannten Einfl. verschiedener Chemikalien wie Kalk, Cl, H_2O_2, KBr, Cumarin, H_2S, Formaldehyd u. Glucose-Sirup im Weichwasser behandelt. Als günstig für die Malz-Entw. erwies sich die Einw. von 0,25 ppm Gibberellinsäure, die kombiniert mit 100 ppm KBr einen hohen Extrakt-Geh. verbunden mit einem niedrigen Proteinindex im Malz zur Folge hat, wobei die Malzverluste gering sind u. die Keimdauer verkürzt wird. — 15 Literaturangaben. W. KREIPE. 7540□

Kontinuierlicher Brauprozeß. 2. Mitt. Versuche mit einem kontinuierlich sich drehenden Maischgefäß. Anhang: Ausführliche Beschreibung der Apparatur. A. D. Davis und J. R. A. Pollock. (J. Inst. Brewing **67** ([N. S.] **58**). 33—38. Jan./Febr. 1961. Surrey, Nutfield, Brewing Ind. Res. Found.) (Engl.) — 1. vgl. C. **1960.** 2035.

Die kontinuierliche Arbeitsweise u. Handhabung eines sich drehenden Maischgefäßes, das aus einem kreisförmigen, mit einer Anzahl radikal-vertikal eingesetzter Flügel zur Aufteilung in Segmente versehenen Behälter besteht, wird genau beschrieben. Das Maischen u. Filtrieren der Maische läßt sich darin durchführen. Im Anhang wird an Hand einer Schemazeichnung eine genaue Beschreibung der Konstruktion gegeben. W. KREIPE. 7544□

Blankfiltrieren von Bier mit Diatomit-Filtern. Frank E. Mathes und Robert S. Preston. (Brewers Digest **35.** Nr. 10. 54—55. Okt. 1960. Minneapolis, Minn., Minneapolis Brewing Co.; New York, N.Y., Johns-Manville Prod. Corp.) (Engl.)

Einrichtung u. Betriebsweise einer moderenen Diatomit-Filteranlage zum Blankfiltrieren des Bieres in der Minneapolis Brauerei, die sich seit 2 Jahren gut bewährt, werden beschrieben. W. KREIPE. 7550□

Citronensäure. Louis A. Agnello und R. J. Kieber. (Ind. Engng. Chem., int. Edit. **53.** 253—58. April 1961. Keyport, N.J., Bzura Chemical Co., Inc.) (Engl.)

An Hand allg. Ausführungen werden verschiedene wirtschaftliche u. techn. Möglichkeiten der Citronensäuregewinnung erörtert u. die Grundzüge des Verf. von BZURA zur Herst. von Citronensäure (I) beschrieben. Als Rohstoff dient Blackstrap-Melasse, die man nach der Sterilisation in einem 30000 gal. fassenden Gärbehälter mit Hilfe einer Mutanten von *Aspergillus niger* unter bestimmten Belüftungsbedingungen vergärt. Dabei findet die Umwandlung der Kohlenhydrate der Melasse in Brenztraubensäure statt, aus der dem KREBS-Cyclus entsprechend I gebildet wird. Es entstehen auffallend wenige Nebenprodukte. Drehfilter entfernen das Mycel u. durch Kalkzusatz wird Ca-Citrat (II) ausgefällt. Nach der Abtrennung der Kristalle von der Fl. durch Filtration hydrolysiert man durch Zugabe von H_2SO_4 II zu I u. sondert $CaSO_4$ ab. Die Entfärbung der Lsg. erfolgt durch Behandlung mit Aktivkohle u. die anschließende Kristallisation im Vakuumverdampfer. — 11 Literaturangaben. W. KREIPE. 7578□

Orvostudományi Egyetem Vegytani és Biokémiai Intézete (Erfinder: Franz Hutterer, Andreas Krámli und Judit Lantos), Szeged, Ungarn, **Erhöhung des Ergosteringehaltes von Hefe** erfolgt durch Zugabe geringer Mengen an Thioglykolsäure zu der Nähr-Lsg., wodurch das Redoxpotential der Lsg. red. wird. (**Ung. P. 143 920** vom 8/1. 1955, ausg. 15/1. 1958.) G. KÖNIG. 7507

A/B Chematur, Stockholm, Schweden, **Gewinnung von Alkohol aus vergorenen Sulfitablaugen** durch Überdrucksrektifikation. Das beim Eindampfen der Ablauge anfallende, 5—50% A. enthaltende Kondensat wird bei pH < 6 vorrektifiziert, alsdann einer Rektifikation bei $>$ 2 ata, bes. 4—5, u. pH > 7 unter Alkalizusatz unterworfen. — Abbildung. (**Norw. P. 92 448** vom 21/12. 1955, ausg. 15/9. 1958.) K. H. KÄHLER. 7537

American Cyanamid Co., New York, N.Y., V.St.A., *Herstellung eines proteolytischen Enzyms.* (**Holl. P. 98 438** vom 25/10. 1955, ausg. 17/7. 1961. A. Prior. 25/10. 1954. — C. **1958.**11391 [D. A. S. 1 016 669].)

XVI. Nahrungs-, Genuß- und Futtermittel

Die mit ionisierenden Strahlen behandelten Lebensmittel und ihre Brauchbarkeit für die menschliche Ernährung. G. I. Bondarew. (Гигиена и Санитария [Hyg. u. Sanitätswes.] **25.** Nr. 4. 92—96. April 1960. Moskau, Erissman-Forsch.-Inst. für Sanitätswes. u. Hyg. des Gesundheitsministeriums der UdSSR.) (Russ.)

Übersicht über den neueren Stand der Frage an Hand der Literatur. — 18 Literaturangaben. H. TREUMANN. 7630□

Kunststoffe als Schutzmittel gegen Korrosion in der Lebensmittelindustrie. Béla Zsigmond. (Elelmezési Ipar [Lebensmittelind.] **15.** 295—303. Okt. 1961.) (Ung.)

Vff. bespricht die Eigg. der in ungar. Betrieben erprobten u. angewendeten Kunststoffe u. Kunstharze, wie *PVC, Polyäthylen, Polyamid, Polystyrol* u. *Epoxyharze*. Es wird auch auf die charakterist. Daten u. Widerstandsfähigkeit dieser Stoffe hingewiesen. K. GÄRTNER. 7632

Eigenschaften der metallischen und Kunststoff-Verpackungsmaterialien. Károly Gyönös. (Csomagolástechnika [Verpackungstechnik] **6.** 99—101. Juli/Aug. 1961.) (Ung.)

Von Metallen werden zum Verpacken von Lebensmitteln Al u. Weißblech verwendet, deren Korrosion auch an feuchter Luft sehr gering ist. In Al-Folien können alle, nicht alkal. Lebensmittel eingepackt werden. Weißblech ist sehr widerstandsfähig, wenn der Sn-Belag porenfrei ist. Von Kunststoffen können solche verwendet werden, welche ungiftig sind, die Sterilisation aushalten, die Ware vor Infektion u. wenn nötig auch gegen Licht-Wrkg. schützen. Die Eigg. der meist benützten Kunststoffe sind tabellar. angegeben. J. PLANK. 7634

Sterilisierung von Kunststoff-Verpackungsmaterial und -Verpackungen. Tamás Kárpáthy. (Csomagolástechnika [Verpackungstechnik] **6.** 104—07. Juli/Aug. 1961.) (Ung.)

Vf. bespricht die Sterilisierung von für die Verpackung von Lebensmitteln bestimmten Kunststoffen mit überhitztem Dampf oder W., heißer Luft, baktericiden Gasen, UV- u. radioakt. Strahlen, wie auch durch Zugabe von baktericiden oder keimungshemmenden Stoffen. Für jede Art der Sterilisierung werden die brauchbaren Kunststoffe angegeben u. die mit diesen gemachten Erfahrungen diskutiert. J. PLANK. 7634

Die Behandlung von Verpackungsstoffen für Lebensmittel mit Pyrethrin und Piperonylbutoxid zum Schutz der verpackten Produkte gegen Insektenbefall. J. P. Brooke. (Pyrethrum Post **6.** Nr. 1. 14—16. 21—22. April 1961. Berkhamsted, Cooper Techn. Bur.) (Engl.)

An Papier- u. Papphüllen ausgeführte Unterss. zeigen, daß alkohol. Aminalginat-Lsgg. von Pyrethrin–Piperonylbutoxid-Gemischen insekticide Wrkg. haben. Lebensmittel, die in solchen Verpackungen aufbewahrt werden, sind viele Monate haltbar. W. WESLY. 7634□

Eine Untersuchung über die Möglichkeit der Verwendung von Fisch–Eiweißhydrolysat als Nahrungsmittel. 1. Mitt. Biskuitherstellung aus Fisch–Eiweißhydrolysat. R. L. Nath, S. K. Pain und R. Dutt. (J. Proc. Instn. Chemists [India] **33.** 64—68. März 1961. Calcutta, School of Trop. Medicine.) (Engl.)

Aus Eiweißhydrolysaten von Walgonia attu u. Palaeneurus (neutralisiert mit $NaHCO_3$ gegen Kongorot) werden an freien Aminosäuren reiche, eßbare Biskuits aus gleichen Gewichtsmengen Hydrolysat, Zucker u. Weizenmehl unter Zusatz von Fett, $(NH_4)_2CO_3$ u. wss. Betelblätterextrakt hergestellt. Die Biskuits enthalten 12,0—17,0 (%) Eiweißäquivalent (EA) des Gesamt-N, 0,48—0,86 freie Aminosäuren, 3,0—5,4 EA des freien Aminosäuren-N, 4,3—6,3 NaCl, 0,614—1,07 SH'-Gruppen als Cystein. W. WESLY. 7674□

Versuchsbegasungen mit Methylbromid. M. E. Getzendaner. (Cereal Sci. today **6.** 268—70. Okt. 1961. Midland, Mich., Dow Chemical Co., Agric. Chemical Res.) (Engl.)

65 Begasungen von Maismehlen, Makkaroni u. Haferflocken mit unterschiedlichen Methylbromidmengen wurden durchgeführt u. die im Material nach Belüftung verbleibenden Gesamtbromidmengen fluorescenzanalyt. bestimmt. Die Höhe der Br-Rückstände war von der Begasungsdosis u. der Art des begasten Materials abhängig, die stärkste Retention wurde bei Haferflocken beobachtet. Die Rückstandsmenge war weder von Fett- oder Eiweiß-Geh. des Materials, noch vom Wasser-Geh. während der Begasung abhängig. M. W. ROTHE. 7686□

Statistische Untersuchung über pH-Veränderungen und Natriumgehalt von Tomaten. H. W. Adams. (Food Technol. **15.** 16—18. Jan. 1961. San José, Calif., Food Machinery and Chem. Corp.) (Engl.)

Rohe Tomaten (I) hatten durchschnittlich pH 4,4, durch Dampf oder Lauge geschälte I pH 4,2, bei beiden Schälarten gleich. Bespritzen mit Citronensäure beeinflußte den pH nicht wegen der starken Pufferung der I. Es konnte keine Beziehung zwischen Na-Geh., pH u. Geh. an Trockenmasse festgestellt werden. K. SCHLEICH. 7688□

Ionenaustauschchromatographie von Aminosäuren in Tomatensaft. George Saravacos, B. S. Luh und Sherman J. Leonard. (Food Res. **23.** 329—37. Juli/Aug. 1958. Davis, Calif., Univ. of California, Dep. of Food Technol.) (Engl.)

Der Gesamt-N-Geh. von Tomaten stieg mit zunehmendem N-Geh. des Düngers. In eingedostem Tomatensaft wurden papierchromatograph. folgende freie Aminosäuren gefunden: *Alanin, Asparagin, Asparaginsäure, Glutaminsäure, Glutamin, Glycin, Leucin, Serin, Threonin* u. *Valin.* Nach Säurehydrolyse des Safts traten noch *Arginin* u. *Phenylalanin* auf. PH. FRESENIUS. 7688□

Rückstände von Pesticiden in Nahrungsmitteln. Pesticidreste und Volksgesundheit. E. F. Edson. (Chem. and Ind. **1958.** 694—99. 14/6. Saffron Walden/Essex, Fisons Pest Control Ltd., Med. Dep.) (Engl.)

Vortrag. J. LEHMBERG. 7690□

Ahornsirup. 13. Mitt. **Sterilisierende Wirkung von Sonnenlicht auf Ahornsaft in transparenten Rohren.** H. A. Frank und C. O. Willits. (Appl. Microbiol. **8.** 141—45. Mai 1960.) (Engl.) — 12. vgl. C. **1962. 6999.**

In transparenten Rohren (*Pyrex, Vycor, Polyäthylen* u. 2 *Vinylpolymerisate*), die eine gute Durchlässigkeit für den bes. wirksamen Anteil des Sonnenlichts (um 265 mμ) haben, wurde beimpfter Ahornsaft der Sonnenbestrahlung ausgesetzt. Die Keimfähigkeit der Organismen (verschiedene Pseudomonas- u. Flavobacterium-Stämme) wurde stark herabgesetzt, bes. bei den Vycor-Rohren. Der sterile, bestrahlte Sirup wirkte bei nachträglicher Beimpfung ebenfalls keimungshemmend. Die relative Stärke dieser Hemmung war abhängig von der Durchlässigkeit des Rohrmaterials für die UV-Strahlen u. von der Temp. des Sirups. M. WALLER. 7706□

Eine neue Möglichkeit um Tartrate aus Traubensaft zu beseitigen. Anonym. (Lucrările Inst. Cercetări aliment. [Arb. Nahrungsforsch.-Inst.] **3.** 145—53. 1959.) (Rum.)

Man versetzt Traubensaft mit so viel frisch gefälltem $CaCO_3$, daß noch 0,3% Weinsäure übrig bleibt, wodurch ohne Einbuße der organolept. Eigg. des Saftes die Tartrate beseitigt werden. In manchen Fällen ist damit eine ausreichende Klärung des Traubensaftes verbunden. Traubensaft mit einem weniger ausgeprägten Aroma erhält zur Geschmacksverbesserung nur so viel $CaCO_3$, daß noch 0,35—0,40% Weinsäure verbleiben. W. WESLY. 7706□

Untersuchung des Nährwertes von Nutriafleisch. I. Wershchowski, T. Dombrowski und S. Ganowjak. (Вопросы Питания [Fragen d. Ernähr.] **19.** Nr. 2. 87—88. März/April 1960. Gdansk, Med. Akad., Lehrstuhl für Nahrungsmittelwiss.; Sanitäre Epidemiol. Station, Abt. für Ernährungshyg.) (Russ.)

Eine Analyse der chem. Bestandteile des Nutriafleisches ergab: W. 66,7—71,1 (%); Eiweiß 22,9—25,1; Fett 4,23—8,60; Asche 1,03—1,16; CaO 39—72 (mg-%); P_2O_5 480 bis 580; F_2O_3 5—12. Charakterist. ist der hohe Geh. an Lysin, Leucin sowie Glutamin- u. Asparaginsäure. Der Nährwert des Nutriafleisches ist nicht niedriger als der des Fleisches anderer Tiere. H. TREUMANN. 7750□

Zubereitung von Bratwurst für den Gefrierprozeß. J. Wismer-Pedersen und A. Sivesgaard. (Fleischwirtschaft **11.** 25—26. Jan. 1959. Roskilde, Dän. Forsch.-Inst. für Fleischwirtschaft.) (Dt.)

Die Haltbarkeit gefrorener Bratwurst war am besten, wenn das Fleisch grob gemahlen war. Eine Qualitätsverbesserung des Bräts konnte durch Zusatz von 5% *Mehl* u. 0,02% *Äthylgallat* (jeder Zusatz für sich allein) erzielt werden, nicht aber durch Beigabe von 0,15% *Mononatriumglutaminat.* Wurde dem Brät kein Salz zugesetzt, so resultierte eine Geschmacksverbesserung, jedoch wurde gleichzeitig die Konsistenz erheblich verschlechtert. M. WINIKER. 7750□

Verderb von Felsenfisch der pazifischen Küste. 1. Mitt. **Verderb beim Lagern in Eis.** J. Liston, Julia G. Chapel und J. A. Stern. (Food Technol. **15.** 19—22. Jan. 1961. Seattle, Wash., Univ. of Washington, Coll. of Fisheries.) (Engl.)

Felsenfische der Arten Sebastodes melanops, S. alutus u. S. pinniger, die an der Westküste der USA u. von Canada vorkommen, wurden auf dem Fangschiff in Eis verpackt u. dann im Labor. in frischem Eis gelagert. Das Fortschreiten des Verderbs wurde organolept. u. durch Best. der bei Vakuum-Dest. flüchtigen Säuren u. Basen verfolgt. Die Ergebnisse waren gut vergleichbar u. zeigten Genußfähigkeit der Fische bis zu 12—14 Tagen nach dem Fang. K. SCHLEICH. 7752□

Pyrethrum in der Fischmehlindustrie. June Olley. (Pyrethrum Post **6.** Nr. 1. 9—10. April 1961. Aberdeen, Torry Res. Stat., Dep. of Scient. and Ind. Res.) (Engl.)

Fischfleisch, das alle 2—3 Tage mit einer Emulsion von 0,3% *Pyrethrin* (I) + 3% *Piperonylbutoxide* besprüht wird, ist damit vor der Ausbrütung von Schmeißfliegenlarven geschützt; jedoch wird die Eiablage nicht verhindert. Geringere oder seltener angewandte I-Dosen lassen die Ausbrütung von Maden zu, die zwar beträchtliche Größe erreichen, aber dann eingehen. W. Wesly. 7752□

Rotfärbung von Milchkannendeckeln aus Polyäthylen. Max Erich Schulz und Helmut F. Hetzel. (Milchwissenschaft **15.** 223—26. Mai 1960. Kiel, Bundesvers.- u. Forsch.-Anst. für Milchwirtschaft, Chem. Inst.) (Dt.)

Bei der Rotverfärbung von Milchkannendeckeln aus *Polyäthylen* (I) handelt es sich wahrscheinlich um eine Ablagerung von fettlösl. roten Farbstoffen aus Schimmelpilzen. Diese Farbstoffe können durch Fett-Lsgm., wie Ae., PAe., Tetrachlorkohlenstoff, Bzn., wieder aus dem I gelöst werden. Die Reinigung von rotverfärbten I-Kannendeckeln, die nicht mit den üblichen Reinigungs- u. Desinfektionsmitteln gelingt, kann durch Extraktion mit den genannten Fett-Lsgm. bewirkt werden. M. Winiker. 7756□

Antibiotica in der Milch — eine Übersicht. J. L. Albright, S. L. Tuckey und G. T. Woods. (J. Dairy Sci. **44.** 779—807. Mai 1961. Urbana, Ill., Univ., Coll. of Veterinary Med. ,Dep. of Dairy Sci. and Food Technol.) (Engl.)

Vork. u. Konz. von *Antibioticis* (I) in der Milch u. in Molkerei-Prodd. infolge der Anwendung von I bei Erkrankungen des Milchviehs (Mastitis) u. Gegenmaßnahmen zur Verhütung von Gesundheitsstörungen beim Verbraucher. — 210 Literaturangaben. J. Lehmberg. 7756□

Die Homogenisierung in der Milchindustrie. J.-C. Fohrer. (Ind. aliment. agric. **78.** 975—76. 978—80. 982. 984—85. 987. Sept./Okt. 1961.) (Franz.)

Allg. Ausführungen. — 10 Literaturangaben. M. Winiker. 7756□

Die Pasteurisierung der Trinkmilch in der Sicht des Bakteriologen unter besonderer Berücksichtigung der Milchhaltbarkeit. Fritz Schönberg. (Milchwissenschaft **15.** 162—64. April 1960. Hannover, Tierärztl. Hochschule, Inst. für Lebensmittelkunde u. Milchhygiene.) (Dt.) M. Winiker. 7756□

Technische und bakteriologische Fragen der Trinkmilchpasteurisierung vom Standpunkt eines Molkereileiters. Franz Oldenburg. (Milchwissenschaft **15.** 158—62. April 1960.) (Dt.) — C. **1961.** 10013. M. Winiker. 7756□

Die Pasteurisation als Selektion hitzeresistenter Bakterienarten. Lotte v. Gavél. (Milchwissenschaft **15.** 227—33. Mai 1960. Weihenstephan, Südd. Vers.- u. Forsch.-Anst. für Milchwirtschaft, Bakteriol. Inst.) (Dt.)

Eine statist. Auswertung des bei Erhitzungsprüfungen anfallenden Materials ergab, daß zwischen der Ausgangskeimzahl der *Rohmilch* u. der Zahl der überlebenden Organismen kein Zusammenhang, wenn nicht sogar, wie bei der Hocherhitzung, eine negative Korrelation besteht, u. daß das **sukzesive** Absterben der Mikroflorenkomponenten mit zunehmender Erhitzung in einem ungleichmäßigen, in mehreren Stufen ablaufenden Keimrückgang zum Ausdruck kommt. M. Winiker. 7756□

Aminosäurezusammensetzung der Eiweißstoffe der Milch. P. W. Kugenew und M. N. Medwedewa. (Известия Тимирязевской Сельскохозяйственной Академии [Nachr. landwirtsch. Timirjasew-Akad.] **1960.** Nr. 5. 172—83.) (Russ.; Auszug: Engl.)

Es wird die *Aminosäure* (I)-Zus. des Caseins, der Gesamtproteine u. der wasserlösl. Proteine der Kuhmilch in Abhängigkeit von Jahreszeit, Rasse u. Alter der Tiere sowie Art des Melkens erörtert. Weiter wird I-Zus. der Milch u. der Gesamtproteine der Stuten-, Zebu-, Ziegen-, Büffel-, Kamel- u. Schafsmilch angegeben. S. Baryschnikow. 7756

Über ernährungsphysiologische Veränderungen der Milch beim technischen Trocknen. Hermann Fink, Ilse Schlie und Ursula Ruge. (Milchwissenschaft **14.** 572—78. Dez. 1959. Köln, Univ., Inst. für Gärungswissenschaft u. Enzymchemie.) (Dt.) — C. **1959.** 15211. M. Winiker. 7756□

Können die ernährungsphysiologischen Veränderungen bei der derzeitigen Milchpulverherstellung durch nachträgliche Yoghurt-Fermentation behoben werden? 1. Mitt. H. Fink, U. Ruge und I. Benda. (Fette, Seifen, Anstrichmittel **61.** 911—12. Okt. 1959. Köln, Univ., Inst. für Gärungswissensch. u. Enzymchemie.) (Dt.)

Vff. gingen der Vermutung nach, daß Magermilchpulver Lebernekrose hervorrufen kann, weil die essentiellen Aminosäuren während des Trocknungsvorganges partiell zerstört oder inaktiviert werden. Die Aminosäuren wurden nach Hydrolyse mittels des mikrobiolog. Tests nachgewiesen. Die Ergebnisse zeigen jedoch, daß eine partielle Zerstörung nicht erfolgt. Die Möglichkeit einer enzymat.-lösbaren Blockierung der Aminosäuren konnte auf Grund der Vers.-Ergebnisse ebenfalls verneint werden.

HANS THIELE. 7756□

Können die ernährungsphysiologischen Veränderungen bei der derzeitigen Milchpulverherstellung durch nachträgliche Yoghurt-Fermentation behoben werden? 2. Mitt. H. Fink, U. Ruge und I. Benda. (Fette, Seifen, Anstrichmittel **62.** 292—94. April 1960.) (Dt.) — 1. vgl. vorst. Referat.

Vff. fütterten junge Albinoratten mit einer normalen Diät, die als Eiweißquelle (ca. 10%) frische *Magermilch* (**a**), aus handelsüblichem Walzenmagermilchpulver „*rekonstituierte*" *Milch* (**b**) oder aber rekonstituierte Magermilch, die vorher einer Joghurt-Fermentation unterworfen worden war (**c**) enthielt. Die Ergebnisse zeigen, daß die eine alimentäre Lebernekrose auslösende Wrkg. der **b** durch die Joghurt-Fermentation zwar abgeschwächt wurde (die Überlebens- sowie Zuwachsraten bei Ernährung mit **c** waren höher als in der **b**-Gruppe), daß jedoch die günstige Wrkg. der **a** nicht erreicht wurde. Die nekrogenen Eigg. der **b** ließen sich durch die Fermentation also keinesfalls aufheben. Die gewisse Abschwächung könnte auf leichtere Resorbierbarkeit der **c** oder aber antinekrogene Stoffwechsel-Prodd. der Bakterien zurückzuführen sein.

HANS THIELE. 7756□

Zur Frage der Erhitzungsschäden bei Nahrungsproteinen. I. Ross und G. Krampitz. (Z. Tierphysiol., Tierernähr. Futtermittelkunde **15.** 95—101. April 1960. Bonn, Univ., Inst. für Anatomie u. Physiologie der Haustiere.) (Dt.)

Sprühgetrocknetes Magermilchpulver wurde von 100—150° in Stufen von 10° verschieden lange erhitzt u. die Proteine untersucht. Bei papierelektrophoret. Auftrennung wurden nach Erhitzen auf 100° die Proteine noch nachgewiesen, bei 110° waren es wesentlich weniger u. bei 120° waren sie nicht mehr nachweisbar. Dabei nimmt auch der Gesamt-Geh. an *Aminosäuren* (**I**) ab. Von den bas. **I** wird *Arginin* bis zu 100% zerstört, *Histidin* wird am wenigsten geschädigt, u. *Lysin* nimmt eine Mittelstellung ein. Ebenso sinkt die Menge der trypt. Spalt-Prodd. nach Hitze-Einw. ab. D. MUNSCHE. 7756□

Tagesschwankungen in der Zusammensetzung von Luzerne. R. S. Allen, R. E. Worthington, N. R. Gould, N. L. Jacobson und A. E. Freeman. (J. agric. Food Chem. **9.** 406—08. Sept./Okt. 1961. Ames, Iowa, State Univ.) (Engl.)

In den Geh. mehrerer Proben von Luzerne an Trockenstoffen, Gesamt-N, P u. reduzierenden Zuckern u. bes. Asche wurden deutliche Tagesschwankungen festgestellt; dagegen waren die Schwankungen der Geh. an Nichteiweiß-N, Amin-N u. Ca im Verlaufe eines Tages nicht bedeutend. Die Tageszeit hatte keinen nennenswerten Einfl. auf die Geh. an Citronen-, Äpfel-, Malonsäure u. die nicht flüchtigen, organ. Gesamtsäuren. — 16 Schrifttumshinweise. W. WESLY. 7782□

Dauerhaftigkeit von Aldrin-, Dieldrin- und Endrin-Belägen auf frischem Erntegut und auf Heu unter verschiedenen Trocknungsbedingungen. George G. Gyrisco und E. W. Huddleston. (J. econ. Entomol. **54.** 718—20. Aug. 1961. Ithaca, N.Y., Cornell University.) (Engl.)

Luzerne wurde mit Emulsionen von *Dieldrin* (**I**), *Endrin* (**II**) oder *Aldrin* (**III**) (2 oder 4 oz/acre) behandelt u. 4—28 Tage danach die Rückstände auf frischem, 3 Tage an der Luft u. zusätzlich 24 Std. im Ofen getrocknetem Heu bestimmt. Die Reihenfolge der Dauerhaftigkeit war: **I** > **II** > **III**. FRITZ MÜLLER/Ludwigshafen. 7782

Die Verdaulichkeit der Eiweißstoffe des Fischmehls verschiedener Sorten in vitro. Che-Min Wan. (Известия Тимирязевской Сельскохозяйственной Академии [Nachr. landwirtsch. Timirjasew-Akad.] **1961.** Nr. 2. 178—84.) (Russ.; Auszug: Engl.)

Fischmehl, das aus Fischen bzw. aus Abfällen der Konserven- u. Filetbereitung hergestellt wurde, enthält 34,38—60,25% Protein. Die Verdaulichkeit des Proteins in vitro beträgt unter der Einw. von Pepsin 78,89% u. bei der nachfolgenden Einw. von Trypsin 95—98%. S. BARYSCHNIKOW. 7786

Isolierung und Nachweis von Lactose in Nahrungsmitteln. A. Motquin. (Ann. Falsificat. Expertise chim. **54.** 281—83. Juni 1961. Brüssel, Labor. Intercommun. de Chim. et Bactériol.) (Franz.)

Man extrahiert die gepulverte, mit Ae. entfettete Probe 2·3 Std. lang mit sd. 90% ig. A. u. Zusatz von W., entfernt den A. auf dem Wasserbad u. erhält eine wss. Lsg. von Lactose (u. anderen Zuckern), die man, vorzugsweise nach Klärung mit CARREZ-Reagens (Gemisch von $K_4Fe(CN)_6$- u. $ZnSO_4$-Lsg.], papierchromatograph. mit einem Gemisch von 6 (Vol.) n-Butanol, 4 Pyridin, 3 W. als Eluiermittel durch Betüpfeln mit 5 alkohol. Diphenylamin-Lsg., 5 alkohol. Anilin-Lsg., 1 85% ig. H_3PO_4 u. Erhitzen nachweist.

W. WESLY. 7788□

Farinogrammkurvenverlauf von aus Mahlversuchen stammenden Mehlen. R. K. Bequette, R. B. Potts und C. A. Watson. (Northwestern Miller **264.** Nr. 2. 42—51. 25/7. 1960. Bozeman, Montana State College, Agronomy and Soils Dep.) (Engl.)

Vgl. von Mahlergebnissen, Mehl-Eigg. u. Farinogrammkurven zweier Kleinmahlanlagen (BRABENDER Schnelltestmühle, BRABENDER „Quadruplex"-Mühle) mit denen des BÜHLER-Mahlautomaten. Eine gewisse Klassifizierung von Mehlen ist auch mittels kleiner Vers.-Mahlanlagen möglich. M. W. ROTHE. 7798□

Ein möglicher Effekt von Weizen-Dehydrogenasen auf die Aussagekraft physikalischer Tests an nichtfermentierten Teigen. R. W. Cawley. (J. Sci. Food Agric. **12.** 559—61. Aug. 1961. Christchurch, Neuseeland, Dep. of Scientific and Industrial Res., Wheat Res. Inst.) (Engl.)

Die Dehnbarkeit eines ohne Hefezusatz bebrüteten Teiges steigt im Vgl. zum unbehandelten Teig an, daraus erbackenes Brot zeigt die typ. Fehler der Verarbeitung „unreifer" Teige. Aus der pH-Abhängigkeit der Veränderung (deutliche Verschlechterung bei pH 6,1; geringe bei pH 5,6) u. ähnlichem Verh. der Weizendehydrogenasen wird gefolgert, daß diese für den Effekt verantwortlich sind. Bei gärenden Teigen wird der krit. pH-Wert rasch unterschritten, dagegen kann der Effekt für bei physikal. Teig-Unterss. dienenden nichtfermentierten Teigen von Bedeutung sein.

M. W. ROTHE. 7798□

Die Anreicherung von Brotmehl mit diastatischen Enzymen und ihre Erfassung im Laboratorium. K. J. Hayden. (Getreide u. Mehl **11.** 102—07. Sept. 1961. Beilage zu: Mühle. London, Novadel Ltd.) (Dt.)

Bei der Best. der *Gesamt-α-Amylase* (GA)-Aktivität mit *Pilz-α-Amylasen* (PA) angereicherter Mehle sind HAGBERG- u. Maltose-Ziffer irreführend, da sie die PA-Aktivität ungenügend erfassen. Die Best. der GA mit Hilfe der Gas-Bldg. unter Standardbedingungen liefert zwar gute Werte, jedoch ist ein Rückschluß auf PA-Aktivität daraus nicht möglich. Da die Getreideamylasen bei pH 4—5 von Bentonit fast vollständig adsorbiert werden, kann eine PA-Aktivität dadurch selektiv erfaßt werden, daß man nach Stehen über Nacht bei 35—40° die mit Jod sichtbar gemachten Höfe um die mit Mehlsuspensionen gefüllten Löcher einer bentonit (8%)- u. stärkehaltigen Agarplatte ausmißt. So kann noch $^1/_{10}$ des handelsüblichen Zusatzes erkannt werden.

R. RISTOW. 7798□

Über das Verhältnis von β-Carotin zu den Gesamt-Carotinoiden als Funktion der Ermittlung eines β-Carotin-Zusatzes in Teigwaren. Gerolamo de Giuli und Francesco Muntoni. (Boll. Lab. chim. provinc. **11.** 141—46. April/Juni 1960. Rom, Ist. super. di Sanità, Labor. di Chim.) (Ital.)

Auf Grund von Labor.-Verss. konnte eine schnellere Best. des Verhältnisses von eluierbaren Carotinoiden (I) zu Gesamt-I ($R = 100\,k''/k'$) in Teigwaren unter Verw. der Extraktion mit kaltem Bzl. u. ohne Verw. eines inerten Gases (CO_2) ermöglicht werden. — Man behandelt 20 g einer feingemahlenen, gesiebten (100 Maschen/cm²) Probe mit 50 ml Bzl., läßt unter häufigem Umschütteln 20 Min. lang stehen, filtriert, bestimmt im Filtrat die Extinktion bei 465 mμ u. erhält so den Wert k', chromatographiert dann 25 ml des Filtrates an einer Al_2O_3-Säule von 5 cm Länge u. 1,5 cm ⌀ unter Verw. von Bzl. als Elutionsmittel u. ermittelt im Eluat spektrophotometr. den k''-Wert. Dabei wurde gefunden, daß R häufig den Wert 10 in unverfälschten, bes. in mit Eiern hergestellten Teigwaren überschreitet; als Grenzwert für R wird ein den Tatsachen besser entsprechendes Maximum von 15 vorgeschlagen (Tabelle). G. PLATZER. 7798□

Feuchtigkeitsbestimmung bei Erdnüssen. N. Greenblau. (South African ind. Chemist **14.** 158—62. Aug. 1960. Cape Town.) (Engl.)

Es wird eine Meth. zur Feuchtigkeits-Best. beschrieben, die auf einer Best. der Gew.-Differenz vor u. nach dem Trocknen mittels IR-Heizung beruht. Dieses Verf. gibt exaktere Werte als der offizielle BROWN-DUVEL-Test. Das neue Verf. verlangt außerdem eine kürzere Arbeitszeit. E. LÜCK. 7808□

Mikrobestimmung von Falon-Rückständen in eßbaren Ernteprodukten. J. R. Lane. (J. agric. Food Chem. **9.** 377—80. Sept./Okt. 1961. Naugatuck, Conn., U. S. Rubber Co., Chem. Div.) (Engl.)

Zur Best. von Rückständen von *Falon* (I; *Tris-2.4-dichlorphenoxyäthylphosphit*) in Spargeln, Maismehl, Preißelbeeren, Kartoffeln, Erdnüssen u. Erdbeeren dient die Purpurfärbung, die nitriertes Dimethylnaphthidin in konz. H_2SO_4 ergibt u. die proportional dem Geh. an I verblaßt. Das Verf. gestattet die Best. von $\geqq 0{,}03$ ppm I.

W. WESLY. 7810□

Bestimmung von Sorbinsäure und ihr Verschwinden aus Pickles-Laken. Gordon Alderton und J. C. Lewis. (Food Res. **23.** 338—44. Juli/Aug. 1958. Albany, Calif., Western Reg. Res. Labor.) (Engl.)

Die Absorption von *Sorbinsäure-* (I) in 0,01n HCl (Maximum 263 mμ) u. in 0,01n NaOH (Maximum 254 mμ) wird bestimmt. Das analyt. Verf. zur I-Best. nach MELNICK u. LUCKMANN (C. **1955.** 951 u. C. **1959.** 7991) wird verbessert durch a) Wasserdampf-Dest. der I aus einem sauren Medium, b) Absorptionsmessung unter Bedingungen, die das Vorliegen des I-Chromophors in bestimmter Form gewährleisten, c) Verw. der üblichen Makro-KJELDAHL-Dest.-Apparatur. Es ist anzunehmen, daß das Verschwinden der I aus gärenden Laken mit mikrobiellen Vorgängen zusammenhängt.

PH. FRESENIUS. 7810□

Über die Hitzeresistenz und den Nachweis der Mikroflora kurzzeiterhitzter Milch. Otto Kandler. (Milchwissenschaft **15.** 165—71. April 1960. Weihenstephan, Südd. Vers.- u. Forsch.-Anst. für Milchwirtschaft, Bakteriol. Inst.) (Dt.)

Die in kurzzeiterhitzter Milch vorherrschenden milchsäurebildenden Streptokokken sind nicht ein bestimmter Prozentsatz Überlebender der gesamten milchsäurebildenden Streptokokken der Rohmilch, sondern stellen eine auf Grund der relativ hohen Hitzeresistenz selektionierte Gruppe der Rohmilchflora dar. Zur Abtötung dieser Gruppe bedarf es im allg. Temp. von 74—76°. Bzgl. der Keimzahl-Best. von kurzzeiterhitzter Milch vertritt Vf. die Auffassung, daß die zuckerfreien Nährböden durch zuckerhaltige ersetzt werden sollten.

M. WINIKER. 7856□

Vorschläge für die Anforderungen an „Instant-Vollmilchpulver". Walter Mohr. (Milchwissenschaft **15.** 215—22. Mai 1960. Hannover.) (Dt.)

Als Unters.-Meth. für Instant-Vollmilchpulver empfiehlt Vf. die „Standprobe" zur Selbstauflösung des Pulvers in W. ohne mechan. Einw., die Messung der Benetzungszeit in der MOHR-JANZ-App. u. die Best. der Löslichkeit bzw. Peptisation in der MOHR-JANZ-Apparatur. Bei der „Standprobe" soll im allg. eine Benetzungszeit des Pulvers von 2 Std. nicht überschritten werden, u. das feste Sediment der zentrifugierten Auflösung soll maximal 0,2 ml betragen. Bei der Best. der Benetzungszeit in der MOHR-JANZ-App. sollen Benetzungszeiten von weniger als 1 Min. erreicht werden. Bei dem Löslichkeits-Vers. in der genannten App. soll nach dem Zentrifugieren der Lsg. nicht mehr als 0,2 ml festes Sediment vorhanden sein.

M. WINIKER. 7856□

Bestimmung von Zucker in Futtermitteln unter Verwendung der komplexometrischen Titration. Čestmír Kovář. (Sborník českoslov. Akad. zemědělských Věd, živočišná Výroba **29.** 843—48. Nov. 1956. Brno, ČSAZV, Výzkúst. krmivářský.) (Tschech.)

Zur Best. von Zucker in Futtermitteln eignet sich die Cu-Titration mit *Chelaton III* gegen Murexid in alkal. Weinsäuremedium. Der Vgl. mit der gravimetr. Meth. gibt unbedeutende Abweichungen; das neue Verf. kann daher mit gleicher Genauigkeit, aber unter großer Zeiteinsparung (Dauer einer Best. 2 Std.) mühelos u. einfach angewandt werden. — Extraktion des Zuckers: 20 g des getrockneten gemahlenen Futtermittels werden mit 400 ml dest. W. 1 Std. lang bei 30—35° ausgelaugt, mit 15 ml Pb-Acetat-Lsg. (350 g Pb-Acetat in 1000 ml W.) geklärt, auf 500 ml aufgefüllt u. filtriert. 50 ml werden zur Fällung des Pb mit Phosphat versetzt u. auf 100 ml aufgefüllt. Nach Filtration werden die reduzierenden Zucker direkt bestimmt, zur Best. des Gesamtzuckers wird eine neue 50 ml-Probe mit 30 ml 2n HCl bei 67—69° 5 Min. lang invertiert, u. nach Klärung u. Entfernung des Pb wie oben zur Best. verwendet. — Red.: 25 ml FEHLINGsche Lsg. I (346 g Seignettesalz in W. gelöst, 103,2 g NaOH, auf 1000 ml auffüllen) u. 25 ml FEHLING II (69,3 g $CuSO_4 \cdot 5\,H_2O$ in W. gelöst, auf 1000 ml auffüllen) werden in einem PHILLIPS-Kolben von 500 ml gekocht u. mit 50 ml der obigen Zucker-Lsg. versetzt. Auf einem Asbestdrahtnetz mit einer kreisförmigen Öffnung von 6,5 cm wird in 15 Sek. wieder zum Kochen gebracht u., vom Aufsteigen der ersten Blase an, genau 2 Min. lang gekocht. Hierauf werden zur Abkühlung 100 ml dest. W. zugegeben u. unter fließendem W. weitergekühlt. Die Lsg. wird mit dem Nd. in einen 500 ml-Meßkolben übergeführt u. aufgefüllt. Nach Filtration werden 10 ml davon mit 100 ml dest. W. verd., Indicator (ca. 0,05 g Murexid–NaCl 1:100) zugesetzt u. mit 0,01m Chelaton III (3,722 g in 1000 ml dest. W.) titriert, bis die gelbbraune Färbung in Blauviolett umschlägt. Die Chelaton-Lsg. wird gegen eine bekannte, elektrolyt. bestimmte Cu-Menge eingestellt.

E. ROTTER. 7868□

British Oxygen Co. Ltd. (Erfinder: William Owen Keeping), **Tiefkühlen von verderblichen Nahrungsmittelm und anderen Stoffen.** Die in einem Karton oder anderem Behälter befindlichen Stoffe werden im Gegenstrom zu den Dämpfen eines verflüssigten Kühlmittels, wie fl. Luft oder N, u. anschließend durch das fl. Kühlmittel selbst geführt, worauf der Karton in einem wärmeisolierten Raum aufbewahrt wird. — Zeichnung. (**Aust. P. 223 611** vom 3/6. 1958, ausg. 17/9. 1959. E. Prior. 7/6. 1957.)

K. DEMMLER. 7637

Pektin-Fabrik Hermann Herbstreith K.-G., Neuenbürg, Württ., **Herstellung von Trockenpektin.** Eine z. B. aus Apfeltrestern durch Extraktion gewonnene Pektin-Lsg. wird konz. u. über Heißwalzen getrocknet, wobei bei Aufgabe des Extraktes über die rotierenden Trockenwalzen ein intensiver Luft- u. Gasstrom während ca. 30 Sek. geleitet wird. Der Pektin-Lsg. können noch andere Stoffe, z. B. Stärke, Sorbit, Zucker, organ. Säuren u. Puffersalze vor der Trocknung beigegeben werden. (**D. A. S. 1 117 368** Kl. 53k vom 4/7. 1960, ausg. 16/11. 1961.)
W. KRANZ. 7703

Swift & Co., Chicago, Ill., übert. von: David P. Kidger, Glen Rock, N.J., und Robert J. Baeuerlen, Park Forest, Ill., V.St.A., **Verbesserung der Schlagfähigkeit von wasserlöslichen Eiweißstoffen,** bes. Eiereiweiß oder Gelatine, durch Zugabe von wenigstens 0,1% eines Esters eines aliphat. Glykols mit 3—4 C-Atomen, z. B. Propylen- oder Butylenglykol, mit einer mehrwertigen aliphat. Hydroxysäure, z. B. Citronensäure, Weinsäure oder Maleinsäure. (**A. P. 2 978 335** vom 7/1. 1959, ausg. 4/4. 1961.)
W. KRANZ. 7755

Benjamin Clayton, übert. von: Benjamin H. Thurman, New York, N.Y., V.St.A., **Gewinnung von Lecithinpräparaten.** Rohes phosphatidhaltiges Öl, z. B. Baumwollsamenöl oder Maisöl, wird mit einer schwach alkal. Substanz, bes. Na_2CO_3, $NaHCO_3$ oder Na_2HPO_4, unter Bldg. eines Seifenstocks behandelt. Nach Abtrennung des gereinigten Öles wird der Seifenstock mit W. versetzt u. durch Zugabe einer Säure auf pH 5—8 eingestellt, wobei sich eine phosphatidhaltige ölige Schicht vom W. abtrennt. Das Phosphatid-Prod. wird mit dem extrahierten Ölrückstand, z. B. entöltem Baumwollsaatmehl, gemischt u. als *Futtermittel* verwendet. (**A. P. 2 970 910** vom 14/7. 1955, ausg. 7/2. 1961.)
W. KRANZ. 7787

Unilever Ltd. (Erfinder: **Charles Gerard May**), *Herstellung von künstlichem Fleischaroma.* (**Aust. P. 228 189** vom 2/10. 1957, ausg. 9/6. 1960. E. Prior. 5/10. 1956. — C. **1961.** 8873 [F. P. 1 196 857].)

National Research Development Corp., London (Erfinder: **Henry Bernard Hawley**, Yeovil, Somerset), England, *Herstellung trockener Nisin-Präparate.* (**D. A. S. 1 115 562** Kl. 53e vom 8/5. 1953, ausg. 19/10. 1961. E. Prior. 9/5. u. 23/7. 1952. — C. **1956.** 8505 [E. P. 734 520].)

Merck & Co., Inc., V.St.A. (Erfinder: **Lemuel D. Wright, Helen R. Skeggs, Donald E. Wolf** und **Carl H. Hoffman**), *β.δ-Dihydroxy-β-methylvaleriansäure und ihre Verbindungen.* (**F. P. 1 165 145** vom 28/11. 1956, ausg. 20/10. 1958. A. Prior. 30/11. 1955. — C. **1961.** 15963 [Aust. P. 220 132].)

XVII. Fette. Seifen. Wasch- u. Reinigungsmittel. Wachse. Bohnermassen usw.

Über die Spezifität der Strahlenwirkung bei der Bildung von toxischen Stoffen in Fetten. Je. B. Burlakowa, B. G. Dsantijew, G. B. Ssergejew und N. M. Emanuel. (Научные Доклады Высшей Школы, Биологические Науки [Wiss. Hochschulber., biol. Wiss.] **1960.** Nr. 1. 145—147. Moskau, Pädagog. Lenin-Inst., Lehrstuhl für Histol. u. Lehrstuhl für Anatomie u. Physiol. des Menschen u. der Tiere.) (Russ.)

Die Säuren, welche die tox. Wrkg. sowohl bei der Bestrahlung als auch bei der Oxydation von Fetten verursachen, sind nach den Verss. mit Fischtran u. γ-Strahlen von ^{60}Co Sekundär-Prodd. eines Oxydationsprozesses u. treten bei späteren Oxydationsvorgängen in Erscheinung. Die Oxydation der Lipoproteinfraktion der Zellstrukturen wird in der Norm durch die natürlichen Antioxydantien gut geregelt. Es ist höchst wahrscheinlich, daß die stimulierende Wrkg. der Bestrahlung gerade in der Störung dieses Mechanismus liegt: die Konz. der Antioxydantien sinkt, die Bldg. tox. Stoffe kann sich ohne Hindernisse entwickeln.
H. TREUMANN. 7878□

Kontinuierliche Verfahren zur Raffination pflanzlicher Öle. B. Freier und O. Popescu. (Ind. Alimentară-Produse veget. **11.** 22—30. Jan. 1960.) (Rum.)

Übersicht über die wichtigsten modernen Verfahren.
R. K. MÜLLER. 7894□

Über die Entfernung der Pigmentdrüsen aus Baumwollsamen. U. Ch. Chalimowa und B. A. Katz. (Маслобойно-Жировая Промышленность [Öl- u. Fett-Ind.] **26.** Nr. 11. 10—12. Nov. 1960. Allunions Forsch.-Inst. für Fette, Mittelasiat. Zweigstelle.) (Russ.)

Allg. Ausführungen über die Toxizität des Baumwollsamens u. seiner Pigmentdrüsen. Die Entfernung des Gossypols (I), seiner Derivv. u. einer nicht identifizierten, bes. tox. Substanz aus dem Samen u. seinen Verarbeitungs-Prodd. ist schwierig u. wurde nur für I prakt. durchgearbeitet (Verf. mit Anthranilsäure). — 8 Literaturangaben.
S. BARYSCHNIKOW. 7894

Raffinierung von Baumwollsaatöl in der Micelle. A. G. Ssergejew, B. Ja. Sterlin, W. I. Trossko, N. K. Schatow, W. I. Wlassow und N. D. Perepeljuk. (Маслобойно-Жировая Промышленность [Öl- u. Fett-Ind.] **26.** Nr. 12. 30—32. Dez. 1960. Kokani, Kombinat für Öle u. Fette; Fergana, Mittelasiat. Zweigstelle des Allunions Forsch.-Inst. für Fette.) (Russ.)

Die Raffinierung von Baumwollsaatöl in der Micelle (M) durch Trennung der neutralisierten M vom Soapstock erwies sich als zweckmäßig. Das Waschen der neutralisierten M zwecks Entfernung ihrer Seifenreste ist durch deren Adsorption an Kieselgur zu ersetzen. Die Ölraffinierung erfordert eine Anpassung der M-Konz. an die SZ. des Öls im Rohprodukt. S. BARYSCHNIKOW. 7894

Hydratisierung von Baumwollsaatöl. Ss. N. Burnaschewa und B. Ja. Sterlin. (Маслобойно-Жировая Промышленность [Öl- u. Fett-Ind.] **26.** Nr. 11. 18—21. Nov. 1960. Inst. für Chemie der Pflanzenstoffe der Akad. der Wiss. der UsbekSSR; Allunions Forsch.-Inst. für Fette.) (Russ.)

Nur frisch bereitete u. aus hochwertigen Samen hergestellte Baumwollsaatöle(I) sollen hydratisiert werden. Die Hydratisierung, die eine vollständige Ausscheidung der Phosphatide aus den I nicht gewährleistet, soll unmittelbar vor der alkal. Raffinierung der I durchgeführt werden. Längere Zeit gelagerte u. aus niedrigen Samensorten bereitete, demzufolge Gossyphosphatide enthaltende I sollen zwecks Erreichung besserer Neutralisationseffekte nicht hydratisiert werden. S. BARYSCHNIKOW. 7894

Das Rösten von Sojaölkuchen. J.-P. Helme. (Rev. franç. Corps gras **8.** 549—58. Okt. 1961. Paris, Établissement Robbe.) (Franz.)

Vf. behandelt die Röstung des Ölkuchens von Sojabohnen, wie sie zur Steigerung des biolog. Wertes dieses Prod. als Futtermittel erforderlich ist. Zusammenfassend wird festgestellt, daß es bis jetzt keinen einfachen u. rasch durchführbaren Test zur Ermittlung dieses Futterwertes gibt; die Ermittlung der Ureaseaktivität erscheint notwendig, ist aber nicht ausreichend. Bei der Produktion ist darauf zu achten, daß die den Nährwert herabsetzenden Faktoren durch das Rösten inaktiviert werden, ohne daß die Proteinsubstanz im Wert herabgesetzt wird. — 8 Literaturangaben. K. TÄUFEL. 7894□

Neue Angaben in Zusammenhang mit der Fettspaltung durch das Kontaktverfahren (mit Reagenszusatz). I. Drimuş, Gh. Ivan, A. Rusu und M. Mănescu. (Ind. Alimentară-Produse veget. **11.** 4—12. Jan. 1960.) (Rum.)

Bei der Spaltung von Sonnenblumenöl sind Alkylarylsulfonate u. Mersolate von Leuchtöl den bisher verwendeten Hydrolysehilfsmitteln überlegen. Durch Erhöhung der Temp. auf 120° (2 at) wird die Rk. wesentlich beschleunigt. — 34 Literaturangaben. R. K. MÜLLER. 7906□

Ausbringen von Glycerin aus dem Soapstock. M. W. Irodow. (Маслобойно-Жировая Промышленность [Öl- u. Fett-Ind.] **26.** Nr. 11. 29—31. Nov. 1960. Allunions Forsch.-Inst. für Fette.) (Russ.)

Der bei der Raffinierung von Sonnenblumenöl hergestellte Soapstock wird nach der Bearbeitung mit H_2SO_4 gewaschen. Das 50% W. enthaltende Fettgemisch wird ohne Zusatz von Reagentien bei 25 atm gespalten. Aus dem abgetrennten, mit $Ca(OH)_2$ neutralisierten u. mit Al_2O_3 bearbeiteten Glycerin–W. wird nach Eindampfen unter Vakuum techn. Glycerin abdestilliert. Die gleichzeitig gewonnenen Fettsäuren sind dunkel u. sollen vor ihrer Verarbeitung auf Seife dest. werden. S. BARYSCHNIKOW. 7908

Blau gesprenkelte Seifen. B. M. Milwidsky. (Soap chem. Specialties **37.** Nr. 5. 62—65. 139—40. Mai 1961. Haifa, Israel.) (Engl.)

Die Herst. blau gesprenkelter Seife, welche die Verw. zweitklassiger Rohstoffe u. von viel Füllmittel gestattet, wird beschrieben. Der Absatz dieses Prod. ist auf unterentwickelte Länder beschränkt. K. HINTERAUER. 7910□

Wirksame Kräfte in Reinigungsmitteln. 1. Mitt. Jay C. Harris. (Soap chem. Specialties **37.** Nr. 5. 68—71. 125. 127. Mai 1961. Dayton, Ohio, Monsanto Chemical Co.) (Engl.)

Verschiedene Arbeiten über die Wrkg. von chem. u. bes. physikal. Kräften beim Reinigungsvorgang u. verschiedene Theorien über den Mechanismus dieses Vorganges werden kurz besprochen. — 25 Literaturangaben. K. HINTERAUER. 7912□

Die kritischen Konzentrationen der Seifenbildung in den Lösungen von Waschmittelhomologen. P. O. Demtschenko. (Доповіді Академії Наук Української РСР [Ber. Akad. Wiss. UkrainSSR] **1961.** Nr. 7. 928—31. Inst. für allg. u. anorgan. Chemie.) (Ukrain.; Auszug: Engl.)

Die Unterss. über die Abhängigkeit der krit. Konz. der Micellen-Bldg. (KKM) vom Molgew. von *Na-Alkylsulfaten, Alkylbenzolsulfonaten,* Na-Seifen der *Naphthensäuren* u. Na-Seifen von gesätt. *Fettsäuren* ergaben, daß bei den Verbb. mit hohem Waschvermögen die KKM 0,3—7,0 g/Liter beträgt. Die niedermol. Verbb. mit einer KKM von 7 g/Liter besitzen ein geringes Waschvermögen. Sie werden zweckmäßig als Benetzungs- u. Flotationsmittel angewandt. Die hochmol. Verbb. mit einer KKM unterhalb 0,3 g/Liter sind in W. schwer lösl. u. sind als Waschmittel wenig wirksam. Die KKM kann in ausreichender Näherung nach der folgenden Formel berechnet werden: $KKM = K(M-M_{kr})^3$ g/Liter, wo M = Molgew. des Waschmittels, M_{kr} = Molgew. der homologen Verb. ohne Micellen-Bldg.-Vermögen, K = Konstante. Der K-Wert beträgt $1{,}8 \cdot 10^6$ für Na-Seifen der gesätt. Fettsäuren, $2 \cdot 10^6$ für Na-Naphthenate, $5 \cdot 10^5$ für Alkylsulfate u. $7 \cdot 10^5$ für Alkylbenzolsulfonate. Die KKM kann als objektive Kennzahl zur Beurteilung der Wirksamkeit u. Klassifizierung der oberflächenakt. Stoffe verschiedener Ionogenität u. des koll. Verh. ihrer Lsgg. angewandt werden. O. LEBTAG. 7912□

Beitrag zur Untersuchung von Oliven-Jungfernölen. Marcel Cas und André Teissier. (Ann. Falsificat. Fraudes **54.** 261—67. Mai 1961. Marseille.) (Franz.)

Das einzige einwandfreie Verf. zur Unters. von reinstem (Jungfern-) Olivenöl ist das UV-spektrophotometr. Verfahren. Die Unters. auf Seifenspuren (Verfärbung von Bromphenolblau in Aceton-Lsg. bei pH 3,0—4,6) hat keinen Wert, weil die meisten Jungfernöle ein pH >3 aufweisen. W. WESLY. 7932□

Trennung und Identifizierung von Alkoxyglycerinen. Bo Hallgren und Sam Olof Larsson. (Acta chem. scand. **13.** 2147—48. 1959. Gothenburg (Schweden), Univ. of Gothenburg, Dep. of Med. Biochem.) (Engl.)

Zur Trennung u. Identifizierung der Alkoxyglycerine (I) in den Leberölen von 3 Haifischspecies, *Squalus acanthias* (grauer Hundshai), *Somniosus microcephalus* (Grönlandhai) u. *Chimaera monstrosa* (Katzenhai) werden die unverseifbaren Anteile der Fischöle durch Säulenchromatographie an akt. Al_2O_3 adsorbiert, die KW-Stoffe durch Leichtpetroleum, Cholesterin durch Methylendichlorid, die I durch methylalkohol. Methylendichlorid (10%ig.) eluiert u. letztere nach Umwandlung in die Dimethyläther nach MÜLLER u. RUNDEL [1958] gaschromatograph. untersucht. — Neben *n-Hexadecylglycerin-* (9,1—13,2%, bezogen auf I), *n-Octadecylglycerin-* (2,8—6,7%) u. *n-Octadecenylglycerinäther* (47,8—59,4%) finden Vff. noch Verbb. mit *Tetradecyl-*; mit einfach ungesätt. C_{16}-, C_{20}- u. C_{22}-Ketten u. eine C_{18}-Kette mit 2 Doppelbindungen sowie geringe Mengen von I-Derivv. mit ungerader C-Zahl in der Alkoxygruppe. H. SPOHN. 7932□

E. F. Drew & Co., Inc., übert. von: Seymour Faulkner †, Summit, N.J., V.St.A., **Hydrierung organischer Verbindungen, besonders ungesättigter, tierischer und pflanzlicher Öle,** erfolgt in Ggw. eines Hydrierungskatalysators, der durch gemeinsames Fällen eines Ni-Salzes u. eines wasserlösl. Ti-Salzes (Sulfat) in Ggw. eines feinverteilten Trägers (Diatomeenerde) mit überschüssigem, wss. Na_2CO_3, bes. bis pH 7,4 bis 7,7 bei 45—95°, erhalten wurde. Der Nd. wird nach 5—15 Min. filtriert u. bei 350 bis 475° mit H_2 reduziert. Das Verhältnis von Ni:Ti beträgt 5,4—6,8, bes. 5,7—6,4:1. — Zu 60 g Na_2CO_3 in 600 ml W. gibt man 14 g Diatomeenerde („Filtercel") bei 40° u. fügt unter Rühren 111 ml einer 4%ig. angesäuerten $TiSO_4$-Lsg. (pH 2,5) zu u. anschließend 108 g $NiSO_4$ in 500 ml Wasser. Die Mischung wird dann 15 Min. auf 85—90° bei pH 7,4 erwärmt. Der Nd. wird abfiltriert, getrocknet u. bei 350° mit H_2 2½ Std. lang reduziert. In Ggw. dieses Katalysators, Verhältnis von Ni:Ti 5,7:1, werden *Erdnuß-* oder *Baumwollsamenöl* hydriert. (**A. P. 2 889 286** vom 13/5. 1955, ausg. 2/6. 1959.) G. KRAUSS. 7881

Rudolf Schneider & Co. K. G., Deutschland, **Herstellung von Seifenstücken mit Bildern oder Inschriften,** welche sich beim Waschen nicht verändern. Man bedeckt die nach dem Sieb-Verf. zu bedruckende Seifenoberfläche mit einer gegen W. widerstandsfähigen Schicht (z. B. Paraffin-, Lackschicht) u. bedeckt den Druck ggf. ebenfalls mit einer gegen W. widerstandsfähigen Schicht. (**F. P. 1 191 994** vom 26/2. 1958, ausg. 22/10. 1959. D. Prior. 18/12. 1957.) T. OPPERMANN. 7911

Dow Chemical Co., übert. von: Alfred F. Steinhauer, Midland, Mich., V.St.A., **Wasserlösliche Alkyldiphenyläthersulfonsäuren und besonders deren Alkalisalze** erhält man durch Sulfonieren von 1 Mol eines Alkyldiphenyläthers, der wenigstens 1—1,3 Alkylreste je Diphenyläther u. 9—15 C-Atome im Alkyl enthält, mit 1,8 bis 2,3 Mol SO_3 oder $ClSO_3H$ bei -20 bis $+60°$, bes. 20—40°, bei normalem, erniedrigtem oder erhöhtem Druck, bes. 1—10 lbs./sq.in., in Ggw. eines polychlorierten, aliphat. KW-Stoffs, (Methylenchlorid, CCl_4, Perchloräthylen, Tetrachloräthan, Äthylendichlorid). Die Äther entstehen durch Rk. von Tri-, Tetra- oder Pentapropylen oder aliphat. Monohalogen-KW-Stoffen mit Diphenyläther in Ggw. eines FRIEDEL-CRAFTS-Katalysators bei 40—80°. Durch Neutralisieren der freien Säure entstehen die Salze. — Aus 4 Mol Diphenyläther u. 340 g Tetrapropylen, Kp. 185—210°, in Ggw. von 36 g gepulvertem $AlCl_3$ bei 60—70° → Alkyldiphenyläther, Kp. 164—247° (enthält 1,15 $C_{12}H_{25}$); aus 67,6 g davon in 730 g Methylenchlorid u. 32 g SO_3 in 266 g Methylenchlorid bei 25 bis 27° → *Alkyldiphenyläthersulfonsäure*; daraus mit 50%ig. NaOH → *Na-Salz.* — Dodecylbromid → Dodecyldiphenyläther → *Dodecyldiphenyläthersulfonsäure* → *Na-Salz.* — Pentapropylen, Kp. 250—300°, → Mono-[pentapropyl]-diphenyläther, $Kp._{0,2}$ 165 bis

205°, neben Di-[pentapropyl]-diphenyläther, $Kp._{0,2}$ 205—265°, → *Mono-[pentapropyl]-diphenyläther-Na-Sulfonat.* Die Sulfonate sind in wss. Lsgg. von Säuren, Basen u. Salzen oberflächenakt. wirksam. — *Netz-*, *Emulgier-* u. *Reinigungsmittel.* (**A. P. 2 854 477** vom 20/11. 1956, ausg. 30/9. 1958.) G. KRAUSS. 7913

Magyar Állam (Erfinder: Josef Tamás, Marianna Tsuk, und Georg Kiss), Budapest, Ungarn, **Alkyl-Aryl-Sulfonate** erhält man durch Kondens. von Erdöldestillaten mit Carbamiden zu Addukten. Die bei der anschließenden Spaltung des Adduktes erhaltenen Paraffine werden über die Chlor-Verbb. sulfoniert. — Zwischen 170—260° sd. Mineralölfraktion wird mit Carbamid, welches mit Methanol angefeuchtet ist, 2 Std. gerührt. Das erhaltene Addukt wird mittels W. zersetzt, mit konz. H_2SO_4 mehrmals raffiniert, mit Bleicherde behandelt, filtriert u. aus dem Filtrat die bis 208° destillierenden Stoffe abdestilliert. Die zwischen 208—260° sd. Bestandteile, vornämlich aus Do-, Tri- u. Tetradecan bestehend, werden chloriert, anschließend mit $AlCl_3$ in Bzl. bei 70—80° bis zum Aufhören der HCl-Entw. erhitzt, neutral gewaschen u. mit H_2SO_4 u. Oleum das Rk.-Prod. sulfoniert. (**Ung. P. 143 946** vom 17/1. 1956, ausg. 1/8. 1958.) G. KÖNIG. 7913

Nathalie Beaslay geb. Hanakadopoulo, Seine, Frankreich, **Waschmittel** der Zus. 1—5 (Liter) Olein, 10—30 NH_4OH, 2—5 A. u. 2—5 kg $(COOH)_2$ auf 100 Liter Wasser. Dieses Waschmittel kann noch 15—25 (kg) SiO_2 (Silice de Neubourg) u. 1,5—3,5 Siliconöl je 100 Liter Lsg. enthalten. (**F. P. 1 191 734** vom 19/2. 1958, ausg. 21/10. 1959.) T. OPPERMANN. 7913

Renato Castellani, Turin, Italien, **Herstellung eines Waschmittels.** Eine wss. Lsg. von NaOCl wird unter Kühlung mit so viel wasserfreiem Na_3PO_4 versetzt, daß das Lösungswasser dem Kristallwasser entspricht, welches zur Bldg. von $Na_3PO_4 \cdot 12\ H_2O$ nötig ist. Man kann auch Na_3PO_4 im 50%ig. Überschuß anwenden. Das feste Prod., welches NaOCl im Kristallwasser des Phosphats gelöst enthält, wird zu Körnchen zerkleinert. (**It. P. 522 557** vom 7/12. 1954.) K. KOEBKE. 7913

Pecco Fabrikker, Drammen, Norwegen, **Reinigungspaste für Hände.** Es werden 2 (kg) Sägespäne, 10 denaturierter A. (99,8%), 6 Diäthylenglykolmonomethyläther-acetat, 2 Diäthylenglykolmonoäthyläther, 1 Äthylenglykolmonoäthyläther, 2 NaOH, 0,25 Glycerin, 0,25 Ricinusöl vermischt u. auf 85—90° erhitzt. Dieser Masse werden unter Abkühlen 12 Bimssteinpulver oder Quarzsand zugesetzt. (**Norw. P. 92 804** vom 10/12. 1957, ausg. 10/11. 1958.) K. H. KÄHLER. 7917

Metallgesellschaft Akt.-Ges., Deutschland, *Kontinuierliche Spaltung von Ölen oder Fetten.* (**F. P. 1 201 465** vom 19/12. 1957, ausg. 30/12. 1959. D. Prior. 9/1. 1957. — C. **1960.** 3734 [D. A. S. 1 057 274].)

Allied Chemical & Dye Corp., New York, übert. von: **Everett E. Gilbert**, New York, und **Julian A. Otto**, Long Island City, N.Y., V.St.A., *Herstellung organischer Sulfonate.* (**Can. P. 551 858** vom 5/12. 1947, ausg. 21/1. 1958. A. Prior. 17/1. 1947. — C. **1951. I.** 539 [A. P. 2 506 417].)

Bray Chemical Co., Los Angeles, übert. von: **Ulric B. Bray**, Pasadena, Calif., V.St.A., *Herstellung öllöslicher Metallsulfonate.* (**Can. P. 551 882** vom 24/10. 1953, ausg. 21/1. 1958. E. Prior. 27/10. 1952. — C. **1959.** 8741 [A. P. 2 746 980].)

Joh. A. Benckiser G. m. b. H., Chemische Fabrik, Deutschland, *Wasch-, Reinigungs- und Spülverfahren.* (**F. P. 1 175 576** vom 18/5. 1957, ausg. 27/3. 1959. D. Prior. 18/5. 1956. — C. **1960.** 4064 [D. A. S. 1 057 716].)

Sidol-Werke Siegel & Co., Deutschland, *Putz- und Poliermittel für Öfen u. dgl.* (**F. P. 1 195 861** vom 13/5. 1958, ausg. 19/11. 1959. D. Prior. 3/9. 1957. — C. **1959.** 7329 [D. A. S. 1 051 437].)

Henkel & Cie. G. m. b. H., Düsseldorf, *Synthetische Wachse.* (**E. P. 866 369** vom 24/6. 1958, ausg. 26/4. 1961. D. Prior. 11/7. 1957. — C. **1960.** 14554 [Oe. P. 207 021].)

Herbert Manneck, Moderne Wasch- & Reinigungsmittel. H. 3, Geformte Waschmittel (Aufbau und Technologie im Spiegel der Patentliteratur), Nachtr.-Bd. 2. Mit Anschluß-Literatur bis 1960, Garmisch-Partenkirchen: Moser. 1961. (28 Bl.) 4°, DM 20,—.

Harry Cohen, Chemistry and textiles for the laundry industry. New York: Textile Bk. Pubs. Interscience. 1961. (529 S. m. Abb.) $ 15.—.

XVIIIa. Holz. Cellulose. Zellstoff. Papier. Papierdruck. Celluloid. Linoleum

Über Entstehung und Aufbau von Reaktionsholzzellen. 2. Mitt. **Morphologie der Druckholzzellen von Taxus baccata L.** W. Wergin und G. Casperson. (Holzforschung **15.** 44—49. Mai 1961. Teltow-Seehof, Inst. für Faserstoff-Forsch. der Dt. Akad. der Wiss. zu Berlin.) (Dt.) — 1. vgl. C. **1958.** 3071.

Die Sekundärwandschichten der Druckholzzellen von *Taxus baccata* L. weisen im elektronenmkr. Bild ein Spalten-Syst. auf. Die ca. 0,1 μ breiten Spalten verlaufen unter 45° zur Längsachse. Die Abschnitte zwischen den Spalten sind 0,4—1 μ breit. Jeweils im Abstand von 6—10 μ ragt ein Abschnitt in das Lumen vor u. bildet eine Verdickungsleiste als Prod. der S_2, während die Verdickungsleisten der Normalholzzellen Gebilde der S_3 sind. W. WERGIN. 7952□

Zur Isolierung von Hemicellulosen aus Buchenholz (Fagus silvatica L.) und aus Buchenholz-Holocellulose. K. Kürschner und St. Karácsonyi. (Holzforschung **15.** 107—14. Sept. 1961. Preßburg, Tschechoslowakei, Slowak. Akad. der Wiss.) (Dt.)

Die Vff. konnten feststellen, daß für die Herst. optimaler, nahezu quant. Ausbeuten an möglichst unveränderten Buchenholzhemicellulosen nicht Buchenholz, sondern Buchenholocellulose das geeignetste Ausgangsmaterial ist. Beste Ergebnisse liefert eine Buchenholzholocellulose die nach dem Chlorit-Verf. von KLAUDITZ hergestellt u. bei normaler Temp. u. unter einer N_2-Atmosphäre mit KOH extrahiert worden ist. — An Hand analyt. Zusammenhänge wurde der Lignin-Geh. von Buchenholz indirekt zu ca. 15% errechnet. F. LANG. 7954□

Kristallinität und Verbrennungswärme von Cellulose. Ikumi Kagawa und Kiyoshi Sukai. (J. chem. Soc. Japan, ind. Chem. Sect. [Kōgyō Kagaku Zassi] **59.** 797—99. Juli 1956. Nagoya Univ., Kōgakubu, Ōyō-Kagakka, Kōbunshi-Kagaku Kenkyushitsu.) (Jap.)

Nach dem Verf. der Dichte-Best. (in CCl_4) u. dem der Säure-Zers. nach MAEDA (J. Soc. Textile Cellulose Ind., Japan [Sen-i Gakkaishi] **1.** [1945.] 651) wird der kristalline Anteil (%, in obiger Reihenfolge) von *Ramiefasern* (65, 92), entfetteter *Baumwolle* (59, 78), *Baumwoll-Linters* (52, 68), *Bembergseide* (40, 48), *regenerierter Viscose* (43, 44), *Filterpapier* (37, 40), *Cellophan* (25, 46) u. *Cu-Regeneratseide* (2, 5) bestimmt u. gleichzeitig die Hygroskopizität (bei relativer Luftfeuchtigkeit von 79 bzw. 43%) in Beziehung zur Kristallinität (KR) ermittelt. Mit steigenden KR-Prozenten (Mittelwerte) fällt die Verbrennungswärme (VW; cal/g) linear ab, prakt. unabhängig von der Art der Cellulose (I). Aus den Grenzwerten der VW für völlig kristalline I (664,7 kcal/Mol) u. amorphe I (676,9) berechnet sich für die Kristallisationswärme von I 12,1 kcal/Mol. L. SCHULER. 7954□

Die Verwendung radioaktiver Spurenelemente in Untersuchungen über den Bleichprozeß. 1. Mitt. B. C. Fogelberg und Monica Johanson. (Paperi je Puu **40.** 571—77. 28/11. 1958. Oy Keskuslaboratorio-Centrallaborator. Ab.) (Engl.)

Um Ungleichmäßigkeiten in der Stoffvermischung während des kontinuierlichen Bleichens festzustellen, werden kleine Anteile markierter Zellstoffasern in die betreffende Bleichstufe eingeschleust. Die Radioaktivität wird an verschiedenen Stellen außerhalb der Tankwandungen gemessen. Die allg. Anforderungen, wie Halbwertszeit, Strahlungsstärke u. Art der Markierung sowie die Meßtechnik, werden besprochen. Es kommt nur die „mechan." Markierung durch Adsorption des Spurenelements an die Faser in Betracht. ^{140}Ba als Sulfat ist noch zu wasserlösl. u. hat eine zu lange Halbwertszeit. ^{194}Ir erscheint brauchbarer. Es wird aus Ammoniumchloriridiat entweder durch Red. mit HCOONa direkt auf der Faser erzeugt oder auf einer verkupferten Faser im Austausch von Cu gegen ^{194}Ir. Für jede neue Bleichstufe wird eine neue Menge markierter Fasern eingesetzt. Die Aufrechterhaltung der Aktivität ist für alle Stufen gut, wenn mit HCOONa red. wird; die Cu-Meth. bewährt sich in der HOCl- u. in der ClO_2-Stufe. M. HAGEDORN. 7956□

Die Beschleunigung der Sulfitkochung. R. Borišek, J. Schmied und V. Enderst. (Svensk Papperstidn. **64.** 341—48. 15/5. 1961. Preßburg, Tschechoslowakei, Forsch.-Inst. für Papier u. Zellstoff.) (Dt.)

Durch Zusatz von Na-Ionen zu normaler Ca-Bisulfitaufschluß-Lsg. wird die Kochung u. die Qualität des erhaltenen Zellstoffes verbessert. Die Vff. untersuchten die Verhältnisse bei der 2-Stufenkochung (nach KRAMFORS) u. bei Kochung mit gemischter Säure (Zusatz von Na_2SO_3 zur Turmsäure). Sie entwickelten ferner ein Verf. zur schnellen drucklosen Imprägnierung der Hackschnitzel vor der Kochung oder während des Einfüllens in den Kocher unter Dosierung des Sulfits in den SVENSON-Füllapparat. Der Sulfitzusatz (Na_2SO_3) beträgt 2—5% auf atro Holz bezogen. Es werden höchstkonz. Lsgg. zugesetzt um einer Verdünnung der Ca-Bisulfitsäure entgegenzuwirken. Die Unterss. zeigten, daß bei letzterem Verf. bei höherer Ausbeute festere Papierzellstoffe erhalten werden als beim normalen Ca-Aufschluß oder bei Na–Ca-Mischkochung. Bes. günstig erscheint die hohe Festigkeit im ungemahlenen Zustand, bei Viscosezellstoffen wird nach diesem Verf. die Rückkondens. des Lignins verhindert. Nach druckloser Imprägnierung kann die Ankochzeit (bei 1,2—1,4% gebundenem SO_2) bis zur Maximal-Temp. (140—150°) auf 1—2 Std. abgekürzt werden, für den Aufschluß bei Maximal-Temp. werden 2—4 Std. benötigt. F. LANG. 7962□

Zersetzung von Sulfitkochlaugen. Nils Hartler, Lennart Lind und Lennart Stockman. (Svensk Papperstidn. **64.** 336—40. 15/5. 1961. Stockholm, Zentrallabor. der Schwed. Celluloseindustrie.) (Engl.)

Die Vff. untersuchten die Lagerungsstabilität von sauren Na-Bisulfit-Lsgg. u. Na-Bisulfit-Lsgg. mit verschiedenen Zusätzen von Thiosulfat u. Zucker. Sie stellten fest, daß der Zerfall der sauren Aufschluß-Lsgg. durch steigende Temp. u. zunehmenden Thiosulfatzusatz beschleunigt wird. Zuckerzusatz hatte keinen merklichen Einfl. auf die Stabilität der Kochsäuren unter den Bedingungen, die der Lagerung im Warmsäuretank entsprachen. Im Zusammenhang mit der Zers. sinkt der SO_2-Geh. der Kochsäuren, im gleichen Ausmaß nimmt der SO_4-Geh. u. die Ausfällung von S zu. Der Thiosulfat-Geh. kann bis zu einem Maximalwert ansteigen, wenn dieser erreicht ist, beginnt ein rasch einsetzender Zerfall unter Abnahme des Thiosulfatgehalts. Lagerungs-Verss. an Bisulfit-Lsgg. mit pH-Werten über 4,5 zeigten, daß diese bedeutend stabiler sind als saure Aufschluß-Lsgg. (pH-Werte 1,5). F. LANG. 7962□

Der katalytische Abbau der Cellulose beim Bleichen von Viscosezellstoffen. 6. Mitt. Über Untersuchungen zur Herstellung löslicher Zellstoffe. Hannes Sihtola, Yrjö Hentola, Väino Somer, Arvi Saarinen, Gunnar Wigren und Tapio Ulmanen. (Paperi ja Puu **40.** 549—54. 28/11. 1958. Oy Keskuslaboratorio; Oy Kaukas Ab.) (Engl.) — 5. vgl. C. **1959.** 2651.

Die Viscosität der Cellulose kann bei der Viscosezellstoff-Herst. während der Chlorierungsstufen katalyt. herabgesetzt werden. Viscositätssenkend ist nur ein Zusatz während der zweiten Chlorierungsstufe. Am wirksamsten sind Co-, dann Cr-Ionen; für beide werden Zahlen angeführt. Al-Ionen beeinflussen die Viscosität nicht. Der geringe Einfl. von Co- u. Cr-Ionen in der ersten Chlorierungsstufe wird mit dem dort noch hohem Geh. an Lignin, das anscheinend schützend auf die Cellulose wirkt, erklärt. Die Cl_2-Einw. ist dadurch offensichtlich inhomogen; es wird α-Cellulose abgebaut, die Viscosität der Cellulose aber nur wenig vermindert. M. HAGEDORN. 7962□

Die technische Herstellung von Vanillin aus Sulfitablauge. 2. Mitt. **Zur papierchromatographischen Trennung und quantitativen Bestimmung von Vanillin und Acetovanillon in druckoxydierter Sulfitablauge.** Otmar Töppel. (Papier **15.** 177—88. Mai 1961. Aschaffenburger Zellstoffwerke AG.) (Dt.)

Die verfahrenstechn. Ausführungen der 1. Mitt. (vgl. C. **1962.** 345) werden ergänzt durch eine Darst. der Entw. zur papierchromatograph. Trennung u. quant. Best. von Vanillin u. Acetovanillon in druckoxydierter Sulfitablauge. Die zu untersuchenden Rk.-Lsgg. werden nach Abtrennung von Ndd. auf das Papier aufgetragen u. durch ein leistungsfähiges Fließmittel-Syst. in aufsteigenden Verf. aufgetrennt. Die Chromatogramme werden anschließend in einem besonders entwickelten Zusatzgerät zum ZEISSschen Spektralphotometer M 4 Q zur quant. Erfassung der interessierenden Substanzen ausgemessen. — 151 Literaturnachweis. P. ECKERT. 7966□

Eine Untersuchung der Lagerungs- und Konservierungsbedingungen von nassem Fichtenholzschliff. 2. Mitt. Ionenaustauscheigenschaften von Fichtenholzschliff unter besonderer Berücksichtigung des fungiciden Phenyl–Quecksilber-Acetats. Karl-Erik Eriksson, Hans Kiessling und Börje Steenberg. (Svensk Papperstidn. **64.** 329 bis 335. 15/5. 1961. Stockholm, Schwed. Forsch. Labor. für Waldwirtschaftsprod., Abt. für Papiertechnologie.) (Engl.) — 1. vgl. C. **1961.** 8158.

Vff. untersuchten die Ionenaustausch-Eigg. von *Holzschliff*, bes. unter Verw. von radioakt. Phenyl–Quecksilber-Acetat (**PQA**). Sie stellten fest, daß die Phenyl-Hg-Ionen an die COOH-Gruppen des Holzschliffs gebunden werden. Außer dieser chem. Bindung konnten sie eine physikal. Adsorption von **PQA** nachweisen. Ferner wurden noch Best. der COOH-Gruppen in Holzschliff u. Zellstoffen durchgeführt. Der Einfl. der Kationen u. Anionen auf die Retention von **PQA** wurde untersucht. Metallionen sind nicht in der Lage, Phenyl-Hg-Ionen aus dem Holzschliff zu verdrängen. Bei pH-Werten unter 4,2 (p_{Ks}-Wert des COOH-Gruppen) wird die **PQA**-Retention durch schwache Dissoziation herabgemindert. Quart. Ammoniumionen, die mindestens einen Phenylrest oder einen längeren Alkylrest enthalten, können die Phenyl-Hg-Ionen verdrängen. Halogenionen, die gleichzeitig mit **PQA** dem Schliff zugesetzt werden, setzen die **PQA**-Retention in der Reihenfolge $J^- > Br^- > Cl$ deutlich herab. F. LANG. 7974□

Mahlung, Zwischenfaserbildung und Blattfestigkeit. Ferdinand Wultsch und Rudolf Schmut. (Tappi **44.** 38—42. Jan. 1961.) (Engl.)

Vff. untersuchten die Zusammenhänge zwischen Mahlung u. Blattfestigkeit an Hand von Prüfblättern, die sowohl aus Zellstoffen als auch aus Faserfraktionen der Zellstoffe (hergestellt mit dem CLARK-Sortierer) angefertigt worden waren. Es wurden verschiedene Mahlgeräte verwendet. Die aus den verschiedenen Zellstoffen ausfraktionierten Faseranteile gleicher Länge zeigten ohne Rücksicht auf die verwendete Mahl-App. sehr ähnliche technolog. Eigenschaften. Die unsortierten Zellstoffe unterscheiden sich dagegen je nach Mahldauer, Mahl-App. usw. erheblich. Es ist daher möglich, vor oder nach kurzer Mahlung dem Papierstoff verfestigende Bindemittel zuzusetzen u. so an Kraft u. Mahlzeit beträchtliche Einsparungen zu erzielen. Diese Erkenntnis führt letzlich zum Begriff der „chemischen Mahlung“. F. LANG. 7976□

Luftstoßtrocknung. Verdampfung aus einer dünnen Bahn auf einem Papiermaschinentrockenzylinder durch Zwangskonvektion. Claës Allander. (Tappi **44.** 332—37. Mai 1961. Stockholm, AB Svenska Flaktfabriken.) (Engl.)

Vf. untersuchte die grundlegenden physikal. Vorgänge, die mit der Verdampfung von W. aus einer Papierbahn, die über einen beheizten Zylinder läuft u. auf die zusätzlich noch Luft aufgeblasen wird, zusammenhängen. Die Gleichungen für Wärme- u. Stoffübergang werden diskutiert u. in Kurvenform dargestellt. Folgende vereinfachende Voraussetzungen werden gemacht: 1. Die Bahn ist feucht u. hat guten therm. Kontakt mit dem heißen Zylinder, 2. Schwankungen im Feuchtigkeits-Geh. der Bahn sollen die Verdampfung nicht beeinflussen, 3. der Zylinder ist entweder so groß oder läuft so langsam, daß die Aufheizzeit der feuchten Bahn klein ist gegenüber der Gesamtkontaktdauer. Auf Grund der partiellen Ableitungen einer angenäherten Zustandsgleichung werden Schlüsse hinsichtlich der Faktoren gezogen, die man ändern sollte, um unter vorgegebenen Arbeitsbedingungen maximale Verdampfungs-Geschw. zu erreichen. Es ist in der Hauptsache der Wärmeübergangs-Koeff. an der Bahnoberfläche, der die Wrkg. einer Zusatzluftbeheizungshaube bestimmt, der Kraftbedarf ist der wirtschaftlich begrenzende Faktor. Ziel der Unterss. war es, die optimalen Werte der Wärmeübergangs-Koeff. zu ermitteln (bei vorgegebenem Luftdruck durch Änderung des Loch- bzw. Düsenquerschnitts u. des Abstandes zwischen Luftaustrittsfläche u. Papierbahn).
F. LANG. 7980□

Die Verwendung von Latex zur Verbesserung von gestrichenen und beschichteten Papieren. Maurice Pariat. (Papeterie **83.** 519—25. Juli 1961.) (Franz.)

Nach Vers.-Ergebnissen der Dow CHEMICAL Co. berichtet Vf. über die Vorteile, die mit Latex behandelte Papiere für den Papierhersteller, Verarbeiter u. Drucker bringen. Durch Zusatz von Butadien–Styrol-Mischpolymerisaten zu Stärke- oder Caseinstreichmassen werden die Bedruckbarkeit, die Naßabriebfestigeit, die Bindung der Druckfarbe, der Falzwiderstand, der Griff u. der Glanz der Papiere bedeutend verbessert. Einige Modellrezepturen für Streichmassen, die in Leimpressen, Walzenauftragswerken u. Luftbürstenbeschichtungsanlagen verarbeitet werden können, sind angegeben.
F. LANG. 7982□

Untersuchungen der dielektrischen Eigenschaften von elektrisch isolierendem Papier. 1. Mitt. **Einflüsse von einwertigen Kationen auf dielektrische Eigenschaften von unimprägniertem Papier.** Yuichiro Take, Yutaka Suzuki und Ryosuke Matsunaga. (J. Soc. Textile Cellulose Ind., Japan [Sen-i Gakkaishi] **16.** 1032—38. Dez. 1960. Mochimune, Shizuoka City, Japan, Tomoegawa Paper Mfg. Co. Ltd.; Res. Labor.) (Jap.; Auszug: Engl.)

Das Papier für den Kondensator wurde in die wss. Elektrolyt-Lsg. getaucht u. ohne Waschen getrocknet. Bei der Messung des dielektr. Verlustes u. des elektr. Widerstandes bei 100 u. 120° zeigte sich: 1. Die einwertigen Kationen beeinflussen in der Reihenfolge $Na^+ > Li^+ > K^+ > Rb^+ > Cs^+ > NH_4^+ >$ die dielektr. Eigg. nachteilig. — 2. Die Folge Na^+—Li^+ ist umgekehrt, was im Einklang mit Lyotropreihen u. der Ordnung der Ionenradien steht. 3. Scheinbar ist die Beeinflussung durch Anionen geringer als die durch Kationen. — 4. Wenn diese im Papier enthaltenen Kationen entfernt werden, bestehen keine bestimmten Beziehungen zwischen dem dielektr. Verlust u. der Extraktionswasserleitfähigkeit. G. KRATZ. 7986□

Untersuchungen der dielektrischen Eigenschaften von elektrisch isolierendem Papier. 2. Mitt. **Einfluß von einwertigen Kationen auf dielektrische Eigenschaften von ölimprägniertem Papier.** Yuichiro Take, Yutaka Suzuki und Masahiro Kitsukawa. (J. Soc. Textile Cellulose Ind., Japan [Sen-i Gakkaishi] **16.** 1038—40. Dez. 1960.) (Jap.; Auszug: Engl.) — 1. vgl. vorst. Referat.

Unters.-Meth. wie beim unimprägnierten Papier. 1. Einfl. der einwertigen Kationen auf den dielektr. Verlust wurden bei tiefen Temp. nicht beobachtet (um 20°). 2. Die Reihenfolge der die dielektr. Eigg. nachteilig beeinflussenden Kationen ist dieselbe wie beim unimprägnierten Papier: $Na^+ > Li^+ > K^+ > NH_4^+$. 3. Zum Vgl. des dielektr. Verlustes von ölimprägniertem mit unimprägniertem Papier dient: $\operatorname{tg}\delta_i/\operatorname{tg}\delta_u$;.
G. KRATZ. 7986□

Veränderungen von bituminösen Dachpappen bei Änderung des Feuchtigkeitsgehaltes. Anonym. (Bitumen, Teere, Asphalte, Peche verwandte Stoffe **12.** 202—04. Mai 1961.) (Dt.)

Vf. untersucht das Schrumpfungs-Verh. von Dachpappen bei der Einw. von Feuchtigkeit. Als Hauptursache für das stark unterschiedliche Verh. nennt Vf. den variierenden

Sättigungsgrad an Tränkmittel, was z. T. auf die Zus. der Rohpappe zurückgeführt werden kann. Eine geringe Sättigung führt zu einer starken Schrumpfung bei Bewetterung. Neben der Sättigung mit Tränkmittel übt auch das Viscositäts-Temp.-Verh. des Klebemittels einen Einfl. auf die Schrumpfung aus, wobei eine weichere Klebemasse der Schrumpfungstendenz der Dachpappe einen geringeren Widerstand leistet als eine härtere Klebemasse. Diese Regelmäßigkeit besitzt jedoch keine Allgemeingültigkeit, da der Einfl. der Klebemasse auf die Schrumpfung von dem des Sättigungsgrades der Dachpappe überdeckt werden kann. K. MÜLLER. 7992□

Beiträge zur Kenntnis und Bestimmung pflanzlicher Proteine. 2. Mitt. Cristofor Simionescu, Vasile Diaconescu, Elena Calistru, Dorel Feldman, Margareta Grigoras und Ioan Oprea. (Rev. Chim. [București] **6.** 7—18. Jan. 1955. Iași, Inst. Politechn., Labor. de Celuloza și Hîrtie.) (Rum.)

Der Einfl. der Konz. an Proteinen (I) u. an NaOH, der Temp. u. einiger Salze auf die Viscosität von pflanzlichen I u. NaOH enthaltenden Lsgg. wird untersucht. Die Meth. der Best. der in den I enthaltenen Aminosäuren werden eingehend besprochen u. Ergebnisse tabellar. mitgeteilt. Als mögliche Anwendungsgebiete der I werden erörtert: Papierindustrie, I-Cellulosefilme, Anionenaustauscher, Preß- u. Gießmassen u. Leime. Die I aus Ölkuchen könen Kolophonium in der Papierindustrie u. Phenole in der Kunststoffindustrie ersetzen u. auch zur Herst. völlig neuer Prodd. dienen. R. K. MÜLLER. 8002□

Spektrometrische Untersuchung von Cellulose. 1. Mitt. **Der Feuchtigkeitseinfluß auf das Infrarotspektrum der Cellulose.** Olli Ant-Wuorinen und Asko Visapää. (Paperi ja Puu **42.** 367—72. 30/6. 1960.) (Engl.) — Vgl. C. **1961.** 15776. E. BORCHERS. 8006□

A/S Union (Union Co.), Oslo, Norwegen (Erfinder: L. Grögaard), **Herstellung von Sulfitzellstoff** durch einen Zweistufenkochprozeß. Nach dem Kochen mit Alkalisulfit in der ersten Stufe wird die Masse vor dem zweiten Kochprozeß mit Calciumsulfit- oder mit Calciumbisulfit-Lsg. gewaschen zwecks Rückgewinnung von Alkali. Die Wasch-Fl. kann auch als Kochsäure für die zweite Stufe verwendet werden. — Zeichnung. (**Schwed. P. 163 735** vom 24/8. 1955, ausg. 24/6. 1958.) K. H. KÄHLER. 7963

Rohm & Haas Co., V.St.A. (Erfinder: Edward James Sweeney, Walter Weiyoung Toy und Paul John McLaughlin), **Imprägnieren oder Sättigen von Papier** oder ähnlichen Faserstoff-Prodd. zur Erhöhung der Weichheit u. der mechan. Widerstandsfähigkeit unter Verw. einer 5—60%ig. wss. Dispersion eines in W. unlösl. Mischpolymerisats aus 25—98 (Gew.-%) eines Acrylsäureesters eines aliphat. Alkohols mit 4—18 C-Atomen u. 2—5 einer monomeren Acrylsäure, Methacrylsäure, Itaconsäure, Aconitsäure, Maleinsäure, Fumarsäure oder einer di- oder trimeren Verb. der Methacrylsäure oder Salze der genannten Säuren oder Acrylsäureamid, Methacrylsäureamid, N-Methyl-, N-Methyläthylacrylsäureamid, N-Äthylmethacrylsäureamid, Hydroxyalkylacrylaten u. -methacrylaten, deren Alkylgruppen 2—4 C-Atome besitzen. — Die Imprägnier-Lsgg. haben ein pH-Wert von 2—10 u. eine Viscosität von 5 cP bei Raumtemperatur. Zur Härtung des Imprägniermittels wird das Papier auf 100—205° erhitzt. (**F. P. 1 217 053** vom 17/11. 1958, ausg. 2/5. 1960. A. Prior. 19/11. 1957.) M. F. MÜLLER. 7987

Litho Chemical & Supply Co., Inc., Lynbrook, übert. von: George R. Hodgins, Seaford, Erwin Dibyan, Brooklyn, und Robert Timmermann, Amityville, N. Y., V.St.A., **Herstellung niederschlagfreier wässeriger Gummi arabicum-Lösungen für lithographische Zwecke.** Eine ca. 28%ig. Lsg. wird mit der dem Ca- u. Mg-Geh. entsprechenden stöchiometr. Menge $(NH_4)_2HPO_4$ versetzt u. ihr pH auf 8,5—10 durch Zusatz von NH_4OH erhöht. Nach Absitzenlassen (ca. 24 Std.) wird filtriert u. mit $(NH_4)_2Cr_2O_7$ lichtempfindlich gemacht. (**A. P. 2 950 195** vom 5/12. 1956, ausg. 23/8. 1960.) K. KITTLER. 7989

Miehle-Goss-Dexter, Inc., Chicago, Ill., V.St.A., **Schnelltrocknende Bindemittel, besonders für Druckfarben,** enthalten ein trocknendes Öl mit konjugierten Doppelbindungen, z. B. Holzöl, sowie ein öllösl., organ. Titanat als Photopolymerisationskatalysator, um die Polymerisation des Konjuenöles bei kalter Bestrahlung einzuleiten. (**E. P. 861 837** vom 2/3. 1959, ausg. 1/3. 1961.) M. BÖTTCHER. 7991

Diamond Alkali Co., V.St.A. (Erfinder: James G. Lander, James L. Foster, Frank L. Laymon und Clyde B. Myers), **Klebemittel zur Herstellung von Wellpappe,** bestehend aus 70—85 (%) einer wss. 35—47%ig. Na-Silicat-Lsg., 0,04 bis 0,1 einer Lsg. eines organ. Silicons (I) in einem fl. organ. Netzmittel, 3—6 Harnstoff oder Schmieröl oder Graphit, 0,25—0,75 Petrolharz, 8—14 Ton u. 5—8 Wasser. Weitere

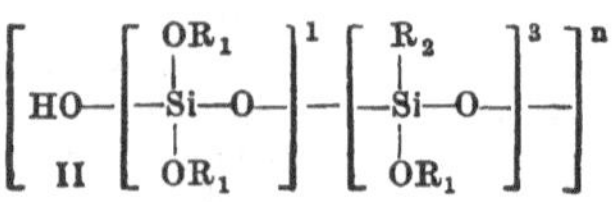

Zusätze sind Carbonsäuren, z. B. Gluconsäure, Milchsäure oder Essigsäure, u. Alkanolamine, z. B. Triäthanolamin. I ist bevorzugt ein Polysiloxan der allg. Formel II, worin R_1 = niedermol. Alkylrest, bes. CH_3 u. C_2H_5; R_2 = Alkylrest mit 2—18 C-Atomen; n ist so groß, daß das Molgew. = <3000 ist. Die Alkylalkoxypolysiloxane werden hergestellt durch Rk. eines Alkyltrichlorsilans mit einem Carbinol, z. B. $CH_3 \cdot OH$, Äthyl-, Propyl- oder Butylalkhol, anschließende Hydrolyse u. wenigstens partielle Kondens. zur Bldg. eines fl. Polymerprodukts. — Beispiel: Das Klebmittel enthält 78,65 (Gew.-%) einer Na_2SiO_3-Lsg. (40,8° Bé), 9 Ton, 4,5 Harnstoff, 7,5 W., 0,3 Harz „Piccopale 100", 0,05 Silicon, enthaltend 80% Amyläthoxypolysiloxan u. 20% „Igepal CO-530". — Weitere Beispiele. (**F. P. 1 207 621** vom 30/6. 1958, ausg. 17/2. 1960. A. Prior. 1/7. u. 9/9. 1957 u. 6/1. 1958.)

M. F. MÜLLER. 7993

Soc. An. des Pneumatiques Dunlop, Frankreich, übert. von: Dunlop Rubber Co. Ltd., **Überzugsmittel für Geschoßdecken und Wände** von weicherer bis härterer, linoleumähnlicher Beschaffenheit, bestehend aus Holz- bzw. Korkmehl mit Zusätzen von mineral. u. Pigmentstoffen, wie Asbestfasern u. Pigmentweiß, als Aufbaustoffe u. aus Bindemitteln in Form von oxydierbaren pflanzlichen Ölen, z. B. geblasenem Leinöl oder Ricinusöl, ggf. mit Zusätzen von natürlichen oder synthet. Harzen (**I**), u. in Form von organ. Verbb., deren Moll. wenigstens 2 Isocyanat- u./oder Isothiocyanatreste enthalten. **I** sind z. B. Kolophonium, Vinylharze, z. B. Mischpolymere aus Vinyl- u. Vinylidenchlorid (**II**), Harzester aus Pentaerythrit u. Kolophoniumsäure (**III**), Phenolaldehydharz. — 65 (Teile) geblasenes Leinöl, 39 Pentaerythritharz, 30 **II**, 4 $PbCO_3$, 100 Asbestfasern, 90 Holzmehl, 160 Spanisch-Weiß u. 10 Pigment werden miteinander gemischt u. mit einem Gemisch von Vorpolymerisaten (**IV**), dem 0,1 Phthalylchlorid als Verzögerer zugesetzt wurde, verrührt. Das Prod. wird bei 130° während 20 Min. in eine Bahnform gebracht. Nach dem Abkühlen erhält man ein festes u. zähes linoleumähnliches Produkt. **IV** wird hergestellt durch Verrühren von 25 eines entwässerten Propylenglykolpolymeren (Molgew. 1000) mit 8 Toluylendiisocyanat u. 6 std. Erhitzen bei 120°. — Ebenso wird aus einem Gemisch von 78 **III**, 280 Kolophonium, 590 Korkmehl, 1400 Holzmehl, 178 TiO_2-Pigment u. 78 Pigment eine kautschukähnliche Masse hergestellt u. diese zwischen Walzen durch Erhitzen 30 Min. bei 150° in eine biegsame Linoleumbahn geformt. (**F. P. 1 205 315** vom 3/4. 1958, ausg. 2/2. 1960. E. Prior. 3/4. 1957 u. 19/3. 1958.)

M. F. MÜLLER. 7999

Charles Bartell, *Herstellung von Trägermaterial aus mit ·lastischen Polymeren imprägniertem Papier für druckempfindliche Haftklebestreifen*. (**Aust. P. 221 475** vom 9/3. 1956, ausg. 4/6. 1959. — C. **1960.** 13885 [D. A. S. 1 063 452].)

Rudolf Bott u. a., Handbuch der Papier- und Pappenfabrikation. 2. Aufl. 1. Abbau des Lignins bis Arbeitsdiagramme. Wiesbaden: Sändig. 1961. (XXVIII + 80 S. m. Abb.) 8°. DM 8,—.

XVIIIb. Textilfasern

Neue Anwendungen für Rohkohlen-Säuren. Wesly L. Archer, Robert S. Montgomery, Keith B. Bozer und James B. Louch. (Ind. Engng. Chem., int. Edit. **52.** 849—52. Okt. 1960. Dow Chemical Co Midland, Mich.) (Engl.)

Die gesteuerte Oxydation von Rohkohlen liefert Säuren, die mit Alkoholen, Aminoalkoholen, Aminen u. Epoxiden umgesetzt härtbare u. wasserlösl. Harze ergeben, die als Kernbinder u. *Textilhilfsmittel* Verw. finden. G. HEINTZ. 8028 □

Das Hochvakuumaufdampfverfahren zum Metallisieren von Textilien. H. Jörder. (Z. ges. Textilind. **59.** 435—37. 5/6. 1957. Badenweiler, Staatliches Institut für Textilchemie.) (Dt.) — Vgl. C. **1958.** 5839.

Die Hochvakuum-Aufdampfanlage (HERAEUS) wird beschrieben. Die Evakuierungsdauer der App. hängt sehr stark vom Geh. an Feuchtigkeit u. flüchtigen Substanzen des Materials ab. Die Schichtdicke des aufgedampften Metalls liegt bei 1 μ. Der Griff u. die Porosität der Textilien ebenso die übrigen textilphysikal. Eigg. wurden durch die Metallisierung nicht beeinträchtigt. Gewebe aus Stapelfasern zeigen einen wesentlich geringeren Glanz als solche aus endlosem Material. Je hydrophiler die Faserstoffe sind, um so geringer ist die Haftfestigkeit des Metalls. Vorzugsweise wird Al zur Bedampfung, aber auch Ag u. Au, eingesetzt. Metallisierte Textilien sind zweckmäßig, wo diese starken Licht-Einw. ausgesetzt sind. Das Wärmehaltungsvermögen von Futterstoffen wird durch Metallisierung verbessert. H. GRIMM. 8032 □

Das kontinuierliche Bleichen. M. G. Katschurin, L. A. Gotowzewa und M. G. Schicher. (Текстильная Промышленность [Textil-Ind.] **20.** Nr. 9. 40—44. Sept. 1960.) (Russ.)

Erfahrungsbericht über die Anwendung der BENTELER-Anlage zum kontinuierlichen Bleichen im Breitband. Als Vorteil wird die Beseitigung der Streifigkeit beim Färben hervorgehoben, als Nachteil die Abnahme der Viscosität in einigen Fällen.

T. LUKANOFF. 8032□

Bestrahlung bewirkt die Reaktion von Acrylnitril mit cyanäthylierter Baumwolle. Robert J. Demint, Jett C. Arthur jun. und Wilbur F. McSherry. (Textile Res. J. **31.** 821—24. Sept. 1961. New Orleans, La., U.S. Dep. of Agricult. Southern Reg. Res. Labor.) (Engl.)

Bestrahlt man cyanäthylierte Baumwolle, die zuvor mit einer Lsg. aus 32 Teilen Acrylnitril u. 68 Teilen 80% $ZnCl_2$-Lsg. imprägniert wurde, mit einer SRRL-^{60}Co-Strahlenquelle (0,5·10^6 r/Std.), so beobachtet man eine Rk. (Pfropfpolymerisation) des Acrylnitril mit den cyanäthylierten Seitenketten der Baumwolle. Das Ausmaß dieser Rk. hängt vom Cyanäthylierungsgrad sowie der Strahlungsintensität ab. Die umgesetzte cyanäthylierte Baumwolle zeigt erhöhte Bruchdehnung, herabgesetztes Fixierungsvermögen, geringere Steifheit u. Löslichkeit sowie verzögerte elast. Erholung. — 4 Tabellen, 1 Figur, 10 Literaturzitate. H. G. FRÖHLICH. 8044□

Der Einfluß von oberflächenaktiven Verbindungen in sauren Bädern auf den Festigkeitsverlust von carbonisierter Wolle. A. Eleanor Davis, Anna J. Johnson und Louis R. Mizell. (Textile Res. J. **31.** 825—26. Sept. 1961. Washington 11, D.C.; Harris Res. Labor., Inc.) (Engl.)

Vorläufige Unterss. über die Wrkg. oberflächenakt. Verbb. (I) beim Carbonisieren von Wolle haben ergeben, daß I die Wolle nicht vor einer Schädigung schützen. Dafür wurde jedoch gefunden, daß der Zusatz von I zu Carbonisierflotten eine stärkere Entwässerung der Wolle bewirkt. Diese Eigg. von I wird als Ursache dafür angesehen, daß sie im Carbonisierbad bei richtiger Anwendung die Wolle vor unnötigen Schädigungen schützen. Verss. der Vff. haben nämlich ergeben, daß die Schädigung der Wolle beim Carbonisieren um so höher ist, je feuchter die Wolle zum Brennen kommt. Außerdem wird die Wollschädigung durch den Säure-Geh. der Wolle sowie die angewandten Brenn-Temp. beeinflußt. H. G. FRÖHLICH. 8060□

Reinigen und Bleichen von Cellulosematerialien. R. L. Derry. (Rev. Textile Progr. **11.** 252—63. 1960.) (Engl.)

Zusammenfassende Übersicht an Hand der Literatur. — 79 Literaturhinweise.

P. ECKERT. 8070□

Über die Beurteilung von Viscosezellstoffen. 2. Mitt. **Einfluß des Durchschnittspolymerisationsgrades und der O-Faserfraktion auf die Viscosefiltrierbarkeit.** Yehia Fahmy und Amin Abu-State. (Papier **15.** 188—90. Mai **1961.** Kairo, Cellulose-Abt. des Nat. Res. Centre.) (Dt.) — 1. vgl. C. **1961.** 11943.

Die morpholog. Struktur der Zellstoffe, wie sie hauptsächlich von dem benutzten Pflanzenrohstoff u. z. T. von der Aufschluß-Meth. abhängt u. wie sie durch Best. von Wasser- u. Laugerückhaltevermögen erfaßt wird, übt den stärksten Einfl. auf die Viscosefiltrierbarkeit aus. Von den chem. Eigg. spielt nur der Asche- u. Kieselsäure-Geh. eine Rolle. Ein relativ hoher Geh. an diesen Bestandteilen verschlechtert jedoch die Filtrierbarkeit noch viel weniger als eine träge morpholog. Struktur des Zellstoffs. Von den physikal. Eigg. fördert ein niedriger DP die Filtrierbarkeit. Der Anteil an Epidermiszellen in der O-Faserfraktion beeinträchtigt durch seinen hohen Kieselsäure-Geh. die Filtrierbarkeit. Dagegen fördert der Rest der O-Faserfraktion die Filtrierbarkeit durch seine hohe Zugänglichkeit, wie sie an Hand von Reaktivität, Packungsdichte, Wasser- u. Laugerückhaltevermögen nachgewiesen wurde. — 9 Literaturnachweise.

P. ECKERT. 8074□

Das Problem der Filtrierbarkeit. D. F. Durso und L. R. Parks. (Svensk Papperstidn. **64.** 853—62. 15/12. 1961. Memphis, USA, The Buckey Cellulose Corp.) (Engl.)

Zusammenfassende Übersicht über die Filtration der Viscose an Hand der Literatur. — 68 Literaturnachweise. P. ECKERT. 8074□

Über die Herstellung und Eigenschaften von Zellglas. Julius Voss. (Svensk Papperstidn. **64.** 863—71. 15/12. 1961. Wiesbaden.) (Dt.)

Überblick. P. ECKERT. 8074□

Reinigen und Bleichen der Proteinfasern. R. Mc D. Burnett. (Rev. Textile Progr. **11.** 287—92. 1960.) (Engl.)

Zusammenfassende Übersicht an Hand der Literatur. — 28 Literaturhinweise.

P. ECKERT. 8078□

Physik der Proteinfasern. L. C. Spark und G. Raumann. (Rev. Textile Progr. **11.** 85—88. 1960.) (Engl.)

Zusammenfassende Übersicht an Hand der Literatur. — 26 Literaturhinweise.

P. ECKERT. 8078□

Die Chemie der synthetischen Fasern. A. G. Scroggie. (Rev. Textile Progr. **11.** 113—39. 1960.) (Engl.)

Zusammenfassende Übersicht an Hand der Literatur. — 193 Literaturhinweise. — Vgl. C. **1961.** 2140. P. ECKERT. 8080□

Physik der synthetischen Fasern. L. C. Spark und G. Raumann. (Rev. Textile Progr. **11.** 140—49. 1960.) (Engl.)

Zusammenfassende Übersicht an Hand der Literatur. — 84 Literaturhinweise. — Vgl. C. **1961.** 2139. P. ECKERT. 8080□

Eine neue Färbemethode zur Erkennung der Mantelkernstruktur von Nylongarnen. W. Rhett Berry. (Textile Res. J. **31.** 810—12. Sept. 1961. Enka, N.C./USA; Americ, Enka Corp., Res. Div.) (Engl.)

Beschreibung einer Meth. zur Erkennnng der Mantel/Kern-Struktur von Nylon 6 u. Nylon 66 an Garnquerschnitten. Danach färbt man die Querschnitte zunächst mit einer Lsg. von 1% Kitonblau N (I) 3 Min. bei 70°, wäscht aus u. färbt dann 30 Sek. mit einer 1% Lsg. von Methylviolett 2 B (II) ebenfalls bei 70°. Bei Nylon 66 färbt man bei 90°, u. zwar mit I 7 Min. u. mit II 50 Sekunden. Auf diese Weise kann die Mantel/Kern-Struktur von verstreckten als auch unverstreckten Polyamidfasern erkannt werden. — 5 Mikrophotos. H. G. FRÖHLICH. 8080

Polyacrylnitril-Faserstoffe. P.-A. Koch. (Z. ges. Textilind. **59.** 417—23. 5/6. 1957.) (Dt.)

In Tabellenform werden Begriffs-Best., Fabrikatbezeichnungen, Erfindung, Entw., Ausgangsstoff, Herst.-Verf., chem. Konstit., Eigg., Erzeugnisse, Verw.-Gebiete, Grundpatente u. Schrifttum von Polyacrylnitrilfaserstoffen angegeben. H. GRIMM. 8080□

Die Wetterbeständigkeit von Polypropylenfasern. J. Lünenschloss und H. Kurth. (Textil-Prax. **16.** 875—77. 1961. Dtsch. Forschg.-Inst. für Textilind.) (Dt.) — Vgl. C. **1961.** 7081 u. C. **1962.** 700.

Nach Verss. der Vff. ist die Licht- u. Wetterbeständigkeit der Polypropylenfaser gegenüber anderen synthet. Fasern u. Baumwolle schlecht. Ob die Beständigkeiten durch Verw. von UV-Absorbern wesentlich verbessert werden können, ist noch fraglich. A. REIFF. 8080□

Reinigen und Bleichen der Synthesefasern. R. L. Derry. (Rev. Textile Progr. **11.** 303—08. 1960.) (Engl.)

Zusammenfassende Übersicht an Hand der Literatur. — 38 Literaturhinweise. P. ECKERT. 8080□

Das Ausrüsten der Synthesefasern. R. E. Hunt und L. Valentine. (Rev. Textile Progr. **11.** 321—28. 1960.) (Engl.)

Zusammenfassende Übersicht an Hand der Literatur. — 62 Literaturhinweise. P. ECKERT. 8080□

Analyse, Prüfung, Güte und Schädigung — chemische Prüfung. J. M. Bather. (Rev. Textile Progr. **11.** 341—49. 1960.) (Engl.)

Zusammenfassende Übersicht an Hand der Literatur. — 61 Literaturhinweise. P. ECKERT. 8096□

Analyse, Prüfung und Schädigung — physikalische Prüfung und Überwachung. W. J. Onions. (Rev. Textile Progr. **11.** 350—74. 1960.) (Engl.)

Zusammenfassende Übersicht an Hand der Literatur. — 285 Literaturhinweise. P. ECKERT. 8096□

Emil Bohatý, Chemická technologie zušlechtování I. Praha: SNTL. 1961. (116 S. m. 3 Tab. u. 29 Abb.) Kčs 6.80.

Peter Lennox-Kerr, Index to man-made fibres of the world. Manchester: Harlequin P. 1961. (VIII + 117 S.) 21 s.

XIX. Brennstoffe. Erdöl. Mineralöle

Die Kohlenstoffisotopen-Zusammensetzung verschiedener mariner Invertebraten und Kohlen aus dem Australischen Perm. W. Compston. (Geochim. cosmochim. Acta [London] **18.** 1—22. Jan. 1960. Univ. Perth., Dep. of Physics.)

Ergebnisse von δC^{13}-Unterss. an Perm- u. Devon-Brachiopoden, Perm-Crinoiden u. -Kohlen sowie Resultate von $\delta\ O^{18}$-Analysen der Invertebraten werden angegeben. Lediglich in den Perm-Brachiopoden ist die ursprüngliche Isotopen-Zus. erhalten. Ihr mittlerer $\delta\ C^{13}$-Wert ist deutlich positiver als die bisher bekannten Daten für kretaz. u. recente Brachiopoden u. Mollusken. H. MOENKE. 8126□

Zusammenhang der Zahl D und der Ott-Zahl. W. Devecchi. (Gaswärme **10.** 174—76. Mai 1961. Basel.) (Dt.)

Die theoret. aus der oberen Explosionsgrenze u. dem Dichteverhältnis eines Gases abgeleitete Brennstoffkennzahl D wird mit der Ott-Zahl nach Meßergebnissen von Brückner, Witt, Devecchi u. Gebert verglichen. Die graph. Darst. des Zusammenhangs zwischen D u. der Ott-Zahl erlaubt, die Ott-Zahl eines Gases annähernd zu berechnen, wenn seine Verbrennungswärme, sein Dichteverhältnis sowie der Inerten- u. O_2-Geh. bekannt sind. R. Bätz. 8128□

Möglichkeiten der mechanischen Entwässerung sehr feiner Kohlenschlämme. M. Bolek. (Paliva **41.** 3—7. 1961. Pokusne prádlo, Ostrava-Kunčičky.) (Tschech.)

Entwässerungs-Verss. von Schlämmen mit einer Korngröße 0—0,5 mm wurden mit Hydrocyclon, Vollmantelzentrifuge, Unter- u. Überdruckfiltration durchgeführt. Aus den Ergebnissen geht hervor, daß es vorteilhaft ist, eine Trennung des Schlammes mit Hydrocyclon oder Vollmantelschneckenschleuder in einen gröberen u. einen feineren Kornanteil durchzuführen. Der Feinkornanteil kann anschließend in einer Schlammpresse verdickt u. entwässert werden. N. Medič. 8134□

Kokse und metallurgische Kokse. Albert Lermusiaux. (Chim. et Ind. **85.** 879—84. Juni 1961. Rennes, Univ., Fac. des Sci.) (Franz.)

Unterss. ergaben die Möglichkeit festzustellen, daß aus allen Kohlen beim Erhitzen Moll. mit 12 C-Atomen entstehen (zwei 6-Ringe mit Benzolstruktur mit einem Abstand von 3,4 Å). Bei den metallurg. Koksen sind diese Moll. noch über C-Atome miteinander verbunden, wahrscheinlich über C_2-Radikale, die durch das Kracken des Bitumens entstehen. Aus einer Kohle kann demnach metallurg. Koks gewonnen werden, wenn es gelingt, bei der gleichen Temp. Moll. mit 12 C-Atomen zu erhalten u. zugleich das Bitumen zu cracken. Es ist Vf. gelungen, aus verschiedenen bisher ungeeigneten Kohlen metallurg. Koks herzustellen. — 7 Literaturangaben. F. Rosendahl. 8144□

Beseitigung von Stickoxid aus Kokereigasen. 1. und 2. Mitt. J. Drahorád und Vl. Spanilý. (Paliva **35.** 323—25. Nov. 348—51. Dez. 1955. Praha, Ústav pro výzk. a využití paliv.) (Tschech.)

Die Entfernung von NO aus Leuchtgas durch Gleichstromentladung wird untersucht. Als Reaktor wird ein Fe-Behälter (100·179·200 mm) verwendet; die darin befindlichen Elektroden (170·75 mm) sind zur Erzeugung einer Glimmentladung mit je 91 stumpfen Messingspitzen versehen. Der Wrkg.-Grad der App. steigt stark mit wachsender Spannung (bis 14 kV) u. erreicht ca. 90%, wenn das Gas 5,2 Sek. zwischen den Elektroden verbleibt. Bei kürzerer Verweilzeit nimmt der Wrkg.-Grad rasch ab. Den Energieverbrauch bei der Reinigung von 1 m^3 Gas mit 1,45—2,20 mg NO/Liter wird auf 2,7 kWh geschätzt. — Die Anwendung einer größeren App. von 32,5 kV zeigt die gleiche gute Wirksamkeit. J. Tůmová. 8174□

Über die Reduktion der Sulfate in Gemischen von See- und Schichtwasser in einer Atmosphäre von molekularem Wasserstoff unter Teilnahme der sulfatreduzierenden Bakterien. M. W. Gassanow. (Микробиология [Mikrobiologie] **29.** 419—21. Mai/Juni 1960. Baku, Aserbaidshan. Forsch.-Inst. für Erdölgewinnung.) (Russ.; Auszug Engl.)

Bei Ggw. von mol. H_2 werden die Sulfate von Schichtwässern, die mit Meereswasser gemischt wurden, zu H_2S reduziert. H_2 der Erdölgase dient als Energiequelle für sulfatreduzierende Bakterien. Dieser H_2 entsteht auch bei der elektrolyt. Korrosion der Ausrüstungsgegenstände an den Kathodenteilen. Die Ergebnisse werden in ihrer Bedeutung für die H_2S-Bldg. bei der sek. Erdölförderung (Intensivierung der Erdölabgabe durch Überschwemmung der erdölführenden Schicht mit Seewasser) erörtert. K. Sattler. 8190□

Möglichkeiten zur Gewinnung von Olefinen aus Kohleteeren. Wieńczysław Kuczyński und Janusz Gilewicz. (Przemysł chem. **39.** 785—87. Dez. 1960. Poznań, Uniw. A. Mickiewicza, Kat. Technol. Chem.) (Pol.)

Entwässerter Braunkohlenteer wird fraktioniert dest. u. die Fraktion Kp. 180 bis 360° (80%) an Bentonit als Katalysator bei 430° gecrackt. Das fl. Crackprod. wurde in Ggw. von überhitztem Wasserdampf bei 700° der Pyrolyse unterworfen. Rk.-Prodd. sind Bzn. (11,4%) mit einem hohen Aromaten-Geh. u. Spaltgas (41,8%) mit 13,1% Olefinen. F. Urban. 8196□

Kohlehydrierung in einer Pilotanlage mit einem Molybdänkatalysator. Henry H. Ginsberg, Sam Friedman, Paul S. Lewis, M. D. Schlesinger, Arthur J. Stewart und Raymond W. Hiteshue. (U. S. Dep. Interior., Bur. Mines, Rep. Invest. **1960.** Nr. 5673. 1—35. Pittsburgh, Pa., Bur. of Mines.) (Engl.)

Die Sumpfphasehydrierung einer hochflüchtigen, bituminösen Kohle (Rock Springs, Wyo.) in Ggw. von Ammoniummolybdat (0,01% Mo) ergab bei 460—480°,

8000 lbs./sq.in. u. Durchsätzen von 29—101 lbs./cu.ft·h eine 98—99%ig. Umwandlung in fl. u. gasförmige Produkte. Die maximale Ausbeute an Öl (Kp. <325°) betrug 47%. R. BÄTZ. 8198

Herstellung von schwerem Heizöl durch Hydrierung bituminöser Kohle. Henry H. Ginsberg, Paul S. Lewis, Robert B. Anderson und Raymond W. Hiteshue. (U. S. Dep. Interior, Bur. Mines, Rep. Invest. **1960**. Nr. 5674. 1—57. Pittsburgh, Pa., Bur. of Mines.) (Engl.)

In Ggw. von 0,1 Gew.-% SnS u. 0,05 Gew.-% CHJ_3 wurden aus Kohle verschiedener Herkunft (ROCK SPRINGS, Pittsburgh) durch Sumpfphasehydrierung in einer Pilotanlage bei 420—480°, 3500 lbs./sq.in. u. Kontaktzeiten von 0,2—1 Std. Heizöle hergestellt, die der Bunker-C- oder ASTM-Gerade-6-Spezifikation entsprachen. Mit zunehmender Temp. u. Kontaktzeit stieg die Ausbeute an KW-Stoff-Gas, der Umwandlungsgrad u. der Abbau von O-, N- u. S-Verbb. der Kohle an, die Viscosität des erzeugten Öles nahm ab. Die Ölausbeute zeigte keinen eindeutigen Gang. Unterss. mit den Katalysatoren 0,1% SnS + 0,05% CHJ_3 + 0,5% NH_4Cl, $FeSO_4$ (1% Fe), $NiCl_2$ (0,5% Ni) u. 0,1% Zn + 1,0% NH_4Cl ergaben bzgl. der Umwandlung der Kohle zu fl. u. gasförmigen Prodd. u. der Bldg. von Öl (Kp. <355°) bei 460°, 3500 lbs./sq.in. u. einer Kontaktzeit von 0,45 Std. eine relative Katalysatoraktivität: Sn > Fe > Ni > Zn. Bei einer Kontaktzeit von 0,8 Std. waren bzgl. des Umwandlungsgrades die untersuchten Katalysatoren nahezu gleich akt., bzgl. der Bldg. von Öl (Kp. <355°) war Sn den übrigen Katalysatoren deutlich überlegen. $(NH_4)_6Mo_7O_{24} \cdot 4\,H_2O$ (0,5% Mo), $SnCl_2$ (0,5% Sn), $NiCl_2$ (0,5% Ni) u. $FeSO_4$ (1,0% Fe) beeinflußten bei 1500 lbs./sq.in., 460° u. 0,6 Std. Kontaktzeit den Umwandlungsgrad in der Reihenfolge: Mo > Sn > Ni > Fe. Bei einer Kontaktzeit von 1 Std. zeigten alle Katalysatoren die gleiche Wirksamkeit. Bezogen auf die Ausbeute an Öl (Kp. <355°) ergab sich für beide Kontaktzeiten die Reihenfolge der Aktivität zu Sn > Mo > Ni > Fe. R. BÄTZ. 8216□

Feste und gasförmige Brennstoffe. W. H. Ode und Theodore Christos. (Analytic. Chem. **33**. 61 R—69 R. April 1961. Pittsburgh, Pa., U.S. Dep. of Interior, Bureau of Mines.) (Engl.) — Vgl. C. **1959**. 14296.

Bericht über die in den letzten 2 Jahren bis zum 1/10. 1960 veröffentlichten Arbeiten über die analyt. Meth. in der Brennstoffchemie. — 172 Literaturangaben. E. KLEVER. 8242□

Neueste Entwicklungen der kontinuierlichen Analyse. Loy A. Updegraff. (Mining Congr. J. **47**. 58—62. Aug. 1961. Bituminous Coul Res., Inc.) (Engl.)

Übersicht über (selbsttätige) Geräte zur Schnellbest. von Asche, S u. W. in Kohle. W. WESLY. 8246□

Verwendung der Leitfähigkeitsmessung mit vier Elektroden zur automatischen Bestimmung von Kohlendioxid und Ammoniak in konzentrierten Waschwässern von Koksofengas. Embrecht Barendrecht und Norbert G. L. M. Janssen. (Analytic. Chem. **33**. 199—203. Febr. 1961. Geleen, Holland, Centraal Labor. der Staatsmijnen in Limburg.) (Engl.)

Es wird eine Leitfähigkeitszelle mit 4 Elektroden in Brückenschaltung zur automat. Best. von CO_2 bzw. NH_3 in Waschwasser von Koksofengasen beschrieben. Unter Labor.-Bedingungen beträgt die Genauigkeit bei Geh. von 20—60 g/Liter CO_2 bzw. NH_3 0,5%. In Industrieanlagen liegt sie bei 2—3%. Diese 4-Elektroden-Konduktometrie wird für Fll. mit großer Leitfähigkeit u. bes. mit Verunreinigungen von unlösl. organ. Stoffen empfohlen. W. LUCHSINGER. 8246□

Beitrag zur Sauerstoffbestimmung in der Kohle und Vorschlag der Umrechnung auf wasser- und mineralfreie Substanz. H. Romováčková und M. F. Kessler. (Paliva **35**. 351—56. Dez. 1955. Praha, Ústav pro výzk. a využití paliv, fys.-chem. lab.) (Tschech.)

Theoret. Erwägungen zeigen, daß zur O_2-Best. in Kohlen die pyrolyt. Meth. am besten geeignet ist. Zur Best. nach dieser Meth. wird eine App. entwickelt. Die Einwaage der Kohle (100—350 mg) wird unter N_2 bei 1000° zersetzt, die entstehenden Gase über Ruß bei 1250° geführt, getrocknet, CO mit J_2O_5 zu CO_2 oxydiert u. in einem U-Rohr auf Askarit festgehalten. Der mittlere Fehler übersteigt nicht ±2%. — Die Berechnung des organ. gebundenen O_2 gründet sich auf der Beobachtung, daß ein Teil des mineral. O_2 (Oxide) durch Waschen beseitigt werden kann; wird dann der O_2-Geh., Feuchtigkeit u. Asche vor u. nach der Wäsche bestimmt, so kann organ. gebundener O_2 nach: $O_0 = O_1 M_1 (O_2-O_1)/M_2-M_1$ berechnet werden; $O_0 = O_2$-Geh. in der wasser- u. mineralfreien Kohle, O_1 in der gewaschenen Kohle mit dem M_1-Mineral-Geh. u. O_2 in der ursprünglichen Kohle mit dem M_2-Mineralgehalt. Diese Meth. nimmt weniger Zeit in Anspruch als die DIN-Meth. u. gibt übereinstimmende Ergebnisse. J. TŮMOVÁ. 8246□

Über die Methodik der Germaniumbestimmung in Steinkohle. F. A. Baryschnikow, I. L. Rusinowa und W. Ja. Fedossowa. (Известия Сибирского Отделения Академии Наук СССР [Nachr. sibir. Abt. Akad. Wiss. UdSSR] **1959.** Nr. 5. 75—80. Bergbau-Inst. der Sibir. Abt. der Akad. der Wiss. der UdSSR.) (Russ.)

Die Unters.-Ergebnisse zeigen, daß die große Empfindlichkeit der Rk. von Ge mit Phenylfluoron die Verw. kleiner Einwaagen (0,5 g) von Kohle u. eine Veraschung ohne Sinterung ermöglicht. Die Genauigkeit der Best. des Ge wird dadurch nicht beeinträchtigt. Das Verf. ist für die Kontrolle der Anreicherung unter Labor.-Bedingungen geeignet. Die Veraschung von Kohlenproben ohne Sinterung ermöglicht es, die Analysenergebnisse bereits nach 2—3 Tagen zu erhalten; die Genauigkeit ist nicht geringer als bei anderen Methoden. Die Abweichungen der Angaben der chem. u. der Spektralanalyse betragen 5—15% bei Kohle festgestellten Ge-Mengen von 0,01—0,005% in der Asche.

H. TREUMANN. 8246□

Methode und Anwendung der Bestimmung des Remissionsgrades von Kohlen. Helmut Jacob. (Freiberger Forsch.-H., Reihe A Heft **90.** 55—86. Juni 1958. Freiberg.) (Dt.)

Die Best. des Remissionsgrades (I) hat als Faciesindicator eine erhebliche Bedeutung. Nach eingehender Darst. der Methodik der Best. des I weist Vf. darauf hin, daß es nicht allein genügt, die Verf.-Vorschriften genau einzuhalten, sondern daß auch den stoffspezif. Eigg. Rechnung getragen werden muß. Rotfilter ergeben für Kohle die höchsten R-Werte u. stärkste Differenzierungen. Die Körnung hat einen erheblichen Einfl. auf den I. Als optimal erweist sich 0—0,2 mm, weil R nur wenig geringer als bei 0—0,06 mm ist u. zugleich Analysenkörnung darstellt. Die Lufttrocknung umfaßt zwei Variable: Wasserabgabe u. Oxydation. Ein konst. I stellt sich nach 10 Tagen ein. Auch die Trocknungsart hat einen Einfl. auf den I. Lufttrocknung bei Zimmer-Temp. ist am günstigsten, doch muß für Betriebszwecke Trocknungs- u. Oxydationszeit gekürzt werden.

F. ROSENDAHL. 8246

Die spektrophotometrische Bestimmung der Zusammensetzung von Steinkohlenxylol. M. Je. Neimark, I. Je. Kogan und M. M. Bragilewskaja. (Кокс и Химия [Koks u. Chem.] **1960.** Nr. 2. 50—53.) (Russ.)

Die quant. spektrophotometr. Best. von o-, m- u. p-Xylol u. Äthylbenzol im Wellenlängengebiet 240—280 nm wird beschrieben. F. OTTO. 8248□

Analyse von Hochtemperatur-Kohlenteer mit Hilfe der Solventextraktion. G. V. Blunt und M. Vahrman. (J. Inst. Fuel **34.** 295. Juli 1961. London, E. C. 1, Northampton Coll. of Advanced Technol.) (Engl.) — Vgl. C. **1961.** 11196.

Vff. stellten fest, daß sich bei Anwendung quant. Solventextraktions- u. chromatograph. Meth., die zur Best. von Niedertemp.-Teeren entwickelt wurden, bei Hochtemp.-Kohlenteere Emulsionen bilden, die das Unters.-Ergebnis ungenau u. nicht reproduzierbar machten. Diese Emulsionen können durch Zentrifugieren bis zu 4200 U/min nicht völlig beseitigt werden, dagegen werden sie bei Temp. von über 60—65° völlig zerstört. Zwar lassen sich die Emulsionen vermeiden, wenn das Säurereagens mehr als 5 Vol.-% Lsgm. enthält (A. oder Aceton), jedoch werden die Ergebnisse durch die Lsg. von nichtbas. Bestandteilen ungenau. Vff. schlagen daher 2 in ihren Ergebnissen übereinstimmende Meth. vor: 1. Die in Leichtpetroleum unlösl. Fraktion wird im Bzl. bei 75° mit Hilfe des Säurereagens extrahiert. Die 2 zusätzlichen Extraktionen mit Säure können bei schnellen Trennungen heiß oder innerhalb von 10 Min. bei Raum-Temp. durchgeführt werden. Die 2. Meth. besteht darin, die bei der ursprünglichen Arbeitsweise sich bildende Emulsion durch Erhitzen in einem Pyrex-Scheidetrichter zu zerstören.

B. FIEDLER. 8248□

Erdöl. R. L. Le Tourneau. (Analytic. Chem. **33.** 92 R—112 R. April 1961. Richmond, Calif., California Res. Corp.) (Engl.)

Fortsetzung des Fortschrittsberichtes (C. **1960.** 7050) über die Analyse von Erdöl u. Erdöl-Prodd. für die Zeit von Ende 1958 bis zum 1/10. 1960. — 778 Literaturangaben.

E. KLEVER. 8252□

Meßanordnung zum Infrarotspektrometer. A. F. Malnew, M. P. Jesselsson und L. Ss. Krementschugski. (Известия Академии Наук СССР, Серия Физическая [Nachr. Akad. Wiss. UdSSR, physik. Ser.] **23.** 1246—47. Okt. 1959.) (Russ.)

Die Meßanordnung besteht aus der Bolometerbrücke, Vorverstärker, Hauptverstärker mit Synchrondetektor, Modulator u. Speisung. Die Vorr. wird zusammen mit den Spektrometern WIKS-M 3 sowie WIKS-M 4 zur Lösung von Problemen in Erdöl verarbeitenden Betrieben benutzt. G. RUDAKOFF. 8252□

Ein neues Verfahren zur Untersuchung und Charakterisierung von Erdölen. 1. Mitt. Exaktes Verfahren zur Laboratoriumsuntersuchung von Erdölen. Ervin Kerényi.

(Erdöl Kohle-Erdgas-Petrochem. **14.** 611—15. Aug. 1961. Veszprém, Ungarn, Erdöl- u. Erdgas-Forschungsinstitut.) (Dt.)

Das beschriebene, zur Best. der chem. Zus. u. der technol. Werte der Erdöle geeignete analyt. Labor.-Verf. wurde an Hand des Studiums ungar. u. in Ungarn importierter Erdöle ausgearbeitet. Es umfaßt im wesentlichen die Rektifikation der Rohöle, die Unters. der Fraktionen u. die graph. Auswertung der Ergebnisse. K. TRIEMS. 8252□

Untersuchung von Petroleumsulfonaten. W. F. Maass, E. Buchspiess-Paulentz und F. Stinsky. (Seifen-Öle-Fette-Wachse **54.** 575—78. 17/9. 1958.) (Dt.)

Hinsichtlich der analyt. Unters. von Petroleumsulfonaten sind folgende 6 Best. üblich u. ausreichend: 1. Wasser-Geh., 2. Geh. an Mineralöl, 3. freies Alkali, freies Erdalkali bzw. freie Säuren, 4. Asche als Sulfat, 5. anorgan. Salze, 6. durchschnittliches Molekulargewicht. Die einzelnen Best.-Meth. werden genau beschrieben. GERD RICHTER. 8252□

Zur Bestimmung des Wassergehalts von Mineralölen nach Karl Fischer. Heinz Grüß und Wolfgang Heineke. (Erdöl Kohle-Erdgas-Petrochem. **14.** 714—16. Sept. 1961. Berlin, Siemens & Halske AG, Wernerwerk für Meßtechn.) (Dt.)

Es wird für die Wasser-Best. in Mineralölen eine Variante der sog. indirekten Best. nach DIN 51777 angegeben. Das W. wird aus dem Öl bei 120° mit trockenem Rein-N_2 getrieben u. in einer Vorlage in CH_3OH gesammelt. Der Wasser-Geh. kann bei dieser Arbeitsweise mit einem erheblichen Gewinn an Genauigkeit nach FISCHER bestimmt werden. K. TRIEMS. 8252□

Ein neuer Schritt zu einer Bleialkyl-Analyse: Gasphasen-Elektronenabsorption zum selektiven Nachweis. J. E. Lovelock und A. Zlatkis. (Analytic. Chem. **33.** 1958—59. Dez. 1961. Houston, Tex., Univ., Dep. of Chem.) (Engl.)

Eine Schnellmeth. zur Analyse von Tetraäthyl-Pb in Bzn. durch Messung der Elektronenabsorption des Gasgemisches nach dem Passieren einer Gaschromatographiersäule wird beschrieben. Ein Schema des App.-Syst., Chromatogramme von bleibeladenem u. bleifreiem Bzn. u. Analysenergebnisse sind wiedergegeben. W. BETCKE. 8254□

Farbenfabriken Bayer Akt.-Ges. (Erfinder: Alfred Haltmeier), Leverkusen, **Waschen von Gasen** mittels versprühter Fl. in oben geschlossenem Sprühwaschraum, wobei die Waschung in der wirbeligen Umkehrzone zwischen entgegengesetzt gerichteten koaxialen Strömungsbahnen des Gases stattfindet, welche Zone von den Tropfen der versprühten Wasch-Fl. durchdrungen wird. (**Schwz. P. 336 359** vom 31/8. 1955, ausg. 15/4. 1959. **Belg. P. 542 511** vom 3/11. 1955, ausg. 28/8. 1959. Beide D. Prior. 9/11. 1954.) A. HEINSEN. 8165

Reinluft G. m. b. H., Essen, **Adsorptive Abtrennung und Gewinnung** von Oxiden des S, N u. P aus Gasen mit festen, C-haltigen Adsorptionsmitteln (**I**), dad. gek., daß bei der Adsorption mit Hilfe von freiem O_2 infolge der katalyt. Wrkg. der I-Oberfläche die Überführung der Oxide in eine höhere Oxydationsstufe (**II**) vorgenommen wird u. die nachfolgende Desorption bei $> 300°$ unter Red. zu den anfänglichen oder niedrigeren II erfolgt. (**E. P. 824 517** vom 10/12. 1957, ausg. 2/12. 1959. D. Prior. 28/8. 1957.) A. HEINSEN. 8173

Allied Chemical Corp., New York, N.Y., übert. von: Harvey S. Auvil, Ashland, Ky., und Lawrence D. Schmidt, New York, N.Y., V.St.A., **Kontinuierlicher automatischer Prozeß zur Behandlung von Koksofenteer** (**I**), der wasserlösl. Salze enthält. Man leitet fortlaufend Ausgangsströme von I u. einer wss. Lsg. in annähernd konst. Mengen in eine Mischzone, die gebildete Mischung gelangt bei $> 90°$ u. unter Druck in eine Absetz- u. Dekantierzone, in der sich eine wss. Fl., die wasserlösl. Salze gelöst enthält, als obere Schicht u. Teer als untere Schicht absetzen. In Abhängigkeit von der Zeitkontrolle des Kreislaufes zieht man in annähernd gleichen Mengen Material ausschließlich vom oberen Ende u. ausschließlich vom Boden der unter Druck stehenden Absetz- u. Dekantierzone in vorher bestimmten Zeiten des Kreislaufes ab. Dies geschieht in der Weise, daß für jeden Kreislauf (1) die gesamte Abnahme gleich der gesamten Zufuhr ist, daß (2) die Abnahme vom Boden wenigstens 5% weniger beträgt als der Geh. der gesamten Charge an wasserfreiem Teer während des Kreislaufes u. daß (3) die Abnahme vom oberen Ende entsprechend größer ist als der Rückstand der gesamten Charge während des Kreislaufes. Das vom oberen Ende abgezogene Material besteht in der Hauptsache aus wss. Fl., die wasserlösl. Salze u. schwerabgießbaren Teer enthält, u. das vom Boden abgezogene Material besteht aus *Teer*, der von wasserlösl. Salzen u. wss. Fl. relativ frei ist. — Zeichnung. (**A. P. 2 934 488** vom 2/12. 1957, ausg. 26/4. 1960. **E. P. 849 987** vom 6/11. 1958, ausg. 28/9. 1960. A. Prior. 2/12. 1957.) P. UNGER. 8177

Texaco, Inc., übert. von: Joseph C. Allen und Charles C. Nathan, Bellaire, Tex., V.St.A., **Entparaffinieren von paraffinhaltigen Kohlenwasserstoffgemischen.** Das Gemisch wird mit gasförmigen KW-Stoffen, wie CH_4, C_2H_6 oder C_3H_8, bei einer Temp. oberhalb der krit. Temp. der gasförmigen KW-Stoffe sowie bei über 1000 lbs./sq.in. in Kontakt gebracht u. so lange unter dem Druck belassen, bis die gasförmigen KW-Stoffe genügend eindringen konnten. Dann wird entspannt. (**A. P. 2 967 121** vom 17/4. 1957, ausg. 3/1. 1961.) E. KAHLES. 8195

Esso Research and Engineering Co., Elizabeth, N.J., V.St.A., **Trennen von Kohlenwasserstoffen von verschiedenem Typ aus Gemischen.** In einer Adsorptionszone wird das Gemisch bei 200—300° F u. 15—30 lbs./sq.in. über ein Molekularsieb geleitet. Bei 600—700° F u. einem Vakuum unter 300 Torr wird desorbiert. — Zeichnung. (**E. P. 853 530** vom 20/10. 1958, ausg. 9/11. 1960. A. Prior. 2/1. 1958.) E. KAHLES. 8195

Lummus Co., New York, übert. von: August H. Schutte, Hastings-on-Hudson, N.Y., V.St.A., **Katalytisches Cracken von flüssigen Kohlenwasserstoffen.** Erhitzter körniger Katalysator wird mit 1050—1150° F in den Kopf der Rk.-Zone durch mehrere freifallende Ströme eingebracht. Der fl. KW-Stoff wird in mindestens einen der Katalysatorströme eingeführt. Die Katalysatorteilchen fallen auf ein Fließbett, welches sich abwärts bewegt. Das Gew.-Verhältnis von Katalysator zu KW-Stoff beträgt 10,8 : 1. Der Nd. auf den Katalysatorteilchen übersteigt nicht 0,6 Gew.-%. Die Rk.-Prodd. werden aus der Rk.-Zone abgezogen. An anderer Stelle wird der verbrauchte Katalysator aus der Rk.-Zone entnommen u. in eine Wartezone geführt. Von dieser Zone gelangt er mittels Liftgas durch einen Lift in eine Sammelzone u. von dort aus in die Regenerierzone, in welcher der Katalysator unter Zufuhr von O_2-haltigem Gas bei 1050—1150° F regeneriert wird. — Zeichnungen. (**A. P. 2 920 034** vom 27/4. 1949, ausg. 5/1. 1960.) E. KAHLES. 8197

Phillips Petroleum Co., übert. von: Charles W. Varvel und Dean P. Montgomery, Bartlesville, Okla., V.St.A., **Reaktivierung von Crack-Katalysatoren.** Der mit Ni u. V vergiftete Crack-Katalysator wird bei 1150° F mit einer solchen Menge von P oder Cl behandelt, daß mindestens 0,001 Gew.-% angewandt werden u. die Vergiftung dadurch beseitigt wird. Anschließend wird bei 900—1100° F mit Dampf behandelt. (**A. P. 2 977 322** vom 25/7. 1957, ausg. 28/3. 1961.) E. KAHLES. 8197

Ju. A. Bitepasch, G. N. Masljanskij, G. D. Kamuscher und R. N. Burssian, **Herstellen eines Pt-Katalysators zur Isomerisierung von KW-Stoffen.** Eine Trägerschicht (Al_2O_3, Alumosilicat, Silicagel, Aktivkohle) wird in eine H_2PtCl_6-Lsg. mit 0,2% Pt getaucht, dann wird die Lsg. mit H_2S gesätt., die Trägerschicht mit dem gebildeten PtS_2 bei 110—150° getrocknet u. anschließend bei 50 at u. auf 500° ansteigender Temp. im H_2-Strom reduziert. Der Katalysator enthält dann 0,35% Pt. (**UdSSR. P. 108 257** vom 17/5. 1952.) B. PANKOW. 8201

G. N. Masljanskij, N. R. Burssian und G. D. Kamuscher, **Isomerisierung leichter normaler Paraffin-Kohlenwasserstoffe über einem Pt-Katalysator,** hergestellt nach UdSSR. P. 108 257; vorst. Ref., der mit F aktiviert wurde. Man verwendet KW-Stoffe mit 7 C-Atomen, entsprechend einer Erdölfraktion vom Kp. 85—120°. — Über den mit 0,3% F aktivierten Katalysator leitet man bei 50 at u. 490° eine bei 90—190° sd. Erdölfraktion (Octanzahl 36) (I) im Gemisch mit H_2. Pro Std. leitet man 2 (Vol.) I auf 1 Katalysator hindurch u. 1500 Liter H_2 auf 1 Liter I. Man erhält 90% Bzn. mit einer Octanzahl 68—70. Lebensdauer des Katalysators $>$1500 Arbeitsstunden. (**UdSSR. P. 118 271** vom 26/11. 1951. **Zusatz zu UdSSR. P. 108 257; s. vorst. Referat.**) B. PANKOW. 8201

Standard Oil Co., Chicago, Ill., übert. von: Harry M. Brennan, Hammond, Ind., und Edmund Field, Chicago, Ill., V.St.A., **Herstellung eines Platin-Tonerde-Hydroformierungskatalysators.** Zu einem Tonerdehydrosol wird eine alkal. Verb. zugegeben, so daß sich der pH-Wert 8,5—12 einstellt u. kein Teil des Hydrosols in Aluminat übergeführt wird. Das Gemisch wird auf 50—250° F gehalten, bis die Tonerde in filtrierbarer Form vorliegt. Die abfiltrierte Tonerde wird mit einer 2. alkal. Verb. behandelt, wobei bei pH 8,5—12 1 Std. lang auf 600° F erhitzt wird. Nach dem Trocknen der Tonerde wird mit 0,05—1 Gew.-% Pt imprägniert, getrocknet u. calciniert, wobei ein Katalysator erhalten wird, der mindestens 5 Gew.-% η-Al_2O_3 enthält. (**A. P. 2 971 928** vom 30/11. 1955, ausg. 14/2. 1961.) E. KAHLES. 8201

American Potash & Chemical Corp., übert. von: Ross I. Wagner, Whittier, Calif., V.St.A., **Phosphinoborine** der allg. Formel $R_3'B:PR_2R''P:BR_3'$, worin R'' einen niederen Alkylenrest, R', F, Cl, H oder einen niederen Alkylrest u. R H oder einen niederen Alkylrest bedeuten, erhält man durch Rk. der entsprechenden difunktionellen Phosphine mit Diboran (I) oder einem substituierten Borin. — Durch Rk. von 1.3-Bis-[methylphosphino]-propan mit I in Ggw. von N_2 bei 10° erhält man *1.3-Trimethylen-*

P.P'-bis-[methylphosphinoborin], farbloser, fester Stoff, F. 28—30°. Analog erhält man aus 1.3-Bis-[phosphino]-propan u. I. *1.3-Trimethylen-P.P'-bis-[phosphinoborin]*, farbloser, fester Stoff, F. 55—56°. — *Zusätze zu Gasolin für Motoren.* (**A. P. 2 941 008** vom 2/3. 1959, ausg. 14/6. 1960.) J. MÜHLEISEN. 8205

Ethyl Corp. (Erfinder: Rex Dewayne Closson und Thomas Hunter Coffield), **Herstellung organischer Manganpentacarbonylverbindungen** (I) durch Umsetzen von Alkali-I mit alkylierenden oder acylierenden Mitteln bei 20—100° u. evtl. Pyrolysieren der erhaltenen Acyl-I oder Behandeln der Alkyl-I mit CO. — $NaMn(CO)_5$ (II) u. $(CH_3)_2SO_4$ oder $CH_3J \rightarrow CH_3Mn(CO)_5$. II u. Benzylchlorid $\rightarrow C_6H_5CH_2Mn(CO)_5$, F. 37,5 bis 38,5°; II u. Benzoylchlorid $\rightarrow C_6H_5COMn(CO)_5$, F. 88—91° (Zers.). Analog folgende *Manganpentacarbonyle* (III), *Isobutyryl*-III, F. 58—60°, *Methallyl*-III, *Phenyl*-III durch Erhitzen im Vakuum auf 90° aus Benzoyl-III. — 4 (Teile) $C_6H_5CH_2Mn(CO)_5$, in 60 Dibutyläther gelöst, werden 1½ Std. bei einem Druck von 2000 lbs./sq.in. mit CO auf 200° erhitzt. *Phenylacetyl*-III. — *Antiklopfmittel.* (**Aust. P. 227 850** vom 4/3. 1958, ausg. 19/5. 1960. A. Prior. 13/3. 1957.) C. LÜTTGEN. 8209

Callery Chemical Corp., Pittsburgh, übert. von: George F. Huff, Fox Chapel, und James D. Klicker, Mars, Pa., V.St.A., **Flüssige Borprodukte**, die H u. C enthalten, erhält man durch Rk. eines niederen Alkyldiborans mit Tetraboran (I), Pentaboran-(11) oder deren Mischungen. — 5,3 g I werden in 8,5 g Alkyldiboran, das hauptsächlich Diäthyldiboran enthält, in einem Autoklaven dest., u. das Gemisch wird 44 Std. auf 58° erhitzt. Nach Abdestillieren von Diboran u. nichtumgesetzten Ausgangsstoffen enthält der fl. Rückstand 54,4% B u. das IR-Spektrum zeigt äthylsubstituierte Dekaborane an. — *Brennstoffe.* (**A. P. 2 968 540** vom 24/10. 1957, ausg. 17/1. 1961.) J. MÜHLEISEN. 8211

Olin Mathieson Chemical Corp., übert. von: George E. Ryschkewitsch, Columbus, Ohio, V.St.A., **Flüssiges alkyliertes Pentaboran-(9)** erhält man durch Rk. von Pentaboran-(9) (I) mit 0,1—10 Mol, bes. 0,5—2 Mol, eines monoolefin. 2—5 C-Atome aufweisenden KW-Stoffes bei 130—190° in Ggw. einer katalyt. Menge von Pyridin oder niederen Alkylpyridinen. — Durch 7½ std. Rk. von 10,29 (mMol) Isobutylen mit 10,10 I in Ggw. von 0,080 Pyridin bei 150° erhält man bei Fraktionierung u. Auffangen der Prodd. in Kühlfallen von verschiedenen Tempp. *tert.-Butylpentaboran*, das einen Dampfdruck von 6 Torr bei 26° aufweist. Energiereiche *Brennstoffe.* (**A. P. 2 971 031** vom 2/11. 1955, ausg. 7/2. 1961.) J. MÜHLEISEN. 8211

Socony Mobil Oil Co., Inc., New York, N.Y., V.St.A., **Heizöl** vom Kp. 100 bis 750° F mit einem Geh. von 0,0005—0,1 Gew.-% eines öllösl. Prod., welches durch Rk. einer Naphthensäure vom Molgew. bis 300 mit einem Alkylenpolyamin der allg. Formel $R_1—NH(RNH)_nH$, worin R einen Alkylenrest mit 2—3 C-Atomen, R_1 H oder ein aliphat. Rest u. n eine ganze Zahl bedeuten, entstanden ist. (**E. P. 813 525** vom 8/7. 1957, ausg. 21/5. 1959. A. Prior. 9/7. 1956 u. 24/5. 1957.) E. KAHLES. 8217

Pure Oil Co., Chicago, übert. von: Paul R. Chapman, Crystal Lake, Allan A. Manteuffel, Union, und George Wolfram, Des Plaines, Ill., V.St.A., **Mineralschmieröle** enthalten als Hochdruckzusatz phosphorsulfurierte Ester (I) von Fettsäuren mit aliphat. Alkoholen u. als Polymerisationsverhinderer N-haltige Verbb. (II) aus der Gruppe der aliphat. Amine, Amide u. fettsauren Salze dieser Amine, wobei die Amine mindestens eine C_{16}-Kette enthalten. — Beispiele für **I**: Methylester von Tallöl u. Glycerintrioleat, phosphorsulfuriert mit P_2S_5; für **II**: Hexadecyl-, Octadecyl-, Octadecenyl-, Octadecyldienylamin, bes. deren Gemische („Armeen-S", „Armeen-HTD"), „Duomeen-T" (N-Alkyltrimethylendiamin)-Salz der Ölsäure. (**A. P. 2 809 935** vom 22/12. 1954, ausg. 15/10. 1957.) E. DREWS. 8221

Sharples Centrifuges Ltd., Woodchester, Gloucestershire, England, **Erhaltung von Schmieröl während des Gebrauches.** Man leitet das Öl durch ein Gefäß, welches Erdalkalicarbonattabletten enthält u. entfernt durch Filtrieren oder Zentrifugieren die unlösl. Verbb., die sich in dem Öl durch Rk. des Carbonats mit den Verunreinigungen gebildet haben. — Zeichnung. (**E. P. 836 993** vom 31/5. 1956, ausg. 9/6. 1960. F. Prior. 4/6. 1955.) P. UNGER. 8221

Lubrizol Corp., Cleveland (Erfinder: Peter Anthony Asseff, Cleveland, Thomas William Mastin, Willoughby, und Alan Rhodes, Euclid), Ohio, V.St.A., **Lösungen organischer Erdalkalimetallkomplexverbindungen** erhält man durch Erhitzen eines Gemisches aus einer in Mineralöl lösl. organ. Säure (die auch P enthalten kann u. Thiosäuren) oder ihrer Salze, einer tautomeren organ. Verb. oder ihrer Salze (Alkyl-, Halogenphenole, Alkylnaphthole, Nitroparaffine, 1.3-Diketone, organ. Verbb., die ein am O, N oder S gebundenes, durch Metall ersetzbares H-Atom enthalten), einer bes. Erdalkali-Verb. u. W.; die Mischung wird vor dem Filtrieren mit einem gasförmigen Stoff (CO_2, HCl, SO_2, SO_3, NO_2, H_2S, N_2O_3, PCl_3, $SOCl_2$, ClO_2, H_2Se, BF_3, CS_2 u.

COS) geblasen. — 620 g Bis-[2-äthylhexyl]-monothiophosphorsäure, 310 g Isononylphenol, 755 g Mineralöl (160 SUS/38°), 2060 cm^3 W. u. 774 g BaO werden 1 Std. unter Rückfluß auf 100° u. dann 1 Std. auf 150° erhitzt, die Mischung wird nach dem Kühlen auf 50—60° mit CO_2 geblasen; Ba-Geh. 17,2%. — Ferner werden umgesetzt: Erdölnaphthensäure + p-tert.-Butylphenol + BaO; Ba-Erdölsulfonat-BaO-Komplexsalz + Diisobutylphenol oder β-Naphthol + BaO; Ba-Erdölsulfonat + tert.-Butyldichlorphenol oder Acetylaceton oder HBF_4 u. BaO; Ca-Erdölsulfonat + Phenol + CaO. — Vgl. A. P. 2 617 049; C. **1955.** 4007. — *Zusatzmittel* zu *Schmierölen, -fetten,* zu *Ölen* für *Kurbelgehäuse, Transmissionen, Getriebe* u. *Kupplungen*; zu *Asphaltemulsionen* u. *Insekticiden.* — *Farbentrocknungsmittel*; *Rostschutzmittel*; *Flammfestmacher* für *Weichmacher* u. *Kunststoffe*; *Textilhilfs-, Gerb-, Metallreinigungs-, Emulgier-, Imprägnier-, Fleckenreinigungs-* u. *Asphaltvergütungsmittel,* Zusatz zu *Gummilösungsmittel*; *Bindemittel* für *keram. Gegenstände* u. *Asbest.* (**D. A. S. 1 059 909** Kl. 12o vom 15/3. 1952, ausg. 25/6. 1959. A. Prior. 16/3. 1951.) G. KRAUSS. 8223

Metal & Thermit Corp., Woodbridge Township, N.J., übert. von: Dietmar Seyferth, Arlington, Mass., V.St.A., **Organosiliciumverbindungen** der allg. Formel $[(CH_3)_2Si(R)CH_2]_nMR'_aX_b$, worin R u. R' organ. Reste, M P, As, Sb oder Bi, X Halogen bedeuten, n = 1, 2 oder 3, a u. b = 0, 1 oder 2 sind u. die Summe von n + a + b = 3 ist, erhält man durch Rk. von GRIGNARD-Reagens der allg. Formel $(CH_3)_2Si(R)CH_2MgCl$ mit einer Verb. der Formel R'_aMX_{3-a}. — Durch Rk. von 0,4 (Mol) Trimethylsilylmethyl-MgCl in 200 cm^3 Tetrahydrofuran mit 0,1 $AsCl_3$ in 20 cm^3 Bzl. unter Rückfluß erhält man nach Hydrolyse des Prod. mit 70 cm^3 NH_4Cl-Lsg. aus der organ. Schicht nach Abdestillieren des Lsgm. *Tris-[trimethylsilylmethyl]-arsin,* F. 67—68,5° (Ae.); analog erhält man das entsprechende *Phosphin,* F. 110—113°, das *Stibin,* F. 64—65°, beide aus PAe./CH_3OH sowie die *Bi-Verbindung.* — *Zusätze* zu *Silicon-Schmiermitteln.* (**A. P. 2 964 550** vom 24/9. 1957, ausg. 13/12. 1960.) J. MÜHLEISEN. 8223

Esso Research and Engineering Co., Elizabeth, N.J., V.St.A., **Reinigen von Paraffinen.** Dabei wird ein aus NiO auf einem Al_2O_3-Träger bestehender Katalysator verwendet u. das entölte Paraffin bei 650—700° F während 6—12 Std. über diesen Katalysator geleitet. (**E. P. 851 969** vom 29/7. 1959, ausg. 19/10. 1960. A. Prior. 26/9. 1958.) E. KAHLES. 8227

Aluminum Co. of America, Pittsburgh, übert. von: James H. McNamara, Tarentum, Pa., V.St.A., **Verwendung von Tieftemperaturteeren.** Bei der Herst. von *aromat. Pech* u. anderen wertvollen Prodd. aus Tieftemperaturteeren (I) wird für die therm. Spaltung ein bewegtes Koksbett verwendet. Man erhitzt den Koks auf 700 bis 900° u. führt in den heißen Koks I ein im Verhältnis Koks:I 6—10:1. Dabei wird der I verkokt u. bildet gasförmige u. fl. Prodd. einschließlich eines thermolyt. Teers, den man destilliert. Man erhält so ein *aromat. Pech* u. ein *aromat. Öl.* — Zeichnungen. (**A. P. 2 916 432** vom 12/12. 1957, ausg. 8/12. 1959.) P. UNGER. 8229

Gelsenkirchener Bergwerks Akt.-Ges., Essen, **Kontinuierliche Herstellung von Pech** aus bituminösen Materialien wie Mineralölen, Stein- u. Braunkohlenteeren u. ihren Fraktionen u. Dest.-Rückständen. Man leitet das Ausgangsmaterial (I) durch einen Füllkörperturm, um das I in Form eines dünnen, fließenden Films zu bringen u. behandelt es mit mindestens demselben Gew. an Gas u./oder Dampf bei 150—325° nicht länger als 30 Minuten. Man erhält so ein Pech mit einem geringen Geh. an Bestandteilen, die in Anthracenöl unlösl. sind u. mit geringem Aschengehalt. — Zeichnung. (**E. P. 850 880** vom 16/9. 1958, ausg. 12/10. 1960. D. Prior. 16/10. 1957.) P. UNGER. 8229

Montecatini Soc. Gen. per l'Industria Mineraria e Chimica, Mailand, Italien, *Herstellung von Synthesegas.* (**It. P. 525 183** vom 28/9. 1954. — C. **1959.** 996 [F. P. 1 139 320].)

Metallgesellschaft Akt.-Ges., Frankfurt/M. (Erfinder: **Paul Schmalfeld,** Bad Homburg, **Heinz Janssen,** Wilhelmsbad-Hanau, und **Helmut Kratz,** Essen), *Gleichmäßiges Verteilen von Flüssigkeiten, Gasen oder Dämpfen auf ein bewegtes Bett staubförmiger oder körniger heißer Feststoffe.* (**D. P. [DDR] 21 191** Kl. 12g vom 17/11. 1958, ausg. 28/4. 1961 [Ausschließungspatent]. — C. **1961.** 11952 [Oe. P. 209 875].)

Atlantic Refining Co. (Erfinder: **James Edward Connor jun., William Kenneth Griesinger, Leonard Norman Leum und Clifford Santford Shipley**), *Kieselsäure-Tonerde-Kohlenwasserstoff-Reformierungskatalysator.* (**Aust. P. 226 707** vom 19/9. 1957, ausg. 3/3. 1960. A. Prior. 30/1. 1957. — C. **1960.** 7392 [D. A. S. 1 067 550].)

Universal Oil Products Co., Des Plaines, Ill., V.St.A., *Reformieren von Benzinkohlenwasserstoffen.* (**Dän. P. 85 711** vom 9/6. 1953, ausg. 22/9. 1958. — C. **1956.** 14226 [F. P. 1 080 916].)

Texaco Development Corp., New York, N.Y., V.St.A., *Schmieröl.* (**Dän. P. 84 658** vom 11/5. 1951, ausg. 31/3. 1958. — C. **1956.** 13588 [E. P. 727 283].)

Texaco Development Corp., New York, N.Y., V.St.A., *Schmieröl.* (**Dän. P. 85 051** vom 11/5. 1951, ausg. 16/6. 1958. — C. **1954.** 8957 [Schwed. P. 137 711].)

XX. Schieß- und Sprengstoffe. Zündmittel

Übertragung von dispergierten Teilchen durch den Gasstrom bei der Verbrennung von Schießpulvern. N. N. Bachman. (Доклады Академии Наук СССР [Ber. Akad. Wiss. UdSSR] **129.** 824–26. 1/12. 1959. Inst. für chem. Physik der Akad. der Wiss. der UdSSR.) (Russ.)

Gleichungen, die auf Grund der Gesetze der Erhaltung der Masse, des Impulses u. der Energie abgeleitet werden, ergeben, daß bei der Verbrennung von Schießpulver (I) gleiche Geschw. der I-Teilchen u. des Gases innerhalb der Verbrennungszone (bei p = 1 at von einer Breite L von einigen mm) bei I-Teilchen von der Dimension $r \leq 1\,\mu$ angenommen werden kann; bei $r \geq 10\,\mu$ bilden dagegen die I-Teilchen ein unbewegliches Gitter (im Labor.-Syst.), das im hindurchgehenden Gas verbrennt. Bei zunehmendem p nimmt L etwa nach $L = 1/p^n$ ab, ebenso wie die Zeit, in der die Geschw. der I-Teilchen u. des Gases gleich werden; also gelten auch bei höheren p dieselben Gesetze.
R. K. MÜLLER. 8300☐

Das Zündungsversuchskonzept für Nischflammenhalter. L. A. Povinelli. (Combust. and Flame **4.** 355–56. Dez. 1960. Turin, Polytechn., Italy, School of Aeronautic. Engng.) (Engl.)

Über die Zündungsverzugszeit bei nischenartig ausgebildeten Flammenhaltern für Staustrahltriebwerke wird berichtet u. diese mit den Eigg. von Strömungswiderstandsflammenhaltern verglichen. Als Treibstoff dient Propan mit Luft bei ca. 75° F; zur besseren Beobachtbarkeit wurde Na zugesetzt. Alle Verss. werden bei einer REYNOLD-Zahl von ca. $1 \cdot 10^{-4}$ durchgeführt. Die Verss. zeigen eine Analogie der Verzugszeiten zwischen nischenartigen u. aerodynam. Flammenhaltern. Störungen in der Strömungsgrenzschicht können wesentlichen Einfl. auf die Verzugszeit haben. Durch die Verw. von Pentaboran, das eine 10mal größere Flammen-Geschw. als Propan hat, kann der relativ große Flammenabstand verringert werden. W. PENN. 8308☐

Nitroglycerin A/B, Gyttorp, Schweden (Erfinder: D. B. Davidson und G. A. Wetterholm), **Gasarm abbrennender Verzögerungssatz für elektrische Sprengzünder.** Das Gemisch besteht aus feinpulverisiertem Si oder Ferrosilicium mit <10% Fe u. einer spezif. Oberfläche >8000 cm^2/g sowie einem Oxydationsmittel, z. B. Bleimennige, mit spezif. Oberfläche >1500 cm^2/g, wobei das beim Abbrennen entstehende Gas-Vol. <35 cm^3/g sein soll. (**Schwed. P. 165 557** vom 28/8. 1952, ausg. 2/12. 1958.)
K. H. KÄHLER. 8309

Wyandotte Chemicals Corp., Wyandotte, Mich., V.St.A. (Erfinder: Donald Richard Jackson und Arthur Burr Ash), **Herstellung von Gas als Antriebsmittel für Gasturbinen, Katapulte, Raketen** durch kontrollierte Selbstzers. von Äthylenoxid (I). I wird über die Zers.-Temp. erhitzt, alle zusätzlichen Wärmequellen entfernt u. fortlaufend so viel frisches I eingebracht, daß die Temp.- u. Druckbedingungen der Selbstzers. erhalten bleiben. Ein heißes, aus CO u. CH_4 bestehendes Gas wird erhalten. – Zeichnung. (**E. P. 789 960** vom 3/5. 1954, ausg. 29/1. 1958.) E. DREWS. 8311

Thiokol Chemical Corp., Trenton, N.J., V.St.A. (Erfinder: Harry Raymond Fergusson), **Raketentreibstoff,** bestehend aus einem Gummi, einem KW-Stoff-Öl sowie 10–95 Gew.-% eines Oxydationsmittels, wie NH_4-, K- oder Na-Nitrat, HOCl oder $HClO_4$. (**E. P. 854 073** vom 14/11. 1956, ausg. 16/11. 1960.) E. KAHLES. 8311

Imperial Chemical Industries Ltd. (Erfinder: **Robert Stewart Gow** und **John Frederick Williamson**), *Freifließendes Pentaerythrittetranitrat.* (**Aust. P. 216 012** vom 6/2. 1957, ausg. 31/7. 1958. E. Prior. 6/2. 1956. — C. **1959.** 354 [D. A. S. 1 029 720].)

Melvin A. Cook und **Henry Earl Farnam jun.**, *Ammoniumnitratsprengstoff.* (**Aust. P. 228 282** vom 4/11. 1958, ausg. 9/6. 1960. Can. Prior. 28/2. 1958. — C. **1960.** 11169 [D. A. S. 1 072 526].)

Imperial Chemical Industries Ltd., London, übert. von: **William Maxwell**, Stevenston, England, *Elektrisch-initiierbarer Zündsatz.* (**A. P. 2 953 448** vom 2/5. 1958 (?), ausg. 20/9. 1960. E. Prior. 14/1. 1953. — C. **1956.** 6559 [E. P. 731 096].)

Heyl & Co. Chemisch-pharmazeutische Fabrik, Deutschland, *Raketentreibstoffe.* (**F. P. 1 199 841** vom 10/7. 1958, ausg. 16/12. 1959. D. Prior. 13/7. 1957. — C. **1959.** 10777 [D. A. S. 1 053 376].)

XXI. Leder. Gerbstoffe

Einige Gesichtspunkte über die chemischen Wechselwirkungen beim Nachgerben von Schuhoberleder. E. Levy. (J. Soc. Leather Trades' Chemists **45.** 385–99. Okt. 1961. Manchester, Lankro Chemicals Ltd.) (Engl.)

In einer ausführlichen Darst. werden die chem. Wechselwrkg. beim Neutralisieren, Nachgerben u. Färben von Cr-vorgegerbtem Oberleder besprochen u. darauf hingewiesen, daß hierbei vor allem die Ladungsverhältnisse, die Struktur u. das Komplexbindevermögen der maskierenden Verbb. sowie die Struktur der zum Färben verwendeten Farbstoffe beachtet werden müssen. — 22 Literaturangaben. H. G. FRÖHLICH. 8336□

Nochmals über die Gerbung von Rinderseitenhäuten für Oberleder. Ludwik Kotyński. (Przegląd Skórzany 15. Nr. 11. 271—74. Nov. 1960. Lubuskie Zakł. Garb.) (Pol.)

Es wird eine genaue Vorschrift für das Weichen, Kalken, Entkalken, Pickeln, Gerben u. Fetten von Rinderseitenhäuten gegeben. F. URBAN. 8336□

Die Verwendung von Citronensäure bei der Lederherstellung. C. Rieß. (Leder 12. 226—30. Sept. 1961. Ludwigshafen/Rh., Joh. A. Benckiser GmbH, Ledertechn. Labor.) (Dt.)

Nach einem kurzen Überblick über die Herst. u. Eigg. der Citronensäure werden die Verw.-Möglichkeiten bei der Leder-Herst., z. B. beim Entkälken u. der Maskierung der Cr-Gerbsalze besprochen. — 14 Literaturangaben. H. G. FRÖHLICH. 8338□

Möglichkeiten der Vulkanisation an vegetabilisch gegerbten Oberledern. W. Fischer (Leder 12. 223—26. Sept. 1961. Pirmasens, Prüf- u. Forschungsinst. für die Schuhherst.) (Dt.)

Die ausgeführten Unterss. zeigen, daß es möglich ist, vegetabil. gegerbte Leder so zu fetten, daß man sie bis zu einem Fett-Geh. von 15—18% bei Temp. bis zu 80°, im Leisten u. in der Bodenform bis 125° bei einer Heizdauer von 15 Min. ohne Schädigung vulkanisieren kann. Zum Fetten eignen sich vor allem Degras, Wollfett u. Stearin, während Trane die Haftfestigkeitswerte zwischen Gummi u. dem Leder stark herabsetzen. Zum Kleben hat sich ein Zweikomponentenkleber auf Basis Desmocoll 176/Desmodur R bes. bewährt. Bei Zusatz zum Kreppgummi läßt sich die Haftung deutlich verbessern. H. G. FRÖHLICH. 8340□

5.6-Dichlorbenzoxazolon-(2) als Lederfungicid. Sverre Dahl und Arthur M. Kaplan. (J. Amer. Leather Chemists Assoc. 56. 686—98. Dez. 1961. Washington, D.C., Nat. Bur. of Standards.) (Engl.)

Unterss. über die fungicide Ausrüstung von Leder haben gezeigt, daß hierfür 5.6-Dichlorbenzoxazolon-(2) (I), eine farblose, nichtflüchtige, relativ wasser- u. säurebeständige Verb. bestens geeignet ist. Man löst I in einem Gemisch aus Cyclohexanon, Mineralöl u. Trichloräthylen (30:10:60) u. imprägniert hiermit die Leder. Ein ausreichender Schutz für vegetabil. Leder einschließlich Sohlleder wird erzielt, wenn dasselbe 0,4% an I aufgenommen hat. Für Cr-Leder genügen bereits 0,2%. Vergleichende Unterss. mit 2-Aminophenol, 2-Amino-4.5-dichlorphenol u. Benzoxazolon-(2) haben gezeigt, daß I diesen Verbb. bzgl. ihrer fungiciden Eigg. klar überlegen ist. — 20 Literaturangaben. H. G. FRÖHLICH. 8340□

Physikalisch-chemische Untersuchungen an Tropokollagenlösungen. K. Hannig und J. Engel. (Leder 12. 213—22. Sept. 1961. München, Max-Plank-Inst. für Eiweiß- u. Lederforsch.) (Dt.)

Die Fehlermöglichkeiten bei der Best. des Molgew. von Tropokollagen u. seiner Mol.-Form durch Sedimentation, Lichtstreuung, Viscositätsmessung, Messung des osmot. Druckes, Strömungsdoppelbrechung u. opt. Drehung sowie diejenigen, die bei den Denaturierungs- u. Renaturierungsvorgängen auftreten, werden ausführlich besprochen u. die eigenen Meßergebnisse an nativem u. denaturiertem Tropokollagen mit den aus der Literatur bekannten Werten verglichen. — 47 Literaturangaben. H. G. FRÖHLICH. 8362□

Die Bestimmung von organischen Säuren in organisch reduzierten Chrombrühen. V. Lasek. (Leder 12. 230—32. Sept. 1961. Warschau, Inst. für Lederind.) (Dt.)

Es wird eine quant. Meth. zur Best. der bei der Cr(VI)-Red. mit Zucker entstehenden organ. Säuren (O-Acidität) beschrieben. Zu diesem Zweck wird von der Gesamtacidität der red. Brühe die vor der Red. im $Na_2Cr_2O_7/H_2SO_4$-Gemisch enthaltene Mineralsäureacidität (M-Acidität) abgezogen, deren Best. ebenfalls beschrieben wird. Außerdem wird der Einfl. der Herst.-Meth. auf die O-Acidität der mit Rohrzucker red. Brühen untersucht. Die Ergebnisse zeigen, daß die Erhöhung der Menge an organ. Red.-Mittel, die Erniedrigung der Mineralsäuremengen sowie abnehmende Cr-Konz. u. abnehmende Red.-Temp. die O-Acidität erhöhen. H. G. FRÖHLICH. 8364□

Alexis Eugene Ushakoff, V.St.A., **Fetten von Häuten nach dem Gerben,** nachdem in den Endphasen des Gerb-Verf. ein mit W. mischbares organ. Lsgm. verwendet u. dabei das W. aus der Haut entfernt worden ist. Zum Fetten werden die üblichen Fettungsmittel, bes. höhere Fettsäuren, verwendet, z. B. Laurin-, Myristin-,

Palmitin-, Stearin-, Öl-, Linol- oder Linolensäure. (**F. P. 1 220 965** vom 13/1. 1959, ausg. 30/5. 1960.) M. F. MÜLLER. 8339

Farbenfabriken Bayer Akt.-Ges., Deutschland (Erfinder: **Bruno Zorn** und **Werner Zeiss**), *Wasserabweisende Imprägnierung von Leder*. (**F. P. 1 172 475** vom 25/4. 1957, ausg. 11/2. 1959. D. Prior. 27/4. 1956. — C. **1959**. 8762 [D. A. S. 1 027 360].)

Farbenfabriken Bayer Akt.-Ges., Leverkusen (Erfinder: **Wilhelm Graulich**, **Gustav Mauthe** und **Kurt Eitel**), *Zurichten von Leder*. (**Holl. P. 98 416** vom 20/1. 1955, ausg. 17/7. 1961. D. Prior. 21/1. 1954. — C. **1957**. 3997 [D. B. P. 929 209].)

B. F. Goodrich Co., New York, N.Y., V.St.A., *Elastische, wasserdampfdurchlässige Schichtstoffe*. (**E. P. 815 786** vom 26/1. 1956, ausg. 1/7. 1959. A. Prior. 23/2. 1955. — C. **1959**. 10779 [A. P. 2 819 981].)

XXII. Leim. Klebstoffe usw.

Einige Prinzipien der Adhäsion. S. Chandrasekaran und H. Mark. (Tappi Monogr. Ser. Nr. **22**. 3—21. 1961. Brooklyn, N.Y., Polytechn. Inst. of Brooklyn, Polymer Res. Inst.) (Engl.)

Die Abschätzung der maximalen Adhäsionsfestigkeit eines gegebenen Syst. ist auf dem Wege über thermodynam. Überlegungen oder durch Entw. eines mol. Modells für die Adhäsion möglich. Für den zweiten Fall werden die verschiedenen Arten der Klebstoffanwendung u. die Anforderungen an die mol. Struktur besprochen u. Schlußfolgerungen über die Entw. von Klebstoffen in der Praxis gezogen. M. HAGEDORN. 8380 □

Versuche zum Abschälen. J. J. Bikerman. (J. appl. Polymer Sci. **2**. 216—24. Sept./Okt. 1959. Cambridge, Mass., Massachusetts Inst. of Technol., Dep. of Civil and Sanitary Engng.) (Engl.)

Es wurde die Kraft bestimmt, die zum Abziehen eines mit Polyäthylen oder Polyvinylacetat auf Glas geklebten Al- oder Ni-Bandes nötig ist. Sowohl für Klebstoffe, die nahezu HOOKEsche Festkörper sind, als auch für solche, deren Spannungs/Dehnung-Kurve näherungsweise durch Spannung = const. (Dehnung) 0,5 dargestellt wird, läßt die Theorie für diese Kraft höhere Werte erwarten, als gemessen wurden. Bei der letzteren Gruppe wurde der Unterschied durch eine Spannungs-Konz. an der rechts- u. linksseitigen Kante der Klebstoffschicht verursacht, die durch Kontraktion des Klebemittels senkrecht zur Zugrichtung entsteht. Infolgedessen war die Abziehkraft der Breite des Bandes nur bei fast HOOKEschen Klebestoffen bei geringer Elongation proportional. Eine für solche Stoffe schädliche Spannungsanhäufung trat bei starker Krümmung an der Grenze zwischen Klebstoff u. Band auf. W. BETCKE. 8380 □

Die Herstellung von matten, nichtklebrigen Polyisobutylenfilmen mit hoher Klebfähigkeit. P. F. Abramowitsch und Ju. B. Kipniss. (Кожевенно-Обувная Промышленность [Leder- u. Schuhwaren-Ind.] **3**. Nr. 7. 27—28. Juli 1961.) (Russ.)

Der *Polyisobutylenklebstoff P-200* (Molgew. 200000) wird durch Zugabe von 20 bis 30% MgO oder des Pulvers „Aktinap" verbessert, da dadurch der bei der Herst. von künstlichem Persianer störende Glanz des Klebstoffes verschwindet.

J. v. SCHROEDER. 8388 □

Über die Haltbarkeit der Verklebung von Holz mit Carbamidklebstoffen. A. K. Petrow. (Деревообрабатывающая Промышленность [Holzverarb. Ind.] **10**. Nr. 10. 11—12. Okt. 1961. Moskau, Holztechn. Inst.) (Russ.)

Es wird die Dauer der Erhärtung verschiedener Leimpartien u. -marken in Abhängigkeit von der Temp. untersucht. Die Zeitdauer bis zum Erhärten von Harnstoff-Formaldehyd-Leimen ist nicht nur für die einzelnen Marken unterschiedlich, sondern schwankt auch von Partie zu Partie der gleichen Marke. Für die Einteilung der Leime nach ihrer Fähigkeit zum Erhärten werden 9 Klassen vorgeschlagen. Die angegebenen Nomogramme ermöglichen es, die Erhitzungsdauer bis zum Erhärten des Leims in Abhängigkeit von der Geschw. des Temp.-Anstiegs zu bestimmen.

HELMUT SCHÄFER. 8388 □

Huminsäuren von Faulschlamm und Torf als Bindemittel bei der Verwertung von Holzabfällen. N. Brakšs, L. Alksne, J. Ábolinš und A. Kalninš. (Известия Академии Наук Латвийской ССР [Nachr. Akad. Wiss. LettSSR] **1960**. Nr. 10. 101—06.) (Lett.; Auszug: Russ.)

Die *Huminsäuren* (I) des Faulschlamms (II) u. des Torfes (III) besitzen gute Klebeeigenschaften. Dies wurde bei der Herst. von bestimmten Erzeugnissen aus Sägemehl u. Hobelspänen mit I als Bindemittel festgestellt. Die Roh-Prodd. II u. III müssen vorher mit Alkalien behandelt werden. Eine Extraktion von II bzw. III mit organ. Lsgm. (z. B. A./Bzl.) verbessert die Klebeigenschaften. Der Kleber muß in 10 bis 15 Gew.-% der trockenen Masse der Holzabfälle eingesetzt, das Erzeugnis bei 20—40 at heiß gepreßt werden. Die so erhaltenen Erzeugnisse (z. B. Bauplatten) haben Druckfestigkeiten von 40—80 kg/cm² u. mehr. H. NESTLER. 8388 □

Westfork Mfg. Co. (Proprietary) Ltd. (Erfinder: Willem Adriaan van der Westhuizen), **Klebmittel**, bes. für Holz, bestehend aus Tischlerleim u. W., wobei ein Gemisch dieser beiden Komponenten bis zum Kp. erhitzt u. nach dem Kühlen mit Gipsmörtel versetzt wird. — Beispiel: 4 (Teile) Leim, 8 W., 1 Stuckgips. (**Aust. P. 223 911** vom 18/6. 1957, ausg. 8/10. 1959.) K. DEMMLER. 8385

Carl Stacker K. G., Mannheim, **Flüssige Harzleime.** Bes. zum Verkleben von Papier verwendet man Lsgg. von Kolophonium, Kopalharz, Sandarak in homöopolaren Lsgm. (Bzl., Toluol, Xylol, Petroleum, hydrierten Naphthalinen oder Ae., ggf. im Gemisch mit einem kleineren Anteil an heteropolaren Lösungsmitteln). (**Belg. P. 534 776** vom 11/1. 1955, ausg. 10/10. 1958. D. Prior. 17/2. u. 18/6. 1954.) E. FUCHS. 8385

A. E. Staley Mfg. Co. (Erfinder: Ellis H. Lehman), Decatur, Ill., V.St.A., **Alkalisches Klebemittel** für Wellpappe, bestehend aus einem Gemisch von gelatinierter u. ungelatinierter Stärke mit einem Zusatz von Borax, dad. gek., daß die ungelatinierte Stärke durch Rk. von nativer Stärke mit 0,12—0,42% Dimethylolharnstoff bei pH 1,5 bis 7, pH-Einstellung auf 4,5—10, Abtrennen u. Trocknen erzeugt wurde, daß der pH-Wert 10—13 u. der Borax-Geh. 1—5% (auf ungelatinierte Stärke bezogen) beträgt. (**D. A. S. 1 117 060** Kl. 89k vom 4/2. 1960, ausg. 9/11. 1961. A. Prior. 5/2. 1959.) A. GRADL. 8385

A. N. Wodsinsskaja, A. A. Krylowa und N. Ss. Wassiljewa, **Herstellung eines Klebers auf Polyvinylchlorid-Grundlage.** Eine verkürzte Trockenzeit wird erreicht, wenn an Stelle von Cyclohexanon als Lsgm. eine 30%ig. Lsg. von Campher in Xylol oder Butylacetat verwendet wird. (**UdSSR. P. 118 174** vom 1/8. 1958.) L. GROSSNER. 8389

Union Carbide Corp., New York, N.Y., V.St.A. (Erfinder: Frank Fekete), **Silicongummipräparat** aus einem diorganosubstituierten Polysiloxan, einem Füllstoff, einer Alkoxygruppen enthaltenden Si-Verb. u. einem B enthaltenden Material (Borat, Borhydrid, -oxid, -halogenid, -azol). — Man mischt 100 (Teile) Polysiloxangummi (aus 87,65% Dimethylsiloxan, 0,35% Äthylvinylsiloxen u. 12% Dimethylsiloxan) mit 40 verstärkendem SiO_2, 12 Dimethylpolysiloxanöl, dessen Endgruppen mit Äthoxygruppen besetzt sind, 1 Diphenyldiäthoxysilan, 0,5 $B(OH)_3$ u. 0,6 Dichlorbenzoylperoxid u. heizt 15 Min. auf 121° u. 24 Std. auf 250°. Man erhält einen *Haftkleber*, der auf Metall, Gewebe oder Folien gut haftet. (**Jap. A. S. 10 045/1959** vom 28/4. 1958, ausg. 13/11. 1959. **F. P. 1 205 990** vom 29/4. 1958, ausg. 5/2. 1960. Beide A. Prior. 29/4. 1957.) M. PANKOW. 8389

Imperial Chemical Industries of Australia and New Zealand Ltd., Australien, **Belegen von Metallfolien mit Vinylharzfolien.** Man verwendet als Klebmischung eine solche aus einem Vinylterpolymeren mit COOH-Gruppen, einem Vinyltripolymeren mit OH-Gruppen, einem Polyalkylmethacrylat, einer bas. Pb-Verb. u. einem polymeren Weichmacher. Man bringt dieses Gemisch auf eine der zu verbindenden Oberflächen, erhitzt u. preßt die Oberflächen zusammen. Das Terpolymere besteht aus einem Mischpolymeren aus 80—90% Vinylchlorid, 19,7—7% Vinylacetat u. 0,3—3% einer ungesätt. Dicarbonsäure, z. B. Vinylite VMCH. Das Tripolymere besteht aus einem verseiften Mischpolymerisat aus Vinylchlorid u. Vinylacetat u. enthält 91% Vinylchlorid, 3% Vinylacetat u. 6% Vinylalkohol, z. B. Vinylite VAGH. Der polymere Weichmacher ist ein Polyester mit Molgew. ca. 4000. — Man mischt 3 (Teile) bas. Pb-Sulfat, 1,5 Vinylite VAGH u. 1.5 Polypropylenadipat, löst das Gemisch in Methylphenylketon (I) u. ferner 10,5 Vinylite VMCH u. 4 Polymethylmethacrylat in I (Gesamtmenge aus I 79,5) u. mischt beide Lsgg. kurz vor der Verwendung. Die mit der Lsg. bestrichene Metallfläche wird auf 160—200° erhitzt u. nun die heiße Vinylharzfolie daraufgepreßt. Um das Schmelzen der Klebschicht zu erleichtern, kann man ihr Hydroabietylalkohol zusetzen. (**F. P. 1 195 653** vom 3/5. 1958, ausg. 18/11. 1959. Aust. Prior. 3/5. 1957.) M. PANKOW. 8389

B. B. Chemical Co. of Australia Proprietary Ltd. (Erfinder: Eric Clifford Johnson und Robert Draper Clarke), **Thermoplastisches Klebeband,** bestehend aus 45—70 (Gew.-%) Polyäthylen (Molgew. 7000—21000), 15—45 KW-Stoff-Harze, z. B. B-Pinenpolymerisat (F. 85—135°) u. 5—20 Polyvinylacetat (Erweichungspunkt zwischen 75 u. 200°). (**Aust. P. 223 825** vom 10/6. 1957, ausg. 1/10. 1959. A. Prior. 11/6. 1956.) K. DEMMLER. 8389

Soc. Permacel Tape Corp., New Brunswick, N. J., V.St.A., **Klebestreifen,** der bei normalem Preßdruck selbst klebt, dad. gek., daß er aus einem dünnen, elast., porösen Papier hergestellt ist, dessen Dicke u. Elastizität einem Papier gleicht, von dem 1 Ries a 480 Blatt zu 24×36 Zoll 27 livres (12,1 kg) wiegt u. dessen innere Struktur mit einer 30—60%ig. wss. Dispersion eines Faserbindemittels so verstärkt ist, daß die fertige Papiergrundschicht zu ca. 40—60% aus diesem Mittel, einem nichtvulkanisierten Mischpolymerisat aus 35—70% Styrol, Acrylsäurenitril, Isobutylen oder Methylacrylat u. Butadien als Restbestandteil besteht. Auf dieses Papier ist ein üblicher Klebstoff aufgetragen. Das Prod. kann von einer damit beklebten Unterlage oder seiner eigenen Rolle ohne Spalten des Papiers wiederholt abgezogen u. (neu beklebt) wieder verwendet werden, wobei die Eigg. des Streifens auch bei Temp. von > Kp. u. < F. des W. nicht leiden. — Mengenbeispiele. (**Belg. P. 545 663** vom 29/2. 1956, ausg. 9/10. 1959. A. Prior. 13/12. 1955.) G. VOGEL. 8389

American-Marietta Co., V.St.A., *Leim aus Blut.* (**F. P. 1 174 376** vom 26/4. 1957, ausg. 10/3. 1959. — C. **1959.** 14608 [D. A. S. 1 046 226].)

Bozel-Maletra Soc. Industrielle de Produits Chimiques, Paris, Frankreich, *Klebemittel aus Stärke und Glyoxal.* (**Holl. P. 98 444** vom 16/1. 1956, ausg. 17/7. 1961. F. Prior. 18/1. 1955. — C. **1957.** 13229 [F. P. 1 120 163].)

E. I. du Pont de Nemours & Co., V. St.A. (Erfinder: **John Irwin Dye**), *Klebstoff.* (**F. P. 1 160 630** vom 24/11. 1956, ausg. 22/7. 1958. **E. P. 813 212** vom 11/12. 1956, ausg. 13/5. 1959. Beide A. Prior. 15/12. 1955. — C. **1961.** 15984 [A. P. 2 892 747].)

American Cyanamid Co., New York, N. Y., übert. von: **Earl B. Detwiler**, Old Greenwich, Conn., V.St.A., *Klebstoff.* (**Can. P. 551 862** vom 30/9. 1948, ausg. 21/1. 1958. A. Prior. 27/7. 1948. — C. **1952.** 4698 [A. P. 2 559 349].)

Minerals & Chemicals Corp. of America, Philadelphia, Pa., übert. von: **Arlie W. Claxton**, Irwinton, Ga., V.St.A., *Klebstoff mit Kaolin.* (**Can. P. 552 027** vom 7/10. 1955, ausg. 21/1. 1958. A. Prior. 8/10. 1954. — C. **1961.** 2855 [A. P. 2 892 731].)

Imperial Chemical Industries Ltd., England, *Kleb-, Überzugs- und Imprägniermittel.* (**F. P. 1 174 679** vom 9/5. 1957, ausg. 13/3. 1959. E. Prior. 9/5. 1956 u. 1/5. 1957. — C. **1961.** 359 [Belg. P. 557 309].)

Imperial Chemical Industries Ltd. (Erfinder: **Allan Raymond Ford, John Robert Arthur Kennedy, Neil Munro** und **Norman Standring**), *Kleb-, Überzugs- und Imprägniermittel.* (**Aust. P. 222 839** vom 9/5. 1957, ausg. 13/8. 1959. E. Prior. 9/5. 1956. — C. **1961.** 359 [Belg. P. 557 309].)

Norton Co., V.St.A. (Erfinder: **Albert John Klemka** und **Charles Olson Pike**), *Druckempfindlicher Klebstoff.* (**F. P. 1 160 045** vom 17/10. 1956, ausg. 7/7. 1958. A. Prior. 20/10. 1955. — C. **1960.** 12559 [E. P. 813 540].)

General Aniline & Film Corp., V. St. A. (Erfinder: **F. Claudi Magnussen, Julian L. Azorlosa** und **George G. Stoner**), *Klebstoffpräparat.* (**F. P. 1 165 440** vom 22/10. 1956, ausg. 24/10. 1958. A. Prior. 24/10. 1955. — C. **1959.** 15555 [D. A. S. 1 054 930].)

Minnesota Mining & Mfg. Co., V.St.A. (Erfinder: **Dolores O Ethier** und **Roland A. Auger**), *Klebmasse.* (**F. P. 1 173 371** vom 25/3. 1957, ausg. 24/1. 1959. A. Prior. 26/3. 1956. — C. **1961.** 1788 [D. A. S. 1 069 801].)

American Viscose Corp., V.St.A. (Erfinder: **David T. Milne**), *Verkleben von Folien.* (**F. P. 1 187 109** vom 31/10. 1957, ausg. 7/9. 1959. A. Prior. 1/11. 1956. — C. **1959.** 8020 [D. A. S. 1 031 452].)

American-Marietta Co., V.St.A. (Erfinder: **David Lester McConaughy**), *Verkleben von Metallfolien.* (**F. P. 1 172 288** vom 12/2. 1957, ausg. 9/2. 1959. A. Prior. 16/3. 1956. — C. **1961.** 7466 [E. P. 818 103].)

Charles Bartell, New Brunswick, N.J., V.St.A., *Klebepapier.* (**E. P. 837 426** vom 28/5. 1956, ausg. 15/6. 1960. A. Prior. 26/5. 1955. — C. **1960.** 13885 [D. A. S. 1 063 452].)

P. Beiersdorf & Co. Akt.-Ges., Deutschland, *Klebeband.* (**F. P. 1 163 719** vom 2/1. 1957, ausg. 30/9. 1958 D. Prior. 2/1. 1956. — C. **1959.** 15236 [D. B. P. 969 253].)

Norton Co., V.St.A., *Klebband.* (**F. P. 1 165 530** vom 20/11. 1956, ausg. 27/10. 1958. — C. **1960.** 7398 [E. P. 809 345].)

Minnesota Mining & Mfg. Co. (Erfinder: **Carl A. Dahlquist** und **Thomas S. Reid**), *Klebbänder.* (**Aust. P. 225 372** vom 24/6. 1958, ausg. 10/12. 1959. A. Prior. 3/7. 1957. — C. **1960.** 5052 [D. A. S. 1 061 014].)

P. Beiersdorf & Co. Akt.-Ges., Hamburg, *Herstellung von Klebebändern.* (**Belg. P. 536 687** vom 21/3. 1955, ausg. 30/1. 1959. D. Prior. 25/3. 1954. — C. **1957.** 10919 [F. P. 1 121 327].)

XXIII. Tinte. Hektographenmassen und andere Spezialpräparate

Die Farbstoffe in der Druckerei. R. Delattre. (Chim. et Ind. **85.** 901—06. Juni 1961.) (Franz.)

Vf. erörtert ausführlich die von Druckereitinten geforderten Eigg., wie hohes Färbevermögen, Durchsichtigkeit, colorimetr. Eigg., die sozusagen eine automat. Wiedergabe der Farben ermöglichen, u. gibt einen ausführlichen Überblick über die neuen harzhaltigen, patentierten, organ. Pigmente, wobei er gleichzeitig Ergebnisse colorimetr. Vgl.-Messungen anführt. L. JENTGEN. 8420□

Zur Frage des Einflusses der struktur-mechanischen Eigenschaften von Druckfarben auf ihr Verhalten beim Druckprozeß. T. I. Gudkowa, L. A. Kosarowitzki und N. W. Michailow. (Коллоидный Журнал [Kolloid-J.] **22.** 649—57. Nov./Dez. 1960. Moskau, Allunions Forschungsinst. für die Polygraph. Ind.) (Russ.; Auszug: Engl.)

Die Farben erfahren während des Druckvorgangs sprunghafte Veränderungen ihrer charakterist. Scherspannung (S), die abhängig vom Geschw.-Gradienten (G) sind. Es ist zwischen den Abquetschwalzen mit $1 \cdot 10^4 s^{-1}$ für G zu rechnen. Die bisher übliche Best. von Viscosität (a) u. S bei einem G von $450 s^{-1}$ gestattet keine abs. Aussage für den gesamten Druckprozeß. Erstmalig werden von Vff. die vollständigen rheolog.

Kurven (G gegen S) u. damit die S-Abhängigkeit von η für 3 Leinölfirnisfarben ($\eta = 0{,}7$, 20,2, 200 Poise) mit 30 Vol.-% Ruß u. 3 handelsüblichen Farben (Schwarz 53 u. 54, Blau) ermittelt. Diese Best. werden durch die App. von WEILER u. REHBINDER u. das Elastoviscosimeter NII-200 ermöglicht. Als bedeutender Faktor im eigentlichen Druckprozeß wird das Verhältnis η_0/η_m angesehen ($\eta_m = \eta$ im Grenzbereich der Zerstörung der Struktur), das den Bereich der sprunghaften S-Veränderung beschreibt. Die Erhöhung der Temp. von 20 auf 50° zeigt einen Abfall der η um das 5fache, während eine weitere Temp.-Steigerung bis 80° keinen wesentlichen Einfl. mehr zeigt. Die Temp.-Abhängigkeit von η_m ist gleich der Kurve für das Abbinden der Farbe bei gleichen Temperaturen. Es wird eine Beziehung zwischen η_m u. der Übertragung der Farbe von der Farbwalze auf die Form u. von dieser auf das Papier ermittelt. Der übertragene Farbanteil nimmt mit fallendem η_m zu. O. KRAMM. 8420☐

Flexographische Druckfarben. E. A. Apps. (Paint Manufact. **31.** 269—74. Aug. 303—**13.** Sept. 1961.) (Engl.)

Übersicht über die an flexograph. Druckfarben (für flexible Kautschukstereotypplatten von Schnellrotationspressen) zu stellenden Anforderungen (geringe Viscosität, schnelle Trocknung, gute Haftfestigkeit u. schwacher Geruch), ihre Ansätze, Einteilung in voll, halb pigmentierte u. auf bas., transparenten Farbstoffen beruhenden Druckfarben u. ihre Vor- u. Nachteile. W. WESLY. 8420☐

Hektographisches Kohlepapier mit Schutzschicht. L. Offer. (Seifen-Öle-Fette-Wachse **81.** **45.** 19/1. 1955.) (Dt.)

Angaben über die Eigg. des Paraffins, das zum Beschichten von Kohlepapier verwendet werden soll, u. Arbeitsvorschriften zum Auftragen der Schicht. F. ROSENDAHL. 8422☐

Chromatographie zur Charakterisierung von blauen Tinten für Kugelschreiber. Antonio Usai und Lucia Corazzi. (Rassegna Chim. **12.** Nr. 5. 40—41. Sept./Okt. 1960. Roma, Univ., Ist. di Merceol.) (Ital.)

Die Analyse von blauen (frischen, künstlich oder natürlich gealterten u. getrockneten) Tinten für Kugelschreiber als 1%ig. Proben in alkohol.-aceton. (1 : 1) Lsg. wird mit Hilfe der absteigenden Chromatographie auf WHATMAN-Nr. 1-Papier ausgeführt. Nach dem Auftragen von 0,0025 ml Probe wird das Papier 24 Std. bei 75% Feuchtigkeit u. 25° gehalten, dann 3 Std. mit HCl (D. 1,05) als Eluiermittel behandelt, rasch getrocknet, die Chromatogramme mit NH_3 bis zur Alkalisierung besprüht u. anschließend zur Untereinteilung der Tinten in 3 Gruppen benutzt, wobei befriedigende qual. u. quant. Ergebnisse erhalten werden. G. PLATZER. 8500☐

Salimuzzaman Siddiqui, Georg Hahn und Rafig Ahmad Siddiqui, Karachi, Pakistan, **Bereitung von Schreibtinte** durch Extrahieren von Tannin enthaltendem Material, wie Dividivi, Myrobalans, Algarobilla u. Valonia mit Wasser. Den wss. Extrakt hydrolysiert man anschließend ca. 2 Std. bei 80—90° mit HCl u. filtriert vom Rückstand ab. Eine ca. 1 Jahr lang haltbare Tinte erhält man aus: 500 ml des obigen Filtrats, 25 ml Isopropylalkohol, 8 g Gerbsäure, 8 g $FeSO_4$, 5 g Tintenblau, 1 g Phenol, aufgefüllt mit dest. W. zu 1 Liter. (**Ind. P. 60 781** vom 14/6. 1957, ausg. 11/2. 1959.) H. NEBELSIEK. 8421

François Nubiola, Seine, Frankreich, **Polymerisierbare Tinte zur Herstellung von Abziehbildern,** bestehend aus 100 (Teilen) geräuchertem Kautschuk, 2,5 S, 0,1 Tetramethylthiuramdisulfid, 15 Styrol u. 382 Benzol. (**F. P. 1 179 355** vom 28/5. 1957, ausg. 22/5. 1959.) T. OPPERMANN. 8421

Minerals & Chemicals Corp. of America, Menlo Park, übert. von: Charles Gerald Albert, Basking Ridge, und James R. Wilcox, Westfield, N.J., V.St.A., **Kaolinton mit modifizierter Oberfläche.** Die Benetzbarkeit u. Dispergierfähigkeit von Ton in polaren u. nichtpolaren organ. Fll. wird wesentlich verbessert durch Aufbringen von 0,5—5, bes. 1—2%, eines Harzaminstearates (erhältlich nach A. P. 2 491 913; C. **1949.** E. 1469) auf die Oberfläche der Tonteilchen durch gemeinsames Vermahlen der Komponenten unter Druck, bes. bei 500—600° F. Das Prod. ist bes. geeignet zur Herst. von *Lithographietinte.* (**A. P. 2 948 632** vom 24/4. 1958, ausg. 9/8. 1960.) G. FRIKELL. 8421

Günther Wagner, Hannover, **Herstellung von Vervielfältigungsfolien.** Auf eine Kunststoffolie (z. B. aus Cellulosediacetat oder Polyvinylchlorid) bringt man eine Lsg. oder Dispersion einer farbstoffabgebenden Masse in einer Lsg. eines Kunstharzes auf, wobei das Lsgm. auch auf die Kunststoffolie lösend wirken soll. (**Holl. P. 97 101** vom 19/9. 1958, ausg. 15/2. 1961. D. Prior. 25/9. 1957.) F. BÖHM. 8423

S. J. L. Wolf, Upsala, Schweden, **Herstellen von Schriftkopiervorlagen.** Die Schrift wird aus transparenten Buchstaben zusammengesetzt u. ggf. mittels entsprechend geformter Linsen vergrößert, verkleinert oder verzerrt. — Zeichnungen. (**Belg. P. 561 937** vom 25/10. 1957, ausg. 20/5. 1960. D. Prior. 21/3. 1957.) K. KITTLER. 8499

Scripto, Inc., Atlanta, Ga., V.St.A., *Kugelschreiberflüssigkeit.* (**Norw. P. 91 207** vom 15/8. 1955, ausg. 17/3. 1958. — **C. 1960.** 6382 [E. P. 800 036].)

Wilhelm Ritzerfeld und **Gerhard Ritzerfeld,** Berlin, *Hektographisches Vervielfältigungsverfahren.* (**F. P. 1 213 324** vom 15/1. 1959, ausg. 31/3. 1960. D. Prior. 17/1. u. 2/4. 1958. — **C. 1961.** 3879 [D. A. S. 1 092 043].)

Imperial Chemical Industries Ltd. (Erfinder: **Norman New**), *Mattieren von Polyäthylenterephthalatfilmen.* (**Aust. P. 226 698** vom 21/11. 1958, ausg. 3/3. 1960. E. Prior. 29/11. 1957. — **C. 1961.** 12713 [E. P. 843 850].)

Zareh Lorenian, Mailand, Italien, *Herstellung von Minen und Hüllen für Bleistifte.* (**Dän. P. 84 677** vom 27/6. 1949, ausg. 31/3. 1958. — **C. 1961.** 8900 [Oe. P. 205 376].)

Paul Jackson Hartsuch, Chemistry of lithography. 2nd edit. New York: Lithographic Technical Foundation. 1961. (358 S. m. Abb.) $ 12.—.

XXIV. Photographie

Die Unterschiede in der Oxydierbarkeit der latenten Bildkeime von Emulsionen, die auf verschiede Art chemisch sensibilisiert wurden. H. Sauvenier. (Bull. Soc. roy. Sci. Liège **25.** 357—65. Juni 1956. Lüttich, Univ., Labor. de Physique générale.)

Vf. untersuchte eine *Bromsilber*-Emulsion aus einer inakt. Gelatine mit einer Korngröße von 0,1 μ, die bei der Nachreifung mit verschiedenen chem. Sensibilisatoren behandelt wurde, auf die Oxydierbarkeit des latenten Oberflächenbildes mit $HCrO_4$. Als chem. Sensibilisatoren bei der Nachreife wurden verwendet: Red.-Mittel, Aktivgelatine, $Na_2S_2O_3$ (I), $KAu(SCN)_2$ (II), Mischungen von **I** u. **II**, Mischung aus **II** u. Red.-Mittel, $HAuCl_4$. Nach der Belichtung wird die Emulsion 150 Sek. lang bei 18° mit $HCrO_4$-Lsgg. verschiedener Konzz. behandelt u. anschließend mit einem Oberflächenentwickler (Glycin ohne Sulfit) 5 Min. bei 18° entwickelt. Auswertung über Schwärzungskurven. — Es zeigt sich, daß sich das latente Bild unterschiedlich verhält, u. daß die Oxydierbarkeit von dem bei der Nachreifung verwendeten chem. Sensibilisator abhängig ist. Zur Zerstörung des latenten Oberflächenbildes genügt bei der durch Red.-Mittel nachgereiften Emulsion eine $HCrO_4$-Konz. von 0,05%. Bei der mit Aktivgelatine oder $Na_2S_2O_3$ nachgereiften Emulsion ist eine $HCrO_4$-Konz. von 0,25% nötig. Bei der mit $HAuCl_4$ gereiften Emulsion genügt bei kleinen Au-Konzz. eine 0,25%ig. $HCrO_4$-Lsg., bei höheren Au-Konzz. bleibt ein geringes latentes Bild weiter bestehen. Im Fall der Sensibilisierung mit $KAu(SCN)_2$ hängt die Oxydierbarkeit im Bereich einer $HCrO_4$-Konz. von 0,25—2,5% vom Au-Geh. ab. Die Mischungen Au/Red.-Mittel u. Au/Thiosulfat verhalten sich unterschiedlich; in Ggw. von Au ändert die Red.-Sensibilisierung die Oxydierbarkeit der Oberflächenkeime kaum, während die Schwefelsensibilisierung sie herabsetzt. Das latente Bild einer schwefelsensibilisierten Emulsion ist im Gebiet der Normalbelichtung weniger oxydabel als im Gebiet der Überbelichtung; im Gebiet der Solarisation ist es ebensowenig oxydierbar wie das einer red.-sensibilisierten Emulsion. W. GÜNTHER. 8594☐

Entropie und Blitzlampe. H. Kocher und G. Kocher. (Techn.-wiss. Abh. Osram-Ges. **7.** 297—305. 1958.) (Dt.)

Der Abbrennvorgang innerhalb eines Metallfolienkolbenblitzes wurde in die Teilvorgänge a) Oxydation der Al-Folie bei konst. O_2-Druck u. konst. Temp. u. b) Expansion des Restgases auf das Kolben-Vol. zerlegt. Die Entropieänderungen des Syst. wurden berechnet; die theoret. Betrachtungen wurden durch Abbrenn-Verss. mit Kolben von verschiedenen Fülldrucken überprüft. Eine halbempir. erhaltene Kurve gibt den zur vollständigen Verbrennung der Folie erforderlichen O_2-Überschuß an.

E. MOISAR. 8614☐

Messung der „Leitzahl" bei Blitzlichtaufnahmen. W. Lang und G. Kocher. (Techn.-wiss. Abh. Osram-Ges. **7.** 337—44. 1958.) (Dt.)

Zur Best. der Leitzahl von Kolbenblitzen oder Elektronenblitzen wird ein Verf. beschrieben, das im wesentlichen darin besteht, daß Filme hinter einem transparenten Graukeil mit der zu prüfenden Lichtquelle belichtet werden. Die Keilstufe, die z. B. einen Schwärzungswert von 0,1 über dem Schleier ergibt, wird in einer näher erläuterten Formel zur Berechnung der Leitzahl verwandt. E. MOISAR. 8614☐

Ilford Ltd., Ilford, England (Erfinder: Harold Owen Dickinson und Alan James Swinnerton), **Herstellung von Halogensilberemulsionen.** Das Halogensilber (I) wird in einer wss. Lsg. ausgefällt, die 1—30% vom Gew. des I eines nichtion., oberflächenakt. Mittels der allg. Formel $Q-(CH_2CH_2O)_x-CH_2CH_2O-SO_3H$ enthält. Hierbei ist Q eine Alkoxygruppe mit 10—22 C-Atomen oder eine Phenoxygruppe mit Alkyl- oder Alkoxysubstituenten am Ring u. x = 5—25. Bes. geeignet sind: $n\text{-}C_{12}H_{25}O-(CH_2CH_2O)_9-CH_2CH_2O-SO_3Na$ u. $n\text{-}C_{12}H_{25}O-(CH_2CH_2O)_{19}-CH_2CH_2O-SO_3Na$ u. $n\text{-}C_{18}H_{37}O-(CH_2CH_2O)_{11}-CH_2CH_2O-SO_3Na$. Diese Verbb. bewirken die Bldg. der in photograph. Schichten erwünschten flachen oktaedr. I-Kristalle. Das suspendierte I wird durch Zugabe von H_2SO_4 sedimentiert, kurz gewaschen, in einer Gelatine-Lsg. wieder dispergiert u. zu einer lichtempfindlichen Schicht vergossen. (**E. P. 808 228** vom 16/8. 1956, ausg. 28/1. 1959.) A. KALIX. 8601

A. J. Rutgers, Oostakka, Belgien, **Herstellung von Halogensilberemulsionen.** Ein Kationenaustauscher (I) wird zunächst mit einer wss. Lsg. eines Ag-Salzes behandelt, bes. mit einer solchen von $AgNO_3$, dann läßt man eine wss. Lsg. eines Halogenids darauf einwirken, bes. eine KBr-Lsg., die auch die üblichen Hilfsstoffe für die Herst. von Halogensilber enthalten kann, z. B. Farbstoffe, Gelatine u. so weiter. Die so hergestellte Halogensilberemulsion, die frei von lösl. Salzen ist, wird von I abgetrennt, dieser ausgewaschen u. zu neuen Rkk. verwendet. (**Belg. P. 557 050** vom 27/4. 1957, ausg. 11/3. 1960.) A. KALIX. 8601

Eugen Gühring, Wolfen, und Kurt Lippig, Bobbau, Kr. Bitterfeld, **Substrieren von besonders als Träger für photographische Gelatine-Emulsion dienender Terephthalsäurepolyester-Folie** mit Hilfe einer gelatinehaltigen Haftlsg., wobei man eine Haft-Lsg. mit solchen Lsgm. bzw. Stoffen verwendet, die die Folie oberflächlich anlösen u. gleichzeitig Gelatine ohne Zusatz von W. zu lösen vermögen, u. das Antragen der Haft-Lsg. in der Wärme (80—100°) erfolgt. — Nach Eintauchen einer vorgewärmten Folie aus Terephthalsäurepolyester in eine Lsg. aus 2 g Gelatine, 4 g Phenol, 10 (ml) Äthylenchlorhydrin, 60 CH_2Cl_2, 40 CH_3OH u. 5 Propanol u. kurzem Erhitzen auf 84 bis 100° haftet eine aufgebrachte photograph. Emulsion sowohl trocken als auch in den photograph. Bädern u. bei der Wässerung sehr gut. — Weiteres Beispiel. (**D. P. [DDR] 16 267** Kl. 57b vom 13/7. 1956, ausg. 28/1. 1959 [Wirtschaftspatent].) H.-J. NITZSCHKE. 8603

United States of America, Secretary of Air Force, übert. von: Peter A. van der Meulen, Highland Park, N.J., und Paul B. Gilman jun., Rochester, N.Y., V.St.A., **Empfindlichkeitssteigerung von wärmeempfindlichen Schichten.** Schichten, die aus einem Gemisch von AgJ u. HgN_3 oder $Hg_2C_2O_4$ bestehen, erhalten einen Zusatz von HgJ, u. zwar in einer solchen Menge, daß das Gemisch 20—80% $Hg_2C_2O_4$ enthält u. der Rest aus AgJ + HgJ besteht, wobei HgJ in Mengen von 0,01—0,9 Mol auf 1 Mol AgJ vorhanden ist. (**A. P. 2 933 389** vom 4/11. 1957, ausg. 19/4. 1960.) A. KALIX. 8605

Eastman Kodak Co., übert. von: Jean E. Jones, Rochester, N.Y., V.St.A., **Supersensibilisation.** Als Grundsensibilisatoren werden Farbstoffe der allg. Formel I, als Supersensibilisatoren (II) Sulfonate der allg. Formel R_3-SO_3M benutzt.

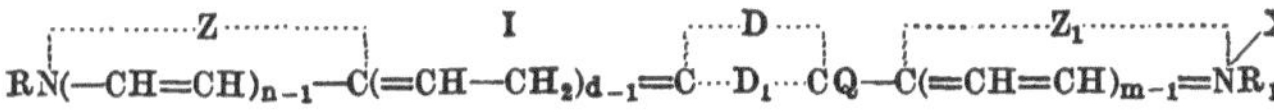

Hierbei sind R u. R_1 Alkyl-, Oxyalkyl-, Carboxyalkyl-, Allyl- oder Benzylgruppen, bes. solche mit 1—4 C-Atomen, R_2 ist eine Alkyl- oder Arylgruppe oder ein H-Atom, n, m u. d sind 1 oder 2, X ist ein Säurerest, Q ein N-Atom oder eine Methingruppe, D u. D_1 bilden zusammen die zur Vervollständigung eines 4- oder 5-Thiazolidinon- oder eines 4-Furidazolringes nötigen Atome, Z u. Z_1 bedeuten die zur Bldg. eines in Cyaninfarbstoffen üblichen Heterocyclus nötigen Atome, M ist ein H-, K- oder Na-Atom oder eine NH_4-, Pyridinium-, Triäthylammonium oder Triäthanolammoniumgruppe u. R_3 bedeutet mehrere aromat. Ringe, die miteinander kondensiert oder durch eine einfache Bindung oder eine KW-Stoffgruppe miteinander verknüpft sind. Bevorzugt werden Verbb. vom Typus $B_1(SO_3M)C_6H_3-CH{=}CHB_2$, in dem B_1 ein 2-Benzotriazolyl- oder 1.3.5-Triazin-6-ylaminorest u. B_2 ein (ggf. substituierter) Bzl.-Rest ist, ferner substituierte Dibenzothiophendioxyde. — Beispiele für II: sulfonierte Triazol- u. Triazinylstilbene, wie „Tincpal WR", „Tincpal B" u. „Calcofluorwhite MR", ferner 5-Methoxy-2-(4-stilbyl)-1.2.3-benzotriazol-2′-sulfonsäure, p-Quaterphenyl-4.4″-disulfonsäure, Chrysen-6-, Pyren-3- u. Phenanthrendisulfonsäure oder ihre Na-Salze, 3.7-Bis-(2-phenylbenzamid)-2.8-disulfodibenzothiophen-5.5-dioxyd (Na-Salz), 2-Laurylamino-4.6-di-(4-sulfanilino)-sek.-triazin; 15 weitere Beispiele. Dosierung: 0,02—0,3 g I + 0,02—10 g II auf 1 Mol Halogensilber; Mengenverhältnis I : II = 1 : 100 bis 1 : 1. Bes. geeignete I sind: 2-[(2-Benzothiazolyljodäthylat)-methylen]-3-β-methoxyäthyl-5-[(1-methyl-2-(1H)-naphtho-[1.2]-thiazolyliden)-α-phenyläthyliden]-4-thiazolidinon, dunkelgrüne Kristalle, F. 224—226° (Zers.); 3-Äthyl-5-[(3-äthyl-2(3H)-6.7.8.9-tetrahydronaphtho-[2.1]-thiazolyliden)-1-phenyläthyliden]-2-[(2-naphtho-[1.2]-thiazolylbromäthylat)-methylen]-4-thiazolidinon, grünbraune Kristalle, F. 219—220° (Zers.), 2- (2-Benzothiazolyl-3.4-trimethylenjodid)-methylen]-5-[(3-benzyl-2-(3H)-benzothiazolyliden)-äthyliden]-3-äthyl-4-thiazolidinon, dunkelgrüne Kristalle, F. 288—290° (Zers.); 2-[(5-Chlor-2-benzothiazolyljodäthylat)-methylen]-5-[(5-chlor-1.3-diäthyl-2(3H)-benzimidazolyliden)-äthyliden]-3-äthyl-4-thiazolidinon, grüne Kristalle, F. 321—322° (Zers.); 5-[(3-Äthyl-2(3H)-benzoxazolyliden)-äthyliden]-2-[(2-β-naphthothiazolyljodäthylat)-imino]-3-phenyl-4-thiazolidinon, purpurfarbige Nadeln, F. 265—266° (Zers.); 2-[3-(2-Benzothiazolyljodäthylat)-2-äthoxyallyliden]-3-äthyl-5-[(3-äthyl-2(3H)-benzoxazolylidenäthyliden]-4-thiazolidinon, dunkelgrüne Kristalle, F. 207—208° (Zers.); Strukturformeln aller Farbstoffe im Original; 56 Beispiele von supersensibilisierenden Kombinationen aus I + II. (**A. P. 2 947 630** vom 29/7. 1957, ausg. 2/8. 1960.) A. KALIX. 8605

Ilford Ltd., England (Erfinder: John David Kendall und George Frank Duffin), **Dinucleare Cyaninfarbstoffe** werden erhalten durch Rk. von Verbb. der allg. Formel I mit Verbb. der Formel II oder III (R_1, R_2 = Alkyl- oder Aralkylrest oder

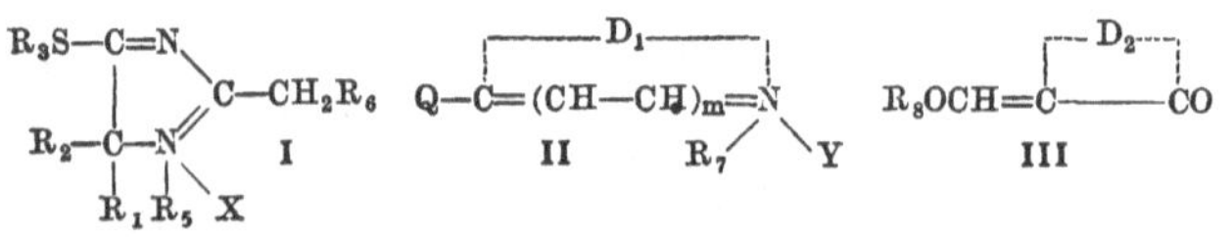

zusammen = Rest eines carbocycl. Ringes; R_3, R_5, R_7, R_8 = Alkylrest; R_6 = H oder Alkylrest; m = 0 oder 1; D_1, D_2 = Restatome von Heteroringen; Q = Thioäther-, Thioäthervinyl- oder Acetanilidovinylgruppe; X, Y = Säurerest). — Die Herst. folgender Farbstoffe, teilweise mit Sensibilisierungsangaben, ist beschrieben: *[4-Methylmercapto-1.5.5-trimethylimidazolenin-(2)]-[3'-methylbenzothiazol-(2')]-* oder *-[1'-äthylchinolin-(2')]-monomethincyaninperchlorat*, F. 245° bzw. 263°, aus 4-Methylmercapto-2.5.5-trimethylimidazolenin (**IV**), Methylmercaptobenzothiazol u. Methyl-p-toluolsulfonat (**V**) bzw. aus **IV** + **V** u. 2-Äthylmercaptochinolin + Äthyl-p-toluolsulfonat. — *[4-Methylmercapto-1.5.5-trimethylimidazolenin-(2)]-[3'-äthylbenzothiazol-(2'')]-* oder *-[3'-äthylbenzoxazol-(2')]-trimethincyaninperchlorat*, F. 254° bzw. 274°, aus 4-Methylmercapto-1.2.5.5-tetramethylimidazoleniniumjodid (**VI**) u. 2-[2'-Äthylmercaptovinyl]-benzothiazoläthojodid bzw. 2-[2'-Acetanilidovinyl]-benzoxazoläthojodid. — *[4-Methylmercapto-1.5.5-trimethylimidazolenin-(2)]-[1'-methylchinolin-(2')* oder *-(4')]-* oder *-[1'.3'.3'-indolenin-(2')]-trimethincyaninperchlorat*, F. 180—182° bzw. 196° bzw. 224°, aus **VI** u. 2-[2'- bzw. 4-[2'-Äthylmercaptovinylchinolinmethojodid bzw. 2-[2'-Acetanilidovinyl]-3.3-dimethylindoleninmethojodid. — *2.3-[Benzimidazo-(2'.1')]-5'-[(4''-methylmercapto-1''.5''.5''-trimethylimidazoleninyliden-(2''))-äthyliden]-thiazolidon-(4)*, F. 269°, aus **VI** u. 2.3-[Benzimidazo-(2'.1')]-5-äthoxymethylenthiazolidon-(4). — *4-[(4'-Methylmercapto-1'.5'.5'-trimethylimidazoleninyliden-(2')-äthyliden]-2-phenyloxazolon-(5)*, F. 192°, aus **VI** u. 4-Äthoxymethylen-2-phenyloxazolon-(5). — Für weitere ähnliche Farbstoffe sind FF. u. Sensibilisierungs-Eigg. angegeben. (**E. P. 749 189** vom 6/5. 1953, ausg. 23/5. 1956.) G. HOPPE. 8605

Ilford Ltd., England (Erfinder: John David Kendall und George Frank Duffin), **Dinucleare Cyanin- und Merocyaninfarbstoffe** werden erhalten durch Kondens. von Verbb. der allg. Formel I mit Verbb. der Formel II oder III (R_1 u. R_2 =

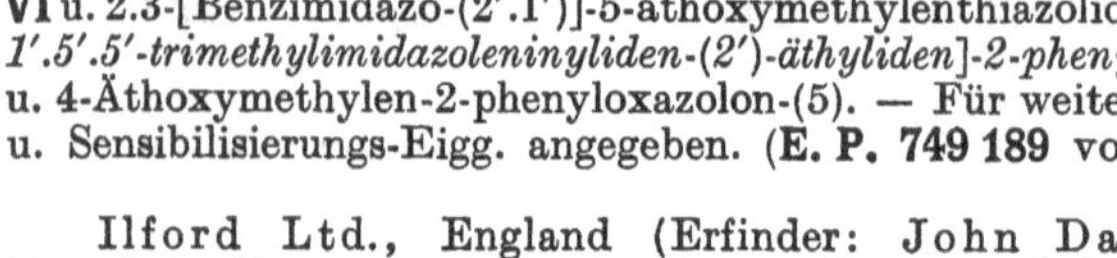

Alkylrest oder zusammen = Rest eines carbocycl. Ringes; R_3, R_5, R_6 = Alkylreste, R_4 = KW-Stoff-Rest; n = 0 oder 1; D_1 u. D_2 = Restatome von Heteroringen; X u. Y = Säurerest). — Die Herst. folgender Farbstoffe, teilweise mit Sensibilisierungsangaben, ist beschrieben: *[1.2.5.5-Tetramethylimidazolenin-(4)]-[3'-methyl-* oder *-[3'-äthylbenzothiazol-(2')]-monomethincyaninperchlorat*, F. 237 bis 238° bzw. 244°, aus 4-Methylmercapto-2.5.5-trimethylimidazolenin, 2-Methylbenzothiazol (**IV**) u. Methyl-p-toluolsulfonat bzw. aus 4-Methylmercapto-1.2.5.5-tetramethylimidazoleniniumjodid (**V**) u. **IV**-Äthojodid, umgesetzt mit $NaClO_4$. — *[1.2.5.5-Tetramethylimidazolenin-(4)]-[1'-methyl-* oder *-[1-äthylchinolin-(4')-* oder *-(2')]-monomethincyaninperchlorat*, F. 239—241° bzw. 211° bzw. 277°, aus **V** u. Lepidinmethojodid bzw. Chinaldinmetho- bzw. -äthojodid. — *1.2.5.5-Tetramethylimidazolenin-(4)]-[1'.3.3'-trimethylindolenin-(2')]-monomethincyaninperchlorat*, F. 197°, aus **V** u. 2.3.3-Trimethyl-indoleninmethojodid. — *1.2.5.5-Tetramethylimidazolenin-(4)]-[3'-äthylbenzoxazol-(2')]-monomethincyaninperchlorat*, F. 128°, aus **V** u. 2-Methylbenzoxazoläthojodid. — *4-Keto-3-methyl-5-[1'.2'.5'.5'-tetramethylimidazoleninyliden-(4')]-2-thiotetrahydrothiazol*, F. 252°, aus **V** u. N-Methylrhodansäure. — Analog: *3-Methyl-1-phenyl-4-[1'.2'.5'.5'-tetramethyl-* oder *-[2'-phenyl-1'.5'.5'-trimethyl-* oder *-[5'-äthyl-1'.2'.5'-trimethylimidazoleninyliden-(4')]-pyrazolon-(5)*, F. 298° bzw. 236°

bzw. 275°. — *2-Phenyl-* oder *2-Äthyl-1.5.5-trimethylimidazolenin-(4)]-[3'-methylbenzothiazol-(2')]-monomethincyaninperchlorat,* F. 260° bzw. 202°. — *2-Phenyl-1.5.5-trimethylimidazolenin-(4)]-[1'-methylchinolin-(2')* oder *-(4'')]-monomethincyaninperchlorat,* F. 193° bzw. 217°. — *5.5-Diäthyl-1.2-dimethyl-* oder *[2-Benzyl-1.5.5-trimethylimidazolenin-(4)]-[3'-methylbenzothiazol-(2')]-monomethincyaninperchlorat,* F. 145° bzw. 295°. — *[5.5-Cyclopentamethylen-1.2-dimethylimidazolenin-(4)]-[1'-methylchinolin-(4')]-monomethincyaninperchlorat,* F. 162°. — *2.2-[Benzimidazo-(2'.1')]-5-[1''.2''.5''.5''-tetramethylimidazoleninyliden-(4'')]-thiazolidon-(4),* F. 272°. (**E. P. 749 190** vom 6/5. 1953, ausg. 23/5. 1956.)
G. Hoppe. 8605

Ilford Ltd., England (Erfinder: John David Kendall und George Frank Duffin), **Polynucleare Cyaninfarbstoffe** werden erhalten durch Kondens. von Verbb. der Formel **I**, erhältlich nach E. P. 749 189, vgl. vorvorst. Ref., mit Verbb. der

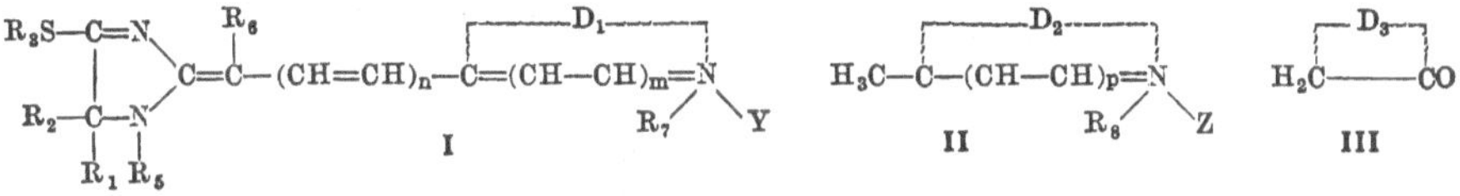

Formel **II** oder **III**, worin R_8 = Alkylrest, Z = Säurerest, p = 0 oder 1, D_2, D_3 = Restatome von Heteroringen. — Die Herst. folgender Farbstoffe, teilweise mit Sensibilisierungsangaben, ist beschrieben: *[4-(1'.2'-Dihydro-1'-äthylchinolinyliden-(2')]-* oder *[4-(2'.3'-Dihydro-3'-methylbenzothiazolyliden-(2')-methyl)-1.5.5-trimethylimidazolenin-(2)]-[3''-methylbenzothiazol-(2'')]-monomethincyaninperchlorat,* F. 302° bzw. 339°, aus [4-Methylmercapto-1.5.5-trimethylimidazolenin-(2)]-[3'-methylbenzothiazol-(2')]-monomethincyaninperchlorat (**IV**) u. Chinaldinäthojodid bzw. 2-Methylbenzothiazolmethojodid. — *[2-{1'-(2''.3''-Dihydro-3''-methylbenzothiazolyliden-(2'')}-äthyl)-1.5.5-trimethylimidazolenin-(4)]-[1'''.4'''-dihydro-1'''-äthylchinolin-(4''')]-monomethincyaninperchlorat,* F. 269°, aus dem 8'-Methyl-Deriv. von **IV** u. Lepidinäthojodid. — *4-[2-(2''.3''-Dihydro-3''-methylbenzothiazolyliden-(2''))-methyl-1'.5'.5'-trimethyl-$\Delta^{2'}$-imidazolinyliden-(4')]-3-methyl-1-phenylpyrazolon-(5),* F. 290°, aus **IV** u. 3-Methyl-1-phenylpyrazolon-(5). — *2.3-[Benzimidazo-(2'.1')]-5-[2''-(2'''.3'''-dihydro-3'''-methylbenzothiazolyliden-(2''')-methyl)-1''.5''.5'' trimethyl-$\Delta^{2''}$-imidazolinyliden-(4'')]-thiazolidon-(4),* F. 320°, aus **IV** 2.3-Benzimidazo-(2'.1')-thiazolidon-(4). — Für weitere ähnliche Farbstoffe, z. T. ident. mit denen des E. P. 749 192 (vgl. nachst. Ref.) sind FF. u. Sensibilisierungs-Eigg. angegeben. (**E. P. 749 192** vom 6/5. 1953, ausg. 23/5. 1956.)
G. Hoppe. 8605

Ilford Ltd., England (Erfinder: John David Kendall und George Frank Duffin), **Polynucleare Methinfarbstoffe** werden erhalten durch Kondens. von Verbb. der Formel **I**, erhältlich nach E. P. 749 190; vgl. vorvorst. Ref., mit Verbb. der

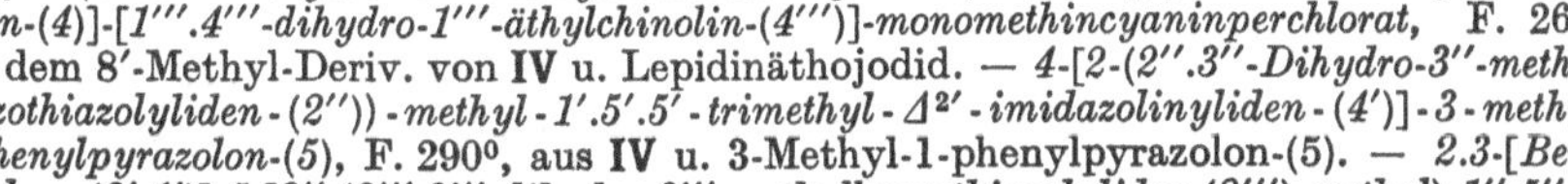

Formel **II** oder **III**, worin R_7 u. R_8 = Alkylrest, Y = Säurerest, m = 0 oder 1, Q = Thioäther-, Thioäthervinyl- oder Acetanilidvinylrest, D_2 u. D_3 = Restatome von Heteroringen. — Die Herst. folgender Farbstoffe, teilweise mit Sensibilisierungsangaben, ist beschrieben: *[4-(2'.3'-Dihydro-3'-äthylbenzothiazolyliden-(2')-methyl)-1.5.5-trimethyliminazolenin-(2)]-[1''.3''.3''-trimethylindolenin-(2'')]-* oder *-[3''-äthylbenzothiazol-(2'')]-* oder *-[1''-methylchinolin-(4'')]-trimethincyaninperchlorat,* F. 289° bzw. 278° bzw. 197°, aus [1.2.5.5-Tetramethylimidazolenin-(4)]-[3'-äthylbenzothiazol-(2')]-monomethincyaninperchlorat (**IV**) u. 2-[2'-Acetanilidovinyl]-3.3-dimethylindoleninmethojodid bzw. 2-[2'-Äthylmercaptovinyl]-benzothiazoläthojodid bzw. 4-[2'-Äthylmercaptovinylchinolinmethojodid. — *4-[2'-(4''-{2'''.3'''-Dihydro-3'''-methylbenzothiazolyliden-(2''')}-methyl-1''.5''.5''-trimethyl-$\Delta^{3''}$-imidazolinyliden-(2''))-äthyliden]-2-phenyloxazolon-(5),* F. 239°, aus **IV** u. 4-Äthoxymethylen-2-phenyloxazolon-(5). — Analog: *[5.5-Cyclopentamethylen-4-(1'.4'-dihydro-1'-methylchinolinyliden-(4)'-methyl)-imidazolenin-(2)]-[1''-methylchinolin-(4'')]-monomethincyaninperchlorat,* F. 314°. — *[4-(2'.3'-Dihydro-3'-methylbenzothiazolyliden-(2')-methyl)-1.5.5-trimethylimidazolenin-(2)]-[3''-methylbenzothiazol-(2'')]-monomethincyaninperchlorat,* F. 339°. — *[4-(1'.4'-Dihydro-1'-methylchinolinyliden-(4')-methyl)-1.5.5-trimethylimidazolenin-(2)]-[1''-methylchinolin-(4'')]-monomethincyaninperchlorat,* F. 310°. — *[4-(1'.2'-Dihydro-1'-äthylchinolinyliden-(2')-methyl)-1.5.5-trimethylimidazolenin-(2)]-[1''-äthylchinolin-(2'')]-monomethincyaninperchlorat.* (**E. P. 749 193** vom 6/5. 1953, ausg. 23/5. 1956.)
G. Hoppe. 8605

Gevaert Photo-Producten N.V., Mortsel bei Antwerpen, Belgien, **Direktpositivschichten.** Die Schichten enthalten AgCl mit höchstens 1% AgJ u. als Desensibilisator eine Verb. der allg. Formel HS—CHR—COOH, in der R ein H-Atom, eine Alkyl-, Aryl-, Carboxyalkyl- oder COOH-Gruppe ist, oder ein wasserlösl. Salz einer solchen Verbindung. Diese Verbb. können auch einer der AgCl-Schicht unmittelbar benachbarten Schicht mit gleicher Wrkg. zugegeben werden. Diese besteht in einer starken Erhöhung der Empfindlichkeit gegenüber dem HERSCHEL-Effekt. Dosierung: 25—30 ccm 0,1%ig. Lsg. auf 30 g $AgNO_3$. (**Belg. P. 538 700** vom 3/6. 1955, ausg. 3/7. 1959. E. Prior. 8/6. 1954.) A. KALIX. 8607

General Aniline & Film Corp., New York (Erfinder: Fritz Dersch und Emil Bruno Rauch, Binghamton), N.Y., V.St.A., **Stabilisierungs- und Schleierverhinderungsmittel für Halogensilberschichten.** Der gießfertigen Emulsion, einer der lichtempfindlichen benachbarten Schichten oder den Verarbeitungsbädern werden Sulfoalkyl-2-thiazolylthioäther oder Oxazolylthioäther der allg. Formel I zugesetzt.

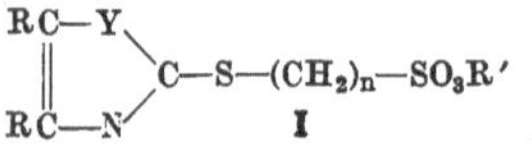

Hierbei ist R′ ein H-Atom, ein Alkyl-Oxyalkyl-, Carboxyalkyl-, Aryl-, oder Aralkylrest oder ein salzbildendes Atom (Ag, K, Na, NH_4); R ist ein Alkyl-, Aryl- oder Carboxyalkylrest, oder beide R bilden zusammen einen ankondensierten aromat. Rest, der durch Halogenatome, Alkyl-, Alkoxy-, SO_3H-, COOH- oder NO_2-Gruppen substituiert sein kann; n = 2—3. — Beispiele: β-(2-Benzthiazolyl)-mercaptoäthansulfosäure sowie die Na-, K-, NH_4- u. Ag-Salze, die Methyl-, Äthyl- u. Phenylester davon, β-(2.5′-Sulfobenzthiazolyl)-mercaptoäthansulfosaures Na, β-(2-Thiazolyl)-mercaptoäthansulfosäure, die Na-, K- u. Ag-Salze davon, β-(2-α-Naphthiazolyl)-mercaptoäthansulfosäure, β-(2-Benzoxazolyl)-mercaptoäthansulfosäure sowie die Na-, K- u. Ag-Salze davon, β-(2-Oxazolyl)-mercaptopropansulfosaures Na. Herst. z. B. nach dem Verf. des A. P. 2 591 573, C. **1953.** 9333; Dosierung: 10—500 mg auf 0,4 Mol Halogensilber. (**D. A. S. 1 093 205** Kl. 57b vom 23/12. 1958, ausg. 17/11. 1960. A. Prior. 26/12. 1957.) A. KALIX. 8611

Karl-Heinz Buchwald, Thalheim, und Walter Schlockermann, Dessau, **Herstellung von photographischen Lichthofschutz- und Filterschichten** mit Hilfe von alkalilösl. Kunstharzlacken u. 4.4′-Diaminotriphenylmethanfarbstoffen der Konstit. I (R_1, R_2, R_3 = H, OH, Alkyl-, Alkoxy-, Nitro-, Cyangruppe oder Halogen), ggf. im Gemisch mit anderen in einem anderen Spektralbereich absorbierenden Farbstoffen. —

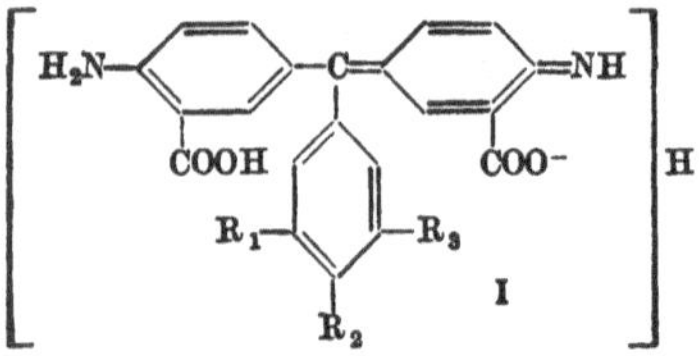

Durch Erwärmen von 274 (g) Anthranilsäure mit 106 Benzaldehyd, Zurühren von 300 ml konz. HCl, 20std. Erhitzen auf dem Dampfbad, Lösen mit 1000 W. u. 100 ml konz. HCl, Eingießen in 180 CH_3COONa + 500 W., Auskochen des abfiltrierten Prod. mit W., 2std. Kochen von 354 der Leuko-Verb. u. 226 Chloranil in 1 Liter CH_3OH, Abdestillieren des CH_3OH, Lösen in 200 NaOH + 1000 W. u. Fällen mit 600 ml konz. HCl erhält man den Farbstoff I (R_1—R_3 = *H*). Aus 18 Farbstoff gewinnt man durch Lösen in 1,5 Liter Isopropanol unter Erwärmen u. Zugabe von 15 eines Kondens.-Prod. aus Dimethylol-p-kresol u. p-Hydroxybenzoesäure eine Gießlösung. — 5 weitere Beispiele unter Verw. der Farbstoffe I mit R_1 u. $R_3 = H$, $R_2 = Cl$ (aus p-Chlorbenzaldehyd), R_1 u. $R_3 = H$, $R_2 = OH$) (aus p-Hydroxybenzaldehyd), R_1 u. $R_3 = H$, $R_2 = CH_3$ (aus p-Methylbenzaldehyd), R_1 u. $R_2 = OH$ (aus m-Hydroxybenzaldehyd) u. $R_2 = H$, R_1 u. $R_3 = Cl$ (aus 3.5-Dichlorbenzaldehyd). (**D. P. [DDR] 16 777** Kl. 57b vom 28/12. 1956, ausg. 7/4. 1959 [Wirtschaftspatent].) H.-J. NITZSCHKE. 8611

Eastman Kodak Co., übert. von: Robert S. Price und William H. Griggs, Rochester, N.Y., V.St.A., **Abziehbare lichtempfindliche Schicht.** Als Träger für die Schicht wird Papier verwendet, das durch Überziehen mit einer 0,5—1%ig. wss. Lsg. einer WERNERschen Cr^{III}-Komplex-Verb. (I) mit einer dünnen Hilfsschicht versehen worden ist. Als I werden bes. solche verwendet, die mit einer Carbonsäuregruppe koordiniert sind, die mindestens 10 C-Atome enthält, z. B. einer Stearin-, Palmitin-, Laurin-, Abietin- oder Methacrylsäuregruppe. (**A. P. 2 925 340** vom 7/1. 1957, ausg. 16/2. 1960. **F. P. 1 189 541** vom 6/1. 1958, ausg. 5/10. 1959. A. Prior. 7/1. 1957.) A. KALIX. 8613

Georges Schwienbacher und Klaus Pfister, Zürich, Schweiz, **Lichtempfindliches Mehrschichtmaterial für innere Kopien.** Auf den beiden Seiten eines durchsichtigen Trägers befinden sich lichtempfindliche Schichten (I), die sowohl in ihrer Allgemein- als auch in ihrer Farbempfindlichkeit stark voneinander abweichen, z. B.

eine unsensibilisierte, blauempfindliche u. eine stark für Gelb sensibilisierte hochempfindliche Halogensilberschicht. Auf die letztere wird das Original durch direkte Aufnahme, opt. oder Reflexkopie reproduziert, u. zwar durch die andre I hindurch, damit ein seitenverkehrtes Negativ entsteht. Nach seiner Entw. wird dasselbe mit Blaulicht durch den Träger hindurch auf die blauempfindliche I kopiert u. hier das Positiv entwickelt. Eine der beiden I kann abziehbar sein, außerdem kann eine oder beide I eine Entwicklersubstanz enthalten, so daß die Entw. mit einer Feuchtwalze durchgeführt werden kann. (**Oe. P. 208 221** vom 27/2. 1958, ausg. 25/3. 1960. Schwz. Prior. 8/5. 1957.) A. KALIX. 8619

Établissements Bauchet & Co., Frankreich, **Schnellfixierung („Stabilisierung") von Ag-Bildern.** Als Fixierstabilisiermittel (I) wird Thioharnstoff oder Ammoniumrhodanid verwendet u. die nachteilige Wrkg. des Überschusses von I auf das entwickelte Ag durch Behandlung mit Lsgg. von Ni-, Co- oder Cr-Salzen verhindert. Die gleiche Wrkg. erreicht man durch Verw. von Komplex-Verbb. von I, z. B. mit Essig- oder Oxalsäure oder mit quatern. Mercaptobenzthiazolen. (**F. P. 1 206 359** vom 12/8. 1958, ausg. 9/2. 1960.) A. KALIX. 8619

Vandome & Hart Ltd., London, England (Erfinder: Arthur Averil Paget), **Kopieren auf Blaupauspapier.** Als Kopierlichtquelle wird eine Entladungslampe, z. B. eine normale Blitzlichtlampe, verwendet u. in ½—2 in. Entfernung von der Vorlage angeordnet. Dann genügt eine Belichtungszeit von 0,001 Sek., um eine normale Kopie zu erzielen. (**E. P. 857 229** vom 19/5. 1958, ausg. 29/12. 1960.) A. KALIX. 8625

Minnesota Mining & Mfg. Co., St. Paul, Minn., V.St.A., **Zurichtung für den Gegendruckzylinder in der Druckerei.** Ein Blatt mit in der Wärme dehnbarer Schicht aus einem wasserabstoßenden u. wärmehärtbaren Harz, z. B. Polyvinylchloridacetat, in dem ein wärmeempfindliches Blähmittel, z.B. p.p'-Hydroxy-bis-(benzolsulfonylhydrazid), gleichmäßig verteilt ist, wird mit wärmeabsorbierender Farbe bedruckt. Durch eine kurze, intensive Wärmebestrahlung werden die bedruckten Stellen entsprechend ihrer Ausdehnung aufgebläht u. erhärtet. — Vgl. A. P. 2 844 733; C. **1960.** 13582. (**Belg. P. 556 312** vom 1/4. 1957, ausg. 26/2. 1960. A. Prior. 2/4. 1956.) K. KITTLER. 8625

Polaroid Corp., Cambridge, übert. von: Howard G. Rogers, Weston, Mass., V.St.A., **Kontakt-Diffusionsverfahren zur Erzeugung von Farbstoffbildern.** Eine Halogensilberschicht wird bildmäßig belichtet u. mit einer Leuko-Verb. (I) der allg. Formel **A** entwickelt. Die dabei nicht verbrauchte I läßt man in eine „Bildempfangsschicht" bildmäßig überdiffundieren u. oxydiert sie darin zum entsprechenden Farbstoff. Hierbei ist Y ein (ggf. substituierter) Benzol- oder Naphthalinring mit einer OH-Gruppe in p-Stellung zum N-Atom (an das Y gebunden ist), Z bedeutet ein oder mehrere H-Atome, Alkyl, Alkoxy- oder NH_2-Gruppen, die X sind H-Atome oder Alkylgruppen. I kann in der Schicht auch schon vor ihrer Belichtung enthalten sein.

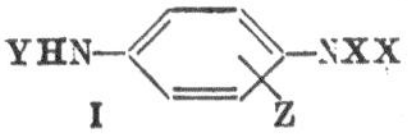

Beispiele für I: 2-Chlor-4-(4'-diäthylamino-2'-methylanilino)-naphthol·HCl u. die entsprechende 5-Nitronaphthol-Verb., 2-Chlor-4-[4'-(N-äthyl-N-β-methylsulfonamidoäthyl)-amino-2'-methoxyanilino]-6-cyclohexylphenol·HCl; 2-Chlor-4-(4'-diäthylamino-2'-methylanilino)-5-p-toluolsulfonamido-1-naphthol·HCl, 1-(β-Methylsulfonamidoäthyl)-5-(3'-chlor-4-hydroxy-1'-naphthylamino)-2.3-dihydroindol·HCl u. andere Leuko-Derivv. von Kupplungs-Prodd. aus p-Phenylendiaminen u. Phenolen. Als Oxydationsmittel werden verwendet: Luft-O_2, Peroxyde, Bichromate, Metallsalze höherer Wertigkeitsstufen u. Chinone, bes. 2.3-Dicyan-1.4-benzochinon. Nach dem Verf. können auch mehrere Farbauszüge entwickelt u. auf ein u. dieselbe Bildempfangsschicht übertragen werden. (**A. P. 2 909 430** vom 8/10. 1958, ausg. 20/10. 1959.) A. KALIX. 8631

Georges Schwienbacher und Klaus Pfister bzw. Alos Akt.-Ges., Zürich, Schweiz, **„Stabilisierung" der Primärbilder des Silbersalz-Diffusionsverfahrens.** An Stelle einer normalen Fixierung des Restbildes, von dem bereits ein oder mehrere Bilder durch Diffusionsübertragung des unbelichteten u. unfixierten Halogensilbers hergestellt worden sind, wird eine Behandlung mit einer mindestens 10%, vorzugsweise 30—40%ig. neutralen Lsg. von NH_4—SCN empfohlen. Dabei soll sich der unbegrenzt beständige u. lichtunempfindliche Komplex $NH_4[Ag(SCN)_2]$ bilden. Der Lsg. kann noch ein leichtflüchtiges organ. Lsgm., ein Siliconharz u. etwas $AuCl_3$ (Konz. nicht angegeben! d. Ref.) zur „Stabilisierung" des Ag im Restbild zugegeben werden. Dann kann das Verf. am laufenden Band mit einer Geschw. von 3 cm/s durchgeführt werden. (**F. P. 1 200 878** vom 14/5. 1958, ausg. 24/12. 1959. **Oe. P. 209 718** vom 14/5. 1958, ausg. 25/6. 1960. **Belg. P. 567 663** vom 14/5. 1958, ausg. 12/8. 1960. Alle D. Prior. 15/5. 1957.) A. KALIX. 8631

Agfa Akt.-Ges., Leverkusen (Erfinder: Walter Püschel, Düsseldorf, Ottmar Wahl, Willibald Pelz, Opladen, und Hans Schellenberger, Leverkusen), **Herstellung von farbigen Direktpositiven.** Die farbige Entw. des Bildes wird in Ggw. von Verbb. durchgeführt, die dabei in farblose Verbb. übergeführt werden, ohne selbst farbig zu kuppeln. Geeignete Substanzen werden z. B. aus Verbb. mit aktivierten CH_2-Gruppen, in denen ein H-Atom dieser Gruppen substituiert ist, durch Kupplung mit Diazoniumsalzen erhalten. Sie besitzen z. B. nebenst. allg. Formeln **A**. Hierbei sind X u. Y negativierende Gruppen, Z ist eine Atomgruppe, die Bestandteil eines isocycl. oder heterocycl. Ringes ist, A ist ein Substituent, der mit Oxydations-Prodd. des Farbentwicklers nicht reagiert, B ist ein (ggf. substituierter) Aryl- oder ein heterocycl. Rest. Beispiele für X u. Y: NO_2, CN, SO_2R, COR, COOR, CO·COR, CO·COOR, CONRR, CH=CHR, $CO·CONR_1R_2$, wobei R, R_1 u. R_2 H-Atome oder einwertige aliphat., aromat. oder heterocycl. Reste sein können, ferner (ggf. durch Halogene, NO_2-, SO_3H- oder COOH-Gruppen substituierte) Phenylreste; Beispiele für A: (ggf. substituierte) Alkylreste, Aralkyl-, Arylgruppen; Beispiele für B: (ggf. substituierte) Arylreste oder heterocycl. Reste, die durch Halogenatome, NO_2-, OH-, COOH-, SO_3H-, Alkyl-, Sulfonamid-, Hydroxyalkyl oder tert.-NH_2-Gruppen substituiert sein können. Beispiele für erfindungsgemäß verwendbare Farbstoffe: Kupplungs-Prodd. aus 1 Mol tetrazotierter 4.4'-Diamino-2.2'-disulfosäure einerseits mit 2 Mol Cyclopentanoncarbonsäureanilid oder -estern, oder mit α-Hydrindonyl- oder α-Tetralonyl-β-glyoxalylsäureester, oder mit Cyclohexanon-2-carbonsäureestern oder -(2)-ylglyoxalylsäureanilid, oder mit α-Methylbenzoylessigester. Diese Farbstoffe eignen sich auch zur nichtautomat. (unabhängigen) Maskierung von Mehrfarbenbildern. Sie werden dazu in einer Hilfsschicht angeordnet, oder die belichtete Schicht wird vor ihrer Farb-Entw. damit eingefärbt, oder es wird zunächst nur eine Komponente verwendet u. die Kupplung mit dem Diazoniumsalz erst nach beendeter Farb-Entw. durchgeführt. (**Oe. P. 209 719** vom 29/1. 1958, ausg. 25/6. 1960. D. Prior. 29/1. 1957.) A. Kalix. 8631

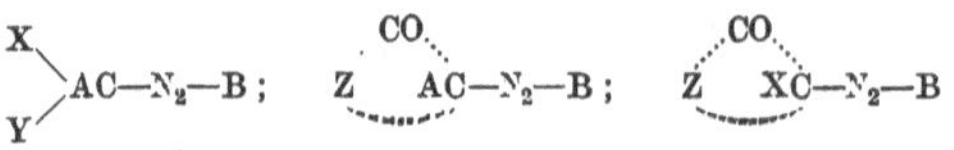

A

Bernfried Leiber und Bruno Kankelwitz, Berlin, **Erzeugung buntfarbiger Licht- und Röntgenbilder** zwecks Steigerung der Detailerkennbarkeit durch Umwandlung der ursprünglichen Dichteunterschiede in sinnesphysiolog. wirksamere Farbkontraste. Das Filmmaterial wird zunächst schwarzweiß oder einfarbig entwickelt, u. danach wird das prim. Bildsilber durch wiederholte Bromierung u. Chlorierung, auch partieller Art, mit nachfolgender partieller Fixierung u. bzw. oder je die Farbe wechselnder chromogener Wiederentw. in mindestens 2 nach seinem Dichtewert verschiedene Grundfarben umgewandelt. Zur Erzeugung von 3 u. mehr bunten Grundfarben wird das einfarbig oder farbgestaffelt entwickelte Direktbild mit seinem andersfarbigen oder farbgestaffelten Umkehrbild kombiniert. Die Entfernung des direkten Bildsilbers wird durch seine Chlorierung mittels einer Lsg. aus Ferricyansalz u. Chlorid, sowie nachfolgend durch chem. Trennung des so entstandenen Chlorsilbers vom AgBr des zukünftigen Umkehrbildes mittels einer Lsg., die AgCl schneller als Bromsilber löst, z. B. von Na_2SO_3, durchgeführt. (**D. P. [DDR] 19 529** Kl. 57b vom 17/4. 1957, ausg. 2/8. 1960 [Wirtschaftspatent].) M. F. Müller. 8631

Kodak-Pathé, Frankreich (Erfinder: Walter Monroe Bush und John Robson Thirtle), **Farbkuppler für Purpur** bilden Verbb. mit einer für Farbkuppler üblichen Mol.-Gruppierung, die einen Substituenten der allg. Formel $-A-CH(R)(CH_2)_{n-1}-O-C_6H_9(R')(R'')$ enthalten. Hierbei ist A eine 2wertige Atomgruppe oder ein 2wertiges Atom, wodurch die n-Alkylcyclohexyloxyalkylengruppe an das Kuppler-Mol. gebunden ist, u. zwar in nicht kupplungsfähiger Stellung. R ist ein H-Atom oder eine Alkylgruppe mit höchstens 4 C-Atomen, R'' ist eine Alkylgruppe mit mindestens 5 C-Atomen R' = R'' oder ein H-Atom u. n = 1—4. Die Verbb. zeichnen sich durch niedrige FF. u. hohe Löslichkeit in den üblichen Lsgm. aus. Beispiele: 6-[α-(2.4-Di-n-amylcyclohexyloxy)-acetamido]-2.4-dichlor-3-methylphenol, $C_{25}N_{39}Cl_2NO_3$, $Kp._{0,1} = 235-255°$; 6-[α-(3-n-Pentadecylcyclohexyloxy)-acetamido]-2.4-dichlor-3-methylphenol, 1-Oxy-2-[δ-(2.4-Ci-n-amylcyclohexyloxy)-n-butyl]-naphthamid, 1-(2.4.6-Trichlorphenol)-3-[3-α-(2.4-Di-n-amylcyclohexyloxy)-acetamido]-benzamido-5-pyrazolon; 1-(2.4.5-Trichlorphenyl)-3-[3-α-(2.4-di-n-amylcyclohexyloxy)-acetamido]-benzamido-5-pyrazolon, α-(3-{α-(2.4-Di-n-amylcyclohexyloxy)-acetamido]-benzoyl}-2-methoxyacetanilid, F. 57°; α-{3-γ-(4-n-amylcyclohexylbutyramido]-benzol}-2-methoxyacetanilid, F. 106°; α-Benzoyl-5-[γ-(2.4-di-n-amylcyclohexyloxy)-butyramido]-2-methoxyacetanilid, F. 128°; 1-(2.4.6-Trichlorphenyl)-3-[3-α-(2.4-di-n-amylcyclohexyloxy]-butyramido)-benzamido-5-pyrazolon. Herst.-Verff. u. Strukturformeln für alle Verbb. im Original. (**F. P. 1 210 828** vom 26/7. 1958, ausg. 10/3. 1960. A. Prior. 29/7. 1957.) A. Kalix. 8631

Kodak Ltd., London, England (Erfinder: Henry Clay Yutzy, Wesley Garner Lowe und Judith Alecia Schwan), **Farbenphotographisches Entwicklungsverfahren.** Es handelt sich um die Umkehr-Entw. von Mehrschichtenfarbfilmen, die Farbkuppler für die farbige Entw. enthalten u. die zuerst Schwarz-Weiß entwickelt werden, wobei die bei letzterer Entw. entstandenen Schleierkeime im unentwickelten AgBr durch ein oxydierendes Bad entfernt werden, ehe die Zweit-Belichtung u. Farb-Entw. erfolgt. Als oxydierendes Mittel werden hierbei Bromid-Lsgg., saure Bichromat-Bäder, die eine kleine Menge an Alkalibromid enthalten, saure Lsgg. von Ceri-Salzen, eine saure Lsg. von Alkalipersulfat oder silberentfernende Bleichbäder, mit einem Geh. an Dithiosuberinsäure verwendet. Die hierbei verminderte Empfindlichkeit des AgBr wird durch Behandlung mit einem milden Reduktionsmittel wie Alkalibisulfit oder Alkalinitrit wiederhergestellt. Die verschiedenen Schichten des Photomaterials können durch UV-absorbierende Filterschichten von einander getrennt sein. Ein geeignetes Bleichbad zur Entfernung der Schleierkeime hat folgende Zus.: 2 g $K_2Cr_2O_7$, 16 g 2.5-Dithiosuberinsäure, 1 cm^3 H_2SO_4 konz. u. 1000 cm^3 Wasser. (**E. P. 851 221** vom 1/7. 1957, ausg. 12/10. 1960. A. Prior. 29/6. 1956.) E. FUCHS. 8631

Eastman Kodak Co., übert. von: Judith Alecia Schwan und Catherine Marilyn Spath, Rochester, N.Y., V.St.A., bzw. Kodak Ltd., London, England, **Farbentwickler.** Der Entwickler enthält als Entw.-Substanz ein Alkylamino-p-phenylendiamin u. außerdem einen Farbkuppler u. ein Polyäthylenglykol der Formel $HO(CH_2\cdot CH\cdot O)_nCH_2\cdot CH_2\cdot OH$ (n = 14—85) oder Polyäthoxyäthyl-bis-pyridinium-methansulfonat bzw. Polyäthoxyäthyl-bis-schwefelsäure. Geeignet ist z. B. „Carbowax 1540". Andere brauchbare Polyäthylene sind in Ellis „The Chemistry of Synthetic Resins" 1935, S. 990—994, beschrieben. Durch diesen Zusatz erfolgt eine schleierfreie Entw. höherer Farbdichte. Der Zusatz kann an Stelle zum Entwickler auch zur photograph. Emulsion erfolgen. (**A. P. 2 950 970** vom 8/3. 1957, ausg. 30/8. 1960. **E. P. 859 632** vom 10/3. 1958, ausg. 25/1. 1961. A. Prior. 8/3. 1957.) E. FUCHS. 8631

Eastman Kodak Co., übert. von: Richard J. Rotondo und John G. Streiffert, Rochester, N.Y., V.St.A., **Kinofilm.** Auf die oberste Schicht des entwickelten Films wird eine 0,0001—0,0005 in. dicke Schicht aus einem Mischpolymerisat von 92 bis 60 (%) Vinylidenchlorid u. 8—40 Acrylnitril aufgetragen. Dadurch wird das „Werfen" des Films im Projektor verhindert. (**A. P. 2 885 936** vom 7/6. 1956, ausg. 12/5. 1959.) A. KALIX. 8641

Kodak-Pathé, Frankreich (Erfinder: Edward Carl Yackel und James George Smith), **Abziehbare Halogensilberschicht.** Auf einem Celluloseesterfilm von ca. 125 μ Dicke befindet sich eine 17,5—30 μ starke Schicht aus ungehärteter Gelatine (**I**), die organ. oder anorgan. Lichthofschutz-Farbstoffe enthalten kann. Auf diese wird eine ungehärtete Halogensilber-Gelatineschicht (**II**) aufgetragen, die ebenfalls 17,5—30 μ stark ist. Zwischen **I** u. **II** kann noch eine 0,005 mm dicke Schicht aus Nitrocellulose angeordnet werden. Nach bildmäßiger Belichtung wird **II** härtend entwickelt, fixiert u. getrocknet. Der Film kann dann an Stelle des üblichen Pigmentpapiers zur Herst. von Ätzreservagen auf Cu-Druckplatten (oder Cylindern) verwendet werden. Dazu wird die Cu-Fläche mit W. von 38—50° erwärmt u. angefeuchtet, die trockne **II** Schicht aufgepreßt u. das Ganze so lange mit W. von 38—50° bespült, bis sich der Film zusammen mit **I** u. den ungehärteten Teilen von **I** abziehen läßt. (**F. P. 1 205 065** vom 31/10. 1958, ausg. 29/1. 1960. A. Prior. 31/10. 1957.) A. KALIX. 8645

Eastman Kodak Co., übert. von: Stewart H. Merrill, Earl M. Robertson und Henry C. Staehle, Rochester, N.Y., V.St.A., **Photopolymerisierbare Verbindungen für die Herstellung von Druckformen** sind Azide (**I**) nach BOYER u. CANTER, Chem. Rev. **54.** [1954] 20, in denen die N_3-Gruppe durch Zwischenglieder Z von verschiedenen Zus. an polymere Ketten U gebunden ist; > U—Z—N_3. Diese **I** sind alkalilösl. u. werden durch Belichtung alkaliunlöslich. Beispiele für Z: $-CH_2-$, $-CO-$, $-C_6H_4-$, $-C_6H_4-CH_2-O-CO-$, $-C_6H_4COO-$, $-C_6H_4-O-$, $-C_6H_4-O-C_2H_4-O-$ u. $-C_6H_3-(COOH)-COO$; Beispiele für U: Vinylalkohol, -acetat, partiell hydrolysierte Celluloseester usw. Die **I** können auch mehrere, unter sich verschiedene U, u./oder Z enthalten u. die allg. Formeln $N_3-Z-\overset{|}{U}-U_1-U_2$ oder $N_3-Z-\overset{||}{U}-Z_1N_3$ besitzen; der Anteil der Z—N_3-Reste soll mindestens 5, höchstens 90% in **I** betragen. Es können Mischpolymerisate von **I** mit einem geringen Anteil von Verbb. verwendet werden, die polymerisierbare $CH_2{=}C<$-Gruppen enthalten, wie Acryl- u. α-Alkylacrylsäuren, ihre Ester u. Amide, Vinyl- u. Isopropenylketone, -Ester u. -Carbamate, α,β-ungesätt. Dicarbonsäureanhydride, Ester u. Amide, Isobutylenäthylen u. 1.3-Butadien. Als **I** wird bevorzugt verwendet das Rk.-Prod. aus β-[4-Azidophenoxy)-äthanol, F. 37—38°, u. einem Styrol–Maleinsäureanhydrid-Mischpolymerisat. Zur Herst. von lichtempfindlichen

Schichten werden die **I** in organ. Fll. gelöst u. auf die für Druckformen üblichen Unterlagen (Metall, Film, Papier usw.) aufgetragen. Ihre Lichtempfindlichkeit kann durch Zugabe verschiedener Verbb. gesteigert werden, z. B. Acridingelb, Acriflavinhydrochlorid, 4.4'-Diazidostilben-2.2'-disulfosäure, 1-Äthyl-2-(β-styryl)-chinoliniumjodid, 1-Methyl-2-benzoylmethylen-β-naphthothiazolin usw. (**A. P. 2 948 610** vom 29/7. 1955, ausg. 9/8. 1960.) A. Kalix. 8645

E. I. du Pont de Nemours & Co., übert. von: Louis Plambeck jun., Wilmington, Del., V.St.A., **Photopolymerisierbare Schichten.** Die Schichten haben 0,2 bis 6,25 mm Dicke u. enthalten mindestens eine Verb. (**I**) mit Äthylenbindungen, die bei Licht-Einw. der Additionspolymerisation unterliegt, u. außerdem einen Katalysator (**II**) für die Polymerisation, der bei Temp. < 85° inaktiv ist. **II** ist in der unteren Schichtzone stärker konz. als in der oberen. Bes. geeignet ist eine **I**, die eine endständige CH_2=C<-Gruppe enthält, z. B. Vinylidenderivate. Sie kann mit anderen polymerisierbaren Verbb. gemischt werden, z. B. mit Polyvinylalkohol, -chlorid u. -butyral, mit Polyamiden, Acrylnitril, Mono-, Di- u. Triäthylenglykoldi- u. -dimethacrylacrylaten usw. — Beispiele für **II**: Diacetyl, Benzil, Benzoin, Acyloine, Azonitrile u. O-Alkylxanthate. Durch die Licht-Einw. wird die Löslichkeit der **I** so stark differenziert, daß die unbelichtete **I** ausgewaschen werden kann u. ein Relief der belichteten **I** zurückbleibt, das als *Druckklischee* verwendbar ist. (**F. P. 1 198 929** vom 17/2. 1958, ausg. 10/12. 1959. **E. P. 834 733** vom 7/2. 1958, ausg. 11/5. 1960. Beide A. Prior. 18/2. 1957. **A. P. 2 964 401** vom 18/2. 1957, ausg. 13/12. 1960.) A. Kalix. 8645

Kodak-Pathé, Frankreich, **Herstellung von lithographischen Platten.** Eine Schicht eines mit einer photosensiblen Säure sensibilisierten wasserdurchlässigen Bindemittels, welche auf einen Träger aufgebracht ist, wird photograph. belichtet. Die Oberfläche des Trägers ist ausreichend hydrophil, um nach dem Benetzen mit W. die Druckerschwärze abzustoßen. Die nicht exponierten Stellen werden abgewaschen, um die Oberfläche des Trägers an diesen Stellen frei zu legen. Zur Erhöhung der Affinität der belichteten Stellen für die Druckerschwärze werden die Stellen mit einer sauren Lsg. eines SiO_2-Hydrosols behandelt, welche z. B. H_3PO_4 u. ein Salz eines mehrwertigen Metalles, z. B. Na-Molybdat oder ein Cu-Salz, enthält. (**F. P. 72 265** vom 14/9. 1957, ausg. 31/3. 1960. **Zusatz zu F. P. 1 118 171; C. 1958. 1476.**) M. F. Müller. 8645

Kurt Niepraschk, Löbau in Sachsen, und Klaus Pankow, Zittau, **Lösungsmittelbeständige Filmdruck- bzw. Siebdruckschablone** für den Druck auf Textilien, Papier, Glas, Metall, Leder u. Kunststoffe. Es wird eine Polyacrylnitril-Lsg. als Film aufgetragen. — Die Schablone wird mit einer lichtempfindlichen Schicht versehen u. mit dem Negativ belichtet. Danach wird die nicht lichtgehärtete Schicht ausgewaschen u. die Schablone in warmer Luft getrocknet. Die Polyacrylnitril-Lsg. wird nun einseitig eingerakelt u. an der Luft getrocknet, vorteilhaft unter Zuführung von strömender Heißluft. (**D. P. [DDR] 19 184** Kl. 57d vom 11/1. 1956, ausg. 24/6. 1960 [Wirtschaftspatent].) M. F. Müller. 8645

Powers Chemco, Inc., Glen Cove, übert. von: George Schwarz, Glen Head, N.Y., V.St.A., **Herstellung von Flachdruckformen.** Eine lithograph. Platte wird mit einer Schicht aus bakteriell erzeugten Polydextranen überzogen, die mit einem Chromat lichtempfindlich gemacht wird. Nach dem Belichten wird mit einer wss. Lsg. z. B. von $CaCl_2$ entwickelt, geätzt u. mit Fettfarbe eingewalzt, worauf die belichteten Stellen mit einer sauren oder alkal. Lsg. gelöst werden. (**A. P. 2 942 974** vom 10/5. 1956, ausg. 28/6. 1960.) K. Kittler. 8645

Minnesota Mining & Mfg. Co., St. Paul, Minn., V.St.A. (Erfinder: J. M. Case), **Positiv arbeitende Flachdruckplatte** besteht aus einer Al-Platte, deren Oberfläche eine Silicatschicht trägt, auf der sich eine lichtempfindliche Polyvinylharzschicht, z. B. Polyacrylamid u. p-Diazodiphenylamin befindet. (**Belg. P. 563 723** vom 4/1. 1958, ausg. 17/6. 1960. A. Prior. 4/1. 1957.) K. Kittler. 8645

Chemische Fabriek L. van der Grinten N. V., Venlo, Holland, **Kontaktverfahren zur Herstellung von Flachdruckplatten.** Auf einer Kautschukunterlage wird eine lichtempfindliche Schicht hergestellt, die als lichtempfindlichen Stoff einen Diazoaldehyd, p-Diazodiäthylanilin, Cinnamalmalonsäure oder 4.4'-Di-(azido)-stilben-2.2'-disulfonsäure u. als Schichtbildner Gelatine, Fischleim, Casein, Polyvinylacetat, Celluloseacetatbutyrat oder Carboxymethylcellulose enthält. Die Schicht wird in der üblichen Weise unter einer (vorzugsweise gerasterten) Vorlage belichtet u. entwickelt. Sie wird dann in feuchtem Zustande gegen eine Pigmentschicht gepreßt, die sich auf einer Al- oder Glasplatte, einer Papierfolie oder einem Celluloseacetatfilm befindet. Als Pigmente werden hierbei verwendet: Ruß, Graphit, Bordeauxrot, Hansagelb, Heliogenblau oder syrischer Asphalt, als Schichtbildner: Cellulose-Derivv. u. Polymerisate. Beim Zusammenpressen wird das Pigment auf die durch die Entw. freigelegten Stellen von der Hauttschukunterlage übertragen. Diese kann für den Anilindruck verwendet werden. (**E. P. 851 384** vom 6/2. 1958, ausg. 19/10. 1960. Holl. Prior. 6/2. 1957.) A. Kalix. 8645

Frederick Nathan, Bronx, N.Y., V.St.A., **Herstellung von Tiefdruckformen.** Eine lichtempfindlich beschichtete Druckplatte, auf die das Bild, das gedruckt werden soll, von einem Negativ übertragen worden ist, wird kopiert, entwickelt. Dadurch werden die belichteten Stellen säurebeständig. Sodann wird die entwickelte Platte zwecks Ätzung der nicht belichteten Stellen in einem Säurebad behandelt. Auf die Seitenwände der geätzten Vertiefungen wird ein Harzpulver aufgebracht. Dann wird die Platte zwischen 2 Ausdehnungsplatten, auf die obere eine elektr. heizbare Platte u. das ganze Paket unter Druck zwischen Preßplatten gelegt, wobei Schmierfilme die Ausdehnung der Druckplatte ermöglichen u. das Harzpulver für die weitere Ätzung angeschmolzen wird. (**A. P. 2 922 716** vom 11/2. 1954, ausg. 26/1. 1960.) K. Kittler. 8645

E. I. du Pont de Nemours and Co., übert. von: Arthur Livingston Barney, Wilmington, Del., V.St.A., **Photopolymerisierbares Gemisch,** bestehend a) aus einem Polymerisat mit einem Molgew. von >2500, das eine nicht unterbrochene C-Kette u. mehrere salzbildende Gruppen, wie die Carboxyl-, Sulfonsäure-, Phosphorsäure- u. Schwefelsäuregruppe, oder bas. prim., sek. u. tert. Aminogruppe aufweist, b) aus einem einfach ungesätt. polymerisierbaren Monomer mit mindestens einer komplimentären salzbildenden Gruppe u. c) 0,1—5% eines Polymerisation-Initiators, der durch aktin. Licht aktiviert wird. Als a) kommen bes. Polyvinylpyridin u. Acrylsäureester von Aminoalkoholen in Frage. — Beispiel: 2,4 (Teile) eines dickfl. niedermol. β-Diäthylaminoäthylmethacrylat-Polymerisats, 1 Methacrylsäure u. 0,05 Benzoinmethyläther. — Verw. zur *Herst. von Druckplatten.* (**A. P. 2 893 868** vom 22/8. 1955, ausg. 7/7. 1959.) C. Lüttgen. 8645

E. I. du Pont de Nemours and Co., übert. von: Elmore Louis Martin, Wilmington, Del., V.St.A., **Photopolymerisierbares Gemisch,** bestehend aus einem festen Mischpolymerisat (**II**) aus Vinylacetat (**I**) u. -sorbat oder **I**, Vinylbenzol u. Vinylcrotonal, einem einfach ungesätt. Monomeren (**III**) u. einem Polymerisationsinitiator (**IV**), der durch aktin. Licht aktiviert wird u. bei $<80^0$ inakt. ist, wobei die Menge zu **III** 5—35% von **IV** u. die von **IV** 0,05—10% von **II** + **III** + **IV** beträgt. — Verw. in der *Druckerei.* (**A. P. 2 892 716** vom 3/10. 1955, ausg. 30/6. 1959.) C. Lüttgen. 8645

Chemische Fabriek L. van der Grinten N. V., Venlo, Holland, **Diazotypiematerial.** Die lichtempfindliche Schicht enthält eine p-Aminobenzoldiazonium-Verb., die sich von einem tert. aromat. Amin mit nur einem direkt an das tert. N-Atom gebundenen Arylrest ableitet. Der genannte Arylrest trägt in p-Stellung zur tert. Aminogruppe die Diazogruppe u. in einer o-Stellung eine mit einem ggf. substituierten Phenylrest verätherte OH-Gruppe. Geeignete Verbb. sind z. B. das $ZnCl_2$-Doppelsalz von 4-[N-Methyl-N-benzylamino]-3-phenoxybenzoldiazoniumchlorid u. von 4-[N-Methyl-N-benzylamino]-3-[4'-chlorphenoxy]-6-chlorbenzoldiazoniumchlorid. (**Holl. P. 98 612** vom 10/11. 1958, ausg. 17/7. 1961.) F. Böhm. 8647

General Aniline & Film Corp., New York, N.Y., V.St.A., **Diazotypiematerial.** Das Material enthält 2 lichtempfindliche Schichten aus einer Diazoverb. (p-Diäthylaminobenzdiazoniumchlorid-$ZnCl_2$-Salz) u. einem Kuppler (N-[o-Methoxyphenyl]-3-hydroxy-2-naphthamid, N-[o-Tolyl]-3-hydroxy-2-naphthamid, 4.4'-Diresorcin, ggf. im Gemisch), die entweder übereinander oder zu beiden Seiten eines durchsichtigen Trägers aufgebracht sind. Der Träger, die zuunterst aufgebrachte Schicht oder eine der auf beiden Seiten aufgebrachten Schichten, enthält eine UV-absorbierende Verb. mit einer kräftigen Absorption bei 366—404,6 mμ (2.2'-Dihydroxy-4.4'-dimethoxybenzophenon). Hierdurch wird eine ausgeglichene gerade Gradation erhalten. (**E. P. 871 216** vom 15/6. 1959, ausg. 21/6. 1961. A. Prior. 10/7. 1958.) E. Fuchs. 8647

General Aniline & Film Corp., New York, übert. von: Robert J. Cox, Chenango Bridge, und Ralph G. D. Moore, Chenango Forks, N.Y., V.St.A., **Diazokomponenten für die Diazotypie** bilden Benzoldiazonium-Verbb., die in p-Stellung zu N_2 durch 1.3-Oxazin- oder 1.3-Oxazolidingruppen substituiert sind u. die allg. Formel I besitzen, hierbei ist R ein H-Atom, eine Alkyl- oder Arylgruppe, R' = R oder eine Alkoxy- oder Phenoxygruppe, Z stellt die zur Bldg. eines 5- oder 6gliedrigen Heterocyclus nötigen CH_2-Gruppen dar, von denen eine alkyl- oder arylsubstituiert sein kann, u. X ist ein Anion. Herst. durch Rkk. zwischen p-Nitroanilinoalkanolen u. Aldehyden, Rk. der entstehenden Nitro-Verb. durch katalyt. Hydrierung u. Diazotierung. Beispiele: die Diazoniumsalze von p-Oxazolidinoanilin mit ½ $SnCl_4$, F. 150—152⁰, p-(Tetrahydro-1.3-oxazino)-anilin·HCl, F. 67—70⁰; p-(2-Methyl-

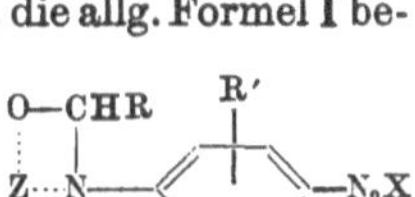

I

oxazolidino)-anilin· ½ $SnCl_4$, F. 147° (Zers.); p-(Tetrahydro-2-methyl-1.3-oxazino)-anilin, p-(4-Methyl-3-oxazolidino)-anilin, p-(2-Phenyloxazolidino)-anilin, p-(Tetrahydro-2-phenyl-1.3-oxazino)-anilin u. 2-Methoxy-4-oxazolidino-anilin. Die Verbb. werden als Doppelsalze mit $SnCl_4$ oder $ZnCl_2$ auf die in der Diazotypie üblichen Unterlagen zusammen mit phenol. Kupplungskomponenten aufgetragen u. ergeben Rk.-Prodd. von hoher Deckkraft bei klarem Untergrund. (**A. P. 2 948 613** vom 26/7. 1957, ausg. 9/8. 1960.) A. KALIX. 8647

Kalvar Corp., übert. von: Albert Baril jun., Irvin H. de Barbieris, Robert T. Nieset, New Orleans, La., und Thornton Stearns, Winchester, Mass., V.St.A., **Photochemische Bilderzeugung durch Bildung von Gasbläschen („Vesicularverfahren").** Auf einem Träger aus beliebigen Material befindet sich eine lichtdurchlässige Kolloid- oder Kunstharzschicht, z. B. eine solche aus Gelatine oder Bakelit, die härtbar ist u. eine Verb. (I) enthält, die bei Licht-Einw. N_2 oder CO abgibt. Die Schicht wird bildmäßig belichtet, wobei sich an den belichteten Stellen Gasbläschen mit einem Durchmesser von ca. 2 μ bilden. die ein auf die üblichen lichtempfindlichen Schichten gut kopierbares Bild ergeben. Zur Zerstörung von I an den unbelichteten Stellen (II) können verschiedene Meth. angewandt werden: Die Schicht wird stark gehärtet u. dann einer Allgemeinbelichtung unterworfen. Hierbei wird die unverbrauchte I in II zerstört, in Folge der Härtung können sich aber hier keine Gasbläschen bilden. Die in II verbliebene I kann auch therm. zersetzt werden, wobei sich viel geringere Gasmengen bilden als durch Lichteinwirkung. Nach der Belichtung kann man auch die Gasbläschen aus der ungehärteten Schicht herausdiffundieren lassen, dann allgemeinbelichten, so daß I auch in II Gas abgibt u. dann härten, so daß ein Umkehrbild der Vorlage entsteht. Die Härtung bewirkt außerdem, daß, wenn das Gas nach längerer Zeit auch hier herausdiffundiert ist, kopierfähige Hohlräume bestehen bleiben. Beispiele für I: Ferriammoniumcitrat u. Oxalsäure, ferner Diazo-Verbb. wie p-Diazo-dimethylanilin, -diphenylamin, -äthyloxyäthylanilin, 1-Diazo-2-oxynaphthalinsulfonat, 4-Benzoylamino-2.5-dioxy-benzoldiazoniumchlorid, 4-Morpholinobenzol- u. 4-Piperidyl-2.5-diäthoxybenzoldiazoniumchlorid. (**A. P. 2 911 299** vom 22/7. 1952, ausg. 3/11. 1959.) A. KALIX. 8647

Ilford Ltd., Ilford, England (Erfinder: John David Kendall und Kenneth Reynolds), **Wärmeentwicklung von Diazotypiematerial.** Das lichtempfindliche Material enthält 3 Schichten: Unmittelbar auf dem Träger befindet sich eine gut wärmebeständige Diazo-Verb. (I), die aus einer wss. Lsg. aufgetragen ist. Darüber ist eine leicht schmelzbare Schicht (II) angeordnet, die aus einem Stoff besteht, dessen F. unter Zers.-Temp. von I liegt, z. B. aus Paraffin, Carbowax, einem Stearat oder Kunststoff mit einem F. von 60—70°. Darüber befindet sich eine Schicht, in der die Kupplungskomponente (III) in einem neutral oder bas. reagierenden, hydrophilen, leicht schmelzbaren Medium, z. B. Stearylamin oder dem synth. Wachs „Armeen" dispergiert ist. Bei Einw. von IR-Strahlung schmilzt II unter den Bildstellen u. eine Kupplung kann zwischen I u. II eintreten. An den bildfreien Stellen wird dann I durch Belichtung zerstört u. das Bild damit fixiert. Bei Verw. von Strahlern, die zugleich UV u. IR emittieren, können beide Verf.-Schritte gleichzeitig durchgeführt werden, ebenso kann zuerst die Fixierung durch UV-Einw. u. dann die Entw. durch IR-Strahlung durchgeführt werden. Weiterhin kann nach dem Fixieren die an den nicht entwickelten Bildstellen noch vorhandene III mit einer anderen I als im Primärbild entwickelt u. so eine 2farbige Kopie erzeugt werden. Beispiele für erfindungsgemäß verwendbare I, 2.5-Dialkoxy-4-arylthioaniline u. Dialkyl-p-phenylendiamine, Beispiele für III: Phloroglucin, Resorcin u. Dimedon. (**E. P. 815005** vom 28/9. 1956, ausg. 17/6. 1959.) A. KALIX. 8647

General Aniline & Film Corp., übert. von: Douglas Straw, Binghamton, N. Y., V.St.A., **Azokomponenten für die Diazotypie** bilden Cyclohexan-1.3-dione von der allg. Formel II, die durch eine 2.2'-Alkylengruppe miteinander verbunden sind.

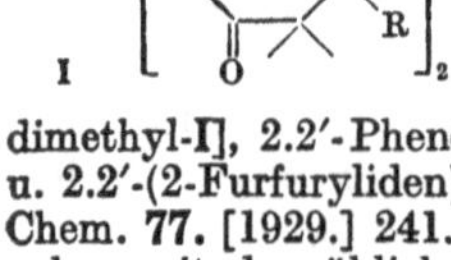

I

Hierbei ist R eine Alkylgruppe, X = R oder ein H-Atom, Y = R oder ein Hydroxyalkyl-, (ggf. substituierte) Aryl-, Phenylpolyen-, z. B. Styryl- oder ein heterocycl. Rest, wobei die Substituenten an beiden Ringen einander gleich oder verschieden sein können. — Beispiele: [cyclohexandion-(1.3) = I] 2.2'-Äthyliden-bis-[5.5-dimethyl-I], 2.2'-Tetradecyliden-bis-[5.5-dimethyl-I], 2.2'-Phenetyliden-bis-[5.5-dimethyl-I], 2.2'-Styryliden-bis-[5.5-dimethyl-I] u. 2.2'-(2-Furfuryliden)-bis-[5.5-dimethyl-I]. Herst. z. B. nach WEINBERGER (Z. analyt. Chem. **77.** [1929.] 241. Diese Verbb. sind äußerst stabil gegen vorzeitige Kupplung u. geben mit den üblichen Diazokomponenten rote bis kastanienbraune Bilder auf rein weißem Grund. (**A. P. 2 915 396** vom 16/7. 1957, ausg. 1/12. 1959. **E. P. 839 948** vom 15/7. 1958, ausg. 29/6. 1960. A. Prior. 16/7. 1957.) A. KALIX. 8647

General Aniline & Film Corp., New York, übert. von: Frederick H. Frantz, Binghamton, N.Y., V.St.A., **Diazotypie–Kopier-Verfahren.** Als lichtempfindliche Schicht wird eine solche aus Diazo-Verbb. benutzt, die unter UV-Einw. sehr stark N_2 abgibt u. im Schichtbildner Gasbläschenbilder ergibt, z. B. eine solche nach E. P. 645825 („Vesicular-Verf."). Diese wird mit einer undurchsichtigen Kopiervorlage in Kontakt gebracht u. die letztere im Reflexkopier-Verf. mit UV bestrahlt. Die Diazoschicht wird dann (ohne Kopiervorlage) einer starken IR-Einw. ausgesetzt, wodurch in ihr das Gasbläschenbild zu einer auf Diazotypieschichten kopierfähigen Reproduktion entwickelt wird. Die so erzeugte Zwischenkopie kann auch auf lichtempfindliche Schichten andrer Art übertragen werden. Alle Arbeitsvorgänge werden in einer einzigen App. ausgeführt. — 7 Zeichnungen. (**A. P. 2 918 857** vom 10/7. 1956, ausg. 29/12. 1959.)
A. KALIX. 8647

Eastman Kodak Co. (Erfinder: Stewart Henry Merrill und Cornelius Charles Unruh), Rochester, N.Y., V.St.A., **Herstellung von in Lösungsmitteln, besonders Wasser, löslichen, Azidogruppen aufweisenden Produkten,** deren Löslichkeits-Eigg. sich bei Belichtung ändern, dad. gek., daß Azidogruppen (I) in ein Polymerisat oder Mischpolymerisat oder in eine natürlich vorkommende, freie Hydroxyl- oder Aminogruppen enthaltende hochmol. Verb. durch topochem. Substitution oder durch Kondens. geeigneter funktioneller Gruppen des hochmol. Grundstoffs mit einer I enthaltenden Verb. nach bekannten Meth. eingeführt werden, wobei die so gewonnenen hochmol. Abwandlungs-Prodd. einen Geh. von 1—2 I pro abgewandelter monomerer Einheit aufweisen. — Unter I ist die Gruppe $-N_3$ zu verstehen, der folgende mesomere Formel zugesprochen wird: $-\overset{(-)}{N}-\overset{(+)}{N}\equiv N \rightleftharpoons -N=\overset{(+)}{N}=\overset{(-)}{N}$. — Zum Beispiel diazotiert man Poly-p-aminostyrol oder p-Aminostyrol–Maleinsäure-Mischpolymerisat in üblicher Weise u. läßt die Diazoniumchloride mit Na-Azid reagieren, oder man verestert teilweise hydrolysiertes Polyvinylacetat mit p-Azidobenzoylchlorid oder 3-Azidophthalsäureanhydrid (II) oder teilweise hydrolysiertes Celluloseacetat mit II oder setzt Gelatine mit II um. Auch kann man Styrol–Maleinsäureanhydrid-Mischpolymerisat mit β-(4-Azidophenoxy)-äthanol oder mit m-Azidobenzylalkohol verestern. Manche der so erhaltenen Prodd. liefern ausgezeichnete Resistagebilder. (**D. A. S. 1 053 782** Kl. 39c vom 25/7. 1956, ausg. 26/3. 1959. A. Prior. 29/7. 1955.)
KARL SARRE. 8647

General Aniline & Film Corp., New York, übert. von: Joseph Sottysiak und John Proc, Binghamton, N.Y., V.St.A., **Konservierung von Auskopierpapier in Rollenform.** Die Schichtseite oder Rückseite des Papiers werden mit einer wss. 0,5 bis 2,5%ig. Lsg. von $NaBO_2$ mit einem pH-Werte von < 10 getränkt, oder es wird ein dünnes Papier mit eingerollt, das in der gleichen Weise behandelt ist. (**A. P. 2 913 339** vom 31/12. 1956, ausg. 17/9. 1959.)
A. KALIX. 8657

National Research Development Corp., London, England (Erfinder: Olga Kennard und Laurence Leslie Woodget), **Dichtigkeitsmessungen bei photographischen Bildern.** Das Ag-Bild wird proportional zum Ag-Geh. in ein radioakt. Bild verwandelt, z. B. durch Baden in einer Lsg. von $K_3[Fe(CN)_6]$ u. KJ mit radioakt. J in einer Konz. von mindestens 10 $\mu c/cm^3$. Mit einem GEIGER-Zähler wird dann das Bild abgetastet, dessen Ausschlag proportional der jeweiligen Bilddichte ist. (**E. P. 854 898** vom 9/7. 1956, ausg. 23/11. 1960.)
E. FUCHS. 8661

Eastman Kodak Co., Rochester, N.Y., V.St.A., übert. von: **Alain Charles André Clavier** und **Jacques Pouradier,** Vincennes, Frankreich, *Photographische Emulsion mit thermireversiblem Gel als Bindemittel.* (**A. P. 2 968 558** vom 19/10. 1955, ausg. 17/1. 1961. F. Prior. 8/12. 1954. — C. **1958.** 13401 [F. P 1 117 490].)

Kodak Ltd., London, England (Erfinder: **James Albert Van Allan**), *Stabilisierung photographischer Emulsionen.* (**E. P. 868 787** vom 21/10. 1957, ausg. 25/5. 1961. A. Prior. 6/11. 1956. — C. **1961.** 3876 [A. P. 2 865 749 u. F. P. 1 200 749].)

General Aniline & Film Corp., New York, übert. von: **Joseph Gottysiak,** Binghamton, und **Benjamin R. Harriman,** Rochester, N.Y., V.St.A., *Photographisches Papier.* (**A. P. 2 970 907** vom 20/4. 1956, ausg. 7/2. 1961. — C. **1960.** 1383 [D. A. S. 1 063 457].)

Kodak Ltd., London, England (Erfinder: **William Jacob Knox jun.** und **William Frank Fowler jun.**), *Auftragen von wässerigen Halogensilbergelatineemulsionen* (**E. P. 854 087** vom 14/12. 1956, ausg. 16/11. 1960. A. Prior. 29/12. 1955. — C. **1959.** 10451 [D. A. S. 1 053 927].)

Kodak Ltd., London, England (Erfinder: **Jean Elmore Jones, John Spence** und **James Albert Van Allan**), *Sensibilisierung photographischer Halogensilberemulsionen.* (**E. P. 861 194** vom 29/3. 1957, ausg. 15/2. 1961. A. Prior. 30/3. 1956. — C. **1961.** 8175 [F. P. 1 174 058 u. A. P. 2 937 089].)

Kodak Ltd., London, England (Erfinder: **Jean Elmore Iones**), *Optisch sensibilisierte Emulsion.* (**E. P. 862 444** vom 13/5. 1957, ausg. 8/3. 1961. A. Prior. 21/5. 1956. — C. **1960.** 6720 [A. PP. 2 860 981 u. 2 860 982].)

Kodak S. p. A., Mailand, Italien, *Sensibilisierung.* (**It. P. 524 810** vom 21/10. 1953. A. Prior. 8/11. 1952. — C. **1956.** 12164 [D. B. P. 939 422].)

Kodak Ltd., London, England (Erfinder: **James Albert Van Allan**), *Stabilisierung photographischer Emulsionen.* (**E. P. 868 786** vom 21/10. 1957, ausg. 25/5. 1961. A. Prior. 6/11. 1956. — C. **1961.** 3541 [A. P. 2 891 862].)

General Aniline & Film Corp., New York, übert. von: **Raymond J. Walford**, Binghamton, N.Y., V.St.A., *Antistatischer photographischer Film.* (**A. P. 2 976 148** vom 2/1. 1957, ausg. 21/3. 1961. — C. **1960.** 15973 [D. A. S. 1 075 941].)

General Aniline & Film Corp., New York, N.Y., V.St.A., *Antistatischer photographischer Film.* (**E. P. 861 134** vom 3/6. 1957, ausg. 15/2. 1961. A. Prior. 7/6. 1956. — C. **1959.** 11 121 [D. A. S. 1 047 615].)

Agfa Akt.-Ges., übert. von: **Hildegard Haydn** und **Anita von König**, Leverkusen, *Herstellung von Umkehrpositiven durch Heißentwicklung.* (**A. P. 2 971 840** vom 31/1. 1956, ausg. 14/2. 1961. D. Prior. 7/2. 1955. — C. **1958.** 1475 [D. A. S. 1 004 043].)

Kodak Ltd., London, England (Erfinder: **Leslie Alfred Williams** und **John Derek Knowles**), *Silbersalzdiffusionsverfahren.* (**E. P. 861 255** vom 30/12. 1957, ausg. 15/2. 1961. — C. **1960.** 702 [D. A. S. 1 062 112].)

Agfa Akt.-Ges., übert. von: **Oskar Riester**, Leverkusen, *Photographisches Mehrschichtenmaterial.* (**A. P. 2 968 556** vom 12/6. 1956, ausg. 17/1. 1961. D. Prior. 15/6. 1955. — C. **1959.** 359 [D. A. S. 1 015 683].)

Agfa Akt.-Ges., Leverkusen, *Farbentwicklung.* (**E. P. 861 138** vom 17/9. 1957, ausg. 15/2. 1961. D. Prior. 18/9. 1956. — C. **1960.** 14931 [Oe. P. 201 431].)

International Polaroid Corp., New Jersey, N.J., V.St.A., *Farb-Diffusionsübertragungsverfahren.* (**E. P. 858 673** vom 13/6. 1957, ausg. 11/1. 1961. A. Prior. 20/7. u. 4/9. 1956. — C. **1958.** 13403 [D. A. S. 1 026 172].)

Kodak Ltd., London, England (Erfinder: **George Feniak**, **Anthony Loria** und **Warren Addison Reokhow**), *Farbkuppler für die farbige Entwicklung.* (**E. P. 865 720** vom 1/8. 1957, ausg. 19/4. 1961. A. Prior. 18/9. 1956. — C. **1961.** 9663 [A. P. 2 865 751].)

Kodak Ltd., London, England (Erfinder: **Judith Alecia Schwan** und **Robert Eliot Stauffer**), *Photographischer Linsenrasterfilm.* (**E. P. 860 792** vom 4/6. 1957, ausg. 8/2. 1961. A. Prior. 8/6. 1956. — C. **1961.** 8176 [F. P. 1 177 215].)

General Aniline & Film Corp., New York, übert. von: **Ralph G. D. Moore**, Chenango Forks, und **Peter T. Woitach jun.**, Binghamton, N.Y., V.St.A., *Lichtempfindliche Schichten für die Photolithographie.* (**A. P. 2 971 842** vom 21/3. 1956, ausg. 14/2. 1961. — C. **1961.** 2159 [D. A. S. 1 075 949].)

General Aniline & Film Corp., New York, übert. von: **Chester E. Slimowicz**, Binghamton, N.Y., V.St.A., *Diazotypiematerial.* (**A. P. 2 970 909** vom 4/2. 1957, ausg. 7/2. 1961. — C. **1960.** 15282 [E. P. 828 390].)

Keuffel & Esser Co., Hoboken, N.J., V.St.A., übert. von: **Oskar Süs** und **Martin Glos**, Wiesbaden, *Diazotypieverfahren.* (**A. P. 2 974 042** vom 19/6. 1957, ausg. 7/3. 1961. D. Prior. 23/6. 1956. — C. **1959.** 1332 [D. A. S. 1 025 265].)

REDAKTIONSSCHLUSS: 23. März 1962

Herausgeber: Prof. Dr. Heinrich Bertsch, Berlin, u. Prof. Dr. Dr. h. c. Wilhelm Klemm, Münster. Chefredakteure und verantwortlich für den Inhalt: Dr. Eugen Klever, Berlin W 30, Geisbergstraße 39, Fernsprecher: 24 95 41, u. Dr. Willi Barz, Berlin N 4, Schiffbauerdamm 19, Fernsprecher: 42 55 71.

©

Verlag: Akademie-Verlag GmbH, Berlin W 8, Leipziger Str. 3—4 (Fernsprecher: 22 04 41, Telex-Nr. 011773, Postscheckkonto Berlin 35021), und Verlag Chemie, GmbH, Weinheim/Bergstr. (Fernsprecher: Weinheim 3635 [Sammelnummer]; Fernschreiber: 04 65516 chemieverl wnh; Postscheckkonten: Frankfurt/M. 145314 u. Berlin [West] 7430). Bestellnummer: 1007/133. Das Chemische Zentralblatt erscheint wöchentlich. Preis des Jahrganges einschl. Autoren-, Patent-, Sach- u. Formelregister: DM 1200,—; einseitig bedruckte Ausgabe: DM 1350,—. Abgabe der Zeitschrift nur mit sämtlichen Registern. Abbestellungen nur bis spätestens 6 Wochen vor Ablauf des Kalenderjahres.

Satz u. Druck: VEB Leipziger Druckhaus, Leipzig, III/18/203. VI. 62.
Veröffentlicht unter der Lizenznummer ZLN 5002 des Ministeriums für Kultur, Hauptverwaltung Verlagswesen.
Printed in Germany.

Kolibri 360 GmbH
Ferdinand-Jühlke-Straße 7
99095 Erfurt, Deutschland
produktsicherheit@kolibri360.de